宁夏耕地土壤与地力

NINGXIA GENGDI TURANG YU DILI

宁夏农业技术推广总站·编

黄河出版传媒集团
阳光出版社

图书在版编目（CIP）数据

宁夏耕地土壤与地力 / 宁夏农业技术推广总站编
. -- 银川:阳光出版社, 2019.12
　ISBN 978-7-5525-5168-6

　Ⅰ.①宁… Ⅱ.①宁… Ⅲ.①耕作土壤 - 土壤肥力 -
土壤调查 - 宁夏②耕作土壤 - 土壤评价 - 宁夏　Ⅳ.
①S159.243②S158

中国版本图书馆 CIP 数据核字(2020)第 004737 号

宁夏耕地土壤与地力

宁夏农业技术推广总站　编

责任编辑　屠学农
封面设计　晨　皓
责任印制　岳建宁

黄河出版传媒集团
阳　光　出　版　社　出版发行

出 版 人　薛文斌
地　　址　宁夏银川市北京东路 139 号出版大厦 (750001)
网　　址　http://www.ygchbs.com
网上书店　http://shop129132959.taobao.com
电子信箱　yangguangchubanshe@163.com
邮购电话　0951-5014139
经　　销　全国新华书店
印刷装订　宁夏银报智能印刷科技有限公司
印刷委托书号　（宁）0016482
地图审图号　宁 S[2020]第 007 号

开　　本　787 mm×1092 mm　1/16
印　　张　40
字　　数　600 千字
版　　次　2020 年 1 月第 1 版
印　　次　2020 年 1 月第 1 次印刷
书　　号　ISBN 978-7-5525-5168-6
定　　价　188.00 元

《宁夏耕地土壤与地力》编委会

序

加强耕地保护,确保耕地质量和数量,历来是各级政府关注的头等大事。习近平总书记强调"要像保护大熊猫一样保护耕地"。近年来,宁夏不断加大耕地保护力度,持续推进耕地质量建设和中低产田改良利用,实现了耕地质量和数量双提升。为进一步摸清宁夏耕地质量家底,分析研究耕地质量演变规律,宁夏农业技术推广总站历时10年组织完成了全区22个县(市、区)耕地质量评价工作,采集土样7.98万个,绘制各类专题图件300多幅,覆盖全区1938万亩耕地,编写县域耕地质量成果专著15部,在此基础上总结形成了《宁夏耕地土壤与地力》。

《宁夏耕地土壤与地力》对宁夏耕地土壤类型分布与特性,耕地水、肥、气、热等资源特征进行了全面系统分析;以《耕地质量等级》(GB/T 33469—2016)和《耕地地力调查与质量评价技术规程》(NY/T 1634—2008)为依据,科学确定立地条件、剖面性状、土壤管理、耕层养分等四大类11个评价指标,应用模糊数学原理将宁夏耕地划分为133408个评价单元,根据指标权重及隶属度,采用综合指数法计算每个评价单元耕地质量综合指数分,按照累计频率曲线法对耕地质量综合指数分进行分级,最终将宁夏耕地划分为十个等级。全书系统总结了2000年以来宁夏各地耕地质量建设与科学施肥方面的最新进展和研究成果,详细阐述了宁夏耕地形成与分布特征、宁夏耕地土壤类型与性状、宁夏耕地土壤理化属性,宁夏各等级耕地面积分布及特征,提出了宁夏主要耕地障碍的培肥改良措施和建议。

《宁夏耕地土壤与地力》是宁夏各级农业战线技术干部的智慧结晶,是新时期宁夏农业生产领域耕地质量建设方面的经典之作,与农业生产实际结合紧密,对于新时期指导宁夏耕地质量建设,保障粮食安全和口粮绝对安全具有较强指导借鉴意义。该书代表了宁夏农业科技人员对当前宁夏耕地的认识,既可作为农业科研、教学和技术推广人员的工具书,也可作为各级政府和农业行政管理部门施政决策的参考书。相信该书的出版,必将为新时期宁夏加强耕地质量保护,推进农业绿色、高质量发展发挥重要作用。

王刚

2019 年 9 月

前言

《宁夏耕地土壤与地力》是宁夏耕地地力评价的重要成果。宁夏自2005—2012年,分期分批完成了县域耕地地力评价,分县建立了县域耕地地力评价系统、耕地地力评价报告及耕地地力评价等系列图件。为了做好宁夏回族自治区耕地地力评价工作,2013年秋季进行了全自治区耕地地力评价补充调查采样工作;2016年春季进行了引黄灌区耕地土壤盐渍化调查工作。在此基础上,筛选审核了宁夏22个县(市、区)耕地地力评价调查采样点数据,按照平均400亩1个样点的密度选取5.2万个调查采样点用于全自治区耕地地力评价。收集了宁夏第二次土地资源详查耕地资源数据及宁夏第二次土壤普查土壤资料及系列图件等,建立了宁夏回族自治区耕地资源信息系统、宁夏耕地地力评价系统和宁夏农作物施肥专家决策系统。

《宁夏耕地土壤与地力》的编写,以上述资料为基础,吸收了有关单位对宁夏耕地利用改良方面的科学研究成果,力求反映宁夏现阶段有关耕地研究的成就。

《宁夏耕地土壤与地力》全书共分为8章。第一章宁夏概况。介绍了宁夏地理位置与区划、自然环境概况、农业生产发展概况、耕地质量保护与提升。第二章宁夏耕地发展与分布。全面阐述了宁夏耕地发展沿革、宁夏耕地的形成与分布、宁夏耕地行政分布特点。第三章宁夏耕地土壤类型特性。系统地论述了宁夏耕地土壤分类及灌淤土、潮土、黄绵土、黑垆土、灰钙土、新积土、风沙土和灰褐土8个土类土壤主要特性、土种诊断特征、利用改良。第四章耕地土壤有机质及主要营养元素。全面分析阐述了宁夏耕地土壤有机质、氮、磷、钾、中微量及有益元素等含量、分布、影响因素、变化趋势及调控措施。第五章耕地土壤其他理化性质。重点分析了宁夏耕地土壤pH值、土壤质地、土壤水分等物理性状的特性及耕地土壤墒情变化特点。第六章耕地地力评价方法与步骤。详细介绍了宁夏耕地地力评价的每一个技术环节，具体包括资料收集与整理、评价指标体系的建立、空间数据库与属性数据库建立、耕地地力等级划分与评价结果验证、专题图件编制等内容。第七章耕地综合生产能力分析。全面分析阐述了宁夏十个等级耕地分布特征、地力特征及改良利用方向。第八章专章论述了宁夏中低产田类型及利用改良、宁夏耕地土壤盐渍化及改良利用、宁夏设施土壤肥力现状及改良利用、宁夏农作物施肥专家决策系统的建立与应用。附件包括宁夏耕地土壤养分系列图件和宁夏耕地地力评价系列图件。期望本书的出版，能提高对宁夏耕地的认识，有利于因地制宜地合理利用耕地，培肥改良耕地土壤，促进宁夏农业增效、农民增收。

《宁夏耕地土壤与地力》一书的出版，是全自治区各级土肥系统科技人员用心血和汗水浇灌的奇葩，是智慧和毅力的结晶。宁夏农林科学院信息所承担了图件制作与宁夏耕地质量管理信息系统建设工作。在此一并致以衷心的谢意。

实践永无止境，认识仍需提高，错误和疏漏，在所难免，敬希读者批评指正。

编者

2019 年 9 月

目录

第一章　宁夏概况

耕地是土地的精华,是农业生产不可替代的重要生产资料,是保持社会和国民经济可持续发展的重要资源。保护耕地是我国的基本国策。保护耕地,包括保护耕地数量和质量。据联合国教科文组织(UNESCO)和粮农组织(FAO)不完全统计,全世界土地面积为18.29 亿 hm² 左右。据第二次全国土地调查数据,截至 2012 年年底,全国耕地保有量为20.27 亿亩,人均耕地 1.52 亩,远低于世界人均 3.38 亩。宁夏耕地 1937.1 万亩,人均耕地3.07 亩,高于全国人均耕地平均水平,其中,高产田占 9.6%,中产田占 57.9%,低产田占32.5%;中低产田面积大,严重制约了宁夏农业的可持续发展。因此摸清耕地现状,及时掌握耕地资源的质量及其变化情况,对于合理规划和利用耕地,切实保护耕地有十分重要的意义。

第一节　地理位置与区划

一、地理位置及行政区划

宁夏回族自治区是我国五个少数民族自治区之一,位于西北地区东部内陆,黄河流域上中游,与甘肃、内蒙古和陕西省毗邻。地理坐标:东经 104°17′~107°39′,北纬 35°14′~39°23′。南北长约 465 km,东西宽 45~250 km,国土面积 6.64 万 km²。现辖银川、石嘴山、吴忠、中卫、固原 5 个地级市,灵武、青铜峡两个县级市,14 个县和 8 个县级市辖区,首府银川市。

二、农业区划

宁夏自然地理呈明显的带状分布,根据气候、地形地貌、水资源条件、土地资源以及农业发展水平,按降水等值线结合区域地貌单元,划分为三大区域,即北部引黄灌区(降水量<200 mm),中部干旱风沙区(简称中部干旱带,降水量在 200~400 mm 之间)和南部黄土丘陵区(亦称南部山区,降水量>400 mm)。

北部引黄灌区主要位于贺兰山东麓、引黄灌区、陶乐台地、黄河左岸诸沟、甘塘内陆地区,包括石嘴山市全部、银川市的大部分地区(银川西夏、金凤、兴庆三区,永宁、贺兰县的全部)及中宁县、中卫沙坡头区、灵武市、青铜峡市、利通区的引黄灌区部分,面积较小,占全自治区土地总面积的25.3%,共涉及12县(市、区)、13个农垦农场,涵盖82个乡镇、943个行政村。

中部干旱带北临引黄灌区、南连黄土丘陵沟壑区、东靠毛乌素沙漠,西北接腾格里沙漠,包括红寺堡区、同心县、盐池县和海原县的全部,中卫市沙坡头区、中宁县、灵武市、青铜峡市和利通区的山区部分,固原市原州区北部、西吉县西部等区域,面积较大,占全自治区土地总面积的52.9%,共涉及8个县(市、区)、64个乡(镇、区)、764个行政村和1个农垦农场。

南部黄土丘陵区位于宁夏南部黄土丘陵沟壑区和六盘山区,包括固原市原州区、西吉县、彭阳县、隆德县、泾源县,面积小,占全自治区土地总面积的21.8%,共涉及5个县(区)65个乡镇,928个行政村。

第二节　自然环境概况

一、气候条件

宁夏属大陆性气候,基本特点是日照长,太阳辐射强;春暖快,夏热短,秋凉早,冬寒长;干旱,少雨,蒸发强烈;风沙大,气温多变,年、日较差大,无霜期短,年际多变。现将主要气象因素分述如下。

(一)日照及太阳辐射

1. 日照

宁夏受极地大陆气团控制时间长,云雾频率低,多晴朗干燥天气,因而大部分地区日照充足,年日照时数在2276.4~3041.7 h(见表1-1)。石嘴山市各地在3000 h左右,石炭井为最多,达3013.6 h。北部引黄灌区年均日照时数2800~3100 h,中部干旱带年均日照时数为3054 h,南部黄土丘陵区年均日照时数为1400~1800 h。

一年之中,6月日照时数最多,但贺兰山、大武口一带5月为最多;2月份日照时数最少,南部山区由于秋季阴雨天较多,年日照时数最少月出现在9月,银川、永宁以12月最少。

从作物生长期日照时数的分配情况来看,农作物生长期(4~9月)各地日照时数在1100~1700 h之间,大致呈由南向北递增趋势,北部引黄灌区和中部干旱带大部分地区都在1500 h以上;石炭井和惠农为两个日照时数高值区,达1677~1665 h,为植物生长发育创造了非常有利的条件。泾源、隆德为两个低值区,日照时数在1072~1039 h。

宁夏各地年日照百分率的分布在52%~76%之间,日照百分率自南向北递增,宁夏韦州日照百分率最高为76%,隆德、泾源最少为52%。宁夏日照百分率仅次于青藏高原的同纬度地区,优于我国其他部分地区。

表 1-1 宁夏各气象站主要气候要素值

站名	年均辐射量（MJ/m³）	年均日照时数（h）	全年日照百分率	年均气温（℃）	年均无霜期（≥0℃）（天）	年均降水量（mm）	年均蒸发量（mm）
石炭井		3013.6	68	8.5		179.4	2455.9
大武口	6041.23	2887.5	66	9.9	177	168.2	2006.1
惠农	6085.24	3039.3	69	9.0	167	159.7	1894.4
贺兰山		2983.6	68	-0.6	91	426.6	
贺兰	6036.74	3015.0	68	9.0	174	179.7	1814.9
平罗	6064.5	2878.9	69	9.0	169	182.0	1783.6
吴忠	6000.6	2993.1	68	9.5	174	178.0	1741.3
银川	5923.3	2893.0	66	9.2	175	168.2	1698.2
陶乐	6095.9	3041.7	69	8.7	162	178.6	1658.8
青铜峡	6017.6	2990.9	68	9.4	174	182.4	1904.9
永宁	5946.9	2911.4	66	9.1	176	196.5	1806.3
灵武	6055.1	3013.6	68	9.0	177	174.4	1786.2
中卫	5942.1	2931.0	67	8.9	168	193.5	1694.3
中宁	6000.4	2982.3	68	9.6	177	248.8	1485.3
兴仁	5937.5	2941.0	64	7.1	145	271.2	1705.8
盐池	5885.8	2885.2	66	8.3	154	333.5	1517.8
麻黄山	5805.2	2854.0	62	7.1	164	344.2	2121.3
海原	5529.7	2707.8	62	7.4	167	344.2	1405.1
同心	5927.4	2947.0	67	9.2	171	261.7	1705.5
固原	5409.3	2588.6	59	6.6	152	404.3	1272.9
韦州	5838.3	2797.6	76	9.1	161	268.8	1796.9
西吉	5082.4	2349.8	53	5.6	139	390.9	1040.1
六盘山	5129.5	2326.5	55	1.3	110	648.1	
隆德	4954.8	2276.4	52	5.4	133	496.3	1162.4
泾源	4963.8	2286.4	52	6.0	158	594.0	1248.3
彭阳		2417.8	59	8.0		479.4	

备注：本表数据来源于《宁夏农业综合开发基础资源读本》p.28~46。

2. 太阳辐射

宁夏全区太阳总辐射年总量为 5800~6100 MJ/m²，是全国太阳辐射最丰富地区之一，仅次于有太阳城之称的西藏拉萨（8300 MJ/m²），比同纬度的华北平原多 40 MJ/m²，比江南地区多 120 MJ/m²。宁夏太阳辐射特点是北部大于南部，平原大于山地。宁夏平原普遍达到 5923~6095 MJ/m²；南部山区一般为 5500 MJ/m² 以下；其中隆德最小，为 4954.8 MJ/m²。

宁夏太阳辐射量有明显的季节变化，一般规律为冬季最小，春季猛增，夏季最大，秋季速降。12月份宁夏均为最低值,平均在 275 MJ/m²,3月份就猛增到 472 MJ/m²;5~7月是出现最高值的时段,辐射量普遍达到 643~675 MJ/m²;8~9月是宁夏的主要降水时段,太阳总辐射逐渐回落到 480~580 MJ/m²。

秋作物生长季节(4~9月)期间,宁夏太阳总辐射大致在 3019~3890 MJ/m² 之间,占年总辐射量的 60%~64%。南少北多,纬向差异显著,南部丘陵区大部分在 3019~3321 MJ/m² 之间;中部干旱带在 3329~3737 MJ/m² 之间;引黄灌区在 3788~3894 MJ/m² 之间。

冬作物生长季节(10月~翌年 5月)时间长达 8 个月,总辐射量不高,大部分都在 2800~3500 MJ/m² 之间,引黄灌区为 3500~3600 MJ/m²,占年总辐射量的 58%~60%。此期间冬季三个月,各地差异不大,但秋末和春季,南北差异明显。

(二)温度及热量

1. 气温

宁夏全区年平均气温在 5.4~9.9℃之间,呈北高南低分布。中北部地区在 9.0℃左右,南部阴湿地区在 6.0℃以下。六盘山、贺兰山因海拔较高,年平均气温最低,分别为 1.3℃ 和–6℃;中宁、大武口年平均气温最高,分别为 9.6℃和 9.9℃。一般海拔相差 100 m,气温相差 0.52~0.62℃。

宁夏全区最冷的 1月与最热的 7月平均气温差值在 20.3~33.0℃。北部平原年温差 31.0℃,南部阴湿地区年温差<23℃,表明宁夏南北气温差异较大。

宁夏各地年日较差平均在 7.8~23.2℃,同心、盐池、中宁、兴仁等地日较差较大,平均在 20℃以上;六盘山山区日较差小,平均日较差仅为 7.8℃。

2. 热量

日平均气温稳定通过 0℃初日,是土壤开始化冻,草木萌动,春麦下播的时候。宁夏全区由中部先开始出现,以同心、中宁为最早,在 3月 8日~10日,终于 11月 18日~20日,持续 256~258 天;≥0℃积温为 3600~3800℃。南部山区和麻黄山等地日平均气温通过 0℃初日较晚,3月 18日~25日,终于 11月 4日~9日,持续日数在 220 天以下;≥0℃积温为 2500~3000℃。

日平均气温≥5℃的初、终日是大多数作物生长季节开始和终止的时期,与≥0℃积温的变化趋势基本一致。≥5℃的初日以同心以北至引黄灌区出现最早,在 3月 31日~4月 5日之间,终于 10月下旬,持续日数 210~219 天;≥5℃积温为 3600℃以上。南部山区≥5℃的初日出现较晚,在 4月 14日~4月 19日之间,终于 10月中旬,持续日数 190 天以下;≥5℃积温不足 3000℃。

日平均气温≥10℃的持续日数是作物生长旺盛期。同心以北始于 4月中下旬,终于 10月上旬,持续日数 170 天左右;≥10℃积温 3200℃以上。南部山区日平均气温≥10℃初日始于 5月上中旬,终于 9月中下旬,持续日数 150~190 天;≥10℃积温为 2400~3100℃。

日平均气温≥15℃的初日是喜温作物进入生长旺季时期,同心以北地区出现在 5月中旬,终于 9月中旬,持续日数 120 天以上;≥15℃的积温在 2500℃以上。南部山区日平均气温≥15℃的初日出现在 6 月上旬~7 月上旬，终于 8 月中旬，持续日数 100 天以下；≥15℃的积温在 1800℃以下。

无霜期以最低气温≥2℃的最长日数为指标，宁夏各地多年平均无霜期在 105~163 天。引黄灌区 144~163 天；中部干旱带 150 天左右；南部山区 100~140 天。

宁夏的热量资源比较丰富，且因春温上升快，秋温下将迅速的大陆性气候特点，使日平均气温稳定通过各界限温度的初、终期相应比较集中，因而积温的有效性较高，多数地区种一季有余。

3. 地温

宁夏各地年平均地面温度为 8~12℃，同心以北引黄灌区在 10℃以上；同心以南地区和盐池较低，在 10℃以下；隆德最低，仅 7.9℃。地面温度指土壤表层温度，其年变化趋势与空气温度一致，最高在 7 月，最低在 1 月。

地中温度指地中各深度的土壤温度。地中各层次的温度年、日变化都要小于空气温度变化，并越往深层变化越小。40 cm 以上浅层地中温度变化趋势与地表及空气温度基本一致，最高在 7 月，最低在 1 月；40 cm 以下的深层地温，最高出现在 8~10 月，最低在 2~4 月。如银川 160 cm 地温，最高在 10 月为 14.2℃，最低在 3 月为 3.4℃，年较差 7.2℃。固原 160 cm 地温，最高在 8 月为 15.2℃，最低在 3 月为 2.3℃，年较差 12.9℃。

宁夏冬季寒冷，有 4 个月左右土壤冻结期。宁夏各地最大冻土深度分布，南部山区深于引黄灌区，其中，平罗、贺兰、青铜峡、中宁、沙坡头区、泾源为 80~97 cm；其余大部分地区最大深度均在 100 cm 以上；海原 159 cm，为宁夏冻土最深地区。各地土壤冻结由浅入深，冻结最早在 9 月下旬，平均结冻初日在 11 月下旬至 12 月上旬；地中 30 cm 处冻结初日在 12 月中旬至下旬。土壤解冻上下同时进行，平均解冻初日 10 cm 处日期在 3 月 5 日至 3 月 13 日；30 cm 解冻在 3 月中旬至 3 月下旬，4 月初整层解冻。

(三)降水与蒸发

1. 降水量

宁夏年降水量自南向北递减，形成自南向北的冷湿组合过渡到暖干组合。北部引黄灌区多年平均降水量 192 mm，降水年内分配不均，干、湿季节明显，7、8、9 三个月的降水量占全年降水量的 60%~70%；中部干旱带年降水量为 200~400 mm，大部分集中在 7~9 月，占全年总降水量的 60%~70%，并多以暴雨、冰雹等灾害形式出现；南部黄土丘陵区年均降水量 475 mm，年降水的 70% 集中在 7~9 月。在环六盘山腹地的泾源、隆德、彭阳三县降水量为 450~800 mm。

宁夏多年平均降水量为 264.7 mm，年代际变化比较明显。20 世纪 70 年代到 80 年代偏少，特别是 90 年代明显偏少。但是近 10 年宁夏的年平均降水量变化较大，引黄灌区增加了 1.6 mm，中部干旱带减少了 9.9 mm，固原市减少了 68 mm。

宁夏降水量一年之内各月降水量相差较大，6~9 月的降水量占全年总降水量的 70% 左右，且多以暴雨降落，是造成水土流失的一项重要因素。3~5 月的降水量，只占全年降水量的 10%~20%,故春旱是宁夏的主要自然灾害。

降水受海拔高度的影响很明显,海拔每升高 100 m,在贺兰山降水量平均增加 7.4 mm;六盘山因纬度偏南,平均降水增加更多,为 12.6~19.1 mm。

2. 蒸发

宁夏各地蒸发量为 1040.1~2530.6 mm。与降水量相反,宁夏蒸发量自南而北递增,固原地区年蒸发量较小,平均为 1040.1~1162.4 mm;中部干旱带 1000~2530 mm;引黄灌区受灌溉影响,空气湿度较大,蒸发量略低,为 1200~2000 mm。

(四)农业气象灾害

宁夏主要农业气象灾害有干旱、洪涝、风灾、雹灾、霜冻、热干风及低温冷害等。

1. 干旱

干旱是宁夏分布最广、对农业生产影响最大的灾害。仅从 1300—2000 年的 700 年间的各种气象灾害记录的 530 年统计分析得出,旱灾年为 374 次,占 53%,平均 2 年要发生 1 次旱灾;连续 3 年出现旱灾的年次为 48 年,约占总灾害年数的 7.2%,最长的旱灾年份为 20 年,即 1924—1943 年;最严重的旱灾年份为 1927—1929 年。1949—2000 年共发生干旱 41 次,平均 1.2 年就发生 1 次旱灾;1957 年、1962 年、1965 年、1974 年、1991 年、1995 年、1997 年和 2000 年共发生 8 次较大的干旱,平均 6 年一遇,但不规律。每次大旱都会造成农业严重减产和牲畜死亡及人畜严重缺水。宁夏干旱在春、夏、秋季都有发生。春旱最多,秋旱次之;连旱以春夏连旱最多,夏秋连旱次之,春夏秋连旱较少。据 1978—1989 年的资料统计平均每年干旱的受灾面积为 17.2 万 hm^2,成灾面积 14.7 万 hm^2。旱区主要分布在中部干旱带,其特点是受灾面积广,干旱持续时间长,对农牧业影响大。

2. 洪涝

宁夏洪涝灾害主要由暴雨而产生,多发生在每年 6~9 月的多雨季节,以 7、8、9 月份最多,占 70% 以上。一旦发生洪涝,往往导致局部地区水土流失,河水猛涨,冲毁农田、房屋、桥梁、堤坝,使水库满溢或决口,给国民经济和人民生命财产带来严重损失。据 1978—1989 年的资料统计,平均每年洪涝灾害面积为 2.1 万 hm^2,成灾面积 1.4 万 hm^2。洪水灾害可分为三类,一是黄河干流的洪水。洪水主要来源于黄河兰州以上流域,20 世纪以来,黄河发生 6000 m^3/s 以上大洪水 4 次。二是南部山区暴雨洪水严重地威胁着山区 195 座中小型水库的安全度汛,在历年暴雨洪水中已有 26 座中小型水库垮坝,严重威胁着下游乡镇居民、铁路、公路等公共设施的安全。三是贺兰山东麓山洪威胁着银川和石嘴山两市工矿企业,沿山公路,铁路以及渠道的安全。此外,黄河宁夏段是黄河冰凌灾害发生的主要河段之一,曾多次发生冰坝,造成灾害。

3. 风灾

风灾是一种局地性小范围的灾害。1949—2000 年宁夏有 40 年发生大风灾害,平均 1.3 年就发生 1 次风灾。风灾常与冰雹、雷雨大风、寒潮和沙尘等相伴而来。大风常刮倒输电通讯线路等,给农业生产、交通运输等带来重大损失。大风天气也加剧了土壤水分蒸发,助长旱情发展,埋没农田等。大风出现时往往伴有沙尘暴,沙尘暴以盐池、同心为最多,出现最多的季节是春季,夏季次之,秋季最少。宁夏的风灾则是北部多于南部,山顶、峡谷、空旷的地方多于盆地。

4. 雹灾

冰雹是对宁夏农业危害较为严重的气象灾害之一,且每年都有不同程度的发生。冰雹局地性强,季节性明显,来势急,持续时间短,对农业生产危害严重,猛烈的冰雹打毁庄稼,损坏房屋、人被砸伤、牲畜被砸死的情况也时有发生。冰雹一般发生于3~10月,主要集中在6~9月。具有南部多、北部少,山区多、丘陵和平原少,迎风坡多、背风坡少等分布特点。主要集中在南部六盘山东西两侧及北部贺兰山区。

5. 霜冻

霜冻是宁夏常见的气象灾害,多发生在春季农作物幼苗期和果树开花期,有时也发生在秋季收获季节。宁夏霜冻以六盘山系、贺兰山脉高寒地区出现次数较多,其次为银川以北、盐池、中卫和固原市的大部分地区,出现次数最少的是银川以南地区的永宁、吴忠、青铜峡等地。一般年份春霜冻重于秋霜冻,但特殊年份秋霜冻重于春霜冻,特别是南部山区更为明显。

6. 热干风

热干风是一种高温、低湿并伴有一定风力的农业灾害性天气,是宁夏灌区小麦生产中主要的农业灾害之一,是造成灌区小麦产量年际波动的主要因素。一般发生在6月上旬至7月上旬,每年都有不同程度的发生,一般会使小麦减产5%~10%,个别危害严重年份减产可达20%以上。危害的关键期在小麦扬花至蜡熟期。

宁夏热干风主要有两种类型:高温低湿类型(习惯上称热干风)和雨后猛晴类型(习惯上称青干和腾死)。热干风的特点是大气高温、干旱,有时风速持续时间较长,既有热害也有干害。以热害为主时,气温高,湿度低,风力不大,一般只有1~2级。雨后猛晴特点是雨后高温或雨后猛晴,使小麦青枯。试验证明,雨后气温回升愈快,温度愈高,青干发生愈早,危害程度也愈重。

7. 低温冷害

低温冷害主要是在水稻生育期内发生异常低温而造成水稻严重减产的一种灾害,在宁夏其影响程度仅次于干旱。低温冷害主要发生在7~8月,一般由于长期阴雨,造成气温低于作物正常生长所需的温度,或短时异常低温影响水稻抽穗扬花、授粉,致使空秕率增加,产量下降。冷害较重的年份可减产一至二成。此外,春季(3~5月)出现的低温阴雨天气(俗称倒春寒)可推迟春播和越冬作物的正常生长发育。

二、地势地貌

宁夏地势自南向北倾斜,可分为3个台阶:南部为黄土丘陵,地势高,海拔1500~2300 m;中部为鄂尔多斯剥蚀台地及间山缓坡丘陵,地势较高,海拔1250~2000 m;北部为黄河冲积平原,地势低,海拔 1100~1300 m。南部黄土丘陵与中部鄂尔多斯剥蚀台地缓坡丘陵,高差 20~60 m,分界线自盐池县红井子开始,自东向西,经白墡井、窑山、喊叫水,到兴仁堡。中部鄂尔多斯剥蚀台地缓坡丘陵与北部黄河冲积平原交界处高差 10~50 m,分界线大致为横山、白土岗子、牛首山、白马、永康、长乐。

(一)土地类型及面积

按照国土资源部土地类型分类,宁夏土地共划分为 12 个土地类型 41 个亚型。

1. 山地

山地是地壳构造运动中剧烈隆起的部分,相对高差一般>300 m,有明显的走向和山脊线。自山顶至山麓,气候、植被、土壤有明显的垂直地带性。宁夏山地面积 928.7 万亩,占宁夏土地总面积 11.9%。主要有贺兰山、六盘山、罗山、南华山、西华山、月亮山、云雾山、香山及牛首山等。按地面坡度及人为活动情况,山地又划分为微坡山地(地面坡度<7°)、缓坡山地(地面坡度为 7°~15°)、中坡山地(地面坡度为 15°~25°)、陡坡山地(地面坡度>25°)、山地水平梯田和山地水平沟 6 个亚型。

2. 洪积扇

洪积物在山口堆积的扇形地,称洪积扇。贺兰山东麓多个洪积扇横向相连而形成洪积扇群。罗山、香山、南华山等山前都有明显的洪积扇分布,南部六盘山等由于植被茂密,山洪规模小且泥石含量少,洪积扇小而不明显。宁夏洪积扇面积 174.4 万亩,占宁夏土地总面积的 2.3%。按其组成物质,洪积扇分为石质洪积扇(组成物质以石块、砾石为主)和砂砾质洪积扇(组成物质以细砾、沙粒和粉粒为主)2 个亚型。

3. 坝地

坝地是干旱地区的沟道经人工筑坝并引洪淤积而成的耕地。一般土层深厚,土质较好。坝地面积小,11.5 万亩,占总土地面积的 0.2%。

4. 平原

高差小且平坦开阔的地面称平原,面积为 1520.9 万亩,占总土地面积 19.6%;按其规模及形成条件,划分为 3 个亚型。一是近代河流冲积平原,它是在河水泛滥时由河流冲积物淤积而成。主要平原有银川平原、卫宁平原、清水河、葫芦河、红河及茹河等河流的川地。近代河流冲积平原水土资源丰富,有引水或蓄水灌溉之便,是宁夏重要的农业生产基地。二是河成老阶地,由河流侧蚀、下切形成,一般为阶梯状平台,沿河流两侧断续分布。主要有中卫南山台子、中宁渠口高阶地及鸣沙、白马一带的二级阶地,永宁玉泉营、黄羊滩一带、贺兰南梁台子、金山一带,以及隆德县的沙塘川北侧等。老阶地水土资源比较丰富,自然排水条件好,也是重要的农业生产基地。三是盆地,周围山丘环绕,中间地势低平。宁夏较大的盆地有海原县的西安州盆地、兴仁堡盆地及贾塘盆地、红寺堡盆地和韦州盆地。

5. 河流及河谷

宁夏主要河流除黄河外,还有黄河的一级支流清水河、泾河、苦水河及黄河的二级支流葫芦河、红河及茹河等,河流及沟谷面积为 335.9 万亩,占总土地面积的 4.3%。河流及河谷分为河床、河滩地和沟谷 3 个亚型。沟谷主要分布在黄土丘陵区。

6. 沟台地

沟台地是黄土丘陵地区大型侵蚀沟或小型河流两侧的独特地类,176.2 万亩,占总土地面积的 2.3%。分为高沟台地、沟掌地、沟壕地及低沟阶地 4 个亚型。

7. 黄土塬

"塬"是黄土堆积较高而平坦的地面。宁夏主要的黄土塬有彭阳县的孟塬、长城塬,海原县的武家塬及同心县的张家塬和海池山等。15.9 万亩,占总土地面积的 0.2%。

8. 黄土丘陵

黄土丘陵包括黄土梁和黄土峁。长条状丘陵叫"梁",单个圆形丘陵称为峁,多由梁切割而成。黄土丘陵是宁夏面积最大的一种土地类型,2037.4 万亩,占总土地面积的 26.2%。黄土丘陵分为黄土丘陵微坡地、黄土丘陵缓坡地、黄土丘陵中坡地、黄土丘陵陡坡地、黄土丘陵水平梯田、黄土丘陵水平沟台、黄土丘陵塌坡地 7 个亚型。

9. 近山丘陵

近山丘陵多邻近山地,相对高差介于山地与黄土丘陵之间。面积为 163.3 万亩,占总土地面积的 2.1%。分为近山丘陵微坡地、近山丘陵缓坡地、近山丘陵中坡地、近山丘陵陡坡地、近山丘陵水平梯田、近山丘陵水平沟台 6 个亚型。

10. 缓坡丘陵

地面坡度较平缓,但有明显起伏,高差 20~50 m 的土地类型称为缓坡丘陵。主要分布在宁夏中部盐池、同心、灵武等地鄂尔多斯台地上。面积为 1400 万亩,占总土地面积的 18%。分为坡地、丘间滩地、丘顶梁地 3 个亚型。

11. 风沙地

风沙地是在风力的侵蚀、搬运、堆积作用下形成的一种土地类型,896.7 万亩,占总土地面积的 11.5%,分为流动沙丘、半固定沙丘、固定山丘、浮沙地 4 个亚型。

12. 湖泊及水库

湖泊及水库面积为 30.5 万亩,占总土地面积的 0.4%。分为天然湖泊、人工坑塘及水库 3 个亚型。

(二)三大区域地形地貌

1. 北部引黄灌区

北部引黄灌区包括沙坡头灌区和青铜峡灌区,平均海拔高度为 1100~1200 m。

沙坡头灌区分布于黄河两岸,以黄河冲积平原及河滩地为主,并兼有部分风沙地。地势呈西高东低,自北至南向黄河倾斜。黄河冲积平原受黄河下切和周围山地地质构造运动的影响,形成数级阶地,自黄河河床及河滩地向两侧又可划分为一级阶地、二级阶地和风沙地等地形单元。河滩地大部分为黄河近期冲积而成,地势平坦,地面坡降在 1/1000 左右。但由于黄河主流的摆动,河滩地也常处在时冲时淤的变化之中。一级阶地位于河滩地之上,与河滩高差一般为 1~3 m,是灌区的主要耕作区。一级阶地地势比较低平,地下水埋深较浅。二级阶地位于一级阶地之上,较一级阶地高 2~6 m,大部分地势较高,地面多向黄河倾斜,坡降较大,自然排水条件好,是较好的农业耕作区。风积沙地主要分布在沙坡头区西北部,腾格里沙漠的东南缘。

青铜峡灌区西依贺兰山,东邻鄂尔多斯台地,为宁夏平原地势最低之处,区内湖沼众多,人类经济活动营造了灌区纵横交错的引排水系统。青铜峡灌区河西南部较高,为青铜峡平原和丘陵山地;北部、东部较低,为银川平原;略呈西南—东北方向倾斜。地貌类型多样,自西向东分为贺兰山地、洪积扇前倾斜平原、洪积冲积平原、冲积湖沼平原、河谷平原、河漫滩地等。海拔在 1010~1300 m 之间,地面坡度为 2‰左右,土层较厚。西部贺兰山为石质中高山,呈北偏东走向,全长约 150 km,宽 20~30 km,最高峰海拔 3556 m,是阻挡西北冷空气和风沙长驱直入宁夏北部的天然屏障。

2. 中部干旱带

中部干旱带地形为南高北低,东高西低,海拔为 1300~2600 m,地貌类型包括宁中山地与山间平原、灵盐台地、黄土丘陵等。

宁中山地与山间平原:包括卫宁北山、牛首山、香山、烟筒山、罗山、青龙山等山地,以及清水河下游冲积平原、红寺堡平原、韦州平原等山间平原。由于气候干旱,除卫宁平原、红寺堡等扬水灌区外,其余均为旱耕地和天然草地。

灵盐台地:包括灵武市东部和盐池县中、北部,为鄂尔多斯高原的一部分。台地海拔 1200~1700 m,地势自东向西倾斜,地形较为平坦,以沙质土为主,水资源贫乏,多为天然草场。

黄土丘陵:包括海原、同心、盐池以及原州区北部、西吉西部等区域,水土流失严重,沟壑十分发育,海拔 2000 m 左右,黄土厚度 20~90 m,地势南高北低,塬面破碎,多为旱作农业区,产量低而不稳。

3. 南部黄土丘陵区

南部黄土丘陵区主要包括黄土丘陵和六盘山山地,区域地形复杂,沟壑纵横,海拔 1248~2955 m。彭阳、西吉、隆德等县为黄土丘陵区,水土流失严重,沟壑十分发育,区域内地貌类型复杂多样,有塬、梁、峁、川、盆、台、沟等多种地形,相互交错。六盘山山地包括两列近于南北向的平行山脉,西列为六盘山主脉,最高峰为南华山主峰马万山,海拔 2955 m,西北延与月亮山、南华山、西华山断续连接,海拔 2500 m 以上;东列为小关山,海拔2100~2500 m。泾源、隆德、原州、西吉、海原等县部分区域为六盘山山地区域,主要地形单元有间山盆地、近山丘陵、沟、台等地形。南部黄土丘陵区主要为旱作农业区,水土流失严重,平均土壤侵蚀模数达到 2000~10000 t/km²、年,年输入黄河泥沙量 4500 万 t,是黄河流域水土流失最严重的地区之一。

三、植被分布

宁夏天然植被资源包括天然森林资源和天然草场资源。

（一）天然森林资源

宁夏天然森林资源主要分布在贺兰山、六盘山和罗山三大林区，此外，中卫市海原县南华山、沙坡头区、青铜峡库区、灵武白芨滩、盐池县也有小面积天然乔、灌木林分布。

宁夏天然林面积为 335.92 万亩，其中，乔木林面积为 72.34 万亩，占天然林面积的 21.6%；疏林地面积为 12.75 万亩，占天然林面积的 3.8%；灌木林面积为 250.83 万亩，占天然林面积的 74.6%。天然乔木林以云杉、油松、桦类、栎类、杨类为主，其中，云杉面积 14.79 万亩，占宁夏天然乔木林面积的 20.2%；油松 6.23 万亩，占天然乔木林面积的 8.5%；桦类 19.23 万亩，占天然乔木林面积的 26.3%；栎类 13.1 万亩，占天然乔木林面积的 17.9%；杨类 11.18 万亩，占天然乔木林面积的 15.7%。

天然灌木林优势树种主要有白茨、柳灌、柠条、圣柳、沙棘、红砂、花棒等。其中，白茨占宁夏天然灌木林总面积的 9.0%；柳灌占宁夏天然灌木林总面积的 4.3%；柠条占宁夏天然灌木林总面积的 60.8%；圣柳占宁夏天然灌木林总面积的 2.2%；沙棘占宁夏天然灌木林总面积的 5.1%；红砂占宁夏天然灌木林总面积的 15.4%；花棒占宁夏天然灌木林总面积的 3.2%。

据有关部门调查统计，宁夏全区森林覆盖率为 11.4%；宁夏林木绿化率为 12.6%。六盘山森林覆盖率为 47.0%；贺兰山森林覆盖率为 12.5%；罗山森林覆盖率为 9.6%。

（二）天然草场资源

宁夏有天然草地 3665 万亩，占国土总面积的 36.8%，草原面积与国土面积比值仅次于内蒙古、西藏、青海三省区，位居全国第四。宁夏天然草场主要分布在宁夏中部及南部地区；五个地级市中，吴忠市分布面积最大，占宁夏天然草场总面积的 43.76%；其次为中卫市，占总草原面积 32.42%。依县而论，以盐池县居首，占宁夏天然草场面积的 19.54%；其次为沙坡头区，占总草原面积 12.35%；除大武口外，永宁县面积最小，仅占总草原面积 0.2%。

宁夏草原随南北气候和水热条件的递变，形成了多种多样的类型，由南向北依次划分为草甸草原带、干草原带、荒漠草原带、草原化荒漠带等，共划分为 11 个草原类、52 个草原组、353 个草原型。其中，温性草甸草原 133.05 万亩，占总草原面积 3.63%；温性草原 953.88 万亩，占总草原面积 26.03%；温性荒漠草原 2164.54 万亩，占总草原面积 59.06%；温性草原化荒漠 340.45 万亩，占总草原面积 9.29%；温性荒漠 73.08 万亩，占总草原面积 1.99%。温性荒漠草原和温性草原共占总草原面积 85.09%，是宁夏天然草原的主体。

1. 草甸草原类

草甸草原类是生长在半湿润生境，由多年生中旱生或旱中生植物为建群种所组成的草原类型，草群中常混生一定数量的广旱生植物及中生植物。分布于六盘山及小黄峁山、瓦亭梁山、月亮山、南华山等山地。出现在海拔 1800 m 以上的阴坡、半阴坡、半阳坡。年降雨量为 500~650 mm，主要地带性土壤为灰褐土或黑垆土。

宁夏草甸草原类面积 133.05 万亩，包括 4 组 11 个型。主要由铁杆蒿、牛尾蒿、异穗苔、干青针茅等主要建群种。草层平均高 25.22 cm,平均盖度 81.41%;1 m² 平均有植物 12 种,平均亩产鲜草 388.8 kg,合干草 186.7 千克/亩,平均亩产可利用鲜草 379.2 kg。

2. 干草原类

干草原类是由旱生多年生草本植物或旱生蒿类半灌木、小半灌木为建群种组成的草原类型。广泛分布于南部黄土丘陵地区的丘陵坡地,其北界为东自盐池县青山乡营盘台沟,向西经大水坑—青龙山东南—沿大罗山南麓—经窑山、李旺以南—海原庙山以北—干盐池北山一线。年降水量 300~500 mm,主要地带性土壤类型为黑垆土和灰钙土。

宁夏干草原面积 953.88 万亩,包括 6 个草原组,55 个草原型。主要建群种有长芒草、铁杆蒿、牛枝子、百里香、阿尔泰狗娃花、星毛尾陵菜、冷蒿、漠蒿、甘草、短花针茅、艾蒿、大针茅、锦鸡儿、蒙古冰草、糙隐子草等植被,平均盖度 52.42%;平均 1 m² 有植物 8 种,草层高度平均为 14.72 cm,平均亩产鲜草 134.22 kg,合干草 65.4 千克/亩,平均亩产可利用鲜草 128.5 kg。

3. 荒漠草原类

荒漠草原类是以强旱生多年生草本植物与强旱生小半灌木、小灌木为优势种的草原类型,是宁夏中北部占优势的地带性草原,广泛分布于宁夏中北部地区包括海原县北部、同心、盐池中北部,以及引黄灌区的大部分地区。荒漠草原分布地区属半干旱气候,年降水量 200~300 mm,主要地带性土壤为灰钙土。

荒漠草原类包括 11 个草原组 181 个草原型,面积 2164.54 万亩,是宁夏草原面积最大的类型。主要建群种有短花针茅、糙隐子草、刺旋花、猫头刺、川青锦鸡儿、冷蒿、漠蒿、耆状亚菊、珍珠、红砂、木本猪毛菜、老瓜头、骆驼蒿、多根葱、大苞鸢尾、牛枝子、披针叶黄华、甘草、苦豆子、荒漠锦鸡儿、柠条锦鸡儿、狭叶锦鸡儿、中亚白草、赖草、芨芨草、卵穗苔、黑沙蒿等植被,平均覆盖度 42.78%,草群平均高度 17.76 cm;平均 1 m² 有植物 6 种,平均亩产鲜草 102.5 kg,合干草 50.13 千克/亩,可利用鲜草平均亩产 37.3 kg。

4. 草原化荒漠类

草原化荒漠类是以强旱生,超旱生的小灌木、小半灌木或灌木为优势种,并混生相当数量的强旱生多年生草本植物和多量一年生草本植物的草原类型,是半干旱向干旱地带的过渡的草原类型,主要分布在宁夏生境最严酷的北部地区。如沙坡头城区北部、中宁县北部、青铜峡西部等地,分布在干燥的丘陵、山地阳坡强砾质、石质、砂质或盐渍化的生境。

草原化荒漠类总面积 340.45 万亩,包括 8 个草原组 30 个草原型。主要建群种有珍珠、红砂、列氏合头草、木本猪毛菜、猫头刺、沙冬青、麻黄、骆驼蒿、多根葱、节叶蒿、冠芒草、三芒草、唐古特白刺、柠条锦鸡儿等。草原化荒漠类植被稀疏,草群不能郁闭,时常有大面积裸地,平均盖度 29.9%;1 m² 有植物 4.27 种,平均亩产鲜草 108.2 kg,合干草 48.4 千克/亩。

5. 干荒漠类

干荒漠类是在极端的生境条件下形成的典型荒漠草原,以超旱生的灌木、半灌木、小

灌木、小半灌木、小乔木或适应雨季生长发育的短营养期一年生植物为主要建群种。植被稀疏,覆盖度低,层不能郁闭,常有大量裸露的地面。干荒漠草原主要分布在宁夏中、北部干旱地区,如贺兰山洪积扇、盐池县惠安堡、青铜峡西部、灵武市东西部、中卫、陶乐的沙区等地,以局部生境的严峻化为依附呈隐域性出现。

干荒漠类总面积 73.08 万亩,共包括 4 个草原组 13 个草原型,其中,以盐爪爪、西伯利亚白刺等盐生灌木组为最主要建群种。一般平均盖度为 43.3%,草层高度平均为 16.5 cm;平均 1 m² 有植物 3.26 种,平均亩产鲜草 143 kg,合干草 51.8 千克/亩。

此外宁夏还有低湿地草甸类、山地草甸类、沼泽类、灌丛草甸类、灌丛草原类等小面积植被类型。

四、水文条件

宁夏地处西北干旱半干旱地区,多年平均降水量 149.491 亿 m³,合降水深 289 mm;多年平均地表水资源量 9.493 亿 m³,径流深 18.3 mm;多年平均地下水资源量 30.7 亿 m³,地表水与地下水重复资源量 29.3 亿 m³,水资源总量 10.91 亿 m³。大气降水、地表水和地下水都十分贫乏,是全国水资源严重短缺的省区之一。量少、质差、且时空分布不均、变化大是宁夏水资源的突出特点。水资源是制约宁夏可持续发展的最大瓶颈。

(一)地表水资源

地表水资源是指宁夏境内降雨形成的河川径流量。宁夏天然地表水资源量 9.493 亿 m³,径流深 18.3 mm,只有全国平均值(276 mm)的 1/15,黄河流域平均值(87.6 mm)的 1/5。耕地亩均占有水量 58 m³,分别为黄河流域和全国平均值(311 m³,1344 m³)的 1/6 和 1/28。人均占有水量 151 m³,远低于重度缺水区人均 1000 m³ 的标准,分别为黄河流域和全国平均值(493 m³,2146 m³)的 1/3 和 1/12。加上出境水量多,出境好水多,加重了水资源开发利用的矛盾。

宁夏主要河流有清水河、苦水河、葫芦河、泾河、红柳沟、祖历河等,其中清水河、葫芦河、泾河水资源相对较为丰富、水质较好,开发利用程度较高;三条河流多年平均地表水资源量 6.682 亿 m³,占宁夏地表水资源的 70.4%;引黄灌区地表水资源量为 1.49 亿 m³,由于不能拦蓄而无法利用;其他各支流如红柳沟、苦水河、祖历河以及黄河两岸地区水资源量相对较少,仅占 15%,大部分径流深<5 mm 的资源量且矿化度很高,水资源开发利用程度很低。

宁夏全区多年平均地表水资源可利用量为 3.0 亿 m³,50%、75%、95%保证率地表水资源可利用量分别为 2.865 亿 m³、2.061 亿 m³、1.411 亿 m³。

(二)地下水资源

宁夏地下水资源量为 30.73 亿 m³,其中,宁夏山丘地下水资源量为 4.10 亿 m³,宁夏平原区地下水资源量为 26.63 亿 m³。全自治区可开采的地下水资源总量为 10.83 亿 m³,其中山丘地下水可开采量 1.4 亿 m³,平原区浅层地下水年可开采量为 9.43 亿 m³。

宁夏地下水矿化度变化较大,其中,矿化度<2 g/L淡水共25.507亿 m³,占宁夏地下水资源总量的83%;矿化度为2~5 g/L咸水4.114亿 m³,占宁夏地下水资源总量的13.4%,主要分布在引黄灌区的石嘴山市、银川市和吴忠市;矿化度>5 g/L苦咸水1.112亿 m³,占宁夏地下水资源总量的3.6%,主要分布在引黄灌区北部石嘴山市和银川市。

(三)黄河干流过境水资源量

黄河自宁夏中卫沙坡头区南长滩入境,石嘴山头道坎出境,区境流程397 km。多年平均径流量以1956—2000年45年系列计算,下河沿水文站实测入境水量306.8亿 m³,石嘴山站出境水量281.2亿 m³,进出境相差25.6亿 m³。黄河干流不同时段年径流量有丰枯交替变化,自1991年进入枯水段,一直持续到2007年,连续18年进出境相差31.4亿 m³。

黄河为多泥沙河流,入境下河沿水文站在刘家峡、青铜峡建库前平均含沙量6.51 kg/m³,建库后3.48 kg/m³;年输沙量建库前2.07亿 t,建库后1.05亿 t。出境石嘴山水文站建库前平均含沙量5.90 kg/m³,建库后3.56 kg/m³;年输沙量建库前1.85亿 t,建库后0.99亿 t。

五、成土母质

成土母质是形成土壤的基础物质,对土壤的性状有重大影响。按母质的成因和性质,可将宁夏的成土母质分为残积、坡积、红土、黄土、风积、洪积、冲积、湖积和灌溉淤积物九类。

(一)残积母质

山地及某些丘陵,母岩风化物未经侵蚀搬运,则称为残积母质。按其主要组成物质的不同又分为粗质残积母质、细质残积母质和多云母质残积母质。

粗质残积母质主要分布于贺兰山及盐池县一带的丘陵地区,为砂岩、砾岩及石英岩等岩石风化物,含有较多的砂粒和砾石,质地粗,多为砾质沙土,部分为沙壤土,有机质及养分含量低,故粗质残积母质所形成的土壤比较贫瘠。

细质残积母质主要分布于六盘山等地,为页岩、泥岩、灰岩等岩石的风化物。一般颗粒细,质地较黏,养分含量高。细质残积母质形成的土壤肥力较高。

多云母质残积母质主要分布于南华山和西华山,为云母石英片岩及云母片麻岩风化物,含有多量云母碎片,磷素和钾素含量高。

(二)坡积母质

坡积母质是受重力作用而堆积在坡麓地区的物质。这类母质一般厚度较大,颗粒分选性差,质地变化大,常夹有石块。因其处于坡麓,水分条件较好,有机质及养分含量较高。

(三)红土母质

红土母质主要分布于宁夏南部侵蚀严重的丘陵地区,如红寺堡滚泉、同心桃山、平罗红墩子及六盘山东西两侧。质地黏重,多为黏土,少数次生红土含有砾石。红土石灰反应明显,含盐量多>10 g/kg。原州七营马莲村川地的红黏土系次生沉积物,含盐量较高,平均为3.3 g/kg;固原红庄及泾源县泾河源位于六盘山区,雨量大,淋洗强,红土含盐量<1 g/kg。同心及海原的红土层中,可见到石膏晶体,其全盐量也较大。

（四）黄土母质

黄土母质分布于宁夏南部的黄土丘陵地区。黄土是一种风成物质,川地有水成次生黄土。风成黄土以新黄土（马兰黄土）为主,仅局部地区有老黄土出露。新黄土呈浅棕色,或略带灰色。土层深厚,疏松多孔,垂直节理明显。黄土中的主要矿物有石英和长石,碳酸钙含量高,为80~160 g/kg。固原开城及大湾一带,黄土中有石灰质结核。新黄土的颗粒组成以粉粒（粒径0.001~0.05 mm）为主,含量达56%~79%。黄土的颗粒组成有自北而南逐渐变细的趋势。老黄土呈棕带红色,质地比新黄土黏重。黄土中含有一定的有机质及养分。

（五）风积母质

风积母质主要分布于宁夏中、北部,是风力搬运堆积而成的细沙物质,细沙（粒径0.05~0.25 mm）含量90%左右。化学成分以二氧化硅占优势,占75.88%,其他成分较少。有机质及养分含量很低,有机质不足3 g/kg。故风积母质所形成的土壤,通透性良好,早春升温快,但很贫瘠。

（六）洪积母质

洪积母质为山洪搬运堆积的物质,主要分布于山地或丘陵的沟道两侧和山洪沟口的洪积扇地区。洪积母质的颗粒组成和化学性质,因山洪来源、搬运距离和沉积条件的不同,而有很大差异。如青铜峡甘城子地区来自空克墩沟的洪积物,多为黄土状物质,质地为黏壤土,土层深厚;来自双疙瘩的洪积物,砾石和石块多,细土层薄。中卫常乐附近的洪积物,来自香山山地土壤,有机质含量高。洪积母质因各次山洪规模和流速的变化,同一剖面的质地变化很大,在同一剖面中,可有不同质地的层次,也有砾石与黏土块夹杂的现象;土层厚度的变化也很大。洪积扇不同部位的洪积母质,质地有一定的分异,如贺兰山东麓的洪积扇,顶部为大石块所堆积;中上部质地粗,多为砾石土或砾质沙壤土;中下部质地变细,砾石含量减少;至末端,则为壤土或黏壤土。

洪积物与河流冲积物常交错、重叠,这种成土母质称为洪积冲积母质。

（七）冲积母质

经河流长距离搬运沉积下来的成土物质,为冲积母质。分布在黄河及支渠清水河、苦水河、葫芦河、茹河、红河等河流的两侧。一般分选比较好,沉积层次明显,石砾磨圆度高。河滩地和古河床的沉积物一般较粗,多为沙土或沙壤土,常有卵石层分布。低阶地上的冲积物,因河流流速的变化,剖面质地层次变化很大,有的出现沙土层或黏土夹层;高阶地上的河流冲积物常与洪积物交错重叠,实为洪积冲积物。冲积母质含有一定的有机质和养分。

（八）灌溉淤积物

引黄灌区,灌溉水中含有大量泥沙,灌水时在田中落淤,这种灌水淤积物称为灌溉淤积物。据田间实测,每年大水漫灌灌水落淤物数量,永宁及吴忠小麦地每亩686~940 kg,水稻田每亩 10360 kg;扬水灌溉落淤量小,小麦地每亩为 46~192 kg。经千百年灌溉,农田中灌水淤积物的厚度可达数米。

各级渠道流速不同,淤积过程中有一定的风选作用。干渠沉积物以细沙占优势;支渠中以细沙占优势,粗粉粒也有一定的含量;农渠中的沉积物以粗粉粒为主,并有少量黏粒;至农田中,砂粒含量明显减少,黏粒含量增多。因此,灌溉淤积物的质地以靠近干渠、支渠进水口处为轻;远离干渠、支渠、渠稍及田块中央较重。灌水淤积物来源于上游的侵蚀土壤,故含有一定的有机质及养分;质地愈重,有机质及养分含量愈高。

（九）湖积物

湖积物分布于各地胡泊中,一般为静水沉积的黏土,常有螺壳和水生植物的残体,有机质含量较高,并含有一定的盐分。

第三节 农业生产发展概况

一、宁夏经济发展概况

2015 年,宁夏全区实现地区生产总值 2911.77 亿元,同比增长 8%,高于全国平均水平 1.1 个百分点。农村常住居民人均可支配收入 9119 元,增长 8.4%;城镇常住居民人均可支配收入 25186 元,增长 8.2%。2016 年第一季度,宁夏实现地区生产总值 508.06 亿元,同比增长 6.9%,高于全国平均水平 0.2 个百分点。分产业看,一产增加值 27.66 亿元,增长 3.7%;二产增加值 232.65 亿元,增长 2.9%;三产增加值 247.75 亿元,增长 11.4%。

二、宁夏农业生产发展概况

宁夏地处我国西北内陆,属温带大陆性季风气候,境内常年干旱少雨,地表蒸发强烈;从南到北生态类型多样,作物种类繁多,得天独厚的生态条件决定了宁夏农业产业特色明显,主要特色作物有水稻、枸杞、葡萄、冷凉蔬菜等。宁夏现有耕地 1935.15 万亩,其中宜农荒地 1067 万亩,是全国 8 个宜农荒地超千万亩的省区之一;宜渔湿地 200 万亩,是西北地区重要淡水鱼生产基地;天然草原 3665 万亩,是全国十大传统牧区之一。按耕地利用类型看,宁夏水浇地面积 756.6 万亩,主要分布在卫宁灌区、青铜峡灌区及河东灌区和扬黄扩灌区及库井灌区,包括沙坡头区、中宁县、青铜峡市、利通区、永宁县、灵武市、兴庆区、金凤区、西夏区、贺兰县、平罗县、惠农区、大武口区和红寺堡区大部和同心县、盐池县部分地区及海原县、原州区部分区域;其中有喷灌、滴灌、渗灌等设施的灌溉耕地 95.7 万亩。旱作耕地 1178.55 万亩,主要分布中部干旱带和南部山区,包括盐池县、同心县、海原县大部和沙坡头区、中宁县部分区域及原州区、西吉县、隆德县、泾源县、彭阳县等。水资源短缺是这一区域主要制约因素,制约着农业生产力水平的提高。

宁夏是北方优质春麦产区、全国粳稻最佳生态区、全国黄金玉米产业带和全国重要的马铃薯生产基地,全国 12 个商品粮基地之一。"宁夏大米"是全国唯一以省域命名的农产品地理标志农产品,中国十大大米区域公用品牌,色洁、味香,主推品种"宁粳 43 号"米质达到国标优质米 1 级;小麦面筋值高,品质优良,主推品种宁春 4 号被农业部评为优质小麦,是加工高档通用粉和专用粉的优质原料;玉米成熟度好、淀粉含量高,单产水平居全国前列;马铃薯薯形整齐,口感醇香,南部山区海拔高、气候冷凉,非常适合优质马铃薯及种薯繁育种植,马铃薯产业已成为中南部贫困地区增收致富的支柱产业。形成了以宁夏小麦、玉米,引黄灌区水稻,中南部地区马铃薯为主的优质粮食产业带。自 2000 年以来宁夏粮食产量持续在 350 万 t 以上,特别是近 10 年来,随着国家和自治区对农业生产投入的加大,宁夏主要粮食作物不论单产还是总产均呈持续增长的趋势;自 2003 年以来,宁夏粮食总产实现 14 年连续丰产,最高产量突破 375 万 t。2017 年,宁夏优质粮食播种面积 1163.3 万亩,平均单产 316.5 kg,人均粮食占有量 556 kg,居全国第 5 位;建成平罗、青铜峡、永宁、贺兰、中宁、西吉、原州、同心等一批重要的优质粮食生产基地。分作物看,玉米目前是宁夏第一大作物,2017 年播种面积 435.6 万亩,亩均单产 493.4 kg,总产 214.9 万 t,占宁夏粮食总产的 58.4%;其次是水稻,2017 年播种面积 112.9 万亩,亩均单产 566.3 kg,总产 63.9 万 t,占宁夏粮食总产的 17.4%;小麦近几年种植规模有所恢复,2017 年播种面积 198.8 万亩,平均单产 205.8 kg,总产 40.9 万 t,占宁夏粮食总产的 11.1%;马铃薯近年来由于需求不旺盛,种植规模持续缩减,2017 年播种面积 242.8 万亩,平均单产 150.9 kg,总产 36.6 万 t,仅占宁夏粮食总产的不足 10%。

随着农业科技水平的不断发展,作物品种更新加速,肥料作为农作物的主要"粮食",是维护国家粮食安全的基础。近 30 年来,肥料成为我国粮食高产稳产的重要推动力,其对粮食产量贡献率达 50%以上。根据近年来宁夏测土配方施肥技术推广应用与调查,当前主要作物施肥结构和施肥量进一步优化,宁夏主要作物小麦、水稻、玉米和马铃薯等四大作物化肥投入量(折纯,下同)平均值为 26.09 千克/亩,其中氮肥(N)为 16.34 千克/亩,磷肥(P_2O_5)为 6.72 千克/亩,钾肥(K_2O)为 2.63 千克/亩。投入量依次为:氮>磷>钾,平均氮:磷:钾为 1:0.411:0.185。分作物看,小麦平均施氮肥(N)量为 14.7 千克/亩,磷肥(P_2O_5)5.7 千克/亩,钾肥(K_2O)1.5 千克/亩,施肥总量为 21.9 千克/亩;水稻平均施氮肥(N)量为 16.16 千克/亩,磷肥(P_2O_5)7.38 千克/亩,钾肥(K_2O)2.6 千克/亩,施肥总量为 26.14 千克/亩;玉米施氮肥(N)量为 20.8 千克/亩,磷肥(P_2O_5)6.2 千克/亩,钾肥(K_2O)2.7 千克/亩,施肥总量为 29.7 千克/亩;马铃薯施氮肥(N)量为 13.7 千克/亩,磷肥(P_2O_5)7.6 千克/亩,钾肥(K_2O)5.3 千克/亩,施肥总量为 26.6 千克/亩。

水是农业生产的命脉,是维护宁夏粮食安全的首要因素。中华人民共和国成立以来,宁夏各级党委、政府十分重视农田水利建设,一是加强自流灌区农田水利基础设施建设,建立了完善的黄河引水灌溉系统和排水系统,自流灌溉面积 563.9 万亩;二是加强中部宜农荒地开发利用和扬黄扩灌农田灌溉能力建设,共建成扬黄扩灌面积 128 万亩;三是加强旱作农业区和贺兰山东麓库井灌区基础设施建设,宁夏库井灌溉面积接近

100万亩;截至目前,宁夏共有各类灌溉农田768万亩,占宁夏耕地面积的39.6%;2016年宁夏实际灌溉面积748.15万亩;旱作耕地1167万亩,占宁夏耕地面积的60.4%。随着宁夏农田基础设施的不断加强,耕地抗御自然灾害能力不断增加,特别是灌溉农田成为宁夏粮食安全的重要基石,年生产粮食占宁夏粮食总产近60%,成为宁夏粮食生产口粮绝对安全的重要保障。

引黄灌区是宁夏农业生产的精华地带,黄河干流自中卫市沙坡头区南长滩入境,流经长度397 km,经沙坡头区、中宁县、青铜峡市、利通区、灵武市、永宁县、银川市三区(兴庆区、金凤区、西夏区)、贺兰县、平罗县、大武口区、惠农区等出境;黄河宁夏段多年平均过境流量525×10⁸m³,是宁夏引(扬)黄灌区主要的农业用水来源。其中国家黄河水利委员会分配宁夏年黄河引水流量为40×10⁸m³,且近年来持续压缩,其中2018年仅为35.69亿m³;水资源严重不足成为制约宁夏引黄灌区和优质特色产业发展的重要瓶颈,制约着宁夏现代农业健康全面发展。另一方面由于宁夏水资源极度短缺,地区间分布不平衡,宁夏三分之二的耕地为旱作耕地,降水直接影响着农业生产的发展;春季干旱十分频繁,十年九旱、十年十旱是旱作区的真实写照;近年来,受全球气候变化的影响,春夏连旱十分明显;特别是2016年,旱作农业区自当年7月以来连续56天没有效降水,这一阶段正处于玉米雌穗形成和灌浆的关键时期,造成局部玉米绝产,给当地农业生产敲响了警钟。再次,旱作农业区地处黄土高原腹地,水土流失严重;主要河流清水河由于水质差,矿化度高不符合农业用水灌溉标准,水资源利用效率较低;加上水资源年际、年内变化大,7~9月降水量占全年降水量近70%,而11月至翌年3月降水稀少,境内主要河流茹河、葫芦河等主要河流进入枯水期,常常断流干涸,严重影响当地产业发展。

第四节 耕地质量保护与提升

耕地质量保护是《土地管理法》《基本农田保护条例》《农业法》赋予农业部门的主要职责,也是农业部门开展耕地质量建设与保护的重要依据。

一、制度建设及法律保障

耕地质量管理是《农业法》和《基本农田保护条例》等法规赋予农业部门耕地质量建设与管理的重要职责。为发挥农业部门耕地质量管理职能,提高管理效率和管理水平,宁夏农牧厅高度重视耕地质量建设管理工作,每年在发布宁夏种植业工作指导意见中强调耕地质量建设管理,围绕"藏粮于地"国家战略夯实农业生产基础,强化方案引领,规范项目实施,每一个项目在实施前都组织人员编制可行性、操作性较强的项目实施方案,并经过专家论证后统一印发,项目实施方案为项目实施指明了方向;在耕地质量立法方面,自治区农牧厅2010年开展了"耕地质量保护条例"地方立法工作前期调研,2015年申请自治区政府法制办的"耕地质量保护条例"地方立法项目。

宁夏回族自治区已经制定并发布了《宁夏基本农田保护条例》,对耕地数量保护做了规定,但对耕地质量建设与保护的内容不够全面。

二、提升耕地质量主要措施

21 世纪以来,宁夏回族自治区党委、政府高度重视耕地质量建设,围绕落实中央"严格保护耕地"的总体要求,深入实施"藏粮于地、藏粮于技"国家战略,推进宁夏耕地绿色、生态发展,大力提升耕地综合生产能力,努力改善耕地基础设施条件,强化中低产田改造和地力培肥,合力打造基础设施完备、耕地质量上乘的高产、稳产基本农田。

提升耕地质量主要措施:一是大力推广科学施肥与化肥减量增效技术:自 2005 年农业部在全国范围内启动实施测土配方施肥技术示范推广项目以来,宁夏各级农业主管部门和农业技术员紧紧抓住有利时机,借助项目实施培养了一支土肥水技术队伍,项目实施十多年来取得了丰硕的技术成果,并在宁夏大面积推广应用。测土配方施肥与化肥减量增效技术应用规模不断扩大。截止 2017 年底,宁夏累积推广各类测土配方施肥技术 9720 万亩次,实现宁夏主要粮食作物全覆盖,累积节本增效 19.37 亿元,年受益农户 80 万户以上。摸清了宁夏耕地土壤养分现状,建立了主要作物不同区域施肥指标。项目实施以来,累积采集土壤样品 12 万多个,获得了海量的耕地质量养分数据,摸清了宁夏主要耕地土壤类型养分数据;建立了不同区域小麦、水稻、玉米和马铃薯及蔬菜等作物施肥指标体系。推进了农户科学施肥水平提升和农业技术服务转变。随着测土配方施肥与化肥减量增效技术深入实施,农户施肥结构持续优化,施肥水平显著提高,宁夏主要作物测土配方施肥技术到位率 90% 以上;特别是宁夏测土配方施肥智能决策系统的全方位应用,宁夏 108 个社会化服务站、140 个智能查询终端和微信公众平台及手机 APP 等全媒体应用成为农户获取科学施肥信息的主要途径。建立了宁夏耕地资源管理信息平台,实现了耕地管理信息化。在测土配方施肥基础上建立了宁夏 22 个县(市、区)耕地资源管理空间数据库和属性数据库,实现了对宁夏耕地的数字化动态管理。

二是加大中低产田改造培肥力度,提升耕地综合生产能力:2016 年以来,自治区党委、政府审时度势,在水利部门已经完成银北地区盐碱地水利工程配套改造的基础上,及时提出了银北地区百万亩盐碱地农艺改良培肥技术推广应用;两年来自治区财政持续加大资金支持力度,投入项目资金 1 亿多元用于支持银北地区 6 县(区)开展以秸秆培肥、机械深翻、有机肥和土壤调理剂应用等为主要技术内容的农艺改良培肥集成技术应用;项目启动以来,共设立盐碱地水盐动态监测调查样点 300 个,分析检测项目 11660 项次,基本摸清了银北地区盐渍化现状及主要盐分组成;累积推广各类农艺改良培肥技术 88.25 万亩次,建立不同生态区域秸秆培肥改良集成技术模式和配套物资应用及量化参数;项目区水稻秸秆还田率 59.5%,玉米秸秆还田率 47.8%,筛选出一批符合盐碱地改良应用的有机肥产品;通过秸秆培肥+机械深翻+有机肥应用的综合集成技术应用,盐渍化耕地结构明显优化,盐渍化耕地面积从 2010 年前的 60.8% 降低到 2017 年的 45.6%,减少了 15 个百分点,净减少面积超过 40 万亩,盐渍化耕地农艺改良培肥近 10 年来取得了显著成效,为宁夏粮食安全生产做出了积极贡献。

三是加大旱作节水农业技术推广,推进旱区土壤水资源利用:宁夏旱耕地面积大,占宁夏总耕地的 60.4%,干旱成为制约耕地生产能力的正常发挥的主要障碍因素;近年来,宁夏农牧厅多措并举,充分调动宁夏大学和宁夏农科院等科研教学单位在旱作节水农业技术应用研究方面的技术优势,在宁夏南部旱作区开展了旱地覆膜保墒与天然降水高效利用技术示范推广、地力培肥与灌溉水合理分配示范推广等技术研究与示范推广;截至目前,旱作区共推广各类覆膜保墒旱作农业技术近 2000 万亩,取得明显成效,粮食产量大幅度增加;旱作区玉米播种面积从 20 年前不足 30 万亩发展到当前的 120 多万亩,玉米单产由 100 多千克/亩提高到 408 千克/亩,旱作区粮食贡献率占宁夏粮食贡献率突破35%,充分发挥了旱作区耕地生产潜力,成为近年来宁夏粮食产量增加最多的区域。

第二章　宁夏耕地发展与分布

　　耕地是一种特定的土地,是人类活动的产物,是人类开垦之后用于种植农作物,并经常耕耘的土地,是农业生产最基本的不可代替的生产资料。依据中华人民共和国质量监督检疫局和国家标准化管理委员会于 2007 年联合发布《土地利用现状分类》(GB/T 21010-2007)中耕地是指种植农作物的土地,包括熟地,新开发、复垦、整理地,休闲地(含轮歇地和轮作地);以种植农作物(含蔬菜)为主,间有零星果树、桑树或其他树木的土地。平均每年能保证收获一季的已垦滩地和海涂。

　　宁夏第二次土地调查数据显示,宁夏辖区总面积 7792.2 万亩,其中,耕地 1935.1 万亩,占辖区总面积的 24.84%;园地 78.6 万亩,占辖区总面积的 1.01%;林地 1161.8 万亩,占辖区总面积的 14.91%;草地 3177.5 万亩,占辖区总面积的 40.78%;城镇村及工矿用地 355.4 万亩,占辖区总面积的 4.56%;交通运输用地 106.2 万亩,占辖区总面积的 1.3%;水域及水利设施用地 266.0 万亩,占辖区总面积的 3.41%;其他土地 711.5 万亩,占辖区总面积的 9.13%。宁夏耕地面积比第一次土地调查(1996 年)增加了 276.6 万亩,但随着宁夏人口持续增长,人均耕地从 1996 年的 3.59 亩下降到 3.07 亩,人均耕地减少了 0.52 亩。

第一节　宁夏耕地发展沿革

一、宁夏耕地数量发展沿革

　　据自治区统计年鉴统计, 宁夏耕地数量 1950 年为 1075.5 万亩,2014 年耕地面积为 1935.1 万亩,64 年净增耕地 859.6 万亩,年均增加 13.43 万亩。64 年期间经历了"二减三增"阶段,最后稳定到 1935.1 万亩。人均耕地由 1950 年的 8.5 亩降低到 2014 年的 3.05 亩(见图 2-1)。

　　(一)1950—1980 年耕地面积"一增"阶段

　　1950—1980 年宁夏耕地面积总的趋势表现为增加。1950—1960 年增加趋势明显,由 1075.5 万亩增加到本阶段最大值,1398 万亩,而后逐渐降低, 至 1980 年稳定在 1344 万亩,净增 268.5 万亩。30 年年均增 8.95 万亩(见图 2-2)。

　　1950—1980 年宁夏总人口规模呈明显增长趋势。由 1950 年的 125.96 万人增加到

1980 年的 373.72 万人,净增 247.76 万人,总人口翻了 2.96 倍。30 年平均年增 8.25 万人。平均人均耕地则随着总人口的增加逐渐减少,由 1950 年人均 8.5 亩减少到 1980 年的 3.6 亩,人均耕地面积减少了 2.36 倍。

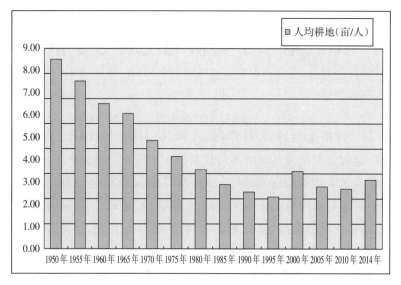

图 2-1 1950—2014 年宁夏人均耕地面积变化

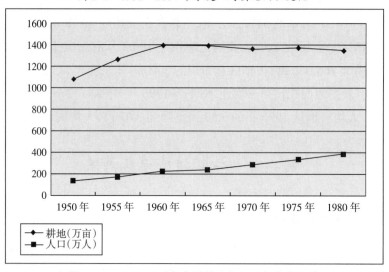

图 2-2 1950—1980 年宁夏耕地与人口数量变化图

(二)1980—2000 年"一减一增"阶段

1980—2000 年宁夏耕地面积呈先减后增的趋势。在这个阶段,由 1980 年 1344 万亩耕地缓慢减少到 1995 年的 1210.5 万亩,期间最低降低到 1985 年的 1192.5 万亩;而后急剧增加到 2000 年的 1939.5 万亩(见图 2-3),净增 729 万亩;1995 年至 2000 年 5 年期间,净增 729 万亩,平均年增 145.8 万亩,远高于 1980—2000 年 20 年年均增加 29.77 万亩。

1980—2000 年宁夏总人口规模呈现明显增加趋势。由 373.72 万人逐年增加到554.32 万人,净增 180.6 万人,20 年平均年增 9.03 万人。人均耕地面积呈先减后增趋势,由 1980

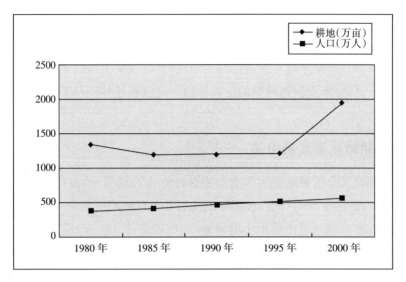

图 2-3　1980—2000 年宁夏耕地与人口数量变化图

年的 3.6 亩降低到 1995 年的 2.4 亩,而后又增加到 2000 年的 3.5 亩。

(三)2000—2014 年"一减一增"阶段

2000—2014 年宁夏耕地面积呈"一减一增"趋势。2000—2004 年宁夏耕地由 1939.5 万亩降低到 1657.5 万亩,4 年减少耕地 282 万亩,平均每年减少 70.5 万亩。2004—2012 年宁夏耕地面积较为稳定,徘徊在 1674~1704 万亩。2012—2014 年宁夏耕地面积剧增,由 1698 万亩增加到 1935.1 万亩,2 年净增 237.1 万亩(见图 2-4)。

2000—2014 年宁夏人口呈缓慢增加趋势,由 2000 年 554.32 万人增加到 2014 年 661.54 万人,净增 107.22 万人,14 年期间每年年均增加 7.65 万人。14 年期间人均耕地面积与总耕地面积变化趋势相一致,呈现先减后增趋势,由 2000 年人均耕地 3.5 亩降低到

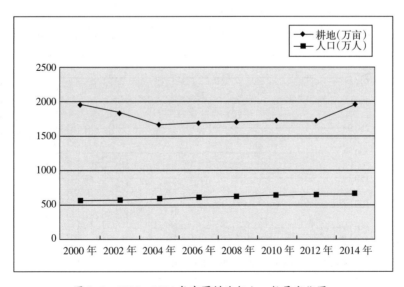

图 2-4　2000—2014 年宁夏耕地与人口数量变化图

2012 年人均耕地 2.6 亩,然后又增加到 2014 年人均耕地 3.07 亩。

宁夏耕地面积的扩大主要来自于以下几个方面:一是扬黄灌区灌溉工程的实施;二是盐碱土改良利用;三是土地复垦项目的实施;四是坡改梯工程的实施;五是耕地占补平衡项目的实施。部分年份耕地减少的主要原因一是退耕还林还草工程的实施;二是城镇化建设项目的实施。

二、宁夏耕地质量发展沿革

我国行业标准《全国耕地地力调查与质量评价技术规程》中将耕地质量定义为耕地满足作物生长和清洁生产的程度,包括耕地地力和土壤环境质量两个方面。耕地地力是指耕地的基础能力,也就是由耕地土壤的地形、地貌条件、成土母质特征、农田基础设施及培肥水平、土壤理化性状等综合构成的耕地生产能力。耕地质量是耕地生产力的标度,其最直接的指标是耕地上作物产量的高低,而作物产量的高低又与前面提到的耕地的综合属性密切相关。通常一般认为耕地生产能力是指在一定的技术水平和用途条件下,耕地生产生物产品的能力。表示耕地生产能力的指标是单位面积土地所能生产的生物产品的量,通常用千克每亩(千克/亩)或千克每公顷(千克/公顷)表示。受收集资料所限,此处耕地质量的变化从耕地亩均产量和高中低产田所占比例进行论述。

(一)耕地生产能力的变化

1950—2014 年宁夏粮食作物单产由 51 千克/亩增加到 326 千克/亩,64 年亩产净增 275 kg,平均年单产净增 4.3 kg(见图 2-5),年均增幅 1.3%。1950—1970 年宁夏粮食作物单产水平起伏较大,亩产从 1950 年的 51 kg 增加到 1955 年的 70 kg,又降低到 1960 年的 40 kg,再增加到 1965 年的 72 kg,再降低到 1970 年 62 kg。随后增加趋势渐趋稳定,由 1970 年的 62 kg 逐渐增加到 326 kg。1950—1970 年耕地面积急剧扩增,是导致耕地生产能力不稳定的主要原因之一。2001—2014 年 14 年间,因其耕地面积趋于稳定,粮食作物单产总的趋势表现为增加(见图 2-6),说明耕地生产能力逐渐提高。2003 年、2004 年及

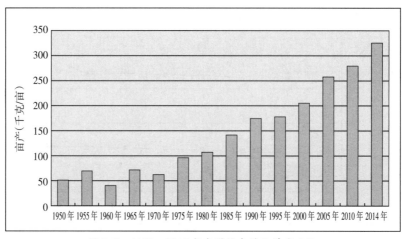

图 2-5　1950—2014 年宁夏粮食作物单产变化

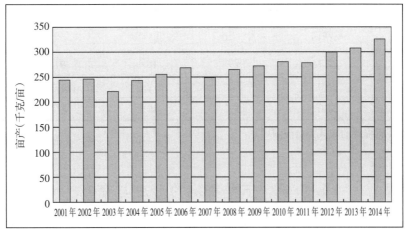

图 2-6　2001—2014 年宁夏粮食作物单产变化

2007 年 3 个年份粮食作物单产与相邻年份相比,均有所减少,尤其是 2003 年粮食作物单产降低到 14 年最低,亩产 224 kg。2003 年宁夏中南部遭受了自 1990 年以来最严重的农业干旱,是导致该年度亩产降低的主要原因。

（二）高中低产田比例的变化

中低产田是指土壤中存在一种或多种制约农业生产的障碍因素,导致单位面积产量相对低而不稳的耕地。中低产田划分比较常用的方法是以粮食平均单产为基础,上下浮动 20% 作为划分高产、中产、低产田的标准,上下限之间的耕地为中产田,高于上限的为高产田,低于下限的为低产田。不同时期因其粮食作物单产平均水平的不同,中低产田划分的标准也不同（见表 2-1）。农业生产中通常认为,高产田耕地质量高,低产田耕地质量差,中产田耕地质量介于二者之间。

表 2-1　宁夏自流灌区不同时期高中低产田产量划分标准

年份	高产田	中产田	低产田	备注
1990 年	单种小麦亩产 350 千克/亩以上，小麦间种玉米 600 千克/亩以上	单种小麦亩产 200~350 千克/亩，小麦间种玉米 400~600 千克/亩	单种小麦亩产 200 千克/亩以下，小麦间种玉米 400 千克/亩以下	
2010 年	单种玉米亩产 800 千克/亩以上	单种玉米亩产 400~800 千克/亩	单种玉米 400 千克/亩以下	

宁夏自流灌区高产田占引黄灌区耕地总面积的比例趋于增加。1990 年为 22.7%,2010 年为 35.4%,2015 年因城镇化建设占用了部分城镇附近的高产田,虽有所降低为 31%,但仍高于 1990 年（见表 2-2）;反映了自流灌区质量高的耕地面积趋于增加;低产田变化呈降低趋势,低产田分别由 1990 年的 18.4% 降低到 2010 年的 12.4% 和 2015 年的 10.8%;反映了自流灌区质量低的耕地面积不断减少。宁夏自流灌区高中低产田所占比例的变化充分说明了自流灌区耕地质量呈提高趋势。

表 2-2　宁夏引黄灌区高中低产田分布比例(占%)

年份	高产田	中产田	低产田	备注
1990 年	22.7	58.9	18.4	引自《宁夏土壤》
2010 年	35.4	52.2	12.4	各县市耕地地力评价
2015 年	31.0	58.2	10.8	宁夏全区耕地地力评价

备注:本表所统计的区域为自流灌区。

第二节　宁夏耕地的形成与分布

据 2012 年宁夏国土资源厅《宁夏回族自治区土地利用变化情况分析报告》,截止 2012 年宁夏耕地总面积为 1929.1 万亩,其中灌溉用地 753.6 万亩,占 39.07%;旱作耕地 1175.5 万亩,占 60.93%。

一、宁夏灌溉耕地的形成与分布

宁夏中北部地区位于我国中纬度的干旱、半干旱气候带,干旱少雨,年均降雨量为 192~400 mm, 且降水分配不均匀,7、8、9 三个月的降水量占全年降水量的 60%~70%;蒸发强烈,年均蒸发量 1295~1600 mm;没有灌溉就没有农业。灌溉农业在宁夏农业中占有极其重要的地位,39%的灌溉耕地粮食产量占全自治区粮食总产的 3/4 以上;灌溉耕地是宁夏农业经济发展的重要基础。

(一)宁夏引黄灌区灌溉系统的形成与发展

宁夏引黄灌区是黄河上游古老的农业灌溉区之一,秦汉以来,在两千多年的发展过程中,各族人民以其聪明的才智和辛勤劳动,创建了以秦渠、汉渠、唐徕渠为代表的自流灌溉系统,将干旱少雨的荒漠草原变为塞上江南,为宁夏的农业发展和经济的繁荣作出了重大的贡献。

1. 古代宁夏引黄灌区灌溉系统的形成与发展

据有关资料,历史上对宁夏河套平原进行有组织的开发,是从秦始皇统一中国开始的。据《魏书》记载,至少在汉武帝时代,银川平原河东、河西灌区已初步形成。据推算,两汉时期,银川平原的灌溉面积为 50 万亩左右。南北朝时期,刁雍修复河西古高渠,发展灌溉面积为 60 万亩。唐朝初 100 多年中,广大劳动人民在修复秦汉旧渠的基础上,又陆续开挖了一些新渠,银川平原的主干渠有薄骨律渠、特进渠、汉渠、光禄渠和七级渠 5 条,形成五大干渠贯通南北,支渠纵横连接的自流灌溉系统。盛唐时期,宁夏引黄灌区灌溉面积超过 100 万亩。西夏时期,银川平原形成 12 条干渠 68 条支渠,灌溉面积 160 万亩左右。后汉时这一片"地近荒漠"的平原已变成"谷稼殷积、盐产富饶、牛马衔尾、牛羊塞道"的绿洲。

秦渠兴建于秦代,距今已有 2200 多年;汉延渠次之,距今已有 2170 年;汉渠、唐徕渠兴建于汉代,距今 2100 多年。清朝初期对旧有渠道作了较多的疏浚培修,并新修了大青、惠农等渠。由于宁夏地处边塞地区,民族杂居,因而,灌溉事业时兴时废。且由于灌溉渠系长期失修,有灌无排,致洼地成湖,盐碱遍地。再加上水土流失,风沙侵袭,中华人民共和国成立前期,引黄灌区耕地大减,产量很低。

2. 近代宁夏引黄灌区灌溉系统的形成与发展

中华人民共和国成立后,农田水利建设的重点放在排灌渠系的整治。建成青铜峡水利枢纽,变无坝引水为有坝引水,既提高了灌区灌溉供水保证率,又提供了丰富的电力资源。新修建了东、西干渠,跃进渠等大型引水干渠,以及第一、第二农场渠等支干渠,对旧有渠道裁弯取直,扩大了灌溉面积。加强排水工程建设,排水面积达 490 万亩,改变了积水成湖的状况。随着地下水位下降,盐碱地得到了改良。河西灌区引、排水不畅所形成的"七十二连湖"经排水涸干后,建立了许多国营农场。

改革开放以来,宁夏农业灌溉工程有了长足的发展。沙坡头水利枢纽的建成,结束了卫宁灌区美丽渠、七星渠、跃进渠等干渠无坝引水的历史。在无法自流灌溉的灌区边缘,又陆续发展了陶乐、扁担沟等边缘小扬水灌区。相继建成投入运行的固海、红寺堡、固海扩灌、盐环定四大扬黄灌溉工程。在山区兴建了许多中、小型水库,南部山区新建的东山坡引水工程、长城塬引水灌溉工程、六盘山引水工程、彭堡地下水库工程有效解决了南部山区农、牧业发展和生活用水的困难。

(二)宁夏灌溉耕地分布现状

根据国务院"八七"黄河分水方案,在南水北调工程生效之前,分配给宁夏可利用的黄河地表水资源量为 40 亿 m³,其中,黄河干流分配 37.0 亿 m³,支流分配 3.0 亿 m³(其中,宁夏境内清水河流域 1.0 亿 m³,泾河流域 1.3 亿 m³,葫芦河流域 0.7 亿 m³ 的当地地表水可利用量)。宁夏引黄灌区可利用的地下水资源量为 1.5 亿 m³。利用黄河水灌溉得天独厚的优势,宁夏发展灌溉面积 860.44 万亩(毛面积),其中自流灌溉耕地面积最大,占灌溉耕地总面积 64.3%;其次为扬黄灌溉耕地,占 27.8%;库水灌溉耕地面积占 5.1%;井灌耕地面积最小,占 2.8%(见表 2-3)。

1. 自流灌溉耕地分布现状

自流灌溉是指借助于水的重力作用,通过引水、输水、配水等设施所进行的灌溉。自流灌溉的灌溉水源比灌溉田地高,灌溉水可以靠重力自流进入灌溉田地的灌水方法。宁夏自流灌溉耕地面积为 553.55 万亩,占宁夏灌溉耕地总面积的 64.3%,集中分布在宁夏北部,故称为宁夏北部引黄灌区。宁夏北部引黄灌区是我国古老大型灌区之一,素有"天下黄河富宁夏"、"塞上江南"之美称。南起中卫沙坡头,东邻鄂尔多斯台地,西倚贺兰山,北至石嘴山,南北长 320 km,东西宽 40 km。以黄河青铜峡为界,上游为沙坡头(亦称卫宁灌区)灌区,辖沙坡头区和中宁县。下游为青铜峡灌区。青铜峡灌区以黄河为界,分为青铜峡河东灌区和青铜峡河西灌区。河东灌区辖利通区和灵武市;河西灌区辖青铜峡市、永宁

表 2-3　宁夏不同灌溉方式耕地毛面积统计表

区域		合计		自流灌溉		扬水灌溉		库水灌溉		井灌	
		面积（万亩）	占%	面积（万亩）	占%	面积（万亩）	占%	面积（万亩）	占%	面积（万亩）	占%
合计		860.44	100	553.55	64.3	238.7	27.8	43.76	5.1	24.39	2.8
北部引黄灌区	小计	619.93	72.0	553.55	89.3	66.38	10.7				
	沙坡头	110.35	17.8	93.35	10.0	17.0	25.6				
	青铜峡河东	101.6	16.4	101.6	19.9						
	青铜峡河西	358.6	57.9	358.6	70.1						
	陶乐	14.48	2.3			14.48	21.8				
	周边扬水灌区	34.9	5.6			34.9	52.8				
中南部灌溉区	小计	240.51	28.0			172.36	71.7	43.76	18.2	24.39	10.1
	固海扬水	68.77	28.6			68.77	39.9				
	盐环定	19.21	8.0			19.21	11.1				
	红寺堡	56.88	23.6			56.88	33.0				
	固海扩灌	27.5	11.4			27.5	16.0				
	南部山区	68.15	28.4					43.76	64.2	24.39	35.8

备注:本表数据来源于《宁夏农业综合开发基础资源知识读本》p.151~168。

县、兴庆区、金凤区、西夏区、贺兰县、平罗县和惠农区 8 个县市。三个灌区中,河西灌区耕地面积最大,358.6 万亩,占宁夏自流灌溉耕地总面积的 70.1%;其次为河东灌区,101.6 万亩,占 19.9%;沙坡头灌区面积最小,93.35 万亩,占 10%。

自流灌区灌溉耕种历史悠久,灌排系统健全。农田灌溉主要采取干、支、斗、农渠四级系统。据统计,自流灌区共修建灌溉干渠 17 条,长 950.54 km;支斗渠 2827 条,控制灌溉面积 553.95 万亩(见表 2-4);毛灌溉用水定额 900 立方米/亩左右,田间综合灌溉定额约 465 立方米/亩,灌溉水利用系数在 0.42~0.46 之间,渠系水利用系数约为 0.52。自流灌区农田排水主要采用干、支、斗三级沟道排水,排水干沟 22 条,长 840.41 km,支斗沟 521 条,

表 2-4　宁夏自流灌区灌排系统现状统计表

灌区名称	灌溉系统			排水系统				备注
	干渠		支斗渠渠道数（条）	设计灌溉面积（万亩）	干沟		支斗沟数量（条）	排水面积（万亩）	
	渠道数（条）	长度（km）			沟道数（条）	长度（km）			
合计	17	950.54	2827	553.95	22	840.41	521	608.38	本表数据引自《宁夏农业综合开发基础资源知识读本》p.149–160
沙坡头灌区	5	336.41	446	93.35	3	96.5	15	30.2	
青铜峡河东灌区	5	29.43	528	102	6	325.65	6	66.2	
青铜峡河西灌区	7	584.7	1853	358.6	13	418.26	500	511.98	

设计排水面积 608.38 万亩。自流灌区下游青铜峡河西灌区无论是灌溉系统还是排水系统均位于三个自流灌区之首,且针对其地下水位高,地面比降缓的特点,设计的排水能力是灌溉能力的 1.42 倍,为解决银北盐碱地排水问题提供了重要的基础设施保障。受其地形及灌溉耕种影响,灌溉耕地生产能力自南而北有所降低。沙坡头灌区耕地生产能力整体水平最高;其次为青铜峡河东灌区;位于宁夏境内黄河下游的青铜峡河西灌区因其地形低洼,土壤次生盐渍化等问题影响,耕地生产能力整体水平较低。

2. 扬黄灌溉耕地分布现状

扬黄灌溉是指利用电能驱动水泵,将黄河水由低海拔地区扬到高海拔地区进行农田灌溉。宁夏扬黄灌溉耕地 238.7 万亩,占宁夏灌溉耕地总面积的 27.8%,集中分布在宁夏中部吴忠市及北部自流灌区外缘,由 5 个灌区组成。其中,固海扬黄灌区面积最大,68.77 万亩,占宁夏扬黄灌溉耕地总面积的 28.8%;其次为自流灌区边缘扬黄小灌区占 27.8%;红寺堡灌区面积位居第三位,占 23.8%;固海扩灌区面积位居第四位,占 11.5%;盐环定扬黄灌区面积最小,占 8.1%。扬黄灌区毛灌溉用水定额 415 立方米/亩左右,田间综合灌溉定额 235 立方米/亩,低于自流灌区;灌溉水利用系数为 0.55~0.60,渠系水利用系数约为 0.70,高于自流灌区。

固海扬黄灌区位于宁夏中部干旱带清水河流域河谷平原,涉及同心县、海原县、中宁县、红寺堡开发区、沙坡头区、长山头农场和中卫山羊场等,是宁夏建设最早的大型公益性扶贫扬黄灌溉工程,由同心扬黄工程系统和固海扬黄工程系统两部分组成。1978 年 6 月动工建设,1982 年投入运行。扬黄灌溉耕地面积 68.77 万亩,占宁夏扬黄灌溉耕地总面积的 28.8%。共投运泵站 21 座,总扬程 382.47 m,净扬程 342.74 m,修筑扬水干、支渠 23 条,总长 275.49 km(见表 2-5),各类主要建筑物 755 座。受其地形及成土母质影响,该灌区耕地生产能力自北向南逐渐增加。

表 2-5 宁夏中部干旱带四大扬水灌区灌溉现状统计表

扬水灌区名称	运行年份	泵站(座)	受益地区	净扬程(m)	实际灌溉面积(万亩)	干支斗渠(条)	干支渠长度(km)	斗农渠长度(km)	最大扬水高度(m)
合计		65			172.36	559	1218.3		
固海扬水	1982 年	21	同心、海原、固原、中宁	342.74	68.77	23	275.49		
盐环定	2004 年	2	盐池		19.21	65	262.99	766.34	
红寺堡	2004 年	21	吴忠	427.98	56.88	162	459.13		1550
固海扩灌	2005 年	21	海原、同心、固原	427.98	27.5	297	299.52	246.4	1630

备注:本表数据来源于《宁夏农业综合开发基础资源知识读本》p.162~164。

红寺堡扬黄灌区沿大罗山分布,处于烟洞山、大罗山、牛首山之间,属于间山盆地。主要由罗山洪积扇、红寺堡洪积平原和苦水河河谷平原构成,整个地势由东南向西北倾斜,坡度 1/50~1/150,地面高程 1204~1450 m。灌区内沟谷发育,呈树枝状由东南向西通向黄河。主要涉及吴忠市的同心县和利通区。红寺堡扬黄灌溉工程 1998 年动工建设,2004

年正式投入运行。发展扬黄灌溉耕地面积 56.88 万亩,占 23.8%。共设主泵站 12 座,支泵站 9 座,最大扬程高度 1550 m,累计净扬程 427.98 m,灌区扬水干、支渠 162 条,总长459.13 km,各类干渠主要建筑物 708 座。受其地形和成土母质影响,该灌区耕地土壤质地沙化,局部区域产生次生盐渍化现象,耕地生产能力低于固海扬黄灌区。

固海扩灌扬黄灌区分东西两片。东线灌区主要包括中宁县、同心县清水河以东的月亮湾、李沿子、下沿、木家河、张家湾、杨路以及固原七营、黑城、三营、头营等地;西线灌区主要分布于七营以北、清水河西岸的青疙瘩山塘、桃山、马家塘和李果园等地。发展扬黄灌溉耕地面积 27.5 万亩,占 11.5%。共设主泵站 12 座,支泵站 9 座,最大扬水高度 1630 m,累计净扬程 427.98 m,布设干渠 12 条,总长 169.56 km,支斗渠 15 条,总长 125.96 km,各类渠道建筑物 804 座。该灌区耕地土壤质地多为壤质土,局部区域产生次生盐渍化,耕地生产能力与固海扬黄灌区相近。

盐环定扬黄灌区主要指陕西定边、甘肃环县和宁夏盐池、同心县扬黄灌溉地区。其中宁夏主要涉及盐池、同心、灵武 3 个县 6 个乡镇,由同心韦州灌区和盐池灌区组成。1992年开工建设,2004 年竣工。发展扬黄灌溉耕地面积 19.21 万亩,占 8.1%。建设扬水泵站 6座,输水干渠 3 条,总长 97.54 km,支渠 62 条,总长 165 km,斗农渠长 766.34 km,建筑物12828 座。受地形和成土母质影响,该灌区的耕地土壤质地偏砂;局部区域耕地土壤次生盐渍化;耕地生产能力低于固海扬黄灌区。

自流灌区周边无法灌溉的地区发展扬黄灌溉耕地 66.39 万亩,占宁夏扬黄灌溉耕地总面积的 27.8%。由 8 个小扬水灌区组成。沙坡头区南山台子扬水灌溉耕地面积最大,17万亩(见表 2-6),占自流灌区周边小型扬黄灌溉耕地总面积的 25.6%;位于沙坡头区黄河南岸,由香山山前洪积冲积平原和黄河高阶地构成,1979 年建成运行,耕地土壤质地偏

表 2-6　自流灌区周边小型扬水灌区灌溉现状统计表

工程名称	取水水源	流经地区	设计灌溉面积(万亩)	实际灌溉面积(万亩)	设计流量(m³/s)	总扬程(m)	干渠长度(km)
合计			86.99	66.39			72
黄羊滩	西干渠	永宁县	10	6.8	7.5	24.5	7.4
玉泉营	西干渠	永宁县	1	3	4.5	10.1	17
甘城子	西干渠	青铜峡市	7.57	7	2.52	64.5	
扁担沟	东干渠	利通区	12.21	6.3	4.07	165	39.3
五里坡	东干渠	灵武市	6.13	6.13	2.04	96.4	4.7
狼皮子梁	东干渠	灵武市	5.68	5.68	1.89	104	3.6
南山台子	羚羊寿渠	中卫	17	17	6.65	135.4	49.25
陶乐灌区	一级杨水	兴庆、平罗		10.88			
	二级杨水	兴庆		3.6			
边缘小扬水	渠道		27.4				

备注:本表数据来源于《宁夏农业综合开发基础资源知识读本》p.151~161。

砂,有效土层深厚;因其扬黄灌溉时间早,耕地生产能力较高。陶乐灌区扬水灌溉耕地14.48 万亩,占 21.8%;其中一级扬黄灌溉面积较大,10.88 万亩;二级扬黄灌溉面积 3.6 万亩;位于兴庆区和平罗县境内的黄河东岸,主要地形为黄河一级、二级阶地和鄂尔多斯台地,地势高低差异较大;一级阶地耕地土壤次生盐渍化较严重,故陶乐扬黄灌区设计排水能力 10.89 万亩,排水沟道 128 条,是扬黄灌区中唯一设计排水设施的灌区;该灌区耕地生产力水平自西向东逐渐降低。青铜峡甘城子、黄羊滩和玉泉营扬黄灌区均位于河西灌区西侧贺兰山山前洪积冲积平原,扬黄灌溉耕地面积分别为 7 万亩、6.8 万亩和 3 万亩,耕地土壤质地多含砾石,有效土层厚度深浅不一,耕地生产能力较低。灵武市五里坡、狼皮子梁扬黄及利通区扁担沟灌区均位于河东灌区东干渠东侧,地形为古苦水河流域冲积而成的扇形平原,扬黄灌溉耕地面积分别为 6.13 万亩、5.68 万亩和 6.3 万亩;20 世纪 80年代中期建成,目前 3 个灌区分别为灵武市五里坡乡、狼皮子梁乡和利通区扁担沟镇;这三个灌区耕地有效土层深厚,土壤质地偏沙,耕地生产能力与南山台子相近。

3. 库水灌溉耕地分布现状

宁夏利用蓄水库作为灌溉水源进行灌溉耕种的耕地面积为 43.76 万亩,占宁夏灌溉耕地总面积的 5.1%。主要分布在宁夏固原市的 5 县市、中卫市海原县及吴忠市同心县。目前宁夏水库总库容 125595 万 m³,有效库容 37316 万 m³,占 29.7%(见表 2-7)。有效灌溉面积最大为清水河和葫芦河流域,分别为 17.6 万亩和 16.73 万亩;祖厉河流域无有效灌溉面积;黄河右岸和苦水河有效灌溉面积小,仅为 0.04 万亩和 0.3 万亩。库水灌溉耕地多分布在水库周围,宁夏 14 个中型水库中(见表 2-8),位处海原县的石峡口水库流域面积最大,3048 km²;库容也最大,23700 万 m³;有效库容也最大,9300 万 m³;有效灌溉面积也最大。小高抽提灌站因其在水库、渠道、河边、塘坝等处均可安装使用,机动灵活,近年来

表 2-7　宁夏中、小型水库现状表

单位:万 m³

流域	总库容	中型		小型		有效灌溉面积(万亩)
		库容	有效库容	库容	有效库容	
合计	125595	80298	15693	44744	21623.3	47.92
清水河	86009	69813	11576	17196	8165	17.6
葫芦河	23471	6605	3217	16866	6826	16.73
泾河	9329	2000	900	7328	4522	9.09
苦水河	3034	1880		1154	540	0.3
祖厉河	70			70	15.3	
黄河右岸	2130			2130	1555	0.04
彭阳长城塬	1552					4.16

备注:本表中有效灌溉面积中含小高抽提灌面积 9.61 万亩;本表数据来源于《宁夏农业综合开发基础资源知识读本》p.166。

表 2-8 宁夏中型水库现状统计表

库名	流域面积(km)	库容(万 m³)	有效库容(万 m³)
合计	11988.55	100644	18532
沈家河水库	313	4640	2378
东至河水库	279	1625	900
寺口子水库	1022	5550	700
咸泉口水库	218	1574	1318
张湾水库	687	2340	656
苋麻河水库	688	5570	555
石峡口水库	3048	23700	9300
夏寨水库	492	1935	1195
张家嘴头水库	375	2850	1230
马莲水库	241	1955	300
下坪水库	166.55	1170	
石头崾岘水库	1100	1552	
店洼水库	359	2183	
李家大湾水库		4000	
长山头大型淤地坝	3000	40000	无

备注:本表数据来源于《宁夏农业综合开发基础资源知识读本》p.166。

发展较快,目前南部山区已建小高抽提灌站 386 座,正常运行 317 座,灌溉面积 9.16 万亩,其中,海原、西吉和同心三县小高抽提灌面积较大(见表 2-9)。

库水灌溉耕地分布地形多较平坦,地势相对较低,有效土层深厚,土壤质地多为壤质土,耕地生产能力相对较高。

表 2-9 宁夏小高抽提灌站统计表

地区	累计建站(座)	正常运行站(座)	装机容量(kW)	灌溉面积(万亩)
合计	386	317	6988	9.61
原州	42	5	100	0.25
西吉	156	139	2621	2.72
彭阳	19	12	381	1.18
隆德	7	7	470	0.52
海原	152	144	1681	2.84
同心	10	10	1735	2.1

备注:本表数据来源于《宁夏农业综合开发基础资源知识读本》p.167。

4. 井水灌溉耕地分布现状

宁夏中部和南部地区利用深层地下水作为灌溉水源进行灌溉耕种的耕地面积为

24.39 万亩,占宁夏灌溉耕地总面积的 2.8%。主要分布在原州区、西吉县、彭阳县、隆德县、海原县、同心县及盐池县 7 个县区,多集中分布在红河与茹河川道。目前正常运行的机井 2134 眼,其中,原州区正常运行机井最多,513 眼;灌溉面积也最大,8.76 万亩;隆德县正常运行机井 9 眼,灌溉面积也最小,0.3 万亩。

表 2–10　宁夏中、南部区域机井灌溉情况统计表

地区		累计打机井(眼)	正常运行机井(眼)	灌溉面积(万亩)	管灌面积(万亩)
总计		2307	2134	24.39	8.7
原州区合计		535	513	8.76	0.9
典型灌区	彭堡井灌区		121	1.8	0.5
	黑城井灌区		262	3.9	0.3
	头营井灌区		124	1.8	
海原县合计		418	370	4.22	2
典型灌区	西安井灌区		64	0.12	
	树台井灌区		67	0.72	
西吉县合计		500	459	5.48	2.4
典型灌区	城郊井灌区		149	1.75	1
	兴隆井灌区		120	1.47	
	将台井灌区		45	0.54	
彭阳县合计		94	77	1.65	0.4
隆德县合计		47	9	0.3	0.1
同心县合计		74	67	1.07	0.2
盐池县合计		639	639	2.91	2.7
典型区	城郊井灌区		323	1.7	1.3

备注:本表数据来源于《宁夏农业综合开发基础资源知识读本》p.166。

机井灌溉因其水源矿化度低,且压力大,适合发展管灌等节水灌溉,目前井灌区配套低压管灌面积 8.7 万亩,占机井灌溉耕地总面积的 36.78%;管灌将单井控制面积由 100 亩提高到 150 亩,有效地提高了井灌水的利用率。

(三)灌溉耕地特点

宁夏灌溉耕地主要分布在黄河冲积平原、洪积冲积平原、间山盆地、清水河等河谷川地及水库周围等,主要具备以下特点:一是地面比较平坦:灌溉耕地因其分布地形所限,所处地面较为平坦,属于平地;二是有效土层较深厚:灌溉耕地所处地势相对较低,洪积冲积作用强,有利于土层的堆积;三是有灌溉水源:灌溉耕地均具有灌溉水源,且分布在灌溉水源附近或灌溉流域;四是有利于机械化耕种收获:灌溉耕地因其地形平坦,十分有利于机械化耕种收获;五是适种性广:灌溉耕地因其灌溉有保障,且有效土层厚,加之宁夏光热资源丰富,故灌溉耕地适宜种植多种作物;六是耕地生产能力稳定:因灌溉有保

障,作物生长发育所需水分得到有效供给,作物产量水平较稳定。七是灌溉耕地土壤肥力水平有所上升:随着灌溉耕种施肥等人为活动的影响,加之作物根茬还田,使得灌溉耕地土壤肥力随着灌溉耕种历史的递延,土壤肥力水平逐渐提高。八是具有次生盐渍化威胁:宁夏土壤淋溶作用弱,蒸发作用强烈,大部分土壤剖面内易溶盐含量较高,当人为灌溉不合理时,土壤剖面内易溶盐上升至地表,易产生土壤次生盐渍化现象。

灌溉耕地因其灌溉水源和灌溉方式的不同,在其共性的基础上又有所不同。机井灌溉因其水源水质好,且灌溉水量和灌溉时期有保障,故在光热条件满足的情况下,机井灌溉耕地适种性更加广泛,耕地生产能力高,目前,大部分南部山区机井灌溉耕地用于种植设施农业或附加值较高的经济作物。库水灌溉耕地首先受制于库水贮存量,而库水贮存量水平直接受自然降水量多少的影响,因此,库水灌溉耕地灌溉水量和灌溉时间不能得到有效保障,因此其耕地生产能力稳定性相对较差;库水贮存量大且随时都能灌溉时,耕地生产能力就高,相反则低;且库水水质也影响灌溉耕地生产能力,目前,宁夏现有的中小型水库中,寺口子水库矿化度较高(俗称咸水),长期灌溉已产生土壤次生盐渍化,采用咸淡轮灌方式可减轻土壤次生盐渍化的发生。扬黄灌溉耕地因其地势高,扬程高,黄河水泥沙含量较低,灌溉落淤作用较弱,加之灌溉耕种历史短,扬黄灌溉耕地土壤熟化程度较低,耕地生产能力较低。自流引黄灌溉耕地因其地势低,自流灌溉,灌溉水泥沙含量较高,灌溉落淤作用强,且灌溉耕种历史悠久,土壤熟化程度较高,耕地生产力高;但由于所处地形低,地下水位较高,并受扬黄灌溉渗漏影响,极易发生土壤次生盐渍化现象。

二、宁夏中南部旱作耕地分布现状

宁夏旱作耕地是指没有灌溉条件,依靠天然降水而耕种的土地。旱作耕地主要分布在宁夏中部干旱带和南部山区涉及 3 市 12 县(区)。该区域年降雨量 200~640 mm,降水时空分布不均;年蒸发量 1221.9~2086.9 mm,是降雨量的 3~10 倍;人均水资源占有量不足 200 m³,是全国平均水平的 14%,属典型的旱作农业区。"十年九旱"甚至"十年十旱"是该区域气候的最基本特征,也是制约发展的瓶颈。新中国成立以来的 58 年间,干旱年数达 48 年,干旱发生频率高达 82.5%。进入 20 世纪 90 年代以来,随着全球气候变暖,干旱明显加剧,强度逐年加重,200 mm 降雨线向南推进了约 80 km,已成为我国发生干旱危害最频繁、最严重的地区之一。

依据分布地形部位的不同,旱耕地分为平地、坡地和梯田三种形式。其中,坡地面积最大,占宁夏旱耕地总面积65.1%;其次为梯田,占20.9%;平地面积最小,占14%。坡梯田中,坡度为 6°~15°坡梯田面积最大,占宁夏旱耕地总面积41%;其次为坡度为 15°~25°和 2°~6°坡梯田,分别占23%和21%;>25°坡梯田面积最小,仅占1%(见图 2-7)。

宁夏旱作耕地分布区域依据年降水量和地形地貌的不同,划分为中部缓坡丘陵干旱区和南部黄土丘陵半干旱区。中部缓坡丘陵干旱区年降水量为 200~400 mm,主要地形为缓坡丘陵;南部黄土丘陵区年降水量为 400~650 mm,主要地形为黄土丘陵。

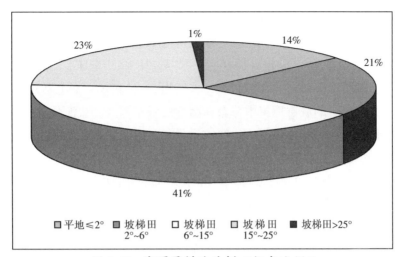

图 2-7　宁夏旱耕地坡梯田组成比例%

（一）旱作坡耕地分布现状

宁夏旱作坡耕地总面积为 765.2 万亩,其中,坡度为 6°~15°坡地面积最大,占宁夏坡旱地总面积 45%;其次为 2°~6°坡耕地,占 30%;15°~25°坡耕地面积较小,占 24%;>25°坡耕地面积最小,仅占 1%(见图 2-8)。

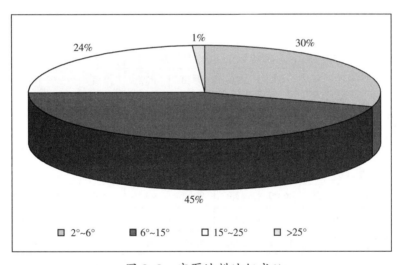

图 2-8　宁夏坡耕地组成%

1. 中部缓坡丘陵干旱区坡耕地分布现状

中部干旱区坡耕地 439.36 万亩,占宁夏旱作坡耕地总面积的 57.4%。其中,6°~15°坡耕地面积最大,195 万亩,占中部干旱区坡耕地总面积的 44.4%;其次为 2°~6°坡耕地,占 40.1%;15°~25°坡耕地面积较小,占 15%;>25°坡耕地面积最小,仅占 0.5%(见表 2-11)。

中部干旱区坡耕地主要分布在中卫市和吴忠市 6 个县区, 其中, 海原县面积最大, 192.68 万亩,占中部干旱区旱作坡耕地总面积 43.9%;分布在海原县 17 个乡镇,其中郑旗乡、西安镇、树台乡、红羊乡和贾塘乡 5 个乡镇面积较大;海原县北部和中部的缓坡丘陵区集中分布着坡度为 2°~6°和 6°~15°旱作耕地;15°~25°和>25°的坡耕地则集中分布在南部与西吉县相邻的黄土丘陵区。同心县旱作坡耕地 111.16 万亩,占中部干旱区旱作坡耕地总面积 25.3%;分布在同心县 11 个乡镇,其中,马高庄乡、田老庄乡、张家塬乡、预旺镇、下马关镇及王团镇 6 个乡镇分布面积较大;坡度为 2°~6°和 6°~15°主要分布在预旺镇以北区域;15°~25°和>25°的坡耕地集中分布在南部的张家塬乡。盐池县旱作坡耕地 67.84 万亩,占中部干旱区旱作坡耕地总面积 15.4%;分布在盐池县 8 个乡镇,其中,大水坑镇、麻黄山乡、惠安堡镇及王乐井乡分布面积较大;坡度为 2°~6°和 6°~15°主要分布在大水坑镇以北区域;15°~25°和>25°的坡耕地集中分布在南部的麻黄山乡。沙坡头区旱作坡耕地 31.78 万亩,占中部干旱区旱作坡耕地总面积 7.2%;除滨河镇、文昌镇和镇罗镇三个镇无旱坡耕地外,其余 9 个乡镇均有分布,其中,香山乡、兴仁镇、蒿川乡及常乐镇分布面积较大;坡度为 15°~25°和>25°的坡耕地集中分布在南部的蒿川乡。中宁县旱作坡耕地 26.754 万亩,占中部干旱区旱作坡耕地总面积 6.1%;集中分布在中宁县南部的喊叫水乡和徐套乡,其中,喊叫水乡的旱作坡耕地面积占中宁县旱作坡耕地总面积的 82%;中宁县 98.5% 的旱作坡耕地坡度<15°,无>25°的坡耕地。红寺堡旱作坡耕地面积最小,9.15 万亩,占中部干旱区旱作坡耕地总面积 2.1%,集中分布在红寺堡东南部太阳山镇,旱作坡耕地坡度均<15°。

表 2-11　宁夏旱作坡耕地分布面积统计表

区域	县(区)	合计	坡地							
			2°~6°		6°~15°		15°~25°		>25°	
			万亩	占%	万亩	占%	万亩	占%	万亩	占%
合计		765.18	230.91	30.2	344.22	45.0	185.1	24.2	4.97	0.6
中部干旱带	小计	439.36	176.36	40.1	195.01	44.4	66.04	15.0	1.95	0.5
	沙坡头区	31.78	18.58	58.5	11.51	36.2	1.51	4.8	0.18	0.6
	红寺堡	9.15	8.46	92.5	0.69	7.5				
	海原县	192.68	46.09	23.9	90.66	47.1	54.9	28.5	1.03	0.5
	盐池县	67.84	42.61	62.8	23.54	34.7	1.50	2.2	0.19	0.3
	同心县	111.16	42.87	38.6	60.0	54.0	7.74	7.0	0.55	0.5
	中宁县	26.754	17.75	66.3	8.61	32.2	0.39	1.5		
南部黄土丘陵区	小计	325.82	54.55	16.8	149.21	45.8	119.0	36.5	3.02	0.9
	原州区	88.36	22.11	25.0	39.25	44.4	25.65	29.0	1.35	1.5
	西吉县	176.8	14.32	8.1	84.40	47.7	78.08	44.2		
	隆德县	1.866	1.41	75.6	0.24	12.9	0.21	11.3	0.01	0.3
	泾源县	11.5	5.11	44.4	4.94	43.0	1.27	11.0	0.18	1.6
	彭阳县	47.29	11.60	24.5	20.38	43.1	13.83	29.2	1.48	3.1

备注:本表数据来源于《宁夏农业综合开发基础资源知识读本》p.97~98。

2. 南部黄土丘陵半干旱区坡耕地分布现状

南部黄土丘陵半干旱区坡耕地 325.82 万亩,占宁夏旱作坡耕地总面积的 42.6%。其中,6°~15°坡耕地面积最大,149.21 万亩, 占南部黄土丘陵半干旱区坡耕地总面积的 45.8%;其次为 15°~25°坡耕地,占 36.5%;2°~6°坡耕地面积较小,占 16.8%;>25°坡耕地面积最小,仅占 0.9%

南部黄土丘陵半干旱区坡耕地集中分布在固原 5 个县区。其中,西吉县旱作坡耕地面积最大,176.8 万亩,占南部黄土丘陵半干旱区坡耕地总面积的 54.3%;分布在西吉县 19 个乡镇,其中平峰镇、新营乡、偏城乡、吉强镇、马建乡及兴隆镇 6 个乡镇面积较大;西吉县旱作坡耕地以 6°~15°和 15°~25°坡耕地为主,无>25°坡耕地。原州区旱作坡耕地 88.36 万亩,占南部黄土丘陵半干旱区坡耕地总面积的 27.1%;分布在原州区 11 个乡镇,其中张易镇、寨科乡、头营镇、中和乡、炭山乡及开城镇 6 个乡镇面积较大;原州区旱作坡耕地以 6°~15°为主;其次为 15°~25°和 2°~6°坡耕地,>25°坡耕地少,仅占 1.5%。彭阳县旱作坡耕地 47.29 万亩,占南部黄土丘陵半干旱区坡耕地总面积的 14.5%;分布在彭阳县 6 个乡镇,其中红河乡和古城镇面积较大;彭阳县旱作坡耕地以 6°~15°为主;其次为 15°~25°和2°~6°坡耕地,>25°坡耕地少,占 3.1%。泾源县旱作坡耕地 11.5 万亩,占南部黄土丘陵半干旱区坡耕地总面积的 3.5%;分布在泾源县 7 个乡镇,其中泾河源镇、六盘山镇及大湾乡面积较大;泾源县旱作坡耕地以 2°~6°和 6°~15°为主,其次为 15°~25°坡耕地,>25°坡耕地少,仅占 1.6%。隆德县旱作坡耕地面积最小,1.866 万亩,占南部黄土丘陵半干旱区坡耕地总面积的 0.6%;分布在隆德县 13 个乡镇,其中观庄乡、张程乡、杨河乡及温堡乡面积较大;隆德县旱作坡耕地以 2°~6°为主;其次为 6°~15°和 15°~25°坡耕地;>25°坡耕地极少,仅占 0.3%。

(二)旱作梯田分布现状

梯田是指在丘陵山坡地上沿等高线方向修筑的条状阶台式或波浪式断面的田地。主要分为以下几种类型。反坡梯田是指整地后坡面外高内低的梯田,适用于干旱及水土冲刷较重而坡行平整的山坡地及黄土高原,但修筑较费工。坡式梯田是指山丘坡面地埂呈阶梯状而地块内呈斜坡的一类旱耕地,它由坡耕地逐步改造而来,在条件许可时,坡式梯田应改造成水平梯田。复式梯田是指因山就势、因地制宜在山丘坡面上开辟的水平梯田、坡式梯田、隔坡梯田等多种形式的梯田组合。隔坡梯田是指水平梯田与自然坡地沿坡地相同布置,即上一阶梯田与下一阶梯田之间保留一定宽度的原山坡地,此坡地也可做下一级水平梯田的集水区,水平梯田上种作物,坡地上种草、集水,水平梯田与坡地两带宽度比一般为 1:1。宁夏旱作梯田主要由反坡梯田和坡式梯田组成,复式梯田和隔坡梯田较少。

宁夏旱耕地梯田总面积为 244.3 万亩,其中,坡度为 6°~15°梯田面积最大,占宁夏梯田总面积 60%;其次为 15°~25°梯田,占 33%;2°~6°梯田面积较小,占 6%;>25°梯田面积最小,仅占 1%(见图 2–9)。

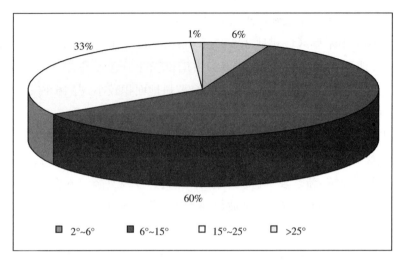

图 2-9　宁夏旱耕地梯田组成%

1. 南部黄土丘陵半干旱区梯田分布现状

南部黄土丘陵半干旱区梯田面积大,224.37 万亩,占宁夏梯田总面积的 91.9%;其中,坡度为 6°~15°梯田面积最大,137.24 万亩,占黄土丘陵半干旱区梯田总面积的 61.2%;其次为 15°~25°梯田,占 35.5%;2°~6°梯田面积较少,占 2.5%;>25°梯田面积最小,仅占 0.9%（见表 2-12）。

表 2-12　宁夏旱作梯田分布面积统计表

区域	县(区)	合计	梯田							
			2°~6°		6°~15°		15°~25°		>25°	
			万亩	占%	万亩	占%	万亩	占%	万亩	占%
合计		244.3	12.6	5.1	148.26	60.6	81.51	33.4	2.0	0.9
中部缓坡丘陵干旱区	小计	19.96	6.95	34.8	11.02	55.2	1.97	9.9	0.02	0.1
	红寺堡	0.02	0.02	100						
	海原县	10.24	1.64	16.0	6.89	67.3	1.69	16.5	0.02	0.2
	盐池县	0.77	0.3	39.0	0.44	57.1	0.03	3.9		
	同心县	8.93	4.99	55.9	3.69	41.3	0.25	2.8		
南部黄土丘陵半干旱区	小计	224.37	5.61	2.5	137.24	61.2	79.54	35.5	1.98	0.9
	原州区	28.68	0.93	3.2	18.40	64.2	9.09	31.7	0.26	0.9
	西吉县	59.31	1.63	2.7	37.83	63.8	19.85	33.5		
	隆德县	49.95	0.05	0.1	30.95	62.0	18.88	37.8	0.07	0.1
	泾源县	13.74	0.50	3.6	10.58	77.0	2.60	18.9	0.06	0.4
	彭阳县	72.69	2.50	3.4	39.48	54.3	29.12	40.1	1.59	2.2

备注:本表数据来源于《宁夏农业综合开发基础资源知识读本》p.97~98。

南部黄土丘陵半干旱区彭阳县梯田面积最大,72.69 万亩, 占该区梯田总面积的

32.4%；其中，坡度为 6°~15°梯田占该县梯田总面积的 54.3%；其次为 15°~25°梯田，占 40.1%；>25°梯田面积最小，1.59 万亩，占 2.2%。西吉县梯田面积较大，59.31 万亩，占该区梯田总面积的 26.4%；其中，坡度为 6°~15°梯田占该县梯田总面积的 63.8%；坡度为 2°~6°梯田面积最小，占 2.7%；无>25°梯田。隆德县梯田面积为 49.95 万亩，占该区梯田总面积的 22.3%；其中，坡度为 6°~15°梯田占该县梯田总面积的 62%；坡度为 2°~6°和>25°梯田面积小，仅占 0.1%。原州区梯田面积较小，28.68 万亩，占该区梯田总面积的 12.8%；其中，坡度为 6°~15°梯田占该县梯田总面积的 64.2%；坡度>25°梯田面积最小，仅占 0.9%。泾源县梯田面积最小，13.74 万亩，仅占该区梯田总面积的 6.1%；其中，坡度为 6°~15°梯田占该县梯田总面积的 77%；坡度>25°梯田面积最小，仅占 0.4%。

2. 中部缓坡丘陵干旱区梯田分布现状

中部缓坡丘陵干旱区梯田面积小，占宁夏梯田总面积的 8.1%。其中，坡度为 6°~15°梯田面积最大，占该区梯田总面积的 55.2%；其次为 2°~6°梯田，占 34.8%；坡度为 15°~25°梯田面积小，占 9.9%；>25°梯田面积最小，仅占 0.1%。

中部缓坡丘陵干旱区梯田集中分布在海原县和同心县，盐池县和红寺堡有零星分布。海原县梯田面积最大，10.24 万亩，占该区梯田总面积的 51.3%；主要分布在海原县南部的郑旗乡、西安镇、树台乡、红羊乡和贾塘乡 5 个乡镇；不同坡度梯田中，坡度为 6°~15°梯田占该县梯田总面积的 67.3%；坡度>25°梯田面积最小，仅 200 亩，占 0.2%。同心县梯田面积较大，8.93 万亩，占该区梯田总面积的 47.1%；主要分布在马高庄乡、田老庄乡和张家塬乡；该县 55.9%的梯田坡度为 2°~6°，41.3%的梯田坡度为 6°~15°，无坡度>25°的梯田。盐池县梯田面积 0.77 万亩，占该区梯田总面积的 3.9%；集中分布在麻黄山乡，以坡度 6°~15°和 2°~6°的梯田为主。红寺堡仅分布着坡度为 2°~6°梯田 200 亩，集中分布在太阳山镇。

(三)旱作平地分布现状

宁夏中南部旱作平地主要指没有灌溉条件，地面坡度<2°的旱作地；164.6 万亩，占宁夏旱作耕地总面积的 14%。

1. 中部缓坡丘陵干旱区旱作平地分布现状

中部缓坡丘陵干旱区旱作平地面积较大，127 万亩，占中南部旱作平地总面积的 77.1%(见表 2-13)。主要分布地形为缓坡丘陵台地，间山盆地，罗山、香山等低山的山前洪积扇。

盐池县旱作平地面积最大，50.7 万亩，占中部缓坡丘陵干旱区旱作平地总面积 39.9%；主要分布在盐池县中南部的缓坡台地和丘间滩地。同心县旱作平地面积较大，41.1 万亩，占该区域旱作平地总面积的 32.4%；主要分布在同心县中部间山盆地、丘间滩地及罗山等山地洪积扇和南部黄土塬、黄土峁、沟掌地及沟台地。沙坡头区旱作平地 21.8 万亩，占该区域旱作平地总面积的 17.2%；主要分布在沙坡头区南部香山洪积扇及兴仁镇的丘间滩地。海原县旱作平地面积较小，7.7 万亩，占该区域旱作平地总面积的 6.1%；集中分布在海原县中部的丘间滩地和南部黄土丘陵的黄土塬、黄土峁、沟台地及沟掌地。中宁县旱作平地面积最小,5.7万亩,占该区域旱作平地总面积的4.4%;集中分布在中宁县南部喊叫水乡和徐套乡丘间滩地。

表2-13 宁夏中南部旱作平地分布面积统计表

区域	县(区)	面积(万亩)	占%
合计		164.6	100.0
中部缓坡丘陵干旱区	小计	127.0	77.1
	沙坡头区	21.8	13.2
	海原县	7.7	4.7
	盐池县	50.7	30.8
	中宁县	5.7	3.4
	同心县	41.1	25.0
南部黄土丘陵半干旱区	小计	37.6	22.9
	原州区	17.1	10.4
	隆德县	0.8	0.5
	泾源县	19.4	11.8
	彭阳县	0.3	0.2

备注:本表数据来源于《宁夏农业综合开发基础资源知识读本》p.97~98。

2. 南部黄土丘陵半干旱区旱作平地分布现状

南部黄土丘陵半干旱区旱作平地面积较小,37.6万亩,仅占中南部旱作平地总面积22.9%。主要分布地形为黄土塬、黄土峁、沟台地、沟掌地、间山盆地、山前洪积扇等。

泾源县旱作平地面积最大,19.4万亩,占该区域旱作平地总面积的51.6%;泾源县7个乡镇均有分布,地形为六盘山间山盆地和六盘山山麓洪积扇。原州区旱作平地面积较大,17.1万亩,占该区域旱作平地总面积的45.5%;原州区11个乡镇均有分布,地形为丘间滩地、六盘山麓洪积扇、黄土塬、黄土峁、沟台地及沟掌地。隆德县和彭阳县旱作平地面积小,分别为0.8万亩和0.3万亩;隆德县主要分布在六盘山麓洪积扇;彭阳县则主要分布在黄土塬、黄土梁、沟台地和沟掌地。

(四)旱作耕地特点

旱作耕地集中分布在宁夏中部缓坡丘陵区和南部黄土丘陵区。主要具备以下特点:一是有效土层深厚,大部分旱作耕地成土母质为第四纪洪积冲积物和黄土母质,土层深厚。二是土壤质地为壤质土,持水保肥能力较强,适耕期长。三是具有一定的肥力水平,旱作耕地受其耕种和成土母质影响,有机质及速效钾含量较高。四是土壤无盐化,旱作耕地地下水位深,地表无盐化。五是旱作耕地存在水土流失的潜在威胁,旱作耕地大部分分布在年均降水量>350 mm区域,当降水强度较大或降水持续时间长的情况下,易发生水土流失现象。六是旱作耕地生产力水平不稳定。受其年度间降水量不同的影响,旱作耕地作物产量水平也不同;降雨充沛的年份作物产量高,降雨少的年份作物产量低。七是旱作耕地种植管理水平低。旱作耕地远离农户生活居住区,且作物产量不稳定,故农户施肥投入和种植管理水平低。八是农业机械化作业水平低。旱作耕地受其分布地形影响,不利于大、中型农业机械化作业。

旱作耕地因其所处地形部位不同,在其共性的基础上有所差异。旱作平地因其地形低平,土壤蓄水保墒能力强,土壤肥力水平相对较高;但分布零散,不集中,部分位于间山盆地和洪积扇的旱作耕地,有效土层较薄,且含有砾石。旱作梯田蓄水保墒能力较强,且坡度越小,蓄水保墒能力越强;部分位处近山丘陵的旱作梯田受其填挖工程影响,有效土层较薄,尤其是坡度较大的旱作梯田。旱作坡耕地具有一定的蓄水保墒能力,且坡度越大,蓄水保墒能力越差;坡耕地种植作物产量水平受自然降水影响最大。

第三节　宁夏耕地行政分布特点

宁夏回族自治区行政区划分为 5 个地级市 22 个县(市、区)。宁夏耕地总面积 1929.1 万亩,5 个地级市中,固原市耕地面积最大,612.9 万亩,占宁夏耕地总面积的 31.8%;石嘴山市耕地面积最小,仅占全区耕地总面积的 6.6%。宁夏灌溉耕地 753.6 万亩,5 个地级市中,银川市灌溉耕地面积最大,213.6 万亩,占宁夏灌溉耕地总面积的 28.3%;固原市灌溉耕地面积最小,仅占宁夏耕地总面积的 6.6%。宁夏旱作耕地 1175.5 万亩,5 个地级市中,固原市旱作耕地面积最大,563.0 万亩,占宁夏旱作耕地总面积的 47.9%;石嘴山市旱作耕地面积最小,仅 0.4 万。宁夏全区粮食平均亩产 387.6 kg,5 个地级市中,银川市粮食平均单产最高,513 kg;固原市最低,平均 213.8 kg(见图 2-10)。宁夏人均耕地 3.07 亩,5 个地级市中,固原市人均耕地面积最大,人均 4.9 亩;银川市人均耕地面积最小,平均仅 1.0 亩(见图 2-11)。

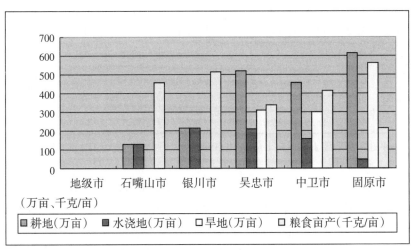

图 2-10　宁夏五个地级市耕地及粮食亩产统计

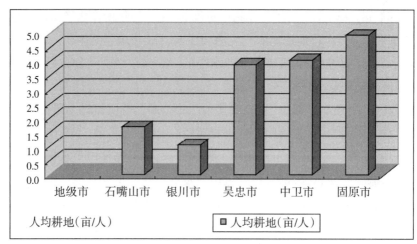

图 2-11 宁夏5个地级市人均耕地

一、银川市耕地分布特点

银川市是自治区首府,是宁夏文化经济中心。银川市辖永宁县、贺兰县、灵武市、兴庆区、金凤区和西夏区6个县(市、区)。银川市耕地面积214.7万亩,占宁夏耕地总面积的11.1%。其中水田(种植水稻田,后同)面积最大,119.1万亩,占银川市耕地总面积的55.5%;其次为水浇地(灌溉种植小麦、玉米等旱作物,后同)94.5万亩,占银川市耕地总面积的44.0%;旱地(无灌溉耕地,后同)1.1万亩,占银川市耕地总面积的0.5%。银川市农作物总播种面积232万亩,复种指数为108%(见表2-14)。

表 2-14 银川市耕地面积及相关数据统计表

县 (市、区)	耕地 (万亩)	占%	水田 (万亩)	水浇地 (万亩)	旱地 (万亩)	人均 耕地 (亩/人)	农作物总 播种面积 (万亩)	粮食播 种面积 (万亩)	粮食总产 (万千克)	粮食亩产 (千克/亩)
合计	214.7	11.1	119.1	94.5	1.1	1.0	232.0	166.6	85298.3	512.0
兴庆区	21.4	10.0	15.8	5.6		0.3	17.5	12.9	6244.2	485.0
西夏区	26.2	12.2	11.6	14.7		0.8	25.4	18.6	11868.4	637.5
金凤区	14.7	6.9	7.2	7.5		0.5	13.2	5.4	2786.9	512.1
永宁县	52.0	24.2	35.1	16.9		2.3	67.1	52.7	26171.8	496.9
贺兰县	64.8	30.2	30.7	34.1		2.8	67.7	42.4	21207.3	500.4
灵武市	35.5	16.5	18.7	15.6	1.1	1.3	41.0	34.6	17019.7	491.7

备注:该表耕地数字来源于宁夏国土资源厅"2012年宁夏回族自治区土地利用变化情况分析报告";人口数及其他相关数据来源于《宁夏统计年鉴》2013年。

银川市所辖的6个县(市、区)中,贺兰县耕地面积最大,占银川市耕地总面积的30.2%;其次为永宁县耕地,占24.2%;金凤区耕地面积最小,仅14.7万亩,占6.9%。耕地不同利用方式中,永宁县水田面积最大,35.1万亩;其次为贺兰县,30.7万亩;金凤区面积最小,仅7.2万亩。水浇地中,贺兰县面积最大,34.1万亩;兴庆区面积最小,仅5.6万亩。6

个县(市、区)中仅灵武市分布着1.1万亩旱地。银川市人均耕地1亩,其中,贺兰县人均耕地最多,2.8亩;其次为永宁县,人均耕地2.3亩;兴庆区人均耕地面积最小,仅为0.3亩。6个县(市、区)中,永宁县粮食作物复种指数最高,达到129%;其次为灵武市,为115%。而兴庆、金凤和西夏三区粮食作物复种指数不足100%,经济作物及其他作物种植面积较大。6个县(市、区)粮食作物平均亩产以西夏区最高,635 kg;兴庆区最低,485 kg。

银川市耕地的主要特点:一是水田面积居宁夏首位,高达119.1万亩,占全自治区水田总面积41.7%;二是经济作物种植面积大,65.4万亩,占农作物总播种面积的28.2%;三是农作物复种指数较高,平均为108%;四是耕地生产能力高,粮食作物平均亩产达512 kg,居宁夏首位。

二、石嘴山市耕地分布特点

石嘴山市位居自治区辖区最北端,耕地面积126.9万亩,占宁夏耕地总面积的6.6%,是宁夏耕地面积最小的地级市。石嘴山市水浇地面积较大,103万亩,占石嘴山市耕地总面积的81.2%;其次为水田,23.5万亩,占18.5%;旱地面积最小,仅0.4万亩,占0.3%。石嘴山市人均耕地1.7亩,比银川市高;农作物复种指数高于银川市,为117%;经济作物种植积较大,48.8万亩,占农作物总播种面积的32.8%;粮食作物单产水平较高,平均为457.9 kg,位居宁夏第二(见表2-15)。

表2-15 石嘴山市耕地面积及相关数据统计表

县(区)	耕地 (万亩)	占%	水田 (万亩)	水浇地 (万亩)	旱地 (万亩)	人均耕地 (亩/人)	农作物总 播种面积 (万亩)	粮食播 种面积 (万亩)	粮食总产 (万千克)	粮食亩产 (千克/亩)
石嘴山市	126.9	6.6	23.5	103.0	0.4	1.7	148.8	100.0	45798	457.9
大武口区	8.1	6.4	1.1	7.0		0.3	4.8	3.4	1194.1	346.7
惠农区	30.0	23.6	0.0	30.0		1.6	36.5	15.6	7388.7	472.5
平罗县	88.8	70.0	22.4	66.1	0.4	3.3	107.5	80.9	37215.2	459.9

备注:该表耕地数字来源于宁夏国土资源厅"2012年宁夏回族自治区土地利用变化情况分析报告";人口数及其他相关数据来源于《宁夏统计年鉴》2013年。

石嘴山市所辖3个县(区)中,平罗县耕地面积最大,88.8万亩,占石嘴山市耕地总面积的70%;其次为惠农区;大武口区耕地面积最小,8.1万亩,仅占石嘴山市耕地总面积的6.4%。平罗县水浇地和水田面积均位居石嘴山市之首;惠农区耕地均为水浇地。人均耕地以平罗县面积最大,3.3亩;其次为惠农区;大武口区人均耕地仅0.3亩。石嘴山市3个县(区)中,平罗县和惠农区农作物复种指数均较高,达121%;大武口区农作物种植面积仅占耕地总面积59%,另外41%的耕地则种植其他作物。石嘴山市粮食作物播种面积占农作物播种总面积的42.7%~75.2%,其中惠农区脱水蔬菜播种面积大,占其农作物总播种面积的57.3%。粮食作物单产水平相比较,惠农区最高,平均为472.5 kg;其次为平罗县,亩产459.9 kg;大武口区最低,亩产346.7 kg。

石嘴山市耕地的主要特点：一是石嘴山市是全自治区耕地面积最小的地级市。二是所辖县(区)内，平罗县水浇地面积66.1万亩，居全自治区之首；平罗县人均水浇地面积大，3.3亩，居全自治区之首。三是石嘴山市耕地种植其他农作物面积较大，最高达57.3%。

三、吴忠市耕地分布特点

吴忠市耕地面积较大，518.3万亩，占宁夏耕地总面积的26.9%；仅次于固原市，位居全自治区第二。其中，旱地面积最大，309.6万亩，占吴忠市耕地总面积的59.7%；其次为水浇地，125.4万亩，占24.2%；水田面积最小，83.3万亩，占16.1%。吴忠市农作物播种面积占耕地总面积的89.8%，粮食作物播种面积仅占农作物总播种面积的67.2%，粮食作物平均亩产较低，平均为339.8 kg，位居宁夏五个地级市的倒数第二位(见表2-16)。

表2-16 吴忠市耕地面积及相关数据统计表

县(市、区)	耕地(万亩)	占%	水田(万亩)	水浇地(万亩)	旱地(万亩)	人均耕地(亩/人)	农作物总播种面积(万亩)	粮食播种面积(万亩)	粮食总产(万千克)	粮食亩产(千克/亩)
吴忠市	518.3	26.9	83.3	125.4	309.6	3.9	465.5	313.0	94889	339.8
利通区	45.1	8.7	34.1	11.0	0.0	1.1	58.6	36.5	18548	507.8
红寺堡区	55.3	10.7		46.2	9.1	3.1	50.6	32.5	11222	344.9
盐池县	152.1	29.3		21.8	130.3	10.1	124.0	70.8	9729	137.3
同心县	208.8	40.3		38.5	170.2	6.4	162.0	114.6	28419	248.0
青铜峡市	57.1	11.0	49.2	7.8	0.0	2.0	70.3	58.5	26971	460.9

备注：该表耕地数字来源于宁夏国土资源厅"2012年宁夏回族自治区土地利用变化情况分析报告"；人口数及其他相关数据来源于《宁夏统计年鉴》2013年。

吴忠市所辖5个县(区)中，同心县耕地面积最大，208.8万亩，占吴忠市耕地总面积的40.3%；其次为盐池县，152.1万亩，占29.3%；利通区耕地面积最小，45.1万亩，占8.7%。灌溉耕地(含水浇地和水田)中，青铜峡市面积最大，57.1万亩；其次为红寺堡区和利通区，分别为46.2万亩和45.1万亩；盐池县灌溉耕地面积最少，仅21.8万亩。利通区和青铜峡市2个区(市)有水田，无旱地；同心县、盐池县和红寺堡3县(区)有旱地，无水田；且同心县和盐池县旱地面积较大，分别为170.2万亩和130.3万亩。人均耕地以盐池县最多，高达10.1亩；其次为同心县，人均耕地6.4亩；利通区人均耕地面积最小，仅为1.1亩。5个县(区)农作物种植指数差异较大，最高为123%，最低为77.6%；反映出吴忠市耕地种植的作物种类多，如同心县种植中药材等其他作物耕地面积达38.6万亩。吴忠市粮食作物种植指数差异也较大，为57.1%~83.2%，如盐池县农作物播种总面积124万亩，粮食作物播种面积仅为70.8万亩，其他农作物播种面积达53.2万亩，占农作物播种总面积的42.9%。吴忠市5个县(区)耕地粮食生产能力差异较大，利通区粮食亩产为507.8 kg，盐池县粮食亩产仅为137.3 kg，单产相差370.5 kg。

吴忠市耕地的主要特点：一是耕地面积大，居全自治区第二位；二是耕地类型多，面积大；水田、水浇地及旱地均有，且面积为83.3~309.6万亩；三是种植作物类型多，种植其他作物耕地面积较大；四是人均耕地水平差异大，高者人均耕地10.1亩，低者人均耕地1.1亩；五是耕地粮食生产能力差异大，粮食作物单产水平相差3.7倍。

四、中卫市耕地分布特点

中卫市耕地面积456.2万亩，占宁夏耕地总面积的23.6%，居宁夏第三位。耕地中旱地面积最大，301.4万亩，占中卫市耕地总面积的66.1%；其次为水浇地，95.5万亩，占20.9%；水田面积最小，仅占13%。人均耕地4.1亩，仅次于固原市，居宁夏第二位。农作物种植指数较高，为103%；粮食作物种植指数为48.6%，其他农作物种植指数高达51.4%。耕地粮食生产能力较强，平均单产413.4 kg，居宁夏第三位（见表2-17）。

表2-17　中卫市耕地面积及相关数据统计表

县（区）	耕地（万亩）	占%	水田（万亩）	水浇地（万亩）	旱地（万亩）	人均耕地（亩/人）	农作物总播种面积（万亩）	粮食播种面积（万亩）	粮食总产（万千克）	粮食亩产（千克/亩）
中卫市	456.2	23.6	59.3	95.5	301.4	4.1	470.9	228.9	67561	413.4
沙坡头区	107.2	23.5	28.9	19.6	58.7	2.7	108.8	30.3	15373	507.0
中宁县	100.4	22.0	30.4	36.3	33.7	3.0	131.3	50.5	29168	577.7
海原县	248.6	54.5		39.6	209.1	6.3	230.8	148.1	23020	155.5

备注：该表耕地数字来源于宁夏国土资源厅"2012年宁夏回族自治区土地利用变化情况分析报告"；人口数及其他相关数据来源于《宁夏统计年鉴》2013年。

中卫市所辖的3个县（区）海原县耕地面积最大，248.6万亩，占中卫市耕地总面积54.5%；其次为沙坡头区，107.2万亩，占23.5%；中宁县耕地面积最小，100.4万亩，占22%。海原县旱地面积大，209.1万亩；其次为沙坡头区，58.7万亩；中宁县面积最小，33.7万亩。中宁县灌溉耕地（含水田和水浇地）面积最大，66.7万亩；其次为沙坡头区，48.5万亩；海原县灌溉耕地面积最小，39.6万亩。人均耕地以海原县最高，6.3亩；中宁县和沙坡头区人均耕地分别为3.0亩和2.7亩。农作物种植指数以中宁县最高，达131%；其次为沙坡头区，种植指数为101%；海原县种植指数最低，为92.8%。中卫市所辖3县（区）粮食作物种植指数以海原县较高，为64.1%；其次为中宁县，为38.5%；沙坡头区最低，仅为27.8%。说明中卫市种植其他农作物面积较大，尤其是沙坡头区，其他农作物播种面积远高于粮食作物，高达78.5万亩。耕地粮食作物生产能力中宁县最高，平均亩产577.7 kg；海原县最低，平均亩产仅为155.5 kg，二者相差422.2 kg。

中卫市耕地的主要特点：一是中卫市所辖的海原县耕地面积位居宁夏22个县（市、区）之首；二是中卫市种植其他农作物面积大，种植粮食作物面积相对较小；三是中卫市耕地粮食生产能力差异较大，粮食作物单产水平相差3.7倍。

五、固原市耕地分布特点

固原市耕地面积612.9万亩，占宁夏耕地总面积的31.8%，耕地面积居宁夏之首。其中，旱地面积最大，563万亩，占固原市耕地总面积的91.8%；水浇地面积小，50万亩，仅占8.2%。人均耕地4.9亩，居宁夏5个地级市首位。农作物种植指数94.6%，粮食作物种植指数67.9%。耕地粮食生产能力较低，平均亩产214.8 kg，居宁夏5个地级市末位（见表2-18）。

表2-18　固原市耕地面积及相关数据统计表

县（区）	耕地（万亩）	占%	水田（万亩）	水浇地（万亩）	旱地（万亩）	人均耕地（亩/人）	农作物总播种面积（万亩）	粮食播种面积（万亩）	粮食总产（万千克）	粮食亩产（千克/亩）
固原市	612.9	31.8		50.0	563.0	4.9	579.8	393.9	79856	214.8
原州区	157.0	25.6		19.8	137.2	3.7	173.2	86.0	18771	218.2
西吉县	243.1	39.7		13.2	230.0	6.8	225.1	172.9	27639	159.9
隆德县	55.5	9.0		6.7	48.7	3.4	58.8	37.9	8816	232.5
泾源县	26.6	4.3			26.6	2.6	18.8	12.7	2567	202.2
彭阳县	125.8	20.5		9.3	116.5	6.2		84.4	22063	261.4

备注：该表耕地数字来源于宁夏国土资源厅"2012年宁夏回族自治区土地利用变化情况分析报告"；人口数及其他相关数据来源于《宁夏统计年鉴》2013年。

固原市所辖5个县（区）中，西吉县耕地面积最大，243.1万亩，占固原市耕地总面积的39.7%；其次为原州区，157万亩，占25.6%；泾源县耕地面积最小，26.6万亩，占4.3%。西吉县旱地面积最大，230万亩；其次为原州区和彭阳县，分别为137.2万亩和116.5万亩；泾源县面积最小，26.6万亩。水浇地以原州区面积较大，19.8万亩；隆德县面积最小，6.7万亩；泾源县无水浇地。固原市5个县（区）粮食作物播种面积占耕地总面积的47.7%~77.1%；泾源县30%的耕地种植其他作物。5县（区）耕地粮食生产能力差异较小，彭阳县最高，平均亩产261.4 kg；西吉县最低，平均亩产159.9 kg。二者相差101.5 kg。

固原市耕地主要特点：一是固原市耕地面积大，旱地面积大，人均耕地面积大，三者均居宁夏5个地级市首位；二是固原市耕地种植粮食面积相对较少；三是固原市耕地粮食生产能力低，居宁夏5个地级市末位。

第三章 宁夏耕地土壤类型特性

宁夏土地面积虽小,但其自然条件变化多样,人为灌溉施肥作用历史悠久,直接影响着宁夏耕地土壤类型的形成及特性。

第一节 宁夏耕地土壤分类及分布

土壤分类主要是将外部形态和内在性质相同或相近的土壤并入相应的分类单元,纳入一定的分类系统,以反映它们的肥力和利用价值,为合理利用土壤、改良土壤和提高肥力提供依据。

一、宁夏耕地土壤分类

根据宁夏第二次土壤普查结果,宁夏土壤共划分为 10 个土纲、17 个土类、37 个亚类、75 个土属,219 个土种。2009 年全国农技中心对全国土壤分类系统进行了修订,颁布了《中国土壤分类与代码》(GB/T 17296-2009),本书中所提及的耕地土壤分类及名称均按《中国土壤分类与代码》进行了归类合并。

(一)宁夏耕地土壤分类制

宁夏耕地土壤分类和《中国土壤分类与代码》(GB/T 17296-2009)分类一致,采用土纲、亚纲、土类、亚类、土属、土种六级,以土类和土种为分类的基本单元。

土纲:根据主要成土特征划分,如盐碱土纲,其主要成土特征是强烈的盐化和碱化;初育土,其主要成土特征是具有初步发育的特征。

亚纲:根据土壤形成过程的主要控制因素的差异划分,如土壤盐碱、母质状况等。如盐碱土纲划分为盐土亚纲和碱土亚纲;初育土纲划分为土质初育土和石质初育土亚纲。

土类:根据主要特征土层及其在剖面中的排列划分,同一土类有相同的特征土层,特征土层在剖面中的排列顺序基本一致。如黑垆土具有耕作层、黑垆土层及母质层组成的剖面;灰钙土具有耕作层、钙积层及母质层组成的剖面;灌淤土具有灌淤耕层、灌淤心土层及母质层组成的剖面等。同一土类具有相同的特征土层,故其成土条件和成土作用也大体相似。

亚类:在同一土类之下,依据主要特征土层的变异或次要特征土层的增减划分。如灌淤土在轮作种植水稻的影响下,表层出现绣纹绣斑(主要特征土层的变异),则可划分出表锈灌淤土亚类;在地下水位较高的地区,受地下水影响,底土出现绣纹绣斑(次要特征土层),又可划分出潮灌淤土亚类。

土属:是土壤分类的中级单元,是亚类的续分,也是土种共性的归纳,依据土壤物理和化学的重要特性划分。这些土壤理化性质,常反映些地域性因素对土壤的影响,或反映土壤的发育程度,如土壤机械组成、盐分组成等,常作为划分土属的依据。如典型灌淤土亚类,根据土壤机械组成的不同,划分为灌淤沙土和灌淤壤土土属;盐化潮土亚类,根据土壤盐分组成不同,划分为氯化物潮土和硫酸盐潮土土属。

土种:是土壤分类的基层单元,处于一定的景观部位,是剖面性态特征在数量上基本一致的一组土壤实体。土种的建立以土层排列和土体构型相同或相似为基础。

(二)宁夏耕地土壤分类系统

按照《中国土壤分类与代码》(GB/T 17296-2009),对宁夏第二次土壤普查中涉及的宁夏耕地土壤分类进行了相应的调整和归纳,原则上只能将原有的土纲、亚纲、土类、亚类和土属归纳调整到《中国土壤分类与代码》(GB/T 17296-2009)中现有的土纲、亚纲、土类、亚类和土属中,不能新增新的土纲、亚纲、土类、亚类和土属;土种则可根据生产实际,新增土种。宁夏耕地土壤共划分为6个土纲,6个亚纲,8个土类,19个亚类,34个土属,108个土种(新增42个土种)。宁夏耕地土壤分类系统见表3-1。

二、宁夏耕地土壤类型分布及面积

(一)宁夏耕地土壤类型分布规律

宁夏耕地土壤类型受其气候、成土母质、水文地质条件及灌溉耕种影响,呈现以下分布规律。

1. 灌溉耕种地域性

灌淤土的分布与灌淤耕种方式和历史有关,这种分布规律称为灌淤耕种地域性。灌淤土分布于自流灌区。卫宁灌区黄河二级阶地灌溉历史悠久,地下水位深,常年旱作,多分布着典型灌淤土;青铜峡灌区及卫宁灌区黄河一级阶地多稻旱轮作田,以表锈灌淤土为主;石嘴山市地下水位高,常年旱作,以潮灌淤土为主。以黄河西岸为例,黄河河漫滩多分布着潮土,黄河一级阶地多分布着表锈灌淤土或潮灌淤土,黄河二级阶地多分布着典型灌淤土。

2. 水文与水文地质地域性

潮土及盐渍化土壤主要分布于地下水位较高的地区,这与集水的水文和水文地质条件有关,这种分布规律称为水文与水文地质地域性。低洼地区,地面淹水的积水湖周围,地下水位较高,多分布着潮土及盐渍化土壤;离积水湖较远的高处,多分布着灌淤土或新积土。

老灌区周围的高阶地扬黄灌溉开发耕种后,新灌区灌溉渗漏水,流向其下的老灌区,致

表 3-1　宁夏耕地土壤分类系统表

土纲	代号	亚纲	代号	土类	代号	亚类	代号	土属	代号	土种	代号	备注
半淋溶土	C	半湿温半淋溶土	C3	灰褐土	C31	暗灰褐土	C312	泥质暗灰褐土	C31211	灰暗麻土	C3121111	原侵蚀暗暗灰褐土
										厚暗麻土	C3121112	原暗灰褐土
										薄暗麻土	C3121114	
钙成土	D	半干暖温钙成土	D3	黑垆土	D32	典型黑垆土	D321	黑垆土	D32100	绵垆土	D3210013	
										暗黑垆土	D3210015	
										孟塬黑垆土	D3210016	
										其他典型黑垆土	D3210018	表土全盐大于 1.5 g/kg
						潮黑垆土	D323	潮黑垆土	D32300	底锈黑垆土	D3230011	地形为川台地原浅浅黑垆土
						黑麻土	D324	黑麻土	D32400	旱川台黑垆土	D3240015	地形为坡地原浅黑垆土
										黄麻土	D3240016	
干旱土	E	干暖温干旱土	E2	灰钙土	E21	典型灰钙土	E211	黄土质灰钙土	E21111	海源黄白土	E2111114	
								泥砂质灰钙土	E21112	黄白泥土	E2111211	
						淡灰钙土	E212	黄土质淡灰钙土	E21211	同心白脑土	E2121113	
								泥砂质淡灰钙土	E21212	白脑沙土	E2121212	
										白脑泥土	E2121213	
										白脑麻土	E2121214	
						草甸灰钙土	E213	泥砂质草甸灰钙土	E21311	白脑锈土	E2131111	
						盐化灰钙土	E214	氯化物灰钙土	E21411	咸红黏土	E2141111	
										咸红沙土	E2141112	
										咸性土	E2141113	原底盐灰钙土
										白脑土	E2141114	

续表

土纲	代号	亚纲	代号	土类	代号	亚类	代号	土属	代号	土种	代号	备注
初育土	G	土质初育土	G1	黄绵土	G11	黄绵土	G110	绵土	G11011	淤绵土	G1101123	
										老牙村淤绵土	G1101124	原新积黄绵土
										盐绵土	G1101125	表土全盐量>1.5g/kg
										绡黄土	G1101126	原侵蚀黄绵土
								绵沙土	G11012	川台绵沙土	G1101215	
										坡绵沙土	G1101219	
								黄墡土	G11014	夹胶黄墡土	G1101416	
				新积土	G13	典型新积土	G131	石灰性山洪土	G13112	山洪沙土	G1311212	
										富平洪泥土	G1311214	
										洪淤薄沙土	G1311216	
										洪淤砾土	G1311217	
										厚洪淤土	G1311218	
										厚阴黑土	G1311219	
										洪淤土	G1311222	
										夹黏阴黑土	G1311223	新增土种
										盐化洪淤土	G1311227	新增土种,表土全盐大于1.5 g/kg
										底盐洪淤土	G1311228	新增土种,剖面下部有盐积层
								堆垫土	G13113	厚堆垫土	G1311311	
						冲积土	G132	石灰性冲积沙土	G13215	表泥淤沙土	G1321517	
								石灰性冲积壤土	G13216	淀淤黄土	G1321612	
										盐化冲积壤土	G1321616	新增土种

续表

土纲	代号	亚纲	代号	土类	代号	亚类	代号	土属	代号	土种	代号	备注
初育土	G	土质初育土	G1	新积土	G13	冲积土	G132	石灰性冲积黏土	G13217	淤滩土	G1321711	
				风沙土	G15	草原风沙土	G152	草原固定风沙土	G15211	盐池定沙土	G1521118	
半水成土	H	淡半水成土	H2	潮土	H21	典型潮土	H211	石灰性潮沙土	H21114	砂冲淤土	H2111414	
								石灰性潮壤土	H21115	夹沙淤土	H2111522	
										潮壤黄土	H2111551	
								石灰性潮黏土	H21116	潮淤黏土	H2111626	
						盐化潮土	H215	硫酸盐潮土	H21512	轻咸潮黏土	H2151212	
										塔桥盐锈土	H2151218	
										体泥盐沙土	H2151219	
										盐锈土	H2151222	
										轻盐盐土	H2151223	
						灌淤潮土	H217	淤潮沙土	H21711	淤末土	H2171111	
										夹壤沙土	H2171112	新增土种
										夹黏沙土	H2171113	新增土属
								淤潮壤土	H21712	淤潮泥土	H2171211	
										厚淤潮泥土	H2171212	
										淤潮漏沙土	H2171213	剖面夹漏砂层,新增土种
										淤潮夹黏土	H2171214	剖面夹黏土层,新增土种
								淤潮黏土	H21713	厚淤潮黏土	H2171312	
										夹沙淤潮黏土	H2171314	新增土种

续表

土纲	代号	亚纲	代号	土类	代号	亚类	代号	土属	代号	土种	代号	备注
半水成土	H	淡半水成土	H2	潮土	H21	灌淤潮土	H217	表锈淤潮沙土	H2174	表锈沙土	H2171411	
										表锈沙盖黏土	H2171413	新增土种
										表锈沙盖壤土	H2171414	新增土种
								表锈淤潮壤土	H21715	表锈壤土	H2171511	新增土种
										表锈漏沙土	H2171512	新增土种
										表锈黏层壤土	H2171513	新增土种
								表锈淤潮黏土	H21716	表锈黏土	H2171611	新增土种
										漏沙黏土	H2171612	新增土种
										夹壤黏土	H2171613	新增土种
人为土	L	灌耕土	L2	灌淤土	L21	典型灌淤土	L211	灌淤潮沙土	L21111	沙质厚黄土	L2111111	原沙质厚立土
										沙薄立土	L2111113	新增土种
								灌淤潮壤土	L21112	灌泥土	L2111211	原夹黏薄立土
										底砂厚淤土	L2111214	原夹沙厚立土
										薄吃劲土	L2111215	原漏沙薄立土
										厚黄淤土	L2111216	原厚立土
										黄淤土	L2111218	原薄立土
										夹黏厚立土	L2111223	新增土种
						潮灌淤土	L212	潮灌淤壤土	L21211	厚潮立土	L2121112	原厚立土
										灌潮淤土	L2121113	原新户土
										高庄老户土	L2121114	原老户土
										黏层新户土	L2121115	原夹黏老户土

续表

土纲	代号	亚纲	代号	土类	代号	亚类	代号	土属	代号	土种	代号	备注
人为土	L	灌耕土	L2	灌淤土	L21	潮灌淤土	L212	潮灌淤壤土	L21211	漏沙新户土	L2121117	新增土种
										漏沙老户土	L2121118	新增土种
										沙盖黏新户土	L2121119	新增土种
										沙新户土	L2121121	新增土种
										沙老户土	L2121122	新增土种
										胶黄新户土	L2121123	新增土种
										沙盖壤新户土	L2121125	新增土种
						表锈灌淤土	L213	表锈灌淤壤土	L21311	薄卧土	L2131111	新增土种
										厚卧土	L2131112	新增土种
										沙层薄卧土	L2131113	新增土种
										黏层薄卧土	L2131114	新增土种
										沙层厚卧土	L2131115	新增土种
										沙薄卧土	L2131119	新增土种
										沙盖黏薄卧土	L2131121	新增土种
										沙盖壤薄卧土	L2131122	新增土种
										胶黄薄卧土	L2131123	新增土种
						盐化灌淤土	L214	盐化灌淤土	L21400	盐化厚卧土	L2140011	新增土种
										盐化老户土	L2140012	新增土种
										盐化薄卧土	L2140013	新增土种
										盐化新户土	L2140014	新增土种
										夹黏盐化卧土	L2140015	新增土种

续表

土纲	代号	亚纲	代号	土类	代号	亚类	代号	土属	代号	土种	代号	备注
人为土	L	灌耕土	L2	灌淤土	L21	盐化灌淤土	L214	盐化灌淤土	L21400	夹黏盐化户土	L2140016	新增土种
										盐化薄立土	L2140018	新增土种
										盐化厚立土	L2140019	新增土种
										胶黄盐化灌淤土	L2140021	新增土种

表 3-2 宁夏各县市耕地土壤类型面积统计表（亚类）

单位：亩

土壤类型	总计	石嘴山市				吴忠市					
		小计	大武口区	惠农区	平罗县	小计	利通区	青铜峡市	同心县	盐池县	红寺堡区
潮土土类	1341171	504510	39388	130386	334737	208481	125837	77549	84	4854	157
典型潮土	14976					3367				3343	24
灌淤潮土	565647	190027	21056	36495	132476	91479	49662	41817			
盐化潮土	760548	314484	18331	93891	202261	113635	76174	35732	84	1511	133
风沙土土类	586998	17076	7402	2457	7217	336044	13898	85	29134	205489	87438
草原风沙土	586998	17076	7402	2457	7217	336044	13898	85	29134	205489	87438
灌淤土土类	2764049	626736	5601	133168	487968	647945	230186	417760			
表锈灌淤土	1172164	7414			7414	495507	165213	330294			
潮灌淤土	564830	275279	2703	29391	243185	19171	8365	10806			
典型灌淤土	103973					17832	4750	13081			
盐化灌淤土	923083	344044	2897	103777	237369	115435	51857	63578			
黑垆土土类	2215711					369833			245144	124689	

续表

土壤类型	总计	石嘴山市				吴忠市					
		小计	大武口区	惠农区	平罗县	小计	利通区	青铜峡市	同心县	盐池县	红寺堡区
潮黑垆土	1902										
典型黑垆土	345398					7218			7218		
黑麻土	1868411					362615			237925	124689	
黄绵土土类	7240865					1327098			944644	382454	
黄绵土	7240865					1327098			944644	382454	
灰钙土土类	2412363	13169	2633	6790	3746	1261593	49987	49086	419248	462738	280533
草甸灰钙土	78096	821	483		338	422		422			
淡灰钙土	1405237	9036	2150	6184	702	570873	40982	30371	239627	86372	173521
典型灰钙土	622124					547836	9005	18293	179621	368215	
盐化灰钙土	306907	3311		606	2706	142463				8152	107013
灰褐土土类	367299										
暗灰褐土	367299										
新积土土类	2423088	103611	27602	24738	51271	1025688	45561	26580	451940	316592	185016
冲积土	53225	1447		998	450	5955		651	1412	2322	1570
典型新积土	2369863	102164	27602	23741	50821	1019734	45561	25929	450528	314270	183446
宁夏总计	19351543	1265102	82625	297538	884939	5176683	465468	571059	2090194	1496817	553145

续表

土壤类型	银川市							中卫市				固原市					
	小计	贺兰县	兴庆区	金凤区	西夏区	永宁县	灵武市	小计	沙坡头区	中宁县	海原县	小计	原州区	西吉县	彭阳县	隆德县	泾源县
潮土土类	534354	212684	72415	40393	67419	55162	86280	84956	47037	31376	6542	8870	6813	1188		53	816
典型潮土								6326			6326	5283	3226	1188		53	816
灌淤潮土	245376	107233	10138	33069	30582	29150	35204	38765	24631	14134		3587	3587				
盐化潮土	288978	105452	62277	7324	36838	26012	51076	39865	22407	17242	216						
风沙土土类	134095	40467	13157	24707	11885	23601	20278	99783	51355	48429							
草原风沙土	134095	40467	13157	24707	11885	23601	20278	99783	51355	48429							
灌淤土土类	1054010	334887	105875	54597	17410	317177	224064	435357	221985	213372							
表锈灌淤土	405948	38104	16069	22592	1790	220916	106477	263295	165847	97447							
潮灌淤土	256510	175225	25199	22385	2406	26661	4635	13869	4277	9592							
典型灌淤土	23367	4331				14564	4472	62774	3806	58967							
盐化灌淤土	368184	117227	64607	9620	13214	55035	108480	95420	48054	47365							
黑垆土土类								457733			457733	1388145	451981	507777	247227	180756	404
潮黑垆土												1902	1019			883	
典型黑垆土								14011			14011	324169	71416	9032	64027	179694	
黑麻土								443722			443722	1062074	379546	498745	183200	179	404
黄绵土土类								1765630			1765630	4148137	1043815	1786146	971788	346387	
黄绵土								1765630			1765630	4148137	1043815	1786146	971788	346387	
灰钙土土类	304311	49789	644	20198	139597	79702	14381	833291	283613	458136	91542						
草甸灰钙土	75625	31034		548	39317	4726		1228		1228							
淡灰钙土	121756	13625	471	18131	15527	59621	14381	703572	283332	399466	20773						

续表

土壤类型	银川市							中卫市				固原市					
	小计	贺兰县	兴庆区	金凤区	西夏区	永宁县	灵武市	小计	沙坡头区	中宁县	海原县	小计	原州区	西吉县	彭阳县	隆德县	泾源县
典型灰钙土	106930	5131	172	1519	84752	15355		74288		3549	70738						
盐化灰钙土								54203	281	53893	30						
灰褐土土类								38241			38241	329058	50993	122540	21373	51208	82943
暗灰褐土								38241			38241	329058	50993	122540	21373	51208	82943
新积土土类	138056	18805	26085	14310	30894	37950	10012	879329	465673	255021	158635	276404	26027	29097	8414	31275	181592
冲积土	7546		7325				221	33062	13745	14044	5272	5215	3391	838		650	335
典型新积土	130509	18805	18760	14310	30894	37950	9791	846267	451928	240977	153362	271189	22635	28259	8414	30624	181257
宁夏总计	2164826	656633	218176	154205	267205	513592	355015	4594319	1069663	1006334	2518322	6150613	1579629	2446748	1248802	609679	265755

使毗邻扬黄新灌区的老灌区地下水位抬高,甚至地面积水,导致土壤次生沼泽化和次生盐渍化,部分灌淤土演化为盐化灌淤土,这也是水文与水文地质地域性的一种特殊形式。

3. 地质地域性

初育土壤主要受母质影响,分布主要与地质作用有关,有一定的区域性规律,称为土壤分布的地质地域性。例如黄绵土主要分布在风成黄土且侵蚀作用较强的地区,与黑垆土和灰钙土交错分布;新积土主要分布于冲积洪积作用明显的地区,如河流及沟道两侧,山麓洪积扇,间山盆地等。风沙土主要分布风蚀或风积地段,宁夏中部及北部为多,常与灰钙土交错分布。

4. 水平与垂直地带性

土壤分布的水平地带性,是指土壤在水平方向上,随生物气候带而演替的规律。在地下水位比较深,土壤发育比较稳定(风蚀或水蚀轻微)的地区,土壤分布的水平地带性比较明显。宁夏南部为温带干草原,年平均降水量 350~500 mm,生长干草原植被,为黑垆土分布地区;宁夏中北部地区,年平均降水量<350 mm,生长半荒漠草原植被,为灰钙土分布地区。

山地随着高度上升,生物气候条件发生变化,土壤类型也相应变化,这就是土壤分布的垂直地带性。六盘山自下而上的植被类型有干草原、草甸草原、落叶阔叶林及亚高山草甸;土壤垂直分布规律也比较明显,其基带为黑垆土或黄绵土,向上为灰褐土,山顶为亚高山草甸土。耕种土壤类型暗灰褐土主要分布在海拔 2000 m 以上,如六盘山、月亮山及南华山等山地。

(二)宁夏耕地土壤类型面积

本次宁夏耕地土壤类型面积以宁夏国土资源厅第二次土地调查面积为依据,在审阅校核后的宁夏耕地土壤类型图的基础上,运用"3S"信息系统计算获得。

宁夏耕地土壤总面积 1935 万亩(见表 3-2)。6 个土纲中,初育土纲面积最大,1025 万亩,占宁夏耕地总面积 53%;其次为人为土纲,276 万亩,占 14%;干旱土纲位居第三,241 万亩,占 13%;钙成土纲位居第四,221 万亩,占 11%;半水成土纲位居第五,134 万亩,占 7%;半淋溶土纲位居第六,36 万亩,占 2%。

宁夏 8 个耕地土壤类型中,黄绵土面积最大,724 万亩,占宁夏耕地土壤总面积的 37.4%;其次为灌淤土,276 万亩,占 14.3%;新积土位居第三,242 万亩,占 12.5%;灰钙土位居第四,241 万亩,占 12.5%;黑垆土位居第五,221 万亩,占 11.4%;潮土位居第六,134 万亩,占 6.9%;风沙土位居第七,58 万亩,占 3.0%;灰褐土位居第八,36 万亩,占 2.0%。

第二节　灌淤土和潮土主要特性

灌淤土和潮土是灌溉土壤的主要土壤类型,其土壤属性直接影响着灌溉土壤的综合生产能力。

一、灌淤土

灌淤土是在原有的成土母质上经长期引用黄河水灌溉落淤、耕种施肥等交叠作用下形成的一类人为土壤类型。灌淤土总面积 2764049 亩,占宁夏耕地总面积的 14.3%;集中分布在除固原市外其他 4 个市,其中,银川市面积最大,1054010 亩,占灌淤土类总面积的 38.1%;中卫市面积最小,435357 亩,占灌淤土类总面积的 15.8%。从空间分布看,灌淤土集中分布在宁夏自流灌区,且主要集中在自流灌区主要干支渠附近。灌淤土是宁夏自流灌区的主要耕种土壤,是全自治区农业综合生产能力最高的耕种土壤类型。

（一）灌淤土土类主要特性

1. 特征土层

特征土层是鉴别土壤类型的主要诊断土层。灌淤土土类的特征土层是灌淤熟化土层,主要特征是:灌水落淤与人为耕种、施肥交叠作用下逐渐累积起来的土层,厚度 >50 cm;全土层均匀,有一定的熟化特征;理化性质自上而下缓慢变化,质地多为壤土类或黏壤土类;物理性黏粒含量的变率 <15%;碳酸钙含量的变率 <15%;土壤有机质含量 ≥6 g/kg;土壤有机质、全氮及全磷含量变率 <15%。灌水落淤的层次因耕作而消失,含有碎砖块、煤渣等侵入体,具有块状或粒状等较好的结构和较多的孔隙。

2. 主要特性

灌淤土剖面自上而下分为灌淤耕层—灌淤心土层—母质层。受其人为耕种施肥活动的作用影响不同,灌淤耕层的土壤肥力状况高于灌淤心土层。

灌淤耕层厚度一般为 20 cm 左右,多为浅灰棕色,土壤质地以壤土类为主,土壤结构多为碎块状;具有较好的土壤结构和土壤孔隙,灌淤耕层土壤容重为 1.12~1.22 g/cm³,土壤总孔隙度为 47%~60%;非毛管孔隙占 10% 左右。由表 3-3 可以看出,灌淤耕层土壤有机质平均含量为 16 g/kg,全氮平均含量为 1.02 g/kg,全磷含量为 0.83 g/kg,全钾含量为 19.89 g/kg,有效磷平均含量为 29.27 mg/kg,均比土壤普查时明显提高。碱解氮平均含量为 66.14 mg/kg,比土壤普查时略有减少;但速效钾含量降低明显,由土壤普查时的 230 mg/kg 减少到 164.9 mg/kg,绝对含量减少了 65.1 mg/kg。

灌淤心土层厚度 30~100 cm,多为灰棕色,土壤结构多为块状,土壤质地多为壤土类或黏壤土类,具有较好的土壤结构和土壤孔隙,灌淤心土层土壤容重为 1.36~1.54 g/cm³,土壤总孔隙度为 40%~51%;非毛管孔隙占 6%~9%。土壤有机质平均含量为 9.2g/kg,全氮平均含量为 0.6 g/kg,全磷平均含量为 0.6 g/kg,全钾平均含量为 18.8 g/kg,碱解氮平均含量为 41.1 mg/kg,有效磷平均含量为 5.8 mg/kg,速效钾含量为 150.2 mg/kg,阳离子交换量平均为 8.63 cmol/kg,全盐平均含量为 1.4 g/kg。

灌淤熟化土层（包括灌淤耕层和灌淤心土层）土壤化学组成相似,土壤硅铁铝率为 6 左右;土壤黏土矿物硅铁铝率为 3 左右;土壤黏土矿物以水云母为主,其次为高岭石和绿泥石;土壤碳酸钙含量较高,为 100 g/kg 左右,各层次变化率 <15%;灌淤土层内部土壤有

表3-3　灌淤土土类土壤有机质及养分含量统计特征数

层段	时期	特征值	有机质(g/kg)	全量(g/kg)			速效(mg/kg)			阳离子交换量(cmol/kg)	全盐(g/kg)
				N	P	K	碱解氮	有效磷	速效钾		
灌淤耕层	测土配方施肥(2012年)	样本数(个)	16751	16496	33	33	15268	16210	16747		11500
		平均值	16.08	1.02	0.83	19.89	66.14	29.27	164.9		0.99
		标准差	4.54	0.27	0.16	1.48	36.57	18.31	65.56		0.81
		变异系数(%)	28.23	26.89	19.65	7.42	55.30	62.53	39.77		81.30
		极大值	39.50	2.90	1.32	24.47	298.10	99.90	598		9.90
		极小值	3.00	0.08	0.62	18.00	1.00	2.00	50		0.10
	土壤普查(1985年)	样本数(个)	2485	435	437	65	2466	2431	412	181	2201
		平均值	11.9	0.8	0.7	17.9	70	16.3	230	10.5	2.2
灌淤心土层	土壤普查(1985年)	样本数(个)	190	98	90	32	166	158	63	65	1081
		平均值	9.2	0.6	0.6	18.8	41.1	5.8	150.2	8.63	1.4
母质层	土壤普查(1985年)	样本数(个)	27	35	26	9	24	25	17	26	1109
		平均值	6.4	0.5	0.5	18.3	31.2	4.7	141.1	7.07	0.9

机质、全氮、全磷、阳离子交换量下降幅度小,均低于30%。灌溉对土壤可溶性盐具有一定的淋洗作用,在深地下水位条件下,可溶盐淋洗作用明显,灌淤土层全盐含量一般较低;在地下水位高的条件下,可溶盐虽经灌溉淋洗下移,但由于毛管作用,盐分又随毛管上升,移至地表,发生土壤次生盐渍化。

母质层多为黄河冲积物或洪积冲积物。土壤颜色为浅灰棕或灰棕色,土壤质地有沙土类、壤土类、黏壤土类和黏土类,土壤结构紧实。土壤有机质及养分含量与灌淤土层相比,含量低,且下降幅度大。土壤有机质平均含量为6.4 g/kg,全氮平均含量为0.5 g/kg,全磷平均含量为0.5 g/kg,全钾平均含量为18.3 g/kg,碱解氮平均含量为31.2 mg/kg,有效磷平均含量为4.7 mg/kg,速效钾含量为141 mg/kg,阳离子交换量平均为7 cmol/kg,全盐平均含量为0.9 g/kg。

(二)灌淤土主要亚类及土种特性

1. 灌淤土分类

灌淤土土类依据附加成土作用所形成的特征,划分出4个亚类5个土属37个土种,其中根据宁夏生产实际,新增灌淤土土种27个。4个亚类分别为典型灌淤土、潮灌淤土、表锈灌淤土和盐化灌淤土。典型灌淤土亚类中根据其灌淤土层的机械组成划分为灌淤沙土和灌淤壤土2个土属,其他3个灌淤土亚类均各有灌淤壤土1个土属。不同亚类不同土属又根据其剖面质地构型和灌淤土层厚度划分为37个土种。

2. 典型灌淤土亚类及土种特性

(1)典型灌淤土亚类主要特性

典型灌淤土具有灌淤土土类的典型特征,地下水位深,土壤形成不受地下水位影响,全剖面无绣纹绣斑;灌淤土层厚度>50 cm;地表无盐化,耕层全盐含量<1.5 g/kg;常年种植旱作物。

典型灌淤土面积103973亩,占灌淤土土类总面积的3.8%,是灌淤土类中面积最小的1个亚类。集中分布在自流灌区的银川、中卫和吴忠3个市,其中,中卫市面积最大,62774亩,占典型灌淤土亚类总面积的60.3%。10个县(区)中,以中宁县面积最大,58967亩,占典型灌淤土亚类总面积的56.7%。沙坡头区面积最小,3806亩,仅占典型灌淤土亚类的3.7%。典型灌淤土主要分布在卫宁灌区和青铜峡灌区,多位于黄河二级阶地及一级阶地的局部高地,灌区边缘洪积扇末端及高阶地也有小面积分布。

典型灌淤土分布的地形自然排水条件良好,春灌前地下水埋深多>2 m,灌溉时地下水位虽有升高,但停灌之后,即迅速下降,地下水对典型灌淤土的形成无明显影响,故典型灌淤土黏土矿物以水云母为主,其次为绿泥石和高岭石,蒙皂石含量极少。

典型灌淤土剖面自上而下划分为灌淤耕层、灌淤心土层和母质层。灌淤耕层有机质含量较高,平均为14.63 g/kg,极大值达34.1 g/kg,这与沙坡头区常乐乡一带灌淤物质中掺杂了一些有机质含量高的香山洪积物有关。灌淤耕层速效养分含量及阳离子交换量多属中上水平。以土壤普查同一时段相比较,灌淤心土层与灌淤耕层相比,有机质、全氮及全磷及阳离子交换量下降缓慢,下降率分别为25%、10%、19%和13%,充分反映出灌淤土层肥力均匀的特点;速效养分与灌淤耕层相比下降较快,这与灌淤耕层受当前施肥种植影响较大有关。母质层多为河流冲积物或洪积冲积物,有机质、全氮、全磷及阳离子交换量比灌淤心土层下降更快,下降率分别为34%、26.5%、21.8%和63%(见表3-4)。

(2)典型灌淤土亚类各土种特性

典型灌淤土根据土壤机械组成划分为灌淤沙土和灌淤壤土2个土属。灌淤沙土土属根据灌淤熟化土层的厚度划分为沙质厚立土和沙薄立土2个土种,沙薄立土为新增土种。灌淤壤土土属根据灌淤熟化土层厚度和剖面质地构型划分出6个土种,其中,夹黏厚立土为新增土种。典型灌淤土亚类8个土种中,薄吃劲土土种面积最大,57559亩,占典型灌淤土亚类总面积55.4%;厚黄淤土土种面积最小,仅674亩(见表3-5)。8个土种中,厚黄淤土土种土体构型最好,全剖面土壤质地均为壤质土,且灌淤熟化土层厚;沙薄立土土种构型较差,全剖面土壤质地为沙壤土,且灌淤熟化土层较薄。8个土种诊断特征、主要特性及利用改良见表3-6。从8个土种灌淤耕层有机质及养分含量统计结果可看出,夹黏厚立土土种有机质及养分含量多高于其他7个土种,有机质平均含量高达15.33 g/kg,高于典型灌淤土亚类的平均值;灌泥土土种有机质含量最低,平均仅为11.67 g/kg(见表3-7,表3-8)。

典型灌淤土亚类厚黄淤土土种代表剖面南3采自中宁县鸣沙乡,二级阶地边缘,群众称崖头地。剖面性态如下:

0~22 cm,灌淤耕层,灰棕色,粉质壤土,块状结构,稍紧实,孔隙多,根系多,有炭渣和粪渣,湿度为润。

表 3-4　典型灌淤土亚类土壤有机质及养分含量统计特征数

层段	时期	特征值	有机质（g/kg）	全量（g/kg）			速效（mg/kg）			阳离子交换量（cmol/kg）	全盐（g/kg）
				N	P	K	碱解氮	有效磷	速效钾		
灌淤耕层	测土配方施肥（2012年）	样本数（个）	654	653	2	2	639	651	653		618
		平均值	14.63	0.93	1.32	21.5	52.39	35.66	164.9		0.63
		标准差	3.8	0.22	0.01	3.25	29.09	22.24	64.89		0.26
		变异系数（%）	26.0	23.5	0.42	15.1	55.54	62.38	38.47		40.9
		极大值	34.1	1.66	1.32	23.79	169	99.20	512		1.49
		极小值	3.9	0.25	1.31	19.2	1.0	3.80	51		0.2
	土壤普查（1985年）	样本数（个）	868	55	57	3	857	846	37	10	772
		平均值	11.4	0.7	0.7	13.2	69.1	15.8	225	10.6	0.8
		极大值	25.8	1.0	0.8	21.3	300.8	90	435	12.5	
		极小值	5.0	0.3	0.4	9.7	9.0	1.0	108	6.9	
灌淤心土层	土壤普查（1985年）	样本数（个）	32	17	13	3	32	29	7	10	316
		平均值	8.5	0.6	0.6	14.2	37.7	6.4	152	9.19	0.5
		极大值	14.2	1.0	0.8	26.0	55	13.0	270	11.5	
		极小值	4.3	0.4	0.4	11.8	26	0.94	63	5.3	
母质层	土壤普查（1985年）	样本数（个）	4	6	3	2			3	3	274
		平均值	5.6	0.5	0.4	16.1			66.8	3.4	0.5
		极大值	8.5	0.7	0.7				156	11.1	
		极小值	3.4	0.2	0.3				49	3.4	

22~63 cm,灌淤心土层,浅灰棕色,粉质壤土,块状结构,紧实,孔隙多,根系较多,有炭渣,结构面上可看到胶膜,湿度为润。

63~99 cm,灌淤心土层,浅灰棕色,粉质黏壤土,块状结构,紧实,孔隙多,根系少,有炭渣,结构面上可看到胶膜,湿度为润。

99~131 cm,母质层,浅灰棕色,粉质壤土,块状结构,紧实,孔隙较多,根系极少,湿度为润。

131~180 cm,母质层,浅灰棕色,粉质壤土,块状结构,紧实,孔隙较多,根系极少,湿度为润。

该代表剖面灌淤耕层易溶盐含量为 0.71 g/kg,<1.5 g/kg(见表 3-9);全剖面无锈纹锈斑;灌淤土层厚度为 99 cm,>80 cm;全剖面土壤质地以粉质壤土为主,无黏质土和沙质土层(见表 3-10);该代表剖面特性属于典型灌淤土亚类灌淤壤土土属厚黄淤土土种(宁夏土种志的厚立土)。灌淤耕层(0~22 cm)有机质及养分含量高于灌淤心土层(22~99 cm),母质层有机质含量低(见表 3-11)。土壤及黏粒化学组成以二氧化硅和三氧化二铝为主(见表 3-12)。

表 3-5 宁夏耕地土种面积统计表

单位：亩

土类及土种名称	合计	石嘴山市 小计	大武口区	惠农区	平罗县	银川市 小计	兴庆区	金凤区	西夏区	永宁县	贺兰县	灵武市
潮土土类	1341171	504510	39388	130386	334737	534354	72415	40393	67419	55162	212684	86280
表锈漏沙土	62686	13773	41	4911	8821	24340	1452	3296	38	6210	12804	541
表锈沙盖壤土	21891	12315		629	11686	7469	2669	4	106	139	4551	
表锈沙盖黏土	14541	2481		892	1589	6931	59	1029	1426	382	1762	2274
表锈沙土	105052	26124	8554	2887	14683	50284	273	2620	7441	6801	14806	18343
表锈土	143143	57924	959	2220	54745	65020	2736	11731	1901	5118	36963	6572
表锈黏层壤土	54100	24261	1141	5264	17856	23061	1906	5462		3576	11845	272
表锈黏土	12335	2220		1660	560	8422	299	3181		825	4056	60
潮壤黄土	7873											
潮淤黏土	1952											
厚淤潮泥土	8580	3436	316	168	2951	1506		163		177	944	222
厚淤潮黏土	1066	36			36	475	24	167			284	
夹壤沙土	7260	1507		729	778	2211	102		342	116	618	1033
夹壤黏土	80	80			80							
夹沙淤潮黏土	911	300		14	285	419	107			17	295	
夹沙淤土	210											
夹黏沙土	5655	1448		1186	262	3171	63	20	2313	108	359	308
漏砂黏土	2749	631		615	16	763		337		314	112	
轻咸潮黏土	33405	18193		5953	12240	11990	3131	1407	55	651	5554	1194
轻盐锈土	162610	77796	201	42831	34764	52692	15557	113	436	6282	25740	4565

续表

土类及土种名称	合计	石嘴山市				银川市						
		小计	大武口区	惠农区	平罗县	小计	兴庆区	金凤区	西夏区	永宁县	贺兰县	灵武市
沙冲淤土	4941											
塔桥盐锈土	114724	54910	800	25889	28222	49070	24756	1248	480	4342	17326	919
体泥盐盐沙土	254208	78587	14652	12906	51029	90975	12961	1474	25657	7312	24182	19389
盐锈土	195602	84997	2678	6312	76006	84251	5873	3082	10211	7426	32651	25009
淤潮夹黏土	15399	8616	13	5779	2825	4305	56	1006	126	573	2544	
淤潮漏沙土	31416	15867		8018	7849	8908		433		1064	7098	313
淤潮泥土	17209	2823		384	2438	12265	393	695	6107	1464	2479	1127
淤末土	61574	16182	10033	1137	5013	25829		2926	10782	2266	5714	4140
风沙土土类	586998	17076	7402	2457	7217	134095	13157	24707	11885	23601	40467	20278
盐池定沙土	586998	17076	7402	2457	7217	134095	13157	24707	11885	23601	40467	20278
灌淤土土类	2764049	626736	5601	133168	487968	1054010	105875	54597	17410	317177	334887	224064
薄吃劲土	57559					21708				14116	4150	3442
薄卧土	201268	3336			3336	85662	3678	4093	64	41479	6045	30303
底砂厚淤土	12614					181					181	
高庄老户土	35156	24053		1616	22438	10157		755		2433	6969	
灌潮淤土	64569	37226	1272	1684	34270	21702	2645	1435		1911	14890	821
灌泥土	2377											
厚潮淤土	301715	101387		518	100870	183258	20761	15094	498	18864	125017	3022
厚卧土	476115	1790			1790	159581	6133	7847	100	104212	12389	28901
黄淤土	14930					315				100		215
厚黄淤土	674											

续表

土类及土种名称	合计	石嘴山市				银川市						灵武市
		小计	大武口区	惠农区	平罗县	小计	兴庆区	金凤区	西夏区	永宁县	贺兰县	
夹黏厚立土	11717					347				347		
夹黏盐化卧土	117434	101575		50806	50769	14290	7307		1473	496	5014	
夹黏盐化壤卧土	83325	3344			3344	51384	25500	350		9136	8520	7877
胶黄薄卧土	6482					1761				210	185	1367
胶黄新户土	650	439		18	421							
胶黄盐化灌淤土	8372	1440		506	934	5442	409			204	225	4604
漏沙老户土	38426	17121		1694	15427	17940	870	1872	1311	1067	12480	340
漏沙新户土	61808	46910		8636	38274	12889	123	791	583	480	10541	370
沙薄立土	2846					410						410
沙薄卧土	33532	353			353	24858	632	1136	159	4438	43	18450
沙层薄卧土	139899	414			414	53685	2742	2457	862	19863	6370	21392
沙层厚卧土	106761	1030			1030	19130	960	1013	605	13176	1875	1501
沙盖壤薄卧土	12249					4812	95	524		3587	461	145
沙盖壤新户土	3233	666		50	616	2065		580		36	1449	
沙盖黏薄卧土	3084					936	70			850	16	
沙盖黏新户土	442					442					442	
沙老户土	6147	4752		25	4727	764	21			706	42	16
沙新户土	7361	5914	1431	175	4308	883				426	369	67
沙质淡黄土	1256					405						405
盐化薄立土	13753					1990				98		1893
盐化薄卧土	229865	19125			19125	126521	12930	1244	1536	21411	13233	76168

续表

土类及土种名称	合计	石嘴山市				银川市						
		小计	大武口区	惠农区	平罗县	小计	兴庆区	金凤区	西夏区	永宁县	贺兰县	灵武市
盐化厚立土	9375					3350				1344	930	1076
盐化厚卧土	124142	8309			8309	52670	4956	1433	1724	19068	10416	15072
盐化老户土	170890	80049		8164	71885	86470	5570	6141	7278	2626	64217	639
盐化新户土	165926	130202	2897	44300	83004	26068	7935	452	1203	653	14673	1152
黏层薄卧土	192774	491			491	55523	1759	5523		33102	10720	4419
黏层薪户土	45323	36810		14976	21834	6411	779	1856	14	737	3024	
黑垆土土类	2215711											
暗黑垆土	10939											
底锈黑垆土	1902											
旱川台黑垆土	196297											
黄麻土	1672114											
孟塬黑垆土	294532											
绵垆土	207											
其他典型黑垆土	39720											
黄绵土土类	7240865											
川台绵沙土	37050											
夹胶黄墡土	32019											
老牙村溁绵土	720458											
坡绵沙土	75238											
缃黄土	6071315											
盐绵土	286040											

续表

土类及土种名称	合计	石嘴山市				银川市						
		小计	大武口区	惠农区	平罗县	小计	兴庆区	金凤区	西夏区	永宁县	贺兰县	灵武市
淤绵土	18744											
灰钙土土类	2412363	13169	2633	6790	3746	304311	644	20198	139597	79702	49789	14381
白脑瓥土	1832											
白脑泥土	286261	1479	855	164	460	19018	103		2402	8330	7371	811
白脑沙土	464515	7558	1295	6020	242	102739	368	18131	13125	51291	6254	13570
白脑土	49842	1238		231	1007	25757	136		21527	2405	1689	
白脑锈土	78096	821	483		338	75625		548	39317	4726	31034	
海源黄白土	149370											
黄白泥土	472754											
同心白脑土	652629											
咸红沙土	128179	2073		375	1699	80660	37	1519	62712	12950	3442	
咸红黏土	513					513			513			
咸性土	128374											
灰褐土土类	367299											
薄暗麻土	56547											
厚暗麻土	182767											
灰暗麻土	127984											
新积土土类	2423088	103611	27602	24738	51271	138056	26085	14310	30894	37950	18805	10012
表泥淤沙土	15039	951		518	432	1560	1338					221
底盐洪淤土	37901	192			192							
淀淤黄土	18558											

续表

土类及土种名称	合计	石嘴山市				银川市						
		小计	大武口区	惠农区	平罗县	小计	兴庆区	金凤区	西夏区	永宁县	贺兰县	灵武市
富平洪泥土	121333	3677	3	64	3610	1615				945	670	
洪淤薄沙土	8423	2430	1142	1288		3821				3821		
洪淤砾土	85386	892	166	332	395	9497	1557	398		6733	233	575
洪淤土	448225	12474	3197	5549	3728	1189			51	741		396
厚堆垫土	5744	22			22	82						82
厚洪淤土	779920	9872	7252	2158	461	5526	36			4625	246	620
厚阴黑土	219666											
夹黏阴黑土	5744											
山洪沙土	402343	24742	13395	2722	8625	43490	275	10583	13577	10622	6642	1790
盐化冲积壤土	19293	497		479	18	5987	5987					
盐化洪淤土	255179	47861	2447	11627	33788	65288	16892	3329	17265	10462	11013	6327
淤滩土	335											
总计	19351543	1265102	82625	297538	884939	2164826	218176	154205	267205	513592	656633	355015

续表

土类及土种名称	吴忠市						中卫市				固原市					
	小计	利通区	青铜峡市	同心县	盐池县	红寺堡区	小计	沙坡头区	中宁县	海原县	小计	原州区	西吉县	彭阳县	隆德县	泾源县
潮土类	208481	125837	77549	84	4854	157	84956	47037	31376	6542	8870	6813	1188		53	816
表锈漏沙土	17786	4407	13379				6788	5250	1537							
表锈沙盖壤土	1300	918	382				807	807								
表锈沙盖黏土	2766	1367	1399				2363	2363								
表锈沙土	24577	17894	6683				4067	3329	737							
表锈土	12691	4137	8554				7507	5544	1963							
表锈黏层壤土	4221	2708	1513				2557	2374	183							
表锈黏土	1674	1550	123				19	19								
潮壤黄土							5816			5816	2057		1188		53	816
潮淤黏土											1952	1952				
厚淤潮泥土	2393	1967	426				1245	735	510							
厚淤潮黏土	138		138				416		416							
夹壤沙土	2794	1088	1706				748	316	432							
夹壤黏土																
夹沙淤潮黏土	171		171				22	22			210	210				
夹砂淤土																
夹黏沙土	1036	319	717				376	376								
漏砂潮黏土	978	452	526													
轻咸潮黏土	2699	1330	1368				477	241	236		46	46				
轻盐锈土	18383	10583	6492	84	1224		13565	8638	4926		174	174				
砂冲淤土	3367				3343	24	510			510	1064	1064				

续表

土类及土种名称	吴忠市						中卫市				小计	固原市				
	小计	利通区	青铜峡市	同心县	盐池县	红寺堡区	小计	沙坡头区	中宁县	海原县		原州区	西吉县	彭阳县	隆德县	泾源县
塔桥盐锈土	5940	1680	4261				4803	3004	1799							
体泥盐沙土	72364	54429	17828		107		9025	4967	4058		3258	3258				
盐锈土	14249	8153	5783		180	133	11995	5557	6222	216	110	110				
淤潮夹黏土	651	302	349				1828	433	1395							
淤潮漏沙土	3854	1771	2083				2787	532	2255							
淤潮泥土	1365	623	741				756	47	709							
淤末土	13084	10159	2926				6478	2483	3995							
风沙土土类	336044	13898	85	29134	205489	87438	99783	51355	48429							
盐池定沙土	336044	13898	85	29134	205489	87438	99783	51355	48429							
灌淤土土类	647945	230186	417760				435357	221985	213372							
薄吃劲土	11074	3765	7309				24777	1388	23389							
薄沉土	76366	30323	46043				35905	24367	11538							
底砂厚淤土	520	202	318				11912	1158	10755							
高庄老户土	915	350	565				30		30							
灌潮淤土	4520	3732	789				1120		1120							
灌泥土	173		173				2204	21	2183							
厚潮淤土	8154	2164	5991				8915	3072	5844							
厚阳土	205449	76663	128787				109295	72024	37271							
黄淤土	1614	208	1407				13675	907	12094							
厚黄淤土									674							
夹黏厚立土	3438		3438				7931	54	7877							

续表

土类及土种名称	吴忠市						中卫市				小计	固原市				
	小计	利通区	青铜峡市	同心县	盐池县	红寺堡区	小计	沙坡头区	中宁县	海原县		原州区	西吉县	彭阳县	隆德县	泾源县
夹黏盐化户土	900	364	536				670	514	155							
夹黏盐化卧土	16453	2272	14181				12145	5441	6704							
胶黄薄卧土	3708	415	3294				1012		1012							
胶黄新户土	137		137				74		74							
胶黄盐化灌淤土	765	62	702				725		725							
漏沙老户土	2259	634	1625				1106	380	726							
漏沙新户土	666	202	464				1343	748	595							
沙薄立土	255		255				2180	279	1901							
沙薄卧土	5825	2938	2887				2496	1537	959							
沙层薄卧土	60252	19557	40695				25548	15569	9978							
沙层厚卧土	51090	13734	37356				35511	21579	13932							
沙盖薄壤卧土	6066	1001	5065				1371	778	593							
沙盖壤新户土	403	149	254				100	100								
沙盖黏薄卧土	694	468	226				1453	1263	190							
沙盖黏新户土																
沙老户土	631	279	352													
沙新户土	512	264	248				52	52								
沙质淡黄土	757	576	181				94		94							
盐化薄立土	6052	2739	3313				5711	2358	3353							
盐化薄卧土	54796	28069	26727				29423	13781	15642							
盐化厚立土							6026	554	5472							

续表

土类及土种名称	吴忠市						中卫市				小计	固原市				
	小计	利通区	青铜峡市	同心县	盐池县	红寺堡区	小计	沙坡头区	中宁县	海原县		原州区	西吉县	彭阳县	隆德县	泾源县
盐化厚卧土	28913	14630	14283				34251	22167	12084							
盐化老户土	1402	373	1029				2970	2336	633							
盐化新户土	6155	3347	2808				3501	904	2597							
黏层薄卧土	86057	20114	65942				50703	28730	21973							
黏层新户土	974	592	381				1128	25	1104							
黑垆土土类	369833			245144	124689		457733			457733	1388145	451981	507777	247227	180756	404
暗黑垆土											10939	6042	810		4087	
底锈黑垆土											1902	1019			883	
旱川台麻土	46154			37251	8903		28794			28794	121348	93167	19650	8531		
黄麻土	316460			200674	115786		414928			414928	940726	286379	479095	174669	179	404
孟塬黑垆土	7218			7218			11070			11070	276244	28595	8222	64027	175400	
绵垆土											207				207	
其他典型黑垆土							2941			2941	36779	36779				
黄绵土土类	1327098			944644	382454		1765630			1765630	4148137	1043815	1786146	971788	346387	
川台绵沙土	26934			24758	2176		2508			2508	7608	7001	274		333	
夹胶黄墡土							6901			6901	25117	1494	20935	279	2410	
老牙村淤绵土	271656			211461	60195		215687			215687	233115	113163	60515	21611	37826	
坡绵沙土	67510			59034	8476		1825			1825	5904	2502	3252		150	
绵黄土	957847			646240	311607		1398491			1398491	3714978	759515	1700623	949898	304942	
盐绵土							129637			129637	156403	156403				
淤绵土	3152			3152			10581			10581	5012	3738	547		727	

续表

土类及土种名称	吴忠市						中卫市				固原市					
	小计	利通区	青铜峡市	同心县	盐池县	红寺堡区	小计	沙坡头区	中宁县	海原县	小计	原州区	西吉县	彭阳县	隆德县	泾源县
灰钙土土类	1261593	49987	49086	419248	462738	280533	833291	283613	458136	91542						
白脑砾土							1832		1832							
白脑泥土	115376	1443	6180	10277	1563	95913	150389	2950	147439							
白脑砂土	163090	39539	24191	10053	11699	77608	191129	78636	112492							
白脑土	16384	483	6527		7210	2164	6463		6434	30						
白脑锈土	422		422				1228		1228							
海源黄白土	89304			68967	20337		60066			60066						
黄白泥土	458531			110654	347877		14222		3549	10673						
同心白脑土	292406			219297	73110		360223	201746	137704	20773						
咸红沙土	42212	1177	11766		942	28326	3233	281	2953							
咸红黏土																
咸性土	83868	7344				76523	44506		44506							
灰褐土土类							38241			38241	329058	50993	122540	21373	51208	82943
薄暗麻土							4461			4461	52086	1458	20376	1748	8879	19626
厚暗麻土							24763			24763	158004	37617	76695	4459	20826	18406
灰暗麻土							9017			9017	118968	11918	25469	15166	21503	44911
新积土土类	1025688	45561	26580	451940	316592	185016	879329	465673	255021	158635	276404	26027	29097	8414	31275	181592
表泥淤土	2143		651	1144		348	8371	4403	2779	1189	2015	526	838		650	
底盐洪淤土	10423				10423		27287		27287							
淀淤黄土	267			267			16080	3665	11101	1314	2211	2211				
富平洪泥土	85944	1976		79390	3208	1371	29822	1193	2824	25805	274	123		151		

续表

土类及土种名称	吴忠市						中卫市				固原市					
	小计	利通区	青铜峡市	同心县	盐池县	红寺堡区	小计	沙坡头区	中宁县	海原县	小计	原州区	西吉县	彭阳县	隆德县	泾源县
洪淤薄沙土	1416	77	1338				756		756							
洪淤砾土	9072	189	4428	4267	29	157	45545	29903	15244	398	20380	2045	15840	1045	511	939
洪淤土	203715	6401	427	90607	87290	18990	228567	187025	37884	3657	2279	330	1630		84	235
厚堆垫土	601	39			563		2941	148		2792	2097		2097			
厚洪淤土	366277	3626	411	202635	138324	21281	380969	174145	109544	97280	17275	1344	7790	7217		924
厚阴黑土											219666	16200			28204	175261
夹黏阴黑土											5744	546			1301	3898
山洪洪淤土	253530	6079	6988	73629	73498	93337	79129	33101	28842	17186	1451	26	901		524	
盐化冲积壤土	3545				2322	1222	8610	5676	165	2769	655	655				
盐化洪淤土	88756	27173	12337		11358	37888	51252	26413	18595	6244	2021	2021				
淤滩土											335					335
总计	5176683	465468	571059	2090194	1496817	553145	4594319	1069663	1006334	2518322	6150613	1579629	2446748	1248802	609679	265755

表 3–6 典型灌淤土亚类各土种主要特性

土种名称	面积（亩）	诊断特征	主要特性	利用改良	备注
合计	103973				
沙质淡黄土	1256	常年旱作；灌淤耕层全盐量<1.5 g/kg；灌淤土层厚度>80 cm；全剖面无锈纹锈斑；全剖面土壤质地为沙壤土。	有机质及养分含量较低，土壤通透性能好，持水保肥能力较差。	培肥地力，水肥管理坚持"勤灌溉勤施肥"，防治漏水漏肥。	原沙质厚立土。
沙薄立土	2846	常年旱作；灌淤耕层全盐量<1.5 g/kg；灌淤土层厚度>50 cm，<80 cm；全剖面无锈纹锈斑；全剖面土壤质地为沙壤土。	有机质及养分含量较低，土壤通透性能较好，易漏水漏肥。	培肥地力，水肥管理坚持"勤灌溉勤施肥"，防治漏水漏肥。	原沙质薄立土；新增土种。
灌泥土	2377	常年旱作；灌淤耕层全盐量<1.5 g/kg；灌淤土层厚度>50 cm，<80 cm；全剖面无锈纹锈斑；全剖面土壤质地以壤土或黏壤土为主，夹有厚度>10 cm的黏土层。	有机质及养分含量较高，持水保肥性能好。	培肥地力，防止土壤次生盐渍化。	原夹黏薄立土。
底砂厚淤土	12614	常年旱作；灌淤耕层全盐量<1.5 g/kg；灌淤土层厚度>80 cm；全剖面无锈纹锈斑；全剖面土壤质地以壤质土或黏壤土为主，夹有厚度>10 cm的沙质土层。	有机质及养分含量较高，持水保肥性能较好。	培肥地力，用养结合。	原夹沙厚立土。
薄吃劲土	57559	常年旱作；灌淤耕层全盐量<1.5 g/kg；灌淤土层厚度>50 cm，<80 cm；全剖面无锈纹锈斑；全剖面土壤质地以壤土或黏壤土为主，夹有厚度>10 cm的沙质土层。	有机质及养分含量较高，具有一定的持水保肥性能。	培肥地力，防止漏水漏肥。	原夹沙薄立土。
厚黄淤土	674	常年旱作；灌淤耕层全盐量<1.5 g/kg；灌淤土层厚度>80 cm；全剖面无锈纹锈斑；全剖面土壤质地为壤土或黏壤土。	有机质及养分含量较高，持水保肥性能较好。	培肥地力，用养结合。	原厚立土。
黄淤土	14930	常年旱作；灌淤耕层全盐量<1.5 g/kg；灌淤土层厚度>50 cm，<80 cm；全剖面无锈纹锈斑；全剖面土壤质地为壤土或黏壤土。	有机质及养分含量较高，持水保肥性能较好。	培肥地力，用养结合。	原薄立土。
夹黏厚立土	11717	常年旱作；灌淤耕层全盐量<1.5 g/kg；灌淤土层厚度>80 cm；全剖面无锈纹锈斑；全剖面土壤质地以壤质土或黏壤土为主，夹有厚度>10 cm的黏质土层。	有机质及养分含量较高，持水保肥性能好。	培肥地力，防止土壤次生盐渍化。	新增土种。

表 3-7　典型灌淤土亚类各土种耕层(0~20 cm)土壤有机质及养分含量

土种名称	特征值	有机质(g/kg)	全量养分(g/kg)			速效养分(mg/kg)			全盐(g/kg)	pH
			N	P	K	碱解氮	有效磷	速效钾		
沙质淡黄土	样本数(个)	1	1			1	1	1	1	1
	平均值	17.5	1.1			117	26.8	202	0.7	8.7
沙薄立土	样本数(个)	10	10			10	10	10	10	10
	平均值	14.73	0.94			65.58	35.64	118.6	0.75	8.32
	标准差	3.93	0.26			30.65	18.83	25.07	0.29	0.21
	变异系数(%)	26.71	28.02			46.74	52.82	21.14	38.87	2.58
	极大值	20.1	1.4			94.0	61.6	151	1.3	8.6
	极小值	7.00	0.39			3.0	10.6	86	0.3	8.0
灌泥土	样本数(个)	20	20			20	20	20	20	20
	平均值	11.67	0.79			35.17	29.55	134.1	0.49	8.33
	标准差	4.6	0.27			25.92	23.24	51.97	0.27	0.22
	变异系数(%)	39.45	33.69			73.71	78.64	38.75	55.27	2.61
	极大值	20.7	1.36			96.0	81.8	268	1.4	8.7
	极小值	4.1	0.44			1.0	5.3	51	0.2	8.0
底沙厚淤土	样本数(个)	102	102			102	102	102	102	102
	平均值	14.49	0.93			51.52	38.73	145.59	0.67	8.36
	标准差	3.48	0.19			23.3	23.51	59.49	0.3	0.21
	变异系数(%)	24.03	20.75			45.23	60.71	40.86	44.86	2.47
	极大值	24.2	1.39			93.0	97.4	412	1.49	8.8
	极小值	6.2	0.38			1.0	6.4	73	0.2	7.9
厚黄淤土	样本数(个)	70	70			68	70	70	70	70
	平均值	13.61	0.87			48.98	35.49	146.19	0.61	8.32
	标准差	3.88	0.22			26.5	20.77	48.02	0.28	0.26
	变异系数(%)	28.55	25.14			54.1	58.5	32.85	46.14	3.1
	极大值	21.4	1.31			95.0	96.0	399	1.3	8.8
	极小值	4.7	0.34			3.0	6.3	63	0.2	7.6
黄淤土	样本数(个)	67	67	1	1	67	67	67	59	65
	平均值	15.02	0.97	1.31	23.79	62.52	43.19	172.91	0.58	8.38
	标准差	2.93	0.19			27.46	23.1	65.45	0.19	0.25
	变异系数(%)	19.53	19.59			43.93	53.48	37.85	33.39	2.98
	极大值	24.1	1.54			141.53	96	402	1.3	9.0
	极小值	7.5	0.55			6.0	4.6	77	0.3	8.0

续表

土种名称	特征值	有机质（g/kg）	全量养分（g/kg）			速效养分（mg/kg）			全盐（g/kg）	pH
			N	P	K	碱解氮	有效磷	速效钾		
夹黏厚立土	样本数（个）	71	71	1	1	71	70	71	69	70
	平均值	15.33	0.98	1.32	19.2	63.1	37.78	188.49	0.63	8.39
	标准差	3.59	0.21			25.18	21.36	75.95	0.22	0.27
	变异系数（%）	23.42	21.87			39.91	56.54	40.3	34.37	3.17
	极大值	26.3	1.62			121	98.8	512	1.3	9.0
	极小值	6.7	0.42			7.0	6.6	73	0.3	8.0

表 3-8 典型灌淤土亚类各土种耕层（0~20 cm）土壤微量元素含量

土种名称	特征值	有效锌（mg/kg）	有效铜（mg/kg）	有效铁（mg/kg）	有效锰（mg/kg）	水溶性硼（mg/kg）
黄淤土	样本数（个）	1	2	2	3	3
	平均值	0.75	1.26	13.47	8.0	1.5
	标准差		0.02	1.74	3.16	0.7
	变异系数（%）		1.69	12.91	39.51	47.04
	极大值		1.27	14.7	11	2.28
	极小值		1.24	12.24	4.7	0.91
夹黏厚立土	样本数（个）		1		2	2
	平均值		1.8		8.87	1.34
	标准差				0.33	1.0
	变异系数（%）				3.75	74.81
	极大值				9.1	2.05
	极小值				8.63	0.63

表 3-9 典型灌淤土亚类厚淤黄土土种代表剖面南 3 土壤盐分组成

层次（cm）	pH	阴离子组成（cmol/kg）					阳离子组成（cmol/kg）			全盐（g/kg）	CaCO₃（g/kg）	CaSO₄·2H₂O（g/kg）
		CO_3^{2-}	HCO_3^-	Cl^-	SO_4^{2-}	总量	Ca^{2+}	Mg^{2+}	$Na^+ + K^+$			
0~22	8.5	0.00	0.45	0.29	0.24	0.98	0.35	0.35	0.28	0.7	106.8	0.7
22~63	8.4	0.00	0.50	0.44	0.20	1.14	0.46	0.41	0.27	0.8	108.9	0.6
63~99	8.5	0.00	0.52	0.49	0.21	1.22	0.46	0.19	0.57	0.7	109.3	0.8
99~131	8.5	0.00	0.42	0.44	0.20	1.06	0.43	0.33	0.30	0.8	83.7	0.7
131~180	8.5	0.00	0.45	0.36	0.06	0.87	0.33	0.16	0.38	0.6	98.3	0.9

表 3-10 典型灌淤土亚类厚黄淤土土种代表剖面南 3 土壤机械组成

| 层次（cm） | 机械组成（%） 粒径（mm） | | | | 质地名称 |
	2.0~0.2	0.2~0.02	0.02~0.002	<0.002	
0~22	0.8	39.0	36.7	23.5	粉质壤土
22~63	0.4	38.1	37.5	24.0	粉质壤土
63~99	1.6	30.5	41.0	27.5	粉质黏壤土
99~131	1.4	51.6	29.7	17.3	粉质壤土
131~180	0.2	50.8	36.0	13.0	粉质壤土

表 3-11 典型灌淤土亚类厚黄淤土土种代表剖面南 3 土壤有机质及养分含量

| 层段 | 层次（cm） | 有机质（g/kg） | 全量（g/kg） | | | 速效（mg/kg） | | 阳离子交换量（cmol/kg） |
			N	P	K	有效磷	速效钾	
灌淤耕层	0~22	12.1	0.88	0.7	18.7	5.8	252.8	12.8
灌淤心土层	22~63	9.0	0.66	0.7	18.4	3.0	182.5	12.4
	63~99	7.3						
母质层	99~131	5.8						
	131~180	4.4						

表 3-12 典型灌淤土亚类厚黄淤土土种代表剖面南 3 土壤及黏粒化学组成

| 层次（cm） | 土壤化学组成（%） | | | | | | | | 黏粒化学组成（%） | | | SiO_2/R_2O_3 | |
	SiO_2	Fe_2O_3	Al_2O_3	K_2O	Na_2O	CaO	MgO	TiO_2	SiO_2	Fe_2O_3	Al_2O_3	土壤	黏粒
0~22	56.9	4.20	11.8	2.25	1.44	7.52	4.15	0.56	49.6	9.11	19.20	6.56	3.37
22~63	57.4	4.35	11.4	2.34	1.46	8.18	1.24	0.57	49.6	9.30	20.50	6.76	3.18
63~99	55.6	4.92	12.3	2.38	1.38	8.95	3.65	0.38	49.2	9.02	21.02	6.01	3.13
99~131	62.5	4.20	11.2	2.13	1.55	7.34	2.78	0.38	49.1	9.95	20.66	7.52	3.08
131~180	60.0	4.11	11.1	2.09	1.56	8.22	3.07	0.66	49.0	9.38	20.52	7.30	3.14

3. 潮灌淤土亚类及土种特性

（1）潮灌淤土亚类主要特性

潮灌淤土是在地下水位高，长期种植旱作物（不种水稻）的条件下形成的，故潮灌淤土剖面下部有锈纹锈斑（表层或剖面上部无锈纹锈斑）；灌淤土层厚度>50 cm；地表无盐化，耕层土壤易溶性盐分含量<1.5 g/kg。

潮灌淤土面积 564830 亩，占灌淤土类总面积 20.4%。主要分布在除固原市外其他 4个市，其中，石嘴山市面积最大，275279 亩，占潮灌淤土亚类总面积的 48.7%；中卫市面积最小，13869 亩，占潮灌淤土亚类总面积的 2.5%。10 个县（区）中，平罗县潮灌淤土面积最大，243185 亩，占潮灌淤土亚类总面积的 43.1%；西夏区潮灌淤土最小，2466 亩，仅占0.4%。潮灌淤土集中分布在自流灌区银北灌区，分布地形多为黄河冲积平原的一级阶地。

　　潮灌淤土所处地形相对比较低平,地面比降为1/4000~1/6500,排水较困难,4月份灌头水前地下水埋深为130~180 cm,土壤剖面中下部受地下水位频繁升降的影响,有锈纹锈斑。且剖面中下部黏土矿物受地下水影响,除水云母、绿泥石和高岭石外,蒙皂石含量增多。

　　潮灌淤土剖面自上而下划分为灌淤耕层—灌淤心土层—母质层,母质层因有锈纹锈斑,又称为锈斑母质层。灌淤耕层厚约20 cm左右,多为壤质土,呈块状结构;土壤有机质平均含量为15.92 g/kg,全量氮、磷、钾养分平均含量分别为1.03 g/kg、0.77 g/kg和20.24 g/kg;碱解氮和有效磷养分平均含量分别为79.63 mg/kg和29.02 mg/kg,较土壤普查时明显提高;速效钾平均含量较土壤普查降低了83.3 mg/kg;全盐平均含量为0.74 g/kg,较土壤普查时降低了0.16 g/kg(见表3-13)。

表3-13　潮灌淤土亚类土壤有机质及养分含量统计特征数

层段	时期	特征值	有机质(g/kg)	全量(g/kg)			速效(mg/kg)			阳离子交换量(cmol/kg)	全盐(g/kg)
				N	P	K	碱解氮	有效磷	速效钾		
灌淤耕层	测土配方施肥(2012年)	样本数(个)	2561	2500	3	3	2490	2325	2561		2026
		平均值	15.92	1.03	0.77	20.24	79.63	29.02	188.1		0.74
		标准差	4.57	0.28	0.13	0.68	42.96	18.47	77.96		0.31
		变异系数(%)	28.73	27.02	17.13	3.38	53.95	63.64	39.35		41.29
		极大值	36.9	2.43	0.92	20.96	292.6	99.8	595		1.49
		极小值	3.1	0.15	0.68	19.6	3.4	3.0	50		0.2
	土壤普查(1985年)	样本数(个)	207	202	202	33	208	204	194	72	144
		平均值	11.6	0.7	0.7	18.5	64.8	17.6	272.4	10.9	0.9
		标准差	2.9	0.22	0.12	1.02	36.8	14.1	100	3.8	0.31
		变异系数(%)	24.7	30.9	17.6	5.5	56.8	80.3	36.7	34.5	36.2
		极大值	23.8	2.0	0.8	20.8	254	150	512	17.62	
		极小值	4.8	0.2	0.4	11.6	5.0	1.0	34	3.89	
灌淤心土层	土壤普查(1985年)	样本数(个)	48	25	22	9	22	22	14	13	161
		平均值	8.4	0.5	0.6	21.1	41.5	6.5	191.6	7.5	0.7
		标准差	2.6	0.23	0.09	2.65	9.92	5.9	84.1	1.7	0.32
		变异系数(%)	31.8	30.4	16.3	12.8	23.9	90.6	43.9	22.7	46.8
		极大值	13.7	0.9	0.7	23.8	55	118	300	16.43	
		极小值	4.6	0.3	0.6	15.0	24	0.5	57	4.95	
母质层	土壤普查(1985年)	样本数(个)	11	9	7	2	10	10	6	6	144
		平均值	6.0	0.4	0.6	22.5	20	3.3	143.1	8.7	0.7
		标准差	3.4	0.22	0.04	5.2	9.99	2.7	85.3	4.4	0.32
		变异系数(%)	56	54.5	70.1	22.9	32.4	81.1	59.6	50.6	43.7
		极大值	8.7	0.7	0.7	28.2	42	40	275	12.65	
		极小值	1.8	0.1	0.5	18.9	22	0.5	49	2.69	

灌淤心土层与灌淤耕层过渡不明显,以壤质土为主,有碎砖块和煤渣等侵入体,土壤有机质及养分含量较灌淤耕层低,但比母质层高,如有机质含量平均为 8.4 g/kg,同期相比,比灌淤耕层低 3.2 g/kg,比母质层高 2.4 g/kg。部分灌淤心土层由于地下水升降的影响有锈纹锈斑。

母质层为河流冲积物或洪积冲积物,有大量锈纹锈斑,土壤有机质及养分含量低。

（2）潮灌淤土亚类各土种特性

潮灌淤土亚类划分为潮灌淤壤土 1 个土属,潮灌淤壤土土属内根据灌淤土层厚度和质地剖面构型又划分出 11 个土种,其中,新增土种 7 个。11 个土种中,厚潮淤土土种面积最大,301715 亩,占潮灌淤土亚类总面积的 53.4%;沙盖黏新户土土种面积最小,442 亩,仅占 0.08%。11 个土种中,厚潮淤土土体构型好,全剖面土壤质地为壤质土,熟化程度高,灌淤土层厚度>80 cm;沙新户土土体构型差,全剖面土壤质地为沙质土,且灌淤土层薄。各土种诊断特征、主要特性及利用改良见表 3-14。从各土种灌淤耕层有机质及养分含量统计结果可看出(见表 3-15、表 3-16),高庄老户土有机质及养分含量较高;沙新户土和

表 3-14　潮灌淤土亚类各土种主要特性

土种名称	面积(亩)	诊断特征	主要特性	利用改良	备注
合计	564830				
厚潮淤土	301715	常年旱作;灌淤耕层全盐量<1.5 g/kg;灌淤土层厚度>80 cm;剖面中下部有锈纹锈斑;全剖面土壤质地为壤土或黏壤土。	有机质及养分含量较高,土壤通透性能好,持水保肥能力较强。	培肥地力;防治土壤次生盐渍化。	原老户土
灌潮淤土	64569	常年旱作;灌淤耕层全盐量<1.5 g/kg;灌淤土层厚度>50 cm且<80 cm;剖面中下部有锈纹锈斑;全剖面土壤质地为壤土或黏壤土。	有机质及养分含量较高,土壤通透性能好,持水保肥能力较强,但灌淤熟化层较薄。	培肥地力;提高土壤熟化度;防治土壤次生盐渍化。	原新户土
高庄老户土	35156	常年旱作;灌淤耕层全盐量<1.5 g/kg;灌淤土层厚度>80 cm;剖面中下部有锈纹锈斑;全剖面土壤质地以壤土或黏壤土为主,夹有厚度>10 cm的黏土层。	有机质及养分含量较高,持水保肥能力强,存在次生盐渍化的威胁。	培肥地力;防治土壤次生盐渍化。	
黏层新户土	45323	常年旱作;灌淤耕层全盐量<1.5 g/kg;灌淤土层厚度>50 cm且<80 cm;剖面中下部有锈纹锈斑;全剖面土壤质地以壤土或黏壤土为主,夹有厚度>10 cm的黏土层。	有机质及养分含量较高,持水保肥能力强,存在次生盐渍化的威胁,灌淤熟化土层较薄。	培肥地力;提高土壤熟化度;防治土壤次生盐渍化。	
漏沙新户土	61808	常年旱作;灌淤耕层全盐量<1.5 g/kg;灌淤土层厚度>50 cm且<80 cm;剖面中下部有锈纹锈斑;全剖面土壤质地以壤土或黏壤土为主,夹有厚度>10 cm的沙质土层。	有机质及养分含量较高,土壤通透性能好,灌淤熟化土层较薄,持水保肥能力较差。	培肥地力;提高土壤熟化度;水肥管理宜"少量多次",防治漏水漏肥。	新增土种

续表

土种名称	面积(亩)	诊断特征	主要特性	利用改良	备注
漏沙老户土	38426	常年旱作；灌淤耕层全盐量<1.5 g/kg；灌淤土层厚度>80 cm；剖面中下部有锈纹锈斑；全剖面土壤质地以壤土或黏壤土为主，夹有厚度>10 cm的沙质土层。	有机质及养分含量较高，土壤通透性能好，持水保肥能力较差。	培肥地力；水肥管理宜"少量多次"，防治漏水漏肥。	新增土种
沙盖黏新户土	442	常年旱作；灌淤耕层全盐量<1.5 g/kg；灌淤土层厚度>50 cm且<80 cm；剖面中下部有锈纹锈斑；全剖面土壤质地以沙壤土为主，夹有厚度>10 cm的黏土层。	有机质及养分含量较低，持水保肥能力强，存在次生盐渍化的威胁，灌淤熟化土层较薄。	培肥地力；提高土壤熟化度；防治土壤次生盐渍化。	新增土种
沙新户土	7361	常年旱作；灌淤耕层全盐量<1.5 g/kg；灌淤土层厚度>50 cm且<80 cm；剖面中下部有锈纹锈斑；全剖面土壤质地为沙壤土。	有机质及养分含量较低，土壤通透性能好，灌淤熟化土层较薄，持水保肥能力较差。	培肥地力；提高土壤熟化度；水肥管理宜"少量多次"，防治漏水漏肥。	新增土种
沙老户土	6147	灌淤耕层全盐量<1.5 g/kg；灌淤土层厚度>80 cm；剖面中下部有锈纹锈斑；全剖面土壤质地为沙壤土。	有机质及养分含量较低，土壤通透性能好，持水保肥能力较差。	培肥地力；水肥管理宜"少量多次"，防治漏水漏肥。	新增土种
胶黄新户土	650	常年旱作；灌淤耕层全盐量<1.5 g/kg；灌淤土层厚度>50 cm且<80 cm；剖面中下部有锈纹锈斑；全剖面土壤质地为黏质土。	有机质及养分含量较高，持水保肥能力强，存在次生盐渍化的威胁，灌淤熟化土层较薄。	培肥地力；提高土壤熟化度；改善土壤结构；防治土壤次生盐渍化。	新增土种
沙盖壤新户土	3233	常年旱作；灌淤耕层全盐量<1.5 g/kg；灌淤土层厚度>50 cm且<80 cm；剖面中下部有锈纹锈斑；全剖面土壤质地以沙壤土为主，夹有厚度>10 cm的黏壤土土层。	有机质及养分含量较低，持水保肥能力较强，存在次生盐渍化的威胁，灌淤熟化土层较薄。	培肥地力；提高土壤熟化度；防治土壤次生盐渍化。	新增土种

表3-15　潮灌淤土亚类各土种耕层(0~20 cm)土壤有机质及养分含量

土种名称	特征值	有机质(g/kg)	全量养分(g/kg)			速效养分(mg/kg)			全盐(g/kg)	pH
			N	P	K	碱解氮	有效磷	速效钾		
厚潮淤土	样本数(个)	1594	1585	2	2	1537	1387	1594	1308	1588
	平均值	16.01	1.04	0.69	19.88	81.81	29.71	193.64	0.72	8.37
	标准差	4.82	0.29	0.02	0.4	48.24	19.29	81.49	0.3	0.26
	变异系数(%)	30.09	27.98	2.32	2.01	58.97	64.92	42.08	42.19	3.12
	极大值	36.9	2.43	0.71	20.16	292.6	99	595	1.47	9.0
	极小值	3.1	0.15	0.68	19.6	3.4	3	50	0.2	7.53

续表

土种名称	特征值	有机质（g/kg）	全量养分（g/kg）			速效养分（mg/kg）			全盐（g/kg）	pH
			N	P	K	碱解氮	有效磷	速效钾		
灌潮淤土	样本数（个）	198	186			190	183	198	159	197
	平均值	14.71	0.95			68.89	28.34	172.25	0.77	8.38
	标准差	3.76	0.27			33.95	17.96	73.04	0.31	0.24
	变异系数（%）	25.55	28.21			49.28	63.38	42.4	40.03	2.9
	极大值	27.8	1.84			283.7	95	465	1.4	8.9
	极小值	5.8	0.34			6.7	4.2	50	0.3	7.8
高庄老户土	样本数（个）	104	97	1	1	104	103	104	69	104
	平均值	16.69	1.02	0.92	20.96	75.96	27.31	185.06	0.82	8.43
	标准差	3.91	0.26			35.42	13.95	76.3	0.27	0.28
	变异系数（%）	23.41	25.18			46.63	51.09	41.23	33.39	3.33
	极大值	25.1	1.73			223	81.1	434	1.4	9.0
	极小值	4.7	0.47			6.9	5.7	50	0.3	7.9
黏层新户土	样本数（个）	268	265			268	261	268	193	268
	平均值	16.37	1.06			80.63	27.86	189.43	0.82	8.52
	标准差	3.9	0.24			29.83	15.8	70.11	0.29	0.26
	变异系数（%）	23.85	23.02			37	56.7	37.01	35.31	3.06
	极大值	33.4	1.98			223	96.2	550	1.42	9.0
	极小值	5.3	0.39			5.5	4.9	66	0.3	7.8
漏沙新户土	样本数（个）	208	188			208	206	208	149	207
	平均值	16.46	1.03			85.52	30.64	174.82	0.84	8.46
	标准差	4.69	0.23			34.67	19.92	64.57	0.32	0.26
	变异系数（%）	28.52	22.69			42.01	65.01	36.93	38.15	3.06
	极大值	35.0	1.95			237	99.8	549	1.4	9.0
	极小值	6.0	0.34			10	4.4	55	0.2	7.6
漏沙老户土	样本数（个）	151	149			145	147	151	118	151
	平均值	15.39	0.95			72.61	25.35	179.72	0.65	8.42
	标准差	3.56	0.22			25.49	15.1	74.79	0.29	0.23
	变异系数（%）	23.1	22.8			35.1	59.56	41.61	44.14	2.73
	极大值	32.7	1.88			153.4	94.1	544	1.47	8.9
	极小值	5.8	0.51			6.9	4.3	72	0.2	7.6

续表

土种名称	特征值	有机质（g/kg）	全量养分（g/kg）			速效养分（mg/kg）			全盐（g/kg）	pH
			N	P	K	碱解氮	有效磷	速效钾		
沙盖黏新户土	样本数（个）	3	3			3	3	3	3	3
	平均值	20.4	1.13			78.33	25.03	158.33	1.17	8.67
	标准差	4.33	0.22			11.93	6.41	57.54	0.29	0.12
	变异系数（%）	21.23	19.21			15.23	25.62	36.34	24.74	1.33
	极大值	23.0	1.27			92	32.4	217	1.49	8.8
	极小值	15.4	0.88			70	20.7	102	1.0	8.6
沙新户土	样本数（个）	18	13			18	18	18	14	18
	平均值	11.39	0.69			53.63	18.81	150.74	0.69	8.45
	标准差	4.25	0.15			26.48	7.63	47.16	0.26	0.19
	变异系数（%）	37.31	21.36			49.36	40.56	31.29	37.56	2.26
	极大值	19.48	1.07			114	31.4	251	1.22	8.7
	极小值	4.9	0.55			12.3	4.9	66	0.2	7.9
沙老户土	样本数（个）	11	8			11	11	11	8	11
	平均值	13.37	0.91			66.15	35.33	117.55	1.01	8.3
	标准差	4.52	0.22			47.69	28.91	38.14	0.42	0.26
	变异系数（%）	33.81	23.59			72.09	81.85	32.45	41.31	3.19
	极大值	22.6	1.16			145	83.5	181	1.48	8.8
	极小值	5.2	0.48			13.4	6.0	68	0.4	7.9
沙盖壤新户土	样本数（个）	6	6			6	6	6	5	6
	平均值	11.05	0.75			55.17	26.08	139.67	0.8	8.3
	标准差	1.99	0.19			11.41	25.67	53.36	0.44	0.24
	变异系数（%）	17.98	25.88			20.68	98.4	38.21	55.2	2.85
	极大值	14.9	0.93			67	72.6	216	1.4	8.6
	极小值	9.7	0.51			41	5.3	96	0.3	8.0

沙盖壤新户土有机质及养分含量较低。

潮灌淤土亚类高庄老户土土种代表剖面种 16 采自银川金凤区良田镇良渠 7 队，剖面性态如下：

0~20 cm，灌淤耕层，灰棕色，粉质黏壤土，块状结构，稍紧实，孔隙多，根系多，有煤渣，湿度为润。

20~50 cm，灌淤心土层，浅灰棕色，粉质黏壤土，块状结构，紧实，孔隙多，根系较多，有煤渣，湿度为润。

50~90 cm，灌淤心土层，浅灰棕色，粉质黏壤土，块状结构，紧实，孔隙多，有煤渣，湿

表 3-16 潮灌淤土亚类各土种耕层(0~20 cm)土壤微量元素含量

土种名称	特征值	有效锌 (mg/kg)	有效铜 (mg/kg)	有效铁 (mg/kg)	有效锰 (mg/kg)	水溶性硼 (mg/kg)
厚潮淤土	样本数(个)	11	14	9	15	15
	平均值	0.85	1.61	10.87	7.95	0.97
	标准差	0.42	0.56	3.16	3.59	0.43
	变异系数(%)	49.09	35.02	29.1	45.13	44.78
	极大值	1.63	2.62	14.9	13.9	1.58
	极小值	0.37	0.86	7.3	3.2	0.32
灌潮淤土	样本数(个)	2	2	2	2	2
	平均值	1.06	1.13	12.1	10	1.05
	标准差	0.15	0.3	1.41	4.81	0.74
	变异系数(%)	14.08	27.03	11.69	48.08	71.05
	极大值	1.16	1.34	13.1	13.4	1.57
	极小值	0.95	0.91	11.1	6.6	0.52
高庄老户土	样本数(个)	1	1	1	1	1
	平均值	0.41	1.54	21.2	8.4	1.38
漏沙新户土	样本数(个)	4	4	3	4	4
	平均值	0.87	1.63	12.33	8.65	1.14
	标准差	0.3	0.58	4.0	1.62	0.31
	变异系数(%)	34.21	35.36	32.44	18.7	27.4
	极大值	1.09	2.17	16.3	10	1.51
	极小值	0.43	0.82	8.3	6.3	0.78
漏沙老户土	样本数(个)	2	2	1	1	1
	平均值	0.78	1.38	8.7	14.8	1.38
	标准差	0.62	0.35			
	变异系数(%)	79.78	25.62			
	极大值	1.22	1.63			
	极小值	0.34	1.13			

度为润。

90~120 cm,母质层,浅灰棕色,粉质黏土,块状结构,紧实,孔隙少,有锈纹锈斑,湿度为润。

120~170 cm,母质层,浅灰棕色,粉质黏土,块状结构,紧实,孔隙极少,有锈纹锈斑,湿度为润。

该代表剖面灌淤耕层全盐含量为 1.28 g/kg,<1.5 g/kg(见表 3-17);灌淤土层厚度 90 cm,

>80 cm;剖面下部有锈纹锈斑;全剖面土壤质地以粉质黏壤土为主,夹有厚度>10 cm 的黏土层,黏土层厚度 80 cm(见表 3-18);该代表剖面特性属于潮灌淤土亚类潮灌淤壤土高庄老户土土种。从表 3-19 可以看出,灌淤耕层有机质含量高达17.5 g/kg,氮、磷、钾养分含量也较高;灌淤心土层有机质含量也较高。土壤盐分组成阳离子以钠离子和钾离子为主,阴离子以氯离子和重碳酸根为主。

表 3-17 潮灌淤土亚类高庄老户土土种代表剖面种 16 土壤盐分组成

层次(cm)	pH	阴离子组成(cmol/kg)					阳离子组成(cmol/kg)			全盐(g/kg)
		CO$_3^{2-}$	HCO$_3^-$	Cl$^-$	SO$_4^{2-}$	总量	Ca^{2+}	Mg^{2+}	Na$^+$+K$^+$	
0~20	8.4	0.00	0.51	1.00	0.38	1.89	0.48	0.22	1.19	1.28
20~50	8.3	0.00	0.46	0.50	0.35	1.31	0.27	0.32	0.72	0.70
50~90	8.4	0.00	0.37	0.73	0.52	1.62	0.43	0.32	0.87	1.04
90~120	8.4	0.00	0.51	0.50	0.14	1.15	0.38	0.32	0.45	0.87
120~170	8.5	0.00	0.37	0.50	0.14	1.01	0.32	0.32	0.37	0.60

表 3-18 潮灌淤土亚类高庄老户土土种代表剖面种16 土壤机械组成

层次(cm)	机械组成(%) 粒径(mm)			质地名称
	沙粒(2.0~0.05)	粉粒(0.05~0.002)	黏粒(<0.002)	
0~20	15.5	56.6	27.9	粉质黏壤土
20~50	17.6	53.1	29.3	粉质黏壤土
50~90	10.3	54.9	34.8	粉质黏壤土
90~120	7.6	41.5	51.5	粉质黏土
120~170	6.6	43.5	49.6	粉质黏土

表 3-19 潮灌淤土亚类高庄老户土土种代表剖面种 16 土壤有机质及养分含量

层段	层次(cm)	有机质(g/kg)	全量(g/kg)		速效(mg/kg)			阳离子交换量(cmol/kg)
			N	P	碱解氮	有效磷	速效钾	
灌淤耕层	0~20	17.5	1.00	0.89	66.7	23.1	261	12.4
灌淤心土层	20~50	10.8	0.66	0.75	44.8	1.0	228	10.6
	50~90	9.1	0.63	0.66	43.5	0.6	296	13.6
母质层	90~120							14.7
	120~170							16.8

4.表锈灌淤土亚类及土种特性

(1)表锈灌淤土亚类主要特性

表锈灌淤土是在地下水位高,稻旱轮作(或常年种稻)的条件下形成的;受种稻淹水和地下水双重影响,表锈灌淤土剖面上部及下部均有锈纹锈斑;灌淤土层厚度>50 cm;地表无盐化,耕层土壤易溶性盐分含量<1.5 g/kg。

表锈灌淤土是灌淤土类中面积最大的1个亚类,面积1172164亩,占灌淤土类总面积42.4%。集中分布在除固原市外的其他4个市,其中,吴忠市面积最大,495507亩,占表锈灌淤土亚类总面积的42.3%;石嘴山市面积最小,7414亩,仅占0.6%。分布的8个县(区)中,青铜峡市面积最大,330294亩,占表锈灌淤土亚类总面积的28.2%;西夏区面积最小,1790亩,仅占0.15%。表锈灌淤土主要分布在青铜峡灌区,多位于黄河冲积平原的一级阶地,少数分布于较低的二级阶地。

表锈灌淤土所处地形相对比较低,地面比降为1/500~1/4000,排水较好,4月份灌头水前地下水埋深为120~200 cm。受其种稻和地下水位的双重影响,表锈灌淤土全剖面黏土矿物组成中,除水云母、绿泥石和高岭石外,蒙皂石含量较多。

表锈灌淤土剖面自上而下划分为灌淤耕层—灌淤心土层—母质层。灌淤耕层厚20 cm左右,多为壤质土,呈块状结构;受定期种稻淹水的影响,沿根孔有锈纹锈斑,故又称表锈层;土壤有机质含量较高,平均为15.96 g/kg,氮磷钾养分含量较高,尤其是有效磷,平均含量高达28.92 mg/kg,明显高于土壤普查时期的养分含量;全盐含量较低,平均为0.74 g/kg(见表3-20)。灌淤心土层以壤质土为主,有砖块和煤渣等侵入体;土壤有机质平均含量为9.3 g/kg,全钾和速效钾含量均较高;部分灌淤心土层由于地下水升降的影响有锈纹锈斑。母质层为河流冲积物或洪积冲积物,有大量锈纹锈斑,土壤有机质及养分含量低。

(2)表锈灌淤土亚类各土种特性

表锈灌淤土亚类划分为表锈灌淤壤土土属,表锈灌淤壤土土属内根据灌淤土层厚度

表3-20 表锈灌淤土亚类土壤有机质及养分含量统计特征数

| 层段 | 时期 | 特征值 | 有机质(g/kg) | 全量(g/kg) | | | 速效(mg/kg) | | | 阳离子交换量(cmol/kg) | 全盐(g/kg) |
				N	P	K	碱解氮	有效磷	速效钾		
灌淤耕层	测土配方施肥(2012年)	样本数(个)	8368	8280	16	16	7545	8194	8365		7145
		平均值	15.96	1.02	0.78	19.67	59.97	28.92	152.87		0.74
		标准差	4.63	0.28	0.11	1.48	34.65	18.42	57.83		0.3
		变异系数(%)	29.05	27.77	13.62	7.53	57.78	63.69	41.46		40.97
		极大值	39.5	2.62	0.96	24.47	298.1	99.9	598		1.49
		极小值	3.1	0.08	0.62	18.2	1.0	2.0	50.0		0.10
	土壤普查(1985年)	样本数(个)	151	144	144	25	150	151	136	88	101
		平均值	13.0	0.9	0.7	17.8	73	17.0	191	9.97	0.9
		标准差	2.8	0.21	0.08	3.08	44.9	10.31	82.6	2.38	0.35
		变异系数(%)	21.8	23.5	12.5	17.3	61.1	60.8	43.2	23.9	39.8
		极大值	27.4	1.4	1.0	22.7	385	50	493	17.8	
		极小值	6.0	0.4	0.5	7.5	13.0	3.0	34	3.9	

续表

层段	时期	特征值	有机质(g/kg)	全量(g/kg)			速效(mg/kg)			阳离子交换量(cmol/kg)	全盐(g/kg)
				N	P	K	碱解氮	有效磷	速效钾		
灌淤心上层	土壤普查(1985年)	样本数(个)	46	50	40	20	41	42	33	40	40
		平均值	9.3	0.7	0.8	18.4	43	4.5	127	8.98	0.6
		标准差	3.22	0.23	0.07	2.3	17.5	3.18	52.9	2.97	0.29
		变异系数(%)	34.8	32.1	12.1	12.4	40.7	70.4	41.8	33.1	54
		极大值	16.4	1.4	0.8	23.6	90.0	14.0	238	16.1	
		极小值	3.1	0.2	0.5	15.7	15.0	1.0	31	4.0	
母质层	土壤普查(1985年)	样本数(个)	12	18	17	7	7	8	11	18	130
		平均值	5.6	0.5	0.5	17.1	28.0	3.3	140	6.67	0.5
		标准差	2.4	0.18	0.13	2	13.4	1.85	99.8	2.67	0.21
		变异系数(%)	42.5	41.3	24	11.9	48.5	56.4	71.4	40.1	42.9
		极大值	17.0	0.8	0.7	19.3	42	8.8	317	10.2	
		极小值	4.1	0.1	0.1	13.5	3.0	1.5	30	0.8	

和质地剖面构型又划分出 9 个土种,均为新增土种。9 个土种中,厚卧土土种面积最大,476115 亩,占表锈灌淤土亚类总面积的 40.6%;沙盖黏薄卧土土种面积最小,3084 亩,仅占 0.26%。9 个土种诊断特征、主要特性及利用改良见表 3–21,其中,厚卧土土种土体构型最好,全剖面土壤质地为壤质土;灌淤熟化程度高,灌淤土层厚度>80 cm。黏薄卧土和沙薄卧土土体构型差,全剖面土壤质地为黏土或沙质土;灌淤熟化程度较低,灌淤土层厚度<80 cm。从该亚类各土种耕层有机质及养分含量统计结果可看出(见表 3–22、表 3–23),除沙薄卧土和沙盖壤薄卧土 2 个土种有机质平均含量<15 g/kg 外,其他 7 个土种有机质含量均高于 15 g/kg;胶黄薄卧土和黏层薄卧土 2 个土种有效磷含量高,均>30 mg/kg;其他 7 个土种有效磷平均含量为 21~29 mg/kg。表锈灌淤土亚类各土种有机质及有效磷含量较高,这与该亚类稻旱轮作方式密切相关。

表锈灌淤土亚类薄卧土土种代表剖面东 265 采自中卫沙坡头区东园镇沙渠村,稻旱轮作,采样当年种植小麦,已施肥,亩施农家肥 360 kg,尿素 5 kg,过磷酸钙 12.5 kg,磷酸二铵 5 kg,碳酸氢铵 50 kg。其剖面性态如下:

0~20 cm,灌淤耕层,灰棕色,粉质壤土,块状结构,稍紧实,孔隙多,根系多,有少量锈纹锈斑,湿度为润。

20~55 cm,灌淤心土层,浅灰棕色,粉质黏壤土,块状结构,紧实,孔隙多,根系较多,有少量锈纹锈斑,湿度为润。

55~85 cm,母质层,浅灰棕色,粉质壤土,棱块状结构,紧实,孔隙少,根系少,有少量锈纹锈斑,湿度为潮。

表 3-21 表锈灌淤土亚类各土种诊断特征及主要特性

土种名称	面积(亩)	诊断特征	主要特性	利用改良	备注
合计	1172164				
薄卧土	201268	稻旱轮作或常年稻地;灌淤耕层全盐量<1.5 g/kg;灌淤土层厚度>50 cm且<80 cm;全剖面有锈纹锈斑;全剖面土壤质地为壤土或黏壤土。	有机质及养分含量较高,土壤通透性能好,持水保肥能力较强,但灌淤熟化层较薄。	培肥地力;提高土壤熟化度;防治土壤次生盐渍化。	新增土种
厚卧土	476115	稻旱轮作地或常年稻地;灌淤耕层全盐量<1.5 g/kg;灌淤土层厚度>80 cm;全剖面有锈纹锈斑;全剖面土壤质地为壤土或黏壤土。	有机质及养分含量较高,土壤通透性能好,持水保肥能力较强。	培肥地力;防治土壤次生盐渍化。	新增土种
沙层薄卧土	139899	稻旱轮作地或常年稻地;灌淤耕层全盐量<1.5 g/kg;灌淤土层厚度>50 cm且<80 cm;全剖面有锈纹锈斑;全剖面土壤质地以壤土或黏壤土为主,夹有厚度>10 cm的沙质土层。	有机质及养分含量较高,土壤通透性能较好,灌淤熟化土层较薄,持水保肥能力较差。	培肥地力;提高土壤熟化度;水肥管理宜"少量多次",防治漏水漏肥。	新增土种
黏层薄卧土	192774	稻旱轮作地或常年稻地;灌淤耕层全盐量<1.5 g/kg;灌淤土层厚度>50 cm且<80 cm;全剖面有锈纹锈斑;全剖面土壤质地以壤土或黏壤土为主,夹有厚度>10 cm的黏土层。	有机质及养分含量较高,持水保肥能力强,存在次生盐渍化的威胁,灌淤熟化土层较薄。	培肥地力;提高土壤熟化度;防治土壤次生盐渍化。	新增土种
沙层厚卧土	106761	稻旱轮作地或常年稻地;灌淤耕层全盐量<1.5 g/kg;灌淤土层厚度>80 cm;全剖面有锈纹锈斑;全剖面土壤质地以壤土或黏壤土为主,夹有厚度>10 cm的沙质土层。	有机质及养分含量较高,土壤通透性能好,持水保肥能力较差。	培肥地力;提高土壤熟化度;水肥管理宜"少量多次",防治漏水漏肥。	新增土种
沙薄卧土	33532	稻旱轮作或常年稻地;灌淤耕层全盐量<1.5 g/kg;灌淤土层厚度>50 cm且<80 cm;全剖面有锈纹锈斑;全剖面土壤质地为沙壤土。	有机质及养分含量较低,土壤通透性能好,灌淤熟化土层较薄,持水保肥能力较差。	培肥地力;提高土壤熟化度;水肥管理宜"少量多次",防治漏水漏肥。	新增土种
沙盖黏薄卧土	3084	稻旱轮作或常年稻地;灌淤耕层全盐量<1.5 g/kg;灌淤土层厚度>50 cm且<80 cm;全剖面有锈纹锈斑;全剖面土壤质地以沙壤土为主,夹有厚度>10 cm的黏土层。	有机质及养分含量较低,持水保肥能力强,存在次生盐渍化的威胁,灌淤熟化土层较薄。	培肥地力;提高土壤熟化度;防治土壤次生盐渍化。	新增土种
沙盖壤薄卧土	12249	稻旱轮作或常年稻地;灌淤耕层全盐量<1.5 g/kg;灌淤土层厚度>50 cm且<80 cm;全剖面有锈纹锈斑;全剖面土壤质地以沙壤土为主,夹有厚度>10 cm的黏壤土层。	有机质及养分含量较低,持水保肥能力较强,存在次生盐渍化的威胁,灌淤熟化土层较薄。	培肥地力;提高土壤熟化度;防治土壤次生盐渍化。	新增土种
胶黄薄卧土	6482	稻旱轮作或常年稻地;灌淤耕层全盐量<1.5 g/kg;灌淤土层厚度>50 cm且<80 cm;全剖面有锈纹锈斑;全剖面土壤质地为黏质土。	有机质及养分含量较高,持水保肥能力强,存在次生盐渍化的威胁,灌淤熟化土层较薄。	培肥地力;提高土壤熟化度;改善土壤结构;防治土壤次生盐渍化。	新增土种

表 3-22 表锈灌淤土亚类各土种耕层(0~20 cm)土壤有机质及养分含量

土种名称	特征值	有机质(g/kg)	全量养分(g/kg)			速效养分(mg/kg)			全盐(g/kg)	pH
			N	P	K	碱解氮	有效磷	速效钾		
薄卧土	样本数(个)	1367	1339	3	3	1086	1334	1367	1115	1366
	平均值	16.19	1.04	0.73	18.93	57.46	29.44	155.42	0.78	8.28
	标准差	4.58	0.28	0.12	0.64	37.08	18.08	56.72	0.3	0.25
	变异系数(%)	28.31	27.3	16.15	3.4	64.53	61.4	36.5	38.23	2.97
	极大值	39.3	2.62	0.86	19.4	298.1	96.7	598	1.4	9.0
	极小值	3.1	0.13	0.63	18.2	2.0	2.0	50	0.2	7.7
厚卧土	样本数(个)	3736	3728	5	5	3398	3634	3734	3285	3727
	平均值	16.12	1.04	0.8	19.62	60.0	28.46	153.98	0.72	8.29
	标准差	4.72	0.28	0.13	0.81	35.44	18.78	59.17	0.3	0.25
	变异系数(%)	29.32	27.5	15.8	4.11	59.07	65.99	38.43	41.66	3.01
	极大值	39.5	2.57	0.94	20.4	253.1	99.9	566	1.4	9.0
	极小值	3.1	0.08	0.62	18.5	1.0	2.3	51	0.1	7.5
沙层薄卧土	样本数(个)	922	911	4	4	807	909	922	737	920
	平均值	15.49	0.98	0.8	20.47	61.23	28.27	146.88	0.78	8.3
	标准差	4.41	0.26	0.09	2.83	32.25	17.43	54.31	0.31	0.25
	变异系数(%)	28.48	27.03	10.7	13.82	52.67	61.64	36.97	39.89	2.99
	极大值	37.8	2.31	0.9	24.47	273.9	97.8	521	1.4	9.0
	极小值	3.6	0.34	0.69	18.4	6.7	2.6	53	0.1	7.51
黏层薄卧土	样本数(个)	1223	1198	1	1	1217	1207	1222	1044	1221
	平均值	16.24	1.05	0.96	20.36	62.56	30.36	158.84	0.72	8.3
	标准差	4.55	0.29			34.08	18.35	59.92	0.28	0.24
	变异系数(%)	28.03	27.54			54.48	60.46	37.72	39.08	2.9
	极大值	38.2	2.48			275.6	98.8	540	1.4	9.0
	极小值	3.2	0.2			1.0	2.2	51	0.2	7.6
沙层厚卧土	样本数(个)	719	715	1	1	702	710	719	631	719
	平均值	15.5	1.0	0.68	19.08	59.55	27.89	145.44	0.69	8.31
	标准差	4.7	0.3			32.32	17.94	54.75	0.31	0.26
	变异系数(%)	30.35	29.46			54.28	64.33	37.64	44.53	3.17
	极大值	36.2	2.46			210.8	99.1	582	1.4	9.0
	极小值	3.4	0.26			1.0	2.7	55	0.1	7.7
沙薄卧土	样本数(个)	191	182	1	1	142	190	191	151	191
	平均值	14.8	0.89	0.72	19.53	53.1	30.2	133.65	0.84	8.32
	标准差	4.24	0.23			25.87	17.04	41.68	0.3	0.24

续表

土种名称	特征值	有机质(g/kg)	全量养分(g/kg)			速效养分(mg/kg)			全盐(g/kg)	pH
			N	P	K	碱解氮	有效磷	速效钾		
沙薄卧土	变异系数(%)	28.66	25.31			48.71	56.44	31.18	35.53	2.84
	极大值	38.8	1.72			160	92.2	336	1.4	9.0
	极小值	4.5	0.26			8.5	4.8	54	0.3	7.8
沙盖黏薄卧土	样本数(个)	21	21			21	21	21	17	21
	平均值	15.26	0.95			41.8	24.51	142.1	0.79	8.17
	标准差	5.41	0.29			25.99	15.44	54.42	0.28	0.18
	变异系数(%)	35.44	30.3			62.19	63	38.3	35.85	2.19
	极大值	26.1	1.44			93.4	72.4	286	1.4	8.5
	极小值	4.2	0.3			4.7	7.7	83	0.4	7.9
沙盖壤薄卧土	样本数(个)	58	57			58	58	58	48	58
	平均值	13.98	0.87			48.7	21.59	139.1	0.71	8.33
	标准差	4.46	0.23			38.62	16.9	65.11	0.34	0.29
	变异系数(%)	31.87	26.69			79.29	78.26	46.8	47.1	3.54
	极大值	31.2	1.83			225.6	96.7	511	1.4	9.0
	极小值	5.4	0.4			7.2	5.4	50	0.2	7.9
胶黄薄卧土	样本数(个)	48	46			36	48	48	34	48
	平均值	15.65	1.04			71.76	34.02	159.54	0.84	8.34
	标准差	3.17	0.24			29.24	20.75	51.72	0.32	0.19
	变异系数(%)	20.27	22.9			40.76	60.99	32.42	38.75	2.24
	极大值	23.3	1.57			154.9	98.5	355	1.4	8.9
	极小值	9.2	0.63			14.4	6.5	81	0.2	7.9

表3-23 表锈灌淤土亚类各土种耕层(0~20 cm)土壤微量元素含量

土种名称	特征值	有效锌(mg/kg)	有效铜(mg/kg)	有效铁(mg/kg)	有效锰(mg/kg)	水溶性硼(mg/kg)
薄卧土	样本数(个)	10	7	6	10	10
	平均值	0.82	3.15	29.17	10.08	1.1
	标准差	0.23	1.21	9.94	2.87	0.48
	变异系数(%)	28.28	38.54	34.08	28.47	44
	极大值	1.28	4.74	42.6	13.8	1.91
	极小值	0.54	1.5	13.3	6.7	0.45

续表

土种名称	特征值	有效锌（mg/kg）	有效铜（mg/kg）	有效铁（mg/kg）	有效锰（mg/kg）	水溶性硼（mg/kg）
厚卧土	样本数（个）	19	18	10	23	23
	平均值	1.24	2.58	30.69	9.04	1.06
	标准差	0.54	0.81	22.45	1.94	0.34
	变异系数(%)	43.29	31.38	73.16	21.52	32.24
	极大值	2.41	4.96	86.8	13.5	1.52
	极小值	0.3	1.49	11.7	6.2	0.35
沙层薄卧土	样本数（个）	2	1	1	3	3
	平均值	1.1	2.25	17.0	9.77	0.96
	标准差	0.17			2.58	0.48
	变异系数(%)	15.43			26.39	49.79
	极大值	1.22			12.1	1.46
	极小值	0.98			7	0.51
黏层薄卧土	样本数（个）	2	2	2	4	3
	平均值	1.0	2.51	35.65	11.33	1.4
	标准差	0.15	1.17	34.01	2.4	0.23
	变异系数(%)	14.92	46.76	95.4	21.16	16.7
	极大值	1.1	3.34	59.7	13.6	1.64
	极小值	0.89	1.68	11.6	8.5	1.17
沙层厚卧土	样本数（个）				1	2
	平均值				6.2	1.24
	标准差					0.4
	变异系数(%)					32.37
	极大值					1.52
	极小值					0.95
沙薄卧土	样本数（个）	2	2	2	2	2
	平均值	1.32	2.26	55.85	8.7	1.08
	标准差	0.81	0.25	36.84	0.43	0.05
	变异系数(%)	61.07	11.26	65.96	4.96	4.6
	极大值	1.89	2.44	81.9	9.0	1.11
	极小值	0.75	2.08	29.8	8.39	1.04
胶黄薄卧土	样本数（个）	1	1	1	1	1
	平均值	1.19	3.07	27.8	14.8	0.6

85~120 cm,母质层,浅灰棕色,粉质壤土,块状结构,紧实,孔隙少,有少量锈纹锈斑,湿度为润。

120~145 cm,母质层,浅灰棕色,粉质黏壤土,块状结构,紧实,孔隙极少,有很少量锈纹锈斑,湿度为润。

145~180 cm,母质层,浅灰棕色,粉质黏壤土,块状结构,紧实,孔隙极少,有很少量锈纹锈斑,湿度为润。

该代表剖面为稻旱轮作地;灌淤耕层全盐量为 1.0 g/kg,<1.5 g/kg(见表 3-24);灌淤熟化土层为 55 cm,>50 cm 且<80 cm;全剖面有锈纹锈斑;全剖面土壤质地为壤土或黏壤土(见表 3-25)。该代表剖面属于表锈灌淤土亚类表锈灌淤壤土土属薄卧土土种。

表 3-24　表锈灌淤土亚类薄卧土土种代表剖面东 265 土壤盐分组成

| 层次
(cm) | pH | 阴离子组成(cmol/kg) | | | | | 阳离子组成(cmol/kg) | | | 全盐
(g/kg) | CaCO₃
(g/kg) |
		CO₃²⁻	HCO₃⁻	Cl⁻	SO₄²⁻	总量	Ca²⁺	Mg²⁺	Na⁺+K⁺		
0~20	8.1	0.00	0.57	0.28	0.50	1.35	0.83	0.40	0.12	1.0	130
20~55	8.4	痕迹	0.56	0.18	0.50	1.24	0.45	0.35	0.44	0.7	152
55~85	8.4	痕迹	0.58	0.15	0.20	0.93	0.45	0.22	0.26	0.5	140
85~120	8.4	0.05	0.56	0.11	0.19	0.91	0.55	0.24	0.12	0.5	118
120~145	8.3	痕迹	0.73	0.19	0.22	1.14	0.60	0.23	0.31	0.5	133
145~180	8.4	痕迹	0.68	0.11	0.1	0.89	0.5	0.2	0.19	0.5	132

表 3-25　表锈灌淤土亚类薄卧土土种代表剖面东 265 土壤机械组成

| 层次
(cm) | 机械组成(%)　粒径(mm) | | | 质地名称 |
	沙粒(2.0~0.05)	粉粒(0.05~0.002)	黏粒(<0.002)	
0~20	9.6	64.8	25.6	粉质壤土
20~55	11.1	61.4	27.5	粉质黏壤土
55~85	9.6	70.1	20.3	粉质壤土
85~120	9.7	72.5	17.8	粉质壤土
120~145	8.7	63.5	27.8	粉质黏壤土
145~180	14.6	56.6	28.8	粉质黏壤土

从表 3-26 可以看出,受播种前施用农家肥和化肥的影响,灌淤耕层碱解氮和有效磷含量高,全剖面速效钾含量也较高,灌淤层阳离子交换量比母质层高,反映出灌淤土层供肥能力高于母质层的特性。该代表剖面土壤盐分组成阳离子以钙离子为主,阴离子以重碳酸根和硫酸根为主。

5. 盐化灌淤土亚类及土种特性

(1)盐化灌淤土亚类主要特性

盐化灌淤土主要是由潮灌淤土、表锈灌淤土、典型灌淤土产生了较强的次生盐渍化作用演变而来,故盐化灌淤土的主要特点是土壤盐化,地表有白色盐霜或盐结皮,灌淤耕

表 3-26　表锈灌淤土亚类薄卧土土种代表剖面东 265 土壤有机质及养分含量

层段	层次（cm）	有机质（g/kg）	全量（g/kg）			速效（mg/kg）			阳离子交换量（cmol/kg）
			N	P	K	碱解氮	有效磷	速效钾	
灌淤耕层	0~20	14.8	1.1	0.7	17.6	107.5	31.8	211.8	11.07
灌淤心土层	20~55		1.07	0.57	18.5			193.8	10.33
母质层	55~85		0.43	0.59	18.3			182.0	9.35
	85~120		0.5	0.58	18.1			148.5	8.90
	120~145		0.66	0.56	19.9			250.0	
	145~180		0.66	0.52	19.1			215.5	

层全盐量>1.5 g/kg 且<10 g/kg；常年旱作或稻旱轮作（或常年种稻）；灌淤土层厚度>50 cm；全剖面有锈纹锈斑或无锈纹锈斑。

盐化灌淤土是灌淤土类中面积较大的 1 个亚类，面积 923083 亩，占灌淤土类总面积 33.4%。集中分布在石嘴山市、银川市、吴忠市和中卫市，其中，银川市面积最大，368184 亩，占盐化灌淤土亚类总面积的 39.9%。分布的 10 个县（区）中，平罗县面积最大，237369 亩，占盐化灌淤土亚类总面积的 25.7%；大武口区面积最小，2897 亩，仅占 0.3%。

盐化灌淤土多位于地形低注，排水不良的地区；地下水位较高，地下水埋深 100~150 cm。盐化灌淤土剖面自上而下划分为灌淤耕层—灌淤心土层—母质层。灌淤耕层厚 20 cm 左右，地表有白色盐霜或盐结皮，土壤质地多为壤质土，块状结构，部分有锈纹锈斑；土壤有机质及养分含量明显高于其他 3 个亚类，其有机质平均含量为 16.55 g/kg，较典型灌淤土、潮灌淤土及表锈灌淤土相对高出 13.1%、3.95% 和 3.7%；易溶盐平均含量为 2.49 g/kg，属于轻度盐化（见表 3-27）；与土壤普查时相比，易溶盐含量相对降低了 32.5%。灌淤心土层以壤质土为主，有砖块和煤渣等侵入体；其有机质及养分含量明显高于母质层，有机质平均含量为 10 g/kg，高于其他 3 个亚类灌淤心土层有机质含量水平；易溶盐含量也较高，平均为 2.2 g/kg；灌淤心土层大多受地下水升降的影响有锈纹锈斑。母质层为河流冲积物或洪积冲积物；多有锈纹锈斑；土壤有机质及养分含量较低，但仍高于其他三个亚类；易溶盐含量低，平均为 1.2 g/kg。该亚类全剖面各层段全盐自下而上增加，充分反映了土壤易溶盐含量表聚的特点。

（2）盐化灌淤土亚类各土种特性

盐化灌淤土亚类划分为盐化灌淤壤土土属，盐化灌淤壤土土属内根据灌淤土层厚度和质地剖面构型又划分出 9 个土种，均为新增土种。9 个土种中，盐化薄卧土土种面积最大，229866 亩，占盐化灌淤土亚类总面积的 24.9%；胶黄盐化灌淤土土种面积最小，8372 亩，仅占 0.9%。9 个土种诊断特征、主要特性及利用改良见表 3-28，其中，盐化厚卧土、盐化老户土和盐化厚立土土体构型好，土壤质地为壤质土；灌淤熟化程度高，灌淤土层>80 cm。胶黄盐化灌淤土土体构型差，全剖面土壤质地为黏质土，改良难度大。该亚类 9 个土种

表 3-27　盐化灌淤土亚类土壤有机质及养分含量统计特征数

层段	时期	特征值	有机质(g/kg)	全量(g/kg)			速效(mg/kg)			阳离子交换量(cmol/kg)	全盐(g/kg)
				N	P	K	碱解氮	有效磷	速效钾		
灌淤耕层	测土配方施肥(2012年)	样本数(个)	5168	5063	12	12	4594	5040	5168		1711
		平均值	16.55	1.02	0.82	19.83	70.88	29.14	172.72		2.49
		标准差	4.39	0.26	0.10	1.31	33.86	17.31	66.44		1.11
		变异系数(%)	26.54	25.49	12.75	6.62	47.77	59.41	44.68		44.68
		极大值	39.3	2.9	1.06	23.0	292.6	99.8	584.0		9.9
		极小值	3.0	0.18	0.70	18.0	3.0	2.7	52.0		1.50
	土壤普查(1985年)	样本数(个)	1250	34	34	4	1255	1230	45	13	1274
		平均值	12.1	0.72	0.7	18.1	71	16.3	250.9	10.98	3.3
		极大值	35.9	1.2	1.0		363	115	596	18.2	
		极小值	4.4	0.4	0.5		4.0	1.0	110	6.03	
灌淤心土层	土壤普查(1985年)	样本数(个)	66	6	6	2	71	65	9	2	564
		平均值	10.0	0.4	0.55	17.5	41.4	6.2	169.8	6.25	2.2
		极大值	16.1	0.6	0.7		140	19.5	268	8.04	
		极小值	4.1	0.3	0.4		9.0	1.0	128	4.64	
母质层	土壤普查(1985年)	样本数(个)	5	2	2	1	7	7	3	2	561
		平均值	8.6	0.5	0.5	16.7	34.7	8.4	154.5	5.76	1.2
		极大值	12.6				71	16.5	238	7.23	
		极小值					13	3.2		4.26	

表 3-28　盐化灌淤土亚类各土种诊断特征及主要特性

土种名称	面积(亩)	诊断特征	主要特性	利用改良	备注
合计	923083				
盐化厚卧土	124142	稻旱轮作地或常年稻地;灌淤耕层全盐量>1.5 g/kg且<10 g/kg;灌淤土层厚度>80 cm;全剖面有锈纹锈斑;全剖面土壤质地以壤土或黏壤土为主,或夹有沙质土层。	有机质及养分含量较高,持水保肥能力较强,土壤盐化。	治理土壤盐化;培肥地力。	新增土种
盐化老户土	170890	常年旱作;灌淤耕层全盐量>1.5 g/kg且<10 g/kg;灌淤土层厚度>80 cm;剖面中下部有锈纹锈斑;全剖面土壤质地以壤土或黏壤土为主,或夹有沙质土层。	有机质及养分含量较高,持水保肥能力较强,土壤盐化。	治理土壤盐化;培肥地力。	新增土种
盐化薄卧土	229866	稻旱轮作地或常年稻地;灌淤耕层全盐量>1.5 g/kg且<10 g/kg;灌淤土层厚度>50 cm且<80 cm;全剖面有锈纹锈斑;全剖面土壤质地以壤土或黏壤土为主,或夹有沙质土层。	有机质及养分含量较高,持水保肥能力较强,熟化土层较薄,土壤盐化。	治理土壤盐化;培肥地力;提高土壤熟化度。	新增土种

续表

土种名称	面积（亩）	诊断特征	主要特性	利用改良	备注
盐化新户土	165926	常年旱作；灌淤耕层全盐量>1.5 g/kg且<10 g/kg；灌淤土层厚度>50 cm且<80 cm；剖面中下部有锈纹锈斑；全剖面土壤质地以壤土或黏壤土为主，或夹有沙质土层。	有机质及养分含量较高，持水保肥能力较强，灌淤熟化层较薄，土壤盐化。	治理土壤盐化；培肥地力；提高土壤熟化度。	新增土种
夹黏盐化卧土	83325	稻旱轮作地或常年稻地；灌淤耕层全盐量>1.5 g/kg且<10 g/kg；灌淤土层厚度>50 cm；全剖面有锈纹锈斑；全剖面土壤质地以壤土或黏壤土为主，夹有厚度>10 cm的黏土层。	有机质及养分含量较高，持水保肥能力强，土壤盐化。	治理土壤盐化；培肥地力；提高土壤熟化度。	新增土种
夹黏盐化户土	117434	常年旱作；灌淤耕层全盐量>1.5 g/kg且<10 g/kg；灌淤土层厚度>50 cm；剖面中下部有锈纹锈斑；全剖面土壤质地以壤土或黏壤土为主，夹有厚度>10 cm的黏土层。	有机质及养分含量较高，持水保肥能力强，土壤盐化。	治理土壤盐化；培肥地力；提高土壤熟化度。	新增土种
盐化薄立土	13753	常年旱作；灌淤耕层全盐量>1.5 g/kg且<10 g/kg；灌淤土层厚度>50 cm且<80 cm；全剖面无锈纹锈斑；全剖面土壤质地以壤土或黏壤土为主，或夹有沙质土层。	有机质及养分含量较高，持水保肥性能较强，土壤盐化，灌淤熟化土层较薄。	治理土壤盐化；培肥地力；提高土壤熟化度。	新增土种
盐化厚立土	9375	常年旱作；灌淤耕层全盐量>1.5 g/kg且<10 g/kg；灌淤土层厚度>80 cm；全剖面无锈纹锈斑；全剖面土壤质地以壤土或黏壤土为主，或夹有沙质土层。	有机质及养分含量较高，持水保肥性能较强，土壤盐化。	治理土壤盐化；培肥地力。	新增土种
胶黄盐化灌淤土	8372	灌淤耕层全盐量>1.5 g/kg且<10 g/kg；灌淤土层厚度>50 cm；全剖面有锈纹锈斑或无锈纹锈斑；全剖面土壤质地以黏质土为主。	有机质及养分含量较高，持水保肥能力强，土壤盐化，灌淤熟化土层较薄。	治理土壤盐化；培肥地力；提高土壤熟化度；改善土壤结构。	新增土种

中，胶黄盐化灌淤土土种耕层全盐含量最高，平均为 3.02 g/kg（见表 3-29），且该土种有机质及养分含量也较高，有机质平均含量高达 17.17 g/kg，高于其他各土种（见表 3-30）。

盐化灌淤土亚类盐化新户土土种代表剖面种 501 采自平罗县高庄乡金星七队清真寺旁，地表有多量盐霜。剖面性态如下：

0~20 cm，灌淤耕层，灰棕色，粉质壤土，块状结构，稍紧实，孔隙多，根系多，有煤渣，湿度为潮。

20~40 cm，灌淤心土层，浅灰棕色，粉质壤土，块状结构，紧实，孔隙较多，根系少，有煤渣，湿度为潮。

40~70 cm，灌淤心土层，浅灰棕色，粉质壤土，块状结构，很紧实，孔隙少，根系少，有煤渣，湿度为潮。

70~110 cm，母质层，浅灰棕色，沙壤土，不稳定块状结构，稍紧实，孔隙少，有锈

表3-29　盐化灌淤土亚类各土种耕层(0~20 cm)土壤有机质及养分含量

土种名称	特征值	有机质（g/kg）	全量养分（g/kg）			速效养分（mg/kg）			全盐（g/kg）	pH
			N	P	K	碱解氮	有效磷	速效钾		
盐化厚卧土	样本数（个）	908	905	3	3	775	872	908	230	906
	平均值	16.62	1.05	0.85	21.06	62.48	30.49	158.18	2.38	8.27
	标准差	4.6	0.28	0.18	1.73	37.3	19.32	61.34	1.07	0.23
	变异系数（%）	27.68	26.48	21.78	8.22	59.69	63.37	38.78	45.05	2.78
	极大值	39.0	2.49	1.06	23.0	258	98.2	578	7.5	9.0
	极小值	3.9	0.24	0.72	19.7	3.0	4.4	56	1.5	7.6
盐化老户土	样本数（个）	739	733	1	1	731	699	739	249	738
	平均值	15.98	1.0	0.73	19.4	78.43	29.03	183.33	2.44	8.42
	标准差	4.22	0.28			40.07	17.39	78.55	1.17	0.26
	变异系数（%）	26.44	27.8			51.09	59.88	42.85	48.06	3.11
	极大值	35.7	2.9			292.6	99.8	584	9.9	9.0
	极小值	3.4	0.2			4.0	2.7	58	1.5	7.5
盐化薄卧土	样本数（个）	1546	1511	3	3	1155	1509	1546	544	1546
	平均值	16.37	1.0	0.8	18.98	65.03	29.41	161.64	2.56	8.28
	标准差	4.33	0.26	0.06	0.21	32.84	17.01	57.01	1.18	0.22
	变异系数（%）	26.44	25.48	7.27	1.09	50.49	57.83	35.27	46.19	2.63
	极大值	37.5	2.43	0.87	19.2	251	99.5	518	7.9	9.0
	极小值	3.0	0.21	0.76	18.79	3.0	3.0	52	1.5	7.8
盐化新户土	样本数（个）	717	682	1	1	712	708	717	238	717
	平均值	16.25	1.02	0.7	18.0	77.61	27.57	180.75	2.56	8.53
	标准差	3.95	0.25			27.88	16.29	68.17	1.02	0.26
	变异系数（%）	24.32	25.03			35.93	59.1	37.72	39.84	3.07
	极大值	36.5	2.26			243.2	91.6	550	8.61	9.0
	极小值	4.7	0.18			4.7	3.3	56	1.5	7.5
夹黏盐化卧土	样本数（个）	428	419	2	2	419	423	428	177	428
	平均值	16.51	0.99	0.89	20.47	64.55	27.67	166.63	2.37	8.25
	标准差	4.62	0.25	0.02	0.02	32.76	16.92	63.11	1.21	0.22
	变异系数（%）	27.98	25.07	9.87	0.09	50.76	61.13	37.87	51.12	2.63
	极大值	37.4	2.27	0.95	20.48	240.8	99.3	543	7.2	9.0
	极小值	4.7	0.24	0.83	20.45	7.7	3.7	54	1.5	7.7
夹黏盐化户土	样本数（个）	650	642			650	649	650	207	650
	平均值	18.07	1.1			80.93	28.64	203.94	2.37	8.57
	标准差	4.62	0.23			25.09	16.43	68.4	0.78	0.24

续表

| 土种名称 | 特征值 | 有机质（g/kg） | 全量养分（g/kg） | | | 速效养分（mg/kg） | | | 全盐（g/kg） | pH |
			N	P	K	碱解氮	有效磷	速效钾		
夹黏盐化户	变异系数（%）	25.58	21.02			31	57.37	33.54	32.76	2.82
	极大值	39.3	1.86			213.6	99.3	526	5.5	9.0
	极小值	4.0	0.36			10.0	3.0	63	1.5	7.8
盐化薄立土	样本数（个）	72	71	1	1	55	55	72	16	72
	平均值	15.23	0.96	0.87	20.71	62.58	29.41	141.5	2.24	8.31
	标准差	3.51	0.23			20.55	17.01	40.23	0.56	0.22
	变异系数（%）	23.03	24.44			32.84	57.83	28.43	25.01	2.66
	极大值	25.8	1.62			128	99.5	273	3.3	9.0
	极小值	7.7	0.4			9.1	3.0	58	1.5	7.9
盐化厚立土	样本数（个）	40	40	1	1	37	40	40	10	40
	平均值	15.41	0.98	0.82	18.78	49.01	36.57	169.15	2.86	8.22
	标准差	4.17	0.25			29.19	19.84	70.44	1.68	0.17
	变异系数（%）	27.04	25.74			59.55	54.26	41.64	58.63	2.1
	极大值	23.3	1.42			94	78.2	397	7.2	8.6
	极小值	5.1	0.35			5.1	3.2	72	1.5	8.0
胶黄盐化灌淤土	样本数（个）	68	60			60	68	68	40	68
	平均值	17.17	1.02			76.6	33.75	194.24	3.02	8.36
	标准差	3.06	0.21			24.71	16.61	52.85	1.23	0.24
	变异系数（%）	17.83	20.5			32.26	49.21	27.21	40.74	2.82
	极大值	27.2	1.53			143.6	91	340	5.7	9.0
	极小值	10.9	0.53			18.1	7.7	95	1.5	7.9

表 3-30　盐化灌淤土亚类各土种耕层（0~20 cm）土壤微量元素含量

土种名称	特征值	有效锌（mg/kg）	有效铜（mg/kg）	有效铁（mg/kg）	有效锰（mg/kg）	水溶性硼（mg/kg）
盐化厚卧土	样本数（个）			3	2	2
	平均值			17.9	11.05	1.2
	标准差			12.13	0.92	0.04
	变异系数（%）			67.79	8.32	3.42
	极大值			28.39	11.7	1.23
	极小值			4.61	10.4	1.17
盐化老户土	样本数（个）	4	2	2	2	5
	平均值	1.06	1.34	11.95	8.7	1.42
	标准差	0.24	0.03	0.78	3.25	0.25

续表

土种名称	特征值	有效锌（mg/kg）	有效铜（mg/kg）	有效铁（mg/kg）	有效锰（mg/kg）	水溶性硼（mg/kg）
盐化老户土	变异系数(%)	22.75	2.11	6.51	37.39	17.6
	极大值	1.26	1.36	12.5	11.0	1.71
	极小值	0.72	1.32	11.4	6.4	1.14
盐化新户土	样本数(个)	5	5	2	6	6
	平均值	1.07	1.75	7.7	9.55	1.37
	标准差	0.85	0.67	1.41	3.57	0.46
	变异系数(%)	79.87	38.25	18.37	37.37	33.34
	极大值	2.54	2.73	8.7	13.2	1.9
	极小值	0.41	0.91	6.7	3.1	0.83
夹粘盐化卧土	样本数(个)	1			1	1
	平均值	0.83			14.5	2.1
夹粘盐化户土	样本数(个)	3	3	3	3	3
	平均值	0.65	1.79	15.3	8.87	1.71
	标准差	0.45	0.36	2.96	1.81	0.4
	变异系数(%)	69.13	19.93	19.36	20.47	23.49
	极大值	1.15	2.03	18.4	10.8	2.15
	极小值	0.28	1.38	12.5	7.2	1.36

斑,湿。

110~140 cm,母质层,浅灰棕色,沙壤土,不稳定块状结构,稍紧实,孔隙很少,有锈斑,湿。

140~180 cm,母质层,浅灰棕色,壤质沙土,不稳定块状结构,松,孔隙很少,湿。

该代表剖面为常年旱作地;地表有 5 mm 盐结皮,全盐量高达 76.5 g/kg,灌淤耕层易溶盐含量加权平均值为 4.1 g/kg;剖面中下部 70~110 cm,盐分含量也较高,为 3.0 g/kg(见表 3-31);>1.5 g/kg,但<10 g/kg。灌淤土层厚度为 70 cm,>50 cm,但<80 cm;全剖面土壤质地以壤土为主,夹有厚度>10 cm 的沙质土层(见表 3-32)。该代表剖面属于盐化灌淤土亚类盐化灌淤壤土土属盐化新户土土种。从表 3-33 可以看出,灌淤耕层有机质及速效钾含量较高;自上而下,土壤有机质及养分含量均有所降低;母质层有机质及养分含量低。

(三)灌淤土的利用与改良

灌淤土所处地形平坦,有效土层深厚,具有较厚的灌淤熟化土层,土壤质地适中,土壤养分比较丰富,更兼光照和热量充足,引黄灌溉,作物需水有保证,故灌淤土是引黄灌区的主要农用土壤。

表 3-31 盐化灌淤土亚类盐化新户土土种代表剖面种 501 土壤盐分组成

层次（cm）	pH	阴离子组成（cmol/kg）					阳离子组成（cmol/kg）			全盐（g/kg）
		CO$_3^{2-}$	HCO$_3^-$	Cl$^-$	SO$_4^{2-}$	总量	Ca^{2+}	Mg^{2+}	Na$^+$+K$^+$	
0~0.5	7.7	0.00	0.29	46.93	66.47	113.69	11.88	26.73	75.08	76.5
0.5~20	8.2	0.00	0.42	1.42	1.63	3.47	0.45	0.69	2.33	2.2
20~40	8.9	0.02	0.24	0.52	0.53	1.31	0.25	0.22	0.84	0.9
40~70	8.9	0.05	0.48	1.01	1.30	2.84	0.27	0.37	2.20	1.8
70~110	8.1	0.00	0.35	2.57	2.89	5.81	0.72	1.01	4.08	3.9
110~140	8.4	0.00	0.26	1.01	0.99	2.26	0.35	0.49	1.42	1.48
140~180	9.0	0.02	0.28	0.82	1.18	2.30	0.30	0.45	1.55	1.51

表 3-32 盐化灌淤土亚类盐化新户土土种代表剖面种 501 土壤机械组成

层次（cm）	机械组成（%） 粒径（mm）			质地名称
	沙粒（2.0~0.05）	粉粒（0.05~0.002）	黏粒（<0.002）	
0~20	9.5	66.5	24.0	粉质壤土
20~40	6.4	68.7	24.9	粉质壤土
40~70	8.4	66.7	24.9	粉质壤土
70~110	56.7	37.6	5.7	沙壤土
110~140	60.0	34.6	5.4	沙壤土
140~180	86.8	9.3	3.9	壤质沙土

表 3-33 盐化灌淤土亚类盐化新户土土种代表剖面种 501 土壤有机质及养分含量

层段	层次（cm）	有机质（g/kg）	全量（g/kg）		速效（mg/kg）			阳离子交换量（cmol/kg）
			N	P	碱解氮	有效磷	速效钾	
灌淤耕层	0~20	14.5	0.81	0.66	66	6.0	251	12.0
灌淤心土层	20~40	10.0	0.59	0.63	50	2.0	211	
	40~70	8.1		0.63	42	2.0	218	11.7
母质层	70~110							10.8
	110~140							5.0
	140~180		0.08	0.44	29	2.0	31	5.0

1. 利用现状

灌淤土适种性广,适宜种植各种农作物及经济作物。灌淤土各亚类特性不同,适宜性略有区别。典型灌淤土地下水位深,宜种植各种旱作物和瓜果蔬菜类,不宜种植水稻。潮灌淤土地下水位较高,栽种果树等深根系经济作物,略次于典型灌淤土;若改种水稻,则须有相应的排水措施。表锈灌淤土以稻旱轮作为主,轮旱时可种植多种粮食作物和经济作物,不宜栽种果树等深根系经济作物。盐化灌淤土宜加大向日葵等耐盐作物的种植比重,在稻旱轮作区定期轮种水稻,有利于冲洗土壤盐分,但须有相应的排水设施,才能达到利用改良的目的。

灌淤土各亚类生产力不同,一般来说,典型灌淤土生产力水平最高,其次为潮灌淤土和表锈灌淤土;盐化灌淤土生产力水平最低,中度盐渍化的盐化灌淤土亩产水稻 300 kg 左右。

2. 改良利用途径

(1)防治土壤次生盐渍化

随着自治区中南部扬黄新灌区的规模不断扩大,扬黄灌溉水的渗漏加重了老灌区灌淤土次生盐渍化,尤其是靠近扬黄新灌区的自流老灌区,部分潮灌淤土和表锈灌淤土已演化为盐化灌淤土。防治老灌区灌淤土次生盐渍化宜采取综合措施,如加强排水、合理灌溉、防治渠道渗漏、平整土地、选种耐盐作物、增施有机肥料、合理耕作等。

(2)培肥地力

近年来,随着土地生产力的不断提高,培肥改善灌淤土理化性状的措施越来越不被重视,灌淤耕层变薄、土壤板结、土体紧实等问题越来越普遍,土壤物理性质变差,已成为制约灌淤土生产力提高的障碍因素。秸秆还田、增施有机肥、深耕深松、深翻伏泡等均是改良土壤理化性状的有效措施。

(3)科学施肥

灌淤土耕种历史悠久,多年来,自流灌区农民已养成了重化肥、轻有机肥;重氮磷肥,轻钾肥和中微量元素肥的施肥习惯,造成土壤养分不平衡,影响了灌淤土生产潜力的充分发挥。近年来随着测土配方施肥技术的示范推广,部分农民施肥习惯有所改变,但仍须加大因土质、因作物、因产量的科学施肥技术普及力度,进一步挖掘灌淤土潜在生产力。

二、潮土

潮土(曾称为浅色草甸土)是在河流冲积物的基础上形成的一类半水成土壤类型。潮土总面积 1341171 亩,占宁夏耕地总面积的 6.9%;宁夏 5 个市均有分布,其中,银川市面积最大,534354 亩,占潮土土类总面积的 39.8%;固原市面积最小,8870 亩,仅占 0.66%。分布的县(区)中,平罗县面积最大,334737 亩,占潮土土类总面积的 25.2%;隆德县面积最小,仅 53 亩。潮土主要分布在黄河河滩地及一级阶地,二级阶地的湖滩边缘及宁南诸河道的河滩地上也有零星分布。潮土是宁夏灌区的主要耕种土壤类型,其农业综合生产能力仅次于灌淤土类。

(一)潮土土类主要特性

1. 特征土层

特征土层是鉴别土壤类型的主要诊断土层。潮土土类的特征土层是剖面中下部季节性为水分饱和,具有锈纹锈斑。

2. 主要特性

潮土剖面自上而下分为耕作层、锈土层和母质层 3 个层段。受其人为耕种施肥活动的作用影响不同，潮土耕层的土壤肥力大多高于锈土层和母质层。

潮土耕作层厚度一般为 18 cm 左右，多为浅灰棕色，土壤质地以壤土类为主，土壤结构多为块状。由表 3-34 可以看出，耕层土壤有机质平均含量为 15.12 g/kg，全氮为 0.92 g/kg，碱解氮为 66.08 mg/kg，有效磷含量为 25.71 mg/kg；均比土壤普查时有不同程度的提高，其中，有效磷绝对含量较土壤普查时（7.8 mg/kg）增加了 17.91 mg/kg。全磷、全钾含量变化不大，速效钾含量有所降低。

表 3-34　潮土土类土壤有机质及养分含量统计特征数

| 层段 | 时期 | 特征值 | 有机质（g/kg） | 全量（g/kg） | | | 速效（mg/kg） | | | 阳离子交换量（cmol/kg） | 全盐（g/kg） |
				N	P	K	碱解氮	有效磷	速效钾		
耕作层	测土配方施肥（2012 年）	样本数（个）	5652	5552	7	7	5018	5639	5687		3016
		平均值	15.12	0.92	0.69	18.86	66.08	25.71	156.4		1.44
		标准差	4.63	0.29	0.26	2.24	30.31	15.81	64.52		1.14
		变异系数（%）	30.63	30.95	38.11	11.90	45.86	61.52	41.25		79.10
		极大值	38.30	2.98	0.97	20.94	292.6	99.60	540		9.20
		极小值	3.00	0.07	0.25	14.00	2.0	2.30	50		0.10
	土壤普查（1985 年）	样本数（个）	214	201	199	35	201	187	158	88	201
		平均值	10.2	0.7	0.8	18.1	46.4	7.8	170.4	9.49	1.9
锈土层	土壤普查（1985 年）	样本数（个）	33	14	11	4	15	16	11	13	82
		平均值	7.2	0.3	1.0	15.5	29.2	3.8	146.5	8.36	1.1
母质层	土壤普查（1985 年）	样本数（个）	16								100
		平均值	5.5								0.8

锈土层，受地下水位季节性不断升降影响，土壤氧化还原作用频繁交替，形成明显的锈纹锈斑，厚度 30~100 cm，多为灰棕色，土壤结构多为块状，土壤质地多为壤土类或黏壤土类。土壤有机质及养分含量比耕层明显减少，有机质平均含量为 7.2 g/kg，全氮仅为 0.3 g/kg，碱解氮为 29.2 mg/kg，速效钾为 146.5 mg/kg；全盐平均含量由耕层的 1.9 g/kg 降低到 1.1 g/kg，充分反映出易溶盐含量表聚的特性。

母质层多为原沉积的土层或洪积冲积物；土壤颜色为浅灰棕或灰棕色；土壤质地有沙土类、壤土类、黏壤土类和黏土类；土壤结构紧实，且多含有砾石；土壤有机质及养分含量低。

（二）潮土主要亚类及土种特性

1. 潮土分类

潮土土类依据附加成土作用所形成的特征，划分出 3 个亚类 10 个土属 27 个土种；

其中根据宁夏生产实际,新增潮土土种11个。3个亚类分别为典型潮土、盐化潮土和灌淤潮土。典型潮土亚类中又根据其机械组成划分为石灰性潮沙土、石灰性潮壤土和石灰性潮黏土3个土属;盐化潮土亚类根据其盐分组成划分为硫酸盐潮土1个土属;灌淤潮土根据其机械组成和土壤新生体划分为6个土属。

2. 典型潮土亚类及土种特性

(1)典型潮土亚类主要特性

典型潮土具有潮土土类的典型特征,地下水位较高,土壤形成受地下水位影响,剖面有绣纹绣斑;地表无盐化,耕层全盐含量<1.5 g/kg。

典型潮土面积小,14976亩,仅占潮土土类总面积的1.1%。集中分布在中卫市的海原县、吴忠市盐池县及红寺堡区和固原市的原州区、西吉县、隆德县及泾源县,其中,海原县面积最大,6326亩,占典型潮土亚类总面积的42.2%;红寺堡区面积最小,仅24亩。典型潮土主要分布在水库及湖泊洼地边缘。

典型潮土分布的地形低洼,地下水位较高,剖面中部及下部受地下水频繁升降影响,有绣纹绣斑。典型潮土剖面自上而下划分为耕作层、锈土层和母质层。耕作层厚18 cm左右,多为壤质土,根系多,有机质及氮磷含量较高,明显高于锈土层(见表3-35);易溶盐含量平均为0.44 g/kg,较土壤普查时(1.3 g/kg)明显降低。锈土层沉积层次明显,多数为砂黏相间,结构为块状或片状,土壤结构面上有明显的锈纹锈斑,有机质及氮磷养分含量低,钾素含量较高。母质多为洪积冲积物或原冲积沉积物,土壤无明显发育,有机质及养分含量低。

(2)典型潮土亚类各土种特性

典型潮土亚类划分为3个土属4个土种。根据土壤机械组成划分为石灰性潮沙土、

表3-35 典型潮土亚类土壤有机质及养分含量统计特征数

| 层段 | 时期 | 特征值 | 有机质(g/kg) | 全量(g/kg) | | | 速效(mg/kg) | | | 阳离子交换量(cmol/kg) | 全盐(g/kg) |
				N	P	K	碱解氮	有效磷	速效钾		
耕作层	测土配方施肥(2012年)	样本数(个)	45	44			45	44	44		44
		平均值	9.44	0.79			44.22	13.54	144.99		0.44
		标准差	4.56	0.29			22.37	8.82	81.15		0.36
		变异系数(%)	48.27	37.15			50.57	65.1	39.66		81.39
		极大值	20.0	1.39			92.0	42.3	450.0		1.44
		极小值	3.45	0.2			2.5	2.3	51.0		0.10
	土壤普查(1985年)	样本数(个)	41	35	40	10	35	35	35	16	38
		平均值	10.9	0.8	0.8	18.8	44	6.7	184.3	9.32	1.3
		标准差	8.1	0.44	0.46	1.48	22.56	4.12	88.6	5.21	1.13
		变异系数(%)	74.5	58.7	61.3	7.9	51.2	61.5	48.1	55.9	88.3

续表

层段	时期	特征值	有机质（g/kg）	全量（g/kg）			速效（mg/kg）			阳离子交换量（cmol/kg）	全盐（g/kg）
				N	P	K	碱解氮	有效磷	速效钾		
锈土层	土壤普查（1985年）	样本数（个）	7	7	3	1	2	3	5	5	35
		平均值	7.7	0.5	0.6	21.3	37.4	3.3	120.4	7.87	1.0
		标准差									1.26
		变异系数（%）									124.8
母质层	土壤普查（1985年）	样本数（个）	5								22
		平均值	4.2								0.7
		标准差									0.52
		变异系数（%）									73.2

石灰性潮壤土和石灰性潮黏土3个土属。石灰性潮沙土土属根据剖面质地构型划分为沙冲淤土1个土种；石灰性潮壤土土属根据剖面质地构型划分出夹沙淤土和潮壤黄土2个土种；石灰性潮黏土土属根据剖面质地构型划分为潮淤黏土1个土种。4个土种中，潮壤黄土土种面积最大，7873亩，占典型潮土亚类总面积的52.6%；夹沙淤土土种面积最小，仅210亩。典型潮土亚类4个土种的诊断特征、主要特性及利用改良见表3-36。4个土种中，潮壤黄土全剖面土壤质地为壤质土，土体构型好；潮淤黏土和沙冲淤土全剖面土壤质地为黏土和沙质土，土体构型差。从4个土种耕层有机质及养分统计结果可看出（见表

表3-36　典型潮土亚类各土种诊断特征及主要特性

土种名称	面积（亩）	诊断特征	主要特性	利用改良
合计	14976			
砂冲淤土	4941	常年旱作；地表无盐化，耕作层全盐含量<1.5 g/kg；剖面中下部有锈纹锈斑；全剖面土壤质地为沙质土。	有机质及养分含量较低，土壤通透性能好，持水保肥能力较差。	培肥地力；提高土壤熟化度；水肥管理宜"少量多次"，防治漏水漏肥。
夹沙淤土	210	常年旱作；地表无盐化，耕作层全盐含量<1.5 g/kg；剖面中下部有锈纹锈斑；全剖面土壤质地以壤土或黏壤土为主，夹有厚度>10 cm的沙质土层。	有机质及养分含量较低，土壤通透性能好，持水保肥能力较差。	培肥地力；提高土壤熟化度；水肥管理宜"少量多次"防治漏水漏肥。
潮壤黄土	7873	常年旱作；地表无盐化，耕作层全盐含量<1.5 g/kg；剖面中下部有锈纹锈斑；全剖面土壤质地为壤土或黏壤土。	有机质及养分含量较高，持水保肥能力较强，土壤通透性能较好。	培肥地力；提高土壤熟化度；防治土壤次生盐渍化。
潮淤黏土	1952	常年旱作；地表无盐化，耕作层全盐含量<1.5 g/kg；剖面中下部有锈纹锈斑；全剖面土壤质地为黏土。	有机质及养分含量较高，持水保肥能力强，土壤通透性能差。	培肥地力；提高土壤熟化度；防治土壤次生盐渍化。

3-37、表 3-38），潮壤黄土有机质及养分含量多高于其他土种，沙冲淤土有机质及养分含量低。

表 3-37 典型潮土亚类各土种耕层（0~20 cm）土壤有机质及养分含量

土种名称	特征值	有机质（g/kg）	全 N（g/kg）	碱解氮	有效磷	速效钾	全盐（g/kg）	pH
				速效养分（mg/kg）				
砂冲淤土	样本数（个）	30	30	30	29	29	30	30
	平均值	7.14	0.67	34.69	12.16	106.95	0.39	8.81
	标准差	2.33	0.25	18.76	9.09	43.56	0.31	0.22
	变异系数（%）	32.66	37.98	54.1	74.74	40.73	79.08	2.53
	极大值	12.8	1.39	87	42.3	221	1.23	9.04
	极小值	3.45	0.2	2.5	2.3	51	0.1	8.2
夹沙淤土	样本数（个）	1		1	1	1	1	1
	平均值	14.1		55.7	24.9	136	0.5	8.4
潮壤黄土	样本数（个）	11	11	11	11	11	11	11
	平均值	14.1	1.07	68.28	16.16	230.62	0.58	8.38
	标准差	5.27	0.2	14.97	8.01	96.11	0.49	0.23
	变异系数（%）	37.36	18.47	21.92	49.56	41.67	84.92	2.79
	极大值	20.0	1.32	92.0	29.5	450	1.44	8.64
	极小值	5.9	0.7	36.4	6.8	117	0.2	7.9
潮淤黏土	样本数（个）	3	3	3	3	3	2	3
	平均值	13.83	1.02	47.57	13.57	201.67	0.35	8.83
	标准差	0.81	0.04	12.27	8.07	51.59	0.07	0.15
	变异系数（%）	5.89	4.07	25.8	59.49	25.58	20.2	1.73
	极大值	14.4	1.07	56.1	22.5	259	0.4	9.0
	极小值	12.9	0.99	33.5	6.8	159	0.3	8.7

表 3-38 典型潮土亚类各土种耕层（0~20 cm）土壤微量元素含量

土种名称	特征值	有效锌（mg/kg）	有效铜（mg/kg）	有效铁（mg/kg）	有效锰（mg/kg）	水溶性硼（mg/kg）
砂冲淤土	样本数（个）	8	8	8	8	8
	平均值	0.57	0.34	4.25	3.9	1.0
	标准差	0.26	0.15	0.99	1.85	0.7
	变异系数（%）	45.12	45.02	23.23	47.44	69.61
	极大值	0.99	0.55	5.96	7.6	2.31
	极小值	0.16	0.13	2.8	1.29	0.41

典型潮土亚类潮淤黏土土种代表剖面什 43 号采自西吉县什字乡玉峰村,川旱地。剖面性态如下:

0~17 cm,耕作层,浅灰色,壤质黏土,块状结构,稍紧实,孔隙多,根系多,润。

17~39 cm,过渡层,灰棕色,壤质黏土,块状结构,紧实,孔隙少,根系中等,润。

39~70 cm,锈土层,蓝灰色,壤质黏土,片状结构,紧实,孔隙少,根系少,润,有大量蓝灰色斑块和锈斑。

70~113 cm,锈土层,蓝灰色,壤质黏土,片状结构,紧实,孔隙多,根系极少,润。

113~140 cm,棕带蓝灰色,黏壤土,块状结构,紧实,孔隙少,根系极少,润,有少量蓝灰色斑块。

该代表剖面耕作层易溶盐含量为 0.9 g/kg,<1.5 g/kg(见表 3-39);剖面有锈纹锈斑;土壤质地以壤质黏土为主(见表 3-40);全剖面碳酸钙含量 95~125 g/kg,该代表剖面特性属于典型潮土亚类石灰性潮黏土土属潮淤黏土土种。受其湖土沉积物母质的影响,全剖面土壤有机质含量较高,均>12 g/kg。

表 3-39　典型潮土亚类潮淤黏土土种代表剖面什 43 号土壤有机质及养分含量

层段	层次 (cm)	有机质 (g/kg)	全量(g/kg)		速效(mg/kg)		CaCO₃ (g/kg)	全盐 (g/kg)	pH
			N	P	碱解氮	有效磷			
耕作层	0~17	16.1	0.4	0.51	18.5	4.3	120.0	0.9	8.5
过渡层	17~39	13.9					124.5	1.4	8.4
锈土层	39~70	18.3					94.7	1.2	8.4
锈土层	70~113	14.7					102.3	0.8	8.5
母质层	113~140	12.7						0.8	8.6

表 3-40　典型潮土亚类潮淤黏土土种代表剖面什 43 号土壤机械组成

层次(cm)	机械组成(%)　粒径(mm)				质地名称
	2.0~0.2	0.2~0.02	0.02~0.002	<0.002	
0~17	1.9	38.3	33.8	26.0	壤质黏土
17~39	1.7	31.4	33.4	33.5	壤质黏土
39~70	5.2	32.8	32.9	29.3	壤质黏土
70~113	0.7	20.1	40.9	29.3	壤质黏土
113~140	1.0	33.9	40.2	24.9	黏壤土

3. 盐化潮土亚类及土种特性

(1)盐化潮土亚类主要特性

盐化潮土主要是由典型潮土和灌淤潮土产生了较强的盐化作用演变而来,故盐化潮土的主要特点是土壤盐化,地表有白色盐霜或盐结皮,耕层全盐量>1.5 g/kg 且<10 g/kg;常年旱作或稻旱轮作(或常年种稻);地下水位较高,土壤形成受地下水位影响或种稻影

响,剖面有绣纹绣班。

盐化潮土是潮土土类中面积最大的 1 个亚类,760548 亩,占潮土土类总面积的 56.7%;宁夏 5 个市均有分布,石嘴山市面积最大,314484 亩,占盐化潮土亚类总面积的 44.5%;固原市面积最小,3587 亩,仅占 0.5%。各县(区)中,平罗县面积最大,202261 亩,占盐化潮土亚类总面积的 28.6%;同心县面积最小,仅 84 亩。

盐化潮土多位于地形低洼,排水不良的地区;地下水位较高,地下水埋深 50~100 cm。盐化潮土剖面自上而下划分为耕作层、锈土层和母质层。耕作层厚 15 cm 左右,地表有白色盐霜或盐结皮,易溶盐含量 1.6~9.9 g/kg,平均为 2.5 g/kg,最高可达 9.2 g/kg;土壤普查全剖面不同层次相比较,耕层全盐量平均高达5.2 g/kg,明显高于锈土层和母质层,反映出易溶盐表聚的特性(见表 3-41);不同时期相比较,耕作层有机质及养分含量明显高于土

表 3-41　盐化潮土亚类土壤有机质及养分含量统计特征数

层段	时期	特征值	有机质 (g/kg)	全量(g/kg)			速效(mg/kg)			阳离子交换量 (cmol/kg)	全盐 (g/kg)
				N	P	K	碱解氮	有效磷	速效钾		
耕作层	测土配方施肥 (2012 年)	样本数(个)	3362	3250	3	3	2970	3339	3349		1180
		平均值	15.35	0.92	0.87	19.92	66.58	25.57	159.66		2.50
		标准差	4.67	0.29	0.15	0.89	28.47	15.66	66.89		1.13
		变异系数(%)	30.42	31.5	17.19	4.44	42.75	61.22	48.01		45.3
		极大值	37.3	2.98	0.97	20.94	247.5	99.4	540.0		9.2
		极小值	3.0	0.07	0.70	19.4	4.0	2.3	50.0		1.50
	土壤普查 (1985 年)	样本数(个)	36	31	28	5	36	32	21	12	36
		平均值	10.4	0.7	1	18.4	52.7	8.5	216.5	9.37	5.2
		标准差	3.86	0.31	0.6		30.22	6.37	79.3	3.31	1.89
		变异系数(%)	37.2	45.8	62.8		57.3	74	36.6	35.3	36.1
		极大值	23.5	1.5	1.82		181	29	405		9.9
		极小值	5.1	0.4	0.5		13	0.9	62.5		1.6
锈土层	土壤普查 (1985 年)	样本数(个)	12	3	3		5	5	3	3	32
		平均值	9	0.4	0.8		24	3.5	136.7	5.7	2.1
		标准差	3.7								1.52
		变异系数(%)	41.3								72.7
		极大值	17.2								6.6
		极小值	3.4								0.3
母质层	土壤普查 (1985 年)	样本数(个)	4								19
		平均值	8.0								0.9
		标准差									0.63
		变异系数(%)									71.5
		极大值									2.1
		极小值									0.3

壤普查;但速效钾平均含量比土壤普查时降低了 56.84 mg/kg;耕作层土壤质地多为壤质土,块状结构,土壤较紧实,部分盐化潮土耕作层受种植水稻的影响,有锈纹锈斑。耕作层受耕作种植施肥影响,其有机质及养分含量高于锈土层和母质层。锈土层土壤结构面上有较多锈纹锈斑;土壤有机质及养分含量低,易溶盐含量较高,平均 1.52 g/kg,极大值为 6.6 g/kg,说明部分锈土层盐分含量较高。母质层多为河流冲积物、湖积物或洪积冲积物,有大量锈纹锈斑;土壤质地变化较大;易溶盐含量为 0.3~2.1 g/kg,平均为 0.9 g/kg,明显低于剖面上部土层易溶盐含量。

（2）盐化潮土亚类各土种特性

盐化潮土亚类分为 1 个土属 5 个土种。硫酸盐潮土土属主要特征是其盐分组成以硫酸盐为主。硫酸盐潮土根据剖面质地构型划分出 5 个土种。5 个土种中,体泥盐沙土土种面积最大,254208 亩,占盐化潮土亚类总面积的 33.4%;轻咸潮黏土土种面积最小,33405亩,占 4.4%。盐化潮土亚类 5 个土种诊断特征、主要特性及利用改良见表 3-42;5 个土种中,体泥盐沙土、轻盐锈土因其剖面质地为沙质土或剖面内夹有沙土层,因此,盐渍化较

表 3-42　盐化潮土亚类各土种诊断特征及主要特性

土种名称	面积（亩）	诊断特征	主要特性	利用改良
合计	760548			
轻咸潮黏土	33405	地表盐化，耕作层全盐含量>1.5 g/kg且<10 g/kg;土壤盐分组成以硫酸盐为主;剖面有锈纹锈斑;全剖面土壤质地以黏土为主。	土壤盐化，有机质及养分含量较低,持水保肥能力强,土壤通透性能差。	治理土壤盐化;培肥地力;改善土壤通透性。
塔桥盐锈土	114724	地表盐化，耕作层全盐含量>1.5 g/kg且<10 g/kg;土壤盐分组成以硫酸盐为主;剖面有锈纹锈斑;全剖面土壤质地以壤土或黏壤土为主,夹有厚度>10 cm 的黏土层。	土壤盐化,有机质及养分含量较低,持水保肥能力较强。	治理土壤盐化;培肥地力;提高土壤熟化度。
体泥盐沙土	254208	地表盐化，耕作层全盐含量>1.5 g/kg且<10 g/kg;土壤盐分组成以硫酸盐为主;剖面有锈纹锈斑;全剖面土壤质地以沙壤土为主，或夹有厚度>10 cm 的黏土层或壤质土层。	土壤盐化，有机质及养分含量低,土壤通透性能较好,持水保肥能力低。	治理土壤盐化;培肥地力;提高土壤熟化度,水肥管理要"少量多次",防治漏水漏肥。
盐锈土	195602	地表盐化，耕作层全盐含量>1.5 g/kg且<10 g/kg;土壤盐分组成以硫酸盐为主;剖面有锈纹锈斑;全剖面土壤质地为壤土或黏壤土。	土壤盐化，有机质及养分含量较高,土壤通透性能较好。	治理土壤盐化;培肥地力;提高土壤熟化度。
轻盐锈土	162610	地表盐化，耕作层全盐含量>1.5 g/kg 且<10 g/kg;土壤盐分组成以硫酸盐为主;剖面有锈纹锈斑;全剖面土壤质地以壤土或黏壤土为主,夹有厚度>10 cm 的沙质土层。	土壤盐化，有机质及养分含量较低。	治理土壤盐化;培肥地力;提高土壤熟化度。

易改良;相反,轻咸潮黏土和塔桥盐锈土因其剖面质地为黏质土或剖面内夹有黏土层,盐渍化改良难度大。由该亚类各土种耕层有机质及养分含量统计结果可看出(见表3-43、表3-44),除体泥盐沙土外,其他4个土种耕层有机质平均含量均>15 g/kg,轻咸潮黏土高达 19.13 g/kg;体泥盐沙土耕层有机质、氮素养分、钾素养分及有效锌含量均较低。

表 3-43　盐化潮土亚类各土种耕层(0~20 cm)土壤有机质及养分含量

土种名称	特征值	有机质(g/kg)	全量养分(g/kg)			速效养分(mg/kg)			全盐(g/kg)	pH
			N	P	K	碱解氮	有效磷	速效钾		
轻咸潮黏土	样本数(个)	197	196			195	195	197	83	197
	平均值	19.13	1.06			76.15	26.97	197.6	2.58	8.41
	标准差	3.92	0.27			29.08	15.61	72.02	1.09	0.27
	变异系数(%)	22.9	25.68			38.19	57.88	36.45	42.41	3.17
	极大值	30.0	1.69			205.4	95.9	504	5.9	9.0
	极小值	3.4	0.07			17.1	4.9	53	1.5	7.8
塔桥盐锈土	样木数(个)	445	428	2	2	444	442	445	186	445
	平均值	17.2	1.03	0.83	20.17	72.61	25.03	181.24	2.45	8.42
	标准差	4.5	0.27	0.19	1.09	29.7	16.2	65.88	0.98	0.29
	变异系数(%)	26.13	26.41	22.68	5.4	40.91	64.73	36.35	39.97	3.39
	极大值	37.3	2.47	0.97	20.94	247.5	95.7	470	7.0	9.0
	极小值	5.0	0.1	0.7	19.4	5.0	3.3	60	1.5	7.9
体泥盐沙土	样本数(个)	1129	1087			998	1126	1117	329	1129
	平均值	13.24	0.77			55.07	24.21	132.87	2.49	8.4
	标准差	4.47	0.26			23.44	14.72	56.04	1.18	0.25
	变异系数(%)	33.78	34.17			42.55	60.81	42.18	47.25	3.0
	极大值	34.2	2.02			177.9	95	503	9.2	9.0
	极小值	3.0	0.08			9.0	2.7	50	1.5	7.8
盐锈土	样本数(个)	847	801	1	1	637	840	846	301	846
	平均值	15.74	0.95	0.95	19.41	69.61	26.65	162.92	2.65	8.37
	标准差	4.3	0.27			29.6	16.63	67.64	1.37	0.23
	变异系数(%)	27.31	28.82			42.53	62.39	41.52	51.66	2.81
	极大值	37.1	2.54			217.9	99.4	502	9.2	9.0
	极小值	4.7	0.14			6.3	3.4	50	1.5	7.7
轻盐锈土	样本数(个)	744	738			696	736	744	281	744
	平均值	16.53	1.01			73.79	26.39	173.23	2.36	8.46
	标准差	4.46	0.26			27.81	15.45	65.88	0.86	0.28
	变异系数(%)	26.99	25.98			37.69	58.54	38.03	36.35	3.28
	极大值	32.3	2.98			201.4	96.2	540	6.1	9.0
	极小值	3.3	0.08			4.0	2.3	50	1.5	7.8

表 3-44　盐化潮土亚类各土种耕层(0~20 cm)土壤微量元素含量

土种名称	特征值	有效锌 (mg/kg)	有效铜 (mg/kg)	有效铁 (mg/kg)	有效锰 (mg/kg)	水溶性硼 (mg/kg)
塔桥盐锈土	样本数(个)	3	2	2	3	2
	平均值	0.98	0.94	9.0	8.8	1.34
	标准差	0.62	0.68	5.09	2.65	0.8
	变异系数(%)	63	72.22	56.57	30.07	59.85
	极大值	1.54	1.42	12.6	10.8	1.9
	极小值	0.32	0.46	5.4	5.8	0.77
体泥盐沙土	样本数(个)	1	1	1	1	1
	平均值	0.84	3.36	48.8	11.2	2.1
盐锈土	样本数(个)	3	2	1	4	3
	平均值	1.02	1.57	19.1	9.25	1.24
	标准差	0.78	0.2		2.33	0.53
	变异系数(%)	76.99	12.61		25.16	43.12
	极大值	1.92	1.71		11.2	1.84
	极小值	0.54	1.43		6.1	0.84
轻盐锈土	样本数(个)	5	3	2	5	5
	平均值	1.06	1.99	25.3	10.82	1.46
	标准差	0.46	0.45	2.55	2.06	0.62
	变异系数(%)	43.47	22.62	10.06	19.0	42.69
	极大值	1.72	2.48	27.1	12.8	2.15
	极小值	0.69	1.59	23.5	8.3	0.58

盐化潮土亚类轻咸潮黏土土种代表剖面种 527 采自平罗县五香乡宏潮村,地表有盐霜和盐结皮,缺苗严重。剖面性态如下:

0~20 cm,耕作层,浅灰棕色,粉沙质黏土,碎块状结构,紧实,孔隙多,根系多,潮。

20~60 cm,锈土层,浅灰棕色,粉沙质黏土,块状结构,很紧实,孔隙较多,根系少,潮,有锈斑。

60~115 cm,锈土层,浅棕色,粉沙质黏土,块状结构,很紧实,孔隙少,无根系,潮,有锈斑。

115~175 cm,母质层,棕带灰色,壤质黏土,块状结构,紧实,孔隙少,无根系,潮,有锈斑。

该代表剖面耕作层易溶盐含量为 3.1g/kg,>1.5g/kg(见表 3-45);盐分组成以硫酸盐为主;剖面中部及下部有锈纹锈斑;全剖面土壤质地为黏土(见表 3-46);该代表剖面特性属于盐化潮土亚类硫酸盐潮土土属轻咸潮黏土土种。由表 3-47 可以看出,耕作层速效钾含量较高;0~60 cm 层段土壤有机质含量较高;0~115 cm 层段土壤 pH 均>9,为强碱性土壤;母质层以湖积物为主。

表 3-45 盐化潮土亚类轻咸潮黏土土种代表剖面种 527 土壤盐分组成

层次 （cm）	pH	阴离子组成（cmol/kg）					阳离子组成（cmol/kg）			全盐 （g/kg）
		CO_3^{2-}	HCO_3^-	Cl^-	SO_4^{2-}	总量	Ca^{2+}	Mg^{2+}	Na^++K^+	
0~20	9.1	0.20	0.64	1.55	2.21	4.60	0.35	0.61	3.64	3.10
20~60	9.3	0.20	0.68	0.67	0.90	2.45	0.12	0.22	2.10	1.69
60~115	9.1	0.10	0.63	0.60	0.98	2.30	0.15	0.30	1.85	1.38
115~175	8.9	0.10	0.58	0.56	1.02	2.25	0.30	0.15	1.80	1.42

表 3-46 盐化潮土亚类轻咸潮黏土土种代表剖面种 527 土壤机械组成

层次 （cm）	机械组成（%） 粒径（mm）				质地名称
	2.0~0.2	0.2~0.02	0.02~0.002	<0.002	
0~20	0.0	21.8	45.4	32.8	粉沙质黏土
20~60	0.0	12.9	50.2	36.9	粉沙质黏土
60~115	0.0	11.7	53.6	34.7	粉沙质黏土
115~175	0.0	21.8	40.7	37.7	壤质黏土

表 3-47 盐化潮土亚类轻咸潮黏土土种代表剖面种 527 土壤有机质及养分含量

层段	层次 （cm）	有机质 （g/kg）	全量（g/kg）		速效（mg/kg）			阳离子交换量 （cmol/kg）
			N	P	碱解氮	有效磷	速效钾	
耕作层	0~20	10.6	0.69	0.67	46.2	7.0	263	12.75
锈土层	20~60	13.8	0.88					
	60~115							
母质层	115~175							

4. 灌淤潮土亚类及土种特性

（1）灌淤潮土亚类主要特性

灌淤潮土是潮土向灌淤土演化的过渡土壤类型。灌淤潮土地表无盐化,耕层全盐含量<1.5 g/kg;其成土过程既受地下水位频繁升降的影响,剖面有绣纹绣斑,又受灌溉耕种施肥等人为活动影响,具有厚度>10 cm 但<50 cm 的灌淤熟化土层。

灌淤潮土面积较大,565647 亩,占潮土土类总面积的 42.4%;集中分布银川市、石嘴山市及中卫市和吴忠市的自流灌区;银川市面积最大,245376 亩,占灌淤潮土亚类总面积的43.4%;中卫市面积最小,38765 亩,仅占 6.9%。所分布的 12 个县（区）中,以平罗县面积最大,132476 亩,占灌淤潮土亚类总面积的 23.4%;兴庆区面积最小,仅 10138 亩。

灌淤潮土主要分布在黄河一级阶地较低平处或河漫滩,受地下水位升降和灌溉耕种的双重成土作用影响,灌淤潮土剖面自上而下划分为灌淤耕层、锈土层和母质层。灌淤耕层厚 18 cm 左右,土壤质地多为壤质土,根系多,受耕种施肥影响,耕层土壤有机质及氮磷钾养分明显高于其下土层(见表 3-48),且耕层有机质、全氮及速效氮、磷、钾养分含量均明显高于土壤普查;全盐含量则比土壤普查时降低了 45.7%;部分灌淤潮土受种稻影响,有锈纹锈斑。锈土层冲积层次明显,多数为砂黏相间,结构为块状或片状,土壤结构面上有明显的锈纹锈斑,有机质及养分含量低。母质层多为河流冲积物或湖积物,无明显发育,有机质及养分含量甚低。

表 3-48　灌淤潮土亚类土壤有机质及养分含量统计特征数

| 层段 | 时期 | 特征值 | 有机质(g/kg) | 全量(g/kg) | | | 速效(mg/kg) | | | 阳离子交换量(cmol/kg) | 全盐(g/kg) |
				N	P	K	碱解氮	有效磷	速效钾		
耕作层	测土配方施肥(2012 年)	样本数(个)	2245	2258	4	4	2003	2256	2294		1792
		平均值	14.89	0.93	0.56	18.07	65.83	26.14	151.9		0.76
		标准差	4.49	0.28	0.26	2.76	32.83	16.08	60.24		0.32
		变异系数(%)	30.16	29.96	46.41	15.26	49.87	61.43	41.89		42.2
		极大值	38.3	2.22	0.87	19.87	292.6	99.6	516.0		1.49
		极小值	3.1	0.1	0.25	14.0	2.0	2.3	50.0		0.10
	土壤普查(1985 年)	样本数(个)	97	96	90	14	91	89	67	40	28
		平均值	9.28	0.67	0.87	17.7	46.4	8.4	149.2	9.4	1.4
		标准差	4.37	0.3	0.34	4.19	23.85	4.75	74.08	3.71	0.85
		变异系数(%)	47.0	50.8	39.0	23.7	51.4	56.5	49.6	39.5	59.8
		极大值	26.7	1.3	1.9	28.0	108.4	27.0	330.6	17.0	
		极小值	1.2	0.2	0.3	8.9	11.2	2.0	25.0	3.2	
锈土层	土壤普查(1985 年)	样本数(个)	22	16	11	3	17	18	11	15	28
		平均值	6.28	0.34	1.0	12.6	32.3	3.9	146.2	6.4	0.7
		标准差	4.76	0.28	0.38		19.9	1.91	91.97	2.0	0.29
		变异系数(%)	77.3	82.4	38.4		61.6	48.9	62.8	31.2	39.2
		极大值	10.0	1.1	1.8		75.0	9.1	314	12.3	1.2
		极小值	2.0	0.1	0.5		8.0	1.2	56	1.9	0.3
母质层	土壤普查(1985 年)	样本数(个)	6								54
		平均值	0.53								0.87
		标准差									0.6
		变异系数(%)									70.1

(2)灌淤潮土亚类各土种特性

灌淤潮土亚类划分为 6 个土属 18 个土种,其中,根据宁夏实际,新增土种 11 个。灌淤潮土亚类根据土壤机械组成和土壤新生体划分为淤潮沙土、淤潮壤土、淤潮黏土、表锈淤潮沙土、表锈淤潮壤土和表锈淤潮黏土 6 个土属。6 个土属根据其剖面质地构型划分出18 个土种,其中淤潮沙土土属划分出 3 个土种,淤潮壤土土属划分出 4 个土种,淤潮黏土土属划分出 2 个土种，表锈淤潮沙土土属划分出 3 个土种，表锈淤潮壤土土属划分出 3 个土种,表锈淤潮黏土土属划分出 3 个土种。灌淤潮土亚类 18 个土种中,表锈土面积最大, 143143 亩,占灌淤潮土亚类总面积的 25.3%;夹壤黏土面积最小,仅 80 亩。灌淤潮土 18 个土种面积、诊断特征、主要特性及利用改良见表 3-49;18 个土种中,厚淤潮泥土和表锈土 2 个土种土体构型好,全剖面土壤质地均为壤质土;淤末土、表锈沙土、厚淤潮黏土及表锈黏土 4 个土体构型差,全剖面土壤质地为沙质土或黏质土。由该亚类各土种耕层有机质及养分含量统计结果可看出(见表 3-50、表 3-51),厚淤潮黏土土种耕层有机质及养分含量居 18 个土种首位,淤末土和表锈沙土 2 个土种有机质及养分含量位居 18 个土种末位。

表 3-49　灌淤潮土亚类各土种诊断特征及主要特性

土种名称	面积（亩）	诊断特征	主要特性	利用改良
合计	565647			
淤末土	61574	常年旱作;地表无盐化,耕作层全盐含量<1.5 g/kg;灌淤熟化土层厚度>10 cm且<50 cm;剖面中下部有锈纹锈斑;全剖面土壤质地为沙质土。	有机质及养分含量较低,土壤通透性能好,持水保肥能力较差。	培肥地力;水肥管理宜"少量多次",防治漏水漏肥。
夹壤沙土	7260	常年旱作;地表无盐化,耕作层全盐含量<1.5 g/kg;灌淤熟化土层厚度>10 cm且<50 cm;剖面中下部有锈纹锈斑;全剖面土壤质地以沙质土为主, 夹有厚度>10 cm 的壤土或黏壤土层。	有机质及养分含量较低,土壤通透性能较好。	培肥地力;水肥管理宜"少量多次",防治漏水漏肥。
夹黏沙土	5655	常年旱作;地表无盐化,耕作层全盐含量<1.5 g/kg;灌淤熟化土层厚度>10 cm且<50 cm;剖面中下部有锈纹锈斑;全剖面土壤质地以沙质土为主,夹有厚度>10 cm 的黏土层。	有机质及养分含量较低,土壤通透性能较好,有次生盐渍化威胁。	培肥地力;防治漏水漏肥;防治土壤次生盐渍化。
淤潮泥土	17209	常年旱作;地表无盐化,耕作层全盐含量<1.5 g/kg;灌淤熟化土层厚度>10 cm且<50 cm;剖面中下部有锈纹锈斑;全剖面土壤质地为壤土或黏壤土。	有机质及养分含量较高,土壤通透性能较好,持水保肥能力较好。	培肥地力;防治土壤次生盐渍化。
厚淤潮泥土	8580	常年旱作;地表无盐化,耕作层全盐含量<1.5 g/kg;灌淤熟化土层厚度>10 cm且<50 cm;剖面中下部有锈纹锈斑;全剖面土壤质地为壤土或黏壤土;有效土层厚度>100 cm。	有机质及养分含量较高,土壤通透性能较好,持水保肥能力较好。	培肥地力;防治土壤次生盐渍化。
淤潮漏沙土	31416	常年旱作;地表无盐化,耕作层全盐含量<1.5 g/kg;灌淤熟化土层厚度>10 cm且<50 cm;剖面中下部有锈纹锈斑;全剖面土壤质地以壤土或黏壤土为主,夹有厚度>10 cm 的沙质土层。	有机质及养分含量较高,土壤通透性能较好,持水保肥能力较低。	培肥地力;防治土壤漏水漏肥。

续表

土种名称	面积（亩）	诊断特征	主要特性	利用改良
淤潮夹黏土	15399	常年旱作；地表无盐化，耕作层全盐含量<1.5 g/kg；灌淤熟化土层厚度>10 cm且<50 cm；剖面中下部有锈纹锈斑；全剖面土壤质地以壤土或黏壤土为主，夹有厚度>10 cm的黏土层。	有机质及养分含量较高，持水保肥能力较强，次生盐渍化威胁较大。	培肥地力；防治土壤次生盐渍化。
厚淤潮黏土	1066	常年旱作；地表无盐化，耕作层全盐含量<1.5 g/kg；灌淤熟化土层厚度>10 cm且<50 cm；剖面中下部有锈纹锈斑；全剖面土壤质地以黏土为主，有效土层厚度>100 cm。	有机质及养分含量较高，持水保肥能力强，土壤通透性能差，次生盐渍化威胁较大。	培肥地力；改善土壤物理性状；防治土壤次生盐渍化。
夹沙淤潮黏土	911	常年旱作；地表无盐化，耕作层全盐含量<1.5 g/kg；灌淤熟化土层厚度>10 cm且<50 cm；剖面中下部有锈纹锈斑；全剖面土壤质地以黏土为主，夹有厚度>10 cm的沙质土层。	有机质及养分含量较高，持水保肥能力较强，次生盐渍化威胁较大。	培肥地力；改善土壤物理性状；防治土壤次生盐渍化。
表锈沙土	105052	稻旱轮作（或常年种稻）；地表无盐化，耕作层全盐含量<1.5 g/kg；灌淤熟化土层厚度>10 cm且<50 cm；剖面有锈纹锈斑；全剖面土壤质地为沙质土。	有机质及养分含量较低，土壤通透性能好，持水保肥能力较差。	培肥地力；水肥管理宜"少量多次"，防治漏水漏肥。
表锈沙盖黏土	14541	稻旱轮作（或常年种稻）；地表无盐化，耕作层全盐含量<1.5 g/kg；灌淤熟化土层厚度>10 cm且<50 cm；剖面有锈纹锈斑；全剖面土壤质地以沙质土为主，夹有厚度>10 cm的黏土层。	有机质及养分含量较低，土壤通透性能较好，有次生盐渍化威胁。	培肥地力；防治土壤次生盐渍化。
表锈沙盖壤土	21891	稻旱轮作（或常年种稻）；地表无盐化，耕作层全盐含量<1.5 g/kg；灌淤熟化土层厚度>10 cm且<50 cm；剖面有锈纹锈斑；全剖面土壤质地以沙质土为主，夹有厚度>10 cm的壤土或黏壤土层。	有机质及养分含量较低，土壤通透性能较好，有次生盐渍化威胁。	培肥地力；防治土壤次生盐渍化。
表锈土	143143	稻旱轮作（或常年种稻）；地表无盐化，耕作层全盐含量<1.5 g/kg；灌淤熟化土层厚度>10 cm且<50 cm；剖面有锈纹锈斑；全剖面土壤质地为壤土或黏壤土。	有机质及养分含量较高，土壤通透性能较好，有次生盐渍化威胁。	培肥地力；防治土壤次生盐渍化。
表锈漏沙土	62686	稻旱轮作（或常年种稻）；地表无盐化，耕作层全盐含量<1.5 g/kg；灌淤熟化土层厚度>10 cm且<50 cm；剖面有锈纹锈斑；全剖面土壤质地以壤土或黏壤土为主，夹有厚度>10 cm沙土层。	有机质及养分含量较高，土壤通透性能较好，有次生盐渍化威胁。	培肥地力；防治土壤次生盐渍化。
表锈黏层壤土	54100	稻旱轮作（或常年种稻）；地表无盐化，耕作层全盐含量<1.5 g/kg；灌淤熟化土层厚度>10 cm且<50 cm；剖面有锈纹锈斑；全剖面土壤质地以壤土或黏壤土为主，夹有厚度>10 cm黏土层。	有机质及养分含量较高，次生盐渍化威胁较大。	培肥地力；防治土壤次生盐渍化。

续表

土种名称	面积（亩）	诊断特征	主要特性	利用改良
表锈黏土	12335	稻旱轮作（或常年种稻）；地表无盐化，耕作层全盐含量<1.5 g/kg；灌淤熟化土层厚度>10 cm 且<50 cm；剖面有锈纹锈斑；全剖面土壤质地为黏土。	有机质及养分含量较高，土壤通透性差，次生盐渍化威胁较大。	培肥地力；改善土壤物理性状；防治土壤次生盐渍化。
漏沙黏土	2749	稻旱轮作（或常年种稻）；地表无盐化，耕作层全盐含量<1.5 g/kg；灌淤熟化土层厚度>10 cm 且<50 cm；剖面有锈纹锈斑；全剖面土壤质地以黏土为主，夹有厚度>10 cm 的沙质土层。	有机质及养分含量较高，土壤通透性较差，次生盐渍化威胁较大。	培肥地力；改善土壤物理性状；防治土壤次生盐渍化。
夹壤黏土	80	稻旱轮作（或常年种稻）；地表无盐化，耕作层全盐含量<1.5 g/kg；灌淤熟化土层厚度>10 cm 且<50 cm；剖面有锈纹锈斑；全剖面土壤质地以黏土为主，夹有厚度>10 cm 的壤土或黏壤土层。	有机质及养分含量较高，土壤通透性较差，次生盐渍化威胁较大。	培肥地力；改善土壤物理性状；防治土壤次生盐渍化。

表 3-50　灌淤潮土亚类各土种耕层（0~20 cm）土壤有机质及养分含量

土种名称	特征值	有机质（g/kg）	全量养分（g/kg）			速效养分（mg/kg）			全盐（g/kg）	pH
			N	P	K	碱解氮	有效磷	速效钾		
淤末土	样本数（个）	171	174			158	176	178	147	178
	平均值	13.31	0.84			50.99	24.18	132.72	0.65	8.4
	标准差	3.65	0.25			23.64	15.01	46.68	0.32	0.28
	变异系数（%）	27.45	29.85			46.36	62.05	35.17	49.58	3.32
	极大值	20.0	1.99			163.0	99.6	335	1.4	9.0
	极小值	4.4	0.21			12.2	3.8	56	0.1	7.8
夹壤沙土	样本数（个）	35	35			31	35	35	30	35
	平均值	15.2	0.91			65.32	22.95	153.94	0.81	8.43
	标准差	3.87	0.24			17.9	13.31	57.26	0.35	0.25
	变异系数（%）	25.45	26.58			27.41	58.01	37.19	42.92	2.97
	极大值	27.0	1.48			97.0	53.4	306	1.4	8.9
	极小值	10.3	0.34			21.3	2.7	74	0.2	8.0
夹黏沙土	样本数（个）	15	15			12	15	15	7	15
	平均值	15.14	0.92			65.08	29.97	153.87	0.87	8.37
	标准差	3.34	0.2			23.56	17.57	53.46	0.4	0.27
	变异系数（%）	22.08	21.73			36.21	58.63	34.75	45.76	3.22
	极大值	21.2	1.23			120.0	73.3	257	1.3	9.0
	极小值	9.5	0.61			32.9	6.9	78	0.3	8.0

续表

土种名称	特征值	有机质（g/kg）	全量养分（g/kg）			速效养分（mg/kg）			全盐（g/kg）	pH
			N	P	K	碱解氮	有效磷	速效钾		
淤潮泥土	样本数（个）	81	77			70	77	81	68	81
	平均值	14.8	0.96			64.96	31.18	170.04	0.77	8.29
	标准差	4.83	0.28			33.35	17.19	66.78	0.32	0.23
	变异系数（%）	32.63	28.87			51.34	55.13	39.28	41.72	2.79
	极大值	32.3	1.97			176.8	98.0	485	1.4	8.8
	极小值	6.2	0.42			14.4	3.8	79	0.3	7.7
厚淤潮泥土	样本数（个）	18	18			17	16	18	16	18
	平均值	13.69	0.81			53.6	21.64	168.61	0.78	8.42
	标准差	4.07	0.28			39.96	12.25	122.92	0.39	0.3
	变异系数（%）	29.71	34.24			74.56	56.6	72.9	50.85	3.56
	极大值	20.9	1.26			169.0	41.8	503	1.4	8.9
	极小值	5.4	0.32			4.0	7.1	81	0.2	8.0
淤潮漏沙土	样本数（个）	136	136			136	135	136	108	136
	平均值	16.1	1.01			79.09	26.88	175.13	0.85	8.48
	标准差	3.42	0.22			32.02	14.94	56.13	0.31	0.24
	变异系数（%）	21.26	21.55			40.48	55.6	32.05	36.77	2.87
	极大值	26.7	1.6			199.4	74.3	366	1.4	9.0
	极小值	5.9	0.1			7.5	5.3	68	0.3	7.9
淤潮夹黏土	样本数（个）	88	88			88	88	88	63	88
	平均值	16.38	1.03			84.58	29.51	178.42	0.89	8.58
	标准差	3.3	0.21			26.62	15.99	62.77	0.29	0.25
	变异系数（%）	20.11	20.67			31.47	54.18	35.18	32.9	2.88
	极大值	24.7	1.62			149.2	90.1	392	1.4	9.0
	极小值	3.1	0.21			3.1	6.8	58	0.2	8.0
厚淤潮黏土	样本数（个）	6	6			6	6	6	6	6
	平均值	20.6	1.21			81.87	20.02	218.33	1.1	8.58
	标准差	5.74	0.23			24.75	8.15	91.53	0.32	0.13
	变异系数（%）	27.86	19.08			30.23	40.72	41.92	29.32	1.55
	极大值	27.4	1.53			126.0	29.0	370	1.4	8.7
	极小值	15.4	0.96			57.0	10.8	134	0.7	8.4
夹沙淤潮黏土	样本数（个）	12	12			12	12	12	9	12
	平均值	15.81	1.09			69.23	27.91	167.17	0.93	8.38
	标准差	3.96	0.28			22.56	15.41	52.5	0.31	0.31

续表

土种名称	特征值	有机质（g/kg）	全量养分（g/kg）			速效养分（mg/kg）			全盐（g/kg）	pH
			N	P	K	碱解氮	有效磷	速效钾		
夹沙淤潮黏土	变异系数（%）	25.03	26.1			32.59	55.2	31.4	33.46	3.66
	极大值	25.2	1.69			106.1	64.1	258	1.3	8.7
	极小值	11.0	0.61			31.5	12.0	80	0.3	7.9
表锈沙土	样本数（个）	464	502	7	3	365	507	507	409	508
	平均值	13.33	0.83	0.69	17.84	56.22	23.81	131.25	0.75	8.35
	标准差	3.68	0.27	0.26	3.33	27.46	14.03	51.74	0.34	0.27
	变异系数（%）	27.6	32.53	38.11	18.67	48.85	58.93	39.42	44.77	3.21
	极大值	20.0	2.02	0.97	19.87	176	97.8	450	1.4	9.0
	极小值	3.1	0.16	0.25	14.0	4.2	2.3	51	0.1	7.8
表锈沙盖黏土	样本数（个）	78	77			62	78	77	56	78
	平均值	15.04	0.88			58.6	26.02	140.06	0.77	8.34
	标准差	4.79	0.26			22.95	14.88	54.45	0.32	0.21
	变异系数（%）	31.86	29.85			39.17	57.19	38.88	41.53	2.5
	极大值	30.8	1.4			134	84.4	347	1.4	9.0
	极小值	6.6	0.34			4.0	3.6	53	0.2	7.9
表锈沙盖壤土	样本数（个）	44	44			43	44	44	28	44
	平均值	12.93	0.75			53.11	22.52	131.02	0.8	8.43
	标准差	5.25	0.26			22.42	13.72	46.44	0.37	0.27
	变异系数（%）	40.57	34.14			42.22	60.92	35.44	46.38	3.17
	极大值	26.4	1.37			116	64.3	248	1.4	8.8
	极小值	3.9	0.27			19.7	4.4	53	0.2	7.9
表锈土	样本数（个）	527	508	1	1	439	509	527	400	525
	平均值	15.53	0.98	0.87	18.75	68.68	27.34	159.82	0.77	8.33
	标准差	4.95	0.28			35.06	17.0	62.44	0.31	0.24
	变异系数（%）	31.89	28.48			51.05	62.19	39.07	40.74	2.91
	极大值	38.3	2.17			292.6	99	503	1.49	9.0
	极小值	3.6	0.16			2.0	2.8	50	0.1	7.7
表锈漏沙土	样本数（个）	305	303			302	297	305	255	305
	平均值	14.87	0.97			66.92	25.95	156.72	0.74	8.4
	标准差	4.24	0.23			31.67	17.15	64.32	0.3	0.27
	变异系数（%）	28.53	23.96			47.32	66.08	41.04	40.23	3.24
	极大值	29.1	1.88			213	90.9	516	1.4	9.0
	极小值	3.3	0.33			4.8	3.3	52	0.1	7.7

续表

土种名称	特征值	有机质（g/kg）	全量养分（g/kg）			速效养分（mg/kg）			全盐（g/kg）	pH
			N	P	K	碱解氮	有效磷	速效钾		
表锈黏层壤土	样本数（个）	192	190			189	190	192	132	192
	平均值	16.73	1.07			72.62	27.91	158.89	0.78	8.35
	标准差	4.9	0.32			39.37	17.94	49.6	0.31	0.26
	变异系数（%）	29.3	29.67			54.21	64.27	31.22	39.34	3.06
	极大值	31.5	2.12			273.9	99.1	324	1.47	8.9
	极小值	5.4	0.33			9.3	4.3	74	0.2	7.7
表锈黏土	样本数（个）	47	47			47	45	47	35	47
	平均值	15.51	0.97			78.87	26.35	171.53	0.74	8.54
	标准差	5.08	0.36			44.45	16.05	72.37	0.3	0.26
	变异系数（%）	32.75	37.47			56.36	60.9	42.19	41.37	3.04
	极大值	30.8	2.22			225.8	72.7	420	1.3	9.0
	极小值	7.0	0.32			8.1	6.0	63	0.3	7.8
漏沙黏土	样本数（个）	20	20			20	20	20	17	20
	平均值	16.08	0.98			70.13	28.63	151.8	0.78	8.32
	标准差	5.29	0.36			40.22	15.02	55.32	0.29	0.28
	变异系数（%）	32.89	36.41			57.35	52.48	36.45	36.78	3.36
	极大值	31.7	1.81			145	73.1	282	1.3	9.0
	极小值	4.4	0.14			16.7	8.4	77	0.3	7.9

表 3-51 灌淤潮土亚类各土种耕层（0~20 cm）土壤微量元素含量

土种名称	特征值	有效锌（mg/kg）	有效铜（mg/kg）	有效铁（mg/kg）	有效锰（mg/kg）	水溶性硼（mg/kg）
淤末土	样本数（个）	1	1	1	2	2
	平均值	0.4	0.66	5.4	7.15	1.56
	标准差				3.32	0.99
	变异系数（%）				46.48	63.54
	极大值				9.5	2.26
	极小值				4.8	0.86
夹黏沙土	样本数（个）	1	1	1	1	1
	平均值	0.63	1.28	11.4	7.0	1.35
淤潮泥土	样本数（个）	1	1	1	2	2
	平均值	0.62	1.7	13.4	10.6	1.33
	标准差				2.12	0.21

续表

土种名称	特征值	有效锌（mg/kg）	有效铜（mg/kg）	有效铁（mg/kg）	有效锰（mg/kg）	水溶性硼（mg/kg）
淤潮泥土	变异系数（%）				20.01	15.86
	极大值				12.1	1.48
	极小值				9.1	1.18
淤潮漏沙土	样本数（个）	6	6	5	6	6
	平均值	0.79	1.67	15.04	10.53	1.61
	标准差	0.38	0.3	6.27	1.41	0.74
	变异系数（%）	48.27	18.12	41.67	13.42	45.97
	极大值	1.48	2.24	25.4	12.7	2.68
	极小值	0.48	1.41	9.1	9.0	0.75
厚淤潮黏土	样本数（个）	2	2	2	2	2
	平均值	0.54	1.45	11.6	7.95	1.9
	标准差	0.28	0.01	0.42	0.78	1.28
	变异系数（%）	51.55	0.98	3.66	9.78	67.54
	极大值	0.73	1.46	11.9	8.5	2.8
	极小值	0.34	1.44	11.3	7.4	0.99
夹沙淤潮黏土	样本数（个）	3	3	3	3	3
	平均值	0.72	1.67	14.5	10.4	1.45
	标准差	0.57	0.37	3.46	1.47	0.2
	变异系数（%）	79.07	21.86	23.86	14.16	14.04
	极大值	1.36	2.03	17.2	11.3	1.63
	极小值	0.27	1.3	10.6	8.7	1.23
表锈沙土	样本数（个）	6	6	6	6	5
	平均值	1.22	2.42	42.0	9.73	0.92
	标准差	0.79	1.89	43.03	5.14	0.61
	变异系数（%）	64.95	78.2	102.44	52.85	66.33
	极大值	2.24	4.59	107	17.36	1.85
	极小值	0.09	0.38	3.6	3.4	0.26
表锈土	样本数（个）	2	1	1	2	2
	平均值	1.23	2.38	53.5	10.33	0.8
	标准差	0.04			4.62	0.26
	变异系数（%）	3.45			44.77	33.18
	极大值	1.26			13.6	0.98
	极小值	1.2			7.06	0.61
表锈漏沙土	样本数（个）	1	1	1	1	1
	平均值	2.19	5.25	71.9	8.9	0.51

灌淤潮土亚类淤潮泥土土种代表剖面种 598 采自银川市园林场南部,地下水埋深 150 cm。剖面性态如下:

0~20 cm,耕作层,灰棕色,沙质黏壤土,小块状结构,稍紧实,孔隙多,根系多,润,有粪渣砖块。

20~45 cm,心土层,浅灰棕色,沙质黏壤土,块状结构,紧实,孔隙与根系较多,润。

45~70 cm,锈土层,浅灰棕色,沙质黏壤土,块状结构,紧实,孔隙少,根系少,有锈斑,湿度为潮。

70~120 cm,锈土层,浅棕色,沙质黏壤土,块状结构,紧实,孔隙少,根系少,有锈斑,湿度为潮。

120~150 cm,母质层,浅棕色,中砾质沙壤土,块状结构,紧实,孔隙少,无根系,湿,有锈斑。

该代表剖面耕作层易溶盐含量为 0.47 g/kg,<1.5 g/kg(见表 3-52);全剖面土壤质地以沙质黏壤土为主(见表 3-53);灌淤土层厚度为 20 cm;剖面中下部有锈纹锈斑。该代表剖面特性属于灌淤潮土亚类淤潮壤土土属淤潮泥土土种。该剖面受人为耕种施肥影响,0~45 cm 层段土壤有机质含量较高;45 cm 以下土壤有机质含量低;母质层有机质含量仅 2.8 g/kg。全剖面速效钾含量较高,全磷和有效磷含量低(见表 3-54)。

表 3-52　灌淤潮土亚类淤潮泥土土种代表剖面种 598 土壤盐分组成

层次 (cm)	pH	阴离子组成(cmol/kg)					阳离子组成(cmol/kg)			全盐 (g/kg)
		CO_3^{2-}	HCO_3^-	Cl^-	SO_4^{2-}	总量	Ca^{2+}	Mg^{2+}	Na^++K^+	
0~20	8.6	0.025	0.500	0.149	0.166	0.840	0.448	0.297	0.095	0.47
20~45	8.5	—	0.450	0.112	0.098	0.660	0.223	0.272	0.165	0.44
45~70	8.0	0.025	0.388	0.186	0.129	0.728	0.123	0.272	0.333	0.41
70~120	8.7	0.025	0.438	0.112	0.098	0.673	0.448	0.149	0.076	0.41
120~150	8.6	0.025	0.400	0.149	0.114	0.688	0.198	0.149	0.341	0.43

表 3-53　灌淤潮土亚类淤潮泥土土种代表剖面种 598 土壤机械组成

层次 (cm)	机械组成(%)　粒径(mm)					质地名称
	>2.0	2.0~0.2	0.2~0.02	0.02~0.002	<0.002	
0~20	0.9	12.7	48.6	20.3	17.5	沙质黏壤土
20~45	0.3	14.8	52.9	14.3	17.7	沙质黏壤土
45~70		14.2	51.6	18.8	15.4	沙质黏壤土
70~120		10.9	54.1	13.7	21.3	沙质黏壤土
120~150	8.5	14.8	51.3	11.0	14.4	中砾质沙壤土

表 3-54　灌淤潮土亚类淤潮泥土土种代表剖面种 598 土壤有机质及养分含量

层段	层次 (cm)	有机质 (g/kg)	全量(g/kg)			速效(mg/kg)			CaCO₃ (g/kg)
			N	P	K	碱解氮	有效磷	速效钾	
耕作层	0~20	11.0	0.75	0.44	16.6	61	2.0	153	131.3
心土层	20~45	9.5	0.56	0.35	17.4	45	1.0	143	137.3
锈土层	45~70	5.3	0.42	0.35		31	1.0	146	141.0
	70~120	3.8	0.25	0.35		31	1.0	189	129.1
母质层	120~150	2.8	0.21	0.33		25	1.0	198	136.9

（三）潮土的利用与改良

潮土所处地形平坦,有效土层较厚,土壤质地适中,土壤养分含量比较高,更兼光照和热量充足,引黄灌溉,作物需水有保证,故潮土是引黄灌区仅次于灌淤土土类的主要农用土壤。

1. 利用现状

潮土适种性较广,宜种植各种旱作物和水稻。典型潮土和灌淤潮土地下水位较高,若种植水稻,则须有相应的排水措施。盐化潮土地下水位高,土壤盐化,宜种植向日葵等耐盐作物;有排水条件可种植水稻,有利于冲洗土壤盐分。

潮土各亚类生产力不同,一般来说,灌淤潮土生产力水平最高,其次为典型潮土,盐化潮土生产力水平最低,中度盐渍化的盐化潮土亩产水稻 200 kg 左右。

2. 改良利用途径

（1）加强排水

潮土地下水位普遍较高,需加强排水措施,将地下水位调控在临界深度以下。对于自流排水困难的低洼盐化潮土,应采取强制排水措施,防治土壤盐化。

（2）培肥地力

潮土有机质及养分含量较低,土壤熟化程度低。秸秆还田、增施有机肥、深耕深松、深翻伏泡等均是培肥地力、改良土壤理化性状的有效措施。

（3）科学施肥

潮土耕种历史短,土壤熟化程度低,土壤有机质及养分含量较低,阻碍了潮土生产潜力的充分发挥。建议在增施有机肥的基础上,加强因土质、因作物、因产量的科学施肥技术应用,进一步挖掘潮土潜在生产力。

第三节　黄绵土和黑垆土主要特性

黄绵土和黑垆土是旱作农业区的主要土壤类型,其土壤属性直接影响着旱作土壤的综合生产力水平。

一、黄绵土

黄绵土是在黄土母质上形成的一类初育土壤类型。黄绵土主要分布在宁夏境内的黄土高原,与黑垆土及灰钙土插花分布,北部到盐池县的麻黄山、同心的窑山、海原的高崖与徐套一线止。黄绵土土类面积最大,7240865 亩,占宁夏耕地总面积的 37.4%,是宁夏旱作农业区的主要耕种土壤类型。

（一）黄绵土土类主要特性

1. 特征土层

特征土层是鉴别土壤类型的主要诊断土层。黄绵土土类的特征土层是初育土层。初育土层的主要特征为土壤无明显发育,母质特征已初步改变,如沉积层次基本消失,呈现一定的结构和较明显的孔隙,可见少量新生体。

2. 主要特性

黄绵土分布区域地下水位深,土壤形成不受地下水影响;其剖面自上而下分为耕作层、初育土层和母质层 3 个层段。受其人为耕种施肥活动的作用影响不同,耕作层的土壤肥力状况高于初育土层和母质层。

黄绵土耕作层厚度一般为 20 cm 左右,多为浅灰棕色,土壤质地以壤土类为主,土壤结构多为块状。耕层土壤容重为 1.15~1.25 g/cm³,土壤总孔隙度为 47%~60%;非毛管孔隙占 10% 左右。由表 3-55 可以看出,耕层土壤有机质、全氮、碱解氮、有效磷及速效钾平均含量均比土壤普查时有所提高,尤其是有效磷平均含量 13.48 mg/kg,比土壤普查时的 5.7 mg/kg 翻番。全磷及全钾含量变化不大。

初育土层,受耕种施肥影响,多为浅灰棕色,土壤结构多为块状,土壤质地多为壤土类或黏壤土类。初育土层土壤容重为 1.36~1.54 g/cm³,土壤总孔隙度为 40%~51%;非毛管孔隙占 6%~9%。土壤有机质及养分含量较耕层有所降低,有机质平均含量为 8.7 g/kg;全磷平均含量为 0.8 g/kg,高于耕层各个时段,反映出表层全量磷素养分随时间推移有所减少。

母质层为第四纪风积黄土,土壤颜色为浅灰棕或灰棕色,土壤质地为壤土类或黏壤土类,土壤结构较紧实。与上 2 个层段相比,土壤有机质及养分含量降低明显,且含量低。

（二）黄绵土主要亚类及土种特性

1. 黄绵土分类

宁夏黄绵土土类分为 1 个亚类 3 个土属 7 个土种。黄绵土土类依据附加成土作用所形成的特征,划分出黄绵土 1 个亚类;黄绵土亚类中根据其机械组成划分为绵土、绵沙土和黄墁土 3 个土属;各土属又根据其剖面质地构型和所处地形部位划分为 7 个土种。

2. 黄绵土亚类及土种特性

（1）黄绵土亚类主要特性

黄绵土亚类具有黄绵土土类的典型特征和特性。地下水位深,土壤形成不受地下水

表 3-55　黄绵土土类土壤有机质及养分含量统计特征数

层段	时期	特征值	有机质(g/kg)	全量(g/kg)			速效(mg/kg)			阳离子交换量(cmol/kg)	全盐(g/kg)
				N	P	K	碱解氮	有效磷	速效钾		
耕作层	测土配方施肥(2012年)	样本数(个)	11047	11509	6	6	11509	11479	11509		10952
		平均值	10.94	0.79	0.52	18.23	55.94	13.48	180.2		0.32
		标准差	3.89	0.29	0.05	1.47	25.50	8.54	83.38		0.20
		变异系数(%)	35.52	36.58	8.86	8.04	45.58	63.37	46.27		63.09
		极大值	35.00	2.81	0.60	21.0	284.1	56.2	597		3.20
		极小值	3.00	0.13	0.46	17.0	8.2	2.0	50		0.03
	土壤普查(1985年)	样本数(个)	102	102	78	10	103	98	72	13	
		平均值	9.8	0.7	0.7	18.2	46.0	5.7	109	9.34	
		标准差	5.2	0.32	0.28	2.8	22.0	4.5	52.6	2.65	
		变异系数(%)	51.1	70.3	35.6	14.3	47.7	78.6	48.3	28.4	
		极大值	38.2	2.4	1.5	23.7	177	23.2	275	15.1	
		极小值	3.8	0.2	0.1	15.0	14.0	0.48	26	4.0	
初育土层	土壤普查(1985年)	样本数(个)	70	19	14		19	18			
		平均值	8.7	0.6	0.8		37.0	4.0			
		标准差	3.54	0.32	0.27		21.8	1.6			
		变异系数(%)	52.8	56.1	33.4		58.8	42.2			
母质层	土壤普查(1985年)	样本数(个)	84	5			5	5			
		平均值	5.1	0.3			23.0	3.1			
		标准差	2.7	0.18			8.04	1.75			
		变异系数(%)	54.3	51.8			35.0	56.4			

位影响;土壤剖面具有初育土层。

黄绵土主要分布在的固原市、中卫市和吴忠市的部分县市;其中,固原市面积最大,4148137 亩,占黄绵土总面积的 57.3%;吴忠市面积最小,1327098 亩,占 18.3%。分布的 7 个县(区)中,西吉县面积最大,1786164 亩,占黄绵土土类总面积的 24.7%;隆德县面积最小,346387 亩,仅占 4.8%。黄绵土主要分布地形为黄土残塬、黄土丘陵、沟掌地、沟谷地等。

(2)黄绵土亚类各土种特性

黄绵土根据土壤机械组成划分为绵土、绵沙土和黄墡土 3 个土属。绵土土属根据剖面质地构型及侵蚀程度划分为 4 个土种;绵沙土土属根据分布地形划分出 2 个土种;黄墡土根据剖面质地构型划分出 1 个土种。黄绵土亚类 7 个土种中,绱黄土面积最大,6071345 亩,占黄绵土总面积的 83.8%;淤绵土面积最小,18744 亩,仅占 0.26%。黄绵土 7 个土种的诊断特征、主要特性及利用改良见表 3-56;其中老牙村淤绵土土体构型好,全剖面土壤质地均为壤质土,且所处地形平坦;盐绵土土种虽土体构型好,全剖面土壤质地以

表 3-56　黄绵土亚类各土种诊断特征及主要特性

土种名称	面积(亩)	诊断特征	主要特性	利用改良	备注
合计	7240865				
淤绵土	18744	成土母质为第四纪风积黄土;旱作耕地;地表无盐化,耕作层全盐含量<1.5 g/kg;耕作层以下为初步发育的黄土层;全剖面土壤质地以壤土为主,夹有厚度>10 cm的黏土层。分布地形低平。	土壤有机质及养分含量较低,土壤通透性能较好,具有一定的持水保肥能力,水土流失现象较严重。	培肥地力;提高土壤蓄水保墒能力。	原新积黄绵土
老牙村淤绵土	720458	成土母质为第四纪风积黄土;旱作耕地;地表无盐化,耕作层全盐含量<1.5 g/kg;耕作层以下为初步发育的黄土层;全剖面土壤质地以壤土为主。分布地形低平。	土壤有机质及养分含量较低,土壤通透性能较好,水土流失现象较严重。	培肥地力;提高土壤蓄水保墒能力。	原新积黄绵土
盐绵土	286040	成土母质为第四纪风积黄土;旱作耕地;地表盐化,耕作层全盐含量>1.5 g/kg,<10 g/kg;耕作层以下为初步发育的黄土层;全剖面土壤质地以黏壤土或壤土为主。	土壤有机质及养分含量较低,土壤盐化,水土流失现象较严重。	防治土壤盐化;培肥地力;提高土壤蓄水保墒能力。	
细黄土	6071315	成土母质为第四纪风积黄土;旱作耕地;地表无盐化,耕作层全盐含量<1.5 g/kg;耕作层以下为初步发育的黄土层;全剖面土壤质地以黏壤土或壤土为主,分布地形坡度较陡。	土壤有机质及养分含量较低,土壤通透性能较好,水土流失现象较严重。	培肥地力;提高土壤蓄水保墒能力。	原细黄土
川台绵沙土	37050	成土母质为第四纪风积黄土;旱作耕地;地表无盐化,耕作层全盐含量<1.5 g/kg;耕作层以下为初步发育的黄土层;全剖面土壤质地以沙壤土或壤土为主;分布地形为川台地。	土壤有机质及养分含量较低,土壤通透性能较好,水土流失现象较严重。	培肥地力;提高土壤蓄水保墒能力。	
坡绵沙土	75238	成土母质为第四纪风积黄土;旱作耕地;地表无盐化,耕作层全盐含量<1.5 g/kg;耕作层以下为初步发育的黄土层;全剖面土壤质地以沙壤土或壤土为主;分布地形为坡地。	土壤有机质及养分含量较低,土壤通透性能好,水土流失现象较严重。	培肥地力;提高土壤蓄水保墒能力。	
夹胶黄墡土	32019	成土母质为第四纪风积黄土;旱作耕地;地表无盐化,耕作层全盐含量<1.5 g/kg;耕作层以下为初步发育的黄土层;全剖面土壤质地以黏壤土为主,夹有厚度>10cm的黏土层。	土壤有机质及养分含量较低,土壤通透性能较低,具有一定的水土流失现象。	培肥地力;提高土壤蓄水保墒能力。	

壤质土为主,但地表盐化,严重阻碍了该土种的生产性能。坡绵沙土土体构型差,全剖面土壤质地多以沙质土为主,所处地形为坡地。由黄绵土各土种耕层有机质及养分含量统计结果可看出(见表 3-57、3-58),夹胶黄鳝土土种有机质及养分含量高于其他6个土种;而川台绵沙土土种有机质及养分含量低于其他土种。

表 3-57 黄绵土类各土种耕层(0~20 cm)土壤有机质及养分含量

土种名称	特征值	有机质(g/kg)	全量养分(g/kg)			速效养分(mg/kg)			全盐(g/kg)	pH
			N	P	K	碱解氮	有效磷	速效钾		
淤绵土	样本数(个)	61	61			61	60	61	59	61
	平均值	11.93	0.72			54.61	13.76	200.48	0.32	8.55
	标准差	5.24	0.34			30.38	8.9	93.24	0.21	0.23
	变异系数(%)	43.87	47.07			55.63	64.72	46.51	65.23	2.69
	极大值	30.6	1.79			190.9	39.5	466	1.3	9.0
	极小值	5.7	0.27			17.0	3.2	95	0.1	7.8
老牙村淤绵土	样本数(个)	2091	2091	2	2	2091	2081	2091	2067	2090
	平均值	10.84	0.74	0.57	19.8	54.09	13.42	182.39	0.31	8.58
	标准差	4.62	0.3	0.05	1.7	28.55	9.48	70.67	0.18	0.27
	变异系数(%)	42.63	41.18	8.76	8.57	52.79	70.66	38.75	57.57	3.12
	极大值	35.0	2.24	0.6	21.0	275	49.9	542	1.47	9.0
	极小值	3.2	0.13	0.53	18.6	8.2	2.0	50	0.1	7.6
盐绵土	样本数(个)	474	474			474	467	474	31	474
	平均值	10.08	0.68			55.51	12.5	202.55	2.01	8.6
	标准差	3.01	0.26			19.96	8.67	81.65	0.5	0.28
	变异系数(%)	29.83	38.59			35.96	69.36	40.31	24.7	3.31
	极大值	20.8	2.4			193.7	48.9	597	3.2	9.0
	极小值	3.2	0.21			19.0	2.0	71	1.5	7.7
缃黄土	样本数(个)	8181	8640	4	4	8640	8628	8640	8554	8637
	平均值	11.04	0.81	0.5	17.45	56.79	13.58	178.27	0.32	8.53
	标准差	3.65	0.28	0.03	0.41	24.91	8.28	86.03	0.18	0.26
	变异系数(%)	33.07	34.56	5.89	2.36	43.86	60.95	48.26	56.02	3.02
	极大值	20.0	2.81	0.53	18.0	284.1	56.2	597	1.47	9.0
	极小值	3.0	0.14	0.46	17.0	9.9	2.0	50	0.03	7.3
川台绵沙土	样本数(个)	95	95			95	95	95	95	95
	平均值	6.52	0.45			31.51	9.53	157.83	0.21	8.78
	标准差	2.42	0.15			14.81	7.53	65.14	0.11	0.18
	变异系数(%)	37.16	33.79			46.99	79.06	41.27	53.24	2.08
	极大值	16.4	1.02			121.2	49.5	374	1.0	9.0
	极小值	3.4	0.24			9.2	2.1	58	0.1	8.3
坡绵沙土	样本数(个)	43	46			46	46	46	46	46
	平均值	8.29	0.68			42.29	9.92	154.11	0.25	8.72
	标准差	3.54	0.37			26.1	8.22	61.56	0.19	0.22

续表

土种名称	特征值	有机质（g/kg）	全量养分（g/kg）			速效养分（mg/kg）			全盐（g/kg）	pH
			N	P	K	碱解氮	有效磷	速效钾		
坡绵沙土	变异系数（%）	42.7	55.12			61.7	82.87	39.94	79.2	2.55
	极大值	19.4	2.42			147.1	41.7	387	1.44	9.0
	极小值	3.1	0.3			18.0	2.1	65	0.1	7.98
夹胶黄墡土	样本数（个）	101	101			101	101	101	99	101
	平均值	13.62	0.86			53.18	16.37	218.12	0.3	8.56
	标准差	5.21	0.33			20.59	9.2	91.67	0.21	0.21
	变异系数（%）	38.26	38.2			38.72	56.22	42.03	71.24	2.4
	极大值	26.0	1.75			119.8	43.2	501	1.4	9.0
	极小值	3.0	0.28			17.0	2.6	81	0.15	7.96

表 3-58 黄绵土类各土种耕层（0~20 cm）土壤微量元素含量

土种名称	特征值	有效锌（mg/kg）	有效铜（mg/kg）	有效铁（mg/kg）	有效锰（mg/kg）	水溶性硼（mg/kg）
老牙村淤绵土	样本数（个）	9	9	9	9	9
	平均值	0.79	1.02	6.62	10.89	0.95
	标准差	0.41	0.12	2.17	2.49	0.38
	变异系数（%）	52.21	11.55	32.72	22.81	39.93
	极大值	1.76	1.16	10.8	14.6	1.58
	极小值	0.34	0.77	4.2	7.59	0.52
缃黄土	样本数（个）	7	7	7	7	7
	平均值	0.62	0.95	6.61	6.8	0.59
	标准差	0.74	0.19	1.79	1.49	0.27
	变异系数（%）	118.67	19.88	26.99	21.91	46.81
	极大值	2.05	1.2	9.1	8.9	0.95
	极小值	0.13	0.71	4.93	4.97	0.36
川台绵沙土	样本数（个）	1	1	1	1	1
	平均值	0.41	1.08	5.8	12.8	1.9

黄绵土亚类缃黄土土种代表剖面科 29 号采自原州区寨科乡东强村新湾队，黄土丘陵中部，坡度 8°，侵蚀较严重。剖面性态如下：

0~16 cm，耕作层，棕带灰色，黏壤土，块状结构，疏松，孔隙多，根系多，湿度润。

16~40 cm，初育土层，棕色，黏壤土，块状结构，稍紧实，孔隙与根系多，润，有少量白色石灰粉末。

40~74 cm，初育土层，浅棕色，黏壤土，块状结构，稍紧实，孔隙多，根系较多，润，有少量白色石灰粉末。

74~108 cm,母质层,浅灰棕色,黏壤土,块状结构,紧实,孔隙较多,根系较多,润。

108~165 cm,母质层,浅灰棕色,黏壤土,块状结构,稍紧实,孔隙与根系少,湿。

该代表剖面耕作层 16 cm;初育土层 58 cm,有石灰淋溶现象(土体内有白色石灰粉末);母质层 91 cm;地表无盐化,耕作层全盐含量为 0.5 g/kg,<1.5 g/kg(见表 3-59);全剖面土壤质地为黏壤土(见表 3-60);分布地形为丘陵坡地;该代表剖面具有黄绵土亚类绵土土属缃黄土土种的典型特征。

表 3-59 黄绵土亚类缃黄土土种代表剖面科 29 号土壤有机质及养分含量

层段	层次(cm)	有机质(g/kg)	全量(g/kg)			速效(mg/kg)			CaCO₃(g/kg)	全盐(g/kg)	pH
			N	P	K	碱解氮	有效磷	速效钾			
耕作层	0~20	8.3	0.7	1.5	19.3	45	16.5	181	48.0	0.5	8.5
初育土层	20~40	7.2	0.7	1.3	19.3	53	7.5	120	60.5	0.5	8.6
	40~74	4.8	0.7	1.3	19.0	52	5.0	115	54.0	0.4	8.4
母质层	74~108	3.5								0.4	8.8
	108~165	3.1								0.4	

表 3-60 黄绵土亚类缃黄土土种代表剖面科 29 土壤机械组成

层次(cm)	机械组成(%) 粒径(mm)				质地名称
	2.0~0.2	0.2~0.02	0.02~0.002	<0.002	
0~20	2.9	44.9	34.3	17.6	黏壤土
20~40	2.2	42.7	35.7	19.4	黏壤土
40~74	2.6	43.2	35.6	18.6	黏壤土
74~108	2.3	45.1	35.7	16.9	黏壤土
108~165	2.2	45.1	37.1	15.6	黏壤土

(三)黄绵土的利用与改良

黄绵土有效土层深厚,土壤质地适中,土壤耕性与通透性能较好,地下水位深,是旱作农业区主要农用土壤类型。

1. 利用现状

黄绵土分布区域气候干旱,土壤水分不足,适宜种植耐旱作物,主要种植马铃薯、玉米及糜谷等杂粮。分布在丘陵坡地上的黄绵土,存在着水土流失现象。

黄绵土亚类中具备补充灌溉条件的区域,其土地生产力高,滴灌马铃薯平均亩产 2000 kg。不具备补充灌溉条件的黄绵土各土种因其分布的地形部位不同,生产力不同。一般来说,分布在地形低平的黄绵土土种,如淤绵土、老牙村淤绵土生产力水平高,马铃薯平均亩产 1500 kg;其次为分布在梯田上的黄绵土土种;分布在坡地的黄绵土和盐绵土生产力水平最低,平均亩产马铃薯 500 kg。

2.改良利用途径

（1）蓄水保墒、防治侵蚀

积极扩大灌溉面积，大力推广覆膜保墒旱作农业先进技术；修建水平梯田和坝地，防治水土流失。

（2）培肥地力

针对黄绵土土壤肥力水平低的问题，要加大增施有机肥、种植绿肥等培肥地力有效措施。

（3）科学施肥

黄绵土土壤干旱，土壤有机质及养分含量较低，阻碍了黄绵土生产潜力的充分发挥。建议在增施有机肥的基础上，加强因墒情、因作物、因产量的科学施肥技术应用，进一步挖掘黄绵土潜在生产力。

（4）防治土壤次生盐渍化

盐绵土土种已存在着次生盐渍化的危害，建议应加强土壤耕作，防治土壤次生盐渍化。

二、黑垆土

黑垆土是在黄土母质上形成的干草原地带性土壤类型。黑垆土分布的北界大体由盐池县的二道沟、狼步掌起，往西南经同心县的田老庄，再沿折死沟至海原县李旺乡的 700 户，继续向西经罗川、贾塬、麻春堡至干盐池；南界与甘肃接壤。黑垆土总面积 2215711 亩，占宁夏耕地总面积的 11.5%，是宁夏旱作农业区较好的耕种土壤类型。

（一）黑垆土土类主要特性

1.特征土层

特征土层是鉴别土壤类型的主要诊断土层。黑垆土土类的特征土层是黑垆土层。黑垆土层呈灰棕或暗灰棕色；质地为壤土或黏壤土；结构面上有明显的胶膜和较多的假菌丝体，但无斑块状碳酸钙淀积；黑垆土层厚度>30 cm。

2.主要特性

黑垆土剖面自上而下分为耕作层、黑垆土层、过渡层和母质层 4 个层段。黑垆土全剖面土壤的硅铁铝率为 7 左右，黏粒的硅铁铝率为 2.9 左右；黏土矿物 X 射线衍射图谱分析表明，水云母含量较多，说明土壤风化程度低。受其人为耕种施肥活动的作用影响不同，耕作层的土壤肥力状况高于其下各层段。

黑垆土耕作层厚度一般为 20 cm 左右，多为灰棕色，土壤质地为壤土或黏壤土，土壤结构多为块状。耕层土壤容重为 1.15~1.25 g/cm³，土壤总孔隙度为 47%~60%；非毛管孔隙占 10% 左右。由表 3-61 可以看出，耕层土壤有机质平均含量为 13.04 g/kg，全氮平均含量为 0.89 g/kg，全磷平均含量为 0.57 g/kg，碱解氮平均含量为 62.2 mg/kg，均比土壤普查时有所降低；仅有效磷和速效钾含量比土壤普查时有所提高。耕层全盐含量差异较大，高者可达3.7 g/kg,属中度盐渍化;低者仅 0.10 g/kg,属非盐渍化;反映出部分黑垆土有次生盐渍化现象。

黑垆土层,多为暗灰棕色,土壤结构多为块状,土壤质地多为壤土或黏壤土。土壤结构面上有明显的胶膜和较多的假菌丝体。黑垆土层有机质及养分含量较高。

母质层多为第四纪风积黄土,土壤颜色为浅灰棕或灰棕色,土壤质地为壤土类或黏壤土类,土壤结构较紧实。土壤有机质及养分含量低,且下降幅度大。土壤有机质平均含量为8 g/kg,全氮平均含量为 0.5 g/kg,有效磷平均含量为 2.97 mg/kg。

表 3-61　黑垆土土类土壤有机质及养分含量统计特征数

| 层段 | 时期 | 特征值 | 有机质 (g/kg) | 全量(g/kg) | | | 速效 (mg/kg) | | | 阳离子 交换量 (cmol/kg) | 全盐 (g/kg) |
				N	P	K	碱解氮	有效磷	速效钾		
耕作层	测土配方施肥 (2012 年)	样本数(个)	4205	4205	5	5	4205	4205	4205		4139
		平均值	13.04	0.89	0.57	18.6	62.27	14.13	176.6		0.30
		标准差	5.07	0.31	0.03	0.37	27.49	9.11	78.89		0.17
		变异系数(%)	38.91	35.26	5.95	2.01	44.14	63.67	62.02		56.83
		极大值	40.4	2.71	0.6	19.0	297.8	49.6	582.0		3.7
		极小值	3.0	0.14	0.52	18.2	10.9	2.1	56.0		0.10
	土壤普查 (1985 年)	样本数(个)	793	281	191	41	801	774	214	76	744
		平均值	16.9	1.0	1.2	18.1	68.3	7.1	133.4	11.23	0.4
犁底层	土壤普查 (1985 年)	样本数(个)	45	9	9	4	12	10	8	5	108
		平均值	16.6	0.9	2.2	20.2	53	3.8	96.1	10.0	0.5
黑垆 土层	土壤普查 (1985 年)	样本数(个)	226	58	54	21	63	51	45	35	823
		平均值	16.3	1.1	1.2	17.8	61.9	4.5	108.5	11.87	0.5
过渡层	土壤普查 (1985 年)	样本数(个)	112	19	16	9	11	9	12	21	449
		平均值	10.9	0.6	1.1	16.9	39.8	2.7	110.4	9.84	0.5
母质层	土壤普查 (1985 年)	样本数(个)	77	9	8	4	9	6	8	14	270
		平均值	8.0	0.5	0.6	17.0	40.3	2.97	108.2	8.4	0.5

(二)黑垆土主要亚类及土种特性

1. 黑垆土分类

黑垆土类划分为 3 个亚类 3 个土属 7 个土种。黑垆土土类依据附加成土作用所形成的特征,划分出典型黑垆土、潮黑垆土和黑麻土 3 个亚类。典型黑垆土亚类又划分为 4 个土种;潮黑垆土亚类划分为 1 个土种;黑麻土亚类划分为 2 个土种。

2. 典型黑垆土亚类及土种特性

(1)典型黑垆土亚类主要特性

典型黑垆土亚类具有黑垆土土类的典型特征,地下水位深,土壤形成不受地下水位影响;土壤剖面具有黑垆土特征土层。黑垆土层呈灰棕或暗灰棕色;质地为壤土或黏壤土;结构面上有明显的胶膜和较多的假菌丝体,但无斑块状碳酸钙淀积;黑垆土层厚度>30 cm。

典型黑垆土面积345398亩,主要分布在固原市、中卫市和吴忠市的6个县(区);以隆德县面积最大,179694亩,占黑垆土土类总面积的52%;同心县面积最小,7218亩,仅占2.1%。典型黑垆土主要分布地形为黄土塬及黄土残塬等。

典型黑垆土亚类剖面自上而下划分为耕作层、黑垆土层和母质层,具备黑垆土土类的典型特征。从表3-62可看出,典型黑垆土亚类剖面不同层段的有机质含量高于黑垆土土类。黑垆土层有机质及氮素含量明显高于过渡层和母质层,全磷及全钾含量剖面上下分异不明显。不同时期相比较,耕作层全氮、速效氮、磷、钾含量明显高于土壤普查时期,反映出人为种植施肥活动强度较土壤普查时明显增强。但耕层有机质及全磷含量较土壤普查时有所降低。该亚类耕层全盐含量变异较大,高者达3.7 g/kg,为中度盐渍化;低者仅0.10 g/kg,为非盐渍化,反映出典型黑垆土有次生盐渍化现象。

表 3-62　典型黑垆土亚类土壤有机质及养分含量统计特征数

层段	时期	特征值	有机质（g/kg）	全量（g/kg）			速效（mg/kg）			阳离子交换量（cmol/kg）	全盐（g/kg）
				N	P	K	碱解氮	有效磷	速效钾		
耕作层	测土配方施肥（2012年）	样本数（个）	1604	1604	2	2	1604	1604	1604		1547
		平均值	15.23	1.02	0.6	18.5	73.6	18.87	176.4		0.29
		标准差	5.35	0.33	0.01	0.42	27.45	10.08	71.74		0.18
		变异系数（%）	35.11	32.26	1.19	2.29	37.3	53.4	46.9		61.83
		极大值	40.4	2.71	0.6	18.8	275.6	49.6	546.0		3.70
		极小值	3.0	0.27	0.59	18.2	10.9	2.1	57.0		0.10
	土壤普查（1985年）	样本数（个）	785	276	187	41	793	766	211	74	736
		平均值	16.9	0.98	1.26	18.1	68.1	7.1	132.6	11.3	0.43
		标准差	34.7	1.0	0.82	1.98	28.7	4.7	59.1	23.4	0.46
		变异系数（%）	205.5	102	65.1	11.0	42.1	66.2	44.8	206.7	124.8
		极大值	58.6	10.3	4.1	25.3	267.6	38.5	341	23.9	2.0
		极小值	3.7	0.4	0.2	16.0	11.3	0.5	10.2	3.6	0.1
犁底层	土壤普查（1985年）	样本数（个）	45	9	9	4	12	10	8	5	105
		平均值	16.6	0.9	2.2	20.2	53.0	3.8	96.1	10.0	0.5
		标准差	6.4								0.28
		变异系数（%）	38.6								58.3
		极大值	38.9								1.6
		极小值	8.8								0.2

续表

层段	时期	特征值	有机质（g/kg）	全量（g/kg）			速效（mg/kg）			阳离子交换量（cmol/kg）	全盐（g/kg）
				N	P	K	碱解氮	有效磷	速效钾		
黑垆土层（含耕作层和犁底层）	土壤普查（1985年）	样本数（个）	222	56	52	21	61	50	43	34	616
		平均值	16.3	1.1	1.2	17.8	60.3	4.4	104.1	11.7	0.5
		标准差	7.2	1.4	1.08		20.1	2.4	44.6	4.53	0.59
		变异系数（%）	44.1	132.1	90		48.3	54.5	42	38.7	125.5
		极大值	55.5	9.4	4.0		143	9.1	165	23.78	1.5
		极小值	3.7	0.4	0.6		19.0	1.0	32	5.78	0.1
过渡层	土壤普查（1985年）	样本数（个）	110	18	15	9	10	8	11	20	444
		平均值	10.9	0.6	1.1	16.9	36.9	2.8	111.6	9.44	0.5
		标准差	4.93							3.49	0.38
		变异系数（%）	45.2							36.9	76
		极大值	26.1							13.08	1.96
		极小值	0.7							4.44	0.26
母质层	土壤普查（1985年）	样本数（个）	77	9	8	4	9	6	8	14	266
		平均值	8.9	0.5	0.6	17.0	40.3	2.97	108.2	8.4	0.5
		标准差	7.2							3.1	0.23
		变异系数（%）	80							37.9	46
		极大值	45.2							12.34	1.6
		极小值	2.6							2.74	0.1

（2）典型黑垆土亚类各土种特性

典型黑垆土亚类划分为黑垆土土属。黑垆土土属根据土壤剖面构型划分为绵垆土、暗黑垆土、孟塬黑垆土及其他典型黑垆土4个土种。典型黑垆土亚类黑垆土土属4个土种中，孟塬黑垆土土种面积最大，294532亩，占典型黑垆土亚类总面积的85.3%；绵垆土土种面积最小，仅207亩。黑垆土各土种诊断特性、主要特性及改良利用见表3-63。典型黑垆土中暗黑垆土、孟塬黑垆土2个土种构型好，全剖面土壤质地为壤质土，且分布地形较平坦；其他典型黑垆土因其地表次生盐化，严重阻碍了该土种生产力的充分发挥。由黑垆土各土种耕层有机质及养分含量统计分析结果（见表3-64、表3-65）可看出，暗黑垆土土种耕层有机质、氮素和磷素含量均高于其他3个土种，其他典型黑垆土土种耕层有机质及养分含量多低于其他3个土种，且耕作层平均含盐量2.2 g/kg，达到轻度盐渍化程度，限制了该土种适宜种植的作物类型。

典型黑垆土亚类孟塬黑垆土土种代表剖面县26号，位于彭阳县孟塬乡孟庄村苜蓿地，为平坦的塬地顶部。剖面性态如下：

0~20 cm，耕作层，浅灰棕色，壤土，粒状或碎块状，疏松，孔隙和根系多，润，有蚯

表 3-63 黑垆土土类各土种诊断特征及主要特性

土种名称	面积（亩）	诊断特征	主要特性	利用改良	备注
合计	2215711				
绵垆土	207	成土母质为第四纪风积黄土；旱作耕地；地表无盐化；耕作层全盐含量<1.5 g/kg；耕作层以下为黑垆土层；全剖面土壤质地以壤土为主；分布地形多为残塬；土壤侵蚀较重。	土壤通透性能较好，水土流失现象较严重，土壤干旱。	发展灌溉；提高土壤蓄水保墒能力。	原浅黑垆土
孟塬黑垆土	294532	成土母质为第四纪风积黄土；旱作耕地；地表无盐化，耕作层全盐含量<1.5 g/kg；耕作层以下为黑垆土层；全剖面土壤质地以黏壤土为主；多分布在黄土塬顶部平坦处；土壤侵蚀轻微。	土壤通透性能较好，土壤干旱。	发展灌溉；提高土壤蓄水保墒能力。	
暗黑垆土	10939	成土母质为第四纪风积黄土；旱作耕地；地表无盐化，耕作层全盐含量<1.5 g/kg；耕作层和黑垆土层有机质含量多>10 g/kg；耕作层以下为黑垆土层；全剖面土壤质地以黏壤土为主。多分布在黄土塬顶部平坦处；土壤侵蚀轻微。	土壤通透性能较好，土壤干旱。	发展灌溉；提高土壤蓄水保墒能力。	
其他典型黑垆土	39720	成土母质为第四纪风积黄土；旱作耕地；地表有盐化现象，耕作层全盐含量>1.5 g/kg 且<10 g/kg；耕作层以下为黑垆土层；全剖面土壤质地为壤土或黏壤土。分布在黄土塬低洼处。	土壤通透性能较好，土壤盐化，土壤干旱。	防治土壤盐渍化；发展灌溉；提高土壤蓄水保墒能力。	
底锈黑垆土	1902	成土母质为第四纪风积黄土；旱作耕地；地表无盐化，耕作层全盐含量<1.5 g/kg；耕作层以下为黑垆土层和锈土层；全剖面土壤质地以黏壤土为主。多分布在川地。	土壤通透性能较好，存在土壤次生盐渍化威胁，土壤较干旱。	发展灌溉；提高土壤蓄水保墒能力；防治土壤次生盐渍化。	
旱川台麻土	196297	旱作耕地；地表无盐化，耕作层全盐含量<1.5 g/kg；耕作层以下为黑垆土层；全剖面土壤质地以黏壤土为主；分布地形为川地、台地及沟掌地。	土壤通透性能较好，土壤干旱。	发展灌溉；提高土壤蓄水保墒能力。	原淤黑垆土
黄麻土	1672114	成土母质为第四纪风积黄土；旱作耕地；地表无盐化，耕作层全盐含量<1.5 g/kg；耕作层以下为黑垆土层；全剖面土壤质地以黏壤土为主；分布地形为黄土丘陵坡地。	土壤通透性能较好，土壤干旱，有土壤侵蚀现象。	提高土壤蓄水保墒能力，防治土壤侵蚀。	原侵蚀黑垆土

表 3-64　黑垆土类各土种耕层(0~20 cm)土壤有机质及养分含量

土种名称	特征值	有机质（g/kg）	全量养分（g/kg）			速效养分（mg/kg）			全盐（g/kg）	pH
			N	P	K	碱解氮	有效磷	速效钾		
绵垆土	样本数（个）	3	3	1	1	3	3	3	3	3
	平均值	16.5	1.12	0.6	18.2	97.33	17.27	225.67	0.42	8.33
	标准差	3.53	0.18			17.76	7.25	74.07	0.3	0.21
	变异系数（%）	21.42	15.69			18.25	42.0	32.82	71.9	2.5
	极大值	19.2	1.32			114.2	25.3	286	0.77	8.5
	极小值	12.5	0.99			78.8	11.2	143	0.2	8.1
孟塬黑垆土	样本数（个）	1499	1499	1	1	1499	1499	1499	1496	1499
	平均值	15.3	1.02	0.59	18.8	73.57	19.05	175.52	0.29	8.42
	标准差	5.38	0.33			27.61	10.04	72.03	0.14	0.24
	变异系数（%）	35.16	31.9			37.53	52.72	41.04	50.54	2.8
	极大值	40.4	2.71			275.6	49.6	546	1.38	9.0
	极小值	3.0	0.27			10.9	2.4	57	0.1	7.5
暗黑垆土	样本数（个）	44	44			44	44	44	44	44
	平均值	18.08	1.14			96.07	21.75	191.91	0.26	8.3
	标准差	4.33	0.33			12.14	10.69	73.05	0.12	0.23
	变异系数（%）	23.94	29.1			12.64	49.13	38.07	45.83	2.82
	极大值	25.1	1.63			157.8	46.4	401	0.7	8.7
	极小值	7.9	0.3			70.0	2.6	92	0.1	7.5
其他典型黑垆土	样本数（个）	58	58			58	58	58	4	58
	平均值	11.22	0.75			56.27	12.0	184.98	2.2	8.66
	标准差	2.53	0.23			17.63	7.8	61.01	1.02	0.23
	变异系数（%）	22.57	31.24			31.34	64.99	32.98	46.5	2.7
	极大值	17.8	1.18			113	33.7	354	3.7	9.0
	极小值	6.6	0.31			22.2	2.1	103	1.5	8.2
底锈黑垆土	样本数（个）	16	16			16	16	16	16	16
	平均值	16.72	1.01			69.74	12.71	175.25	0.29	8.33
	标准差	4.27	0.18			19.55	11.93	108.7	0.07	0.24
	变异系数（%）	25.52	17.56			28.03	93.81	62.02	25	2.93
	极大值	22.8	1.26			106.2	36.6	484	0.4	8.7
	极小值	7.6	0.6			41	3.2	81	0.2	7.9
旱川台麻土	样本数（个）	440	440	1	1	440	440	440	437	440
	平均值	11.04	0.78	0.55	18.2	53.94	11.64	191.64	0.3	8.58
	标准差	3.17	0.23			25.52	7.06	79.78	0.16	0.24

续表

土种名称	特征值	有机质(g/kg)	全量养分(g/kg)			速效养分(mg/kg)			全盐(g/kg)	pH
			N	P	K	碱解氮	有效磷	速效钾		
旱川台麻土	变异系数(%)	28.73	29.05			47.3	60.66	41.63	53	2.74
	极大值	22.0	1.38			228.3	46.8	551	1.4	9.0
	极小值	3.6	0.19			18.0	2.3	61	0.1	7.5
黄麻土	样本数(个)	2142	2142	2	2	2142	2142	2142	2136	2142
	平均值	11.79	0.81	0.56	18.9	55.46	11.47	173.63	0.3	8.55
	标准差	4.57	0.28	0.05	0.14	25.01	7.11	83.19	0.16	0.24
	变异系数(%)	38.75	34.86	8.92	0.75	45.09	62.01	47.91	54.13	2.84
	极大值	38.8	2.59	0.59	19.0	297.8	49.3	582	1.44	9.0
	极小值	3.2	0.14	0.52	18.8	10.9	2.1	56	0.1	7.5

表 3-65　黑垆土类各土种耕层(0~20 cm)土壤微量元素含量

土种名称	特征值	有效锌(mg/kg)	有效铜(mg/kg)	有效铁(mg/kg)	有效锰(mg/kg)	水溶性硼(mg/kg)
绵垆土	样本数(个)	1	1	1	1	1
	平均值	0.3	1.04	7.1	8.47	0.41
孟塬黑垆土	样本数(个)	1	1	1	1	1
	平均值	0.44	1.22	7.4	9.38	0.36
旱川台麻土	样本数(个)	1	1	1	1	1
	平均值	0.43	1.06	6.08	6.69	0.51
黄麻土	样本数(个)	3	3	3	3	3
	平均值	0.46	1.13	5.24	8.56	0.69
	标准差	0.18	0.2	0.37	2.81	0.27
	变异系数(%)	38.58	17.76	7.13	32.82	39.85
	极大值	0.66	1.32	5.64	11.8	0.93
	极小值	0.35	0.92	4.9	6.74	0.39

蚓粪。

20~60 cm,黑垆土层,灰棕较暗,黏壤土,碎块状,稍紧实,孔隙多,根系少,润,结构面上有胶膜和石灰斑纹,有虫粪。

60~80 cm,黑垆土层,深灰棕色,黏壤土,块状,稍紧实,多小孔,根系少,润,有胶膜,假菌丝体和虫粪。

80~110 cm,黑垆土层,深灰棕色,黏壤土,块状,稍紧实,多孔,根系极少,稍润,有胶膜,假菌丝体和虫粪。。

110~150 cm,母质层,浅灰棕色,黏壤土,块状,稍紧实,孔隙少,根系极少,稍润,有白色石灰斑点。

该代表剖面耕作层 20 cm;黑垆土层 90 cm,有胶膜、石灰质假菌丝体;表土无盐化现象,耕作层全盐含量为 0.4 g/kg(见表 3-66),<1.5 g/kg;土壤质地以黏壤土为主(见表 3-67);分布在平坦的塬地上,侵蚀轻微。该代表剖面具有典型黑垆土亚类黑垆土土属孟塬黑垆土土种的典型特征。该剖面耕作层有机质含量为 11.8 g/kg,明显低于黑垆土层的有机质含量 14~17 g/kg,这与耕层土壤侵蚀水土流失有关(见表 3-68);该剖面阳离子交换量较高,土壤保肥能力较强;硅铁铝率和 β 值全剖面没有明显分异(见表 3-69),黏粒移动现象不明显;土壤中的碳酸盐有明显向下淋淀现象。

表 3-66　典型黑垆土亚类孟塬黑垆土土种代表剖面县 26 土壤盐分组成

层次 (cm)	pH		阴离子组成(cmol/kg)					阳离子组成(cmol/kg)			全盐 (g/kg)
	水浸	盐浸	CO₃²⁻	HCO₃⁻	Cl⁻	SO₄²⁻	总量	Ca²⁺	Mg²⁺	Na⁺+K⁺	
0~20	7.8	7.4	0.000	0.410	0.080	0.150	0.640	0.380	0.240	0.020	0.47
20~60	7.9	7.2	0.000	0.510	0.080	0.150	0.740	0.430	0.270	0.040	0.44
60~80	7.6	7.2	0.000	0.510	0.450	0.230	1.190	0.650	0.270	0.270	0.41
80~110	7.8	7.2	0.000	0.560	0.080	0.040	0.680	0.430	0.220	0.030	0.41
110~150	7.8	7.4	0.000	0.410	0.230	0.060	0.700	0.410	0.100	0.100	0.43

表 3-67　典型黑垆土亚类孟塬黑垆土土种代表剖面县 26 土壤机械组成

层次(cm)	机械组成(%)　粒径(mm)				质地名称
	2.0~0.2	0.2~0.02	0.02~0.002	<0.002	
0~20	1.0	49.0	36.0	14.0	壤土
20~60		43.0	39.5	17.5	黏壤土
60~80		45.0	37.0	18.0	黏壤土
80~110		44.0	37.5	18.5	黏壤土
110~150		48.0	34.0	18.0	黏壤土

表 3-68　典型黑垆土亚类孟塬黑垆土土种代表剖面县 26 号土壤有机质及养分含量

层段	层次 (cm)	有机质 (g/kg)	全量(g/kg)			速效(mg/kg)		CaCO₃ (g/kg)	CaSO₄2H₂O (g/kg)	阳离子 交换量 (cmol/kg)
			N	P	K	有效磷	速效钾			
耕作层	0~20	11.8	0.8	0.7	18.6	2.0	168	84.6	0.3	29.54
黑垆土层	20~60	15.4	1.0	0.78	18.6	1.9	137	68.1	0.2	14.72
	60~80	17.0						83.5	0.2	14.62
	80~110	14.0						107.9	0.3	13.40
母质层	110~150	8.3						147.4	0.6	

表 3-69　典型黑垆土亚类孟塬黑垆土土种代表剖面县 26 土壤及黏粒化学组成

层次 （cm）	土壤化学组成（%）								黏粒化学组成（%）			SiO₂/R₂O₃		β
	SiO₂	Fe₂O₃	Al₂O₃	K₂O	Na₂O	CaO	MgO	TiO₂	SiO₂	Fe₂O₃	Al₂O₃	土壤	黏粒	
0~20	60.54	4.43	11.93	2.48	1.69	7.00	2.07	1.04	52.5	11.5	22.7	6.982	2.950	0.3849
20~60	61.2	4.83	12.5	2.48	1.60	4.00	2.00	0.8	51.8	13.0	22.7	6.665	2.834	0.3958
60~80	59.7	4.65	12.24	2.40	1.60	7.00	1.91	0.88	53.5	13.1	23.1	6.662	2.885	0.3779
80~110	59.4	4.47	12.06	2.28	1.52	7.00	1.91	0.91	51.8	12.4	23.1	6.760	2.838	0.3845
110~150	55.96	5.15	12.02	2.36	1.45	10.23	2.38	0.88	50.7	11.5	23.21	6.205	2.902	0.4117

备注：$β=Na_2O+K_2O/Al_2O_3$

3. 潮黑垆土亚类及土种特性

（1）潮黑垆土亚类主要特性

潮黑垆土亚类地下水位较高，土壤形成受地下水位影响，剖面下部有锈纹锈斑；剖面具有黑垆土特征土层；地表无盐化，耕作层全盐含量<1.5 g/kg。潮黑垆土面积小，1902亩，仅占黑垆土土类总面积的 0.08%。主要分布在固原市的原州区和隆德县，原州区面积较大，1019 亩；隆德县面积较小，883 亩。潮黑垆土主要分布地形为黄土高原的川地低洼处。

潮黑垆土亚类剖面自上而下划分为耕作层、黑垆土层、锈土层和母质层。耕作层厚约20 cm，颜色较浅，多为灰棕色或棕灰色，呈粒状或块状结构，质地以黏壤土为主；有机质及全氮含量较高，平均为 16.7 g/kg 和 1.01 g/kg（见表 3-70）；有效磷含量较土壤普查时明显提高，平均为 12.7 mg/kg；但速效钾含量与土壤普查时（216 mg/kg）相比，绝对含量下降了 40.7 mg/kg。黑垆土层，包括耕作层在内平均厚度 76 cm，质地黏重，颜色为暗灰棕色或棕黑色，结构面上有胶膜或假菌丝体，有机质、全氮、速效钾含量均较高；且黑垆土层全盐含量较高，极大值为 2.2 g/kg，反映了黑垆土层剖面内存在着次生盐渍化的潜在威胁。锈土层，平均厚度 38 cm，土壤颜色呈浅灰棕色或浅灰色，块状结构，锈纹锈斑明显，有机质及养分含量低于黑垆土层，但高于母质层。母质层，平均厚度超过 50 cm，颜色随母质来源不同而有别，浅黄棕色或浅红棕色。

（2）潮黑垆土亚类各土种特性

潮黑垆土亚类划分为潮黑垆土土属，潮黑垆土土属划分为底锈黑垆土 1 个土种。该土种耕层有机质及全氮含量较高，平均为 16.72 g/kg 和 1.01 g/kg；碱解氮、有效磷和速效钾含量平均为 69.74 mg/kg、12.71 mg/kg 和 175.25 mg/kg；在黑垆土土类 7 个土种中属于较高水平。该土种代表剖面种 202 号，位于原州区中和乡恭家庄西 100 m 处。剖面性态如下：

0~18 cm，耕作层，灰棕色，少砾质壤质黏土，粒状或碎块状，疏松，孔隙和根系多，润。

18~45 cm，黑垆土层，灰黑色，壤质黏土，块状，稍紧实，孔隙多，根系较少，润，有白色假菌丝体，多蚯蚓粪。

45~80 cm，黑垆土层，灰色，壤质黏土，块状，稍紧实，孔隙较多，润，有白色假菌丝体

表 3-70　潮黑垆土亚类土壤有机质及养分含量统计特征数

层段	时期	特征值	有机质(g/kg)	全量(g/kg)		速效(mg/kg)			全盐(g/kg)
				N	P	碱解氮	有效磷	速效钾	
耕作层	测土配方施肥(2012 年)	样本数(个)	16	16		16	16	16	16
		平均值	16.72	1.01		69.74	12.71	175.3	0.29
		标准差	4.27	0.18		19.55	11.93	108.7	0.07
		变异系数(%)	25.52	17.56		28.03	93.81	40.66	25.0
		极大值	22.8	1.26		106.2	36.6	484.0	0.40
		极小值	7.6	0.6		41.0	3.2	81.0	0.20
	土壤普查(1985 年)	样本数(个)	8	5	4	8	8	3	8
		平均值	17.8	1.0	0.7	86	8.3	216	0.8
犁底层	土壤普查(1985 年)	样本数(个)							3
		平均值							1.0
		极大值							1.7
		极小值							0.6
黑垆土层	土壤普查(1985 年)	样本数(个)	4	2	2	2	1	2	7
		平均值	15.9	1.3	0.8	113	8.1	192	1.0
		极大值	22.6						2.2
		极小值	8.6						0.4
锈土层	土壤普查(1985 年)	样本数(个)	2	1	1	1	1		5
		平均值	11.3	0.9	0.8	97	0.5		1.2
		极大值	14.2						3.2
		极小值	8.4						0.3
母质层	土壤普查(1985 年)	样本数(个)							4
		平均值							0.7
		极大值							1.2
		极小值							0.4

及锈纹。

80~100 cm,锈土层,灰棕色,中砾质壤质黏土,块状,稍紧实,孔隙较少,润,有多量的锈纹锈斑。

该代表剖面耕作层 18 cm;黑垆土层 62 cm,有石灰质假菌丝体;黑垆土层以下为锈土层,有锈纹锈斑;表土无盐化现象,耕作层全盐含量为 1.3 g/kg(见表 3-71),<1.5 g/kg;黑垆土层(含耕作层)有机质含量为 14.8~30.9 g/kg;土壤质地以黏土为主(见表 3-72);分布在川地。该代表剖面具有潮黑垆土亚类潮黑垆土土属底锈黑垆土土种的典型特征。

表 3-71　潮黑垆土亚类底锈黑垆土土种代表剖面种 202 土壤有机质及养分含量

层段	层次(cm)	有机质(g/kg)	全量(g/kg)		速效(mg/kg)			全盐(g/kg)	pH
			N	P	碱解氮	有效磷	速效钾		
耕作层	0~18	27.0	1.5	0.7	118	13.8	333	1.3	8.3
黑垆土层	18~45	30.9	1.4	0.5	75	5	245	1.2	8.3
	45~80	14.8						1.2	8.2
锈土层	80~100							0.7	8.2

表 3-72　潮黑垆土亚类底锈黑垆土土种代表剖面种 202 土壤机械组成

层次(cm)	机械组成(%)　粒径(mm)					质地名称
	>2.0	2.0~0.2	0.2~0.02	0.02~0.002	<0.002	
0~18	1.6	2.0	30.3	31.5	25.6	少砾质壤质黏土
18~45		1.8	20.5	34.0	34.7	壤质黏土
45~80		2.8	27.4	34.7	35.1	壤质黏土
80~100	5.0	3.6	31.2	31.4	27.0	中砾质壤质黏土

4. 黑麻土亚类及土种特性

(1)黑麻土亚类主要特性

黑麻土亚类(包括原称侵蚀黑垆土和新积黑垆土),剖面具有黑垆土特征层;地表无盐化,耕作层全盐含量<1.5 g/kg;地表有侵蚀现象,或有冲积洪积的成土作用。

黑麻土是黑垆土土类中面积最大的 1 个亚类,1868411 亩, 占黑垆土土类总面积的 84.3%。主要分布在固原市 5 个县(区)、中卫市及吴忠市的部分县市;固原市面积最大, 1062074 亩,占黑麻土亚类总面积的 56.8%;吴忠市面积最小,362615 亩,仅占 19.4%。分布的 8 个县(区)中,西吉县面积最大,498745 亩,占黑麻土亚类总面积的 26.6%;隆德县面积最小,仅 179 亩。黑麻土主要分布地形为丘陵坡地、梁峁顶部、川台地及沟谷地。

黑麻土亚类剖面自上而下划分为耕作层、黑垆土层和母质层。与典型黑垆土亚类相比,大部分黑麻土剖面土体颜色较浅,尤其是耕作层。黑麻土耕作层厚约 20 cm,颜色较浅, 多为灰棕色,质地以黏壤土为主;有机质、全氮、全磷平均含量为 11.66 g/kg、0.81 g/kg 和 0.55 g/kg,均比土壤普查时明显降低(见表 3-73),这可能与土壤侵蚀水土流失有关。耕层有效磷及速效钾绝对含量均比土壤普查时高 5.79 mg/kg 和 43.1 mg/kg。黑垆土层土体颜色为暗灰棕色,质地黏重,结构面上有胶膜或假菌丝体,有机质含量较高,平均为 13.5g/kg,全量氮、磷养分含量也较高。母质层主要为第四纪风积黄土或洪积冲积的次生黄土。

(2)黑麻土亚类各土种特性

黑麻土亚类划分为黑麻土土属。黑麻土土属根据分布的地形划分为旱川台麻土及黄麻土2个土种。旱川台麻土所处地形较为平坦,黄麻土多位于丘陵坡地;2个土种耕层有机质及氮、磷养分含量差异较小,仅速效钾含量差异较大,旱川台麻土速效钾含量较高,

表 3-73　黑麻土亚类土壤有机质及养分含量统计特征数

层段	时期	特征值	有机质(g/kg)	全量(g/kg)			速效(mg/kg)			阳离子交换量(cmol/kg)	全盐(g/kg)
				N	P	K	碱解氮	有效磷	速效钾		
耕作层	测土配方施肥(2012年)	样本数(个)	2585	2585	3	3	2585	2585	2585		2576
		平均值	11.66	0.81	0.55	18.67	55.19	11.49	176.6		0.30
		标准差	4.37	0.28	0.04	0.42	25.08	7.1	82.85		0.16
		变异系数(%)	37.48	34.06	6.35	2.23	45.45	61.78	46.27		53.91
		极大值	38.8	2.59	0.59	19.0	297.8	49.3	582.0		1.44
		极小值	3.2	0.14	0.52	18.2	10.9	2.1	56.0		0.10
	土壤普查(1985年)	样本数(个)	319	88	78	19	314	312	83	29	298
		平均值	16.6	1.04	1.1	18.5	69.8	5.7	133.5	10.7	0.45
		标准差	6.61	0.43	0.77	2.14	28.9	5.3	56.2	3.8	0.29
		变异系数(%)	39.8	41.2	70.0	11.6	41.4	92.9	42.1	35.5	64.4
黑垆土层	土壤普查(1985年)	样本数(个)	89	25	25	10	28	22	20	15	289
		平均值	13.5	0.76	1.09	18.7	51.7	3.4	71.3	9.2	0.45
		标准差	5.43	0.22	0.71	2.46	15.4	2.5	30	2.7	0.22
		变异系数(%)	40.2	28.9	65.1	13.2	29.8	73.5	42.1	29.3	48.8

平均191.64 mg/kg,比黄麻土土种速效钾(173.63 mg/kg)高18.01 mg/kg。

黑麻土亚类黑麻土土属黄麻土代表剖面后48号,位于盐池县后洼乡沙嶝岘残塬。剖面性态如下:

0~18 cm,耕作层,灰棕色,沙质黏壤土,块状结构,稍紧实,孔隙和根系较多,润。

18~30 cm,黑垆土层,灰棕色,沙质黏壤土,块状结构,紧实,孔隙和根系较多,润,有胶膜。

30~60 cm,黑垆土层,暗灰棕色,黏壤土,块状结构,紧实,孔隙较多,根系少,润,有白色斑点和胶膜。

60~80 cm,母质层,浅灰棕色,沙壤土,块状结构,紧实,孔隙较多,根系少,润。

80~120 cm,母质层,浅棕色,沙壤土,块状结构,紧实,小孔多,润。

该代表剖面耕作层18 cm;黑垆土层42 cm,有胶膜及白色斑点;黑垆土层以下为母质层;表土无盐化现象,耕作层全盐含量为0.47 g/kg(见表3-74),<1.5 g/kg;土壤质地以黏壤土为主(见表3-75);分布地形为黄土残塬。该代表剖面具有黑麻土亚类黑麻土土属黄麻土土种的典型特征。耕作层和黑垆土层有机质及全量磷、钾养分含量较高;母质层有机质含量及阳离子交换量降低明显,土壤质地为沙壤土。

(三)黑垆土的利用与改良

黑垆土主要分布在塬地、川台地和沟台地,地形较平坦,便于机械化耕作和发展灌溉。黑垆土有效土层厚,土壤质地适中,土壤耕性与通透性能较好,土壤有机质及养分含量较高,是旱作农业区重要的农用土壤类型。

表 3-74　黑垆土亚类黄麻土土种代表剖面后 48 号土壤有机质及养分含量

层段	层次(cm)	有机质(g/kg)	全量(g/kg)			速效(mg/kg)			阳离子交换量(cmol/kg)	CaCO₃(g/kg)	全盐(g/kg)	pH
			N	P	K	碱解氮	有效磷	速效钾				
耕作层	0~18	13.0	0.63	0.57	20.9	60.0	0.6	100.0	10.0	176.2	0.47	8.5
黑垆土层	18~30	12.2	0.65	0.51	19.7	54.3	1.3	86.5	10.9	102.9	0.48	8.5
	30~60	13.1							9.9	114.6	0.55	8.5
母质层	60~80	8.6							7.4	151.9	0.53	8.6
	80~120	6.1							6.7	156.8	0.49	8.6

表 3-75　黑垆土亚类黄麻土土种代表剖面后 48 号土壤机械组成

层次(cm)	机械组成(%)　粒径(mm)				质地名称
	2.0~0.2	0.2~0.02	0.02~0.002	<0.002	
0~18	5.0	52.6	24.8	17.5	沙质黏壤土
18~30	4.2	50.0	27.9	17.0	沙质黏壤土
30~60	3.7	46.6	28.9	20.8	黏壤土
60~80	4.7	52.6	27.9	14.8	沙壤土
80~120	4.8	54.5	26.4	14.3	沙壤土

1. 利用现状

黑垆土分布区域气候干旱,土壤水分不足,适宜种植耐旱作物,主要种植马铃薯、玉米及糜谷等杂粮。分布在丘陵坡地上的黑垆土,存在着水土流失现象。

黑垆土土类中具备补充灌溉条件的区域,其土地生产力高,滴灌马铃薯平均亩产 2500 kg。不具备灌溉条件,分布在塬地、川台地和沟谷地的孟塬黑垆土、底锈黑垆土、旱川台麻土 3 个土种生产力水平较高,马铃薯平均亩产 2000 kg;分布在坡地上的黄麻土土种生产力水平低,平均亩产马铃薯 1000~1500 kg。

2. 改良利用途径

(1)蓄水保墒、防治侵蚀

积极扩大灌溉面积,大力推广覆膜保墒旱作农业先进技术;修建水平梯田和坝地,防治水土流失。

(2)科学施肥

黑垆土土壤干旱,阻碍了黑垆土生产潜力的充分发挥。建议加强因墒情、因作物、因产量的科学施肥技术应用,进一步挖掘黑垆土潜在生产力。

(3)防治土壤次生盐渍化

其他典型黑垆土土种已存在着次生盐渍化的危害;底锈黑垆土地下水位高,且土壤质地黏重,存在着次生盐渍化的威胁,建议应加强土壤耕作,防治土壤次生盐渍化。

第四节　灰钙土和风沙土主要特性

灰钙土是宁夏耕地土壤类型面积较大的 1 个土类,灰钙土类的土壤属性对宁夏耕地综合生产能力水平的高低有着重要的影响。风沙土类受其本身属性所限,其耕地综合生产能力水平低。

一、灰钙土

大部分灰钙土是在第四纪洪积冲积物上形成的荒漠草原地带性土壤类型。灰钙土分布的南界大体由盐池县的二道沟、狼步掌起,往西南经同心县的田老庄,再沿折死沟至海原县李旺乡的 700 户,继续向西经罗川、贾塙、麻春堡至干盐池;北界到石嘴山市。灰钙土是面积较大的 1 个土壤类型,2412363 亩,占宁夏耕地总面积的 12.5%;主要分布在吴忠市、中卫市、银川市及石嘴山市。其中,吴忠市面积最大,1261593 亩,占灰钙土土类总面积的 52.3%;石嘴山市面积最小, 13169 亩,仅占 0.5%;分布的 17 个县(区)中,盐池县面积最大,462738 亩,占灰钙土土类总面积的 19.2%;兴庆区面积最小,仅 644 亩。灰钙土是宁夏中部干旱区的主要耕种土壤类型。

(一)灰钙土土类主要特性

1. 特征土层

特征土层是鉴别土壤类型的主要诊断土层。灰钙土土类的特征土层是钙积层。钙积层厚度>10 cm,土层纵截面中浅色石灰淀积斑块的面积等于或>1/5,土层紧实或坚实,碳酸钙含量≥100 g/kg(砾质土≥120 g/kg),比耕作层(表层)或母质层土壤碳酸钙高出 20%。

2. 主要特性

灰钙土剖面自上而下分为耕作层、钙积层和母质层 3 个层段。灰钙土全剖面土壤的硅铁铝率为 8 左右,黏粒的硅铁铝率为 3 左右;黏土矿物 X 射线衍射图谱分析表明,以水云母占优势,其次为高岭、绿泥石,极少量石英,剖面上下无明显变化,说明土壤化学风化甚弱。受其人为耕种施肥活动的作用影响不同,耕作层的土壤肥力状况高于其下各层段。灰钙土耕作层厚度一般为 18 cm 左右,多为浅灰棕色,土壤质地以壤土或沙壤土为主,土壤结构多为块状。由表 3-76 可以看出,耕层土壤有机质、全氮、碱解氮和有效磷含量较高,分别比土壤普查时增加了 12.6%、18%、23.5% 和 193.8%,有效磷含量增加最为明显。全磷、全钾和速效钾含量比土壤普查时有所降低,速效钾绝对含量降低了 23 mg/kg。耕层易溶盐含量差异较大,高者达 7.8 g/kg,属重度盐渍化;低者仅 0.08 g/kg,为非盐渍化。

钙积层,厚度为 20~30 cm,在剖面中出现部位浅者不足 20 cm,深者 80 cm。钙积层颜色浅,可见浅灰白色石灰斑块,紧实少孔,碳酸钙含量明显高于耕作层和母质层,平均高达 205.3 g/kg;钙积层土壤有机质平均含量为 5.9 g/kg,土壤普查同时期相比,比耕层相对下降24.3%;速效氮、磷、钾养分含量也明显下降;全盐含量较高,平均 1.9 g/kg,说明在碳酸钙淀积的同时,有可溶盐的淀积,土壤次生盐渍化威胁较大。

表 3-76 灰钙土土类土壤有机质及养分含量统计特征数

| 层段 | 时期 | 特征值 | 有机质(g/kg) | 全量(g/kg) | | | 速效(mg/kg) | | | 阳离子交换量(cmol/kg) | 全盐(g/kg) |
				N	P	K	碱解氮	有效磷	速效钾		
耕作层	测土配方施肥(2012年)	样本数(个)	4333	4142	17	17	4361	4255	4350		3143
		平均值	8.78	0.59	0.47	18.0	41.5	16.16	122.5		0.44
		标准差	3.66	0.23	0.12	1.21	21.04	11.31	53.86		0.55
		变异系数(%)	41.66	39.2	24.9	6.72	50.7	69.97	42.19		125.95
		极大值	20.0	3.0	0.73	20.0	235.0	49.9	484.0		7.8
		极小值	2.95	0.11	0.32	16.1	2.0	2.0	50.0		0.08
	土壤普查(1985年)	样本数(个)	175	99	91	60	153	149	70	85	159
		平均值	7.8	0.5	0.5	19.0	33.6	5.5	145.5	7.8	0.4
钙积层	土壤普查(1985年)	样本数(个)	38	16	16	5	4	6	5	7	98
		平均值	5.9	0.4	0.5	17.9	23.1	2.7	86.5	8.6	1.9
母质层	土壤普查(1985年)	样本数(个)	22	6	5	3	2	2	2	3	75
		平均值	3.4	0.3	0.5	13.7	16.5	4.1	106.3	4.0	1.7

母质层多为第四纪洪积冲积物,少部分为黄土母质;土壤结构较紧实;土壤有机质及养分含量低,且下降幅度大;土壤有机质平均含量为 3.4 g/kg,全氮及全钾含量较钙积层低,相对下降 25% 和 5.8%,速效氮磷养分含量明显下降,速效钾含量则有所增加;碳酸钙含量介于耕作层和钙积层之间,平均为 140.3 g/kg;易溶盐含量较高,平均 1.7 g/kg。

(二)灰钙土主要亚类及土种特性

1. 灰钙土分类

灰钙土类划分出 4 个亚类 6 个土属 11 个土种。灰钙土土类依据附加成土作用划分为典型灰钙土、淡灰钙土、草甸灰钙土和盐化灰钙土 4 个亚类。其中,淡灰钙土亚类面积最大,1405237 亩,占灰钙土类总面积的 58.3%;其次为典型灰钙土,622124 亩,占灰钙土类总面积的 25.8%;盐化灰钙土 306907 亩,占该土类总面积的 12.7%;草甸灰钙土面积最小,78096 亩,占 3.2%。

2. 典型灰钙土亚类及土种特性

(1)典型灰钙土亚类主要特性

典型灰钙土亚类具有灰钙土土类的典型特征,地下水位深,土壤形成不受地下水位影响;土壤剖面具有钙积层特征土层,钙积层在地表下 40~80 cm 出现;地表无盐化,耕作层全盐含量<1.5 g/kg。

典型灰钙土面积 622124 亩,占灰钙土土类总面积的 25.8%。集中分布在吴忠市和中卫市,其中,吴忠市面积较大,547836 亩,占典型灰钙土亚类总面积的 88.1%;分布的 4 个县(区)中,盐池县面积最大,368215亩,占典型灰钙土亚类总面积的59.2%;中宁县面积最小,3549亩,仅占0.6%。典型灰钙土主要分布地形为缓坡丘陵、间山盆地及黄土丘陵。

典型灰钙土亚类剖面自上而下划分为耕作层、钙积层和母质层。耕作层厚20 cm左右,土壤质地以壤土为主,与土壤普查时相比,除有效磷含量外,有机质、全氮、全磷、全钾、碱解氮和速效钾含量均有所降低(见表3-77);易溶盐含量低,平均0.33 g/kg,<1.5 g/kg。

表3-77 典型灰钙土亚类土壤有机质及养分含量统计特征数

| 层段 | 时期 | 特征值 | 有机质（g/kg） | 全量（g/kg） | | | 速效（mg/kg） | | | 阳离子交换量（cmol/kg） | 全盐（g/kg） |
				N	P	K	碱解氮	有效磷	速效钾		
耕作层	测土配方施肥（2012年）	样本数（个）	616	616	3	3	616	611	616		600
		平均值	6.55	0.49	0.43	17.4	33.61	8.80	148.0		0.30
		标准差	2.33	0.15	0.04	0.20	21.04	5.62	58.68		0.20
		变异系数(%)	35.53	31.61	8.39	1.15	62.58	63.87	48.03		67.91
		极大值	16.7	1.08	0.47	17.6	235.0	40.20	459.0		1.30
		极小值	3.00	0.15	0.40	17.2	8.0	2.0	59.0		0.10
	土壤普查（1985年）	样本数（个）	31	12	12	9	29	29	10	11	32
		平均值	15.3	0.99	0.63	19.1	56.3	4.4	211.4	9.02	0.33
		标准差	5.76	0.54	0.13	1.55	31.6	3.9	109.1	1.16	0.18
		变异系数(%)	37.6	54.5	20.6	7.9	56.1	88.6	51.6	12.8	54.5

钙积层在地面下40~80 cm出现,厚度40 cm左右,碳酸钙呈灰白色斑块状淀积,土体紧实,碳酸钙平均含量高达184.6 g/kg,明显高于其他层段。

母质层为第四纪洪积冲积物或黄土母质,土壤质地多为壤土或沙壤土,有机质及养分含量低,碳酸钙含量介于耕作层和钙积层之间,平均为148.8 g/kg。

(2)典型灰钙土亚类各土种特性

典型灰钙土亚类划分为黄土质灰钙土和泥砂质灰钙土2个土属2个土种。其中,黄白泥土土种面积最大,472753亩,占该亚类总面积的76%;海源黄白土土种面积相对较小,149340亩,占该亚类总面积的24%。黄土质灰钙土土属海源黄白土土种分布地形为黄土丘陵,其成土母质为黄土,土壤剖面质地以壤土为主,钙积层较紧实;泥砂质灰钙土土属黄白泥土土种分布地形为缓坡丘陵,其成土母质为第四纪洪积冲积物,土壤剖面质地以壤土为主,钙积层紧实。灰钙土各土种诊断特性、主要特性及改良利用见表3-78。由灰钙土各土种耕层有机质及养分含量统计分析结果可看出(见表3-79、表3-80),海源黄白土耕层有机质及养分含量较高。

典型灰钙土亚类海源黄白土土种代表剖面南16号,位于海原县蒿川乡,其剖面性态如下:

0~23 cm,耕作层,浅灰棕色,沙壤土,块状,疏松,孔隙和根系多,润。

23~43 cm,亚表层,浅灰棕色,壤土,块状,稍紧实,孔隙较多,根系较多,润,有少量的

表 3-78 灰钙土土类各土种诊断特征及主要特性

土种名称	面积（亩）	诊断特征	主要特性	利用改良	备注
合计	2412363				
海源黄白土	149370	成土母质为黄土状物质；地下水对土壤形成没有影响；土壤剖面具有钙积层，钙积层多出现在地表 40 cm 以下；地表无盐化，耕作层全盐含量<1.5 g/kg；全剖面土壤质地以壤土或黏壤土为主；分布地形多为黄土丘陵。	土壤通透性能较好，土壤干旱，土壤肥力水平低。	发展灌溉；培肥地力；提高土壤蓄水保墒能力。	
黄白泥土	472753	成土母质为第四纪洪积冲积物；地下水对土壤形成没有影响；土壤剖面具有钙积层，钙积层多出现在地表 40 cm 以下；地表无盐化，耕作层全盐含量<1.5 g/kg；全剖面土壤质地以壤土为主；分布地形多为缓坡丘陵。	土壤通透性能较好，土壤干旱，土壤肥力水平低。	发展灌溉；培肥地力；提高土壤蓄水保墒能力。	
同心白脑土	652628	成土母质为黄土状物质；地下水对土壤形成没有影响；土壤剖面具有钙积层，钙积层多出现在地表 20 cm 以下；地表无盐化，耕作层全盐含量<1.5 g/kg；全剖面土壤质地以壤土或黏壤土为主；分布地形多为黄土丘陵。	土壤通透性能较好，土壤干旱，土壤肥力水平低。	发展灌溉；培肥地力；提高土壤蓄水保墒能力。	
白脑沙土	464515	成土母质为洪积冲积物；地下水对土壤形成没有影响；土壤剖面具有钙积层，钙积层多出现在地表 20 cm 以下；地表无盐化，耕作层全盐含量<1.5 g/kg；全剖面土壤质地以沙壤土为主；分布地形多为缓坡丘陵、洪积扇及高阶地。	土壤通透性能较好，土壤干旱，土壤肥力水平低。	发展灌溉；培肥地力；提高土壤蓄水保墒能力。	
白脑泥土	286261	成土母质为洪积冲积物；地下水对土壤形成没有影响；土壤剖面具有钙积层，钙积层多出现在地表 20 cm 以下；地表无盐化，耕作层全盐含量<1.5 g/kg；全剖面土壤质地以壤土为主；分布地形多为缓坡丘陵、洪积扇及高阶地。	土壤通透性能较好，土壤干旱，土壤肥力水平低	发展灌溉；培肥地力；提高土壤蓄水保墒能力。	
白脑砾土	1832	成土母质为洪积冲积物；地下水对土壤形成没有影响；土壤剖面具有钙积层，钙积层多出现在地表 20 cm 以下；地表无盐化，耕作层全盐含量<1.5 g/kg；全剖面土壤质地以砾质沙壤土或夹有厚度>10 cm 的砾石层；分布地形多为洪积扇。	土壤通透性能较好，土壤干旱，土壤肥力水平低，有效土层较薄。	发展灌溉；培肥地力；提高土壤蓄水保墒能力。	
白脑锈土	78096	成土母质为洪积冲积物；地下水较高，土壤剖面具有钙积层和锈土层；地表无盐化，耕作层全盐含量<1.5 g/kg；全剖面土壤质地以壤土为主；分布地形多为高阶地。	土壤肥力水平低，存在次生盐渍化威胁。	培肥地力；防治土壤次生盐渍化。	

续表

土种名称	面积(亩)	诊断特征	主要特性	利用改良	备注
咸红黏土	513	成土母质为洪积冲积物;地下水较高,土壤剖面具有钙积层和锈土层;地表盐化,耕作层全盐含量>1.5 g/kg 且<10 g/kg;全剖面土壤质地以黏土为主;分布地形多为高阶地与低阶地的交接洼地。	土壤盐化,土壤肥力水平低,土壤通透性差。	治理土壤盐化;培肥地力;改善土壤物理性状。	
咸红沙土	128179	成土母质为洪积冲积物;土壤剖面具有钙积层;地表盐化,耕作层全盐含量>1.5 g/kg 且<10 g/kg;全剖面土壤质地以沙壤土为主;分布地形多为缓坡丘陵或高阶地。	土壤干旱,土壤肥力水平低,土壤盐化,土壤通透性好。	治理土壤盐化;发展灌溉;培肥地力。	
咸怀土	128374	成土母质为洪积冲积物;地下水位深,对土壤形成没有影响;土壤剖面具有钙积层和盐积层;积盐层多位于钙积层以下,厚度>10 cm,全盐含量>3.0 g/kg 且<10 g/kg;全剖面土壤质地以壤土为主;分布地形多为缓坡丘陵。	土壤肥力水平低,次生盐渍化威胁大,土壤干旱。	合理灌溉,培肥地力;防治土壤次生盐渍化。	原底盐淡灰钙土
白脑土	49842	成土母质为洪积冲积物;土壤剖面具有钙积层;地表盐化,耕作层全盐含量>1.5 g/kg 且<10 g/kg;全剖面土壤质地为壤土或黏壤土;分布地形多为缓坡丘陵或高阶地。	土壤干旱,土壤肥力水平低,土壤盐化。	治理土壤盐化;发展灌溉;培肥地力。	

表 3-79　灰钙土类各土种耕层(0~20 cm)土壤有机质及养分含量

土种名称	特征值	有机质(g/kg)	全量养分(g/kg)			速效养分(mg/kg)			全盐(g/kg)	pH
			N	P	K	碱解氮	有效磷	速效钾		
海源黄白土	样本数(个)	79	79			79	79	79	75	79
	平均值	8.13	0.62			57.87	10.67	201.76	0.5	8.71
	标准差	2.98	0.17			45.69	7.14	62.24	0.29	0.2
	变异系数(%)	36.68	27.53			78.97	66.93	30.85	56.83	2.35
	极大值	16.7	1.04			235	40.2	459	1.3	9.0
	极小值	3.4	0.24			12.7	2.8	78	0.1	8.1
黄白泥土	样本数(个)	537	537	3	3	537	536	537	525	537
	平均值	6.32	0.47	0.43	17.4	30.05	8.54	140.1	0.27	8.81
	标准差	2.12	0.14	0.04	0.2	10.22	5.33	53.84	0.17	0.19
	变异系数(%)	33.57	30.29	8.39	1.15	34.02	62.43	38.43	62.54	2.13
	极大值	14.4	1.08	0.47	17.6	72	40	420	1.3	9.0
	极小值	3.0	0.15	0.4	17.2	8.0	2.0	59	0.1	7.9

续表

土种名称	特征值	有机质（g/kg）	全量养分（g/kg）			速效养分（mg/kg）			全盐（g/kg）	pH
			N	P	K	碱解氮	有效磷	速效钾		
同心白脑土	样本数（个）	419	407	1	1	421	421	421	416	420
	平均值	7.82	0.5	0.41	17.96	31.6	11.38	142.51	0.26	8.8
	标准差	3.12	0.16			15.0	7.69	57.55	0.11	0.2
	变异系数（%）	39.93	31.86			47.47	67.58	40.39	41.71	2.23
	极大值	18.4	1.26			94	49.4	471	0.9	9.0
	极小值	3.0	0.17			2.0	2.0	56	0.1	8.0
白脑沙土	样本数（个）	1231	1179	5	5	1247	1187	1260	1229	1262
	平均值	8.77	0.62	0.51	18.34	42.42	15.4	109.16	0.37	8.6
	标准差	3.69	0.25	0.15	1.39	23.24	10.76	42.88	0.25	0.26
	变异系数（%）	42.02	40.88	29.38	7.6	54.8	69.87	39.28	67.78	3
	极大值	20	2.02	0.71	19.95	211	49.9	385	1.4	9.04
	极小值	3.0	0.11	0.32	16.2	3.1	2.0	50	0.08	7.7
白脑泥土	样本数（个）	346	315	3	3	350	335	350	344	350
	平均值	9.51	0.66	0.51	18.6	43.89	16.73	127.54	0.36	8.6
	标准差	3.96	0.27	0.04	0.8	19.47	10.97	52.01	0.25	0.26
	变异系数（%）	41.68	41.22	8.51	4.3	44.36	65.54	40.78	71.01	3.01
	极大值	19.7	3.0	0.54	19.4	110	49.9	376	1.4	9.04
	极小值	3.2	0.2	0.46	17.8	2.0	2.1	50	0.08	7.85
白脑砾土	样本数（个）	66	73	2	2	74	66	74	1	74
	平均值	10.43	0.8	0.39	16.7	56.62	15.43	150.12	1.49	8.7
	标准差	3.88	0.26	0.07	0.14	22.82	12.65	48.96		0.22
	变异系数（%）	37.2	32.47	17.91	0.85	40.3	81.98	32.61		2.57
	极大值	19	1.53	0.44	16.8	113.2	48.5	332		9.0
	极小值	3.8	0.26	0.34	16.6	7.1	2.1	64		8.0
白脑锈土	样本数（个）	436	413	1	1	437	424	428	420	437
	平均值	10.15	0.68	0.73	20.0	50.42	20.26	113.21	0.42	8.59
	标准差	2.99	0.2			19.45	10.72	47.77	0.25	0.21
	变异系数（%）	29.48	28.9			38.57	52.91	42.19	59.3	2.48
	极大值	19.8	1.34			187.3	49.6	330	1.4	9.0
	极小值	3.3	0.2			12.4	2.8	50	0.1	8.0
咸红黏土	样本数（个）	3	3			3	3	3	3	3
	平均值	9.23	0.69			46.23	11.03	107	2.1	8.4
	标准差	4.05	0.22			16.06	14.87	24.33	0.2	0.56

续表

土种名称	特征值	有机质（g/kg）	全量养分（g/kg）			速效养分（mg/kg）			全盐（g/kg）	pH
			N	P	K	碱解氮	有效磷	速效钾		
咸红黏土	变异系数(%)	43.86	32.48			34.74	134.75	22.74	9.52	6.63
	极大值	13.7	0.94			61.9	28.2	135	2.3	9.0
	极小值	5.8	0.52			29.8	2.3	91	1.9	7.9
咸红沙土	样本数(个)	772	716			769	773	759	76	777
	平均值	9.59	0.56			42.41	20.88	115.24	2.71	8.58
	标准差	3.63	0.21			18.25	12.05	51.81	1.15	0.26
	变异系数(%)	37.86	36.86			43.02	57.71	44.96	42.35	3.01
	极大值	19.6	1.48			116	49.8	450	7.8	9.04
	极小值	2.95	0.14			5.0	2.0	50	1.5	7.6
咸性土	样本数(个)	190	190	2	2	190	186	185	5	189
	平均值	6.47	0.57	0.37	17.46	39.1	14.64	90.13	2.63	8.84
	标准差	2.19	0.25	0.01	1.88	15.72	10.29	47.04	1.17	0.19
	变异系数(%)	33.89	43.83	2.43	10.75	40.21	70.25	52.19	44.51	2.18
	极大值	16.0	1.54	0.38	18.79	107.8	43.6	395	4.05	9.04
	极小值	3.06	0.22	0.37	16.14	12.32	2.2	50	1.7	7.68
白脑土	样本数(个)	254	230			254	249	254	49	254
	平均值	11.25	0.7			48.38	25.0	139.81	2.42	8.48
	标准差	4.32	0.25			20.21	13.27	64.38	1.1	0.26
	变异系数(%)	38.36	35.44			41.77	53.08	46.05	45.44	3.06
	极大值	20.0	1.42			115.8	49.2	484	6.8	9.02
	极小值	3.2	0.24			3.2	2.0	54	1.5	7.9

表 3-80　灰钙土类各土种耕层(0~20 cm)土壤微量元素含量

土种名称	特征值	有效锌（mg/kg）	有效铜（mg/kg）	有效铁（mg/kg）	有效锰（mg/kg）	水溶性硼（mg/kg）
黄白泥土	样本数(个)	3	3	3	3	3
	平均值	0.18	1.22	3.42	5.4	0.48
	标准差	0.16	0.22	0.53	2.04	0.05
	变异系数(%)	88.68	17.71	15.57	37.85	9.55
	极大值	0.36	1.46	4.03	6.59	0.52
	极小值	0.04	1.05	3.08	3.04	0.43
同心白脑土	样本数(个)	2	2	2	2	2
	平均值	0.42	2.05	18.06	6.67	1.31
	标准差	0.42	1.78	20.17	0.66	0.69

续表

土种名称	特征值	有效锌（mg/kg）	有效铜（mg/kg）	有效铁（mg/kg）	有效锰（mg/kg）	水溶性硼（mg/kg）
同心白脑土	变异系数(%)	100.53	86.92	111.66	9.97	52.59
	极大值	0.71	3.31	32.32	7.14	1.8
	极小值	0.12	0.79	3.8	6.2	0.82
白脑沙土	样本数(个)	29	29	28	29	18
	平均值	0.74	1.12	9.84	5.24	0.74
	标准差	0.53	0.79	10.1	2.47	0.56
	变异系数(%)	70.77	70.4	102.7	47.14	75.9
	极大值	1.8	3.71	35.7	14.8	2.6
	极小值	0.06	0.13	2.75	1.88	0.3
白脑泥土	样本数(个)	12	12	10	12	9
	平均值	0.82	1.5	13.35	5.94	0.99
	标准差	0.47	0.51	12.2	1.73	0.62
	变异系数(%)	57.25	33.79	91.4	29.04	62.62
	极大值	1.86	2.26	35.46	9.2	2.2
	极小值	0.12	0.53	3.7	3.56	0.32
白脑砾土	样本数(个)	3	3	3	3	3
	平均值	0.69	1.07	8.47	6.27	1.02
	标准差	0.49	0.3	5.02	1.67	0.73
	变异系数(%)	71.6	28.53	59.29	26.57	72.04
	极大值	1.2	1.29	13.9	7.6	1.86
	极小值	0.22	0.72	4.0	4.4	0.54
白脑锈土	样本数(个)	1	1		1	1
	平均值	0.13	2.96		9.17	0.65
咸红沙土	样本数(个)	1	1	1	1	1
	平均值	0.06	0.85	2.0	7.6	0.94
白脑土	样本数(个)	1	1		1	
	平均值	1.06	1.58		5.1	

石灰质假菌丝体。

43~84 cm,钙积层,浅灰棕色,黏壤土,块状,紧实,孔隙少,根系极少,稍润,有白色石灰斑块和假菌丝体。

84~100 cm,钙积层,浅棕色,黏壤土,块状,紧实,孔隙少,根系极少,稍润,有白色石灰斑块和假菌丝体。

该代表剖面耕作层23 cm,钙积层位于地表下43 cm处,厚57 cm,有石灰斑块,碳酸钙含量高达 171 g/kg,远远高于耕作层;表土无盐化现象,耕作层全盐含量为 0.2 g/kg(见表 3-81),<1.5 g/kg;土壤质地为壤土和黏壤土(见表 3-82);分布在黄土丘陵;该代表剖面具有典型灰钙土亚类黄土质灰钙土土属海源黄白土土种的典型特征。该代表剖面耕层和亚表层有机质含量较高;钙积层有机质含量低,仅为 3 g/kg 左右。且钙积层不仅碳酸钙含量高,可溶盐含量也较高,达 1.2~1.3 g/kg。

表 3-81　典型灰钙土亚类海源黄白土土种代表剖面南 16 号土壤有机质及养分含量

层段	层次 (cm)	有机质 (g/kg)	阳离子交换量 (cmol/kg)	CaCO₃ (g/kg)	CaSO₄2H₂O (g/kg)	全盐 (g/kg)	pH
耕作层	0~23	16.1	10.5	140	0.44	0.2	8.2
亚表层	23~43	12.3	10.5	130	0.08	0.8	8.0
钙积层	43~84	3.7	7.2	171	0.91	1.2	8.8
钙积层	84~100	3.1	8.1	178	0.88	1.3	8.9

表 3-82　典型灰钙土亚类海源黄白土土种代表剖面南 16 号土壤机械组成

层次 (cm)	机械组成(%)　粒径(mm)				质地名称
	2.0~0.2	0.2~0.02	0.02~0.002	<0.002	
0~23		59.0	31.0	10.0	沙壤土
23~43		49.0	37.0	14.0	壤土
43~84		44.0	38.0	18.0	黏壤土
84~100		44.0	40.5	15.5	黏壤土

3. 淡灰钙土亚类及土种特性

(1)淡灰钙土亚类主要特性

淡灰钙土亚类具有灰钙土土类的典型特征,地下水位深,土壤形成不受地下水位影响;土壤剖面具有钙积层特征土层,钙积层出现部位较浅,在表下 20 cm 左右;地表无盐化,耕作层全盐含量<1.5 g/kg。

淡灰钙土是灰钙土类中面积最大的 1 个亚类,1405327 亩,占灰钙土土类总面积的58.3%。主要分布在中卫市、吴忠市、银川市和石嘴山市。其中,中卫市面积最大,703573亩,占淡灰钙土亚类总面积的 50.1%;石嘴山市面积最小,9036 亩,仅占 0.6%。分布的 17个县(区)中,中宁县面积最大,399466 亩,占淡灰钙土亚类总面积的 28.4%;兴庆区面积最小,仅 471 亩。淡灰钙土主要分布地形为缓坡丘陵、山前洪积扇及高阶地。

淡灰钙土亚类剖面自上而下划分为耕作层、钙积层和母质层。耕作层厚约 20 cm,土壤质地以沙壤土为主,受耕作施肥种植等人为活动影响,有机质、全氮、碱解氮及有效磷含量较高,明显高于土壤普查时期(见表 3-83),但全磷、全钾及速效钾含量则有所降低;碳酸钙含量较其下土层低,平均为 83.2g /kg。其耕层全盐平均含量为 0.34 g/kg,高者达1.49 g/kg,低者仅 0.08 g/kg。

表 3-83 淡灰钙土亚类土壤有机质及养分含量统计特征数

层段	时期	特征值	有机质(g/kg)	全量(g/kg)			速效(mg/kg)			阳离子交换量(cmol/kg)	CaCO₃(g/kg)
				N	P	K	碱解氮	有效磷	速效钾		
耕作层	测土配方施肥(2012年)	样本数(个)	2062	1974	11	11	2092	2009	2105		
		平均值	8.76	0.61	0.48	18.08	40.99	14.78	120.3		
		标准差	3.68	0.25	0.11	1.19	21.86	10.45	50.06		
		变异系数(%)	42.05	40.91	23.5	6.56	53.32	70.71	39.65		
		极大值	20.0	3.0	0.71	19.95	211.0	49.9	471.0		
		极小值	3.0	0.11	0.32	16.2	2.0	2.0	50.0		
	土壤普查(1985年)	样本数(个)	70	51	42	23	49	49	32	28	41
		平均值	6.3	0.4	0.51	19.8	27.9	7.1	131.8	6.65	83.2
		标准差	2.4	0.18	0.28	4.09	13.7	5.18	53.9	2.22	32.9
		变异系数(%)	38.1	45.0	54.9	20.6	49.1	72.9	40.9	33.3	39.5
钙积层	土壤普查(1985年)	样本数(个)	11	10	9	2	2	4	3	5	31
		平均值	4.2	0.4	0.42	19.4	25.5	3.3	70.9	10.04	221.3
		标准差	2.19	0.5	0.42						7.5
		变异系数(%)	52.1	125	100.0						3.4
母质层	土壤普查(1985年)	样本数(个)	16	2	2	1	2	2	2	1	18
		平均值	3.6	0.2	0.5	11.7	16.5	4.1	106.3	1.99	148.8
		标准差	1.65								4.5
		变异系数(%)	45.8								3.0

钙积层在地面下 20~30 cm 处出现,厚度 30~50 cm,碳酸钙呈灰白色斑块状淀积,坚实或很紧实,碳酸钙平均含量高达 221.3 g/kg,明显高于其他层段。土壤有机质及氮、磷、钾养分含量明显低于耕作层。

母质层为第四纪洪积冲积物或黄土母质,大部分质地较粗;土壤有机质及养分含量低,碳酸钙含量较高,平均为 148.8 g/kg。

(2)淡灰钙土亚类各土种特性

淡灰钙土亚类根据其成土母质划分为黄土质淡灰钙土和泥砂质淡灰钙土 2 个土属 4 个土种;黄土质淡灰钙土土属划分为同心白脑土 1 个土种;泥砂质淡灰钙土土属根据剖面构型划分为白脑沙土、白脑泥土及白脑砾土 3 个土种。淡灰钙土 4 个土种中,同心白脑土面积最大,652628 亩,占淡灰钙土亚类总面积的 46.4%;白脑砾土面积最小,仅 1832 亩。4 个土种中同心白脑土土体构型好,全剖面土壤质地以壤质土为主,且有效土层深厚;白脑砾土土体构型差,土壤质地以砾质沙质土为主,且有效土层薄。从 4 个土种耕层有机质及养分含量统计分析结果可看出,白脑砾土和白脑泥土 2 土种有机质及养分含量多高于其他 2 个土种。

淡灰钙土亚类白脑沙土土种代表剖面大30号,位于盐池县大水坑以西缓坡丘陵,海拔1530 m,其剖面性态如下:

0~22 cm,耕作层,灰棕色,中砾质沙壤土,块状,疏松,孔隙多,根系较多,润,有施肥带入的粪渣。

22~63 cm,钙积层,红棕色,沙壤土,块状,紧实,孔隙少,根系较多,润,有石灰淀积的斑块。

63~90 cm,过渡层,红棕色,沙壤土,块状,紧实,孔隙少,根系很少,稍润,有少量石灰斑块。

90~140 cm,母质层,红棕色,少砾质沙壤土,块状,坚实,孔隙少。

该代表剖面耕作层22 cm,钙积层位于地表22 cm处,厚41 cm,有石灰斑块,碳酸钙含量高达160 g/kg,远远高于上下层段;表土无盐化现象,耕作层全盐含量为0.4 g/kg(见表3-84),<1.5 g/kg;全剖面土壤质地为沙壤土(见表3-85)。具有淡灰钙土亚类泥砂质淡灰钙土土属白脑沙土土种典型特征。

表3-84 淡灰钙土亚类白脑沙土土种代表剖面大30号土壤有机质及养分含量

层段	层次 (cm)	有机质 (g/kg)	全量(g/kg)		速效(mg/kg)		CaCO₃ (g/kg)	全盐 (g/kg)	pH
			N	P	碱解氮	有效磷			
耕作层	0~22	5.6	0.1	0.51	39.3	7.1	86.1	0.4	8.5
钙积层	22~63	3.0					160.2	0.5	8.5
过渡层	63~90	2.7					134.2	0.6	8.5
母质层	90~140	2.1						0.7	8.6

表3-85 淡灰钙土亚类白脑沙土土种代表剖面大30号土壤机械组成

层次(cm)	机械组成(%) 粒径(mm)					质地名称
	>2.0	2.0~0.2	0.2~0.02	0.02~0.002	<0.002	
0~22	6.8	17.7	58.5	8.1	8.9	中砾质沙壤土
22~63		28.8	50.9	7.6	12.7	沙壤土
63~90		29.8	49.3	7.8	13.1	沙壤土
90~140	2.2	29.8	45.1	8.9	14.0	少砾质沙壤土

4. 草甸灰钙土亚类及土种特性

(1)草甸灰钙土亚类主要特性

草甸灰钙土土壤剖面除具有钙积层特征土层外,还受地下水频繁升降影响,剖面下部有锈纹锈斑。钙积层多位于表下20 cm左右;地表无盐化,耕作层全盐含量<1.5 g/kg。

草甸灰钙土是灰钙土土类中面积最小的1个亚类,78096亩,占灰钙土土类总面积的3.2%。主要分布在银川市、吴忠市、石嘴山市及中卫市。其中银川市面积最大,75625亩,占草甸灰钙土亚类总面积的96.8%;吴忠市面积最小,422亩,仅占0.5%。分布的8个县

(区)中,西夏区面积最大,39317 亩,占 50.3%;平罗县面积最小,仅 338 亩。草甸灰钙土主要分布地形为洪积扇与高阶地的交接地带或缓坡丘陵间的低洼地。

草甸灰钙土亚类剖面自上而下划分为耕作层、钙积层、锈土层和母质层。耕作层厚20 cm 左右,耕作层多为浅灰棕色,土壤质地以沙壤土为主,受耕作施肥种植等人为活动影响,有机质及氮、磷含量较高,均较土壤普查时有不同程度提高;速效钾含量则有所降低。易溶盐含量低,平均为 0.4 g/kg,<1.5 g/kg(见表 3-86)。

表 3-86　草甸灰钙土亚类土壤有机质及养分含量统计特征数

层段	时期	特征值	有机质(g/kg)	全量(g/kg)			速效(mg/kg)			全盐(g/kg)
				N	P	K	碱解氮	有效磷	速效钾	
耕作层	测土配方施肥(2012 年)	样本数(个)	436	413	1	1	437	424	428	420
		平均值	10.15	0.68	0.73	20.0	50.42	20.26	113.2	0.42
		标准差	2.99	0.20			19.45	10.72	47.77	0.23
		变异系数(%)	29.48	28.9			38.57	52.91	41.61	59.3
		极大值	19.8	1.34			187.3	49.6	330.0	1.40
		极小值	3.30	0.20			12.4	2.80	50.0	0.10
	土壤普查(1985 年)	样本数(个)	9	5	5	2	8	8	5	8
		平均值	6.2	0.48	0.59	19.3	30	5.9	140.8	0.4
		标准差	3.2	0.113	0.22		16.3	5.5	106.7	0.4
		变异系数(%)	51.6	23.6	37.2		54.3	93.2	75.8	100.0

钙积层在地表下 20 cm 处出现,厚度 30~50 cm,碳酸钙呈灰白色斑块状淀积,较紧实,土壤质地多为壤土。

锈土层,钙积层之下的土层,受地下水频繁升降氧化还原交替作用影响,有锈纹锈斑;土壤质地为黏壤土或黏土。

母质层为第四纪洪积冲积物,质地较粗,土壤有机质及养分含量低。

(2)草甸灰钙土亚类各土种特性

草甸灰钙土亚类仅有泥砂质草甸灰钙土 1 个土属白脑锈土 1 个土种。

白脑锈土土种代表剖面广 37 号,位于青铜峡市广武乡旋风槽村二队。地形为高阶地中的局部洼地。其剖面性态如下:

0~19 cm,耕作层,灰棕色,沙壤土,块状,稍紧实,孔隙多,根系多,润,有少量的砾石和煤渣。

19~35 cm,钙积层,浅灰棕色,沙土,块状,紧实,孔隙多,根系少,润,有较多的石灰斑块,有少量的砾石。

35~57 cm,钙积层,浅棕色,沙壤土夹少量砾石,块状,紧实,孔隙多,根系少,润,有石灰斑块。

57~76 cm,钙积层,微红棕色,黏土,块状及核状结构,紧实,孔隙较多,根系少,有石灰斑点,润。

76~102 cm,锈土层,微红棕色,黏土,块状结构,紧实,孔隙多,根系少,润,有锈纹锈斑。

102~120 cm,锈土层,棕带红色,黏土,核状结构,紧实,孔隙多,根系少,润,有大量锈纹锈斑。

该代表剖面耕作层 19 cm;钙积层部位高,19~76 cm 均为钙积层,有石灰斑块,碳酸钙含量平均高达 180 g/kg,为耕作层的 1.8 倍,为锈土层的 3 倍;钙积层以下为有锈纹锈斑的锈土层;表土无盐化现象,耕作层全盐含量为 0.6 g/kg(见表 3-87),<1.5 g/kg。具有草甸灰钙土亚类泥砂质草甸灰钙土土属白脑锈土土种的典型特征。

表 3-87　草甸灰钙土亚类白脑锈土土种代表剖面广 37 号土壤有机质及养分含量

| 层段 | 层次(cm) | 有机质(g/kg) | 全量(g/kg) | | | 速效(mg/kg) | | | CaCO₃(g/kg) | CaSO₄2H₂O(g/kg) | 全盐(g/kg) | pH |
			N	P	K	碱解氮	有效磷	速效钾				
耕作层	0~19	9.5	0.7	0.4	15.9	23.0	4.0	86.3	125	0.75	0.6	8.4
钙积层	19~35	4.3				13.0	3.0	202.5	190	0.87	0.6	8.4
钙积层	35~57	2.7				8.5	2.3		176	1.03	0.6	8.4
钙积层	57~76								180	1.45	0.7	8.4
锈土层	76~102								60		0.5	7.6
锈土层	102~120								35	0.40	0.2	7.8
母质层	120~150								32	0.43	0.5	8.0

5. 盐化灰钙土亚类及土种特性

(1)盐化灰钙土亚类主要特性

盐化灰钙土亚类大多属淡灰钙土灌溉开垦后,地下水位上升,发生次生盐渍化形成的 1 个亚类。少部分盐化灰钙土地下水位深,剖面中下部夹有积盐层,土壤普查时称为底盐淡灰钙土,具有潜在盐渍化威胁。盐化灰钙土地表有盐化现象或剖面中下部有盐积层,耕作层或剖面中下部土层全盐含量>1.5 g/kg,<10 g/kg;土壤剖面具有钙积层特征土层。

盐化灰钙土面积 306907 亩,占灰钙土土类总面积的 12.7%。主要分布在吴忠市、银川市、中卫市和石嘴山市;其中,吴忠市面积最大,142463 亩,占盐化灰钙土亚类的46.4%;石嘴山市面积最小,3311 亩,仅占 1.1%。分布的 11 个县(区)中,红寺堡区面积最大,107013 亩,占盐化灰钙土亚类总面积的 34.9%;海原县面积最小,仅 30 亩。盐化灰钙土主要分布地形为山前洪积扇、高阶地及缓坡丘陵。

盐化灰钙土亚类剖面自上而下划分为耕作层、钙积层、锈土层(或积盐层)和母质层。耕作层厚 20 cm 左右,其地表有白色盐霜和盐斑;耕作层多为浅灰棕色,土壤质地以沙壤土为主;受耕作施肥种植等人为活动影响,有机质、全氮、碱解氮、有效磷含量较高,均比土壤普查时有不同程度提高,但全磷、全钾及速效钾含量则有所降低;易溶盐含量较高,平均为 2.59 g/kg,比土壤普查时 5.1 g/kg 降低了 2.51 g/kg(见表 3-88)。

表 3-88　盐化灰钙土亚类土壤有机质及养分含量统计特征数

层段	时期	特征值	有机质(g/kg)	全量(g/kg)			速效(mg/kg)			全盐(g/kg)	pH
				N	P	K	碱解氮	有效磷	速效钾		
耕作层	测土配方施肥(2012年)	样本数(个)	1219	1139	2	2	1216	1211	1201	133	1223
		平均值	9.45	0.59	0.37	17.46	43.15	20.74	116.6	2.59	8.60
		标准差	3.88	0.23	0.01	1.88	18.52	12.45	55.97	1.12	0.27
		变异系数(%)	41.07	38.84	2.43	10.75	42.92	60.01	52.05	43.29	3.18
		极大值	20.0	1.54	0.38	18.79	116.0	49.8	484.0	7.80	9.04
		极小值	2.95	0.14	0.37	16.14	3.2	2.0	50.0	1.50	7.90
	土壤普查(1985年)	样本数(个)	6	5	5	5	4	6	5	6	
		平均值	9.2	0.55	0.5	18.1	23.9	8.9	187.4	5.1	
		标准差	2.63	0.255	0.1	4.89		7.1	64.5	2.62	
		变异系数(%)	28.6	46.4	20.5	27		79.4	34.4	51.5	

钙积层多在地面以下 20~60 cm 处出现,厚度 30~50 cm,碳酸钙呈灰白色斑块状淀积,紧实,碳酸钙含量明显高于其他层段。部分钙积层易溶盐含量也较高,易溶盐含量>1.5 g/kg,<10 g/kg。

部分耕作层已发生盐化的灰钙土其钙积层之下为锈土层,受地下水频繁升降氧化还原交替作用影响,有锈纹锈斑。部分盐化灰钙土(原称底盐淡灰钙土)钙积层之下夹有厚度>10 cm 的积盐层,全盐含量为 1.5~10 g/kg。

母质层为第四纪洪积冲积物,质地较粗,土壤有机质及养分含量低。

(2)盐化灰钙土亚类各土种特性

盐化灰钙土亚类仅有氯化物灰钙土 1 个土属,其土壤盐分组成以氯化物为主。氯化物灰钙土土属根据剖面构型划分为咸红黏土、咸红沙土、咸性土和白脑土 4 个土种。4 个土种中,咸红沙土面积最大,128179 亩,占盐化灰钙土亚类总面积的 41.8%;咸红黏土面积最小,仅 513 亩。该亚类 4 个土种中,咸红沙土土壤全剖面均为沙壤土,改良利用难度小;咸红黏土土壤全剖面为黏质土,改良利用难度大。从各土种耕层有机质及养分含量统计分析结果可看出,白脑土土种有机质及养分含量多高于其他 3 个土种。

盐化灰钙土亚类咸红沙土土种代表剖面宁 40 号,位于暖泉农场苗圃地,海拔 1120 m,其剖面性态如下:

0~23 cm,耕作层,浅灰棕色,少砾质沙壤土,块状,紧实,孔隙较多,根系多,润。

23~57 cm,过渡层,棕带灰色,沙壤土,块状,紧实,孔隙少,根系较多,润,有少量的石灰淀积斑块。

57~95 cm,钙积层,浅棕色,沙壤土,块状,紧实,孔隙少,根系少,润,有大量石灰斑块。

95 cm 以下为砾石层。

该代表剖面耕作层厚 23 cm;钙积层位于地表下 57 cm 处,厚 38 cm,有大量石灰斑块,碳酸钙含量为 87.6 g/kg(见表 3-89),明显高于耕作层;耕作层全盐含量 2.8 g/kg,>1.5 g/kg,
<10 g/kg;土壤盐分组成中阴离子以氯离子为主(见表 3-90);全剖面土壤质地以沙壤土
为主。具有盐化灰钙土氯化物灰钙土土属咸红沙土土种的典型特征。

表 3-89　盐化灰钙土亚类咸红沙土土种代表剖面宁 40 号土壤有机质及养分含量

层段	层次 (cm)	有机质 (g/kg)	全量(g/kg)			速效(mg/kg)			阳离子交换量 (cmol/kg)	CaCO₃ (g/kg)	全盐 (g/kg)	pH
			N	P	K	碱解氮	有效磷	速效钾				
耕作层	0~23	7.0	0.7	0.5	18.7	26.6	6.9	143.0	9.1	62.8	2.8	8.0
过渡层	23~57									62.8	2.6	8.3
钙积层	57~95									87.6	1.7	8.5

表 3-90　西干渠灌区氯化物灰钙土土壤盐分组成

层次 (cm)	阴离子组成(cmol/kg)					阳离子组成(cmol/kg)			全盐 (g/kg)
	CO₃²⁻	HCO₃⁻	Cl⁻	SO₄²⁻	总量	Ca²⁺	Mg²⁺	Na⁺+K⁺	
0-20	0.00	1.72	1.88	0.89	4.49	0.50	0.82	3.17	3.60
20~50	0.05	1.23	1.57	0.67	3.52	0.26	0.64	2.62	2.10
50~95	0.00	0.59	1.66	0.52	2.77	0.53	0.91	1.33	2.20
地下水	0.14	0.44	0.30	0.20	1.08	0.20	0.38	0.50	0.76

(三)灰钙土的利用与改良

灰钙土分布地区光照丰富,温度及热量较充足,有效土层较厚,含有一定的养分,大
部分灰钙土盐分含量较低,部分地区地形平坦,便于机械化耕作和发展灌溉,是发展灌溉
的主要农用土壤类型。

1. 利用现状

灰钙土分布区域气候干旱,土壤水分不足,以发展灌溉农业为主,主要种植玉米、向
日葵等作物。部分没有灌溉的灰钙土区域,主要种植糜谷等杂粮。灰钙土存在着土壤风蚀
沙化的现象。

灰钙土土类中具备灌溉条件的区域,其土地生产力高,籽粒玉米亩产 500~1000 kg。不具
备灌溉条件,分布在黄土丘陵区的灰钙土土地生产能力低,亩产荞麦 100 kg 左右。

2. 改良利用途径

(1)发展灌溉

灰钙土分布在宁夏中北部干旱带,年均降雨量 100~200 mm,没有灌溉,就没有农业。
发展灌溉,是提高灰钙土土地生产潜力的最有效的途径。近年来,宁夏扬黄灌溉的新灌区
多为灰钙土分布地区。

(2)防治沙化

针对灰钙土土壤质地较粗,易被风蚀沙化的特性,应重视营造农田防护林,林带可配
置在主干渠及干支斗渠两侧,防治土壤风蚀沙化。

（3）培肥地力

灰钙土有机质及养分含量低，土壤贫瘠，搞好土壤培肥，是灰钙土稳产高产的基本保证。增施有机肥、秸秆还田、种植绿肥，是培肥地力的主要措施。

（4）防治土壤次生盐渍化

针对盐化灰钙土的土壤盐化问题，积极采取排水治盐、节水灌溉、选种耐盐作物等措施，治理土壤盐化。咸性土土种土壤剖面内夹有积盐层；白脑锈土地下水位高，这2个土种在灌溉不当的条件下，极易发生土壤次生盐渍化；应加强灌溉管理，积极采取节水灌溉措施，防治土壤次生盐渍化。

（5）科学施肥

针对灰钙土土质偏沙，易漏水漏肥特性，加强因作物、因产量、因土质的科学施肥技术应用；同时在田间管理方面，应采取"多次少量"灌溉施肥措施，才能进一步挖掘灰钙土潜在生产力。

二、风沙土

风沙土分布于宁夏中部和北部地区，与灰钙土呈复区分布。气候干旱、植被稀疏，加以土壤质地和成土母质质地沙性，极易起沙，是形成宁夏风沙土的主要成因。风沙土面积较小，586998亩，占宁夏耕地总面积的3.0%。风沙土是宁夏中北部干旱带发展灌溉的主要土壤类型之一。

（一）风沙土土类主要特性

1. 诊断特征

风沙土没有明显的成土过程。表土具有30 cm或>30 cm的比较松散的沙土层，无结构或初具不稳定的块状结构。

2. 主要特性

耕种的风沙土剖面自上而下划分为耕作层、初育土层及母质层。耕作层受耕种施肥影响，土壤有机质及氮、磷、钾含量较土壤普查时明显提高，尤其有机质及有效磷含量，提高幅度达到了95%和183%（见表3-91）；土壤质地多为壤质沙土，部分灌溉耕种历史较长的风沙土，受灌溉淤积影响，耕作层土壤质地为沙壤土。初育土层略有发育，土壤质地以壤质沙土为主，呈不稳定块状结构，但有机质及养分含量低。母质层为风积沙土或被风积沙覆盖的原洪积冲积母质。

（二）风沙土主要亚类及土种特性

1. 风沙土分类

宁夏耕地风沙土属于风沙土土类、草原风沙土亚类、草原固定风沙土土属盐池定沙土土种。

表 3-91　风沙土土类土壤有机质及养分含量统计特征数

层段	时期	特征值	有机质 (g/kg)	全量 (g/kg)			速效 (mg/kg)			全盐 (g/kg)
				N	P	K	碱解氮	有效磷	速效钾	
耕作层	测土配方施肥 (2012年)	样本数(个)	995	998	2	2	989	973	1009	969
		平均值	7.29	0.49	0.31	16.47	38.02	14.15	107.4	0.37
		标准差	3.42	0.23	0.15	1.22	20.69	9.8	51.59	0.27
		变异系数(%)	46.95	46.36	48.86	7.43	54.41	69.23	48.01	73.97
		极大值	19.8	1.67	0.41	17.33	227.0	49.7	466.0	1.40
		极小值	3.0	0.07	0.20	15.6	3.10	2.0	50.0	0.06
	土壤普查 (1985年)	样本数(个)	62	5	5	3	61	59	2	2
		平均值	3.74	0.37	0.36	9.93	18.3	5.0	81.5	0.298
		标准差	2.04	0.32	0.27		8.64	4.7	64.5	0.173
		变异系数(%)	54.6	85.0	75.9		47.0	94.1	34.4	59.9

2. 草原风沙土亚类及土种特性

(1)草原风沙土亚类面积与分布

草原风沙土亚类总面积为 586998 亩,主要分布在吴忠市、银川市、中卫市和石嘴山市。其中,吴忠市面积最大,336044 亩,占风沙土类总面积的 57.2%;石嘴山市面积最小,17076 亩,仅占 2.9%。分布的 16 个县(区)中,盐池县面积最大,205489 亩,占风沙土类总面积的 35%;青铜峡市面积最小,仅 85 亩。

(2)草原风沙土亚类各土种特性

草原风沙土亚类盐池定沙土土种代表剖面采自中卫市沙坡头区沙坡头小胡林科研所西 300 m 处,地下水埋深 220 cm,苹果幼林地。其剖面形态如下:

0~15 cm,耕作层,浅棕色,壤质沙土,疏松,孔隙多,根系较多,干。

15~40 cm,初育土层,浅棕色,壤质沙土,不稳定块状结构,稍紧实,孔隙多,无根系,稍润。

40~66 cm,母质层,浅棕色,少砾质壤质沙土,不稳定块状结构,稍紧实,孔隙多,无根系,稍润。

66~100 cm,母质层,浅棕色,壤质沙土,不稳定块状结构,稍紧实,孔隙多,无根系,稍润。

100~150 cm,母质层,浅灰带白色,壤质沙土,块状结构,紧实,孔隙多,无根系,润,有大量灰白色钙斑。

该代表剖面耕作层 15 cm,初育土层 25 cm,其沙土层厚度 40 cm,>30 cm(见表 3-92);耕作层全盐含量为 0.18 g/kg(见表 3-93),<1.5 g/kg,具有盐池定沙土土种的典型特征。该剖面属于异源母质发育的土壤,剖面上部 0~40 cm 为风积母质发育而成的风沙土;剖面下部 40~150 cm 为原洪积冲积母质发育的淡灰钙土;40~66 cm 含有砾石,表现

出洪积冲积的特征,100~150 cm为钙积层;剖面下部土壤全盐含量、重碳酸根离子及pH均明显高于剖面上部;土壤有机质、碱解氮及速效钾含量(见表3-94)也表现出异源母质的特性。

表3-92 草原风沙土亚类盐池定沙土种代表剖面沙22土壤机械组成

层次(cm)	机械组成(%) 粒径(mm)					质地名称
	>2.0	2.0~0.2	0.2~0.02	0.02~0.002	<0.002	
0~15		33.6	62.5	1.1	2.8	壤质沙土
15~40	0.6	32.3	64.2	2.2	0.7	壤质沙土
40~66	1.9	37.6	55	2	3.5	少砾质壤质沙土
66~100		43.4	52.3	2.5	1.8	壤质沙土
100~150		19.2	65.9	8.8	6.1	壤质沙土

表3-93 草原风沙土亚类盐池定沙土土种代表剖面沙22土壤盐分组成

层次(cm)	pH	阴离子组成(cmol/kg)					阳离子组成(cmol/kg)			全盐(g/kg)
		CO_3^{2-}	HCO_3^-	Cl^-	SO_4^{2-}	总量	Ca^{2+}	Mg^{2+}	$Na^+ + K^+$	
0~15	8.4	0.00	0.15	0.14	0.07	0.36	0.13	0.20	0.04	0.18
15~40	8.3	0.00	0.20	0.10	0.00	0.31	0.20	0.10	0.01	0.18
40~66	8.0	0.00	0.25	0.14	3.18	0.57	0.15	0.40	0.02	0.38
66~100	8.9	0.03	0.30	0.14	0.00	0.43	0.20	0.20	0.05	0.24
100~150	9.3	0.10	0.45	0.29	0.35	13.18	0.20	0.23	0.76	0.76

表3-94 草原风沙土亚类盐池定沙土土种代表剖面沙22土壤有机质及养分含量

层段	层次(cm)	有机质(g/kg)	全量(g/kg)			速效(mg/kg)			阳离子交换量(cmol/kg)
			N	P	K	碱解氮	有效磷	速效钾	
耕作层	0~15	3.6	0.08	0.14	15.8	13.0	2.0	135.0	4.80
初育土层	15~40	1.1	0.06	0.14	15.8	4.0	1.0	97.0	4.80
母质层	40~66	2.1	0.07	0.14	15.1	10.0	2.0	156.0	
	66~100	1.2							
	100~150	2.0							

(三)风沙土的利用与改良

风沙土分布地区光照丰富,温度及热量较充足,土层较厚,土壤盐分含量低,地形较平坦,便于机械化耕作和发展灌溉,是发展灌溉的主要农用土壤类型。

1. 利用现状

风沙土分布区域气候干旱,土壤水分不足,以发展灌溉农业为主。主要种植玉米、向日葵等作物。风沙土存在着土壤风蚀沙化的现象。灌溉垦种的风沙土土地生产力较高,籽粒玉米亩产300~600 kg。

2. 改良利用途径

（1）防治沙化

针对风沙土土壤质地沙,易被风蚀沙化的特性。应重视营造农田防护林,林带可配置在主干渠及干支斗渠两侧,防治土壤风蚀沙化。

（2）培肥地力

风沙土土壤贫瘠,搞好土壤培肥,是风沙土稳产高产的基本保证。增施有机肥、秸秆还田、种植绿肥,是培肥地力的主要措施。

（3）科学施肥

针对风沙土土质偏沙,易漏水漏肥特性;加强因作物、因产量、因土质的科学施肥技术应用;同时在田间管理方面,应采取"多次少量"灌溉施肥措施,才能更进一步挖掘风沙土潜在生产力。

第五节　新积土和灰褐土主要特性

新积土广泛分布于全自治区各县(市、区),具有较好的水土资源优势,农业综合生产能力较强。灰褐土类集中分布在南部山区,是面积较小的耕地土壤类型。

一、新积土

新积土是在水力与重力迁移堆积或者人为扰动的物质上形成的;剖面中土层质地变化较大,没有明显的发育特征。主要分布在丘间低地、山前洪积扇及河流两侧。新积土面积较大,2423088亩,占宁夏耕地总面积的12.5%;宁夏五市均有分布。其中,吴忠市面积最大,1025688亩,占新积土类总面积的42.3%;石嘴山市面积最小,103611亩,仅占4.3%。分布的22个县(区)中,同心县面积最大,451974亩,占新积土类总面积的18.7%;灵武市面积最小,仅10012亩。

（一）新积土土类主要特性

1. 特征土层

新积土类的特征土层为初育土层。土壤剖面无明显发育,其成土母质特征已初步改变,如沉积层次基本消失,呈现一定的结构和较明显的孔隙,可见少量的新生体。剖面中无钙积层、锈土层、黑垆土层、灌淤土层等特征土层。

2. 主要特性

新积土土类土壤剖面自上而下分为耕作层、初育土层和母质层。耕作层厚15~20 cm,土壤质地为壤土或黏壤土,受耕种施肥影响,与土壤普查时相比较,有机质、全氮、碱解氮及有效磷含量均明显提高,有机质平均含量由7.69 g/kg提高到13.22 g/kg;有效磷平均含量由7.84 mg/kg提高到13.75 mg/kg。但全磷、全钾及速效钾含量均比土壤普查时有不同程度降低(见表3-95)。受成土母质影响,耕作层有机质及养分含量差异较大,如有机质含量高者达40.7g/kg,低者仅为3.0 g/kg。

表3-95 新积土土类土壤有机质及养分含量统计特征数

| 层段 | 时期 | 特征值 | 有机质(g/kg) | 全量(g/kg) | | | 速效(mg/kg) | | | 阳离子交换量(cmol/kg) | 全盐(g/kg) |
				N	P	K	碱解氮	有效磷	速效钾		
耕作层	测土配方施肥(2012年)	样本数(个)	7153	7134	10	10	7197	7123	7212		6389
		平均值	13.22	0.84	0.57	18.43	63.85	13.75	152.2		0.38
		标准差	7.48	0.44	0.19	1.72	40.95	9.87	72.22		0.47
		变异系数(%)	56.55	52.09	34.18	9.32	64.13	71.76	38.7		123.05
		极大值	40.7	2.97	0.98	22.80	292.7	56.9	544.0		8.90
		极小值	3.0	0.07	0.33	16.4	2.0	2.0	50.0		0.02
	土壤普查(1985年)	样本数(个)	230	122	114	66	230	228	101	60	227
		平均值	7.69	0.66	0.8	20.0	38.4	7.84	168.7	7.84	1.15
		标准差	5.43	0.41	0.5	4.6	26.2	6.96	98.15	3.38	1.29
		变异系数(%)	70.6	62.2	58.0	23.0	68.1	88.8	58.2	43.2	112.6
初育土层	土壤普查(1985年)	样本数(个)	76	34	27		18	16			219
		平均值	5.68	0.34	0.7		24.1	2.76			1.05
		标准差	3.33	0.18	0.3		11.2	1.63			1.30
		变异系数(%)	58.6	53.7	41.4		46.3	59.0			123.8
母质层	土壤普查(1985年)	样本数(个)	54	23	23		8	6			187
		平均值	4.79	0.27	0.62		20.0	3.50			1.09
		标准差	2.68	0.18	0.27		12.1	1.12			1.17
		变异系数(%)	55.9	64.4	43.9		60.5	32.0			107.9

初育土层土壤质地多为壤土或黏壤土,冲积洪积层次不明显,土壤略有发育,土壤结构为块状,土壤有机质及养分含量高于母质层。

母质层受其来源影响,有洪积和冲积的特点,如含有砾石或冲积层次明显,土壤质地变化较大,为沙土、壤土、黏壤土和黏土等;土壤有机质及养分含量低;受部分含盐量较高的母质影响,母质层土壤盐分含量差异较大,其变异系数高达108%。

(二)新积土主要亚类及土种特性

1. 新积土分类

新积土土类划分为2个亚类5个土属15个土种。2个亚类中,典型新积土面积较大,2369863亩,占新积土土类总面积的97.8%;冲积土亚类面积相对较小,仅占该土类的2.2%。

2. 典型新积土亚类及土种特性

典型新积土是在洪积冲积的坡麓堆积物上形成的土壤或经人为扰动的土壤。其地形多为丘间滩地、坡麓、山前洪积扇、盆地、涧地、沟台地、沟掌地等。典型新积土面积较大，2369860亩，占新积土土类总面积的97.8%；宁夏5个市均有分布，其中吴忠市面积最大，1019734亩，占典型新积土亚类总面积的43%；石嘴山市面积最小，102164亩，仅占4.3%；各县（区）中，同心县面积最大，450528亩，占典型新积土亚类总面积的19%；彭阳县面积最小，仅8414亩。

（1）典型新积土亚类主要特性

典型新积土地下水位深，土壤形成不受地下水影响；土壤成土母质主要为近代洪积冲积物，土壤剖面发育不明显，具有初育土层，无钙积层、锈土层等特征土层；自上而下划分为耕作层、初育土层和母质层。

耕作层厚约15 cm，土壤质地以壤土和黏壤土为主，较疏松；有机质及养分含量明显高于其他层段；与土壤普查时相比，耕作层有机质、全氮、碱解氮及有效磷含量均有明显提高，尤其是有机质及有效磷含量增加幅度达到97.9%和100.4%；但全磷、全钾及速效钾含量则有不同程度的降低。耕层全盐含量平均为0.38 g/kg，但变异系数高达122.8%，全盐含量高者达8.9 g/kg，反映出该亚类土壤盐渍化程度差异大（见表3-96）。

表3-96　典型新积土亚类土壤有机质及养分含量统计特征数

层段	时期	特征值	有机质（g/kg）	全量（g/kg）			速效（mg/kg）			阳离子交换量（cmol/kg）	全盐（g/kg）
				N	P	K	碱解氮	有效磷	速效钾		
耕作层	测土配方施肥（2012年）	样本数（个）	7180	6962	10	10	6998	7175	7013		6365
		平均值	13.26	0.84	0.57	18.43	64.13	14.23	152.1		0.38
		标准差	7.57	0.44	0.19	1.72	41.23	11.46	72.53		0.46
		变异系数（%）	57.1	52.29	34.16	9.32	64.28	80.54	45.34		122.8
		极大值	40.7	2.97	0.98	22.8	292.7	99.8	544.0		8.9
		极小值	3.0	0.07	0.33	16.4	2.0	1.0	50.0		0.02
	土壤普查（1985年）	样本数（个）	116	58	55	36	116	115	54	31	114
		平均值	6.7	0.5	0.8	21.2	32.0	7.1	178	7.7	0.5
		标准差	4.08	0.33	0.25	5.81	19.4	6.18	133	4.04	0.48
		变异系数（%）	67.5	72.6	42.2	27.3	60.7	86.8	75.1	52.1	93.6
初育土层	土壤普查（1985年）	样本数（个）	48	22	20		13	10			110
		平均值	4.8	0.3	0.69		23.0	2.2			0.5
		标准差	2.6	0.18	0.3		12.3	1.4			0.71
		变异系数（%）	53.8	62.0	43.8		54.0	63.8			137.9
母质层	土壤普查（1985年）	样本数（个）	34	16	16		8	6			104
		平均值	4.6	0.22	0.71		20.0	3.5			0.6
		标准差	2.84	0.18	0.27		12.1	1.12			0.69
		变异系数（%）	56.9	73.2	37.4		60.5	34.1			113.2

初育土层土壤质地多为壤土或黏壤土,部分初育土层有洪积冲积的砾石,有机质及养分含量略高于母质层,全盐平均含量为 0.5 g/kg,但变异系数高达 137.9%,说明初育土层全盐含量差异较大。

母质层洪积冲积特征明显,有砾石或质地变化较大,土壤全盐含量变异系数达 113.2%,说明部分成土母质含盐量较高。

(2)典型新积土亚类各土种特性

典型新积土亚类划分为石灰性山洪土和堆垫土 2 个土属;石灰性山洪土土属划分为 10 个土种;堆垫土土属划分为厚堆垫土 1 个土种。该亚类 11 个土种中,厚洪淤土面积最大,779920 亩,占该亚类总面积的 32.9%;夹黏阴黑土和厚堆垫土面积最小,均为 5744 亩,仅占该亚类总面积的 0.2%。该亚类 11 个土种中,厚洪淤土、厚阴黑土和厚堆垫土有效土层厚,且剖面土壤质地以壤质土为主,土体构型好;洪淤砾土土体构型差,土壤质地含砾石较多,且有效土层薄;盐化洪淤土和底盐洪淤土虽有效土层较厚,但地表盐渍化或剖面内夹有盐积层,存在着盐渍化的威胁。新积土各土种诊断特征、主要特性及改良利用见表 3–97。从新积土各土种耕层有机质及养分含量统计分析结果可看出(见表 3–98、表 3–99),夹黏阴黑土和厚阴黑土 2 个土种有机质及养分含量较高;山洪沙土土种有机质及养分含量较低;盐化洪淤土耕层盐分含量较高,平均为 2.54 g/kg;高者可达 8.9 g/kg,为重度盐渍化。

表 3–97 新积土土类各土种诊断特征及主要特性

土种名称	面积(亩)	诊断特征	主要特性	利用改良
合计	2423088			
山洪沙土	402343	成土母质为洪积冲积物和坡积物;分布地形为丘间低地或山麓洪积高阶地;地下水位深;全剖面土壤全盐量<1.5 g/kg;有效土层厚度>60 cm;全剖面土壤质地以沙土为主。	肥力瘠薄,漏水漏肥,土壤通透性好,适耕期长。	培肥地力,灌溉施肥管理以"少量多次"为主。
富平洪泥土	121333	成土母质为洪积冲积物;分布地形相对低平,丘间低地、沟掌地、盆地、涧地等;地下水位深;全剖面土壤全盐量<1.5 g/kg;有效土层厚度>60 cm;全剖面土壤质地以壤土或黏壤土为主,夹有厚度>10 cm的黏土层。	土壤肥力水平较低,持水保肥能力较强。	培肥地力;发展灌溉。
洪淤薄沙土	8423	成土母质为洪积冲积物和坡积物;分布地形为丘间低地或山麓洪积高阶地;地下水位深;全剖面土壤全盐量<1.5 g/kg;有效土层厚度>30 cm,<60 cm;全剖面土壤质地以沙土为主。	肥力瘠薄,漏水漏肥,有效土层薄,土壤通透性好,适耕期长。	培肥地力,灌溉施肥管理以"少量多次"为主。
洪淤砾土	85386	成土母质为洪积冲积物和坡积物;分布地形为丘间低地或山麓洪积高阶地;地下水位深;全剖面土壤全盐量<1.5 g/kg;有效土层厚度>10 cm,<30 cm;全剖面土壤质地以沙土为主,含砾石或夹有厚度>10 cm 的砾石层。	肥力瘠薄,漏水漏肥,有效土层薄,土壤通透性好,适耕期长。	培肥地力,灌溉施肥管理以"少量多次"为主。

续表

土种名称	面积（亩）	诊断特征	主要特性	利用改良
厚洪淤土	779919	成土母质为洪积冲积物和坡积物；分布地形为丘间低地或山麓洪积高阶地；地下水位深；全剖面土壤全盐量<1.5 g/kg；有效土层厚度>60 cm；全剖面土壤质地以壤土或黏壤土为主。	土壤肥力水平较低，持水保肥能力较强。	培肥地力；发展灌溉。
厚阴黑土	219666	成土母质为六盘山洪积冲积物和坡积物；分布在六盘山区的盆地和洞地；地下水位深；全剖面土壤全盐量<1.5 g/kg；耕作层有机质含量高；有效土层厚度>60 cm；全剖面土壤质地以壤土或黏壤土为主。	土壤有机质含量高，持水保肥能力较强，土温低，宜耕性较差。	培肥地力，加强耕作，提高地温，促进磷素养分活化。
洪淤土	448225	成土母质为洪积冲积物和坡积物；分布地形为丘间低地或山麓洪积高阶地；地下水位深；全剖面土壤全盐量<1.5 g/kg；全剖面土壤质地以壤土或黏壤土为主，夹有厚度>10 cm的沙土层。	土壤肥力水平较低。	培肥地力；发展灌溉。
夹黏阴黑土	5744	成土母质为六盘山洪积冲积物和坡积物；分布在六盘山区的盆地、洞地、滩地；地下水位深；全剖面土壤全盐量<1.5 g/kg；耕作层有机质含量高；全剖面土壤质地以壤土或黏壤土为主，夹有厚度>10 cm的黏土层。	土壤有机质含量高，持水保肥能力较强，土温低，宜耕性较差。	培肥地力，加强耕作，提高地温，促进磷素养分活化。
盐化洪淤土	255179	成土母质为洪积冲积物和坡积物；分布地形为丘间低地或山麓洪积高阶地；地下水位深；耕作层全盐量>1.5 g/kg，<10 g/kg；全剖面土壤质地多为壤土或黏壤土。	土壤肥力水平较低，土壤盐化。	防治土壤盐化，培肥地力，发展灌溉。
底盐洪淤土	37901	成土母质为洪积冲积物和坡积物；分布地形为丘间低地或山麓洪积高阶地；地下水位深；耕作层全盐量<1.5 g/kg，剖面中部或下部土壤全盐含量>3.0 g/kg，<10 g/kg；全剖面土壤质地多为壤土或黏壤土。	土壤肥力水平较低，土壤潜在盐渍化威胁大。	培肥地力，防治土壤次生盐化；发展灌溉。
厚堆垫土	5744	人为搬运覆盖厚度>60 cm土层的土壤或在平整起伏地时对原土体构造经过扰动的土壤；地下水位深；全剖面土壤全盐量<1.5 g/kg；土层厚度>60 cm；全剖面土壤质地多为壤土或黏壤土。	土壤肥力水平较低，持水保肥能力较强。	培肥地力；发展灌溉。
表泥淤沙土	15039	成土母质为河流冲积物；分布地形为河道两侧滩地；全剖面土壤全盐量<1.5 g/kg；全剖面土壤质地以沙土为主；母质层冲积层次明显。	肥力瘠薄，漏水漏肥，土壤通透性好，适耕期长。	培肥地力，灌溉施肥管理以"少量多次"为主。
淀淤黄土	18558	成土母质为河流冲积物；分布地形为河道两侧滩地；全剖面土壤全盐量<1.5 g/kg；全剖面土壤质地为壤土或黏壤土；母质层冲积层次明显。	肥力水平低，持水保肥能力较强。	培肥地力，熟化土壤。

续表

土种名称	面积(亩)	诊断特征	主要特性	利用改良
盐化冲积壤土	19293	成土母质为河流冲积物;分布地形为河道两侧滩地;耕作层全盐量>1.5 g/kg,<10 g/kg;全剖面土壤质地为壤土或黏壤土;母质层冲积层次明显。	土壤盐化,肥力瘠薄,土壤通透性好,适耕期较长。	防治土壤盐化,培肥地力。
淤滩土	335	成土母质为河流冲积物;分布地形为河道两侧滩地;全剖面土壤全盐量<1.5 g/kg;全剖面土壤质地以黏土为主;母质层冲积层次明显。	肥力水平低,持水保肥能力强,适耕性差,通透性差。	培肥地力,熟化土壤,防治土壤次生盐渍化。

表 3-98 新积土类各土种耕层(0~20 cm)土壤有机质及养分含量

土种名称	特征值	有机质(g/kg)	全量养分(g/kg)			速效养分(mg/kg)			全盐(g/kg)	pH
			N	P	K	碱解氮	有效磷	速效钾		
山洪沙土	样本数(个)	872	875	3	3	882	840	882	847	880
	平均值	7.72	0.55	0.53	17.72	38.05	14.49	126.47	0.31	8.7
	标准差	3.58	0.24	0.13	0.41	19.47	11.41	64.54	0.25	0.24
	变异系数(%)	46.33	43.54	23.72	2.34	51.16	78.76	51.03	81.11	2.81
	极大值	19.9	1.72	0.67	18.2	235.2	50.0	505	1.4	9.04
	极小值	3.0	0.07	0.42	17.46	2.0	2.0	50	0.02	7.7
富平洪泥土	样本数(个)	492	492			492	488	492	467	491
	平均值	8.42	0.63			41.94	19.76	185.38	0.32	8.66
	标准差	2.8	0.19			15.19	10.94	70.1	0.21	0.21
	变异系数(%)	33.25	30.62			36.23	55.34	37.81	64.53	2.4
	极大值	24.4	1.69			167.8	49.9	492	1.4	9.0
	极小值	3.0	0.24			8.4	2.1	68	0.1	7.7
洪淤薄沙土	样本数(个)	23	22	1	1	24	24	24	23	24
	平均值	11.57	0.7	0.5	17.6	49.63	14.58	129.52	0.35	8.55
	标准差	4.2	0.26			19.54	8.74	42.76	0.21	0.28
	变异系数(%)	36.28	37.93			39.38	59.96	33.02	60.05	3.25
	极大值	19.5	1.3			101.5	37.5	226	1.0	9.0
	极小值	3.8	0.3			16.6	3.4	67	0.1	7.9
洪淤砾土	样本数(个)	88	105			105	102	105	92	105
	平均值	11.64	0.92			52.46	17.94	144.4	0.47	8.34
	标准差	4.12	0.38			49.31	10.36	73.33	0.31	0.26
	变异系数(%)	35.39	41.33			93.98	57.73	50.78	65.49	3.15
	极大值	18.3	1.99			284.9	48.1	480	1.4	9.0
	极小值	3.5	0.27			3.5	4.2	59	0.15	7.8

续表

土种名称	特征值	有机质（g/kg）	全量养分（g/kg）			速效养分（mg/kg）			全盐（g/kg）	pH
			N	P	K	碱解氮	有效磷	速效钾		
洪淤土	样本数（个）	835	831			843	833	842	831	842
	平均值	8.29	0.58			39.29	16.6	163.41	0.28	8.7
	标准差	3.53	0.22			17.86	11.13	73.85	0.16	0.22
	变异系数（%）	42.55	38.0			45.47	67.05	45.19	58.87	2.53
	极大值	19.8	2.25			173.8	50.0	492	1.4	9.04
	极小值	3.0	0.12			8.3	2.0	50	0.1	7.8
厚洪淤土	样本数（个）	1277	1270	2	2	1276	1265	1277	1212	1275
	平均值	9.11	0.65	0.46	17.15	43.68	12.4	171.57	0.34	8.7
	标准差	4.57	0.27	0.18	1.06	27.37	8.61	70.48	0.23	0.24
	变异系数（%）	50.14	41.51	40.09	6.17	62.65	69.42	41.08	67.94	2.8
	极大值	38.7	2.19	0.59	17.9	269.5	49.3	527	1.4	9.04
	极小值	3.0	0.21	0.33	16.4	7.0	2.0	52	0.1	7.7
厚阴黑土	样本数（个）	2454	2454	2	2	2454	2446	2454	2450	2453
	平均值	20.81	1.21	0.8	20.9	101.67	10.28	148.74	0.32	7.98
	标准差	6.05	0.43	0.26	2.69	38.8	6.66	73.42	0.21	0.35
	变异系数（%）	29.08	35.28	32.91	12.86	38.16	64.82	49.36	67.05	4.33
	极大值	40.7	2.62	0.98	22.8	292.7	49.2	544	1.4	9.0
	极小值	3.4	0.1	0.61	19.0	11.5	2.0	50	0.1	7
夹黏阴黑土	样本数（个）	91	91			91	91	91	91	91
	平均值	21.8	1.36			104.4	8.17	161.74	0.38	8.2
	标准差	5.22	0.36			23.83	4.33	65.44	0.27	0.26
	变异系数（%）	23.92	26.78			22.82	52.98	40.46	69.22	3.18
	极大值	36.2	2.03			169.4	40.8	388	1.1	8.9
	极小值	5.0	0.31			46.2	2.4	60	0.1	7.4
盐化洪淤土	样本数（个）	800	782	1	1	790	795	805	173	829
	平均值	10.26	0.66	0.73	18.8	47.54	18.57	127.08	2.54	8.52
	标准差	4.33	0.29			23.4	11.29	63.41	1.21	0.28
	变异系数（%）	42.25	43.3			49.23	60.83	49.9	47.61	3.34
	极大值	20.0	2.97			159	49.8	407	8.9	9.04
	极小值	3.07	0.1			2.2	2.1	50	1.5	7.46
底盐洪淤土	样本数（个）	13	12			13	13	13	12	12
	平均值	7.25	0.49			37.8	10.47	113.42	0.32	8.68
	标准差	2.95	0.14			14.92	5.34	38.45	0.36	0.37

续表

土种名称	特征值	有机质(g/kg)	全量养分(g/kg)			速效养分(mg/kg)			全盐(g/kg)	pH
			N	P	K	碱解氮	有效磷	速效钾		
底盐洪淤土	变异系数(%)	40.63	27.59			39.47	51.05	33.9	110.33	4.22
	极大值	13.3	0.65			68.8	26.2	173	1.4	9.03
	极小值	3.12	0.24			15.0	3.88	51	0.1	7.8
厚堆垫土	样本数(个)	28	28			28	28	28	28	28
	平均值	10.66	0.69			71.24	9.19	192.75	0.47	8.62
	标准差	3.11	0.26			34.19	4.46	55.39	0.31	0.17
	变异系数(%)	29.21	37.18			48.0	48.47	28.74	66.54	1.98
	极大值	16.2	1.34			215.8	24.3	360	1.4	8.9
	极小值	5.5	0.32			30.6	2.4	103	0.2	8.28
表泥淤沙土	样本数(个)	45	42			49	48	49	48	49
	平均值	11.56	0.73			45.23	18.13	127.51	0.39	8.41
	标准差	3.31	0.3			15.8	9.64	46.17	0.19	0.24
	变异系数(%)	28.6	41.49			34.94	53.14	36.21	48.17	2.91
	极大值	19.4	1.52			123	44.1	290	0.9	8.9
	极小值	6.1	0.23			24.0	3.1	68	0.1	7.9
淀淤黄土	样本数(个)	85	65			85	85	85	85	85
	平均值	11.2	0.61			41.14	15.78	157.35	0.33	8.59
	标准差	2.44	0.15			13.92	7.64	43.31	0.1	0.19
	变异系数(%)	21.81	24.15			33.85	48.42	27.52	31.43	2.17
	极大值	17.1	0.9			72.4	40.0	412	0.8	9.0
	极小值	6.5	0.25			12.0	3.1	80	0.2	8.2
盐化冲积壤土	样本数(个)	36	41			41	41	41	6	41
	平均值	12.85	0.88			62.83	24.4	150.51	2.33	8.42
	标准差	4.97	0.37			24.15	13.77	54.62	0.76	0.29
	变异系数(%)	38.69	42.52			38.44	56.45	36.29	32.49	3.47
	极大值	19.6	1.7			124	56.9	328	3.4	9.0
	极小值	4.1	0.23			25.5	3.8	84	1.5	7.9
淤滩土	样本数(个)	14	24			24	24	24	24	24
	平均值	17.63	1.15			102.03	7.95	214.29	0.31	8.08
	标准差	1.66	0.2			34.45	3.64	96.64	0.18	0.18
	变异系数(%)	9.41	17			33.77	45.79	45.1	58.11	2.19
	极大值	19.9	1.82			184.8	21.1	481	0.9	8.4
	极小值	14.4	0.89			46.2	3.5	119	0.1	7.7

表 3-99　新积土类各土种耕层(0~20 cm)土壤微量元素含量

土种名称	特征值	有效锌（mg/kg）	有效铜（mg/kg）	有效铁（mg/kg）	有效锰（mg/kg）	水溶性硼（mg/kg）
山洪沙土	样本数(个)	14	15	15	15	15
	平均值	0.49	0.73	5.3	4.98	0.72
	标准差	0.45	0.51	2.83	2.06	0.39
	变异系数(%)	91.02	70.81	53.41	41.36	54.84
	极大值	1.58	1.8	11.5	8.3	1.62
	极小值	0.1	0.11	1.75	2.5	0.27
富平洪泥土	样本数(个)	2	2	2	2	2
	平均值	0.71	0.89	6.53	7.49	0.59
	标准差	0.21	0.23	1.45	1.68	0.31
	变异系数(%)	29.88	26.37	22.22	22.47	52.73
	极大值	0.86	1.05	7.55	8.68	0.81
	极小值	0.56	0.72	5.5	6.3	0.37
洪淤薄沙土	样本数(个)	2	2	2	2	2
	平均值	0.42	1.03	6.2	6.55	0.58
	标准差	0.33	0.21	3.96	2.9	0.3
	变异系数(%)	80.08	20.6	63.87	44.26	51.2
	极大值	0.65	1.18	9.0	8.6	0.79
	极小值	0.18	0.88	3.4	4.5	0.37
洪淤土	样本数(个)	2	2	2	2	2
	平均值	0.71	0.72	4.26	5.28	0.6
	标准差	0.42	0.02	0.06	0.17	0.14
	变异系数(%)	59.76	3.35	1.39	3.3	22.7
	极大值	1.01	0.73	4.3	5.4	0.69
	极小值	0.41	0.7	4.22	5.15	0.5
厚洪淤土	样本数(个)	5	5	5	5	4
	平均值	0.68	0.87	6.92	5.76	0.61
	标准差	0.75	0.48	5.02	3.08	0.34
	变异系数(%)	110.69	54.81	72.65	53.54	54.67
	极大值	1.7	1.57	14.5	10.1	0.94
	极小值	0.03	0.27	2.53	2.77	0.24
厚阴黑土	样本数(个)	3	3	3	3	3
	平均值	0.41	1.02	9.53	8.24	0.57
	标准差	0.16	0.08	3.01	0.89	0.33

续表

土种名称	特征值	有效锌（mg/kg）	有效铜（mg/kg）	有效铁（mg/kg）	有效锰（mg/kg）	水溶性硼（mg/kg）
厚阴黑土	变异系数(%)	39.41	8.02	31.63	10.82	58.3
	极大值	0.6	1.09	12.9	9.0	0.95
	极小值	0.3	0.93	7.1	7.26	0.35
盐化洪淤土	样本数(个)	3	3	3	3	3
	平均值	0.69	1.41	10.16	6.12	1.65
	标准差	0.49	0.85	9.93	2.58	0.66
	变异系数(%)	70.66	60.48	97.77	42.12	39.75
	极大值	1.08	2.37	21.3	9.0	2.28
	极小值	0.14	0.73	2.23	4.01	0.97

典型新积土亚类厚洪淤土土种代表剖面高 22 号位于原州区高台乡张套村，其剖面形态如下：

0~20 cm，耕作层，浅灰棕色，壤土，块状，疏松，孔隙多，根系多，润。

20~42 cm，初育土层，浅灰棕色，壤土，块状，稍紧实，孔隙少，根系少，润，有粪渣。

42~63 cm，初育土层，浅灰棕色，壤土，块状，稍紧实，孔隙少，根系少，润。

63~83 cm，母质层，灰棕色，壤土，块状，稍紧实，孔隙少，根系极少，润。

83~115 cm，母质层，灰棕色，黏壤土，块状，稍紧实，孔隙少，无根系，润。

115~150 cm，母质层，灰棕色，壤土，块状，稍紧实，孔隙极少，无根系，润。

该代表剖面耕作层厚 20 cm；有效土层厚度为 150 cm，>60 cm；全剖面土壤全盐量为 0.51~0.60 g/kg，<1.5 g/kg；土壤碳酸钙含量为 132~149 g/kg，未形成钙积层（见表 3-100）；全剖面土壤质地为壤土或黏壤土（见表 3-101），具有典型新积土亚类石灰性山洪土土属厚洪淤土土种典型特征。耕作层及初育土层有机质含量差异小，为 9.4~9.8 g/kg。

表 3-100　典型新积土亚类厚洪淤土土种代表剖面高 22 号土壤有机质及养分含量

层段	层次（cm）	有机质（g/kg）	全量(g/kg)			速效(mg/kg)			阳离子交换量(cmol/kg)	CaCO₃(g/kg)	全盐(g/kg)	pH
			N	P	K	碱解氮	有效磷	速效钾				
耕作层	0~20	9.4	0.75	0.64	16.6	95.8	4.8	253.0	8.1	134.0	0.59	8.5
初育土层	20~42	9.67	0.71	0.69	17.2			180.0	8.42	133.0	0.54	8.5
	42~63	9.83	0.67						7.44	135.0	0.54	8.4
母质层	63~86	5.81							6.74	136.0	0.51	8.5
	86~115	15.04							9.87	149.0	0.60	8.4
	115~150	10.06							8.81	132.0	0.53	8.5

3. 冲积土亚类及土种特性

冲积土由河流冲积而成，多沿河道分布。冲积土成土母质因河水携带物质的不同和

表 3-101　典型新积土亚类厚洪淤土土种代表剖面高 22 号土壤机械组成

层次 (cm)	机械组成(%)　粒径(mm)				质地名称
	2.0~0.2	0.2~0.02	0.02~0.002	<0.002	
0~20	3.1	50.5	34.5	11.9	壤土
20~42	1.9	46.4	38.0	13.7	壤土
42~63	1.6	46.3	38.9	13.2	壤土
63~86	2.2	48.8	36.4	12.6	壤土
86~115	1.2	42.0	39.2	17.6	黏壤土
115~150	2.0	46.5	39.0	12.5	壤土

水流速度的变化,土壤剖面中各层次土壤颜色和质地变化较大。冲积土面积较小,53225亩,占新积土土类总面积 2.2%;宁夏 5 个市均有分布,其中,中卫市面积最大,33026 亩,占冲积土亚类总面积的 62.1%;石嘴山市面积最小,1447 亩,仅占 2.7%。分布的 15 个县(区)中,中宁县面积最大,14044 亩,占冲积土亚类总面积的 26.4%;灵武市面积最小,仅221 亩。

(1)冲积土亚类主要特性

冲积土多为新近河流冲积物形成,虽地下水位较高,但尚未形成锈土层,随着耕种历史的推移,冲积土将逐渐演变为潮土。冲积土土壤剖面具有初育土层,但发育不明显,受河流冲积物母质影响,剖面土壤质地及颜色变化较大,剖面内夹有磨圆度较高的小砾石。

冲积土剖面自上而下耕作层、初育土层和母质层。耕作层厚 15~20 cm,土壤质地以沙壤土和壤土居多;受耕种施肥影响,土壤有机质及养分含量明显高于其他层段,且与土壤普查时相比,有机质及有效磷含量增加明显;全盐含量较土壤普查时明显下降(见表 3-102),但变异系数>100%,说明其耕作层盐化程度差异较大。

初育土层土壤质地以沙壤土和壤土为主,有机质及养分含量略高于母质层,全盐含量较高,平均为 1.6 g/kg,且变异系数高达 120%,说明初育土层全盐含量差异较大。

母质层冲积特征明显,土层中夹有磨圆度较高的河卵石,土壤颜色和质地变化也较大,全盐含量变化也较大,变异系数高达 106%。

(2)冲积土亚类各土种特性

冲积土亚类依据其土壤机械组成划分为石灰性冲积沙土、石灰性冲积壤土和石灰性冲积黏土 3 个土属 4 个土种,其中,石灰性冲积壤土依据盐渍化程度又分为淀淤黄土和盐化冲积壤土 2 个土种;石灰性冲积沙土土属划分为表泥淤沙土 1 个土种;石灰性冲积黏土土属划分为淤滩土 1 个土种。冲积土亚类 4 个土种中,盐化冲积壤土土种面积最大,19293 亩,占冲积土亚类总面积的 36.2%;淤滩土土种面积最小,仅 335 亩。

冲积土亚类淀淤黄土土种代表剖面土 67 号采自平罗县渠口乡陶乐渡口西岸,河滩地,其剖面形态如下:

表 3-102　冲积土亚类有机质及养分含量统计特征数

层段	时期	特征值	有机质（g/kg）	全量（g/kg）			速效（mg/kg）			阳离子交换量（cmol/kg）	全盐（g/kg）
				N	P	K	碱解氮	有效磷	速效钾		
耕作层	测土配方施肥（2012 年）	样本数（个）	202	172			199	202	202		163
		平均值	13.08	0.78			53.96	17.2	155.7		0.42
		标准差	4.82	0.32			28.01	10.52	60.25		0.46
		变异系数(%)	36.87	40.9			51.9	61.3	38.7		102.2
		极大值	30.3	1.82			184.8	56.9	481		3.4
		极小值	3.6	0.23			12.0	1.8	68		0.1
	土壤普查（1985 年）	样本数（个）	114	64	59	30	114	113	47	29	113
		平均值	8.7	0.8	0.8	19.5	45	8.6	158	7.98	1.8
		标准差	6.8	0.48	0.66	3.2	33.1	7.76	58.1	2.68	2.11
		变异系数(%)	78.2	83.0	85.3	16.4	74.2	90.1	37.3	33.6	117.5
初育土层	土壤普查（1985 年）	样本数（个）	28	12	7		5	6			109
		平均值	7.2	0.4	0.7		27.0	3.7			1.6
		标准差	4.59	0.18	0.25		8.22	2.01			1.89
		变异系数(%)	83.8	48.1	39.0		30.1	54.3			120.3
母质层	土壤普查（1985 年）	样本数（个）	20	7	7						83
		平均值	5.1	0.4	0.4						1.7
		标准差	2.4	0.17	0.27						1.78
		变异系数(%)	47.5	41.7	66.4						105.8

0~16 cm，耕作层，浅棕色，黏壤土，块状，稍紧实，根系多，孔隙较多，润。

16~34 cm，初育土层，浅棕色，壤土，块状，稍紧实，根系较多，孔隙少，润。

34~50 cm，母质层，浅棕色，沙壤土，块状，稍紧实，孔隙少，根系较少，润。

50~95 cm，母质层，浅棕色，壤质沙土，稍紧实，孔隙少，根系少，湿。

95 cm 以下出现地下水。

该代表剖面耕作层厚 16 cm；全剖面全盐含量为 0.17~1.2 g/kg，<1.5 g/kg（见表 3-103）；土壤质地为壤土或黏壤土（见表 3-104）；具有冲积土亚类石灰性冲积壤土土属淀淤

表 3-103　冲积土亚类淀淤黄土土种代表剖面土 67 号土壤有机质及养分含量

层段	层次（cm）	有机质（g/kg）	速效（mg/kg）		全盐（g/kg）	pH
			碱解氮	有效磷		
耕作层	0~16	7.8	22.4	3.8	1.2	8.5
初育土层	16~34	11.8	37.1	3.3	0.35	8.3
母质层	34~50	4.9	15.7	2.0	0.25	8.4
母质层	50~95	2.1			0.17	8.9

表 3-104　冲积土亚类淀淤黄土土种代表剖面土 67 号土壤机械组成

层次 （cm）	机械组成（%）　粒径（mm）				质地名称
	2.0~0.2	0.2~0.02	0.02~0.002	<0.002	
0~16	0.2	53.0	33.3	13.5	壤土
16~34	0.4	46.7	37.4	15.5	黏壤土
34~50	0.4	81.9	10.4	7.3	沙壤土
50~95	20.3	74.6	1.4	3.7	壤质沙土

黄土土种的典型特征,耕作层和初育土层受耕种施肥的影响,有机质及养分含量均明显高于母质层。

（三）新积土的利用与改良

新积土分布地区光照丰富,温度及热量较充足,土层较厚,地形较平坦,便于发展机械化耕作与灌溉,是发展灌溉的主要农用土壤类型。

1. 利用现状

新积土分布区域较广,多集中在宁夏中北部,存在着土壤水分不足的问题,主要以发展灌溉农业为主,种植玉米等作物。土地生产力较高,籽粒玉米平均亩产 500~1000 kg。

2. 改良利用途径

（1）培肥地力

新积土土壤肥力水平较低,应积极推广增施有机肥、秸秆还田,种植绿肥等措施,培肥熟化土壤,改善土壤理化性状。

（2）防治盐化

部分新积土存在着不同程度的土壤盐化问题,如盐化洪淤土、盐化冲积壤土土种地表已发生次生盐渍化现象;部分新积土地表无盐化,但剖面中下部全盐含量较高,次生盐渍化威胁较大,如底盐洪淤土及地下水位相对较高的冲积土亚类,均存在着次生盐渍化威胁;尤其是扬黄新灌区部分底盐新积土在开发灌溉初期,无盐化;随着灌溉年限的递延,土壤次生盐渍化越来越严重,部分扬黄灌区耕地因土壤次生盐化重而弃耕。因此,要高度重视新积土土类的土壤盐化防治,针对土壤盐化的成因采取相应的防治措施,充分发挥新积土潜在生产潜力。

（3）防治沙化

新积土分布地区多插花分布着风沙土,易遭风蚀沙化危害;应重视营造农田防护林,林带可配置在主干渠及干支斗渠两侧,防治土壤风蚀沙化。

（4）科学施肥

针对新积土养分含量差异较大的特性,加强因作物、因产量、因土质的科学施肥技术应用,才能更进一步挖掘新积土潜在生产力。

二、灰褐土

宁夏耕地灰褐土为灰褐土土类中的暗灰褐土亚类泥质暗灰褐土土属。暗灰褐土主要分布在六盘山、南华山、西华山、云雾山等山地。暗灰褐土成土母质多为砂质页岩和页岩风化物的残积物和坡积物。暗灰褐土在开垦为耕地前，植株生长茂密，根系发达，土壤有机质积累多，土体颜色较暗。暗灰褐土面积较小，367299 亩，占宁夏耕地总面积1.9%；集中分布于固原市和中卫市；固原市面积较大，329085 亩，占暗灰褐土亚类总面积的89.6%；分布的 6 个县（区）中，西吉县面积最大，122540 亩，占暗灰褐土土类总面积的33.4%；彭阳县面积最小，21373 亩，仅占2.8%。

（一）暗灰褐土亚类主要特性

1. 特征土层

暗灰褐土亚类的特征土层为淀积层。淀积层土壤质地多为黏壤土，土壤结构面上有石灰质假菌丝体和暗色胶膜等新生体。

2. 主要特性

暗灰褐土亚类土壤剖面自上而下分为耕作层、淀积层和母质层。

耕作层厚 20 cm 左右，土体颜色多呈灰棕色，土壤质地多为黏壤土或壤土，有机质含量高，平均 18.42 g/kg，其速效氮、磷及钾含量较高，均比土壤普查时有不同程度的提高（见表 3-105）。

表 3-105　暗灰褐土亚类土壤有机质及养分含量统计特征数

层段	时期	特征值	有机质（g/kg）	全量(g/kg)			速效(mg/kg)			阳离子交换量（cmol/kg）	CaCO₃（g/kg）	全盐（g/kg）
				N	P	K	碱解氮	有效磷	速效钾			
耕作层	测土配方施肥（2012 年）	样本数（个）	1237	1237			1237	1235	1237			1235
		平均值	18.42	1.15			88.34	12.87	174.7			0.30
		标准差	6.43	0.41			37.36	9.05	90.96			0.20
		变异系数(%)	34.91	35.86			42.29	70.34	52.05			66.45
		极大值	39.3	2.74			277.2	48.4	571.0			1.40
		极小值	4.5	0.10			22.6	2.0	51.0			0.10
	土壤普查（1985 年）	样本数（个）	556	84	76	11	554	554	82	18	31	527
		平均值	13.1	1.15	0.88	19.3	67.9	4.9	127	12.16	87.3	0.39
		标准差	3.9	0.93	0.51	2.4	32.5	4.8	61.8	5.01	47.4	0.13
		变异系数(%)	29.7	80.9	57.9	12.4	47.8	97.9	7.8	41.2	54.3	33.3
淀积层	土壤普查（1985 年）	样本数（个）	108	37	31	15	31	25	33	23	44	397
		平均值	22.1	1.7	1.1	20.8	111.0	3.1	92.0	18.9	104.3	0.4
		标准差	17.8	13.8	0.56	1.84	109.6	3.5	55.5	10.5	112.7	0.45
		变异系数(%)	79.2	81.2	50.9	8.8	98.7	110	60.4	55.6	108.1	113

淀积层土壤质地以黏壤土为主,土壤结构面上有明显胶膜和较多白色假菌丝体,碳酸钙含量较高,平均 104.3 g/kg,较耕作层碳酸钙平均含量 87.3 g/kg,增加了 17 g/kg,呈较明显的淀积现象,但尚未形成钙积层。土壤有机质、全氮及阳离子代换量均明显高于耕作层。

母质层多为砂质页岩和页岩风化物的残积物和坡积物,砾石含量较多。

(二)暗灰褐土亚类各土种特性

暗灰褐土亚类划分为泥质暗灰褐土土属,泥质暗灰褐土土属依据其有效土层厚度及土体颜色划分为灰暗麻土(原侵蚀暗灰褐土)、厚暗麻土和薄暗麻土 3 个土种。3 个土种中,厚暗麻土面积最大,182767 亩,占暗灰褐土土类总面积的 49.8%;薄暗麻土面积最小,56547 亩,仅占 15.4%。暗灰褐土 3 个土种中,厚暗麻土土体构型较好,有效土层较厚;薄暗麻土土体构型较差,剖面内含有砾石,且有效土层薄;暗灰褐土亚类各土种诊断特征、主要特性及利用改良见表 3-106。由暗灰褐土各土种耕层有机质及养分含量统计分析结果可看出(见表 3-107),薄暗麻土有机质及全氮含量最高;其次为灰暗麻土;厚暗麻土有机质及全氮含量较低。厚暗麻土土种有效性锌为 0.74 mg/kg,有效铜为 0.87mg/kg,有效铁为 13.2 mg/kg,有效锰为 10.4 mg/kg,水溶性硼为 0.74 mg/kg。

表 3-106　暗灰褐土亚类各土种诊断特征及主要特性

土种名称	面积(亩)	诊断特征	主要特性	利用改良	备注
合计	367299				
灰暗麻土	127985	成土母质为砂质泥岩、页岩风化残积物和坡积物;分布在海拔 1700 m 以上山地阳坡;地下水位深;全剖面土壤全盐量< 1.5 g/kg;具有淀积层诊断土层。	土壤速效养分含量低,耕作困难。	培肥地力,蓄水保墒。	原侵蚀暗灰褐土
厚暗麻土	182767	成土母质为砂质泥岩、页岩风化残积物和坡积物;分布在海拔 1700 m 以上山地阳坡;地下水位深;全剖面土壤全盐量< 1.5 g/kg;耕作层有机质含量高;土体颜色灰暗;具有淀积层诊断土层,有效土层厚度>60 cm。	土壤速效养分含量低,耕作困难。	培肥地力,蓄水保墒。	原暗灰褐土
薄暗麻土	56547	成土母质为砂质泥岩、页岩风化残积物和坡积物;分布在海拔 1700 m 以上山地阳坡;地下水位深;全剖面土壤全盐量< 1.5 g/kg;耕作层有机质含量高;土体颜色灰暗;具有淀积层诊断土层,有效土层厚度>30 cm 且<60 cm。	土壤速效养分含量低,耕作困难。	培肥地力,蓄水保墒。	原暗灰褐土

暗灰褐土亚类灰暗麻土土种代表剖面种 619 采自隆德县陈靳乡土石丘陵阳坡中下部,坡度 5°,其剖面形态如下:

0~19 cm,耕作层,灰棕色,少砾质沙质黏壤土,块状,稍紧实,孔隙和根系多,润。

19~40 cm,过渡层,灰棕色,黏壤土,块状,紧实,孔隙多,根系较多,润。

40~90 cm,淀积层,灰棕色,少砾质黏壤土,块状,孔隙多,根系少,润,土壤结构面上

表 3-107　暗灰褐土类各土种耕层(0~20 cm)土壤有机质及养分含量

土种名称	特征值	有机质 (g/kg)	全 N (g/kg)	速效养分(mg/kg)			全盐 (g/kg)	pH
				碱解氮	有效磷	速效钾		
灰暗麻土	样本数(个)	571	571	571	570	571	569	571
	平均值	18.93	1.17	95.41	12.69	176.41	0.31	8.19
	标准差	6.61	0.43	40.2	8.85	88.96	0.21	0.34
	变异系数(%)	34.9	36.52	42.13	69.76	50.43	66.17	4.17
	极大值	39.3	2.62	269.5	47.8	571	1.4	9.0
	极小值	4.7	0.1	22.6	2.7	54	0.1	7.1
厚暗麻土	样本数(个)	373	373	373	373	373	373	373
	平均值	16.76	1.07	79.34	14.45	182.47	0.26	8.33
	标准差	6.18	0.41	34.34	9.78	88.41	0.14	0.3
	变异系数(%)	36.9	38.83	43.28	67.65	48.45	51.33	3.63
	极大值	39.1	2.74	213.2	46.5	528	1.18	9.0
	极小值	4.5	0.27	22.6	2.5	53	0.1	7.2
薄暗麻土	样本数(个)	293	293	293	292	293	293	293
	平均值	19.54	1.2	86.05	11.2	161.65	0.32	8.14
	标准差	5.98	0.36	32.36	8.12	96.75	0.24	0.33
	变异系数(%)	30.61	29.69	37.6	72.55	59.85	75.38	4.06
	极大值	33.7	2.03	277.2	48.4	570	1.1	8.9
	极小值	5.2	0.25	29.1	2.0	51	0.1	7.0

有较多的石灰质白色粉状物。

90~109 cm,淀积层,浅棕色,黏壤土,紧实,块状,孔隙多,根系少,润,土壤结构面上有暗色胶膜。

该代表剖面全剖面盐分含量为 0.2~0.3 g/kg,<1.5 g/kg;耕作层有机质含量为18.4 g/kg;淀积层土壤结构面上有石灰质白色粉状物,碳酸钙含量为 141~160 g/kg,高于耕作层和过渡层,淀积特征明显(见表 3-108);土壤质地为黏壤土,且淀积层黏粒含量明显增加(见表3-109),也反映出黏粒淀积的特征。该代表剖面具备暗灰褐土土类暗灰褐土亚类泥质暗灰褐土土属灰暗麻土土种的典型特征。

(三)暗灰褐土的利用与改良

暗灰褐土所处的局部环境降水量相对较高,且土壤有机质含量较高,土壤质地以壤质土为主,坡度较缓,具有一定厚度的有效土层,是较好的旱作农用土壤。

1. 利用现状

暗灰褐土多分布在海拔 1700 m 以上,地势高,有效积温相对较低,只能种植生育期较短,或对温度不太敏感的作物,如在覆膜条件下种植早熟或中晚熟玉米、生育期较短的

表 3-108　暗灰褐土亚类灰暗麻土土种代表剖面种 619 号土壤有机质及养分含量

层段	层次 (cm)	有机质 (g/kg)	全量（g/kg）			速效（mg/kg）			CaCO₃ (g/kg)	全盐 (g/kg)	pH
			N	P	K	碱解氮	有效磷	速效钾			
耕作层	0~19	18.4	1.2	0.7	17.5	78.0	7.0	141	123.9	0.2	8.4
过渡层	19~48	14.3	1.0	0.7	17.0	59.0	2.0	94	115.3	0.3	8.4
淀积层	48~90	10.5							141.7	0.3	8.5
淀积层	90~109								160.0	0.3	8.6

表 3-109　暗灰褐土亚类灰暗麻土土种代表剖面种 619 土壤机械组成

层次 (cm)	机械组成（%）　粒径（mm）					质地名称
	>2.0	2.0~0.2	0.2~0.02	0.02~0.002	<0.002	
0~19	4.2	0.6	51.7	26.8	16.7	少砾质沙质黏壤土
19~48			53.2	28.9	17.9	黏壤土
48~90	1.4		47.9	27.3	23.4	少砾质黏壤土
90~109			51.3	27.3	21.4	黏壤土

马铃薯等作物,种植作物产量受当年降水量影响,变化较大,亩产籽粒玉米 300~500 kg,马铃薯 1000 kg 左右。

2. 改良利用途径

(1) 选择适宜的作物品种

针对地势高,有效积温低的特点,选种适宜的作物品种,如选种中草药等附加值高的经济作物,充分发挥其气候冷凉的特点,因地制宜发展特色冷凉作物产业。

(2) 防治水土流失

暗灰褐土多为坡耕地,存在着水土流失现象;在有条件的情况下,将坡地修建成梯田,保持水土,防治侵蚀。

(3) 科学施肥,合理耕作

针对暗灰褐土缺氮、少磷、钾较丰富的养分特点,增施氮肥和磷肥,针对性施钾;加强耕作,尤其是春季作物种植后,土温较凉,磷素养分有效性低,应适时中耕松土,提高地温,加速磷素养分的有效性转化和有机质的矿化作用,促进作物生长发育,提高作物产量水平。

第四章 耕地土壤有机质及主要营养元素

　　土壤有机质及主要营养元素是作物生长发育所必需的物质基础,其含量高低直接影响作物的生长发育及产量品质。土壤有机质及主要营养元素状况是土壤肥力的核心内容,是土壤生产力的物质基础。农业生产上通常以土壤耕层养分含量作为衡量土壤肥力高低的主要依据。

　　根据宁夏耕地土壤有机质及养分含量状况,参照第二次土壤普查时土壤有机质及主要营养元素分级标准,将土壤有机质、全氮、碱解氮、有效磷、速效钾、有效铁、有效锰、有效锌、有效铜、有效硼、有效钼 11 个指标分为不同级别(见表 4-1),并据此编制了宁夏耕地土壤养分含量分级系列图件(详附件)。

表 4-1　宁夏耕地土壤(0~20 cm)有机质及主要养分含量分级标准

项目	分级标准								
	一级	二级	三级	四级	五级	六级	七级	八级	九级
有机质(g/kg)	>30	25~30	20~25	15~20	10~15	5~10	<5		
全氮(g/kg)	>2.5	2.0~2.5	1.5~2.0	1.0~1.5	0.5~1.0	<0.5			
碱解氮(mg/kg)	>250	200~250	150~200	100~150	50~100	<50			
有效磷(mg/kg)	>80	60~80	50~60	40~50	30~40	20~30	10~20	5~10	<5
速效钾(mg/kg)	>500	400~500	300~400	250~300	200~250	150~200	100~150	<100	
有效锌(mg/kg)	>2.0	1.5~2.0	1.0~1.5	0.75~1	0.5~0.75	0.25~0.5	<0.25		
有效铜(mg/kg)	>3.0	2.5~3.0	2.0~2.5	1.5~2.0	1.0~1.5	0.5~1.0	<0.5		
有效铁(mg/kg)	>15	12.5~15	10~12.5	7.5~10	5~7.5	2.5~5	<2.5		
有效锰(mg/kg)	>15	12.5~15	10~12.5	7.5~10	5~7.5	2.5~5	<2.5		
有效硼(mg/kg)	>3.0	2.0~3.0	1.5~2.0	1.0~1.5	0.5~1.0	0.25~0.5	<0.25		
有效钼(mg/kg)	>0.5	0.4~0.5	0.3~0.4	0.2~0.3	0.15~0.2	0.10~0.15	<0.1		

第一节　耕地土壤有机质

土壤有机质是指存在于土壤中所有含碳的有机化合物，它主要包括土壤中各种动物、植物残体，微生物体及其分解和合成的各种有机化合物；其中经过微生物作用形成的腐殖质，主要为腐殖酸及其盐类物质，是土壤有机质的主体。土壤有机质基本成分是纤维素、木质素、淀粉、糖类、油脂、蛋白质等；主要元素组成有碳、氧、氢、氮，其次还有硫、磷、铁、镁等。

一、耕地土壤有机质含量及分布特征

土壤有机质是衡量耕地肥力的重要指标之一。它是土壤的重要组成部分；它不仅是植物营养的重要来源，也是微生物生活和活动的能源。土壤有机质与土壤发生演变、肥力水平和诸多属性密切相关；而且对土壤结构的形成、熟化，改善土壤物理性质，调节水、肥、气、热状况也起着重要作用，是评价耕地地力的重要指标。

（一）不同区域耕地土壤有机质含量特征

1. 不同生态区域耕地土壤有机质含量特征

据耕地地力评价51399个样点统计分析，宁夏耕地土壤有机质平均含量13.49 g/kg，归属有机质含量 10~15 g/kg 分级标准 5 级，属于中等偏下水平；但其高低含量差异较大，高者40.7 g/kg，低者仅 2.95 g/kg。三大生态区域中，自流灌区耕地有机质含量最高，平均为14.84 g/kg；其次为南部山区；中部干旱带耕地土壤有机质含量最低，平均仅 7.86 g/kg，其绝对含量较自流灌区低 6.98 g/kg（见表4-2）。

表4-2　宁夏不同生态类型区耕地土壤(0~20 cm)有机质含量统计表

区域	样本数 （个）	平均值 （g/kg）	标准差 （g/kg）	变异系数 （%）	极大值 （g/kg）	极小值 （g/kg）
全自治区	51399	13.49	5.63	41.72	40.70	2.95
自流灌区	27361	14.84	4.94	33.26	39.50	3.00
中部干旱带	8553	7.86	3.15	40.03	24.70	2.95
南部山区	15485	14.22	5.95	41.83	40.70	3.00

2. 不同市县耕地土壤有机质含量特征

从表4-3可看出，五个地级市中，石嘴山市耕地土壤有机质含量最高，平均 16.54 g/kg；其次为银川市和固原市，土壤有机质含量平均分别为 14.42 g/kg 和 14.22 g/kg；中卫市土壤有机质含量较低，平均为 12.63 g/kg；吴忠市土壤有机质含量最低，平均仅为 11.06 g/kg，其有机质含量绝对值比石嘴山市低 5.48 g/kg。

22个县（市、区）中，泾源县耕地土壤有机质含量最高，平均高达 21.28 g/kg，其次为惠农区、兴庆区、沙坡头区和灵武市，平均分别为 16.77 g/kg、16.47 g/kg、16.27 g/kg 和

表4-3　宁夏各县市耕地土壤(0~20 cm)有机质含量统计表

县(市、区)	样本数 （个）	平均值 （g/kg）	标准差 （g/kg）	变异系数 （%）	极大值 （g/kg）	极小值 （g/kg）
石嘴山市	3835	16.45	3.93	23.86	39.30	3.70
大武口区	75	15.19	3.14	20.70	20.20	8.16
惠农区	2632	16.77	3.96	23.63	39.30	4.00
平罗县	1128	15.79	3.79	23.98	33.90	3.70
银川市	13125	14.42	5.05	34.99	38.90	3.00
贺兰县	2335	15.46	4.30	27.81	38.90	3.20
兴庆区	1807	16.47	6.12	37.13	37.50	3.10
金凤区	739	11.15	6.14	55.13	33.40	3.10
西夏区	2123	11.26	4.10	36.44	37.10	3.00
永宁县	3118	13.77	4.39	31.86	29.70	3.00
灵武市	3003	16.09	4.12	25.58	37.80	3.19
吴忠市	11755	11.06	5.66	51.21	38.70	2.95
利通区	3411	15.24	5.40	35.43	38.70	3.00
青铜峡市	2845	14.34	4.26	29.70	36.20	3.00
同心县	2677	7.41	2.65	35.81	24.40	3.00
盐池县	1610	6.54	2.46	37.56	20.90	3.00
红寺堡区	1212	5.66	1.71	30.21	14.20	2.95
中卫市	7176	12.63	5.03	39.78	39.50	3.00
沙坡头区	1966	16.27	5.62	34.56	39.50	3.00
中宁县	2156	13.30	4.11	30.93	28.40	3.20
海原县	3054	9.82	3.22	32.75	24.70	3.00
固原市	15482	14.22	5.95	41.83	40.70	3.00
原州区	2589	12.26	4.98	40.58	40.40	3.10
西吉县	2766	12.80	4.12	32.22	37.70	3.70
彭阳县	3935	10.33	3.43	33.16	38.70	3.00
隆德县	3254	15.32	4.42	28.82	39.10	5.00
泾源县	2938	21.28	5.88	27.65	40.70	3.40
总计	51373	13.49	5.63	41.71	40.70	2.95

16.09 g/kg;海原县、同心县、盐池县及红寺堡区4个县(区)耕地有机质平均含量均<10 g/kg,尤以红寺堡含量低,平均仅为5.66 g/kg;且红寺堡区耕地土壤有机质最高含量仅为14.2 g/kg,比宁夏最高含量40.7 g/kg低26.5 g/kg。

(二)不同区域耕地土壤有机质含量分布特征

1. 不同区域耕地土壤有机质含量分布特征

通过3S插值统计分析可看出(见表4-4),耕地土壤7个有机质含量级别中,有机质含量为10~15 g/kg面积最大,占宁夏耕地总面积40.2%;其次为5~10 g/kg级别,占宁夏耕

表4-4　宁夏各市县耕地土壤(0~20 cm)有机质含量不同级别面积统计表

单位:亩

县(市、区)	有机质含量(g/kg)							
	总计	<5	5~10	10~15	15~20	20~25	25~30	>30
全自治区	19351543	335249	7196095	7773646	3535510	435479	68511	7054
石嘴山市	1265102		5710	459637	747940	50413	1401	
大武口区	82625		28	67367	15230			
惠农区	297538		397	60700	204572	30472	1397	
平罗县	884939		5285	331570	528138	19941	5	
银川市	2164826	3095	350436	786206	952546	67806	4692	45
贺兰县	656633		43215	235074	350976	27118	249	
兴庆区	218176		33580	30885	120585	28676	4405	45
金凤区	154205		54673	40985	56697	1850		
西夏区	267205	51	110919	133569	22507	160		
永宁县	513592	3044	87015	219848	202926	760		
灵武市	355015		21034	125845	198855	9243	39	
吴忠市	5176683	325965	3550965	817693	451125	30935		
利通区	465468		74757	155256	206245	29210		
青铜峡市	571059	15	16632	307830	244857	1725		
同心县	2090194	90103	1729662	270407	23			
盐池县	1496817	150216	1275088	71513				
红寺堡区	553145	85631	454827	12687				
中卫市	4594319	6144	2150586	1915105	488197	32739	1549	
沙坡头区	1069663		185999	540267	309210	32638	1549	
中宁县	1006334	3	517420	334292	154537	81		
海原县	2518322	6140	1447166	1040546	24450	20		
固原市	6150613	45	1138397	3795004	895702	253586	60869	7009
原州区	1579629	42	385782	925139	179960	51352	31371	5984
西吉县	2446748		157748	1910414	347306	30698	582	
彭阳县	1248802	4	593280	633325	21071	1092		31
隆德县	609679		1587	319498	264173	24316	105	
泾源县	265755			6628	83193	146128	28811	994

地总面积的37.2%;15~20 g/kg 级别居第三,占宁夏耕地总面积的 18.3%;25~30 g/kg 和>30 g/kg 2 个高含量级别面积小,尤以有机质含量>30 g/kg 级别面积最小,仅占 0.04%。占宁夏耕地面积 79.1%土壤有机质含量<15 g/kg,属于中等偏下水平;占宁夏耕地面积 1.7%的土壤有机质含量<5 g/kg,含量甚低。

2. 不同市县耕地土壤有机质含量分布特征

宁夏 22 个县(市、区)中,盐池县和红寺堡区 2 个县区耕地土壤有机质含量多<15 g/kg,其中,土壤有机质含量<10 g/kg 耕地面积分别占红寺堡总耕地 97.7%和盐池县 95.2%;且盐池县 10%的耕地土壤有机质含量<5 g/kg。泾源县耕地有机质含量水平较高,全县耕地有机质含量多>10 g/kg,其中 66%耕地土壤有机质含量>15 g/kg。

(三)不同土壤类型耕地土壤有机质含量及分布特征

1. 耕地土壤类型土壤有机质含量特征

全自治区 8 个耕地土壤类型中,灰褐土有机质含量最高,平均为 18.42 g/kg;其次为灌淤土和潮土,分别为 16.08 g/kg 和 15.12 g/kg,均高于宁夏耕地有机质平均含量 13.49 g/kg。新积土、黑垆土和黄绵土有机质平均含量均低于宁夏耕地有机质含量平均值。灰钙土和风沙土有机质含量低,平均分别为 8.78 g/kg 和 7.29 g/kg,其中风沙土有机质含量比灰褐土类低 11.13 g/kg(见表 4-5)。

表4-5　宁夏耕地土壤类型土壤(0~20 cm)有机质含量统计表

单位:g/kg

土类及亚类	样本数（个）	平均值	标准差	变异系数（%）	最大值	最小值
潮土	5652	15.12	4.63	30.63	38.30	3.00
典型潮土	45	9.44	4.56	48.27	20.00	3.45
灌淤潮土	2245	14.89	4.49	30.16	38.30	3.10
盐化潮土	3362	15.35	4.67	30.42	37.30	3.00
风沙土	995	7.29	3.42	46.95	19.80	3.00
草原风沙土	995	7.29	3.42	46.95	19.80	3.00
灌淤土	16751	16.08	4.54	28.23	39.50	3.00
表锈灌淤土	8368	15.96	4.63	29.05	39.50	3.10
潮灌淤土	2561	15.92	4.57	28.73	36.90	3.10
典型灌淤土	654	14.63	3.80	26.00	34.10	3.90
盐化灌淤土	5168	16.55	4.39	26.54	39.30	3.00
黑垆土	4205	13.04	5.07	38.91	40.40	3.00
潮黑垆土	16	16.72	4.27	25.52	22.80	7.60
典型黑垆土	1604	15.23	5.35	35.11	40.40	3.00
黑麻土	2585	11.66	4.37	37.48	38.80	3.20
黄绵土	11047	10.94	3.89	35.52	35.00	3.00

续表

土类及亚类	样本数	平均值	标准差	变异系数（%）	最大值	最小值
黄绵土	11047	10.94	3.89	35.52	35.00	3.00
灰钙土	4333	8.78	3.66	41.66	20.00	2.95
草甸灰钙土	436	10.15	2.99	29.48	19.80	3.30
淡灰钙土	2062	8.76	3.68	42.05	20.00	3.00
典型灰钙土	616	6.55	2.33	35.53	16.70	3.00
盐化灰钙土	1219	9.45	3.88	41.07	20.00	2.95
灰褐土	1237	18.42	6.43	34.91	39.30	4.50
暗灰褐土	1237	18.42	6.43	34.91	39.30	4.50
新积土	7153	13.22	7.48	56.55	40.70	3.00
冲积土	180	12.12	3.67	30.30	19.90	4.10
典型新积土	6973	13.25	7.55	56.96	40.70	3.00
总计	51373	13.49	5.63	41.71	40.70	2.95

耕地 19 个土壤亚类中,暗灰褐土亚类有机质含量最高,高达 18.42 g/kg;其次为潮黑垆土、盐化灌淤土、潮灌淤土、盐化潮土和典型黑垆土 5 个亚类,其有机质平均含量为 15.23~16.72 g/kg;典型潮土、盐化灰钙土、淡灰钙土、草原风沙土、典型灰钙土 5 个亚类土壤有机质含量 6.55~9.44 g/kg,均<10 g/kg,其中典型灰钙土亚类有机质含量最低,平均仅为 6.55 g/kg,仅是暗灰褐土亚类有机质平均含量的三分之一。19 个耕地土壤亚类中,典型新积土亚类有机质含量统计特征值变异系数高达 56.96%,反映出典型新积土有机质含量高低差异较大。

2. 耕地土壤类型土壤有机质含量分布特征

全自治区 8 个耕地土壤类型中,灰褐土土类 99%以上耕地土壤有机质含量>5 g/kg;灰钙土和风沙土 99%以上耕地有机质含量<25 g/kg（见表 4-6）。风沙土类有机质含量<5 g/kg 耕地面积占该土类总面积的 13.2%。

表 4-6 宁夏耕地土壤类型土壤(0~20 cm)有机质含量不同级别面积统计表

单位:亩

土壤类型	有机质含量(g/kg)						
	总计	<5	5~10	10~15	15~20	20~25	25~30	>30
潮土	1341171	556	69801	563764	653456	50001	3594	
典型潮土	14976	556	7277	6086	242	816		
灌淤潮土	565647		25661	256562	268272	14612	540	
盐化潮土	760548		36863	301116	384942	34574	3054	
风沙土	586998	77762	385019	97614	25591	1012		
草原风沙土	586998	77762	385019	97614	25591	1012		

续表

土壤类型	有机质含量(g/kg)						
	总计	<5	5~10	10~15	15~20	20~25	25~30	>30
灌淤土	2764049		8564	879435	1749318	122643	4044	45
表锈灌淤土	1172164		2811	383807	730206	53948	1392	
潮灌淤土	564830		1499	169270	372685	21015	361	
典型灌淤土	103973		628	54080	46696	2569		
盐化灌淤土	923083		3627	272280	599730	45110	2290	45
黑垆土	2215711	20826	715636	1151890	270250	37491	15726	3893
潮黑垆土	1902			863	1039			
典型黑垆土	345398		36558	170062	109060	15931	9924	3864
黑麻土	1868411	20826	679077	980965	160151	21560	5802	29
黄绵土	7240865	31426	3095917	3670844	407698	26617	8321	42
黄绵土	7240865	31426	3095917	3670844	407698	26617	8321	42
灰钙土	2412363	107411	1666625	584410	48035	5882		
草甸灰钙土	78096	51	24076	53752	217			
淡灰钙土	1405237	41411	922483	397761	37718	5863		
典型灰钙土	622124	58442	517954	45728				
盐化灰钙土	306907	7506	202112	87170	10100	19		
灰褐土	367299		17313	109454	143980	82719	13131	702
暗灰褐土	367299		17313	109454	143980	82719	13131	702
新积土	2423088	97268	1237220	716235	237183	109113	23696	2372
冲积土	53225	438	16100	26047	10590	51		
典型新积土	2369863	96830	1221120	690188	226593	109063	23696	2372
总计	19351543	335249	7196095	7773646	3535510	435479	68511	7054

19个耕地土壤亚类中,典型新积土、黄绵土、黑麻土3个亚类土壤有机质含量分级的7个级别均有不同面积的分布,反映出这3个亚类耕地有机质含量不均匀,变化较大;典型灌淤土和潮黑垆土2个亚类有机质含量相对较为集中,99%典型灌淤土亚类土壤有机质含量为5~25 g/kg;99%潮黑垆土亚类土壤有机质含量为10~20 g/kg。

二、影响耕地土壤有机质含量主要因素

(一)灌溉耕种施肥与耕地土壤有机质含量

人类灌溉、耕种、施肥等活动对耕地土壤有机质含量有着重要的影响。宁夏自流灌区的灌淤土类,是引黄灌区重要的耕种土壤类型,种植投入大,其耕层土壤有机质平均含量16.08 g/kg,且占该土类总面积67.9%的农田土壤有机质含量>15 g/kg;黄绵土是宁夏南部

山区旱作农业的主要土壤类型，受人为灌溉耕种施肥活动强度影响远低于灌淤土类，其土类耕层有机质平均含量 10.94 g/kg，比灌淤土类少 5.14 g/kg；且占该土类总面积 93.9% 土壤有机质含量<15 g/kg。潮土作为仅次于灌淤土类的耕种土壤类型，其该土类中灌淤潮土和典型潮土 2 个亚类，也因其灌溉耕种施肥活动强度不同，其耕层有机质平均含量差异较大。灌淤潮土有机质平均含量 14.89 g/kg，比典型潮土有机质平均含量 9.44 g/kg 高5.75 g/kg；灌淤潮土亚类受耕种施肥活动影响大于典型潮土亚类，不仅有机质平均含量高，且占该亚类总面积的 95.5%农田土壤有机质含量>10 g/kg；典型潮土则有 52.3%农田土壤有机质含量<10 g/kg。设施农业因其经济效益高，耕种施肥活动强度远高于露地粮食作物。以银川市兴庆区为例，日光温室一年种植 2~3 茬；且每年亩施有机肥 500~3000 kg不等，致使日光温室土壤有机质平均含量高达 22.0 g/kg，比露地粮食作物土壤有机质（15.9 g/kg）高 40.3%（见表 4-7）。

表 4-7　银川市兴庆区耕地土壤(0~20 cm)有机质含量统计表

种植作物	样本数（个）	平均值（g/kg）	标准差（g/kg）	变异系数（%）	极大值（g/kg）	极小值（g/kg）
粮食作物	1803	15.9	6.0	37.8	38.8	1.3
日光温室	1655	22.0	10.0	45.6	66.2	2.5

（二）成土母质与耕地土壤有机质含量

成土母质类型也是影响耕地土壤有机质含量的重要因素之一。暗灰褐土因其成土母质是有机质含量较高的山地残积母质，故由其形成的暗灰褐土亚类耕层有机质含量高达18.42 g/kg；而来源于六盘山洪积冲积物的厚阴黑土和夹黏阴黑土 2 个土种，因其母质富含有机质，故其耕层有机质含量也高达 20.85 g/kg；由灌水淤积物母质形成的灌淤土类，因其灌溉淤积物含有较高的有机质，因此，灌淤土类耕层有机质含量也较高，平均为16.08 g/kg；成土母质为第四纪洪积冲积物的灰钙土类，因其母质有机质含量低，故该土类耕层有机质平均含量仅为 8.78g/kg；而由风积母质形成的风沙土，其有机质含量更低，仅为7.29 g/kg（见表 4-8）。从以上分析可看出，成土母质的性质直接影响着其形成的土壤类型的特性。

（三）土壤质地与耕地土壤有机质含量

由表 4-9 可看出，随着土壤质地由沙变黏，耕地土壤有机质含量也随着增加，耕层质地为沙土，有机质平均含量最低，仅为 9.38 g/kg；耕层质地为黏土，有机质含量最高，平均为16.48 g/kg。土壤质地组成中，其黏粒含量与土壤有机质含量呈一定程度的正相关（见表4-10），黏粒含量越高，有机质含量越高；壤质沙土黏粒含量最低，仅占各颗粒组成的5.8%，其有机质含量也最低，仅为 1.61 g/kg；黏土黏粒含量占 29.7%，有机质含量高达17.7 g/kg。各土种耕层质地也显现出土壤有机质含量由低向高，依次为沙土<沙壤土<黏壤土<黏土，黏土有机质含量最高的特性。可见，土壤质地对土壤有机质含量的高低有着重要的影响。

表 4-8　成土母质类型与土壤(0~20 cm)有机质含量统计表

成土母质类型		土壤类型	样本数(个)	平均值(g/kg)	标准差(g/kg)	变异系数(%)	极大值(g/kg)	极小值(g/kg)
残积母质		暗灰褐土亚类	1237	18.42	6.43	34.91	39.3	4.5
洪积冲积物	六盘山洪积冲积物	厚阴黑土、夹黏阴黑土土种	2545	20.85	6.05	29.08	40.7	3.4
	第四纪洪积冲积物	灰钙土类	4333	8.78	3.66	41.66	20	2.95
冲积母质		冲积土亚类、典型潮土亚类	225	11.58	4.82	41.6	20	3.0
黄土母质		黄绵土类	15252	11.52	4.21	36.6	40.4	3.0
风积母质		风沙土类	995	7.29	3.42	46.95	19.8	3.0
灌水淤积物		灌淤土类	16751	16.08	4.54	28.23	39.5	3.0

表 4-9　耕地不同土壤质地土壤(0~20 cm)有机质含量统计表

土壤质地	样点数(个)	平均值(g/kg)	标准差(g/kg)	变异系数(%)	极大值(g/kg)	极小值(g/kg)
沙土	3251	9.38	4.4	46.9	32.5	3.0
沙壤土	5523	10.16	4.73	46.57	35.87	2.95
壤土	41684	14.22	5.53	38.93	40.7	3.0
黏壤土	492	16.05	5.1	31.81	34.4	3.0
黏土	73	16.48	4.04	24.54	27.4	6.7

表 4-10　不同耕地土种土壤(0~20 cm)质地组成与有机质含量统计表

土种名称	不同粒径的颗粒组成%					土壤质地名称	有机质(g/kg)
	石砾	粗砂粒	细砂粒	粉(砂)粒	黏粒		
	>2.0 mm	2.0~0.2 mm	0.2~0.02 mm	0.02~0.002 mm	<0.002 mm		
盐池定沙土	/	20.62	72.57	1.01	5.8	壤质沙土	1.61
砂白脑土	/	9.57	62.74	12.73	14.96	沙质壤土	4.67
黄白泥土	/	1.03	68.83	16.95	13.19	沙质壤土	8.01
底锈黑垆土	/	0.22	58.74	25.23	15.81	沙质黏壤土	11.0
盐绵土	/	3.69	52.87	27.14	16.3	沙质黏壤土	11.6
漏沙新户土	/	0.25	43.57	37.92	18.26	黏壤土	11.8
黏层新户土	/	1.26	47.5	30.55	20.69	黏壤土	12.3
淤绵土		8.14	43.23	31.43	17.2	黏壤土	13.4
孟塬黑垆土	/	0.08	43.06	38.68	18.18	黏壤土	13.4
厚黄淤土	/	1.37	41.54	36.83	20.26	黏壤土	15.5
厚麻土	/	3.75	40.11	34.53	21.61	黏壤土	15.7
轻盐锈土	/	0.28	24.54	45.51	29.67	粉沙质黏土	17.7

三、耕地土壤有机质含量变化趋势

（一）不同区域耕地土壤有机质含量变化趋势

自1985年土壤普查以来，宁夏全区耕地表层土壤有机质平均含量由11.0 g/kg增加到13.5 g/kg，绝对含量净增2.5 g/kg，增幅22.7%，年均增幅0.8%。这与27年来农田作物单产提高，根茬还田量增多，增施有机肥，合理使用化肥有密切关系。与土壤普查时相对应的18个县市中（见表4-11），12个县市耕地土壤有机质含量均较土壤普查时有不同程度的增加，其绝对含量增加0.22~4.99 g/kg；其中，灵武市耕地有机质含量增加最多，增幅高达45%，年均增幅1.66%；其次为利通区、惠农区、贺兰县、泾源县、沙坡头区、平罗县6个县（区），其耕层有机质绝对含量增加3.44~2.19 g/kg；原州区、海原县、同心县3个县（区）耕层有机质绝对含量增幅最小，仅为0.22~0.41 g/kg。6个县（市、区）耕层有机质含量较土壤普查时有所降低，其中，彭阳县降低幅度最大，其有机质绝对含量减少1.37 g/kg；其次为银川市区、隆德县和永宁县，有机质绝对含量减少0.64 g/kg和0.58 g/kg和0.53 g/kg；盐池县降低幅度最小，其绝对含量减少0.16 g/kg。

从不同区域看，引黄灌区10个县（市、区）中，7个县（市、区）土壤有机质含量较土壤普查时明显增加，其绝对含量增加1.54~4.99 g/kg，增幅为12%~45%；永宁县和银川市区2个县（区）土壤有机质含量与土壤普查时相比，略有降低，降低幅度3.7%~4.6%，这与永宁县征沙渠灌区和银川市兴庆区月牙湖灌区开发利用，且这两个灌区所垦荒地均为肥力瘠薄沙土地有关。而地处中部干旱带和南部黄土丘陵区的8个县耕地土壤有机质含量与土壤普查时相比，4个县（区）呈增加趋势，其中，泾源县增幅最高，达13.8%；其次为同心县和海原县，增幅为5.86%和2.29%；原州区增幅最低，仅为2.17%。其他4个县（区）则呈降低趋势，其中，彭阳县降幅最大，为11.7%；其次为西吉县和隆德县，降幅为3.76%和3.65%；盐池县降幅最低，仅为2.38%。这4个县耕地有机质含量有所降低，与其大部分耕地为旱作地，作物产量低而不稳，根茬还田少；农田施用肥料少；土壤存在着水土流失现象有关。

表4-11　宁夏不同时期各县耕地土壤（0~20 cm）有机质含量统计表

县（市、区）	时间	样本数（个）	平均值（g/kg）	2012年—1985年平均值	标准差（g/kg）	变异系数（%）	极大值（g/kg）	极小值（g/kg）
全自治区	1985年	7705	11.00	+2.49	7.0	63.5	50.1	0.50
	2012年	71373	13.49		5.63	41.71	40.7	2.95
惠农区	1985年	85	14.00	+2.73	5.29	36.3	31.5	2.60
	2012年	2707	16.73		3.96	23.63	39.3	4.00
平罗县	1985年	204	13.60	+2.19	3.86	28.5	44.8	3.40
	2012年	1128	15.79		3.79	23.98	33.9	3.70
贺兰县	1985年	152	12.60	+2.86	2.98	23.8	20.7	3.00
	2012年	2335	15.46		4.3	27.81	38.9	3.20

续表

县 （市、区）	时间	样本数 （个）	平均值 （g/kg）	2012年—1985 年平均值	标准差 （g/kg）	变异系数 （%）	极大值 （g/kg）	极小值 （g/kg）
永宁县	1985年	91	14.30	−0.53	3.12	21.8	21.8	3.80
	2012年	3118	13.77		4.39	31.86	29.7	3.00
银川市区	1985年	136	13.90	−0.64	4.43	31.8	25.3	4.30
	2012年	4669	13.26		5.21	39.3	37.5	3.00
灵武市	1985年	85	11.10	+4.99	3.7	33.2	21.2	2.00
	2012年	3003	16.09		4.12	25.58	37.8	3.19
利通区	1985年	83	11.90	+3.34	3.59	30.2	17.0	4.20
	2012年	3411	15.24		5.4	35.43	38.7	3.00
青铜峡市	1985年	105	12.80	+1.54	2.4	18.7	20.5	5.60
	2012年	2845	14.34		4.26	29.7	36.2	3.00
沙坡头区	1985年	732	13.80	+2.47	4.38	32.0	27.4	1.30
	2012年	1966	16.27		5.62	34.56	39.5	3.00
中宁县	1985年	100	11.70	+1.6	2.94	25.2	16.6	4.00
	2012年	2156	13.30		4.11	30.93	28.4	3.20
同心县	1985年	685	7.00	+0.41	2.78	39.5	17.8	1.30
	2012年	2677	7.41		2.65	35.81	24.4	3.00
盐池县	1985年	417	6.70	−0.16	2.61	39.3	19.6	0.50
	2012年	1610	6.54		2.46	37.56	20.9	3.00
海原县	1985年	843	9.60	+0.22	5.33	55.7	49.8	0.60
	2012年	3054	9.82		3.22	32.75	24.7	3.00
原州区	1985年	968	12.00	+0.26	8.27	68.4	50.1	2.20
	2012年	2589	12.26		4.98	40.58	40.4	3.10
西吉县	1985年	1134	13.30	−0.50	5.97	44.8	40.1	4.00
	2012年	2766	12.80		4.12	32.22	37.7	3.70
彭阳县	1985年	592	11.70	−1.37	6.42	54.9	45.7	1.60
	2012年	3935	10.33		3.43	33.16	38.7	3.00
隆德县	1985年	701	15.90	−0.58	8.7	54.8	41.8	1.00
	2012年	3254	15.32		4.42	28.82	39.1	5.00
泾源县	1985年	573	18.70	+2.58	9.04	48.5	56.2	4.00
	2012年	2938	21.28		5.88	27.65	40.7	3.40

备注：1985年数据来源于《宁夏土壤》p.338，表15-2；银川市区是指金凤、西夏和兴庆区3个区之和，与土壤普查时银川郊区所辖区域基本一致；惠农区是指惠农区和大武口之和，与土壤普查时惠农相对应。

从耕地土壤有机质含量不同级别占总面积比例的变化可看出(见表4-12),与土壤普查时相比,耕地土壤有机质含量<5 g/kg级别面积明显减少,由31.26%减少到1.73%;有机质含量10~15 g/kg级别面积由原来的25.52%增至40.17%;有机质含量15~20 g/kg和5~10 g/kg两个级别的面积也较土壤普查时有所增加。宁夏耕地土壤有机质含量>10 g/kg面积由土壤普查时的40.61%增至61.08%,这与宁夏耕地土壤有机质平均含量增加的趋势是一致的。

表4-12 宁夏不同时期耕地土壤(0~20 cm)有机质含量各级别面积占%统计表

时间	>40 g/kg	30~40 g/kg	20~30 g/kg	15~20 g/kg	10~15 g/kg	5~10 g/kg	<5 g/kg
1985 年	2.93	1.2	3.04	7.92	25.52	28.13	31.26
2012 年		0.04	2.6	18.27	40.17	37.19	1.73

(二)耕地长期定位监测点土壤有机质含量变化趋势

由宁夏耕地1998—2016年长期定位监测点土壤有机质含量变化可以看出(见表4-13),不同年际间土壤有机质平均含量变化在14.41~17.33 g/kg范围内;变化总趋势表现为略有增加,由1998年的15.08 g/kg增加到2016年16.5 g/kg,净增1.42 g/kg,平均年增幅0.5%。由表4-14可看出,监测点平罗县高庄常年旱作地土壤有机质含量表现出增加趋势,2015年土壤有机质含量达到了21.0 g/kg,比2001年净增5.7 g/kg,年均增幅达

表4-13 宁夏耕地长期定位监测点土壤(0~20 cm)有机质含量统计表

时间	样本数 (个)	平均值 (g/kg)	标准差 (g/kg)	变异系数 (%)	极大值 (g/kg)	极小值 (g/kg)
1998 年	31	15.08	2.91	19.30	20.4	7.5
1999 年	33	14.98	3.00	20.00	19.2	7.12
2001 年	27	14.75	3.02	20.50	21.0	6.84
2003 年	59	14.41	4.79	33.24	26.6	3.66
2005 年	57	15.25	5.14	33.69	35.5	5.71
2006 年	62	15.18	4.78	31.5	28.1	5.71
2007 年	40	15.97	4.17	26.1	24.5	6.05
2009 年	31	16.25	5.22	32.1	31.1	6.69
2010 年	19	15.63	4.7	30.05	26.8	5.82
2011 年	68	17.11	5.32	31.11	35.3	5.33
2012 年	71	16.78	5.31	31.66	32.6	5.13
2013 年	73	17.33	5.4	31.17	35.2	5.91
2014 年	91	16.09	5.19	32.22	33.6	4.46
2015 年	91	15.22	4.62	30.35	28.2	4.62
2016 年	91	16.5	4.7	28.5	29.1	4.08

2.5%,高于长期监测点土壤有机质含量年均增幅,究其原因可能与该区域自流灌溉带进农田的淤积物和秸秆还田有关。青铜峡小坝稻旱轮作地土壤有机质含量虽年际间有变化,但总趋势比较稳定。兴庆区常年稻地土壤有机质含量变化呈现稳中有增的趋势。永宁望洪露地蔬菜土壤有机质含量变化呈增加趋势。兴庆区掌政设施蔬菜土壤有机质含量变化不稳定,年际间增减变化较大,这与年际间施用有机肥数量有关。中宁舟塔枸杞地土壤有机质含量变化呈略减趋势。扬黄灌区青铜峡邵岗滴灌酿酒葡萄土壤有机质含量变化略有增加;同心丁塘镇和盐池花马池镇玉米地土壤有机质含量变化呈略减趋势。南部山区 3 个监测点土壤有机质含量变化均表现出略增趋势。综上所述,受人为灌溉耕种施肥活动强弱的影响,各监测点土壤有机质含量变化差异较大。

表 4-14　宁夏耕地长期监测点土壤(0~20 cm)有机质含量统计表

单位:g/kg

时间	自流灌区						扬黄灌区			南部山区		
	常年旱作地(平罗高庄)	稻旱轮作地(青铜峡小坝)	常年稻地(兴庆掌政)	露地蔬菜(永宁望洪)	设施蔬菜(兴庆掌政)	枸杞地(中宁舟塔)	酿酒葡萄(青铜峡邵岗)	玉米地(同心丁塘)	玉米地(盐池花马池)	设施蔬菜(彭阳红河)	玉米地(彭阳白阳)	马铃薯地(海原树台)
2001 年	15.3	13.4	16.6					8.64				
2003 年	14.5	14.1	17.9	13.8	18.1	15.3	5.04		8.99	8.61	8.68	9.14
2005 年	16.2		16.4	15.0	21.0							
2006 年							5.71		8.0	9.68	6.63	
2009 年	18.3			20.3					6.69			10.2
2011 年	18.1			19.4		17.9		10.2	8.16	11.4	10.4	
2012 年	19.5	9.54	17.5	18.5	23.9				11.3	7.26		
2013 年				15.1		14.6			10.9			8.31
2014 年	18.7	10.5	16.6	16.1	25.9	15.7	4.46	8.82	8.47	11.0	11.4	8.03
2015 年	21.0	13.2	20.4	21.4	15.4	13.9	8.81	8.43	7.77	10.2	8.82	10.2

(三)主要土壤类型耕地土壤有机质含量变化趋势

由表 4-15 中可看出,引黄灌区的主要耕种土壤类型灌淤潮土亚类和灌淤土类土壤有机质含量均较土壤普查时明显增加,增幅为 73.14%和 35.13%;灌淤潮土亚类土壤有机质含量年增幅达 2.7%,灌淤土类年增幅为 1.3%;灌淤土类和灌淤潮土亚类土壤有机质含量明显增加与引黄灌区人为灌溉耕作施肥强度大,作物产量高,根茬还田量大有密切关系。作为旱作农业的主要耕种土壤类型黑垆土土类和綳黄土土种土壤有机质含量变化则不同,与土壤普查时相比较,黑垆土类土壤有机质含量明显减少,由 16.9 g/kg 降低到 13.04 g/kg,下降幅度达 29.6%;这与黑垆土类本身有机质含量高,农民忽视施用有机肥;且易遭土壤侵蚀,造成肥沃表层水土流失有一定程度的关系。綳黄土土种土壤有机质含量略有增加,增幅为12.7%;这与近年来大部分黄土丘陵坡地的绱黄土土种改造为梯田,减少了水土流失有关。

表4-15 宁夏不同时期耕地土壤类型土壤(0~20 cm)有机质含量统计表

土壤类型	时间	样点数(个)	平均值(g/kg)	标准差(g/kg)	变异系数(%)	极大值(g/kg)	极小值(g/kg)
灌淤土土类	1985年	2485	11.9	3.31	27.8		
	2012年	16751	16.08	4.54	28.23	39.5	3.0
灌淤潮土亚类	1985年	82	8.6	4.89	57.0	26.7	1.2
	2012年	2245	14.89	4.49	30.16	38.3	3.1
黑垆土类	1985年	793	16.9				
	2012年	4205	13.04	5.07	38.91	40.4	3.0
绱黄土土种	1985年	102	9.8	5.2	51.1	38.2	3.8
	2012年	8181	11.04	3.65	33.07	20.0	3.0

四、耕地土壤有机质调控

土壤有机质在微生物的作用下,不断进行着矿化过程和腐殖化过程,在增加有机质的前提下,使土壤既有较强的矿化过程,又有较强的腐殖化过程,才能满足作物在连续生产中对土壤养分的需求,实现农业可持续发展。

(一)大力推广秸秆还田

秸秆中含有大量的有机质、磷、钾和微量元素,将其归还于土壤中,可以提高土壤有机质,还可改善土壤容重等物理性状,提高土壤持水保肥能力,培肥土壤。2012—2015年宁夏农业技术推广总站连续3年在引黄灌区和扬黄灌区开展水稻、玉米秸秆还田田间试验264个,探索出了水稻低留茬根茬翻压还田技术模式、水稻高留茬秸秆粉碎翻压还田技术模式、玉米机械收获秸秆粉碎翻压还田技术模式,通过对3个模式94万亩示范区2~3年跟踪监测,示范区耕层有机质绝对含量净增0.2~0.82 g/kg,土壤容重相对降低2%~9%,阳离子代换量提高了0.4%~13.7%,玉米增产8.62%,水稻增产6.74%。水稻低留茬根茬还田技术模式适宜在宁夏引黄灌区上游(银川以南地区)推广应用,技术要求为水稻收获时留茬高度为10~15 cm,水稻根茬还田量为150~200千克/亩,配合施用尿素8千克/亩+秸秆腐熟剂2千克/亩均匀撒于地表,然后进行机械深翻,翻压深度>25 cm,及时冬灌,亩灌水量120 m³左右。水稻留高茬秸秆粉碎翻压还田技术模式适宜在引黄灌区常年水稻田推广应用,技术要求为水稻机械收获时留高茬30~40 cm,并粉碎还田,稻杆粉碎长度不超过5 cm,秸秆还田量为350~400千克/亩,配合施用尿素8~10千克/亩+秸秆腐熟剂2~3千克/亩均匀撒于秸秆上,然后进行机械深翻,翻压深度>25 cm,及时冬灌,亩灌水量120 m³左右。玉米机械收获秸秆粉碎翻压还田技术模式适宜在宁夏引黄灌区和扬黄灌区推广应用,技术要求为玉米收获时采用机械收获,玉米秸秆在机械收获过程中机械粉碎,秸秆粉碎长度不超过 5 cm,秸秆还田量 500~600 千克/亩,粉碎的秸秆均匀的覆盖在地表,配合施用尿素 10 千克/亩+秸秆腐熟剂 3~4 千克/亩均匀撒于秸秆上,然后进行机械深翻,翻压深度>25 cm,及时冬灌,亩灌水量 120 m³ 左右。

(二)因地制宜发展绿肥

种植绿肥可为土壤提供丰富的有机质和氮素,改善土壤理化性状,促进用地与养地相结合,提高土壤有机质含量。据研究,一年生草木樨当年还田 650 千克/亩,与不进行绿肥还田相比,当年绿肥还田的土壤有机质绝对含量增加 2.0 g/kg。近年来,自治区农业部门积极推广绿肥种植技术,因地制宜示范绿肥种植模式,在引黄灌区推广的春(冬)小麦收获后复种冬牧 70,春(冬)小麦收获后复种大豆等复种绿肥模式;中部干旱带和南部旱作农业区推广的休闲地种植草木樨、大豆、苜蓿等绿肥作物技术模式,进一步提升了耕地综合生产能力。

(三)增施腐熟农家肥及商品有机肥

增施腐熟农家肥及商品有机肥是提高土壤有机质含量的重要途径。在充分利用有限农家肥资源的基础上,推广商品有机肥和有机无机复混肥施肥技术。自治区农业技术推广总站通过田间试验示范和调查总结,提出了小麦、水稻、玉米商品有机肥施用技术。在常规施用化肥的基础上,小麦播前结合整地亩施商品有机肥 70~100 kg;水稻结合大田最后一次翻耕亩施商品有机肥 50~100 kg;玉米结合大田最后一次翻耕亩施商品有机肥 120~160 kg,或在 5 月中旬结合中耕沟施。有机无机复混肥施用方法比较灵活,既可作基肥也可作种肥和追肥施用。

(四)提升科学施肥水平

合理增施化肥不仅提高了作物单产水平,且作物以根系或秸秆废弃物形式归还土壤的数量相应增加。测土配方施肥是以土壤有机质及主要营养元素测试和肥料田间试验为基础,根据作物需肥规律、土壤供肥性能和肥料效应,在合理使用有机肥的基础上,提出氮、磷、钾及中微量元素的施用数量、施肥时期、施肥方法。它能满足作物均衡吸收各种养分,达到有机与无机养分平衡,以满足作物均衡各种营养,提高土壤有机质和培肥地力的作用。自 2005 年宁夏回族自治区启动测土配方施肥项目以来,通过大规模的调查取样测试和大量的田间试验示范,研制开发了适宜宁夏主要农作物施肥决策系统,并以"口袋本""触摸屏"、手机等为载体,为种植企业和农民提供了不同作物不同目标产量水平下简单明了的施肥方法、施肥量等信息,为农民科学合理施用化肥提供了科学依据,提高了农作物产量,促进了土壤培肥。

五、耕地土壤腐殖质

腐殖质是有机物经微生物分解转化形成的胶体物质,一般为黑色或暗棕色。腐殖质是土壤有机质的主要组成部分,一般占有机质总量的 50%~70%。腐殖质的主要组成元素为碳、氢、氧、氮、硫、磷等营养元素;其主要种类有胡敏酸和富里酸。胡敏酸比富里酸具有较高的吸收能力和络合能力;富里酸分子结构较胡敏酸简单,活动性较大。土壤中胡敏酸与富里酸的比值,常作为衡量土壤吸收能力、发育和熟化状况的一个标志。宁夏耕地土壤类型胡敏酸与富里酸比值为 0.73~1.52,土壤发育程度较高的黑垆土和熟化程度较高的灌淤土胡敏酸与富里酸比值较高,分别达 1.52 和 1.20;熟化程度低的灰褐土和黄绵土胡敏酸与富里酸比值低,分别为 0.73 和 0.8(见表 4-16)。

表 4-16　宁夏耕地土壤类型土壤腐殖质组成

土壤类型	层段	样本数（个）	有机碳（%）	腐殖酸（%）	腐殖酸/有机碳	胡敏酸（%）	富里酸（%）	胡敏酸/富里酸
灌淤土	灌淤耕层	4	0.87	0.23	0.27	0.12	0.11	1.09
	灌淤心土层	9	0.53	0.12	0.23	0.06	0.05	1.2
潮土	表层	3	0.74	0.12	0.16	0.06	0.06	1.0
灰钙土	表层	4	0.77	0.18	0.23	0.08	0.09	0.9
黑垆土	表层	5	1.49	0.41	0.28	0.22	0.19	1.16
	黑垆土层	15	1.61	0.91	0.5	0.38	0.25	1.52
黄绵土	表层	8	0.37	0.11	0.3	0.04	0.05	0.8
灰褐土	表层	7	6.80	2.28	0.34	0.97	1.32	0.73

备注:1. 有机碳、腐殖酸、胡敏酸及富里酸,均按碳占土重百分数表示;2. 加权平均求得有机碳及腐殖酸百分数,再求其比值;3. 加权平均求得胡敏酸及富里酸百分数,再求其比值;4. 表层指 0~20 cm;5. 本表引自《宁夏土壤》表 3-7。

由表 4-17 可看出,灌淤土类腐殖酸含量占有机碳含量的 16.1%~25.3%;典型灌淤土、潮灌淤土和表锈灌淤土 3 个亚类表层土壤腐殖酸占有机碳含量%相比较,除 I_{13} 剖面外,其余 4 个剖面表层腐殖酸含量较高,均>20%。灌淤土剖面 30 cm 以下腐殖酸含量较低,占全碳量的 16%左右,说明随着土壤剖面加深,土壤有机碳含量降低,腐殖酸含量也降低。

表 4-17　宁夏灌淤土不同亚类土壤腐殖质组成

采集地点	土壤类型	剖面号	层次（cm）	有机碳（Cg/kg）	占有机碳（%）			胡敏酸:富里酸
					总量	胡敏酸	富里酸	
沙坡头区	典型灌淤土	I_{14}	0~16	13.7	25.3	12.6	12.7	0.98
		I_{13}	0~17	9.78	16.1	10.1	6.1	1.66
			32~55	6.08	16.9	9.4	7.5	1.25
平罗	潮灌淤土	I_2	0~15	8.6	20.4	9.6	10.8	0.89
中卫	表锈灌淤土	I_{11}	0~18	10.9	21.0	10.1	10.9	0.93
			36~54	8.2	16.4	7.9	8.5	0.93
		I_{12}	0~13	9.1	20.1	10.9	9.2	1.18

胡敏酸与富里酸的比值(胡富比)是比较腐殖质特征的常用指标,也常用来说明耕作土壤熟化程度高低。灌淤土的胡富比一般>0.8。灌溉耕种施肥活动对土壤胡富比影响较

大,以平罗县的潮土和潮灌淤土相比较,潮土表层土壤有机碳含量低,为 6.03 g/kg;胡富比也低,为 0.74。潮灌淤土表层土壤有机碳含量较高,为 8.6 g/kg;胡富比也较高,为 0.89;说明在一定条件下,灌溉耕种施肥活动越强,土壤有机碳含量越高,胡富比越高。

六、耕地土壤有机碳

土壤有机碳是土壤中通过微生物作用形成的腐殖质、动植物残体和微生物体的合体。土壤有机碳根据微生物可利用程度分为易分解有机碳、难分解有机碳和惰性有机碳。易分解者有较高的生物利用率与损失率,难分解者则有较高的残留率,一般占土壤有机质的60%~80%。土壤有机质和土壤有机碳二者之间可以互相换算,即土壤有机碳含量=土壤有机质含量/1.724。土壤有机碳库作为陆地生态系统中最大的碳库,对调节全球气候变化具有重要作用。2009 年中国科学院南京土壤研究所土壤与农业可持续发展国家重点实验室利用宁夏第二次土壤普查的 102 个土壤剖面(0~100 cm)和 147 个表层样(0~20 cm)以及2009 年实地采集的 39 个土壤剖面和241 个表层土样属性数据,分别计算宁夏引黄灌区表层和剖面土壤有机碳密度,通过对比分析,研究了宁夏引黄灌区近 30 年来土壤有机碳储量的变化特征。

(一)耕地土壤有机碳含量及密度

1. 耕地土壤有机碳含量

由表 4–18 可看出,经灌溉耕作后,引黄灌区绝大多数土层的土壤有机碳含量平均值,与对照剖面层次相比均有增加,增加幅度因土壤类型的不同存在较大差异,仅淡灰钙土30~60 cm、60~100 cm 土层的土壤有机碳含量较低,后期的灌溉耕作对这些土层影响不明显。5 个耕地土壤类型土壤有机碳含量随土层深度增加呈现下降的趋势。灌区 5 个土壤类型表层有机碳含量差异较大,灌淤土表层土壤有机碳含量最高,平均达 9.18 g/kg;这与各土壤类型土壤有机碳含量背景值有较大差异有关。同时还受各土壤类型灌溉耕作的时间长短和方式影响,灌淤土的灌溉耕作时间最长,主要为自流灌溉,携带有机物的泥沙沉积较多,有机碳含量较高;而淡灰钙土、风沙土和新积土等灌溉时间短,且多为扬水灌溉(对灌溉水源进行沉沙处理,减少了携带有机物质的泥沙进入农田),灌溉耕作对增加有机碳含量的影响不如灌淤土明显。因此,在土壤类型和灌溉耕作的双重影响下,灌区不同类型土壤表层有机碳含量存在明显差异。故引黄灌溉对改善土壤性状和增加有机碳含量作用明显,但对表层以下更深土层有机碳含量的影响远弱于成土母质。

据赵营等研究,2006 年宁夏引黄灌区农田土壤总有机碳平均含量 8.66 g/kg,相对于 1986 年的 7.60 g/kg,仅提高了 0.95 g/kg;除银川市和永宁县农田土壤有机碳含量稍有降低外,分别降低 0.25 g/kg 和 0.23 g/kg 外,灌区其他县市农田土壤有机碳含量均提高了 1.00~2.83 g/kg,增幅最大的是惠农区和灵武市,增幅分别达到31%和18%。经过 20 年的灌溉耕种,除贺兰、平罗、灵武外,灌区各县市农田土壤碳氮比在 8:1 左右。耕地不同利用方式直接影响土壤有机碳含量,设施蔬菜表层土壤有机碳含量最高,平均为 17.94 g/kg

表 4-18 宁夏引黄灌区主要耕地土壤类型土壤剖面样点有机碳含量统计值

剖面深度（cm）	统计参数	各土壤类型土壤有机碳含量（g/kg）				
		灌淤土	潮土	淡灰钙土	风沙土	新积土
0~20	对照	3.4	4.05	2.85	0.75	3.65
	平均值	9.18	7.95	4.93	4.19	3.92
	极大值	14.07	9.53	5.62	5.25	4.13
	极小值	5.64	6.38	3.73	3.64	3.7
20~30	对照	3.41	2.16	2.68	0.82	2.77
	平均值	5.39	5.75	3.22	3.0	3.39
	极大值	8.91	6.21	5.24	4.34	3.67
	极小值	1.73	5.29	1.87	2.08	3.12
30~60	对照	2.46	1.35	1.81	0.76	1.89
	平均值	4.33	2.55	1.72	1.43	3.13
	极大值	8.21	3.9	2.89	1.88	5.18
	极小值	0.86	1.21	1.2	1.19	1.08
60~100	对照	2.66	1.19	1.3	0.74	1.63
	平均值	3.26	3.24	1.07	1.78	1.8
	极大值	6.53	4.16	1.73	3.04	2.14
	极小值	0.87	2.32	0.64	1.02	1.49

备注：对照为相应土类未垦种的土壤。

（n=18）；其次为枸杞地，平均为 16.63 g/kg（n=17）；种植粮食作物的旱作地（n=58）和稻旱轮作地（n=18）土壤有机碳含量差异小，平均含量分别为 9.93 g/kg 和 10.16 g/kg。与其相关的土壤碳氮比也不同，枸杞地最高，达 11.10；其次为设施蔬菜，为 9.97；种植粮食作物的旱作地和稻旱轮作地碳氮比差异小，分别为 9.56 和 9.61。就土壤活性有机碳含量而言，设施蔬菜活性有机碳组分含量最高，平均为 4.26 g/kg；种植粮食作物的农田土壤活性有机碳含量大小是玉米地＞水稻地＞小麦地；非活性有机碳反之。农田土壤有机碳稳定性分析结果表明，施用有机肥配施化肥或化肥配施秸秆均有利于有机碳的提升和稳定，培肥 3 年以上才能显著提高土壤碳库管理指数，促进土壤碳组分稳定。因此，从农田土壤碳库管理角度考虑，应在平衡施用化肥的基础上，提倡增施有机肥和秸秆还田，对于提高和稳定土壤有机碳活性组分有重要的意义。

2. 有机碳密度

根据土壤有机碳密度的计算模型分析，与 1980 年相比，宁夏引黄灌区表层土壤有机碳密度由 16.57 mgC·hm^{-2} 增至 21.44 mgC·hm^{-2}，平均年增幅为 0.98%，增加极显著（p<0.01）。灌溉耕作对增加表层土壤有机碳的影响明显，而对表层以下各层次的土壤有机碳增加影响不显著。由于表层土壤存在明显的截流和对有机物质吸附作用，河水携带的有

机物质以及作物的凋落物会残留在表层土壤中,经微生物作用转化为有机质,使表层土壤有机碳密度增加。表层以下的土壤由于得不到充足的物源补充,再加上原有土壤有机碳以平均驻留时间较长的慢性碳为主,本身处于碳的释放过程,影响了表下层土壤有机碳的累积。

灌溉时间长短对土壤有机碳密度变化产生重要影响。宁夏各引黄灌溉区域中,秦渠、唐徕渠、跃进渠等灌溉历史长的区域,其表层土壤有机碳密度较高;而灌溉时间最短的红寺堡灌区表层土壤有机碳密度最低。土壤类型和灌溉耕作时间与灌区 5 类土壤有机碳密度均显著相关($p<0.01$),相关系数分别为 0.74 和 0.63。可见,土壤类型和灌溉耕作时间是影响土壤有机碳密度差异的主要因素,且土壤类型的影响略强于灌溉耕作时间。

(二)土壤有机碳储量及固碳速率

1. 土壤有机碳储量

按照宁夏引黄灌区灌溉面积 $46.07×10^4hm^2$ 计算,1980 年和 2009 年土壤有机碳库分别为 25.75 和 28.16 TgC,增加了 2.41 TgC。引黄灌区各灌溉区域中,除汉延渠灌溉区域有所下降外,其他各灌溉区域土壤有机碳储量均有不同程度的增加,其中唐徕渠、跃进渠和西干渠土壤有机碳储量增加最多。且灌溉区域面积越大,土壤有机碳储量增加越多。因此,近 30 年来引黄灌区土壤在降低温室气体浓度增加和减缓全球气候变暖中发挥了碳汇作用,引用含有大量泥沙的黄河水灌溉农田对驱动灌区土壤有机碳变化具有积极作用。

2. 土壤固碳速率

土壤固碳速率是衡量某一区域土壤有机碳储量随时间尺度变化快慢的重要参数。由表 4-19 可看出,灌区土壤固碳速率因土壤类型不同而异。5 类土壤中,灌溉耕作时间最长的灌淤土和潮土的固碳速率较小,最小值仅为 0.01 $mgC.hm^{-2}a^{-1}$;灌溉时间 50 年以内,0~30 cm 土层的有机碳密度增加量随灌溉耕作时间变化的拟合结果表明,灌区土壤有机碳密度增加量与灌溉耕作时间显著正相关,相关系数为 0.96($p<0.01$),灌区土壤的平均固碳速率为 0.53 $mgC.hm^{-2}a^{-1}$。

表 4-19 宁夏引黄灌区主要耕地土壤类型土壤固碳速率统计值

统计参数	各土壤类型土壤固碳速率($mgC.hm^{-2}a^{-1}$)				
	灌淤土	潮土	淡灰钙土	风沙土	新积土
最大值	2.11	0.75	3.07	1.86	2.26
最小值	0.01	0.21	0.15	0.74	0.51
平均值	0.63	0.47	0.96	1.16	1.29

备注:表中平均值为各类型土壤所有采样点剖面土壤固碳速率的算术平均值。

第二节 耕地土壤氮素营养

氮是作物生长发育所必需的营养元素之一,也是农业生产中影响作物产量的最主要的养分限制因子。据有关试验研究,小麦吸收的氮素 75%来源于土壤,玉米也有 50%~63%的氮素来源于土壤。土壤中的全氮含量代表着土壤氮素的总贮量和供氮潜力。因此,土壤全氮是土壤肥力的主要指标之一。

土壤中的氮元素可分为有机氮和无机氮,两者之和称为全氮。土壤中的氮素绝大部分以有机态的氮存在,占全氮的 95%~99%。无机氮主要是铵态氮、硝态氮和亚硝态氮,它们容易被作物吸收利用。我国北方土壤多以碱解氮含量表示土壤中易被作物吸收利用的氮素。

一、耕地土壤全氮含量及分布特征

(一)不同区域耕地土壤全氮含量特征

1. 不同生态区域耕地土壤全氮含量特征

据 51298 个土壤样点统计,宁夏耕地土壤全氮平均含量为 0.88 g/kg,属于中等偏下水平;全氮含量最高达 3.0 g/kg,最低含量仅 0.07 g/kg。三大生态区域中,南部山区耕地土壤全氮含量最高,平均为 0.956 g/kg;中部干旱带耕地土壤全氮含量最低,平均仅为 0.568 g/kg(见表 4-20)。

表 4-20 宁夏不同生态类型区耕地土壤(0~20 cm)全氮含量统计表

区域	样本数(个)	平均值(g/kg)	标准差(g/kg)	变异系数(%)	极大值(g/kg)	极小值(g/kg)
全自治区	51298	0.880	0.340	38.67	3.000	0.070
自流灌区	26766	0.934	0.307	32.94	3.000	0.070
中部干旱带	8565	0.568	0.216	37.97	2.530	0.070
南部山区	15967	0.956	0.354	37.03	2.810	0.100

2. 不同市县耕地土壤全氮含量特征

宁夏 5 个地级市中,石嘴山市耕地土壤全氮含量最高,平均为 1.01 g/kg;其次为固原市和银川市,平均为 0.96 g/kg 和 0.90 g/kg;吴忠市耕地土壤全氮含量最低,平均为 0.76 g/kg。22 个县(市、区)中,惠农区、兴庆区、沙坡头区、泾源县和隆德县 5 个县耕地土壤全氮含量>1.0 g/kg;泾源县含量最高,平均为 1.25 g/kg;同心、红寺堡区和盐池县 3 个县(区)耕地土壤全氮含量<0.6 g/kg;盐池县含量最低,平均为 0.49 g/kg,比泾源县低 0.76 g/kg(见表4-21)。

(二)不同区域耕地土壤全氮含量分布特征

宁夏耕地土壤全氮含量主要集中在 0.5~1.0 g/kg 级别,该级别面积占总耕地面积的

表 4-21 宁夏各市县耕地土壤(0~20 cm)全氮含量统计表

市(县、区)	样本数 (个)	平均值 (g/kg)	标准差 (g/kg)	变异系数 (%)	极大值 (g/kg)	极小值 (g/kg)
石嘴山市	3595	1.01	0.25	25.08	2.26	0.08
大武口区	72	0.88	0.25	28.52	1.46	0.37
惠农区	2602	1.06	0.23	21.44	2.26	0.30
平罗县	921	0.87	0.26	30.43	1.80	0.08
银川市	12917	0.90	0.31	34.15	2.98	0.07
贺兰县	2337	0.95	0.25	26.13	2.90	0.17
兴庆区	1809	1.07	0.37	34.86	2.98	0.15
金凤区	744	0.75	0.38	50.58	1.98	0.07
西夏区	1975	0.69	0.26	38.58	2.54	0.11
永宁县	3072	0.88	0.26	29.77	2.00	0.08
灵武市	2980	0.97	0.25	26.05	2.12	0.12
吴忠市	11714	0.76	0.33	44.19	3.00	0.07
利通区	3377	0.96	0.35	36.01	2.47	0.07
青铜峡市	2834	0.94	0.25	27.01	3.00	0.10
同心县	2679	0.56	0.18	31.85	1.34	0.19
盐池县	1611	0.49	0.17	33.87	1.67	0.11
红寺堡区	1213	0.54	0.23	43.69	1.55	0.07
中卫市	7083	0.80	0.33	41.28	2.62	0.13
沙坡头区	1993	1.05	0.36	33.89	2.62	0.14
中宁县	2028	0.82	0.26	31.50	1.84	0.17
海原县	3062	0.63	0.24	38.35	2.53	0.13
固原市	15964	0.96	0.35	37.03	2.81	0.10
原州区	2680	0.85	0.34	39.96	2.81	0.21
西吉县	2866	0.88	0.28	32.10	2.74	0.30
彭阳县	3953	0.79	0.20	25.78	2.26	0.30
隆德县	3507	1.04	0.31	29.74	2.42	0.41
泾源县	2958	1.25	0.42	33.70	2.62	0.10
总计	51273	0.88	0.34	38.65	3.00	0.07

65.2%;其次为 1.0~1.5 g/kg 级别和<0.5 g/kg 级别,分别占总耕地 17.4% 和 16.8%;>2.0 g/kg 级别面积最小,仅占 0.04%(见表 4-22)。

五个地级市耕地土壤全氮含量均以 0.5~1.0 g/kg 级别为主,其他级别面积则差别较大;石嘴山市、银川市、固原市三市耕地土壤全氮含量均以 1.0~1.5 g/kg 级别面积位居第二;吴忠市、中卫市二市耕地土壤全氮含量则以<0.5 g/kg级别面积位居第二。石嘴山市和吴忠市耕地土壤全氮含量多<2.0 g/kg;固原市耕地土壤全氮含量>2.0 g/kg级别面积最大。

表4-22 宁夏各市县耕地土壤(0~20 cm)全氮含量分级面积统计表

单位:亩

县(市、区)	合计	全氮含量分级(g/kg)				
		<0.5	0.5~1.0	1.0~1.5	1.5~2.0	>2.0
全自治区	19351543	3241132	12618015	3373314	112068	7013
石嘴山市	1265102	3909	917922	342675	595	
大武口区	82625		76880	5745		
惠农区	297538	20	86568	210474	475	
平罗县	884939	3889	754474	126456	120	
银川市	2164826	237553	1280295	637362	9549	66
金凤区	154205	46294	55494	52206	211	
西夏区	267205	81191	177250	8764		
兴庆区	218176	19838	81664	108272	8402	
永宁县	513592	38400	349631	125561		
贺兰县	656633	34538	394810	226469	749	66
灵武市	355015	17293	221445	116090	187	
吴忠市	5176683	1925242	2624648	624347	2445	
利通区	465468	14625	257592	191004	2247	
青铜峡市	571059	6300	323600	240987	172	
同心县	2090194	744660	1186709	158825		
盐池县	1496817	926926	552073	17790	27	
红寺堡区	553145	232730	304674	15741		
中卫市	4594319	1004908	3170278	412622	6287	224
沙坡头区	1069663	97797	710065	255368	6208	224
中宁县	1006334	283403	626903	96027		
海原县	2518322	623707	1833309	61227	79	
固原市	6150613	69520	4624873	1356307	93191	6723
泾源县	265755	1221	47819	177260	38755	700
隆德县	609679		319253	277364	12522	540
彭阳县	1248802	19736	1170124	57523	1388	31
西吉县	2446748	4782	1837393	588667	15064	841
原州区	1579629	43781	1250283	255492	25463	4610

各县市中,大武口区耕地土壤全氮含量主要集中在 0.5~1.0 g/kg 和 1.0~1.5 g/kg 两个级别;同心县、红寺堡区、西夏区、永宁县 4 个县区耕地土壤全氮含量主要集中在<0.5 g/kg、0.5~1.0 g/kg 和 1.0~1.5 g/kg 三个级别;全氮含量<0.5 g/kg 级别盐池县面积最大,占该级别总面积的 28.6%;全氮含量为 0.5~1.0 g/kg 级别西吉县和海原县面积最大,分别占该级别总面积的 14.6% 和 14.5%;全氮含量为 1.0~1.5 g/kg 级别西吉县面积最大,占该级别总面积的 17.5%;全氮含量为 1.5~2.0 g/kg 级别泾源县面积最大,占该级别总面积的 34.6%。

(三)不同耕地土壤类型土壤全氮含量及分布特征

1. 耕地土壤类型土壤全氮含量特征

全自治区 8 个耕地土壤类型土壤全氮含量相比较,灰褐土土类土壤全氮含量最高,平均为 1.15 g/kg;其次为灌淤土类,土壤全氮含量平均为 1.01 g/kg;风沙土类土壤全氮含量最低,平均仅为 0.49 g/kg。19 个耕地土壤亚类中,表锈灌淤土、潮灌淤土、盐化灌淤土、潮黑垆土、典型黑垆土、暗灰褐土 6 个亚类土壤全氮平均含量高,均>1 g/kg;草原风沙土、典型灰钙土、盐化灰钙土 3 个亚类土壤全氮含量低,均<0.6 g/kg(见表 4-23)。

表 4-23 宁夏耕地土壤类型(0~20 cm)土壤全氮含量统计表

土壤类型	样本数(个)	平均值(g/kg)	标准差(g/kg)	变异系数(%)	极大值(g/kg)	极小值(g/kg)
潮土	5552	0.92	0.29	30.95	2.98	0.07
典型潮土	44	0.79	0.29	37.15	1.39	0.20
灌淤潮土	2258	0.93	0.28	29.96	2.22	0.10
盐化潮土	3250	0.92	0.29	31.52	2.98	0.07
风沙土	998	0.49	0.23	46.36	1.67	0.07
草原风沙土	998	0.49	0.23	46.36	1.67	0.07
灌淤土	16496	1.02	0.27	26.89	1.35	0.87
表锈灌淤土	8280	1.02	0.28	27.77	2.62	0.08
潮灌淤土	2500	1.03	0.28	27.02	2.43	0.15
典型灌淤土	653	0.93	0.22	23.50	1.66	0.25
盐化灌淤土	5063	1.02	0.26	25.49	2.90	0.18
黑垆土	4205	0.89	0.31	35.26	2.71	0.14
潮黑垆土	16	1.01	0.18	17.56	1.26	0.60
典型黑垆土	1604	1.02	0.33	32.26	2.71	0.27
黑麻土	2585	0.81	0.28	34.06	2.59	0.14
黄绵土	11509	0.79	0.29	36.58	2.81	0.13
黄绵土	11509	0.79	0.29	36.58	2.81	0.13
灰钙土	4142	0.59	0.23	39.20	3.00	0.11
草甸灰钙土	413	0.68	0.20	28.90	1.34	0.20
淡灰钙土	1974	0.61	0.25	40.91	3.00	0.11

续表

土壤类型	样本数 （个）	平均值 （g/kg）	标准差 （g/kg）	变异系数 （%）	极大值 （g/kg）	极小值 （g/kg）
典型灰钙土	616	0.49	0.15	31.61	1.08	0.15
盐化灰钙土	1139	0.59	0.23	38.84	1.54	0.14
灰褐土	1237	1.15	0.41	35.86	2.74	0.10
暗灰褐土	1237	1.15	0.41	35.86	2.74	0.10
新积土	7134	0.84	0.44	52.09	2.97	0.07
冲积土	172	0.78	0.32	40.90	1.82	0.23
典型新积土	6962	0.84	0.44	52.29	2.97	0.07
总计	51273	0.88	0.34	38.65	3.00	0.07

2. 耕地土壤类型土壤全氮含量分布特征

宁夏8个耕地土壤类型除风沙土和灰褐土外，其他6个土壤类型全氮含量均以0.5~1.0 g/kg级别面积最大；风沙土土壤全氮含量则以<0.5 g/kg级别面积最大（见表4-24）；灰褐土则以1.0~1.5 g/kg级别面积最大。19个土壤亚类中全氮含量<0.5 g/kg级别以黄绵土和典型新积土面积大，分别占该级别总面积的26.98%和20.6%；全氮含量为0.5~1.0 g/kg级别也以黄绵土和典型新积土面积大，分别占该级别总面积的43.8%和11.3%；全氮含量为1.0~1.5 g/kg级别以黄绵土和表锈灌淤土面积大，分别占该级别总面积的24.2%和11.2%；全氮含量为1.5~2.0 g/kg级别以典型新积土和暗灰褐土面积大，分别占该级别总面积的28.4%和20.7%；全氮含量>2.0 g/kg级别以典型黑垆土面积大，占该级别总面积的63.3%。

表4-24 宁夏耕地不同土壤类型(0~20 cm)全氮含量分级面积统计表

单位：亩

土壤类型	合计	全氮含量分级（g/kg）				
		<0.5	0.5~1.0	1.0~1.5	1.5~2.0	>2.0
总计	19351543	3241132	12618015	3373314	112068	7013
潮土	1341171	45627	907140	383948	4456	
典型潮土	14976	2935	10507	1378	157	
灌淤潮土	565647	17025	385303	161991	1328	
盐化潮土	760548	25668	511331	220579	2971	
风沙土	586998	368754	197138	21106		
草原风沙土	586998	368754	197138	21106		
灌淤土	2764049	2898	1509058	1237950	13853	291
表锈灌淤土	1172164	162	530806	633216	7756	224
潮灌淤土	564830	183	364152	197771	2724	
典型灌淤土	103973	106	75489	28378		
盐化灌淤土	923083	2448	538610	378585	3373	66

续表

土壤类型	合计	全氮含量分级(g/kg)				
		<0.5	0.5~1.0	1.0~1.5	1.5~2.0	>2.0
黑垆土	2215711	241299	1569497	382737	17321	4857
潮黑垆土	1902	112	804	986		
典型黑垆土	345398	7064	199105	126974	7819	4436
黑麻土	1868411	234124	1369588	254777	9502	421
黄绵土	7240865	874570	5528900	815688	20829	879
黄绵土	7240865	874570	5528900	815688	20829	879
灰钙土	2412363	1018505	1307345	86011	502	
草甸灰钙土	78096	9480	67945	670		
淡灰钙土	1405237	496182	868469	40361	225	
典型灰钙土	622124	406824	196754	18545		
盐化灰钙土	306907	106018	174177	26436	277	
灰褐土	367299	13236	133996	196627	23184	256
暗灰褐土	367299	13236	133996	196627	23184	256
新积土	2423088	676244	1464942	249248	31923	731
冲积土	53225	7524	40386	5209	106	
典型新积土	2369863	668719	1424556	244040	31817	731

二、耕地土壤碱解氮含量及分布特征

(一)耕地土壤碱解氮含量特征

1. 不同区域耕地土壤碱解氮含量特征

据49810个样点统计分析,全自治区耕地土壤碱解氮平均含量为60.95 mg/kg(见表4-25),属于中等偏下水平。碱解氮最高含量为297.8 mg/kg,最低仅为1.0 mg/kg,变异系数高达55.5%,说明耕地土壤碱解氮含量差异较大。三个不同生态类型区域耕地土壤碱解氮含量相比较,南部山区耕地土壤碱解氮含量最高,平均为69.93 mg/kg;中部干旱带耕地土壤碱解氮含量最低,平均为40.75 mg/kg。

表4-25 宁夏不同生态类型区耕地土壤(0~20 cm)碱解氮含量统计表

区域	样本数 (个)	平均值 (mg/kg)	标准差 (mg/kg)	变异系数 (%)	极大值 (g/kg)	极小值 (mg/kg)
全自治区	49810	60.94	33.49	54.95	298.10	1.00
自流灌区	25279	62.10	33.99	54.73	298.10	1.00
中部干旱带	8564	40.75	22.83	56.02	275.00	2.50
南部山区	15967	69.93	32.99	47.17	297.80	8.20

宁夏5个地级市耕地土壤碱解氮含量相比较,石嘴山市含量最高,平均为79.34 mg/kg;其次为固原市,平均为69.93 mg/kg;银川市和吴忠市耕地土壤碱解氮含量较低,分别为54.58 mg/kg和54.11 mg/kg;中卫市最低,平均为52.09 mg/kg,比石嘴山市低27.25 mg/kg。22个县(市、区)耕地土壤碱解氮含量以泾源县最高,平均为104.85 mg/kg;其次为兴庆区和惠农区,平均分别为91.50 mg/kg和80.86 mg/kg;永宁县、盐池县、红寺堡区、同心县和沙坡头区5个县耕地土壤碱解氮含量低,均<50 mg/kg;尤以永宁县含量最低,平均仅为19.66 mg/kg,比泾源县低85.19 mg/kg;且永宁县耕地土壤碱解氮含量变异系数高达83.64%,说明永宁县耕地碱解氮含量高低差异大,部分区域耕地土壤碱解氮含量高,部分区域耕地土壤碱解氮含量很低(见表4-26)。

表4-26 宁夏各市县耕地土壤(0~20 cm)碱解氮含量统计表

市(县、区)	样本数(个)	平均值(mg/kg)	标准差(mg/kg)	变异系数(%)	极大值(mg/kg)	极小值(mg/kg)
石嘴山市	3867	79.34	26.01	32.78	247.50	4.00
大武口区	75	50.24	17.03	33.89	90.10	18.90
惠农区	2656	80.86	25.80	31.91	247.50	10.00
平罗县	1136	77.71	25.78	33.17	227.00	4.00
银川市	10977	54.58	39.55	72.46	298.10	3.00
贺兰县	2337	65.57	31.25	47.65	287.00	10.00
兴庆区	1809	91.50	51.00	55.74	298.10	9.00
金凤区	744	71.47	35.49	49.66	234.50	8.40
西夏区	2133	52.73	24.56	46.58	250.10	7.40
永宁县	3125	19.66	16.44	83.63	167.40	3.00
灵武市	829	64.23	17.69	27.54	135.00	15.00
吴忠市	11751	54.11	28.94	53.48	258.00	2.20
利通区	3378	70.69	29.08	41.14	249.00	10.40
青铜峡市	2871	73.12	25.68	35.12	258.00	2.20
同心县	2679	35.53	12.13	34.13	99.40	8.40
盐池县	1611	31.32	10.88	34.73	88.00	8.00
红寺堡区	1212	34.26	15.76	46.01	127.40	2.50
中卫市	7225	52.09	25.45	48.87	275.00	1.00
沙坡头区	1993	47.42	18.56	39.14	97.80	7.00
中宁县	2170	55.30	22.17	40.09	150.66	1.00
海原县	3062	52.85	30.57	57.85	275.00	10.00
固原市	15964	69.93	32.99	47.18	297.80	8.20
原州区	2680	63.24	28.94	45.76	284.10	8.20
西吉县	2866	55.74	22.84	40.98	297.80	13.10

续表

市(县、区)	样本数 (个)	平均值 (mg/kg)	标准差 (mg/kg)	变异系数 (%)	极大值 (mg/kg)	极小值 (mg/kg)
彭阳县	3953	55.16	20.47	37.12	209.00	10.90
隆德县	3507	73.83	26.10	35.36	223.40	15.60
泾源县	2958	104.85	38.43	36.65	292.70	11.50
总计	49784	60.95	33.49	54.94	297.80	1.00

2. 不同耕地土壤类型土壤碱解氮含量特征

全自治区8个耕地土壤类型土壤碱解氮含量相比较(见表4-27),灰褐土类含量最高,平均为88.34 mg/kg;其次为灌淤土和潮土2个土类,平均分别为66.14 mg/kg和66.08 mg/kg;灰钙土和风沙土2个土类含量低,分别为41.50 mg/kg和38.02 mg/kg。19个亚类中,暗灰褐土、潮灌淤土、盐化灌淤土、典型黑垆土4个亚类土壤碱解氮含量>70 mg/kg;典型潮土、草原风沙土、淡灰钙土、盐化灰钙土、典型灰钙土5个亚类土壤碱解氮含量均<50 mg/kg,其中,典型灰钙土含量最低,平均仅为33.61 mg/kg,比暗灰褐土低54.73 mg/kg。

表4-27 宁夏耕地土壤类型土壤(0~20 cm)碱解氮含量统计表

土壤类型	样本数 (个)	平均值 (mg/kg)	标准差 (mg/kg)	变异系数 (%)	极大值 (mg/kg)	极小值 (mg/kg)
潮土	5018	66.08	30.31	45.86	292.60	2.00
典型潮土	45	44.22	22.37	50.57	92.00	2.50
灌淤潮土	2003	65.83	32.83	49.87	292.60	2.00
盐化潮土	2970	66.58	28.47	42.75	247.50	4.00
风沙土	989	38.02	20.69	54.41	227.00	3.10
草原风沙土	989	38.02	20.69	54.41	227.00	3.10
灌淤土	15268	66.14	36.57	55.30	114.80	1.00
表锈灌淤土	7545	59.97	34.65	57.78	298.10	1.00
潮灌淤土	2490	79.63	42.96	53.95	292.60	3.40
典型灌淤土	639	52.39	29.09	55.54	169.00	1.00
盐化灌淤土	4594	70.88	33.86	47.77	292.60	3.00
黑垆土	4205	62.27	27.49	44.14	297.80	10.90
潮黑垆土	16	69.74	19.55	28.03	106.20	41.00
典型黑垆土	1604	73.60	27.45	37.30	275.60	10.90
黑麻土	2585	55.19	25.08	45.45	297.80	10.90
黄绵土	11509	55.94	25.50	45.58	284.10	8.20
黄绵土	11509	55.94	25.50	45.58	284.10	8.20
灰钙土	4361	41.50	21.04	50.70	235.00	2.00
草甸灰钙土	437	50.42	19.45	38.57	187.30	12.40

续表

土壤类型	样本数 (个)	平均值 (mg/kg)	标准差 (mg/kg)	变异系数 (%)	极大值 (mg/kg)	极小值 (mg/kg)
淡灰钙土	2092	40.99	21.86	53.32	211.00	2.00
典型灰钙土	616	33.61	21.04	62.58	235.00	8.00
盐化灰钙土	1216	43.15	18.52	42.92	116.00	3.20
灰褐土	1237	88.34	37.36	42.29	277.20	22.60
暗灰褐土	1237	88.34	37.36	42.29	277.20	22.60
新积土	7197	63.85	40.95	64.13	292.70	2.00
冲积土	199	53.96	28.01	51.90	184.80	12.00
典型新积土	6998	64.13	41.23	64.28	292.70	2.00
总计	49784	60.95	33.49	54.94	297.80	1.00

(二)耕地土壤碱解氮含量分布特征

1. 不同区域耕地土壤碱解氮含量分布特征

宁夏耕地土壤碱解氮含量主要集中在<50 mg/kg 和 50~100 mg/kg 两个级别，分别占宁夏耕地总面积49.8%和46.4%；100~150 mg/kg 级别面积较小，占宁夏耕地总面积的3.4%；>200 mg/kg 级别面积最小，仅占 0.04%（见表 4-28）。5 个地级市石嘴山市、银川市和固原市耕地土壤碱解氮含量均以 50~100 mg/kg 级别面积最大，其次为<50 mg/kg 级别；吴忠市和中卫市则相反，其耕地土壤碱解氮含量面积最大的级别为<50 mg/kg 级别，其次为 50~100 mg/kg 级别；石嘴山市和吴忠市耕地土壤碱解氮含量多<200 mg/kg。

全自治区各县(市、区)中，大武口区、盐池县、红寺堡区、沙坡头区四个县区耕地土壤碱解氮含量集中分布在<50 mg/kg 和 50~100 mg/kg 两个级别；碱解氮含量<50 mg/kg 级别以同心县和盐池县面积最大，分别占该级别总面积的 20.6%和 15.3%；泾源县面积最小，仅486 亩。碱解氮含量50~100 mg/kg 级别以西吉县和海原县面积大，分别占该级别总面积的 17.0%和 12.7%；大武口区面积最小，仅 12061 亩。碱解氮含量 100~150 mg/kg 级别以泾源县和海原县面积大，分别占该级别总面积的 16.8%和 15.8%。碱解氮含量150~200 mg/kg 级别也以泾源县和海原县面积大，分别占该级别总面积的 31.8%和 27.9%。碱解氮含量>200 mg/kg 集中分布在兴庆区、西夏区、海原县、西吉县、泾源县及原州区等，其中，西吉县面积最大，占该级别总面积的 62.9%。

2. 不同土壤类型土壤碱解氮含量分布特征

全自治区 8 个耕地土壤类型中，潮土、灌淤土、黑垆土及灰褐土 4 个土类碱解氮含量以 50~100 mg/kg 级别面积大；而风沙土、黄绵土、灰钙土及新积土 4 个土类碱解氮含量以<50 mg/kg 级别面积大（见表 4-29）。

不同亚类土壤碱解氮含量各级别面积差异较大。潮黑垆土亚类土壤碱解氮含量集中分布在 50~100 mg/kg 级别。碱解氮含量<50 mg/kg 级别以黄绵土面积最大，占该级别总面

表4-28 宁夏各县市耕地土壤(0~20 cm)碱解氮含量分级面积统计表

单位:亩

县(市、区)	合计	碱解氮含量分级(mg/kg)				
		<50	50~100	100~150	150~200	>200
全自治区	19351543	9642178	8982913	653083	64154	9215
石嘴山市	1265102	129323	1008174	126599	1006	
大武口区	82625	70564	12061			
惠农区	297538	15303	250143	32092		
平罗县	884939	43456	745970	94507	1006	
银川市	2164826	918399	1160970	69558	15246	653
金凤区	154205	31729	108055	14419	2	
西夏区	267205	148981	115141	3041	22	19
兴庆区	218176	34210	132786	36297	14251	632
永宁县	513592	465593	46302	1698		
贺兰县	656633	165018	477184	13459	970	1
灵武市	355015	72868	281502	645		
吴忠市	5176683	4117649	1011148	47842	44	
利通区	465468	109474	328379	27615		
青铜峡市	571059	34912	519125	16978	44	
同心县	2090194	1987834	99111	3249		
盐池县	1496817	1471915	24902			
红寺堡区	553145	513514	39631			
中卫市	4594319	2529375	1941481	103313	17881	2269
沙坡头区	1069663	637470	432194			
中宁县	1006334	636017	370206	111		
海原县	2518322	1255889	1139082	103201	17881	2269
固原市	6150613	1947432	3861140	305771	29977	6293
泾源县	265755	486	134531	110003	20390	346
隆德县	609679	120799	420692	65608	2579	
彭阳县	1248802	497378	744691	6562	172	
西吉县	2446748	872712	1530719	34778	2739	5800
原州区	1579629	456057	1030508	88821	4097	147

积的38.8%;其次为典型新积土,占16.9%;典型潮土面积最小,仅占0.09%。碱解氮含量50~100 mg/kg级别以黄绵土面积最大,占该级别37.1%;其次为黑麻土,占10.7%;潮黑垆土面积最小,仅占0.02%。碱解氮含量100~150 mg/kg级别以黄绵土面积最大,占该级别

表 4-29　宁夏耕地不同土壤类型(0~20 cm)碱解氮含量分级面积统计表

单位:亩

土壤类型	合计	碱解氮含量分级(mg/kg)				
		<50	50~100	100~150	150~200	>200
总计	19351543	9642178	8982913	653083	64154	9215
潮土	1341171	311433	956614	69281	3632	211
典型潮土	14976	8434	6471	71		
灌淤潮土	565647	130659	400425	32997	1390	175
盐化潮土	760548	172340	549718	36213	2242	36
风沙土	586998	486941	99849	207		
草原风沙土	586998	486941	99849	207		
灌淤土	2764049	516728	2069401	164813	12664	442
表锈灌淤土	1172164	318463	807378	43685	2423	215
潮灌淤土	564830	45401	450771	61653	6907	97
典型灌淤土	103973	24683	78426	864		
盐化灌淤土	923083	128181	732826	58612	3334	130
黑垆土	2215711	895695	1210621	98330	8297	2768
潮黑垆土	1902		1902			
典型黑垆土	345398	57857	247501	38561	1478	1
黑麻土	1868411	837838	961219	59768	6819	2767
黄绵土	7240865	3740333	3329502	153799	12955	4276
黄绵土	7240865	3740333	3329502	153799	12955	4276
灰钙土	2412363	1982630	424365	5256	112	
草甸灰钙土	78096	45891	31945	259		
淡灰钙土	1405237	1126617	278078	542		
典型灰钙土	622124	580144	38401	3467	112	
盐化灰钙土	306907	229978	75941	988		
灰褐土	367299	49266	243645	63021	11262	105
暗灰褐土	367299	49266	243645	63021	11262	105
新积土	2423088	1659151	648914	98376	15233	1413
冲积土	53225	30623	22057	175		370
典型新积土	2369863	1628528	626857	98201	15233	1043

总面积的 23.5%;其次为典型新积土,占 15.0%;典型潮土面积最小,仅 71 亩。碱解氮含量
150~200 mg/kg 级别主要分布在除典型潮土、草原风沙土、典型灌淤土、潮黑垆土、草甸灰
钙土、淡灰钙土、盐化灰钙土和冲积土以外的其他 11 个亚类,其中典型新积土面积最大,

占该级别总面积的 23.7%；其次为黄绵土，占 20.2%。碱解氮含量> 200 mg/kg 级别主要分布在灌淤潮土、盐化潮土、表锈灌淤土、潮灌淤土、盐化灌淤土、黑麻土、黄绵土、暗灰褐土和典型新积土等亚类，其中黄绵土面积最大，占该级别总面积 46.4%；其次为黑麻土，占 30.0%。

三、影响耕地土壤氮素含量主要因素

耕作土壤氮素的来源主要为生物固氮、降水、灌溉水和地下水、施入土壤中的含氮肥料。土壤中有机氮含量与有机质含量呈正相关，影响土壤的有机质数量和有机质分解的因素包括水热条件、土壤质地等，都会对土壤氮素含量产生显著影响。另外，土壤中氮素含量受耕作、施肥、灌溉及利用方式的影响，变异很大。

（一）土壤有机质与土壤氮素含量

耕地土壤全氮含量与土壤有机质含量之间呈明显的正相关，其相关系数为 0.73~0.95。从耕地主要土壤类型土壤全氮和碱解氮含量可看出，全氮含量高的土壤类型碱解氮含量也相应较高。灰褐土土类其土壤全氮和碱解氮含量均居全自治区 8 个耕地土壤类型之首，其全氮平均含量为 1.15 g/kg，碱解氮平均含量为 88.34 mg/kg；风沙土土类土壤全氮与碱解氮含量最低，其全氮平均含量为 0.49 g/kg，碱解氮平均为 38.02 mg/kg。因此，土壤全氮与碱解氮含量之间在耕种施肥活动的影响下也呈一定的正相关。

（二）灌溉耕种施肥活动与土壤氮素含量

人类灌溉、耕种、施肥等活动对耕地土壤全氮含量有着重要的影响。宁夏自流灌区的灌淤土类，是引黄灌区重要的耕种土壤类型，种植投入大，其耕层土壤全氮平均含量 1.02 g/kg，且占该土类总面积 45.3% 的农田土壤全氮含量>1.0 g/kg；黄绵土是宁夏南部山区旱作农业的主要土壤类型，受人为灌溉耕种施肥活动强度影响远低于灌淤土类，其土类耕层全氮平均含量 0.79 g/kg，比灌淤土类少 0.21 g/kg；且占该土类总面积 88.4% 土壤全氮含量<1.0 g/kg。潮土土类中灌淤潮土和典型潮土 2 个亚类，也因其灌溉耕种施肥活动强度不同，其耕层全氮平均含量差异较大，灌淤潮土全氮平均含量 0.93 g/kg，比典型潮土全氮平均含量 0.79 g/kg 高 0.14 g/kg；灌淤潮土亚类受耕种施肥活动影响大于典型潮土亚类，不仅全氮平均含量高，且占该亚类总面积的 28.8% 农田土壤全氮含量>1.0 g/kg；典型潮土则有89.8% 农田土壤全氮含量<1.0 g/kg。设施农业因其经济效益高，耕种施肥活动强度远高于露地粮食作物，以银川市兴庆区为例，日光温室一年种植 2~3 茬；且每年亩施有机肥500~3000 kg 不等，致使日光温室土壤全氮平均含量高达 1.6 g/kg，比露地粮食作物土壤全氮（1.0 g/kg）高 60%（见表 4-30）。

人类耕种施肥活动也是影响土壤碱解氮含量的重要因素。灌淤土是引黄灌区的主要耕种土壤类型，其土壤碱解氮含量较高，平均为 66.14 mg/kg；且占该土类总面积的 81.3% 土壤碱解氮含量>50 mg/kg。黄绵土是宁夏南部旱作农业主要土壤类型，受人为灌溉耕种施肥活动远低于灌淤土，其土壤碱解氮含量也较低，平均为 55.94 mg/kg，比灌淤土类低

10.2 mg/kg,且占该土类总面积 51.7%土壤碱解氮含量<50 mg/kg。引黄灌区的灌淤潮土和典型潮土 2 个亚类,其成土母质相同,但由于灌溉耕种施肥活动的强度不同,其土壤碱解氮含量也不同;受灌溉耕种施肥活动影响大的灌淤潮土亚类土壤碱解氮含量较高,平均为 65.83 mg/kg,比灌溉耕种施肥活动强度小的典型潮土亚类土壤碱解氮平均含量44.22 mg/kg 高 21.61 mg/kg;灌淤潮土亚类 76.9%农田土壤碱解氮含量>50 mg/kg;典型潮土亚类 56.3%农田土壤碱解氮含量<50 mg/kg。日光温室耕种施肥活动强度远远高于露地粮食作物,故其土壤碱解氮含量高达 179.1 mg/kg,是露地粮食作物土壤碱解氮含量67.4 mg/kg 的 2.65 倍。从兴庆区日光温室蔬菜和露地粮食作物土壤全氮和碱解氮含量水平可以看出,耕种施肥活动强度越大,对土壤氮素含量影响越大。

表 4-30　银川市兴庆区不同种植条件土壤(0~20 cm)全氮和碱解氮含量统计表

项目	种植作物	样本数(个)	平均值	标准差	变异系数(%)	极大值	极小值
全氮(g/kg)	露地粮食作物	1804	1.0	0.1	36.1	2.8	0.1
	日光温室蔬菜	1654	1.6	0.6	39.3	4.3	0.2
碱解氮(mg/kg)	露地粮食作物	1787	67.4	25.0	37.1	198.4	9.5
	日光温室蔬菜	1654	179.1	118.7	66.2	931.7	10.9

(三)成土母质与土壤氮素含量

成土母质类型也是影响土壤氮素含量的重要因素之一。暗灰褐土因其成土母质是全氮含量较高的山地残积母质,故由其形成的暗灰褐土亚类耕层全氮含量高达 1.15 g/kg;而来源于六盘山洪积冲积物的厚阴黑土和夹黏阴黑土 2 个土种,因其母质全氮含量高,故其耕层全氮含量也高达 1.22 g/kg;由灌水淤积物母质形成的灌淤土类,因其灌溉淤积物土壤全氮含量较高,因此,灌淤土类耕层全氮含量也较高,平均为 1.02 g/kg;成土母质为第四纪洪积冲积物的灰钙土类,因其母质全氮含量低,故该土类耕层全氮平均含量仅为 0.59 g/kg;而由风积母质形成的风沙土,其全氮含量更低,仅为 0.49 g/kg(见表 4-31)。从以上分析可看出,成土母质直接影响着其形成的土壤类型的特性。

表 4-31　成土母质类型与耕地土壤(0~20 cm)全氮含量统计表

成土母质类型		土壤类型	样本数(个)	平均值(g/kg)	标准差(g/kg)	变异系数(%)	极大值(g/kg)	极小值(g/kg)
残积母质		暗灰褐土亚类	1237	1.15	0.41	35.86	2.74	0.1
洪积冲积物	六盘山洪积冲积物	厚阴黑土、夹黏阴黑土土种	2545	1.22	0.43	35.25	2.62	0.1
	第四纪洪积冲积物	灰钙土类	4142	0.59	0.23	39.2	3	0.11
冲积母质		冲积土亚类、典型潮土亚类	216	0.78	0.32	40.9	1.82	0.2
黄土母质		黄绵土类	11509	0.79	0.29	36.58	2.81	0.1
风积母质		风沙土类	998	0.49	0.23	46.36	1.67	0.1
灌水淤积物		灌淤土类	16496	1.02	0.27	26.89	1.35	0.9

成土母质类型不仅影响着土壤全氮含量,且也直接影响着土壤碱解氮含量。其成土母质为六盘山洪积冲积物和六盘山残积母质的厚阴黑土、夹黏阴黑土土种及暗灰褐土亚类,其土壤碱解氮含量高,平均分别为101.8 mg/kg和88.34 mg/kg;成土母质为河流冲积物和第四纪洪积冲积物的冲积土、典型潮土亚类及灰钙土类,因其成土母质养分含量低,故其形成的土壤碱解氮含量也较低,平均分别为52.16 mg/kg和41.5 mg/kg;而由风积母质形成的风沙土类,土壤碱解氮含量最低,平均仅为38.02 mg/kg,远远低于其他成土母质形成的土壤类型土壤碱解氮含量(见表4-32)。

表4-32　成土母质类型与耕地土壤(0~20 cm)碱解氮含量统计表

成土母质类型		土壤类型	样本数(个)	平均值(mg/kg)	标准差(mg/kg)	变异系数(%)	极大值(mg/kg)	极小值(mg/kg)
残积母质		暗灰褐土亚类	1237	88.34	37.36	42.29	277.2	22.6
洪积冲积物	六盘山洪积冲积物	厚阴黑土、夹黏阴黑土土种	2545	101.8	38.8	38.11	292.7	11.5
	第四纪洪积冲积物	灰钙土类	4361	41.5	21.04	50.7	235.0	2.0
冲积母质		冲积土亚类、典型潮土亚类	244	52.16	26.97	51.7	184.8	2.5
黄土母质		黄绵土类	11509	55.94	25.5	45.58	284.1	8.2
风积母质		风沙土类	989	38.02	20.69	54.41	227.0	3.1
灌水淤积物		灌淤土类	15268	66.14	36.57	55.3	114.8	1.0

（四）土壤质地与土壤氮素含量

由表4-33可看出,随着土壤质地由沙变黏,土壤全氮含量也随着增加。耕层质地为沙土,全氮平均含量最低,仅为0.59 g/kg;耕层质地为黏土,全氮含量最高,平均为1.07 g/kg。土壤质地组成中,其黏粒含量与土壤全氮含量呈一定程度的正相关(见表4-34),黏粒含量越高,全氮含量越高。壤质沙土黏粒含量最低,仅占各颗粒组成的5.8%,其全氮含量也最低,仅为0.12 g/kg;黏土黏粒含量占29.7%,全氮含量高达1.04 g/kg。各土种土壤质地也显现出土壤全氮含量由低向高,依次为沙土<沙壤土<黏壤土<黏土;黏土全氮含量最高的特性。可见,土壤质地对土壤全氮含量的高低有着重要的影响。

表4-33　不同土壤质地耕地土壤(0~20 cm)全氮含量统计表

土壤质地	样点数(个)	平均值(g/kg)	标准差(g/kg)	变异系数(%)	极大值(g/kg)	极小值(g/kg)
沙土	3251	0.59	0.27	46.46	2.02	0.07
沙壤土	5462	0.67	0.27	40.52	2.47	0.07
壤土	41713	0.93	0.33	35.74	3.0	0.08
黏壤土	484	1.00	0.33	33.19	2.22	0.1
黏土	79	1.07	0.29	26.74	1.82	0.07

表 4-34　土壤质地组成与耕地土壤(0~20 cm)全氮含量统计表

土种名称	不同粒径的颗粒组成%					土壤质地名称	全氮(g/kg)
	石砾	粗砂粒	细砂粒	粉(砂)粒	黏粒		
	>2.0 mm	2.0~0.2 mm	0.2~0.02 mm	0.02~0.002 mm	<0.002 mm		
盐池定沙土	/	20.62	72.57	1.01	5.8	壤质沙土	0.12
砂白脑土	/	9.57	62.74	12.73	14.96	砂质壤土	0.38
黄白泥土	/	1.03	68.83	16.95	13.19	砂质壤土	0.54
底锈黑垆土	/	0.22	58.74	25.23	15.81	砂质黏壤土	0.8
盐绵土	/	3.69	52.87	27.14	16.3	砂质黏壤土	0.76
漏沙新户土	/	0.25	43.57	37.92	18.26	黏壤土	0.68
黏层新户土	/	1.26	47.5	30.55	20.69	黏壤土	0.74
孟塬黑垆土	/	0.08	43.06	38.68	18.18	黏壤土	1.03
厚黄淤土	/	1.37	41.54	36.83	20.26	黏壤土	1.09
厚麻土	/	3.75	40.11	34.53	21.61	黏壤土	1.03
轻盐锈土	/	0.28	24.54	45.51	29.67	粉砂质黏土	1.04

　　土壤质地不同,土壤碱解氮含量也不同。沙土碱解氮含量最低,平均为 42.8 mg/kg(见表 4-35),黏土碱解氮含量最高,平均为 89.16 mg/kg,是沙土土壤碱解氮含量的 2.08 倍。随着土壤质地由沙土→沙壤土→壤土→黏壤土→黏土的变化,土壤碱解氮含量也随之增加,可见土壤质地对土壤碱解氮含量也有一定的影响。

表 4-35　不同土壤质地耕地土壤(0~20 cm)碱解氮含量统计表

土壤质地	样点数(个)	平均值(mg/kg)	标准差(mg/kg)	变异系数(%)	极大值(mg/kg)	极小值(mg/kg)
沙土	3203	42.80	23.71	55.4	227.0	2.2
沙壤土	5325	45.35	22.5	49.62	235.2	2.0
壤土	40514	64.32	34.29	53.31	298.1	1.0
黏壤土	478	71.04	32.67	45.99	225.8	8.1
黏土	78	89.16	35.88	40.25	205.4	23.8

四、耕地土壤氮素含量变化趋势

（一）耕地土壤全氮含量变化趋势

1. 不同区域耕地土壤全氮含量变化趋势

　　全自治区耕地土壤全氮含量与土壤普查时相比较呈增加趋势,全氮平均含量由 0.70 g/kg 增加到 0.88 g/kg,增幅 25.7%,年均增幅 0.9%(见表 4-36)。18 个县(市、区)土壤全氮含量与土壤普查时相比较,14 个县土壤全氮含量呈增加趋势,其中,灵武市、惠农区、利通区、隆德县 4 个县土壤全氮绝对含量增加 0.24~0.27 g/kg,尤以灵武市土壤全氮含量增幅较大,达 38.6%,年增幅 1.43%;彭阳县、西吉县、同心县、贺兰县和银川市区5个县土壤全氮含量增幅小,全氮绝对含量仅增 0.05~0.09 g/kg,其中,贺兰县增幅最小,仅为 5.56%,年增幅 0.2%。海原县、原州区、平罗县、永宁县 4 个县(区)土壤全氮含量趋于降低,全氮绝对含量降低 0.02~0.07 g/kg,其中,海原县土壤全氮含量降低幅度较大,由0.70 g/kg 降低到 0.63 g/kg,降低幅度 10%,年降幅 0.3%;永宁县全氮含量降低幅度最小,仅为 2.2%,年降幅 0.08%。

表 4–36　宁夏不同时期各县耕地土壤(0~20 cm)全氮含量统计表

县(市、区)	时间	样本数(个)	平均值(g/kg)	2012 年—1985 年平均值	标准差(g/kg)	变异系数(%)	极大值(g/kg)	极小值(g/kg)
全自治区	1985 年	2347	0.70	+0.18	0.5	68.9	4.94	0.02
	2012 年	51273	0.88		0.34	38.65	3.0	0.70
惠农区	1985 年	85	0.80	+0.26	0.23	27.7	1.3	0.15
	2012 年	2674	1.06		0.23	21.44	2.26	0.30
平罗县	1985 年	204	0.90	−0.03	0.21	23.1	1.7	0.47
	2012 年	921	0.87		0.26	30.43	1.8	0.80
贺兰县	1985 年	152	0.90	+0.05	0.23	25.9	1.3	0.12
	2012 年	2337	0.95		0.25	26.13	2.9	0.17
永宁县	1985 年	91	0.90	−0.02	0.18	19.5	1.3	0.31
	2012 年	3072	0.88		0.26	29.77	2.0	0.08
银川市区	1985 年	140	0.80	+0.05	0.24	29.9	1.5	0.25
	2012 年	4528	0.85		0.32	37.6	2.98	0.07
灵武市	1985 年	85	0.70	+0.27	0.23	31.2	1.3	0.17
	2012 年	2980	0.97		0.25	26.05	2.12	0.12
利通区	1985 年	84	0.70	+0.26	0.22	30.0	1.1	0.20
	2012 年	3377	0.96		0.35	36.01	2.47	0.07
青铜峡市	1985 年	105	0.80	+0.14	0.19	24.0	1.2	0.03
	2012 年	2834	0.94		0.25	27.01	3.0	0.10
沙坡头区	1985 年	58	0.90	+0.15	0.23	25.4	1.34	0.19
	2012 年	1993	1.05		0.36	33.89	2.62	0.14
中宁县	1985 年	100	0.70	+0.12	0.19	25.8	1.1	0.22
	2012 年	2028	0.82		0.26	31.5	1.84	0.17
同心县	1985 年	65	0.50	+0.06	0.25	47.2	1.63	0.12
	2012 年	2679	0.56		0.18	31.85	1.34	0.19
盐池县	1985 年	22	0.30	+0.19	0.14	56.7	0.55	0.02
	2012 年	1611	0.49		0.17	33.87	1.67	0.11

续表

县(市、区)	时间	样本数（个）	平均值（g/kg）	2012年—1985年平均值	标准差（g/kg）	变异系数（%）	极大值（g/kg）	极小值（g/kg）
海原县	1985年	79	0.70	−0.07	0.51	78.4	3.9	0.14
	2012年	3062	0.63		0.24	38.35	2.53	0.13
原州区	1985年	412	0.90	−0.05	0.84	93.5	4.94	0.37
	2012年	2680	0.85		0.34	39.96	2.81	0.21
西吉县	1985年	327	0.80	+0.08	0.5	59.3	2.94	0.34
	2012年	2866	0.88		0.28	32.1	2.74	0.30
彭阳县	1985年	227	0.70	+0.09	0.42	62.0	1.22	0.27
	2012年	3953	0.79		0.2	25.78	2.26	0.30
隆德县	1985年	76	0.80	+0.24	0.5	62.4	2.72	0.36
	2012年	3507	1.04		0.31	29.74	2.42	0.41
泾源县	1985年	16	1.10	+0.15	0.52	48.2	2.24	0.53
	2012年	2958	1.25		0.42	33.7	2.62	0.10

备注：1985年数据来源于《宁夏土壤》P342,表15-4；银川市区是指金凤、西夏和兴庆区三区之和，与土壤普查时银川郊区所辖区域基本一致；惠农区是指惠农区和大武口之和，与土壤普查时惠农区相对应。

2. 耕地长期定位监测点土壤全氮含量变化趋势

由表4-37可看出,12个监测点中,7个监测点土壤全氮含量变化趋于增加,其中,永宁县望洪乡露地蔬菜地土壤全氮含量增加明显,由0.85 g/kg增加到1.64 g/kg；兴庆区掌

表4-37　宁夏耕地长期定位监测点土壤(0~20 cm)全氮含量统计表

单位:g/kg

时间	自流灌区						扬黄灌区			南部山区		
	常年旱作地（平罗高庄）	稻旱轮作地（青铜峡小坝）	常年稻作地（兴庆掌政）	露地蔬菜（永宁望洪）	设施蔬菜（兴庆掌政）	枸杞地（中宁舟塔）	酿酒葡萄地（青铜峡邵岗）	玉米地（同心丁塘）	玉米地（盐池花马池）	设施蔬菜（彭阳红河）	玉米地（彭阳白阳）	马铃薯地（海原树台）
2001年	0.95	0.78	1.05					0.5				
2003年	0.91	0.73	1.0	0.85	1.44	0.94	0.31		0.54	0.6	0.6	0.53
2005年	0.95		1.02	0.95	1.4							
2006年							0.37		0.52	0.89	0.72	
2009年	1.04			1.28					0.57			0.99
2011年	0.93			1.01		1.15		0.51	0.61	0.76	0.64	
2012年	1.05	0.64	1.44	1.2	1.05			0.67	0.47			
2013年				1.19		0.96			0.65			0.56
2014年	1.2	0.76	1.28	1.29	1.48	1.23	0.32	0.42	0.59	0.89	0.84	0.57
2015年	0.96	0.8	1.63	1.64	0.85	1.02	0.55	0.6	0.43	0.86	0.67	0.51

政设施蔬菜地、盐池县花马池玉米地 2 个监测点土壤全氮含量变化呈降低趋势；其他 3 个监测点土壤全氮含量变化趋于稳定。

3. 耕地土壤类型土壤全氮含量变化趋势

与土壤普查时期相比较，宁夏引黄灌区主要耕种土壤类型灌淤土类和灌淤潮土亚类土壤全氮含量呈增加趋势，灌淤潮土增加趋势更加明显，其全氮平均含量由 0.6 g/kg 增加到 0.93 g/kg，绝对含量净增 0.33 g/kg，增幅 55%，年增幅达 2.03%；灌淤土类土壤全氮含量净增 0.22 g/kg，增幅 27.5%，年增幅 1.0%。南部山区主要旱作土壤类型黑垆土土类土壤全氮含量趋于降低，由土壤普查时的 1.0 g/kg 降低到 0.89 g/kg，绝对含量降低 0.11 g/kg，降低幅度 11%，年降幅 0.4%。黑垆土类土壤全氮含量不同时期相比较的变化趋势与其土壤有机质含量变化趋势相一致，这与该土类原始土壤有机质含量高，农民重用轻养有密切的关系。缃黄土土种是旱作农业区重要的耕种土壤，与土壤普查时期相比较，土壤全氮含量趋于增加，其平均含量由 0.7 g/kg 增加到 0.81 g/kg，净增 0.11 g/kg，增幅 15.7%，年增幅 0.58%（见表 4-38）。

表 4-38　宁夏不同时期耕地土壤类型土壤（0~20 cm）全氮含量统计表

土壤类型	时间	样点数（个）	平均值（g/kg）	标准差（g/kg）	变异系数（%）	极大值（g/kg）	极小值（g/kg）
灌淤土土类	1985 年	435	0.8	0.27	33.75		
	2012 年	16496	1.02	0.27	26.89	1.35	0.87
灌淤潮土亚类	1985 年	60	0.6	0.3	50.8	1.3	0.20
	2012 年	2258	0.93	0.28	29.96	2.22	0.10
黑垆土类	1985 年	281	1.0				
	2012 年	4205	0.89	0.31	35.26	2.71	0.14
缃黄土土种	1985 年	102	0.7	0.32	70.3	2.4	0.20
	2012 年	8640	0.81	0.28	34.56	2.81	0.14

（二）耕地土壤碱解氮含量变化趋势

1. 不同区域耕地土壤碱解氮含量变化趋势

土壤普查时期全自治区耕地土壤碱解氮平均为 47~84 mg/kg，其中，引黄灌区耕地土壤碱解氮含量较高，平均为 58~84 mg/kg；南部山区耕地土壤碱解氮含量较低，平均为 47~68 mg/kg。2012 年全自治区耕地土壤碱解氮平均含量为 60.95 mg/kg，各县市耕地土壤碱解氮平均含量为 19.66~104.85 mg/kg；引黄灌区各县市耕地土壤碱解氮平均含量为 19.66~91.50 mg/kg；南部山区各县耕地土壤碱解氮平均含量为 31.32~104.85 mg/kg。与土壤普查时相比较，耕地土壤碱解氮含量变幅增大，反映出宁夏农田施用氮素化肥用量差异较大；引黄灌区耕地土壤碱解氮含量低值比土壤普查时期还低，其绝对含量降低 38.34 mg/kg，这与永宁县开发利用征沙渠沙荒地土壤碱解氮含量低有关。

2. 耕地长期定位监测点土壤碱解氮含量变化趋势

由表4-39可以看出,各监测点土壤碱解氮含量变化不稳定,年际间有增有减,其中,2个设施蔬菜地及露地蔬菜地土壤碱解氮含量年际间变化较大,高达221 mg/kg,低至30 mg/kg,这可能与年际间蔬菜地施用氮肥数量差异较大,施用氮肥数量大的年份残存在土壤中的碱解氮含量高;反之,则相反。

表4-39 宁夏耕地长期定位监测点土壤(0~20 cm)碱解氮含量统计表

单位:mg/kg

时间	自流灌区						扬黄灌区			南部山区		
	常年旱作地(平罗高庄)	稻旱轮作地(青铜峡小坝)	常年稻地(兴庆掌政)	露地蔬菜(永宁望洪)	设施蔬菜(兴庆掌政)	枸杞地(中宁舟塔)	酿酒葡萄地(青铜峡邵岗)	玉米地(同心丁塘)	玉米地(盐池花马池)	设施蔬菜(彭阳红河)	玉米地(彭阳白阳)	马铃薯地(海原树台)
2001 年	21.9	42.1	57.0					24.3				
2003 年	97.3	51.1	77.4	84.5	116.8	72.4	26.6		34.8	38.0	28.8	30.5
2005 年	56.1		77.2	48.8	107.0							
2006 年							23.3		38.9	46.2	35.0	
2009 年	70.4			121.7					41.5			52.1
2011 年	49.0			69.0		83.0		30.0	69.0	125.0	56.0	
2012 年	79.0	40.0	84.0	110.0	93.0			64.0	35.0			
2013 年				30.0		65.0			33.0			28.0
2014 年	107.0	68.0	71.0	108.0	221.0	97.0	21.0	36.0	43.0	106.0	59.0	53.0
2015 年	79.0	50.0	106.0	125.0	50.0	64.0	23.0	40.0	36.0	71.0	70.0	58.0

3. 耕地土壤类型土壤碱解氮含量变化趋势

与土壤普查时期相比,引黄灌区耕地主要土壤类型灌淤土类和灌淤潮土亚类土壤碱解氮含量变化趋势不同。灌淤潮土亚类土壤碱解氮含量呈增加趋势,其平均含量由40.5 mg/kg增加到65.83 mg/kg(见表4-40),净增25.33 mg/kg,增幅62.54%,年增幅2.32%;灌淤土类土壤碱解氮含量趋于降低,其平均含量由70 mg/kg降低到66.14 mg/kg,绝对含量降低3.86 mg/kg,降幅5.5%,年降幅0.2%。南部旱作农业主要耕作土壤类型絪黄土土种和黑垆土土类土壤碱解氮含量变化趋势也不同。与土壤普查时相比较,絪黄土土种耕地土壤碱解氮含量呈增加趋势,其平均含量由46 mg/kg增加到56.79 mg/kg,净增16.79 mg/kg,增幅36.5%,年增幅1.35%;黑垆土类耕地土壤碱解氮含量趋于降低,其平均含量由68.3 mg/kg降低到62.27 mg/kg,绝对含量降低6.03 mg/kg,降幅8.83%,年降幅0.33%。

从以上耕地土壤碱解氮含量变化趋势分析可看出,不同时期土壤碱解氮含量变化不大,这与土壤碱解氮在土壤中稳定性差,且难以保存的特性有关。

表4-40 宁夏不同时期耕地土壤类型(0~20 cm)土壤碱解氮含量统计表

土壤类型	时间	样点数 (个)	平均值 (mg/kg)	标准差 (mg/kg)	变异系数 (%)	极大值 (mg/kg)	极小值 (mg/kg)
灌淤土土类	1985年	2466	70.0	21.7	31.0		
	2012年	15268	66.14	36.57	55.3	298.1	64.0
灌淤潮土亚类	1985年	57	40.5	23.85	58.9	106.4	11.2
	2012年	2003	65.83	32.83	49.87	292.6	2.0
黑垆土类	1985年	801	68.3				
	2012年	4205	62.27	27.49	44.14	297.8	10.9
缃黄土土种	1985年	103	46.0	22.0	47.7	177.0	14.0
	2012年	8640	56.79	24.91	43.86	284.1	9.9

五、土壤氮素营养的调控

土壤全氮反映土壤氮素的总贮存量和供氮潜力;土壤碱解氮反映近期土壤氮素供应能力。土壤氮的有效化过程(包括氨化作用和硝化作用)和无效化过程(包括反硝化作用、化学脱氮作用和矿物晶格固定)是土壤氮素的调控关键。如合理施肥、耕作、灌溉等,控制土壤氮素既能满足作物需要,有利于氮素的保存和周转,以尽量减少氮素损失数量,又能达到提高土壤氮素利用率的效果。

（一）提高土壤有机质含量

土壤全氮含量与土壤有机质含量之间呈明显的正相关,故提高有机质含量的措施均能有效的提高土壤全氮含量。

1. 大力推广秸秆还田

目前在全自治区推广的秸秆还田主要技术模式,即"水稻低留茬根茬翻压还田技术模式、水稻高留茬秸秆粉碎翻压还田技术模式、玉米机械收获秸秆粉碎翻压还田技术模式",可有效地促进作物增产,提高土壤有机质和全氮含量。秸秆还田的同时,一定要配施适当的氮肥,调节土壤碳氮比,促进土壤中氮的有效化作用,抑制其无效化作用。

2. 增施有机肥

利用商品有机肥中有机物质碳氮比值与土壤有效氮的相互关系,调节土壤氮素状况。在有机物质开始分解时,其碳氮比>30,矿化作用所释放的有效氮量远少于微生物吸收同化的数量,此时微生物要从土壤中吸收一部分原有的有效氮量,转为微生物体中的有机氮;随着有机物的不断分解,其中,碳被用作微生物活动的能源消耗,剩余物质的碳氮比迅速下降;当碳氮比达到30~15之间时,矿化释放的氮量和同化的固氮量基本相等,此时土壤中的氮素无亏损;有机质进一步分解,微生物种类更迭,有机质的碳氮比继续下降,当下降到碳氮比<15时,氮的矿化量超过了同化量,土壤有效氮有了盈余,作物的氮营养条件也开始得到改善。因此,增施有机肥时应适时配施氮肥,以氮肥调节碳氮比,提高

土壤中氮素营养的利用率。

（二）合理施用化肥

合理施用氮肥的目的在于减少氮素损失,提高氮肥利用率,充分发挥氮肥增产效益。要做到合理施用,必须根据下列因素考虑氮肥的分配和施用。

1. 因土壤条件合理施用

宁夏土壤属于石灰性土壤,因此,宜选择酸性或生理性酸性的氮肥,如硫酸铵、氯化铵,这些肥料能中和土壤碱性,在碱性条件下铵态氮容易被作物吸收。盐渍化土壤及降水量<300 mm的旱作土壤不宜施用氯化铵,以免增加盐分,影响作物生长。土壤剖面质地构型为沙质土或漏沙土的土壤,施用氮肥应坚持"少量多餐"的施肥原则;对于保肥能力强的黏性土壤,施用氮肥宜适当减少次数。

2. 因作物需求合理施用

各种作物对氮素营养的需求是不同的,如水稻、玉米、小麦等作物需要较多的氮肥,叶菜类蔬菜需氮更多;而豆科作物有根瘤固定空气中的氮素,因而对氮素需要较少。不同作物对氮肥品种的反应也不同,如水稻施用铵态氮肥,尤以氯化铵、碳酸氢铵和尿素效果好,而硫铵虽然也是铵态氮肥,但在水田中常还原生成硫化氢,妨碍水稻根的呼吸。对"氯"元素敏感的作物如马铃薯、西瓜、葡萄等应少施或不施氯化铵。多数蔬菜施用硝态氮肥效果好,如萝卜施用铵态氮肥会抑制其生长。作物不同生育期施氮肥的效果也不同。在作物施肥的关键时期如营养临界期或最大效率期进行施肥,增产效果显著,如玉米在开花期需要养分最多,重施"喇叭口期"肥,能有效提高玉米产量。因此要根据作物不同生育期对养分的需求规律,掌握适宜的施肥时期和施肥量,是经济有效使用氮肥的关键。

3. 因肥料本身特性合理施用

氮肥是三大元素肥料中最活跃、最不稳定、土壤难保存、损失最大的一类肥料。因此施用氮肥必须做到以下几点。

一是基肥深施覆土是关键:根据氮肥易挥发、损失的性质,在施用技术上必须尽量抑制其不利的变化过程。深施是最重要的技术措施,以抑制氨挥发、硝化及反硝化作用,最大限度地保蓄氮素供给作物,将损失降到最小。氮肥不论是基施还是追施,原则上都应达到深施的要求。深施方法:撒肥后耕翻或重耙旋耕(实为全层施肥),机播(包括种肥),开沟及挖坑施。一般密植作物追肥不宜做到深施时,应优先选用尿素,撒施后灌水(或大雨),以水带肥渗入土层;若用碳酸氢铵,肥效虽快,随水渗入较少,损失大,肥效持续时间短。稻田追肥可先落干几天,再追肥灌水。深施深度:一般作物施肥深度7~15 cm;枸杞20~30 cm;果树30~40 cm。

二是分次施用:氮肥因易发生淋失和反硝化发生氨损失,故应根据种植作物需肥特性,分次施用,分为基肥和不同次数的追肥,采取适宜的水肥综合管理措施减少氮素损失。

三是确定合理的氮肥施用量。根据大量测土配方施肥田间试验示范,宁夏主要农作物氮肥施用量推荐施用目标产量函数模型。

$y = Axae^{bx}$　（单种作物）

$y = A_1x_1a_1e^{b1x1} + A_2x_2a_2e^{b2x2}$　　（间作或套种）

式中：y 为肥料施用量，x_1、x_2 分别为两种作物目标产量，A_1、A_2 分别为两种作物氮素吸肥系数，ae^{bx} 为平衡函数。

四是克服氮肥本身不利的特点：硝态氮肥在土壤中移动性强，肥效快，适宜作旱地追肥，不宜用于稻田；尿素作稻田基肥，应提前在初灌前 5~7 天，使其转化为铵态氮后再灌水。

4. 氮肥与其他肥料配施

在缺乏有效磷和速效钾的土壤上，单施氮肥效果差，增施氮肥还有可能减产。因为在缺磷、钾的情况下，蛋白质和许多重要的含氮化合物难以形成，严重影响了作物生长。大量田间试验示范证明，氮肥与适量的磷肥或钾肥配合，增产效果显著。

第三节　耕地土壤磷素营养

土壤全磷含量高低在一定程度反映了土壤中磷素的贮量和供应能力。土壤有效磷是土壤中可被植物吸收的磷素营养，包括全部水溶性磷、部分吸附态磷及有机态磷，有的土壤还包括某些沉淀态磷。土壤有效磷是土壤磷素养分供应水平高低的主要指标。

一、耕地土壤磷素含量及分布特征

（一）耕地土壤磷素含量特征

1. 耕地土壤全磷含量特征

宁夏耕地土壤全磷含量低，平均为 0.66 g/kg，最高达 1.32 g/kg，最低仅为 0.20 g/kg。由表 4-41 可看出，自流灌区耕地土壤全磷含量较高，平均为 0.70 g/kg；中部干旱带耕地土壤全磷含量最低，平均为 0.49 g/kg。

表 4-41　宁夏不同生态类型区耕地土壤（0~20 cm）全磷含量统计表

区域	样本数（个）	平均值（g/kg）	标准差（g/kg）	变异系数（%）	极大值（g/kg）	极小值（g/kg）
全自治区	80	0.66	0.22	33.8	1.32	0.20
自流灌区	58	0.70	0.23	32.6	1.32	0.20
中部干旱带	13	0.49	0.13	26.2	0.73	0.33
南部山区	9	0.60	0.15	24.7	0.98	0.50

宁夏各县市耕地土壤全磷含量以泾源县最高，为 0.98 g/kg；其次为中宁县和平罗县，平均分别为 0.89 g/kg 和 0.81 g/kg；红寺堡区、同心县和盐池县耕地土壤全磷含量低，均<0.5 g/kg，其中，盐池县和同心县最低，平均仅为 0.42 g/kg，比泾源县低 0.56 g/kg（见表4-42）。

表 4-42 宁夏各县市耕地土壤(0~20 cm)全磷含量统计表

县(市、区)	样本数 (个)	平均值 (g/kg)	标准差 (g/kg)	变异系数 (%)	极大值 (g/kg)	极小值 (g/kg)
全自治区	80	0.66	0.22	33.84	1.32	0.20
石嘴山市	6	0.81	0.12	14.30	0.95	0.70
平罗县	6	0.81	0.12	14.30	0.95	0.70
银川市	17	0.71	0.18	25.81	0.95	0.20
贺兰县	3	0.65	0.13	20.47	0.76	0.50
兴庆区	3	0.78	0.06	7.56	0.83	0.72
金凤区	1	0.71				
西夏区	2	0.72	0.01	1.04	0.73	0.72
永宁县	4	0.77	0.23	29.60	0.95	0.47
灵武市	4	0.64	0.31	47.77	0.90	0.20
吴忠市	32	0.58	0.21	36.02	0.97	0.25
利通区	5	0.69	0.21	30.30	0.96	0.45
青铜峡市	18	0.62	0.22	34.90	0.97	0.25
红寺堡区	5	0.44	0.13	29.73	0.67	0.36
同心县	1	0.42				
盐池县	3	0.42	0.08	18.60	0.47	0.33
中卫市	16	0.73	0.29	39.86	1.32	0.40
沙坡头区	5	0.60	0.13	21.26	0.75	0.40
中宁县	7	0.89	0.38	42.62	1.32	0.41
海原县	4	0.61	0.09	14.35	0.73	0.52
固原市	9	0.60	0.15	24.65	0.98	0.50
原州区	3	0.51	0.02	2.98	0.53	0.50
彭阳县	4	0.57	0.03	5.82	0.60	0.53
隆德县	1	0.61				
泾源县	1	0.98				

表 4-43 所列出的 8 个耕地土壤类型土壤全磷平均含量为 0.31~0.83 g/kg,其中,灌淤土类全磷含量最高,平均为 0.83 g/kg;风沙土类全磷含量最低,平均仅为 0.31 g/kg。

15 个亚类中,典型灌淤土亚类土壤全磷含量最高,平均为 1.32 g/kg;其次为盐化潮土和盐化灌淤土 2 个亚类,土壤全磷平均含量分别为 0.87 g/kg 和 0.83 g/kg;草原风沙土、淡灰钙土、典型灰钙土、盐化灰钙土 4 个亚类土壤全磷平均含量均<0.5 g/kg,其中草原风沙土亚类土壤全磷平均含量最低,仅为典型灌淤土亚类土壤全磷平均含量的 23.5%。

表4-43　宁夏耕地土壤类型土壤(0~20 cm)全磷含量统计表

土壤类型	样本数（个）	平均值（g/kg）	标准差（g/kg）	变异系数（%）	极大值（g/kg）	极小值（g/kg）
潮土	7	0.69	0.26	38.11	0.97	0.25
灌淤潮土	4	0.56	0.26	46.41	0.87	0.25
盐化潮土	3	0.87	0.15	17.19	0.97	0.70
风沙土	2	0.31	0.15	48.86	0.41	0.20
草原风沙土	2	0.31	0.15	48.86	0.41	0.20
灌淤土	33	0.83	0.16	19.65	1.32	0.62
表锈灌淤土	16	0.78	0.11	13.62	0.96	0.62
潮灌淤土	3	0.77	0.13	17.13	0.92	0.68
典型灌淤土	2	1.32	0.01	0.42	1.32	1.31
盐化灌淤土	12	0.82	0.10	12.75	1.06	0.70
黑垆土	5	0.57	0.03	5.95	0.60	0.52
典型黑垆土	2	0.60	0.01	1.19	0.60	0.59
黑麻土	3	0.55	0.04	6.35	0.59	0.52
黄绵土	6	0.52	0.05	8.86	0.60	0.46
黄绵土	6	0.52	0.05	8.86	0.60	0.46
灰钙土	17	0.47	0.12	24.86	0.73	0.32
草甸灰钙土	1	0.73			0.73	0.73
淡灰钙土	11	0.48	0.11	23.52	0.71	0.32
典型灰钙土	3	0.43	0.04	8.39	0.47	0.40
盐化灰钙土	2	0.37	0.01	2.43	0.38	0.37
新积土	10	0.57	0.19	34.16	0.98	0.33
典型新积土	10	0.57	0.19	34.16	0.98	0.33
总计	80	0.66	0.22	33.84	1.32	0.20

2. 耕地土壤有效磷含量特征

据51145个样点统计,全自治区耕地土壤有效磷含量平均为20.2 mg/kg,属于中等偏下水平;最高达99.9 mg/kg,最低仅为2.0 mg/kg。全自治区3个生态区耕地土壤有效磷含量自流灌区最高,平均为26.7 mg/kg;中部干旱带最低,平均为11.3 mg/kg(见表4-44)。

表4-44　不同生态类型区耕地土壤(0~20 cm)有效磷含量统计表

区域	样本数（个）	平均值（mg/kg）	标准差（mg/kg）	变异系数（%）	极大值（mg/kg）	极小值（mg/kg）
全自治区	51145	20.2	15.4	76.3	99.9	2.0
自流灌区	26696	26.7	17.2	64.3	99.9	2.0
中部干旱带	8492	11.3	8.2	72.5	49.9	2.0
南部山区	15957	14.0	8.9	63.6	56.2	2.0

全自治区 5 个地级市耕地土壤有效磷含量以银川市最高,平均为 26.12 mg/kg;其次为石嘴山市,平均为 25.87 mg/kg;固原市最低,平均仅为 13.96 mg/kg。22 个县(市、区)耕地土壤有效磷含量以中宁县最高,平均为 32.2 mg/kg;其次为灵武市、利通区和惠农区,分别为 29.93 mg/kg、28.83 mg/kg 和 27.67 mg/kg;同心县、盐池县、红寺堡区、海原县、原州区、西吉县、彭阳县及泾源县 8 个县(区)耕地土壤有效磷平均含量<15 mg/kg,其中,盐池县最低,平均仅为8.42 mg/kg,其绝对含量比中宁县低 23.78 mg/kg(见表 4-45)。

表 4-45　宁夏各县市耕地土壤(0~20 cm)有效磷含量统计表

县(市、区)	样本数 (个)	平均值 (mg/kg)	标准差 (mg/kg)	变异系数 (%)	极大值 (mg/kg)	极小值 (mg/kg)
石嘴山市	3858	25.87	15.84	61.25	99.30	2.70
大武口区	75	17.94	8.51	47.46	45.41	3.66
惠农区	2651	27.67	16.32	58.98	99.30	2.80
平罗县	1132	22.17	14.21	64.07	90.00	2.70
银川市	12575	26.12	16.41	62.80	99.80	2.10
贺兰县	2225	26.70	15.67	58.69	99.50	2.60
兴庆区	1416	26.83	21.80	81.26	99.80	3.00
金凤区	683	23.42	14.88	63.54	92.60	2.10
西夏区	2110	24.67	14.16	57.41	98.20	2.40
永宁县	3109	23.26	15.07	64.77	98.80	2.10
灵武市	3032	29.93	16.31	54.49	99.60	3.00
吴忠市	11609	19.86	16.63	83.74	99.50	2.00
利通区	3298	28.83	18.49	64.15	99.40	2.30
青铜峡市	2841	25.00	18.09	72.35	99.50	2.00
同心县	2679	14.25	10.12	71.03	49.90	2.10
盐池县	1609	8.42	5.88	69.85	48.30	2.00
红寺堡区	1182	10.73	8.66	80.73	49.90	2.00
中卫市	7123	20.96	17.11	81.65	99.90	2.00
沙坡头区	1988	24.82	13.85	55.78	89.70	2.50
中宁县	2113	32.20	21.36	66.36	99.90	2.00
海原县	3022	10.56	6.22	58.90	49.40	2.00
固原市	15954	13.96	8.88	63.61	56.20	2.00
原州区	2680	12.07	8.29	68.66	48.90	2.00
西吉县	2866	14.94	8.25	55.26	49.90	2.00
彭阳县	3953	11.32	5.94	52.44	49.30	3.00
隆德县	3507	21.69	9.93	45.76	56.20	2.40
泾源县	2948	9.07	5.02	55.29	43.60	2.00
全自治区	51119	20.16	15.38	76.29	99.90	2.00

　　不同耕地土壤类型土壤有效磷平均含量相比较,灌淤土类最高,平均为 29.27 mg/kg;其次为潮土,平均为 25.71 mg/kg;风沙土最低,平均仅为 14.15 mg/kg。19 个土壤亚类中,典型灌淤土亚类有效磷含量最高,平均为 35.66 mg/kg;其次为盐化灌淤土和潮灌淤土 2 个亚类,分别为 29.14 mg/kg 和 29.02 mg/kg;典型潮土、草原风沙土、潮黑垆土、黑麻土、黄绵土、淡灰钙土、典型灰钙土、暗灰褐土、典型新积土 9 个土壤亚类土壤有效磷平均含量<15 mg/kg,其中,典型灰钙土亚类土壤有效磷平均含量最低,仅为 8.8 mg/kg(见表 4-46)。

表 4-46　宁夏耕地土壤类型土壤(0~20 cm)有效磷含量统计表

土壤类型	样本数 (个)	平均值 (mg/kg)	标准差 (mg/kg)	变异系数 (%)	极大值 (mg/kg)	极小值 (mg/kg)
潮土	5639	25.71	15.81	61.52	99.60	2.30
典型潮土	44	13.54	8.82	65.10	42.30	2.30
灌淤潮土	2256	26.14	16.06	61.43	99.60	2.30
盐化潮土	3339	25.57	15.66	61.22	99.40	2.30
风沙土	973	14.15	9.80	69.23	49.70	2.00
草原风沙土	973	14.15	9.80	69.23	49.70	2.00
灌淤土	16210	29.27	18.31	62.53	99.90	2.00
表锈灌淤土	8194	28.92	18.42	63.69	99.90	2.00
潮灌淤土	2325	29.02	18.47	63.64	99.80	3.00
典型灌淤土	651	35.66	22.24	62.38	99.20	3.80
盐化灌淤土	5040	29.14	17.31	59.41	99.80	2.70
黑垆土	4205	14.31	9.11	63.67	49.60	2.10
潮黑垆土	16	12.71	11.93	93.81	36.60	3.20
典型黑垆土	1604	18.87	10.08	53.40	49.60	2.10
黑麻土	2585	11.49	7.10	61.78	49.30	2.10
黄绵土	11479	13.48	8.54	63.37	56.20	2.00
黄绵土	11479	13.48	8.54	63.37	56.20	2.00
灰钙土	4255	16.16	11.31	69.97	49.90	2.00
草甸灰钙土	424	20.26	10.72	52.91	49.60	2.80
淡灰钙土	2009	14.78	10.45	70.71	49.90	2.00
典型灰钙土	611	8.80	5.62	63.87	40.20	2.00
盐化灰钙土	1211	20.74	12.45	60.01	49.80	2.00
灰褐土	1235	12.87	9.05	70.34	48.40	2.00
暗灰褐土	1235	12.87	9.05	70.34	48.40	2.00
新积土	7123	13.75	9.87	71.76	56.90	2.00
冲积土	198	17.18	10.46	60.87	56.90	3.10
典型新积土	6925	13.65	9.83	72.02	50.00	2.00
总计	51119	20.16	15.38	76.29	99.90	2.00

（二）耕地土壤磷素含量分布特征

1. 耕地土壤全磷含量分布特征

从不同生态区耕地土壤样点分布频率可以看出,全自治区43.75%的耕地土壤全磷平均含量为0.5~0.75 g/kg;中部干旱带61.54%的耕地土壤全磷含量为0.25~0.5 g/kg;南部山区88.89%的耕地土壤全磷含量为0.5~0.75 g/kg；自流灌区耕地全磷含量差异较大,56.9%耕地土壤全磷含量<0.75 g/kg;另43.1%耕地土壤全磷含量>0.75 g/kg(见表4-47)。

表4-47　宁夏不同生态区耕地土壤(0~20 cm)全磷含量分级点位分布频率表

分级(g/kg)		项目	总计	自流灌区	中部干旱区	南部山区
全磷含量分级	合计	样本数(个)	80	58	13	9
		占比(%)	100.00	72.50	16.25	11.25
	<0.25	样本数(个)	1	1		
		占比(%)	1.25	1.72		
	0.25~0.5	样本数(个)	18	10	8	
		占比(%)	22.5	17.24	61.54	
	0.5~0.75	样本数(个)	35	22	5	8
		占比(%)	43.75	37.94	38.46	88.89
	0.75~1.0	样本数(个)	23	22		1
		占比(%)	28.75	37.94		11.11
	1.0~1.25	样本数(个)	1	1		
		占比(%)	1.25	1.72		
	>1.25	样本数(个)	2	2		
		占比(%)	2.5	3.44		

全自治区8个耕地土壤类型,风沙土土类耕地土壤全磷含量多低于0.5 g/kg;黑垆土土类耕地土壤全磷含量主要集中在0.5~0.75 g/kg级别;黄绵土和灰钙土2个土类耕地土壤全磷含量多<0.75 g/kg,其中灰钙土70.59%耕地土壤全磷含量<0.5 g/kg;黄绵土类83.33%的耕地土壤全磷含量为0.5~0.75 g/kg;灌淤土类66.67%耕地土壤全磷含量>0.75 g/kg(见表4-48)。

2. 耕地土壤有效磷含量分布特征

由表4-49可看出,全自治区43.66%耕地土壤有效磷含量为10~20 g/kg;28.46%的耕地土壤有效磷含量为5~10 g/kg;18.41%耕地土壤有效磷含量为20~30 g/kg;6.27%耕地土壤有效磷含量为30~40 mg/kg;1.69%耕地土壤有效磷含量为40~50 mg/kg;1.1%耕地土壤有效磷含量<5 mg/kg;0.41%耕地土壤有效磷含量>50 mg/kg。

全自治区5个地级市中, 石嘴山和银川市2个地级市耕地土壤有效磷含量多>5 mg/kg;固原市耕地土壤有效磷含量多<50 mg/kg。全自治区耕地土壤有效磷含量<5 mg/kg主要集中在吴忠市;宁夏耕地土壤有效磷含量>50 mg/kg 耕地53.1%分布在中宁县;宁夏耕地土

表 4-48　宁夏耕地不同土壤类型(0~20 cm)土壤全磷含量分级点位分布频率表

分级(g/kg)		项目	总计	潮土	风沙土	灌淤土	黑垆土	黄绵土	灰钙土	新积土
全磷含量分级	合计	样本数(个)	80	7	2	33	5	6	17	10
		占比(%)	100.0	8.75	2.50	41.25	6.25	7.50	21.25	12.50
	<0.25	样本数(个)	1		1					
		占比(%)	1.25		50.0					
	0.25~0.5	样本数(个)	18	1	1			1	12	3
		占比(%)	22.50	14.28	50.0			16.67	70.59	30.00
	0.5~0.75	样本数(个)	35	3		11	5	5	5	6
		占比(%)	43.75	42.86		33.33	100.0	83.33	29.41	60.00
	0.75~1.0	样本数(个)	23	3		19				1
		占比(%)	28.75	42.86		57.58				10.00
	1.0~1.25	样本数(个)	1			1				
		占比(%)	1.25			3.03				
	>1.25	样本数(个)	2			2				
		占比(%)	2.50			6.06				

壤有效磷含量<5 mg/kg 耕地 32.4%分布在盐池县；盐池县 82.9%耕地土壤有效磷含量<10 mg/kg。

表 4-49　宁夏各县市耕地土壤(0~20 cm)有效磷含量不同级别面积统计表

单位:亩

县(市、区)	有效磷含量(mg/kg)								
	总计	<5	5~10	10~20	20~30	30~40	40~50	50~60	60~80	>80
全自治区	19351543	212402	5506643	8448706	3563629	1212531	326277	59542	21260	554
石嘴山市	1265102		23036	429536	575216	201982	33716	1584	31	
大武口区	82625		15072	59968	7424	161				
惠农区	297538		2	46401	139908	99134	12023	69		
平罗县	884939		7962	323167	427885	102686	21694	1515	31	
银川市	2164826		39961	556919	1057659	424728	66816	12854	5394	495
贺兰县	656633		1095	106936	400733	127260	17800	2208	600	
兴庆区	218176		13981	76683	77042	17858	19244	8309	4563	495
金凤区	154205		3166	54708	62946	31569	1816			
西夏区	267205		4095	93971	115648	48462	4965	63		
永宁县	513592		7821	179544	245625	70048	9894	659		
灵武市	355015		9803	45077	155663	129529	13097	1615	231	

续表

县(市、区)	有效磷含量(mg/kg)								
	总计	<5	5~10	10~20	20~30	30~40	40~50	50~60	60~80	>80
吴忠市	5176683	121615	2643474	1475221	625140	224299	69096	15388	2450	
利通区	465468		861	97533	197586	116546	44753	6389	1800	
青铜峡市	571059	661	22450	141144	275440	97372	24343	8999	650	
同心县	2090194	46340	1198927	704180	133232	7516				
盐池县	1496817	68836	1170279	248325	9173	204				
红寺堡区	553145	5779	250957	284039	9710	2661				
中卫市	4594319	64940	1379499	2069300	538299	347389	151733	29717	13385	59
沙坡头区	1069663	771	84089	409600	322792	201508	50903			
中宁县	1006334	334	191264	344202	180695	145849	100830	29717	13385	59
海原县	2518322	63834	1104147	1315498	34811	32				
固原市	6150613	25846	1420672	3917731	767316	14134	4915			
原州区	1579629	25822	593109	866939	93559	200				
西吉县	2446748		189184	1997533	247612	7504	4915			
彭阳县	1248802	24	449894	790866	8019					
隆德县	609679		81	185648	417554	6396				
泾源县	265755		188403	76745	572	34				

耕地土壤有效磷含量9个级别,潮土、灌淤土2个土类耕地土壤有效磷含量多>5 mg/kg;黑垆土和灰褐土2个土类耕地土壤有效磷含量多<40 mg/kg;表锈灌淤土亚类土壤有效磷含量>40 mg/kg耕地面积占全自治区该级别总面积的22.5%;黄绵土亚类土壤有效磷含量<10 mg/kg耕地面积占全自治区该级别总面积的46.6%(见表4-50)。

表4-50 宁夏耕地土壤类型土壤(0~20 cm)有效磷含量不同级别面积统计表

单位:亩

土壤类型	有效磷含量(mg/kg)								
	总计	<5	5~10	10~20	20~30	30~40	40~50	50~60	60~80	>80
潮土	1341171		20839	376888	654753	241000	42800	4235	625	30
典型潮土	14976		7107	7570	299					
灌淤潮土	565647		3134	147065	284495	110646	17773	2147	357	30
盐化潮土	760548		10597	222253	369959	130354	25028	2089	269	
风沙土	586998	30476	187989	252743	83972	25116	6702			
草原风沙土	586998	30476	187989	252743	83972	25116	6702			
灌淤土	2764049		7538	405545	1365626	700661	211176	52700	20279	524
表锈灌淤土	1172164		4430	166100	543247	321834	102605	23267	10646	34

续表

土壤类型	有效磷含量(mg/kg)									
	总计	<5	5~10	10~20	20~30	30~40	40~50	50~60	60~80	>80
潮灌淤土	564830		738	89057	315241	120145	26768	8694	3696	490
典型灌淤土	103973		283	5570	29766	29464	25932	9335	3623	
盐化灌淤土	923083		2087	144817	477371	229218	55871	11404	2314	
黑垆土	2215711	48281	820749	1124139	220385	2157				
潮黑垆土	1902	134	764	152	852					
典型黑垆土	345398	5053	52489	154242	131774	1840				
黑麻土	1868411	43094	767496	969746	87759	317				
黄绵土	7240865	77550	2586803	4051426	511213	8980	4892			
黄绵土	7240865	77550	2586803	4051426	511213	8980	4892			
灰钙土	2412363	39211	922489	990529	321531	116430	19637	2202	334	
草甸灰钙土	78096		2964	31592	36137	7137	266			
淡灰钙土	1405237	14942	476553	616419	194908	82658	17571	2004	182	
典型灰钙土	622124	18662	414395	182841	6226					
盐化灰钙土	306907	5607	28577	159677	84260	26636	1800	198	151	
灰褐土	367299	64	136853	190741	37149	2492				
暗灰褐土	367299	64	136853	190741	37149	2492				
新积土	2423088	16819	823381	1056695	369000	115696	41070	406	22	
冲积土	53225		7480	28875	13617	3254				
典型新积土	2369863	16819	815902	1027820	355383	112442	41070	406	22	
总计	19351543	212402	5506643	8448706	3563629	1212531	326277	59542	21260	554

二、影响耕地土壤磷素含量主要因素

人为灌溉耕种施肥活动、成土母质及土壤质地等因素是影响耕地土壤磷素含量的主要因素。

(一)灌溉耕种施肥活动与土壤磷素含量

灌淤土受人为灌溉耕种施肥活动影响最大的土壤类型，其土壤全磷及有效磷含量均较高，平均分别为 0.83 g/kg 和 29.27 mg/kg；黄绵土是宁夏旱作农业主要土壤类型，受人为灌溉耕种施肥活动影响远小于灌淤土类，其全磷和有效磷含量低，平均分别为 0.52 g/kg 和 13.48 mg/kg；比灌淤土类全磷含量低 0.31 g/kg，有效磷含量低 15.79 mg/kg。成土母质相同的灌淤潮土和典型潮土 2 个亚类，因其耕种施肥活动强度不同，耕地土壤有效磷含量差异也较大，灌淤潮土土壤有效磷含量（26.14 mg/kg）较其典型潮土亚类（13.54 mg/kg）高 12.6 mg/kg，这与灌淤潮土亚类人为耕种活动强度大于典型潮土有关。日光温室蔬菜在长年增施有机肥的基础上,施用化肥量也远高于露地粮食作物,故其土壤有效磷富集,平均高达172.5 mg/kg,是露地粮食作物土壤有效磷含量(20.7 mg/kg)的8.3倍(见表4-51)。

表4-51 银川市兴庆区不同种植条件土壤(0~20 cm)有效磷含量统计表

种植作物	样本数 (个)	平均值 (mg/kg)	标准差 (mg/kg)	变异系数 (%)	极大值 (mg/kg)	极小值 (mg/kg)
露地粮食作物	1747	20.7	13.5	65.1	96	1.2
日光温室蔬菜	1658	172.5	123.7	71.7	750	3.4

(二)成土母质与土壤磷素含量

1. 成土母质与土壤全磷含量

不同成土母质形成的各种土壤类型,其全磷含量也不同。由灌水淤积物形成的灌淤土土壤全磷含量高达0.83 g/kg;来源于富含有机质的六盘山洪积冲积物的厚阴黑土土种土壤全磷较高,平均为0.8 g/kg;由风积母质形成的风沙土类,土壤全磷含量最低,仅为0.31 g/kg(见表4-52)。可见,成土母质对土壤全磷含量有一定程度的影响

表4-52 成土母质类型与土壤(0~20 cm)全磷含量统计表

成土母质类型		土壤类型	样本数 (个)	平均值 (g/kg)	标准差 (g/kg)	变异系数 (%)	极大值 (g/kg)	极小值 (g/kg)
洪积 冲积物	六盘山洪积冲积物	厚阴黑土土种	2	0.8	0.26	32.91	0.98	0.61
	第四纪洪积冲积物	灰钙土类	17	0.47	0.12	24.86	0.73	0.32
黄土母质		黄绵土类	6	0.52	0.05	8.86	0.60	0.46
风积母质		风沙土类	2	0.31	0.15	48.86	0.41	0.20
灌水淤积物		灌淤土类	33	0.83	0.16	19.65	1.32	0.6

2. 成土母质与土壤有效磷含量

由表4-53可看出,由灌水淤积物形成的灌淤土,且受人为灌溉耕种施肥活动强度大,土壤有效磷含量最高,平均为29.27 mg/kg;而来源于六盘山洪积冲积物的厚阴黑土土

表4-53 成土母质类型与土壤(0~20 cm)有效磷含量统计表

成土母质类型		土壤类型	样本数 (个)	平均值 (mg/kg)	标准差 (mg/kg)	变异系数 (%)	极大值 (mg/kg)	极小值 (mg/kg)
残积母质		暗灰褐土亚类	1235	12.87	9.05	70.34	48.4	2
洪积 冲积物	六盘山洪积冲积物	厚阴黑土、夹黏阴黑土土种	2537	10.2	6.66	65.29	49.2	2.0
	第四纪洪积冲积物	灰钙土类	4255	16.16	11.31	69.97	49.9	2.0
冲积母质		冲积土亚类、典型潮土亚类	242	16.51	10.46	63.36	56.9	2.3
黄土母质		黄绵土类	11479	13.48	8.54	63.37	56.2	2.0
风积母质		风沙土类	973	14.15	9.8	69.23	49.7	2.0
灌水淤积物		灌淤土类	16210	29.27	18.31	62.53	99.9	2.0

种虽其土壤全磷含量高,但因其人为灌溉耕种施肥活动强度小,土壤有效磷含量低,仅为10.2 mg/kg;风沙土类土壤全磷含量低,但有效磷含量较高,平均为14.15 mg/kg,较来源于有机质含量丰富的六盘山洪积冲积物的厚阴黑土土种有效磷含量(10.2 mg/kg)高,充分说明了人为灌溉耕种活动对土壤有效磷含量影响大于成土母质。

(三)土壤质地与土壤磷素含量

由不同土壤质地土壤全磷含量可看出(见表4-54),沙土土壤全磷含量为0.47 g/kg,沙壤土为0.49 g/kg,壤土为0.72 g/kg,反映出土壤质地对土壤全磷含量有一定程度的影响。

表4-54　不同土壤质地土壤(0~20 cm)全磷含量统计表

土壤质地	样点数(个)	平均值(g/kg)	标准差(g/kg)	变异系数(%)	极大值(g/kg)	极小值(g/kg)
沙土	6	0.47	0.17	35.55	0.7	0.2
沙壤土	16	0.49	0.16	32.4	0.73	0.3
壤土	58	0.72	0.21	28.88	1.32	0.3

不同土壤质地对土壤有效磷含量也有一定程度的影响。沙土和沙壤土有效磷含量较低,平均为18.41 mg/kg和18.11 mg/kg;壤土有效磷含量较高,平均为20.48 mg/kg;黏壤土最高,平均为25.0 mg/kg;随着土壤质地由沙土变黏壤土,土壤有效磷含量趋于增加(见表4-55)。

表4-55　不同土壤质地土壤(0~20 cm)有效磷含量统计表

土壤质地	样点数(个)	平均值(mg/kg)	标准差(mg/kg)	变异系数(%)	极大值(mg/kg)	极小值(mg/kg)
沙土	3203	18.41	12.65	68.69	93.0	2.0
沙壤土	5502	18.11	13.36	73.8	99.6	2.0
壤土	41483	20.48	15.78	77.02	99.9	2.0
黏壤土	489	25.00	16.24	64.95	98.5	2.2
黏土	81	21.07	14.66	69.58	75.1	3.5

三、耕地土壤磷素含量变化趋势

(一)耕地土壤全磷含量变化趋势

1. 不同区域耕地土壤全磷含量变化趋势

与土壤普查时期相比,宁夏耕地土壤全磷含量基本稳定,平均为0.66 g/kg;表4-56所列的16个县耕地土壤全磷含量,其中9个县略有增加,全磷含量净增0.01~0.28 g/kg,中宁县增加最多,其耕地土壤全磷含量由0.61 g/kg增加到0.89 g/kg,这可能与该县枸杞地多,有机肥施用量大有关。6个县耕地土壤全磷含量略有下降,其中,盐池县下降最多,全磷净含量下降0.44 g/kg;其余5个县下降幅度小,其全磷含量净减0.02~0.11 g/kg。海原县耕地土壤全磷含量基本稳定,平均为0.61 g/kg。

表 4-56 宁夏不同时期各县耕地土壤(0~20cm)全磷含量统计表

县(市、区)	时间	样本数(个)	平均值(g/kg)	2012年—1985年平均值	标准差(g/kg)	变异系数(%)	极大值(g/kg)	极小值(g/kg)
全自治区	1985年	1914	0.66	0.00	0.3	38	2.06	0.04
	2012年	80	0.66		0.22	33.8	1.32	0.20
惠农区	1985年	85	0.62		0.13	21	0.95	0.26
	2012年							
平罗县	1985年	203	0.60	+0.21	0.1	17.4	0.85	0.14
	2012年	6	0.81		0.12	14.3	0.95	0.70
贺兰县	1985年	151	0.64	+0.01	0.12	18.4	1.08	0.20
	2012年	3	0.65		0.13	20.5	0.76	0.50
永宁县	1985年	91	0.70	+0.07	0.08	11.5	0.88	0.57
	2012年	4	0.77		0.23	29.6	0.95	0.47
银川市区	1985年	138	0.54	+0.21	0.15	28.3	0.88	0.26
	2012年	6	0.75		0.04	5.3	0.83	0.72
灵武市	1985年	85	0.57	+0.07	0.14	24.7	0.78	0.08
	2012年	4	0.64		0.31	47.8	0.9	0.20
利通区	1985年	84	0.62	+0.07	0.17	27.6	0.8	0.19
	2012年	5	0.69		0.21	30.3	0.96	0.45
青铜峡市	1985年	105	0.67	−0.05	0.11	16.7	0.97	0.38
	2012年	18	0.62		0.22	34.9	0.97	0.25
沙坡头区	1985年	55	0.66	−0.06	0.09	13.5	0.82	0.31
	2012年	5	0.60		0.13	21.3	0.75	0.40
中宁县	1985年	100	0.61	+0.28	0.15	23.9	1.26	0.24
	2012年	7	0.89		0.38	42.6	1.32	0.41
同心县	1985年	65	0.52	−0.10	0.12	23.6	0.79	0.09
	2012年	1	0.42					
盐池县	1985年	81	0.86	−0.44	0.31	36	1.47	0.29
	2012年	3	0.42		0.08	18.6	0.47	0.33
海原县	1985年	78	0.61	0.00	0.17	28.4	1.29	0.13
	2012年	4	0.61		0.09	14.4	0.73	0.52
原州区	1985年	271	0.62	−0.11	0.14	21.8	0.87	0.23
	2012年	3	0.51		0.02	2.98	0.53	0.50
西吉县	1985年	100	1.01		0.4	39.6	2.06	0.04
	2012年							

续表

县(市、区)	时间	样本数 (个)	平均值 (g/kg)	2012年—1985 年平均值	标准差 (g/kg)	变异系数 (%)	极大值 (g/kg)	极小值 (g/kg)
彭阳县	1985年	98	0.59	−0.02	0.07	13.1	0.95	0.42
	2012年	4	0.57		0.03	5.8	0.6	0.53
隆德县	1985年	89	0.50	+0.11	0.13	26	1.22	0.21
	2012年	1	0.61					
泾源县	1985年	16	0.73	+0.25	0.21	28.8	1.24	0.39
	2012年	1	0.98					

备注:1985年数据来源于《宁夏土壤》p.350,表15-5;银川市区是指金凤、西夏和兴庆区三区之和,与土壤普查时银川郊区所辖区域基本一致;惠农区是指惠农和大武口之和,与土壤普查时惠农区相对应。

2. 耕地长期定位监测点土壤全磷含量变化趋势

由表4-57可看出,全自治区12个监测点中除平罗县高庄玉米地、同心县丁塘玉米地、海原县树台马铃薯地土壤全磷含量变化略有降低外,其他9个监测点土壤全磷含量变化趋于增加,其中,蔬菜地、枸杞地4个监测点土壤全磷含量增幅较大,这与蔬菜地和枸杞地施用有机肥有关。

表4-57　宁夏耕地长期定位监测点土壤(0~20 cm)全磷含量统计表

单位:g/kg

时间	自流灌区						扬黄灌区			南部山区		
	常年旱 作地 (平罗 高庄)	稻旱轮 作地 (青铜 峡小坝)	常年稻 作地(兴 庆掌 政)	露地蔬 菜(永 宁望 洪)	设施蔬 菜(兴 庆掌 政)	枸杞地 (中宁 舟塔)	酿酒葡 萄地 (青铜 峡邵 岗)	玉米地 (同心 丁塘)	玉米地 (盐池 花马 池)	设施蔬 菜(彭 阳红 河)	玉米地 (彭阳 白阳)	马铃薯 地(海 原树 台)
2001年	0.9	0.8	0.76					0.88				
2003年	1.35	0.79	0.75	0.73	1.93	1.23	0.38		0.51	0.74	0.67	0.76
2005年	0.84		0.75	0.84	1.48							
2006年							0.29		0.52	0.62	0.59	
2009年	0.83			0.67					0.48			0.77
2011年	0.83			0.92		1.15		0.72	0.57	0.99	0.69	
2012年	1.0	0.8	0.89	1.31	1.56			0.87	0.66			
2013年				1.29		1.56			0.60			0.63
2014年	0.89	0.86	0.8	1.21	2.82	2.09	0.42	0.76	0.55	1.14	0.71	0.60

3. 耕地土壤类型土壤全磷含量变化趋势

由表4-58可看出,与土壤普查时期相比,耕地土壤全磷含量仅灌淤土类呈增加趋势,其平均含量由0.7 g/kg增加到0.83 g/kg;其他3个耕地土壤类型土壤全磷含量均呈降低趋势,其中,黑垆土类降低最为明显,全磷含量净减0.63 g/kg;其次是缃黄土土种,全磷含量净减 0.2 g/kg;灌淤潮土亚类全磷含量降低幅度小,净减 0.14 g/kg。耕地土壤全磷含量降低可能与其磷素营养矿化分解有关。

表 4-58　宁夏不同时期耕地土壤类型土壤(0~20 cm)全磷含量统计表

土壤类型	时间	样点数（个）	平均值（g/kg）	标准差（g/kg）	变异系数（%）	极大值（g/kg）	极小值（g/kg）
灌淤土土类	1985 年	437	0.7	0.06	12.86		
	2012 年	33	0.83	0.16	19.65	1.32	0.6
灌淤潮土亚类	1985 年	56	0.7	0.34	47.2	1.9	0.3
	2012 年	4	0.56	0.26	46.41	0.87	0.3
黑垆土类	1985 年	191	1.2				
	2012 年	5	0.57	0.03	5.95	0.6	0.5
绵黄土土种	1985 年	78	0.7	0.26	35.6	1.5	0.1
	2012 年	4	0.5	0.03	5.89	0.53	0.5

(二)耕地土壤有效磷含量变化趋势

1. 不同区域耕地土壤有效磷含量变化趋势

与土壤普查时期相比,全自治区耕地土壤有效磷含量明显增加,平均含量由 7.9 mg/kg 增加到 20.16 mg/kg,净增 12.26 mg/kg,增幅 155.2%,年增幅 5.7%。表 4-59 所列的各县(市、区)耕地土壤有效磷含量均呈增加趋势,中宁县耕地土壤有效磷含量增幅最大,其有效磷含量净增 21.4 mg/kg,增幅 198.2%,年增幅 7.3%;其次为灵武市和利通区,其有效磷含量分别净增 18.83 mg/kg 和 18.73 mg/kg,增幅为 169.6% 和 185.5%,年增幅为 6.3% 和 6.9%;泾源县、海原县和盐池县耕地土壤有效磷含量净增均<5 mg/kg,其中,盐池县增幅最小,其绝对含量仅增 1.52 mg/kg。近年来,增施磷肥是导致耕地土壤有效磷含量增加的主要原因。

表 4-59　不同时期各县市耕地土壤(0~20 cm)有效磷含量统计表

县(市、区)	时间	样本数（个）	平均值（mg/kg）	2012 年—1985 年平均值	标准差（mg/kg）	变异系数（%）	极大值（mg/kg）	极小值（mg/kg）
全自治区	1985 年	7029	7.90	+12.26	7.0	88.1	88	0.10
	2012 年	51119	20.16		15.38	76.3	99.9	2.00
惠农区	1985 年	85	13.80	+13.60	9.39	68.1	38	2.00
	2012 年	2726	27.40		16.11	58.8	99.3	2.80
平罗县	1985 年	204	12.80	+9.37	10.76	84	88	2.00
	2012 年	1132	22.17		14.2	64.1	90	2.70
贺兰县	1985 年	150	13.20	+13.5	11.42	86.3	80	1.00
	2012 年	2225	26.70		15.67	58.7	99.5	2.60
永宁县	1985 年	91	10.90	+12.36	6.56	60.2	35	1.00
	2012 年	3109	23.26		15.07	64.5	98.8	2.10

续表

县（市、区）	时间	样本数（个）	平均值（mg/kg）	2012年—1985年平均值	标准差（mg/kg）	变异系数（%）	极大值（mg/kg）	极小值（mg/kg）
银川市区	1985年	138	13.40	+11.79	3.99	74.7	50	0.30
	2012年	4209	25.19		16.85	66.9	98.8	2.10
灵武市	1985年	85	11.10	+18.83	9.2	82.6	50	1.00
	2012年	3032	29.93		16.31	54.5	99.6	3.00
利通区	1985年	84	10.10	+18.73	7.45	73	48	2.00
	2012年	3298	28.83		18.49	64.2	99.4	2.30
青铜峡市	1985年	105	11.10	+13.9	8.11	73.1	50	2.00
	2012年	2841	25.00		18.09	72.4	99.5	2.00
沙坡头区	1985年	732	17.50	+7.32	13.17	75.4	67	0.50
	2012年	1988	24.82		13.85	55.8	89.7	2.50
中宁县	1985年	100	10.80	+21.4	7.05	65.3	42	1.00
	2012年	2113	32.20		21.36	66.4	99.9	2.00
同心县	1985年	683	7.60	+6.65	6.7	87.9	45.5	0.25
	2012年	2679	14.25		10.12	71	49.9	2.10
盐池县	1985年	413	6.90	+1.52	6.89	95.8	25	0.30
	2012年	1609	8.42		5.88	69.9	48.3	2.00
海原县	1985年	838	5.80	+4.76	3.68	63.1	21.5	2.00
	2012年	3022	10.56		6.22	58.9	49.4	2.00
原州区	1985年	931	6.20	+5.87	4.65	75.4	38.6	0.10
	2012年	2680	12.07		8.29	68.7	48.9	2.00
西吉县	1985年	568	7.30	+7.64	3.31	45.3	48.3	0.30
	2012年	2866	14.94		8.25	55.3	49.9	2.00
彭阳县	1985年	530	4.60	+6.72	3.5	75.4	22.6	0.24
	2012年	3953	11.32		5.94	52.4	49.3	3.00
隆德县	1985年	700	7.30	+14.39	5.84	80.2	30.5	0.40
	2012年	3507	21.69		9.93	45.8	56.2	2.40
泾源县	1985年	573	7.00	+2.07	6.07	87.1	37.8	0.30
	2012年	2948	9.07		5.02	55.3	43.6	2.00

备注:1985年数据来源于《宁夏土壤》p.351,表15-6;银川市区是指金凤、西夏和兴庆区三区之和,与土壤普查时银川郊区所辖区域基本一致;惠农区是指惠农区和大武口之和,与土壤普查时惠农区相对应。

2. 耕地长期定位监测点土壤有效磷含量变化趋势

全自治区12个监测点土壤有效磷含量变化均趋于增加(见表4-60),其中,蔬菜地和枸杞地土壤有效磷含量高,最高可达189.5 mg/kg,且年际间变化大。

表 4-60　宁夏耕地长期定位监测点土壤(0~20 cm)有效磷含量统计表

单位：mg/kg

时间	自流灌区						扬黄灌区			南部山区		
	常年旱作地(平罗高庄)	稻旱轮作地(青铜峡小坝)	常年稻地(兴庆掌政)	露地蔬菜(永宁望洪)	设施蔬菜(兴庆掌政)	枸杞地(中宁舟塔)	酿酒葡萄地(青铜峡邵岗)	玉米地(同心丁塘)	玉米地(盐池花马池)	设施蔬菜(彭阳红河)	玉米地(彭阳白阳)	马铃薯地(海原树台)
2001 年	21.0	8.0	10.0					25				
2003 年	33.6	20.6	17.7	12.3	145.9	72.8	10.8		23.5	15.5	8.6	19.6
2005 年	33.8		20.8	34.3	189.5							
2006 年							8.0		29.2	13.8	11.3	
2009 年	13.8			32					16.9			24.3
2011 年	17.6			63.8		70.3		26.4	5.1	41.7	12.4	
2012 年	31.5	15.2	17.3	82	80.5			32.1	45.7			
2013 年				119		61.4			56.7			9.0
2014 年	21.5	14.3	29.6	118		95.8	34.2	26	32	46.7	26.3	4.6
2015 年	28.5	24.7	22.6	162	160		30.5	26.9	38.8	45.1	14.4	30.3

3. 耕地土壤类型土壤有效磷含量变化趋势

宁夏主要耕地土壤类型有效磷含量变化均呈明显增加趋势。灌淤潮土亚类增加最为明显，土壤有效磷平均含量由 7.6 mg/kg 增加到 26.14 mg/kg，净增 18.54 mg/kg，增幅 244%，年增幅 9%；其次为灌淤土类，土壤有效磷含量净增 12.97 mg/kg；绵黄土土种土壤有效磷含量净增 7.88 mg/kg；黑垆土类有效磷含量净增 7.21 mg/kg。由此可看出，南部山区耕地土壤有效磷含量水平较低，且净增含量也较小，这与南部旱作农业农田施用磷肥用量少有关(见表 4-61)。

表 4-61　宁夏不同时期耕地土壤类型土壤(0~20 cm)有效磷含量统计表

土壤类型	时间	样点数(个)	平均值(mg/kg)	标准差(mg/kg)	变异系数(%)	极大值(mg/kg)	极小值(mg/kg)
灌淤土土类	1985 年	2431	16.3	7.12	43.68		
	2012 年	16210	29.27	18.31	62.53	99.9	2.0
灌淤潮土亚类	1985 年	57	7.6	4.75	62.8	27	2.0
	2012 年	2256	26.14	16.06	61.43	99.6	2.3
黑垆土类	1985 年	774	7.1				
	2012 年	4205	14.31	9.11	63.67	49.6	2.1
绵黄土土种	1985 年	98	5.7	4.5	78.6	23.2	4.8
	2012 年	8628	13.58	8.28	60.95	56.2	2.0

四、土壤磷素营养的调控

提高土壤中磷素养分的有效性,一般要从以下三个方面调控。一是采取增施速效态磷肥来增加土壤中有效磷的含量,以保证供给当季作物对磷的吸收利用。二是调节土壤环境条件,如在碱性土壤中施石膏,减弱土壤中的固磷机制。三是促使土壤中的难溶态磷的溶解,提高磷的活性,使难溶性磷逐渐转化为有效态磷。

(一)因作物施磷

作物种类不同,对磷的敏感性、需要量、吸收能力不同。对磷需要量大、吸收能力弱的作物多施;对磷比较敏感、吸收能力强的作物少施。合理分配施用磷肥,如小麦、玉米轮作时,磷肥主要投入在小麦上作基肥,玉米利用其后效。豆科作物与粮食作物轮作时,磷肥重施于豆科作物上,以促进其固氮作用,达到以磷增氮的目的。稻旱轮作时,磷肥施在旱茬作物,水稻以利用后效为主。

(二)测土施磷

宁夏实施的土壤养分丰缺指标田间试验证实,小麦、玉米、水稻亩产与磷肥施用量有一定的相关性,复相关系数为 0.7682~0.9453,达到了极显著水平。小麦、玉米、水稻相对产量 95%时,土壤有效磷含量为 25.6~37.8 mg/kg,土壤有效磷已能满足作物需要。大田粮食作物当土壤有效磷含量低于 10 mg/kg 时,要增施磷肥;当土壤有效磷含量>30 mg/kg 时,就要不施或少施磷肥,提高磷肥当季利用率。施用磷肥的合理数量必须依据种植作物的目标产量、作物的需磷量和土壤有效磷含量确定。根据宁夏农业生产实践,推荐施用目标产量函数模型和复合函数模型。

$$y=k\mathrm{B}x\times a e^{bx}$$

$$y_i =\left[A+B\ln(x_i)\right]\times Cxa^b$$

其中:y 为肥料施用量,x 表示种植作物目标产量,x_i 为土壤有效磷(P)含量,B、C 表示作物磷吸肥系数。$A+B\ln(x_i)$ 为基本施肥量函数,k、ae^{bx}、a^b 表示平衡函数。

(三)磷肥与有机肥混施

磷肥与有机肥混施,能降低土壤对磷的固定吸附,提高磷的有效性。因为有机肥在分解过程中所产生的中间产物(有机酸类),对铁、铝、钙能够起一定的络合作用,降低了 Fe^{3+}、Al^{3+}、Ca^{2+}的离子浓度,可减弱磷的化学固定作用。另外,形成的腐殖质还可在土壤固体表面形成胶膜,减弱磷的表面固定作用。

(四)合理施用磷肥的方法

磷肥易被土壤固定,很难移动,有效性降低。因此,施用技术的关键是如何确保磷肥尽量接近植物根系,减少肥料与土壤的接触面积,以减少或减缓被土壤固定。合理施用磷肥须注意以下几点:一是深施磷肥:磷肥在土壤中移动性很小,必须将磷肥施到作物根系密集层次。深施方法:撒肥后耕翻或重耙旋耕(实为全层施肥),开沟及挖坑穴施。深施深度:一般作物施肥深度 7~15 cm;枸杞 20~30 cm;果树 30~40 cm。二是作基肥施用:密植作物追肥难以做到深施,磷肥都应作基肥施入;果树、枸杞等大株稀植作物,基施、追施磷肥都要采用深施的方法,将磷肥多次深施为宜。三是集中施用:通过播施、沟施、穴施等方式,把磷肥施在根系附近,提高磷肥的有效性。

第四节　耕地土壤钾素营养

钾是作物生长发育过程中所必需的营养元素之一,与作物的生理代谢、抗逆及品质改善密切相关,被认为是品质元素。钾还可以提高肥料的利用率,改善环境质量。土壤中的钾素呈无机形态存在。根据钾的存在形态和作物吸收能力,可把土壤中钾素分为4个类型:土壤矿物态钾,此为难溶性钾;非交换态钾,为缓效性钾;交换性钾;水溶性钾;后两种合称为速效性钾(速效钾);一般占全钾的1%~2%,可以被当季作物吸收利用,是反映土壤肥力高低的标志之一。

一、耕地土壤钾素含量及分布特征

(一)耕地土壤钾素含量特征

1. 耕地土壤全钾含量特征

宁夏耕地土壤全钾含量较高,平均为18.93 g/kg,最高达24.47 g/kg,最低仅为14.0 g/kg。3个不同生态区域中,自流灌区耕地土壤全钾含量最高,平均为19.2 g/kg;中部干旱区耕地土壤全钾含量最低,平均为18.1 g/kg(见表4-62)

表4-62　宁夏不同生态类型区耕地土壤(0~20 cm)全钾含量统计表

区域	样本数（个）	平均值（g/kg）	标准差（g/kg）	变异系数（%）	极大值（g/kg）	极小值（g/kg）
全自治区	80	18.93	1.69	8.93	24.47	14.00
自流灌区	58	19.15	1.73	9.05	24.47	14.00
中部干旱带	13	18.07	1.31	7.25	21.00	16.14
南部山区	9	18.71	1.63	8.72	22.80	17.40

全自治区各县(市、区)中,泾源县耕地土壤全钾含量最高,平均为22.8 g/kg;其次为兴庆区和西夏区,平均分别为21.49 g/kg和20.23 g/kg;红寺堡区、同心县和盐池县3个县耕地土壤全钾含量低于18 g/kg;其中,盐池县最低,仅为16.93 g/kg(见表4-63)。

耕地土壤类型中,灌淤土类土壤全钾含量最高,平均为19.89 g/kg;风沙土类土壤全钾含量最低,平均为16.47 g/kg。土壤亚类中,典型灌淤土亚类土壤全钾含量最高,平均为21.5 g/kg;其次为潮灌淤土和和草甸灰钙土2个亚类,土壤全钾平均含量分别为20.24 g/kg和20.0 g/kg;盐化灰钙土、典型灰钙土和草原风沙土3个亚类土壤全钾含量<18 g/kg,其中,草原风沙土亚类土壤全钾含量最低,平均为16.47 g/kg(见表4-64)。

表 4-63　宁夏各县市耕地土壤(0~20 cm)全钾含量统计表

县(市、区)	样本数 (个)	平均值 (g/kg)	标准差 (g/kg)	变异系数 (%)	极大值 (g/kg)	极小值 (g/kg)
石嘴山市	6	19.32	0.98	5.06	20.96	18.00
平罗县	6	19.32	0.98	5.06	20.96	18.00
银川市	17	19.68	1.70	8.62	24.47	15.60
贺兰县	3	19.91	0.23	1.18	20.16	19.70
兴庆区	3	21.49	2.62	12.21	24.47	19.53
金凤区	1	19.60			19.60	19.60
西夏区	2	20.23	0.33	1.64	20.47	20.00
永宁县	4	19.43	0.93	4.77	20.45	18.50
灵武市	4	18.12	1.72	9.48	19.40	15.60
吴忠市	32	18.24	1.55	8.51	20.94	14.00
利通区	5	19.01	1.08	5.68	20.36	17.90
青铜峡市	18	18.41	1.79	9.72	20.94	14.00
同心县	1	17.20			17.20	17.20
盐池县	3	16.93	0.50	2.97	17.40	16.40
红寺堡区	5	17.86	1.09	6.09	18.79	16.14
中卫市	16	19.47	1.80	9.24	23.79	17.33
沙坡头区	5	18.93	1.11	5.88	20.40	17.60
中宁县	7	19.90	2.49	12.54	23.79	17.33
海原县	4	19.40	1.07	5.52	21.00	18.80
固原市	9	18.71	1.63	8.72	22.80	17.40
原州区	3	18.00	0.60	3.33	18.60	17.40
彭阳县	4	18.15	0.57	3.17	18.80	17.40
隆德县	1	19.00			19.00	19.00
泾源县	1	22.80			22.80	22.80
全自治区	80	18.93	1.69	8.93	24.47	14.00

表 4-64　宁夏耕地土壤类型土壤(0~20 cm)全钾含量统计表

土壤类型	样本数 (个)	平均值 (g/kg)	标准差 (g/kg)	变异系数 (%)	极大值 (g/kg)	极小值 (g/kg)
潮土	7	18.86	2.24	11.90	20.94	14.00
灌淤潮土	4	18.07	2.76	15.26	19.87	14.00
盐化潮土	3	19.92	0.89	4.44	20.94	19.40
风沙土	2	16.47	1.22	7.43	17.33	15.60
草原风沙土	2	16.47	1.22	7.43	17.33	15.60

续表

土壤类型	样本数（个）	平均值（g/kg）	标准差（g/kg）	变异系数（%）	极大值（g/kg）	极小值（g/kg）
灌淤土	33	19.89	1.48	7.42	24.47	18.00
表锈灌淤土	16	19.67	1.48	7.53	24.47	18.20
潮灌淤土	3	20.24	0.68	3.38	20.96	19.60
典型灌淤土	2	21.50	3.25	15.10	23.79	19.20
盐化灌淤土	12	19.83	1.31	6.62	23.00	18.00
黑垆土	5	18.60	0.37	2.01	19.00	18.20
典型黑垆土	2	18.50	0.42	2.29	18.80	18.20
黑麻土	3	18.67	0.42	2.23	19.00	18.20
黄绵土	6	18.23	1.47	8.04	21.00	17.00
黄绵土	6	18.23	1.47	8.04	21.00	17.00
灰钙土	17	18.00	1.21	6.72	20.00	16.14
草甸灰钙土	1	20.00			20.00	20.00
淡灰钙土	11	18.08	1.19	6.56	19.95	16.20
典型灰钙土	3	17.40	0.20	1.15	17.60	17.20
盐化灰钙土	2	17.46	1.88	10.75	18.79	16.14
新积土	10	18.43	1.72	9.32	22.80	16.40
典型新积土	10	18.43	1.72	9.32	22.80	16.40
总计	80	18.93	1.69	8.93	24.47	14.00

2. 耕地土壤缓效钾含量特征

根据全自治区 43 个样点统计分析,耕地土壤缓效钾平均含量为 705.6 mg/kg,最高达 1327 mg/kg,最低仅 237 mg/kg;全自治区 97.2%的耕地土壤缓效钾含量>400 mg/kg;2.8% 耕地土壤缓效钾含量为 200~250 mg/kg,主要集中在风沙土类分布的区域。

由表 4-65 可看出,自流灌区 6 个监测点土壤缓效钾含量均较高;其次为南部山区的 3 个监测点;扬黄灌区 3 个监测点土壤缓效钾含量较低,其中青铜峡邵岗酿酒葡萄地和盐池县花马池玉米地土壤质地为沙壤土,土壤缓效钾含量最低,为 601~627 mg/kg。

表 4-65 宁夏耕地长期定位监测点土壤(0~20 cm)缓效钾含量统计表

单位:mg/kg

时间	自流灌区						扬黄灌区			南部山区		
	常年旱作地（平罗高庄）	稻旱轮作地（青铜峡小坝）	常年稻地（兴庆掌政）	露地蔬菜（永宁望洪）	设施蔬菜（兴庆掌政）	枸杞地（中宁舟塔）	酿酒葡萄地（青铜峡邵岗）	玉米地（同心丁塘）	玉米地（盐池花马池）	设施蔬菜（彭阳红河）	玉米地（彭阳白阳）	马铃薯地（海原树台）
2014 年	1237	893	893	1167	1068	1054	627	891	601	887	889	896

3. 耕地土壤速效钾含量特征

据 51982 个样点统计，宁夏耕地土壤速效钾平均含量为 162.09 mg/kg，最大值高达 598 mg/kg，最低为 50 mg/kg。全自治区 3 个不同生态区耕地土壤速效钾含量以南部山区最高，平均为 174.9 mg/kg；自流灌区最低，平均为 155.3 mg/kg（见表 4-66）。

表 4-66　宁夏不同生态类型区耕地土壤（0~20 cm）速效钾含量统计表

区域	样本数（个）	平均值（mg/kg）	标准差（mg/kg）	变异系数（%）	极大值（mg/kg）	极小值（mg/kg）
全自治区	51982	162.1	73.5	45.4	598.0	50.0
自流灌区	27458	155.3	65.4	42.1	598.0	50.0
中部干旱带	8557	160.1	70.1	43.8	543.0	50.0
南部山区	15967	174.9	85.8	49.1	597.0	50.0

宁夏 5 个地级市中，石嘴山市耕地土壤速效钾含量最高，平均为 184.06 mg/kg；其次为固原市，速效钾平均含量为 174.85 mg/kg；吴忠市耕地土壤速效钾含量最低，平均为 147.65 mg/kg。西吉县耕地土壤速效钾含量居全自治区 22 个县（市、区）之首，平均为 205.62 mg/kg；其次为兴庆区、大武口区和惠农区，耕地土壤速效钾含量平均分别为 199.41 mg/kg、195.03 mg/kg 和 194.37 mg/kg；金凤区、西夏区、永宁县、灵武市、利通区、盐池县、红寺堡区、沙坡头区、中宁县、泾源县 10 个县耕地土壤速效钾平均含量<150 mg/kg，其中，红寺堡区耕地土壤速效钾含量最低，平均仅为 90.03 mg/kg，比西吉县耕地土壤速效钾平均含量低115.59 mg/kg，较宁夏平均含量低 72.06 mg/kg（见表 4-67）。

表 4-67　宁夏各市县耕地土壤（0~20 cm）速效钾含量统计表

县（市、区）	样本数（个）	平均值（mg/kg）	标准差（mg/kg）	变异系数（%）	极大值（mg/kg）	极小值（mg/kg）
石嘴山市	3867	184.06	68.47	37.20	526.0	50.0
大武口区	75	195.03	90.17	46.24	503.0	60.0
惠农区	2656	194.37	66.78	34.36	526.0	54.0
平罗县	1136	159.22	64.29	40.38	467.0	50.0
银川市	13149	155.24	68.60	44.19	598.0	50.0
贺兰县	2337	175.77	75.06	42.70	598.0	50.0
兴庆区	1809	199.41	92.22	46.25	584.0	50.0
金凤区	744	127.63	69.91	54.78	500.0	50.0
西夏区	2098	131.44	60.81	46.26	549.0	50.0
永宁县	3125	144.40	50.97	35.30	430.0	50.0
灵武市	3036	147.48	48.08	32.60	476.0	51.0
吴忠市	11751	147.65	63.17	42.78	550.0	50.0
利通区	3386	144.01	59.97	41.65	525.0	50.0
青铜峡市	2870	157.06	58.63	37.33	550.0	50.0

续表

县(市、区)	样本数 (个)	平均值 (mg/kg)	标准差 (mg/kg)	变异系数 (%)	极大值 (mg/kg)	极小值 (mg/kg)
同心县	2679	173.65	66.49	38.29	497.0	52.0
盐池县	1611	138.43	54.70	39.51	492.0	53.0
红寺堡区	1205	90.03	40.19	44.64	394.7	50.0
中卫市	7225	158.10	62.97	39.83	566.0	50.0
沙坡头区	1993	131.04	42.11	32.14	420.0	67.0
中宁县	2170	141.96	54.69	38.52	566.0	51.0
海原县	3062	187.15	67.66	36.15	543.0	50.0
固原市	15964	174.85	85.79	49.06	597.0	50.0
原州区	2680	187.80	93.43	49.75	597.0	56.0
西吉县	2866	205.62	97.09	47.22	597.0	56.5
彭阳县	3953	162.30	80.04	49.32	594.0	50.0
隆德县	3507	177.04	75.13	42.44	494.0	53.0
泾源县	2958	147.49	73.48	49.82	571.0	50.0
全自治区	51956	162.09	73.50	45.34	598.0	50.0

全自治区8个耕地土壤类型土壤速效钾含量以黄绵土土类最高,平均为180.22 mg/kg;其次为黑垆土和灰褐土2个土类,其土壤速效钾平均含量分别为176.55 mg/kg和174.74 mg/kg;灰钙土和风沙土2个土类土壤速效钾含量低,平均分别为122.5 mg/kg和107.44 mg/kg;风沙土类土壤速效钾含量比黄绵土类低72.78 mg/kg。19个土壤亚类中,潮灌淤土和黄绵土2个亚类土壤速效钾含量最高,平均分别为188.05 mg/kg和180.22 mg/kg;潮黑垆土、典型黑垆土、黑麻土、暗灰褐土、盐化灌淤土5个亚类土壤速效钾平均含量较高,为172.72~176.64 mg/kg;典型潮土、草原风沙土、草甸灰钙土、淡灰钙土、典型灰钙土、盐化灰钙土6个亚类土壤速效钾含量低,平均为107.44~144.99 mg/kg,均<150 mg/kg;其中,草原风沙土亚类土壤速效钾含量最低,比潮灌淤土亚类低80.61 mg/kg(见表4-68)。

表4-68 宁夏耕地土壤类型土壤(0~20 cm)速效钾含量统计表

土壤类型	样本数 (个)	平均值 (mg/kg)	标准差 (mg/kg)	变异系数 (%)	最大值 (mg/kg)	最小值 (mg/kg)
潮土	5687	156.42	64.52	55.97	540.0	50.0
典型潮土	44	144.99	81.15	39.66	450.0	51.0
灌淤潮土	2294	151.90	60.24	41.89	516.0	50.0
盐化潮土	3349	159.66	66.89	48.01	540.0	50.0
风沙土	1009	107.44	51.59	48.01	466.0	50.0
草原风沙土	1009	107.44	51.59	39.77	466.0	50.0
灌淤土	16747	164.85	65.56	37.83	598.0	50.0

续表

土壤类型	样本数 （个）	平均值 （mg/kg）	标准差 （mg/kg）	变异系数 （%）	最大值 （mg/kg）	最小值 （mg/kg）
表锈灌淤土	8365	152.87	57.83	41.46	598.0	50.0
潮灌淤土	2561	188.05	77.96	39.35	595.0	50.0
典型灌淤土	653	164.92	64.89	38.47	512.0	51.0
盐化灌淤土	5168	172.72	66.44	44.68	584.0	52.0
黑垆土	4205	176.55	78.89	62.02	582.0	56.0
潮黑垆土	16	175.25	108.70	40.66	484.0	81.0
典型黑垆土	1604	176.41	71.74	46.90	546.0	57.0
黑麻土	2585	176.64	82.85	46.27	582.0	56.0
黄绵土	11509	180.22	83.38	46.27	597.0	50.0
黄绵土	11509	180.22	83.38	43.97	597.0	50.0
灰钙土	4350	122.50	53.86	42.19	484.0	50.0
草甸灰钙土	428	113.21	47.77	41.61	330.0	50.0
淡灰钙土	2105	120.32	50.06	39.65	471.0	50.0
典型灰钙土	616	148.01	58.68	48.03	459.0	59.0
盐化灰钙土	1201	116.55	55.97	52.05	484.0	50.0
灰褐土	1237	174.74	90.96	52.05	571.0	51.0
暗灰褐土	1237	174.74	90.96	47.46	571.0	51.0
新积土	7212	152.18	72.22	38.70	544.0	50.0
冲积土	199	155.46	60.16	47.69	481.0	68.0
典型新积土	7013	152.09	72.53	45.34	544.0	50.0
总计	51956	162.09	73.50	45.34	598.0	50.0

（二）耕地土壤钾素含量分布特征

1. 耕地土壤全钾含量分布特征

由表4-69可看出，全自治区77.5%耕地土壤全钾含量为15~20 g/kg；21.25%耕地土壤全钾含量为20~25 g/kg；1.25%耕地土壤全钾含量为10~15 g/kg。

三个不同生态区耕地土壤全钾含量为15~20 g/kg级别的耕地面积以自流灌区最大，占67.74%；其次为中部干旱带，占19.36%；南部山区最少，仅占12.90%。中部干旱带区92.31%耕地土壤速效钾含量为15~20 g/kg；南部山区88.89%耕地土壤全钾含量为15~20 g/kg；土壤全钾含量>20 g/kg的耕地主要分布在自流灌区。

2. 耕地土壤速效钾含量分布特征

宁夏36.6%耕地土壤速效钾含量为150~200 mg/kg，其次为100~150 mg/kg级别，占33.4%；土壤速效钾含量>400 mg/kg耕地面积最小，仅占0.007%，主要分布在固原市。土

表4-69 宁夏不同生态区耕地土壤(0~20 cm)全钾含量分级点位分布频率表

分级(g/kg)		项目	总计	自流灌区	中部干旱区	南部山区
全钾含量分级	<5	样本数(个)				
		占总样本比例(%)				
	5~10	样本数(个)				
		占总样本比例(%)				
	10~15	样本数(个)	1	1		
		占总样本比例(%)	1.25	1.73		
	15~20	样本数(个)	62	42	12	8
		占总样本比例(%)	77.50	67.74	19.36	12.90
	20~25	样本数(个)	17	15	1	1
		占总样本比例(%)	21.25	88.24	5.88	5.88
	总计	样本数(个)	80	58	13	9
		占总样本比例(%)	100.00	72.50	16.25	11.25

壤速效钾含量最低的级别（<100 mg/kg）耕地主要分布在吴忠市，占该级别总面积的44.5%;其中红寺堡区面积最大,占该级别面积的32%。土壤速效钾含量为150~200 mg/kg级别主要分布在固原市,占该级别总面积的34.3%。土壤速效钾含量>250 mg/kg耕地主要分布在固原市，占68.1%;其中西吉县面积最大，占全自治区>250 mg/kg总面积的43.2%(见表4-70)。

表4-70 宁夏各市县耕地土壤(0~20 cm)速效钾含量不同级别面积统计表

单位:亩

县(市、区)	速效钾含量(mg/kg)						
	总计	<100	100~150	150~200	200~250	250~300	300~400	>400
全自治区	19351543	1149152	6454765	7083827	3658416	845362	158652	1365
石嘴山市	1265102	39744	556025	468537	169375	29628	1794	
大武口区	82625	430	42076	11836	18698	8235	1350	
惠农区	297538	91	32528	140891	111768	12124	137	
平罗县	884939	39223	481421	315810	38910	9268	307	
银川市	2164826	310704	776579	799981	242152	27641	7768	
贺兰县	656633	61593	161046	278378	143776	8606	3234	
兴庆区	218176	25977	28267	85701	55164	18534	4533	
金凤区	154205	54685	28776	56392	14316	36		
西夏区	267205	77979	143429	38701	7046	49		
永宁县	513592	69045	239202	193024	11904	416		
灵武市	355015	21424	175860	147785	9946			

续表

县(市、区)	速效钾含量(mg/kg)						
	总计	<100	100~150	150~200	200~250	250~300	300~400	>400
吴忠市	5176683	511600	2381413	1675229	524554	82586	1301	
利通区	465468	39150	239410	156785	28935	1188		
青铜峡市	571059	6658	274713	260606	26790	2233	59	
同心县	2090194	11517	703782	865787	430435	77432	1242	
盐池县	1496817	86682	991962	381025	35416	1732		
红寺堡区	553145	367593	171546	11027	2979			
中卫市	4594319	217773	1335880	1709946	1152982	161243	16209	287
沙坡头区	1069663	33627	486014	199191	350626	94	111	
中宁县	1006334	155245	388304	354916	101637	5618	614	
海原县	2518322	28901	461562	1155838	700720	155531	15484	287
固原市	6150613	69332	1404869	2430134	1569352	544264	131580	1083
原州区	1579629	10076	418151	573098	397096	129089	51798	320
西吉县	2446748	1655	197055	926881	887202	363887	69616	452
彭阳县	1248802	43670	550352	428761	174638	42423	8648	310
隆德县	609679	36	103352	416997	86596	2539	159	
泾源县	265755	13895	135958	84397	23819	6326	1360	

土壤速效钾含量<100 mg/kg级别中,灰钙土类面积最大,占37.7%;淡灰钙土亚类占该级别总面积的24%。土壤速效钾含量为100~150 mg/kg级别中,黄绵土类面积最大,占26.8%;其次为灌淤土类,占18.2%。土壤速效钾含量含量为200~250 mg/kg级别中,黄绵土类所占比例仍较大,占48.7%;土壤速效钾含量>250 mg/kg,黄绵土类占58.3%(见表4-71)。可见,黄绵土土壤速效钾含量较高的耕地所占比重较大。

表4-71 宁夏耕地土壤类型土壤(0~20 cm)速效钾含量不同级别面积统计表

单位:亩

土壤类型	速效钾含量(mg/kg)						
	总计	<100	100~150	150~200	200~250	250~300	300~400	>400
潮土	1341171	76662	598754	471567	164092	27234	2862	
典型潮土	14976	401	3073	4599	5673	1183	48	
灌淤潮土	565647	30552	281428	192889	52405	6466	1906	
盐化潮土	760548	45710	314253	274080	106014	19584	908	
风沙土	586998	206116	261092	104170	15506	113		
草原风沙土	586998	206116	261092	104170	15506	113		
灌淤土	2764049	34852	1171814	1200363	315523	34603	6895	

续表

土壤类型	速效钾含量(mg/kg)						
	总计	<100	100~150	150~200	200~250	250~300	300~400	>400
表锈灌淤土	1172164	16122	565758	518632	64215	6065	1372	
潮灌淤土	564830	3750	198763	238408	111365	8938	3606	
典型灌淤土	103973	204	39619	46333	16705	1112		
盐化灌淤土	923083	14776	367675	396990	123237	18488	1917	
黑垆土	2215711	42228	562288	889679	516386	183110	21563	457
潮黑垆土	1902		164	861	764	112		
典型黑垆土	345398	2022	60576	205285	59453	14206	3857	
黑麻土	1868411	40206	501548	683533	456169	168792	17706	457
黄绵土	7240865	107732	1730128	3032219	1784789	489295	96256	445
黄绵土	7240865	107732	1730128	3032219	1784789	489295	96256	445
灰钙土	2412363	432927	1147974	534141	276621	19437	1264	
草甸灰钙土	78096	30034	45157	2894	10			
淡灰钙土	1405237	276187	604591	331497	183874	8589	498	
典型灰钙土	622124	14915	340912	170248	84920	10717	412	
盐化灰钙土	306907	111791	157314	29501	7816	131	354	
灰褐土	367299	5099	64573	126023	91013	59203	21161	227
暗灰褐土	367299	5099	64573	126023	91013	59203	21161	227
新积土	2423088	243537	918142	725665	494486	32367	8651	240
冲积土	53225	2783	24160	22062	3850	370		
典型新积土	2369863	240754	893982	703603	490636	31997	8651	240
总计	19351543	1149152	6454765	7083827	3658416	845362	158652	1369

二、影响耕地土壤钾素含量主要因素

灌溉施肥、成土母质及土壤质地对耕地土壤钾素含量有一定程度的影响。

(一)灌溉耕种施肥活动与土壤钾素含量

引黄灌区主要耕作土壤类型灌淤土和南部山区主要耕作土壤类型黄绵土土壤钾素含量相比较,灌淤土类全钾含量较高,平均为 19.89 g/kg,比黄绵土类全钾含量(18.23 g/kg)高1.66 g/kg;反映出人为灌溉耕种施肥活动对耕地土壤全钾含量有一定的影响。

灌溉耕种施肥活动对土壤速效钾含量也有一定的影响。日光温室蔬菜因其耕种施肥活动强度远远高于露地粮食作物,其土壤速效钾平均含量高达 336.1 mg/kg,较露地粮食作物土壤速效钾平均含量(159.7 mg/kg)高 176.4 mg/kg,前者是后者的 2.1 倍(见表 4-72)。

表 4-72　银川市兴庆区不同种植条件土壤(0~20 cm)速效钾含量统计表

种植作物	样本数 (个)	平均值 (mg/kg)	标准差 (mg/kg)	变异系数 (%)	极大值 (mg/kg)	极小值 (mg/kg)
粮食作物	1747	159.7	65.1	40.8	478	30
日光温室	1659	336.1	175.0	52.0	1140	52

(二)成土母质与土壤速效钾含量

由表 4-73 可看出,由不同成土母质类型形成的土壤类型土壤速效钾含量差异较大。黄土母质形成的黄绵土类土壤速效钾含量最高,平均为 180.22 mg/kg;其次为六盘山残积母质形成的灰褐土土类和灌水淤积物形成的灌淤土类,土壤速效钾平均含量分别为 174.74 mg/kg 和 164.85 mg/kg;由第四纪洪积冲积物形成的灰钙土类土壤速效钾含量低,平均为 122.5 mg/kg;来源于风积物质形成的风沙土类土壤速效钾含量最低,平均为 107.44 mg/kg,比黄绵土类土壤速效钾含量低 72.78 mg/kg;可见,成土母质对耕地土壤速效钾含量有一定的影响。

表 4-73　成土母质类型与土壤(0~20 cm)速效钾含量统计表

成土母质类型		土壤类型	样本数 (个)	平均值 (mg/kg)	标准差 (mg/kg)	变异系数 (%)	极大值 (mg/kg)	极小值 (mg/kg)
残积母质		灰褐土类	1237	174.74	90.96	52.05	571.0	51.0
洪积 冲积物	六盘山洪积冲积物	厚阴黑土、夹黏阴黑土土种	2545	149.2	73.13	49.02	544.0	50.0
	第四纪洪积冲积物	灰钙土类	4350	122.5	53.86	42.19	484.0	50.0
冲积母质		冲积土亚类、典型潮土亚类	243	153.56	63.96	41.65	481.0	51.0
黄土母质		黄绵土类	11509	180.22	83.38	46.27	597.0	50.0
风积母质		风沙土类	1009	107.44	51.59	39.77	466.0	50.0
灌水淤积物		灌淤土类	16747	164.85	65.56	37.83	598.0	50.0

(三)土壤质地与土壤速效钾含量

不同土壤质地直接影响着土壤速效钾含量。随着土壤质地由沙土→沙壤土→壤土→黏壤土→黏土,土壤速效钾含量由低增高。沙土土壤速效钾含量低,平均为 112.9 mg/kg;黏土土壤速效钾含量最高,平均为 201.5 mg/kg(见表 4-74)。

表 4-74　不同土壤质地土壤(0~20 cm)速效钾含量统计表

土壤质地	样点数 (个)	平均值 (mg/kg)	标准差 (mg/kg)	变异系数 (%)	极大值 (mg/kg)	极小值 (mg/kg)
沙土	3251	112.9	54.2	48.0	492.0	50.0
沙壤土	5607	131.1	56.2	42.8	511.0	50.0
壤土	42155	169.8	74.3	43.7	598.0	50.0
黏壤土	492	189.6	75.8	40.0	504.0	52.0
黏土	83	201.5	88.0	43.7	492.0	81.0

三、耕地土壤钾素含量变化趋势

(一)耕地土壤全钾含量变化趋势

1. 不同区域耕地土壤全钾含量变化趋势

与土壤普查时期比较,全自治区耕地土壤全钾含量略有增加,由 18.6 g/kg 增加到 18.9 g/kg;16 个县(市、区)中,8 个县(市、区)耕地土壤全钾含量略有增加;8 个县(市、区)耕地土壤全钾含量略有降低(见表 4-75)。

表 4-75 宁夏不同时期各市县耕地土壤(0~20 cm)全钾含量统计表

县(市、区)	时间	样本数(个)	平均值(g/kg)	2012 年—1985年平均值	标准差(g/kg)	变异系数(%)	极大值(g/kg)	极小值(g/kg)
全自治区	1985 年	1347	18.6	+0.30	2.7	14.2	29.0	13.1
	2012 年	80	18.9		1.69	8.9	24.5	14.0
惠农区	1985 年	28	21.4		2.17	10.1	26.5	17.5
	2012 年							
平罗县	1985 年	67	18.3	+1.00	1.99	10.9	23.1	14.4
	2012 年	6	19.3		0.98	5.06	20.96	18.0
贺兰县	1985 年	46	18.0	+1.9	1.4	7.8	22.5	16.1
	2012 年	3	19.9		0.23	1.18	20.16	19.7
永宁县	1985 年	28	25.8	−6.4	2.07	8.0	29.0	21.0
	2012 年	4	19.4		0.93	4.77	20.45	18.5
银川市区	1985 年	53	20.7	+0.1	3.23	15.6	26.5	15.8
	2012 年	6	20.8		7.98	38.3	24.5	19.5
灵武市	1985 年	27	20.1	−2.0	1.5	7.5	22.8	16.5
	2012 年	4	18.1		1.72	9.5	19.4	15.6
利通区	1985 年	29	20.0	−1.0	1.58	7.9	22.4	17.0
	2012 年	5	19.0		1.08	5.7	20.4	17.9
青铜峡市	1985 年	34	20.1	−1.7	0.99	4.9	22.5	16.6
	2012 年	18	18.4		1.79	9.7	20.9	14.0
沙坡头区	1985 年	13	17.8	−1.1	0.83	4.7	19.6	16.9
	2012 年	5	18.9		1.11	5.9	20.4	17.6
中宁县	1985 年	47	20.5	−0.6	0.95	4.7	22.8	18.5
	2012 年	7	19.9		2.49	12.5	23.8	17.3
同心县	1985 年	39	17.9	−0.7	0.67	3.7	19.6	16.6
	2012 年	1	17.2					
盐池县	1985 年	15	18.9	−3.0	4.0	21.2	24.8	13.3
	2012 年	3	16.9		0.5	3	17.4	16.4

续表

县(市、区)	时间	样本数（个）	平均值（g/kg）	2012年—1985年平均值	标准差（g/kg）	变异系数（%）	极大值（g/kg）	极小值（g/kg）
海原县	1985年	44	18.8	+0.6	2.4	12.9	22.6	13.1
海原县	2012年	4	19.4		1.07	5.5	21	18.8
原州区	1985年	5	17.3	+0.7	1.4	8.0	19.6	16.0
原州区	2012年	3	18.0		0.6	3.3	18.6	17.4
西吉县	1985年	32	19.0		1.51	8.0	18.5	16.5
西吉县	2012年							
彭阳县	1985年	19	17.3	+0.9	0.76	4.4	18.4	15.8
彭阳县	2012年	4	18.2		0.57	3.2	18.8	17.4
隆德县	1985年	11	18.5	+0.5	0.86	4.7	19.6	15.8
隆德县	2012年	1	19.0					
泾源县	1985年	15	19.9	+2.9	1.43	7.2	24.0	18.4
泾源县	2012年	1	22.8					

备注:1985年数据来源于《宁夏土壤》p.353,表15-8;银川市区是指金凤、西夏和兴庆区三区之和,与土壤普查时银川郊区所辖区域基本一致;惠农区是指惠农和大武口之和,与土壤普查时惠农区相对应。

2. 耕地长期定位监测点土壤全钾含量变化趋势

全自治区 12 个监测点除青铜峡邵岗酿酒葡萄地土壤全钾含量比较稳定外,其余 11 个监测点土壤全钾含量变化均趋于增加;其中平罗县高庄常年旱作玉米地土壤全钾含量增加幅度较大,其绝对含量增加 2.6g/kg,增幅 12.8%,年均增幅 0.9%(见表 4-76)。

表 4-76　宁夏耕地长期定位监测点土壤(0~20 cm)全钾含量统计表

单位:g/kg

时间	自流灌区						扬黄灌区			南部山区		
	常年旱作地（平罗高庄）	稻旱轮作地（青铜峡小坝）	常年稻地（兴庆掌政）	露地蔬菜（永宁望洪）	设施蔬菜（兴庆掌政）	枸杞地（中宁舟塔）	酿酒葡萄地（青铜峡邵岗）	玉米地（同心丁塘）	玉米地（盐池花马池）	设施蔬菜（彭阳红河）	玉米地（彭阳白阳）	马铃薯地（海原树台）
2001 年	20.2	19.4	21.2					19.2				
2003 年	19.4	20.0	19	18.8	20.0	18.8	19.2		17.6	18.4	17.4	19.0
2005 年	19.6		19.8	19.0	18.8							
2006 年							18		17.4	17.8	17.6	
2009 年	19.9			20.5					17.2			18.8
2011 年	19			18.4		18.0		17.4	16.6	18.0	17.2	
2012 年	19.2	19.2	18.6	19.0	18.6		18.6		18.0			
2013 年				18.2		17.6			18.0			17.8
2014 年	22.8	20.8	22.2	21.6	20.1	20.8	19.2	20.4	19.2	20.2	19.6	20.5

3. 耕地主要土壤类型土壤全钾含量变化趋势

由表4-77可看出,与土壤普查时期相比,灌淤土类、灌淤潮土亚类和黑垆土类耕地土壤全钾含量均有所增加;其中灌淤土类土壤全钾含量增加最多,净增1.99 g/kg。綢黄土土种全钾含量略有降低,绝对含量净减0.75 g/kg。

表4-77　宁夏不同时期耕地土壤类型土壤(0~20 cm)全钾含量统计表

土壤类型	时间	样点数 (个)	平均值 (g/kg)	标准差 (g/kg)	变异系数 (%)	极大值 (g/kg)	极小值 (g/kg)
灌淤土土类	1985年	65	17.9	1.29	7.21		
	2012年	33	19.89	1.48	7.42	24.47	18.0
灌淤潮土亚类	1985年	14	17.7	4.19	23.7	28.0	8.9
	2012年	4	18.07	2.76	15.26	19.87	14.0
黑垆土类	1985年	41	18.1				
	2012年	5	18.6	0.37	2.01	19.0	18.2
綢黄土土种	1985年	10	18.2	2.6	14.3	23.7	15.0
	2012年	4	17.45	0.41	2.36	18.0	17.0

(二)耕地土壤速效钾含量变化趋势

1. 不同区域耕地土壤速效钾含量变化趋势

与土壤普查时期相比,全自治区耕地土壤速效钾平均含量由177 mg/kg降低到162.1 mg/kg,绝对含量减少14.9 mg/kg,降低幅度9.2%,年降幅0.3%。表4-78所列出的18个县(市、区)中,12个县耕地土壤速效钾含量趋于降低,沙坡头区耕地土壤速效钾绝对含量减少128 mg/kg,年均降低4.7 mg/kg;其次为平罗县,绝对含量降低101.8 mg/kg,年均降低3.8 mg/kg;利通区耕地土壤速效钾含量降低幅度最小,其绝对含量年降低1.17 mg/kg。6个县耕地土壤速效钾含量趋于增加,西吉县增加幅度最高,其绝对含量增加75.6 mg/kg,年增加2.8 mg/kg;隆德县增加幅度最低,其绝对含量增加23 mg/kg,年增加0.85 mg/kg。从以上分析可看出,引黄灌区大部分县耕地土壤速效钾含量变化呈降低趋势;南部山区大部分县耕地土壤速效钾含量变化呈增加趋势。

表4-78　宁夏不同时期各县耕地土壤(0~20 cm)速效钾含量统计表

县(市、区)	时间	样本数 (个)	平均值 (mg/kg)	2012年—1985 年平均值	标准差 (mg/kg)	变异系数 (%)	极大值 (mg/kg)	极小值 (mg/kg)
全自治区	1985年	1347	177.0	−14.90	98.2	55.5	613.0	28.0
	2012年	51956	162.1		73.5	45.3	598.0	50.0
惠农区	1985年	27	269.0	−74.60	89.5	33.3	475.0	110.0
	2012年	2731	194.4		67.4	34.7	526.0	54.0
平罗县	1985年	68	261.0	−101.80	79.93	30.6	613.0	127.0
	2012年	1136	159.2		64.3	40.4	467.0	50.0

续表

县（市、区）	时间	样本数（个）	平均值（mg/kg）	2012年—1985年平均值	标准差（mg/kg）	变异系数（%）	极大值（mg/kg）	极小值（mg/kg）
贺兰县	1985年	45	241.0	−65.2	73.08	30.3	484.0	100.0
	2012年	2337	175.8		75.1	42.7	598.0	50.0
永宁县	1985年	28	236.0	−91.6	105.2	44.6	450.0	125.0
	2012年	3125	144.4		51	35.3	430.0	50.0
银川市区	1985年	58	231.0	−73.7	86.9	37.6	510.0	135.0
	2012年	4651	157.3		74.5	47.4	549.0	50.0
灵武市	1985年	28	179.0	−31.5	51.7	28.9	268.0	82.0
	2012年	3036	147.5		48.1	32.6	476.0	51.0
利通区	1985年	29	176.0	−32.0	57.4	32.6	313.0	85.0
	2012年	3386	144.0		60	41.7	525.0	50.0
青铜峡市	1985年	31	221.0	−63.9	52.3	23.6	377.0	132.0
	2012年	2870	157.1		58.6	37.3	550.0	50.0
沙坡头区	1985年	22	259.0	−128.0	92.1	35.6	192.0	125.0
	2012年	1993	131.0		42.1	32.1	420.0	67.0
中宁县	1985年	47	207.0	−65.0	60.3	29.1	380.0	135.0
	2012年	2170	142.0		54.7	38.5	566.0	51.0
同心县	1985年	46	250.0	−76.3	123.7	49.5	463.0	120.0
	2012年	2679	173.7		66.5	38.3	497.0	52.0
盐池县	1985年	16	114.0	+24.4	54.2	47.6	257.0	51.0
	2012年	1611	138.4		54.7	39.5	492.0	53.0
海原县	1985年	78	151.0	+36.2	82.9	54.9	480.0	53.0
	2012年	3062	187.2		67.7	36.2	543.0	50.0
原州区	1985年	260	154.0	+33.8	71.9	46.7	421.0	30.0
	2012年	2680	187.8		93.4	49.8	597.0	56.0
西吉县	1985年	257	130.0	+75.6	63.9	49.2	385.0	30.0
	2012年	2866	205.6		97.1	47.2	597.0	56.5
彭阳县	1985年	205	108.0	+54.3	80.7	74.8	335.0	28.0
	2012年	3953	162.3		80	49.3	594.0	50.0
隆德县	1985年	81	154.0	+23.0	62.3	40.5	405.0	29.0
	2012年	3507	177.0		75.1	42.4	494.0	53.0
泾源县	1985年	14	226.0	−78.5	141.8	62.7	600.0	35.0
	2012年	2958	147.5		73.5	49.8	571.0	50.0

　　备注：1985年数据来源于《宁夏土壤》p.354,表15-9;银川市区是指金凤、西夏和兴庆区三区之和,与土壤普查时银川郊区所辖区域基本一致;惠农区是指惠农区和大武口区之和,与土壤普查时惠农区相对应。

2. 耕地长期定位监测点土壤速效钾含量变化趋势

表 4-79 列出的 12 个监测点中,7 个监测点土壤速效钾含量变化趋于增加,其中永宁县望洪露地蔬菜地土壤速效钾含量增加趋势明显,且增幅也较大,可能与蔬菜长期施用有机肥有关;5 个监测点土壤速效钾含量变化趋于降低,其中彭阳县白阳玉米地土壤速效钾含量降低趋势明显,其绝对含量降低 90.8 mg/kg,年均降低 6.05 mg/kg,年均减幅 3.5%;根据土壤速效钾含量分级,其土壤速效钾含量已由原高水平降低到低水平。

表 4-79 宁夏耕地长期定位监测点土壤(0~20 cm)速效钾含量统计表

单位:mg/kg

时间	自流灌区						扬黄灌区			南部山区		
	常年旱作地(平罗高庄)	稻旱轮作地(青铜峡小坝)	常年稻地(兴庆掌政)	露地蔬菜(永宁望洪)	设施蔬菜(兴庆掌政)	枸杞地(中宁舟塔)	酿酒葡萄地(青铜峡邵岗)	玉米地(同心丁塘)	玉米地(盐池花马池)	设施蔬菜(彭阳红河)	玉米地(彭阳白阳)	马铃薯地(海原树台)
2001 年	176	140	234					148				
2003 年	230	122	177	137	240	143	105		147	179	173.8	370
2005 年	241		172	138	330							
2006 年							117		159	166	161	
2009 年	183			190					147			338
2011 年	205			182		205		135	152	173	125	
2012 年	258	106	183	244	165			184	140			
2013 年				266		272			148			298
2014 年	232	82	187	318	182	236	113	159	149	163	116	184
2015 年	200	108	264		196	162	117	172	136	198	83	302

3. 耕地主要土壤类型土壤速效钾含量变化趋势

与土壤普查时期相比,旱作农业主要耕地土壤类型黑垆土类和绵黄土土种土壤速效钾含量呈增加趋势,土壤速效钾含量年增加 1.6~2.6 mg/kg;引黄灌区主要耕作土壤类型灌淤土类和灌淤潮土亚类土壤速效钾含量变化趋势不同,灌淤潮土亚类土壤速效钾含量略有增加,速效钾绝对含量增加 11.7 mg/kg;灌淤土类土壤速效钾含量呈降低趋势,速效钾绝对含量降低 74.15 mg/kg,年降低 2.7 mg/kg(见表 4-80)。

四、土壤钾素营养的调控

钾是碱金属元素,在肥料、土壤、植物体内多以离子形态存在,十分活跃。钾肥是钾的盐类,施入土壤易被土壤交换性吸附而被保存,少量进入土壤黏土矿物结晶层间被固定而失效。钾肥不像磷肥那样发生化学固定,难以移动;也不像氮肥那样容易流动和发生气态损失;钾的性质介于二者之间,其活动性显著低于氮肥,又远远超过磷肥;既能被土壤保存,也有一定的淋失;施用量较多时,具有一定的后效。

表 4-80　宁夏不同时期耕地土壤类型(0~20 cm)土壤速效钾含量统计表

土壤类型	时间	样点数（个）	平均值（mg/kg）	标准差（mg/kg）	变异系数（%）	极大值（mg/kg）	极小值（mg/kg）
灌淤土土类	1985 年	412	239	55.4	23.18		
	2012 年	16747	164.85	65.56	37.83	598	50.0
灌淤潮土亚类	1985 年	45	140.2	77.72	55.4	330.6	25.0
	2012 年	2294	151.9	60.24	41.89	516	50.0
黑垆土类	1985 年	214	133.4				
	2012 年	4205	176.55	78.89	62.02	582	56.0
绌黄土土种	1985 年	72	109.0	52.6	48.3	275	26.0
	2012 年	8640	178.27	86.03	48.26	597	50.0

（一）因土施钾

合理施用钾肥应以土壤钾素丰缺状况为依据。自治区丰缺指标田间试验证实,小麦、玉米、水稻相对产量和土壤速效钾含量之间复相关指数为 0.8252~0.8454,达到了极显著水平,作物相对产量 95%,土壤速效钾含量为 152.5~163.3 mg/kg。换言之,当土壤速效钾含量>150 mg/kg 时,种植玉米、水稻、小麦时土壤中的速效钾已能满足作物的需要。施用钾肥的合理数量必须依据种植作物的目标产量、作物的需钾量和土壤速效钾含量确定。根据宁夏农业生产实践,推荐施用钾肥目标产量函数模型和复合函数模型。

$y=k\mathrm{D}x\times ae^{bx}$

$y_i =[A+B\ln(x_i)]\times \mathrm{D}xa^b$

其中:y 为肥料施用量,x 表示种植作物目标产量,x_i 为土壤速效钾(K)含量,D 表示种植作物钾吸肥系数。$A+B\ln(x_i)$ 为基本施肥量函数,ae^b、a^b 为平衡函数。

宁夏农作物钾肥函数模型已广泛应用于“触摸屏”、手机及口袋版中各种作物不同目标产量的施钾量指导,并取得了良好的效果。宁夏耕地土壤速效钾含量较高,平均为162.09 mg/kg;且 60.7%的耕地土壤速效钾含量>150 mg/kg;90%的耕地土壤速效钾含量>100 mg/kg,故大部分露地作物不宜提倡普遍施用钾肥。重点要在缺钾的砂质土壤、喜钾作物、高效经济作物和产量高的情况下,针对性的配施一定量的钾肥。

（二）因作物施钾

在土壤缺钾状况一致的情况下,钾肥应优先用在喜钾的作物上,喜钾作物的顺序为豆科作物>薯类>甜菜>西瓜>果树>玉米>小麦。喜钾作物是相对的,在严重缺钾的土壤上,无论种什么作物,施钾增产效果都显著;在含钾丰富的土壤上,喜钾作物增施钾肥往往不增产。增施钾肥还能明显改善作物产品品质,多种作物增施钾肥后,产品质量都得到不同程度的改善。此外,供钾充足,作物抗倒伏、抗旱的能力提高,同时植株内可溶性氨基酸、单糖的积累下降,从而可减少病虫害的发生。同一种作物的不同品种对钾肥的反应也不同。小麦、果树等作物在寒冷、干旱、阳光不足等恶劣环境下,增施或早施钾肥均能增强抗寒性,减少冻害,增产效果非常好。

(三)合理施用钾肥的方法

合理施用钾肥的方法主要有以下几种:一是深施钾肥:钾肥活动性较好,易被表层土壤干湿交替发生钾素层间固定而降低其有效性。因此,必须将钾肥施到作物根系密集层次。深施方法:撒肥后耕翻或重耙旋耕(实为全层施肥),开沟及挖坑穴施。深施深度:一般作物施肥深度 7~15 cm;枸杞 20~30 cm;果树 30~40 cm。二是集中施用:通过播施、沟施、穴施等方式,把钾肥施在根系附近,提高钾肥的有效性。播种时随种子或在种子附近条状施肥,大型播种施肥一体机就可以在播种的同时将肥料条状沟施,如玉米、油葵、蔬菜、枸杞、果树等宽行作物的穴施追肥。三是叶面喷施,在缺钾地区、作物生育期对作物喷施钾肥有明显的效果,喷施浓度为 0.5%~1.0%。四是氮磷钾配合施用。钾的肥效在氮、磷配合下,才能充分发挥出来。五是推广秸秆还田,作物秸秆还田是增加土壤钾素有效措施。六是水肥一体化冲施或滴灌,设施农业将肥料溶于水后施肥灌水同步进行,大大提高了肥料的利用率。

(四)提高对钾肥投入的认识

钾肥的肥效一定要满足作物氮、磷营养的基础上才能显现出来;土壤速效钾含量的丰缺标准会随着作物产量的提高和氮、磷化肥用量的增加而变化。

第五节　耕地土壤中微量营养元素

营养元素是指土壤中植物生长发育所必需的化学元素。根据植物对不同营养元素吸收量的差异,可将它们划分为大量营养元素,如氮、磷、钾;中量营养元素包括钙、镁、硫等;以及微量营养元素,包括铁、锰、硼、锌、铜、钼、氯等。

一、耕地土壤中量营养元素

中量营养元素主要指钙、镁、硫等营养元素;中量营养元素在植物体含量为 0.1%~0.5%。

(一)耕地土壤钙与镁含量特征

宁夏土壤氧化钙(CaO)含量为 6%~13%;氧化镁(MgO)含量一般为 1.8%~3.2%,最高达 4.15%;最低为 0.9%(沙质土)。宁夏土壤黏粒矿物氧化钙含量为 0.5%~0.7%;氧化镁为1.7%~2.0%。宁夏土壤胶体富含钙、镁离子,但多易被固定。

宁夏耕地土壤可溶性钙离子含量平均为 946.67 mg/kg,最高可达 3200 mg/kg,最低仅为 200 mg/kg,耕地土壤水换性钙离子差异较大,变异系数高达 68.84%。宁夏耕地土壤水溶性镁离子平均含量为 232.29 mg/kg,最高达 900 mg/kg,最低仅为 100 mg/kg;耕地水溶性镁离子含量差异大,变异系数高达 94.56%(见表 4-81)。

表 4-81 宁夏耕地土壤(0~20 cm)中量元素含量统计表

特征值	水溶性钙(mg/kg)	水溶性镁(mg/kg)	有效硫(mg/kg)
样本数(个)	30	31	29
平均值	946.67	232.29	29.25
标准差	651.65	219.66	38.94
变异系数(%)	68.84	94.56	133.10
极大值	3200.00	900.00	195.50
极小值	200.00	100.00	5.19

（二）耕地土壤有效硫含量特征

硫是地壳中最丰富的元素之一，也是生物必需的营养元素。土壤中的硫主要来源于岩浆中的各种含硫矿物和有机物、天然降水、灌溉水以及施用含硫的化学肥料。我国不同土壤类型全硫(S)含量大致为 100~500 mg/kg。土壤中的硫可分为无机硫和有机硫两大部分，它们之间的比例关系随着土壤类型、pH、排水状况、有机质含量、矿物组成和剖面深度变化很大。无机硫酸盐在土壤中以水溶态、吸附态和不溶态(如 $CaSO$、$FeSO$、$Al(SO)$ 或元素硫)存在。宁夏石灰性土壤无机硫占全硫量的 39.4%~61.8%。土壤中的有效硫包括易溶性硫、吸附硫和部分有机硫。土壤有效硫取决于土壤溶液中硫酸盐的浓度，而土壤溶液中硫酸盐与吸附态硫酸盐和有机硫之间存在着平衡关系。石灰性土壤中与碳酸钙结合的硫酸盐有效性很低，而土壤黏粒吸附的硫酸盐则是有效的。宁夏耕地土壤有效硫含量较低，平均为 29.25 mg/kg，最高可达 195.5 mg/kg，最低仅为 5.19 mg/kg，有效硫含量差异大，变异系数高达 133.1%。

（三）影响耕地土壤中量营养元素主要因素

据现有资料分析，耕地土壤质地与土壤水溶性钙、水溶性镁及有效硫含量有一定程度的相关性。不同土壤质地水溶性钙、水溶性镁和有效硫相比较，壤土最高，分别为 1011.54 mg/kg、238.46 mg/kg 和 31.98 mg/kg；其次为沙壤土；沙土最低，其水溶性钙、水溶性镁和有效硫绝对含量分别比壤土低 661.54 mg/kg、38.46 mg/kg 和 22.67 mg/kg(见表 4-82)。可见，随着土壤质地由沙土到壤土，土壤水溶性钙、水溶性镁和有效硫含量呈增加趋势。

（四）耕地土壤硫素营养元素调控

1. 控制硫素营养元素肥料用量

据有关试验研究，一般作物土壤有效硫含量<16 mg/kg 时，施硫才会有增产效果，若土壤有效硫含量>20 mg/kg，除喜硫作物外，施硫一般无增产效果。在不缺硫的土壤上施用硫肥不仅不会增产，甚至导致土壤酸化和减产。十字花科、豆科作物以及葱蒜、韭菜等都是需硫较多的作物，对施肥反应敏感。而谷类作物则比较耐缺硫胁迫。硫肥用量的确定除了应考虑土壤、作物硫供需状况外，还要考虑到各元素间营养平衡问题，尤其是氮、硫的平衡。一些试验表明，只有在氮、硫比接近 7 时，氮、硫才能都得到有效利用。当然，这一比

表 4-82　宁夏耕地不同质地土壤(0~20 cm)有效性中量元素含量统计表

土壤质地	特征值	水溶性钙(mg/kg)	水溶性镁(mg/kg)	有效硫(mg/kg)
壤土	样本数(个)	26	26	25
	平均值	1011.54	238.46	31.98
	标准差	672.50	233.37	41.31
	变异系数(%)	66.48	97.86	129.20
	极大值	3200.00	900.00	195.50
	极小值	400.0	100.0	5.19
沙壤土	样本数(个)	2	3	2
	平均值	700.00	200.33	15.17
	标准差	141.42	172.92	10.37
	变异系数(%)	20.20	86.31	68.40
	极大值	800.00	400.00	22.50
	极小值	600.00	100.00	7.83
沙土	样本数(个)	2	2	2
	平均值	350.00	200.00	9.31
	标准差	212.13	141.42	0.91
	变异系数(%)	60.61	70.71	9.80
	极大值	500.00	300.00	9.95
	极小值	200.00	100.00	8.66

值应随土壤氮、硫基础含量不同而作相应的调整。

2. 选择适宜的硫肥品种

硫酸铵、硫酸钾及金属微量元素硫酸盐中的硫酸根都是易于被作物吸收利用的硫形式。普通过磷酸钙中的石膏肥效要慢些。施用硫酸盐肥料的同时不应忽视由此带入的其他元素的平衡问题。

3. 确定合理的施硫时期

硫肥的施用时间直接影响着硫肥效果的好坏。在北方地区硫酸盐类可溶性硫肥春季施用效果比秋季好。硫肥一般可以作基肥,于播种或移栽前耕地时施入,通过耕耙施之与土壤混合。根外喷施硫肥仅可作为补硫的辅助性措施。施用微溶或不溶于水的石膏或硫黄的悬液进行沾根处理是经济用硫的有效方法。

二、耕地土壤微量营养元素

土壤微量元素指土壤中含量很低的化学元素,其含量范围为百万分之几到十万分之几,一般不超过千分之几,但与植物的生长发育有着密切的关系,并通过对植物的影响,进而影响到动物和人类的生理功能。

土壤微量元素的形态,一般可分为5类,有水溶性的、弱交换剂可交换性的、强交换剂可交换的、次生矿物中的以及原生矿物中的。其中前3类可为植物吸收利用,合称为有效态微量元素。本文主要讨论耕地土壤有效铁、锌、锰、铜、硼、钼微量元素。

（一）土壤有效铁

铁是地壳中较丰富的元素,仅次于氧、硅、铝。铁在土壤中广泛存在,是土壤的染色剂,和土壤的颜色有直接相关性。土壤中铁的含量主要与土壤pH、氧化还原条件、土壤有机质、碳酸钙含量和成土母质等有关。容易发生缺铁的土壤一般有盐碱土、施用大量磷肥的土壤、风沙土和沙土等。由于铁的有效性差,植物出现缺铁症状,其土壤本身可能不缺铁。在酸性和淹水还原条件下,铁以亚铁形式出现,易使植物亚铁中毒。

铁作为含量相对较大的微量元素,其在植物生长过程中具有重要的生理意义。因此,明确土壤有效铁含量及其分布,对于合理调控土壤肥力,促进作物高产具有重要的意义。

1. 耕地土壤有效铁含量及分布特征

宁夏土壤黏粒氧化铁含量为8%~14%。据全自治区206个样点统计,耕地（0~20 cm）土壤有效铁平均含量为14.65 mg/kg,最高达107 mg/kg,最低仅为1.75 mg/kg;变异系数高达115.75%,说明不同区域的耕地土壤有效铁含量差异达到了强变异程度。

从3个不同生态区耕地土壤有效铁含量分布频率可看出（见表4-83）,土壤有效铁含

表4-83 宁夏不同生态区耕地土壤（0~20 cm）有效铁含量分布频率表

分级（mg/kg）		分布频率	全自治区	自流灌区	中部干旱区	南部山区
有效铁含量分级	合计	样点数（个）	206	134	57	15
		占%	100.00	65.05	27.67	7.28
	>15	样点数（个）	55	55		
		占%	26.70	100.00		
	12.5~15.0	样点数（个）	20	18		2
		占%	9.71	90.00		10.00
	10.0~12.5	样点数（个）	19	16	2	1
		占%	9.22	84.21	10.53	5.26
	7.5~10.0	样点数（个）	20	13	5	2
		占%	9.71	65.00	25.00	10.00
	5.0~7.5	样点数（个）	44	17	18	9
		占%	21.36	38.64	40.91	20.45
	2.5~5.0	样点数（个）	44	14	29	1
		占%	21.36	31.82	65.91	2.27
	≤2.5	样点数（个）	4	1	3	
		占%	1.94	25.00	75.00	

量>15 mg/kg 的点位集中分布在自流灌区；土壤有效铁含量<2.5 mg/kg 的 75%点位分布在中部干旱带,25%分布在自流灌区；南部山区耕地土壤有效铁含量变化在 2.5~15 mg/kg；中部干旱带耕地土壤有效铁含量最高达 12.5 mg/kg；自流灌区耕地土壤有效铁含量变异较大,有效铁各级含量均有分布。

全自治区 8 个耕地土壤类型土壤有效铁含量相比较,风沙土最高,平均为 25.87 mg/kg；其次为灌淤土和潮土 2 个土类,平均分别为 20.82 mg/kg 和 20.35 mg/kg；新积土、黄绵土和黑垆土 3 个土类土壤有效铁含量低,平均为 6.05~6.57 mg/kg；黑垆土类土壤有效铁含量最低,其绝对含量比风沙土类低 19.82 mg/kg。从土壤有效铁含量变异程度可看出,风沙土、潮土、灰钙土 3 个土类变异系数均>100%,其中风沙土类最高,变异系数高达 136.31%,反映出风沙土土壤有效铁含量高低差异悬殊。

表 4-84 所列出的 16 个土壤亚类有效铁含量相比较,表锈灌淤土亚类最高,平均为 31.18 mg/kg；其次为草原风沙土和灌淤潮土 2 个亚类,平均分别为 25.87 mg/kg 和 25.56 mg/kg；典型潮土、典型灰钙土和盐化灰钙土 3 个亚类土壤有效铁含量低,均<5 mg/kg,其中,盐化灰钙土亚类最低,平均仅为 2 mg/kg。

表 4-84　宁夏耕地土壤类型土壤(0~20 cm)有效铁含量统计表

土壤类型	样本数 (个)	平均值 (mg/kg)	标准差 (mg/kg)	变异系数 (%)	最大值 (mg/kg)	最小值 (mg/kg)
潮土	36	20.35	23.93	117.59	107.00	2.80
典型潮土	8	4.25	0.99	23.23	5.96	2.80
灌淤潮土	22	25.56	27.79	108.75	107.00	3.60
盐化潮土	6	22.75	14.94	65.65	48.80	5.40
风沙土	8	25.87	35.37	136.71	105.40	1.86
草原风沙土	8	25.87	35.37	136.71	105.40	1.86
灌淤土	59	20.82	16.38	78.70	86.80	4.61
表锈灌淤土	26	31.18	20.12	64.54	86.80	4.61
潮灌淤土	24	12.73	3.94	30.99	21.60	7.30
典型灌淤土	2	13.47	1.74	12.91	14.70	12.24
盐化灌淤土	7	12.17	3.86	31.75	18.40	6.70
黑垆土	6	6.05	1.02	16.81	7.40	4.90
典型黑垆土	2	7.25	0.21	2.93	7.40	7.10
黑麻土	4	5.45	0.52	9.52	6.08	4.90
黄绵土	17	6.57	1.89	28.80	10.80	4.20
黄绵土	17	6.57	1.89	28.80	10.80	4.20
灰钙土	47	10.27	10.42	101.45	35.70	2.00
淡灰钙土	43	10.94	10.65	97.35	35.70	2.75

续表

土壤类型	样本数（个）	平均值（mg/kg）	标准差（mg/kg）	变异系数（%）	最大值（mg/kg）	最小值（mg/kg）
典型灰钙土	3	3.42	0.53	15.57	4.03	3.08
盐化灰钙土	1	2.00				
灰褐土	1	13.20				
暗灰褐土	1	13.20				
新积土	32	6.47	4.20	64.87	21.30	1.75
典型新积土	32	6.47	4.20	64.87	21.30	1.75
总计	206	14.65	16.96	115.75	107.00	1.75

2. 影响耕地土壤有效铁含量主要因素

土壤铁的有效性受到很多因素的影响，如土壤 pH、土壤 CaCO 含量、土壤水分等。铁的有效性与 pH 呈负相关；pH 高的土壤易生成难溶的氢氧化铁，降低土壤铁的有效性；干旱少雨地区土壤中氧化环境占优势，降低了铁的溶解度。碱性土壤中，铁能与碳酸根，生成难溶性的碳酸盐，降低铁的有效性。宁夏耕地土壤 pH 多在 8 以上，属碱性土壤，且土壤富含碳酸钙，故对土壤中铁的有效性影响较大。

（1）灌溉耕种施肥活动与土壤有效铁含量

以灌溉耕种施肥活动强度相对较大的引黄灌区主要耕种土壤灌淤土和灌溉耕种施肥活动强度相对较弱的南部旱作农业区主要耕种土壤黄绵土 2 个土类相比较，灌淤土类土壤有效铁平均含量为 20.82 mg/kg；黄绵土类低，平均为 6.57 mg/kg，其绝对含量低 14.25 mg/kg。作为成土母质相同的典型潮土和灌淤潮土，因其灌溉耕种施肥活动强度的不同，其土壤有效铁含量差异也很大，灌淤潮土亚类土壤有效铁平均含量为 25.56 mg/kg，而典型潮土亚类土壤有效铁平均含量仅为 4.25 mg/kg，2 个亚类因其灌溉耕种活动强度的不同，土壤有效铁平均含量相差 21.31 mg/kg，充分说明了灌溉耕种施肥活动的强弱对土壤有效铁含量的高低有较大的影响，灌溉耕种活动强度较大的土壤类型，有效铁含量较高；相反，土壤有效铁含量则较低。

（2）成土母质与土壤有效铁含量

由表 4-85 可看出，由不同成土母质形成的不同土壤类型，其土壤有效铁含量差异较大。成土母质为风积物的风沙土土壤有效铁含量最高，平均为 25.87 mg/kg；其次为成土母质为灌水淤积物的灌淤土，土壤有效铁平均含量为 20.82 mg/kg；成土母质为黄土的黄绵土土壤有效铁含量低，平均为 6.57 mg/kg；而成土母质为河流冲积物的典型潮土亚类土壤有效铁含量最低，平均仅为 4.25 mg/kg。

（3）土壤质地与土壤有效铁含量

耕地表土质地不同，土壤有效铁含量也不同。表土质地为沙土的土壤有效铁含量最低，平均仅为 7.4 mg/kg；表土质地为黏壤土的土壤有效铁含量最高，平均为 18 mg/kg；表

表 4-85　成土母质类型与土壤(0~20 cm)有效铁含量统计表

成土母质类型		土壤类型	样本数（个）	平均值（mg/kg）	标准差（mg/kg）	变异系数（%）	极大值（mg/kg）	极小值（mg/kg）
残积母质		暗灰褐土亚类	1	13.2				
洪积冲积物	六盘山洪积冲积物	厚阴黑土土种	3	9.53	3.01	31.6	12.9	7.10
	第四纪洪积冲积物	灰钙土类	47	10.27	10.42	101.5	35.70	2.00
冲积母质		典型潮土亚类	8	4.25	0.99	23.2	5.96	2.80
黄土母质		黄绵土类	17	6.57	1.89	28.8	10.80	4.20
风积母质		风沙土类	8	25.87	35.37	136.7	105.40	1.86
灌水淤积物		灌淤土类	79	20.82	16.38	78.7	86.80	4.61

土质地从沙土→沙壤土→壤土→黏壤土，土壤有效铁含量依次增加；而从黏壤土到黏土，土壤有效铁含量则有所降低(见表 4-86)。

表 4-86　耕地不同土壤质地土壤(0~20 cm)有效铁含量统计表

土壤质地	样点数（个）	平均值（mg/kg）	标准差（mg/kg）	变异系数（%）	极大值（mg/kg）	极小值（mg/kg）
沙土	29	7.4	6.06	81.8	29.6	1.9
沙壤土	43	12.0	22.2	185.7	107	1.8
壤土	112	13.2	10.8	81.8	71.9	2.5
黏壤土	4	18.0	7.9	43.9	27.8	11.3
黏土	3	14.5	3.5	23.9	17.2	10.6

3. 耕地土壤有效铁含量的变化趋势

与土壤普查时期相比，灌淤土类有效铁含量明显降低，其平均含量由 37.94 mg/kg 降低到 20.82 mg/kg，绝对含量减少 17.12 mg/kg(见表 4-87)。

4. 耕地土壤有效铁的调控

宁夏耕地土壤微量营养元素的施肥原则是矫正施肥，就是通过土壤测试，评价土壤微量营养元素的丰缺状况，进行有针对性的因缺补缺施肥技术。表 4-88 列出的宁夏粮食作物土壤有效性微素养分含量高低的评价，其中极低多指低于土壤缺乏某种微量元素的临界值。

(1)作物缺铁状况

宁夏耕地属石灰性碱性土壤，加之干旱少雨的土壤氧化条件，致使土壤中的铁极易形成难溶性化合物而降低其生物学有效性，导致作物缺铁而产生的黄化病经常发生，涉及的作物种类较多。缺铁黄化病直接影响着作物的生长发育、产量及品质。宁夏缺铁黄化病主要发生在对缺铁敏感的苹果、梨、桃树、草莓、大豆等作物上，单子叶植物如小麦、玉米等很少缺铁，其原因是由于它们的根可分泌一种能螯合铁的有机物——麦根酸，活化土壤中的铁，增加对铁的吸收利用。由于铁在植物体内难移动，又是叶绿素形成的必须元

表 4-87　宁夏不同时期灌淤土类土壤(0~20 cm)有效性微素养分含量统计表

项目	时间	样点数（个）	平均值（g/kg）	标准差（g/kg）	变异系数（%）	极大值（g/kg）	极小值（g/kg）
有效锌（mg/kg）	1985 年		0.64			1.78	0.16
	2012 年	82	1.0	0.47	47.4	2.54	0.28
有效锰（mg/kg）	1985 年		10.23			20.72	3.08
	2012 年	262	9.08	2.89	31.8	17.39	3.10
有效铜（mg/kg）	1985 年		2.41			5.56	0.36
	2012 年	79	2.1	1	47.5	6.65	0.82
有效铁（mg/kg）	1985 年		37.94			151.0	2.34
	2012 年	59	20.82	16.38	78.7	86.8	4.61
水溶性硼（mg/kg）	1985 年		1.33			8.95	0.22
	2012 年	101	1.22	0.48	39.5	2.46	0.3
有效钼（mg/kg）	1985 年		0.18			0.21	0.03
	2012 年						

表 4-88　宁夏粮食作物土壤(0~20 cm)有效性微素养分分级标准

项目	高	中等	低	极低
有效锌（mg/kg）	>2.0	1.0~2.0	0.5~1.0	<0.5
有效锰（mg/kg）	>9.0	7.0~9.0	3.0~7.0	<3.0
有效铜（mg/kg）	>2.0	1.0~2.0	0.5~1.0	<0.5
有效铁（mg/kg）	>25.0	10.0~25.0	5.0~10.0	<5.0
有效硼（mg/kg）	>1.0	0.5~1.0	0.25~0.5	<0.25
有效钼（mg/kg）	>0.2	0.15~0.2	0.10~0.15	<0.10

素,所以缺铁常见的症状是幼叶失绿症。开始时叶色变淡,进而叶脉间失绿黄化,叶脉仍保持绿色;缺铁严重时整个叶片变白,并出现坏死的斑点。

（2）铁肥类型及合理施用技术

一般认为,土壤缺铁的临界含量为 4.5 mg/kg,有效铁低于 4.5 mg/kg 时,即表现缺铁;低于 2.5 mg/kg 时,属于严重缺铁。

铁肥类型:铁肥可分为无机铁肥、有机铁肥两大类。硫酸亚铁和硫酸铁是常用的无机铁肥。有机铁肥包括络合、螯合、复合有机铁肥,如乙二胺四乙酸（EDTA）、二乙酰三胺五醋酸铁（DTPAFe）、羟乙基乙二胺三乙酸铁（HEEDTAFe）等,这类铁肥可适用的 pH、土壤类型范围广,肥效高,可混性强。但其成本高,售价高,多用作叶面喷施或叶肥制剂。柠檬酸铁可提高土壤铁的溶解吸收,促进土壤钙、磷、铁、锰、锌的释放,提高铁的有效性。

铁肥施用方法及注意问题:铁肥在土壤中易转化为无效铁,其后效弱。因此,每年都应向缺铁土壤施用铁肥。以无机铁肥为主,即七水硫酸亚铁,施用量为 1.5~3 千克/亩。

根外施铁肥,以无机铁肥为主,其用量小,效果好。螯合铁肥、柠檬酸铁类有机铁肥价格较高,土壤施用成本高,其主要用于根外施肥,即叶面喷施或茎秆钻孔施用。果树类可采用叶片喷施、吊针输液及树干钉铁钉或钻孔置药法。

叶面喷施是最常用的校正植物缺铁黄化病的高效方法;即采用均匀喷雾的方法将含铁营养液喷到叶面上,并可与酸性农药混合喷施。叶面喷施铁肥的时间一般选在晴朗无风的下午4点以后,喷施后遇雨应在天晴后再补喷1次。无机铁肥随喷随配,肥液不宜久置,以防氧化失效。叶面喷施铁肥的浓度一般为5~30 g/kg,可与酸性农药混合喷施。单喷铁肥时,可在肥液中加入尿素或表面活性剂,以促进肥液在叶面的附着及铁素的吸收。由于叶面喷施肥料持效期短,因此,果树或长生育期作物缺铁矫正时,每半月左右喷施1次,连喷2~3次,可起到良好的效果。

通过吊针输液向树皮输含铁营养液。树干钉铁钉是将铁钉直接钉入树干,其缓慢释放供铁,效果较差。钻孔置药法是在茎秆较为粗大的果树茎秆上钻孔置入颗粒状或片状有机铁肥。

土施铁肥与生理酸性肥料混合使用能起到较好的效果,如硫酸亚铁和硫酸钾造粒合施肥效明显高于各自单独施用的肥效之和。

浸种和种子包衣,对于易缺铁作物种子或缺铁土壤上播种,用铁肥浸种和包衣可矫正缺铁症。浸种溶液浓度为1 g/kg硫酸亚铁,包衣剂铁含量为100 g/kg。

滴灌铁肥,对于具有喷灌和滴灌设备的农田缺铁防治和矫正,可将铁肥加入到灌溉水中,随水滴到作物根系,效果良好。

(二)土壤有效锌

锌是一种浅灰色的过渡金属,是第四"常见"的金属,仅次于铁、铝及铜。我国土壤锌含量为3~790 mg/kg,平均为100 mg/kg。土壤锌含量因土壤类型的不同而异,并受成土母质影响。锌是一些酶的重要组成部分,这些酶在缺锌的情况下活性大大降低。绿色植物的光合作用,必须要有含锌的碳酸酐酶参与,它主要存在于叶绿体中,催化二氧化碳的光合作用,提高光合强度,促进碳水化合物转化。锌能促进氮素代谢,缺锌植物体内的氮素代谢发生紊乱,造成氨的大量累积,抑制了蛋白质合成,植物的缺绿现象,在很大程度上与蛋白质合成受阻有关。施锌促进植株生长发育效应明显,能防治玉米花叶白苗病,减轻小麦条锈病、向日葵白腐和灰腐病,可增强玉米的耐寒性。

1. 耕地土壤有效锌含量及分布特征

据241个样点统计,宁夏耕地土壤有效锌平均含量为0.81 mg/kg,最高达2.54 mg/kg;最低仅为0.03 mg/kg。按照土壤有效锌含量分级,其中,0.5~0.75 mg/kg级别样点最多,占22.82%;其次为1.0~1.5 mg/kg级别,占20.75%;土壤有效锌含量>2.0 mg/kg样点最少,仅占2.49%。

全自治区3个不同生态区土壤有效锌含量7个级别分布不同,其中自流灌区7个级别均有分布,且主要集中在0.5~1.5 mg/kg 3个级别,占其自流灌区总样点的68.8%;中部干旱带集中分布在土壤有效锌含量<0.25 mg/kg、0.25~0.5 mg/kg 和 0.5~0.75 mg/kg 3 个级别,占其中部干旱带总样点的83.9%;南部山区土壤有效锌含量则主要集中在0.25~0.5 mg/kg 和0.5~0.75 mg/kg 2 个级别,占其南部山区总样点的73.3%(见表 4-89)。

表4-89　宁夏不同生态区耕地土壤(0~20 cm)有效锌含量分级点位分布频率表

分级(mg/kg)		分布频率	全自治区	自流灌区	中部干旱区	南部山区
有效锌含量分级	合计	样点数	241	170	56	15
		占%	100.00	70.54	23.24	6.22
	>2.0	样点数	6	5		1
		占%	2.49	83.33		16.67
	1.5~2.0	样点数	20	18	2	
		占%	8.30	90.00	10.00	
	1.0~1.5	样点数	50	47	3	
		占%	20.75	94.00	7.00	
	0.75~1.0	样点数	36	31	4	1
		占%	14.94	86.11	11.11	2.78
	0.5~0.75	样点数	55	39	11	5
		占%	22.82	70.91	20.00	9.09
	0.25~0.5	样点数	43	20	17	6
		占%	17.84	46.51	39.53	13.95
	≤0.25	样点数	31	10	19	2
		占%	12.86	32.26	61.29	6.45

宁夏耕地8个土壤类型土壤有效锌含量相比较,灌淤土类最高,平均为 1.0 mg/kg;其次为潮土类,平均为 0.88 mg/kg;黑垆土类最低,平均为 0.42 mg/kg。表 4-90 列出的 17 个亚类中,表锈灌淤土亚类土壤有效锌含量最高,平均为 1.12 mg/kg;其次为盐化潮土和盐化灌淤土 2 个亚类,平均分别为 1.01 mg/kg 和 0.95 mg/kg;典型黑垆土、黑麻土、典型灰钙土和草甸灰钙土 4 个亚类土壤有效锌含量低,平均为 0.13~0.45 mg/kg;其中,草甸灰钙土亚类最低,平均仅为 0.13 mg/kg。

2. 影响耕地土壤有效锌含量主要因素

(1)灌溉耕种施肥活动与土壤有效锌含量

灌溉耕种施肥活动对土壤有效锌含量有较大的影响。以引黄灌区的灌淤土和南部旱作农业区黄绵土 2 个土类相比较,灌淤土土壤有效锌含量（1.0 mg/kg）较黄绵土类(0.7 mg/kg)高0.3 mg/kg。来源于同一成土母质河流冲积物形成的灌淤潮土和典型潮土 2 个亚类,因其灌溉耕种施肥活动的强弱不同,其土壤有效锌含量不同,受人为灌溉耕种施肥活动强度较大的灌淤潮土有效锌平均含量为 0.91 mg/kg,明显高于受人为灌溉耕种施

表 4-90　宁夏耕地土壤类型土壤(0~20 cm)有效锌含量统计表

土壤类型	样本数（个）	平均值（mg/kg）	标准差（mg/kg）	变异系数（%）	最大值（mg/kg）	最小值（mg/kg）
潮土	44	0.88	0.54	61.85	2.24	0.09
典型潮土	8	0.57	0.26	45.12	0.99	0.16
灌淤潮土	24	0.91	0.60	65.82	2.24	0.09
盐化潮土	12	1.01	0.51	50.63	1.92	0.32
风沙土	8	0.73	0.63	86.74	1.83	0.05
草原风沙土	8	0.73	0.63	86.74	1.83	0.05
灌淤土	82	1.00	0.47	47.35	2.54	0.28
表锈灌淤土	40	1.12	0.49	43.30	2.41	0.28
潮灌淤土	28	0.85	0.37	43.38	1.63	0.34
典型灌淤土	1	0.75			0.75	0.75
盐化灌淤土	13	0.95	0.57	59.82	2.54	0.28
黑垆土	6	0.42	0.13	30.05	0.66	0.30
典型黑垆土	2	0.37	0.10	26.76	0.44	0.30
黑麻土	4	0.45	0.14	32.10	0.66	0.35
黄绵土	17	0.70	0.55	78.72	2.05	0.13
黄绵土	17	0.70	0.55	78.72	2.05	0.13
灰钙土	52	0.69	0.50	72.57	1.86	0.04
草甸灰钙土	1	0.13			0.13	0.13
淡灰钙土	46	0.74	0.50	66.71	1.86	0.06
典型灰钙土	3	0.18	0.16	88.68	0.36	0.04
盐化灰钙土	2	0.56	0.71	126.27	1.06	0.06
灰褐土	1	0.74			0.74	0.74
暗灰褐土	1	0.74			0.74	0.74
新积土	31	0.56	0.45	81.02	1.70	0.03
典型新积土	31	0.56	0.45	81.02	1.70	0.03
总计	241	0.81	0.52	64.12	2.54	0.03

肥活动较小的典型潮土土壤有效锌平均含量 0.57 mg/kg,绝对含量相差 0.34 mg/kg。以兴庆区露地粮食作物和日光温室蔬菜土壤有效锌含量为例,日光温室蔬菜受灌溉耕种施肥活动强度大,其土壤有效锌含量明显高于露地粮食作物土壤有效锌含量,绝对含量相差 4.1 mg/kg(见表 4-91)。从以上分析可看出,耕地土壤有效锌含量高低与灌溉耕种施肥活动强弱呈一定的正相关,灌溉耕种施肥活动强度大的耕地土壤有效锌含量高;反之,则低。

表4-91　银川市兴庆区露地粮食作物和日光温室蔬菜土壤(0~20 cm)有机质和有效锌含量统计表

项目	种植作物	样本数（个）	平均值	标准差	变异系数（%）	极大值	极小值
有机质（g/kg）	露地粮食作物	1803	15.9	6.0	37.8	38.8	1.3
	日光温室蔬菜	1655	22.0	10.0	45.6	66.2	2.5
有效锌（mg/kg）	露地粮食作物	127	1.4	1.3	93.4	11.5	0.2
	日光温室蔬菜	162	5.5	4.9	88.9	41.6	0.2

（2）有机质与土壤有效锌含量

耕地土壤有效锌含量与土壤有机质含量有一定程度的相关关系。露地粮食作物土壤有机质含量较低，平均为15.9 g/kg；土壤有效锌含量也较低，平均为1.4 mg/kg。日光温室蔬菜土壤有机质含量较高，平均为22 g/kg；土壤有效锌含量较高，平均为5.5 mg/kg。可见，有机质含量高，土壤有效锌含量高；有机质含量低，土壤有效锌含量低。

（3）成土母质与土壤有效锌含量

由不同成土母质形成的不同土壤类型，土壤有效锌含量也不同。灌淤土类最高，平均为1.0 mg/kg；其次为暗灰褐土、黄绵土和风沙土3个土类，平均分别为0.74 mg/kg、0.73 mg/kg和0.7 mg/kg；厚阴黑土土种最低，平均为0.41 mg/kg（见表4-92）。

表4-92　成土母质类型与土壤(0~20 cm)有效锌含量统计表

成土母质类型		土壤类型	样本数（个）	平均值（mg/kg）	标准差（mg/kg）	变异系数（%）	极大值（mg/kg）	极小值（mg/kg）
残积母质		暗灰褐土亚类	1	0.74				
洪积冲积物	六盘山洪积冲积物	厚阴黑土土种	3	0.41	0.16	39.4	0.60	0.30
	第四纪洪积冲积物	灰钙土类	52	0.69	0.50	72.6	1.86	0.04
冲积母质		典型潮土亚类	8	0.57	0.26	45.1	0.99	0.16
黄土母质		黄绵土类	17	0.7	0.55	78.7	2.05	0.13
风积母质		风沙土类	8	0.73	0.63	86.7	1.83	0.05
灌水淤积物		灌淤土类	82	1.00	0.47	47.4	2.54	0.28

（4）土壤质地与土壤有效锌含量

由表4-93可看出，不同土壤质地土壤有效锌含量不同。由沙土→沙壤土→壤土，土

表4-93　不同土壤质地土壤(0~20 cm)有效锌含量统计表

土壤质地	样点数（个）	平均值（mg/kg）	标准差（mg/kg）	变异系数（%）	极大值（mg/kg）	极小值（mg/kg）
沙土	29	0.59	0.35	59.8	1.8	0.05
沙壤土	45	0.67	0.6	89.9	2.24	0.06
壤土	145	0.86	0.51	59.3	2.54	0.03
黏壤土	4	0.81	0.37	45.2	1.19	0.34
黏土	3	0.72	0.57	79.1	1.36	0.27

壤有效锌含量逐渐增加，由沙土 0.59 mg/kg 增至 0.67 mg/kg 至壤土土壤有效锌含量最高，平均为 0.86 mg/kg；由壤土→黏壤土→黏土，土壤有效锌含量有所降低，至黏土土壤有效锌含量平均为 0.72 mg/kg。

土壤酸碱度对土壤有效锌含量影响较大。据有关测试统计，土壤从酸性到碱性环境变化时(pH 4.5~8.5)，土壤有效锌含量呈逐渐升高的趋势，变化于 0.21~2.37 mg/kg 之间。

3. 耕地土壤有效锌含量变化趋势

与土壤普查时期相比，灌淤土类耕层土壤有效锌含量呈增加趋势，其平均含量由0.64 mg/kg 提高到 1.0 mg/kg。这与 30 年来化肥的大量施用，以及秸秆还田等土壤培育措施的实施密切相关。

4. 耕地土壤有效锌的调控

一般认为，土壤缺锌的临界含量为 0.5 mg/kg 时，属于缺锌；低于 0.3 mg/kg 时，属于严重缺锌。土壤缺锌，一般通过施用锌肥进行调控。

(1)锌肥类型

宁夏常用的锌肥包括硫酸锌和氯化锌等。硫酸锌($ZnSO_4 \cdot 7H_2O$)含 Zn 23%~24%，白色或橘红色结晶，易溶于水。氯化锌($ZnCl_2$)含 Zn 40%~48%，易溶于水。氧化锌(ZnO)含 Zn 70%~80%，白色粉末，难溶于水。

(2)施用方法

锌肥可以基施、追施、浸种、拌种、喷施，一般以叶面喷施效果最好。难溶性锌肥宜作基肥施用。追施或基施锌肥均应深施，表施效果较差。叶面喷施锌肥效果较好，用浓度为 1%~2% 硫酸锌进行叶面喷雾，每隔 6~7 天喷 1 次，喷 2~3 次。

(3)锌肥施用注意事项

锌肥施用在对锌敏感作物上效果较好。对锌敏感的作物有苹果、桃、玉米、水稻、花生、大豆、菜豆，其次有马铃薯、番茄、洋葱、甜菜、苜蓿。

施在缺锌土壤上：在缺锌土壤上施用锌肥较好。如果作物早期表现出缺锌症状，可能是早春气温低，微生物活动弱，肥没有完全溶解，秧苗根系活动弱，吸收能力，土壤环境影响导致缺锌，但到后期气温升高，此症状就消失了。

锌肥作基肥隔年施用：锌肥作基肥每亩用 1.33~1.67 kg，要均匀施用；同时隔年施用，因为锌肥在土壤中残效期较长，不必每年施用。

不要与农药一起拌种：每千克种子用硫酸锌 2 kg 左右，以少量水溶解，喷于种子上或浸种，待种子干后，再进行农药处理，否则影响效果。

不要与磷肥混用：因为锌-磷有拮抗作用，锌肥要与干细土或酸性肥料混合施用。施磷肥过多的土壤，由于磷、锌离子间的拮抗作用，易诱发缺锌，即 $Zn^{2+} \rightarrow Zn_3(PO_4)_2 \downarrow$。

(三)土壤有效锰

锰(Mn)在土壤中含量较高，一般以锰的氧化物、硅酸盐等形态存在。我国土壤中全锰含量在 42~3000 mg/kg 之间，平均含量为 710 mg/kg。土壤中有效锰主要包括水溶态Mn^{2+}、

交换态 Mn^{2+} 和一部分易还原态锰。

1. 耕地土壤有效锰含量及分布特征

据 262 个样点统计，全自治区耕地土壤有效锰平均含量为 7.81 mg/kg，变化范围为 1.29~17.39 mg/kg。

从三个不同生态类区耕地土壤有效锰含量分级点位分布频率可以看出（见表 4-94），自流灌区 73%点位土壤有效锰含量在 5.0~12.5 mg/kg 之间；中部干旱区 80.7%点位土壤有效锰含量在 2.5~10.0 mg/kg 之间；南部山区 60%点位土壤有效锰含量为 7.5~10.0 mg/kg 之间。土壤有效锰含量>15 mg/kg 集中分布在自流灌区；土壤有效锰含量<2.5 mg/kg 主要分布在中部干旱带和自流灌区，其中，83%点位分布在中部干旱带。

表 4-94　宁夏不同生态区耕地土壤(0~20 cm)有效锰含量分级点位分布频率表

分级(mg/kg)		分布频率	全自治区	自流灌区	中部干旱区	南部山区
有效锰含量分级	合计	样点数(个)	262	190	57	15
		占%	100.00	72.52	21.76	5.73
	>15	样点数(个)	2	2		
		占%	0.76	100.00		
	12.5~15.0	样点数(个)	22	18	4	
		占%	8.40	81.82	18.18	
	10.0~12.5	样点数(个)	44	40	2	2
		占%	16.79	90.91	4.55	4.55
	7.5~10.0	样点数(个)	71	53	9	9
		占%	27.10	74.65	12.68	12.68
	5.0~7.5	样点数(个)	61	46	13	2
		占%	23.28	75.41	21.31	3.28
	2.5~5.0	样点数(个)	56	30	24	2
		占%	21.37	53.57	42.86	3.57
	≤2.5	样点数(个)	6	1	5	
		占%	2.29	16.67	83.33	

宁夏耕地 8 个土壤类型土壤有效锰含量相比较，灰褐土类最高，平均为 10.40 mg/kg；其次为黄绵土类，平均为 9.32 mg/kg；风沙土类最低，平均为 5.50 mg/kg。表 4-95 列出的 17 个亚类中，暗灰褐土亚类土壤有效锰含量最高，平均为 10.40 mg/kg；其次为盐化潮土和盐化灌淤土 2 个亚类，平均分别为 9.90 mg/kg 和 9.85 mg/kg；草原风沙土、典型灰钙土和典型潮土 3 个亚类土壤有效锰含量低，平均为 3.90~5.50 mg/kg；其中，典型潮土亚类最低，平均仅为 3.90 mg/kg。

表 4-95　宁夏耕地土壤类型土壤(0~20 cm)有效锰含量统计表

土壤类型	样本数（个）	平均值（mg/kg）	标准差（mg/kg）	变异系数（%）	极大值（mg/kg）	极小值（mg/kg）
潮土	47	8.62	3.43	39.80	17.36	1.29
典型潮土	8	3.90	1.85	47.44	7.60	1.29
灌淤潮土	26	9.44	3.11	32.99	17.36	3.40
盐化潮土	13	9.90	2.21	22.28	12.80	5.80
风沙土	8	5.50	4.07	74.12	11.20	1.57
草原风沙土	8	5.50	4.07	74.12	11.20	1.57
灌淤土	99	9.08	2.89	31.78	17.39	3.10
表锈灌淤土	48	9.47	2.83	29.93	17.39	3.29
潮灌淤土	32	8.28	2.93	35.43	13.90	3.20
典型灌淤土	5	8.35	2.29	27.45	11.00	4.70
盐化灌淤土	14	9.85	2.94	29.84	14.50	3.10
黑垆土	6	8.37	1.99	23.75	11.80	6.69
典型黑垆土	2	8.93	0.64	7.21	9.38	8.47
黑麻土	4	8.10	2.48	30.62	11.80	6.69
黄绵土	17	9.32	2.98	31.94	14.60	4.97
黄绵土	17	9.32	2.98	31.94	14.60	4.97
灰钙土	52	5.64	2.19	38.74	14.80	1.88
草甸灰钙土	1	9.17				
淡灰钙土	46	5.55	2.20	39.67	14.80	1.88
典型灰钙土	3	5.40	2.04	37.85	6.59	3.04
盐化灰钙土	2	6.35	1.77	27.84	7.60	5.10
灰褐土	1	10.40				
暗灰褐土	1	10.40				
新积土	32	5.79	2.27	39.17	10.10	2.50
典型新积土	32	5.79	2.27	39.17	10.10	2.50
总计	262	7.81	3.21	41.15	17.39	1.29

2. 影响耕地土壤有效锰含量主要因素

(1)灌溉耕种施肥活动与土壤有效锰含量

灌溉耕种施肥活动对土壤有效锰含量有一定的影响。以位于自流灌区的灌淤潮土和典型潮土 2 个亚类相比较,灌淤潮土土壤有效锰平均含量为 9.44 mg/kg,是典型潮土土壤有效锰平均含量(3.90 mg/kg)2.4 倍;究其原因主要是这两个亚类灌溉耕种施肥活动强弱不同,受灌溉耕种施肥影响作用强的灌淤潮土土壤有效锰含量明显高于受灌溉耕种施肥影响作用弱的典型潮土。以兴庆区露地粮食作物和日光温室蔬菜耕层土壤有机质和土壤有效锰含量相比较,露地粮食作物土壤有机质和有效锰平均含量明显低于日光温棚蔬菜土壤有机质和有效锰平均含量,其绝对含量分别低 6.1 g/kg 和 3.8 mg/kg(见表 4-96),充分说明了灌溉耕种施肥活动对土壤有效锰含量有重要的影响。

表 4-96　银川市兴庆区露地粮食作物和日光温室蔬菜土壤(0~20 cm)有机质和有效锰含量统计表

项目	种植作物	样本数(个)	平均值	标准差	变异系数(%)	极大值	极小值
有机质(g/kg)	露地粮食作物	1803	15.9	6.0	37.8	38.8	1.3
	日光温室蔬菜	1655	22.0	10.0	45.6	66.2	2.5
有效锰(mg/kg)	露地粮食作物	126	11.3	4.1	35.7	23	4.2
	日光温室蔬菜	162	15.1	6.3	41.9	39.9	4.9

灌溉排水直接影响着土壤氧化还原状况,从而影响着土壤有效锰中的易还原态锰的含量。以灌淤土类的 4 个亚类为例,典型灌淤土和潮灌淤土常年旱作,表土长期处在氧化状态,土壤有效锰含量平均分别为 8.35 mg/kg 和 8.28 mg/kg;表锈灌淤土和盐化灌淤土,受种植水稻影响,表土处于氧化还原交替状态,土壤有效锰含量平均分别为 9.47 mg/kg 和 9.85 mg/kg;均高于典型灌淤土和潮灌淤土,说明灌溉排水对土壤有效锰含量有一定的影响。

(2)成土母质与土壤有效锰含量

不同成土母质形成的土壤类型土壤有效锰含量不同。由六盘山残积母质形成灰褐土类土壤有效锰含量高达 10.4 mg/kg;其次是由黄土母质形成的黄绵土和由灌溉淤积物形成的灌淤土两个土类,土壤有效锰含量分别为 9.32 mg/kg 和 9.08 mg/kg;由风积物形成的风沙土类和由第四纪洪积冲积物形成的灰钙土类土壤有效锰含量较低,分别为 5.5 mg/kg 和 5.64 mg/kg;而由河流冲积物形成的潮土土壤有效锰含量最低,平均仅为 3.9 mg/kg(见表 4-97)。

表 4-97　成土母质类型与土壤(0~20 cm)有效锰含量统计表

成土母质类型		土壤类型	样本数(个)	平均值(mg/kg)	标准差(mg/kg)	变异系数(%)	极大值(mg/kg)	极小值(mg/kg)
残积母质		暗灰褐土亚类	1	10.4				
洪积冲积物	六盘山洪积冲积物	厚阴黑土土种	3	8.24	0.89	10.8	9.0	7.26
	第四纪洪积冲积物	灰钙土类	52	5.64	2.19	38.7	14.80	1.88
冲积母质		典型潮土亚类	8	3.9	1.85	47.4	7.60	1.29
黄土母质		黄绵土类	17	9.32	2.98	31.9	14.60	4.97
风积母质		风沙土类	8	5.5	4.07	74.1	11.20	1.57
灌水淤积物		灌淤土类	99	9.08	2.89	31.8	17.39	3.10

(3)土壤质地与土壤有效锰含量

由表 4-98 可看出,表土质地不同,土壤有效锰含量不同。从沙土到黏土,土壤有效锰含量依次增高。沙土有效锰含量最低,平均为 4.43 mg/kg;黏土有效锰含量最高,平均为

10.40 mg/kg。反映出土壤有效锰含量与土壤质地由砂变黏呈一定程度的正相关。

表 4-98　不同土壤质地土壤(0~20 cm)有效锰含量统计表

土壤质地	样点数 （个）	平均值 （mg/kg）	标准差 （mg/kg）	变异系数 （%）	极大值 （mg/kg）	极小值 （mg/kg）
沙土	30	4.43	1.96	44.27	9.50	1.29
沙壤土	46	5.85	2.60	44.52	13.10	1.88
壤土	164	8.54	2.71	31.75	14.60	2.77
黏壤土	4	8.57	4.67	54.47	14.80	3.56
黏土	3	10.40	1.47	14.16	11.30	8.70

3. 耕地土壤有效锰含量变化趋势

与土壤普查时期相比较,灌淤土耕层土壤有效锰含量略有下降,由 10.04 mg/kg 降低至9.08 mg/kg,这与灌区农田很少施用锰肥有关。

4. 耕地土壤有效锰的调控

土壤有效锰含量受其成土母质、土壤质地和灌溉施肥种植活动的影响。近年来,随着农作物产量增加和复种指数的提高,从土壤中带走的微量元素也越来越多,而且,氮、磷化肥的施用量增加,有机肥施用不足,致使部分土壤缺乏微量元素,有的地块已表现明显的缺素症状。针对土壤缺锰状况,一般是通过施用锰微量元素肥料(锰肥)的方式进行补充。常用的锰肥有硫酸锰、氯化锰、碳酸锰、氧化锰等,在实际施用锰肥时,应注意以下原则。

(1)根据土壤有效锰丰缺程度和作物种类确定施用

根据宁夏粮食作物耕地土壤有效锰含量分级标准,土壤有效锰含量<3.0 mg/kg,为极缺乏;3.0~7.0 mg/kg 为缺乏;7.0~9.0 mg/kg 为较丰富;>9.0 mg/kg 为丰富。当土壤有效锰含量<7.0 mg/kg 时,就应根据种植作物对锰的敏感程度施用锰肥。不同的作物种类,对锰肥的敏感程度不同,需要量也不同。对锰敏感的作物有豆科作物、小麦、马铃薯、洋葱、菠菜、苹果、草莓等,需求量大;其次是大麦、甜菜、芹菜、萝卜、番茄等,需求量一般;对锰不敏感的作物有玉米、牧草等,需求量较小。

(2)确定合理的施用量和适宜的浓度

只有在土壤严重缺乏锰元素时,才可向土壤施用锰肥。因为一般作物对锰的需要量很少,而且从适量到过量的范围很窄,因此,要防止锰肥用量过大。土壤施用时必须均匀施用,否则会引起作物中毒,污染土壤与环境。

锰肥可用作基肥和种肥。在播种前结合整地施入土中,或者与氮、磷、钾等化肥混合在一起均匀施入;施用量要根据作物和锰肥的种类而定,一般不宜过大。土壤施用锰肥有后效,一般每隔 3~4 年施用 1 次。

(3)改善土壤环境条件

微量元素锰的缺乏,往往不是因为土壤中锰含量低,而是其有效性低,通过调节土壤条件,如土壤 pH、土壤质地、有机质含量、土壤含水量等,可以有效增加土壤有效锰含量。

（四）土壤有效铜

我国土壤表层或耕层中铜含量背景值范围为 7.3~55.1 mg/kg。土壤中铜的形态包括水溶态铜、有机态铜、离子态铜；水溶态铜在土壤全铜中所占比例较低，pH 为 6.0 时土壤中水溶性铜占全铜的比例仅为 1.2%~2.8%。

1. 耕地土壤有效铜含量及分布特征

据 234 个样本统计，全自治区耕地土壤有效铜平均含量为 1.53 mg/kg，变异系数较大，为66.3%；变动范围为 0.026~6.65 mg/kg。3 个不同生态区，自流灌区耕地土壤有效铜含量变异最大，7 个级别含量均有分布，其中，52%的样点土壤有效铜含量为 1.0~2.0 mg/kg 之间。中部干旱带耕地土壤有效铜含量低，且 75%样点土壤有效铜含量<1.0 mg/kg；南部山区耕地土壤有效铜含量集中分布在 0.5~1.5 mg/kg 之间（见表 4-99）。

表 4-99　宁夏不同生态区耕地土壤(0~20 cm)有效铜含量分级点位分布频率表

分级（mg/kg）		分布频率	全自治区	自流灌区	中部干旱区	南部山区
有效铜含量分级	合计	样点数	234	162	57	15
		占%	100.00	69.23	24.36	6.41
	>3.0	样点数	19	19		
		占%	8.12	100.00		
	2.5~3.0	样点数	14	14		
		占%	5.98	100.00		
	2.0~2.5	样点数	21	21		
		占%	8.97	100.00		
	1.5~2.0	样点数	41	40	1	
		占%	17.52	97.56	2.44	
	1.0~1.5	样点数	68	45	13	10
		占%	29.06	66.18	19.12	14.71
	0.5~1.0	样点数	47	20	22	5
		占%	20.09	42.55	46.81	10.64
	≤0.5	样点数	24	3	21	
		占%	10.26	12.50	87.50	

宁夏耕地 8 个土壤类型土壤有效铜含量相比较，灌淤土类最高，平均为 2.098 mg/kg；其次为潮土类，平均为 1.595 mg/kg；新积土类最低，平均为 0.869 mg/kg。表 4-100 列出的 17 个亚类中，草甸灰钙土亚类土壤有效铜含量最高，平均为 2.96 mg/kg；其次为表锈灌淤土和灌淤潮土 2 个亚类，平均分别为 2.739 mg/kg 和 1.96 mg/kg；暗灰褐土、新积土和典型潮土 3 个亚类土壤有效铜含量低，平均为 0.344~0.87 mg/kg；其中，典型潮土亚类最低，平均仅为0.344 mg/kg。

表4-100　宁夏耕地土壤类型土壤(0~20 cm)有效铜含量统计表

土壤类型	样本数（个）	平均值（mg/kg）	标准差（mg/kg）	变异系数（%）	极大值（mg/kg）	极小值（mg/kg）
潮土	39	1.595	1.212	76.01	5.250	0.126
典型潮土	8	0.344	0.155	45.02	0.548	0.126
灌淤潮土	23	1.960	1.256	64.09	5.250	0.380
盐化潮土	8	1.795	0.848	47.26	3.360	0.460
风沙土	8	1.366	1.680	122.93	4.680	0.026
草原风沙土	8	1.366	1.680	122.93	4.680	0.026
灌淤土	79	2.098	0.996	47.47	6.650	0.820
表锈灌淤土	35	2.739	1.117	40.77	6.650	1.040
潮灌淤土	31	1.573	0.464	29.48	2.620	0.820
典型灌淤土	3	1.437	0.315	21.93	1.800	1.240
盐化灌淤土	10	1.681	0.510	30.36	2.730	0.910
黑垆土	6	1.120	0.143	12.73	1.320	0.920
典型黑垆土	2	1.130	0.127	11.26	1.220	1.040
黑麻土	4	1.115	0.168	15.11	1.320	0.920
黄绵土	17	0.995	0.149	14.97	1.200	0.710
黄绵土	17	0.995	0.149	14.97	1.200	0.710
灰钙土	52	1.286	0.760	59.12	3.710	0.126
草甸灰钙土	1	2.960				
淡灰钙土	46	1.257	0.764	60.76	3.710	0.126
典型灰钙土	3	1.217	0.215	17.71	1.460	1.050
盐化灰钙土	2	1.215	0.516	42.48	1.580	0.850
灰褐土	1	0.870				
暗灰褐土	1	0.870				
新积土	32	0.869	0.493	56.75	2.370	0.108
典型新积土	32	0.869	0.493	56.75	2.370	0.108
总计	234	1.530	1.014	66.29	6.650	0.026

2. 影响耕地土壤有效铜含量主要因素

（1）灌溉耕种施肥活动与土壤有效铜含量

灌溉耕种施肥活动对土壤有效铜含量有一定的影响。以位于自流灌区的灌淤潮土和典型潮土2个亚类相比较,灌淤潮土土壤有效铜平均含量为1.96 mg/kg,是典型潮土土壤有效铜平均含量(0.344 mg/kg)5.9倍;究其原因主要是这两个亚类灌溉耕种施肥活动强弱不同,受灌溉耕种施肥影响作用强的灌淤潮土土壤有效铜含量明显高于受灌溉耕种施肥影响作用弱的典型潮土。

（2）有机质与土壤有效铜含量

耕地土壤有机质含量水平对土壤有效铜含量有一定的影响。以银川市兴庆区露地粮食作物和日光温室蔬菜土壤有机质和土壤有效铜含量相比较,露地粮食作物土壤有机质含量较低,平均为 15.9 g/kg,较日光温棚蔬菜土壤有机质平均含量(22.0 g/kg)低 6.1 g/kg;土壤有效铜含量则相反,露地粮食作物土壤有效铜含量较高,平均为 4.0 mg/kg,较日光温棚蔬菜土壤有效铜平均含量(3.10 mg/kg)低 0.9 mg/kg(见表 4−101),说明土壤有效铜含量与土壤有机质含量之间存在着一定的负相关关系。

表 4−101　银川市兴庆区露地粮食作物和日光温室蔬菜土壤(0~20 cm)有机质和有效铜含量统计表

项目	种植作物	样本数（个）	平均值	标准差	变异系数（%）	极大值	极小值
有机质（g/kg）	露地粮食作物	1803	15.9	6.0	37.8	38.8	1.3
	日光温室蔬菜	1655	22.0	10.0	45.6	66.2	2.5
有效铜（mg/kg）	露地粮食作物	126	4.0	1.7	41.3	6.9	0.5
	日光温室蔬菜	156	3.1	1.2	37.3	7.5	1.4

（3）成土母质与土壤有效铜含量

成土母质类型直接影响着土壤有效铜含量。灌溉淤积物形成的灌淤土土壤有效铜含量高,平均为 2.1 mg/kg;其次为风积物形成的风沙土,土壤有效铜平均含量为 1.37 mg/kg;残积母质形成的暗灰褐土土壤有效铜含量低,为 0.87 mg/kg;河流冲积物形成的典型潮土土壤有效铜含量最低,平均仅为 0.34 mg/kg(见表 4−102)。

表 4−102　成土母质类型与土壤(0~20 cm)有效铜含量统计表

成土母质类型		土壤类型	样本数（个）	平均值（mg/kg）	标准差（mg/kg）	变异系数（%）	极大值（mg/kg）	极小值（mg/kg）
残积母质		暗灰褐土亚类	1	0.87				
洪积冲积物	六盘山洪积冲积物	厚阴黑土土种	3	1.02	0.08	8.02	1.09	0.93
	第四纪洪积冲积物	灰钙土类	52	1.29	0.76	59.1	3.71	0.13
冲积母质		典型潮土亚类	8	0.34	0.155	45	0.55	0.13
黄土母质		黄绵土类	17	0.99	0.149	15	1.20	0.71
风积母质		风沙土类	8	1.37	1.68	122.9	4.68	0.03
灌水淤积物		灌淤土类	79	2.1	0,996	47.5	6.65	0.82

（4）土壤质地与土壤有效铜含量

土壤质地不同,土壤有效铜含量也不同。沙土有效铜含量最低,平均为 0.75 mg/kg,然后随着沙壤土、壤土、黏壤土,土壤有效铜含量随之增加,至黏壤土土壤有效铜含量最高,平均为 1.91 mg/kg;黏土则有所降低,平均为 1.67 mg/kg。换言之,从沙土到黏壤土,土壤质地与土壤有效铜含量呈一定程度的正相关(见表 4−103)。

表4-103　不同土壤质地土壤(0~20 cm)有效铜含量统计表

土壤质地	样点数 (个)	平均值 (mg/kg)	标准差 (mg/kg)	变异系数 (%)	极大值 (mg/kg)	极小值 (mg/kg)
沙土	29	0.75	0.54	72.38	2.37	0.03
沙壤土	49	1.12	0.98	88.21	4.68	0.11
壤土	137	1.60	0.72	45.12	5.25	0.27
黏壤土	4	1.91	0.78	41.07	3.07	1.44
黏土	3	1.67	0.37	21.86	2.03	1.30

3. 耕地土壤有效铜含量变化趋势

与土壤普查时期相比,灌淤土耕层有效铜含量略有下降,其平均含量由 2.41 mg/kg 下降到2.1 mg/kg,绝对含量降低了 0.31 mg/kg。

4. 耕地土壤有效铜的调控

一般认为,土壤有效铜含量<0.5 mg/kg,属于土壤缺铜的临界值。针对土壤缺铜,通过施用铜肥进行调控。

目前常用的铜肥为硫酸铜,水溶性好,价格便宜,但它含有吸湿水,不宜与大量营养元素肥料混配。

由于铜在土壤中移动性小,撒施时必须耕翻混入土中才有良好效果,在干旱条件下尤为注意。推荐施铜量为 0.22~1 千克/亩,具体依土壤性质、土壤有效铜含量及作物需求而定。沙性土壤用量少些,防止铜过量中毒;有效铜含量低的土壤,对缺铜敏感的作物用量大些。

土壤施铜有明显的长期后效,其后效可维持 6~8 年甚至 10 年,依施用量与土壤性质而定,一般为每 4~5 年施用 1 次。

(五)土壤有效硼

土壤中的硼大部分存在于土壤矿物中,小部分存在于有机物中。我国土壤中全硼含量范围 0~500 mg/kg,平均为 64 mg/kg。受成土母质、土壤质地、土壤 pH、土壤类型、气候条件、有机质含量等因素影响,土壤全硼含量由北向南逐渐降低,北方干旱区土壤全硼含量一般在 30 mg/kg 以上。土壤中的硼通常分为酸不溶态、酸溶态和水溶态三种形式,其中水溶性硼对作物是有效的,属有效硼。土壤水溶性硼占全硼的 0.1%~10%,一般只有0.05~5.0 mg/kg。

1. 耕地土壤有效硼含量及分布特征

据 244 个样本统计, 全自治区耕地土壤水溶性硼平均含量为 1.06 mg/kg,极小值仅为 0.24 mg/kg,最高值可达 2.80 mg/kg。3 个不同生态类型区中自流灌区耕地土壤有效硼含量较高,92%的样点土壤有效硼含量>0.5 mg/kg;中部干旱区耕地土壤有效硼含量低,80% 样点土壤有效硼含量<1.0 mg/kg;南部山区耕地土壤有效硼含量居中,其土壤有效硼含量在 0.25~1.5 mg/kg 之间(见表 4-104)。

表 4-104　宁夏不同生态区耕地土壤(0~20 cm)水溶性硼含量分级点位分布频率表

分级(mg/kg)		分布频率	全自治区	自流灌区	中部干旱区	南部山区
水溶性硼含量分级	合计	样点数(个)	244	172	57	15
		占%	100.00	70.49	23.36	6.15
	>3.0	样点数(个)				
		占%				
	2.0~3.0	样点数(个)	18	16	2	
		占%	7.38	88.89	11.11	
	1.5~2.0	样点数(个)	33	28	5	
		占%	13.52	84.85	15.15	
	1~1.5	样点数(个)	64	58	4	2
		占%	26.23	90.63	6.25	3.13
	0.5~1	样点数(个)	89	56	27	6
		占%	36.48	62.92	30.34	6.74
	0.25~0.5	样点数(个)	39	14	18	7
		占%	15.98	35.90	46.15	17.95
	≤0.25	样点数(个)	1		1	
		占%	0.41		100.00	

　　宁夏 8 个耕地土壤类型土壤有效硼含量相比较,潮土类土壤有效硼含量最高,平均为 1.29 mg/kg;其次为灌淤土类,平均为 1.22 mg/kg;灰褐土和新积土类土壤有效硼含量低,平均仅为 0.76 mg/kg 和 0.74 mg/kg;黑垆土类土壤有效硼含量最低,平均仅为 0.56 mg/kg(见表 4-105)。17 个耕地土壤亚类土壤有效硼含量相比较,盐化灌淤土土壤有效硼含量最高,平均为 1.47 mg/kg;其次为盐化潮土和典型灌淤土 2 个亚类,土壤有效硼平均含量均为 1.43 mg/kg;黑麻土和草甸灰钙土 2 个亚类土壤有效硼含量较低,平均仅为 0.65 mg/kg;典型灰钙土亚类土壤有效硼含量低,平均仅为 0.48 mg/kg;典型黑垆土亚类土壤有效硼含量最低,平均仅为 0.39 mg/kg。

表 4-105　宁夏耕地土壤类型土壤(0~20 cm)水溶性硼含量统计表

土壤类型	样本数(个)	平均值(mg/kg)	标准差(mg/kg)	变异系数(%)	极大值(mg/kg)	极小值(mg/kg)
潮土	43	1.29	0.66	50.87	2.80	0.26
典型潮土	8	1.00	0.70	69.61	2.31	0.41
灌淤潮土	24	1.32	0.67	50.99	2.80	0.26
盐化潮土	11	1.43	0.58	40.31	2.15	0.58
风沙土	8	0.80	0.42	52.79	1.55	0.37
草原风沙土	8	0.80	0.42	52.79	1.55	0.37

续表

土壤类型	样本数 （个）	平均值 （mg/kg）	标准差 （mg/kg）	变异系数 （%）	极大值 （mg/kg）	极小值 （mg/kg）
灌淤土	101	1.22	0.48	39.49	2.46	0.32
表锈灌淤土	47	1.09	0.36	33.50	1.91	0.35
潮灌淤土	32	1.23	0.58	47.01	2.46	0.32
典型灌淤土	5	1.43	0.71	49.62	2.28	0.63
盐化灌淤土	17	1.47	0.39	26.46	2.15	0.83
黑垆土	6	0.56	0.23	41.38	0.93	0.36
典型黑垆土	2	0.39	0.04	9.18	0.41	0.36
黑麻土	4	0.65	0.24	37.50	0.93	0.39
黄绵土	17	0.86	0.45	52.88	1.90	0.36
黄绵土	17	0.86	0.45	52.88	1.90	0.36
灰钙土	37	0.83	0.56	67.21	2.60	0.30
草甸灰钙土	1	0.65				
淡灰钙土	32	0.87	0.59	68.00	2.60	0.30
典型灰钙土	3	0.48	0.05	9.55	0.52	0.43
盐化灰钙土	1	0.94				
灰褐土	1	0.74				
暗灰褐土	1	0.74				
新积土	31	0.76	0.47	61.96	2.28	0.24
典型新积土	31	0.76	0.47	61.96	2.28	0.24
总计	244	1.06	0.56	53.01	2.80	0.24

2. 影响耕地土壤有效硼含量主要因素

（1）灌溉耕种施肥活动与土壤有效硼含量

灌溉耕种活动对土壤有效硼含量有较大的影响。自流灌区的灌淤土类灌溉耕种施肥活动作用强,土壤有效硼含量也高,平均为 1.22 mg/kg；南部山区的黄绵土类灌溉耕种施肥活动较弱,土壤有效硼含量较低,平均为 0.86 mg/kg。从表 4-106 可看出,灌溉耕种施肥

表 4-106　银川市兴庆区露地粮食作物和日光温室蔬菜土壤(0~20 cm)有机质和水溶性硼含量统计表

项目	种植作物	样本数 （个）	平均值	标准差	变异系数 （%）	极大值	极小值
有机质 （g/kg）	露地粮食作物	1803	15.9	6.0	37.8	38.8	1.3
	日光温室蔬菜	1655	22.0	10.0	45.6	66.2	2.5
水溶性硼 （mg/kg）	露地粮食作物	126	1.3	0.7	56.9	5.1	0.4
	日光温室蔬菜	162	1.6	0.8	47	5.4	0.4

活动强的日光温室蔬菜土壤有机质和有效硼含量均明显高于灌溉耕种施肥活动较弱的露地粮食作物,其绝对含量分别高出了 6.1 g/kg 和 0.3 mg/kg。且土壤有机质含量越高,有效硼含量也高,说明土壤有机质含量与有效硼含量有一定程度的正相关。

（2）易溶盐含量与土壤有效硼含量

从耕地不同土壤亚类土壤有效硼含量可以看出，易溶盐含量>1.5 g/kg 的盐化灌淤土、盐化潮土和盐化灰钙土土壤有效硼平均含量均高于同一土类中其他非盐化土壤亚类。如潮土土类中,盐化潮土土壤有效硼含量平均为 1.43 mg/kg,均高于灌淤潮土和典型潮土 2 个亚类土壤有效硼含量;灌淤土类中,盐化灌淤土土壤有效硼含量平均为 1.47 mg/kg,高于表锈灌淤土、潮灌淤土和典型灌淤土 3 个亚类;灰钙土类中,盐化灰钙土亚类土壤有效硼含量平均为 0.94 mg/kg;其绝对含量分别比典型灰钙土、草甸灰钙土和淡灰钙土 3 个亚类高出 0.46 mg/kg、0.07 mg/kg 和 0.29 mg/kg;可见土壤易溶盐含量对土壤有效硼含量有一定的影响。

（3）成土母质与土壤有效硼含量

不同成土母质因其成土环境的不同,由其形成的土壤有效硼含量也不同。由灌溉淤积物形成的灌淤土类土壤有效硼含量较高,平均为 1.22 mg/kg;其次为冲积母质形成的典型潮土,土壤有效硼含量平均为 1.0 mg/kg;由残积母质形成的暗灰褐土土壤有效硼含量低,为0.74 mg/kg;由六盘山山洪冲积物形成的阴黑土土种土壤有效硼含量最低,平均仅为0.57 mg/kg(见表 4-107)。

表 4-107　成土母质类型与土壤(0~20 cm)水溶性硼含量统计表

成土母质类型		土壤类型	样本数（个）	平均值（mg/kg）	标准差（mg/kg）	变异系数（%）	极大值（mg/kg）	极小值（mg/kg）
残积母质		暗灰褐土亚类	1	0.74				
洪积冲积物	六盘山洪积冲积物	厚阴黑土土种	3	0.57	0.33	58.3	0.95	0.4
	第四纪洪积冲积物	灰钙土类	37	0.83	0.56	67.2	2.60	0.30
冲积母质		典型潮土亚类	8	1.0	0.7	69.6	2.31	0.41
黄土母质		黄绵土类	17	0.86	0.45	52.9	1.90	0.36
风积母质		风沙土类	8	0.8	0.42	52.8	1.55	0.37
灌水淤积物		灌淤土类	101	1.22	0.48	39.5	2.46	0.32

（4）土壤质地与土壤有效硼含量

从表 4-108 可以看出,土壤质地不同,土壤有效硼含量也有所不同。沙土和沙壤土土壤有效硼含量低,平均仅为 0.86 mg/kg;壤土土壤有效硼含量较低,平均为 1.11 mg/kg;黏壤土土壤有效硼含量最高,平均为 1.50 mg/kg,其绝对含量较沙土和沙壤土高出 0.64 mg/kg;黏土土壤有效硼含量较黏壤土有所降低,平均为 1.45 mg/kg;土壤质地从沙土到黏壤土,土壤有效硼含量随质地由沙变黏,土壤有效硼含量有所增加。

表 4-108　不同土壤质地土壤(0~20 cm)有效硼含量统计表

土壤质地	样点数 （个）	平均值 （mg/kg）	标准差 （mg/kg）	变异系数 （%）	极大值 （mg/kg）	极小值 （mg/kg）
沙土	21	0.86	0.58	67.93	2.31	0.34
沙壤土	42	0.86	0.55	64.19	2.6	0.02
壤土	159	1.11	0.53	47.85	2.68	0.24
黏壤土	4	1.50	0.96	64.01	2.80	0.60
黏土	3	1.45	0.20	14.04	1.63	1.23

3. 耕地土壤有效硼含量变化趋势

同一土壤类型,0~20 cm 土壤有效硼平均含量相比较,1985 年灌淤土类土壤有效硼平均含量为 1.33 mg/kg;2012 年平均为 1.22 mg/kg,其绝对含量降低 0.11 mg/kg。

4. 耕地土壤有效硼的调控

一般认为,土壤缺硼的临界含量为 0.5 mg/kg。土壤水溶性硼含量低于 0.5 mg/kg 时,属于缺硼;低于 0.25 mg/kg 时,属于严重缺硼。针对土壤缺硼的情况,一般通过施用硼肥进行调控。

(1)针对作物对硼的反应施用硼肥

不同作物的需硼量不同。一般来说,双子叶作物比单子叶植物高;多年生植物需硼量比一年生植物高;谷类作物一般需硼较少。作物对硼缺乏敏感性不同,需硼量大的作物一般对硼比较敏感,甜菜是敏感性最强的作物之一;各种十字花科作物,如萝卜、油菜、甘蓝、花椰菜等需硼量高,对缺硼敏感;果树中的苹果对缺硼也特别敏感。作物体内硼的浓度一般在 2~100 mg/kg 之间,<10 mg/kg 作物可能缺硼;如果>200 mg/kg,则有可能出现中毒现象,因此硼肥的施用要因土壤、因作物而异,根据土壤硼的含量和作物种类确定是否施用硼肥以及施用量。

(2)因土而宜、因肥而宜

硼在石灰性土壤中有效性较低,因此,为了提高肥料的有效性,在石灰性土壤上,硼肥适宜作为根外追肥进行沾根、喷施(不宜拌种)。宁夏常用的硼肥有硼酸(H_3BO_3)、硼砂($Na_2B_4O_7 \cdot 10H_2O$)。硼酸(含硼 17%)易溶于水,适宜根外追肥;硼砂(含硼 11%),易溶于热水,适宜根外追肥,也可作基肥。

(3)控制用量、均匀施用

相对而言,作物对硼需求总量是相对较少的。硼的供应过多,可能会对作物产生毒害,因此在硼肥的施用上,要严格控制用量,避免过量。由于硼肥用量较少,作为基肥施用时,要力求达到均匀施用,可与氮肥和磷肥混合施用,也可单独施用;单独施用时必须均匀,最好与干土混匀后施入土壤。

在土壤缺硼的情况下, 每亩施用 0.13~0.2 kg 硼, 一般基肥每亩施用硼砂 0.5 kg 左右;基肥有一定的后效,施用 1 次一般可持续 3~5 年。根外追肥也要浓度适宜,叶面喷施浓度为 0.1%~0.25% 之间,常用浓度为 0.05%~0.2% 的硼砂或硼酸。

土壤溶液中硼的浓度从短缺至致毒之间跨度很窄,过多易造成毒害——叶缘最易积累,出现规则黄边,称"金边菜",老叶中毒更重。因此对硼肥的用量和施用技术应特别注意,以免施用过量造成中毒。

（六）土壤有效钼

土壤中的钼来自含钼矿物(主要含钼矿物是辉钼矿),含钼矿物经过风化后,以钼酸离子(MoO_4^{2-} 或 $HMoO_4^-$)形态进入土壤。土壤中的钼可分四部分:水溶态钼,包括可溶态的钼酸盐;代换态钼,MoO_4^{2-} 离子被黏土矿物或铁锰的氧化物所吸附;以上两部分称为有效态钼,是植物能够吸收的。难溶态钼,包括原生矿物、次生矿物、铁锰结核中所包被的钼;有机结合态钼。

1. 耕地土壤有效钼含量及分布特征

据 27 个样点统计,自治区耕地土壤有效钼含量平均为 0.264 mg/kg,极小值为 0.020 mg/kg;极大值可达 0.930 mg/kg。表 4-109 列出的 7 个亚类中黄绵土土壤有效钼含量最高,平均为 0.476 mg/kg;其次为表锈灌淤土,典型黑垆土土壤有效钼含量最低,为 0.07 mg/kg。典型新积土变异系数高,达 144.3%,说明典型新积土土壤有效钼含量差异较大。

表 4-109　宁夏耕地土壤类型土壤(0~20 cm)有效钼含量统计表

土壤亚类	样本数（个）	平均值（mg/kg）	标准差（mg/kg）	变异系数（%）	极大值（mg/kg）	极小值（mg/kg）
总计	27	0.264	0.234	88.59	0.930	0.020
表锈灌淤土	6	0.433	0.134	30.85	0.600	0.260
灌淤潮土	1	0.200			0.200	0.200
盐化潮土	1	0.100			0.100	0.100
淡灰钙土	10	0.141	0.095	67.24	0.270	0.020
典型黑垆土	1	0.070			0.070	0.070
黄绵土	5	0.476	0.357	75.01	0.930	0.160
典型新积土	3	0.120	0.173	144.34	0.320	0.020

由表 4-110 可看出,自流灌区耕地土壤有效钼各级含量分布广泛,7 个级别中,土壤有效钼含量低于 0.1 mg/kg 级别样点最多,占样点总数的 28.5%;其次为土壤有效钼含量为 0.2~0.3 mg/kg 级别,其样点占样本总数的 23.8%。中部干旱带耕地土壤有效钼集中分布在 4 个级别中,其中,66% 样点分布在土壤有效钼含量 >0.5 mg/kg 和 0.2~0.3 mg/kg 2 个级别;其他 34% 的样点分布在土壤有效钼含量 0.1~0.15 mg/kg 和 <0.1 mg/kg 2 个级别。

2. 影响耕地土壤有效钼含量主要因素

（1）灌溉耕种施肥活动与土壤有效钼含量

土壤有效钼含量深受灌溉耕种施肥活动的影响。以自流灌区表锈灌淤土和灌淤潮土 2 个耕种土壤亚类土壤有效钼含量相比较,表锈灌淤土平均高达 0.433 mg/kg,灌淤潮土

表 4-110　宁夏不同生态区耕地土壤(0~20 cm)有效钼含量分级点位分布频率表

分级(mg/kg)		分布频率	全自治区	自流灌区	中部干旱区
有效钼含量分级	合计	样点数	27	21	6
		占%	100.00	77.78	22.22
	>0.5	样点数	4	2	2
		占%	14.81	50.00	50.00
	0.4~0.5	样点数	2	2	
		占%	7.41	100.00	
	0.3~0.4	样点数	2	2	
		占%	7.41	100.00	
	0.2~0.3	样点数	7	5	2
		占%	25.93	71.43	28.57
	0.15~0.2	样点数	3	2	1
		占%	11.11	66.67	33.33
	0.1~0.15	样点数	2	2	
		占%	7.41	100.00	
	≤0.1	样点数	7	6	1
		占%	25.93	85.71	14.29

仅为0.200 mg/kg,绝对含量相差 0.233 mg/kg;这与表锈灌淤土灌溉耕种施肥作用强度大于灌淤潮土有关。

(2)成土母质与土壤有效钼含量

成土母质对土壤有效钼含量有较大的影响,由黄土母质形成的黄绵土土壤有效钼含量高,平均为 0.476 mg/kg;而由第四纪洪积冲积物形成的淡灰钙土土壤有效钼含量低,平均为 0.141 mg/kg。

(3)土壤质地与土壤有效钼含量

从表 4-111 可看出,沙土土壤有效钼含量最低,平均仅为 0.02 mg/kg;沙壤土土壤有效钼含量较高,平均为 0.27 mg/kg;壤土土壤有效钼含量高,平均为 0.29 mg/kg;从沙土到壤土,土壤有效钼含量表现出递增的趋势。但是沙壤土和壤土土壤有效钼含量变异系数较大,高达81%~89%,说明各样点土壤有效钼含量差异较大。

表 4-111　不同土壤质地土壤(0~20 cm)有效钼含量统计表

土壤质地	样点数(个)	平均值(mg/kg)	标准差(mg/kg)	变异系数(%)	极大值(mg/kg)	极小值(mg/kg)
沙土	2	0.02				
沙壤土	8	0.27	0.24	89.14	0.79	0.02
壤土	17	0.29	0.24	81.12	0.93	0.03

3. 耕地土壤有效钼含量变化趋势

以同一土类不同时期耕地土壤有效钼含量相比较，灌淤土土类土壤有效钼含量 2012 年平均为 0.433 mg/kg，比土壤普查时土壤有效钼 0.18 mg/kg 高 0.253 mg/kg，呈现增加趋势。

4. 耕地土壤有效钼的调控

一般来说，土壤有效钼含量低于 0.1 mg/kg 为土壤缺钼的临界值。针对土壤缺钼状况，通过合理施用钼肥进行调控。

（1）因作物而宜

植物主要吸收钼酸根（MoO_4^{2-}），钼酸为弱酸。钼在干物质中含量低于其他任何矿质元素。各种作物需钼情况不一样，对钼肥也有不同的反应。需钼较多的作物有甜菜、胡萝卜、油菜、大豆、花椰菜、甘蓝、花生、绿豆、菠菜、莴笋、番茄、马铃薯、甘薯等。对钼敏感的作物主要有十字花科（花椰菜、萝卜等）；易缺钼的作物有豆科、十字花科、蔬菜。由于钼与固氮作用有密切关系，豆科作物对钼肥有特殊的需要，所以，钼肥应当首先集中施用在豆科作物上。

（2）合理施肥

宁夏常用的钼肥为钼酸铵（$(NH_4)Mo_7O_{24}\cdot4H_2O$），易溶于水，可作基肥、种肥和追肥。亩基施钼酸铵 100~200 g；浸种，用 0.05%~0.1%钼酸铵溶液浸种 12 h 左右；喷施，一般喷雾用 0.02%~0.05%的钼酸铵溶液，每次每亩用 50~75 g。

钼与磷有相互促进作用，磷能增强钼肥的效果。可将钼肥与磷肥配合施用，硝态氮促进钼的吸收，铵态氮抑制钼的吸收。

（3）施用钼肥应注意问题

拌种或浸种及配制药液时，不能使用铁、铝等金属容器。

应选择无风天气进行喷施，以增强喷施效果。

钼肥与磷酸二氢钾混喷效果较好。

钼酸铵有一定的毒性。经钼酸铵处理的种子人畜不能食用。

三、土壤有益元素

有益元素是指在 17 种植物必需营养元素以外，还有几种化学元素对某些作物生长发育具有良好作用的元素。常见的有益元素有钠（Na）、硅（Si）、钴（Co）、硒（Se）、矾（V）和碘（I）等。

（一）土壤有效硅

硅是一种有益元素。现已确认硅是水稻必需的营养元素之一；生产 1000 kg 稻谷，其地上部分二氧化硅的吸收量达 150 kg，超过水稻吸收氮、磷、钾量的总和，因此，水稻是典型的喜硅作物。根据作物体硅含量的差异分为 3 类，第一类是含硅量很高的作物，如水稻，达 10%~15%；第二类是含硅量中等的作物，如甘蔗、玉米、小麦，平均为 1%~3%；第三类是含硅量低的作物,如豆科和大部分双子叶作物,低于1%。施用硅肥不仅能使水稻增产,而且对小麦、玉米、花生、蔬菜、甘蔗、烟草、棉花、薯类以及果树等均有一定的增产作用。宁夏土壤的化学组成以硅、铁、铝为主,其中,氧化硅(SiO_2)的含量较高,占灼烧土的53%~79%。宁夏土壤黏粒矿物氧化硅(SiO_2)含量为47%~59%。

1. 耕地土壤有效硅含量特征

据30个样本统计,宁夏耕地土壤有效硅平均含量为73.73 mg/kg,最高达137.7 mg/kg,最低仅38.7 mg/kg,变异系数为29.81%。

2. 影响耕地土壤有效硅含量主要因素

土壤质地对土壤有效硅含量有一定的影响。由表4-112可看出,沙土土壤有效硅含量低,平均为50.4 mg/kg;沙壤土有效硅含量高,平均为77.75 mg/kg;壤土有效硅含量较低,平均为75.22 mg/kg;土壤质地不同,土壤有效硅含量不同,可见,土壤质地对土壤有效硅含量有一定的影响。

表4-112　土壤质地与土壤(0~20 cm)有效硅含量统计表

土壤质地	样点数 (个)	平均值 (mg/kg)	标准差 (mg/kg)	变异系数 (%)	极大值 (mg/kg)	极小值 (mg/kg)
沙土	2	50.40	1.13	2.24	51.2	49.6
沙壤土	2	77.75	10.37	68.4	22.5	7.83
壤土	26	75.22	22.41	29.79	137.7	38.7

3. 耕地土壤有效硅的调控

土壤有效硅含量决定着土壤供硅能力。土壤溶液中的硅主要以单硅酸的形式存在,宁夏耕地土壤有效硅含量为38.7~137.7 mg/kg之间。在缺硅的土壤上施用硅肥,对水稻有良好的效果,其增产效果随土壤有效硅含量的提高而降低。

不同作物对硅的反应不同,水稻等对硅肥反应良好;玉米、小麦等有一定的效果。种植上述作物时,宜根据土壤中有效硅水平,酌情施用硅肥。

(二)土壤硒元素

硒是人体必需的微量元素,被誉为"生命的火种""抗癌之王""心脏的守护神"。硒在人体组织内含量为千万分之一,但它却决定了生命的存在,对人类健康的巨大作用是其他物质无法替代的。

1. 土壤硒元素含量特征

据宁夏农科院资环所20世纪80年代土壤化学元素背景值调查采样分析,宁夏土壤硒元素含量多呈正态分布,平均值为0.102 mg/kg,95%置信区域为0.049~0.155 mg/kg。2016年吴忠市379个采样调查统计,土壤硒平均含量为0.15 mg/kg,其中,0.09 mg/kg以下的44个点,占11.6%;0.10~0.19 mg/kg的有256个点,占67.5%;0.20~0.29 mg/kg的有73个点,占19.3%;0.3~0.5 mg/kg的有6个点,占1.6%;硒含量在0.2 mg/kg以上的占20.9%。

2. 土壤硒元素含量分布特征

吴忠市所辖6个县(市、区)中,青铜峡市和利通区土壤硒元素含量较高,平均值分别达到0.19 mg/kg和0.18 mg/kg,含量范围主要集中在0.1~0.29 mg/kg,分别占样点数的96.5%和95.9%;其次是同心县和孙家滩,平均值分别达到0.15mg和0.14 mg/kg,含量范围主要集中在0.1~0.29 mg/kg,分别占样点数的96.2%和82.4%;含量最低的地区是盐池县和红寺堡区,平均值分别达到0.13 mg/kg和0.12 mg/kg,含量范围主要集中在0.008~0.19 mg/kg,分别占样点数的93.4%和94.1%。吴忠市最高值出现在盐池县青山镇小青山和花马池镇崔记塘,分别达到0.5 mg/kg和0.45 mg/kg。另外,贺兰山东麓大武口区、平罗县黄河以西地区、惠农区东北部、银川市黄河以西地区、中卫香山西南麓和兴仁地区、中宁县喊叫水以西地区、同心县以西;青铜峡市、吴忠市以南至沙坡头以北沿黄河两岸等地土壤硒含量也比较高。

3. 土壤硒元素特点

宁夏富硒土壤含量稳定适度,富硒地层较厚,厚度达200 cm以上。硒元素在土壤剖面中的分布特点主要表现为表聚性,即随着土壤深度的增加而降低。从形成看,宁夏富硒土壤所在区域随着地壳运动的不断抬升,地下含煤地层中的硒以及其他元素经过风化、搬运、沉积等在地表集聚,造就了以吴忠市为中心的富硒地区。从世界各地土壤含硒状况中可以看出,Se(+4)为土壤中主要的硒形态,约占40%以上;以Se(+6)形态存在的硒,总量不超过10%。在干旱地区的碱性土壤和碱性风化壳中,硒通常以Se(+4)形态存在为主,可被植物直接吸收利用;偏碱性条件下硒活性较强,可被氧化为SeO_3^{2-}或SeO_4^{2-},比酸性条件下更容易迁移淋溶。研究表明,土壤中约80%的硒与腐殖质结合,一般情况下,与富里酸结合的硒能被植物吸收,与胡敏酸结合的硒难以被植物吸收;土壤质地越黏重,硒含量就越高。

4. 富硒土壤的开发利用

宁夏富硒土壤主要分布在引黄灌区,农业生产条件好,有效土层深厚,灌排水系统完善,土壤肥沃;富硒土壤区域环境清洁,与人体健康相关的重金属元素汞、镉、铬、铅、砷等在土壤中含量很低,低于国家土壤环境背景值标准,土壤环境质量优良,非常适合开发天然、无污染的富硒农产品。据宁夏农林科学院资环所2016年田间试验研究,在吴忠市富硒土壤上种植的水稻和小麦自然富硒均可达到国家稻谷富硒标准;玉米则可通过外源补硒,提高玉米籽粒硒的含量,达到富硒标准。

第五章　耕地土壤其他理化性质

第一节　耕地土壤 pH 及盐分

一、耕地土壤pH

土壤中存在着各种化学和生物化学反应,表现出不同的酸性或碱性。土壤之所以有酸碱性,是因为在土壤中存在少量的氢离子和氢氧离子。土壤酸碱度通常用 pH 表示,土壤 pH 主要取决于土壤溶液中氢离子的浓度,pH<7,为酸性反应;pH>7 为碱性反应(见表5-1)。

表 5-1　土壤酸碱性与 pH 对应关系表

土壤 pH	<4.5	4.5~5.5	5.5~6.5	6.5~7.5	7.5~8.5	8.5~9.5	>9.5
土壤酸碱性	极强酸性	强酸性	酸性	中性	碱性	强碱性	极强碱性

（一）耕地土壤 pH

宁夏耕地土壤 pH 平均为 8.44,属于碱性土壤;变化范围为 7.0~9.04。3 个不同生态区耕地土壤 pH 相比较,中部干旱带耕地土壤 pH 最高,平均为 8.69,属于强碱性土壤;自流灌区和南部山区耕地土壤 pH 较为接近,平均为 8.39 和 8.40,属于碱性土壤(见表 5-2)。

表 5-2　宁夏不同生态区耕地土壤(0~20 cm)pH 统计表

区域	样本数（个）	平均值	标准差	变异系数（%）	极大值	极小值	备注
全自治区	52016	8.44	0.31	3.69	9.04	7.00	
自流灌区	27499	8.39	0.27	3.25	9.00	7.50	
中部干旱带	8553	8.69	0.27	3.12	9.04	7.30	
南部山区	15964	8.40	0.33	3.94	9.00	7.00	

1. 不同区域耕地土壤 pH

全自治区 5 个地级市耕地土壤 pH 相比较,吴忠市耕地土壤 pH 最高,平均为 8.59;其次为石嘴山市,平均为 8.52;均属于强碱性土壤;其他 3 个地级市,耕地土壤 pH 均小于8.5,属于碱性土壤,其中银川市最低,平均为 8.34。不同县(市、区)耕地土壤 pH 平均值相比较,红寺堡区和盐池县最高,平均为8.82;其次为同心县和惠农区,耕地土壤pH平均分别为8.73和8.62;兴庆区、灵武市、永宁县耕地土壤pH均值较低,分别为8.29、8.28和8.15,泾源县耕地土壤pH最低,平均为7.96(见表5-3)。

表5-3 宁夏各市县耕地土壤(0~20 cm)pH 统计表

县(市、区)	样本数（个）	平均值	标准差	变异系数（%）	极大值	极小值
全自治区	52016	8.44	0.31	3.69	9.04	7.00
石嘴山市	3863	8.52	0.26	3.10	9.00	7.70
惠农区	2657	8.62	0.22	2.51	9.00	7.70
平罗县	1131	8.30	0.22	2.61	9.00	7.80
大武口市	75	8.36	0.29	3.45	9.00	7.90
银川市	13191	8.34	0.27	3.22	9.00	7.50
贺兰县	2334	8.44	0.22	2.66	9.00	7.50
兴庆区	1809	8.29	0.28	3.34	9.00	7.50
金凤区	744	8.50	0.23	2.68	9.00	7.53
西夏区	2153	8.55	0.23	2.67	9.00	7.60
永宁县	3120	8.15	0.23	2.85	9.00	7.60
灵武市	3031	8.28	0.19	2.27	9.00	7.80
吴忠市	11789	8.59	0.29	3.36	9.04	7.46
利通区	3424	8.40	0.23	2.76	9.00	7.70
青铜峡市	2871	8.45	0.28	3.29	9.00	7.60
盐池县	1607	8.82	0.16	1.86	9.00	7.90
同心县	2677	8.74	0.18	2.05	9.00	7.60
红寺堡区	1210	8.82	0.20	2.31	9.04	7.46
中卫市	7209	8.44	0.30	3.58	9.00	7.30
沙坡头区	1987	8.32	0.26	3.07	9.00	7.80
中宁县	2163	8.41	0.27	3.21	9.00	7.80
海原县	3059	8.53	0.32	3.76	9.00	7.30
固原市	15964	8.40	0.33	3.94	9.00	7.00
原州区	2683	8.52	0.25	2.93	9.00	7.50
西吉县	2866	8.57	0.27	3.14	9.00	7.81
彭阳县	3953	8.54	0.17	2.01	9.00	7.90
隆德县	3504	8.40	0.24	2.84	9.00	7.50
泾源县	2958	7.96	0.32	4.01	8.90	7.00

2. 不同耕地土壤类型土壤 pH

宁夏耕地 8 个土壤类型土壤 pH 均值相比较,风沙土最高,平均为 8.67;其次为灰钙土类,平均为 8.65;新积土、潮土、灌淤土 3 个土类土壤 pH 低,平均分别为 8.41、8.40 和 8.34;暗灰褐土土壤 pH 最低,平均为 8.22(见表 5-4)。

表 5-4 宁夏耕地土壤类型(0~20 cm)pH 统计表

土壤类型	样本数(个)	平均值	标准差	变异系数(%)	极大值	极小值
全自治区	51991	8.44	0.31	3.69	9.04	7.00
潮土	5700	8.40	0.26	3.15	9.04	7.70
典型潮土	45	8.70	0.29	3.31	9.04	7.90
灌淤潮土	2294	8.38	0.26	3.16	9.00	7.70
盐化潮土	3361	8.41	0.26	3.11	9.00	7.70
风沙土	1010	8.67	0.28	3.20	9.04	7.60
草原风沙土	1010	8.67	0.28	3.20	9.04	7.60
灌淤土	16723	8.34	0.26	3.12	9.00	7.50
表锈灌淤土	8354	8.30	0.25	3.00	9.00	7.50
潮灌淤土	2553	8.40	0.26	3.13	9.00	7.53
典型灌淤土	651	8.34	0.26	3.13	9.00	7.60
盐化灌淤土	5165	8.37	0.26	3.15	9.00	7.50
黑垆土	4205	8.50	0.25	2.93	9.00	7.50
潮黑垆土	16	8.33	0.24	2.93	8.70	7.90
典型黑垆土	1604	8.42	0.24	2.85	9.00	7.50
黑麻土	2585	8.55	0.24	2.83	9.00	7.50
黄绵土	11505	8.54	0.26	3.06	9.00	7.30
黄绵土	11505	8.54	0.26	3.06	9.00	7.30
灰钙土	4382	8.65	0.26	2.99	9.04	7.60
草甸灰钙土	437	8.59	0.21	2.48	9.00	8.00
淡灰钙土	2106	8.64	0.26	2.99	9.04	7.70
典型灰钙土	616	8.80	0.19	2.19	9.00	7.90
盐化灰钙土	1223	8.60	0.27	3.18	9.04	7.60
灰褐土	1237	8.22	0.34	4.09	9.00	7.00
暗灰褐土	1237	8.22	0.34	4.09	9.00	7.00
新积土	7229	8.41	0.43	5.11	9.04	7.00
冲积土	199	8.45	0.28	3.26	9.04	7.70
典型新积土	7030	8.41	0.43	5.15	9.04	7.00

（二）耕地土壤 pH 分布特征

宁夏耕地土壤 pH>8.6 面积占 58.2%；pH 为 7.6~8.5 的占 41.7%；pH<7.6 的仅占 0.01%。说明宁夏 99% 耕地属于碱性土壤，且以强碱性土壤为主。

从 3 个不同生态类型区耕地土壤 pH 分级面积可以看出（见表 5-5），土壤 pH<7.6 的面积以南部山区最多，占该级别总面积的 96.5%；土壤 pH 为 7.6~8.5 级别面积以自流灌区居多，占该级别总面积的 54.2%；土壤 pH>8.6 级别面积以中部干旱带居多，占该级别总面积的 62.3%。

表 5-5　宁夏不同生态区耕地土壤 pH 分级面积统计表

单位：亩

区域	合计	pH				
		<7.6	7.6~8.0	8.0~8.5	8.6~9.0	>9.0
全自治区	19351543	16745	398302	7670875	11209702	55919
自流灌区	6542451		146345	4230020	2162679	3408
中部干旱带	6658478	580	104929	1021536	5478923	52511
南部山区	6150613	16165	147028	2419319	3568101	

1. 不同区域耕地土壤 pH 分布特征

宁夏 5 个地级市土壤 pH<7.6 的耕地集中分布在固原市和中卫市，即中性土壤集中分布在泾源县和海原县。土壤 pH 7.6~8.5 级别，固原市面积最大，占该级别总面积的 31.8%；其次为中卫市，占 27.9%。全自治区 22 个县（区）中，海原县土壤 pH 为 7.6~8.5 级别面积最大，共 1043980 亩，占该级别总面积的 12.9%；其次为西吉县，占该级别总面积的 9.4%。土壤 pH 为 8.6~9.0 级别中，吴忠市面积最大，占该级别总面积的 38.5%；22 个县（区）中，同心县面积最大，2039153 亩，占该级别总面积的 18.2%；其次为西吉县，1700135 亩，占该级别总面积的 15.2%。土壤 pH>9.0 的耕地集中分布在吴忠市、中卫市和银川市，其中，吴忠市面积最大，44411 亩，占该级别总面积 79.4%；银川市面积最小，占 1.4%；县（区）中，盐池县土壤 pH>9 的耕地面积最大，23710 亩，占该级别总面积的 42.4%；其次，为同心县，18620 亩，占该级别总面积的33.3%（见表 5-6）。

2. 不同耕地土壤类型土壤 pH 分布特征

宁夏 8 个耕地土壤类型中，土壤 pH<7.6 级别中，新积土土类面积最大，11485 亩，占该级别总面积 68.6%；其次，为灰褐土土类，4663 亩，占该级别总面积的 27.8%。换言之，96.4% 中性土壤集中分布在典型新积土和暗灰褐土 2 个亚类中。土壤 pH 7.6~8.0 级别中，新积土类面积最大，147663 亩，占该级别总面积的 37.1%；其次为黄绵土类，占该级别总面积的 19.4%。19 个亚类中，典型新积土和黄绵土 2 个亚类土壤 pH 7.6~8.0 级别面积大，分别占该级别总面积的 37.1% 和 19.4%。土壤 pH 8.0~8.5 级别以灌淤土面积最大，2219088 亩，占该级别总面积的 28.9%；其次为黄绵土类，2208030 亩，占该级别总面积的28.8%。19 个亚类中，黄绵土和表锈灌淤土 2 个亚类土壤 pH 8.0~8.5 级别面积大，分别占该级别总面积的

28.8%和13.0%。土壤 pH 8.6~9.0 级别以黄绵土面积最大,4947417 亩,占该级别总面积的44.1%;其次为灰钙土类,1876410 亩,占该级别总面积的16.7%。19 个亚类中,黄绵土和典型新积土 2 个亚类土壤 pH 为 8.6~9.0 级别面积大,分别占该级别总面积的 44.1% 和

表 5-6 宁夏各市县耕地土壤 pH 分级面积统计表

单位:亩

县(市、区)	合计	pH				
		<7.6	7.6~8.0	8.0~8.5	8.6~9.0	>9.0
全自治区	19351543	16745	398302	7670875	11209702	55919
石嘴山市	1265102		15713	846352	403036	
惠农区	297538			56778	240760	
平罗县	884939		15701	744580	124658	
大武口市	82625		13	44995	37618	
银川市	2164826		58500	1518406	587137	782
贺兰县	656633		900	421655	234078	
兴庆区	218176		3006	172925	42244	
金凤区	154205			86882	67323	
西夏区	267205			108473	158733	
永宁县	513592		52004	411291	50297	
灵武市	355015		2590	317181	34463	782
吴忠市	5176683		9130	805216	4317926	44411
利通区	465468		2401	346540	116528	
青铜峡市	571059		1444	381476	188138	
同心县	2090194		675	31746	2039153	18620
盐池县	1496817		4560	27696	1441391	23170
红寺堡区	553145		50	17759	532716	2621
中卫市	4594319	580	167930	2081582	2333502	10726
沙坡头区	1069663		8577	597295	463788	3
中宁县	1006334		59709	539951	404051	2623
海原县	2518322	580	99644	944336	1465663	8100
固原市	6150613	16165	147028	2419319	3568101	
原州区	1579629		7841	688307	883481	
西吉县	2446748		12308	734305	1700135	
彭阳县	1248802			421896	826906	
隆德县	609679		2299	451240	156140	
泾源县	265755	16165	124580	123571	1438	

14.2%。土壤 pH>9.0 级别主要分布在除灌淤土和灰褐土 2 个土类外的其他 6 个土类中，灰钙土类面积最大，23596 亩，占该级别总面积的 42.2%；其次为新积土，11866 亩，占该级别总面积的 21.1%；土壤 pH>9.0 的 9 个土壤亚类中，典型灰钙土和典型新积土面积较大，分别占该级别总面积的 21.3% 和 21.1%（见表 5-7）。

表 5-7 宁夏耕地土壤类型 pH 分级面积统计表

单位：亩

土壤类型	合计	pH				
		<7.6	7.6~8.0	8.0~8.5	8.6~9.0	>9.0
全自治区	19351543	16745	398302	7670875	11209702	55919
潮土	1341171	17	20408	951810	368827	108
典型潮土	14976	17	889	1264	12790	15
灌淤潮土	565647		10458	413502	141686	
盐化潮土	760548		9062	537044	214350	93
风沙土	586998		1489	150338	425815	9355
草原风沙土	586998		1489	150338	425815	9355
灌淤土	2764049		66025	2219088	478935	
表锈灌淤土	1172164		44613	999726	127825	
潮灌淤土	564830		5278	429294	130258	
典型灌淤土	103973		2351	88309	13312	
盐化灌淤土	923083		13783	701759	207540	
黑垆土	2215711		29060	831905	1351249	3497
潮黑垆土	1902			1792	110	
典型黑垆土	345398		3455	212579	129365	
黑麻土	1868411		25605	617535	1221775	3497
黄绵土	7240865	580	77341	2208030	4947417	7497
黄绵土	7240865	580	77341	2208030	4947417	7497
灰钙土	2412363		20754	491604	1876410	23596
草甸灰钙土	78096			32790	45306	
淡灰钙土	1405237		13720	354863	1026421	10232
典型灰钙土	622124		1904	32549	575741	11929
盐化灰钙土	306907		5129	71402	228942	1435
灰褐土	367299	4663	35562	190200	136874	
暗灰褐土	367299	4663	35562	190200	136874	
新积土	2423088	11485	147663	627899	1624175	11866
冲积土	53225		106	24149	28970	
典型新积土	2369863	11485	147557	603750	1595204	11866

（三）影响耕地土壤 pH 主要因素

1. 土壤有机质含量与土壤 pH

土壤有机质含量水平对土壤 pH 有一定的影响。以兴庆区露地粮食作物和日光温室蔬菜为例，日光温室蔬菜土壤有机质平均含量高达 22.0 g/kg，土壤 pH 平均为 8.1；露地粮食作物土壤有机质含量较低，平均为 15.9 g/kg，土壤 pH 平均为 8.3；土壤有机质含量水平与土壤 pH 高低的关系，可能与施用有机肥水平有关（见表 5-8）。

表 5-8　银川市兴庆区露地粮食作物和日光温室蔬菜土壤(0~20 cm)有机质含量与 pH 统计表

项目	种植作物	样本数（个）	平均值	标准差	变异系数（%）	极大值	极小值
有机质（g/kg）	露地粮食作物	1803	15.9	6.0	37.8	38.8	1.3
	日光温室蔬菜	1655	22.0	10.0	45.6	66.2	2.5
pH	露地粮食作物	1393	8.3	0.3	3.9	9.4	7.4
	日光温室蔬菜	1659	8.1	0.3	3.8	9.3	7.2

2. 成土母质与土壤 pH

不同成土母质因其成土物质的来源不同，由其所形成的土壤类型土壤 pH 也有所不同。由六盘山洪积冲积物形成的厚阴黑土土种土壤 pH 低，平均为 7.98；由六盘山残余母质形成的暗灰褐土亚类，土壤 pH 较低，平均为 8.22；由风积物形成的风沙土类土壤 pH 较高，平均为 8.67；由河流冲积物形成的典型潮土土壤 pH 最高，平均为 8.70。不同土壤类型土壤 pH 的差异与其成土母质有密切的关系（见表 5-9）。

表 5-9　成土母质类型与土壤 pH 统计表

成土母质类型		土壤类型	样本数（个）	平均值	标准差	变异系数（%）	极大值	极小值
残积母质		暗灰褐土亚类	1237	8.22	0.34	4.09	9.0	7.0
洪积冲积物	六盘山洪积冲积物	厚阴黑土土种	2453	7.98	0.35	4.33	9.00	7.00
	第四纪洪积冲积物	灰钙土类	4382	8.65	0.26	2.99	9.04	7.06
冲积母质		典型潮土亚类	45	8.70	0.29	3.15	9.04	7.90
黄土母质		黄绵土类	11505	8.54	0.26	3.06	9.00	7.30
风积母质		风沙土类	1010	8.67	0.28	3.2	9.04	7.60
灌水淤积物		灌淤土类	16723	8.34	0.26	3.12	9.00	7.50

（四）耕地土壤 pH 变化趋势

由表 5-10 可看出，12 个监测点中 7 个监测点土壤 pH 稳定在 8.0~8.5 级别，变化不大。兴庆区掌政设施蔬菜土壤 pH 由 7.72 增至 8.18；由 7.5~8.0 级别提高到 8.1~8.5 级别，由弱碱性提高到碱性。青铜峡邵岗酿酒葡萄地、中宁舟塔枸杞地及同心丁塘玉米地土壤 pH 均由原 8.0~8.5 级别上升到 8.5~9.0 级别，由碱性提高到强碱性。

表 5-10　宁夏耕地长期监测点土壤(0~20 cm)pH 统计表

时间	自流灌区						扬黄灌区			南部山区		
	常年旱作地(平罗高庄)	稻旱轮作地(青铜峡小坝)	常年稻地(兴庆掌政)	露地蔬菜(永宁望洪)	设施蔬菜(兴庆掌政)	枸杞地(中宁舟塔)	酿酒葡萄地(青铜峡邵岗)	玉米地(同心丁塘)	玉米地(盐池花马池)	设施蔬菜(彭阳红河)	玉米地(彭阳白阳)	马铃薯地(海原树台)
2001 年	8.23	8.12	8.16					8.02				
2003 年	7.88	8.27	8.37	8.07	7.72	8.15	8.18		8.96	8.32	8.38	8.52
2005 年	8.16		8.24	8.36	8.0							
2006 年							8.44		8.78	8.16	8.15	
2009 年	8.67			8.18					8.74			8.67
2011 年	7.95			8.12		7.75		8.15	8.16	7.95	8.2	
2012 年		8.19	8.17	8.35	7.8			8.8	8.22			
2013 年				8.02		8.15			8.76			8.45
2014 年	8.21	8.26	8.16	8.18	7.68	8.23	8.32	8.43	8.5	8.1	8.46	8.34
2015 年	8.3	8.16	8.14	8.26	8.18	8.53	8.65	8.82	9.07	8.14	8.1	8.48

(五)碱性土壤的改良与利用

宁夏耕地土壤 pH 均>7,属于碱性土,但不属于碱土。碱土是指土壤阳离子交换性钠超过 5%,且土壤 pH 超过 9 以上的土壤。作物对土壤酸碱性有一定的适应范围,且大部分作物适宜在中性土壤生长。通过施用有机肥及化学物质改良土壤碱性,改善土壤环境,促进作物生长,提高作物产量和品质。

1. 增施有机肥

增施有机肥不仅能提高土壤肥力,而且能调节和缓冲土壤酸碱性,因此,大力提倡推广秸秆还田、种植绿肥、增施有机肥等措施是改良碱性土壤的有效措施。从耕地长期监测点土壤 pH 看出,种植蔬菜地土壤 pH 均较低,这与蔬菜地长期施用有机肥有关。

2. 化学改良

通过施用石膏可以降低土壤 pH。因为石膏的主要成分是硫酸钙,可与土壤溶液中的碳酸钠和重碳酸钠起化学反应,用钙离子把钠离子交换出来,形成易溶于水的硫酸钠。硫酸钠随灌溉水排出土壤,从而消除土壤中的交换性钠,降低土壤碱性。施用石膏或施用含石膏成分的脱硫渣等改良碱性土壤在宁夏自流灌区已有成功的试验示范样板。

二、耕地土壤盐分

土壤含盐量指土壤中所含盐分(主要是氯盐、硫酸盐、碳酸盐)的质量占干土质量的百分数。按盐分溶于水的难易程度可分为易溶盐(如钙、镁、钠、钾的硫酸盐、盐酸盐、碳酸盐或酸性碳酸盐)、中溶盐(如石膏)、难溶盐(如碳酸钙)。本节仅讨论宁夏耕地土壤难溶盐和中溶盐(即碳酸钙和石膏),易溶盐将在第八章第二节专题讨论。

(一)耕地土壤碳酸钙含量特征

土壤剖面中含有碳酸钙或碳酸氢钙的土壤称为石灰性土壤。宁夏土壤碳酸钙含量较高,一般为 44~137.8 g/kg(见表 5-11),属于石灰性土壤。

表 5-11   宁夏耕地主要土壤类型代表剖面土壤(0~20 cm)碳酸钙和石膏含量统计表

土壤类型	代表剖面	CaCO$_3$ (g/kg)	CaSO$_4\cdot$2H$_2$O (g/kg)	备注
典型黑垆土		103.0	0.2	
典型黑垆土	县 26	84.6	0.3	
典型灰钙土	盐 4	111.3	0.11	
草甸灰钙土	广 37	125	0.75	
淡灰钙土	陶山 18	83.5	0.59	
典型灌淤土	J120	125.3	1.65	
表锈灌淤土	南 2	102.9	0.7	
典型潮土	平 W4	88.5	0.7	
灌淤潮土	庙 35	119.6		典型黑垆土亚类 CaCO$_3$ 为 18 个样本平均值,CaSO$_4\cdot$2H$_2$O 为 3 个样本的平均值
盐化潮土	贺荒 167	126.4		
黄绵土	庄 23	137.8	0.29	
黄绵土	海郑 6	111	0.91	
新积土	县 27	112.1	0.5	
新积土	海整 3	96.9	0.53	
阴黑土土种	固大 1	60.0		
暗灰褐土	县 24	44.4		
风沙土类	城 40	99.1		

不同耕地土壤类型碳酸钙含量不同。灰钙土类、灌淤土、潮土类、黄绵土、黑垆土、风沙土类碳酸钙含量较高,耕层碳酸钙含量多>100 g/kg;阴黑土土种碳酸钙含量较低,为 60 g/kg;暗灰褐土亚类耕层碳酸钙含量最低,为 44.4 g/kg;这与暗灰褐土亚类和阴黑土土种所处区域降雨量大,碳酸钙淋溶作用强有关。

黑垆土类、黄绵土类及暗灰褐土类所在地区年降水量大,加以黄土母质比较疏松多孔,碳酸钙以假菌丝体状在土壤结构面上淀积,有时可见不明显的浅灰白色碳酸钙斑块,未形成紧实的钙积层,碳酸钙含量自土壤剖面的上部向下部有增高的趋势。碳酸钙含量最高的层次出现在 110 cm 左右,其含量为表层的 1.2~1.7 倍。因此,这三类土壤剖面无钙积层,土壤通透性好,改良利用难度小。

灰钙土类所在区域降水量小,碳酸钙淋溶程度弱,碳酸钙呈灰白色斑块状淀积,有明显的钙积层,钙积层碳酸钙含量高,一般为 200 g/kg,为表层含量的 1.2~3.0 倍。淡灰钙土钙积层在剖面出现的部位高于典型灰钙土,前者在 30 cm 以上,后者在 30~80 cm。灰钙土因其土壤剖面中夹有钙积层,钙积层土体紧实,碳酸钙含量高,养分含量少,且通透性差,严重影响作物根系生长发育和养分吸收。因此,灰钙土类因其存在着钙积层障碍层次,改良利用难度较大,且钙积层距离耕层越近,改良利用难度越大。

(二)耕地土壤硫酸钙含量特征

硫酸钙的溶解度介于碳酸钙和可溶性盐之间。土壤硫酸钙多以 $CaSO_4 \cdot 2H_2O$ 形式表示,又称为石膏。宁夏各类土壤耕层石膏含量较低,为 0.11~1.65 g/kg。典型灌淤土亚类耕层石膏含量最高,为 1.65 g/kg;典型灰钙土亚类最低,为 0.11 g/kg;其他土类耕层石膏含量为 0.2~0.91 g/kg。

第二节　耕地土壤基本物理性状

一、土壤质地

(一)土壤颗粒组成及其化学成分

土壤颗粒组成是土壤基本物理性质之一。一般按颗粒粒径划分为石砾、砂粒、粉粒和黏粒。不同颗粒的矿物和化学成分不同。宁夏黏土矿物以水云母为主,其次为绿泥石和高岭;部分土壤的黏土矿物含有蒙皂石。有关分析测试表明,风沙土随着土壤颗粒粒度变细,SiO_2 含量递减;而 Al_2O_3、Fe_2O_3 和 Na_2O 的含量增加;K_2O 则以 0.105 mm 的含量最高,向两端呈递减趋势。植物营养元素如 CaO、MgO、P_2O_5 等的含量,总的趋势也是颗粒愈小,含量愈多,其变化界限大体在 0.01 mm 处(见表 5-12)。

表 5-12　宁夏土壤不同粒径土粒的化学成分表

粒径 (mm)	占灼烧土%				
	Si_2O	Al_2O_3	Fe_2O_3	K_2O	Na_2O
0.45	82.00	4.95	0.95	1.48	0.90
0.3	80.50	7.00	1.40	1.40	1.02
0.2	79.50	9.50	2.65	1.68	1.46
0.15	73.63	9.50	3.00	1.68	1.45
0.125	70.00	9.50	3.00	1.97	1.54
0.105	73.50	9.90	3.00	2.10	1.75
0.097	74.00	10.00	3.60	1.80	1.92
0.088	72.00	10.00	3.95	1.80	1.98
0.076	69.50	10.50	4.90	1.80	1.98
<0.076	68.50	10.50	5.05	1.60	1.80
<0.001	51.60~53.40	21.36~22.87	10.60~11.30		

备注:本表引自王吉智.《宁夏土壤》.宁夏人民出版社.1990,表14-2。

（二）土壤质地分类

土壤中各种粒级的组合比例，反映了土壤的沙黏性，称为土壤质地。同一土壤类型同一质地，常具有类似的理化性质和肥力特征。

土壤质地分类主要有国际制、美国制和苏制。苏制的分类依据物理性黏粒（<0.01 mm）含量百分比划分；国际制则依据砂粒、粉粒及黏粒的相对含量划分（见表5–13）。由于分类的依据不同，两种分类制所划分的质地类型，不能简单进行套改，如表5–14，苏制中壤土有

表5–13 苏制和国际制的土壤质地分类表

苏制			
质地分类		所含各粒级%	
类别	质地名称	物理性黏粒（<0.01 mm）	物理性沙粒（>0.01 mm）
沙土	松沙土	0~5	100~95
	紧沙土	5~10	95~90
壤土	沙壤土	10~20	90~80
	轻壤土	20~30	80~70
	中壤土	30~45	70~55
	重壤土	45~60	55~40
黏土	轻黏土	60~75	40~25
	中黏土	75~85	25~15
	重黏土	>85	<15

国际制			
质地分类		所含各粒级%	
类别	质地名称	黏粒（<0.002 mm）	粉粒（0.002~0.02 mm）	砂粒（0.02~2 mm）
沙土类	沙土	0~15	0~15	85~100
壤土类	沙壤土	0~15	0~45	55~85
	壤土	0~15	35~45	40~55
	粉质壤土	0~15	45~100	0~55
黏壤土类	沙质黏壤土	15~25	0~30	55~85
	黏壤土	15~25	20~45	30~55
	粉沙质黏壤土	15~25	45~85	0~40
黏土类	沙质黏土	25~45	0~20	55~75
	壤质黏土	25~45	0~45	10~55
	粉沙质黏土	25~45	45~75	0~30
	黏土	45~65	0~55	0~55
	重黏土	65~100	0~35	0~35

备注：本表引自《宁夏土壤》表14–3。

62 个样品,根据土壤机械分析结果,有 43 个样品(占 69.5%)相当于国际制的黏壤土,其余样品则相当于国际制的壤土、粉沙壤土、沙黏壤土、粉沙黏壤土、沙壤土、壤黏土和黏土 7 个质地类型。除松沙土和重黏土外,按苏制所划分的质地,均不完全相当于国际制的某一质地类型。换言之,按国际制所划分的类型,也不能简单地套改为苏制的质地类型。

表 5-14　宁夏土壤质地苏制与国际制对照表

国际制	苏制								
	统计值	松沙土	紧沙土	沙壤土	轻壤土	中壤土	重壤土	轻黏土	中黏土	重黏土
合计	样本数(个)	20	34	20	29	62	40	9	9	2
	占%	100	100	100	100	100	100	100	100	100
沙土	样本数(个)	20	26	1						
	占%	100	76.5	5.0						
沙壤土	样本数(个)		8	19	17	1				
	占%		23.5	95.0	58.7	1.6				
壤土	样本数(个)				2	9				
	占%				6.9	14.5				
粉沙壤土	样本数(个)				2	2	2			
	占%				6.9	3.2	5.0			
沙黏壤土	样本数(个)				5	2				
	占%				17.2	3.2				
黏壤土	样本数(个)				3	43	5			
	占%				10.3	69.5	12.5			
粉砂黏壤土	样本数(个)					3	6			
	占%					4.8	15.0			
沙黏土	样本数(个)									
	占%									
壤黏土	样本数(个)					1	20	4	1	
	占%					1.6	50.0	44.4	11.1	
粉沙黏土	样本数(个)						7	4	3	
	占%						17.5	44.4	33.3	
黏土	样本数(个)					1		1	5	2
	占%					1.6		11.2	55.8	100

备注:本表引自《宁夏土壤》表 14-4。

(三)耕地土壤质地面积及分布特征

土壤质地类型鉴别除少数土壤作室内测试分析外,大部分主要依据野外田间实地鉴别(见表 5-15)。本次统计耕地土壤质地类型大多是由苏制野外鉴别转化为国际制。

表5-15 土壤质地名称及田间简易鉴别方法表

质地名称		鉴别方法
沙土	松沙土	单粒状,湿时搓不成团,干时松散
	紧沙土	单粒状,湿时搓不成团
壤土	沙壤土	湿时能捏成团,但不能搓成3 mm的细条,干时易捏碎
	轻壤土	湿时能搓成不光滑的细条,易断裂,且不易搓成薄片
	中壤土	湿时可搓成3 mm的细条,弯曲时易断裂
	重壤土	可搓压成较光滑的薄片,略有黏手感,但薄片不甚反光
黏土	轻黏土	
	中黏土	湿时可搓成细条,塑性强,弯曲压扁不断裂
	重黏土	

备注:本表引自《宁夏土壤》表14-7。

由表5-16可以看出,宁夏耕地表土土壤质地以壤土面积最大,占80.56%;其次为沙壤土和沙土,分别占宁夏耕地总面积的11.7%、6.97%;黏土面积最小,仅占0.06%。3个不同生态区也分别以壤土面积最大;其中南部山区面积最大,占宁夏耕地壤土类总面积的38.9%;且南部山区98.5%的耕地表土质地为壤土类。沙壤土以中部干旱带耕地面积最大,占宁夏耕地沙壤土类总面积的49.7%;其次为自流灌区,占48.5%;沙土以自流灌区耕地面积最大,占宁夏耕地沙土类63.1%;耕地表土质地为黏壤土、黏土和砾土(砾石(粒径>2.0 mm)含量占10%~30%)主要分布在自流灌区。以5个地级市和22个县(市、区)耕地表土质地为壤土分别占各自市耕地总面积%相比较,固原市最大,占97.9%;吴忠市最小,占63%。

表5-16 宁夏不同生态区耕地(0~20 cm)土壤质地面积统计表

区域		合计	土壤质地类型					
			砾土	沙土	沙壤土	壤土	黏壤土	黏土
全自治区	面积(亩)	19351543	66813	1349085	2219906	15589935	114888	10916
	占%	100	0.35	6.97	11.47	80.56	0.59	0.06
自流灌区	面积(亩)	6542451	62857	851061	1076658	4481672	61072	9132
	占%	33.81	0.96	13.01	16.46	68.50	0.93	0.14
中部干旱带	面积(亩)	6658478	3855	489238	1103175	5051390	9407	1413
	占%	34.41	0.06	7.35	16.57	75.86	0.14	0.02
南部山区	面积(亩)	6150613	102	8786	40074	6056872	44409	370
	占%	31.78	0.002	0.14	0.65	98.48	0.72	0.01

22个县(市、区)中,彭阳县99.9%耕地表土质地为壤土;而大武口仅20.6%耕地表土质地为壤土(见表5-17)。以5个地级市和22个县(市、区)耕地表土质地为沙壤土分别占各自市(县)耕地总面积%相比较,吴忠市最大,占23.9%;其次为银川市;固原市最低,仅

表 5-17　宁夏各县市耕地表层(0~20 cm)土壤质地面积统计表

单位:亩

县(市、区)	土壤质地					
	砾土	沙土	沙壤土	壤土	黏壤土	黏土
全自治区	66813	1349085	2219906	15589935	114888	10916
石嘴山市	1709	140553	142551	955780	19433	5076
惠农区	497	7057	42999	237048	6641	3295
平罗县	1212	91890	75523	701741	12792	1781
大武口市		41605	24029	16991		
银川市	12788	412561	315647	1394013	27539	2278
贺兰县		82772	63702	499447	9914	797
兴庆区	6667	28183	23782	155574	2648	1321
金凤区		63224	6600	79289	5092	
西夏区		93274	102641	70690	600	
永宁县	5607	99079	50123	356563	2220	
灵武市	513	46030	68798	232449	7065	160
吴忠市	12099	604989	1237294	3301555	17555	3191
利通区	1376	77955	117644	264284	3236	973
青铜峡市	7093	38970	66400	450551	7240	805
盐池县		321551	391642	782794	830	
同心县	3473	48975	336124	1693960	6249	1413
红寺堡区	157	117539	325484	109965		
中卫市	40116	182196	484341	3881715	5952	
沙坡头区	21466	134174	106283	807081	658	
中宁县	18425	46848	328132	609963	2966	
海原县	225	1174	49925	2464671	2327	
固原市	102	8786	40074	6056872	44409	370
原州区		4188	18663	1545680	11098	
西吉县	102	4176	18485	2401369	22616	
彭阳县			349	1247757	544	151
隆德县			1924	603688	4067	
泾源县		422	653	258378	6084	219

占0.7%;22个县(市、区)中,红寺堡区面积最大,占该区耕地总面积的58.8%;其次,为西夏区和中宁县;彭阳县面积最小,仅占该县耕地总面积0.03%。以5个地级市和17个县(市、区)耕地表土质地为沙土分别占各市(县)耕地总面积的%相比较,银川市面积最大,

占19.1%;固原市面积最小,仅占0.1%;17个县(市、区)中,大武口区面积最大,占50%;其次为金凤区和西夏区;泾源县和西吉县面积最小,仅占该县耕地总面积的0.2%。以5个地级市和20个县(市、区)耕地表土质地为黏壤土分别占各自市(县)耕地总面积的%相比较,石嘴山市面积最大,占1.54%;中卫市面积最小,仅占0.13%;20个县(市、区)中,金凤区面积最大,占3.33%;其次为泾源县和惠农区;彭阳县面积最小,仅占该县耕地总面积的0.04%。以5个地级市和13个县(市、区)耕地表土质地为砾土分别占各自市(县)耕地总面积的%相比较,中卫市面积最大,占0.87%;固原市面积最小,仅占0.002%;13个县(市、区)中,兴庆区面积最大,占3.06%;其次为沙坡头区;西吉县面积最小,仅占该县耕地总面积的0.04%。以5个地级市和11个县(市、区)耕地表土质地为黏土分别占各自市(县)耕地总面积的%相比较,石嘴山市面积最大,占0.40%;固原市面积最小,仅占0.01%;11个县(市、区)中,惠农区面积最大,占1.11%;其次为兴庆区;彭阳县面积最小,仅占该县耕地总面积的0.01%。

宁夏8个耕地土壤类型中,黑垆土、黄绵土、灌淤土和灰褐土4个土类及其亚类,占其土类及亚类总面积的94%~99%的耕地表土质地为壤土;表土质地为砾土,集中分布在新积土、灰钙土、灌淤土和灰褐土4个土类5个亚类。风沙土表土质地主要为沙土和沙壤土;灰钙土和新积土表土质地主要为沙壤土;表土质地为黏壤土主要分布在潮土、黄绵土、灰褐土和灌淤土4个土类;表土质地为黏土集中分布在潮土、灌淤土、灰钙土和新积土4个土类8个亚类(见表5-18)。

表5-18 宁夏耕地土壤类型(0~20 cm)土壤质地面积统计表

单位:亩

土壤类型	土壤质地					
	砾土	沙土	沙壤土	壤土	黏壤土	黏土
全自治区	66813	1349085	2219906	15589935	114888	10916
潮土		195976	282125	809005	46415	7650
典型潮土		3109	1833	8083	1952	
灌淤潮土		79894	134865	332180	16900	1808
盐化潮土		112973	145427	468742	27563	5842
风沙土		564852	22146			
草原风沙土		564852	22146			
灌淤土	236	32598	93518	2621676	14539	1482
表锈灌淤土		6283	42582	1116791	6349	160
潮灌淤土		10001	8465	545713	248	402
典型灌淤土			381	3721	99622	248
盐化灌淤土	236	15934	38749	859549	7694	920

续表

土壤类型	土壤质地					
	砾土	沙土	沙壤土	壤土	黏壤土	黏土
黑垆土		161	7044	2208506		
潮黑垆土				1902		
典型黑垆土			755	344643		
黑麻土		161	6289	1861961		
黄绵土		3812	136049	7073186	27818	
黄绵土		3812	136049	7073186	27818	
灰钙土	1845	292712	1092466	1022270	1958	1112
草甸灰钙土		24602	30395	23066	33	
淡灰钙土	1832	142481	480762	778762	1401	
典型灰钙土		81801	384389	154822		1112
盐化灰钙土	13	43828	196921	65620	524	
灰褐土	102	1291	5333	345533	15040	
暗灰褐土	102	1291	5333	345533	15040	
新积土	64630	257683	581226	1509759	9117	672
冲积土		8181	22795	21755	274	219
典型新积土	64630	249502	558430	1488004	8843	453

（四）不同土壤质地类型性质

按照苏制土壤质地分类,土壤质地可划分为沙土类、壤土类和黏土类。沙土类包括松沙土、紧沙土和沙壤土;壤土包括轻壤土、中壤土和重壤土;黏土包括轻黏土、中黏土和重黏土。沙土类、壤土类和黏土类其土壤理化性状差异较大。

1. 沙土类

沙土类土体中含有较多的砂粒, SiO 含量也高于其他质地类型, 松沙土 SiO 含量高达760 g/kg(见表5–19);土壤有机质、氮、磷、钾养分含量均低于壤土类和黏土类(见表5–20);土壤水溶性钙、镁以及有效硫和有效硅含量、有效微量元素含量(见表5–21、表5–22)均低于壤土类和黏土类。沙土土粒间孔隙大,通气、透水性能强,但毛管力和保水保肥力弱,阳离子交换量也低于壤土和黏土类,漏水漏肥,且沙土的水分含量少,土温变化快,昼夜温差大。沙土类土壤结构疏松,适于块根块茎生长。

2. 黏土类

黏土类含黏粒多,粒间孔隙小,故透水、通气性差,但保水保肥力强,其阳离子交换量高于沙土和壤土类;黏土毛管孔隙发达,在地下水位高时,能增加土壤水分供应,抗旱能力较强。由于黏土通气性差,好气性微生物活动受到抑制,有机质分解缓慢,有利于土壤腐殖质的积累,故一般黏土的有机质、全量氮、磷、钾养分均高于沙土类和壤土类,但有效

表 5-19　宁夏不同土壤质地土壤化学成分表

质地名称		松沙土	紧沙土	沙壤土	轻壤土	中壤土	重壤土	轻黏土	中黏土
N (g/kg)	样本数(个)	3	3	6	11	20	13	12	1
	平均值(g/kg)	0.08	0.3	0.5	0.74	1.00	0.96	2.38	0.37
	标准差(g/kg)	0.02	0.114	0.33	0.55	0.86	0.74	2.25	
	变异系数(%)	25.0	38.0	66.0	74.3	86.0	77.1	94.5	
P_2O_5 (g/kg)	样本数(个)	3	3	6	12	20	13	12	1
	平均值(g/kg)	0.47	1.05	1.3	1.25	1.47	1.57	1.57	1.03
	标准差(g/kg)	0.015	0.22	0.17	0.092	0.085	0.07	0.14	
	变异系数(%)	3.2	20.9	13.1	7.4	5.8	4.5	8.9	
K_2O (g/kg)	样本数(个)	5	11	5	14	36	34	12	3
	平均值(g/kg)	19.7	18	19.8	21.4	23.99	24.4	25.4	25.3
	标准差(g/kg)	5.78	1.46	0.88	2.57	2.25	1.96	2.14	3.14
	变异系数(%)	29.3	8.1	4.4	12.0	9.4	8.0	8.4	12.4
CaO (g/kg)	样本数(个)	5	11	5	14	36	34	12	3
	平均值(g/kg)	28.3	51.8	60.3	73.8	68.9	65.2	58.0	90.8
	标准差(g/kg)	16.3	21.6	17.6	22.2	28.9	30.8	34.0	55.2
	变异系数(%)	57.6	41.7	29.2	30.1	41.9	47.2	58.6	60.8
MgO (g/kg)	样本数(个)	5	11	5	14	36	34	12	3
	平均值(g/kg)	13.9	19.7	15	23.2	24.1	26.3	29.8	33
	标准差(g/kg)	2.78	4.46	4.98	4.83	6.12	8.52	9.03	13.7
	变异系数(%)	20.0	22.6	33.2	20.8	25.4	32.4	30.3	41.5
SiO_2 (g/kg)	样本数(个)	5	11	5	14	36	34	12	3
	平均值(g/kg)	761.4	700.3	662.5	647.2	641.9	587.3	585.9	512
	标准差(g/kg)	44.4	64.2	47.4	37.9	46.1	53.0	65.9	39.0
	变异系数(%)	5.8	9.2	7.2	5.9	7.2	9.0	11.3	7.6

备注:本表引自《宁夏土壤》表 14-8。

表 5-20　宁夏耕地不同土壤质地(0~20 cm)有机质及养分含量统计表

土壤质地	特征值	有机质 (g/kg)	全氮 (g/kg)	全磷 (g/kg)	全钾 (g/kg)	缓效钾 (mg/kg)	碱解氮 (mg/kg)	有效磷 (mg/kg)	速效钾 (mg/kg)
合计	样本数(个)	51136	51024	80	80	43	49717	50872	51707
	平均值	13.49	0.88	0.66	18.93	738.6	61.0	20.1	162.2
	标准差	5.63	0.34	0.22	1.69	182.6	33.5	15.4	73.6
	变异系数(%)	41.8	38.7	33.8	8.9	24.7	55.0	76.3	45.4
	极大值	40.70	3.00	1.32	24.47	1327.0	298.1	99.9	598.0
	极小值	2.95	0.07	0.20	14.00	237.0	1.0	2.0	50.0

续表

土壤质地	特征值	有机质 （g/kg）	全氮 （g/kg）	全磷 （g/kg）	全钾 （g/kg）	缓效钾 （mg/kg）	碱解氮 （mg/kg）	有效磷 （mg/kg）	速效钾 （mg/kg）
砾土	样本数（个）	113	118				119	114	119
	平均值	12.02	0.87				42.5	20.6	126.3
	标准差	4.22	0.34				27.1	10.5	41.1
	变异系数（%）	35.1	39.3				63.8	51.1	32.6
	极大值	20.00	2.97				106.0	48.4	286.0
	极小值	3.40	0.27				3.5	4.2	59.0
沙土	样本数（个）	3251	3168	6	6	2	3203	3203	3251
	平均值	9.38	0.59	0.47	18.2	364.0	42.8	18.4	112.9
	标准差	4.40	0.27	0.17	1.7	179.6	23.7	12.6	54.2
	变异系数（%）	46.9	46.5	35.55	9.3	49.3	55.4	68.7	48.0
	极大值	32.50	2.02	0.71	20.0	491.0	227.0	93.0	492.0
	极小值	3.00	0.07	0.20	15.6	237.0	2.2	2.0	50.0
沙壤土	样本数（个）	5523	5462	16	16	7	5325	5502	5607
	平均值	10.16	0.67	0.49	17.9	695.0	45.4	18.1	131.1
	标准差	4.73	0.27	0.16	1.7	132.0	22.5	13.4	56.2
	变异系数（%）	46.6	40.5	32.40	9.5	19.0	49.6	73.8	42.8
	极大值	35.87	2.42	0.73	20.5	934.0	235.2	99.6	511.0
	极小值	2.95	0.07	0.25	14.0	547.0	2.0	2.0	50.0
壤土	样本数（个）	41684	41713	58	58	34	40514	41483	42155
	平均值	14.22	0.93	0.72	19.3	769.6	64.3	20.5	169.8
	标准差	5.53	0.33	0.21	1.6	168.5	34.3	15.8	74.3
	变异系数（%）	38.9	35.7	28.88	8.2	21.9	53.3	77.0	43.7
	极大值	40.70	3.00	1.32	24.5	1327.0	298.1	99.9	598.0
	极小值	3.00	0.08	0.33	16.4	475.0	1.0	2.0	50.0
黏壤土	样本数（个）	492	484				478	489	492
	平均值	16.05	1.00				71.0	25.0	189.6
	标准差	5.10	0.33				32.7	16.2	75.8
	变异系数（%）	31.8	33.2				46.0	65.0	40.0
	极大值	34.40	2.22				225.8	98.5	504.0
	极小值	3.00	0.14				8.1	2.2	52.0
黏土	样本数（个）	73	79				78	81	83
	平均值	16.48	1.07				89.2	21.1	201.5
	标准差	4.04	0.29				35.9	14.7	88.0
	变异系数（%）	24.5	26.7				40.2	69.6	43.7
	极大值	27.40	1.82				205.4	75.1	492.0
	极小值	6.70	0.07				23.8	3.5	81.0

表 5-21　宁夏耕地不同土壤质地(0~20 cm)中量元素及盐分含量统计表

土壤质地	特征值	水溶性钙(mg/kg)	水溶性镁(mg/kg)	有效硅(mg/kg)	有效硫(mg/kg)	全盐(g/kg)	pH
合计	样本数(个)	30	31	30	29	41107	51742
	平均值	946.7	232.3	73.7	29.3	0.60	8.4
	标准差	651.6	219.7	22.0	38.9	0.69	0.3
	变异系数(%)	68.8	94.6	29.8	133.1	115.42	3.7
	极大值	3200.0	900.0	137.7	195.5	9.90	9.0
	极小值	200.0	100.0	38.7	5.2	0.02	7.0
砾土	样本数(个)					63	119
	平均值					0.84	8.33
	标准差					1.17	0.26
	变异系数(%)					139.9	3.1
	极大值					8.5	9.0
	极小值					0.2	7.8
沙土	样本数(个)	2	2	2	2	2205	3307
	平均值	350.00	200.00	50.40	9.31	0.61	8.5
	标准差	212.1	141.4	1.1	0.9	0.8	0.3
	变异系数(%)	60.6	70.7	2.2	9.8	125.6	3.4
	极大值	500.0	300.0	51.2	10.0	8.9	9.0
	极小值	200.0	100.0	49.6	8.7	0.1	7.0
沙壤土	样本数(个)	2	3	2	2	3848	5621
	平均值	700.0	200.3	77.8	15.2	0.6	8.6
	标准差	141.4	172.9	16.6	10.4	0.8	0.3
	变异系数(%)	20.2	86.3	21.4	68.4	127.3	3.4
	极大值	800.0	400.0	89.5	22.5	9.2	9.0
	极小值	600.0	100.0	66.0	7.8	0.02	7.6
壤土	样本数(个)	26	26	26	25	34593	42120
	平均值	1011.5	238.5	75.2	32.0	0.6	8.4
	标准差	672.5	233.4	22.4	41.3	0.7	0.3
	变异系数(%)	66.5	97.9	29.8	129.2	112.3	3.7
	极大值	3200.0	900.0	137.7	195.5	9.9	9.0
	极小值	400.0	100.0	38.7	5.2	0.02	7.0

养分含量低于壤土类。黏土的黏结力强,土壤紧实板结,影响种子发芽出苗;黏土类湿时泥泞,干时坚硬,耕性差,宜耕期短,不适宜块根块茎作物生长。

表 5-22　宁夏耕地不同土壤质地(0~20 cm)有效性微素含量统计表

土壤质地	特征值	有效铁 (mg/kg)	有效锰 (mg/kg)	有效铜 (mg/kg)	有效锌 (mg/kg)	有效钼 (mg/kg)	水溶性硼 (mg/kg)
合计	样本数(个)	191	247	219	226	27	229
	平均值	12.17	7.56	1.39	0.79	0.26	1.06
	标准差	13.73	3.06	0.82	0.52	0.23	0.56
	变异系数(%)	112.84	40.43	59.07	66.06	88.59	53.00
	极大值	107.00	14.80	5.25	2.54	0.93	2.80
	极小值	1.75	1.29	0.03	0.03	0.02	0.24
沙土	样本数(个)	29	30	29	29	2	21
	平均值	7.40	4.43	0.75	0.59	0.02	0.86
	标准差	6.06	1.96	0.54	0.35		0.58
	变异系数(%)	81.84	44.27	72.38	59.83		67.93
	极大值	29.55	9.50	2.37	1.80	0.02	2.31
	极小值	1.86	1.29	0.03	0.05	0.02	0.34
沙壤土	样本数(个)	43	46	46	45	8	42
	平均值	11.95	5.85	1.12	0.67	0.27	0.86
	标准差	22.20	2.60	0.98	0.60	0.24	0.55
	变异系数(%)	185.72	44.52	88.21	89.85	89.14	64.19
	极大值	107.00	13.10	4.68	2.24	0.79	2.60
	极小值	1.75	1.88	0.11	0.06	0.02	0.26
壤土	样本数(个)	112	164	137	145	17	159
	平均值	13.22	8.54	1.60	0.86	0.29	1.11
	标准差	10.81	2.71	0.72	0.51	0.24	0.53
	变异系数(%)	81.76	31.75	45.12	59.34	81.12	47.85
	极大值	71.90	14.60	5.25	2.54	0.93	2.68
	极小值	2.53	2.77	0.27	0.03	0.03	0.24

3. 壤土类

壤土类性质介于沙土类和黏土类之间,就机械组成而言,砂粒、粉粒和黏粒的含量比例适当。因此兼有沙土和黏土的优点,避免了沙土和黏土的缺点;在孔隙性能方面,既有一定的大孔隙,又有较多的毛管孔隙,所以通气、透水、持水保肥以及耕作性能等均表现良好。土壤有机质及全量氮、磷、钾养分较黏土类低,但高于沙土类;有效性养分含量均高于黏土类和沙土类。土温比较稳定,适种性广,作物生长既发小苗也发老苗;壤土类是农业生产上比较理想的土壤质地。

(五)耕地土壤剖面质地构型

1. 耕地土壤不同质地构型分布特征

(1)不同生态区耕地土壤剖面质地构型分布特征

在同一剖面中,土壤质地层次的排列状况称为质地剖面构型。宁夏耕地70.95%的土壤剖面质地构型为通体壤(0~100 cm 土壤剖面质地均为壤质土(轻壤土、中壤土或重壤土));其次为通体沙(0~100 cm 土壤剖面质地均为沙质土(沙土或沙壤土))和通体黏(0~100 cm 土壤剖面质地均为黏质土),分别占宁夏耕地面积的15.4%和11.3%;黏/壤(0~100 cm 土壤剖面质地以黏质土为主,夹有厚度>10 cm 的壤质土(轻壤土、中壤土或重壤土)层))构型面积最小,仅占0.003%(见表5-23)。

表5-23　宁夏不同生态区土壤质地剖面构型面积统计表

质地构型类型	全自治区		自流灌区		中部干旱带		南部山区	
	(亩)	占%	(亩)	占%	(亩)	占%	(亩)	占%
合计	19351543	100.0	6542451	33.81	6658478	34.41	6150613	31.784
通体砾	66577	0.344	62621	0.957	3855	0.06	102	0.002
通体沙	2982948	15.415	1698892	25.967	1252367	18.81	31689	0.515
沙/砾	10496	0.054	10496	0.160				
沙/壤	437878	2.263	138329	2.114	288337	4.33	11212	0.182
沙/黏	137254	0.709	86139	1.317	51115	0.77		
通体壤	13729863	70.950	2919461	44.623	4793814	72.00	6016589	97.821
壤/砾	9653	0.050			594	0.01	9059	0.147
壤/沙	1032861	5.337	881221	13.469	133213	2.00	18427	0.300
壤/黏	826592	4.271	675545	10.326	124364	1.87	26684	0.434
通体黏	93434	11.303	47052	0.243	9528	0.14	36853	0.599
黏/沙	23394	0.121	22102	0.114	1292	0.02		
黏/壤	593	0.003	593	0.009				

全自治区3个生态区中,自流灌区耕地土壤剖面质地构型类型最多,其中,通体壤面积最大,占该灌区总耕地的44.6%;其次为通体沙、壤/沙(0~100 cm 土壤剖面质地以壤质土为主,夹有厚度>10 cm 的沙质土层)、壤/黏(0~100 cm 土壤剖面质地以壤质土为主,夹有厚度>10 cm 的黏质土层),分别占该灌区总耕地的25.967%、13.469%和10.326%;其余的7种质地构型面积小,仅占0.009%~2.114%。南部山区耕地剖面质地构型类型最少,其中,通体壤面积最大,占其总耕地97.8%;其余7个质地构型面积之和仅占2.2%。

中部干旱带耕地剖面质地构型以通体壤面积最大,占该区耕地总面积的72%;其次为通体沙、沙/壤(0~100 cm 土壤剖面质地以沙质土为主,夹有厚度>10 cm 的壤质土层)、壤/沙、壤/黏质地构型,分别占该区耕地总面积的18.81%、4.33%、2.0%和1.87%;其余5种质地构型仅占该区总耕地的0.01%~0.77%。

（2）不同行政区耕地土剖面质地构型分布特征

全自治区 5 个地级市和 22 个县（区、市）耕地剖面质地构型均以通体壤为主；通体砾主要分布在中卫市的沙坡头区和中宁县；通体砂主要分布在吴忠市的盐池县和红寺堡区；砂/砾土壤质地构型集中分布在中卫市的沙坡头区和中宁县；沙/壤土壤质地构型主要分布在吴忠市的盐池县和同心县；沙/黏土壤质地构型主要分布在吴忠市的盐池县和同心县；壤/砾土壤质地构型主要分布在固原市的原州区、西吉县、彭阳县和吴忠市的同心县；壤/沙土壤质地构型主要分布在吴忠市、银川市和石嘴山市，22 个县（市、区）中，平罗县、青铜峡市和惠农区 3 个县（区、市）面积较大；壤/黏质地构型主要分布在石嘴山市、银川市和吴忠市，分布面积较大的县主要有平罗县、惠农区和青铜峡市；通体黏主要分布在固原市和银川市，分布面积较大的县主要有西吉县、贺兰县和原州区；黏/沙剖面质地构型主要分布在石嘴山市，惠农区、平罗县 2 县分布面积较大；黏/壤剖面质地构型集中分布在石嘴山市的平罗县（见表 5-24）。

表 5-24　宁夏各市（县）耕地土壤剖面质地剖面构型面积统计表

单位：亩

县（市、区）	剖面质地构型											
	通体砾	通体沙	沙/砾	沙/壤	沙/黏	通体壤	壤/砾	壤/沙	壤/黏	通体黏	黏/沙	黏/壤
全自治区	66577	2982948	10496	437878	137254	13729863	9653	1032861	826592	93434	23394	593
石嘴山市	1473	235430		30233	17678	446957		254663	254161	11730	12185	593
惠农区	497	36607		5177	8273	30049		103481	103518	3784	6152	
平罗县	976	135579		23949	8122	402438		150616	148687	7946	6033	593
大武口区		63244		1107	1283	14470		565	1956			
银川市	12788	660729		30339	36787	911850		268667	213849	25364	4453	
贺兰县		128445		11429	6600	345127		89747	64573	9827	884	
兴庆区	6667	39397		8803	3765	54762		40244	60568	1964	2005	
金凤区		67294		1107	1423	51441		11946	15903	4755	337	
西夏区		187080		2715	6120	55695		10039	4956	600		
永宁县	5607	140682		5210	3310	242685		59216	54662	1564	656	
灵武市	513	97831		1074	15569	162140		57477	13186	6653	572	
吴忠市	12099	1452351		315360	73978	2784860	594	324886	191809	15537	5210	
利通区	1376	173475		12336	9788	162447		71582	30256	2667	1542	
青铜峡市	7093	76381		15915	13074	235209		124602	90740	5669	2376	
同心县	3473	252899		108200	23405	1560877	594	68731	64352	6371	1292	
盐池县		530579		159556	23058	734334		41998	6461	830		
红寺堡区	157	419017		19354	4652	91993		17973				
中卫市	40116	602750	10496	50735	8811	3569608		166219	140090	3950	1546	
沙坡头区	21466	212279	4145	17469	6564	698794		66988	41299	221	437	

续表

县(市、区)	剖面质地构型											
	通体砾	通体沙	沙/砾	沙/壤	沙/黏	通体壤	壤/砾	壤/沙	壤/黏	通体黏	黏/沙	黏/壤
中宁县	18425	340599	6351	32038	2248	464204		94719	45241	1401	1109	
海原县	225	49872		1228		2406610		4511	53550	2327		
固原市	102	31689		11212		6016589	9059	18427	26684	36853		
原州区		11640		11212		1519830	2045	16987	8924	8991		
西吉县	102	16702				2398440	6470		7693	17342		
彭阳县		349				1247478	544		279	151		
隆德县		1924				596224		207	7258	4067		
泾源县		1074				254616		1233	2529	6303		

（3）不同耕地土壤类型土壤剖面质地构型分布特征

宁夏8个耕地土壤类型除风沙土外，其余7个耕地土壤类型质地构型均以通体壤为主。通体砾质地构型集中分布在新积土、灰钙土和暗灰褐土的4个亚类；通体沙质地构型主要分布在灰钙土、新积土和风沙土3个土类，其中，风沙土类土壤质地构型均为通体沙；沙/砾质地构型集中分布在新积土类的典型新积土亚类；沙/壤质地构型主要分布在灰钙土和新积土2个土类中的典型灰钙土、典型新积土和淡灰钙土3个亚类；沙/黏质地构型主要分布在新积土、潮土和灰钙土3个土类中的典型新积土、灌淤潮土、盐化潮土、淡灰钙土和典型灰钙土5个亚类；壤/砾质地构型集中分布新积土和灰褐土2个土类；壤/沙质地构型主要分布在灌淤土和潮土2个土类，其中盐化灌淤土、表锈灌淤土、盐化潮土、潮灌淤土4个亚类面积较大；壤/黏质地构型主要分布在灌淤土和潮土2个土类，其中，盐化灌淤土、表锈灌淤土、盐化潮土、典型新积土4个亚类面积较大；通体黏主要分布在潮土、黄绵土、灌淤土和灰褐土4个土类，其中黄绵土、盐化潮土、灌淤潮土、暗灰褐土4个亚类面积较大；黏/沙质地构型集中分布在潮土、灌淤土和新积土3个土类，其中，盐化潮土、灌淤潮土、表锈灌淤土3个亚类面积较大；黏/壤质地构型集中分布在潮土土类盐化潮土和灌淤潮土2个亚类(见表5-25)。

2. 耕地土壤不同质地构型性状

不同质地构型其土壤性状差异较大。由表5-26可看出，11种质地构型表土(0~20 cm)土壤有机质及氮、磷、钾养分相比较，通体黏土壤有机质及全氮含量最高，平均分别为16.32 g/kg和1.03 g/kg；通体沙土壤有机质及氮、磷、钾养分含量低；质地构型以黏质土为主，或质地中夹有黏土层的质地构型其土壤全盐含量均高于其他质地构型(见表5-27)；不同质地构型土壤有效微量元素含量不同(见表5-28)。

表 5-25 宁夏耕地土壤类型(0~20 cm)不同土壤质地剖面构型面积统计表

单位:亩

土壤类型	剖面质地构型											
	通体砾	通体沙	沙/砾	沙/壤	沙/黏	通体壤	壤/砾	壤/沙	壤/黏	通体黏	黏/沙	黏/壤
全自治区	66577	2982948	10496	437878	137254	13729863	9653	1032861	826592	93434	23394	593
潮土		381970		49351	46425	385541		243787	180031	34903	18569	593
典型潮土		4941				7873		210		1952		
灌淤潮土		165058		28958	20389	168932		94102	69499	13400	5227	80
盐化潮土		211971		20393	26036	208737		149475	110531	19551	13341	513
风沙土		586998										
草原风沙土		586998										
灌淤土		90141		25692	10520	1535625		600084	486265	12189	3534	
表锈灌淤土		33532		11631	3702	677383		246661	192774	4525	1957	
潮灌淤土		13698		3233	1535	366284		100234	79196	551	99	
典型灌淤土		3696		406		66812		18965	13875	219		
盐化灌淤土		39214		10422	5284	425147		234224	200421	6894	1477	
黑垆土		5249		1956		2194634		3207	10666			
潮黑垆土						1662		240				
典型黑垆土		755				338394		207	6042			
黑麻土		4494		1956		1854578		3000	4384			
黄绵土		110352		29508		6996819		37255	39795	27135		
黄绵土		110352		29508		6996819		37255	39795	27135		
灰钙土	1845	1143490		202766	38922	985779		25624	10866	3070		
草甸灰钙土		54407		436	154	22253		251	563	33		
淡灰钙土	1832	563672		40879	18691	758792		14922	5048	1401		
典型灰钙土		294193		154477	17521	146136		5732	2955	1112		
盐化灰钙土	13	231218		6975	2556	58598		4720	2301	524		
灰褐土	102	6624				344847	510	324	4505	10386		
暗灰褐土	102	6624				344847	510	324	4505	10386		
新积土	64630	658123	10496	128605	41387	1286619	9143	122579	94464	5750	1292	
冲积土		25810		3669	1498	16244		3347	2322	335		
典型新积土	64630	632313	10496	124936	39889	1270375	9143	119232	92141	5416	1292	

表 5-26　宁夏耕地不同质地构型土壤(0~20 cm)有机质及养分含量统计表

剖面质地构型	特征值	有机质(g/kg)	全氮(g/kg)	全磷(g/kg)	全钾(g/kg)	缓效钾(mg/kg)	碱解氮(mg/kg)	有效磷(mg/kg)	速效钾(mg/kg)
合计	样本数(个)	51196	51090	75	75	38	49601	50939	51773
	平均值	13.51	0.88	0.66	18.92	706.8	60.99	20.18	161.98
	标准差	5.63	0.34	0.23	1.72	147.3	33.52	15.39	73.47
	变异系数(%)	41.69	38.64	34.27	9.08	20.8	54.95	76.29	45.36
	极大值	40.70	3.00	1.32	24.47	1000.0	298.10	99.90	598.00
	极小值	2.95	0.07	0.20	14.00	237.0	1.00	2.00	50.00
通体砾	样本数(个)	112	118				118	113	118
	平均值	12.00	0.87				42.27	20.57	125.37
	标准差	4.23	0.34				27.10	10.56	40.12
	变异系数(%)	35.29	39.26				64.12	51.35	32.00
	极大值	20.00	2.97				106.00	48.40	286.00
	极小值	3.40	0.27				3.50	4.20	59.00
通体沙	样本数(个)	7271	7147	21	21	8	7000	7211	7351
	平均值	9.75	0.63	0.48	18.02	582.38	44.11	18.23	120.18
	标准差	4.51	0.27	0.16	1.70	167.91	22.87	12.89	54.77
	变异系数(%)	46.32	43.31	33.33	9.44	28.83	51.85	70.74	45.58
	极大值	35.87	2.42	0.73	20.47	768.00	235.20	99.60	505.00
	极小值	2.95	0.07	0.20	14.00	237.00	2.00	2.00	50.00
沙/壤	样本数(个)	1007	993	1	1	1	1009	1007	1016
	平均值	9.53	0.62	0.50	17.60	934.00	42.29	16.02	140.99
	标准差	4.69	0.26				22.29	13.56	53.77
	变异系数(%)	49.18	42.45				52.71	84.67	38.14
	极大值	31.20	1.83				225.60	96.70	511.00
	极小值	3.00	0.11				7.20	2.00	50.00
沙/黏	样本数(个)	542	541	3	3	3	509	539	543
	平均值	12.51	0.78	0.51	18.60	833.33	52.95	22.42	146.24
	标准差	5.24	0.29	0.04	0.80	21.55	24.28	13.95	62.21
	变异系数(%)	41.89	37.29	8.51	4.30	2.59	45.87	62.23	42.54
	极大值	30.80	3.00	0.54	19.40	854.00	167.60	91.00	466.00
	极小值	3.19	0.12	0.46	17.80	811.00	4.00	2.30	50.00
通体壤	样本数(个)	32294	32482	34	34	20	31309	32201	32764
	平均值	13.89	0.92	0.69	19.00	691.60	63.90	18.61	170.28
	标准差	5.62	0.34	0.21	1.49	109.77	35.01	14.81	76.51

续表

剖面质地构型	特征值	有机质（g/kg）	全氮（g/kg）	全磷（g/kg）	全钾（g/kg）	缓效钾（mg/kg）	碱解氮（mg/kg）	有效磷（mg/kg）	速效钾（mg/kg）
通体壤	变异系数(%)	40.45	37.13	29.58	7.86	15.87	54.79	79.58	44.93
	极大值	40.70	2.90	1.31	23.79	907.00	298.10	99.90	598.00
	极小值	3.00	0.08	0.33	16.40	475.00	1.00	2.00	50.00
壤/砾	样本数(个)	1	1				1	1	1
	平均值	8.50	0.70				39.20	27.80	125.00
	标准差								
	变异系数(%)								
	极大值								
	极小值								
壤/沙	样本数(个)	5280	5191	7	7	2	4997	5211	5281
	平均值	15.09	0.95	0.82	20.39	785.00	64.43	27.09	160.40
	标准差	4.96	0.29	0.13	2.42	115.97	31.15	17.21	63.12
	变异系数(%)	32.85	30.31	15.88	11.87	14.77	48.35	63.53	39.35
	极大值	38.80	2.98	1.06	24.47	867.00	273.90	99.80	582.00
	极小值	3.00	0.10	0.68	18.40	703.00	1.00	2.00	50.00
壤/黏	样本数(个)	4119	4049	9	9	4	4101	4081	4119
	平均值	15.89	1.00	0.90	19.87	840.50	67.89	27.23	176.78
	标准差	5.12	0.30	0.19	1.01	128.81	32.34	17.31	67.18
	变异系数(%)	32.22	29.80	20.97	5.10	15.32	47.64	63.58	38.00
	极大值	39.30	2.48	1.32	20.96	1000.0	275.6	99.3	550.0
	极小值	3.00	0.10	0.70	18.00	686.0	1.0	2.1	50.0
通体黏	样本数(个)	415	416				402	420	425
	平均值	16.32	1.03				75.09	23.51	195.17
	标准差	5.01	0.33				35.10	15.56	80.79
	变异系数(%)	30.67	32.32				46.75	66.19	41.39
	极大值	34.40	2.22				225.8	95.9	501.0
	极小值	3.40	0.25				8.10	3.40	52.00
黏/沙	样本数(个)	155	152				155	155	155
	平均值	15.56	0.96				69.57	27.16	179.10
	标准差	4.84	0.30				29.41	17.02	66.92
	变异系数(%)	31.09	31.44				42.27	62.69	37.36
	极大值	31.70	1.81				186.0	98.5	504.0
	极小值	3.00	0.07				16.70	2.20	77.00

表5-27 宁夏耕地不同质地构型土壤(0~20 cm)中量元素及盐分含量统计表

质地构型	特征值	水溶性钙（mg/kg）	水溶性镁（mg/kg）	有效硅（mg/kg）	有效硫（mg/kg）	全盐（g/kg）	pH
合计	样本数（个）	25	26	25	24	41172	51808
	平均值	948.00	223.12	68.32	32.47	0.61	8.44
	标准差	620.56	194.52	15.97	41.91	0.70	0.31
	变异系数(%)	65.46	87.18	23.38	129.09	115.28	3.69
	极大值	3200.00	800.00	106.20	195.50	9.90	9.04
	极小值	200.00	100.00	38.70	5.19	0.02	7.00
通体砾	样本数（个）					62	118
	平均值					0.71	8.33
	标准差					0.64	0.26
	变异系数(%)					89.77	3.07
	极大值					3.60	9.00
	极小值					0.20	7.80
通体沙	样本数（个）	4	4	4	4	4955	7418
	平均值	525.00	225.00	64.08	12.24	0.61	8.57
	标准差	250.00	150.00	18.49	6.90	0.77	0.29
	变异系数(%)	47.62	66.67	28.85	56.38	126.16	3.41
	极大值	800.00	400.00	89.50	22.50	8.90	9.04
	极小值	200.00	100.00	49.60	7.83	0.02	7.00
沙/壤	样本数（个）		1			829	1017
	平均值		101.00			0.51	8.62
	标准差					0.61	0.28
	变异系数(%)					120.55	3.31
	极大值					4.70	9.03
	极小值					0.10	7.80
沙/黏	样本数（个）					324	545
	平均值					1.11	8.48
	标准差					1.22	0.29
	变异系数(%)					110.02	3.40
	极大值					9.20	9.00
	极小值					0.10	7.70
通体壤	样本数（个）	18	18	18	17	28441	32737
	平均值	994.44	200.00	68.06	35.16	0.51	8.41
	标准差	659.30	174.89	16.39	47.21	0.57	0.32

续表

质地构型	特征值	水溶性钙（mg/kg）	水溶性镁（mg/kg）	有效硅（mg/kg）	有效硫（mg/kg）	全盐（g/kg）	pH
通体壤	变异系数（%）	66.30	87.45	24.08	134.26	112.27	3.77
	极大值	3200.00	800.00	106.20	195.50	9.90	9.04
	极小值	500.00	100.00	38.70	5.19	0.03	7.00
壤/砾	样本数(个)					1	1
	平均值					0.20	8.30
	标准差						
	变异系数（%）						
	极大值						
	极小值						
壤/沙	样本数(个)					3390	5276
	平均值					1.02	8.41
	标准差					0.92	0.28
	变异系数（%）					89.49	3.33
	极大值					8.61	9.04
	极小值					0.10	7.46
壤/黏	样本数(个)	3	3	3	3	2767	4116
	平均值	1233.33	400.00	75.50	44.17	0.99	8.42
	标准差	577.35	346.41	12.30	34.84	0.88	0.28
	变异系数（%）	46.81	86.60	16.30	78.89	88.45	3.33
	极大值	1900.00	800.00	89.70	80.70	7.20	9.00
	极小值	900.00	200.00	68.00	11.30	0.10	7.60
通体黏	样本数(个)					315	425
	平均值					1.11	8.39
	标准差					1.25	0.30
	变异系数（%）					112.67	3.60
	极大值					5.70	9.00
	极小值					0.10	7.00
黏/沙	样本数(个)					88	155
	平均值					1.43	8.46
	标准差					1.23	0.31
	变异系数（%）					85.73	3.62
	极大值					5.90	9.00
	极小值					0.20	7.80

表 5-28　宁夏耕地不同质地构型土壤(0~20 cm)有效性微素含量统计表

质地构型	特征值	有效铁 (mg/kg)	有效锰 (mg/kg)	有效铜 (mg/kg)	有效锌 (mg/kg)	有效钼 (mg/kg)	水溶性硼 (mg/kg)
合计	样本数(个)	194	250	222	229	21	232
	平均值	15.21	7.71	1.55	0.82	0.22	1.06
	标准差	17.33	3.18	1.03	0.52	0.17	0.56
	变异系数(%)	113.96	41.28	66.55	63.90	78.56	52.66
	极大值	107.00	17.39	6.65	2.54	0.60	2.80
	极小值	1.75	1.29	0.03	0.03	0.02	0.24
通体沙	样本数(个)	75	79	78	77	7	66
	平均值	13.76	5.73	1.15	0.69	0.19	0.86
	标准差	21.95	3.06	1.07	0.53	0.11	0.56
	变异系数(%)	159.53	53.40	93.60	76.23	59.08	65.19
	极大值	107.00	17.36	4.68	2.24	0.32	2.60
	极小值	1.75	1.29	0.03	0.05	0.02	0.26
沙/壤	样本数(个)	3	3	3	3	2	3
	平均值	16.23	7.30	1.65	0.92	0.02	0.84
	标准差	11.76	2.61	0.69	0.87	0.00	0.18
	变异系数(%)	72.43	35.70	41.71	94.25	0.00	22.05
	极大值	29.80	9.00	2.44	1.89	0.02	1.04
	极小值	9.00	4.30	1.18	0.22	0.02	0.68
沙/黏	样本数(个)	6	6	6	6	5	6
	平均值	5.82	6.67	1.22	0.52	0.12	0.78
	标准差	2.80	0.74	0.14	0.30	0.07	0.31
	变异系数(%)	48.13	11.13	11.90	58.16	61.52	38.95
	极大值	11.40	7.60	1.37	0.88	0.20	1.35
	极小值	3.70	5.70	0.97	0.12	0.03	0.54
通体壤	样本数(个)	65	100	83	87	4	97
	平均值	16.65	8.56	1.85	0.91	0.41	1.01
	标准差	14.94	2.90	1.09	0.55	0.15	0.46
	变异系数(%)	89.71	33.82	58.67	60.85	35.92	45.91
	极大值	86.80	17.39	6.65	2.54	0.60	2.28
	极小值	2.53	2.77	0.27	0.03	0.26	0.24
壤/沙	样本数(个)	17	27	22	25	1	29
	平均值	17.00	9.08	1.75	0.93	0.40	1.26
	标准差	15.66	2.75	0.93	0.44		0.57

续表

质地构型	特征值	有效铁（mg/kg）	有效锰（mg/kg）	有效铜（mg/kg）	有效锌（mg/kg）	有效钼（mg/kg）	水溶性硼（mg/kg）
壤/沙	变异系数（%）	92.14	30.34	53.09	47.56		45.23
	极大值	71.90	12.80	5.25	2.19		2.68
	极小值	4.22	3.10	0.70	0.34		0.50
壤/黏	样本数（个）	21	28	23	24	2	24
	平均值	16.52	8.82	1.68	0.84	0.34	1.52
	标准差	11.39	2.59	0.57	0.42	0.34	0.56
	变异系数（%）	68.95	29.32	33.97	50.13	99.83	36.69
	极大值	59.70	14.50	3.34	1.54	0.58	2.46
	极小值	4.61	3.29	0.46	0.28	0.10	0.63
通体黏	样本数（个）	4	4	4	4		4
	平均值	18.04	8.57	1.91	0.81		1.50
	标准差	7.92	4.67	0.78	0.37		0.96
	变异系数（%）	43.89	54.47	41.07	45.17		64.01
	极大值	27.80	14.80	3.07	1.19		2.80
	极小值	11.30	3.56	1.44	0.34		0.60
黏/沙	样本数（个）	3	3	3	3		3
	平均值	14.50	10.40	1.67	0.72		1.45
	标准差	3.46	1.47	0.37	0.57		0.20
	变异系数（%）	23.86	14.16	21.86	79.07		14.04
	极大值	17.20	11.30	2.03	1.36		1.63
	极小值	10.60	8.70	1.30	0.27		1.23

二、土壤结构及容重等物理性状

(一)土壤结构

组成土壤的颗粒在内外力的综合作用下,互相黏结在一起,形成形状和大小不一的团聚体,称为土壤结构体。宁夏土壤结构按其形态可分为团粒状、微团粒块状、团块状、片状、粒状、鳞片状、柱状、棱柱状、核状等。

土壤团聚体是指直径为 0.25~10 mm 的土壤颗粒。按其对抵抗水分散力的大小,可分成水稳性团聚体和非水稳性团聚体。浸水后仍可保持原来结构的称为"水稳性团聚体"。水稳性团聚体(简称团粒结构,下同)具有较高的孔隙度和持水性,同时又有良好的透水性,在作物生长期间能保持良好的营养状况和环境条件。故团粒结构愈多,土壤物理性状愈好。宁夏 8 个耕地土壤类型中,灌淤土土壤团粒结构含量最高,高度熟化的灌淤土土壤团粒结构高达 70%；暗灰褐土和黑垆土土壤团粒结构含量较多；风沙土土壤团粒结构含量最低。据调查研究,种植绿肥可明显增加土壤团粒结构,如一年生苜蓿地土壤团粒结构含量为 31%,七年生苜蓿地土壤团粒结构含量可提高到 56%。

(二)土壤比重和容重

1. 土壤比重

土壤比重是土壤固体部分的重量与同体积 4℃时水重的比值,是计算土壤孔隙度和土粒沉降速度的重要参数。土壤有机质含量与比重之间呈负相关。固原市 44 个土样分析资料,土壤比重与有机质含量的相关系数–0.611。土粒的矿物组成也影响土壤比重。由于石英、长石的比重较轻,故沙土的比重也较轻(<2.65);随着质地变细,云母和其他黏土矿物增加,土壤比重也相应有增加趋势,如红黏土的比重为 2.69~2.71。宁夏土壤比重变化在 2.39~2.76 之间,但大部分在 2.68 左右(见表 5–29)。

2. 土壤容重

土壤容重,又称土壤假比重。是指自然状态下(结构不被破坏)单位体积干燥土壤的重量,一般以 g/cm^3。根据土壤容重可以了解土壤的孔隙状况和松紧程度。一般土壤容重小,说明土壤疏松多孔;而紧实少孔的土壤,其容重都较大。土壤容重同植物根系生长的关系十分密切。当土壤容重>1.45 g/cm^3 时,根系弱的作物生长将受到明显影响。

宁夏土壤容重变化在 0.45 g/cm^3(草炭层)至 1.69 g/cm^3(碱化层)之间。土壤容重受多种因素的影响,故不同土壤类型或同一土壤类型不同层次在不同时期的不同状况下,土壤容重不同。耕种土壤受耕作施肥种植的影响,一般结构较好,疏松多孔,耕作层容重较低,灌淤土表层土壤容重 1.12~1.22 g/cm^3；黑垆土表层土壤容重为 1.20 g/cm^3。耕作层以下土壤容重趋于增高,一般多在 1.3~1.5 g/cm^3 之间;其中犁底层的土壤容重高达1.65 g/cm^3。不同时期耕层土壤容重有一定的差异,但心底土的变化较小(见表 5–30)。土壤质地偏砂或有机质含量低时,土壤容重增大,如灰钙土土壤容重达 1.3~1.5 g/cm^3,其中钙积层容重最高可达 1.6 g/cm^3。

土壤容重过大,可通过耕作、施用有机肥或秸秆还田等措施加以改良。

(三)土壤孔隙

宁夏土壤孔隙度一般在 40%~52%之间(容积%,下同)。其中黄绵土孔隙度较大,全剖面平均孔隙度>50%；淡灰钙土孔隙度较低,表层和亚表层<44%。一般认为适宜作物生长的总孔隙度为 50%左右为好。灌淤土、黄绵土、黑垆土及新积土表层和亚表层土壤总孔隙度均在 45%以上。土壤中的孔隙按其孔径的大小,可分为以下 3 种类型。

1. 毛管孔隙

孔隙的直径在 0.001~0.1 mm 之间,具有毛管作用,水分可借毛管作用保持在土壤中,并靠毛管力运行。保持在毛管中的水分可供植物利用,故土壤中的毛管水对植物生长是最有效的水分。宁夏耕地土壤的毛管孔隙大部分在 36%~53%(容积%)之间,淡灰钙土的毛管孔隙偏少,一般不超过 40%。

表5-29　宁夏耕地土壤类型主要物理性质及水分常数表

土壤类型	层段	容重(1)(g/cm³)	比重(2)	总孔隙度(3)(%)	毛管孔隙(4)(毛管持水量)(容积%)	饱和含水量(5)(容积%)	非毛管孔隙(6)(5)-(4)(容积%)	田间最大持水量(7)(容积%)	出水率(有效孔隙(5)-(7))(容积%)	调蓄系数(容积%)	全剖面吸水速度(m/h)	全剖面渗透系数(mm/min)
灌淤土	表土	1.12~1.22	2.68~2.71	47.0~60.0	52.2~53.0	54.0~58.0	5.8	32.4~38.1	21.6~19.9	5.1~13.8	0.131	0.20~0.36
	亚表土	1.36~1.46	2.66~2.72	44.0~57.0	38.8~43.0	43.6~47.5	2.9~4.5	33.3~34.4	10.3~13.1	3.7~15.8		
	心土	1.47~1.54	2.69~2.74	41.0~51.0	38.9~42.2	39.4~46.2	1.5~4.3	30.8~35.0	8.6~11.2	4.1~16.6		
	底土	1.53~1.57	2.69~2.74	40.0~50.5	36.1~41.0	37.0~43.5	1.1~3.9	32.3~34.8	4.7~8.7	5.9~15.5		
黄绵土	表土	1.34	2.71	50.03	42.05	44.13	2.08	31.43	12.7		0.08	0.25~0.55
	亚表土	1.47	2.71	44.95	39.13	40.33	1.2	32.23	8.1			
	心土	1.27	2.69	52.65	45.7	47.28	1.58	30.63	16.68			
	底土	1.22	2.68	54.55	48.6	50.25	1.65	31.58	18.63			
黑垆土	表土	1.2	2.67	47.2	45.0	46.7	1.7	33.6	13.1		0.0606~0.1206	0.0126~0.033
	亚表土	1.18	2.66	45.7	45.6	43.9	1.3	28.4	15.5			
	心土	1.39	2.68	47.9	40.9	42.7	1.8	30.4	12.3			
	底土	1.24	2.69	53.6	46.5	48.5	2.0	20.0	28.5			
新积土	表土	1.43		46.4	45.0	46.7	1.7	33.6	13.1		0.0156	0.008
	亚表土	1.43		46.4	45.6	43.9	1.3	28.4	15.5			
	心土	1.36		48.9	40.9	42.7	1.8	30.4	12.3			
	底土	1.45		45.7	46.5	48.5	2.0	20.0	28.5			
淡灰钙土	表土	1.5	2.69	43.8	39.6	45.2	5.6	17.4	27.8	8.7		0.446
	亚表土	1.6	2.69	40.5	32.3	35.7	3.4	18.4	17.3			
	心土	1.44~1.66	2.66~2.67	41.7~47.8	31.4~37.5	34.5~40.3	2.7~4.7	9.2~13.6	25.3~26.7	5.4~8.2		
	底土	1.35~1.45	2.67~2.68	45.7~49.6	36.1~43.1	39.5~45.1	2.3~3.5	8.3~9.1	31.2~36.0	1.0~4.8		

备注：本表引自《宁夏土壤》表14-11，表中灌淤土表土为0~20 cm，亚表土为20~40 cm，心土层为40~100 cm以下为底土；其他土壤层次的划分主要依据该土壤的发生层次而定。

表 5-30　宁夏耕地黄绵土作物生长期土壤容重统计表

单位:g/cm³

作物	土层(cm)	6月11日	7月20日	7月27日	8月31日
小麦	0~21	1.23	1.46	1.43	1.44
	21~48	1.46	1.46	1.48	1.42
	48~67	1.43	1.44	1.44	1.48
	67~100	1.44	1.41	1.43	1.51
糜子	0~19	1.25	1.26	1.38	1.32
	19~41	1.27	1.27	1.33	1.32
	41~65	1.37	1.36	1.33	1.34
	65~100	1.34	1.36	1.38	1.37

备注:本表引自《宁夏土壤》表 14-10。

2. 非毛管孔隙

为直径>0.1 mm 的孔隙,不显毛管作用,不能保持水分。但水分和空气能顺利通过,并经常为空气所占据。非毛管孔隙的多少,影响土壤的通气和渗水。非毛管孔隙等于饱和含水量减去毛管孔隙。据调查研究,非毛管孔隙的比例以占孔隙度的8%~10%为好,宁夏耕地土壤的非毛管孔隙一般为1.5%~5.6%,占孔隙度的5%~9%。新积土非毛管孔隙少。

3. 无效孔隙

孔径<0.001 mm。孔隙中的水分受到很大吸力,基本不能运行,植物根毛也难以插入孔中,对作物生长是无效的。

土壤孔隙受土壤质地、有机质含量以及耕作熟化等因素影响而变化。灌淤土类中,中壤质灌淤土,熟化度较高,结构良好,总孔隙度达58.4%;黏土和沙土质灌淤土的熟化度较低,其孔隙度较小,为40%~50%。深耕深松、增施有机肥、秸秆还田及种植绿肥等措施,可以改善土壤结构,增加土壤孔隙度。

三、土壤阳离子交换量

土壤阳离子交换量(CEC)是指土壤胶体所能吸附各种阳离子的总量,其数值以每千克土壤含有各种阳离子物质的量来表示(cmol(+)/kg)。土壤阳离子交换量是评价土壤保肥能力和缓冲能力的重要依据。

(一)耕地土壤阳离子交换量分布特征

宁夏耕地土壤阳离子交换量平均为9.55 cmol(+)/kg,其中南部山区阳离子交换量最高,平均为11.26 cmol(+)/kg;自流灌区居中;中部干旱带最低,平均为8.04 cmol(+)/kg,比南部山区低3.22 cmol(+)/kg(见表5-31)。

表5-32列出的11个亚类中,盐化潮土、典型新积土、典型灌淤土和典型黑垆土4个亚类土壤阳离子交换量较高,为11.0~11.60 cmol(+)/kg;典型灰钙土最低,平均为

6.10 cmol(+)/kg。

表 5-31 宁夏不同生态区耕地土壤(0~20 cm)阳离子交换量值统计表

区域	样本数 (个)	平均值 (cmol(+)/kg)	标准差 (cmol(+)/kg)	变异系数 (%)	极大值 (cmol(+)/kg)	极小值 (cmol(+)/kg)
全自治区	30	9.55	3.70	38.70	22.80	5.00
自流灌区	12	9.39	3.52	37.49	11.60	5.00
中部干旱带	9	8.04	1.97	24.43	12.00	5.30
南部山区	9	11.26	4.64	41.23	22.80	6.80

表 5-32 宁夏耕地土壤类型(0~20 cm)土壤阳离子代换量值统计表

土壤类型	样本数 (个)	平均值 (cmol(+)/kg)	标准差 (cmol(+)/kg)	变异系数 (%)	极大值 (cmol(+)/kg)	极小值 (cmol(+)/kg)
全自治区	30	9.55	3.70	38.70	22.80	5.00
潮土	1	11.60				
盐化潮土	1	11.60				
灌淤土	7	10.44	3.57	34.24	11.20	9.10
表锈灌淤土	4	10.55	0.98	9.30	11.20	9.10
典型灌淤土	1	11.10				
盐化灌淤土	2	9.90	0.85	8.57	10.50	9.30
黑垆土	5	9.80	1.34	13.71	11.20	7.80
典型黑垆土	2	11.00	0.28	2.57	11.20	10.80
黑麻土	3	9.00	1.08	12.02	9.90	7.80
黄绵土	6	9.17	2.00	21.78	12.00	6.80
黄绵土	6	9.17	2.00	21.78	12.00	6.80
灰钙土	5	6.90	1.55	22.48	9.30	5.00
草甸灰钙土	1	9.30				
淡灰钙土	1	6.90				
典型灰钙土	3	6.10	0.98	16.15	6.90	5.00
新积土	5	11.28	6.88	61.03	22.80	5.30
典型新积土	5	11.28	6.88	61.03	22.80	5.30

(二)影响耕地土壤阳离子交换量主要因素

土壤阳离子交换量深受成土母质、有机质含量和土壤质地影响。

1. 成土母质与土壤阳离子交换量

不同成土母质形成的土壤类型,土壤阳离子交换量也不同。由灌溉淤积物形成的灌淤土类土壤阳离子交换量较高,平均为 10.44 cmol(+)/kg;由第四纪洪积冲积物形成的灰钙土土壤阳离子交换量较低,平均为 6.90 cmol(+)/kg。这与成土母质土壤黏土矿物 SiO/RO 比率有关。

2. 土壤有机质含量与阳离子交换量

由表 5-33 可以看出,土壤有机质含量越高,土壤阳离子交换量越高,如兴庆区掌政设施蔬菜地土壤有机质最高,为 25.9 g/kg,其土壤阳离子交换量也高,为 14.4 cmol(+)/kg;酿酒葡萄地土壤有机质含量低,为 4.46 g/kg,土壤阳离子交换量也低,为 6.2 cmol(+)/kg。反映出土壤阳离子交换量与土壤有机质含量呈一定程度的正相关。

表 5-33　宁夏耕地长期定位监测点土壤(0~20 cm)有机质含量、pH 与阳离子交换量统计表

项目	自流灌区						扬黄灌区			南部山区		
	常年旱作地(平罗高庄)	稻旱轮作地(青铜峡小坝)	常年稻地(兴庆掌政)	露地蔬菜(永宁望洪)	设施蔬菜(兴庆掌政)	枸杞地(中宁舟塔)	酿酒葡萄地(青铜峡邵岗)	玉米地(同心丁塘)	玉米地(盐池花马池)	设施蔬菜(彭阳红河)	玉米地(彭阳白阳)	马铃薯地(海原树台)
有机质(g/kg)	18.7	10.5	16.6	16.1	25.9	15.7	4.46	8.82	8.47	11.0	11.4	8.03
阳离子交换量(cmol/kg)	11.2	9.1	11.3	11.4	14.4	10.8	6.2	8.4	4.9	9.0	7.1	9.3
pH	8.21	8.26	8.16	8.18	7.68	8.23	8.32	8.43	8.5	8.1	8.46	8.34

3. 土壤 pH 与土壤阳离子交换量

从耕地长期监测点土壤 pH 与土壤阳离子交换量对应关系可看出,兴庆区掌政设施蔬菜地土壤 pH 最低(7.68),土壤阳离子交换量最高(14.4 cmol(+)/kg);盐池县花马池玉米地土壤 pH 最高(8.5),土壤阳离子交换量最低(4.9 cmol(+)/kg);说明在一定条件下,土壤 pH 与土壤阳离子交换量表现出一定程度的负相关。

4. 土壤质地与土壤阳离子交换量

从表 5-34 可以看出,土壤质地由沙土→沙壤土→壤土,土壤阳离子交换量由 6.9→8.1→9.8 cmol(+)/kg,由低到高。不同质地构型由通体砂→通体壤→壤/黏,土壤阳离子交换量由 7.7→9.9→10.7 cmol(+)/kg,反映出在一定条件下,土壤质地越细,其阳离子交换量就越高。

表 5-34　宁夏耕地不同土壤质地及不同质地构型土壤(0~20 cm)阳离子交换量统计表

统计值	表土质地			质地构型		
	沙土	沙壤土	壤土	通体砂	通体壤	壤/黏
样本数(个)	1	2	26	3	18	3
平均值(cmol(+)/kg)	6.9	8.1	9.8	7.70	9.92	10.67
标准差((cmol(+)/kg)			3.3	2.69	3.87	1.21
变异系数(%)			34.0	34.92	39.05	11.34
极大值(cmol(+)/kg)		9.3	22.8	9.30	22.80	11.60
极小值(cmol(+)/kg)		6.9	5	6.90	5.00	9.30

（三）耕地土壤阳离子交换量的调控

土壤阳离子交换量是衡量土壤保肥性能和土壤缓冲性能的一个重要指标，故调控土壤阳离子交换量是提升土壤肥力水平的重要措施。

1. 培肥土壤

在一定条件下，土壤有机质含量越高，土壤阳离子交换量也高。故增施有机肥、秸秆还田、种植绿肥等培肥土壤的措施均能促进土壤阳离子交换量的提高，从而达到增强土壤保肥能力和土壤缓冲性能。

2. 合理施用化肥

根据土壤 pH 高低，针对性的施用化肥，达到既能改良土壤，又能提供作物养分。宁夏耕地土壤为碱性或强碱性土壤，宜选择生理性酸性肥料，尤其是过磷酸钙、硫酸铵、硫酸钾等含硫酸根的化肥，可促进土壤阳离子交换量的提高。

四、有效土层

有效土层是指植物根系可以生长，土壤养分和水分可以运移的层次。土壤有效土层厚度指作物能够利用的母质层以上的厚度或障碍层以上的土层厚度。本次耕地地力评价有效土层厚度主要指从地表向下到"非土体"的上限。非土体是指基岩、卵石层或砂层（粒径>2 mm 的石砾，并占 75%以上）。

（一）不同区域耕地有效土层分布特征

由表 5-35 可以看出，宁夏 74.8%耕地有效土层厚度>100 cm；24.4%耕地有效土层厚度为 60~100 cm；0.8%耕地有效土层厚度为 30~60 cm。耕地有效土层厚度>100 cm 以南部山区面积最大，占该级别总面积的 39.5%；自流灌区面积最小，仅占级别总面积的 23.6%。耕地有效土层厚度为 60~100 cm 以自流灌区面积最大，占该级别总面积的 64.5%；南部山区最少，仅占 7.7%。耕地有效土层厚度为 30~60 cm 以南部山区面积最大，47.6%；中部干旱区面积最少，仅占 6.1%。

表 5-35　宁夏不同生态区耕地有效土层厚度面积统计表

区域	合计（亩）	>100 cm		60~100 cm		30~60 cm		<30 cm
		（亩）	%	（亩）	%	（亩）	%	（亩）
全自治区	19351543	14467711	74.8	4731644	24.4	152188	0.8	
自流灌区	6542451	3419819	52.3	3052224	46.6	70409	1.1	
中部干旱带	6658478	5336331	80.1	1312835	19.8	9313	0.1	
南部山区	6150613	5711561	92.8	366585	6.0	72466	1.2	

（二）不同耕地土壤类型有效土层分布特征

宁夏 8 个耕地土壤类型中，灌淤土、黑垆土及黄绵土 3 个土类土壤有效土层厚度均>100 cm，这与黑垆土和黄绵土地处黄土高原，灌淤土灌溉耕种历史悠久有关。风沙土类有效土层厚度集中在 60~100 cm。典型潮土、盐化潮土、草甸灰钙土、盐化灰钙土、冲积土 5 个亚类有效土层厚度集中在 60~100 cm;有效土层厚度为 30~60 cm 主要分布在淡灰钙土、暗灰褐土和典型新积土 3 个亚类,其中,典型新积土亚类面积最大,占该级别总面积的 61.6%(见表 5-36)。

表 5-36　宁夏耕地土壤类型有效土层厚度面积统计表

单位:亩

土壤类型	有效土层厚度(cm)			
	>100	60~100	30~60	<30
全自治区	14467711	4731644	152188	
潮土	9646	1331525		
典型潮土		14976		
灌淤潮土	9646	556001		
盐化潮土		760548		
风沙土		586998		
草原风沙土		586998		
灌淤土	2764049			
表锈灌淤土	1172164			
潮灌淤土	564830			
典型灌淤土	103973			
盐化灌淤土	923083			
黑垆土	2215711			
潮黑垆土	1902			
典型黑垆土	345398			
黑麻土	1868411			
黄绵土	7240865			
黄绵土	7240865			
灰钙土	1274753	1135778	1832	
草甸灰钙土		78096		
淡灰钙土	652629	750776	1832	
典型灰钙土	622124			
盐化灰钙土		306907		
灰褐土	182767	127984	56547	
暗灰褐土	182767	127984	56547	
新积土	779920	1549359	93809	
冲积土		53225		
典型新积土	779920	1496134	93809	

第三节　耕地土壤水分物理性状

土壤在自然状态下的含水量,称为土壤自然含水量。土壤从干燥到水分饱和,按其水分形态以及土壤对水分吸力的关系,可以分为若干阶段,各阶段的含水量,则称为土壤水分常数,主要有饱和含水量、毛管持水量、田间最大持水量、凋萎含水量以及出水率等。降水或灌溉,水分进入土壤,有一个被吸收和渗透的过程,土壤吸收和渗透的过程,土壤吸收水分的速度和渗透水分的能力,是土壤重要的水分性质。

一、土壤自然含水量

土壤自然含水量决定于土壤水分的补给和消耗的动态平衡。土壤水分的来源有降水、灌溉及地下水。水分的消耗主要是蒸发和作物吸收。灌溉土壤经常处于有效含水量范围内,旱作土壤水分含量主要受降水影响。

(一)耕地土壤水分垂直分布特征

宁夏中部及南部山区旱耕地自上而下土壤水分运行分为三个不同层段。

1. 活跃层

活跃层(0~40 cm)直接受气象因素和人为活动的影响,水分含量变化很大。降水时可接近或超过田间最大持水量,久旱时又可低于凋萎含水量。

2. 次活跃层

次活跃层(40~100 cm)受人为活动影响较小,但降水、蒸发以及多数作物根系都能影响此层,故土壤水分变化也较大,其变幅为5.4%~19.8%(重量%,下同)。固原市原州区旱耕地的次活跃层6~11月含水量变幅为10.9%~12.6%;吴忠市同心县旱耕地含水量变幅为11.9%~14.5%。

3. 稳定层

稳定层(100~200 cm)受气象因素和根系活动的影响都较微弱,土壤湿度无论季节或年际间的变化都较小。

(二)耕地土壤水分季节变化特征

宁夏中部及南部山区旱耕地土壤水分的季节变化可划分以下四个不同时期。

1. 土壤强烈失水期

春末夏初(3~6月)这一期间气温升高,土壤全部解冻,干旱多风,蒸发强烈,蒸发期为同期降水量的10~30倍,是一年中土壤水分损耗最大的时期。

2. 土壤水分补充和积聚期

雨季(7~9月)在此期间,所有土壤的含水量均有提高。黄土塬地土壤0~100 cm平均含水量至8月下旬可上升到17%左右,比6月底提高4.3%~10.6%。降水对土壤贮水补给深度,轮歇地为0~160 cm;麦地为0~120 cm,最深为0~140 cm。

3. 土壤水分缓慢蒸发期

秋末冬初(10~11月)雨季过后,降水量明显减少,气温也开始下降,土壤处于缓慢减墒时期。这一期间,经耕翻的夏茬地和轮歇地100 cm土层内的水分损失为3.3%~3.7%。

4. 土壤水分积聚期

冬季(11月至翌年2月)土壤自上而下冻结,水分向冻层积聚,翌年解冻后,水分较多,对春播和出苗具有重要作用。

二、土壤水分常数

(一)土壤饱和含水量与重力水

1. 土壤饱和含水量

饱和含水量是土壤中的孔隙全部充满水分时的含水量,其数值与土壤的总孔隙度相当。但在质地黏重的土壤中,部分孔隙极细(孔径10^{-3}~10^{-6}mm,称为无效孔隙),毛管引力与表面张力不及摩擦力大,水分不能进入孔隙,故实测的饱和含水量要比总孔隙度略小。土壤在饱和含水量时吸水力为零,其充满入孔隙中的水分,在重力作用下,将向下渗失,因此对植物生长来讲属多余的水分。

2. 土壤重力水

重力水指土壤含水量达到田间持水量之后,受重力作用沿着土壤中的大孔隙向下移动的多余水分。重力水下渗到下部的不透水层时,就会集聚成地下水,也是形成土壤盐渍化的主要因素。

(二)土壤毛管持水量与田间最大持水量

1. 土壤毛管持水量

毛管持水量是土壤毛管饱和状态下所保持的水量,大约相当于毛管孔隙度。在盐池县实地测定,中壤土和沙壤土的毛管持水量可达25%左右(重量%),其上升高度沙壤土为100 cm,中壤土为240 cm。毛管持水量是土壤内最有效的水分,其含量主要决定于土壤质地、结构、土体构造与地下水深度等。

2. 土壤田间最大持水量

指在田间自然条件下,经灌溉或降水,重力水流失之后,土壤所能保持的最大水量,是土壤持水能力指标。田间最大持水量是设计合理的灌水定额及盐土冲洗定额的重要依据。合理的灌水定额不能使土壤中的水分超过田间最大持水量,否则因发生重力水渗漏,不仅浪费水资源,而且抬高地下水位,引起土壤次生盐渍化。宁夏土壤田间最大持水量一般为30%~35%;淡灰钙土最低,为10%~18%。

土壤质地对田间最大持水量有一定的影响,一般土壤质地黏重,其田间持水量有增大的趋势;而沙质土壤的田间持水量多偏小。如灌淤土田间最大持水量不同土壤质地有所差异,轻壤土23%~34%(容积%,下同),中壤土31%~36%,重壤土33%~40%,轻黏土44%,中黏土42%~46%,重黏土43%。

土壤有机质和可溶盐含量对田间最大持水量有一定的影响。一般有机质和可溶盐含量高时,其田间最大持水量也会相应的提高。当地下水位高时,上升的毛管水在土层中可促使田间最大持水量的数值增大。在农业生产中调节土壤最大持水量的措施,主要有精耕细作、地膜覆盖和增施有机肥等。

(三)土壤凋萎系数与出水率

1. 土壤凋萎系数

土壤含水量降低,植物因缺水而开始凋萎,这时的含水量称为凋萎系数(或稳定凋萎含水量)。因此凋萎含水量是植物可利用水分的下限。从凋萎含水量到田间最大持水量之间的水分对植物生长最为有效,称为有效含水量。

当土壤田间最大持水量相同时,其有效含水量多少,主要决定于凋萎含水量,若凋萎含水量高,则有效含水量低。宁夏各类土壤的凋萎含水量变化较大,由1.5%~22%不等。一般土壤质地黏重和可溶盐盐分高,凋萎系数也较高;土壤质地愈黏,凋萎含水量越高。从表5-37可以看出,不同作物凋萎含水量不同;且种植同一作物的同一土类土壤质地不同,凋萎含水量也不同。如种植玉米的典型灌淤土因其土壤质地不同凋萎含水量也不同,其沙壤土最低,为4.79%;重壤土凋萎含水量高达11.72%~12.89%。

表5-37 典型灌淤土亚类不同土壤质地不同作物的凋萎含水量

单位:%

作物	土壤质地						
	沙壤土	轻壤土	中壤土	重壤土(偏中壤土)	重壤土(偏黏土)	平均	范围
玉米	4.79	6.49	6.00~8.30	6.86~9.21	11.72~12.89	8.41	4.79~12.89
小麦	3.77	5.03	4.83~7.40	6.35~10.08	11.67~14.31	7.92	3.77~14.31
大豆	3.47	4.7	5.20~7.50	6.63~10.07	9.62~12.01	7.48	3.47~12.01
大麦	1.96	5.38	4.15~6.33	5.36~7.14	9.02~11.58	6.32	1.96~11.56

备注:本表引自王吉智.《宁夏土壤》.宁夏人民出版社.1990,表14-18。

2. 土壤出水率

土壤出水率是在土壤水分饱和状态下,因重力作用可以排出的水量,其值等于饱和含水量减田间最大持水量。在排水设计中,是一个重要的参数。自流灌区土壤的出水率变化较大,这与土壤类型和土壤剖面质地构型有关。风沙土类出水率大;剖面质地构型为黏质土或夹有黏土层的土壤,出水率小。

(四)土壤吸水速度与渗透系数

降水或灌水以后,水分自土表进入土壤,发生吸水过程。继之水分充满毛管孔隙,多余的水分在大孔隙中移动,即渗透过程。吸水速度与渗透系数分别表示土壤吸收水分和渗透水分的能力,是灌区拟定合理灌溉定额及改良土壤的重要依据之一。宁夏耕地土壤的吸水速度与渗透系数变化较大,全剖面的吸水速度为0.0158~0.131 m/h,渗透系数为0.0036~0.446 mm/min。根据有关调查研究,全剖面渗透系数以0.2~0.35 mm/min为宜,灌淤土和黄绵土的渗透系数在这一范围内;淡灰钙土的渗透系数较大。

土壤吸水速度和渗透系数,主要与土壤质地、孔隙状况和可溶盐含量等因素有关。一般土壤质地愈细,孔隙愈小,渗透系数也愈小,达到稳定渗透系数所需的时间也较长(见表5-38)。

表5-38　宁夏土壤类型不同土壤质地的渗透系数表

土壤质地	渗透系数(mm/min)				达到稳定渗透系数所需时间(h)			
	灌淤土、潮土	淡灰钙土	草甸盐土	龟裂碱土	灌淤土、潮土	淡灰钙土	草甸盐土	龟裂碱土
松沙土		2.19	0.426			5	2	
紧沙土			0.144~0.627	0.00145			6~9	
沙壤土			0.0107~0.360	0.00643		6	5~20	60
轻壤土	0.526	0.977	0.0106	0.00223	7	5~7	11~25	80
中壤土	0.10~2.80	0.855	0.013~0.110	0.00643	3~9		11~27	60
重壤土	0.069~3.31		0.0106~0.128	0.000889	3.5~12		22~93	
轻黏土	0.063~2.15		0.0043~0.190		4~8		21~91	
中黏土	0.024~0.33		0.0105~0.533	0.0018	9~23		22~90	
重黏土	0.0565~0.33		0.0105~0.533	0.002	9		33~86	

备注:本表引自《宁夏土壤》表14-19。

土壤盐化会明显影响土壤的渗吸性,因为土壤盐分溶于水后使水溶液的浓度增高,黏滞性增大,流速减慢,故盐分含量大时,土壤渗吸性降低,如盐土的全剖面吸水速度<0.06 m/h,全剖面渗透系数<0.03 mm/min。在同一剖面中以盐积层的渗吸性能最差,全盐含量为14.3 g/kg时,黑油盐土的沙壤土土壤吸水速度仅为0.0281 m/h,渗透系数仅为0.0316 mm/min,分别比全盐含量为4.0 g/kg轻壤土吸水速度低0.5499 m/h和0.3744 mm/min(见表5-39)。当土壤层次不均匀时,一般全剖面的渗吸速度主要受最小的层次影响,因而与最小层次的数值相近似(见表5-40)。

表5-39　黑油盐土不同含盐量土层的吸水速度与渗透系数

土层(cm)	质地	全盐(g/kg)	吸水速度(m/h)	渗透系数(mm/min)
0~9	沙壤土	14.3	0.0281	0.0316
9~22	轻壤土偏砂	4.0	0.5780	0.4020

备注:本表引自《宁夏土壤》表14-20。

表5-40　土壤全剖面渗透系数与渗透系数最小值的比较

渗透系数(mm/min)	土壤类型				
	灌淤土	灌淤潮土	松盐土	龟裂碱土	草炭土
全剖面渗透系数	0.198	0.0168	0.0059	0.00156	0.115
发生层中最小渗透系数	0.107	0.0278	0.00706	0.00379	0.222

备注:本表引自《宁夏土壤》表14-21。

三、耕地土壤墒情变化特征

农田土壤墒情监测是制定农业生产措施、指导农业生产发展的重要手段,具备基础性、公益性、长期性、时效性和实用性等多种特征。

(一)宁夏耕地土壤墒情监测现状

1. 监测点分布现状

为了了解和掌握宁夏耕地土壤水分变化规律,及时有效的发布土壤墒情与旱情监测信息,为科学种田、高效用水提供科学依据。宁夏农技总站在全自治区共建立 55 个土壤墒情监测点,其中,国家级监测点 25 个,自治区级监测点 30 个。共建立 13 个土壤墒情自动监测点。主要分布在自流灌区的平罗县、永宁县和中宁县;中部干旱区中宁县、同心县、海原县、盐池县;南部山区彭阳县、隆德县、泾源县、西吉县和原州区(见图 5-1)。

图 5-1　宁夏不同生态区域耕地土壤墒情监测点分布图

2. 土壤墒情与旱情评价指标

依据《农田土壤墒情监测技术手册》及相关省区和宁夏农业气象研究所有关资料,宁夏农田土壤墒情及旱情评价指标如下。

(1)土壤墒情评价指标

土壤墒情评价分三个等级,湿润、适宜、不足。

湿润:土壤水分超过作物播种出苗或生长发育适宜含水量上限(通常为土壤相对含水量>80%),田面积水 3 天内可排除,对作物播种或生长产生不利影响。

适宜:土壤水分满足作物播种出苗或生长发育需求(通常为土壤相对含水量 60%~80%),有利于作物正常生长。

不足:土壤水分低于作物播种出苗或生长发育适宜含水量的下限(通常为土壤相对含水量 50%~60%),不能满足作物需求,生长发育受到影响,午间叶片出现短期萎蔫、卷叶等表象。

(2)土壤旱情评价

干旱:土壤水分供应持续不足(通常为土壤相对含水量低于 50%),干土层深 5 cm 以上,作物生长发育受到危害,叶片出现持续萎蔫、干枯等表象。

土壤旱情评价分为四个等级:轻度干旱、中度干旱、重度干旱、极度干旱。

轻度干旱:土壤含水量小于毛管断裂含水量,作物出现缺水的表象,作物的生长发育受到限制。

中度干旱:土壤含水量在毛管断裂含水量和萎蔫含水量之间,作物缺水表象比较明显,作物生长发育受到较重危害。

严重干旱:土壤水分供应持续不足,干土层深 10 cm 以上,作物生长发育受到严重危害,干枯死亡。

极度干旱:土壤含水量小于萎蔫含水量,作物生长因受水分限制而死亡。

表 5-41　宁夏农田土壤墒情及旱情评价技术指标(0~50 cm 土层)

等级	墒情			旱情			
	湿润	正常	不足	轻度干旱	中度干旱	重度干旱	极度干旱
自然含水量(重量%)	>20	16~20	<16	12~16	8~12	6~8	<6

土壤墒情及旱情监测结果多以土壤绝对含水量和相对含水量表示。

表 5-42　宁夏耕地主要土壤类型不同土壤质地的田间持水量(容积%)

土壤类型	沙壤土	轻壤土	中壤土	重壤土	轻黏土	中黏土	重黏土
灌淤土		23~34	31~36	33~40	44	42~46	43
新积土	19~21	21~23	23~25	25~27	27~29		
黄绵土	23~25	25~27	27~29	29~31	31~33		

表 5-43　宁夏农田土壤墒情及旱情评价技术指标(0~50 cm 土层)

等级	墒情			旱情	
	过多	适宜	不足	干旱	严重干旱
相对含水量	>80%	60%~80%	50%~60%	<50%	干土层深 10 cm 以上,作物生长发育受到严重危害,干枯死亡

土壤相对含水量=(土壤自然含水量/土壤田间持水量)×100%

(二)宁夏耕地土壤墒情变化特征

1. 不同区域耕地土壤墒情变化特征

从近几年全自治区不同区域土壤墒情[自然含水量(重量%)]监测数据对比柱状图(见图 5-2、5-3、5-4)可以看出:

(1)引黄灌区历年不同时段土壤墒情全部为适宜。近年来由于对灌区种植结构的调整,加之采取不同的节水措施,整个灌区不同作物生育期的灌溉需水量基本保证。墒情监测主要是为了进一步建立更加合理的灌溉制度,根据不同作物不同生育期的生长发育按需供水提供科学依据。

(2)中部干旱带 2011 年和 2013 年的 2~5 月初土壤旱情较重,该区域大部分为旱作农业,这两年春季都无有效降水,且大风天气较多,土壤表层失墒较快。2011 年秋季降水充沛,致使 2012 年春季土壤底墒较好,加之 2012 年宁夏降水时空分布均匀,所以该区域 2012 年土壤墒情基本保持在适宜范围。

(3)南部山区属典型的雨养农业。 2011 年累计降水量与同期降水量都比历年平均值偏少,该区域农作物受旱较重;2012 年和 2013 年降水量与历年同期相比偏多,土壤墒情适宜,为宁夏农业的增产增收奠定了坚实的基础。

2. 不同仪器土壤墒情测定结果相关分析

2013 年自治区农技总站对应用土壤传感器野外实地测定的土壤墒情数据和传统经

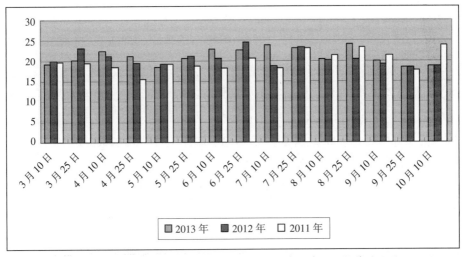

图 5-2　引黄灌区 2011—2013 年 0~40 cm 土壤墒情变化趋势对比图

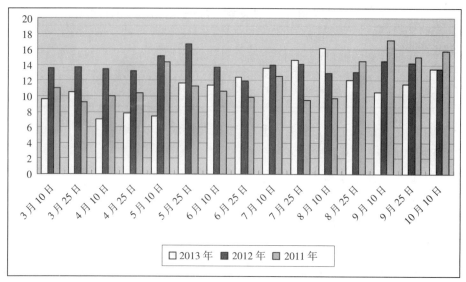

图 5-3　中部干旱带 2011—2013 年 0~40 cm 土壤墒情变化趋势对比图

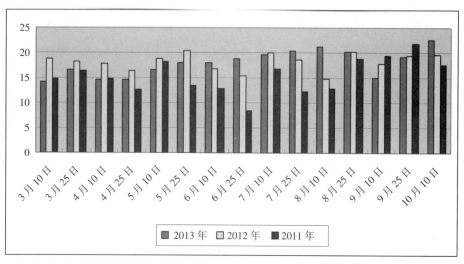

图 5-4　南部山区 2011—2013 年 0~40 cm 土壤墒情变化趋势对比图

典烘干法测定的土壤墒情数据之间进行了相关性分析(其中,自动监测站采集的体积含水量与烘干法测定的重量含水量),得出土壤传感器实地测定的土壤含水量(容积%)与烘干法测定的土壤含水量(重量%)之间呈正相关(见表 5-44、图 5-5),相关系数为 0.7447,相关方程为 y=0.6168x+7.9555,其中,y 表示烘干法土壤自然含水量(重量%),x 表示土壤传感器实地测定的土壤自然含水量(容积%)。

表 5-44　宁夏耕地土壤墒情自动监测站监测数据与烘干法测定数据对比表

监测数据 (容积%)	16.1	14.2	17.5	14.2	18.8	12.6	22.1	21.8	21.0	19.0	25.2
烘干法 (重量%)	9.6	11.1	10.6	10.65	12	7.73	13.9	13.09	12.43	11.32	16.16

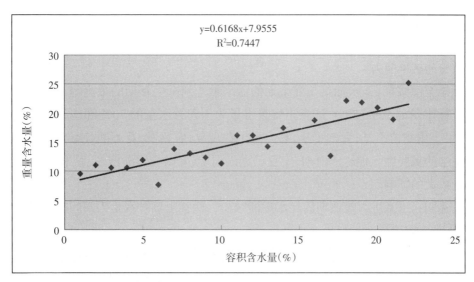

图 5-5　宁夏耕地土壤墒情自动监测站监测数据与烘干法监测数据的相关性分析图

该相关分析方程尚须进一步验证。

（三）宁夏主要农作物土壤旱情评价指标

不同作物需水规律不同，宁夏南部旱作农业区主要作物玉米和马铃薯需水特点差异较大，其旱情评价指标也不同。

1. 玉米土壤旱情评价指标

（1）玉米需水规律

玉米是需水较多的作物，各生育阶段的蒸腾系数在 250~500 mm 之间。玉米种植多处于高温季节，所以植株绝对耗水量大，一般来说，春玉米一生的耗水总量为 170~400 m³/ 亩，一般每生产 1 kg 玉米籽粒约耗水 0.6 m³。从种子发芽、出苗到成熟的整个生育期间，除了苗期应适当控制土壤水分进行蹲苗外，拔节至成熟，都必须适当地满足水分需求才能使其正常生长发育。且玉米也不耐涝，苗期抗涝能力最弱，随着植株的生长，抗涝能力会逐渐增强，土壤含水量一般不能超过田间持水量的 80%，否则会容易引起沤根；玉米大喇叭口期是需水临界期，对水分的需求量最大。

播种期：种子萌发时，需要吸收占种子风干重 35%~37% 的水分才能发芽。土壤相对含水量 >80%，土壤水分过多，通气不良，种子容易霉烂；土壤相对含水量 60%~80%，墒情合适，适宜播种；相对含水量 50%~60%，墒情轻度不足；土壤相对含水量 40%~50% 及 <40%，墒情不足或严重不足，此时播种易发生"粉籽"（发芽而不能出苗）。

幼苗期：需水量少，仅占总需水量的 3.1%~6.1%，但为了保证出全苗，耕层土壤含水量必须保持在田间持水量的 60%~70%。苗出齐后土壤含水量保持在田间持水量的 55%~60%，有利于玉米"蹲苗"。宁夏旱耕地玉米播种期一般土壤墒情较差，应提倡大力推广全膜覆盖技术，实施秋覆膜和早春顶凌覆膜。

拔节孕穗期：玉米拔节以后，雌穗开始分化，茎叶生长迅速，叶面蒸腾也逐渐增大，要求有充足的水分,这一时期需水量占总耗水量的 23%~30%,适宜土壤含水量为田间持水量的60%~75%,而此时降水量远不能满足需水要求,必须结合施肥进行灌溉或叶面喷施,增强植株的抗旱能力。

抽雄至灌浆期:玉米抽雄至灌浆期的需水量达到全生育期的最高峰,这一时期需水量占总耗水量的 27%~29%,适宜土壤含水量为田间持水量的 70%~80%,而且经历时间短,如果土壤墒情不好,天气干旱,易出现干花现象,农谚"干花不灌,减产一半",也说明此时灌水的重要性。但这一时期,宁夏已进入雨季,降雨会逐渐增多,对玉米的灌浆成熟不会造成大的影响。

成熟期:玉米进入蜡熟期后耗水逐渐减少,适宜土壤含水量为田间持水量的 60%~70%(见表 5-45)。

表 5-45　宁夏旱作农业区春玉米不同生育期适宜土壤相对含水量(%)

生育期	播种期	苗期	拔节期	抽雄吐丝期	灌浆期	成熟期
土层深度(cm)	0~20	0~20	0~40	0~60	0~80	0~80
土壤相对含水量(%)	60~70	55~60	65~80	70~80	70~80	60~70

(2)玉米不同生育期土壤旱情评价指标

宁夏旱耕地玉米不同生育期因土壤水分含量不同,作物生长发育的表象也不同(见表 5-46)。

2. 马铃薯土壤旱情评价指标

(1)马铃薯需水规律

马铃薯是需水较多的农作物,它的茎叶含水量约占 90%,块茎中含水量也达 80%左右;其蒸腾系数为 400~600 mm,土壤水分不足会影响植株的正常生长和产量的积累。马铃薯的需水量因气候、土壤、品种、施肥量及灌溉方法而不同。栽培在肥沃的土壤上的马铃薯,形成 1 kg 干物质所消耗的水量较贫瘠土壤上要低得多,如肥沃的黏壤土每生产 1 kg 块茎耗水 97 kg;而在贫瘠的沙土上则需耗水 172 kg。据测定,每生产 1 kg 鲜马铃薯块茎,需要从地里吸收 140 L 水。因此在马铃薯的生长过程中,必须有足够的水分才能获得较高的产量。

播种期:马铃薯从播种到出苗这一阶段对土壤水分要求不高,幼芽所需的水分和营养基本由种子提供。这一时期如果土壤水分过高,会造成种子腐烂,影响幼芽生长,所需水分控制在田间持水量的 40%~50%。

幼苗期:由于苗小,叶面积小,加之气温不高,蒸腾量也不大,所以耗水量比较少。一般幼苗期耗水量占全生育期总耗水量的 10%~15%,土壤含水量以田间持水量的 50%左右为宜。这个时期如果水分过多,会妨碍根系发育,降低后期的抗旱能力;如果水分不足,地上部分的发育受到阻碍,植株就会生长缓慢,发棵不旺,棵矮叶子小。

现蕾期:马铃薯现蕾期是由发棵阶段向结薯阶段过渡的转折期,体内养分的分配也

表 5-46 宁南山区玉米不同生育阶段土壤旱情评价指标

生育时期	土层深度(cm)	轻旱			中旱			重旱		
		土壤含水量(重量%)	土壤相对含水量(%)	作物表象	土壤含水量(重量%)	土壤相对含水量(%)	作物表象	土壤含水量(重量%)	土壤相对含水量(%)	作物表象
出苗	0~20	15.2~17.7	60~70	出苗时间过长，出苗率降低，不整齐	13.9~15.2	55~59	出苗缓慢，缺苗严重，造成断垄	<13.9	<55	出苗不足一半，小苗干枯，造成毁种
苗期	0~30	13.9~15	55~60	小苗生长缓慢，颜色较淡	12.5~13.8	50~55	小苗发育受阻，中午叶片出现阶段性萎蔫	<12.5	<50	小苗发育基本停止，叶片卷曲，部分枯死分蘖死
拔节期	0~50	16.1~17.4	65~70	种植生长缓慢，营养体发育不良	13.6~16.1	55~66	种植矮小，抽穗时间延长，出现空秆	<13.6	<55	植株矮瘦，出现阶段性叶片调零，空杆率增加
抽雄吐丝期	0~60	16.1~18.6	65~75	抽雄吐丝间隔长，形成秃尖	13.6~16.1	55~65	引起小花败育，数减少，秃顶严重	<13.6	<55	秃尖缺粒现象严重，有的雄穗不能抽出，灌粒数减少，空秆增加
灌浆期	0~80	16~17.2	65~70	灌浆速度减慢，粒重降低	13.5~16	55~65	粒重明显降低，粒数明显减少	<13.5	<55	灌浆速度极慢，籽粒成熟度极差，甚至枯死
成熟期	0~80	13.5~14.7	55~60	籽粒脱水加速，粒重略降低	12.3~13.5	50~55	植株易衰，粒重降低	<12.3	<50	植株早衰严重，籽粒成熟度极差，甚至枯死

从茎叶生长中心转向块茎的迅速膨大，不需太多的水分，土壤含水量以田间持水量的60%~70%为宜。

块茎形成期:马铃薯植株的地上茎叶逐渐开始旺盛生长,根系和叶面积生长增加,植株蒸腾量迅速增大,植株需要充足的水分和营养,这一时期耗水量占全生育期总耗水量的20%~30%,土壤含水量以田间持水量的70%~80%为宜。该期如果水分不足,植株生长迟缓,块茎数减少,影响产量的正常形成。

块茎膨大期:(初花到茎叶衰老)即从开始开花到落花后一周,是马铃薯需水最敏感的时期,也是需水数量最多的时期。这一时期植株体内的营养分配由供应茎叶迅速生长为主,转变为满足块茎迅速膨大为主,这时茎叶的生长速度明显减缓。这一时期的需水量占全生育期需水总量的50%以上,土壤含水量维持在田间持水量的70%~85%,如果这个时期缺水干旱,块茎就会停止生长,以后即使再降雨或有水分供应,植株和块茎恢复生长后,块茎容易出现二次生长,形成串薯等畸形薯块,降低产品质量。但水分也不能过多,如果水分过多,茎叶就容易出现疯长的现象;这不仅大量消耗了营养,而且会使茎叶细嫩,倒伏,为病害的侵染造成有利的条件。

成熟期:这一时期需要适量的水分供应,以保证植株叶面积的寿命和养分向块茎转移,该期耗水量占全生育期的10%左右,土壤含水量以田间持水量的40%~50%为宜,切忌水分过多。如果水分过多,土壤过于潮湿,块茎的气孔外翻,就会造成薯皮粗糙,且不利于收获和贮藏。

(2)马铃薯不同生育期适宜的土壤含水量

表 5-47　海原县马铃薯(覆膜)不同生育期适宜土壤含水量

生育期	播种期	苗期	现蕾期	块茎形成期	块茎膨大期	成熟期
土层深度(cm)	0~40	0~40	0~40	0~40	0~40	0~40
土壤含水量(重量%)	10~13	11~15	13~17	14~18	14~18	11~14
相对含水量(%)	40~50	40~60	60~70	70~80	70~85	40~50

(四)影响耕地土壤墒情变化主要因素

耕地土壤墒情受各种因素影响,其中气候和作物需水量影响较大。

1. 作物需水量

不同作物在不同水文年份、不同地区、不同栽培措施下的需水量不同,但又有其一定的变化规律和大致范围。一般作物需水量的变化规律是:干旱年比湿润年多;耕作粗放管理水平的比耕作精细管理水平高得多。把作物一生中对缺水最敏感,以致对产量影响最大的生育期称为需水临界期。根据各类作物不同生育期的需水临界期监测其萎蔫系数,有针对性地制定作物的补灌制度。

2. 降水量

宁夏中南部地区属典型的雨养农业,自然降水是土壤水分的主要来源,因此降水量的多少成为土壤墒情变化的决定因素。2013 年 3~11 月的监测结果,土壤墒情变化总体上随降水量的增多而增加,这与当地的降水特点——时空分布、强度大小、年际变化大等相吻合。7 月下旬到 9 月,降水量逐渐增加,土壤含水量随之升高;8、9、10 三个月,降水量占全年降水的 70% 以上,土壤含水量也达到了全年的高峰,也是土壤蓄墒的关键时期;10 月以后降水减少,土壤进入缓慢失墒阶段;冬季和春季降水极少,随着土壤水分的缓慢损失,到次年的 4 月份土壤含水量达到全年度的最低值,对冬小麦生长和春耕备耕十分不利。

3. 气温

气温通过影响土壤中水分的蒸发,对土壤墒情变化产生重要的影响。冬季低温时土壤表层封冻,受冻后聚墒的影响,土壤失墒较为缓慢;春季来临后,随气温升高,冻土层消融,这一时期土壤水分蒸发不强,深层水分能保持稳定的向上潮动,出现泛浆水,此时作物需水量不大,土壤墒情基本满足作物生长需要;早春结束后,气温进一步升高,地表水分蒸发强烈,作物蒸腾作用增强,加之降水稀少,土壤水分损失和消耗增加,往往形成墒情不足或严重不足,容易发生中旱或重旱。

4. 大风

冬春季因冷空气南下,冷风过境时,常出现 6~7 级偏北大风;春末夏初常出现偏南大风或沙尘天气。据统计资料,2013 年海原县境内 3~5 月出现大风次数 6 次以上,大风持续时间长,空气对流加强,加速了土壤水分损失。

5. 地形

宁夏旱作农业区各监测点 2013 年的土壤墒情监测数据显示,不同时期土壤含水量由高到低依次为:塬川地>塬面地>塬边地。其原因主要是塬川地位置较低,土壤蓄水较多;塬面地平坦,有利于雨水下渗;而塬边地有一定的坡度,降水易发生径流;同时沟坡地的田间地埂增加了地表裸露面积,加速了局部水分蒸发损失,土壤失墒较快。

6. 其他因素

人为的耕作措施、植物蒸腾、光照强度等也对土壤墒情产生重要影响。人们通过长期的生产实践,总结出了许多旱作农业技术,如伏耕、秋耕可加强对自然降水的收蓄;覆盖栽培、沟播技术等可有效提高作物生育期土壤对自然降水的储蓄,降低地表蒸发,从而有效地提高降水利用率。

(五)宁夏旱耕地土壤墒情变化特点

根据近几年旱耕地土壤墒情监测资料分析,宁夏旱耕地土壤墒情变化表现出以下特点。

1. 早春解冻返浆调墒期

开春以后(2 月下旬至 4 月初),冻层上下两端都在化冻,中间 20~30 cm 的土层化冻最迟,因而表层化冻后的水分被中间冻层土壤冻层隔住,一时不能下渗,形成表土潮湿而泥泞,此时土壤以毛管水状态运行,土壤相对含水量大多在 50%~70%,属不足。以后随着气温升高,蒸发增强,土壤水分逐渐下降,土壤水分主要以气管水方式运行,出现干土层,这是决定能否按时下种和出苗的关键期。这段时间如果没有有效降水,干土层逐渐加厚,水分完全以气态水方式运行,就进入干旱期。因此根据春季土壤水分动态变化,适时进行耕作保墒是非常重要的农业措施。

2. 春夏失墒期

4月中旬—6月下旬,随着土壤解冻气温持续升高,同时春季也是宁夏的风季,地表水分蒸发加快,作物蒸腾作用增强,而这一阶段的降水稀少,耕地土壤水分补充与消耗失去平衡,地表蒸发量远远高于降水对土壤水分的补充,土壤含水量持续走低,一年中的最低点常在这个阶段出现,也是宁夏旱情最为严重的时期。

3. 夏秋收墒蓄墒期

7月下旬—9月下旬,随着夏季作物的收获,进入雨季,这一阶段基本上集中了全年降水量的60%以上。随着降水频率和降水量的不断增加,地表与地下深层下渗蓄水增加,土壤墒情开始持续好转,对当季秋作物生长起到补水作用;同时这一阶段土壤蓄水量的多少,对下一年土壤中水分积蓄多少起着至关重要的作用,决定着下一年农作物可否顺利播种与保全苗壮苗。此时又正当秋作物生育盛期,通过蒸发、蒸腾、径流、渗漏消耗水分很大;因此既要注意蓄墒,又要注意保墒。

4. 秋冬缓慢失墒期

9月下旬至次年2月底,气温逐渐降低,降水、蒸发变化趋于平缓,土壤水分消耗降低,土壤进入缓慢失墒期。冬季随着气温持续降低,大地冻结,田间耗水量进入全年最低水平,土壤深层水分向上运动,聚集于冻土层中。夏秋蓄墒期土壤蓄积的水分越多,底墒越好,冻土层聚集的水分也就越多。冬季失墒主要原因是地表裸露面积较大,空气干燥,表层土壤水分缓慢散失;另外由于近年来全球气候变暖,冬季温度持续偏高,土壤封冻期越来越短,造成秋冬季节土壤失墒加速,也不利于次年作物种植。

第六章 耕地地力评价方法与步骤

宁夏耕地地力评价基本衍用县域耕地地力评价的技术路线及方法。主要的工作步骤包括:收集数据及图件资料—筛选审核地力评价数据—建立耕地地力评价数据库—确定评价单元—确定耕地地力评价指标体系—建立宁夏耕地资源信息系统—形成文字及图件成果。本次评价的数据主要来源于全自治区各县耕地地力评价数据,在此基础上,对其数据进行了筛选审核;同时进行了适当的补充调查,以满足自治区省级耕地地力评价的需求。在评价过程中,应用 GIS 空间分析、层次分析、模糊数学等方法,形成了评价单元划分、评价因素选取与权重确定、评价等级图生成等定量自动化的耕地地力评价流程。与传统方法相比,评价信息更为客观准确,评价过程更为快速精确,评价结果更为科学可靠。

第一节 资料收集与整理

宁夏耕地地力评价资料主要包括耕地化学性状、物理性状、立地条件、土壤管理、障碍因素等。通过野外调查、室内化验分析和资料收集,获得了大量耕地地力基础信息,经过严格的数据筛选、审核与处理,保障了数据信息的科学准确。

一、软硬件及资料收集

(一)软硬件准备

1. 硬件准备

硬件主要包括高档微机、数字化仪、扫描仪、喷墨绘图仪等。计算机主要用于数据和图件的处理分析,数字化仪、扫描仪用于图件的输入,喷墨绘图仪用于成果图的输出。

2. 软件准备

软件主要包括 WINDOWS 操作系统软件,FOXRRO 数据管理、SPSS 数据统计分析等应用软件,MAPGIS、ARCVIEW 等 GIS 软件,以及 ENVI 遥感图像处理等专业分析软件。

(二)资料收集

本次宁夏耕地地力评价广泛收集了与评价有关的各类自然和社会经济因素资料。主要包括参与耕地地力评价的野外调查资料及分析测试数据、各类基础图件、相关统计资料等。收集获取的资料主要包括以下几个方面。

1. 野外调查资料

野外调查点是从参与县域耕地地力评价的点位获取。野外调查资料主要包括位置、地形地貌、土壤母质、土壤类型、土层厚度、表层质地、耕层厚度、灌排条件、施肥水平、作物产量等管理措施等。采样地块基本情况调查内容见表 6-1。

表 6-1　采样地块基本情况调查表

统一编号：　　　　　　调查组号：　　　　　　采样序号：

采样目的：　　　　　　采样日期：　　　　　　上次采样日期：

地理位置	省(市)名称		地(市)名称		县(市)名称	
	乡(镇)名称		村组名称		邮政编码	
	农户名称		地块名称		电话号码	
	地理位置		距村距离(m)			
	纬度(度:分:秒)		经度(度:分:秒)		海拔高度(m)	
自然条件	地貌类型		地形部位			
	地面坡度(度)		田面坡度(度)		坡向	
	通常地下水位(m)		最高地下水位(m)		最深地下水位(m)	
	常年降雨量(mm)		常年有效积温(℃)		常年无霜期(天)	
生产条件	农田基础设施		排水能力		灌溉能力	
	水源条件		输水方式		灌溉方式	
	熟制		典型种植制度		常年产量水平(千克/亩)	
土壤情况	土类		亚类		土属	
	土种		俗名			
	成土母质		剖面构型		土壤质地(手测)	
	土壤结构		障碍因素		侵蚀程度	
	耕层厚度(cm)		采样深度(cm)		盐渍等级	
	田块面积(亩)		代表面积(亩)			
来年种植意向	茬口	第一季	第二季	第三季	第四季	第五季
	作物名称					
	品种名称					
	目标产量					
采样调查单位	单位名称		联系人			
	地址					
	电话		传真		采样调查人	
	E-Mail					

2. 分析化验数据

从筛选好的耕地地力评价点位资料中，获取点位化验数据。主要有土壤有机质、全氮、碱解氮、有效磷、速效钾、全盐、pH、有效锌、有效铜、有效硼、有效锰等化验分析资料。

3. 基础及专题图件资料

基础图件资料主要包括：地形图、土壤图、行政区划图、耕地利用现状图、灌排分区图、土壤盐渍化图、降水量图、调查采样点位图等。其中，土壤图、行政区划图、耕地利用现状图、土壤盐渍化图等主要用于叠加生成评价单元。调查采样点图、灌排分区图等主要用于提取评价单元信息，也用于耕地生产能力分析。

4. 其他资料

其他资料主要指数据资料和文本资料。数据资料的收集内容主要包括：自治区农村及农业生产基本情况资料、土地利用现状资料、土壤肥力监测资料等，近年来农业部门粮食单产、总产、种植面积统计资料；近年来耕地肥料用量统计表；近年土壤改良试验等示范资料。文本资料主要包括宁夏农业统计年鉴，宁夏农业气象资料；宁夏各县市第二次土壤普查报告；宁夏土种志；宁夏土壤；宁夏农业综合开发基础资料；宁夏第二次土地调查图集；宁夏国土资源图集以及耕地土壤盐渍化调查报告、水土保持、土壤改良、生态环境建设、水利区划等资料。

二、评价样点选择及数据审核

(一)评价样点选择原则及确定

1. 评价样点选择原则

宁夏耕地地力评价样点选择原则为样点具有广泛代表性、兼顾空间分布的均匀性、时效一致性和调查化验数据的完整性。本次耕地地力评价按照 400 亩 1 个样点的密度筛选县级耕地地力评价样点。

2. 评价样点确定

县级耕地地力评价点是自治区耕地地力评价样点的选择基础。筛选样点时，兼顾土壤类型、行政区划、地貌类型、地力水平等因素，对土壤类型及地形条件复杂的区域，适当加大点位密度。最终选取用于自治区耕地地力评价的样点 52080 个。

3. 评价样点信息的筛选

在样点选取的基础上，进一步筛选样点信息进行耕地地力评价分析。具体数据项的筛选主要依据评价内容，同时考虑影响农作物生产的相关因素，并做适当补充调查。主要包括样点基本信息、立地条件、理化性质、障碍因素、土壤管理 5 个方面。筛选出的样点信息达到调查数据真实有效、化验数据准确、不缺项的要求。

(二)数据资料审核处理

数据的准确与否直接关系到耕地地力评价的精度，养分含量分布图的准确性；而且对成果应用的效益发挥有很大影响。为保证数据的可靠性，在进行自治区耕地地力评价之前,对数据进行认真审核。

1. 筛选数据

专家首先在测土配方施肥项目采样点位中,按照点位资料代表性、典型性、时效一致性、数据完整性的原则,按 400 亩筛选 1 个样点的密度要求,从中筛选出点位资料,并进行数据检查和审核。

2. 审核数据

专家对筛选出的数据,从两个方面进行重点审核。一是重点审核养分数据是否异常,施肥水平、作物产量是否符合实际,发现问题反馈给相关县区,进行修改补充。二是按照不同盐渍化等级、不同土壤类型、不同土壤肥力水平等分类检查土壤养分、土壤盐分等数据,剔除异常值。

第二节　数据库建立

宁夏耕地资源信息系统数据库是自治区耕地地力评价的重要成果之一,是实现评价成果资料统一化、标准化以及实现综合农业信息资料共享的重要基础。耕地资源信息系统数据库是对宁夏最新的土地利用现状调查、第二次土壤普查的土壤及养分资料、地貌、降雨量、灌溉分区、土壤盐渍化、22 个县(市、区)县级耕地地力评价采集的土壤测试分析成果的汇总,是集空间数据库和属性数据库的存储、管理、查询、分析、显示为一体的数据库,能够实现数据的实时更新、快递、有效地检索,能为各级决策部门提供信息支持,极大地提高耕地资源管理及应用水平。

一、建库依据及标准

(一)建库依据及平台

数据库建设主要依据县域耕地资源管理信息系统数据字典、耕地地力调查与质量评价技术规程,以及自治区耕地地力评价技术要求。

建库前期采用 MAPGIS 平台,对电子版资料进行点、线、面文件的规范化处理和拓扑处理,将所有建库资料标配到自治区第二次土地调查耕地现状底图上。对纸介质或图片格式的资料,进行扫描处理,将所有的资料配准到自治区土地调查第二次耕地现状底图上,进行点、线、面分层矢量化处理和拓扑处理。空间数据库成果为 MAPGIS 点、线、面格式的文件,属性数据库成果库为 Excel 格式。空间数据库成果将 MAPGIS 格式转化为 Shape 格式,在 ArcGIS 平台上进行数据库规范化处理,最后将数据库资料导入自治区耕地资源信息管理系统中运行,或在 ArcGIS 平台上运行。

(二)技术标准的应用

宁夏耕地地力评价数据库建立采用的技术标准和规范主要有:

GB 2260-2022 中华人民共和国行政区划代码

NY/T 1634 2008 耕地地力调查与质量评价技术规范

NY/T 2872-2015 耕地质量划分规范

NY/T 309-1996 全国耕地类型区、耕地地力等级划分规范

NY/T 310-1996 全国中低产田类型划分与改良技术规范

GB/T 17296-2009 中国土壤分类与代码

全国农业区划委员会 土地利用现状调查技术规程

国土资源部 土地利用现状变更调查技术规程

GB/T 13989-1992 国家基本比例尺地形图分幅与编号

GB/T 13923-1992 国家基础信息数据分类与代码

GB/T 17798-1999 地球空间数据交换格式

GB 3100-1993 国际单位制及其应用

GB/T 16831-1997 地理点位置的纬度、经度和高程表示方法

GB/T 10113-2003 分类编码通用术语

GB/T 10114-2003 县以下行政代码编制规则

GB/T 9648-1988 国际单位制代码

农业部 全国耕地地力调查与评价技术规程

农业部 测土配方施肥技术规范（试行）

农业部 测土配方施肥专家咨询系统编制规范（试行）

（三）空间数据标准

大地基准坐标：国家 80 坐标系

地球椭球体参数：克拉所夫斯基（Krassovsky）

地图投影：高斯-克吕格投影（Gauss-Kruger projection），6 度分带，中央经线 105 度

高程基准：1956 年黄海高程系

数据交换格式：GB/T 17798-1999《地球空间数据交换格式》

二、数据库建立

宁夏耕地资源数据库主要划分为基础地理信息数据库和专题信息数据库两大类。基础地理信息数据库和专题信息数据库又分别包括空间数据库和属性数据库两种类型。

（一）基础地理信息库

基础地理信息数据库包括行政界线（省界、县界、乡镇界、行政村界）、地名（市县、乡镇、行政村、自然村）、灌溉渠（干渠、支干渠、支渠、斗渠、农渠）、排水沟（干沟、支干沟、支沟、斗沟、农沟）、河流（常年河、时令河）、道路（铁路、国道、高速公路、省道、县道、乡村路）数据库等。

1. 行政区划数据库

基于宁夏行政区划栅格图，将其扫描为 300DPI，在 ArcGIS 中进行数字化和拓扑处理，构建宁夏行政区划空间数据库。行政区划数据库包括行政界线图（省界、县界、乡镇界、行政村界）及行政区划图（面状信息）。行政界线矢量图层代码是 AD101，要素类型为线状；行政区划矢量图层代码是 AD103，要素类型为多边形。行政界线属性数据库结构及行政区划属性数据库结构见表 6-2 和表 6-3。

表 6-2　宁夏行政界线属性数据库结构

字段名	类型	长度	量纲	备注
行政界线编码	C	5	无	国家基础信息标准（GB/T 13923-1992）
行政界线类型	C	40	无	国家基础信息标准（GB/T 13923-1992）

表 6-3　宁夏行政区划属性数据库结构

字段名	类型	长度	量纲	备注
行政区划编码	C	6	无	采用国家统计局"统计上使用的行政区划代码编制规则"
行政单位名称	C	40	无	国家基础信息标准（GB/T 13923-92）

2. 县乡村位置数据库

基于宁夏行政区划栅格图，将其扫描为 300DPI，在 ArcGIS 中进行数字化，构建宁夏县乡村位置空间数据库。县乡村位置矢量图层代码是 AD102，要素类型为点，属性数据库结构见表 6-4。

表 6-4　宁夏县乡村位置属性数据库结构

字段名	类型	长度	量纲	备注
县内行政编码	N	6	无	采用国家统计局"统计上使用的县及以下行政区划代码编制规则"
行政单位名称	C	30	无	中文名称

3. 渠道数据库

应用 ArcGIS10.2 平台，矢量化 1:5 万地形图，并基于 Spot5 遥感卫星影像进行更新补绘，得到宁夏渠道矢量图，渠道矢量图层代码是 GE106，要素类型为线，属性数据库结构见表6-5。

表 6-5　宁夏渠道属性数据库结构

字段名	类型	长度	量纲	备注
渠道编码	N	5	无	GB/T 13923-1992《国家基础信息数据分类与代码》
渠道名称	C	20	无	中文名称

4. 排水沟数据库

应用 ArcGIS10.2 平台，矢量化 1:5 万地形图，并基于 Spot5 遥感卫星影像进行更新补绘,得到宁夏排水沟矢量图,排水沟矢量图层代码是 GE108,要素类型为线,属性数据库结构见表 6-6。

表 6-6 宁夏排水沟属性数据库结构

字段名	类型	长度	量纲	备注
排水沟编码	N	5	无	第一位表示排水沟等级,1——干沟、2——支干沟、3——支沟、4——斗沟、5——农沟。第二至三位为顺序号。第四至五位为分段编号
排水沟等级	C	6	无	干沟、支干沟、支沟、斗沟、农沟
排水沟名称	C	30	无	中文名称
排水能力	C	30	无	充分满足、基本满足、一般满足、无排水条件

5. 线状水系数据库

应用 ArcGIS10.2 平台,矢量化 1:5 万地形图,并基于 Spot5 遥感卫星影像进行更新补绘,得到宁夏线状水系矢量图,线状水系矢量图层代码是 GE104,要素类型为线,属性数据库结构见表 6-7。

表 6-7 宁夏线状水系属性数据库结构

字段名	类型	长度	量纲	备注
线状水系编码	N	4	无	第一位表示河流类型,1——常年河、2——时令河。第二至四位为顺序号
线状水系名称	C	20	无	中文名称
河流流量	N	6	m³/s	多年平均流量

6. 面状水系数据库

应用 ArcGIS10.2 平台,矢量化 1:5 万地形图,并基于 Spot5 遥感卫星影像进行更新补绘,得到宁夏面状水系矢量图,面状水系矢量图层代码是 GE103,要素类型为多边形,属性数据库结构见表 6-8。

表 6-8 宁夏面状水系属性数据库结构

字段名	类型	长度	量纲	备注
面状水系代编码	N	5	无	GB/T 13923-1992《国家基础信息数据分类与代码》
面状水系名称	C	20	无	中文名称
湖泊贮水量	N	8	万 m³	

7. 道路数据库

应用 ArcGIS10.2 平台,矢量化 1:5 万地形图,并基于 Spot5 遥感卫星影像进行更新补绘,得到宁夏道路矢量图,道路矢量图层代码是 GE103,要素类型为多边形,属性数据库结构见表 6-9。

表6-9　宁夏道路图属性数据库结构

字段名	类型	长度	量纲	备注
公路编码	C	11	无	国家标准 GB 917.1-98《公路路线命名编号和编码规则》
公路名称	C	20	无	中文名称

（二）空间数据库

耕地地力评价基础图件包括行政区划图、基础地理信息图、土地利用现状图、土壤图、盐渍化分布图、灌排分区图、降水等值线图、数字高程图、土样点调查数据等。

1. 行政区划矢量图

扫描并矢量化宁夏近期行政区划图，包括省界、县界、乡镇界、农林牧场界。比例尺1:5万。坐标系采用国家80坐标系，克拉索夫斯基（Krassovsky）椭球体，高斯-克吕格投影（Gauss-Kruger projection），中央经线105°，6°分带。

2. 基础地理信息矢量图

分幅扫描宁夏1:5万地形图，300DPI，TIFF格式，在ArcGIS平台下分层矢量，然后进行接边、裁剪和属性赋值，生成宁夏基础地理信息矢量化图。在此基础上，进一步应用Spot5卫星遥感影像（2.5 m分辨率）和GPS对基础地理信息矢量化图进行更新绘制。最终生成包括居民驻地（省、市、县、乡镇、行政村、自然村驻地）、水系（河流、水库、渠道、排水沟等）、道路（国道、省道、县道、乡道）、等高线、高程点等在内的宁夏基础地理信息。坐标系同上。

3. 土地利用现状矢量图

基于宁夏第二次土地利用调查结果矢量化图（2009年），利用Spot5卫星遥感影像（2.5m分辨率）和GPS对其进行更新绘制，生成宁夏土地利用现状图。土地利用分类标准采用《第二次全国土地调查土地利用现状分类》，坐标系同上。

4. 土壤矢量图

分幅扫描1:5万宁夏第二次土壤普查图，300DPI，TIFF格式，在ArcGIS平台下进行矢量（坐标系同上），然后进行接边、裁剪和属性赋值，属性包括图斑土壤原始代码、省（区）土壤类、亚类、属、种名称与代码，中国土壤纲、亚纲、类、亚类、属、种名称与代码、耕层质地、剖面构型、质地构型、障碍层等。土壤类型命名及编码规则依据是《中国土壤分类与代码 GB/T 17296-2009》。宁夏耕地土壤有6个土纲、6个亚纲、8个土类、19个亚类、34个土属、108个土种。

5. 土样点空间分布矢量图

将宁夏22个县（市、区）县域耕地地力评价土样点、宁夏耕地质量长期定位监测点、宁夏土种专项调查土样点、中国科学院南京土壤研究所宁夏土壤调查样点，共67702个土样数据，统一坐标系（坐标系同上）和字段属性后，导入GIS平台，并基于GIS空间分析工具，剔除坐标位置偏移样点；基于统计分析工具和经验数据，剔除属性异常数据。经过筛选,最终确定参与宁夏省级耕地地力评价共有 52082 个土样点。

6. 盐渍化分布矢量图

应用近年宁夏各县(市、区)春季土壤盐渍化调查样点测试数据及调查结果,对宁夏 2006 年耕地盐渍化遥感调查结果图进行更新,生成宁夏耕地盐渍化分布图。

7. 灌排分区矢量图

扫描宁夏水利现状及规划图,300DPI,TIFF 格式,在 ArcGIS 平台下进行矢量(坐标系同上),灌排能力分级标准采用《耕地地力评价数据库字典》相关规定。

8. 土壤养分分布栅格图

在 ArcGIS 平台下,基于参与宁夏省级耕地地力评价 52028 土样点数据,应用地统计学分析模块 Kriging 插值方法,生成宁夏耕地有机质、有效磷、速效钾、全氮、碱解氮、全盐、pH 及微量元素空间分布栅格图。栅格图采用为 GRID 格式,坐标系同上。

9. 数字高程图

分幅扫描宁夏 1:5 万地形图,300DPI,TIFF 格式,应用 ArcScan 分层矢量等高线和高程点,然后进行接边、裁剪和属性赋值,生成宁夏数字高程图,坐标系同上。在此基础上,应用地理信息系统空间分析模块生成坡度图。

10. 年均降水等值线图

扫描宁夏年均降水等值线图,300DPI,TIFF 格式,在 ArcGIS 平台下进行矢量(坐标系同上)和属性赋值,生成宁夏多年平均降水等值线矢量图。

(三)专题信息数据库

耕地地力评价专题信息数据库包括土地利用现状、耕地盐渍化分布、土壤类型分布(含土壤耕层质地、质地构型、剖面构型、成土母质、障碍类型、有效土层厚度等)、田面坡度、降雨量、灌溉保证率、耕地地力评价土样分布点位,耕地土壤养分分布和耕地资源管理单元数据库等。

1. 土地利用现状数据库

基于宁夏土地利用现状矢量图(矢量图层代码是 LU101,要素类型为多边形),应用《第二次全国土地调查土地利用现状分类》标准,建立土地利用现状属性数据库,库结构见表 6-10。

表 6-10 宁夏土地利用现状属性数据库结构

字段名	类型	长度	量纲	备注
地类号	N	3	无	《第二次全国土地调查土地利用现状分类》三级编码,如灌溉水田-111,水浇地-113…等
地类名称	C	16	无	《第二次全国土地调查土地利用现状分类》三级名称,如灌溉水田、水浇地、园地等
实体面积	N	6	亩	
平差面积	N	6	亩	

2. 土壤数据库

基于宁夏土壤矢量图(土壤矢量图层代码是 SB101,要素类型为多边形),依据中国土壤分类与代码(GB 17296-2009)及有关标准,建立宁夏耕地土壤属性数据库,库结构见表 6-11。

表 6-11　宁夏土壤属性数据库结构

字段名	类型	长度	量纲	备注
土壤类型编码	N	8	无	中国土壤分类与代码(GB 17296-2009)
土壤类型名称	C	20	无	中国土壤分类与代码(GB 17296-2009)
土壤亚类编码	N	8	无	中国土壤分类与代码(GB 17296-2009)
土壤亚类名称	C	20	无	中国土壤分类与代码(GB 17296-2009)
土属编码	N	8	无	中国土壤分类与代码(GB 17296-2009)
土属名称	C	20	无	中国土壤分类与代码(GB 17296-2009)
土种编码	N	8	无	中国土壤分类与代码(GB 17296-2009)
十种名称	C	20	无	中国土壤分类与代码(GB 17296-2009)
耕层质地编码	C	7	无	国际制土壤质地数据编码
耕层质地名称	C	16	无	国际制土壤质地中文名称
质地构型编码	C	10	无	《中国土种志》土壤质地构型编码
质地构型名称	C	8	无	《中国土种志》土壤质地构型名称
剖面构型编码	C	18	无	《中国土种志》土壤剖面构型编码
剖面构型名称	C	10	无	《中国土种志》土壤剖面构型名称
成土母质编码	C	8	无	土壤调查与制图(第二版)农业出版社
成土母质名称	C	30	无	残积物、冲积物、洪积物、灌溉淤积物等
障碍类型编码	C	7	无	县域耕地资源管理信息系统数据字典定义
障碍类型名称	C	16	无	无明显障碍、灌溉改良型、盐碱耕地型、坡地梯改型、沙化耕地型、障碍层次型、瘠薄培肥型
土层厚度	N	6	cm	
实体面积	N	6	亩	

3. 土壤盐渍化分布数据库

基于宁夏耕地土壤盐渍化矢量图(土壤盐渍化分布矢量图层代码 SS101,要素类型为多边形),采用《宁夏第二次土壤普查盐渍化分级标准》,建立宁夏耕地土壤盐渍化分布属性数据库,库结构见表 6-12。

4. 灌溉分区库

基于宁夏灌溉分区矢量图(灌溉分区矢量图代码是 LM102,要素类型为多边形),采用《耕地地力评价指南》数据库建立规范,建立宁夏灌溉分区属性数据库,库结构见表 6-13。

表 6-12　宁夏耕地土壤盐渍化分布属性数据库结构

字段名	类型	长度	量纲	备注
盐渍程度编码	C	2	无	非盐渍化-0、轻度盐渍化-Ⅰ、中度盐渍化-Ⅱ、重度盐渍化-Ⅲ、潜在盐渍化-Ⅳ、盐碱荒地-Ⅴ
盐渍程度	C	10	无	非盐渍化、轻度盐渍化、中度盐渍化、重度盐渍化、潜在盐渍化、盐碱荒地
实体面积	N	6	亩	

表 6-13　宁夏灌溉分区属性结构

字段名	类型	长度	量纲	备注
灌溉水源编码	C	6	无	县域耕地资源管理信息系统数据字典
灌溉水源	C	40	无	河流、水库、深层地下水、旱井、无等
灌溉方法编码	C	6	无	县域耕地资源管理信息系统数据字典
灌溉方法	C	30	无	漫灌、沟灌、喷灌、滴灌、管灌、无等
输水方式编码	C	6	无	县域耕地资源管理信息系统数据字典
输水方式	C	8	无	自流、土渠、衬渠、U 渠、管道灌等
灌溉条件编码	C	6	无	县域耕地资源管理信息系统数据字典
灌溉条件	C	4	无	充分满足、一般满足、基本满足、无
灌溉保证率	N	3	%	
实体面积	N	6	亩	

5. 田面坡度数据库

基于宁夏数字高程图和坡度矢量图(坡度矢量图代码是 GE201,要素类型为多边形),采用《第二次全国土地调查土地利用现状分类》田面坡度分级标准,建立宁夏耕地田面坡度数据属性数据库,库结构见表 6-14。

表 6-14　宁夏耕地田面坡度属性数据库结构

字段名	类型	长度	量纲	备注
田面坡度	C	11	度	≤2°,2°~6°,6°~15°,15°~25°,>25°

6. 年均降水等值线数据库

基于宁夏降水空间分布矢量图(矢量图代码 CW103,要素类型为线),对应其等值线标注值,建立宁夏多年平均降水分布属性数据库,结构见表 6-15。

表 6-15　宁夏耕地田面坡度属性数据库结构

字段名	类型	长度	量纲	备注
年均降雨量	N	6	mm	

7. 耕地地力土样调查点数据库

基于宁夏耕地地力评价土样空间分布矢量数据(耕地地力土样调查点矢量图代码是 SB302,要素类型为点),通过唯一字段,连接测土配方施肥数据管理系统(Ver 1.2.0.1)中测土配方施肥采样地块基本情况调查表和测土配方施肥土壤测试结果汇总表,构建土样点属性数据库。耕地地力土样调查点属性数据库结构见表6-16。

表6-16 宁夏耕地地力土样调查点数据库结构

字段名	类型	宽度	量纲	备注
野外编号	N	7	无	第1~2位为乡镇代码,第4~7位为顺序号
统一编号	C	19	无	全国统一编码
乡(镇)名称	C	30	无	采样点所在的乡或相当于乡的行政区划名称,名称后面同一加"乡"、"镇"字样。
村组名称	C	30	无	采样点所在的村或相当于村的行政区划名称,名称后面统一加"村"字样
农户名称	C	30	无	
北纬	N	8	度	根据GPS定位信息填写,如:39.36789
东经	N	9	度	根据GPS定位信息填写,如:117.47832
海拔	N	6	m	可根据GPS定位信息填写
地貌类型	C	18	无	山地、丘陵、岗地、平原等
通常地下水位	N	4	cm	具体数字,不填范围
农田基础设施	C	8	无	完全配套、配套、基本配套、不配套、无设施
排水能力	C	50	无	强、较强、中、较弱、弱
灌溉能力	C	50	无	保灌、能灌、可灌、无灌、不需
水源条件	C	8	无	河水、水库、井水、湖水、塘堰、集水窖坑、无
输水方式	C	20	无	自流、提水、土渠、衬渠、U型槽、固定管道、移动管道、简易管道、直灌、无
灌溉方式	C	8	无	漫灌、畦灌、喷灌、滴灌、渗灌、沟灌、膜灌、无
典型种植制度	C	10	无	稻、麦、玉、麦-玉等
常年产量水平	N	4	千克/亩	是前三年的平均产量水平;种植其他作物的,折算成全年粮食产量
土类	C	30	无	中国土壤分类与代码
亚类	C	30	无	中国土壤分类与代码
土属	C	30	无	中国土壤分类与代码
土种	C	30	无	中国土壤分类与代码
俗名	C	30	无	当地群众通俗名称
成土母质	C	30	无	土壤调查与制图(第二版)农业出版社
土壤结构	C	30	无	团粒状、微团粒、块状、团块状、核状、柱状、粒状、棱柱状、片状、鳞片状等

续表

字段名	类型	宽度	量纲	备注
剖面构型	C	20	无	《中国土种志》土壤剖面构型名称
土壤质地	C	10	无	国际制土壤质地中文名称
障碍因素	C	20	无	无明显障碍、灌溉改良型、渍潜稻田型、盐碱耕地型、坡地梯改型、渍涝排水型、沙化耕地型、障碍层次型、瘠薄培肥型
盐渍化程度	C	20	无	非盐渍化、轻度盐渍化、中度盐渍化、重度盐渍化、潜在盐渍化、盐碱荒地
耕层厚度	N	2	cm	
代表面积	N	5	亩	
pH	N	4	无	
水溶性盐分总量	N	5	g/kg	
有机质	N	7	g/kg	
全氮	N	7	g/kg	
碱解氮	N	4	mg/kg	
有效磷	N	5	mg/kg	
速效钾	N	8	mg/kg	
有效锌	N	5	mg/kg	
有效铁	N	5	mg/kg	
有效铜	N	5	mg/kg	
有效锰	N	5	mg/kg	

8. 土壤养分分布数据库

应用 ArcGIS 空间分析模块(Spatial Analyst),将耕地地力土样调查点数据库中有机质、全氮、碱解氮、有效磷、速效钾、全盐、pH 空间分布数据,采用反距离权重插值法(IDW),分别生成有机质、全氮、碱解氮、有效磷、速效钾、全盐、pH 分布栅格图(GRID 格式),再分别将其与土地利用现状图叠加,应用区域统计功能(Zonal Statistics),生成土壤养分分布图(图层代码是 SP203,要素类型为多边形)。土壤养分分布属性数据库结构见表6-17。

(四)耕地资源管理单元数据库

耕地地力评价单元是具有专门特征的耕地单元,在评价系统中是用于制图的区域,在生产上用于实际的农事管理单元,是耕地地力评价的基础。耕地评价管理单元数据库的建立是基于耕地地力评价各指标对应的专题图空间叠加分析而生成。

基于 ArcGIS 平台,采用空间信息提取方法(Extract),从土地利用现状图中提取耕地分布图。再采用空间叠加分析方法(intersect),将行政区图、耕地分布图、土壤图、盐渍化分布图、土壤养分分布图逐一叠加相交,对细碎图斑,采用合并小多边形方法(Eliminate),

表 6-17　宁夏土壤养分分布属性数据库结构

字段名	类型	宽度	量纲代码	备注
地块编号	C	8	无	地类号+顺序号
pH	N	4	无	
水溶性盐分总量	N	5	g/kg	
有机质	N	7	g/kg	
全氮	N	7	g/kg	
碱解氮	N	4	mg/kg	
有效磷	N	5	mg/kg	
速效钾	N	8	mg/kg	
有效锌	N	8	mg/kg	
有效铜	N	8	mg/kg	
有效铁	N	8	mg/kg	
有效锰	N	8	mg/kg	
有效硼	N	8	mg/kg	
有效钼	N	8	mg/kg	

进行合并,最终生成耕地资源管理单元空间数据库和属性数据库。耕地资源管理单元矢量图层格式是 shp 格式,图层代码为 LM301,要素类型为多边形,属性数据库结构见表 6-18。

表 6-18　宁夏耕地资源管理单元属性数据库结构

字段名	类型	宽度	量纲	备注
地类号	N	3	无	国《第二次全国土地调查土地利用现状分类》三级编码,如灌溉水田–111,水浇地–113…等
地类名称	C	16	无	《第二次全国土地调查土地利用现状分类》三级名称,如灌溉水田、水浇地、园地、有林地等
县内行政区划编码	C	6	无	国家统计局"统计上使用的县以下行政区划代码编制规则"编码
行政单位名称	C	40	无	国家基础信息标准(GB/T 13923–92)
县土壤代码	N	8	无	第二次土壤普查宁夏土壤分类编码
县土壤名称	C	20	无	第二次土壤普查宁夏土壤分类名称
省土壤代码	N	8	无	土壤类型国标分类系统编码
省土壤名称	C	20	无	土壤类型国标分类系统名称
土壤亚类编码	N	8	无	国标分类系统编码
土壤亚类名称	C	20	无	国标分类系统名称
土属编码	N	8	无	国标分类系统编码

续表

字段名	类型	宽度	量纲	备注
土属名称	C	20	无	国标分类系统名称
土种编码	N	8	无	国标分类系统编码
土种名称	C	20	无	国标分类系统名称
表层质地编码	C	7	无	国际制土壤质地数据编码
表层质地名称	C	16	无	国际制土壤质地中文名称
质地构型编码	C	10	无	《中国土种志》土壤质地构型编码
质地构型名称	C	8	无	《中国土种志》土壤质地构型名称
剖面构型编码	C	18	无	《中国土种志》土壤剖面构型编码
剖面构型名称	C	10	无	《中国土种志》土壤剖面构型名称
成土母质编码	C	8	无	《土壤调查与制图》(第二版)农业出版社
成土母质名称	C	30	无	残积物、冲积物、洪积物、灌溉淤积物等
障碍类型编码	C	7	无	县域耕地资源管理信息系统数据字典定义
障碍类型名称	C	16	无	无明显障碍、灌溉改良型、盐碱耕地型、坡地梯改型、沙化耕地型、障碍层次型、瘠薄培肥型
土层厚度	N	5	cm	
盐渍程度	C	10	无	非盐渍化、轻度盐渍化、中度盐渍化、重度盐渍化、盐碱荒地
灌溉能力	C	50	无	保灌、能灌、可灌、无灌、不需
降雨量	N	6	mm	
pH	N	4	无	
水溶性盐分总量	N	5	g/kg	
有机质	N	7	g/kg	
全氮	N	7	g/kg	
碱解氮	N	4	mg/kg	
有效磷	N	5	mg/kg	
速效钾	N	8	mg/kg	
实体面积	N	6	亩	
平差面积	N	6	亩	

第三节 耕地地力等级评价方法

耕地地力是由耕地土壤的地形地貌条件、成土母质特征、农田基础设施及培肥水平、土壤理化性状等综合因素构成的耕地生产能力。耕地地力评价是根据影响耕地地力的基本因子对耕地的基础生产能力进行的评价。通过耕地地力评价可以掌握自治区耕地地力状况及分布，摸清影响宁夏耕地综合生产能力的主要障碍因素，提出有针对性的对策措施与建议，对进一步加强耕地质量建设与管理，保障国家粮食安全和农产品有效供给具有十分重要的意义。

一、评价原则与依据

（一）评价原则

1. 综合因素研究与主导因素分析相结合原则

耕地是一个自然经济综合体，耕地地力也是各类要素的综合体现，因此，对耕地地力的评价涉及耕地自然、气候、管理等诸多要素。综合因素研究是指对耕地土壤立地条件、气候因素、土壤理化性状、土壤管理、障碍因素等相关社会经济因素进行全面的研究、分析与评价，以全面了解耕地状况。主导因素是指对耕地地力起决定作用的、相对稳定的因子，在评价中对其进行重点研究分析。只有把综合因素与主导因素结合起来，才能对耕地地力做出更加科学的评价。

2. 共性评价与专题研究相结合原则

宁夏耕地利用方式有水浇地、旱地等多种类型，土壤理化性状、环境条件、管理水平不一，因此，其耕地地力水平有较大的差异。一方面，考虑耕地地力的系统性、可比性，应在不同的耕地利用方式下，进行统一的评价指标和标准，即耕地地力的评价不针对某一特定的利用方式。另一方面，为了解不同利用类型耕地地力状况及其内部的差异，根据农业生产实践的需要，对宁夏耕地土壤盐渍化和中低产田等进行专题性深入研究。通过对耕地共性评价与专题研究相结合，可使评价成果具有更大的应用价值。

3. 定量分析与定性评价相结合原则

耕地系统是一个复杂的灰色系统，定量和定性要素共存，相互作用，相互影响。为了保证评价结果的客观合理，采用定量和定性评价相结合的方法。首先，采用定量评价方法，对可定量化的评价指标如有机质等养分含量、有效土层厚度等按其数值参与计算。对非数量化的定性指标如耕层质地、灌溉能力等则通过数学方法进行量化处理，确定其相应的指数，以尽量避免主观人为因素影响。在评价因素筛选、权重分析、隶属函数建立、等级划分等评价过程中，尽量采用定量化数学模型，在此基础上充分应用人工智能与专家知识，做到定量与定性相结合，保证评价结果准确合理。

4. 3S 信息自动化评价方法原则

自动化、定量化的评价技术方法是当前耕地地力评价的重要方向之一。近年来，随着计算机技术，特别是 GIS 技术在耕地地力评价中的不断发展和应用，基于 GIS 技术进行自动定量化评价方法已不断成熟，使评价精度和效率都大大提高。本次评价采用现势性的卫星遥感数据提取和更新耕地资源现状信息，提高数据库建立、评价模型与 GIS 空间叠加等分析模型的结合，实现了评价流程的全程数据化、自动化，在一定程度上代表了当前耕地地力评价的最新技术。

5. 可行性与实用性相结合原则

从可行性角度出发,宁夏耕地地力评价的主要基础数据为自治区各县耕地地力评价成果。在对各县耕地地力各类基础信息筛选审核的基础上,最大程度利用各县原有数据与图件信息;同时,为使自治区级耕地地力评价成果与各县评价成果有效衔接和对比,自治区级耕地地力评价方法与各县耕地地力评价方法保持相对一致。从实用性角度出发,为确保评价结果科学准确,评价指标针对农业生产实际,选取考虑了独立性和易获取性,体现评价实用目标,使评价成果在耕地资源的利用管理和农作物生产中发挥切实指导作用。

(二)评价依据

耕地地力是耕地本身的生产能力,因此,耕地地力评价主要依据与此相关的各类自然和社会经济要素。具体包括三个方面。

1. 自然环境要素

耕地地力自然环境主要包括耕地所处的地形地貌条件、水文地质条件、成土母质条件等。耕地所处的自然环境条件对耕地地力具有重要影响。

2. 土壤理化要素

耕地地力的理化要素主要包括土壤剖面与土体构型、土壤质地等物理性状,土壤有机质、氮、磷、钾等主要养分,全盐、pH、微量元素等化学性状等。耕地土壤理化性状不同,其耕地地力也存在较大的差异。

3. 农田基础设施与管理水平

农田基础设施与管理水平主要包括耕地的灌溉排水能力、利用方式、培肥管理等。良好的农田基础设施与较高的管理水平对耕地地力的提升具有重要的作用。

综上所述,确定耕地地力评价指标,必须围绕耕地生产潜力及其影响土壤实现潜力的特征指标,这些特征指标是客观的、可以度量的。宁夏耕地地力评价指标是从《耕地地力调查与质量评价技术规程(NY/T 1634–2008)》"中规定的 66 个评价指标筛选确定的(见表 6–19)。

表 6–19　全国耕地地力调查与质量评价指标

序号	指标	序号	指标	序号	指标
1	种植制度	23	排涝模数	45	CEC
2	设施类型	24	抗旱能力	46	有机质
3	≥0℃积温	25	排涝能力	47	全氮
4	≥10℃积温	26	林地覆盖率	48	有效磷
5	年降水量	27	梯田类型	49	缓效钾
6	全年日照时数	28	梯田熟化年限	50	速效钾
7	光能辐射总量	29	土壤侵蚀类型	51	有效锌
8	无霜期	30	土壤侵蚀程度	52	水溶态硼

9	干燥度	31	剖面构型	53	有效硅
10	东经	32	质地构型	54	有效钼
11	北纬	33	有效土层厚度	55	有效铜
12	海拔	34	耕层厚度	56	有效锰
13	坡度	35	腐殖层厚度	57	有效铁
14	坡向	36	障碍层类型	58	交换性钙
15	地貌类型	37	障碍层出现位置	59	交换性镁
16	地形部位	38	障碍层厚度	60	有效硫
17	地面破碎情况	39	水型	61	盐化类型
18	地表岩石露头状况	40	成土母质	62	1 m 土层含盐量
19	地表砾石度	41	质地	63	耕层土壤含盐量
20	田面坡度	42	容重	64	潜水埋深
21	灌溉保证率	43	田间持水量	65	旱季地下水位
22	灌溉模数	44	pH	66	地下水矿化度

二、评价方法与评价流程

(一)评价方法

宁夏耕地地力评价采用层次分析模型构建评价体系,其中耕地地力等级作为评价目标层(或 A 层),指标分类作为中间层(准则层或 B 层),具体评价因子作为指标层(因素层或 C 层),如此构建的层次分析模型能很好反映耕地地力的定性和定量综合因素的影响。

在耕地地力评价的各项指标中,每一种因素对耕地地力的影响是复杂的,而且因素之间是相互制约,但是各自对耕地地力的影响强度大小不一。在层次分析之前,首先必须考虑采用哪些指标最能反映耕地地力差异,还要考虑不同指标的相对重要性,构建评价指标体系。

耕地地力评价的指标集,共分为气象、立地条件、剖面性状、耕层理化性状、耕层养分性状、障碍因素和土壤管理 7 个类别共 66 个评价指标。评价过程中需要专家结合宁夏耕地地力评价需要,筛选合适的指标。

选择评价指标后,对各评价指标的相对重要性进行打分并归一化,建立层次结构。层次分析运算前,首先为中间层和指标层构造判断矩阵,矩阵包括若干中间层的权重和分类指标中各个指标的归一化数值(隶属函数)和权重,再用积分法计算出矩阵的最大特征根和对应的特征向量,并分别对中间层和同一分类指标进行一致性检验,当一致性系数<1.0 时,说明一致性较好,权重匹配合理。通过层次单元排序及其一致性检验、层次总排序及其一致性检验得出各因子的组合(综合)权重。

组合权重的意义对不同评价对象是不同的,在耕地地力评价中组合权重定义为各评

价单元耕地地力综合指数 IFI,表示为:

$$IFI = \sum F_i \times C_i B_i (i=1,2,3,\cdots,n)$$

其中,F_i 为第 i 个要素评分值;$C_i B_i$ 代表第 i 个要素的组合权重。

综合指数值与耕地地力等级的关系,可以采用等距分级法、累积曲线法,在耕地地力等级的实际划分时,这两种方法均有不足。等距分级忽略了综合指数中所包含的不同指标的非线性特征、边界模糊特征;累积曲线法的划分需要在曲线中找到多个等级拐点,否则会增加随意性。利用计算获得的耕地地力综合指数数据集,由中间向高低两侧等距离划分等级,主要优点是取值客观,符合耕地地力高、中、低相对分配规律,等级划分比较科学,符合实际。

(二)评价流程

耕地地力评价包括相关图件与数据的收集整理、评价单元确定及空间数据库和属性数据库建立、评价指标选择、评价因子权重确定、评价因子定量化与归一化、耕地地力综合指数计算与分级、评价结果与分析几个阶段。耕地地力评价流程见图 6-1。

三、评价单元确定

(一)评价单元划分原则

评价单元是由耕地地力具有关键影响的各要素组成的空间实体,是耕地地力评价的最基本单位、对象和基础图斑。同一评价单元内的耕地自然基本条件、个体属性和经济属性基本一致。不同评价单元之间,既有差异性,又有可比性。耕地地力评价就是要通过对每个评价单元的评价,确定其地力等级,把评价结果落实到实地和编绘的耕地地力等级分布图上。因此,评价单元划分的合理与否,直接关系到评价结果的正确性。评价单元的划分遵循以下原则:

1. 因素差异性原则

影响耕地地力的因素很多,但各因素的影响程度不尽相同。在某一区域内,有些因素对耕地地力起决定性影响,区域内变异较大,如土壤盐渍化;而另一些因素的影响较小,且指标变化不大,如土壤质地。因此,应结合实际情况,选择在区域内差异明显的主导因素作为划分评价单元的基础,如土壤条件、灌排条件等。

2. 相似性原则

评价单元内部的自然因素、社会因素和经济因素应相对均一;单元内同一因素的分值差异应满足相似性统计检验。

3. 边界完整性原则

耕地地力评价单元要保证边界闭合,形成封闭的图斑,同时对面积过小的零碎图斑进行适当归并。

(二)评价单元建立

宁夏耕地地力评价单元的划分是基于耕地地力关键影响因素的组合叠置方法进行

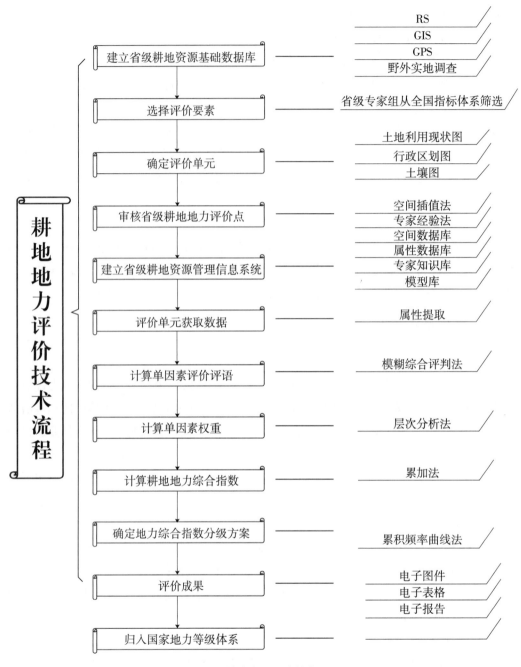

图 6-1　耕地地力评价技术流程

划分,即采用土壤图、耕地利用现状图和行政区划图的组合叠置划分法,相同土壤单元、耕地利用现状及行政区的地块组成一个评价单元,即"耕地利用现状—土壤类型—行政区划"的格式。同一评价单元内的土壤类型相同,利用方式相同,所属行政区相同,交通、水利、经营管理方式等基本一致。用这种方法划分评价单元,可以反映单元之间的空间差异性,既保障了土壤基本性质的均一性,又保障了土壤类型的地域边界线,使评价结果更具综合性、客观性，并能使评价结果落到实地。

通过图件的叠置和检索，自治区耕地地力评价共划分评价单元 133408 个，编制形成了宁夏耕地地力评价单元图。

（三）评价单元赋值

宁夏耕地地力评价单元赋值采取将评价单元与各专题图件叠加采集各参评因素的方法。具体做法一是按唯一标识原则为评价单元编号；二是对各评价因子进行处理，生成评价信息空间数据库和属性数据库，对定性因素进行量化处理，对定量数据插值形成各评价因子专题图；三是将各评价因子专题图分别与评价单元图进行叠加；四是以评价单元为依据，对叠加后形成的图形属性库进行"属性提取"操作，以评价单元为基本统计单元，按面积加权平均汇总各评价单元对应的所有评价因子的分值。

宁夏耕地地力评价构建了由灌溉能力、剖面构型、耕层质地、质地构型、盐渍化程度、地面坡度、有机质、有效磷、速效钾等评价因素组成的评价指标体系，将各因素赋值给评价单元。具体步骤：一是灌溉能力、盐渍化、降水量、剖面构型、质地构型均有各自的专题图，直接将专题图与评价单元进行叠加获取相关数据。二是耕层质地、地面坡度、有效土层厚度 3 个定性因子，采取"以点带面"方法，将点位中的属性联入评价单元图；三是有机质、有效磷、速效钾 3 个定量因子，采用反距离加权空间插值法将点位数据转为栅格数据，再叠加到评价单元图上。

经过以上步骤，得到以评价单元为基本单元的评价信息库。单元图形与相应的评价属性信息相连，为后续的耕地地力评价奠定了基础。

四、评价指标选取

（一）指标选取原则

正确进行参评指标选取是科学评价耕地地力的前提，直接关系到评价结果的正确性、科学性和社会可接受性。选取的指标之间应该相互补充，上下层次分明。指标选取的主要原则：

1. 科学性原则

参评的指标体系能够客观反映耕地综合地力的本质及其复杂性和系统性。选取的评价指标既需要考虑全自治区内降水、地形等大尺度变异因素，又要选择与耕地生产潜力相关的其他因素，例如，灌溉条件、剖面构型等，从而保障评价的科学性。

2. 综合性原则

指标体系要反映出影响因素的主要属性及相互关系。评价因素的选择和评价标准的确定要考虑宁夏当地的自然地理特点和社会经济因素及其发展水平，既要反映当前的局部和单项特征，又要反映长远的、全局的和综合的特征。本次评价选取了土壤理化性状、立地条件、土壤管理等方面的相关因素，形成了综合性的评价指标体系。

3. 主导型原则

耕地地力是一个非常复杂的系统,要把握其基本特征,选出有代表性的起主导作用的指标。指标概念明确,简单易行。各指标之间含义各异,没有重复。选取的因子对耕地地力有比较大的影响,如灌溉能力,盐渍化等。

4. 可比性原则

由于耕地系统中各个因素具有很强的时空差异,因而评价指标体系在空间分布上应具有可比性,选取的评价因子在评价区域内的变异较大,数据资料应具有较好的时效性。

5. 可操作性原则

各评价指标数据具有可获得性,易于调查、分析、查找或统计,有利于高效准确完成地力评价。

(二)选取评价指标

在层次分析之前,根据宁夏农业生产实际和自然条件,在宁夏涉农部门选择多名既具有丰富基层工作经验又有扎实基础理论的农业专家,采用特尔非法(Delphi)(技术流程见图6-2),筛选宁夏耕地地力评价指标。

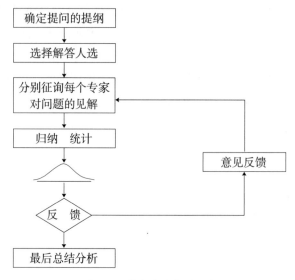

图6-2 特尔斐法(Delphi)

依据耕地地力评价规范和特尔斐法评定,在全国耕地地力评价指标中选取了土壤有机质含量、有效磷含量、速效钾含量、盐渍化等级、耕层质地、质地构型、剖面构型、田面坡度、土层厚度、降水量、灌溉条件共11个指标作为宁夏省级耕地地力评价指标。

(三)构建评价指标体系

层次分析方法(AHP)的基本原理是把复杂问题中的各个因素按照相互之间的隶属关系排成从高到低的若干层次,并根据对客观现实的判断就同一层次相对重要性相互比较,决定各层次各元素重要性先后次序。AHP首先把问题层次化,然后根据问题的性质,将其分解为不同的组成因素,并根据因素间的相互关联影响以及隶属关系,将各因素按不同层次聚合,形成一个层次分析模型。层次模型一般分为三个层次,即目标层、准则层和指标层。

根据层次分析结构和遴选出的耕地地力评价指标,构建宁夏耕地地力评价层次分析结构(见图6-3)。

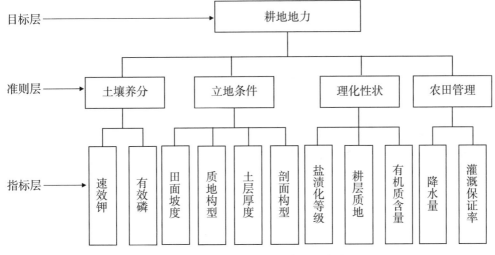

图6-3 宁夏耕地地力评价层次模型

五、评价指标权重确定

在耕地地力评价中,需要根据各参评因素对耕地地力的贡献确定权重。宁夏耕地地力评价采用了特尔斐(Delphi)法与层次分析(AHP)法相结合的方法确定各参评因素的权重。

（一）构造判断矩阵

根据专家经验,确定准则层对目标层,及指标层对准则层的相对重要性,构成以下判断矩阵见表6-20。

表6-20 宁夏耕地地力评价目标层判断矩阵

准则层	土壤养分 B_1	立地条件 B_2	理化性状 B_3	农田管理 B_4
土壤养分 B_1	1.0000	0.2857	0.3333	0.3030
立地条件 B_2	3.5000	1.0000	1.1669	1.0604
理化性状 B_3	3.0000	0.8570	1.0000	0.9091
农田管理 B_4	3.3000	0.9430	1.1100	1.0000

判断矩阵中的 a_{nn} 是评价指标的标度值,标度值含义见表6-21。判断矩阵标度值是采用特尔斐法(即多轮次专家背靠背"打分"法)获得的。

（二）层次单排序及一致性检验

依据目标层判断矩阵,在《省级耕地资源管理信息系统》计算耕地地力评价准则层四个指标的权重系数。计算结果如下:

表 6-21 判断矩阵标度及其含义

标度	含义
1	表示两个因素相比,具有同样重要性
3	表示两个因素相比,一个因素比另一个因素稍微重要
5	表示两个因素相比,一个因素比另一个因素明显重要
7	表示两个因素相比,一个因素比另一个因素强烈重要
9	表示两个因素相比,一个因素比另一个因素极端重要
2,4,6,8	上述两相邻判断的中值
倒数	因素 i 与 j 比较得判断 b_{ij},则因素 j 与 i 比较的判断 $b_{ji}=1/b_{ij}$

特征向量:[0.0926,0.3241,0.2778,0.3056]

最大特征根为:4.0

CI=0

RI=.90

CR=CI/RI=0.0 < 0.1

一致性检验通过。

计算结果表明:耕地地力评价准则层四个指标对耕地评价目标层的影响权重排序是立地条件>农田管理>理化性状>土壤养分。立地条件对目标层影响权重占 32.41%,农田管理占 30.56%、理化性状占 27.78%、土壤养分占 9.26%。

1. 土壤养分准则层判断矩阵及排序

土壤养分准则层判断矩阵见表 6-22。

表 6-22 土壤养分准则层判断矩阵

准则层	速效钾含量 C_1	有效磷含量 C_2
速效钾含量 C_1	1.0000	0.3333
有效磷含量 C_2	3.0000	1.0000

依据土壤养分准则层判断矩阵,在《省级耕地资源管理信息系统》计算耕地地力评价土壤养分准则层两个指标的权重系数。计算结果如下:

特征向量:[0.75,0.25]

最大特征根为:2.0

CI=0

RI=0

CR=CI/RI=0.00 < 0.1

一致性检验通过。

计算结果表明:土壤养分准则层两个指标对土壤养分影响权重排序是有效磷含量>速效钾含量。有效磷含量对土壤养分影响权重占 75%,速效钾含量占 25%。

2. 立地条件准则层判断矩阵及排序

立地条件准则层判断矩阵见表6-23。

表6-23 立地条件准则层判断矩阵

准则层	田面坡度 C_3	质地构型 C_4	有效土层厚度 C_5	剖面构型 C_6
田面坡度 C_3	1.0000	4.0000	1.0000	1.3333
质地构型 C_4	0.2500	1.0000	0.2500	0.0833
有效土层厚度 C_5	1.0000	4.0000	1.0000	0.3333
剖面构型 C_6	0.7500	3.0000	0.7500	0.2500

依据立地条件准则层判断矩阵,在《省级耕地资源管理信息系统》计算耕地地力评价立地条件准则层四个指标的权重系数。计算结果如下:

特征向量:[0.3333,0.08333,0.3333,0.2500]

最大特征根为:4.0

CI=0

RI=0.9

CR=CI/RI=0.00< 0.1

一致性检验通过。

计算结果表明:立地条件准则层四个指标对立地条件影响权重排序是田面坡度与土层厚度位居其首,对立地条件的影响权重均为33.33%;剖面构型居次,影响权重为25.00%;影响最小的是质地构型,权重为8.33%。

3. 理化性状准则层判断矩阵及排序

理化性状准则层判断矩阵见表6-24。

表6-24 理化性状准则层判断矩阵

准则层	盐渍化等级 C_7	耕层质地 C_8	有机质含量 C_9
盐渍化等级 C_7	1.0000	2.5000	5.0000
耕层质地 C_8	0.4000	1.0000	2.0000
有机质含量 C_9	0.2000	0.5000	1.0000

依据理化性状准则层判断矩阵,在《省级耕地资源管理信息系统》计算耕地地力评价理化性状准则层三个指标的权重系数。计算结果如下:

特征向量:[0.6250,0.2500,0.1250]

最大特征根为:3.0

CI=0

RI=0.58

CR=CI/RI=0.00 < 0.1

一致性检验通过。

计算结果表明：理化性状准则层 3 个指标对理化性状影响权重排序是盐渍化等级>耕层质地>有机质含量。盐渍化等级对理化性状的影响权重为 62.5%，耕层质地权重为 25%，有机质含量权重为 12.5%。

4. 农田管理准则层判断矩阵及排序

农田管理准则层判断矩阵见表 6-25。

表 6-25　农田管理准则层判断矩阵

准则层	降水量 C_{10}	灌溉保证率 C_{11}
降水量 C_{10}	1.0000	0.3333
灌溉保证率 C_{11}	3.0000	1.0000

依据农田管理准则层判断矩阵，在《省级耕地资源管理信息系统》计算耕地地力评价农田管理准则层两个指标的权重系数。计算结果如下：

特征向量：$[0.75,0.25]$

最大特征根为：2.0

CI=0

RI=0

CR=CI/RI=0.00 < 0.1

一致性检验通过。

计算结果表明：农田管理准则层两个指标对农田管理影响权重排序是灌溉保证率>降水量；灌溉保证率对农田管理影响权重占 75%，降水量权重占 25%。

（三）各因子权重确定

综合目标层和准则层各指标技术权重系数计算结果，在《省级耕地资源管理信息系统》计算出宁夏耕地地力 11 个评价技术指标对耕地地力总体目标的影响权重（见表 6-26）。

表 6-26　宁夏耕地地力评价指标权重系数总排序

	土壤养分 0.0926	立地条件 0.3241	土壤理化性状 0.2778	农田管理 0.3056	组合权重 $\sum C_i A_i$
速效钾	0.2500				0.0231
有效磷	0.7500				0.0694
田面坡度		0.3333			0.1080
质地构型		0.0833			0.0270
有效土层厚度		0.3333			0.1080
剖面构型		0.2500			0.0810
盐渍化等级			0.6250		0.1736
耕层质地			0.2500		0.0694
有机质含量			0.1250		0.0374
降水量				0.2500	0.0764
灌溉保证率				0.7500	0.2292

计算结果表明:宁夏耕地地力 11 个评价技术指标对耕地地力影响权重排序是:灌溉率保证率(22.92%)>盐渍化等级(17.36%)>田面坡度(10.8%)=有效土层厚度(10.8%)>剖面构型(8.1%)>降水量(7.64%)>有效磷含量(6.94%)=耕层质地(6.94%)>有机质含量(3.74%)>质地构型(2.7%)>速效钾含量(2.31%)。

六、评价指标隶属度

宁夏耕地地力11 个评价指标分为定量指标和定性指标两大类。为了采用定量化的评价方法和自动化的评价手段,减少人为因素的影响,需要对其中定性因素进行定量化处理,且有些定量指标的度量单位及数值范围差异也非常大。所以必须要对定性指标进行定量化,对定量指标进行归一化,以求达到所有指标的统一性和可比性。评价指标的量化与归一化通常采用特尔斐法结合模糊隶属函数法。

(一)定性指标隶属度

定性指标的性状是定性的、综合的,与耕地地力之间是一种非线性关系。这类要素的评价可采用特尔斐法直接给出隶属度。

1. 盐渍化等级隶属度

根据土壤盐渍化对耕地地力和农作物生产影响,将盐渍化程度划分为不同的等级,并对各等级进行赋值量化处理。其隶属度专家评估值见表 6-27。

表 6-27　耕地土壤盐渍化等级隶属度专家评估值

盐渍化等级	非盐渍化	轻盐渍化	中盐渍化	潜盐渍化	重盐渍化
专家评分	1.00	0.90	0.70	0.85	0.50

2. 灌溉条件隶属度

考虑宁夏灌溉能力的总体状况,根据灌溉能力对耕地地力影响,按照灌溉能力对作物生产的满足程度划分为不同的等级,并赋予其相应的分值进行量化处理。结果见表 6-28。

表 6-28　灌溉条件隶属度专家评估值

灌溉条件	充分满足	基本满足	一般满足	无灌溉能力
专家评分	1.00	0.55	0.30	0.10

3. 降水量隶属度

考虑全自治区降水分布情况,根据降水量对耕地地力影响和降水量对农作物生长的影响,对不同降水量相应的赋值。见表 6-29。

表 6-29　降水量隶属度专家评估值

降水量（mm）	≤200	200~300	300~400	400~500	500~800	>800
专家评分	0.20	0.35	0.40	0.68	0.89	1.00

4. 田面坡度隶属度

根据田面坡度对耕地地力的影响,对不同田面坡度赋予相应的分值,结果见表6-30。

表6-30　田面坡度隶属度专家评估值

田面坡度	≤2°	2°~6°	6°~15°	15°~25°	>25°
专家评分	1.0	0.8	0.6	0.3	0.1

5. 质地构型隶属度

通过对不同质地构型进行逐一分析和比较,根据不同质地构型的耕地地力以及对农作物生长的影响,赋予各质地构型相应的分值。见表6-31。

表6-31　质地构型隶属度专家评估值

质地构型	通体壤	壤/沙	壤/黏	壤/砾	通体沙	沙/壤	沙/黏	沙/砾	通体黏	黏/壤	黏/沙	通体砾
专家评分	1.00	0.80	0.25	0.90	0.30	0.70	0.60	0.13	0.20	0.50	0.40	0.10

6. 有效土层厚度隶属度

根据有效土层厚度对耕地地力和农作物生长影响,对不同厚度有效土层赋予相应的分值,结果见表6-32。

表6-32　有效土层厚度隶属度专家评估值

有效土层厚度	≤30 cm	30~60 cm	60~100 cm	>100 cm
专家评分	0.3	0.5	0.8	1.0

7. 耕层质地隶属度

考虑不同质地类型的土壤肥力特征,及其与农作物生长发育的关系,赋予不同质地类别相应分值。其结果表6-33。

表6-33　耕层质地隶属度专家评估值

耕层质地	壤土	黏壤土	沙壤土	沙土	黏土	砾土
专家评分	1.0	0.8	0.7	0.5	0.3	0.1

8. 剖面构型隶属度

宁夏耕地土壤剖面构型变异复杂,通过对所有土壤剖面构型进行逐一分析和比较,根据不同剖面构型的耕地地力,以及不同剖面构型对农作物生长影响,赋予各剖面构型相应的分值。结果见表6-34。

表6-34　剖面构型隶属度专家评估值

剖面构型	分值	剖面构型	分值
A_{11}–A_{12}–AB–BK–C	0.83	A_{11}–Ap–AC–Cu	0.80
A_{11}–A_{12}–AB–BK–Ck	1.00	A_{11}–Ap–Cu	0.68
A_{11}–A_{12}–AC–C	0.81	A_{11}–At–AC–C_1	0.39

续表

剖面构型	分值	剖面构型	分值
$A_{11}-A_{12}-AC-C_1$	0.87	$A_{11}-Au-ACu-Cu$	0.56
$A_{11}-A_{12}-AC-C_1$	0.74	$A_{11}-BK-BC$	0.41
$A_{11}-A_{12}-AC-C_1-C_2$	0.97	$A_{11}-BK-BC-C$	0.64
$A_{11}-A_{12}-AC-C_1-C_2$	0.73	$A_{11}-BK-BCz$	0.25
$A_{11}-A_{12}-AC-C_{1u}-C_{2u}$	0.96	$A_{11}-BK-C$	0.29
$A_{11}-A_{12}-ACu-Cu$	0.79	$A_{11}-C$	0.53
$A_{11}-A_{12}2-BK-Ck$	0.98	$A_{11}-C_1-C_2$	0.50
$A_{11}-A_{12}-C_1-C_2$	0.88	$A_{11}-CD$	0.04
$A_{11}-A_{12}-C_{1u}-C_{2u}$	0.85	$A_{11}-Cu$	0.46
$A_{11}-A_{12p}-C_1-C_2$	0.86	$A_{11u}-A_{12u}-AC-C_{1u}-C_{2u}$	0.95
$A_{11}-A-AB-BK-C$	0.90	$A_{11u}-A_{12u}-C_{1u}-C_{2u}$	0.84
$A_{11}-A-AB-BK-Ck$	0.99	$A_{11uz}-A_{12uz}-AC-C_{1u}-C_{2u}$	0.22
$A_{11}-AB-BC$	0.37	$A_{11uz}-A_{12uz}-C_{1u}-C_{2u}$	0.19
$A_{11}-AB-BCu$	0.42	$A_{11z}-A_{12}-AC-C$	0.15
$A_{11}-AB-BK-BC-C$	0.66	$A_{11z}-A_{12}-BK-Ck$	0.18
$A_{11}-AB-BK-C$	0.82	$A_{11z}-A_{12z}-AC-C_1-C_2$	0.24
$A_{11}-AB-BK-C$	0.91	$A_{11z}-A_{12z}-AC-C_{1u}-C_{2u}$	0.23
$A_{11}-AB-CD$	0.05	$A_{11z}-A_{12z}-C_1-C_2$	0.21
$A_{11}-A-C_1-C_2$	0.69	$A_{11z}-A_{12z}-C_{1u}-C_{2u}$	0.20
$A_{11}-AC-C$	0.52	$A_{11z}-AB-BC$	0.10
$A_{11}-AC-C_1$	0.75	$A_{11z}-AB-BK-BC$	0.09
$A_{11}-AC-C_1$	0.62	$A_{11z}-AC-C_1$	0.16
$A_{11}-AC-C_1-C_2$	0.63	$A_{11z}-BK-BCy$	0.08
$A_{11}-AC-C_{1z}$	0.26	$Au-ACu-Cu$	0.48
$A_{11}-AC-Cu$	0.47	$Au-Ap-ACu-Cu$	0.67
$A_{11}-ACp-Cu$	0.34	$Az-AC-Cu$	0.13
$A_{11}-Ap-A-AC-C_1$	0.71	$Az-Ap-AC-Cu$	0.14
$A_{11}-Ap-AB-BK-C$	0.92	$Az-Ap-ACn-Cu$	0.06

（二）定量指标隶属度

土壤有机质、有效磷和速效钾含量为定量指标，均用数值大小表示其指标状态。与定性指标的量化处理方法一样，应用特尔斐法划分各参评因素的实测值，根据各参评因素实测值对耕地地力及作物生长的影响进行评估，确定其相应的分值，为建立各因素隶属函数奠定基础（表6-35、表6-36、表6-37）。

表 6-35　有机质含量隶属度专家评估值表

有机质含量(g/kg)	≥35	30	25	20	15	10	5	3
专家评估值	1.0	0.9	0.8	0.7	0.6	0.5	0.3	0.1

表 6-36　有效磷含量隶属度专家评估值表

有效磷含量(mg/kg)	90	70	55	45	35	25	15	10	5
专家评估值	0.6	0.7	0.8	0.9	1.0	0.8	0.6	0.4	0.2

表 6-37　速效钾含量隶属度专家评估值表

速效钾含量(mg/kg)	≥500	400	300	200	150	100	50
专家评估值	1.0	0.9	0.8	0.6	0.5	0.3	0.1

（三）评价指标隶属函数

隶属函数(membership function)，用于表征模糊集合的数学工具。隶属函数就是用一个[0,1]闭区间的函数刻画一个元素隶属于一个模糊集合的程度，函数值越大，隶属程度也越大。隶属函数的确定是评价过程的关键环节。耕地地力评价过程需要在确定各评价因素隶属度基础上，计算各评价单元分值，从而确定耕地地力等级。在定性和定量指标进行量化处理后，应用特尔斐法，评估各参评因素等级及实测值对耕地地力及作物生长的影响，确定其相应分值对应的隶属度。应用相关统计软件，绘制这两组数值的散点图，并根据散点图进行曲线模拟，寻求参评因素等级或实际值与隶属度的关系方程，从而构建各参评因素隶属函数。

通过模拟共得到戒上型函数、峰值型函数和概念性函数的隶属函数，其中灌溉能力、盐渍化、质地构型、耕层质地、剖面构型、土层厚度、降水量、田面坡度等描述性的因素构建了概念型隶属函数；有机质、有效磷、速效钾等定量因素构建了戒上型隶属函数和峰值型隶属函数，然后根据隶属函数计算各参评因素的单因素评价评语。有机质和速效钾为戒上型函数，其散点图和模拟曲线及隶属函数如下：

有机质隶属函数为戒上型，公式为

$$y = \begin{cases} 0 & u \leq 1 \\ 1/(1+0.00259006 \times (u-33.82)^2) \\ 1 & u \geq 33.82 \end{cases}$$

速效钾隶属函数为戒上型，公式为

$$y = \begin{cases} 0 & u \leq 1 \\ 1/(1+0.000015881 \times (u-443.9)^2) \\ 1 & u \geq 443.89 \end{cases}$$

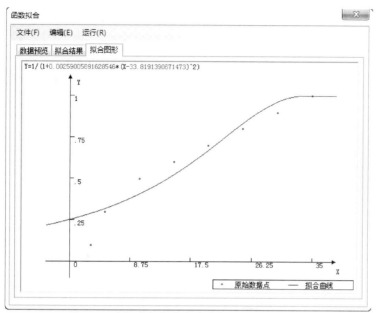

图 6-4　有机质与隶属度关系散点图和模拟曲线

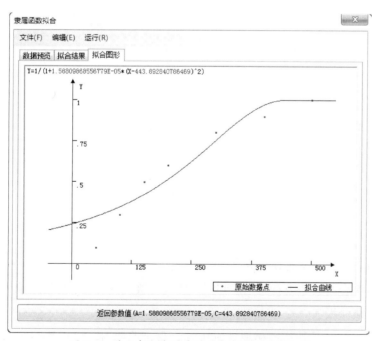

图 6-5　速效钾与隶属度关系散点图和模拟曲线

有效磷为峰值型函数,其散点图和模拟曲线及隶属函数如下:

有效磷隶属函数为峰值型,公式为

$$y=\begin{cases} 0 & u\geqslant110\ 或\ u\leqslant1 \\ 1/(1+0.00076929\times(u-47.61)^2) & 0<u<47.61 \\ 1 & u=47.61 \end{cases}$$

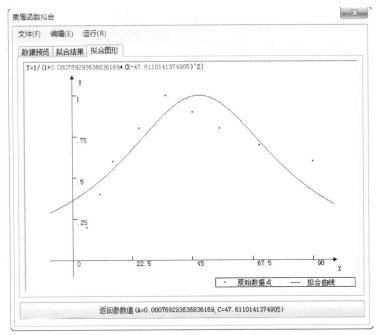

图 6-6　有效磷与隶属度关系散点图和模拟曲线

七、耕地地力等级划分

耕地地力等级划分的量化指标是耕地地力综合指数。

（一）耕地地力综合指数计算方法

耕地地力综合指数（IFI）的计算模型有加法模型、乘法模型、加法与乘法结合模型共三种计算模型，宁夏耕地地力综合指数采用了加法模型，模型表达式如下：

$IFI = \sum F_i \times C_i$　　（i=1,2,3,…,n）

式中：IFI（Integrated Fertility Index）代表耕地地力综合指数；

F_i=第 i 个因素隶属度；

C_i=第 i 个因素的组合权重。

（二）耕地地力综合指数分级方法

耕地地力综合指数分级有等距法和累计曲线分级法两种。宁夏耕地地力综合指数分级采用累计曲线分级法。

累计曲线分级法，是指用耕地评价单元数与耕地地力综合指数制作累计频率曲线图，按照确定的耕地等级个数，采用非均等的方法划分耕地等级。

采用耕地地力综合指数累加模型，计算宁夏全区 133408 个耕地评价单元的综合指数（IFI），其最大值是 0.929611，最小值是 0.328344。

（三）耕地地力等级划分结果

依据全国耕地地力等级划分标准，采用累计曲线分级法，将宁夏耕地划分为 10 个等级，分级方案见图 6-7。

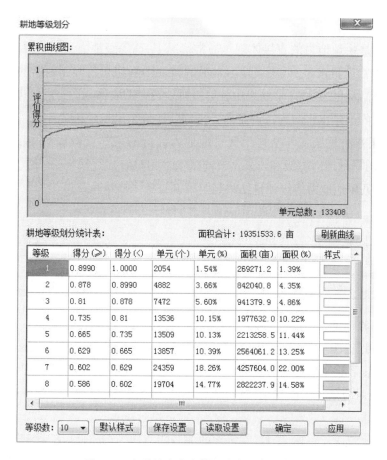

图 6-7　宁夏耕地地力等级累计曲线分级图

计算结果及图 6-7 表明：宁夏耕地地力可以划分为 10 等级，其中，一等耕地地力综合指数≥0.8990，共 26.93 万亩，占宁夏耕地总面积 1935.15 万亩的 1.39%；二等耕地地力综合指数介于 0.8780~0.8990 之间，共 84.20 万亩，占耕地总面积 4.35%；三等耕地地力综合指数介于 0.8100~0.8780 之间，共 94.14 万亩，占耕地总面积 4.86%；四等耕地地力综合指数介于 0.7350~0.8100 之间，共 197.76 万亩，占耕地总面积 10.22%,；五等耕地地力综合指数介于 0.6650~0.7350 之间，共 221.33 万亩，占耕地总面积 11.44%；六等耕地地力综合指数介于 0.6290~0.6650 之间，共 256.41 万亩，占耕地总面积 13.25%；七等耕地地力综合指数介于 0.6020~0.6290 之间，共 425.76 万亩，占耕地总面积 22.00%；八等耕地地力综合指数介于 0.5860~0.6020 之间，共 282.22 万亩，占耕地总面积 14.58%；九等耕地地力综合指数介于 0.5570~0.5860 之间，共 248.80 万亩，占耕地总面积 12.91%；十等耕地地力综合指数介于 0.3283~0.5570 之间，共 96.61 万亩，占耕地总面积 4.99%。

八、耕地地力等级评价结果验证

为保证耕地地力等级评价结果的科学合理，需要对评价形成的耕地地力等级划分结果进行审核验证，使其耕地地力等级评价成果符合农业生产实际，更好地指导农业生产与管理。

（一）产量验证法

作物产量是耕地地力的直接体现。通常情况下，高等级地力水平的耕地一般对应于相对较高的作物产量水平；低等级地力水平的耕地则受到相关限制因素的影响，作物产量水平也较低。因此，可将评价结果中各等级耕地对应的农作物调查产量进行对比，分析不同耕地等级的产量水平。通过产量差异来判断评价结果是否科学合理。

产量验证方法是从参与全自治区耕地地力评价的采样点中选择种植玉米点2000个，与其点位的耕地地力等级和野外调查产量水平相对应，进行调查统计。实地调查结果如表6-38，可见耕地地力等级评价结果与野外调查玉米产量呈显著相关。

表6-38　宁夏不同耕地地力等级籽粒玉米亩产调查表

单位：千克/亩

等级	一等地	二等地	三等地	四等地	五等地	六等地	七等地	八等地	九等地	十等地
产量	958	875	757	634	558	441	360	283	200	186

（二）对比验证法

不同的耕地等级与其相应的评价指标相对应。高等级的耕地等级应体现较为优良的耕地理化性状；而低等级耕地则会对应较劣的耕地理化性状。汇总分析评价结果中不同耕地地力等级对应的评价指标值，通过比较不同等级的指标差异，分析耕地等级评价结果的合理性。

以灌溉能力为例，一等、二等、三等地的灌溉能力均为"充分满足"；四等、五等和六等地以"基本满足"和"一般满足"为主；七等、八等、九等和十等地以"不满足"为主，"不满足"面积占灌溉能力总面积的90%以上（见表6-39）。可见，评价结果与灌溉能力指标有较好的对应关系。

表6-39　宁夏各等级耕地灌溉能力占比统计表

单位：%

灌溉能力	一等地	二等地	三等地	四等地	五等地	六等地	七等地	八等地	九等地	十等地	合计
充分满足	100.0	100.0	97.0	59.5	15.9	2.0					18.8
基本满足			3.0	32.3	48.5	25.9	5.0	2.0	2.6	3.7	14.2
一般满足				8.2	19.2	7.3	4.3	1.7	2.7	5.0	5.8
无灌溉					16.5	64.8	90.7	96.3	94.7	91.3	61.3
总计	100.0	100.0	100.0	100.0	100.0	100.0	100.0	100.0	100.0	100.0	100.0

（三）专家验证法

专家经验的验证也是判定耕地地力评价结果科学性的重要方法。宁夏耕地地力评价过程中曾多次赴各县（市、区）听取当地农业专家对评价指标的选取、权重确定、等级划分及评价过程的建议，对评价指标体系以及评价结果进行商讨与验证，确保评价结果符合宁夏耕地地力的实际状况。

第四节　耕地土壤养分专题图件的编制

一、图件编制步骤

对于耕地土壤有机质、全氮、碱解氮、有效磷、速效钾等养分数据,首先按照野外实际调查点进行整理,建立以调查点为记录,以各养分为字段的数据库。在此基础上,进行土壤采样图与分析数据库的连接,进而对各养分数据进行插值处理,形成插值图件。然后,按照相应的分级标准划分等级,绘制耕地土壤养分含量分布图。

二、图件插值处理

宁夏耕地地力评价土壤养分图件是将所有养分采样点数据在 ArcGIS 下操作,利用其空间分析模块功能中克里金插值方法对各养分数据进行插值。经编辑处理后,在布局视图下,编辑输出养分含量图。克里金(Kriging)插值法又称空间自协方差最佳插值法,它首先考虑的是空间位置上的变异分布,确定对一个待插点值有影响的距离范围,然后用此范围内的采样点来估计待插点的属性值。该方法在数学上可对研究对象提供一种最佳线性无偏估计(某点处的确定值)的方法。它是考虑了信息样点的属性、大小及待估计块段相互间的空间位置等几何特征以及点位的空间结构之后,为达到线性、无偏和最小估计方差,而对每一个样点赋予一定的系数,最后进行加权平均来估计块段数值的方法。但它是一种光滑的内插方法,在数据点多时,其内插的结果可信度较高。

三、图件清绘整饰

对于耕地土壤有机质、土壤养分含量分布等其他专题要素地图,按照各要素的不同分级分别赋予相应的颜色,标注相应的代号,生成专题图层。之后与地理要素地图叠加,编辑处理生成相应的专题图件,并进行图幅的整饰处理。专题图件见附图。

第七章　耕地综合生产能力分析

第一节　耕地等级分布特征

按照农业部《耕地质量划分规范》(NY/T 2872-2015)，宁夏耕地地力共分为 10 个等级，其中，一等地为地力最好的耕地，以此类推，十等地为地力最差的耕地。通常认为，一等地、二等地和三等地是高等地；四等地至七等地为中等地；八等地、九等地和十等地为低等地。

一、不同生态区域耕地等级分布特征

（一）耕地等级分布概况

依据各评价单元耕地指数(IFI)和特尔斐法确定的耕地地力指数，形成耕地地力综合指数分布曲线。根据曲线斜率及综合指数，宁夏耕地地力划分为 10 个等级。从图 7-1 可看出，耕地等级呈中等地和低等地面积比例大，高等地比例小的分布特征。全自治区耕地 1935.15 万亩（2012 年宁夏第二次土地详查面积）中，七等耕地面积最大，425.76 万亩（见表 7-1），占宁夏总耕地面积的 22.0%；其次为八等地（282.22 万亩）和六等地（256.41 万亩），分别占宁夏总耕地面积的 14.58% 和 13.25%；九等地（249.80 万亩）、五等地（221.33

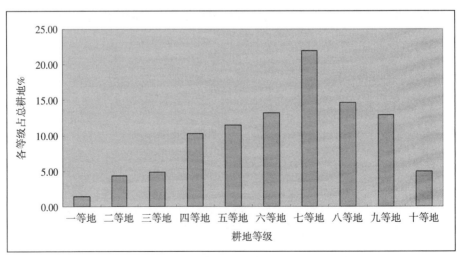

图 7-1　宁夏各耕地等级占总耕地面积百分比分布图

万亩)和四等地(197.76 万亩)面积较小,分别占 12.91%、11.44%和 10.22%;十等地(96.61 万亩)、三等地(94.14 万亩)、二等地(84.20 万亩)面积小,分别占全自治区耕地面积的 4.99%、4.86%和 4.35%;一等地(26.96 万亩)面积最小,仅占全自治区总耕地面积的1.39%。

(二)不同生态区域耕地等级分布特征

宁夏三个不同生态区,因其气候和农业生产条件不同,各耕地等级面积分布差异较大。

1. 自流灌区耕地等级分布特征

自流灌区耕地总面积654.25 万亩,占宁夏耕地总面积33.8%。自流灌区耕地等级表现为高等地和中等地比例高,低等地比例低的特征。十等耕地中,四等耕地面积最大,149.75 万亩,占自流灌区耕地总面积的 22.89%;其次为五等耕地(110.9 万亩)、三等耕地(91.26 万亩)和二等耕地(84.2 万亩),分别占自流灌区耕地总面积的 16.89%、13.95%和 12.87%;六等耕地(67 万亩)和七等耕地(53.67 万亩)面积较小,分别占 10.24%和 8.2%;九等耕地(28.48 万亩)、一等耕地(26.93 万亩)和十等耕地(24.12 万亩)面积小,分别占 4.35%、4.19%和 3.69%;八等耕地面积最小,18.34 万亩,占自流灌区耕地总面积 2.8%(见图 7-2)。

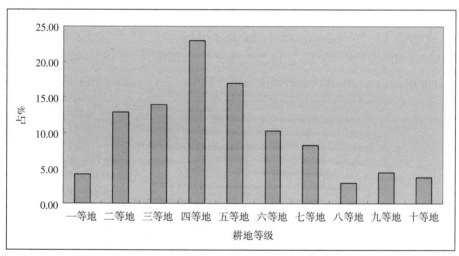

图 7-2　自流灌区各耕地等级占自流灌区耕地面积百分比分布图

2. 中部干旱区耕地等级分布特征

中部干旱区耕地总面积 665.85 万亩,占自治区耕地总面积 34.4%。中部干旱区耕地等级分布以低等地和中等地为主,高等地极少的特征(见图 7-3)。在三等耕地至十等耕地中,八等耕地(163.66 万亩)和七等耕地(163.63 万亩)面积最大,分别占中部干旱区耕地总面积 24.58%和 24.57%;其次为九等耕地(107.26 万亩)和六等耕地(82.95 万亩),分别占16.11%和 12.46%;十等耕地(61.9 万亩)、五等耕地(50.74 万亩)和四等耕地(32.82 万亩)面积小,分别占 9.3%、7.62%和 4.93%;三等耕地面积最少,仅 2.88 万亩,占中部干旱区耕地总面积的 0.49%。

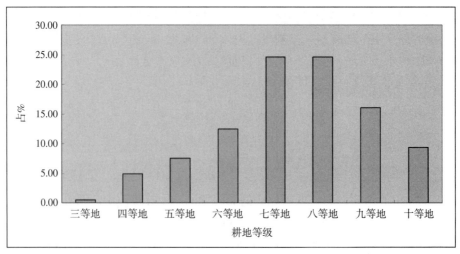

图 7-3 中部干旱区各耕地等级占中部干旱区耕地总面积百分比分布图

3. 南部山区耕地等级分布特征

南部山区耕地总面积 615.03 万亩,占宁夏总耕地 31.8%。由图 7-4 可以看出,南部山区耕地等级主要为低等地和中等地,且四等耕地至十等耕地面积呈正态分布特征。七等耕地(208.46 万亩)面积最大,占南部山区总耕地面积 33.89%;其次为九等耕地(114.06 万亩)和六等耕地(106.44 万亩),分别占 18.64% 和 17.51%;八等耕地(100.22 万亩)和五等耕地(60.09 万亩)面积小,分别占 16.29% 和 9.77%;四等耕地(15.19 万亩)和十等耕地(10.58 万亩)面积最小,仅分别占南部山区耕地总面积 2.47% 和 1.72%。

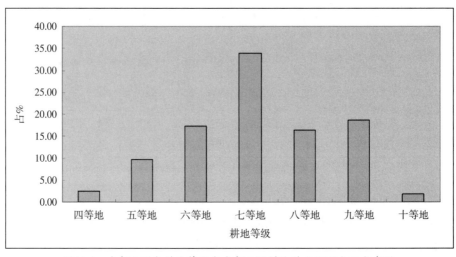

图 7-4 南部山区各耕地等级占南部山区耕地总面积百分比分布图

二、不同行政区耕地等级分布特征

宁夏 5 个地级市及 22 个县(市、区)受其灌溉条件和地形影响,耕地等级分布也有所不同。

（一）石嘴山市耕地等级分布特征

石嘴山市总耕地面积 126.51 万亩,占自治区耕地总面积 6.5%(见表 7-2)。石嘴山市耕地等级面积呈正态分布,即中等地比例高,低等地和高等地比例低。10 个耕地等级中,五等耕地(32.66 万亩)面积最大,占石嘴山市总耕地 26.32%;其次为四等耕地(27.89 万亩)、六等耕地(22.22 万亩)和七等耕地(16.94 万亩),分别占 22.06%、17.66%和 15.59%;九等耕地(7.3 万亩)、三等耕地(5.99 万亩)和十等耕地(5.88 万亩)面积较小,分别占5.75%、4.74%和 4.66%;八等耕地(4.57 万亩)和二等耕地(3.04 万亩)面积小,分别占3.61%和 2.42%;一等耕地面积最小,仅 76 亩,占 0.01%(见图 7-5)。

石嘴山市所辖 3 个县(区),一等耕地、二等耕地和三等耕地集中分布在平罗县,除六等耕地外,其他各等级耕地面积均以平罗县为首位,六等耕地面积以惠农区领先。

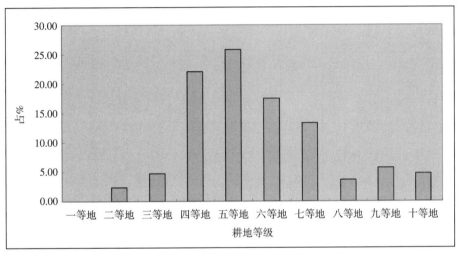

图 7-5 石嘴山市各耕地等级占石嘴山总耕地百分比分布图

（二）银川市耕地等级分布特征

银川市耕地总面积 216.48 万亩,占全自治区耕地总面积 11.2%。由图 7-6 可看出,银川市耕地等级面积分布表现出高等地和中等地比例大,低等地比例小的特征。

在各耕地等级中,一等耕地至四等耕地面积大,七等耕地至十等耕地面积小。其中,四等耕地(71 万亩)面积最大,占银川市总耕地 32.3%;其次为三等耕地(46.05 万亩)、二等耕地(38.43 万亩)和五等耕地(29.41 万亩),分别占 21.27%、17.76%和 15.69%;六等耕地(15.3 万亩)、一等耕地(8.22 万亩)和七等耕地(4.52 万亩)面积较小,分别占 7.18%、3.8%和 2.09%;十等耕地、九等耕地和八等耕地面积最小,分别占银川市总耕地总面积0.91%、0.46%和 0.22%。

银川市所辖 6 个县(区、市)中贺兰县一等耕地、二等耕地、三等耕地、四等耕地和九等耕地面积居 6 个县(区、市)之首;五等耕地、六等耕地和八等耕地面积以西夏区面积居六县(区、市)之首;七等耕地和十等耕地以灵武市面积居 6 个县(区、市)之首。

表 7-1 宁夏各生态类型区耕地地力等级面积统计表

区域	合计(亩)	一等地(亩)	一等地(%)	二等地(亩)	二等地(%)	三等地(亩)	三等地(%)	四等地(亩)	四等地(%)	五等地(亩)	五等地(%)	六等地(亩)	六等地(%)	七等地(亩)	七等地(%)	八等地(亩)	八等地(%)	九等地(亩)	九等地(%)	十等地(亩)	十等地(%)
全自治区	19351543	269271	1.39	842041	4.35	941380	4.86	1977633	10.22	2213260	11.44	2564062	13.25	4257606	22.00	2822239	14.58	2497988	12.91	966062	4.99
自流灌区	6542451	269271	4.12	842041	12.87	912613	13.95	1497469	22.89	1104942	16.89	670076	10.24	536675	8.20	183382	2.80	284774	4.35	241207	3.69
中部平旱带	6658478					28767	0.43	328221	4.93	507366	7.62	829516	12.46	1636303	24.57	1636639	24.58	1072637	16.11	619030	9.30
南部山区	6150613							151943	2.47	600952	9.77	1064471	17.31	2084628	33.89	1002218	16.29	1140577	18.54	105825	1.72

表 7-2 宁夏各市县耕地地力等级面积统计表

县(市、区)	合计(亩)	一等地(亩)	一等地(%)	二等地(亩)	二等地(%)	三等地(亩)	三等地(%)	四等地(亩)	四等地(%)	五等地(亩)	五等地(%)	六等地(亩)	六等地(%)	七等地(亩)	七等地(%)	八等地(亩)	八等地(%)	九等地(亩)	九等地(%)	十等地(亩)	十等地(%)
全自治区	19351543	269271	1.39	842041	4.35	941380	4.86	1977633	10.22	2213260	11.44	2564062	13.25	4257606	22.00	2822239	14.58	2497988	12.91	966062	4.99
石嘴山市	1265102	76	0.01	30441	2.41	59986	4.74	278939	22.05	326597	25.82	222187	17.56	169399	13.39	45749	3.62	72796	5.75	58932	4.66
大武口区	82625							8332	10.08	5239	6.34	14077	17.04	28083	33.99	7649	9.26	12463	15.08	6782	8.21
惠农区	297538							2764	0.93	65263	21.93	104454	35.11	68122	22.90	13498	4.54	29030	9.76	14407	4.84
平罗县	884939	76	0.01	30441	3.44	59986	6.78	267842	30.27	256095	28.94	103657	11.71	73194	8.27	24602	2.78	31303	3.54	37743	4.27
银川市	2164826	82195	3.80	384266	17.75	460561	21.27	710061	32.80	294132	13.59	154280	7.13	45197	2.09	4685	0.22	9696	0.45	19751	0.91
兴庆区	218176	18811	8.62	15896	7.29	26075	11.95	90892	41.66	31987	14.66	21811	10.00	10222	4.69	253	0.12	1839	0.84	391	0.18
金凤区	154205	4269	2.77	21914	14.21	44907	29.12	74939	48.60	7508	4.87	669	0.43								
西夏区	267205	1550	0.58	2409	0.90	17283	6.47	108892	40.75	98594	36.90	30821	11.53	4585	1.72	1107	0.41	1283	0.48	681	0.26
永宁县	513592	13119	2.55	137840	26.84	143486	27.94	100290	19.53	35598	6.93	64256	12.51	12353	2.41	1623	0.32	2560	0.50	2467	0.48
贺兰县	656633	23604	3.59	160569	24.45	152620	23.24	226448	34.49	60588	9.23	26569	4.05	1618	0.25	591	0.09	3424	0.52	601	0.09
灵武市	355015	20842	5.87	45639	12.86	76190	21.46	108601	30.59	59859	16.86	10155	2.86	16419	4.62	1111	0.31	591	0.17	15610	4.40

续表

县（市、区）	合计 亩	一等地 亩	一等地 %	二等地 亩	二等地 %	三等地 亩	三等地 %	四等地 亩	四等地 %	五等地 亩	五等地 %	六等地 亩	六等地 %	七等地 亩	七等地 %	八等地 亩	八等地 %	九等地 亩	九等地 %	十等地 亩	十等地 %
吴忠市	5176683	63420	1.23	276101	5.33	262643	5.07	444377	8.58	506604	9.79	613539	11.85	1074101	20.75	917175	17.72	518273	10.01	500451	9.67
利通区	465468	50302	10.81	104685	22.49	71464	15.35	82008	17.62	106956	22.98	22135	4.76	7379	1.59	6139	1.32	12484	2.68	1916	0.41
青铜峡市	571059	13118	2.30	171415	30.02	162412	28.44	144353	25.28	51267	8.98	17000	2.98	3822	0.67	3437	0.60	3509	0.61	725	0.13
同心县	2090194					28767	1.38	135874	6.50	187511	8.97	285279	13.65	590778	28.26	488960	23.39	238940	11.43	134085	6.41
盐池县	1496817							73149	4.89	59264	3.96	98338	6.57	358382	23.94	397016	26.52	221914	14.83	288753	19.29
红寺堡区	553145							8992	1.63	101607	18.37	190786	34.49	113740	20.56	21623	3.91	41426	7.49	74971	13.55
中卫市	4594319	123580	2.69	151233	3.29	158190	3.44	392313	8.54	484974	10.56	509586	11.09	884280	19.25	852413	18.55	756646	16.47	281103	6.12
沙坡头区	1069663	7575	0.71	105761	9.89	99970	9.35	86133	8.05	157113	14.69	165805	15.50	221096	20.67	80447	7.52	87254	8.16	58509	5.47
中宁县	1006334	116005	11.53	45472	4.52	58220	5.79	195975	19.47	168876	16.78	88668	8.81	89782	8.92	42926	4.27	99035	9.84	101374	10.07
海原县	2518322							110205	4.38	158985	6.31	255112	10.13	573403	22.77	729040	28.95	570357	22.65	121221	4.81
固原市	6150613							151943	2.47	600952	9.77	1064471	17.31	2084628	33.89	1002218	16.29	1140577	18.54	105825	1.72
原州区	1579629							713	0.05	342448	21.68	372892	23.61	529139	33.50	136880	8.67	189579	12.00	7978	0.51
西吉县	2446748							62985	2.57	80850	3.30	149841	6.12	776945	31.75	657649	26.88	652757	26.68	65721	2.69
彭阳县	1248802							9359	0.75	94751	7.59	226369	18.13	495604	39.69	133710	10.71	278712	22.32	10298	0.82
隆德县	609679							78886	12.94	71713	11.76	218786	35.89	172931	28.36	52983	8.69	7040	1.15	7340	1.20
泾源县	265755									11189	4.21	96582	36.34	110009	41.39	20997	7.90	12490	4.70	14488	5.45

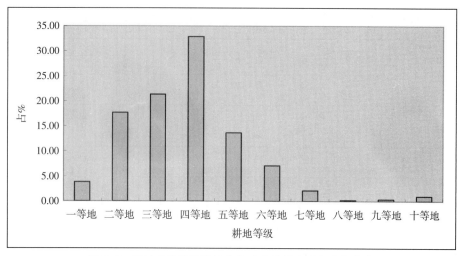

图 7-6　银川市各耕地等级占银川市总耕地百分比分布图

（三）吴忠市耕地等级分布特征

吴忠市总耕地 516.7 万亩，占宁夏总耕地 26.7%。吴忠市各耕地等级面积呈偏正态分布特征，偏向七等耕地至十等耕地（见图 7-7），与银川市耕地等级面积分布特征相反。十个耕地等级中，七等耕地（107.41 万亩）面积最大，占吴忠市总耕地 20.75%；其次为八等耕地（91.72 万亩）、六等耕地（61.35 万亩）、九等耕地（51.83 万亩）、五等耕地（50.66 万亩）和十等耕地（50.04 万亩），分别占 17.72%、11.85%、10.01%、9.79% 和 9.67%；四等耕地（44.44 万亩）、二等耕地（27.61 万亩）和三等耕地（26.26 万亩）面积小，分别占 8.58%、5.33% 和 5.07%；一等耕地面积最小，仅 6.34 万亩，占吴忠市总耕地 1.23%。

吴忠市所辖 5 个县（市、区）中，一等耕地和二等耕地集中分布在青铜峡市和利通区；一等耕地以利通区面积最大，二等耕地以青铜峡市面积最大。三等耕地集中分布在青铜峡市、利通区和同心县，以青铜峡市面积最大。五等耕地至九等耕地面积均以同心县面积

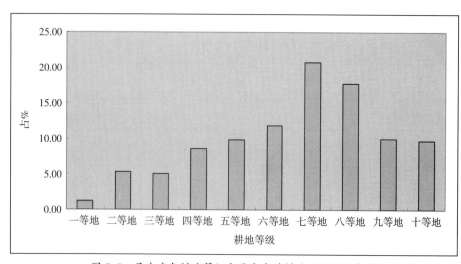

图 7-7　吴忠市各耕地等级占吴忠市总耕地百分比分布图

最大;四等耕地以青铜峡市面积最大,十等耕地以盐池县面积最大。

（四）中卫市耕地等级分布特征

中卫市耕地总面积 459.43 万亩,占全自治区耕地总面积 27.3%。中卫市耕地等级面积分布状态与吴忠市相似(见图 7-8),表现为中等地和低等地比例高,高等地比例低的分布特征。各等级耕地中七等耕地(88.43 万亩)面积最大,占中卫市总耕地 19.25%;其次为八等耕地(85.24 万亩)和九等耕地(75.66 万亩),分别占 18.55% 和 16.44%;六等耕地(50.96 万亩)、五等耕地(48.5 万亩)、四等耕地(39.23 万亩)和十等耕地(28.12 万亩)面积较小,分别占 11.09%、10.56%、8.54% 和 6.12%;三等耕地(15.82 万亩)和二等耕地(15.12 万亩)面积小,分别占 3.44% 和 3.24%;一等耕地(12.36 万亩)面积最小,仅占中卫市总耕地 2.69%。

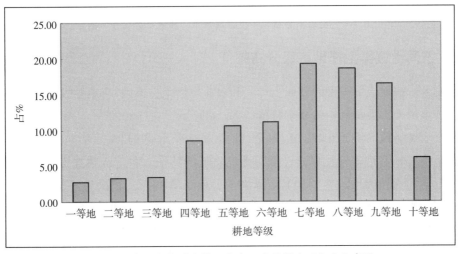

图 7-8　中卫市各耕地等级占中卫市总耕地百分比分布图

中卫市所辖 3 个县(区)中,一等地、二等地、三等地集中分布在中宁县和沙坡头区,其中,一等地以中宁县面积大,二等地和三等地则以沙坡头区面积大;四等地和五等地以中宁县面积最大,六等地至十等地均以海原县面积最大。

（五）固原市耕地等级分布特征

固原市耕地总面积 615.06 万亩,占宁夏耕地总面积 31.8%。固原市耕地等级面积以中等地和低等地为主、无高等地分布特征;其四等耕地至十等耕地呈正态分布(见图 7-9)。其中,七等耕地(208.46 万亩)面积最大,占固原市总耕地 33.89%;其次为九等耕地(114.06 万亩)、六等耕地(106.45 万亩)、八等耕地(100.22 万亩),分别占 18.54%、17.31% 和 16.29%。五等耕地(60.1 万亩)和四等耕地(15.19 万亩)面积小,分别占 9.77% 和 2.47%;十等耕地面积最小,10.58 万亩,仅占固原市总耕地 1.72%。

固原市所辖 5 个县(区)中,泾源县无四等耕地。四等耕地以隆德县面积最大,五等耕地和六等耕地以原州区面积最大,七等耕地、八等耕地、九等耕地和十等耕地均以西吉县面积最大。

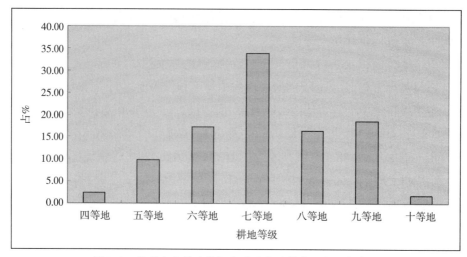

图 7-9　固原市各耕地等级占固原市总耕地百分比分布图

三、不同土壤类型耕地等级分布特征

宁夏 8 个耕地土壤类型因其成土母质和农业生产条件不同,耕地等级分布也不同。

（一）灌淤土土类耕地等级分布特征

灌淤土类耕地面积 276.4 万亩,占全自治区耕地总面积 14.3%。灌淤土类耕地等级面积分布呈高等地和中等地比例高、低等地比例低的特征。各等级耕地中, 以二等耕地（83.76 万亩）面积最大（见图 7-10）,占灌淤土类总面积 30.3%;其次为三等耕地（63.56 万亩）和四等耕地（58.4 万亩）,分别占灌淤土类总面积 22.99% 和 21.11%;一等耕地（26.86 万亩）、五等耕地（24.47 万亩）和六等耕地（13.99 万亩）面积较小,分别占 9.72%、8.86% 和 5.06%;七等耕地、八等耕地、九等耕地和十等耕地面积小,其中,十等耕地面积最小,836 亩,仅占灌淤土类总面积 0.03%（见表 7-3）。

灌淤土类 4 个亚类中,一等耕地、二等耕地集中分布在典型灌淤土、潮灌淤土和表锈

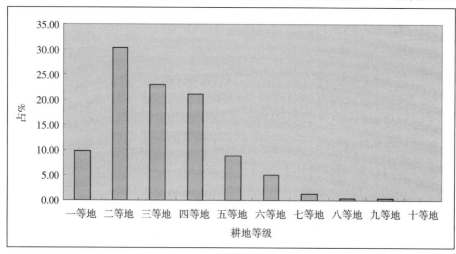

图 7-10　灌淤土类各耕地等级占总土类百分比分布图

表 7-3 宁夏耕地土壤类型各耕地地力等级面积统计表

土壤类型	合计	一等地		二等地		三等地		四等地		五等地		六等地		七等地		八等地		九等地		十等地	
	亩	亩	%	亩	%	亩	%	亩	%	亩	%	亩	%	亩	%	亩	%	亩	%	亩	%
总计	19351543	269271	1.39	842041	4.35	941380	4.86	1977633	10.22	2213260	11.44	2564062	13.25	4257606	22.00	2822239	14.58	2497988	12.91	966062	4.99
灌淤土	2764049	268597	9.72	837565	30.30	635580	22.99	583609	21.11	244757	8.86	139880	5.06	36141	1.31	7982	0.29	9102	0.33	836	0.03
表锈灌淤土	1172101	169383	14.45	581821	49.64	361047	30.80	57906	4.94	1944	0.17										
潮灌淤土	563556	50451	8.95	220344	39.10	64970	11.53	149859	26.59	77089	13.68	842	0.15								
典型灌淤土	103973	48763	46.90	35400	34.05	19573	18.82	238	0.23												
盐化灌淤土	924419					189990	20.55	375606	40.63	165724	17.93	139038	15.04	36141	3.91	7982	0.86	9102	0.98	836	0.09
黄绵土	7241084							176333	2.44	431531	5.96	970167	13.40	2148361	29.67	1889313	26.09	1433504	19.80	191876	2.65
黄绵土	7241084							176333	2.44	431531	5.96	970167	13.40	2148361	29.67	1889313	26.09	1433504	19.80	191876	2.65
灰褐土	367080					49930	2.06	226	0.06	5019	1.37	75071	20.45	83682	22.80	57330	15.62	80918	22.04	64835	17.66
暗灰褐土	367080					49160	2.07	226	0.06	5019	1.37	75071	20.45	83682	22.80	57330	15.62	80918	22.04	64835	17.66
新积土	2423088	674	0.08	1957	0.08	770	1.45	339247	14.00	478408	19.74	341779	14.11	599065	24.72	166249	6.86	188470	7.78	257306	10.62
典型新积土	2369863	674	0.08	1957	0.08	49160	2.07	321786	13.58	462053	19.50	337257	14.23	590076	24.90	164129	6.93	186836	7.88	255934	10.80
冲积土	53225					770	1.45	17462	32.81	16355	30.73	4522	8.50	8989	16.89	2120	3.98	1635	3.07	1372	2.58
灰钙土	2412363	579	0.02	579	0.02	23747	0.98	257631	10.68	387825	16.08	306237	12.69	437103	18.12	373052	15.46	406093	16.83	220095	9.12
淡灰钙土	1405104	579	0.04	579	0.04	7906	0.56	176255	12.54	261521	18.61	212408	15.12	249617	17.77	154056	10.96	178882	12.73	163879	11.66
草甸灰钙土	78096			15841	20.28	15841	20.28	42546	54.48	5875	7.52	12982	16.62			802	1.03	19	0.02	30	0.04
典型灰钙土	622124							10786	1.73	35829	5.76	6398	1.03	114263	18.37	207443	33.34	212709	34.19	34697	5.58
盐化灰钙土	307040							28045	9.13	84600	27.55	74449	24.25	73224	23.85	10751	3.50	14482	4.72	21489	7.00
黑垆土	2215711							62452	2.82	271274	12.24	477405	21.55	806766	36.41	275305	12.43	318869	14.39	3640	0.16
潮黑垆土	1902									843	44.35	1058	55.65								

续表

土壤类型	合计	一等地		二等地		三等地		四等地		五等地		六等地		七等地		八等地		九等地		十等地	
	苗	苗	%	苗	%	苗	%	苗	%	苗	%	苗	%	苗	%	苗	%	苗	%	苗	%
典型黑垆土	345398							41873	12.12	143977	41.68	120854	34.99	32127	9.30	4134	1.20	2407	0.70	27	0.01
黑麻土	1868411							20579	1.10	126454	6.77	355493	19.03	774640	41.46	271171	14.51	316462	16.94	3613	0.19
潮土	1341171			1940	0.14	232123	17.31	437024	32.59	303473	22.63	97752	7.29	124049	9.25	40930	3.05	59954	4.47	43926	3.28
典型潮土	14976									714	4.77	475	3.17	5195	34.69	2937	19.61	1415	9.45	4241	28.31
灌淤潮土	552744			1940	0.35	230144	41.64	172521	31.21	111086	20.10	20889	3.78	8994	1.63	795	0.14	4926	0.89	1450	0.26
盐化潮土	773451					1979	0.26	264503	34.20	191673	24.78	76388	9.88	109860	14.20	37198	4.81	53613	6.93	38236	4.94
风沙土	586998							121111	20.63	90971	15.50	155775	26.54	22438	3.82	12079	2.06	1079	0.18	183547	31.27
草原风沙土	586998							121111	20.63	90971	15.50	155775	26.54	22438	3.82	12079	2.06	1079	0.18	183547	31.27

灌淤土 3 个亚类中,且以表锈灌淤土面积最大。三等耕地以表锈灌淤土亚类面积最大;四等耕地以盐化灌淤土亚类面积居 4 个亚类首位;五等耕地仅分布在除典型灌淤土亚类外其他 3 个亚类,以盐化灌淤土亚类面积最大;六等耕地分布在潮灌淤土和盐化灌淤土 2 个亚类,以盐化灌淤土亚类面积较大。七等耕地至十等耕地仅分布在盐化灌淤土亚类。

(二)潮土土类耕地等级分布特征

潮土类耕地总面积 134.12 万亩,占宁夏总耕地 6.9%。潮土类耕地等级面积分布表现为中等地比例高、低等地及高等地比例低的特征。各耕地等级中无一等耕地。二等耕地至十等耕地中以四等耕地(43.7 万亩)面积最大,占潮土类总面积 32.59%;其次为五等耕地(30.35 万亩)和三等耕地(23.21 万亩),分别占 22.63% 和 17.31%;七等耕地(12.4 万亩)、六等耕地(9.77 万亩)面积较小,分别占 9.25% 和 7.29%;九等耕地(5.99 万亩)、十等耕地(4.39 万亩)和八等耕地(4.09 万亩)面积小,分别占 4.47%、3.28% 和 3.05%;二等耕地面积最小,仅 1940 亩,占潮土土类总面积 0.14%(见图 7-11)。

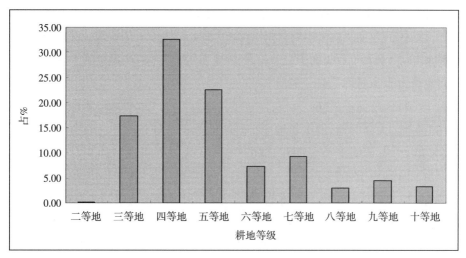

图 7-11　潮土类各耕地等级占总土类百分比分布图

潮土土类 3 个亚类中,二等耕地仅分布在灌淤潮土亚类;三等耕地和四等耕地集中分布在灌淤潮土和盐化潮土 2 个亚类中,三等耕地灌淤潮土面积相对较大;四等耕地盐化潮土亚类面积相对较大;五等耕地至十等耕地均以盐化潮土面积居 3 个亚类之首。

(三)灰钙土土类耕地等级分布特征

灰钙土类耕地总面积 241.24 万亩,占全自治区耕地总面积 12.5%。灰钙土类耕地等级分布呈现中等地和低等地比例高,高等地比例低的特征。耕地等级中无一等耕地。二等耕地面积最小,579 亩,仅占灰钙土类总面积 0.02%;三等耕地(2.3 万亩)面积小,仅占 0.98%;其他各等级面积均较大,其中七等耕地(43.71 万亩)面积最大,占灰钙土类总面积18.12%;其次为九等耕地(40.61 万亩)、五等耕地(38.78 万亩)和八等耕地(37.3 万亩),分别占16.83%、16.08% 和 15.42%;六等耕地(30.62 万亩)、四等耕地(25.76 万亩)和十等耕地(22.0万亩)面积相对较小,分别占灰钙土类总面积 12.69%、10.68% 和 9.12%(见图 7-12)。

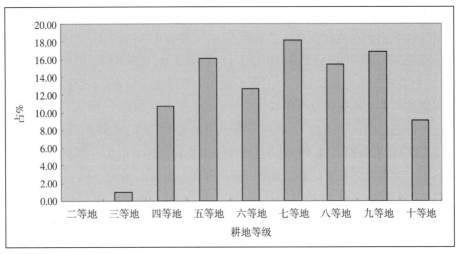

图 7-12 灰钙土类各耕地等级占总土类百分比分布图

灰钙土 4 个亚类中,二等耕地仅分布在淡灰钙土;三等耕地集中分布在淡灰钙土和草甸灰钙土 2 个亚类中,且草甸灰钙土亚类面积相对较大;四等耕地、五等耕地、六等耕地、七等耕地及十等耕地均以淡灰钙土亚类面积最大;八等耕地和九等耕地以典型灰钙土亚类面积较大。

(四)黄绵土土类耕地等级分布特征

黄绵土类耕地总面积 724.1 万亩,占宁夏耕地总面积 37.4%。黄绵土类耕地等级均为中等地和低等地,无高等地;四等耕地至十等耕地呈正态分布特征。其中七等耕地(214.8 万亩)面积最大,占黄绵土类总面积 29.67%;其次为八等耕地(188.9 万亩)和九等耕地(144.3 万亩),分别占 26.09% 和 19.8%;六等耕地(97.0 万亩)和五等耕地(43.2 万亩)面积较小,分别占 13.4% 和 5.96%;十等耕地(19.2 万亩)和四等耕地(17.63 万亩)面积小,分别占黄绵土类总面积 2.65% 和 2.44%(见图 7-13)。

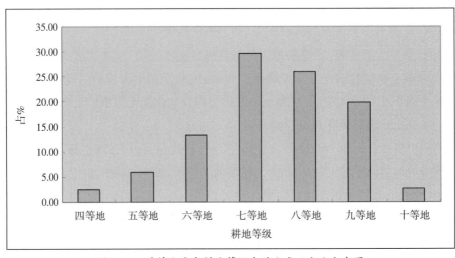

图 7-13 黄绵土类各耕地等级占总土类百分比分布图

（五）新积土土类耕地等级分布特征

新积土类耕地总面积 242.3 万亩，占宁夏耕地总面积 12.5%。新积土类耕地等级呈现出中等地和低等地比例高、高等地比例极低的分布特征。10 个耕地等级中以七等耕地（59.9 万亩）面积最大，占新积土类总面积 24.72%（见图 7-14）；其次为五等耕地（47.8 万亩）、六等耕地（34.2 万亩）和四等耕地（33.9 万亩），分别占 19.74%、14.11% 和 14.0%；十等耕地（25.7 万亩）、九等耕地（18.8 万亩）和八等耕地（16.6 万亩）面积较大，分别占 10.62%、7.78% 和 6.86%；三等耕地（4.99 万亩）和二等耕地（0.19 万亩）面积小，分别占 2.06% 和 0.08%；一等耕地面积最小，仅 6740 亩，占新积土类总面积 0.02%。

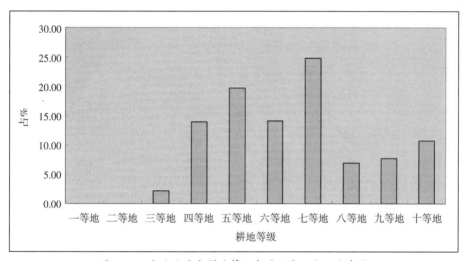

图 7-14　新积土类各耕地等级占总土类百分比分布图

一等耕地和二等耕地仅分布在典型新积土亚类中，三等耕地至十等耕地均以典型新积土亚类面积较大。

（六）黑垆土土类耕地等级分布特征

黑垆土类耕地总面积 221.6 万亩，占宁夏耕地总面积 11.4%。黑垆土类耕地等级均为中等地和低等地，四等地至十等地面积呈正态分布特征（见图 7-15）。其中七等耕地（80.67 万亩）面积最大，占黑垆土类总面积 36.41%；其次为六等耕地（47.74 万亩）和九等耕地（31.89 万亩），分别占 21.55% 和 14.39%；八等耕地（27.5 万亩）和五等耕地（27.13 万亩）面积较大，分别占 12.43% 和 12.24%；四等耕地（6.24 万亩）和十等耕地（3640 亩）面积小，十等地仅占黑垆土类总面积 0.16%。

黑垆土类中潮黑垆土亚类面积小，仅分布着五等耕地和六等耕地。四等耕地和五等耕地以典型黑垆土亚类面积较大，六等耕地至十等耕地均以黑麻土亚类面积较大。

（七）灰褐土土类耕地等级分布特征

灰褐土类耕地总面积小，36.71 万亩，占宁夏耕地总面积 1.9%。灰褐土类耕地等级以低等地和中等地为主，无高等地；其四等耕地至十等耕地呈偏正态分布特征（见图 7-16）。其中七等耕地（8.37 万亩）面积最大，占灰褐土类总面积 22.8%；其次为九等耕地（8.09 万

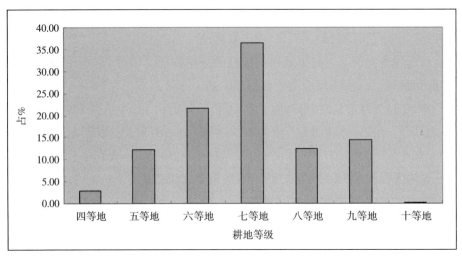

图 7-15　黑垆土类各耕地等级占总土类百分比分布图

亩)和六等耕地(7.51 万亩),分别占 22.04%和 20.45%;十等耕地(6.48 万亩)和八等耕地
(5.73 万亩)面积较小,分别占 17.66%和 15.62%;五等耕地(0.5 万亩)和四等耕地(0.02 万
亩)面积小,分别占灰褐土类总面积 1.37%和 0.06%。

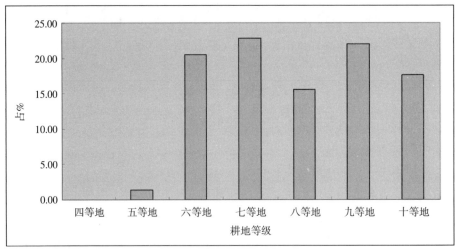

图 7-16　灰褐土类各耕地等级占总土类百分比分布图

(八)风沙土土类耕地等级分布特征

风沙土类耕地总面积 58.7 万亩,占全自治区耕地总面积 3.0%。风沙土类耕地均为中
等地和低等地,无高等地;四等耕地至十等耕地面积分布形态呈两头大中间小特征。其中
十等耕地(18.35 万亩)面积最大,占 31.27%;其次为六等耕地(15.58 万亩)、四等耕地
(12.11 万亩)和五等耕地(9.1 万亩),分别占风沙土类总面积 26.54%、20.63%和 15.5%;七
等耕地(2.24 万亩)和八等耕地(1.21 万亩)面积小,分别占 3.82%和 2.82%;九等耕地面积
最小,仅 1079 亩,占风沙土类总面积 0.18%(见图 7-17)。

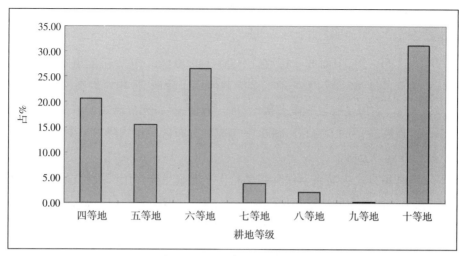

图 7-17 风沙土类各耕地等级占总土类百分比分布图

第二节 高等耕地地力特征

本节主要阐述一等耕地、二等耕地和三等耕地的地力特征。从宁夏各耕地地力等级评价指数变化范围统计表（见表 7-4）可看出，高等地评价综合指数为 0.8100~0.9296，在农田管理、立地条件、理化性状和土壤养分四个方面 11 项评价指标综合指数均高于中等耕地和低等耕地。

一、一等耕地地力特征

（一）分布特征

一等耕地面积小，26.9 万亩，占宁夏耕地总面积 1.39%。集中分布在自流灌区青铜峡灌区和卫宁灌区。其中青铜峡灌区一等耕地面积大，14.5 万亩，占一等耕地总面积 53.9%；卫宁灌区一等耕地占 46.1%。

一等耕地集中分布在中卫市、吴忠市、银川市和石嘴山市。其中，中卫市面积最大，12.4 万亩，占一等耕地总面积 46.1%；其次为银川市（8.2 万亩）和吴忠市（6.3 万亩），分别占 30.5%和 23.4%；石嘴山市面积最小，仅 76 亩。

一等耕地分布的 11 个县（区、市）中，中宁县面积最大，11.6 万亩，占一等耕地总面积 43.1%；其次为利通区（5.0 万亩），占 18.6%；贺兰县（2.3 万亩）、灵武市（2.1 万亩）、兴庆区（1.9 万亩）、青铜峡市（1.3 万亩）及永宁县（1.3 万亩）面积较大，分别占 8.5%、7.8%、7.1%和 4.8%。沙坡头区、金凤区和西夏区一等耕地面积均不足 1 万亩；平罗县一等耕地面积最小，仅 76 亩。

（二）地力特征

一等耕地地力评价综合指数 0.8990~0.9296，其农田管理、立地条件、理化性状和土壤养分等条件均居各耕地等级之首。

1. 利用现状

一等耕地地面平坦,田面坡度指数(1.0000~1.0000)高。一等耕地集中分布在自流灌区灌耕历史悠久的灌溉区域,所处地形多为黄河一级阶地,且相对较高,地下水位较深,春灌前多>1.8 m。农田基础设施配套健全,灌排方便,具备充分满足的灌溉条件,因此,灌溉保证率评价指数高,为1.0000~1.0000;一等耕地分布区域年均降水量少,故降水量评价指数低,为0.2000~0.3500。

一等耕地利用方式为灌溉旱作和稻旱轮作。灌溉旱作多用于设施、露地蔬菜及粮食作物种植;稻旱轮作多为种植二年旱作物一年水稻。土壤适种性广,适宜种植各种作物。农作物产量水平高,设施番茄和茄子亩产多>11000 kg;露地番茄亩产多>14000 kg;露地茄子亩产多>8000 kg;设施、露地黄瓜亩产多>12000 kg;设施辣椒亩产多>10000 kg;露地辣椒亩产多>7000 kg;设施西瓜、甜瓜亩产多>3500 kg;玉米亩产为1000 kg左右;水稻亩产多>700 kg。

2. 立地条件

一等耕地分布着2个土壤类型4个土壤亚类4个土属17个土种,土壤剖面构型种类少,且剖面构型好,故其剖面构型评价指数(0.7400~0.9700)高,且变幅小。

一等耕地2个土壤类型中,灌淤土类面积最大,26.86万亩,占一等耕地总面积99.8%;新积土类面积小,仅674亩。

一等耕地4个土壤亚类中,表锈灌淤土亚类(16.9万亩)面积最大,占一等耕地总面积62.8%;其次为潮灌淤土亚类(5.1万亩)和典型灌淤土亚类(4.9万亩),分别占18.8%和18.2%;典型新积土亚类面积最小,仅占0.2%

一等耕地分布的18个土种中(见表7-5),厚卧土土种面积最大,10.4万亩,占一等耕地总面积35.1%;其次为厚潮淤土土种(4.4万亩),占16.3%;薄卧土土种(2.4万亩)和薄吃劲土土种(2.1万亩)面积较大,分别占8.9%和7.8%。

一等耕地土壤质地构型主要为通体壤和壤夹沙,其中,通体壤占一等耕地总面积86%;壤夹沙占14%。一等耕地质地构型好,且质地构型种类少,故其质地构型评价指数(0.8000~1.0000)高,变异小。

一等耕地有效土层厚度均>100 cm,其有效土层厚度评价指数(1.0000~1.0000)高。

3. 理化性状

一等耕地耕层土壤质地均为壤土,其耕层质地评价指数(1.000~1.0000)高,具有良好的物理性状。

从表7-6可以看出,一等耕地土壤全盐量平均为0.77 g/kg,极大值为1.5 g/kg,属于非盐渍化土壤,其盐渍化等级评价指数(1.000~1.0000)高。

一等耕地土壤有机质含量较高,平均为17.4 g/kg,属于中等偏高水平(见表7-6)。土壤有机质含量4个级别面积分布偏向于高含量(见表7-7)。其中15~20 g/kg级别面积最

表7-4 宁夏各耕地地力等级评价因子指数变化范围统计表

评价因子	合计	一等地	二等地	三等地	四等地	五等地	六等地	七等地	八等地	九等地	十等地
综合指数(IFI)	0.3283~0.9296	0.8990~0.9296	0.8780~0.8990	0.8100~0.8780	0.7350~0.8100	0.6650~0.7350	0.6290~0.6650	0.6020~0.6290	0.5860~0.6020	0.5570~0.5860	0.3283~0.5570
灌溉保证率指数	0.0000~1.0000	1.0000~1.0000	1.0000~1.0000	0.5500~1.0000	0.5500~1.0000	0.0000~1.0000	0.0000~1.0000	0.0000~1.0000	0.0000~1.0000	0.0000~1.0000	0.0000~0.5500
降水量指数	0.2000~1.0000	0.2000~0.3500	0.2000~0.3500	0.2000~0.3500	0.2000~0.8900	0.2000~0.3500	0.2000~1.0000	0.2000~1.0000	0.2000~1.0000	0.2000~1.0000	0.2000~1.0000
有机质含量指数	0.2944~1.0000	0.4131~0.8355	0.3650~0.9341	0.3219~0.9008	0.3085~0.9636	0.2985~1.0000	0.2985~1.0000	0.3013~0.9798	0.3013~0.9269	0.2944~0.9706	0.2999~0.9579
耕层质地指数	0.1000~1.0000	1.0000~1.0000	0.7000~1.0000	0.3000~1.0000	0.3000~1.0000	0.1000~1.0000	0.1000~1.0000	0.1000~1.0000	0.1000~1.0000	0.1000~1.0000	0.1000~1.0000
盐渍化等级指数	0.5000~1.0000	1.0000~1.0000	1.0000~1.0000	0.7000~1.0000	0.5000~1.0000	0.5000~1.0000	0.5000~1.0000	0.5000~1.0000	0.5000~1.0000	0.5000~1.0000	0.5000~1.0000
剖面构型指数	0.0400~1.0000	0.7400~0.9700	0.6400~0.9700	0.1400~0.9700	0.0400~1.0000	0.0400~1.0000	0.0400~1.0000	0.0400~1.0000	0.0400~1.0000	0.0400~1.0000	0.0400~1.0000
速效钾含量指数	0.2914~1.0000	0.3511~0.9387	0.3255~0.8256	0.3101~0.9660	0.2914~0.9216	0.2946~0.9949	0.2946~1.0000	0.2956~1.0000	0.2978~0.9969	0.2978~0.9949	0.2956~1.0000
有效磷含量指数	0.3931~1.0000	0.6668~1.0000	0.4727~1.0000	0.4162~1.0000	0.4039~1.0000	0.3952~1.0000	0.3931~0.9997	0.3963~0.9997	0.3995~0.9999	0.3984~1.0000	0.3973~0.9996
田面坡度指数	0.1000~1.0000	1.0000~1.0000	0.8000~1.0000	0.3000~1.0000	0.6000~1.0000	0.3000~1.0000	0.3000~1.0000	0.1000~1.0000	0.1000~1.0000	0.1000~1.0000	0.1000~1.0000
质地构型指数	0.1000~1.0000	0.8000~1.0000	0.2000~1.0000	0.2000~1.0000	0.2000~1.0000	0.1000~1.0000	0.1000~1.0000	0.1000~1.0000	0.1000~1.0000	0.1000~1.0000	0.1000~1.0000
土层厚度指数	0.5000~1.0000	1.0000~1.0000	0.8000~1.0000	0.8000~1.0000	0.5000~1.0000	0.5000~1.0000	0.5000~1.0000	0.5000~1.0000	0.5000~1.0000	0.5000~1.0000	0.5000~1.0000

单位:亩

表 7-5　宁夏耕地各土壤类型耕地地力等级面积统计表

土壤类型	总计	一等地	二等地	三等地	四等地	五等地	六等地	七等地	八等地	九等地	十等地
总计	19351543	269271	842041	941380	1977633	2213260	2564062	4257606	2822239	2497988	966062
灌淤土	2764049	268597	837565	635580	583609	244757	139880	36141	7982	9102	836
表锈灌淤土	1172101	169383	581821	361047	57906	1944					
表锈灌淤壤土	1172101	169383	581821	361047	57906	1944					
薄卧土	201216	23908	89877	72387	15044						
厚卧土	476108	103729	304790	53014	14574						
胶黄薄卧土	6482		217	4150	844	1271					
沙薄卧土	33528			32963	288	278					
沙层薄卧土	139899	6894	47825	77259	7921						
沙层厚卧土	106761	16664	50260	32013	7824						
沙盖壤薄卧土	12249			9844	2009	396					
沙盖黏薄卧土	3084		154	2930							
黏层薄卧土	192774	18188	88697	76488	9400						
潮灌淤土	563556	50451	220344	64970	149859	77089	842				
潮灌淤壤土	563556	50451	220344	64970	149859	77089	842				
高庄老户土	35156	683	11580	4654	13898	4340					
灌潮淤土	64531	2630	16823	14589	18810	11678					
厚潮淤土	301715	43857	169041	10879	63117	14820					
胶黄新户土	650			211	119	320					
漏沙老户土	38426	2497	9938	9441	9395	7154					
漏沙新户土	61812	334	6974	11619	30520	12365					

续表

土壤类型	总计	一等地	二等地	三等地	四等地	五等地	六等地	七等地	八等地	九等地	十等地
沙盖壤新户土	3229			2563	78	587					
沙盖黏新户土	442			442							
沙老户土	6147			1706	721	3178	541				
沙新户土	6126			1527	119	4179	301				
黏层新户土	45323	449	5987	7339	13081	18466					
典型灌淤土	103973	48763	35400	19573	238						
灌淤壤土	99871	48763	35400	15490	218						
灌吃劲土	57559	20642	23022	13804	92						
底砂厚淤土	12614	9739	2490	384							
灌泥土	2377	560	1547	270							
厚黄淤土	674	315	359								
黄淤土	14930	10054	3963	787	126						
夹黏厚立土	11717	7453	4020	245							
灌淤立沙土	4102			4082	20						
沙薄立土	2846			2826	20						
沙质浓黄土	1256			1256							
盐化灌淤土	924419		189990	189990	375606	165724	139038	36141	7982	9102	836
盐化灌淤土	924419		189990	189990	375606	165724	139038	36141	7982	9102	836
夹黏盐化户土	117434		5729	5729	19965	32666	49412	6980	810	1871	
夹黏盐化卧土	83325		17937	17937	53554	7804	3387	643	225		
胶黄盐化灌淤土	8372			1256	4907	1289	642	670	225	638	

续表

土壤类型	总计	一等地	二等地	三等地	四等地	五等地	六等地	七等地	八等地	九等地	十等地
盐化薄立土	13753			4684	8438	550	81				
盐化薄卧土	229877			61023	115829	42764	7769	1966	442	83	
盐化厚立土	9375			5140	4235						
盐化厚卧土	125467			47003	68906	7663	1883	11	1497	1577	237
盐化老户土	170890			40424	61373	33972	24338	7474	1497	1577	237
盐化新户土	165926			8049	38399	39017	51524	18397	5007	4933	599
黄绵土	7241084				176333	431531	970167	2148361	1889313	1433504	191876
黄绵土	7241084				176333	431531	970167	2148361	1889313	1433504	191876
黄墡土	32019					4077	676	1904	1914	7891	15556
夹胶黄墡土	32019					4077	676	1904	1914	7891	15556
绵沙土	112284					3882	2102	5659	5734	36049	58857
川台绵沙土	37046					3360	1928	3990	4209	23559	
坡绵沙土	75238					522	174	1670	1525	12490	58857
绵土	7096782				176333	423572	967388	2140797	1881665	1389563	117464
老牙村淤绵土	720458				159096	171907	375786	11471	2198		
绵黄土	6071315				13648	117690	465556	2102657	1875040	1380943	115782
盐绵土	286259				535	129106	124280	23300	3482	4227	1330
淤绵土	18749				3054	4869	1766	3370	945	4394	352
灰褐土	367080				226	5019	75071	83682	57330	80918	64835
暗灰褐土	367080				226	5019	75071	83682	57330	80918	64835
泥质暗灰褐土	367080				226	5019	75071	83682	57330	80918	64835

续表

土壤类型	总计	一等地	二等地	三等地	四等地	五等地	六等地	七等地	八等地	九等地	十等地
薄薔麻土	56547								79	9013	47456
厚薔麻土	182736				146	4697	37101	50846	36667	51984	1295
灰薔麻土	127797				80	322	37970	32836	20584	19921	16084
新积土	2423088	674	1957	49930	339247	478408	341779	599065	166249	188470	257306
典型新积土	2369863	674	1957	49160	321786	462053	337257	590076	164129	186836	255934
堆垫土	5744		39	84	104	988	97	1933	1305	777	417
厚堆垫土	5744		39	84	104	988	97	1933	1305	777	417
石灰性山洪土	2364119	674	1918	49077	321681	461065	337160	588143	162824	186059	255517
底盐洪淤土	37901					10587	4005	9858	1003		12447
富平洪泥土	121333			16860	14005	76522	1107	1477	6846	3235	1282
洪淤薄沙土	8423				790	1343	39	5274	201	775	
洪淤砾土	85386				471	16325	11214	4524	897	5246	46708
洪淤砂土	448225			25227	23520	92476	10625	120010	77616	82659	16091
厚洪淤土	779920	674	1918	5843	218884	67958	172477	237542	40231	31228	3165
厚阴黑土	219666				644	9346	73369	115422	14511	6166	207
夹黏阴黑土	5744						1578	1321	929	1561	354
山洪砂土	402343			1127	48116	101445	26862	58904	6849	15254	143785
盐化洪淤土	255179			19	15251	85064	35885	33809	13740	39933	31478
冲积土	53225			770	17462	16355	4522	8989	2120	1635	1372
石灰性冲积壤土	37851			770	11012	10875	3099	8949	2120	299	727
淀淤黄土	18558			770	10054	388	2261	5085			

续表

土壤类型	总计	一等地	二等地	三等地	四等地	五等地	六等地	七等地	八等地	九等地	十等地
盐化冲积壤土	19293				958	10487	838	3864	2120	299	727
石灰性冲积沙土	15039				6449	5480	1423	40		1297	349
表泥性冲积沙土	15039				6449	5480	1423	40		1297	349
石灰性冲积黏土	335									39	296
淤滩土	335									39	296
灰钙土	2412363		579	23747	257631	387825	306237	437103	373052	406093	220095
淡灰钙土	1405104		579	7906	176255	261521	212408	249617	154056	178882	163879
黄土质淡灰钙土	652629		579	3687	50311	29791	36066	243926	137143	126545	24582
同心质白脑土	652629		579	3687	50311	29791	36066	243926	137143	126545	24582
泥砂质淡灰钙土	752475			4219	125944	231730	176342	5691	16913	52337	139297
白脑砾土	1832					846	693			235	58
白脑泥土	286261			3426	34062	93951	32953	3255	15284	44498	58830
白脑沙土	464382			792	91882	136933	142696	2436	1629	7604	80409
草甸灰钙土	78096			15841	42546	5875	12982		802	19	30
泥砂质草甸灰钙土	78096			15841	42546	5875	12982		802	19	30
白脑锈土	78096			15841	42546	5875	12982		802	19	30
典型灰钙土	622124				10786	35829	6398	114263	207443	212709	34697
黄土质灰钙土	149370				905	688	1102	23899	46205	47777	28794
海源黄白土	149370				905	688	1102	23899	46205	47777	28794
泥砂质灰钙土	472754				9881	35142	5296	90363	161238	164932	5903
黄白泥土	472754				9881	35142	5296	90363	161238	164932	5903

续表

土壤类型	总计	一等地	二等地	三等地	四等地	五等地	六等地	七等地	八等地	九等地	十等地
盐化灰钙土	307040				28045	84600	74449	73224	10751	14482	21489
氯化物灰钙土	307040				28045	84600	74449	73224	10751	14482	21489
白脑土	49975				19330	8950	4966	11175	3098	1274	1182
咸红沙土	128179				7229	57754	12700	22154	5422	12686	10234
咸红黏土	513				122		391				
咸性土	128374				1364	17896	56393	39896	2231	522	10073
黑垆土	2215711				62452	271274	477405	806766	275305	318869	3640
潮黑垆土	1902					843	1058				
潮黑垆土	1902					843	1058				
底锈黑垆土	1902					843	1058				
典型黑垆土	345398				41873	143977	120854	32127	4134	2407	27
黑垆土	345398				41873	143977	120854	32127	4134	2407	27
暗黑垆土	10939				1853	2510	5904	672			
孟塬黑垆土	294532				39841	115462	101319	31374	4102	2407	27
绵垆土	207						207				
其他典型黑垆土	39720				179	26005	13424	80	32		
黑麻土	1868411				20579	126454	355493	774640	271171	316462	3613
黑麻土	1868411				20579	126454	355493	774640	271171	316462	3613
旱川台麻土	196297				18392	100765	76978		161		
黄麻土	1672114				2187	25689	278515	774640	271009	316462	3613
潮土	1341171		1940	232123	437024	303473	97752	124049	40930	59954	43926

续表

土壤类型	总计	一等地	二等地	三等地	四等地	五等地	六等地	七等地	八等地	九等地	十等地
典型潮土	14976					714	475	5195	2937	1415	4241
石灰性潮壤土	8083					603	424	3243	2937	573	303
潮壤黄土	7873					603	424	3033	2937	573	303
夹沙淤土	210							210			
石灰性潮沙土	4941					111	51			842	3937
沙冲淤土	4941					111	51			842	3937
石灰性潮黏土	1952							1952			
潮淤黏土	1952							1952			
灌淤潮土	552744		1940	230144	172521	111086	20889	8994	795	4926	1450
表锈淤潮壤土	258066			178382	28057	51086	474	53	13		
表锈潮漏沙土	62645			50727	1610	9906	403				
表锈土	142184			88831	23323	29935	29	53	13		
表锈黏层壤土	53236			38824	3125	11245	42				
表锈淤潮沙土	122420			2929	85996	17606	11018	4266	606		
表锈沙盖壤土	12142			323	5210	3867	2743				
表锈沙盖黏土	13604			852	9693	2168	653	239			
表锈淤沙土	96674			1753	71093	11571	7622	4028	606		
表锈淤潮黏土	15163			5360	6942	845	1688	328			
表锈黏土	12335			3951	6234	697	1124	328			
夹壤黏土	80					80					
漏沙黏土	2749			1409	708	68	564				

续表

土壤类型	总计	一等地	二等地	三等地	四等地	五等地	六等地	七等地	八等地	九等地	十等地
淤潮壤土	86755		1940	40107	9827	27801	718			4912	1450
厚淤潮泥土	8264		1730	3445	2921	168	168				
淤潮夹黏土	15387		81	8269		6950					
淤潮漏沙土	31416		130	15631	541	15164					
淤潮泥土	31689			12762	6365	5519	550			4912	1450
淤潮沙土	68378			2492	40933	13427	6991	4346	176		
夹壤沙土	7260			342	3696	2493	368	361		14	
夹黏沙土	5559			369	3766	237	742	443			
淤末土	55559			1780	33470	10697	5880	3541	176	14	
淤潮黏土	1962			875	766	321					
厚淤潮黏土	1066			875	155	36					
夹砂淤潮黏土	897				611	285					
盐化潮土	773451			1979	264503	191673	76388	109860	37198	53613	38236
硫酸盐潮土	773451			1979	264503	191673	76388	109860	37198	53613	38236
轻咸潮黏土	33405				4737	9297	7869	3118	3164	2640	2581
轻盐锈土	148535			840	58995	23611	19018	32805	6066	5937	1263
塔桥盐锈土	114584			140	53607	20179	10344	18825	3803	4788	2898
体泥盐沙土	281325				42668	92365	21830	37713	19932	38244	28575
盐锈土	195602			999	104496	46222	17327	17399	4234	2004	2920
风沙土	586998				121111	90971	155773	22438	12079	1079	183547
草原风沙土	586998				121111	90971	155773	22438	12079	1079	183547
草原固定风沙土	586998				121111	90971	155773	22438	12079	1079	183547
盐池定沙土	586998				121111	90971	155773	22438	12079	1079	183547

表 7-6　宁夏一等耕地表土(0~20 cm)土壤有机质及养分含量统计表

项目	样本数(个)	平均值	标准差	变异系数(%)	极大值	极小值
有机质(g/kg)	1975	17.40	4.74	27.23	37.80	3.20
全氮(g/kg)	1956	1.13	0.28	24.85	2.46	0.16
全磷(g/kg)	2	1.09				
全钾(g/kg)	2	19.20				
缓效钾(mg/kg)	2	715.00	195.16	27.30	853.00	577.00
碱解氮(mg/kg)	1729	85.07	45.87	53.92	298.10	1.00
有效磷(mg/kg)	1757	42.92	22.16	51.63	99.90	3.00
速效钾(mg/kg)	1974	188.60	79.10	41.94	582.00	50.00
阳离子代换量(cmol(+)kg)	2	11.10				
全盐(g/kg)	1577	0.77	0.29	37.90	1.50	0.20
pH	1967	8.30	0.24	2.87	9.00	7.50
水溶性钙(mg/kg)	2	1100.00				
水溶性镁(mg/kg)	2	200.00				
有效硅(mg/kg)	2	73.60				
有效硫(mg/kg)	2	29.85				
有效铁(mg/kg)	1	11.60				
有效锰(mg/kg)	13	8.93	2.11	23.61	13.50	6.20
有效铜(mg/kg)	7	1.89	0.31	16.41	2.40	1.49
有效锌(mg/kg)	9	1.09	0.29	27.17	1.41	0.58
水溶性硼(mg/kg)	14	1.20	0.39	32.78	2.05	0.55

大,占一等耕地总面积71.4%;其次为 10~15 g/kg 级别,占 21.2%;>20 g/kg 级别面积小,仅占 7.4%。一等耕地土壤有机质含量分布表现为起点较高(有机质含量多>10 g/kg),极大值面积小(>25 g/kg 面积仅 170 亩)的特征,这与其有机质含量评价指数(0.4131~0.8355)变幅小相符合。

一等耕地土壤全氮含量高,平均为 1.13 g/kg。全氮含量 3 个级别面积呈正态分布,其中全氮含量为 1.0~1.5 g/kg 级别面积最大,占一等耕地总面积62.6%;其次为 0.5~1.0 g/kg 级别,占 36.8%;1.5~2.0 g/kg 级别面积最小,仅占一等耕地总面积0.6%。

一等耕地土壤碱解氮含量较高,平均为 85.1 mg/kg。碱解氮含量 5 个级别面积分布偏向低含量,其中,50~100 mg/kg 级别面积最大,占一等耕地总面积77.0%;其次为100~150 mg/kg 和<50 mg/kg 级别,分别占 11.2%和10.0%;碱解氮含量>150 mg/kg 级别面积小,仅占1.8%。

一等耕地土壤全磷和有效磷含量高,平均分别为 1.09 g/kg 和 42.9 mg/kg。土壤有效

表7-7　宁夏一等耕地表土(0~20 cm)土壤有机质及养分含量分级面积统计表

有机质(g/kg)						
面积(亩)	合计	<5	5~10	10~15	15~20	20~25	>25

面积(亩)	合计	<5	5~10	10~15	15~20	20~25	>25
	269271			56746	192199	20129	197

全氮(g/kg)

面积(亩)	合计	<0.5	0.5~1.0	1.0~1.5	1.5~2.0	2.0~2.5
	269271		98506	168603	2163	

碱解氮(mg/kg)

面积(亩)	合计	<50	50~100	100~150	150~200	>200
	269271	26748	207422	29470	5384	247

有效磷(mg/kg)

面积(亩)	合计	<5	5~10	10~20	20~30	30~40	40~50	50~60	>60
	269271				3566	113965	112628	29617	9496

速效钾(mg/kg)

面积(亩)	合计	<100	100~150	150~200	200~250	250~300	>300
	269271		70041	138291	46436	9947	4557

磷含量4个级别面积分布偏向于高含量,其中84%一等耕地土壤有效磷含量分布在30~40 mg/kg和40~50 mg/kg这两个级别;其他2个含量级别面积仅占16%,说明一等耕地土壤有效磷含量总体水平高,且变异较小,这与有效磷含量评价指数0.6668~1.0000相吻合。

一等耕地土壤全钾和速效钾含量高,平均分别为19.2 g/kg和188.6 mg/kg。土壤速效钾含量5个级别面积分布偏向高含量,其中,150~200 mg/kg级别面积最大,占一等耕地总面积52.3%;其次为100~150 mg/kg和200~250 mg/kg级别, 分别占26.0%和17.1%;250~300 mg/kg级别面积小,占3.6%;速效钾含量>300 mg/kg级别面积最小,仅占1.0%。土壤速效钾含量水平高,变异较大,故其速效钾含量评价指数(0.3511~0.9387)范围也较大。

一等耕地土壤有效硼平均含量高,土壤有效锌、铁、铜及锰平均含量较高。土壤阳离子交换量为11.1 cmol(+)kg,具有较强的持水保肥能力。

(三)利用改良方向

1. 主要属性

一等耕地是宁夏最好的耕地,各种评价指标均属良好。地形平坦,有效土层深厚,立地条件好;农田基础设施配套健全,灌排方便,土壤无盐化,具备充分灌溉条件;耕层质地均为壤质土,保水保肥能力强;熟化程度高,70%耕地灌淤熟化层>60 cm;土壤有机质及养分含量高;利用上几乎没有限制因素,适宜于各种植物生长;作物产量水平最高;是宁夏高产稳产农田,也是高产创建示范区。

2. 利用改良方向

维护和提高一等耕地的地力,应从均衡地力考虑。主要措施一是推行深耕,加深耕层,打破犁底层。建议每 3 年进行 1 次深耕深松,逐渐加深耕层,增加活土层,耕层厚度最好能达到 25 cm 以上。二是实行秸秆还田,增施有机肥料,提高有机质含量,增强耕地保水保肥能力。三是实行测土配方施肥为主的科学施肥,坚持减量施肥的原则,针对性施用化肥和微量元素肥料,提高肥料利用率,平衡土壤养分,促进作物增产增效。四是切实加强对一等耕地的保护,加强监管,严格控制建设用地占地,强化用养结合,促进耕地可持续利用。

二、二等耕地地力特征

二等耕地地力评价综合指数 0.8780~0.8990,其农田管理、立地条件、理化性状和土壤养分等条件仅次于一等耕地。

（一）分布特征

二等耕地总面积 84.2 万亩,占宁夏耕地总面积 4.56%。集中分布在自流灌区青铜峡灌区和卫宁灌区,其中青铜峡灌区面积较大,69 万亩,占二等耕地总面积 82%;卫宁灌区面积较小,仅占 18%。

二等耕地主要分布在除固原市以外的其他四个地级市,其中,以银川市面积最大,38.4 万亩,占二等耕地总面积 45.6%;其次为吴忠市(27.6 万亩)和中卫市(15.1 万亩),分别占 32.8% 和 18.0%;石嘴山市(3.0 万亩)面积最小,仅占 3.6%。

二等耕地分布的 11 个县(区、市)中,青铜峡市面积最大,17.1 万亩,占二等耕地总面积 20.3%;其次为贺兰县(16.1 万亩)和永宁县(13.8 万亩),分别占 19.1% 和 16.4%;沙坡头区(10.6 万亩)和利通区(10.5 万亩)面积较大,分别占 12.6% 和 12.5%。

（二）地力特征

1. 利用现状

二等耕地所处地形多为一级阶地较高区域,地下水位较深,多 >150 cm;地形平坦,田面坡度评价指数(0.8000~1.0000)较高。农田基础设施配套健全,灌排方便,具备充分灌溉条件,灌溉保证率评价指数高(1.0000~1.0000)。受二等耕地分布区域降水量少的影响,其降水量评价指数低,为 0.2000~0.3500。

二等耕地利用方式为灌溉旱作和稻旱轮作。灌溉旱作多用于设施、露地蔬菜及粮食作物种植;稻旱轮作多为种植二年(或一年)旱作物一年水稻。土壤适种性广,适宜种植各种作物。农作物产量水平高,设施番茄、茄子亩产 11000 kg 左右;露地番茄亩产 14000 kg 左右;露地茄子亩产 8000 kg 左右;设施、露地黄瓜亩产 12000 kg 左右;设施辣椒亩产 10000 kg 左右;露地辣椒亩产 7000 kg 左右;设施西瓜、甜瓜亩产 3500 kg 左右;玉米亩产 900 kg 左右;水稻亩产 700 kg 左右。

2. 立地条件

二等耕地分布着 4 个土壤类型 6 个土壤亚类 6 个土属 25 个土种。土壤剖面构型较好,但剖面构型较一等耕地多,故其土壤剖面构型评价指数(0.6400~0.9700)变幅较一等耕地(0.7400~0.9700)大。

二等耕地4个土壤类型中,灌淤土类面积最大,83.8万亩,占二等耕地总面积99.5%;潮土、新积土和灰钙土3个土类之和仅占0.5%。

二等耕地6个亚类中,表锈灌淤土亚类面积最大,58.2万亩,占二等耕地总面积69.1%;其次为潮灌淤土亚类(22.0万亩),占26.1%;典型灌淤土亚类(3.5万亩)面积较大,占4.2%;典型新积土亚类和灌淤潮土亚类面积小,分别为1957亩和1940亩;典型灰钙土亚类面积最小,仅579亩。

二等耕地25个土种中,厚卧土土种面积最大,30.5万亩,占二等耕地总面积36.2%;其次为厚潮淤土土种(16.9万亩)、薄卧土土种(9.0万亩)和黏层薄卧土土种(8.9万亩),分别占20.0%、10.7%和10.6%;沙层厚卧土土种(5.0万亩)和沙层薄卧土土种(4.9万亩)面积较大,分别占二等耕地总面积5.9%和5.8%。

二等耕地土壤质地构型多,由通体壤、壤夹沙、壤夹黏等组成,故其质地构型评价指数范围大,为0.2000~1.0000。二等耕地土壤质地构型以通体壤(58.9万亩)为主,占二等耕地总面积70%。

二等耕地大部分有效土层厚度>100 cm,少部分有效土层厚度为60~100 cm,其土层厚度评价指数比一等地范围大,为0.8000~1.0000。

3. 理化性状

二等耕地耕层土壤质地评价指数为0.7000~1.0000,说明二等耕地土壤质地以壤土为主,部分耕层质地为黏壤土和沙壤土,其土壤物理性状较好。

二等耕地土壤全盐平均含量为0.73 g/kg(见表7-8),极大值1.4g/kg,属于非盐渍化土壤,其盐渍化等级评价指数高,为1.0000~1.0000。

二等耕地土壤有机质含量较高,平均16.25 g/kg,属于中等偏高水平。有机质含量5个级别面积呈正态分布,其中,15~20 g/kg级别面积最大,占二等耕地总面积69.2%(见表7-9);其次为10~15 g/kg级别,占26%。二等耕地土壤有机质含量变异范围较一等耕地大,故其有机质含量评价指数(0.3650~0.9341)范围较一等耕地大。

二等耕地土壤全氮含量较高,平均为1.04 g/kg;全氮含量5个级别面积呈正态分布,以1.0~1.5 g/kg级别面积最大,占二等耕地总面积56.8%;其次为0.5~1.0 g/kg级,占42.6%;>1.5 g/kg和<0.5 g/kg级别面积小,仅占0.6%。

二等耕地土壤碱解氮平均含量较高,平均为63.3 mg/kg;碱解氮含量5个级别面积分布偏向低含量,其中,50~100 mg/kg级别面积最大,占二等耕地总面积74.3%;其次为碱解氮含量<50 mg/kg级别,占21.1%;碱解氮含量>100 mg/kg仅占4.6%。

二等耕地土壤全磷和有效磷含量较高,平均分别为0.92 g/kg和29.4 mg/kg;土壤有效磷含量分布8个级别,且有效磷含量多>5 mg/kg,故其有效磷含量评价指数(0.4727~1.0000)变异较大。有效磷含量8个级别中,以20~30 mg/kg级别面积最大,占二等耕地总面积58.6%;其次为30~40 mg/kg级别,占32.9%;有效磷含量>40 mg/kg级别面积小,占

表 7-8 宁夏二等耕地表土(0~20 cm)土壤有机质及养分含量统计表

项目	样本数(个)	平均值	标准差	变异系数(%)	极大值	极小值
有机质(g/kg)	5154	16.25	4.32	26.58	38.90	3.10
全氮(g/kg)	5118	1.04	0.26	25.35	2.62	0.14
全磷(g/kg)	6	0.92	0.23	24.81	1.31	0.68
全钾(g/kg)	6	20.46	1.78	8.68	23.79	18.50
碱解氮(mg/kg)	4799	63.29	35.21	55.64	283.70	3.00
有效磷(mg/kg)	4991	29.41	16.98	57.72	98.80	2.30
速效钾(mg/kg)	5152	162.48	62.67	38.57	598.00	50.00
全盐(g/kg)	4375	0.73	0.29	39.56	1.40	0.10
pH	5143	8.31	0.24	2.92	9.00	7.60
有效铁(mg/kg)	2	14.45			14.70	14.20
有效锰(mg/kg)	14	10.63	2.03	19.14	13.90	6.20
有效铜(mg/kg)	9	2.25	0.65	28.97	2.94	1.22
有效锌(mg/kg)	5	1.24	0.21	16.71	1.48	0.98
水溶性硼(mg/kg)	14	1.13	0.30	26.48	1.64	0.75

表 7-9 宁夏二等耕地表土(0~20 cm)土壤有机质及养分含量分级面积统计表

	有机质(g/kg)					
面积(亩)	合计	<5	5~10	10~15	15~20	20~25	>25
	842041		1010	218559	586243	35322	908

	全氮(g/kg)				
面积(亩)	合计	<0.5	0.5~1.0	1.0~1.5	1.5~2.0	2.0~2.5
	842041	20	359168	478297	4540	16

	碱解氮(mg/kg)				
面积(亩)	合计	<50	50~100	100~150	150~200	200~250
	842041	178107	626482	34708	2679	65

	有效磷(mg/kg)							
面积(亩)	合计	<5	5~10	10~20	20~30	30~40	40~50	50~60	60~80	>80
	842041		77	24410	492727	277082	30909	8785	7937	115

	速效钾(mg/kg)				
面积(亩)	合计	<100	100~150	150~200	200~250	250~300	>300
	842041	2471	323019	405570	105289	5141	550

5.5%;有效磷含量<20 mg/kg 级别面积最小,仅占二等耕地总面积 3%。

二等耕地土壤全钾和速效钾含量高,平均分别为 20.5 g/kg 和 162.5 mg/kg。土壤速效钾含量 6 个级别面积分布偏向低含量,其中,150~200 mg/kg 级别面积最大,占二等耕地总面积48.2%；其次为100~150 mg/kg级别，占38.4%；200~250 mg/kg级别面积较大，占12.5%；速效钾含量极大值和极小值级别面积小，不足1%。与一等耕地速效钾含量相比，二等耕地土壤速效钾含量最高级别分布的面积小，低级别分布的面积大，故其评价指数（0.3255~0.8256）低值和高值均较一等耕地评价指数（0.3511~0.9387）低。

二等耕地土壤有效锌、有效锰、有效铜、有效硼平均含量高；土壤有效铁平均含量为中等水平。

（三）利用改良方向

1. 主要属性

二等耕地与一等耕地类似，也是宁夏较好的耕地，各种评价指标均属良好型。地面平坦，立地条件好，有效土层厚；农田基础设施配套健全，灌排方便，土壤无盐化，具备充分灌溉条件；耕层质地较理想，持水保肥能力强；土壤养分含量为中等或高水平；在利用上几乎没有障碍因素，适宜各种植物生长，作物产量水平高，是宁夏高产、稳产农田及高标准粮田的示范区。

2. 利用改良方向

二等耕地与一等耕地相比较，部分耕地养分比例不协调，其氮、磷、钾养分含量变异较大。因此应从科学施肥入手，加大测土配方施肥技术应用力度，合理确定氮、磷、钾与微肥的比例和数量、施用时期和方法，最大限度发挥各种肥料的增产潜力。

与一等耕地相比，二等耕地土壤熟化度相对较低，35%耕地灌淤熟化土层厚度<60 cm。建议从两方面入手，增强土壤熟化度。一是增施有机肥或秸秆还田，提高土壤有机质含量，改善土壤理化性状。二是深耕深松，加深耕层和活土层，改善土壤结构，促进土壤团粒结构形成，提高土壤综合生产能力。

三、三等耕地地力特征

三等耕地地力评价综合指数0.8100~0.8780，其农田管理、立地条件、理化性状和土壤养分等条件低于二等耕地。

（一）分布特征

三等耕地面积较小，94.1万亩，占宁夏耕地总面积4.86%；集中分布在自流灌区和中部干旱区，其中自流灌区面积较大，91.2万亩，占三等耕地总面积97%；中部干旱区面积小，2.9万亩，仅占3%。

三等耕地主要分布在青铜峡灌区、卫宁灌区和同心扬水灌区，其中青铜峡灌区面积（75.4万亩）最大，占三等耕地总面积80.1%；其次为卫宁灌区（15.8万亩），占16.8%；同心扬水灌区（2.9万亩）面积最小，仅占三等耕地总面积3%。

三等耕地分布在除固原市以外的其他4个地级市，以银川市面积（46.0万亩）最大，占三等耕地总面积49.0%；其次为吴忠市（26.3万亩），占27.9%；中卫市面积（15.8万亩）较小，占16.8%；石嘴山市面积（6.0万亩）最小，仅占三等耕地总面积6.3%。

三等耕地分布的 12 个县(市、区)中,青铜峡市面积(16.2 万亩)最大,占三等耕地总面积17.2%;其次为贺兰县(15.3 万亩)、永宁县(14.3 万亩)和沙坡头区(9.9 万亩),分别占16.3%、15.2%和10.5%;灵武市(7.6 万亩)、平罗县(6.0 万亩)、中宁县(5.8 万亩)和金凤区(4.5 万亩)面积也较大,分别占 8.1%、6.3%、6.2%和4.8%。

(二)地力特征

1. 利用现状

三等耕地分布地形为黄河高阶地、一级阶地及二级阶地,地面坡度较大,其田面坡度评价指数(0.3000~1.0000)范围比二等地大。三等耕地灌排较方便,农田基础设施较健全,97%的三等耕地具备充分灌溉条件,3%的三等耕地具备基本满足灌溉条件,因此,三等耕地灌溉保证率评价指数(0.5500~1.0000)变异较大。

三等耕地利用方式为灌溉旱作和稻旱轮作 2 种方式。灌溉旱作用于设施、露地蔬菜或粮食作物种植;稻旱轮作为种植 2 年(或 1 年)旱作物 1 年水稻。三等耕地土壤适种性广,作物产量水平低于二等耕地。设施番茄、茄子亩产 10000~11000 kg;露地番茄亩产12000~14000 kg;露地茄子亩产 7000~8000 kg;设施、露地黄瓜亩产 10000~12000 kg;设施辣椒亩产 9000~10000 kg; 露地辣椒亩产 6000~7000 kg;设施西瓜、甜瓜亩产 3000~3500 kg;玉米亩产 800 kg 左右;水稻亩产 650~700 kg。

2. 立地条件

三等耕地主要分布着 4 个土壤类型 10 个土壤亚类 18 个土属 65 个土种,土壤剖面构型较多,且变异较大,故其土壤剖面构型评价指数(0.1400~0.9700)变异大。

三等耕地的 4 个土壤类型中,灌淤土类面积最大,63.5 万亩, 占三等耕地总面积67.6%;其次为潮土(23.2 万亩),占24.6%;新积土面积(5.0 万亩)较小,占 5.3%;灰钙土面积(2.3 万亩)最小,仅占 2.5%。

三等耕地分布的 10 个土壤亚类中,表锈灌淤土亚类面积(36.1 万亩)最大,占三等耕地总面积38.4%;其次为灌淤潮土亚类(23.0 万亩)和盐化灌淤土亚类(19.0 万亩),分别占24.4%和20.2%;潮灌淤土亚类(6.5 万亩)、典型新积土亚类(4.9 万亩)、典型灌淤土亚类(1.9 万亩)和草甸灰钙土亚类(1.6 万亩)面积较大,分别占 6.9%、5.2%、2.0%和1.7%。

三等耕地 65 个土种中,表锈土土种面积最大(8.9 万亩),占三等耕地总面积9.5%;其次为沙层薄卧土土种(7.7 万亩)、黏层薄卧土土种(7.6 万亩)和薄卧土土种(7.3 万亩),分别占8.2%、8.1%和7.7%;盐化厚卧土土种(6.1 万亩)、厚卧土土种(5.3 万亩)、表锈漏沙土土种(5.1 万亩)、沙层厚卧土土种(5.0 万亩)和沙层薄卧土土种(4.8 万亩)面积较大,分别占三等耕地总面积的 6.5%、5.6%、5.4%、5.3%和5.1%。

三等耕地土壤质地构型变异较大,质地构型评价指数(0.2000~1.0000)变幅也大。三等耕地质地构型为通体壤(46.4 万亩),占三等耕地总面积49.3%;另外50.7%土壤质地构型为夹沙型、夹黏型、黏夹沙或通体黏等。

三等耕地有效土层多>100 cm,少部分有效土层厚度为 60~100 cm,其土层厚度评价指数与二等耕地相同,均为 0.8000~1.0000。

3. 理化性状

三等耕地耕层土壤质地评价指数为 0.3000~1.0000,其评价指数范围较二等耕地大,说明耕层质地变异较大,有壤土、黏壤土、沙壤土和黏土。

三等耕地土壤全盐量平均为 0.78 g/kg,极大值为 2.93 g/kg(见表 7-10),说明部分三等耕地土壤全盐量>1.5 g/kg;据不同盐渍化等级面积分布统计结果,20.6%的三等耕地土壤全盐量为 1.5~3.0 g/kg,为轻盐渍化土壤;故三等耕地土壤盐渍化等级评价指数(0.7000~1.0000)范围比一等耕地和二等耕地大。

表 7-10　宁夏三等耕地表土(0~20 cm)土壤有机质及养分含量统计表

项目	样本数(个)	平均值	标准差	变异系数(%)	极大值	极小值
有机质(g/kg)	5222	15.09	4.77	31.65	39.30	3.10
全氮(g/kg)	5157	0.97	0.29	30.01	2.90	0.08
全磷(g/kg)	12	0.78	0.10	13.20	0.95	0.62
全钾(g/kg)	12	19.83	1.64	8.26	24.47	18.20
缓效钾(mg/kg)	4	672.00	76.09	11.32	760.00	598.00
碱解氮(mg/kg)	4846	58.20	36.07	61.98	292.60	2.00
有效磷(mg/kg)	5070	25.56	16.79	65.68	99.80	2.00
速效钾(mg/kg)	5227	155.10	63.28	40.80	584.00	50.00
阳离子代换量(cmol(+)kg)	3	10.37			11.20	9.10
全盐(g/kg)	3595	0.78	0.49	62.63	2.93	0.10
pH	5224	8.32	0.26	3.18	9.00	7.50
水溶性钙(mg/kg)	3	1100.00			1500.00	900.00
水溶性镁(mg/kg)	3	500.00			800.00	300.00
有效硅(mg/kg)	3	63.67			76.30	56.00
有效硫(mg/kg)	3	105.37			195.50	42.80
有效锰(mg/kg)	9	10.76	2.38	22.11	13.60	7.12
有效铜(mg/kg)	1	2.73				
有效锌(mg/kg)	6	1.02	0.29	28.86	1.26	0.53
水溶性硼(mg/kg)	11	1.24	0.37	30.23	1.90	0.66

三等耕地土壤有机质含量较高,平均为 15.1 g/kg。土壤有机质含量 5 个级别面积呈偏低含量正态分布。面积最大的级别为 15~20 g/kg,47.4 万亩,占三等耕地总面积 50.4%;其次为 10~15 g/kg 级别(40.1 万亩),占 42.6%;其他 3 个级别含量面积仅占三等耕地总面积9.5%(见表 7-11)。三等耕地土壤有机质含量变异较大,与二等耕地(评价指数0.3650~0.9341)相比,三等耕地土壤有机质含量偏低含量级别,故其有机质含量评价指数

表 7-11　宁夏三等耕地表土(0~20 cm)土壤有机质及养分含量分级面积统计表

面积 (亩)	有机质(g/kg)					
	合计	<5	5~10	10~15	15~20	20~25	>25~30
	941380		31299	401334	473564	34684	499

面积 (亩)	全氮(g/kg)				
	合计	<0.5	0.5~1.0	1.0~1.5	1.5~2.0	2.0~2.5
	941380	3063	595543	335281	7219	275

面积 (亩)	碱解氮(mg/kg)				
	合计	<50	50~100	100~150	150~200	200~250
	941380	286783	622173	27378	4761	286

面积 (亩)	有效磷(mg/kg)							
	合计	<5	5~10	10~20	20~30	30~40	40~50	50~60	60~80	>80
	941380	56	5726	226059	461872	182743	49124	12393	2997	409

面积 (亩)	速效钾(mg/kg)				
	合计	<100	100~150	150~200	200~250	250~300	>300
	941380	23362	480975	345402	75811	13737	2094

为 0.3219~0.9008。

三等耕地土壤全氮含量较高,平均为 0.97 g/kg;土壤全氮含量 5 个级别面积分布偏向低含量。面积最大的级别为 0.5~1.0 g/kg,59.5 万亩,占三等耕地总面积 63.2%;其次为 1.0~1.5 g/kg,33.5 万亩,占 35.6%;其他 3 个级别面积小,仅占 1.2%。

三等耕地土壤碱解氮含量较高,平均为 58.2 mg/kg;土壤碱解氮 5 个级别面积分布偏向低含量。面积最大级别为 50~100 mg/kg,62.2 万亩,占三等耕地总面积 66.1%;其次为碱解氮含量<50 mg/kg,28.7 万亩,占 30.5%;碱解氮>100 mg/kg 级别面积小,仅占三等耕地总面积 7.2%。

三等耕地土壤全磷和有效磷含量较高,平均分别为 0.78 g/kg 和 25.6 mg/kg。土壤有效磷含量 9 个级别中,20~30 mg/kg 面积(46.2 万亩)最大,占三等耕地总面积 49.1%;其次为 10~20 mg/kg 级别,22.6 万亩,占 24.0%;30~40 mg/kg 级别(18.3 万亩)、40~50 mg/kg 级别(4.9 万亩)和 50~60 mg/kg 级别面积(1.2 万亩)较小,分别占 19.4%、5.2% 和 1.3%;其他 4 个级别面积小,仅占三等耕地总面积 1.0%。与二等耕地相比,三等耕地土壤有效磷含量级别多,变异较大,且低含量(<5 mg/kg 级别)也有小面积分布,这与三等耕地有效磷含量评价指数(0.4162~1.0000)范围大于二等耕地有效磷含量评价指数(0.4727~1.0000)相吻合。

三等耕地土壤全钾和速效钾含量较高,平均分别为 19.8 g/kg 和 155.1 mg/kg。土壤速效钾含量 6 个级别面积分布偏向较低含量,其中,速效钾含量为 100~150 mg/kg 级别面积(48.1 万亩)最大,占三等耕地总面积 51.1%;其次为 150~200 mg/kg 级别(34.5 万亩),占 36.7%;200~250 mg/kg 级别(7.6 万亩)、<100 mg/kg 级别(2.3 万亩)和 250~300 mg/kg 级别

(1.4 万亩)面积较小,分别占 8.1%、2.4% 和 1.5%;速效钾含量>300 mg/kg 级别面积最小,仅占 0.2%。与二等耕地相比,三等耕地土壤速效钾含量级别面积分布偏较低含量,且极高含量和极低含量级别分布面积比二等耕地多,故其速效钾含量评价指数(0.3101~0.9660)范围大于二等耕地评价指数(0.3255~0.8256)。

三等耕地土壤有效锌平均含量较高,土壤有效锰、有效铜及有效硼平均含量高。土壤阳离子交换量平均为 10.4 cmol(+)kg,土壤持水保肥能力较强。

(三)改良利用途径

1. 主要属性

三等耕地地形较平坦,有效土层较厚,灌排条件较好,97% 耕地具有充分灌溉条件,近 80% 耕地为非盐渍化土壤;近 50% 耕地表层土壤质地为壤质土,立地条件较好,保水保肥能力较强,耕性好;土壤有机质及养分含量较高,土壤适种性广,作物产量水平高,是宁夏仅次于一等耕地和二等耕地的良田,也是宁夏高产、稳产农田及高标准粮田分布区。

2. 改良利用途径

三等耕地与二等耕地相比,存在着诸多问题,必须采取针对性措施进行改良,才能进一步提升三等耕地地力。

一是防治土壤盐渍化:针对 20% 三等耕地轻盐渍化土壤进行综合治理。及时疏通轻盐渍化土壤分布区域排水沟系,降低地下水位,防治土壤盐渍化;实行秸秆还田或增施腐殖酸有机肥,培肥改良盐渍化土壤;采取地膜覆盖、垄沟种植、适时耕作耙糖等改良措施,减轻土壤盐渍化对农作物不利影响。

二是改善土壤物理性状:针对三等耕地近一半表层土壤质地不良问题,深耕深松深翻,加深耕作层,增厚活土层,改善土壤物理性状。

三是推广测土配方施肥技术:根据土壤养分含量水平,针对性施用氮、磷、钾及微量元素肥料,协调氮、磷、钾肥投入比例,促进土壤养分良性循环。

四是推广节水灌溉技术:在灌溉水资源有限的条件下,发展畦灌、管灌、滴灌、膜灌、沟灌等实用的节水灌溉技术,切实提高农田灌溉保证率,进一步提高三等耕地综合生产能力。

第三节　中等耕地地力特征

本节主要阐述四等地、五等地、六等地和七等地耕地地力特征。中等耕地评价综合指数为 0.6020~0.8100,在农田管理、立地条件、理化性状和土壤养分四个方面 11 项评价指标综合指数高于低等地。

一、四等耕地地力特征

四等耕地地力评价综合指数 0.7350~0.8100,其农田管理、立地条件、理化性状和土壤养分等条件仅次于三等耕地。

(一)分布特征

四等耕地总面积 197.8 万亩,占宁夏耕地总面积 10.22%。3 个生态区中,自流灌区面积最大,149.8 万亩,占四等耕地总面积 75.7%;其次为中部干旱区(32.8 万亩),占 16.6%;南部山区面积(15.2 万亩)最小,仅占 7.7%。

全自治区 5 个地级市中,银川市四等耕地面积最大,71.0 万亩,占其总面积 35.9%;其次为吴忠市(44.5 万亩),占 22.5%;中卫市(39.2 万亩)和石嘴山市(27.9 万亩)面积较小,分别占 19.8% 和 14.1%;固原市(15.2 万亩)面积最小,仅占 7.7%。

四等耕地分布在除泾源县以外的其他 21 个县(区、市)。平罗县面积最大,26.8 万亩,占四等耕地总面积 13.5%;其次为贺兰县(22.7 万亩)和中宁县(19.6 万亩),分别占 11.5% 和 9.9%;青铜峡市(14.4 万亩)、同心县(13.6 万亩)和海原县(11.0 万亩)面积较大,分别占 7.3%、6.9% 和 5.6%;西吉县(10.9 万亩)、灵武市(10.9 万亩)和永宁县(10.0 万亩)面积较小,分别占 5.5% 和 5.1%。

(二)地力特征

1. 利用现状

四等耕地地面较平坦,所处地形多为高阶地、一级阶地、风沙地、河漫滩、滩地及河谷川台地等,田面坡度评价指数为 0.6000~1.0000;灌溉方式为自流灌溉、扬水灌溉和库井灌溉 3 种方式,灌溉条件为充分满足占 59.5%;基本满足占 40.5%;灌溉保证率评价指数为 0.5500~1.0000。4% 的四等耕地分布在年降水量为 500~800 mm 阴湿区(隆德县 7.9 万亩),故四等耕地降水量评价指数变幅较大,为 0.2000~0.8900。

四等耕地利用方式为灌溉旱作和稻旱轮作 2 种方式。灌溉旱作用于设施、露地蔬菜或粮食作物种植;稻旱轮作为种植 2 年(或 1 年)旱作物 1 年水稻。四等耕地土壤适种性较广,作物产量水平仅次于三等耕地。设施番茄、茄子亩产 10000 kg 左右;露地番茄亩产 12000 kg 左右;露地茄子亩产 7000 kg 左右;设施、露地黄瓜亩产 10000 kg 左右;设施辣椒亩产 9000 kg 左右;露地辣椒亩产 6000 kg 左右;设施西瓜、甜瓜亩产 3000 kg 左右;玉米亩产 700 kg 左右;水稻亩产 650 kg 左右。

2. 立地条件

四等耕地分布着 8 个土壤类型 17 个土壤亚类 27 个土属 85 个土种,土壤剖面构型变异大,故其剖面构型评价指数范围大,为 0.0400~1.0000。

四等耕地分布的 8 个土壤类型中,灌淤土类面积最大,58.4 万亩,占四等耕地总面积 29.5%;其次为潮土类(43.7 万亩)和新积土类(33.9 万亩),分别占 22.1% 和 17.2%;灰钙土类(25.8 万亩)、黄绵土类(17.6 万亩)和风沙土类(12.1 万亩)面积较大,分别占 13.0% 和

8.9%和6.1%;黑垆土类面积(6.3万亩)小,占3.2%;灰褐土类面积最小,仅226亩。

四等耕地分布的17个土壤亚类中,盐化灌淤土亚类面积最大,37.6万亩,占四等耕地总面积19.0%;其次为典型新积土亚类(32.2万亩)和盐化潮土亚类(26.5万亩),分别占16.3%和13.4%;黄绵土亚类(17.6万亩)、淡灰钙土亚类(17.6万亩)和灌淤潮土亚类(17.3万亩)面积较大,分别占8.9%和8.7%;潮灌淤土亚类(15.0万亩)和草原风沙土亚类(12.1万亩)面积较小,分别占7.6%和6.1%。

四等耕地85个土种中,厚洪淤土土种面积最大,21.9万亩,占四等耕地总面积11.1%;其次为老牙村淤绵土土种(15.9万亩)、盐池定沙土(12.1万亩)、盐化薄卧土(11.6万亩)和盐锈土土种(10.4万亩),分别占8.0%、6.1%、5.9%和5.3%;白脑沙土土种(9.2万亩)、表锈沙土土种(7.1万亩)、盐化厚卧土土种(6.9万亩)、厚潮淤土土种(6.3万亩)和盐化老户土土种 (6.1万亩) 面积较大,分别占四等耕地总面积4.7%、3.6%、3.5%、3.2%和3.1%。

四等耕地土壤质地构型变异较大,质地构型评价指数为0.2000~1.0000;其中,通体壤质地构型占63%;通体砂质地构型占21%,另16%质地构型为夹黏型、夹砂型或通体黏型。

四等耕地有效土层较厚,多>60 cm,少部分有效土层厚度为30~60 cm,故其有效土层厚度评价指数(0.5000~1.0000)变异范围大。

3. 理化性状

四等耕地耕层土壤质地评价指数为0.3000~1.0000,变异范围大,这与四等耕地耕层质地有沙土、沙壤土、壤土、黏壤土和黏土的实际相吻合。

四等耕地土壤全盐量平均为0.84 g/kg,极大值高达8.7 g/kg,属于重盐渍化,全盐量变异系数高达116.8%(见表7-12);这与四等耕地盐渍化等级评价指数(0.5000~1.0000)比三等地盐渍化等级评价指数(0.7000~1.0000)变异大相符合。盐渍化土壤占四等耕地总面积的34.7%(见表7-13)。

四等耕地土壤有机质含量较高,平均13.4 g/kg;有机质含量7个级别面积呈略偏向低含量的正态分布,其中,有机质含量为10~15 g/kg面积(76.2万亩)最大,占四等耕地总面积38.5%;其次为15~20 g/kg级别(65.5万亩)和5~10 g/kg级别(49.2万亩),分别占33.1%和24.9%;20~25 g/kg级别(4.8万亩)和<5 g/kg级别(1.6万亩)面积较大,分别占2.4%和0.8%;从四等耕地土壤有机质含量不同级别面积分布可以看出,与高等耕地相比,土壤有机质含量低级别(<5 g/kg)和高级别(>30 g/kg)分布的面积大,因此,四等耕地有机质含量评价指数(0.3085~0.9636)范围大。

四等耕地土壤全氮含量低,平均为0.84 g/kg。全氮含量4个级别面积分布偏向低级别,土壤全氮含量为0.5~1.0 g/kg级别面积达133.2万亩,占四等耕地总面积67.3%;<0.5 g/kg级别面积也较大,26.1万亩,占13.2%。

四等耕地土壤碱解氮含量低,平均为58.1 mg/kg;碱解氮含量5个级别面积分布偏向低含量,其中,碱解氮含量50~100 mg/kg级别面积最大,117.3万亩,占四等耕地总面积

表 7-12　宁夏四等耕地表土(0~20 cm)土壤有机质及养分含量统计表

项目	样本数（个）	平均值	标准差	变异系数（%）	极大值	极小值
有机质(g/kg)	7968	13.39	5.21	38.88	39.00	3.00
全氮(g/kg)	7823	0.84	0.31	37.05	2.98	0.07
全磷(g/kg)	15	0.71	0.20	28.39	1.06	0.33
全钾(g/kg)	15	19.39	1.61	8.31	23.00	16.40
缓效钾(mg/kg)	4	692.25	152.91	22.09	823.00	475.00
碱解氮(mg/kg)	7420	58.10	29.19	50.24	275.00	2.00
有效磷(mg/kg)	7883	22.83	14.33	62.75	99.40	2.00
速效钾(mg/kg)	8012	151.42	64.27	42.44	540.00	50.00
阳离子代换量(cmol(+)kg)	3	8.73	3.19	36.50	11.60	5.30
全盐(g/kg)	5248	0.84	0.98	116.82	8.70	0.10
pH	8017	8.44	0.28	3.26	9.02	7.50
水溶性钙(mg/kg)	3	1100.00	700.00	63.64	1900.00	600.00
水溶性镁(mg/kg)	3	433.33	351.19	81.04	800.00	100.00
有效硅(mg/kg)	3	65.67	25.54	38.90	89.50	38.70
有效硫(mg/kg)	3	23.79	16.11	67.72	40.50	8.36
有效铁(mg/kg)	5	6.20	3.15	50.84	10.80	2.65
有效锰(mg/kg)	18	9.79	2.68	27.32	14.50	3.22
有效铜(mg/kg)	9	1.45	0.69	48.02	2.96	0.84
有效锌(mg/kg)	14	0.82	0.56	68.82	1.92	0.03
水溶性硼(mg/kg)	19	1.15	0.50	43.28	2.26	0.24

65.2%；< 50 mg/kg 级别面积也较大,73.2 万亩,占 40.7%。

四等耕地土壤全磷及有效磷含量较低,平均分别为 0.71 g/kg 和 22.8 mg/kg。土壤有效磷含量 9 个级别面积分布偏向低含量,有效磷含量<30 mg/kg 面积占四等耕地总面积 83.8%。土壤有效磷含量变异大,分布 9 个级别,且低含量级别分布面积也较大,这与四等耕地有效磷含量评价指数 0.4039~1.0000 范围大相符合。

四等耕地土壤全钾和速效钾含量较高,平均分别为 19.4 g/kg 和 151.2 mg/kg。土壤速效钾含量分为 6 个级别,且低含量级别面积大,因此,速效钾含量评价指数（0.2914~0.9216）变异大。6 个级别中,速效钾含量为 100~150 mg/kg 级别面积最大,85 万亩,占四等耕地总面积 43%；其次为 150~200 mg/kg 级别,占 33.7%；200~250 mg/kg 和<100 mg/kg 2 个级别,分别占 11.0% 和 10.7%。

四等耕地土壤有效锰和有效硼平均含量水平高；有效铜平均含量水平较高,有效锌和有效铁平均含量低。土壤阳离子交换量变异较大,这与四等耕地土壤质地差异大有关。

表 7-13　宁夏四等耕地表土(0~20 cm)土壤有机质及养分含量分级面积统计表

面积(亩)	有机质(g/kg)						
	合计	<5	5~10	10~15	15~20	20~25	25~30	>30
	1977633	15827	491920	761490	655449	48396	4505	45

面积(亩)	全氮(g/kg)				
	合计	<0.5	0.5~1.0	1.0~1.5	1.5~2.0	2.0~2.5
	1977633	261065	1332344	379614	4610	

面积(亩)	碱解氮(mg/kg)				
	合计	<50	50~100	100~150	150~200	>200
	1977633	732003	1173124	69836	2616	55

面积(亩)	有效磷(mg/kg)								
	合计	<5	5~10	10~20	20~30	30~40	40~50	50~60	60~80	>80
	1977633	5930	175031	588129	888099	260692	51482	7552	689	30

面积(亩)	速效钾(mg/kg)					
	合计	<100	100~150	150~200	200~250	250~300	>300
	1977633	211949	850077	666182	217789	29541	2095

面积(亩)	盐渍化等级				
	合计	非盐渍化	轻盐渍化	中盐渍化	重盐渍化	潜在盐渍化
	1977633	1292483	400833	233548	49404	1364

(三)改良利用途径

1. 主要属性

四等耕地地形较平坦,立地条件较好,有效土层较厚;农田基本建设配套较健全,灌排条件较好,60%的四等耕地具有充分灌溉条件,65%的四等耕地为非盐渍化土壤;63%的四等耕地土壤质地为壤质土,物理性质较好;土壤有机质及养分含量多属于中等水平;土壤适种性较广,农作物产量水平较高,是仅次于高等耕地的中等地。

2. 改良利用途径

与三等耕地相比,四等耕地在土壤肥力、土壤盐渍化等方面存在着程度不同的问题,针对存在的主要问题采取有效措施,才能进一步培育和提高四等耕地地力。

一是培肥土壤。大力推广增施有机肥、秸秆还田等培肥技术,提高土壤有机质含量,改善土壤生物环境。深耕深松,建立定期大型机械深耕深松土壤的制度,加深耕作层,破除犁底层,增厚活土层,改善土壤物理性状。推广测土配方施肥技术,根据四等耕地土壤氮、磷、钾及微量元素含量,制定相应的施肥方案,促进土壤养分良性循环。

二是改良土壤盐渍化。针对34.7%的四等耕地土壤盐渍化问题,因土改良。疏通现有排水系统,降低地下水位,防治土壤盐渍化。采取覆盖地膜、垄沟栽培、适时耙糖、施用改良剂等措施利用改良轻盐渍化土壤;中盐渍化及重盐渍化四等耕地则应根据当地条件采取选种耐盐作物、施用改良剂、种植水稻等措施,综合治理土壤盐渍化;潜在盐渍化耕地则要加强田间管理,合理调配水肥,防治土壤次生盐渍化。

三是推广节水灌溉技术:针对灌溉条件为基本满足的40%四等耕地,在大力挖掘水资源潜力的前提下,大力推广畦灌、滴灌、沟灌、喷灌、膜灌、管灌等节水灌溉技术,进一步提高灌溉水资源利用率,促进作物增产增收。

四是推广水肥一体化技术:针对质地构型为通体砂的20%四等耕地,大力推广水肥一体化技术,根据作物各生育期对养分的需求,适量、适时地供给作物所需养分,实现减肥节水增产增效四赢。

二、五等耕地地力特征

五等耕地地力评价综合指数0.6650~0.7350,其农田管理、立地条件、理化性状和土壤养分等条件仅次于四等耕地。

(一)分布特征

五等耕地总面积221.3万亩,占宁夏耕地总面积11.44%。3个生态区中,自流灌区五等耕地面积最大,110.5万亩,占五等耕地总面积49.9%;其次为南部山区(60.1万亩),占27.2%;中部干旱区面积(50.7万亩)小,占22.9%。

宁夏5个地级市中,固原市五等耕地面积最大,60.1万亩,占五等耕地总面积27.2%;其次为吴忠市(50.7万亩)和中卫市(48.5万亩),分别占22.9%和21.9%;石嘴山市面积(32.6万亩)较小,占14.7%;银川市面积(29.4万亩)最小,占13.3%。

全自治区22个县(市、区)中,原州区五等耕地面积最大,34.2万亩,占五等耕地总面积15.5%;其次为平罗县(25.6万亩)和同心县(18.8万亩),分别占11.6%和8.5%;中宁县(16.9万亩)、海原县(15.9万亩)和沙坡头区(15.7万亩)面积较大,分别占7.6%、7.2%和7.1%;利通区(10.7万亩)和红寺堡区(10.2万亩)面积较小,分别占4.8%和4.6%。

(二)地力特征

1. 利用现状

五等耕地地面较平坦,所处地形有河谷川地、沟台地、塬地、缓坡地、高阶地、滩地、风沙地、一级阶地及河漫滩等,田面坡度评价指数(0.3000~1.0000)变异较大;灌溉方式有自流灌溉、扬水灌溉、库井灌溉三种方式。灌溉保证率达到充分满足仅占15.9%;基本满足较大,占48.5%;一般满足占19.2%;无灌溉条件占16.5%;灌溉条件差异大,故灌溉保证率评价指数(0.0000~1.0000)范围大。五等耕地分布区域自然降水量少,降水量评价指数为0.2000~0.3500。

五等耕地土壤适种性较广,作物产量水平仅次于四等耕地。五等耕地利用方式为常年旱作和稻旱轮作2种方式。常年旱作分为灌溉旱作和旱作农业两种形式。灌溉旱作用于设施、露地蔬菜或粮食作物种植,稻旱轮作为种植2年(或1年)旱作物1年水稻;作物产量水平较高;设施番茄、茄子亩产8000~10000 kg;露地番茄亩产5000~6000 kg;设施黄瓜亩产7000 kg左右;露地黄瓜亩产5000 kg左右;设施辣椒亩产7000 kg左右;露地辣椒亩产 6000 kg 左右；设施西瓜、甜瓜亩产 3000 kg 左右；灌溉旱作玉米亩产 600~700 kg；水稻亩产 600~650 kg。旱作农业主要用于种植玉米及小杂粮等作物，作物产量因降水量的不同而不稳定，玉米亩产 600 kg 左右，油葵亩产 200 kg 左右，荞麦亩产 200 kg 左右，谷子亩产 400 kg 左右，糜子亩产 250 kg 左右，马铃薯亩产 3000 kg 左右。

2. 立地条件

五等耕地分布着 8 个土壤类型 18 个土壤亚类 30 个土属 85 个土种，土壤剖面构型变异大，故其剖面构型评价指数范围大，为 0.0400~1.0000。

五等耕地 8 个土壤类型中，新积土类面积最大，47.8 万亩，占五等耕地总面积 21.6%；其次为黄绵土类（43.2 万亩）和灰钙土类（38.8 万亩），分别占 19.5% 和 17.5%；潮土类（30.3 万亩）和黑垆土类（27.1 万亩）面积较大，分别占 13.7% 和 12.2%；灌淤土类（24.5 万亩）和风沙土类（9.1 万亩）面积较小，分别占 11.1% 和 4.1%；灰褐土类面积最小，仅 0.5 万亩，占五等耕地总面积 0.3%。

五等耕地 18 个亚类中典型新积土亚类面积最大，46.2 万亩，占五等耕地总面积 20.9%；其次为黄绵土亚类（43.2 万亩）和淡灰钙土（26.2 万亩），分别占 19.5% 和 11.8%；盐化潮土亚类（19.2 万亩）、盐化灌淤土亚类（16.6 万亩）、典型潮土亚类（14.4 万亩）、黑麻土亚类（12.6 万亩）和灌淤潮土亚类（11.1 万亩）分别占 8.7%、7.5%、6.5%、5.7% 和 5.0%。

五等耕地 85 个土种中，老牙村淤绵土（17.2 万亩）面积最大，占五等耕地总面积 7.8%；其次为白脑土土种（13.7 万亩）、盐绵土土种（12.9 万亩）、緗黄土土种（11.8 万亩）和孟塬黑垆土土种（11.5 万亩）面积较大，分别占五等耕地总面积 6.2%、5.8%、5.3% 和 5.2%；旱川台麻土土种（10.1 万亩）、山洪沙土土种（10.1 万亩）、白脑泥土土种（9.4 万亩）、体泥盐沙土土种（9.2 万亩）和洪淤土土种（9.2 万亩）面积较小，分别占 4.6% 和 4.2%。

五等耕地土壤质地构型变异大，其中，质地构型为通体壤占五等耕地总面积 52.2%；通体砂占 23.5%，剩余 24.3% 质地构型由通体黏、壤夹砂、壤夹黏、沙夹黏、黏夹砂等，因此，五等耕地质地构型评价指数（0.1000~1.0000）范围大。

五等耕地有效土层厚度多>60 cm，仅少部分土壤有效土层厚度为 30~60 cm，故五等耕地有效土层厚度评价指数为 0.5000~1.0000。

3. 理化性状

五等耕地耕层土壤质地评价指数为 0.1000~1.0000，变异范围大，这与五等耕地土壤质地由沙土、沙壤土、壤土、黏壤土和黏土组成相符。

由表 7-14 可看出，五等耕地土壤全盐量平均为 0.61 g/kg，极大值为 7.9 g/kg，属于重盐渍化，全盐量变异系数高达 129.3%；故五等耕地盐渍化等级评价指数（0.5000~1.0000）范围大。五个不同盐渍化等级均有分布（见表 7-15），其中，非盐渍化占五等耕地总面积 68.2%；轻盐渍化占 18.9%；中盐渍化占 7.6%；重盐渍化占 4.1%；潜在盐渍化占 0.2%。

五等耕地土壤有机质含量较低，平均为 12.3 g/kg；有机质含量分为 7 个级别，且面积分布偏向低含量级别，故五等耕地有机质含量评价指数（0.2985~1.0000）范围较大。有机

表 7-14　宁夏五等耕地表土(0~20 cm)土壤有机质及养分含量统计表

项目	样本数（个）	平均值	标准差	变异系数（%）	极大值	极小值
有机质(g/kg)	7026	12.32	5.42	44.00	39.30	3.00
全氮(g/kg)	6857	0.79	0.33	41.34	2.97	0.07
全磷(g/kg)	8	0.58	0.18	31.31	0.87	0.41
全钾(g/kg)	8	18.56	0.93	4.99	20.48	17.33
缓效钾(mg/kg)	3	601.67	145.89	24.25	767.00	491.00
碱解氮(mg/kg)	6682	56.67	29.07	51.29	275.60	2.20
有效磷(mg/kg)	7000	18.98	13.01	68.55	99.50	2.00
速效钾(mg/kg)	7007	161.11	74.64	46.33	546.00	50.00
阳离子代换量(cmol(+)kg)	3	8.50	2.04	24.02	10.80	6.90
全盐(g/kg)	4872	0.61	0.78	129.30	7.90	0.08
pH	7051	8.51	0.29	3.42	9.04	7.00
水溶性钙(mg/kg)	3	966.67	723.42	74.84	1800.00	500.00
水溶性镁(mg/kg)	3	166.67	115.47	69.28	300.00	100.00
有效硅(mg/kg)	3	63.43	11.17	17.61	73.10	51.20
有效硫(mg/kg)	3	14.06	9.02	64.13	24.40	7.83
有效铁(mg/kg)	6	7.84	3.68	46.92	14.50	3.70
有效锰(mg/kg)	8	8.40	1.31	15.55	10.10	6.24
有效铜(mg/kg)	8	1.23	0.36	29.57	1.71	0.75
有效锌(mg/kg)	7	1.16	0.52	44.98	1.70	0.30
水溶性硼(mg/kg)	8	0.95	0.54	57.29	1.75	0.34

质含量 7 个级别中,有机质含量<15 g/kg 级别面积占五等耕地总面积 77.9%;且有机质含量<5 g/kg 级别面积较大,达 1.4 万亩。

五等耕地土壤全氮含量较低,平均为 0.79 g/kg。全氮含量 5 个级别面积分布偏向低含量,其中,全氮含量<0.5 g/kg 级别占五等耕地总面积 15.3%;全氮含量<1.0 g/kg 面积占 84.8%。

五等耕地土壤碱解氮含量低,平均为 56.7 mg/kg;碱解氮含量 4 个级别面积分布偏向低含量,其中,碱解氮含量<100 mg/kg 级别面积占五等耕地总面积 96%;碱解氮含量<50 mg/kg 级别面积也较大,占五等耕地总面积 39%。

五等耕地土壤全磷含量低,平均为 0.58 g/kg;土壤有效磷含量较低,平均为 19 mg/kg。有效磷含量变异大,分为 8 个级别,且面积分布偏向低含量级别,因此,有效磷含量评价指数(0.3952~1.0000)范围也大。有效磷含量 8 个级别中,有效磷含量<20 mg/kg 面积占五等耕地总面积 60.3%;有效磷含量>40 mg/kg 面积较小,占五等耕地总面积2.2%。

表 7-15 宁夏五等耕地表土(0~20 cm)土壤有机质及养分含量分级面积统计表

有机质(g/kg)							
面积(亩)	合计	<5	5~10	10~15	15~20	20~25	25~30	>30
	2213260	13503	775102	936612	436255	37777	9702	4307

全氮(g/kg)					
面积(亩)	合计	<0.5	0.5~1.0	1.0~1.5	1.5~2.0	2.0~2.5
	2213260	338389	1538763	325769	10192	146

碱解氮(mg/kg)					
面积(亩)	合计	<50	50~100	100~150	150~200	>200
	2213260	964846	1161680	84191	2543	

有效磷(mg/kg)								
面积(亩)	合计	<5	5~10	10~20	20~30	30~40	40~50	50~60	60~80	>80
	2213260	3708	291950	1039733	643626	184983	48086	1064	109	

速效钾(mg/kg)							
面积(亩)	合计	<100	100~150	150~200	200~250	250~300	300~400	>400
	2213260	238034	793750	764490	338507	65289	13048	142

盐渍化等级					
面积(亩)	合计	非盐渍化	轻盐渍化	中盐渍化	重盐渍化	潜在盐渍化
	2213260	1508987	417961	167680	90340	28291

五等耕地土壤全钾和速效钾含量较高,平均分别为 18.6 g/kg 和 161.1 mg/kg。速效钾含量变异较大,分为 7 个级别,且面积分布偏向低含量级别,故速效钾含量评价指数(0.2946~0.9949)变幅也较大。速效钾含量 7 个级别中,速效钾含量<200 mg/kg 面积占五等耕地总面积 81.2%;且速效钾含量<100 mg/kg 级别面积占五等耕地总面积10.8%。

五等耕地土壤有效铁、锰、铜、锌及硼平均含量较高,属于中等水平。

(三)改良利用途径

1. 主要属性

五等耕地地形较平坦,立地条件较好,有效土层较厚;农田基本建设配套较健全,灌排条件较好,64%五等耕地土壤具有充分灌溉和基本满足条件;68%五等耕地为非盐渍化土壤;53%五等耕地土壤质地为壤质土,物理性状较好;土壤有机质及养分含量多属于中等水平;土壤适种性广,农作物产量水平较高,仅次于四等耕地。部分五等耕地在利用上存在着灌溉不足、土壤养分含量失调及土壤盐渍化等障碍因素。

2. 改良利用途径

针对五等耕地存在问题,改良利用须从以下方面着手。

一是大力提高灌溉能力。五等耕地灌溉能力低,充分满足仅占 15.9%;基本满足和一般满足占 67.7%。应结合不同区域水资源特点,充分挖掘黄河水和地下水资源潜力,因地制宜推广管灌、畦灌、沟灌、膜灌、滴灌、喷灌等节水灌溉技术,进一步提高水资源利用率。

二是培肥土壤。大力推广增施有机肥、秸秆还田等培肥措施,提高土壤有机质含量,改善土壤生物环境。深耕深松,建立定期大型机械深耕深松土壤的制度,加深耕作层,破除犁底层,增厚活土层,改善土壤物理性状。推广测土配方施肥技术,根据五等耕地土壤氮、磷、钾及微量元素含量,制定相应的施肥方案,促进土壤养分良性循环。

三是综合防治土壤盐渍化:针对 31.7%五等耕地土壤盐渍化问题,因地制宜进行综合治理。对于具备灌溉条件的盐渍化土壤,疏通现有排水系统,降低地下水位,防治土壤盐渍化。轻盐渍化耕地应采取覆盖地膜、垄沟栽培、适时耙耱、施用改良剂等措施利用改良;中盐渍化及重盐渍化五等耕地则应根据当地条件采取选种耐盐作物、施用改良剂、种植水稻等措施,综合治理;潜在盐渍化五等耕地则要加强田间管理,合理调配水肥,防治土壤次生盐渍化。对于不具备灌溉条件的盐渍化土壤,采用增施有机肥、种植绿肥、地膜覆盖等综合措施,进行综合治理。

四是推广水肥一体化技术:针对土体构型为通体砂的 24%五等耕地,大力推广水肥一体化技术,根据作物各生育期对养分的需求,适量、适时供给作物所需养分,实现节肥、节水、增产、增效四赢。

五是推广旱作农业节水技术:针对 16.5%没有灌溉条件的五等耕地,积极推广集雨补灌节水农业技术模式,如集雨场+集水窖+地膜覆盖+特色作物+农艺配套技术模式;水窖蓄水节水补灌模式;土圆井水源节补灌模式等;玉米双垄全膜微集水种植技术;压砂覆盖;坐水点种;地膜覆盖等旱作农业节水技术;促进作物稳产增产。

三、六等耕地地力特征

六等耕地地力评价综合指数 0.6290~0.6650,其农田管理、立地条件、理化性状和土壤养分等条件比五等耕地差。

(一)分布特征

六等耕地面积较大,256.4 万亩,占宁夏耕地总面积 15.26%。3 个生态区中,南部山区六等耕地面积最大,106.4 万亩,占六等耕地总面积 41.5%;其次为中部干旱区(83.0 万亩),占 32.4%;自流灌区面积(67.0 万亩)小,占六等耕地总面积 26.1%。

宁夏 5 个地级市中,固原市六等耕地面积最大,106.4 万亩,占六等耕地总面积 41.5%;其次为吴忠市(61.4 万亩)和中卫市(51.0 万亩),分别占 23.9%和 19.9%;石嘴山市面积(22.2 万亩)较小,占 8.7%;银川市面积(15.4 万亩)最小,仅占六等耕地总面积 6.0%。

全自治区 22 个县(市、区)中,原州区六等耕地面积最大,37.3 万亩,占六等耕地总面积 14.5%;其次同心县(28.5 万亩)和海原县(25.5 万亩),分别占 11.1%和 9.9%;彭阳县(22.6 万亩)、隆德县(21.9 万亩)和红寺堡区(19.1 万亩)面积较大,分别占 8.8%、8.5%和 7.4%;沙坡头区(16.6 万亩)、西吉县(15.0 万亩)、平罗县(10.4 万亩)和惠农县(10.4 万亩)面积较小,分别占六等耕地总面积 6.5%、5.9%和 4.1%。

（二）地力特征

1. 利用现状

六等耕地地面较平坦，所处地形变异大，有缓坡地、塬地、滩地、风沙地、高阶地、一级阶地、河谷川地、沟台地、河漫滩等，故田面坡度评价指数（0.3000～1.0000）范围也大；65%六等耕地没有灌溉条件；35%六等耕地具备灌溉条件，且充分满足仅占 2.0%；基本满足较大，占 25.9%；一般满足占 7.3%；灌溉条件差异大，故灌溉保证率评价指数变异大，为0.0000～1.0000。六等耕地分布区域自然降水量差异大，降水量评价指数为 0.2000～1.0000。

六等耕地 98%利用方式为常年旱作，仅 2%六等耕地为稻旱轮作地。常年旱作又因有无灌溉条件而分为旱作农业和灌溉旱作。灌溉旱作地占六等耕地总面积 33.2%；灌溉旱作地主要用于设施、露地蔬菜或粮食作物种植，具备灌溉条件的六等耕地土壤适种性较广，作物产量水平也较高；设施番茄、茄子亩产 8000 kg 左右；露地番茄亩产 4000～5000 kg；设施黄瓜亩产 6000～7000 kg；露地黄瓜亩产 4000～5000 kg；设施辣椒亩产 6000～7000 kg；露地辣椒亩产 3000～3500 kg；设施西瓜、甜瓜亩产 2000～~3000 kg；玉米亩产 500～600 kg。稻旱轮作多为种植一年旱作物一年水稻（部分为常年稻），水稻亩产 550～600 kg。旱作农业主要用于种植玉米及小杂粮等作物，作物产量因降水量的不同而不稳定，玉米亩产 500 kg左右，油葵亩产 150～200 kg，荞麦亩产 150～200 kg，谷子亩产 350～400 kg，糜子亩产 200～250 kg，马铃薯亩产 2500 kg 左右。

2. 立地条件

六等耕地共分布着 8 个土类 16 个亚类 27 个土属 71 个土种，土壤剖面构型变异大，其评价指数为 0.0400～1.0000，范围较大。

8 个耕地土壤类型中，六等耕地黄绵土类面积最大，97 万亩，占六等耕地总面积37.8%；其次为黑垆土类（47.7 万亩）和新积土类（34.2 万亩），分别占 18.6%和 13.3%；灰钙土类（30.6 万亩）、风沙土类（15.6 万亩）和灌淤土类（14 万亩）分别占 11.9%、6.1%和5.5%；潮土类（9.8 万亩）和灰褐土类（7.5 万亩）面积小，分别占 3.8%和 2.9%。

16 个亚类中，六等耕地黄绵土亚类面积最大（97 万亩），占六等耕地总面积 37.8%；其次为黑麻土亚类（35.5 万亩）和典型新积土亚类（33.7 万亩）分别占 13.8%和 13.1%；淡灰钙土亚类（21.2 万亩）、草原风沙土亚类（15.6 万亩）、盐化灌淤土亚类（13.9 万亩）和典型黑垆土亚类（12.1 万亩）面积较大，分别占 8.3%、6.1%、5.4%和 4.7%。

六等耕地 71 个土种中，細黄土土种面积最大，46.6 万亩，占六等耕地总面积 18.2%；其次为黄麻土土种（27.9 万亩）、厚洪淤土土种（17.2 万亩）、盐池定沙土土种（15.6 万亩）分别占 10.9%、6.7%和 6.1%；白脑沙土土种（14.3 万亩）、盐绵土土种（12.4 万亩）、孟塬黑垆土土种（10.1 万亩）和厚阴黑土土种（7.3 万亩）分别占 5.6%、4.8%、3.9%和 2.8%。

六等耕地土壤质地构型由通体壤、通体沙、通体黏、通体砾、沙夹黏、黏夹沙、壤夹沙等多种类型。其中，质地构型为通体壤占六等耕地总面积 66.8%；通体沙占 14.7%；其余 18.5%为其他质地构型，因此，六等耕地质地构型评价指数（0.1000～1.0000）范围宽，变异大。

绝大部分六等耕地有效土层>60 cm,仅少部分六等耕地有效土层厚度为30~60 cm,故六等耕地有效土层厚度评价指数(0.5000~1.0000)范围较大。

3. 理化性状

六等耕地耕层土壤质地评价指数为0.1000~1.0000,范围大,反映了六等耕地耕层质地变异大,包括壤土、沙土、沙壤土、黏壤土和黏土,土壤耕性差异也较大。

由表7-16可看出,六等耕地土壤全盐量平均为0.46 g/kg,极大值达9.9 g/kg,变异系数高达144.7%,这与六等耕地盐渍化等级评价指数(0.5000~1.0000)范围大相符。六等耕地中盐渍化土壤占18.3%(见表7-17),其中,轻盐渍化面积较大,占六等耕地总面积7.6%;重盐渍化面积最小,仅占2.1%。

六等耕地土壤有机质含量较低,平均为13.9 g/kg。有机质含量变异较大,分为7个级别,且极低含量(有机质含量<5 g/kg级别)面积占2.5%,因此,六等耕地有机质含量评价指数(0.2985~1.0000)范围大。有机质含量7个级别面积分布偏向低含量,其中,有机质含

表7-16　宁夏六等耕地表土(0~20 cm)有机质及养分含量统计表

项目	样本数(个)	平均值	标准差	变异系数(%)	极大值	极小值
有机质(g/kg)	7638	13.88	6.56	47.25	40.70	3.00
全氮(g/kg)	7823	0.92	0.39	42.74	2.81	0.08
全磷(g/kg)	7	0.73	0.19	25.75	0.98	0.50
全钾(g/kg)	7	20.08	1.41	7.02	22.80	18.80
缓效钾(mg/kg)	4	814.00	106.49	13.08	909.00	686.00
碱解氮(mg/kg)	7786	68.60	36.80	53.65	292.70	3.10
有效磷(mg/kg)	7815	16.09	11.97	74.42	99.30	2.00
速效钾(mg/kg)	7855	174.91	81.84	46.79	597.00	50.00
阳离子代换量(cmol(+)kg)	4	12.90	6.66	51.62	22.80	8.40
全盐(g/kg)	6510	0.46	0.66	144.72	9.90	0.06
pH	7854	8.46	0.33	3.92	9.04	7.00
水溶性钙(mg/kg)	4	1125.00	921.50	81.91	2500.00	600.00
水溶性镁(mg/kg)	4	350.00	369.68	105.62	900.00	100.00
有效硅(mg/kg)	4	99.48	27.37	27.52	137.70	73.10
有效硫(mg/kg)	4	31.35	23.11	73.72	60.60	5.20
有效铁(mg/kg)	9	9.89	2.88	29.14	12.90	5.18
有效锰(mg/kg)	10	8.10	2.06	25.41	11.90	1.04
有效铜(mg/kg)	10	1.31	0.27	20.29	1.99	1.04
有效锌(mg/kg)	10	0.81	0.50	62.33	2.05	0.30
水溶性硼(mg/kg)	10	1.12	0.54	48.40	2.28	0.39

表7-17 宁夏六等耕地表土(0~20 cm)土壤有机质及养分含量分级面积统计表

面积 (亩)	有机质(g/kg)						
	合计	<5	5~10	10~15	15~20	20~25	25~30	>30
	2564062	66563	950478	1013777	384863	114577	31174	2630

面积 (亩)	全氮(g/kg)					
	合计	<0.5	0.5~1.0	1.0~1.5	1.5~2.0	2.0~2.5
	2564062	379797	1656625	482579	40009	5052

面积 (亩)	碱解氮(mg/kg)					
	合计	<50	50~100	100~150	150~200	>200
	2564062	1197799	1192272	159193	13374	1425

面积 (亩)	有效磷(mg/kg)								
	合计	<5	5~10	10~20	20~30	30~40	40~50	50~60	60~80	>80
	2564062	7671	735505	1223701	467858	105622	23633	40	31	

面积 (亩)	速效钾(mg/kg)						
	合计	<100	100~150	150~200	200~250	250~300	300~400	>400
	2564062	248654	668496	917149	583001	124432	21918	411

面积 (亩)	盐渍化等级				
	合计	非盐渍化	轻盐渍化	中盐渍化	重盐渍化	潜在盐渍化
	2564062	2093811	194535	160734	54585	60397

量为10~15 g/kg级别面积最大,101.4万亩,占六等耕地总面积39.5%;其次为有机质含量为5~10 g/kg级别(95万亩),占37.1%。

六等耕地土壤全氮含量较低,平均为0.92 g/kg;全氮含量5个级别面积分布呈偏向低含量,其中,全氮含量为0.5~1.0 g/kg级别面积最大,165.7万亩,占六等耕地总面积64.6%;全氮含量<0.5 g/kg级别面积也较大(38万亩),占14.8%;即79.4%六等耕地土壤全氮含量<1.0 g/kg。

六等耕地土壤碱解氮含量低,平均为68.6 mg/kg。碱解氮含量5个级别面积分布明显偏向低含量,其中,碱解氮含量<50 mg/kg级别面积最大,119.8万亩,占六等耕地总面积46.7%;其次为碱解氮含量为50~100 mg/kg(119.2万亩),占46.5%。

六等耕地土壤全磷和有效磷含量低,平均分别为0.73 g/kg和16.1 mg/kg;有效磷含量8个级别面积分布明显偏向低含量,其中,有效磷含量为10~20 mg/kg级别面积最大,122.3万亩,占六等耕地总面积47.7%;其次为有效磷含量为5~10 mg/kg级别(73.6万亩),占28.7%;有效磷含量变异大,范围大,故六等耕地有效磷含量评价指数为0.3919~0.9999。

六等耕地土壤全钾和速效钾含量高,平均分别为20.1 g/kg和174.9 mg/kg。六等耕地土壤速效钾含量划分为7个级别,故速效钾含量评价指数变异大,为0.2946~1.0000。7个级别中速效钾含量<200 mg/kg面积达183.4万亩,占六等耕地总面积71.5%。

六等耕地土壤有效硼平均含量高;有效锰和有效铜平均含量较高;有效铁和有效锌平均含量低。六等耕地土壤阳离子代换量为 8.4~22.8 cmol(+)kg,这与六等耕地耕层土壤质地沙黏差异较大有关。

(三)改良利用途径

1. 主要属性

六等耕地地形较平坦,立地条件较好,有效土层较厚,35%的耕地具有灌溉条件;82%的土壤为非盐渍化土壤;70%耕层土壤质地为壤质土,物理性状较好,持水保肥能力较强;土壤有机质含量较高,土壤钾素含量水平高;灌溉土壤适种性较广,且农作物产量水平也较高。但65%六等耕地没有灌溉条件,18%的盐渍化土壤等,阻碍了六等耕地综合生产能力的充分发挥。

2. 改良利用途径

六等耕地存在着土壤干旱、土壤盐渍化、土壤氮、磷养分含量低等障碍因素,因地制宜改良治理,方能提升土壤综合生产能力。

一是提高水资源利用效率。充分用好黄河水和地下水,蓄住天上水,拦住地表水,充分发挥有限水资源的高效作用,最大限度地提高水分生产率。对于具有灌溉条件的六等耕地,大力推广喷灌、滴灌、管灌、膜灌、沟灌等节水灌溉技术,充分挖掘现有灌溉水源,进一步提升灌溉能力。对于没有灌溉条件的六等耕地,积极推广集雨补灌节水农业技术模式,如集雨场+集水窖+地膜覆盖+特色作物+农艺配套技术模式,小流域集水、水库、塘坝拦蓄雨水利用模式,道路路面集水、水窖蓄水节补灌模式,土圆井水源节补灌模式、玉米双垄全膜微集水种植技术,以及压砂覆盖、坐水点种、地膜覆盖、一膜两季等保护性耕作技术,促进作物稳产增产。

二是培肥土壤。针对六等耕地土壤有机质含量低问题,采取增施有机肥、秸秆还田、种植绿肥等措施,改善土壤理化性状。针对70%六等耕地缺氮、缺磷,有效铁和有效锌含量低的现状,针对性补施氮、磷养分,适时适量喷施铁、锌等微素肥料,促进作物增产稳产。

三是改良盐渍化土壤。针对自流灌区盐渍化较重的六等耕地,在疏通排水系统的基础上,采取水旱轮作、选种耐盐作物、施用改良剂等综合措施,改良治理土壤盐渍化。针对扬黄灌区的盐渍化耕地,因地制宜采用合理的排水措施、适宜的节水灌溉技术,结合地膜覆盖、垄沟栽培及选种耐盐作物等农艺措施,加以改良利用。针对没有灌溉条件的盐渍化耕地,采取条施或穴施腐殖酸有机肥、种植绿肥、地面覆盖、垄沟栽培等措施,改良利用盐渍化土壤。

四是推广水肥一体化技术。针对15%质地构型为通体砂(砾)的六等耕地,积极采取水肥一体化技术,根据种植作物生长发育需求,适时适量供给水分和养分,提高土壤水肥利用率,促进作物增产增收。

四、七等耕地地力特征

七等耕地地力评价综合指数 0.6020~0.6290,其农田管理、立地条件、理化性状和土壤养分等条件比六等耕地差。

(一)分布特征

七等耕地面积最大,425.8 万亩,占宁夏耕地总面积 22.0%。3 个生态区中,南部山区七等耕地面积最大,208.5 万亩,占七等耕地总面积 49.0%;其次为中部干旱区(163.6 万亩),占38.4%;自流灌区面积(53.7 万亩)小,占 12.6%。

宁夏 5 个地级市中, 固原市七等耕地面积最大,208.5 万亩, 占七等耕地总面积 49.0%;其次为吴忠市(107.4 万亩)和中卫市(88.4 万亩),分别占 25.2% 和 20.8%;石嘴山市面积(17.0 万亩)较小,占 4.0%;银川市面积(4.5 万亩)最小,仅占 1.0%。

七等耕地分布在除金凤区以外的其他 21 个县(市、区)中,西吉县七等耕地面积最大,77.7 万亩,占七等耕地总面积 18.2%;其次为同心县(59.1 万亩)、海原县(57.3 万亩)和原州区(52.9 万亩),分别占 13.5%、13.5% 和 12.4%;彭阳县(49.6 万亩)、盐池县(35.8 万亩)和沙坡头区(22.1 万亩)面积较大,分布占 11.6%、8.4% 和 5.2%;隆德县(17.3 万亩)、红寺堡区(11.4 万亩)和泾源县(11.0 万亩)面积较小,分布占七等耕地总面积 4.1%、2.7% 和 2.6%。

(二)地力特征

1. 利用现状

七等耕地所处地形差异较大,有坡地、塬地、梯田、缓坡地、沟台地、滩地、高阶地、风沙地及河漫滩等, 田面坡度评价指数为 0.1000~1.0000;91%的七等耕地没有灌溉条件;9%七等耕地具备基本满足和一般满足的灌溉条件;灌溉条件差异大,灌溉保证率评价指数变异大,为 0.0000~1.0000。七等耕地分布范围广,自然降水量差异大,降水量评价指数为0.2000~1.0000。

七等耕地利用方式主要为常年旱作,常年旱作又因有无灌溉条件而分为旱作农业和灌溉旱作。91%七等耕地为没有灌溉条件的常年旱作地,主要种植小麦、玉米、马铃薯、胡麻、荞麦、糜子、谷子等,作物产量水平因降水量不同而不稳定,小麦亩产为 300 kg 左右;马铃薯亩产为 2500 kg 左右;玉米亩产为 400~500 kg;谷子亩产 350 kg 左右;糜子亩产 200 kg 左右;莜麦亩产 150 kg 左右;荞麦亩产 150 kg 左右;油葵亩产 150 kg 左右;胡麻亩产为 150~200 kg;油菜亩产 250 kg 左右;蚕豆亩产 200 kg 左右。灌溉旱作主要用于设施、露地蔬菜或粮食作物种植,作物产量水平也较高;设施番茄、茄子亩产 7000 kg 左右;露地番茄亩产 4000 kg 左右;设施黄瓜亩产 6000 kg 左右;露地黄瓜 4000 kg 左右;设施辣椒亩产 6000 kg 左右;露地辣椒亩产 3000 kg 左右;设施西瓜、甜瓜亩产 2000 kg 左右;玉米亩产 500 kg 左右,马铃薯亩产 3000 kg 左右;向日葵亩产 300 kg 左右。

2. 立地条件

七等耕地共分布 8 个土壤类型 14 个亚类 24 个土属 55 个土种,土壤剖面构型复杂,剖面构型评价指数(0.0400~1.0000)范围大。

七等耕地 8 个土壤类型中, 黄绵土类面积最大,214.9 万亩, 占七等耕地总面积 50.4%;其次为黑垆土类(80.7 万亩),占 19.0%;新积土类(59.9 万亩)、灰钙土类(43.7 万亩)、潮土类(12.4 万亩)面积较大,分别占 14.1%、10.3% 和 2.9%;灰褐土类(8.4 万亩)和灌淤土类(3.6 万亩)面积小,分别占 2.0% 和 0.8%;风沙土类(2.2 万亩)面积最小,仅占 0.5%。

七等耕地 14 个亚类中,黄绵土亚类面积最大,214.8 万亩,占七等耕地总面积 50.4%;其次为黑麻土亚类(77.5 万亩)和典型新积土亚类(59 万亩),分别占 18.2% 和 13.9%;淡灰钙土亚类(25 万亩)、典型灰钙土亚类(11.4 万亩)和盐化潮土亚类(11 万亩)面积较大,分别占 5.9%、2.7% 和 2.6%。

七等耕地 55 个土种中,絪黄土土种面积最大,210.3 万亩,占七等耕地总面积 49.4%;其次为黄麻土土种(77.5 万亩),占 18.2%;同心白脑土土种(24.4 万亩)、厚洪淤土土种(23.8 万亩)、洪淤土土种(12 万亩)和夹黏阴黑土土种(11.5 万亩)面积较大,分别占 5.7%、5.6%、2.8% 和 2.7%;黄白泥土土种(9.0 万亩)、山洪沙土土种(5.9 万亩)和厚暗麻土土种(5.1 万亩),分别占 2.1%、1.4% 和 1.2%。

七等耕地土壤质地构型较复杂,其中,通体壤面积最大,394.5 万亩,占七等耕地总面积 69.2%;其余的 30.8% 土壤质地构型由通体砂、通体黏、壤夹黏、壤夹砂、黏夹砂等组成,故七等耕地土壤质地构型(0.1000~1.0000)范围大。

七等耕地有效土层多>60 cm,仅小面积有效土层厚度为 30~60 cm;有效土层厚度评价指数变异较大,为 0.5000~1.0000。

3. 理化性状

七等耕地耕层质地评价指数为 0.1000~1.0000,范围大,说明七等耕地耕层质地变异大,包括沙土、沙壤土、壤土、黏壤土和黏土等多种土壤质地。

由表 7-18 可以看出,七等耕地土壤全盐量平均为 0.38 g/kg,极大值为 8.61 g/kg,达到重盐渍化程度,变异系数大,达 133%;故盐渍化等级评价指数(0.5000~1.0000)变异较大。盐渍化面积占七等耕地总面积 6.8%(见表 7-19)。

七等耕地土壤有机质含量较低,平均为 12.6 g/kg。有机质含量 7 个级别面积分布偏向低含量,有机质含量<15 g/kg 面积达 370.7 万亩,占七等耕地总面积 87.1%。与六等耕地相比,七等耕地土壤有机质含量<5 g/kg 和>30 g/kg 2 个级别面积较小,这与七等耕地有机质含量评价指数(0.3013~0.9798)范围较其六等耕地小相符。

七等耕地土壤全氮含量低,平均为 0.85 g/kg。土壤全氮含量 5 个级别面积分布偏向低含量,全氮含量<1.0 g/kg 面积占七等耕地总面积的 85%。

七等耕地土壤碱解氮含量低,平均为 62.6 mg/kg。土壤碱解氮含量 5 个级别面积分布

表 7-18　宁夏七等耕地表土(0~20 cm)有机质及养分含量统计表

项目	样本数（个）	平均值	标准差	变异系数（%）	极大值	极小值
有机质(g/kg)	7695	12.61	5.69	45.10	38.80	2.95
全氮(g/kg)	7835	0.85	0.34	40.18	2.59	0.08
全磷(g/kg)	12	0.49	0.15	29.63	0.70	0.20
全钾(g/kg)	12	17.81	1.08	6.07	19.00	15.60
缓效钾(mg/kg)	8	715.63	301.82	42.18	1327.00	237.00
碱解氮(mg/kg)	7845	62.64	32.86	52.46	297.80	4.17
有效磷(mg/kg)	7852	12.93	9.09	70.32	95.70	2.00
速效钾(mg/kg)	7867	163.63	79.86	48.80	582.00	50.00
阳离子代换量(cmol(+)kg)	8	8.23	2.89	35.13	12.10	3.00
全盐(g/kg)	7034	0.38	0.50	132.91	8.61	0.03
pH	7868	8.47	0.36	4.27	9.04	7.00
水溶性钙(mg/kg)	8	662.50	311.39	47.00	1200.00	200.00
水溶性镁(mg/kg)	8	112.50	35.36	31.43	200.00	100.00
有效硅(mg/kg)	8	71.56	21.92	30.63	106.20	49.60
有效硫(mg/kg)	7	18.16	27.64	152.20	80.70	5.19
有效铁(mg/kg)	8	5.42	1.97	36.42	8.58	1.86
有效锰(mg/kg)	11	6.76	1.97	29.22	8.90	1.87
有效铜(mg/kg)	11	1.09	0.41	37.10	1.71	0.39
有效锌(mg/kg)	11	0.50	0.45	89.76	1.72	0.05
水溶性硼(mg/kg)	11	0.75	0.49	64.89	1.84	0.35

明显偏向低含量，碱解氮含量<50 mg/kg级别面积高达227.7万亩，占七等耕地总面积53.5%，说明50%的七等耕地土壤碱解氮含量缺乏。

七等耕地土壤全磷和有效磷含量低，平均分别为0.49 g/kg和12.9 mg/kg。土壤有效磷含量7个级别面积分布偏向低含量，有效磷含量<20 mg/kg面积高达389万亩，占七等耕地总面积91.4%，说明90%七等耕地土壤有效磷含量缺乏。七等耕地土壤有效磷含量评价指数为0.3963~0.9997，这与其土壤有效磷含量变异较大相符。

七等耕地土壤全钾和速效钾含量较高，平均分别为17.8 g/kg和163.6 mg/kg。土壤速效钾含量7个级别面积分布偏低含量，速效钾含量<200 mg/kg级别面积达299.7万亩，占七等耕地总面积70.4%。七等耕地土壤速效钾含量评价指数为0.2956~1.0000，说明七等耕地土壤速效钾含量水平差异较大。

七等耕地土壤有效铜和有效硼平均含量较高；有效锰平均含量低；有效铁和有效锌平均含量属于极低水平。七等耕地土壤阳离子代换量差异较大，这与耕层土壤质地变化

表 7-19　宁夏七等耕地表土(0~20 cm)土壤有机质及养分含量分级面积统计表

面积（亩）	有机质(g/kg)							
	合计	<5	5~10	10~15	15~20	20~25	25~30	>30
	4257606	64706	1706325	1936216	444695	88373	17226	65

面积（亩）	全氮(g/kg)				
	合计	<0.5	0.5~1.0	1.0~1.5	1.5~2.0	2.0~2.5
	4257606	642645	2971249	618430	24237	1046

面积（亩）	碱解氮(mg/kg)				
	合计	<50	50~100	100~150	150~200	>200
	4257606	2277244	1818953	140604	17535	3270

面积（亩）	有效磷(mg/kg)							
	合计	<5	5~10	10~20	20~30	30~40	40~50	50~60	60~80	>80
	4257606	45793	1671939	2173487	326104	34621	5623	40		

面积（亩）	速效钾(mg/kg)							
	合计	<100	100~150	150~200	200~250	250~300	300~400	>400
	4257606	200631	1292938	1503670	919892	282778	57219	478

面积（亩）	盐渍化等级				
	合计	非盐渍化	轻盐渍化	中盐渍化	重盐渍化	潜在盐渍化
	4257606	3967179	137470	66641	36562	49754

较大有关。

(三)改良利用途径

1. 主要属性

七等耕地地形较平坦,立地条件较好,有效土层较厚;9%的耕地具有灌溉条件;93%的土壤为非盐渍化土壤;95%耕层土壤质地为壤质土,物理性状好,持水保肥能力较强;土壤钾素含量水平较高;灌溉土壤适种性较广,且农作物产量水平也较高。但91%七等耕地没有灌溉条件,土壤氮素和磷素养分含量低,7%的盐渍化土壤等,阻碍了七等耕地综合生产能力的充分发挥。

2. 改良利用途径

七等耕地存在着土壤干旱,土壤氮、磷养分含量低,土壤盐渍化等障碍因素,因地制宜改良治理,方能提升土壤综合生产能力。

一是提高水资源利用效率。充分用好黄河水和地下水、蓄住天上水、拦住地表水;充分发挥有限水资源的高效作用,最大限度地提高水分生产率。对于具有灌溉条件的七等耕地,大力推广喷灌、滴灌、管灌、膜灌、沟灌等节水灌溉技术,充分挖掘现有灌溉水源,进一步提升灌溉能力。对于没有灌溉条件的七等耕地,积极推广集雨补灌节水农业技术模式,如集雨场+集水窖+地膜覆盖+特色作物+农艺配套技术模式,小流域集水、水库、塘坝拦蓄雨水利用模式,道路路面集水、拦引渠导引、水窖蓄水节补灌模式,土园井水源节补灌模式等,玉米双垄全膜等微集水种植技术,以及压砂覆盖、坐水点种、地膜覆盖、一膜两季等旱作农业技术,促进作物稳产增产。

二是培肥土壤。针对七等耕地土壤有机质含量低问题,采取增施有机肥、秸秆还田、种植绿肥等措施,改善土壤理化性状。针对80%七等耕地土壤缺氮缺磷,有效铁和有效锌含量缺乏的现状,针对性增施氮、磷肥和微素肥料,协调土壤养分平衡,促进土壤养分良性循环。

三是改良盐渍化土壤。针对自流灌区盐渍化较重的七等耕地,在疏通排水系统的基础上,选种耐盐作物,改良治理土壤盐渍化。针对扬黄灌区的盐渍化耕地,因地制宜采用合理的排水措施、适宜的节水灌溉技术,结合地膜覆盖、垄沟栽培及选种耐盐作物等农艺措施,加以改良利用。针对没有灌溉条件的盐渍化耕地,采取条施或穴施腐殖酸有机肥、种植绿肥、地面覆盖、垄沟栽培、选种耐盐作物等措施,改良利用盐渍化土壤。

四是推广水肥一体化技术。针对10%质地构型为通体砂(砾)的七等耕地,积极采取水肥一体化技术,根据种植作物生长发育需求,适时适量供给水分和养分,提高土壤水肥利用率,促进作物增产增收。

第四节　低等耕地地力特征

本节主要阐述八等地、九等地和十等地耕地地力特征。低等耕地评价综合指数为0.3283~0.6020,在农田管理、立地条件、理化性状和土壤养分四个方面11项评价指标综合指数均低于中等耕地。

一、八等耕地地力特征

八等耕地地力评价综合指数0.5860~0.6020,其农田管理、立地条件、理化性状和土壤养分等条件比七等耕地差。

(一)分布特征

八等耕地总面积282.2万亩,占宁夏耕地总面积14.58%。3个生态区中,中部干旱区八等耕地面积最大,163.7万亩,占八等耕地总面积58.0%;其次为南部山区(100.2万亩),占35.5%;自流灌区面积(18.3万亩)小,占6.5%。

全自治区5个地级市中,固原市八等耕地面积最大,100.2万亩,占八等耕地总面积35.5%;其次为吴忠市(91.7万亩)和中卫市(85.2万亩),分别占32.5%和30.2%;石嘴山市面积(4.6万亩)小,占1.6%;银川市面积最小,仅0.5万亩,占0.2%。

八等耕地分布在除金凤区以外的其他21个县(区、市),海原县面积最大,72.9万亩,占八等耕地总面积25.8%;其次为西吉县(65.8万亩)、同心县(48.9万亩)和盐池县(39.7万亩),分别占23.3%、17.3%和14.1%;原州区(13.7万亩)、彭阳县(13.4万亩)和沙坡头区

(8.0 万亩)面积较大,分别占 4.9%、4.7%和 2.8%;隆德县(5.3 万亩)、中宁县(4.3 万亩)和泾源县(2.1 万亩)面积较小,分别占 1.9%、1.5%和 0.7%。

(二)地力特征

1. 利用现状

八等耕地所处地形变异较大,有坡耕地、梯田、缓坡丘陵、滩地、沟台地、高阶地、一级阶地、风沙地及河漫滩等,故八等耕地田面坡度评价指数(0.1000~1.0000)变异大。96.3%的八等耕地没有灌溉条件,仅 3.7%八等耕地具备基本满足和一般满足的灌溉条件;灌溉条件差异大,灌溉保证率评价指数(0.0000~1.0000)变幅大。八等耕地分布广,自北至南均有分布,其降水量评价指数(0.2000~1.0000)范围也大。

八等耕地利用方式以常年旱作为主。96%八等耕地为没有灌溉条件的常年旱作地,主要种植小麦、玉米、马铃薯、胡麻、荞麦、糜子、谷子等,作物产量水平因降水量不同而不稳定,小麦亩产为 250~300 kg;马铃薯亩产为 2000~2500 kg;玉米亩产 300~400 kg;谷子亩产 300~350 kg;糜子亩产 150~200 kg;莜麦亩产 100~150 kg;荞麦亩产 100~150 kg;油葵亩产 100~150 kg;胡麻亩产 150 kg 左右;油菜亩产 200~250 kg;蚕豆亩产 150~200 kg。灌溉旱作地主要用于种植马铃薯、玉米、向日葵及设施蔬菜和露地蔬菜,设施番茄、茄子亩产 6000~7000 kg;露地番茄亩产 3000~4000 kg;设施黄瓜亩产 5000~6000 kg;露地黄瓜亩产 3000~4000 kg;设施辣椒亩产 5000~6000 kg;露地辣椒亩产 2000~3000 kg;设施西瓜、甜瓜亩产 1500~2000 kg;玉米亩产 400 kg 左右,马铃薯亩产 2500~3000 kg;向日葵亩产 250~300 kg。

2. 立地条件

八等耕地分布着 8 个土壤类型 15 个土壤亚类 22 个土属 50 个土种,土壤剖面构型差异较大,故其剖面构型评价指数(0.0400~1.0000)范围也大。

八等耕地 8 个土壤类型中,黄绵土类面积最大,188.9 万亩,占八等耕地总面积 66.9%;其次为灰钙土类(37.3 万亩)和黑垆土类(27.6 万亩),分别占 13.2%和 9.8%;新积土类(16.6 万亩)和灰褐土类(5.7 万亩)面积较大,分别占 5.9%和 2.0%;潮土类(4.1 万亩)和风沙土类(1.2 万亩)面积较小,分别占 1.5%和 0.4%;灌淤土类面积最小,0.8 万亩,仅占 0.3%。

八等耕地 15 个土壤亚类中,黄绵土亚类面积最大,占八等耕地总面积 66.9%;其次为黑麻土亚类(27.1 万亩)和典型灰钙土亚类(20.7 万亩),分别占 9.6%和 7.3%;典型新积土亚类(16.4 万亩)和淡灰钙土亚类(15.4 万亩)面积较大,分别占 5.8%和 5.5%;暗灰褐土亚类(5.7 万亩)、盐化潮土亚类(3.7 万亩)、草原风沙土亚类(1.2 万亩)和盐化灰钙土亚类(1.1 万亩)面积小,分别占 2.0%、1.3%、0.4%和 0.4%。

八等耕地 50 个土种中,細黄土土种面积最大,187.5 万亩,占八等耕地总面积 66.4%;其次为黄麻土土种(27.1 万亩)和黄白泥土土种(16.1 万亩),分别占 9.6%和 5.7%;同心白脑土土种(13.7 万亩)、洪淤土土种(7.8 万亩)和海原黄白土土种(4.6 万亩)面积较大,分别占4.9%、2.8%和1.6%;厚洪淤土土种(4.0万亩)、厚暗麻土土种(3.7万亩)、体泥盐沙土(2.0万亩)和盐池定沙土土种(1.2万亩)面积较小,分别占1.4%、1.3%、0.7%和0.4%。

八等耕地土壤质地构型变异较大,有通体壤、通体沙、通体黏、壤夹沙、壤夹黏等多种质地构型,因此,八等耕地质地构型评价指数(0.1000~1.0000)范围也大。

八等耕地有效土层厚度多>100 cm,少部分有效土层厚度为30~60 cm,故八等耕地有效土层厚度评价指数(0.5000~1.0000)范围较大。

3. 理化性状

八等耕地耕层土壤质地评价指数为0.1000~1.0000,这与耕层质地由沙土、沙壤土、壤土、黏壤土和黏土等组成相符。

八等耕地土壤全盐量平均为0.39g/kg,极大值为9.2 g/kg,属于重盐渍化,全盐量变异系数高达145%(见表7-20),其盐渍化等级评价指数(0.5000~1.0000)变异也大,其盐渍化土壤面积占八等耕地总面积2.8%(见表7-21)。

表7-20 宁夏八等耕地表土(0~20 cm)有机质及养分含量统计表

项目	样本数(个)	平均值	标准差	变异系数(%)	极大值	极小值
有机质(g/kg)	2367	11.03	4.50	40.85	40.70	3.00
全氮(g/kg)	2405	0.76	0.31	40.87	2.74	0.14
全磷(g/kg)	2	0.44				
全钾(g/kg)	2	17.10				
缓效钾(mg/kg)	2	611.50				
碱解氮(mg/kg)	2409	52.86	27.06	51.20	271.10	8.00
有效磷(mg/kg)	2404	12.57	8.75	69.60	90.20	2.00
速效钾(mg/kg)	2410	169.67	77.95	45.94	594.00	50.33
阳离子代换量(cmol(+)kg)	2	7.40				
全盐(g/kg)	2194	0.39	0.56	145.38	9.20	0.10
pH	2412	8.53	0.31	3.64	9.04	7.00
水溶性钙(mg/kg)	2	600.00				
水溶性镁(mg/kg)	2	200.00				
有效硅(mg/kg)	2	57.85				
有效硫(mg/kg)	2	8.23				
有效铁(mg/kg)	3	3.96	0.91	22.88	4.93	3.14
有效锰(mg/kg)	3	6.53	0.31	4.73	6.81	6.20
有效铜(mg/kg)	3	1.13	0.34	29.66	1.46	0.79
有效锌(mg/kg)	3	0.16	0.05	31.42	0.22	0.12
水溶性硼(mg/kg)	3	0.54	0.25	46.51	0.82	0.36

表 7-21　宁夏八等耕地表土(0~20 cm)土壤有机质及养分含量分级面积统计表

面积 (亩)	有机质 (g/kg)						
	合计	<5	5~10	10~15	15~20	20~25	25~30	>30
	2822239	47253	1368620	1237773	148329	18873	1391	

面积 (亩)	全氮(g/kg)				
	合计	<0.5	0.5~1.0	1.0~1.5	1.5~2.0	2.0~2.5
	2822239	575073	1929477	309749	7758	182

面积 (亩)	碱解氮(mg/kg)				
	合计	<50	50~100	100~150	150~200	>200
	2822239	1736937	1007742	62935	11550	3076

面积 (亩)	有效磷(mg/kg)								
	合计	<5	5~10	10~20	20~30	30~40	40~50	50~60	60~80	>80
	2822239	44747	1171046	1453320	136366	16028	731			

面积 (亩)	速效钾(mg/kg)						
	合计	<100	100~150	150~200	200~250	250~300	300~400	>400
	2822239	52388	745484	1162598	714470	124966	22203	130

面积 (亩)	盐渍化等级				
	合计	非盐渍化	轻盐渍化	中盐渍化	重盐渍化	潜在盐渍化
	2822239	2745863	12599	43831	16712	3234

八等耕地土壤有机质含量较低,平均为 11.03 g/kg;有机质含量 6 个级别面积分布偏向低含量,有机质含量<15 g/kg 面积(265.4 万亩)占八等耕地总面积 94%;有机质含量<10 g/kg 面积占 50.2%。八等耕地有机质含量评价指数 0.3013~0.9269,这与八等耕地有机质含量变异较大有关。

八等耕地土壤全氮含量低,平均为 0.76 g/kg;全氮含量 5 个级别面积分布偏向低含量,全氮含量<1.0 g/kg 面积(250.4 万亩)占八等耕地总面积 88.7%;全氮含量<0.5 g/kg面积占 20.4%。

八等耕地土壤碱解氮含量低,平均为 52.9 mg/kg;碱解氮含量 5 个级别面积分布偏向低含量,碱解氮含量<100 mg/kg 面积(274.5 万亩)占八等耕地总面积 97.3%;碱解氮含量<50 mg/kg 面积(173.7 万亩)占 61.6%,处于极低含量水平。

八等耕地土壤全磷和有效磷含量低,平均分别为 0.44 g/kg 和 12.6 mg/kg。有效磷含量低,且变异大,这与有效磷含量评价指数(0.3995~0.9999)范围大相符合。有效磷含量 6个级别面积分布偏向低含量,有效磷含量<20 mg/kg 面积(266.9 万亩)占八等耕地总面积94.6%;有效磷含量<10 mg/kg 面积(121.6 万亩)占 43.1%,处于极缺乏水平。

八等耕地土壤全钾含量较低,平均为 17.1 g/kg;速效钾平均含量为 169.7 mg/kg,速效钾含量较高,变异较大,共划分 7 个级别,这与速效钾含量评价指数(0.2978~0.9969)范围大相符合。速效钾含量 7 个级别面积分布呈略偏向低含量的正态分布,其中,150~

200 mg/kg 级别面积（116.3 万亩）最大，占八等耕地总面积 41.2%；其次为 100~150 mg/kg 和 200~250 mg/kg 2 个级别，分别占 26.4% 和 25.3%。速效钾含量 >400 mg/kg 级别面积最小，仅 130 亩。

八等耕地土壤有效铜和有效硼平均含量较高，有效锰平均含量低，有效铁和有效锌平均含量属于极低水平。土壤阳离子代换量较低，具有一定的持水保肥能力。

（三）改良利用途径

1. 主要属性

八等耕地立地条件较好，有效土层较厚；97% 的八等耕地耕层质地为壤质土，物理性质好，具有一定的持水保肥能力；3.7% 八等耕地具备基本满足和一般满足灌溉条件；土壤速效钾含量较高，土壤有机质、有效铜和有效硼含量为中等水平；土壤具有一定的适种性，灌溉土壤作物产量水平较高。96.3% 的八等耕地没有灌溉条件，种植作物产量水平因降水量不同而不稳定。近 90% 八等耕地所处地形为坡耕地，存在着水土流失问题。

2. 改良利用途径

针对八等耕地存在着土壤干旱、土壤侵蚀、土壤肥力水平低及土壤盐渍化等障碍因素，必须采取相应的改良治理措施，消除或减轻障碍因素危害，才能促进八等耕地综合生产能力的充分发挥。

一是提高水资源利用效率。充分用好黄河水和地下水，蓄住天上水，拦住地表水；充分发挥有限水资源的高效作用，最大限度地提高水分生产率。对于具有灌溉条件的八等耕地，大力推广喷灌、滴灌、管灌、膜灌、沟灌等节水灌溉技术，充分挖掘现有灌溉水源，进一步提升灌溉能力。对于没有灌溉条件的八等耕地，实施旱作节水技术与补灌技术相结合，传统旱作农业技术与现代科学技术相结合；因地制宜调整作物种植业结构，选种玉米、向日葵、马铃薯、小杂粮等抗旱作物品种，推广塑膜覆盖、秸秆覆盖、麦草+地膜覆盖、化学覆盖等覆盖技术；采用机械深松耕、镇压保墒等耕作技术，提高土壤蓄水保墒能力；实施膜侧栽培、秋覆膜、早春覆膜、覆膜沟穴、坐水点种等田间微集雨节灌技术和"一膜二季"、压砂覆盖及冬小麦免耕沟播栽培等保护性耕作技术，促进作物稳产增产。

二是培肥土壤。针对八等耕地土壤有机质含量低问题，采取增施有机肥、秸秆还田、种植绿肥等措施，提高土壤有机质含量，培肥地力。针对近 90% 八等耕地土壤缺氮、缺磷，有效铁和有效锌含量缺乏的现状，针对性增施氮肥和磷肥，补施铁、锌等微素养分，促进作物稳产增产。

三是减轻水土流失。通过实施整修梯田、修复地埂等田间水保工程，强化水土保持能力，增加梯田土体厚度，耕层熟化层厚度。在田埂种植草灌，在山顶或隔坡种植抗旱保水的树或草灌，增加植被覆盖。结合工程、培肥措施进行的生物改造工程，包括植树造林、种草种肥、作物品种改良、合理轮作倒茬、沟垄种植和等高耕作等措施，减少水土流失。在塬面、沟谷以植树造林为主，设置高低两个防护林带，并适当规划 20%~30% 的经济林；坡面可种植牧草和灌木林；田面种植绿肥；还可因地制宜发展药材及小杂粮等特色种植。

四是改良盐渍化土壤。针对自流灌区盐渍化较重的八等耕地,在疏通排水系统的基础上,选种耐盐作物和施用改良剂等综合措施,改良治理土壤盐渍化。针对扬黄灌区的盐渍化耕地,因地制宜采用合理的排水措施、适宜的节水灌溉技术,结合地膜覆盖、垄沟栽培及选种耐盐作物等农艺措施,加以改良利用。针对没有灌溉条件的盐渍化耕地,采取条施或穴施腐殖酸有机肥、种植绿肥、地面覆盖、垄沟栽培、选种耐盐作物等措施,改良利用盐渍化土壤。

二、九等耕地地力特征

九等耕地地力评价综合指数 0.5570~0.5860,其农田管理、立地条件、理化性状和土壤养分等条件比八等耕地差。

(一)分布特征

九等耕地总面积 249.8 万亩,占宁夏耕地总面积 12.91%。3 个生态区中,南部山区九等耕地面积最大,114.0 万亩,占九等耕地总面积 45.6%;其次为中部干旱区(107.3 万亩),占 43.0%;自流灌区面积(28.5 万亩)小,占九等耕地总面积 11.4%。

宁夏 5 个地级市中,固原市九等耕地面积最大,114.1 万亩,占九等耕地总面积 45.7%;其次为中卫市(75.7 万亩)和吴忠市(51.8 万亩),分别占 30.3%和 20.7%;石嘴山市面积(7.3 万亩)较小,占 2.9%;银川市面积最小,仅 0.9 万亩,占九等耕地总面积 0.4%。

九等耕地分布在除金凤区以外的其他 21 个县(区、市),西吉县面积最大,65.3 万亩,占九等耕地总面积 26.1%;其次为海原县(57.0 万亩),占 22.8%;彭阳县(27.9 万亩)、同心县(23.9 万亩)、盐池县(22.2 万亩)和原州区(19.0 万亩)面积较大,分别占 11.2%、9.6%、8.9%和 7.6%;中宁县(9.9 万亩)、沙坡头区(8.7 万亩)、红寺堡区(4.1 万亩)和平罗县(3.1 万亩)面积较小,分别占 4.0%、3.5%、1.6%和 1.2%。

(二)地力特征

1. 利用现状

九等耕地所处地形变异较大,有坡耕地、梯田、缓坡丘陵、滩地、沟台地、高阶地、一级阶地、风沙地及河漫滩等,故其田面坡度评价指数(0.1000~1.0000)变异也大。94.7%的九等耕地没有灌溉条件,仅 5.3%九等耕地具备基本满足和一般满足的灌溉条件;灌溉条件差异大,故灌溉保证率评价指数(0.0000~1.0000)范围也大。九等耕地分布广,自北至南均有分布,其降水量评价指数(0.2000~1.0000)范围也大。

九等耕地利用方式以常年旱作为主。95%九等耕地为没有灌溉条件的常年旱作地,主要种植小麦、玉米、马铃薯、胡麻、荞麦、糜子、谷子等,作物产量水平因降水量不同而不稳定,小麦亩产为 200~250 kg;马铃薯亩产为 1500~2000 kg;玉米亩产 200~300 kg;谷子亩产 200~300 kg;糜子亩产 100~150 kg;莜麦亩产 100 kg 左右;荞麦亩产 100~150 kg;油葵亩产 100~150 kg;胡麻亩产 100~150 kg;油菜亩产 150~200 kg;蚕豆亩产 100~150 kg。

灌溉旱作地主要用于种植马铃薯、玉米、向日葵及设施蔬菜和露地蔬菜,设施番茄、茄子亩产 5000~6000 kg;露地番茄亩产 2000~3000 kg;设施黄瓜亩产 4000~5000 kg;露地黄瓜亩产 2000~3000 kg;设施辣椒亩产 4000~5000 kg;露地辣椒亩产 1500~2000 kg;设施西瓜、甜瓜亩产 1000~1500 kg;玉米亩产 300 kg 左右,马铃薯亩产 2000~2500 kg;向日葵亩产 200~250 kg。

2. 立地条件

九等耕地分布着 8 个土壤类型 15 个土壤亚类 24 个土属 48 个土种,土壤剖面构型差异较大,其剖面构型评价指数(0.0400~1.0000)范围也大。

九等耕地 8 个土壤类型中,黄绵土类面积最大,143.4 万亩,占九等耕地总面积 57.4%;其次为灰钙土类(40.6 万亩)和黑垆土土类(31.9 万亩),分别占 16.3% 和 12.8%;新积土类(18.8 万亩)和灰褐土类(8.1 万亩)面积较大,分别占 7.6% 和 3.2%;潮土土类(6.0 万亩)和灌淤土类(0.9 万亩)面积小,分别占 2.4% 和 0.3%;风沙土土类面积最小,仅 1079 亩,占 0.04%。

九等耕地 15 个亚类中,黄绵土亚类面积最大,占九等耕地总面积 57.4%;其次为黑麻土亚类(31.6 万亩)和典型灰钙土亚类(21.3 万亩),分别占 12.7% 和 8.5%;典型新积土亚类(18.7 万亩)和淡灰钙土亚类(17.9 万亩)面积较大,分别占 7.5% 和 7.2%;暗灰褐土亚类(8.1 万亩)和盐化潮土亚类(5.4 万亩)面积较小,分别占 3.2% 和 2.2%。

九等耕地 48 个土种中,绵黄土土种面积最大,139 万亩,占九等耕地总面积 55.6%;其次为黄麻土土种(31.6 万亩)、黄白泥土土种(16.5 万亩)和同心白脑土土种(12.7 万亩),分别占 12.7%、6.6% 和 5.1%;洪淤土土种(8.3 万亩)、厚暗麻土土种(5.2 万亩)、海源黄白土土种(4.8 万亩)和白脑泥土土种(4.4 万亩)面积较大,分别占 3.3%、2.1%、1.9% 和 1.8%;盐化洪淤土土种(4.0 万亩)、体泥盐沙土土种(3.8 万亩)和厚洪淤土土种(3.1 万亩)面积较小,分别占 1.6%、1.5% 和 1.2%。

九等耕地土壤质地构型评价指数为 0.1000~1.0000,这与其质地构型多样,有通体砂、通体黏、通体壤、壤夹黏、壤夹沙、黏夹沙、黏夹壤等相符。

九等耕地有效土层厚度多>60 cm,少部分有效土层厚度为 30~60 cm,故其有效土层厚度评价指数(0.5000~1.0000)范围大。

3. 理化性状

九等耕地耕层土壤质地变化较大,由沙土、沙壤土、壤土、黏壤土和黏土组成,故九等耕地耕层质地评价指数(0.1000~1.0000)范围大。

九等耕地土壤全盐量平均为 0.42 g/kg,极大值 6.65 g/kg,变异系数高达 129.7%(见表7-22),因此,其盐渍化等级评价指数(0.5000~1.0000)范围也大;盐渍化土壤占九等耕地总面积 5%(见表 7-23)。

九等耕地土壤有机质含量低,平均为 10.6 g/kg;有机质含量变异大,划分为 6 个级别,因此,有机质含量评价指数(0.2944~0.9769)范围也较大。有机质含量 6 个级别面积分布偏向低含量,有机质含量 5~10 g/kg 级别面积最大,123.2 万亩,占九等耕地总面积

表7-22 宁夏九等耕地表土(0~20 cm)土壤有机质及养分含量统计表

项目	样本数（个）	平均值	标准差	变异系数（％）	极大值	极小值
有机质(g/kg)	2470	10.61	5.01	47.17	37.70	3.00
全氮(g/kg)	2494	0.74	0.31	42.23	2.48	0.10
全磷(g/kg)	5	0.53	0.08	15.04	0.60	0.40
全钾(g/kg)	5	18.68	1.43	7.67	21.00	17.40
缓效钾(mg/kg)	5	808.00	206.24	25.52	1128.00	618.00
碱解氮(mg/kg)	2510	52.52	26.62	50.69	284.90	8.00
有效磷(mg/kg)	2499	11.74	7.93	67.59	91.20	2.00
速效钾(mg/kg)	2515	158.98	77.57	48.79	546.00	50.00
阳离子代换量(cmol(+)kg)	5	9.08	2.76	30.39	12.00	5.00
全盐(g/kg)	2164	0.42	0.55	129.71	6.65	0.10
pH	2516	8.57	0.29	3.38	9.04	7.20
水溶性钙(mg/kg)	5	1140.00	1156.72	101.47	3200.00	500.00
水溶性镁(mg/kg)	5	140.00	89.44	63.89	300.00	100.00
有效硅(mg/kg)	5	80.08	21.61	26.98	112.60	60.90
有效硫(mg/kg)	5	18.00	19.48	108.18	52.40	60.90
有效铁(mg/kg)	6	8.18	6.58	80.46	21.30	3.08
有效锰(mg/kg)	6	7.12	2.56	35.97	9.38	3.04
有效铜(mg/kg)	6	1.30	0.53	40.84	2.37	0.96
有效锌(mg/kg)	6	0.50	0.38	77.23	1.08	0.04
水溶性硼(mg/kg)	6	0.54	0.22	41.17	0.97	0.36

49.3%;其次为10~15g/kg级别(106.1万亩),占42.5%。

九等耕地土壤全氮含量低,平均为0.74 g/kg;全氮含量5个级别面积分布明显偏向低含量,全氮含量0.5~1.0 g/kg级别面积最大,172.3万亩,占九等耕地总面积69%;其次为<0.5 g/kg级别(57.9万亩),占23.2%。

九等耕地土壤碱解氮含量低,平均为52.5 mg/kg。碱解氮含量5个级别面积分布由低含量到高含量逐渐减少,碱解氮含量<50 mg/kg级别面积最大,149.1万亩,占九等耕地总面积59.7%;其次为50~100 mg/kg级别(97.5万亩),占39%;>200 mg/kg级别面积最小,仅370亩。

九等耕地土壤全磷和有效磷含量低,平均分别为0.53 g/kg和11.7 mg/kg。九等耕地土壤有效磷含量分为6个级别,其评价指数(0.3984~1.0000)变异也较大。有效磷6个级别面积分布呈偏向低含量的正态分布,有效磷含量10~20 mg/kg级别面积最大,139.9万亩,占九等耕地总面积56%;其次为5~10 mg/kg级别,94万亩,占37.6%;有效磷含量>

表 7-23　宁夏九等耕地表土(0~20 cm)土壤有机质及养分含量分级面积统计表

有机质(g/kg)							
面积 (亩)	合计	<5	5~10	10~15	15~20	20~25	25~30	>30
	2497988	56946	1232987	1060502	123222	22861	1469	

全氮(g/kg)					
面积 (亩)	合计	<0.5	0.5~1.0	1.0~1.5	1.5~2.0	2.0~2.5
	2497988	578865	1723036	189476	6314	297

碱解氮(mg/kg)					
面积 (亩)	合计	<50	50~100	100~150	150~200	>200
	2497988	1490795	975012	29417	2393	370

有效磷(mg/kg)								
面积 (亩)	合计	<5	5~10	10~20	20~30	30~40	40~50	50~60	60~80	>80
	2497988	68198	939560	1398654	70912	18778	1885			

速效钾(mg/kg)							
面积 (亩)	合计	<100	100~150	150~200	200~250	250~300	300~400	>400
	2497988	81393	819315	856967	541431	169410	29406	66

盐渍化等级					
面积 (亩)	合计	非盐渍化	轻盐渍化	中盐渍化	重盐渍化	潜在盐渍化
	2497988	2373474	35017	54652	35017	522

40 mg/kg 级别面积最小,仅 1885 亩。

九等耕地土壤全钾和速效钾含量较高,平均分别为 18.7 g/kg 和 159 mg/kg。九等耕地土壤速效钾含量分为 7 个级别,其评价指数为 0.2978~0.9949,变异较大。土壤速效钾含量 7 个级别面积分布偏向低含量,速效钾含量 150~200 mg/kg 级别面积最大,85.7 万亩,占九等耕地总面积 34.3%;其次为 100~150 mg/kg 级别,占 32.8%;200~250 mg/kg 和 250~300 mg/kg 级别面积较大,分别占 21.7% 和 6.8%;>400 mg/kg 级别面积最小,仅 66 亩。

九等耕地土壤有效锰、有效铜和有效硼平均含量较高;有效铁和有效锌平均含量低。土壤阳离子代换量较高,具有一定的持水保肥能力。

(三)改良利用途径

1. 主要属性

九等耕地立地条件较好,有效土层较厚;96%的九等耕地耕层质地为壤质土,物理性质好,具有一定的持水保肥能力;5.3%九等耕地具备基本满足和一般满足灌溉条件;土壤速效钾含量较高,土壤有机质、有效铜、有效锰和有效硼含量为中等水平;土壤具有一定的适种性,灌溉土壤作物产量水平较高。94.7%的九等耕地没有灌溉条件,种植作物产量水平因降水量不同而不稳定。近 90%九等耕地所处地形为坡耕地,存在着水土流失问题。

2. 改良利用途径

九等耕地在土壤利用方面存在着土壤干旱、土壤侵蚀、土壤肥力水平低及土壤盐渍化等障碍因素,因地制宜采取相应的改良治理措施,消除或减轻障碍因素危害,才能充分发挥九等耕地综合生产能力。

一是提高水资源利用效率。充分用好黄河水和地下水,蓄住天上水,拦住地表水;充分发挥有限水资源的高效作用,最大限度地提高水分生产率。对于具有灌溉条件的九等耕地,大力推广喷灌、滴灌、管灌、膜灌、沟灌等节水灌溉技术,充分挖掘现有灌溉水源,进一步提升灌溉能力。对于没有灌溉条件的九等耕地,实施旱作节水技术与补灌技术相结合,传统旱作农业技术与现代科学技术相结合;因地制宜调整作物种植业结构,选种玉米、向日葵、马铃薯、小杂粮等抗旱作物品种,推广塑膜覆盖、秸秆覆盖、麦草+地膜覆盖、化学覆盖等覆盖技术;采用机械深松耕、镇压保墒等耕作技术,提高土壤蓄水保墒能力;实施膜侧栽培、秋覆膜、早春覆膜、覆膜沟穴、坐水点种等田间微集雨节灌技术和"一膜二季"、压砂覆盖及冬小麦免耕沟播栽培等保护性耕作技术,促进作物稳产增产。

二是培肥土壤。针对九等耕地土壤有机质含量低问题,采取增施有机肥、秸秆还田、种植绿肥等措施,提高土壤有机质含量,培肥地力。针对近95%九等耕地土壤缺氮、缺磷、有效铁和有效锌含量低的现状,针对性增施氮磷肥料,补施有效铁和有效锌元素微肥,协调土壤养分平衡,促进土壤养分良性循环。

三是减轻水土流失。通过实施整修梯田、修复地埂等田间水保工程,强化水土保持能力,增加梯田土体厚度和耕层熟化层厚度。在田埂种植草灌,在山顶或隔坡种植抗旱保水的树或草灌,增加植被覆盖。结合工程、培肥措施进行的生物改造工程,包括植树造林、种草种肥、作物品种改良、合理轮作倒茬、沟垄种植和等高耕作等措施,减少水土流失。在塬面、沟谷以植树造林为主,设置高低两个防护林带,并适当规划20%~30%的经济林;坡面可种植牧草和灌木林;田面种植绿肥;还可因地制宜发展药材及小杂粮等特色种植。

四是改良盐渍化土壤。针对自流灌区盐渍化较重的九等耕地,在疏通排水系统的基础上,选种耐盐作物和施用改良剂等综合措施,改良治理土壤盐渍化。针对扬黄灌区的盐渍化耕地,因地制宜采用合理的排水措施、适宜的节水灌溉技术,结合地膜覆盖、垄沟栽培及选种耐盐作物等农艺措施,加以改良利用。针对没有灌溉条件的盐渍化耕地,采取条施或穴施腐殖酸有机肥、种植绿肥、地面覆盖、垄沟栽培、选种耐盐作物等措施,改良利用盐渍化土壤。

三、十等耕地地力特征

十等耕地地力评价综合指数0.3283~0.5570,其农田管理、立地条件、理化性状和土壤养分等条件差。

(一)分布特征

十等耕地总面积96.6万亩,占宁夏耕地总面积4.99%。3个生态区中,中部干旱区十等耕地面积最大,61.9万亩,占十等耕地总面积64.1%;其次为自流灌区(24.1万亩),占24.9%;南部山区面积(10.6万亩)小,占11.0%。

全自治区5个地级市中,吴忠市十等耕地面积最大,50.0万亩,占十等耕地总面积51.8%;其次为中卫市(28.1万亩)和固原市(10.6万亩),分别占29.1%和11.0%;石嘴山市面积(5.9万亩)小,占6.1%;银川市面积最小,2.0万亩,仅占2.0%。

十等耕地分布在除金凤区以外的其他21个县(市、区)中,盐池县面积最大,28.9万亩,占29.9%;其次为同心县(13.4万亩)、海原县(12.1万亩)和中宁县(10.1万亩),分别占13.9%、12.5%和10.5%;红寺堡区(7.5万亩)、西吉县(6.6万亩)和平罗县(3.8万亩)面积较小,分别占7.8%、6.8%和3.9%。

(二)地力特征

1. 利用现状

十等耕地所处地形变异较大,有风沙地、坡耕地、缓坡丘陵、滩地、高阶地及河漫滩等,故十等耕地田面坡度评价指数(0.1000~1.0000)变异也大。91.3%的十等耕地没有灌溉条件,仅8.7%十等耕地具备基本满足和一般满足的灌溉条件;故其灌溉保证率评价指数(0.0000~1.0000)范围大。十等耕地分布广,自北至南均有分布,其降水量评价指数(0.2000~1.0000)范围也大。

十等耕地利用方式以常年旱作为主。91%的十等耕地为没有灌溉条件的常年旱作地,主要种植小麦、玉米、马铃薯、胡麻、荞麦、糜子、谷子等,作物产量水平因降水量不同而不稳定,小麦亩产为100~200 kg;马铃薯亩产为1000~1500 kg;玉米亩产100~200 kg;谷子亩产为100~200 kg;糜子亩产为50~100 kg;莜麦亩产50~100 kg;荞麦亩产50~100 kg;油葵亩产100 kg左右;胡麻亩产100 kg左右;油菜亩产100~150 kg;蚕豆亩产50~100 kg。

灌溉旱作地主要用于种植马铃薯、玉米、向日葵及设施蔬菜和露地蔬菜,设施番茄、茄子亩产5000 kg左右;露地番茄亩产2000 kg左右;设施黄瓜亩产4000 kg左右;露地黄瓜亩产2000 kg左右;设施辣椒亩产4000 kg左右;露地辣椒亩产1500 kg左右;设施西瓜、甜瓜亩产1000 kg左右;玉米亩产200 kg左右,马铃薯亩产1500~2000 kg;向日葵亩产100~200 kg。

2. 立地条件

十等耕地分布着8个土壤类型15个土壤亚类23个土属44个土种,土壤剖面构型复杂,其剖面构型评价指数(0.1000~1.0000)变幅也大。

十等耕地8个土壤类型中,新积土类面积最大,25.7万亩,占十等耕地总面积26.6%;其次为灰钙土类(22.0万亩)、黄绵土类(19.2万亩)和风沙土类(18.4万亩),分别占22.8%、19.9%和19.0%;灰褐土类(6.5万亩)和潮土类(4.4万亩)面积较大,分别占6.7%和4.6%;黑垆土类面积(0.364万亩)小,占0.4%;灌淤土类面积最小,仅836亩。

十等耕地15个土壤亚类中,典型新积土亚类面积最大,25.6万亩,占十等耕地总面积26.5%;其次为黄绵土亚类(19.2万亩)和草原风沙土亚类(18.4万亩),分别占19.9%和

19.0%;淡灰钙土亚类(16.4万亩)和暗灰褐土亚类(6.5万亩)面积较大,分别为17.0%和6.7%;盐化潮土亚类(3.8万亩)、典型灰钙土亚类(3.5万亩)和盐化灰钙土亚类(2.1万亩)面积较小,分别占3.9%、3.6%和2.2%。

十等耕地44个土种中,盐池定沙土土种面积最大,18.4万亩,占十等耕地总面积19.0%;其次为山洪沙土土种(14.4万亩)和細黄土土种(11.6万亩),分别占14.9%和12.0%;白脑沙土土种(8.0万亩)、坡绵沙土土种(5.9万亩)和白脑泥土土种(5.9万亩)面积较大,分别占8.3%和6.1%;薄暗麻土土种(4.8万亩)和洪淤砾土土种(4.7万亩)面积较小,分别占5.0%和4.9%。

十等耕地土壤质地构型有通体壤、通体沙、通体黏、壤夹沙、沙夹壤、沙夹黏、壤夹黏等,其质地构型评价指数(0.1000~1.0000)变异也较大。通体沙质地构型面积最大,49.8万亩,占十等耕地总面积51.6%;通体壤质地构型面积也较大,46万亩,占47.6%。

十等耕地有效土层厚度多>60 cm,近10%的十等耕地有效土层厚度为30~60 cm,故其有效土层厚度评价指数(0.5000~1.0000)变异大。

3. 理化性状

十等耕地耕层土壤质地评价指数为0.1000~1.0000,变异大,这与耕层质地由沙土、沙壤土、壤土、黏壤土和黏土等组成有关。

十等耕地土壤全盐量平均为0.46 g/kg(见表7-24),极大值为6.10 g/kg,属于重盐渍化;全盐量变异系数高达148%,因此,盐渍化等级评价指数(0.5000~1.0000)变异大,十等耕地盐渍化面积占其总面积11%(见表7-25)。

十等耕地土壤有机质含量较低,平均为12.1 g/kg;有机质含量变异大,分为6个级

表7-24　宁夏十等耕地表土(0~20 cm)土壤有机质及养分含量统计表

项目	样本数(个)	平均值	标准差	变异系数(%)	极大值	极小值
有机质(g/kg)	831	12.07	6.81	56.40	35.87	3.00
全氮(g/kg)	825	0.79	0.41	51.64	2.03	0.11
碱解氮(mg/kg)	857	56.87	33.24	58.44	235.20	3.50
有效磷(mg/kg)	854	10.72	7.57	70.57	56.90	2.00
速效钾(mg/kg)	858	155.31	77.58	49.95	570.00	50.18
全盐(g/kg)	726	0.46	0.68	148.51	6.10	0.10
pH	856	8.48	0.39	4.64	9.04	7.00
有效铁(mg/kg)	2	6.25			8.20	4.30
有效锰(mg/kg)	2	6.70			8.00	5.40
有效铜(mg/kg)	2	0.72			0.74	0.70
有效锌(mg/kg)	2	0.45			0.48	0.41
水溶性硼(mg/kg)	2	0.60			0.69	0.50

表 7-25　宁夏十等耕地表土(0~20 cm)土壤有机质及养分含量分级面积统计表

面积 (亩)	有机质(g/kg)						
	合计	<5	5~10	10~15	15~20	20~25	25~30	>30
	966062	70451	638353	150636	90689	14486	1447	

面积 (亩)	全氮(g/kg)				
	合计	<0.5	0.5~1.0	1.0~1.5	1.5~2.0	2.0~2.5
	966062	462211	413307	85518	5026	

面积 (亩)	碱解氮(mg/kg)				
	合计	<50	50~100	100~150	150~200	>200
	966062	750916	198054	15351	1320	421

面积 (亩)	有效磷(mg/kg)							
	合计	<5	5~10	10~20	20~30	30~40	40~50	50~60	60~80	>80
	966062	36299	515808	321211	72499	18018	2175	52		

面积 (亩)	速效钾(mg/kg)						
	合计	<100	100~150	150~200	200~250	250~300	300~400	>400
	966062	90270	410669	323508	115790	20121	5561	142

面积 (亩)	盐渍化等级				
	合计	非盐渍化	轻盐渍化	中盐渍化	重盐渍化	潜在盐渍化
	966062	859563	7724	14970	61284	22520

别,故其有机质含量评价指数(0.2999~0.9579)变幅较大。有机质含量 6 个级别面积分布明显偏向低含量,有机质含量 5~10 g/kg 级别面积最大,63.8 万亩,占十等耕地总面积66%;有机质含量<5 g/kg 级别面积居第四位,占 7.4%;即 71.2%的十等耕地土壤有机质含量<10 g/kg。

十等耕地土壤全氮含量低,平均为 0.79 g/kg;全氮含量 4 个级别面积分布由低含量至高含量逐渐减少,全氮含量<0.5 g/kg 级别面积最大,46.2 万亩,占十等耕地总面积 47.8%;其次为 0.5~1.0 g/kg 级别,占 42.8%;全氮含量>1.5 g/kg 级别面积最少,仅 5026 亩。

耕地土壤碱解氮含量低,平均为 56.9 mg/kg;碱解氮含量 5 个级别面积分布由低含量向高含量逐渐减少。碱解氮含量<50 mg/kg 级别面积最大,75.1 万亩,占十等耕地总面积77.7%;其次为 50~100 mg/kg 级别,占 20.5%;碱解氮含量>200 mg/kg 级别面积最小,仅421 亩。

十等耕地土壤有效磷含量低,平均为 10.7 mg/kg;有效磷含量变异大,分为 7 个级别,故有效磷含量评价指数(0.3973~0.9996)变幅也大。有效磷含量 7 个级别面积分布偏向低含量,有效磷含量 5~10 mg/kg 级别面积最大,51.6 万亩,占十等耕地总面积 53.4%;其次为 10~20 mg/kg 级别,占 33.2%;有效磷含量<5 mg/kg 级别面积居第四位,占 3.7%;即57.1%十等耕地土壤有效磷含量<10 mg/kg。

十等耕地土壤速效钾含量较高,平均为 155.3 mg/kg;速效钾含量评价指数(0.2956~

1.0000)变异大,说明十等耕地速效钾含量差异大。速效钾含量 7 个级别面积分布偏向低含量,速效钾含量 100~150 mg/kg 级别面积最大,41.1 万亩,占十等耕地总面积 42.5%;速效钾含量<100 mg/kg 级别面积居第四位,占 9.4%;即 51.9%的十等耕地土壤速效钾含量<150 mg/kg。

十等耕地土壤有效硼平均含量较高,有效铁、有效锰和有效铜平均含量低,有效锌平均含量极低。

（三）改良利用途径

1. 主要属性

十等耕地立地条件较好,有效土层较厚;近 50%的十等耕地耕层质地为壤质土,物理性质好,具有一定的持水保肥能力;8.7%的十等耕地具备基本满足和一般满足灌溉条件;土壤速效钾含量较高,土壤有机质、有效铜、有效锰、有效铁及有效硼含量为中等水平;土壤具有一定的适种性,灌溉土壤作物产量水平较高。91.3%的十等耕地没有灌溉条件,种植作物产量水平因降水量不同而不稳定。近 50%的十等耕地土壤质地构型为通体砂,存在着土壤沙化、漏水漏肥的问题;近 30%十等耕地所处地形为坡耕地,存在着水土流失问题。

2. 改良利用途径

十等耕地在土壤利用方面存在着土壤干旱、土壤沙化、土壤肥力水平低及土壤盐渍化等多种障碍因素,因地制宜采取相应的改良治理措施,消除或减轻障碍因素危害,才能充分发挥十等耕地综合生产能力。

一是提高水资源利用效率。充分用好黄河水和地下水、蓄住天上水,拦住地表水;充分发挥有限水资源的高效作用,最大限度地提高水分生产率。对于具有灌溉条件的十等耕地,大力推广喷灌、滴灌、管灌、膜灌、沟灌等节水灌溉技术,充分挖掘现有灌溉水源,进一步提升灌溉能力。对于没有灌溉条件的十等耕地,实施旱作节水技术与补灌技术相结合,传统旱作农业技术与现代科学技术相结合;因地制宜调整作物种植业结构,选种玉米、向日葵、马铃薯、小杂粮等抗旱作物品种,推广塑膜覆盖、秸秆覆盖、麦草+地膜覆盖、化学覆盖等覆盖技术;采用机械深松耕、镇压保墒等耕作技术,提高土壤蓄水保墒能力;实施膜侧栽培、秋覆膜、早春覆膜、覆膜沟穴、坐水点种等田间微集雨节灌技术和"一膜二季"、压砂覆盖及冬小麦免耕沟播栽培等保护性耕作技术,促进作物稳产增产。

二是减轻水土流失。针对近 30%的十等耕地存在的水土流失问题,通过实施整修梯田、修复地埂等田间水保工程,强化水土保持能力,增加梯田土体厚度、耕层熟化层厚度。在田埂种植草灌,在山顶或隔坡种植抗旱保水的树或草灌,增加植被覆盖。结合工程、培肥措施进行的生物改造工程,包括植树造林、种草种肥、作物品种改良、合理轮作倒茬、沟垄种植和等高耕作等措施,减少水土流失。在塬面、沟谷以植树造林为主,设置高低两个防护林带,并适当规划 20%~30%的经济林;坡面可种植牧草和灌木林;田面种植绿肥;还可因地制宜发展药材及小杂粮等特色种植。

三是防治土壤沙化。针对 50%的十等耕地表土质地为沙质土现状,要按照统一规划,因地制宜选用适宜的林种,加强农田防护林建设和维护,防治土壤风蚀沙化。推行保护性耕作与粮草轮作耕作制度。作物收获时,保持留高茬,免除传统的秋季翻耕作业,通过留茬免耕措施实现防风、固土、保水;把豆类绿肥作物纳入种植轮作周期,增加雨季地表的绿色覆盖,减少水土流失。

四是培肥土壤。针对十等耕地土壤有机质含量低问题,采取增施有机肥、秸秆还田、种植绿肥等措施,提高土壤有机质含量,培肥地力。针对近95%十等耕地土壤缺氮缺磷,有效锌含量低的现状,针对性增施氮肥和磷肥,补施有效锌等微素肥料,促进土壤养分良性循环。

五是大力推广水肥一体化技术。针对50%的十等耕地通体砂质土构型漏水漏肥特点,大力推广节水滴灌水肥一体化技术,根据种植作物不同生育期对水分和养分的需求,适时适量供给作物水分和养分,促进作物生长发育。

六是改良盐渍化土壤。针对自流灌区盐渍化较重的十等耕地,在疏通排水系统的基础上,选种耐盐作物和施用改良剂等综合措施,改良治理土壤盐渍化。针对扬黄灌区的盐渍化耕地,因地制宜采用合理的排水措施、适宜的节水灌溉技术,结合地膜覆盖、垄沟栽培及选种耐盐作物等农艺措施,加以改良利用。针对没有灌溉条件的盐渍化耕地,采取条施或穴施腐殖酸有机肥、种植绿肥、地面覆盖、垄沟栽培、选种耐盐作物等措施,改良利用盐渍化土壤。

第八章　耕地土壤专题调查研究

中低产田、土壤盐渍化、设施土壤及合理施肥等问题始终制约着宁夏耕地综合生产能力的充分发挥。本章针对以上存在问题,进行了专节阐述。

第一节　宁夏中低产田类型及改良利用

一、中低产田类型划分标准及依据

中低产田是指存在一种或多种制约农业生产的土壤障碍因素,且产量相对低而不稳的耕地。乃历史条件、自然条件和耕作制度等综合因素影响的结果。土壤障碍因素是指土体中存在着妨碍农作物正常生长发育、对农产品产量和品质造成不良影响的因素。土壤障碍层次是指在耕层以下出现的阻碍根系伸展或影响水分渗透的层次。

（一）中低产田类型划分标准

按照 NY/T 310–1996《全国中低产田类型划分与改良技术规范》和《农业部测土配方施肥技术规范》,依据宁夏气候特点、地形、地貌、土壤类型、水文地质条件及影响作物产量的主要障碍因素,宁夏中低产田划分为盐碱耕地型、沙化耕地型、障碍层次型、瘠薄培肥型、坡地梯改型、灌溉改良型和无明显障碍型 7 个类型。

1. 盐碱耕地型

由于耕地可溶性盐含量和碱化度超过限量,影响作物正常生长的盐碱化耕地。其主导障碍因素为土壤盐渍化,以及与其相关的地形条件、地下水临界深度、含盐量、碱化度、pH 等。宁夏盐碱耕地型主要指耕地土壤发生轻度以上盐渍化现象,且耕地表土 0~20 cm 土壤易溶盐含量>1.5 g/kg,<10 g/kg 的中低产田或土壤剖面内有积盐层(积盐层厚度>10 cm,土壤易溶盐含量>3.0 g/kg,<10 g/kg)存在着次生盐渍化的威胁的中低产田。

2. 沙化耕地型

西北内陆沙漠,北方长城沿线干旱、半干旱地区,黄淮海平原,黄河古道、老黄泛区沙化耕地。其主导障碍因素为风蚀沙化以及与其相关的地形起伏、水资源开发潜力、植被覆盖率、土体构型、引水放於与引水灌溉条件等。宁夏沙化耕地型指表土(0~20 cm)土壤质地为沙土或沙壤土;肥力瘠薄,土壤有机质含量<10 g/kg;土壤易风蚀沙化的中低产田。

3. 障碍层次型

土壤剖面构型有严重缺陷的耕地,如土体过薄、剖面 1 m 左右内有沙漏、砾石、碾盘、铁子、铁盘、砂浆等障碍层次。障碍程度包括障碍层物质组成、厚度、出现部位等。宁夏障碍层次型主要指土壤剖面 1 m 土体内夹有厚度>10 cm 的砾石层、黏土层、沙土层等障碍土层的中低产田。

4. 坡地梯改型

通过修筑梯田梯埂等田间水保工程加以改良治理的坡耕地。坡地梯改型的主导障碍因素为土壤侵蚀,以及相关的地形、地面坡度、土体厚度、土体构型与物质组成、耕作熟化层厚度等。宁夏坡地梯改型主要指发育于黄土母质的坡耕地,地面坡度>5°,且地表易发生水土流失现象的中低产田。

5. 灌溉改良型

灌溉改良型是指具备水资源开发和发展灌溉的条件,可以通过发展灌溉加以改良的较平坦的耕地;另一种情况是由于年际间降水不均,遇干旱年份,库水存量不足,又无井水补灌,虽具田间灌溉工程,但是不能满足作物生长需要,灌溉保证率较低的耕地。宁夏灌溉改良型主要指具备计划发展灌溉的地形较平坦的中低产田。

6. 瘠薄培肥型

受气候、地形等难以改变的大环境(干旱、无水源、高寒)影响,以及距离居民点远,施肥不足,土壤结构不良,养分含量低,产量低于当地高产农田,当前又无见效快、大幅度提高产量的治本性措施(如发展灌溉),只能通过长期培肥加以逐步改良的耕地。宁夏瘠薄培肥型主要指表层(0~20 cm)土壤有机质含量<10 g/kg 的中低产田。

7. 无明显障碍型

宁夏无明显障碍型主要指土壤中无明显障碍因素,但作物产量较低的中低产田。

(二)中低产田类型划分依据

1. 宁夏中低产田划分依据

宁夏耕地高、中、低产田级别划分是在宁夏耕地地力评价结果的基础上,按照耕地等级划分出高产田、中产田和低产田。高产田是指一等耕地、二等耕地及部分三等耕地;籽粒玉米亩产为 800~1000 kg。中产田是指部分三等耕地、四等耕地、五等耕地、六等耕地及七等耕地;籽粒玉米亩产为 400~800 kg。低产田是指八等耕地、九等耕地及十等耕地;籽粒玉米亩产小于 400 kg 左右。

2. 宁夏中低产田类型划分依据

以宁夏耕地地力等级体系为基础,以其主导障碍因素、改良主攻方向及改良利用的共性为依据,将全自治区中低产田耕地土壤划分为盐碱耕地型、沙化耕地型、障碍层次型、瘠薄培肥型、坡地梯改型、灌溉改良型和无明显障碍型 7 个类型。由于每一种中低产田一般不只是一个障碍因素,都存在着两种以上的障碍因素交织在一起,需要找出其影响最深的障碍因素作为划分中低产田类型的依据。如灌溉土壤即存在着盐渍化、障碍土层和土壤贫瘠三种障碍因素，其中从对农业生产影响程度考虑，土壤盐渍化是其主要障碍因素，故首先考虑将其划分为盐碱耕地型。因此划分中低产田类型应立足土壤改良需要，从改良的角度突出主导障碍因素，以基础地力条件变化、地力升级作为划分中低产田类型的主要依据。

二、中低产田类型分布特征

宁夏耕地高产田面积 186.1 万亩，占全自治区耕地总面积 9.6%；中产田面积 1120.5 万亩，占宁夏总耕地 57.9%；低产田面积 628.6 万亩，占宁夏总耕地 32.5%。即宁夏 90.4% 耕地为中低产田。

（一）中低产田类型分布特征

宁夏三个不同生态区域，因其农业生产条件差异较大，高中低产田分布的比例也不同。

高产田面积最小，186.1 万亩；集中分布在自流灌区和中部干旱带，其中，自流灌区面积最大，183.2 万亩，占高产田总面积 98.5%；中部干旱带面积（2.9 万亩）小，仅占 1.5%。

中产田面积最大，1120.5 万亩；其中以自流灌区面积最大，400.1 万亩，占中产田总面积 35.7%；其次为南部山区，390.2 万亩，占 34.8%；中部干旱带面积较小，330.2 亩，占 29.5%。

低产田面积较大，628.6 万亩；其中以中部干旱带面积最大，332.8 万亩，占低产田总面积 52.9%；其次为南部山区，224.9 万亩，占 35.8%；自流灌区面积最小，70.9 万亩，占 11.3%。

1. 不同生态区域中低产田类型分布特征

全自治区 7 个中低产田类型中，坡地梯改型面积最大，占全自治区耕地总面积 38.2%（见表 8-1）；其次为盐碱耕地型、瘠薄培肥型和障碍层次型，分别占全自治区耕地总面积的 13.76%、10.54% 和 10.12%；灌溉改良型面积最小，仅占 4.0%（见图 8-1）。

从图 8-2 可看出，自流灌区盐碱耕地型面积最大，占自流灌区总耕地 32.5%；其次为障碍层次型和无明显障碍型，分别占 13.46% 和 11.17%；灌溉改良型面积最小，仅占 0.66%。

中部干旱带以坡地梯改型面积最大（见图 8-3），占中部干旱带总耕地 35.78%；其次为瘠薄培肥型和障碍层次型，分别占 24.76% 和 14.68%；盐碱耕地型面积最小，仅占 4.83%。

南部山区坡地梯改型面积最大（见图 8-4），占南部山区耕地总面积的 79.1%；其次为无明显障碍型，占 9.94%；沙化耕地型面积最小，仅占 0.09%。

2. 不同耕地等级中低产田类型分布特征

由表 8-2 可看出，宁夏中低产田类型集中分布在三等耕地至十等耕地。三等耕地仅分布盐碱耕地型，其面积（19.2 万亩）占三等耕地总面积的 20.4%，占盐碱耕地型总面积7.3%。

四等耕地分布着除坡地梯改型以外的其他 6 个类型。其中，盐碱耕地型面积最大，68.5 万亩，占四等耕地总面积 34.6%；其次为灌溉改良型（45 万亩），占 22.7%；障碍层次

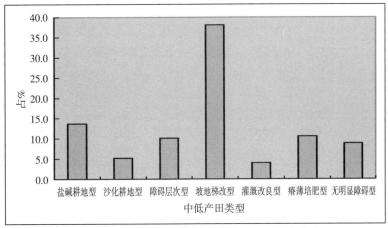

图 8-1　宁夏中低产田类型占总耕地百分比分布图

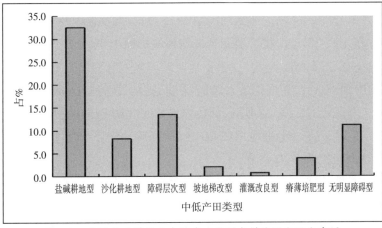

图 8-2　宁夏自流灌区各中低产田类型占耕地百分比分布图

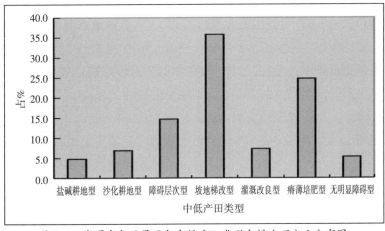

图 8-3　宁夏中部干旱区各中低产田类型占耕地百分比分布图

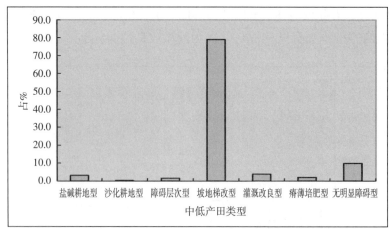

图8-4　宁夏南部山区各中低产田类型占耕地百分比分布图

型(37万亩)和沙化耕地型(24.8万亩)面积较大,分别占18.7%和12.6%;无明显障碍型面积小,占9.3%;瘠薄培肥型面积最小,仅占2.0%。

五等耕地中,盐碱耕地型面积最大,70.4万亩,占五等耕地总面积31.8%;其次为障碍层次型(53.9万亩),占24.4%;无明显障碍型(39.5万亩)和灌溉改良型(31.5万亩)面积较大,分别占16.2%和14.2%;沙化耕地型和坡地梯改型面积小,分别占6.9%和3.9%;瘠薄培肥型面积最小,仅占2.6%。

六等耕地中,坡地梯改型面积最大,61.3万亩,占六等耕地总面积23.9%;其次为无明显障碍型(53.7万亩),占21%;瘠薄培肥型(49.9万亩)和盐碱耕地型(47万亩)面积较大,分别占19.5%和18.3%;沙化耕地型(23.6万亩)和障碍层次型面积小,分别占9.2%和7.9%;灌溉改良型面积最小,仅占0.2%。

七等耕地中,坡地梯改型面积最大,223.5万亩,占七等耕地总面积52.5%;其次为瘠薄培肥型(109.5万亩),占25.7%;无明显障碍型(49.2万亩)和盐碱耕地型(29万亩)面积较大,分别占11.6%和6.8%;障碍层次性和沙化耕地型面积小,分别占2.7%和0.7%;灌溉改良型面积最小,仅67亩。

八等耕地中,坡地梯改型面积最大,228万亩,占八等耕地总面积80.8%;其次为瘠薄培肥型(19万亩)和障碍层次型(15.8万亩),分别占6.7%和5.6%;盐碱耕地型、无明显障碍型和沙化耕地型面积小,分别占2.7%、2.5%和1.7%;灌溉改良型面积最小,仅36亩。

九等耕地分布着除灌溉改良型以外的其他6个类型,以坡地梯改型面积最大,193.5万亩,占九等耕地总面积77.5%;其次为障碍层次型(22.4万亩),占9.0%;盐碱耕地型和瘠薄培肥型面积较小,均占5%;沙化耕地型和无明显障碍型面积小,分别占2.2%和1.4%。

十等耕地分布着除灌溉改良型以外的其他6个类型,以障碍层次型面积最大,35.2万亩,占十等耕地总面积36.4%;其次为沙化耕地型(23.5万亩)和坡地梯改型(22.8万亩),分别占24.3和23.6%;盐碱耕地型和瘠薄培肥型面积较小,分别占11.0%和3.1%;无

表 8-1 宁夏不同生态类型区中低产田类型面积统计表

| 区域 | 合计 | | 中低产田类型 | | | | | | | | | | | | | | | | 高产田 | |
| | 亩 | % | 小计 | | 盐碱耕地型 | | 沙化耕地型 | | 障碍层次型 | | 坡地梯改型 | | 灌溉改良型 | | 瘠薄培肥型 | | 无明显障碍型 | | 亩 | % |
			亩	%	亩	%	亩	%	亩	%	亩	%	亩	%	亩	%	亩	%		
全自治区	19351543		17490962	90.4	2649382	13.7	1003767	5.2	1961955	10.1	7376814	38.1	769620	4.0	2035948	10.5	1693476	8.8	1860581	9.6
自流灌区	6542451		4710637	72.0	2128102	32.5	537972	8.2	884068	13.5	129542	2.0	43497	0.7	256873	3.9	730582	11.2	1831814	28.0
中部干旱带	6658478		6629711	99.6	321691	4.8	460133	6.9	977430	14.7	2382299	35.8	487974	7.3	1648734	24.8	351450	5.3	28767	0.4
南部山区	6150613		6150613	100.0	199589	3.2	5661	0.1	100457	1.6	4864973	79.1	238148	3.9	130341	2.1	611444	9.9		

表 8-2 宁夏各耕地地力等级中低产田类型面积统计表

| 耕地等级 | 总计 | 中低产田类型 | | | | | | | | | | | | | | | | 高产田 | |
| | 亩 | 小计 | | 盐碱耕地型 | | 沙化耕地型 | | 障碍层次型 | | 坡地梯改型 | | 灌溉改良型 | | 瘠薄培肥型 | | 无明显障碍型 | | 亩 | % |
		亩	%	亩	%	亩	%	亩	%	亩	%	亩	%	亩	%	亩	%		
一等地	269271																	269271	100.0
二等地	842041																	842041	100.0
三等地	941380	192112	20.4	192112	20.4													749269	79.6
四等地	1977633	1977633	100.0	685150	34.6	248454	12.6	370397	18.7			449530	22.7	39673	2.0	184429	9.3		
五等地	2213260	2213260	100.0	704053	31.8	152233	6.9	539290	24.4	85594	3.9	315357	14.2	57445	2.6	359288	16.2		
六等地	2564062	2564062	100.0	470251	18.3	236493	9.2	203294	7.9	612721	23.9	4630	0.2	499287	19.5	537386	21.0		
七等地	4257606	4257606	100.0	290427	6.8	29437	0.7	114767	2.7	2235375	52.5	67		1095313	25.7	492220	11.6		
八等地	2822239	2822239	100.0	76376	2.7	47585	1.7	158208	5.6	2279712	80.8	36		190304	6.7	70020	2.5		
九等地	2497988	2497988	100.0	124514	5.0	54636	2.2	224418	9.0	1935095	77.5			124077	5.0	35247	1.4		
十等地	966062	966062	100.0	106498	11.0	234928	24.3	351582	36.4	228317	23.6			29850	3.1	14886	1.5		
总计	19351543	17490962	90.4	2649382	13.7	1003767	5.2	1961955	10.1	7376814	38.1	769620	4.0	2035948	10.5	1693476	8.8	1860581	9.6

明显障碍型面积最小,仅占 1.5%。

从以上分析可看出,全自治区 61.2%坡地梯改型分布在八等耕地和七等耕地中;盐碱耕地型主要分布在五等耕地、四等耕地和六等耕地中,分别占全自治区盐碱耕地型总面积的 28.6%、27.8%和19.1%;53.8%瘠薄培肥型分布在七等耕地中;障碍层次型主要分布在五等耕地、四等耕地和十等耕地中,分别占全自治区障碍层次型总面积 27.5%、18.9%和 17.9%;无明显障碍型主要分布在六等耕地、七等耕地和五等耕地中,分别占该型总面积 31.7%、29.1%和 21.2%;沙化耕地型主要分布在四等耕地、六等耕地和十等耕地。灌溉改良型集中分布在四等耕地和五等耕地,分别占该型总面积 58.4%和 40.98%。

3. 不同土壤类型中低产田类型分布特征

由表 8-3 中可看出,不同耕地土壤类型因其本身性状的差异,中低产田类型分布特征也不同。

灌淤土类中低产田面积为 121.2 万亩,占灌淤土类总面积43.9%。灌淤土类中低产田共划分为 5 个类型,其中,盐碱耕地型面积最大,92.4 万亩,占灌淤土类总面积 33.4%;其次为无明显障碍型(14.1 万亩)和障碍层次型(13.9 万亩),分别占 5.1%和 5.0%;沙化耕地型面积小,仅占 0.3%;瘠薄培肥型面积最小,仅 440 亩。灌淤土类的盐碱耕地型中低产田集中分布在盐化灌淤土亚类。障碍层次型和无明显障碍型主要分布在潮灌淤土亚类。

潮土土类中低产田面积为 110.9 万亩,占潮土类总面积82.7%。潮土类中低产田类型以盐碱耕地型面积最大,77.3 万亩,占潮土类总面积 57.7%,且主要为盐化潮土亚类。其次为障碍层次型(17.6 万亩),占 13.1%;无明显障碍型(8.2 万亩)和沙化耕地型(6.8 万亩)面积较小,分别占 6.1%和 5.1%;瘠薄培肥型和坡地梯改型面积小,分别占 0.6%和 0.1%;灌溉改良型面积最小,仅 526 亩。

灰钙土类中低产田面积 238.8 万亩,占灰钙土类总面积 99%。7 个中低产田类型中,以障碍层次型面积最大,76.7 万亩,占灰钙土类总面积 31.8%;其次为瘠薄培肥型(53.9 万亩),占 22.3%;盐碱耕地型(30.7 万亩)和沙化耕地型(24.9 万亩)面积较大,分别占 12.7%和10.3%;坡地梯改型(22.9 万亩)和无明显障碍型(21.4 万亩)面积小,分别占 9.5%和8.9%;灌溉改良型面积最小,仅占 3.4%。

新积土类中低产田面积 237.1 万亩,占新积土类总面积 97.8%。7 个中低产田类型中,障碍层次型面积最大,63.5 万亩,占新积土类总面积 26.3%;其次为无明显障碍型(41.9 万亩),占 17.3%;瘠薄培肥型(37.5 万亩)和盐碱耕地型(31.9 万亩)面积较大,分别占 15.5%和 13.1%;灌溉改良型(28.1 万亩)和坡地梯改型(22.8 万亩)面积小,分别占 11.6%和9.4%;沙化耕地型面积最小,仅占 4.7%。

黄绵土类均为中低产田,总面积 724.1 万亩。7 个中低产田类型中,坡地梯改型面积最大,506.3 万亩,占黄绵土类总面积 69.9%;其次为瘠薄培肥型(85.6 万亩),占 11.8%;无明显障碍型(53.5 万亩)和灌溉改良型(31.8 万亩)面积较大,分别占 7.4%和4.4%;盐碱耕地型和障碍层次型面积小,分别占 4.0%和 2.5%;沙化耕地型面积最小,仅占 0.04%。

黑垆土类总面积 221.6 万亩,均为中低产田,无沙化耕地型中低产田类型。其他 6 个中低产田类型中,坡地梯改型面积最大,152.2 万亩,占黑垆土类总面积 68.7%;其次为无明显障碍型(29.2 万亩)和瘠薄培肥型(25.8 万亩),分别占 13.2% 和 11.6%;灌溉改良型面积小,占 3.9%;盐碱耕地型面积最小,仅占 1.8%。

灰褐土类总面积 36.7 万亩,均为中低产田,无盐碱耕地型中低产田类型。其他 6 个中低产田类型中,坡地梯改型面积最大,33.2 万亩,占灰褐土类总面积 90.5%;其次为障碍层次型(2.1 万亩)和无明显障碍型(1.2 万亩),分别占 5.8% 和 3.1%;沙化耕地型和瘠薄培肥型面积小,分别占 0.4% 和 0.1%;灌溉改良型面积最小,仅 270 亩。

风沙土类总面积 58.7 万亩,均为中低产田。共有 2 个中低产田类型,其中,沙化耕地型面积最大,56.1 万亩,占风沙土类总面积 95.6%;障碍层次型面积小,仅占 4.4%。

从以上分析可看出,全自治区坡地梯改型主要分布在黄绵土类和黑垆土类,分别占坡地梯改型总面积的 68.6% 和 20.6%。盐碱耕地型主要分布在盐化潮土、盐化灌淤土和盐化灰钙土 3 个亚类,分别占该型总面积的 30.2%、29.8% 和 11.6%。瘠薄培肥型主要分布在黄绵土和灰钙土 2 个土类,分别占该型总面积 42% 和 26%。障碍层次型主要分布在灰钙土和新积土 2 个土类,分别占该型总面积的 39.2% 和 32.4%。无明显障碍型主要分布在黄绵土和新积土 2 个亚类,分别占该型总面积的 31.6% 和 24.7%。沙化耕地型主要分布在风沙土和灰钙土 2 个亚类,分别占该型总面积的 55.9% 和 24.8%。灌溉改良型主要分布在黄绵土和新积土 2 个亚类,分别占该型总面积的 41.3% 和 36.6%。

4. 不同市县中低产田类型分布特征

由表 8-4 可看出,宁夏 5 个地级市因其所处区域及农业生产条件不同,中低产田类型分布特征也不同。

石嘴山市中低产田总面积 118.6 万亩,占石嘴山市耕地总面积 93.8%。石嘴山市 5 个中低产田类型中,盐碱耕地型面积最大,73.5 万亩,占石嘴山市耕地总面积 58.1%,且以平罗县面积大(47.9 万亩),占石嘴山市盐碱耕地型总面积 65.2%;其次为障碍层次型(21.8 万亩),占 17.3%;无明显障碍型面积较小(18.5 万亩),占 14.6%;沙化耕地型面积小,占 3.7%;瘠薄培肥型面积最小,仅 528 亩。

银川市中低产田总面积 134 万亩,占银川市耕地总面积 61.9%。银川市 5 个中低产田类型中,盐碱耕地型总面积最大,83.3 万亩,占银川市耕地总面积 38.5%;且以贺兰县面积大(23.5 万亩),占银川市盐碱耕地型总面积 28.2%。其次为沙化耕地型(28.3 万亩),占 13.1%;且以永宁县面积大(7.6 万亩),占银川市沙化耕地型总面积 58%。障碍层次型面积(16.7 万亩)较小,占 7.7%;且以西夏区面积(4.8 万亩)大,占银川市障碍层次型总面积 28.7%。无明显障碍型面积(4.5 万亩)面积小,占 2.1%;瘠薄培肥型面积最小,仅占 0.6%。

吴忠市中低产田总面积 461 万亩,占吴忠市耕地总面积 89.1%。吴忠市 7 个中低产田类型中,瘠薄培肥型面积最大,136 万亩,占吴忠市耕地总面积 26.3%;且以同心县面积

表 8-3　宁夏耕地土壤类型中低产田类型面积统计表

土壤类型	总计	小计		中低产田类型 盐碱耕地型		沙化耕地型		障碍层次型		坡地梯改型		灌溉改良型		瘠薄培肥型		无明显障碍型		高产田	
	亩	亩	%	亩	%	亩	%	亩	%	亩	%	亩	%	亩	%	亩	%	亩	%
灌淤土	2764049	1212298	43.9	924419	33.4	7684	0.3	139022	5.0					440	0.02	140733	5.1	1551751	56.1
表锈灌淤土	1172101	59850	5.1			405	0.03	27582	2.4							31863	2.7	1112250	94.9
潮灌淤土	563556	227790	40.4			7278	1.3	111420	19.8					440	0.08	108652	19.3	335766	59.6
典型灌淤土	103973	238	0.2					20	0.02							218	0.2	103735	99.8
盐化灌淤土	924419	924419	100.0	924419	100.0														
黄绵土	7241084	7241084	100.0	286184	4.0	2899	0.04	180088	2.5	5063424	69.9	317663	4.4	855763	11.8	535062	7.4		
黄绵土	7241084	7241084	100.0	286184	4.0	2899	0.04	180088	2.5	5063424	69.9	317663	4.4	855763	11.8	535062	7.4		
灰褐土	367080	367080	100.0			1291	0.4	21161	5.8	332382	90.5	270	0.1	446	0.1	11530	3.1		
暗灰褐土	367080	367080	100.0			1291	0.4	21161	5.8	332382	90.5	270	0.1	446	0.1	11530	3.1		
新积土	2423088	2370668	97.8	318568	13.1	113789	4.7	635095	26.2	228263	9.4	281329	11.6	375074	15.5	418550	17.3	52420	2.2
典型新积土	2369863	2318213	97.8	299275	12.6	109643	4.6	624110	26.3	228263	9.6	280491	11.8	368393	15.5	408038	17.2	51650	2.2
冲积土	53225	52455	98.6	19293	36.2	4146	7.8	10984	20.6			839	1.6	6681	12.6	10512	19.7	770	1.4
灰钙土	2412363	2388037	99.0	307040	12.7	248884	10.3	766953	31.8	229063	9.5	83226	3.4	538973	22.3	213898	8.9	24326	1.0
淡灰钙土	1405104	1396619	99.4			142481	10.1	470412	33.5	127641	9.1	75436	5.4	379360	27.0	201288	14.3	8485	0.6
草甸灰钙土	78096	62254	79.7	24602	31.5			31218	40.0					1091	1.4	5343	6.8	15841	20.3
盐化灰钙土	622124	622124	100.0	81801	13.1			265323	42.6	101422	16.3	7790	1.3	158522	25.5	7266	1.2		
黑垆土	2215711	2215711	100.0	39720	1.8			18366	0.8	1521695	68.7	86605	3.9	257823	11.6	291502	13.2		
盐化黑垆土	307040	307040	100.0	307040	100.0														
潮黑垆土	1902	1902	100.0					240	12.6	829	43.6					833	43.8		
典型黑垆土	345398	345398	100.0	39720	11.5			6249	1.8	193581	56.0	48406	14.0	3799	1.1	53644	15.5		

续表

土壤类型	总计	中低产田类型																		高产田	
		小计		盐碱耕地型		沙化耕地型		障碍层次型		坡地梯改型		灌溉改良型		瘠薄培肥型		无明显障碍型					
	亩	亩	%	亩	%	亩	%	亩	%	亩	%	亩	%	亩	%	亩	%			亩	%
黑麻土	1868411	1868411	100.0					11878	0.6	1327285	71.0	38199	2.0	254024	13.6	237026	12.7				
潮土	1341171	1109087	82.7	773451	57.7	67896	5.1	175596	13.1	1987	0.1	526		7430	0.6	82202	6.1			232084	17.3
典型潮土	14976	14976	100.0			3109	20.8	3995	26.7	1987	13.3	526	3.5	4005	26.7	1355	9.0				
灌淤潮土	552744	320660	58.0			64787	11.7	171601	31.0					3425	0.6	80847	14.6			232084	42.0
盐化潮土	773451	773451	100.0	773451	100.0																
风沙土	586998	586998	100.0			561324	95.6	25674	4.4												
草原风沙土	586998	586998	100.0			561324	95.6	25674	4.4												
总计	19351543	17490962	90.4	2649382	13.7	1003767	5.2	1961955	10.1	7376814	38.1	769620	4.0	2035948	10.5	1693476	8.8			1860581	9.6

表 8-4　宁夏各市县耕地中低产田类型面积统计表

县（市，区）	合计	中低产田类型																		高产田	
		小计		盐碱耕地型		沙化耕地型		障碍层次型		坡地梯改型		灌溉改良型		瘠薄培肥型		无明显障碍型					
	亩	亩	%	亩	%	亩	%	亩	%	亩	%	亩	%	亩	%	亩	%			亩	%
全自治区	19351543	17490962	90.4	2649382	13.7	1003767	5.2	1961955	10.1	7376814	38.1	769620	4.0	2035948	10.5	1693476	8.8			1860581	9.6
石嘴山市	1265102	1186340	93.8	735143	58.1	47369	3.7	218371	17.3					528	0.04	184930	14.6			78762	6.2
大武口区	82625	82625	100.0	45120	54.6	7442	9.0	19285	23.3							10778	13.0				
惠农区	297538	297538	100.0	210602	70.8	4169	1.4	69818	23.5							12949	4.4				
平罗县	884939	806178	91.1	479421	54.2	35758	4.0	129268	14.6					528	0.06	161203	18.2			78762	8.9
银川市	2164826	1340123	61.9	833083	38.5	282555	13.1	167159	7.7					12668	0.6	44658	2.1			824703	38.1
兴庆区	218176	169983	77.9	152307	69.8	13740	6.3	3501	1.6					310	0.1	125	0.1			48193	22.1

续表

县(市,区)	合计 亩	中低产田类型 小计 亩	小计 %	盐碱耕地型 亩	盐碱耕地型 %	沙化耕地型 亩	沙化耕地型 %	障碍层次型 亩	障碍层次型 %	坡地梯改型 亩	坡地梯改型 %	灌溉改良型 亩	灌溉改良型 %	瘠薄培肥型 亩	瘠薄培肥型 %	无明显障碍型 亩	无明显障碍型 %	高产田 亩	高产田 %
金凤区	154205	85387	55.4	21792	14.1	56108	36.4	7088	4.6							398	0.3	68818	44.6
西夏区	267205	249799	93.5	151837	56.8	40078	15.0	48241	18.1					1522	0.6	8122	3.0	17406	6.5
永宁县	513592	231127	45.0	106588	20.8	76009	14.8	36158	7.0					8296	1.6	4076	0.8	282465	55.0
贺兰县	656633	357278	54.4	234675	35.7	61814	9.4	40972	6.2					2143	0.3	17673	2.7	299355	45.6
灵武市	355015	246549	69.4	165883	46.7	34806	9.8	31199	8.8					397	0.1	14265	4.0	108466	30.6
吴忠市	5176683	4610456	89.1	476893	9.2	504467	9.7	1017904	19.7	818850	15.8	290253	5.6	1359689	26.3	142399	2.8	566227	10.9
利通区	465468	266185	57.2	166846	35.8	24828	5.3	66470	14.3					4110	0.9	3931	0.8	199283	42.8
青铜峡市	571059	232882	40.8	129838	22.7	19943	3.5	57551	10.1					677	0.1	24873	4.4	338177	59.2
同心县	2090194	2061427	98.6			48814	2.3	359967	17.2	578416	27.7	160303	7.7	824622	39.5	89306	4.3	28767	1.4
盐池县	1496817	1496817	100.0	23530	1.6	316331	21.1	311517	20.8	240429	16.1	86303	5.8	494942	33.1	23764	1.6		
红寺堡区	553145	553145	100.0	156679	28.3	94552	17.1	222398	40.2	5	0.001	43647	7.9	35338	6.4	526	0.1		
中卫市	4594319	4203429	91.5	404674	8.8	163714	3.6	458065	10.0	1692991	36.8	241218	5.3	532722	11.6	710045	15.5	390890	8.5
沙坡头区	1069663	877256	82.0	98738	9.2	119010	11.1	97836	9.1	76749	7.2	16832	1.6	67724	6.3	400368	37.4	192407	18.0
中宁县	1006334	807851	80.3	164454	16.3	44267	4.4	276682	27.5	52793	5.2	26666	2.6	171166	17.0	71822	7.1	198483	19.7
海原县	2518322	2518322	100.0	141483	5.6	437	0.02	83547	3.3	1563449	62.1	197721	7.9	293832	11.7	237854	9.4		
固原市	6150613	6150613	100.0	199589	3.2	5661	0.09	100457	1.6	4864973	79.1	238148	3.9	130341	2.1	611444	9.9		
原州区	1579629	1579629	100.0	199589	12.6	1064	0.07	30829	2.0	940601	59.5			101195	6.4	306352	19.4		
西吉县	2446748	2446748	100.0			4176	0.2	44132	1.8	2171039	88.7	119864	4.9	7212	0.3	100325	4.1		
彭阳县	1248802	1248802	100.0					1324	0.1	1065972	85.4	39445	3.2	21934	1.8	120128	9.6		
隆德县	609679	609679	100.0					13455	2.2	496112	81.4	78839	12.9			21273	3.5		
泾源县	265755	265755	100.0			422	0.2	10718	4.0	191250	72.0					63366	23.8		

大(82.5万亩),占吴忠市瘠薄培肥型总面积60.7%。其次为障碍层次型(101.8万亩),占19.7%;以同心县面积大(36万亩),占吴忠市障碍层次型总面积35.4%。坡地梯改型面积(81.9万亩)较大,占15.8%;且集中分布在同心县和盐池县。沙化耕地型面积(50.4万亩)面积较小,占9.7%;以盐池县面积大(31.6万亩),占吴忠市沙化耕地型总面积62.7%。盐碱耕地型面积(47.7万亩)面积较小,占9.2%;集中分布在利通区、青铜峡市和红寺堡区。灌溉改良型面积(29万亩)面积小,占5.6%;集中分布在同心县和盐池县。无明显障碍型面积最小,仅占2.8%。

中卫市中低产田总面积420.3万亩,占中卫市耕地总面积91.5%。7个中低产田类型中,坡地梯改型面积最大,169.3万亩,占中卫市耕地总面积36.8%;且以海原县面积(156.3万亩)大,占中卫市坡地梯改型总面积92.3%。其次为无明显障碍型(71万亩),占15.5%;且以沙坡头区(40万亩)大,占中卫市无明显障碍型总面积56.3%。瘠薄培肥型(53.3万亩)面积较大,占11.6%;且以同心县(29.4万亩)面积大,占中卫市瘠薄培肥型总面积55.2%。障碍层次型(45.8万亩)面积也比较大,占10.0%;且以中宁县(27.7万亩)面积大,占该市该型总面积的60.5%。盐碱耕地型(40.5万亩)面积较小,占8.8%;3县(区)均有分布。灌溉改良型面积(24.1万亩)小,占5.3%;且海原县面积(19.8万亩)大,占该市该型总面积82.2%;沙化耕地型面积(16.4万亩)最小,仅占3.6%;且沙坡头区面积(11.9万亩)大,占该市该型总面积72.6%。

固原市耕地总面积615.1万亩,均为中低产田。7个中低产田类型中,坡地梯改型面积最大,486.5万亩,占固原市耕地总面积79.1%;且以西吉县(217.1)和彭阳县(106.6万亩)面积大,分别占固原市坡地梯改型总面积44.6%和21.9%。其次为无明显障碍型(61.1万亩),占9.9%;且原州区面积大(30.6万亩),占该市该型总面积50.1%。灌溉改良型面积(23.8万亩)较大,占3.9%;西吉县面积(12万亩)大,占该市该型总面积50.4%。盐碱耕地型面积(20万亩)也较大,占3.2%;集中分布在原州区。瘠薄培肥型面积(13万亩)较小,占2.1%;其中原州区面积(10.1万亩)大,占该市该型总面积77.7%。沙化耕地型面积最小,仅占0.09%。

综上所述,全自治区65.9%坡地梯改型分布在固原市;59.2%盐碱耕地型分布在银川市和石嘴山;66.8%瘠薄培肥型分布在吴忠市;52%障碍层次型分布在吴忠市;41%无明显障碍型分布在中卫市;69%灌溉改良型分布在吴忠市和固原;50%的沙化耕地型分布在吴忠市。

(二)高产田地力特征

1. 高产田分布特征

宁夏耕地高产田面积小,仅占全自治区耕地总面积9.6%;主要分布在自流灌区和中部干旱带,其中自流灌区占98.5%,中部干旱带占1.5%。

高产田主要分布在除固原市以外的其他四个地级市,以银川市面积最大,占高产田总面积的45.2%;其次为吴忠市,占29.3%;石嘴山市面积最小,仅占4.4%。

高产田分布 12 个县(区、市)中,青铜峡市和贺兰县面积最大,分别占高产田总面积 16.9%和16.4%;其次为永宁县、中宁县和沙坡头区,分别占高产田总面积 14.3%、10.7%和 10.4%;同心县和西夏区面积最小,分别占高产田总面积的 1.4%和1.03%。

高产田集中分布在青铜峡灌区、卫宁灌区和同心扬水灌区 3 个灌溉区域;地形多为黄河高阶地、二级阶地和一级阶地。自流灌区高产田集中分布在灌溉历史悠久的干渠两侧,如卫宁灌区七星渠、青铜峡河东灌区秦渠和汉渠、青铜峡河西灌区唐徕渠、汉延渠及惠农渠等灌溉区域。中部干旱带高产田主要集中分布在同心县清水河两侧扬黄灌溉区域。

2. 高产田土壤属性

高产田集中分布在灌淤土、潮土、灰钙土和新积土 4 个土类 8 个亚类。4 个土类中以灌淤土面积最大,占高产田总面积85%;其次为潮土,占11%;灰钙土面积最小,仅占1%。 8 个亚类中表锈灌淤土面积最大,占高产田总面积54.2%;其次为潮灌淤土,占 16.4%;典型新积土面积最小,仅占 0.04%。高产田有效土层深厚,多>100 cm;土壤质地以壤质土为主,质地剖面构型多以通体壤为主,立地条件好。

由表 8-5 可看出,高产田土壤有机质含量较高,平均为 15.9 g/kg;全氮和全钾含量

表 8-5　宁夏高产田表土(0~20 cm)土壤有机质及养分含量统计表

项目	样本数(个)	平均值	标准差	变异系数(%)	极大值	极小值
有机质(g/kg)	12351	15.94	4.66	29.22	39.30	3.10
全氮(g/kg)	12231	1.02	0.28	27.68	2.90	0.08
全磷(g/kg)	20	0.85	0.19	22.30	1.32	0.62
全钾(g/kg)	20	19.96	1.59	7.98	24.47	18.20
缓效钾(mg/kg)	6	686.33	107.63	15.68	853.00	577.00
碱解氮(mg/kg)	11374	64.43	38.46	59.69	298.10	1.00
有效磷(mg/kg)	11818	29.77	18.68	62.75	99.90	2.00
速效钾(mg/kg)	12353	163.53	66.80	40.85	598.00	50.00
阳离子代换量(cmol(+)kg)	5	10.66	0.88	8.30	11.20	9.10
全盐(g/kg)	9241	0.72	0.30	42.37	1.40	0.10
pH	12334	8.31	0.25	3.02	9.00	7.50
水溶性钙(mg/kg)	5	1100.00	282.84	25.71	1500.00	900.00
水溶性镁(mg/kg)	5	380.00	249.00	65.53	800.00	200.00
有效硅(mg/kg)	5	67.64	14.83	21.93	89.70	56.00
有效硫(mg/kg)	5	75.16	71.29	94.85	195.50	11.30
有效铁(mg/kg)	3	13.50	1.66	12.33	14.70	11.60
有效锰(mg/kg)	36	10.05	2.26	22.45	13.90	6.20
有效铜(mg/kg)	17	2.13	0.55	25.89	2.94	1.22
有效锌(mg/kg)	20	1.10	0.27	24.88	1.48	0.53
水溶性硼(mg/kg)	39	1.19	0.35	29.54	2.05	0.55

高，平均分别 1.02 g/kg 和 19.9 g/kg；全磷和有效磷含量较高，平均分别为 0.85 g/kg 和 29.8 mg/kg；碱解氮含量低，平均为 64.4 mg/kg；土壤有效锰、有效铜和有效硼平均含量高，有效铁和有效锌含量较高；有效性中量元素平均含量多属于较高水平。土壤有效硫含量变异强度大，达95%；其次为水溶性镁元素、有效磷和碱解氮，变异系数为 59.7%~65.5%，说明高产田碱解氮、有效磷、有效硫和水溶性镁元素含量水平差异较大。高产田土壤全盐含量平均为 0.72 g/kg，属于非盐渍化土壤。

3. 农业生产现状

高产田所处地形部位相对较高，地下水位深，灌排便利，灌溉旱作地或稻旱轮作地，土壤无盐化，土壤肥力水平高，土壤耕性好，宜种性广，适宜种植多种作物，多用于设施或露地蔬菜瓜果种植。设施或露地番茄和黄瓜亩产>10000 kg；设施(或露地)西瓜和甜瓜亩产>3000 kg；露地茄子亩产>7000 kg；露地甘蓝或大白菜亩产>10000 kg；小麦套种玉米条件下，小麦亩产>300 kg，玉米>600 kg；水稻亩产>700 kg；玉米亩产>800 kg。高产田是宁夏耕地的精华之地，土壤综合生产能力高。

4. 利用改良方向

为进一步提升高产田持续综合生产能力，针对目前高产田存在的问题，提出以下建议。

(1)科学合理施肥

高产田中的部分设施蔬菜地或露地蔬菜地，由于有机肥料补充过量，使土壤有机质及植物营养元素含量已经严重超出了其适宜范围，如高产田土壤有机质、氮、磷、钾养分及有效中量、微量元素统计值中极大值均很高，有效铜含量高达 2.94 mg/kg，造成了一些负面的影响。其中表现最为明显的就是土壤中植物病源菌数量大大增加，植物病虫害加重，并由此造成化学农药的施用量逐年增加，农作物果实的农药残留量增加，这种情况持续下去，必将对人类的健康造成很大的威胁。因此，要根据土壤有机物质含量的"适宜值"和土壤中有机物质的消耗转化规律，酌情施用有机肥料，合理补充土壤中的有机物质，使土壤有机物质的含量保持在一个相对适宜的水平。根据有关田间试验研究，设施保护地土壤(0~20 cm)有机质含量的适宜值为 30 g/kg 左右。同时要根据各种农作物对各种养分的需求，根据土壤的实际供肥能力，测土配方施肥，合理确定肥料种类、肥料施用方法，真正做到在有机肥与化肥配合施用的原则下的"平衡施肥"。

(2)改善土壤物理性状

长期种植粮食作物的高产田由于土壤缺乏足量的有机肥补充，土壤团粒结构难以增加；加之近年来土壤耕作多采用耕深较浅的旋耕机作业，使耕地犁底层变浅，土壤板结，直接影响到土壤的自然活力和自我调节能力。改善土壤物理性状应坚持种养结合，增施有机肥或秸秆还田，深耕深松，改善土壤通透性，促进土壤团粒结构形成，提高土壤持续综合生产能力。

三、中低产田类型的特性及改良利用

中低产田改造不单纯是提高当年产量,而是要针对不同类型中低产田采取相应的改良治理措施,清除或减轻制约产量的土壤障碍因素,才能进一步提高耕地综合生产能力。

(一)盐碱耕地型中低产田特性及改良利用

盐碱耕地型土壤有盐化现象,其表土(0~20 cm)全盐量>1.5 g/kg并<10 g/kg,或土壤剖面内夹有厚度>10 cm盐积层,其全盐量>3.0 g/kg并<10 g/kg。

1. 分布特征

盐碱耕地型面积位居七个中低产田类型的第二位,占宁夏耕地总面积13.76%。78.8%盐碱耕地型分布在自流灌区;13.1%盐碱耕地型分布在中部干旱带;南部山区面积小,仅占盐碱耕地型总面积的8.1%。

盐碱耕地型分布在三等耕地至十等耕地,其中,五等耕地和四等耕地中面积较大,分别占盐碱耕地型总面积的28.6%和27.8%;八等耕地面积小,仅占3.1%。即87.5%盐碱耕地型属于中产田,12.5%盐碱耕地型属于低产田。

宁夏5个地级市中银川市和石嘴山市盐碱耕地型面积大,分别占盐碱耕地型总面积的29.7%和29.5%;固原市面积最小,仅占8.1%。17个县(区、市)中,平罗县面积最大,占盐碱耕地型总面积19.04%;金凤区面积最小,仅占0.79%。

盐碱耕地型主要分布在青铜峡灌区银北地区;所处地形低,且相对低洼。自流灌区盐碱耕地型主要分布在胡泊洼地、河滩地或一级阶地,地下水位较高。中部干旱带和扬黄灌区盐碱耕地型分布地形相对低平,如河谷地、河滩地、水库湖泊洼地、川地等。

2. 土壤属性

盐碱耕地型主要分布在潮土、灌淤土、灰钙土、黄绵土、黑垆土和新积土6个土类7个亚类。其中,盐化潮土和盐化灌淤土2个亚类面积最大,分别占该型总面积占31.5%和29.8%,冲积土亚类面积最小,仅占该型总面积0.78%。

盐碱耕地型表土含盐量平均为2.49 g/kg(见表8-6),>1.5 g/kg;盐碱耕地型土壤肥力水平较高,土壤有机质含量较高,平均为14.3g/kg;全氮和碱解氮含量低,平均分别为0.88 g/kg和61.8 mg/kg;有效磷和速效钾含量较高,平均分别为24 mg/kg和158 mg/kg;有效锰和有效硼平均含量高,有效铁和有效铜平均含量较高,有效锌平均含量低。盐碱耕地型土壤水溶性镁元素、有效硫及有效磷含量变异强度较大,其中,水溶性镁元素含量变异系数高达76.6%。

3. 农业生产现状

盐碱耕地型所处地形均相对低洼。自流灌区盐碱耕地型地下水位较高,灌水方便,但排水困难。大部分为稻旱轮作或常年稻,少部分为灌溉旱作地或设施蔬菜地。水稻亩产<650 kg,玉米亩产<700 kg,设施或露地番茄和黄瓜亩产<10000 kg;设施(或露地)西瓜和甜瓜亩产<3000 kg;露地茄子亩产<7000 kg;露地甘蓝或大白菜亩产<10000 kg。

表 8-6　宁夏盐碱耕地型中低产田表土(0~20 cm)土壤有机质及养分含量统计表

项目	样本数(个)	平均值	标准差	变异系数(%)	极大值	极小值
有机质(g/kg)	9442	14.29	5.11	35.74	39.30	2.95
全氮(g/kg)	9178	0.88	0.31	34.78	2.98	0.07
全磷(g/kg)	15	0.71	0.22	31.59	1.06	0.36
全钾(g/kg)	15	19.51	1.55	7.93	23.00	16.14
缓效钾(mg/kg)	5	677.80	119.11	17.57	823.00	491.00
碱解氮(mg/kg)	8691	61.77	29.18	47.24	258.00	2.20
有效磷(mg/kg)	9373	24.09	15.08	62.60	99.50	2.00
速效钾(mg/kg)	9420	157.96	67.94	43.01	597.00	50.00
阳离子代换量(cmol(+)kg)	4	9.58	2.02	21.05	11.60	6.90
全盐(g/kg)	2500	2.49	1.12	45.09	9.9	1.5
pH	9475	8.45	0.28	3.31	9.04	7.46
水溶性钙(mg/kg)	4	975.00	287.23	29.46	1900.00	500.00
水溶性镁(mg/kg)	4	375.00	287.23	76.59	800.00	200.00
有效硅(mg/kg)	4	71.20	18.90	26.54	96.80	51.20
有效硫(mg/kg)	4	47.94	30.18	62.95	80.70	9.95
有效铁(mg/kg)	5	12.81	5.38	42.04	21.30	6.35
有效锰(mg/kg)	17	10.16	2.23	22.00	14.50	6.40
有效铜(mg/kg)	9	1.60	0.39	24.07	2.37	1.10
有效锌(mg/kg)	15	0.96	0.44	45.27	1.92	0.52
水溶性硼(mg/kg)	18	1.16	0.44	37.99	2.10	0.34

中部干旱带和南部山区扬水灌区盐碱耕地型所处地形相对低平,灌溉较方便,常年旱作,主要用于种植玉米、向日葵、马铃薯及枸杞等。玉米亩产<600 kg,向日葵亩产<200 kg,马铃薯亩产为1000~3000 kg,枸杞亩产干果300 kg左右。

4. 改良利用途径

盐碱耕地型主要障碍因素为土壤盐渍化。防治土壤盐渍化须采取水利措施和农业生物措施紧密结合的利用改良途径。

(1)水利措施

一是大力发展节水灌溉农业。节水灌溉是防治土壤盐渍化最有效的途径之一。自流灌区要大力推广畦灌、井灌、喷灌、滴灌、沟灌、膜灌等节水灌溉技术,彻底改变大水漫灌、串灌等陋习。扬水灌区要因地制宜发展管灌、沟灌、喷灌、滴灌、膜灌等节水灌溉技术;二是加强灌溉管理和渠道防渗。减少地下水的补给来源是降低地下水位的重要措施。严格控制灌溉用水量,加强灌溉管理,充分发挥农民用水者协会的作用,建立科学合理完善的灌溉制度;加强渠道防渗处理及农田配套工程,大力推广"U"型板砌护渠道和工厂化预制装配式建筑物,防治渠道渗漏。三是加强排水。调控地下水位是防治土壤盐渍化的重要途径和方法。对局部低洼地区、浸渍严重地区以及排水系统不配套或沟道淤塞严重的地区应组织实施大规模干、支沟清淤治理工程。对于银北局部排水困难地区,采用暗管排水、井灌井排、渠灌井排等方式,降低地下水位,防治土壤盐渍化。要经常不定期地对各级排水沟道进行清淤整治,加强田间水利配套工程的建设管护和维护工作,确保灌排系统畅通。对于部分低洼重盐渍化耕地,在条件允许的情况下,采用伏泡洗盐或种稻洗盐等措施,改良治理土壤盐化。四是平田整地,田面不平是引起土壤盐化的重要原因。田埂、田嘴子及田中高起的斑块等常常是农田盐渍化最重的地方,应结合机深翻、机深松、激光平田等措施,搞好农田土地平整,农田田块内高差应<7 cm 为宜。

(2)农业生物措施

一是合理的耕作措施,改善土壤结构,抑制土壤返盐。如深松耕、耙耱、起垄等耕作措施,均能切断土壤毛细管,减少土壤水分蒸发,使土壤中的盐分不能聚集地表,抑制土壤返盐。二是增施腐殖酸有机肥、种植绿肥、秸秆还田等措施,增加地表覆盖,提高土壤肥力,减少地面蒸发,防治土壤盐化。三是推广应用间、复、套种等立体复合种植模式、旱作起垄种植、水稻开沟种植、选种耐盐作物等农艺栽培技术,利用改良土壤盐渍化。四是合理施肥。针对盐碱耕地型氮素养分含量低的问题,合理施用氮肥,促进作物增产,减轻土壤盐渍化对作物的不良影响。

(二)沙化耕地型中低产田特性及改良利用

沙化耕地型主要指表土(0~20 cm)土壤质地为沙质土(沙土或沙壤土),地表有风蚀沙化现象,土壤(0~20 cm)有机质含量<10 g/kg 的中低产田。

1. 分布特征

沙化耕地型面积小,占宁夏耕地总面积5.2%。沙化耕地型主要分布在自流灌区和中部干旱带,分别占沙化耕地型总面积53.5%和45.9%;南部山区面积小,仅占该型总面积的0.6%。

沙化耕地型分布在四等耕地至十等耕地,其中,四等耕地和六等耕地中面积较大,分别占沙化耕地型总面积24.8%和23.6%;七等耕地面积小,仅占2.9%。即66.4%沙化耕地型为中产田;33.6%沙化耕地型为低产田。

宁夏5个地级市中吴忠市沙化耕地型面积最大,占沙化耕地型总面积的50.3%;固原市面积最小,仅占0.6%。20个县(区、市)中盐池县面积最大,占沙化耕地型总面积31.5%;海原县和泾源县面积最小,占该型总面积0.04%。

沙化耕地型主要分布在毛乌素沙漠边缘,腾格里沙漠边缘,盐池县高沙窝、苏步井及哈巴湖周围,红寺堡,永宁芦草洼及贺兰洪广营等地。

2. 土壤属性

沙化耕地型主要分布在风沙土类,该土类占沙化耕地性总面积55.9%;其次为灰钙土类和新积土类,分别占该型总面积 24.8% 和 11.3%;灌淤土类面积最小,仅占 0.77%。

沙化耕地型主要特征是表层土壤质地为沙土或沙壤土,其中沙土占 38%,沙壤土占 62%;表土易风蚀沙化,春季遇大风,可将其播下的种子刮出地表或被沙土覆盖。沙化耕地型土壤剖面通体为沙质土占 84%,砂夹壤质地构型占 12%,沙夹黏质地构型占 4%;易漏水漏肥。

沙化耕地型表层土壤有机质含量低,平均为 6.2 g/kg(见表 8-7),有机质含量极大值为 9.9 g/kg,<10 g/kg。土壤全氮及全磷含量低,平均为 0.44 g/kg 和 0.47 g/kg;土壤碱解氮和有效磷含量低,平均分别为 40.2 mg/kg 和 15.7 mg/kg;土壤全钾和速效钾含量较高,平均分别为 18 g/kg 和 109 mg/kg;土壤有效中量和微量元素含量低;土壤阳离子交换量极低,仅为 3 cmol/kg,土壤保肥性能差;土壤全盐含量平均为 0.40 g/kg,土壤 pH 8.6,属于强碱性。沙化耕地型存在着土壤质地沙、肥力瘠薄和风蚀沙化多重障碍因素。

表 8-7　宁夏沙化耕地型中低产田表土(0~20 cm)土壤有机质及养分含量统计表

项目	样本数(个)	平均值	标准差	变异系数(%)	极大值	极小值
有机质(g/kg)	1261	6.20	1.87	30.11	9.96	3.00
全氮(g/kg)	1247	0.44	0.16	36.24	1.38	0.07
全磷(g/kg)	5	0.47	0.19	39.80	0.71	0.20
全钾(g/kg)	5	18.04	1.86	10.30	19.95	15.60
缓效钾(mg/kg)	1	237.00				
碱解氮(mg/kg)	1730	40.22	23.56	58.57	227.00	3.10
有效磷(mg/kg)	1682	15.66	10.92	69.70	83.90	2.00
速效钾(mg/kg)	1751	109.35	53.36	48.80	492.00	50.00
阳离子代换量(cmol(+)kg)	1	3.00				
全盐(g/kg)	1639	0.40	0.29	72.06	1.48	0.06
pH	1760	8.61	0.29	3.35	9.04	7.00
水溶性钙(mg/kg)	1	200.00				
水溶性镁(mg/kg)	1	100.00				
有效硅(mg/kg)	1	49.60				
有效硫(mg/kg)	1	8.66				
有效铁(mg/kg)	1	1.86				
有效锰(mg/kg)	2	5.69				
有效铜(mg/kg)	1	0.39				
有效锌(mg/kg)	1	0.05				
水溶性硼(mg/kg)	2	1.32				

3. 农业生产现状

沙化耕地型中低产田灌溉垦种历史较短，部分沙化耕地型为大型沙丘推平整治而成。沙化耕地型所处地形相对较高，裸露的沙化耕地极易风蚀沙化。沙化耕地型易漏水漏肥，故大部分沙化耕地多采用节水滴灌方式，灌溉较为方便；且土壤无盐化。沙化耕地型多为灌溉旱作地，主要用于种植设施蔬菜、玉米、马铃薯、西瓜、葡萄、马铃薯、苜蓿等作物。玉米亩产 600~700 kg，设施或地膜西瓜或甜瓜亩产 2000 kg 左右，酿酒葡萄亩产 800 kg 左右，马铃薯亩产 1500 kg 左右。

4. 改良利用途径

沙化耕地型中低产田改良措施主要以实施防护林网建设、土壤培肥及节水灌溉为主。

（1）大力推广水肥一体化技术

针对沙化耕地型漏水漏肥特点，大力推广节水滴灌水肥一体化技术；针对沙化耕地型中低产田土壤缺氮、缺磷和缺微素养分的现状，根据种植作物不同生育期对水分和养分的需求，适时适量供给作物水分和养分，促进作物生长发育。

（2）加强农田防护林建设

按照统一规划，因地制宜选用适宜的林种，加强农田防护林建设和维护，防治土壤风蚀沙化。

（3）培肥土壤

大力推广增施有机肥，秸秆还田等技术，千方百计增加有机物质的投入，提高土壤有机质和土壤腐殖质的含量，促进土壤理化性状的改善。

（4）推行保护性耕作与粮草轮作耕作制度。

沙化耕地型中低产田作物收获时，应保持留高茬，免除传统的秋季翻耕作业，通过留茬免耕措施实现防风、固土、保水。粮草轮作技术是种地养地、用养结合的耕作制度，把豆类绿肥作物纳入轮作周期，增加风雨季地表的绿色覆盖，减少土壤风蚀沙化和水土流失，同时起到改土肥田，减少农民劳动投入的作用。

（三）障碍层次型中低产田特性及改良利用

障碍层次型主要指土壤剖面内夹有厚度>10cm 的砾土层、沙土层和黏土层等障碍土层的中低产田。

1. 分布特征

障碍层次型面积位居 7 个中低产田类型第四位，占宁夏耕地总面积 10.12%。3 个生态区域中，中部干旱带面积最大，占障碍层次型总面积 49.9%；其次为自流灌区，占 45%；南部山区面积最小，仅占 5.1%。

障碍层次型主要分布在四等耕地至十等耕地。其中五等耕地分布面积最大，占该型总面积 27.5%；其次为四等耕地，占 18.9%；七等耕地面积最小，仅占 5.7%；即障碍层次型中产田占 62.6%；低产田占 37.4%。

全自治区 5 个地级市中吴忠市障碍层次型中低产田面积最大，占障碍层次型总面积

52%;固原市面积最小,仅占5.1%。22个县(区、市)中,同心县面积最大,占障碍层次型总面积18.4%;其次为盐池县和中宁县,分别占该型总面积15.9%和14.1%;彭阳县面积最小,仅占0.07%。

障碍层次型所处地形相对低平,多为缓坡丘陵间滩地、盆地、洪积冲积平原、河滩地及沟台地等。

2. 土壤属性

障碍层次型共有8个土类16个亚类,其中灰钙土类面积最大,占障碍层次型总面积39.2%;其次为新积土类,占该型总面积32.4%;黑垆土类面积最小,仅占0.9%。16个亚类中典型新积土亚类面积最大,占该型总面积31.9%;其次为淡灰钙土亚类,占24%;潮黑垆土亚类面积最小,仅占0.01%。

从分布的土壤类型可看出,96%障碍层次型有效土层厚度>60 cm,4%障碍层次型有效土层厚度为30~60 cm。

障碍土层型主要特征是土壤剖面内夹有厚度>10 cm的黏土层、沙土层和砾石层等。据统计,土壤剖面内夹有沙土层面积最大,占50.3%;其次土壤剖面内夹有黏土层,占45.7%;土壤剖面夹有砾石层面积小,仅占4%。障碍层次型土壤剖面内夹有的沙土层或黏土层厚10~30 cm,砾石层厚10~20 cm。

由表8-8可以看出,障碍层次型中低产田土壤有机质含量较低,平均为10.8 g/kg;土壤全氮和碱解氮含量低,平均分别为0.73 g/kg和51.6 mg/kg;土壤全磷和有效磷含量低,平均分别为0.66 g/kg和18.1 mg/kg;土壤全钾和速效钾含量较高,平均分别为19 g/kg和149 mg/kg;除有效硼含量较高外,其他有效性微素含量水平高于沙化耕地型,但低于盐碱耕地型。土壤有效磷含量变异强度大,高达74%,其极大值和极小值差异大,相差96 mg/kg。土壤全盐含量低,平均为0.41 g/kg,属于非盐渍化土壤。

3. 农业生产现状

障碍层次型分布地形相对低平,大部分具备灌溉条件。分布在自流灌区的障碍层次型轮作方式多为常年旱作、稻旱轮作、常年稻作或设施蔬菜;分布在中部干旱带和南部山区的障碍层次型大多具备扬水灌溉、机井灌溉、库灌等条件,大多种植玉米、马铃薯、设施蔬菜或露地蔬菜等。玉米亩产300~800 kg,水稻亩产600 kg左右,设施番茄亩产7000 kg左右,设施西瓜或甜瓜亩产2500 kg左右,大田西芹亩产多为6000 kg左右,马铃薯亩产2000 kg左右。

4. 改良利用途径

障碍层次型因其土壤剖面内所夹障碍土层不同,利用改良途径也有所不同。

(1)培肥土壤

培育深厚的熟化土层是利用改良障碍层次型的重要途径。秸秆还田和增施有机肥不仅能补充土壤新鲜有机质和营养元素,还能疏松土壤,增加土壤团粒结构,改善土壤理化性状,增强土壤熟化程度,提高土壤肥力水平。

表8-8 宁夏障碍层次型中低产田表土(0~20 cm)土壤有机质及养分含量统计表

项目	样本数(个)	平均值	标准差	变异系数(%)	极大值	极小值
有机质(g/kg)	4075	10.77	5.35	49.69	36.20	3.00
全氮(g/kg)	4056	0.73	0.32	43.96	2.42	0.07
全磷(g/kg)	7	0.66	0.15	21.91	0.92	0.45
全钾(g/kg)	7	19.14	1.19	6.23	20.96	17.51
缓效钾(mg/kg)	1	768.00				
碱解氮(mg/kg)	3975	51.65	29.32	56.76	235.20	2.00
有效磷(mg/kg)	4082	18.10	13.39	74.01	98.00	2.00
速效钾(mg/kg)	4133	149.23	66.73	44.72	516.00	50.00
阳离子代换量(cmol(+)kg)	1	9.30				
全盐(g/kg)	3684	0.41	0.31	75.91	1.47	0.08
pH	4130	8.59	0.29	3.32	9.04	7.00
水溶性钙(mg/kg)	1	800.00				
水溶性镁(mg/kg)	1	400.00				
有效硅(mg/kg)	1	89.50				
有效硫(mg/kg)	1	22.50				
有效铁(mg/kg)	6	7.01	2.71	38.60	11.40	4.20
有效锰(mg/kg)	10	7.90	1.58	19.98	9.60	5.20
有效铜(mg/kg)	10	1.39	0.68	48.98	2.96	0.70
有效锌(mg/kg)	9	0.76	0.42	55.23	1.48	0.13
水溶性硼(mg/kg)	10	1.09	0.42	38.75	1.75	0.50

（2）因土管理

针对土壤剖面内夹有沙土层或砾石层的障碍层次型,采取"少吃多餐"的水肥管理措施,防治土壤漏水漏肥。针对土壤剖面内夹有黏土层的障碍层次型,加强灌溉管理,防治土壤次生盐渍化。针对表土质地黏重的障碍层次型,采取秸秆还田或掺砂客土改良,克服土壤耕性差、作物根系生长困难的障碍因素。针对土壤剖面内夹有砾石层,有效土层较薄的障碍土层型,采取加厚土层或局部换土等措施,消除障碍因素,提高土壤生产能力。

（四）坡地梯改型中低产田特性及改良利用

坡地梯改型指通过修筑梯田等田间水保工程加以改良治理的坡耕地。坡耕地是水土流失的发源地,水土流失对自然生态造成了严重破坏。一是侵蚀土壤,使坡耕地粗化、沙化变瘠,肥力降低,土壤耐旱性能降低,蚕蚀土壤使面积减少;二是危害基础设施建设,致使水库、渠道淤积,江河洪水泛滥,形成"小洪水、高水位、多险情",造成水源枯竭,灌溉面积减少,人畜饮水困难;三是生态环境恶化,自然灾害频繁,农业生产条件变差,粮食产量低而不稳。因此,改坡耕地为梯田是改善生态环境,提高坡耕地综合生产重要途径。

1. 分布特征

坡地梯改型中低产田面积最大,占全自治区耕地总面积38.1%。3个不同生态区中,南部山区面积最大,占坡地梯改型总面积65.9%;自流灌区面积最小,仅占1.8%。

坡地梯改型主要分布在五等耕地至十等耕地,其中八等耕地和七等耕地面积大,分别占该型总面积的30.9%和30.7%;五等耕地面积最小,仅占1.2%。即坡地梯改型60.2%为低产田;39.8%为中产田。

坡地梯改型集中分布在固原市、中卫市和吴忠市。其中,固原市面积最大,占该型总面积66%;吴忠市面积最小,仅占11.1%。10个县(区)中,西吉县面积最大,占坡地梯改型总面积29.3%;其次为海原县,占21.2%;中宁县面积最小,仅占0.72%。

坡地梯改型中低产田主要分布于南部黄土高原与中部低山坡麓、丘陵残梁等,地形多为黄土丘陵、近山丘陵及缓坡丘陵,地面坡度为5°~15°。

2. 土壤属性

坡地梯改型中低产田主要分布着黑垆土、黄绵土、灰钙土、灰褐土和新积土5个土类8个亚类。其中黄绵土面积最大,占坡地梯改型总面积68.6%;其次为黑垆土类中的黑麻土亚类,占该型总面积18%;潮黑垆土亚类面积最小,仅占0.01%。

坡地梯改型中低产田大部分土壤有效土层厚度>100 cm,土壤质地以壤质土为主,土壤质地构型以通体壤为主,物理性质较好。

由表8-9可看出,坡地梯改型中低产田土壤有机质含量较高,平均为13.5 g/kg;土壤全氮含量较高,平均为0.91 g/kg;土壤碱解氮含量低,平均为66 mg/kg;土壤全磷和有效磷含量低,平均分别为0.57 g/kg和13.4 mg/kg;土壤全钾和速效钾含量较高,平均分别为18.7 g/kg和169 mg/kg;土壤有效锰、有效铜和有效硼含量较高;有效铁和有效锌含量低。受土壤侵蚀影响,坡地梯改型中低产田土壤有效硫、有效锌、水溶性钙及有效磷含量高低相差悬殊,其变异系数最高可达100%。土壤全盐含量平均为0.3 g/kg,<1.5 g/kg,属于非盐渍化土壤。特殊的自然、经济社会状况,导致了坡地梯改型中低产田存在着土壤侵蚀、土壤贫瘠与土壤干旱多重障碍因素。

3. 农业生产现状

坡地梯改型中低产田均为坡耕地,无灌溉条件,为旱作农业,主要种植玉米、马铃薯及小杂粮等作物。农作物产量因降水量的不同差异较大。近年来随着地膜覆盖技术的推广应用,农作物产量有所提高。玉米亩产300~600 kg,马铃薯亩产500~2000 kg,糜子、荞麦、莜麦等小杂粮亩产为50~200 kg不等。

4. 改良利用途径

坡地梯改型中低产田分为三种类型:一是现有梯田的修复;二是坡耕地改造为梯田,主要包括6°~15°的坡耕地;三是一些沟坝地的整治与培肥。

表 8-9　宁夏坡地梯改型中低产田表土(0~20 cm)土壤有机质及养分含量统计表

项目	样本数（个）	平均值	标准差	变异系数（%）	极大值	极小值
有机质(g/kg)	11328	13.46	5.90	43.85	40.70	3.00
全氮(g/kg)	11747	0.91	0.36	39.36	2.74	0.10
全磷(g/kg)	12	0.57	0.14	25.03	0.98	0.40
全钾(g/kg)	12	18.73	1.67	8.89	22.80	17.00
缓效钾(mg/kg)	12	797.33	224.14	28.11	1327.00	578.00
碱解氮(mg/kg)	11747	65.95	32.54	49.34	297.80	10.00
有效磷(mg/kg)	11736	13.35	8.46	63.39	56.20	2.00
速效钾(mg/kg)	11747	169.12	84.11	49.73	594.00	50.00
阳离子代换量(cmol(+)kg)	12	10.27	4.51	43.88	22.80	5.00
全盐(g/kg)	11674	0.30	0.17	56.62	1.47	0.03
pH	11744	8.42	0.33	3.97	9.00	7.00
水溶性钙(mg/kg)	12	900.00	751.97	83.55	3200.00	400.00
水溶性镁(mg/kg)	12	133.33	65.13	48.85	300.00	100.00
有效硅(mg/kg)	12	77.55	20.46	26.39	112.60	57.90
有效硫(mg/kg)	11	13.86	13.89	100.22	52.40	5.45
有效铁(mg/kg)	15	6.88	2.33	33.87	12.90	3.08
有效锰(mg/kg)	15	7.24	1.76	24.31	9.38	3.04
有效铜(mg/kg)	15	1.04	0.13	12.75	1.22	0.75
有效锌(mg/kg)	15	0.54	0.51	94.35	2.05	0.04
水溶性硼(mg/kg)	15	0.56	0.24	43.19	0.95	0.35

（1）综合治理

坡改梯建设工程应以小流域为单元，以基本农田建设为骨架，实行山、水、田、林、草、路和沟、渠、坝相结合，因地制宜，统一规划，按照"山顶退耕戴帽子，山腰梯田系带子，沟道林草、库坝穿靴子"的山区治理模式，统筹规划，合理布局，集中连片治理的原则，一面坡、一条沟、一片区域集中连续修建，先缓坡后陡坡，由近致远。同时充分利用天上水、地表水、地下水、"三水"资源，运用水土保持工程和小型农田水利配套措施，做到蓄水、保水、节水措施齐抓，推广农业科学技术，发展节水农业、径流林业，坚持生态农业建设，努力促使当地农业高效、稳定、良性循环的发展局势。充分发挥当地库、坝、塘等有利条件，大力发展节水灌溉，特别是发展小高抽台地灌溉，增加梯田集雨节灌工程，努力扩大水浇地面积，提高农作物产量和品质，提高土地产出率和经济效益。

（2）整修梯田

通过实施整修梯田、修复地埂等田间水保工程，强化水土保持能力，增加梯田土体厚度,耕层熟化层厚度。在田埂种植草灌,在山顶或隔坡种植抗旱保水的树或草灌,增加植被覆盖。

（3）耕作培肥

实施田间保水工程后的耕地,通过深耕深翻、秸秆覆盖还田、种植绿肥、增施有机肥、合理轮作等措施培肥熟化土壤,改善耕层的理化性状和养分状况。针对土壤缺氮少磷的养分现状,根据种植作物对养分的需求,增施氮肥和磷肥,协调土壤养分,促进土壤养分良性循环。

（4）生物工程

结合工程、培肥措施进行生物改造工程,包括植树造林、种草种肥、作物品种改良、合理轮作倒茬、沟垄种植和等高耕作等措施,减少水土流失。在塬面、沟谷以植树造林为主,设置高低两个防护林带,并适当规划 20%~30%的经济林;坡面可种植牧草和灌木林;田面种植绿肥;还可因地制宜发展药材及小杂粮等特色种植。

（5）地膜覆盖

地膜覆盖保墒技术的主要特点是减少农田水分蒸发,增温保墒,提高土壤水分利用率。近年来在宁夏旱作农业区推广的秋季覆膜、早春覆膜和全膜覆盖等覆膜保墒节水技术,具有抑制冬春土壤水分蒸发、保蓄地墒、秋雨春用的作用,在大旱之年土壤缺墒无法播种的情况下效益十分显著。地膜玉米平均亩产 420.7 kg, 比露地玉米每亩增产 223.4 kg, 增幅88.3%;地膜马铃薯平均亩产 2160 kg,比露地马铃薯亩增产 51.2%;冬小麦膜侧种植平均亩产 165.1 kg,比常规种植每亩增产 83.1 kg,增幅 1.01 倍。秋季覆膜在一般年份种植马铃薯比春覆膜增产 30%左右;种植玉米增产 20%以上;种植西瓜增产 30%~40%;春旱年份可增产 1 倍以上,西瓜、玉米综合节本增收可达 120 元/亩;马铃薯达 200 元/亩。早春覆膜种植玉米增产 15%以上,马铃薯增产 25%以上,西瓜增产 20%。全膜覆盖玉米比半膜覆盖平均亩增产 115 kg,增幅 28.53%;全膜覆盖马铃薯比半膜覆盖平均亩增产 303 kg,增幅 40.9%。

（五）瘠薄培肥型中低产田特性及改良利用

瘠薄培肥型主要指土壤(0~20 cm)有机质含量<10 g/kg 的中低产田。

1. 分布特征

瘠薄培肥型面积位居 7 个中低产田类型第三,占宁夏耕地总面积 10.5%。中部干旱带面积最大,占瘠薄培肥型总面积 81%;其次为自流灌区,占 12.6%;南部山区面积最小,仅占6.4%。

瘠薄培肥型主要分布在四等耕地至十等耕地,其中,七等耕地面积最大,占 53.8%;其次为六等耕地,占 24.5%;十等耕地面积最小,仅占 1.5%;瘠薄培肥型中产田占 83.1%;低产田占 16.9%。

宁夏 5 个地级市中吴忠市瘠薄培肥型面积最大,占瘠薄培肥型总面积 66.8%;其次为中卫市,占 26.2%;石嘴山市面积最小,仅占该型总面积 0.03%。17 个县(区、市)中同心县面积最大,占瘠薄培肥型总面积 40.5%;其次为盐池县,占 24.3%;灵武市和兴庆区面积最小,仅占 0.02%。

瘠薄培肥型所处地形多为坡地、丘间滩地、风沙地、高阶地、冲积扇等,地面较平缓。

2. 土壤属性

瘠薄培肥型主要分布着 7 个土类 12 个亚类。其中黄绵土面积最大,占瘠薄培肥型总面积 42%;其次为淡灰钙土亚类和典型新积土亚类,分别占该型总面积 18.6% 和 18.1%;暗灰褐土亚类和潮灌淤土亚类面积最小, 仅占 0.02%。70% 瘠薄培肥型耕地有效土层深厚,>100 cm;30% 有效土层厚度为 60~100 cm。

瘠薄培肥型耕地土壤质地以壤质土为主,耕性较好。由表 8-10 可看出,土壤有机质含量低,平均仅 6.8 g/kg,其极大值为 9.99 g/kg,<10 g/kg。土壤全氮和碱解氮含量低,平均分别为 0.54 g/kg 和 41.6 mg/kg;土壤全磷和有效磷含量低,平均分别为 0.47 g/kg 和 9.6 mg/kg;土壤全钾和速效钾含量较高,平均分别为 17.6 g/kg 和 168 mg/kg;土壤有效锰和有效铜含量低,土壤有效铁和有效锌含量极低。大部分瘠薄培肥型中低产田无灌溉条件,属于旱作农业。故瘠薄培肥型耕地存在着肥力瘠薄、土壤干旱及土壤侵蚀多重障碍因素。

表 8-10　宁夏瘠薄培肥中低产田型表土(0~20 cm)土壤有机质及养分含量统计表

项目	样本数(个)	平均值	标准差	变异系数(%)	极大值	极小值
有机质(g/kg)	1911	6.79	1.70	24.96	9.99	3.00
全氮(g/kg)	1908	0.54	0.17	31.16	1.40	0.17
全磷(g/kg)	4	0.47	0.08	17.58	0.59	0.41
全钾(g/kg)	4	17.62	0.37	2.12	17.96	17.20
缓效钾(mg/kg)	2	632.00	18.38	2.91		
碱解氮(mg/kg)	2267	41.61	24.20	58.17	250.40	4.70
有效磷(mg/kg)	2251	9.55	6.24	65.31	48.10	2.00
速效钾(mg/kg)	2266	168.05	67.01	39.87	543.00	50.00
阳离子代换量(cmol(+)kg)	2	6.65	0.35	5.32		
全盐(g/kg)	2220	0.28	0.17	58.61	1.40	0.10
pH	2265	8.69	0.24	2.75	9.04	7.50
水溶性钙(mg/kg)	2	550.00	70.71	12.86		
水溶性镁(mg/kg)	2	150.00	70.71	47.14		
有效硅(mg/kg)	2	56.75	1.48	2.62		
有效硫(mg/kg)	2	8.10	4.11	50.75		
有效铁(mg/kg)	4	4.02	0.81	20.27	5.10	3.14
有效锰(mg/kg)	4	6.42	0.20	3.04	6.59	6.20
有效铜(mg/kg)	4	1.00	0.34	33.69	1.46	0.71
有效锌(mg/kg)	4	0.23	0.12	49.83	0.36	0.12
水溶性硼(mg/kg)	4	0.62	0.19	30.95	0.82	0.43

3. 农业生产现状

宁夏大部分(70%)瘠薄培肥型中低产田地形较为平缓,无灌溉条件,为川旱地,主要种植玉米、马铃薯及小杂粮等作物,作物产量水平依降水量多少差异较大,玉米亩产 400~700 kg,马铃薯亩产 500~2000 kg,糜子、谷子、莜麦等小杂粮亩产 50~200 kg。

宁夏 30%瘠薄培肥型耕地具备灌溉条件,所处地形部位较高,且多为扬水灌溉,主要种植玉米等作物,玉米亩产为 600 kg 左右。部分扬水灌溉瘠薄培肥型耕地用于设施蔬菜种植,设施番茄亩产 6000 kg 左右,设施西瓜及甜瓜亩产 4000 kg 左右。

4. 改良利用途径

培肥土壤、提高地力是利用改良瘠薄培肥型主要途径;同时还要因地制宜,针对有无灌溉条件采取相应改良利用措施。

(1)增加物资投入,重视养分平衡

一是增施有机肥。大力推广增施商品有机肥或腐熟有机肥,川旱地可依据种植作物采用条施或穴施有机肥,降低有机肥料投入成本。二是推广秸秆还田。秸秆还田是补充更新和平衡土壤有机质的重要途径,具备灌溉条件的瘠薄培肥型耕地实行玉米秸秆粉碎还田,培肥改良土壤。三是种植绿肥,生物养地。绿肥既是一种重要的有机肥源,又是用地养地的主要生物措施,近年来宁夏中部及南部川旱地推广种植以豆科作物为主的绿肥作物,通过间、套、复种,地下部分生物固氮,地上部分还田,成为改良瘠薄培肥型耕地的良好生态循环措施。四是科学合理施用化肥,针对瘠薄培肥型中低产田缺氮少磷及有效微素含量低的养分现状,根据种植作物对养分的需求,适时适量增施氮磷肥料,适时补施微素肥料,促进土壤养分平衡循环,促进作物增产增效。

(2)推广高效旱作节水技术

川旱地瘠薄培肥型中低产田应大力推广"四膜三补一集",秋季覆膜、早春覆膜、留膜留茬越冬、一膜两季,集雨补灌、扬黄高效补灌、压砂补灌,微集水等 8 种实用的抗旱节水高效种植技术,提高土壤综合生产能力。

(3)选种耐旱耐瘠薄作物

选种耐瘠耐旱养地作物。如豆类、谷子、糜子、高粱等养地耐瘠作物,同时推广复种或套种绿肥、油葵等,充分利用光热资源,提高复种指数,增加地面覆盖。

(六)灌溉改良型中低产田特性及改良利用

灌溉改良型中低产田主要指具备水资源开发和发展灌溉的条件,可以通过发展灌溉加以改良的较平坦的耕地;同时还包括由于年际间降水不均,遇干旱年份,库水存量不足,又无井水补灌,虽具田间灌溉工程,但是不能满足作物生长需要,灌溉保证率较低的耕地。

1. 分布特征

灌溉改良型面积最小,仅占宁夏耕地总面积3.98%。灌溉改良型以中部干旱带面积最大,占灌溉改良型总面积63.4%;自流灌区面积最小,仅占 5.7%。

灌溉改良型主要分布在四等耕地至八等耕地,其中四等耕地占该型总面积58.4%;其次为五等耕地,占41%;八等耕地面积极少。即灌溉改良型基本都是中产田。

灌溉改良型中低产田集中分布在吴忠市、中卫市和固原市。其中吴忠市面积最大,占灌溉改良型总面积37.7%;固原市面积最小,占该型总面积30.9%。9个县(区)中,海原县面积最大,占该型总面积25.7%;其次为同心县,占20.8%;沙坡头区面积最小,仅占2.2%。

灌溉改良型中低产田所处地形部位较高,多为川台地、高阶地等。

2. 土壤属性

灌溉改良型集中分布着6个土类9个亚类,其中,黄绵土面积最大,占灌溉改良型总面积41.3%;其次为典型新积土,占36.5%;暗灰褐土亚类面积最小,仅占0.04%。从其分布的土壤类型可看出,灌溉改良型耕地有效土层深厚,>60 cm;土壤质地以壤质土为主,土壤质地构型以通体壤为主,立地条件较好。

由表8-11可看出,灌溉改良型土壤有机质含量较低,平均10.9 g/kg;土壤全氮和碱

表8-11　宁夏灌溉改良型中低产田表土(0~20 cm)土壤有机质及养分含量统计表

项目	样本数(个)	平均值	标准差	变异系数(%)	极大值	极小值
有机质(g/kg)	2951	10.91	4.94	45.28	35.00	3.00
全氮(g/kg)	2954	0.75	0.31	41.49	2.39	0.18
全磷(g/kg)	3	0.45	0.14	30.55	0.60	0.33
全钾(g/kg)	3	17.60	1.04	5.90	18.20	16.40
缓效钾(mg/kg)	3	596.33	152.12	25.51	767.00	475.00
碱解氮(mg/kg)	2953	53.62	28.44	53.04	275.00	7.50
有效磷(mg/kg)	2940	15.37	10.26	66.73	49.90	2.00
速效钾(mg/kg)	2954	178.44	75.68	42.41	526.00	50.00
阳离子代换量(cmol(+)kg)	3	7.97	2.75	34.57	10.80	5.30
全盐(g/kg)	2903	0.32	0.21	63.79	1.47	0.08
pH	2951	8.60	0.28	3.20	9.04	7.50
水溶性钙(mg/kg)	3	1000.00	692.82	69.28	1800.00	600.00
水溶性镁(mg/kg)	3	100.00	0.00	0.00	100.00	100.00
有效硅(mg/kg)	3	59.27	18.16	30.64	73.10	38.70
有效硫(mg/kg)	3	13.53	9.42	69.60	24.40	7.83
有效铁(mg/kg)	6	7.43	4.49	60.49	14.50	2.65
有效锰(mg/kg)	6	7.36	2.39	32.46	10.10	3.22
有效铜(mg/kg)	6	1.07	0.26	24.79	1.57	0.84
有效锌(mg/kg)	6	0.71	0.74	104.27	1.70	0.03
水溶性硼(mg/kg)	6	0.69	0.36	53.09	1.19	0.24

解氮含量低,平均分别为 0.75 g/kg 和 53.6 mg/kg;土壤全磷和有效磷含量低,平均分别为 0.45 g/kg 和 15.4 mg/kg;土壤全钾和速效钾含量较高,平均分别为 17.6 g/kg 和 178.4 mg/kg;土壤有效硼、有效锰和有效铜含量较高,有效铁和有效锌含量低;且有效锌含量变异强度大,其变异系数高达 104%;土壤有效硫、水溶性钙及有效磷含量水平差异较大,变异系数均>69%。土壤易溶盐含量低,平均为 0.32 g/kg,极大值<1.5 g/kg,属于非盐渍化土壤。

3. 农业生产现状

灌溉改良型中低产田所处地形较平坦,多具备灌溉条件;但受灌溉条件所限,多为不饱灌川旱地。主要种植玉米、马铃薯、糜子、谷子等小杂粮。玉米亩产 400~700 kg,马铃薯亩产 1000~2500 kg,糜子及谷子亩产 100~300 kg。

4. 改良利用途径

灌溉改良型中低产田目前已具备一定的水资源开发条件,但须通过发展灌溉加以改造或通过节水灌溉扩浇的耕地。该类型耕地的主要障碍因素是土壤干旱,其次还有轻度侵蚀和土壤肥力较低等问题。

(1)发展节水灌溉

一是水资源的高效利用。以发展水利骨干工程、田间灌溉工程和节水灌溉工程为主,挖掘现有水资源,扩大扬水灌溉面积。二是对现有灌溉系统实行渠系改造及节水灌溉,如采取低压输水管灌、微灌、水肥一体化灌溉施肥系统等,提高灌溉保证率,开源节流扩大灌溉面积。

(2)实施集水补灌

对于季节性水源充沛而缺乏灌溉条件的地方, 在农田整治的基础上, 修筑旱井、旱窖、蓄水池、人字闸、截潜流等集水工程,以满足作物苗期和生长关键期对水分的要求。

(3)推广旱作节水技术

大力推广"四膜三补一集"(即秋季覆膜、早春覆膜、留膜留茬越冬、一膜两季,集雨补灌、扬黄高效补灌、压砂补灌,微集水)8 种实用的抗旱节水高效种植技术,提高土壤综合生产能力。

(4)培肥改良土壤

一是增施有机肥,结合种植作物,采用条施或穴施,增施商品有机肥或腐熟有机肥,改良土壤;二是积极采取秸秆翻压、覆盖还田,保持土壤水分,培肥地力;三是扩大绿肥种植面积,实行粮肥轮作;四是针对缺氮少磷养分含量现状,推广测土配方施肥技术,增施氮磷肥料,提高土壤综合生产能力。

(七)无明显障碍型中低产田特性及改良利用

无明显障碍型主要指限制作物产量提高的主要障碍因素不明显的中低产田。

1. 分布特征

无明显障碍型耕地面积较小,169.3 万亩,占宁夏耕地总面积 8.8%。3 个不同生态区中以自流灌区面积最大,占无明显障碍型总面积 43.1%;中部干旱带面积最小,占该型总面积 20.7%。

无明显障碍型主要分布在四等耕地至十等耕地,其中,六等地面积最大,占该型总面积 31.7%;七等地和五等地面积较大,分别占 29.1% 和 21.2%;十等地面积最小,仅占 0.88%。93% 无明显障碍型为中产田;7% 无明显障碍型为低产田。

宁夏 5 个地级市中无明显障碍型以中卫市面积最大,占无明显障碍型总面积 41.9%;其次为固原市,占 36.1%;银川市面积最小,仅占 2.6%。22 个县(区、市)中,沙坡头区面积最大,占 23.6%;其次为原州区,占 18.1%;兴庆区面积最小,仅占 0.01%。

无明显障碍型所处地形多为高阶地、川地、滩地、沟谷地等。引黄灌区无明显障碍型多位于灌溉渠系的末端。

2. 土壤属性

无明显障碍型主要分布着 7 个土类 15 个亚类。黄绵土面积最大,占无明显障碍型总面积 31.6%;其次为典型新积土亚类,占该型总面积 24.1%;典型灌淤土亚类面积最小,仅占 0.01%。

无明显障碍型耕地有效土层厚度>60 cm,土壤质地以壤质土为主,土壤质地构型以通体壤为主,立地条件较好。

由表 8-12 可看出,无明显障碍型耕地土壤有机质含量较高,平均为 15.2 g/kg;土壤全氮和碱解氮含量较高,平均分别为 0.97 g/kg 和 73.4 mg/kg;土壤全磷和有效磷含量低,平均分别为 0.71 g/kg 和 14 mg/kg;土壤全钾和速效钾含量较高,平均分别为 18.8 g/kg 和 177 mg/kg;土壤有效硼含量高;有效锰和有效铜含量较高;有效铁和有效锌含量低。土壤全盐含量平均为 0.38 g/kg,极大值<1.5 g/kg,属于非盐渍化土壤。

3. 农业生产现状

无明显障碍型中低产田农业生产条件较好,土壤理化性状较好,土壤无盐化,多具备灌溉条件,大部分为扬水灌溉或井、库灌溉水浇地。因其灌溉水量不足或灌溉不及时是造成无明显障碍型中低产田农作物产量低而不稳的主要原因。无明显障碍型耕地主要种植作物为玉米、马铃薯、小麦、谷子等,玉米亩产 300~600 kg,马铃薯亩产 1000~3000 kg,小麦亩产 200~350 kg,谷子、糜子亩产 100~200 kg。

4. 改良利用途径

(1)推广节水灌溉技术

在对现有灌溉工程进行改造维护的基础上,推广畦灌、管灌、喷灌、滴灌、穴灌等节水灌溉技术,加大对现有灌溉机井、水库改造和提升,扩大灌溉水源,充分利用窑窖、土园井等蓄积水源,推广坐水点种、膜下沟灌、点浇穴灌等节水微量灌溉抗旱节水技术。

(2)推广旱作节水技术

大力推广地膜覆盖保墒、集雨补灌、压砂栽培、设施水肥一体、保护性耕作等旱作节水技术。在无水源地区、有地下水资源地区和有扬黄水水资源地区采用"集水场+蓄水窖+地膜覆盖"集水补灌节水技术模式、"库、井、塘、池水+移动滴灌设备"移动补灌节水技术

表 8-12 宁夏无明显障碍型中低产田表土(0~20 cm)土壤有机质及养分含量统计表

项目	样本数（个）	平均值	标准差	变异系数（%）	极大值	极小值
有机质(g/kg)	4207	15.22	5.65	37.14	40.20	3.00
全氮(g/kg)	4141	0.97	0.36	37.08	2.81	0.08
全磷(g/kg)	3	0.71	0.18	25.19	0.87	0.52
全钾(g/kg)	3	18.78	0.03	0.17	18.80	18.75
缓效钾(mg/kg)	2	901.50	10.61	1.18	909.00	894.00
碱解氮(mg/kg)	4147	73.35	36.48	49.73	292.70	7.00
有效磷(mg/kg)	4244	14.02	10.17	72.53	92.90	2.00
速效钾(mg/kg)	4254	177.38	79.74	44.96	597.00	50.00
阳离子代换量(cmol(+)kg)	2	9.15	1.06	11.59	9.90	8.40
全盐(g/kg)	4086	0.38	0.25	65.88	1.49	0.10
pH	4250	8.37	0.34	4.11	9.00	7.00
水溶性钙(mg/kg)	1	800.00				
水溶性镁(mg/kg)	1	400.00				
有效硅(mg/kg)	1	89.50				
有效硫(mg/kg)	1	22.50				
有效铁(mg/kg)	6	7.01	2.71	38.60	11.40	4.20
有效锰(mg/kg)	10	7.90	1.58	19.98	9.60	5.20
有效铜(mg/kg)	10	1.39	0.68	48.98	2.96	0.70
有效锌(mg/kg)	9	0.76	0.42	55.23	1.48	0.13
水溶性硼(mg/kg)	10	1.09	0.42	38.75	1.75	0.50

模式和"水窖(蓄水池)+大(小)拱棚或日光温室"设施滴灌节水技术模式等旱作节水技术模式;推广"四膜三补一集"(即秋季覆膜、早春覆膜、留膜留茬越冬、一膜两季,集雨补灌、扬黄高效补灌、压砂补灌,微集水)8 种实用的抗旱高效种植技术,提高土壤综合生产能力。

(3)培肥改良土壤

一是推广增施有机肥、实行秸秆还田、种植绿肥等措施,培肥土壤,改善土壤理化性状。二是推广应用测土配方施肥技术,针对无明显障碍型中低产田缺氮少磷及有效铁、锌含量低的养分现状,根据种植作物生长需求,适时增施氮磷肥料,适量补施微素肥料,促进作物增产。三是适时耕作耕翻土壤,活化土壤耕层,提高土壤熟化程度。

第二节　宁夏耕地土壤盐渍化及改良利用

宁夏引黄灌区是我国最古老的灌溉农业区之一,有 2000 多年的灌溉历史,素有"塞上江南"之称。灌溉不仅给土壤输入了水分,也输入了盐分,土壤次生盐渍化与灌溉相伴生,只要有灌溉,就有土壤次生盐渍化发生的可能。

一、土壤盐渍化危害及分级

土壤盐渍化是指土壤中易溶性盐分含量超过正常耕作土壤的水平导致作物生长受到伤害的自然现象。有易溶性盐分积累的土壤,称为盐渍化土壤。易溶盐主要包括钠、钾、钙、镁等的硫酸盐、氯化物、碳酸盐和重碳酸盐。硫酸盐和氯化物一般为中性盐;碳酸盐和重碳酸盐为碱性盐。盐渍化土壤表土(0~20 cm)易溶盐含量为 1.5~9.9 g/kg。当土壤中易溶性盐类在土壤表层大量积累,盐分含量超过 10 g/kg 时,绝大部分农作物不能生长,这种土壤称为盐土。

(一)土壤盐渍化危害机理

1. 生理干旱

由于土壤盐分的增加,使土壤溶液浓度增加,导致渗透压不断提高。植物从土壤中吸收水分能力减小,表现缺水。如果土壤溶液的渗透压大于植物细胞内渗透压,植物就不能吸收土壤中的水分,发生"生理干旱",植株抗病性下降,病虫草害加重,严重影响作物产量和品质。

2. 生理毒害

盐渍环境中,植物的被迫吸收,使钠离子、氯离子在体内增多,细胞膜上的钙离子就被钠离子取代,产生膜的渗透现象,使细胞内的可溶物质失去平衡,常常表现氮、磷、钾等营养元素的缺乏。且土壤含盐量的增加,抑制土壤微生物活动,降低土壤中硝化细菌、磷细菌和磷酸还原酶活性,从而使氮的氨化和硝化作用受到抑制,降低氮的有效性,引起石灰性土壤铁、锌、铜等营养元素的有效性降低。

(二)宁夏耕地土壤盐渍化划分依据及标准

1. 宁夏耕地土壤盐渍化划分依据

土壤盐渍化主要以地表出现盐霜或盐斑的形式表现出来。盐霜含盐量较低,在农田中分布比较均匀,灌水后很快消失,对作物的危害不大。盐斑盐分含量高,作物种子难以发芽或死苗严重,盐斑常是农田中的缺苗斑块。因此,耕地土壤盐化是不均匀的,是各种程度不同的盐渍化土壤的复区,简称为盐渍区。

在一定范围内,盐斑面积的多少,说明了作物受盐害危害的程度,也标志着土壤盐渍化的轻重,因此,以盐斑面积占农田的比例,来划分盐渍化的等级。宁夏灌溉农业区春季四月份灌头水以前,是一年中土壤返盐最重,也是小麦等作物最易受盐害的时期,因而,一般多以 4 月份春灌前,盐斑面积占农田面积的比例为依据,划分农田土壤盐渍化等级。

2. 宁夏耕地土壤盐渍化等级鉴别标准

宁夏耕地土壤盐渍化按其盐斑面积占农田面积比例和表土(0~20 cm)盐斑处和非盐斑处土壤易溶盐含量加权平均值划分为以下五个级别,各级别鉴别标准如下:

(1)非盐渍化

土壤无盐化或有轻微盐化现象,地表无盐霜或部分田面有盐霜,田块盐斑面积所占比例<1/10,表土(0~20 cm)盐斑处和非盐斑土壤易盐量含量加权平均值<1.5g/kg。作物生长良好,不受盐渍化危害,适宜种植各种作物。

(2)轻盐渍化

地表有明显的盐霜和盐斑,田块盐斑面积的比例为 1/10~1/3,表土(0~20 cm)盐斑处和非盐斑土壤易盐量含量加权平均值为 1.5~3.0 g/kg,作物生长受轻微抑制。

(3)中盐渍化

地表有较多的盐霜和盐斑,盐霜和盐斑面积的比例为 1/3~1/2,表土(0~20 cm)盐斑处和非盐斑土壤易盐量含量加权平均值为 3.0~6.0 g/kg,作物生长明显受抑制。

(4)重盐渍化

地表有浓厚的盐霜和大量盐斑,盐斑面积的比例>1/2,表土(0~20 cm)盐斑处和非盐斑土壤易盐量含量加权平均值为 6.0~10.0 g/kg,作物生长受到严重抑制。

(5)潜在盐渍化

土壤剖面 20~100 cm 内夹有厚度>10 cm 的积盐层,积盐层土壤易溶盐含量>3.0 g/kg,但地表无盐化,土壤表层(0~20 cm)易溶盐含量<1.5 g/kg,灌溉不当极易形成土壤次生盐渍化。

按照农田盐斑和非盐斑处土壤(0~20 cm)加权易溶盐含量(或称全盐量,后同)含量高低划分,其划分标准如表 8-13。

表 8-13 宁夏土壤盐渍化分级标准

盐渍化程度	非盐渍化	轻盐渍化	中盐渍化	重盐渍化	盐土
0~20 cm 土壤全盐量(g/kg)	< 1.5	1.5~3.0	3.0~6.0	6.0~10.0	> 10.0

二、盐渍化耕地分布特征

(一)耕地土壤易溶盐含量特征

根据本次耕地地力调查 41343 个样本统计,宁夏耕地 0~20 cm 土壤易溶盐含量平均为0.60 g/kg,变异强度较大,变异系数高达 115.4%;土壤(0~20 cm,后同)可溶盐最高可达9.9 g/kg,最低仅 0.02 g/kg(见表 8-14)。

宁夏三个不同生态区耕地土壤全盐量相比较,自流灌区耕地全盐含量最高,平均为0.99 g/kg;南部山区和中部干旱带耕地土壤全盐量较低,平均分别为 0.31 g/kg 和 0.30 g/kg。

表 8-14　宁夏不同生态类型区耕地土壤(0~20 cm)全盐含量统计表

区域	样本数 (个)	平均值 (g/kg)	标准差 (g/kg)	变异系数 (%)	极大值 (g/kg)	极小值 (g/kg)
全自治区	41343	0.60	0.70	115.35	9.90	0.02
自流灌区	18033	0.99	0.89	90.13	9.90	0.10
中部干旱带	7708	0.30	0.29	96.28	7.60	0.02
南部山区	15602	0.31	0.19	61.83	3.70	0.03

1. 不同市县耕地土壤易溶盐含量特征

宁夏 5 个地级市耕地土壤全盐量自北向南逐渐降低,以北部石嘴山市耕地土壤全盐含量最高,平均为 1.70 g/kg;其次为银川市,全盐量平均为 1.08 g/kg;吴忠市和中卫市耕地土壤全盐含量低,平均分别为 0.52 g/kg 和 0.51 g/kg;固原市最低,平均为 0.31 g/kg(见表 8-15)。

表 8-15　宁夏各市县耕地土壤(0~20 cm)全盐含量统计表

县(市、区)	样本数 (个)	平均值 (g/kg)	标准差 (g/kg)	变异系数 (%)	极大值 (g/kg)	极小值 (g/kg)
全自治区	41368	0.60	0.70	115.33	9.90	0.02
石嘴山市	1856	1.70	1.21	71.21	9.90	0.10
惠农区	1247	1.61	1.05	65.24	7.00	0.10
平罗县	565	1.88	1.42	75.43	9.90	0.34
大武口区	44	2.30	2.11	91.84	9.20	0.19
银川市	8170	1.08	0.93	86.04	8.90	0.10
贺兰县	1572	0.98	0.84	86.13	8.10	0.20
兴庆区	1054	1.38	0.96	69.65	7.50	0.10
金凤区	531	0.88	0.89	101.85	8.70	0.10
西夏区	941	0.83	0.99	119.11	7.80	0.10
永宁县	2316	0.87	0.67	76.86	8.90	0.10
灵武市	1756	1.47	1.08	73.53	7.90	0.20
吴忠市	9570	0.52	0.58	111.56	7.70	0.02
利通区	2359	0.86	0.79	91.30	7.70	0.10
青铜峡市	2215	0.77	0.55	70.97	7.30	0.10
盐池县	1512	0.26	0.23	87.22	6.10	0.10
同心县	2643	0.23	0.12	51.95	2.20	0.10
红寺堡区	841	0.27	0.46	168.38	5.22	0.02
中卫市	6167	0.51	0.40	77.90	7.60	0.10
沙坡头区	1601	0.52	0.26	49.05	1.70	0.20
中宁县	1854	0.65	0.51	78.67	5.50	0.10

续表

县(市、区)	样本数 (个)	平均值 (g/kg)	标准差 (g/kg)	变异系数 (%)	极大值 (g/kg)	极小值 (g/kg)
海原县	2712	0.40	0.34	83.43	7.60	0.10
固原市	15605	0.31	0.19	61.83	3.70	0.03
原州区	2395	0.31	0.21	67.88	3.70	0.10
西吉县	2831	0.35	0.24	69.62	1.47	0.03
彭阳县	3928	0.34	0.16	47.35	1.40	0.10
隆德县	3493	0.25	0.11	45.63	1.40	0.10
泾源县	2958	0.32	0.22	69.57	1.40	0.10

宁夏22个县(市、区)耕地土壤全盐量相比较,大武口区耕地土壤全盐含量最高,平均为2.30 g/kg;其次为平罗县、惠农区和灵武市,平均分别为1.88 g/kg、1.61 g/kg和1.47 g/kg;固原市5个县、海原县、红寺堡区、同心县、盐池县耕地土壤全盐平均含量均<0.5 g/kg,其中同心县耕地土壤全盐含量最低,平均仅为0.23 g/kg。

2. 不同土壤类型土壤易溶盐含量特征

宁夏8个耕地土壤类型表土(0~20 cm)全盐含量相比较,潮土含盐量最高,平均为1.44 g/kg;其次为灌淤土,平均为0.99 g/kg;其余6个土壤类型,土壤全盐平均含量低,均<0.5 g/kg;灰褐土类全盐含量最低,平均仅为0.30 g/kg。8个耕地土壤类型全盐量变异系数相比较,灰钙土和新积土变异系数高达126%和123%,说明这2个土类土壤全盐含量差异大。

全自治区19个亚类土壤全盐量相比较(见表8-16),盐化灰钙土亚类土壤全盐含量最高,平均为2.59 g/kg;其次为盐化潮土和盐化灌淤土,平均分别为2.50 g/kg和2.49 g/kg;其他16个亚类土壤全盐含量均<0.5 g/kg;潮黑垆土和典型黑垆土2个亚类最低,平均为0.29 g/kg。19个亚类土壤全盐含量变异系数相比较,典型新积土和冲积土2个亚类变异系数高达123%和102%,变异强度大。

表8-16　宁夏耕地土壤类型表土(0~20 cm)全盐含量统计表

土壤类型	样本数 (个)	平均值 (g/kg)	标准差 (g/kg)	变异系数 (%)	极大值 (g/kg)	极小值 (g/kg)
全自治区	41343	0.60	0.70	115.35	9.90	0.02
灌淤土	11500	0.99	0.81	81.30	9.90	0.10
表锈灌淤土	7145	0.74	0.30	40.97	1.50	0.10
潮灌淤土	2026	0.74	0.31	41.29	1.50	0.20
典型灌淤土	618	0.63	0.26	40.90	1.50	0.20
盐化灌淤土	1711	2.49	1.11	44.68	9.90	1.50
潮土	3016	1.44	1.14	79.10	9.20	0.10
典型潮土	44	0.44	0.36	81.39	1.44	0.10
灌淤潮土	1792	0.76	0.32	42.20	1.49	0.10

续表

土壤类型	样本数（个）	平均值（g/kg）	标准差（g/kg）	变异系数（%）	极大值（g/kg）	极小值（g/kg）
盐化潮土	1180	2.50	1.13	45.30	9.20	1.50
黑垆土	4139	0.30	0.17	56.83	3.70	0.10
潮黑垆土	16	0.29	0.07	25.00	0.40	0.20
典型黑垆土	1547	0.29	0.18	61.83	3.70	0.10
黑麻土	2576	0.30	0.16	53.91	1.44	0.10
黄绵土	10952	0.32	0.20	63.09	3.20	0.03
黄绵土	10952	0.32	0.20	63.09	3.20	0.03
灰钙土	3143	0.44	0.55	125.95	7.80	0.08
草甸灰钙土	420	0.42	0.25	59.30	1.40	0.10
淡灰钙土	1990	0.34	0.23	67.71	1.50	0.08
典型灰钙土	600	0.30	0.20	67.91	1.30	0.10
盐化灰钙土	133	2.59	1.12	43.29	7.80	1.50
新积土	6389	0.38	0.47	123.05	8.90	0.02
冲积土	163	0.42	0.42	102.17	3.40	0.10
典型新积土	6226	0.38	0.47	123.63	8.90	0.02
风沙土	969	0.37	0.27	73.97	1.40	0.06
草原风沙土	969	0.37	0.27	73.97	1.40	0.06
灰褐土	1235	0.30	0.20	66.45	1.40	0.10
暗灰褐土	1235	0.30	0.20	66.45	1.40	0.10

（二）盐渍化耕地分布特征

由表8-17可知，宁夏耕地土壤非盐渍化面积最大，1670.2万亩，占宁夏耕地总面积的86.3%；耕地土壤盐渍化面积（含轻盐渍化、中盐渍化、重盐渍化和潜在盐渍化）小，265万亩，仅占13.7%。

盐渍化耕地中，轻盐渍化耕地面积较大，139.9万亩，占盐渍化耕地总面积52.8%；其次为中盐渍化耕地（74.2万亩），占28%；重盐渍化耕地面积小（34.3万亩），占12.9%；潜在盐渍化耕地面积（16.6万亩）最小，仅占6.3%。

1. 不同区域盐渍化耕地分布特征

宁夏3个不同生态区盐渍化耕地面积相比较，自流灌区面积最大，212.8万亩，占盐渍化耕地总面积80.3%；其次中部干旱区，32.2万亩，占12.2%；南部山区盐渍化耕地面积最小，20.0万亩，占7.5%。

不同生态区轻盐渍化耕地面积相比较，自流灌区面积最大，119.1万亩，占轻盐渍化耕地总面积的85.2%；其次为南部山区，13.6万亩，占9.7%；中部干旱区面积最小，仅7.1

万亩,占 5.1%。

不同生态区中盐渍化耕地面积相比较,自流灌区面积最大,55.7 万亩,占中盐渍化耕地总面积 75.1%;其次为中部干旱区,12.3 万亩,占 16.6%;南部山区面积最小,仅 6.2 万亩,占8.3%。

不同生态区重盐渍化耕地面积相比较,自流灌区面积最大,30.1 万亩,占重盐渍化耕地总面积 87.9%,其次为中部干旱区,4.1 万亩,占 11.9%;南部山区面积最小,仅占 0.3%。

潜在盐渍化耕地集中分布在中部干旱带和自流灌区,其中,中部干旱区面积较大,8.7 万亩,占潜在盐渍化耕地总面积 52.4%;自流灌区面积较小,7.9 万亩,占 47.6%。

2. 不同耕地等级各级盐渍化分布特征

由表 8-18 可看出,不同等级耕地中,一等地和二等地土壤盐渍化均为非盐渍化;盐渍化耕地以四等耕地面积最大,占盐渍化耕地总面积 26.5%;其次为五等耕地和六等耕地,分别占盐渍化耕地总面积的 25.9%和 17.7%;八等耕地面积最小,仅占 2.9%。

各级盐渍化耕地中,轻盐渍化耕地以五等耕地和四等耕地面积大,分别为41.8 万亩和 40.1 万亩,分别占轻盐渍化耕地总面积 29.8%和 28.7%;十等耕地面积最小,0.8 万亩,仅占 0.55%。

中盐渍化耕地以四等耕地面积最大,23.4 万亩,占中盐渍化耕地总面积 31.3%;十等耕地面积最小,1.5 万亩,仅占 2.1%。

重盐渍化耕地以五等耕地面积最大,9.0 万亩,占重盐渍化耕地总面积的 26.3%;八等耕地面积最小,1.7 万亩,仅占 4.9%。

潜在盐渍化耕地主要分布在四等耕地至十等耕地,以六等耕地面积最大,6.0 万亩,占潜在盐渍化耕地总面积的 36.4%;九等耕地面积最小,仅 522 亩。

3. 不同市县盐渍化耕地分布特征

全自治区 5 个地级市中,盐渍化耕地以银川市面积最大,83.3 万亩,占盐渍化耕地总面积 31.4%(见表 8-19);其次为石嘴山市,73.5 万亩,占 27.7%;吴忠市面积较大,47.7 万亩,占 18%;中卫市面积较小,40.5 万亩,占 15.3%;固原市盐渍化耕地面积最小,20 万亩,仅占 7.6%。

不同盐渍化耕地中,轻盐渍化以银川市(46.3 万亩)和石嘴山市(46 万亩)面积大,分别占轻盐渍化耕地总面积的 33.1%和 32.9%;中卫市轻盐渍化耕地面积(12.5 万亩)最小,仅占 8.9%。中盐渍化耕地以银川市面积最大,25.3 万亩, 占中盐渍化耕地总面积的 34.1%;其次为石嘴山市(17.1 万亩),占 31.5%;固原市面积(6.2)万亩最小,仅占 4.4%。重盐渍化耕地以银川市面积最大,11.7 万亩,占重盐渍化耕地总面积的 34.1%;其次为石嘴山市(10.5 万亩),占 30.6%;固原市面积最小,仅 1019 亩。潜在盐渍化集中分布在吴忠市(9.4 万亩)和中卫市(7.2 万亩),分别占潜在盐渍化耕地总面积 56.6%和 43.4%。

宁夏固原市西吉、隆德、泾源和彭阳 4 个县及吴忠市的同心县耕地多为非盐渍化,其他 17 个县(市、区)耕地均存在着不同程度的盐渍化,其中,以平罗县盐渍化耕地面积最

表 8-17　宁夏不同生态类型区耕地土壤不同盐渍化面积统计表

区域	总计	盐渍化耕地												非盐渍化耕地	
		小计		重盐渍化		中盐渍化		轻盐渍化		潜在盐渍化					
	亩	亩	%	亩	%	亩	%	亩	%	亩	%			亩	%
全自治区	19351543	2649601	13.7	343209	1.8	742058	3.8	1398251	7.2	166083	0.9			16701942	86.3
自流灌区	6542451	2128102	32.5	301540	4.6	556692	8.5	1190732	18.2	79137	1.2			4414350	67.5
中部干旱带	6658478	321691	4.8	40650	0.6	123201	1.9	70895	1.1	86946	1.3			6336787	95.2
南部山区	6150613	199808	3.2	1019	0.02	62164	1.0	136624	2.2					5950806	96.8

表 8-18　宁夏各等级耕地土壤不同盐渍化面积统计表

耕地等级	总计	盐渍化耕地										非盐渍化耕地	
		小计		重盐渍化		中盐渍化		轻盐渍化		潜在盐渍化			
	亩	亩	%	亩	%	亩	%	亩	%	亩	%	亩	%
全自治区	19351543	2649601	13.7	343209	1.8	742058	3.8	1398251	7.2	166083	0.86	16701942	86.3
一等耕地	269271											269271	100.0
二等耕地	842041											842041	100.0
三等耕地	941380	192112	20.4					192112	20.4			749269	79.6
四等耕地	1977633	685150	34.6	49404	2.5	233548	11.8	400833	20.3	1364	0.07	1292483	65.4
五等耕地	2213260	704272	31.8	90340	4.1	167680	7.6	417961	18.9	28291	1.28	1508987	68.2
六等耕地	2564062	470251	18.3	54585	2.1	160734	6.3	194535	7.6	60397	2.36	2093811	81.7
七等耕地	4257606	290427	6.8	36562	0.9	66641	1.6	137470	3.2	49754	1.17	3967179	93.2
八等耕地	2822239	76376	2.7	16712	0.6	43831	1.6	12599	0.4	3234	0.11	2745863	97.3
九等耕地	2497988	124514	5.0	34322	1.4	54652	2.2	35017	1.4	522	0.02	2373474	95.0
十等耕地	966062	106498	11.0	61284	6.3	14970	1.5	7724	0.8	22520	2.33	859563	89.0

表 8-19 宁夏各县市耕地土壤不同盐渍化面积统计表

| 县（市、区） | 总计 | 盐渍化耕地 | | | | | | | | | | | 非盐渍化耕地 | |
| | | 小计 | | 重盐渍化 | | 中盐渍化耕地 | | 轻盐渍化耕地 | | 潜在盐渍化耕 | | | |
	亩	亩	%	亩	%	亩	%	亩	%	亩	%	亩	%
全自治区	19351543	2649601	13.7	343209	1.77	742058	3.83	1398251	7.23	166083	0.86	16701942	86.31
石嘴山市	1265102	735143	58.1	104650	8.27	170769	13.50	459723	36.34			529959	41.89
大武口区	82625	45120	54.6	7512	9.09	35272	42.69	2335	2.83			37505	45.39
惠农区	297538	210602	70.8	11132	3.74	40220	13.52	159251	53.52			86936	29.22
平罗县	884939	479421	54.2	86006	9.72	95278	10.77	298137	33.69			405518	45.82
银川市	2164826	833083	38.5	116526	5.38	253104	11.69	463452	21.41			1331743	61.52
兴庆区	218176	152307	69.8	5122	2.35	93135	42.69	54050	24.77			65869	30.19
金凤区	154205	21792	14.1	4546	2.95	9839	6.38	7407	4.80			132413	85.87
西夏区	267205	151837	56.8	32662	12.22	40042	14.99	79133	29.62			115368	43.18
永宁县	513592	106588	20.8	17448	3.40	28640	5.58	60500	11.78			407004	79.25
贺兰县	656633	234675	35.7	39825	6.07	56998	8.68	137852	20.99			421957	64.26
灵武市	355015	165883	46.7	16924	4.77	24450	6.89	124510	35.07			189132	53.27
吴忠市	5176683	476893	9.2	61264	1.18	107557	2.08	213782	4.13	94290	1.82	4699790	90.79
利通区	465468	166846	35.8	28978	6.23	43687	9.39	86838	18.66	7344	1.58	298622	64.16
青铜峡市	571059	129838	22.7	14232	2.49	42076	7.37	73530	12.88			441221	77.26
同心县	2090194											2090194	100.00
盐池县	1496817	23530	1.6	1296	0.09	3202	0.21	19032	1.27			1473287	98.43
红寺堡区	553145	156679	28.3	16758	3.03	18593	3.36	34383	6.22	86946	15.72	396466	71.67
中卫市	4594319	404674	8.8	59749	1.30	148463	3.23	124670	2.71	71793	1.56	4189645	91.19
沙坡头区	1069663	98738	9.2	13065	1.22	22754	2.13	62919	5.88			970925	90.77

续表

县（市、区）	总计	盐渍化耕地											非盐渍化耕地	
		小计		重盐渍化		中盐渍化耕地		轻盐渍化耕地		潜在盐渍化耕				
	亩	亩	%	亩	%	亩	%	亩	%	亩	%		亩	%
中宁县	1006334	164454	16.3	24089	2.39	24302	2.41	44270	4.40	71793	7.13		841880	83.66
海原县	2518322	141483	5.6	22596	0.90	101407	4.03	17480	0.69				2376840	94.38
固原市	6150613	199808	3.2	1019	0.02	62164	1.01	136624	2.22				5950806	96.75
原州区	1579629	199808	12.6	1019	0.06	62164	3.94	136624	8.65				1379822	87.35
西吉县	2446748												2446748	100.00
彭阳县	1248802												1248802	100.00
隆德县	609679												609679	100.00
泾源县	265755												265755	100.00

表8-20　宁夏耕地土壤类型不同盐渍化面积统计表

土壤类型	总计	盐渍化耕地										非盐渍化耕地	
		小计		重盐渍化		中盐渍化		轻盐渍化		潜在盐渍化			
	亩	亩	%	亩	%	亩	%	亩	%	亩	%	亩	%
总计	19351543	2649601	13.7	343209	1.8	742058	3.8	1398251	7.2	166083	0.9	16701942	86.3
灌淤土	2764049	924419	33.4	97976	3.5	214634	7.8	611809	22.1			1839630	66.6
表锈灌淤土	1172101											1172101	100.0
潮灌淤土	563556											563556	100.0
典型灌淤土	103973											103973	100.0
盐化灌淤土	924419	924419	100.0	97976	10.6	214634	23.2	611809	66.2				
黄绵土	7241084	286403	4.0	21883	0.3	138233	1.9	126287	1.7			6954681	96.0

续表

土壤类型	总计	盐渍化耕地											非盐渍化耕地	
		小计		重盐渍化		中盐渍化		轻盐渍化		潜在盐渍化			非盐渍化耕地	
	亩	亩	%	亩	%	亩	%	亩	%	亩	%		亩	%
黄绵土	7241084	286403	4.0	21883	0.3	138233	1.9	126287	1.7				6954681	96.0
灰褐土	367080												367080	100.0
暗灰褐土	367080												367080	100.0
新积土	2423088	318568	13.1	54432	2.2	87451	3.6	138975	5.7	37709	1.6		2104520	86.9
典型新积土	2369863	299275	12.6	53258	2.2	76238	3.2	132070	5.6	37709	1.6		2070588	87.4
冲积土	53225	19293	36.2	1174	2.2	11213	21.1	6905	13.0				33932	63.8
灰钙土	2412363	307040	12.7	34331	1.4	31708	1.3	112627	4.7	128374	5.3		2105323	87.3
淡灰钙土	1405104												1405104	100.0
草甸灰钙土	78096												78096	100.0
典型灰钙土	622124												622124	100.0
盐化灰钙土	307040	307040	100.0	34331	11.2	31708	10.3	112627	36.7	128374	41.8			
黑垆土	2215711	39720	1.8			15530	0.7	24190	1.1				2175991	98.2
潮黑垆土	1902												1902	100.0
典型黑垆土	345398	39720	11.5			15530	4.5	24190	7.0				305678	88.5
黑麻土	1868411												1868411	100.0
潮土	1341171	773451	57.7	134588	10.0	254502	19.0	384361	28.7				567720	42.3
典型潮土	14976												14976	100.0
灌淤潮土	552744												552744	100.0
盐化潮土	773451	773451	100.0	134588	17.4	254502	32.9	384361	49.7					
风沙土	586998												586998	100.0
草原风沙土	586998												586998	100.0

大,47.9万亩,占盐渍化耕地总面积18.1%;其次为贺兰县(23.5万亩),占8.9%;金凤区盐渍化耕地面积最小,2.2万亩,仅占0.8%。各级盐渍化耕地中,轻盐渍化耕地以平罗县面积最大,29.8万亩,占轻盐渍化耕地总面积21.3%;其次为惠农区(15.9万亩)和贺兰县(13.8万亩),分别占11.4%和9.9%;大武口区面积最小,仅2335亩,占0.2%。中盐渍化耕地以海原县(10.1万亩)和平罗县(9.5万亩)面积大,分别占中盐渍化耕地总面积13.6%和12.8%;盐池县面积最小,仅3202亩,占4.2%。重盐渍化耕地以平罗县面积最大,8.6万亩,占重盐渍化耕地总面积25.1%;其次为贺兰县(4.0万亩)和西夏区(3.3万亩),分别占11.6%和9.5%。潜在盐渍化耕地集中分布在利通区、红寺堡区和中宁县,其中,红寺堡区面积最大,8.7万亩,占潜在盐渍化耕地总面积43.2%。

4. 不同土壤类型盐渍化耕地分布特征

宁夏8个耕地土壤类型中灰褐土和风沙土2个土类多为非盐渍化耕地;其他6个耕地土壤类型盐渍化耕地面积相比较,灌淤土类最大,92.4万亩,占盐渍化耕地总面积34.9%;其次为潮土,77.4万亩,占29.2%;新积土类(31.9万亩)和灰钙土类(30.7万亩)面积较大,分别占12.0%和11.6%;黄绵土类面积小(28.6万亩),占10.8%;黑垆土类面积最小,仅4万亩,占1.5%。

各级盐渍化耕地土壤类型中,灌淤土类轻盐渍化耕地面积最大,61.2万亩,占轻盐渍化耕地总面积的41.7%;黑垆土面积最小,2.4万亩,仅占0.05%。中盐渍化耕地以潮土面积最大,25.5万亩,占中盐渍化耕地总面积的34.2%;黑垆土类面积最小,1.5万亩,仅占2.1%。重盐渍化耕地集中分布在潮土、灌淤土、灰钙土和黄绵土4个土类,其中,潮土面积最大,13.5万亩,占重盐渍化耕地总面积的39.2%;黄绵土面积最小,2.2万亩,仅占6.3%。潜在盐渍化集中分布在灰钙土和新积土2个土类,其中,灰钙土面积较大,12.8万亩,占潜在盐渍化耕地总面积77.3%(见表8-20)。

(三)耕地土壤盐渍化垂直分布特征

宁夏耕地土壤盐渍化在土壤剖面垂直分布主要表现为以下三种形式:表层积盐型(表聚型),土壤剖面易溶盐含量自下而上逐渐增加;底部积盐型(底盐型),土壤剖面中部或下部易溶盐含量大于上部,即土壤剖面易溶盐含量自上而下逐渐增加。通体聚盐型(通体型)是指土壤剖面各层段(0~100 cm)易溶盐含量>1.5 g/kg。

1. 表层积盐型(表聚型)

受干旱气候和蒸发强烈自然条件影响,宁夏大部分耕地土壤剖面易溶盐含量分布为表聚型。据94个非盐渍化耕地土壤全剖面不同层段易溶盐含量统计结果,全剖面不同层段土壤易溶盐含量均<1.5 g/kg(见表8-21),但土壤全剖面易溶盐含量仍呈表聚型,其表土(0~20 cm)易溶盐含量平均为0.78 g/kg,剖面底部(150~180 cm)易溶盐含量为0.47 g/kg,表层易溶盐含量是剖面底部的1.5倍(见图8-5)。轻盐渍化、中盐渍化、重盐渍化耕地土壤剖面易溶盐含量大多表现为表聚型,且随着盐渍化程度加重,表聚强度也随之增加;由图8-6、图8-7、图8-8可以看出,轻盐渍化、中盐渍化、重盐渍化表层易溶盐含量分别是

其剖面底部易溶盐含量的 3.4 倍、7.8 倍和 9.0 倍。

表 8-21　宁夏耕地土壤剖面易溶盐含量统计表

层段	统计值	表聚型				底盐型	通体聚盐型
		非盐渍化	轻盐渍化	中盐渍化	重盐渍化		
0~20 cm	样本数(个)	94	22	8	2	2	1
	平均值(g/kg)	0.78	1.89	3.73	6.36	0.73	2.24
	标准差(g/kg)	0.32	0.49	0.62			
	变异系数(%)	41.9	25.6	16.8			
20~50 cm	样本数(个)	92	22	8	2	2	1
	平均值(g/kg)	0.583	1.06	1.78	1.74	1.71	0.88
	标准差(g/kg)	0.296	0.49	0.795			
	变异系数(%)	50.74	46.6	44.7			
50~100 cm	样本数(个)	90	20	8	2	2	1
	平均值(g/kg)	0.6	0.74	1.21	0.7	3.21	1.79
	标准差(g/kg)	0.33	0.42	0.68			
	变异系数(%)	55.1	56.4	56			
100~150 cm	样本数(个)	45	11	2	2	1	1
	平均值(g/kg)	0.67	0.59	0.48	0.71	4.08	3.88
	标准差(g/kg)	0.64	0.13	0.12			
	变异系数(%)	95.2	21.6	24.2			
150~180 cm	样本数(个)	18	4				1
	平均值(g/kg)	0.47	0.55				1.48
	标准差(g/kg)	0.14	0.13				
	变异系数(%)	28.7	23.5				

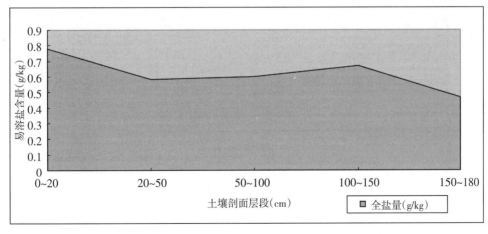

图 8-5　表聚型(非盐渍化)耕地土壤剖面易溶盐含量分布图

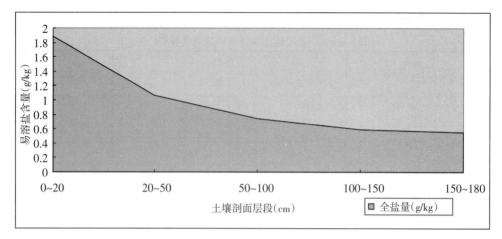

图 8-6　表聚型(轻盐渍化)耕地土壤剖面易溶盐含量分布图

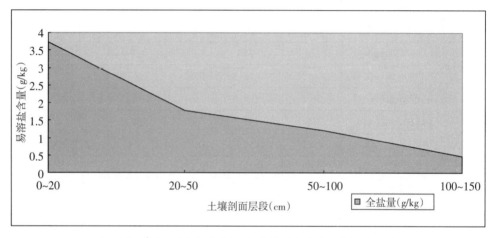

图 8-7　表聚型(中盐渍化)耕地土壤剖面易溶盐含量分布图

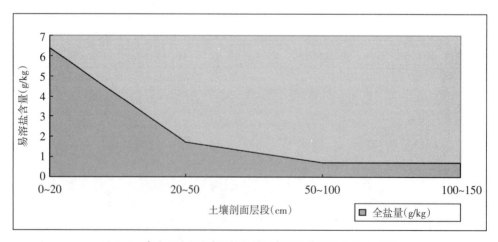

图 8-8　表聚型(重盐渍化)耕地土壤剖面易溶盐含量分布图

2. 底部积盐型(底盐型)

底盐型主要指土壤剖面中部或下部夹有厚度>10 cm 的积盐层,积盐层易溶盐含量>

3.0 g/kg;其土壤表层(0~20 cm)易溶盐含量大多<1.5 g/kg。图 8-9 表示的是典型的底盐型土壤易溶盐含量分布剖面,土壤易溶盐含量自上而下逐渐增加,剖面底部易溶盐含量是其表层(0~20 cm)的 5.6 倍。底盐型还包括土壤剖面中部夹有积盐层,积盐层土壤易溶盐含量>3.0 g/kg,而土壤上部或下部土壤易溶盐含量<1.5 g/kg。底盐型土壤在灌溉初期属于无盐渍化土壤,但随着灌溉垦种年代递延,加之灌溉管理不当,剖面下部易溶盐随土壤毛管水上升地表,在地表形成积盐层,由底盐型转化为表聚型,由非盐渍化土壤演变为盐渍化土壤;宁夏扬水灌溉区部分区域盐渍化土壤就是由此演变而成。

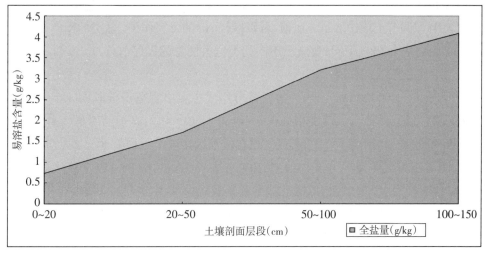

图 8-9 底盐型(潜在盐渍化)耕地土壤剖面易溶盐含量分布图

3. 通体聚盐型(通体型)

通体聚盐型是指土壤表层(0~20 cm)易溶盐含量>1.5 g/kg,且剖面中部或下部大部分层段土壤易溶盐含量也>1.5 g/kg。部分通体聚盐型土壤剖面中部或下部易溶盐含量高于其表土(0~20 cm)易溶盐含量。图 8-10 通体聚盐型其表土(0~20 cm)土壤易溶盐含量为 2.24 g/kg,属于轻盐渍化土壤;50~100 cm 层段土壤易溶盐含量为 1.79 g/kg;100~150 cm 层段土壤易溶盐含量高达 3.88 g/kg,可见该剖面大部分层段土壤易溶盐含量均较高。中

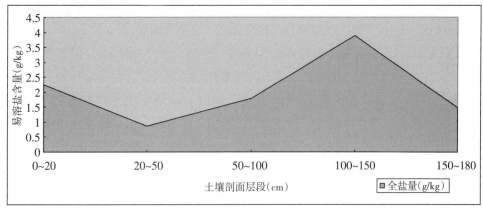

图 8-10 通体聚盐型耕地土壤剖面易溶盐含量分布图

卫米粮川部分区域土壤全剖面易溶盐含量均较高,属于通体聚盐型。通体聚盐型利用改良难度大,且若灌溉不当,盐渍化程度加重趋势高于表聚型和底盐型。

三、盐渍化耕地土壤盐分组成及特性

(一)耕地土壤盐分组成

根据相关试验研究,盐类的溶解度越大,其危害性就越大。碱性越大,毒害也就越大。同一盐类,毒性也不一样;如 $MgCl_2$ 的毒性大于 $NaCl$。一是 Mg^{++} 本身的毒性就比 Na^+ 大;二是 $MgCl_2$ 的溶解度比 $NaCl$ 大。单一盐类的毒性比多种盐类危害性大,这是由于离子之间的拮抗作用;如调节土壤中 Na/Ca 比值,可以减轻 Na^+ 的毒害作用。盐类的阳离子相同,阴离子不同,其毒害作用也不同;盐渍土不同盐类危害性总的排序: $Na_2CO_3 > MgCl_2 > NaHCO_3 > NaCl > CaCl_2 > MgSO_4 > Na_2SO_4$。

宁夏耕地表土(0~20 cm)土壤易溶性盐分组成主要由阴离子碳酸根(CO_3^{-2})、重碳酸根[又称碳酸氢根(HCO_3^-)]、硫酸根(SO_4^{-2})、氯离子(Cl^-)和阳离子钙离子(Ca^{++})、镁离子(Mg^{++})、钾离子(K^+)和钠离子(Na^+)组成。据自流灌区 164 个土样耕地土壤盐分组成统计结果,以阴离子组成主要分为五种形式,以硫酸盐为主,占 68.3%;以重碳酸盐为主,占 15.8%;以盐酸盐为主,占 2.4%;以硫酸盐和重碳酸盐为主,占 8.5%;以盐酸盐和硫酸盐为主,占 4.8%。可见,宁夏自流灌区耕地表层土壤盐分组成主要以硫酸盐为主,其次为重碳酸盐。

据姜凌、李佩成等"干旱区绿洲土壤盐渍化分析评价",内蒙古阿拉善左旗灌溉盐渍化土壤盐分组成阳离子以 Na^+ 含量最高,阴离子以 Cl^- 和 SO_4^{++} 为主,由此判断盐渍化危害主要是 Na_2SO_4 和 $NaCl$ 的危害。土壤 $pH>8.5$,说明该区土壤具有盐化和碱化同时进行的双重特性。宁夏盐渍化耕地土壤大部分也具备盐化和碱化的双重特性。

1. 以硫酸盐为主的盐分组成

由表 8-22 可以看出,阴离子以硫酸根为主的可溶性盐,其硫酸根含量平均为 0.98 g/kg,占其阴离子总量 57.9%;阳离子钠离子含量最多, 平均 0.36 g/kg, 占其阳离子总量的41.9%;其次为钙离子,平均 0.22 g/kg,占阳离子总量的 31.14%;即该类型主要盐分为硫酸钠和硫酸钙。随着可溶盐含量的增加,硫酸根离子也随之增加,由 0.57 g/kg→0.93 g/kg→1.78 g/kg→2.48 g/kg;占阴离子总量也由 54.6%→58.7%→62.7→64.1%。阳离子以钠离子和钙离子为主;全盐量<1.5 g/kg 时,阳离子以钙离子为主,钙离子含量平均为 0.17 g/kg,占阳离子总量为 39.6%;其次为钠离子,平均含量为 0.14 g/kg,占阳离子总量的 32.3%。全盐量为 1.5~9.9 g/kg,阳离子以钠离子为主,其次为钙离子。换言之,以硫酸盐盐分组成为主的土壤全盐量<1.5 g/kg,主要盐分为硫酸钙,其次为硫酸钠;土壤全盐量>1.5 g/kg,主要盐分为硫酸钠,其次为硫酸钙。

2. 以重碳酸盐或盐酸盐为主的盐分组成

由表 8-23 可以看出,以重碳酸盐为主的可溶盐多<3.0 g/kg,主要为重碳酸钠和重碳

表8-22　宁夏耕地表土(0~20 cm)盐分组成以硫酸盐为主各离子统计表

全盐量分级	统计值	全盐(g/kg)	阴离子组成(g/kg, %)								阳离子组成(g/kg, %)								
			阴离子总量(g/kg)	CO$_3^{-2}$(g/kg)	HCO$_3^-$(g/kg)	HCO$_3^-$占%	SO$_4^{-2}$(g/kg)	SO$_4^{-2}$占%	CL$^-$(g/kg)	CL$^-$占%	阳离子总量(g/kg)	Ca^{-2}(g/kg)	Ca^{-2}占%	Mg^{+2}(g/kg)	Mg^{+2}占%	Na$^+$(g/kg)	Na$^+$占%	K$^+$(g/kg)	K$^+$占%
<1.5 g/kg	样本数(个)	46	46	46	46	46	46	46	46	46	46	46	46	46	46	46	46	46	46
	平均值	1.04	1.03	0.01	0.31	30.6	0.57	54.6	0.14	13.8	0.43	0.17	39.6	0.07	17.6	0.14	32.3	0.05	10.53
	极大值	1.48	1.81	0.04	0.65	41.0	1.23	70.7	0.37	30.7	0.84	0.40	65.6	0.13	41.0	0.31	65.7	0.52	62.0
	极小值	0.22	0.39	0.00	0.13	15.4	0.18	41.3	0.04	4.2	0.20	0.01	2.6	0.01	3.6	0.02	4.5	0.00	0.8
	标准差	0.33	0.32	0.01	0.11	6.0	0.22	8.1	0.07	6.8	0.14	0.08	15.0	0.03	7.6	0.08	16.7	0.10	14.8
	变异系数(%)	31.7	31.1	102.0	36.4	19.6	38.5	14.9	50.6	49.1	32.1	46.7	37.8	38.6	43.2	57.8	51.6	186.9	140.6
1.5~3.0 g/kg	样本数(个)	42	42	42	42	42	42	42	42	42	42	42	42	42	42	42	42	42	42
	平均值	2.05	1.55	0.02	0.29	20.0	0.93	58.7	0.31	19.8	0.77	0.19	27.16	0.12	17.2	0.35	43.2	0.11	12.46
	极大值	2.90	2.61	0.20	0.60	45.5	1.64	81.2	0.87	39.1	1.72	0.55	57.24	0.34	34.2	1.36	90.4	0.90	68.35
	极小值	1.51	0.61	0.00	0.11	7.3	0.28	34.8	0.07	5.7	0.32	0.04	3.94	0.04	3.5	0.02	1.5	0.01	0.70
	标准差	0.46	0.54	0.04	0.10	7.9	0.40	11.3	0.19	8.2	0.33	0.11	13.54	0.06	7.6	0.30	24.4	0.22	18.70
	变异系数(%)	22.3	34.83	172.9	33.9	39.6	43.4	19.2	61.87	41.3	42.22	59.06	49.86	47.6	44.0	86.13	56.6	193.4	150.05
3.1~6.0 g/kg	样本数(个)	21	21	21	21	21	21	21	21	21	21	21	21	21	21	21	21	21	21
	平均值	4.17	2.78	0.03	0.29	11.0	1.78	62.7	0.68	24.8	1.41	0.28	19.19	0.19	14.6	0.78	58.8	0.16	7.34
	极大值	5.53	4.38	0.37	0.49	22.4	3.60	82.1	1.19	35.4	3.59	1.49	41.41	0.39	31.7	1.89	91.6	1.77	62.95
	极小值	3.15	1.87	0.00	0.17	3.9	0.71	32.7	0.35	13.9	0.56	0.04	2.88	0.05	2.77	0.08	2.2	0.01	0.81
	标准差	0.73	0.69	0.08	0.08	4.2	0.69	11.3	0.22	7.29	0.60	0.28	9.59	0.09	7.07	0.41	21.2	0.43	15.98
	变异系数(%)	17.4	24.9	236.7	28.3	38.1	38.5	18.1	33.1	29.4	42.9	102.1	50.0	46.1	48.4	53.0	36.0	265.2	217.7

续表

全盐量分级	统计值	全盐(g/kg)	阴离子总量(g/kg)	阴离子组成(g/kg,%)								阳离子总量(g/kg)	阳离子组成(g/kg,%)							
				CO₃⁻²(g/kg)	HCO₃⁻(g/kg)	HCO₃⁻占%	SO₄⁻²(g/kg)	SO₄⁻²占%	CL⁻(g/kg)	CL⁻占%		Ca⁺²(g/kg)	Ca⁺²占%	Mg⁺²(g/kg)	Mg⁺²占%	Na⁺(g/kg)	Na⁺占%	K⁺(g/kg)	K⁺占%
		CO₃⁻² written as CO_3^{-2}, HCO₃⁻ as HCO_3^{-}, SO₄⁻² as SO_4^{-2}, CL⁻ as CL^{-}, Ca⁺² as Ca^{+2}, Mg⁺² as Mg^{+2}, Na⁺ as Na^{+}, K⁺ as K^{+}																
6.1~9.9 g/kg	样本数(个)	3	3	3	3	3	3	3	3	3	3	3	3	3	3	3	3	3	3
	平均值	6.31	3.91	0.004	0.22	5.71	2.48	64.1	1.20	30.1	1.96	0.83	40.56	0.11	5.97	0.98	51.4	0.04	2.05
	极大值	6.44	4.51	0.01	0.23	6.68	2.88	75.8	1.83	40.5	2.34	1.49	63.60	0.15	7.30	1.32	66.2	0.06	3.70
	极小值	6.23	3.40	0.00	0.20	5.19	2.11	54.3	0.72	19.0	1.54	0.50	25.16	0.08	3.33	0.75	32.0	0.03	1.07
	标准差	0.09	0.46	0.01	0.01	0.68	0.31	8.86	0.46	8.81	0.33	0.46	16.60	0.03	1.87	0.25	14.3	0.01	1.17
	变异系数(%)	1.41	11.72	141.4	6.6	12.0	12.6	13.8	38.6	29.2	16.7	55.6	40.9	24.7	31.3	25.3	27.9	39.7	57.2
合计	样本数(个)	112	112	112	112	112	112	112	112	112	112	112	112	112	112	112	112	112	112
	平均值	2.15	1.63	0.02	0.29	22.3	0.98	57.9	0.33	18.6	0.78	0.22	31.14	0.11	16.6	0.36	41.9	0.10	10.43
	极大值	6.44	4.51	0.37	0.65	45.5	3.60	82.1	1.83	40.5	3.59	1.49	65.60	0.39	41.0	1.89	91.6	1.77	68.35
	极小值	0.22	0.39	0.00	0.11	3.9	0.18	32.7	0.04	4.18	0.20	0.01	2.56	0.01	2.77	0.02	1.5	0.00	0.70
	标准差	1.41	0.89	0.04	0.10	10.2	0.65	10.6	0.30	8.79	0.53	0.20	15.82	0.07	7.68	0.37	22.9	0.24	16.58
	变异系数(%)	65.4	54.6	232.7	34.4	45.6	66.4	18.2	90.4	47.3	67.7	93.4	50.8	60.8	46.3	102.4	54.7	252.5	158.9

表8-23 宁夏耕地表土(0~20 cm)盐分组成以重碳酸盐为主各离子统计表

全盐量分级	统计值	全盐(g/kg)	阴离子总量(g/kg)	阴离子组成(g/kg,%)							阳离子总量(g/kg)	阳离子组成(g/kg,%)							
				CO_3^{-2} (g/kg)	HCO_3^- (g/kg)	HCO_3^- 占%	SO_4^{-2} (g/kg)	SO_4^{-2} 占%	CL^- (g/kg)	CL^- 占%		Ca^{+2} (g/kg)	Ca^{+2} 占%	Mg^{+2} (g/kg)	Mg^{+2} 占%	Na^+ (g/kg)	Na^+ 占%	K^+ (g/kg)	K^+ 占%
<1.5 g/kg	样本数(个)	25	25	25	25	25	25	25	25	25	25	25	25	25	25	25	25	25	25
	平均值	0.82	0.73	0.02	0.38	54.5	0.20	26.5	0.13	17.4	0.40	0.14	38.40	0.05	14.2	0.14	35.3	0.07	12.1
	极大值	1.35	2.40	0.16	0.95	70.7	0.71	41.1	0.58	39.5	1.84	0.45	69.18	0.16	27.8	0.41	79.0	0.99	53.9
	极小值	0.38	0.34	0.00	0.17	39.8	0.00	0.00	0.04	8.52	0.18	0.04	7.73	0.01	6.54	0.02	6.2	0.01	2.0
	标准差	0.31	0.44	0.03	0.20	8.08	0.15	10.8	0.11	8.58	0.31	0.08	16.18	0.03	5.61	0.12	20.8	0.19	13.8
	变异系数(%)	37.6	60.4	204.5	51.1	14.8	77.3	40.6	84.4	49.3	78.1	60.9	42.1	53.0	39.6	79.4	58.9	278.1	113.8
1.5~3.0 g/kg	样本数(个)	1	1	1	1	1	1	1	1	1	1	1	1	1	1	1	1	1	1
	平均值	2.00	0.88	0.01	0.55	62.2	0.15	16.6	0.18	20.5	1.08	0.04	3.75	0.05	4.58	0.98	90.6	0.01	1.11
合计	样本数(个)	26	26	26	26	26	26	26	26	26	26	26	26	26	26	26	26	26	26
	平均值	0.9	0.7	0.0	0.4	54.8	0.2	26.2	0.1	17.5	0.4	0.1	37.1	0.1	13.8	0.2	37.4	0.1	11.7
	极大值	2.0	2.4	0.2	1.0	70.7	0.7	41.1	0.6	39.5	1.8	0.4	69.2	0.2	27.8	1.0	90.6	1.0	53.9
	极小值	0.4	0.3	0.0	0.2	39.8	0.0	0.0	0.0	8.5	0.2	0.0	3.8	0.0	4.6	0.0	6.2	0.0	1.1
	标准差	0.4	0.4	0.0	0.2	8.1	0.2	10.7	0.1	8.4	0.3	0.1	17.2	0.0	5.8	0.2	23.0	0.2	13.7
	变异系数(%)	43.6	58.9	205.3	49.9	14.7	76.8	41.0	81.8	48.1	78.1	63.0	46.4	52.0	42.1	110.8	61.4	282.2	117.1

酸钙;其中,土壤全盐量<1.5 g/kg,盐分主要是重碳酸钙(又称碳酸氢钙)和重碳酸钠(又称碳酸氢钠);全盐量>1.5 g/kg,盐分主要为重碳酸钠。

以盐酸盐为主的盐分组成类型其土壤全盐量多<3.0 g/kg,盐分主要为氯化钾（见表8-24）。

3. 以硫酸盐和重碳酸盐混合盐为主的盐分组成

盐分组成以硫酸根和重碳酸根混合盐为主的可溶盐主要硫酸钠、重碳酸钠、硫酸钙和重碳酸钙,其全盐量多<3.0 g/kg。其中,全盐量<1.5 g/kg,硫酸根和重碳酸根分别占阴离子总量的42.1%和40.6%;钠离子和钙离子分别占阳离子总量的36%和33.4%。全盐量为1.5~3.0 g/kg,土壤盐分组成有所变化,重碳酸根含量较高,0.60 g/kg,占阴离子总量的48%;硫酸根含量为0.49 g/kg,占31.8%;阳离子中,钾离子含量高,为0.13 g/kg,占阳离子总量的65.1%;即全盐量为1.5~3.0 g/kg的盐分主要为重碳酸钾,其次为硫酸钾(见表8-25)。

4. 以硫酸盐和盐酸盐混合盐为主的盐分组成

盐分组成以硫酸盐和氯化物(盐酸盐)混合盐为主的全盐含量多>1.5 g/kg。其硫酸根含量1.0 g/kg,占阴离子总量的40.4%;氯离子含量0.96 g/kg,占阴离子总量的39.9%;阳离子中钠离子含量0.79 g/kg,占阳离子总量的59.8%,说明该类型的盐分主要为硫酸钠和氯化钠。且随着含盐量的增加,硫酸根占阴离子总量由38.2%提高到49.9%;氯离子占阴离子总量由39.2%提高到44.1%,硫酸根提高幅度相对较大;说明硫酸钠随着含盐量的增加逐渐增多(见表8-26)。

(二)盐渍化耕地特性

耕地土壤盐渍化程度直接影响着耕地综合生产能力。

1. 非盐渍化耕地土壤特性

非盐渍化耕地土壤(0~20 cm)易溶盐含量<1.5 g/kg。宁夏86.3%耕地为非盐渍化土壤,且73%的非盐渍化耕地分布在中部干旱带和南部山区。非盐渍化耕地分布地形多为黄土丘陵、缓坡丘陵、近山丘陵、高阶地、二级阶地、风沙地等,地下水位深>2 m。70%左右的非盐渍化耕地为没有灌溉条件中低产田;近10%非盐渍化耕地为有灌溉条件的高产田,说明非盐渍化耕地土壤综合生产能力差异较大。

从表8-27可以看出,非盐渍化耕地土壤有机质及各营养元素含量极大值和极小值差异大,以速效钾含量为例,极大值高达598 mg/kg,极小值仅为50 mg/kg;土壤全氮含量高者可达2.81 g/kg,低者仅为0.07 g/kg;充分反映出非盐渍化耕地土壤肥力水平差异大的特点。非盐渍化耕地土壤(0~20 cm)全盐量平均为0.44 g/kg,极大值<1.5 g/kg,适宜种植各种作物。土壤干旱和土壤贫瘠等是大部分非盐渍化土壤的主要障碍因素。

2. 轻盐渍化耕地土壤特性

轻盐渍化耕地土壤(0~20 cm)易溶盐含量为1.5~3.0 g/kg。宁夏7.2%耕地为轻盐渍化耕地,其面积位居盐渍化(轻盐渍化、中盐渍化、重盐渍化和潜在盐渍化面积之和,后同)耕地面积第一,占盐渍化耕地总面积52.7%。85.2%轻盐渍化耕地分布在自流灌区,分布

表 8-24　宁夏耕地表土（0~20 cm）盐分组成以盐酸盐为主各离子统计表

全盐量分级	统计值	全盐(g/kg)	阴离子组成(g/kg,%)								阳离子组成(g/kg,%)								
			阴离子总量(g/kg)	CO_3^{-2}(g/kg)	HCO_3^-(g/kg)	占%	SO_4^{-2}(g/kg)	占%	Cl^-(g/kg)	占%	阳离子总量(g/kg)	Ca^{+2}(g/kg)	占%	Mg^{+2}(g/kg)	占%	Na^+(g/kg)	占%	K^+(g/kg)	占%
<1.5 g/kg	样本数(个)	3	3	3	3	3	3	3	3	3	12	3	25	3	25	3	25	3	25
	平均值	4.77	6.78	0.01	0.31	4.99	2.30	35.3	4.15	59.5	5.63	0.48	8.56	0.26	4.59	0.07	1.31	4.81	85.54
	极大值	5.99	8.70	0.02	0.35	7.16	2.75	40.6	6.20	71.3	7.50	0.72	9.58	0.34	4.53	0.08	1.11	6.35	84.79
	极小值	3.46	4.85	0.00	0.27	3.07	1.93	25.7	2.56	52.7	3.89	0.30	7.76	0.18	4.67	0.06	1.64	3.34	85.94
	标准差	1.03	1.57	0.01	0.03	1.68	0.34	6.85	1.52	8.35	1.48	0.17	11.81	0.06	4.37	0.01	0.53	1.23	83.29
	变异系数(%)	21.7	23.2	93.5	10.7	33.6	14.8	19.4	36.6	14.0	97.6	36.3	37.2	25.0	25.6	10.7	11.0	25.6	26.2
1.5~3.0 g/kg	样本数(个)	1	1	1	1	1	1	1	1	1	1	1	1	1	1	1	1	1	1
	平均值	9.6	11.3	0.01	0.3	2.2	3.0	26.3	8.0	71.4	14.2	0.6	4.2	1.3	9.3	0.1	0.4	12.2	86.0
合计	样本数(个)	4	4	4	4	4	4	4	4	4	4	4	4	4	4	4	4	4	4
	平均值	6.0	7.9	0.0	0.3	4.3	2.5	33.1	5.1	62.5	7.8	0.5	7.8	0.5	5.8	0.1	1.2	6.7	85.2
	极大值	9.6	11.3	0.0	0.3	7.2	3.0	40.6	8.0	71.4	14.2	0.7	12.2	1.3	9.3	0.1	2.1	12.2	91.0
	极小值	3.5	4.9	0.0	0.3	2.2	1.9	25.7	2.6	52.7	4.0	0.3	4.2	0.2	3.6	0.1	0.4	3.3	80.9
	标准差	2.3	2.4	0.0	0.0	1.9	0.4	7.1	2.1	8.9	3.8	0.2	3.6	0.5	2.2	0.0	0.6	3.4	3.8
	变异系数(%)	38.2	30.0	87.2	13.2	43.8	16.6	21.5	41.7	14.2	49.5	31.2	46.1	88.4	37.2	11.7	49.7	50.5	4.5

表8-25　耕地表土（0~20 cm）盐分组成以硫酸盐和重碳酸盐混合盐为主各离子统计表

全盐量分级	统计值	全盐(g/kg)	阴离子组成(g/kg,%)								阳离子组成(g/kg,%)								
			阴离子总量(g/kg)	CO_3^{-2} (g/kg)	HCO_3^- (g/kg)	占%	SO_4^{-2} (g/kg)	占%	CL^- (g/kg)	占%	阳离子总量(g/kg)	Ca^{-2} (g/kg)	占%	Mg^{+2} (g/kg)	占%	Na^+ (g/kg)	占%	K^+ (g/kg)	占%
<1.5 g/kg	样本数(个)	13	13	13	13	13	13	13	13	13	13	13	13	13	13	13	13	13	13
	平均值	0.94	0.74	0.01	0.30	40.6	0.31	42.1	0.11	15.3	0.37	0.11	33.37	0.06	17.9	0.15	36.0	0.04	12.71
	极大值	1.46	0.98	0.06	0.41	44.5	0.46	49.2	0.25	29.3	0.62	0.19	48.50	0.14	38.4	0.45	73.5	0.13	36.89
	极小值	0.56	0.38	0.00	0.17	34.1	0.16	34.4	0.04	8.3	0.20	0.06	10.22	0.03	10.0	0.01	4.5	0.01	1.80
	标准差	0.27	0.16	0.02	0.06	3.0	0.09	4.5	0.06	6.1	0.10	0.04	11.70	0.03	7.3	0.13	21.4	0.04	12.46
	变异系数(%)	29.2	22.4	130.1	21.9	7.4	28.7	10.8	48.8	39.8	28.6	33.5	35.0	41.0	40.5	86.1	59.5	96.5	98.0
1.5~3.0 g/kg	样本数(个)	1	1	1	1	1	1	1	1	1	1	1	1	1	1	1	1	1	1
	平均值	2.84	1.55	0.20	0.60	38.8	0.49	31.8	0.25	16.3	1.17	0.17	14.92	0.08	6.7	0.16	13.3	0.76	65.08
合计	样本数(个)	14	14	14	14	14	14	14	14	14	14	14	14	14	14	14	14	14	14
	平均值	1.07	0.79	0.03	0.32	40.4	0.32	41.3	0.12	15.4	0.42	0.12	32.05	0.06	17.1	0.15	34.4	0.09	16.45
	极大值	2.84	1.55	0.20	0.60	44.5	0.49	49.2	0.25	29.3	1.17	0.19	48.50	0.14	38.4	0.45	73.5	0.76	65.08
	极小值	0.56	0.38	0.00	0.17	34.1	0.16	31.8	0.04	8.26	0.20	0.06	10.22	0.03	6.66	0.01	4.5	0.01	1.80
	标准差	0.56	0.26	0.05	0.10	2.92	0.10	5.11	0.06	5.88	0.23	0.04	12.23	0.03	7.57	0.12	21.4	0.19	18.06
	变异系数(%)	51.9	33.2	188.5	31.6	7.2	30.2	12.4	52.1	38.2	54.1	33.8	38.2	39.3	44.2	82.7	62.4	203.3	109.8

表 8-26 耕地表土(0~20 cm)盐分组成以硫酸盐和盐酸盐混合盐为主各离子统计表

全盐量分级	统计值	全盐量(g/kg)	阴离子组成(g/kg, %) 阴离子总量(g/kg)	CO_3^{2-}(g/kg)	HCO_3^-(g/kg)	占%	SO_4^{2-}(g/kg)	占%	CL^-(g/kg)	占%	阳离子组成(g/kg, %) 阳离子总量(g/kg)	Ca^{2+}(g/kg)	占%	Mg^{2+}(g/kg)	占%	Na^+(g/kg)	占%	K^+(g/kg)	占%
1.5~3.0 g/kg	样本数(个)	5	5	5	5	5	5	5	5	5	5	5	5	5	5	5	5	5	5
	平均值	2.24	1.59	0.04	0.25	19.1	0.65	38.2	0.66	39.2	1.23	0.16	15.27	0.08	6.57	0.70	63.0	0.29	15.20
	极大值	2.82	3.28	0.09	0.28	30.7	1.53	46.7	1.51	46.2	1.98	0.34	40.14	0.23	11.8	1.41	92.2	1.37	69.23
	极小值	1.57	0.93	0.00	0.21	7.14	0.31	32.2	0.32	35.0	0.62	0.04	4.18	0.03	1.70	0.04	1.9	0.01	1.10
	标准差	0.49	0.86	0.03	0.03	7.86	0.45	5.20	0.44	4.07	0.50	0.11	13.25	0.08	3.43	0.49	34.1	0.54	27.02
	变异系数(%)	21.6	53.8	82.6	10.8	41.2	69.4	13.6	66.5	10.4	40.2	70.1	86.8	89.3	52.2	70.7	54.1	187.9	177.8
3.1~6.0 g/kg	样本数(个)	2	2	2	2	2	2	2	2	2	2	2	2	2	2	2	2	2	2
	平均值	3.9	3.04	0.13	0.47	15.1	1.25	41.1	1.20	39.7	1.14	0.07	6.61	0.08	10.2	0.24	38.0	0.75	45.18
6.1~9.9 g/kg	样本数	1	1	1	1	1	1	1	1	1	1	1	1	1	1	1	1	1	1
	平均值	7.20	4.52	0.069	0.20	4.44	2.26	49.9	2.00	44.1	2.7	0.12	4.63	0.17	6.36	2.36	87.8	0.032	1.2
合计	样本数(个)	8	8	8	8	8	8	8	8	8	8	8	8	8	8	8	8	8	8
	平均值	3.29	2.32	0.07	0.30	16.3	1.00	40.4	0.96	39.9	1.39	0.13	11.77	0.09	7.45	0.79	59.8	0.37	20.94
	极大值	7.20	4.52	0.16	0.58	30.7	2.26	49.9	2.00	46.2	2.69	0.34	40.14	0.23	16.4	2.36	92.2	1.46	84.83
	极小值	1.57	0.93	0.00	0.20	4.44	0.31	32.2	0.32	35.0	0.55	0.04	4.18	0.03	1.70	0.04	1.9	0.01	1.10
	标准差	1.74	1.26	0.05	0.12	7.88	0.65	5.62	0.57	3.67	0.69	0.10	11.43	0.07	4.42	0.74	34.8	0.61	32.64
	变异系数(%)	52.8	54.1	72.6	39.9	48.4	65.2	13.9	59.8	9.2	49.9	74.0	97.1	70.8	59.3	93.3	58.1	163.1	155.9

表 8-27　宁夏非盐渍化耕地表土(0~20 cm)土壤有机质及养分含量统计表

项目	样本数(个)	平均值	标准差	变异系数(%)	极大值	极小值
有机质(g/kg)	37575	13.25	5.76	43.42	40.70	3.00
全氮(g/kg)	37816	0.88	0.35	39.80	2.81	0.07
全磷(g/kg)	43	0.66	0.23	34.65	1.32	0.20
全钾(g/kg)	43	19.04	1.67	8.78	24.47	15.60
缓效钾(mg/kg)	19	718.26	242.05	33.70	1327.00	237.00
碱解氮(mg/kg)	37043	60.78	34.43	56.65	298.10	1.00
有效磷(mg/kg)	37514	18.42	14.61	79.34	99.90	2.00
速效钾(mg/kg)	38128	163.80	75.29	45.96	598.00	50.00
阳离子代换量(cmol(+)kg)	19	8.54	2.47	28.89	12.00	3.00
全盐(g/kg)	35449	0.44	0.30	68.80	1.49	0.03
pH	38105	8.44	0.32	3.81	9.04	7.00
水溶性钙(mg/kg)	19	836.84	513.39	61.35	2500.00	200.00
水溶性镁(mg/kg)	19	236.84	238.54	100.72	900.00	100.00
有效硅(mg/kg)	19	73.63	24.80	33.68	137.70	38.70
有效硫(mg/kg)	18	28.98	46.01	158.79	195.50	5.19
有效铁(mg/kg)	30	7.16	3.69	51.51	14.70	1.86
有效锰(mg/kg)	68	8.68	2.57	29.64	13.90	1.87
有效铜(mg/kg)	49	1.47	0.66	44.93	2.96	0.39
有效锌(mg/kg)	49	0.83	0.51	62.07	2.05	0.03
水溶性硼(mg/kg)	69	1.04	0.45	43.39	2.28	0.24

在三等耕地至十等耕地。轻盐渍化耕地所处地形多为黄河一级阶地、二级阶地、高阶地、川地、滩地、沟掌地及沟台地等,地形较为平缓,多为灌溉水浇地,70%轻盐渍化耕地为稻旱轮作地,30%轻盐渍化耕地常年种植旱作物。

由表 8-28 可知,轻盐渍化耕地土壤有机质含量较高,平均为 14.95 g/kg;土壤氮、磷、钾及有效中量及微量元素含量较高;土壤肥力水平较高。但土壤易溶盐较高,平均含量为 2.0 g/kg,对作物生长发育有一定的影响,即轻盐渍化是影响作物正常生长发育的主要障碍因素。

3. 中盐渍化耕地土壤特性

中盐渍化耕地土壤(0~20 cm)易溶盐含量为 3.0~6.0 g/kg。中盐渍化耕地占宁夏耕地总面积的 3.9%,占盐渍化耕地总面积 28.1%。75%中盐渍化耕地分布在自流灌区,其余 25%中盐渍化耕地主要分布在扬黄灌区。中盐渍化耕地分布在四等耕地至十等耕地。中盐渍化耕地地形多为黄河一级阶地、滩地、川地及沟谷地等,地形相对低平,多为灌溉水

表 8-28　宁夏轻盐渍化耕地表土(0~20 cm)土壤有机质及养分含量统计表

项目	样本数（个）	平均值	标准差	变异系数（%）	极大值	极小值
有机质(g/kg)	6914	14.95	4.88	32.61	39.30	2.95
全氮(g/kg)	6721	0.93	0.31	33.16	2.98	0.07
全磷(g/kg)	11	0.78	0.14	17.59	0.95	0.47
全钾(g/kg)	11	19.26	0.77	4.00	20.71	18.00
缓效钾(mg/kg)	5	679.20	119.52	17.60	823.00	491.00
碱解氮(mg/kg)	6184	65.37	31.46	48.13	292.60	3.00
有效磷(mg/kg)	6791	26.51	16.41	61.89	99.80	2.00
速效钾(mg/kg)	6895	162.22	70.40	43.39	597.00	50.00
阳离子代换量(cmol(+)kg)	4	9.58	2.02	21.05	11.60	6.90
全盐(g/kg)	1414	2.00	0.41	20.26	2.99	1.50
pH	6933	8.43	0.27	3.24	9.04	7.50
水溶性钙(mg/kg)	4	975.00	639.66	65.61	1900.00	500.00
水溶性镁(mg/kg)	4	375.00	287.23	76.59	800.00	200.00
有效硅(mg/kg)	4	71.20	18.90	26.54	96.80	51.20
有效硫(mg/kg)	4	47.94	30.18	62.95	80.70	9.95
有效铁(mg/kg)	4	10.69	2.94	27.49	12.50	6.35
有效锰(mg/kg)	15	10.03	2.29	22.87	14.50	6.40
有效铜(mg/kg)	9	1.64	0.48	29.33	2.73	1.10
有效锌(mg/kg)	14	0.94	0.37	39.37	1.72	0.52
水溶性硼(mg/kg)	17	1.21	0.48	39.46	2.10	0.34

浇地,60%中盐渍化耕地为稻旱轮作地或常年稻作地,40%中盐渍化耕地常年种植旱作物。

由表 8-29 可以看出,中盐渍化耕地土壤有机质含量较高,平均为 14.55 g/kg;土壤氮、磷、钾及有效微量元素含量也较高,但略低于轻盐渍化耕地。大部分中盐渍化耕地地下水位较高,土壤剖面内大多夹有黏土层,土壤易溶盐含量高,平均为 3.8 g/kg,对作物生长发育有明显的影响,只能选种耐盐作物。

4. 重盐渍化耕地土壤特性

重盐渍化耕地土壤(0~20 cm)易溶盐含量为 6.0~10.0 g/kg。重盐渍化耕地占宁夏耕地总面积的 1.8%,占盐渍化耕地总面积 12.9%。自流灌区重盐渍化耕地占 88%,其余 12%重盐渍化耕地主要分布在扬黄灌区。重盐渍化耕地分布地形相对低洼,如胡泊周围、水库周围、积水洼地等。重盐渍化耕地多为灌溉水浇地,近 80%重盐渍化耕地为常年稻地或稻旱轮作地,20%重盐渍化耕地常年种植旱作物。

重盐渍化耕地土壤有机质含量较高,平均为 14.2 g/kg;土壤氮、磷、钾及有效微量元

表 8-29　宁夏中盐渍化耕地表土(0~20 cm)土壤有机质及养分含量统计表

项目	样本数（个）	平均值	标准差	变异系数（%）	极大值	极小值
有机质(g/kg)	2650	14.55	5.29	36.34	37.50	3.04
全氮(g/kg)	2598	0.89	0.30	34.29	2.54	0.10
全磷(g/kg)	4	0.88	0.16	18.51	1.06	0.72
全钾(g/kg)	4	21.03	1.41	6.73	23.00	19.70
碱解氮(mg/kg)	2552	62.65	30.51	48.69	258.00	2.20
有效磷(mg/kg)	2616	23.42	15.41	65.82	99.30	2.00
速效钾(mg/kg)	2644	161.29	65.76	40.77	526.00	50.00
全盐(g/kg)	145	3.78	0.71	18.85	5.90	3.00
pH	2656	8.41	0.27	3.25	9.04	7.46
有效铁(mg/kg)	1	21.30				
有效锰(mg/kg)	4	10.83	1.55	14.28	12.70	9.00
有效铜(mg/kg)	1	2.37				
有效锌(mg/kg)	3	1.23	0.63	51.10	1.92	0.69
水溶性硼(mg/kg)	4	1.11	0.13	11.61	1.23	0.97

素含量也较高，略低于中盐渍化耕地。重盐渍化耕地所处地形多为水盐聚集的积水洼地，地下水位高，且土壤剖面内大多夹有黏质土层，土壤易溶盐含量高，平均为 7.2 g/kg（见表 8-30），已严重影响了大部分农作物正常生长发育，土壤适种性已受到严重限制。

表 8-30　宁夏重盐渍化耕地表土(0~20 cm)土壤有机质及养分含量统计表

项目	样本数（个）	平均值	标准差	变异系数（%）	极大值	极小值
有机质(g/kg)	1002	14.24	5.38	37.75	33.90	3.00
全氮(g/kg)	953	0.85	0.32	37.29	1.86	0.10
全磷(g/kg)	1	0.83				
全钾(g/kg)	1	20.48				
缓效钾(mg/kg)	1	703.00				
碱解氮(mg/kg)	899	58.23	28.61	49.14	217.40	3.00
有效磷(mg/kg)	1003	25.36	15.55	61.31	98.20	2.20
速效钾(mg/kg)	1010	154.68	63.52	41.06	440.00	50.18
全盐(g/kg)	13	7.24	0.90	12.47	8.90	6.00
pH	1011	8.41	0.27	3.22	9.02	7.80
水溶性硼(mg/kg)	1	1.71				

5. 潜在盐渍化土壤特性

潜在盐渍化耕地土壤剖面内(20~100 cm)夹有厚度>10 cm 的积盐层,积盐层易溶盐含量>3.0 g/kg,但地表无盐化,土壤表层(0~20 cm)易溶盐含量<1.5 g/kg。潜在盐渍化耕地面积小,仅占宁夏耕地总面积 0.9%,占盐渍化耕地总面积 6.3%。集中分布在扬黄灌区。潜在盐渍化耕地地形多为丘间滩地或高阶地,所处地形较高,地形较为平坦,大多为扬黄灌溉水浇地,常年种植旱作物。

由表 8-31 可看出,潜在盐渍化耕地土壤有机质含量较低,平均为 6.4 g/kg;土壤氮、磷、钾及有效微量元素含量也低;土壤肥力水平低。耕层土壤易溶盐含量低,平均为 0.33 g/kg,极大值<1.5 g/kg,但其土壤剖面内夹有积盐层,积盐层易溶盐含量为 3.4~7.7 g/kg,易溶盐多以白色盐结晶存在土壤孔隙中。潜在盐渍化耕地若灌溉不当极易引起土壤剖面内的易溶盐随土壤毛管上升地表,形成次生盐渍化。宁夏扬黄灌区大部分盐渍化耕地多属于潜在盐渍化引起的土壤次生盐渍化。

表 8-31　宁夏潜在盐渍化耕地表土(0~20 cm)土壤有机质及养分含量统计表

项目	样本数(个)	平均值	标准差	变异系数(%)	极大值	极小值
有机质(g/kg)	198	6.43	2.18	33.91	16.00	3.06
全氮(g/kg)	198	0.56	0.25	43.79	1.54	0.22
全磷(g/kg)	3	0.37	0.01	3.41	0.38	0.36
全钾(g/kg)	3	17.87	1.50	8.39	18.79	16.14
碱解氮(mg/kg)	198	38.69	15.62	40.36	107.80	12.32
有效磷(mg/kg)	194	14.49	10.18	70.27	43.60	2.20
速效钾(mg/kg)	193	90.68	46.86	51.67	394.68	50.00
全盐(g/kg)	7	0.33	0.47	145.73	1.40	0.10

四、耕地土壤盐渍化演变趋势

"盐随水来,盐随水去",土壤中水的运动引起的土壤水盐状况随着时间和空间而不断变化。宁夏随着灌溉面积的不断增加,土壤盐渍化影响范围也日渐扩大,土壤盐渍化不仅是自流灌区耕地土壤的主要障碍因素,也逐渐成为扬水灌区农业生产中的突出问题。

(一)自流灌区耕地土壤盐渍化变化趋势

自 20 世纪 50 年代开始,宁夏即开展了大规模灌区开发建设和土壤盐渍化的改良治理工作,相应地开展了土壤盐渍化成因、规律的研究和改良治理土壤盐渍化的试验示范研究。同时,为了摸清和掌握自流灌区土壤盐渍化的状况和发展规律,开展了多次土壤盐渍化调查研究,为研究自流灌区土壤盐渍化发展和演变提供了科学依据。

1. 1949—1958 年耕地土壤盐渍化减轻

新中国成立后党和政府加强了水利基础设施的建设,大力开挖排水沟,相继建成了河西灌区第一至第五排水沟,河东的清水干沟和东、西排水干沟,卫宁灌区的第一至第八排水沟和南北河子整修工程,极大地改善了自流灌区的排水条件,地下水位降低,土壤盐渍化及沼泽化显著减轻。在改良盐土及沼泽土的基础上,建立了一批国营农场,扩大了灌区农田面积,自流灌区灌溉面积从新中国成立初期的 130 万亩发展到 300 万亩,粮食亩产由 95 kg 提高到 119 kg,粮食总产由 15582 万 kg 上升到 34835 万 kg。

2. 1958—1962 年耕地土壤盐渍化相对加重

1958—1962 年期间,由于灌溉管理体系不完善、灌溉水量增大、排水沟淤塞、田间排水系统不配套、排水不良、排水出路不畅、不合理种稻、渠道渗漏及种植管理粗放等,造成灌区地下水位上升,土壤盐渍化有所加重。自流灌区耕地盐渍化面积占耕地总面积由 1958 年的 56.5%扩大到 1962 年的 67.4%,部分耕地因盐渍化及沼泽化加重而弃荒,弃荒耕地面积相当于 1958 年耕地面积的 7.3%(见表 8-32)。

3. 1962—1985 年耕地土壤盐渍化减轻

1962 年以后大力开展了以排水治盐为中心的农田基本建设,先后开挖了红旗沟、四二干沟、银东干沟、银新干沟、永二干沟,并对原有干、支沟进行了全面清淤、扩整,对部分渗漏严重的干渠进行了衬砌;同时,加强了灌溉管理、银北限制种稻、配套田间排灌工程、平田整地、缩小灌面等,在银北陆续打了 5000 多眼排水机井,有效地降低了地下水位,耕地土壤盐渍化减轻。1985 年与 1962 年相比,青铜峡灌区 8 县非盐渍化耕地面积增加了 25.1%,盐渍化(轻、中、重盐渍化面积之和)耕地面积也相应减少了 25.1%。

4. 1985—2005 年耕地土壤盐渍化减轻

1985 年以后随着农田水利工程及农业综合开发等项目实施,自流灌区耕地土壤盐渍化明显减轻。表现为盐渍化耕地面积减少,非盐渍化耕地面积增加,土壤易溶盐含量降低。盐渍化耕地相对面积由 1985 年 40.7%减少到 33.5%,净减 7.2%;其中,中盐渍化和重盐渍化耕地相对面积分别由 1985 年的 12.0%和 6.8%减少到 2005 年的 7.8%和 4.6%。非盐渍化耕地由 1985 年的 59.3%增加到 2005 年 66.5%,净增 7.2%(见表 8-33)。土壤(0~20 cm)全盐量由 1985 年的 2.15 g/kg 降低到 2005 年 1.65 g/kg,全盐含量减少 0.50 g/kg(见表 8-34)。

5. 2005—2012 年耕地土壤盐渍化减轻

由表 8-35 可看出,自流灌区耕地土壤全盐量降低,平均含量由 2005 年 1.96 g/kg 降低到 2012 年 1.04 g/kg;与 2005 年相比,11 个县(市、区)除灵武市外,其余 10 个县(市、区)土壤全盐量均有所降低,其中利通区土壤全盐量由 2005 年 3.41 g/kg 降低到 0.86 g/kg,降低幅度高达 296.5%。从变异系数可以看出,2012 年变异系数均明显高于 2005 年,反映出2012 年土壤全盐含量高低差异较大,大武口区和利通区变异系数高达 91.3%和 91.8%,土壤盐分含量水平变异强度大。

从耕地不同盐渍化相对面积可以看出,非盐渍化耕地总面积趋于增加,由 2005 年的 66.5%增至 2012 年 76.7%,净增 10.2%。11 个县(区、市)中,惠农区和灵武市、平罗县则有

表 8-32 宁夏自流灌区不同年份耕地土壤不同盐渍化面积比例(%)

县(区,市)	1958 年					1962 年					1979—1985 年				
	非盐渍化	盐渍化				非盐渍化	盐渍化				非盐渍化	盐渍化			
		小计	轻盐渍化	中盐渍化	重盐渍化		小计	轻盐渍化	中盐渍化	重盐渍化		小计	轻盐渍化	中盐渍化	重盐渍化
灌区	43.3	56.7	35.6	16.5	4.6	32.6	67.4	33.2	20.7	13.6	57.7	42.3	22.3	12.5	7.5
惠农区	19.4	80.2	62.8	9.8	7.6	12.9	87.1	48.5	27.5	11.1	54.8	45.2	25.6	14.2	5.4
平罗县	39.0	61.0	39.2	16.1	5.8	22.7	77.3	30.6	25.4	21.4	51.5	48.5	25.4	10.4	12.7
贺兰县	55.8	44.2	22.6	17.9	3.6	37.4	62.6	35.1	17.7	9.9	51.9	48.1	21.4	16.0	10.7
银川市	36.9	63.0	36.1	24.4	2.6	40.6	59.4	28.4	19.4	11.7	41.7	58.4	23.4	23.8	11.2
永宁县	50.1	49.9	33.3	13.8	2.8	24.1	75.9	37.5	24.6	13.8	71.5	27.2	18.5	6.5	2.2
灵武市	23.3	76.7	41.1	26.6	9.0	28.2	71.8	28.8	20.9	22.1	52.6	47.4	25.5	14.7	7.2
青铜峡市	54.4	45.6	27.7	14.2	3.7	49.7	50.4	27.5	13.6	9.2	74.4	25.6	17.2	6.7	1.7
利通区	55.5	44.5	32.6	9.8	2.1	46.5	53.6	33.5	15.0	5.0	60.5	39.5	22.2	11.9	5.4

备注:本表引自《宁夏土壤》表 17-3。

表 8-33　宁夏自流灌区不同年份耕地土壤不同盐渍化面积比例(%)

县(区、市)	1985年 非盐渍化	1985年 盐渍化 小计	1985年 轻盐渍化	1985年 中盐渍化	1985年 重盐渍化	1997年 非盐渍化	1997年 盐渍化 小计	1997年 轻盐渍化	1997年 中盐渍化	1997年 重盐渍化	2005年 盐渍化 小计	2005年 轻盐渍化	2005年 中盐渍化	2005年 重盐渍化
灌区	59.3	40.7	21.9	12.0	6.8	66.5	26.4	14.6	7.9	3.9	33.5	21.3	7.8	4.6
惠农区	54.8	45.2	25.6	14.2	5.4	60.5	70.8	43.3	15.5	12.0	39.5	28.4	6.5	4.6
平罗县	51.5	48.5	25.4	10.4	12.7	54.8	51.9	27.6	17.8	6.5	45.2	28.1	10.3	6.9
贺兰县	51.9	48.1	21.4	16.0	10.7	58.7	33.1	14.1	13.1	5.9	41.3	20.1	15.6	5.7
银川市	41.6	58.4	23.4	23.8	11.2	53.6	43.1	19.1	15.9	8.1	46.4	37.8	7.0	2.9
永宁县	72.5	27.5	18.7	6.6	2.2	81.3	18.5	7.4	5.7	5.3	18.7	11.5	6.4	0.9
灵武市	52.6	47.4	25.5	14.7	7.2	61.5	21.5	19.2	2.3		38.5	26.3	4.9	7.3
青铜峡市	74.4	25.6	17.2	6.7	1.7	84.1	10.2	3.1	4.3	2.8	15.9	9.6	5.3	1.0
利通区	60.5	39.5	22.2	11.9	5.4	71.3	11.3	9.6	1.4	0.3	28.7	14.7	6.5	7.5
中宁县	73.1	26.9	17.0	7.9	2.0	80.3	24.2	18.4	4.7	1.0	19.8	13.7	4.6	1.4
中卫市	65.6	34.4	21.8	9.2	3.4	70.9	7.7	4.9	1.8	0.9	29.1	19.6	6.3	3.3

备注:本表引自《宁夏引黄灌区耕地土壤盐渍化调查与抗盐植物选育》P74 表 2-15-2。

表 8-34　宁夏自流灌区不同年份耕地土壤(0~20 cm)易溶盐含量及相对面积统计表

年份	全盐量(g/kg)	非盐渍化 全盐量(g/kg)	非盐渍化 相对面积(%)	盐渍化 全盐量(g/kg)	盐渍化 相对面积(%)	轻盐渍化 全盐量(g/kg)	轻盐渍化 相对面积(%)	中盐渍化 全盐量(g/kg)	中盐渍化 相对面积(%)	重盐渍化 全盐量(g/kg)	重盐渍化 相对面积(%)
2005 年	1.65	0.86	66.5	3.2	33.5	2.05	21.3	4.14	7.75	7.15	4.5
1985 年	2.15	1.07	59.3	3.7	40.7	2.29	21.9	4.08	12	7.6	6.8
增减值	-0.5	-0.21	7.2	-0.5	-7.2	-0.24	-0.6	0.06	-4.25	-0.45	-2.3

表 8-35　宁夏自流灌区耕地表土(0~20 cm)土壤全盐含量及相对面积变化统计表

区域	时间	全盐量(g/kg)				各级盐渍化相对面积(%)			
		样本数	平均值(g/kg)	标准差(g/kg)	变异系数(%)	非盐渍化	轻盐渍化	中盐渍化	重盐渍化
自流灌区	2005 年	478	1.96	0.49	24.9	66.5	21.3	7.75	4.49
	2012 年	17114	1.04	0.84	80.3	76.68	20.91	2.39	0.013
惠农区	2005 年	30	3.24	0.42	13.0	60.48	28.39	6.5	4.63
	2012 年	1247	1.61	1.05	65.2	29.78	67.2	3.02	
大武口区	2005 年	6	3.07	0.49	16.1	45.31	24.47	7.31	22.91
	2012 年	44	2.30	2.11	91.8	46.73	33.22	20.06	
平罗县	2005 年	99	2.41	0.44	18.4	54.78	28.1	10.27	6.86
	2012 年	565	1.88	1.42	75.4	54.38	39.41	6.13	0.084
贺兰县	2005 年	46	1.58	0.35	22.3	58.7	20.08	15.58	5.65
	2012 年	1572	0.98	0.84	86.1	74.71	23.95	1.35	
银川三区	2005 年	26	2.85	0.52	18.2	53.59	37.79	6.96	1.66
	2012 年	2526	1.07	0.96	89.6	71.1	26.6	2.3	0.006
永宁县	2005 年	76	1.65	0.37	22.7	81.26	11.52	6.44	0.78
	2012 年	2316	0.87	0.67	76.9	88.21	10.87	0.92	
灵武市	2005 年	66	1.47	0.43	28.9	61.51	26.25	4.9	7.34
	2012 年	1756	1.47	1.08	73.5	55.7	38.46	5.83	0.004
利通区	2005 年	29	3.41	0.45	13.1	71.31	14.68	6.47	7.54
	2012 年	2359	0.86	0.79	91.3	79.1	19.77	1.13	
青铜峡市	2005 年	48	1.77	0.39	21.9	84.11	9.57	5.33	0.99
	2012 年	2215	0.77	0.55	71.0	93.98	5.95	0.12	
中宁县	2005 年	23	2.68	0.57	21.3	80.25	13.7	4.63	1.42
	2012 年	1854	0.65	0.51	78.7	89.7	8.39	1.9	
沙坡头区	2005 年	49	1.41	0.33	23.4	70.9	19.57	6.3	3.25
	2012 年	1601	0.52	0.26	49.1	99.3	0.52	0.19	

所降低,与 2005 年相比,惠农区降低幅度最大,由 60.48%降低到 29.78%;其次为灵武市,由 61.5%降低到 55.7%;平罗县降低幅度最小,由 54.8%降低到 54.4%;其余 8 个县均呈增加趋势,其中,沙坡头区增加幅度最大,由 2005 年的 70.9%增加到 2012 年的 99.3%。

轻盐渍化耕地总面积趋于降低,由 2005 年 21.3%降低到 2012 年的 20.9%;与总趋势相同的有银川 3 区、永宁县、青铜峡市、中宁县和沙坡头区,与 2005 年相比,其相对面积均有所降低,沙坡头区降低幅度最大,由 2005 年的 19.6%降低到 0.52%;其余 6 个县(市、区)均呈增加趋势,其中惠农区增加幅度最大,由 2005 年 28.4%增加到 2012 年的 67.2%。

中盐渍化耕地总面积趋于降低，由2005年的7.8%降低到2.4%；11个县(市、区)中，与2005年相比，除大武口区和灵武市呈增加趋势外，其余9个县(市、区)均有所降低，其中，贺兰县降低幅度最大，由2005年的15.6%降低到2012年的1.4%。

重盐渍化耕地相对面积均呈减少趋势，由2005年4.49%降低到2012年的0.013%；与2005年相比，11个县(区、市)相对面积均有所降低，其中，惠农区、大武口区、贺兰县、永宁县、青铜峡市、中宁县、沙坡头区7个县(区、市)全盐含量为6.1~9.9 g/kg耕地面积小，不足15亩。

(二)扬水灌溉区耕地土壤盐渍化变化趋势

近年来，随着宁夏扬水灌溉面积的不断扩大，耕地土壤盐渍化面积逐渐增大。由表8-36可看出，红寺堡区自1997年灌溉垦种以来，耕地土壤盐渍化面积从无到有，且占该区耕地总面积12.6%；重盐渍化耕地面积占盐渍化耕地总面积24%。盐池县耕地土壤盐渍化面积从无发展到23530亩；原州区盐渍化耕地由1984年的41800亩增加到199808亩，净增158008亩，翻了近4倍。扬水灌溉农田是中部干旱带和南部山区中的精华之地，但因灌溉耕作管理不当，引起土壤次生盐渍化，部分重盐渍化耕地已被弃耕撂荒。

表8-36　宁夏扬黄灌区部分县区耕地土壤盐渍化面积统计表

县、区	合计		盐渍化耕地		轻盐渍化耕地		中盐渍化耕地		重盐渍化耕地	
	面积(亩)	占%	面积(亩)	占%	面积(亩)	占盐渍化耕地%	面积(亩)	占盐渍化耕地%	面积(亩)	占盐渍化耕地%
合计	6147914	100.0	434553	7.1	207519	47.8	185366	42.6	41669	9.6
盐池县	1496817	24.3	23530	1.6	19032	80.8	3202	13.7	1296	5.5
红寺堡区	553145	9.0	69733	12.6	34383	49.3	18593	26.7	16758	24.0
海原县	2518322	41.0	141483	5.6	17480	12.4	101407	71.6	22596	16.0
原州区	1579629	25.7	199808	12.6	136624	68.4	62164	31.1	1019	0.5

(三)旱作农业区耕地土壤盐渍化变化趋势

黑垆土和黄绵土是宁夏南部山区旱作农业主要土壤类型，其土壤表层(0~20 cm)易溶盐含量>1.5 g/kg的盐渍化面积从无到有，盐渍化耕地面积占2个土类耕地总面积4.3%；其中，典型黑垆土盐渍化耕地面积占该亚类总面积的11.5%，即100亩典型黑垆土农田中就有11.5亩农田土壤易溶盐含量>1.5 g/kg(见表8-37)。黄绵土土类中，4%的黄绵土为盐渍化土壤。

(四)全自治区耕地土壤盐渍化变化趋势

自2008—2012年，宁夏耕地土壤盐渍化程度趋于减轻。主要表现特征为全自治区非盐渍化耕地面积增加；盐渍化耕地面积减少。非盐渍化耕地面积由2008年占耕地总面积60.3%增加到2012年的87.2%；其中自流灌区非盐渍化耕地增加幅度最大，净增17.6%。盐渍化耕地面积减少，盐渍化耕地面积占总耕地面积由2008年39.7%降低到2012年的12.8%；其中自流灌区盐渍化耕地面积降低幅度最大，净减17.6%。不同程度盐渍化耕地

表 8-37　宁夏南部山区主要土壤类型各级盐渍化面积统计表

市县	合计		盐渍化耕地		轻盐渍化耕地		中盐渍化耕地		重盐渍化耕地	
	面积（亩）	占%	面积（亩）	占%	面积（亩）	占盐渍化耕地%	面积（亩）	占盐渍化耕地%	面积（亩）	占盐渍化耕地%
合计	7586263	100	325905	4.3	150259	46.1	153763	47.2	21883	6.7
黄绵土	7240865	95.4	286185	4.0	126069	44.1	138233	48.3	21883	7.6
典型黑垆土	345398	4.6	39720	11.5	24190	60.9	15530	39.1		

中总趋势表现为轻盐渍化耕地面积增加,中、重盐渍化耕地面积减少。不同生态区中部干旱区和南部山区轻盐渍化耕地面积减少,中盐渍化耕地面积增加;除南部山区外,重盐渍化耕地面积呈降低趋势(表 8-38)。

表 8-38　宁夏不同生态区耕地土壤盐渍化相对面积(%)变化统计表

区域	年份	非盐渍化	盐渍化耕地			
			小计	轻盐渍化	中盐渍化	重盐渍化
全自治区	2008 年	60.28	39.72	46.53	31.18	22.0
	2012 年	87.2	12.8	56.0	29.8	14.2
自流灌区	2008 年	51.08	48.92	44.99	30.58	24.43
	2012 年	68.7	31.3	58.1	27.2	14.7
中部干旱带	2008 年	91.62	8.38	47.67	30.46	22.87
	2012 年	96.5	3.5	30.2	38.3	17.3
南部山区	2008 年	87.47	12.32	92.09	7.91	
	2012 年	96.8	3.2	68.4	31.1	0.5

本表 2008 年数据来自黄建成等,宁夏引黄灌区土壤盐渍化现状与改良,水土保持研究,第 15 卷第 6 期。

五、耕地土壤盐渍化主要影响因素

土壤母质、地下水含盐是耕地土壤盐渍化的主要来源,而且每年引进大量灌溉水(黄河水平均矿化度 0.4 g/L),也带来一定的盐分;气候干旱、蒸发强烈,是耕地土壤盐渍化表聚的环境条件。

(一)地下水与耕地土壤盐渍化

地下水埋深和地下水矿化度对耕地土壤盐渍化有着重要的影响。

1. 地下水位与耕地土壤盐渍化

地下水埋深与土壤盐渍化呈负相关。这是因为在其他条件大体相同时,地下水位越深,毛管上升水就越难达到地表,因而土壤盐渍化越轻,反之,则土壤盐渍化越重。据 1473 个灌淤土类春灌前土壤盐化调查结果统计,地下水埋深和耕地表土(0~20 cm)含盐量相关方程为 $Y=(1.4530-2.3666)e^{(0.0147-0.0172)x}$,相关系数为 $(-0.603)\sim(-0.705)$,表明自流灌区耕地土壤盐渍化与地下水位呈负相关关系。

据邓丽等 2007 年对灌区 233 眼地下水监测井及新增 220 眼钻孔统计分析,灌前地下水埋深>240 cm 区域一般不产生土壤盐渍化;埋深 180~240 cm 区域土壤轻盐渍化或非盐渍化,主要分布在青铜峡灌区银南各县和卫宁灌区的城区;埋深 150~180 cm 区域为中盐渍化,主要分布在银北及贺兰县和永宁县;地下水埋深<150 cm 区域,一般属于重盐渍化,主要分布在银北洼地及湖泊鱼池附近。

2. 地下水矿化度与耕地土壤盐渍化

土壤盐渍化是由于矿化地下水的强烈蒸发而形成的。因此在其他条件相同时,地下水矿化度越高,土壤盐渍化越重。表 8-39 是惠农区、平罗县及贺兰县各级盐渍化耕地区域地下水矿化度调查统计结果,反映了地下水矿化度与土壤盐化呈正相关。据宁夏水文水资源勘测局李聪明、王彦兵 2007 年对平罗县良繁场 3 个观测井数据分析,在地下水位和土壤质地基本相同的条件下,地下水矿化度越高,地下水向土壤中补给的盐分越多,土壤积盐就越重。

表 8-39　地下水矿化度与耕地土壤盐渍化等级相关分析统计表

盐渍化等级	地下水矿化度(g/L)		
	惠农区	平罗县	贺兰县
非盐渍化	2.25	2.17	1.75
轻盐渍化	2.91	3.04	1.81
中盐渍化	4.06	3.33	2.7
重盐渍化	4.72	3.85	2.59

备注:该表引自《宁夏土壤》表 17-4。

(二)灌溉渗漏与耕地土壤盐渍化

1. 渠道渗漏与耕地土壤盐渍化

渠道渗漏水,大量补给其周围的地下水,从而抬高渠道两侧的地下水位,导致土壤盐化。根据对唐徕渠砌护段与未砌护段渗漏对比分析,唐徕渠渠道渗透影响范围在 350~500 m。砌护段渠道 20 天来水期内,渠道渗漏引起地下水上升速率为 4~5 m/d;未砌护段渠道 20 天来水期内,渠道渗漏引起地下水上升速率为 9~10 m/d。灌区干渠沿线灌前地下水埋深>2 m,灌后渠道渗漏使地下水位上升至地表,引起较重的土壤盐渍化危害。

2. 高位灌溉渗漏与耕地土壤盐渍化

高地灌溉回归水侧渗引起相邻低地地下水位上升,土壤次生盐渍化。随着南山台子扬水灌溉面积逐年增加,南山台子下的老灌区地下水位逐年增高,土壤盐渍化加重。受南山台子高位灌区侧渗影响,2005 年永康、宣和共有 6000 亩耕地因盐化弃耕撂荒。中卫东园、迎水桥、镇罗 3 个乡镇受北干渠高台地灌溉侧渗影响,加之挡浸沟淤积严重,土壤盐渍化日趋严重。高干渠扬水灌区与低位灌区交接地带,渠系渗漏严重,排水沟道不配套,土壤盐渍化较严重,局部地段还因排水不畅而形成了半沼泽化的湖泊或明水洼地,该区域 2/3 耕地为盐渍化土壤。

（三）地形与耕地土壤盐渍化

从大地形看，高处脱盐，低处土壤积盐。引黄灌区两侧的洪积扇及周围的高阶地，地下水埋藏较深，地面水和地下水都向老灌区排泄，故大部分高阶地土壤无盐化。位居其下的黄河近代冲积平原，是上述高地的水盐汇聚区，土壤盐渍化较重。近年来靠近扬黄新灌区的低位老灌区及交接洼地土壤盐化趋于加重。

从中小地形看，高处盐化轻，低处盐化重。灌区内干、支渠两侧、崖头地以及某些村庄、城镇周围，地形相对较高，地下水埋藏较深且出流条件较好，土壤盐渍化较轻，一般多为非盐渍化或轻盐渍化土壤；灌区内低洼地，常常是周围高地的水盐汇聚中心，地下水位高，土壤盐化较重，多为中、重盐渍化土壤。

从微地形看，平处盐化轻，局部高起处盐化重。如田埂、田嘴子以及田中的高起斑块等，常常是农田中盐化最重的地方。这是因为局部高起处在灌水时，淹水较浅甚至高出水面，土壤盐分不能得到灌溉水的充分淋洗；停灌后，微地形高起处暴露面广，蒸发强烈，周围低平处的土壤毛管水向蒸发强烈的高处运动，从而不断向高处补给水分和盐分，使高处迅速盐化，形成盐斑。当田面高差为 5 cm 时，局部高起处盐分含量达 11.4 g/kg；高差为 7 cm 时，局部高起处盐分含量高达 26.8~31.1 g/kg，可见，同一农田地表高差越大，盐斑含盐量越高。

（四）湖泊鱼池与耕地土壤盐渍化

湖泊、鱼池是周围高地的水盐汇聚中心，湖水的矿化度一般较高，湖泊周围的地下水，受湖水顶托、侧渗等影响，一般矿化度也较高，埋深较浅，故近湖地区耕地土壤盐渍化较重。特别是灌水期和雨季，湖水上涨，对周围的耕地浸渍危害更加明显。以大北湖为例，大北湖周围地面比湖水位高 0.88 m，地下水埋深 0.45~1.37 m，大北湖水位高于周围地下水位 0.45 m，周边耕地土壤盐渍化严重，0~20 cm 土壤全盐含量为 8.0~35.5 g/kg，地下水矿化度 1.41~3.08 g/L。

（五）土壤质地与耕地土壤盐渍化

1. 土壤质地与耕地土壤盐渍化

土壤质地与土壤盐渍化有一定的关系。从表 8-40 可看出，沙土土壤易溶盐含量低，平均为 0.61 g/kg；黏壤土易溶盐含量高，平均为 1.21 g/kg；说明土壤质地由沙土变黏壤

表 8-40　耕地表层(0~20 cm)不同土壤质地与全盐含量统计表

土壤质地	样点数（个）	平均值（g/kg）	标准差（g/kg）	变异系数（%）	极大值（g/kg）	极小值（g/kg）
沙土	2205	0.61	0.77	125.6	8.9	0.06
沙壤土	3848	0.62	0.79	127.3	9.2	0.02
壤土	34593	0.59	0.67	112.3	9.90	0.02
黏壤土	341	1.21	1.29	106.7	5.9	0.10
黏土	57	0.91	0.93	102.3	4.3	0.1

土,土壤易溶盐趋于增加。

2. 质地构型与耕地土壤盐渍化

土壤剖面内夹有黏质土土层的土壤透水性差,灌水后数日,地面仍有积水,妨碍作物生长。且所夹黏土层多含有较高的易溶盐,极易发生土壤盐渍化。表 8-41 中所列的 3 个土壤剖面内,黏土层土壤全盐含量均多高于其他土壤质地土壤全盐量。

表 8-41　夹有黏土层的耕地土壤剖面全盐含量统计表

地点	层次（cm）	土壤质地	全盐量（g/kg）	地点	层次（cm）	土壤质地	全盐量（g/kg）
灵武市郝家桥	0~15	轻壤土	2.7	平罗县头闸乡	0~28	轻壤土	2.1
	15~25	轻壤土	3.5		28~43	沙壤土	1.2
	25~45	黏土	4.2		43~75	重壤土	1.5
	45~85	沙壤土	1.9		75~86	轻壤土	0.9
	85~125	沙土	1.4		86~170	沙壤土	0.5
	125~195	黏土	5.5	青铜峡立新乡蒿桥村	0~20	中壤土	0.8
					20~40	轻壤土	0.7
					40~90	黏土	2.1
					90~130	黏土	2.6

备注:本表引自《宁夏土壤》表 17-7。

表 8-42　宁夏耕地不同土壤质地构型土壤(0~20 cm)全盐含量统计表

土壤质地构型	样点数（个）	平均值（g/kg）	标准差（g/kg）	变异系数（%）	极大值（g/kg）	极小值（g/kg）
通体砂	4955	0.61	0.77	126.2	8.9	0.02
砂夹壤	829	0.51	0.61	120.6	4.7	0.1
砂夹黏	324	1.11	1.22	110	9.2	0.1
通体壤	28441	0.51	0.57	112.3	9.9	0.03
通体黏	315	1.11	1.25	112.7	5.70	0.10

由表 8-42 可看出,通体砂、通体壤和通体黏三种土壤质地构型相比,通体黏土壤易溶盐含量最高,平均为 1.11 g/kg;通体砂、沙夹壤、沙夹黏三种质地构型相比较,沙夹黏土壤全盐量最高,平均为 1.11 g/kg;说明在一定条件下,土壤剖面夹黏或通体黏的质地构型土壤易溶盐含量高于其他土壤质地构型。

六、耕地土壤盐渍化的防治与改良

土壤盐渍化的防治和改良,是自治区改造中低产田、保证粮食安全、改善生态环境的重要措施。宁夏引黄灌区在两千多年的灌溉农业生产过程中,始终与土壤盐渍化的防治和改良利用相联系,积累了丰富的经验,也取得了许多成果。广大农民群众和科技工作者都十分清楚地认识到防治土壤盐渍化任务的长期性、复杂性、艰巨性和反复性。生产实践证明,在干旱、半干旱区,土壤盐渍化潜在威胁始终存在,一旦灌溉不当,就会导致土壤发生盐渍化。防治土壤盐渍化采取任何单项措施效果都有限,且不稳定。必须坚持因地制宜,综合治理的防治原则,采取水利工程措施和农业生物措施密切结合的防治途径。

(一)水利工程措施

1. 大力发展节水灌溉技术

节水灌溉是减少地下水补给来源,防治土壤盐渍化的有效途径之一。灌区要大力推广喷灌、滴灌、膜灌、畦灌等节水灌溉新技术,推进灌区节水农业发展进程。高位扬黄灌区要因地制宜发展小畦灌、沟灌、长短畦灌、膜上灌、波涌灌、管灌、喷灌、微喷灌、滴灌等节水灌溉技术,减少高位灌区的引水灌溉量,防治灌溉渗漏水对低位老灌区的不良影响。自流灌区在积极推广畦灌、管灌、沟灌、喷灌、微喷灌、滴灌等节水灌溉新技术的同时,要大力普及小畦灌、沟灌和膜灌等节水灌溉技术,彻底改变大水漫灌、串灌等陋习。

2. 加强排水,调控地下水位

排水工程是降低地下水位、改土治盐最直接最有效的措施。自流灌区明沟排水体系基本健全,对局部低洼地区、浸渍严重的地区以及排水系统不配套或沟道淤塞坍塌现象较严重地区应有计划地进行大规模干、支沟清淤治理工程。对银北局部排水困难地区,采用暗管排水、井灌井排、渠灌井排等方式,降低地下水位,防治土壤盐渍化。要经常不定期地对各级排水沟道进行清淤和整治,加强田间水利配套工程的建设和维护,确保灌排系统畅通。扬水灌区要因地制宜充分利用已有的排水系统,对于局部盐渍化较重,且排水困难地区可采用暗管排水等方式,治理土壤盐渍化。在高位灌区与低位灌区之间开挖防渗沟,并保证排水畅通,卫宁山前地带,通过防浸沟拦截跃进渠侧渗,土壤盐化逐渐减轻,1991年土壤全盐量4.1 g/kg;1997年为2.28 g/kg;2000—2005年土壤全盐量为1.0~1.5 g/kg。

3. 加强灌溉管理和渠道防渗

土壤盐渍化与不合理灌溉密切相关。近年来,随着灌溉用水计量化收费制的实行,大水漫灌及串灌的现象日渐减少,但仍存在着"渠道上游浪费水,渠道下游灌不上"的现象。建议应建立健全因土因作物灌溉制度,配套科学计量仪器,进一步提高灌溉保证率。

农业生产实践证明,衬砌渠道不仅能提高渠系的输水效率,而且能有效降低地下水的补给,减轻土壤盐渍化。据调查,卫宁灌区未衬砌区土壤全盐量达5.1~6.6 g/kg,衬砌后土壤全盐量从4.16 g/kg降至1.0~1.5 g/kg。灌区要大力推广"U"型板砌护渠道和工厂化预制装配式建筑物渠道防渗技术,加强对填方渠道的治理和管护,彻底消除干渠无砌护现象。扬黄灌区要加大灌溉渠道的衬砌及农田水利配套工程实施力度,加强扬黄渠道管护运行,提高灌溉水的利用系数。

4. 大力推行平田整地技术

(1)推广现代化激光平田整地技术

土地平整度差是形成土壤盐渍化的重要原因之一。土地不平形成局部积水和盐斑。平整土地可以使灌水深浅一致,减少灌水量,实现均匀灌溉,避免盐斑形成,加速脱盐及均匀脱盐,而且有利于灌溉水顺利排出田面。目前激光平地技术已应用于农业生产。激光平地技术可提高土地平整度,减少灌水量,提高水流推进速率,降低田面储水深度,提高灌水均匀度及灌水效率,降低土壤盐分,避免了人工平田整地费时费力效率低的弊端。

(2)传统平田整地技术

传统的盐渍化耕地平整土地包括在低洼盐渍土上铺土垫高、放浑水淤澄及生产过程中的平整土地等。

低洼盐渍土铺土垫高是改良小面积盐渍土的有效办法。低洼田在铺土前,可将盐分含量较高的盐结皮刮取拉走,也可以铺一层数厘米厚的麦草、稻草或麦糠等,然后再铺土,以隔断毛管水的运行,防止盐分上升。且铺土应按沙黏相掺的原则,选择不同质地土源,做到既垫高地面,又改善土壤质地。铺土的同时应结合开沟排水,否则,底层土壤和地下水中的盐分,还可能上升到新铺的土层中。

洼地放浑水澄淤:在低洼盐渍土放浑水淤澄,有淤积土层,抬高地面的作用。因地面淤高,地下水位则相对下降。在放水澄淤时,形成新的表层,且淋洗了土壤盐分。放淤效果与排水条件有关,若排水条件好,土壤盐化可显著减轻。若排水条件差,在放淤时,引进的大量水分不能及时排出,则抬高地下水位,导致土壤盐化加重。因此,采取放淤措施时,必须修建相应的排水沟系,及时排出淤澄以后撤出的水和降低地下水位。

生产过程中的土地平整:农田田面应保持平坦,田块内部高差<5~7 cm 为宜,顺灌水方向,可保持 1:800 左右的均匀比降,去高垫底,进行田面局部平整。对田嘴子及田埂等局部凹凸处,应及时平整。

(二)农业生物措施

1. 合理耕作

合理的耕作,如深松耕、耙耱等耕作措施,可切断土壤毛细管,减少土壤蒸发,使土壤中的盐分不能聚集地表,抑制土壤返盐。灌区农民在小麦苗期采取的耕耙措施,有效地减轻了盐渍化对作物苗期的危害。具体方法早春 3 月顶凌耙地,保墒防盐,据有关调查资料,耙地比不耙地,减少水分损失 2.9%,减少土壤返盐 16.3%。小麦幼苗期 4 月继续耙地(群众称耙青苗),防止土壤盐分上升。雨后盐渍土板结严重,易于返盐,故雨后必须及时耙地。中耕除草、麦收后伏耕、稻茬地秋耕等耕作措施,均有防止返盐的作用。秋季机械深翻深松,是防治土壤盐渍化的有效措施。机械深翻深度控制在 30 cm 为宜,最浅不得低于 25 cm;机械深松应在不打乱原有土层结构的情况下,深松 30 cm 以上。

2. 秸秆还田

秸秆还田能增加土壤有机质含量,改善土壤物理性状,减少土壤蒸发,抑制土壤返盐。具体方法是小麦、水稻留茬收获后,进行机械灭茬,将高度 20 cm 以上的高留茬秸秆粉碎为长度 5 cm 左右的秸秆碎屑。玉米收获后进行秸秆粉碎处理,粉碎的秸秆碎屑均匀铺洒在地表,每亩用 3~4 kg 秸秆腐熟剂和 8~10 kg 尿素混合均匀,洒在地表秸秆上,或将混合均匀的秸秆腐熟剂和尿素与湿沙土混合后用撒肥机直接洒于地表,配合秋耕深翻入土。小麦、水稻留田秸秆量每亩 400 kg 左右,玉米留田秸秆量每亩 600 kg 左右。

据刘娜娜等研究,秸秆还田后盐渍土耕地土壤 pH 和全盐含量较上年同期降低了 0.7% 和 51.3%,Na^+、Ca^{++}、K^+、Mg^{++} 都较上年同期有明显下降,说明秸秆还田对降低土壤 pH,减少土壤盐分含量及盐分离子含量有明显促进作用。

3. 种植绿肥

近年来在灌区推广的麦后复种豆科作物和秋作物收获后复种冬牧 70 两种模式,地面覆盖时间长,减少土壤蒸发,有效地抑制了土壤返盐;同时培肥了地力,增加了土壤有机质含量。麦后复种豆科作物主要指小麦收获后,播种豆科作物,九月下旬青体直接翻压还田;秋作物复种冬牧 70 主要指水稻、玉米收获后,播种冬牧 70 绿肥,及时冬灌,第二年 5 月上中旬收割牧草,留茬深翻入土。

4. 因土施肥

增施有机肥是改良盐渍化土壤的有效措施之一。盐渍化土壤宜选用含有腐殖酸类的有机肥料,腐殖酸类肥料可中和、吸附、置换土壤中的碳酸钠及被吸附的钠离子,降低土壤碱性,减轻土壤盐渍化危害。近年来灌区推广应用有机肥的方法:小麦播种前结合整地施入,亩用量商品有机肥 70~100 kg;水稻结合大田最后一次翻耕施入,亩用量商品有机肥 50~80 kg;玉米结合大田最后一次翻耕施入,亩用量商品有机肥 120~160 kg;农家肥亩施用量 1500~3000 kg。

盐渍化土壤无机肥料宜选用钙质肥料如过磷酸钙、硝酸钙等,或生理酸性肥料如硫酸铵、硝酸磷肥等,可改善盐渍化土壤结构,疏松土壤。

近年来,土壤改良剂在盐渍化土壤利用改良中应用越来越广泛,且取得了一定的效果。目前用于盐渍化土壤的改良剂主要有两种成分。一种是以聚丙烯酰胺为主要成分的改良剂,它是一种线状水溶性有机高分子聚合物,可增加土壤颗粒间的凝聚力,改善土壤结构,增加土壤中团聚体的稳定性及土壤水分入渗,防止土壤结皮,抑制水分蒸发。通常作物种植后在地表的撒施量为 30~45 kg/hm,可减轻盐渍化危害。另一种改良剂主要成分是膨润土,是以蒙脱石为主的含水黏土矿物,施入土壤中可吸水膨胀 30 倍,改变土壤中固体、液体、气体的比例,使土壤结构疏松、物理性状改善。膨润土具有较高的阳离子交换量,较强的保水能力及良好的黏结性,可增强土壤的缓冲能力,吸附土壤中的有害元素。通常膨润土的施用量为 1.0 t/hm,作物种植前施于地表,耕于土壤中。自流灌区轻盐渍化水稻田通常应用土壤改良剂,减轻土壤盐渍化对当年种植水稻的危害。具体做法是:插秧水稻在插秧前灌泡田时将调理剂随灌水冲入田中,或分两次用水稀释 500~600 倍泼洒到秧田,亩用量 1.5~2 kg;直播稻在播种后第一次灌水时随水冲入田中,亩用量 1~1.5 kg;玉米在播种前稀释 15~20 倍用喷雾器均匀喷洒于土表,亩用量 2~3 kg。

5. 稻旱轮作

在轻、中盐渍化土壤上实行稻旱轮作,可以促使土壤熟化,防治土壤盐渍化。在稻旱轮作的条件下,淤土逐渐加厚,地形相对提高,地下水相对下降;淹水耕作与旱地耕作交叠进行,土壤中淹水嫌气阶段有利于脱盐和有机质积累,旱作好气阶段有利于疏松土壤,增强土壤风化及养分释放。因此,常年稻田改为二段轮作至三段轮作时,土壤盐分渐减,容重减小,孔隙增加,氮、磷养分增多而有机质含量减小(见表8-43)。

表8-43 不同轮作方式稻田土壤理化性状

轮作方式	层次(cm)	pH	全盐(g/kg)	容重(g/cm³)	孔隙(容积%)	有机质(g/kg)	全量养分(g/kg)		
							N	P₂O₅	K₂O
三段	0~20	7.9	1.6	1.29	51.19	11.4	1.6	1.1	13.0
	20~50	8.0	1.2	1.39	47.30	9.8	1.3	1.2	23.6
二段	0~20	8.0	1.8	1.41	50.39	13.8	1.3	0.9	23.9
	20~50	8.1	1.1	1.66	38.20	10.9	1.3	0.9	20
常年稻	0~20	7.9	5.1	1.34	49.72	20.4	0.9	0.8	2.3
	20~50	7.9	1.8	1.42	49.20	22.2	0.9	1.0	19.2

备注:本表引自《宁夏土壤》表17-9。

6. 种稻洗盐

"开沟种稻,碱地生效"是宁夏广泛流行的农谚,说明开沟种稻是改良利用盐渍化土壤的一项有效措施。在种稻时期,稻田引进大量灌溉水,田面经常保持一定的水层,数日换水一次,土壤中的盐分可随地表水及渗漏水排出,从而使土壤脱盐。种稻脱盐率以表土为大,往下渐小,一般1 m土层脱盐率为30%~58%,表土脱盐率可高达70%~90%。脱盐效果的巩固与排水条件有关,若排水条件好,脱盐效果可以巩固;银川兴庆区掌政镇常年稻长期定位监测点土壤全盐量的变化也证实了这一点,2005年土壤(0~20 cm)全盐量为5.36 g/kg,2015年为1.57 g/kg,脱盐率为70.7%,年均脱盐率为7.07%。若排水条件差,则田面落干后,淋洗到下层土壤及地下水中的盐分,又可逐渐随土壤毛管水上升。

种稻洗盐须注意以下条件和措施。一是水稻生长期应保证适时适量灌水,并保证有必要的排水条件,最好能使稻田撤水后,地下水位迅速下降,恢复至原水位或降至临界深度。二是稻田应分段集中,避免稻旱插花分布,稻旱地之间应有>1.5 m深的挡浸沟。三是稻田应安排在地形较低的地区,不能高地种稻。老灌区外围的高阶地,应严禁种稻。

7. 泡水洗盐

泡水(冲洗)洗盐是农民群众改良盐渍土的一项有效措施。一般在夏收后进行犁翻伏泡,此时气温、地温、水温均较高,土壤盐分容易溶解,有利于土壤脱盐。盐渍土泡洗后,脱盐率为20%~70%,尤以氯盐降低最快。黏质土的脱盐效果低于壤质土。泡土洗盐的定额,据宁夏农科院试验得出的经验公式为:$X=3.8 \times 10^5 y$。X表示冲洗定额(m³/hm²),y表示土壤全盐量(%)。上述公式应满足地下水埋深0.7~1.0 m,排水沟深1.3~1.5 m,间距120~240 m,土壤全盐量0.5%~1.7%。据田间对松盐土连续3次泡水洗盐,洗后可种植小麦,总用水每亩741~799 m³。泡水洗盐的用水量比种稻洗盐用水量小。泡水洗盐引进的水量,一般不会引起地下水位上升,土壤盐分也因冲洗而进入地下水,必须有深沟排水,方能保证土壤脱盐。否则,地下水位上升,土壤盐分将返至地表,土壤再次盐化。泡水洗盐时,还应平整土地,分畦打埂,注意管理,防治埂溃跑水。泡洗后要注意加强农业措施,防治土壤返盐。

8. 旱地改水

若有良好的排水条件,则可将盐渍化严重的地块改为稻田或鱼池,通过水分渗漏,淋洗土壤盐分。若无良好的排水条件,则不宜改旱地为稻田或鱼池,否则随着稻田及鱼池的积水,地下水位进一步上升,将加重稻田及鱼池周边的土壤盐化。

9. 地膜覆盖及高垄栽培技术

地表裸露,土壤水分大量蒸发到大气中,使盐分聚于表层土壤。用地膜等进行覆盖,不仅可以增加土壤养分,调节土壤温度,而且可以抑制土壤盐分表聚。在采用地膜覆盖栽培时,种植孔成为土壤水分蒸发的主要通道,种植或移栽时种植孔覆盖厚约 1.5 cm 的沙土,可截断土壤水分蒸发的通道,减少盐分表聚,减轻盐渍化危害。地膜覆盖和沙封移栽孔是银北种菜农民常用的利用改良盐渍化土壤的有效措施。

在中度盐渍化耕地上采用高垄栽培技术,垄高 35~40 cm,垄沟距 80 cm,垄面宽 120 cm,在垄面上进行种植,垄沟灌溉,可抬高种植地面,相对降低灌溉水位,减轻土壤盐渍化危害。

10. 选种耐盐作物和耐盐树种

不同作物、不同品种的抗盐能力不同,应根据土壤盐渍化发生的程度,选择不同的作物及品种,如在中盐渍化地块选种向日葵、高粱、水稻等,重盐渍化地块可栽植枸杞等。因地制宜地种植耐盐作物,还能从土壤中吸收一部分盐分,减轻土壤盐渍化。

各种农作物的耐盐程度不等(见表 8-44)。根据作物耐盐程度及群众经验,宁夏农作物的耐盐情况分为 3 类,可供盐渍土选种作物的参考。

耐盐力弱的有小麦、糜子、谷子、胡麻、大麻。

耐盐力中等的有蚕豆、高粱、向日葵。

耐盐力强的有大麦、棉花、甜菜、水稻、葱。

同一作物的不同品种,同一品种的不同生育时期,其耐盐能力均有不同。一般苗期耐盐力较差,生长后期耐盐力均有所提高,应特别注意防治农作物苗期盐害。根据中国农业大学童文杰博士学位论文"河套灌区作物耐盐性评价与制度优化研究"(2014 年),小麦、玉米、向日葵的耐盐指数为 7.442、8.986 和 12.967,其相应苗期 0~20 cmEC 值控制在3.893、3.778 和 4.919 ds·m 以下,可以保障作物相对产量不低于 88.3%。说明玉米耐盐能力与小麦相近。

重盐渍化土壤可选种耐盐植物如圣柳、白刺、碱茅、紫穗槐、田箐、盐蒿、柠条、长穗冰草、垂穗披碱草、四翅滨藜等,吸收土壤盐分,降低土壤含盐量;种植耐盐植物后,其枯枝落叶及根系的生理活动,可改善土壤理化性质,为其他植物的侵入和生长提供可能,提高土壤肥力,减轻土壤盐渍化。耐盐植物体内含有大量的盐分,需间隔一定时间进行刈割并移走,否则耐盐植物会将深层的土壤盐分通过腐解、分泌等方式汇集于地表,增加表层土

表 8-44　银川平原主要作物及树种耐盐程度

作物	(0~20 cm)土壤全盐量 (g/kg)			树种	生长良好		受抑制		死亡	
	生长正常	生长受抑制	死亡		全盐 (g/kg)	CO_3^- (me/100 g 土)	全盐 (g/kg)	CO_3^- (me/100 g 土)	全盐 (g/kg)	CO_3^- (me/100 g 土)
小麦	<2.1	2.1~6.5	>6.5	圣柳			7.8			
谷子	<1.6	1.6~5.7	>5.7	沙枣	<3.5	<0.2	3.5~6.7	0.20~0.47	>6.7	>0.47
胡麻	<1.5	1.5~5.1	>5.1	旱柳	<3.0	<0.15	3.0~6.0	0.15~0.26	>6.0	>0.26
糜子	<2.1	2.1~5.0	>5.0	小叶杨	<2.5	<0.15	2.5~5.0	0.15	>5.0	
大麻	<3.0	3.0~5.0	>5.0	白榆	<2.0	<0.25	2.0~4.8	0.25~0.50	>4.8	>0.5
蚕豆	<3.6	3.6~6.8	>6.8	刺槐	<2.0	<0.18	2.0~4.8	0.18	>5.0	
高粱	3.5	7.0	>7.0	箭杆杨	<2.0		2.0~4.0		>4.0	
大麦	6.0	8.0	>10.0	国槐	<1.5		1.5~4.0		>4.0	
棉花	<3.2	3.2~9.0	>9.0	杏	<1.5		1.5~3.0		>3.0	
甜菜	<4.0	4.0~8.4	>8.4							
水稻	<6.2	6.2~8.4	>8.4							
苜蓿	<3.5		>5.5							
草木樨	4.5	7.7	>10.0							

备注:本表引自《宁夏土壤》表 17-11,17-12;CO_3^- 为 0~50 cm 土层的平均值。

壤盐分含量。

（三）化学改良措施

石膏、磷石膏和脱硫渣的主要成分为硫酸钙。硫酸钙是土壤中可溶性钙的直接来源，可置换土壤中的交换性钠离子，同时使碳酸根和碳酸氢根离子沉淀，降低土壤碱性，改善土壤结构，减轻盐渍化危害。通常石膏、磷石膏、脱硫渣施用量为 10~20 t/hm²。施用方法：一是表层撒施，表层撒施石膏、磷石膏、脱硫渣，及时进行旋耕、耙糖，使之与土壤充分混合。二是集中施，作物播种时在播种沟或播种穴沟施石膏、磷石膏和脱硫渣，可减少石膏、磷石膏和脱硫渣施用量。三是拌种，播种前用少量的石膏、磷石膏、脱硫渣和种子拌在一起，随播种施入土壤。四是制作营养钵，将石膏、磷石膏、脱硫渣与肥土混拌做成营养钵，施入土壤。注意施用石膏、磷石膏、脱硫渣时要施用有机肥，施后一周内要灌水洗盐、淋盐，才能充分发挥石膏、磷石膏、脱硫渣的改良作用。施用石膏、磷石膏及脱硫渣均应对其所含的重金属等元素进行分析，防治其对土壤的污染。

（四）建立健全水盐动态监测体系

土壤盐渍化是一个动态变化过程，一旦发生，治理起来相当困难，造成的损失短期内难以挽回。因此要防治土壤盐渍化，就要对土壤盐渍化的变化有一定的预见性，所采取的治理措施有较强的针对性、合理性、经济实用性。因此，对不同灌溉方式、不同排水方式、不同治理措施等土壤盐分及地下水进行长期动态监测，掌握水盐在土壤中的动态变化及运行规律,预测预报土壤盐渍化变化,对改造治理措施的作用及适用性做出客观评价,从而有效地进行土壤盐渍化防治。

第三节　宁夏设施土壤肥力现状及改良利用

设施农业是指具有一定设施、在局部范围改善或创造环境因素,为动植物生产提供良好环境条件而进行的高效农业生产方式。广义的设施农业包括设施栽培和设施养殖,狭义的设施农业主要指设施栽培,包括设施蔬菜、瓜果、花卉等。设施农业是我国农业战略性结构调整的一个重要方向,是农业增效、农民增收的一项重要手段,是宁夏农业重要的支柱性产业。设施农业栽培改变了土壤环境,其温度、湿度、光照等都发生了很大变化,土壤经常处于高温、高湿、高蒸发、无雨水淋溶的环境中,在这种生态环境条件下,如多年连作、肥水管理不合理等,容易造成某些土壤理化和生物学性状恶化、连作障碍明显、土传病害增多、产量低、品质劣等一系列问题,影响设施农业生产的可持续发展。本节主要阐述宁夏设施农业土壤肥力现状、变化趋势、存在问题及解决途径,为设施农业可持续发展提供科学依据。

一、设施土壤肥力现状

设施土壤肥力现状评价主要依据何文寿等研究提出的宁夏设施土壤质量评价指标(见表8-45)。

(一)设施土壤有机质及养分含量现状

1. 土壤有机质与碳氮比

由表8-46可看出,设施蔬菜土壤有机质平均含量高,平均为25.2 g/kg,属于较高水平;设施土壤有机质平均含量比露地蔬菜土壤有机质平均含量(15.5 g/kg)净增9.7 g/kg,相对增幅62.6%。银川市兴庆区设施土壤有机质平均含量为22 g/kg,比露地作物土壤有机质平均含量(15.9 g/kg)高6.1 g/kg(见表8-47,表8-48),增幅38.4%。设施蔬菜因其经济效益高,投入成本大,有机肥施用量大,这是导致设施土壤有机质含量高的主要原因。

从表8-49可以看出,不同土壤类型其设施土壤有机质含量也不同。灌淤土类设施土壤(0~20 cm,下同)有机质含量变化范围为19.83~31.45 g/kg,平均为25.60 g/kg,属于中等含量水平;黑垆土类设施土壤有机质含量变化范围为26.41~41.85 g/kg,平均为33.90 g/kg,属于高含量水平;灰钙土类设施土壤有机质含量变化范围为7.22~13.43 g/kg,平均为10.30 g/kg,属于低含量水平。可见,不同土壤类型因其成土母质及生产条件的差异,设施土壤有机质含量也有较大的差异。

碳氮比值的大小在一定程度上反映了土壤熟化程度。在一定范围内,碳氮比越小,土壤熟化程度越高。设施土壤碳氮比变化在6.16~17.38,平均为9.72;比露地蔬菜土壤碳氮

表 8-45 宁夏设施土壤质量评价指标体系

评价指标	养分指标含量等级					临界值
	很低	低	中	高	很高	
土壤质地	轻黏土	重壤土	沙壤土	轻壤土	中壤土	
物理性黏粒(<0.01 mm%)	60~75	45~60	10~20	20~30	30~45	
粉粒(0.05~0.002 mm%)	<30	30~50	50~60	60~70	>70	
自然含水量(%)	<8	8.0~16.0	16.0~24.0	24.0~30.0	>30.0	
田间持水量(%)	<18.0	18~24	24~32	32~38	>38	
容重(g/cm³)	<1.05	1.05~1.15	>1.5	1.30~1.50	1.15~1.30	
总孔隙度(%)	>58	52~58	<40	40~60	46~52	
毛管孔隙度(%)	>50	45~50	<33	33~38	38~45	
通气孔隙度(%)	<4	4~8	>16	12~16	8~12	
>0.25 mm 湿团聚体(%)	<4	4~8	8~12	12~16	>16	
pH(5:1)	>8.5	8.2~8.5	7.8~8.2	7.5~7.8	<7.5	
全盐量(g/kg)	>3.0	2.5~3.0	2.0~2.5	1.5~2.0	<1.5	
有机质(g/kg)	<10	10~18	18~28	28~38	>38	
全氮(g/kg)	<0.6	0.6~1.1	1.1~1.6	1.6~2.1	>2.1	
碱解氮(mg/kg)	<50	50~75	75~110	110~180	>180	
铵态氮(mg/kg)	<6.0	6.0~7.0	7.0~9.0	9.0~11.0	>11.0	
硝态氮(mg/kg)	<30	30~60	60~100	100~200	>200	
全磷(g/kg)	<0.5	0.5~1.0	1.0~1.5	1.5~2.0	>2.0	
有效磷(mg/kg)	<15.0	15~30	30~60	60~100	>100	
缓效钾(mg/kg)	<600	600~800	800~1000	1000~1500	>1500	
速效钾(mg/kg)	<100	100~160	160~220	220~280	>280	
有效铁(mg/kg)	<4.0	4.0~8.0	8.0~16.0	16.0~30.0	>30.0	8.00
有效锌(mg/kg)	<0.5	0.5~1.0	1.0~2.0	2.0~4.0	>4.0	1.00
水溶态硼(mg/kg)	<0.25	0.25~0.5	0.5~1.0	1.0~2.0	>2.0	0.50
代换锰(mg/kg)	<1.5	1.5~3.0	3.0~5.0	5.0~10.0	>10.0	3.00
有效铜(mg/kg)	<0.1	0.1~0.3	0.3~1.0	1.0~2.0	>2.0	0.30
脲酶(mg/g)	<0.2	0.2~0.4	0.4~1.0	1.0~2.0	>2.0	
过氧化氢酶(ml/g)	<2.5	2.5~3.0	3.0~3.5	3.5~4.0	>4.0	
蔗糖酶(mg/g)	<3.5	3.5~7.0	7.0~10.5	10.5~14.0	>14.0	
磷酸酶(mg/g)	<0.2	0.2~0.26	0.26~0.32	0.32~0.38	>0.38	
细菌(107 个/g 土)	<1.5	1.5~3.0	3.0~4.5	4.5~6.0	>6.0	
放线菌(106 个/g 土)	<2.0	2.0~3.0	3.0~5.0	5.0~8.0	>8.0	
真菌(104 个/土)	<1.0	1.0~4.0	4.0~10.0	10.0~15.0	>15.0	
根结线虫(条/g 土)	>1000	700~1000	400~700	200~400	<200	

备注:本表引自《宁夏设施栽培土壤质量时空变化研究》课题研究,2009 年,宁夏大学;全盐量按照设施土壤盐害发生指标划分:即安全浓度、警界浓度、轻度盐害、中度盐害和重度盐害。

表8-46 宁夏种植蔬菜土壤(0~20 cm)有机质及氮、磷、钾养分含量统计表

种植类型	特征值	有机质(g/kg)	C/N	全氮(g/kg)	碱解氮(mg/kg)	铵态氮(mg/kg)	硝态氮(mg/kg)	全磷(g/kg)	有效磷(mg/kg)	缓效钾(mg/kg)	速效钾(mg/kg)
露地蔬菜	样本数(个)	140	140	140	140	140	140	140	140	140	140
	平均值	15.46	10.73	0.85	83.4	7.8	16.0	0.77	39.8	818.3	133.2
	标准差	6.25	1.98	0.33	37.6	5.2	20.1	0.44	38.4	228.9	64.6
	变异系数(%)	40.41	18.47	38.88	45.1	66.3	125.6	56.2	96.3	28	48.5
	极大值	30.05	16.06	1.37	157.9	19.9	81.6	1.5	154.6	1409	267.7
	极小值	5.21	8.67	0.3	16.5	3.5	2.0	0.18	8.3	475.1	60.2
	95%估计区间	12.3~18.63	9.72~11.73	0.69~1.00	64.4~102.5	4.2~11.3	5.8~26.2	0.55~0.99	20.4~59.2	702.4~934.1	100.5~165.8
设施蔬菜	样本数(个)	860	860	860	860	860	860	860	860	860	860
	平均值	25.22	9.72	1.51	154.1	7.9	126.7	1.76	144.9	988.7	284.8
	标准差	10.1	1.88	0.54	90	2.3	112.6	0.88	103.5	367.7	144.2
	变异系数(%)	40.03	19.3	35.88	58.4	29.2	88.8	50.16	71.4	37.2	50.7
	极大值	60.44	17.38	3.36	456.4	17.6	761.8	4.28	496.2	2394.9	782.6
	极小值	8.66	6.16	0.32	45.4	5.4	9.9	0.27	16.9	544.2	80.9
	估计区间	22.71~27.74	9.25~10.2	1.37~1.64	131.7~176.5	7.1~8.7	98.5~155.0	1.53~1.98	118.7~171.1	895.7~1081.8	248.2~320.6
	增减(%)	62.58	-9.36	76.53	84.63	1.77	690.59	128.03	263.81	20.83	113.6

备注:本表引自《宁夏设施栽培土壤质量时空变化研究》课题研究,2009年,宁夏大学。

表 8-47　银川市兴庆区露地粮食作物土壤(0~20 cm)有机质及养分含量统计表

统计值	有机质 (g/kg)	全氮 (g/kg)	碱解氮 (mg/kg)	有效磷 (mg/kg)	速效钾 (mg/kg)
样本数(个)	1803	1804	1787	1747	1797
平均值	15.9	1.0	67.4	20.7	159.7
最大值	38.8	2.8	198.4	96.0	478.0
最小值	1.3	0.1	9.5	1.2	30.0
标准差	6.0	0.3	25.0	13.5	65.1
变异系数(%)	37.8	36.1	37.1	65.1	40.8

表 8-48　银川市兴庆区设施蔬菜土壤(0~20 cm)有机质及养分含量统计表

统计值	有机质 (g/kg)	全氮 (g/kg)	碱解氮 (mg/kg)	有效磷 (mg/kg)	速效钾 (mg/kg)
样本数(个)	1655	1654	1655	1658	1659
平均值	22.0	1.6	179.1	172.5	336.1
最人值	66.2	4.3	931.7	750.0	1140.0
最小值	2.5	0.2	10.9	3.4	35.0
标准差	10.0	0.6	118.7	123.7	175.0
变异系数(%)	45.6	39.3	66.2	71.7	52.0

比(10.73)低,说明设施土壤熟化程度高于露地蔬菜,这与设施土壤人为耕作施肥强度大有关。

2. 土壤氮素营养

设施土壤氮素评价指标有全氮、碱解氮、铵态氮和硝态氮。

设施土壤全氮含量高,平均为 1.51 g/kg,属于高含量水平;与露地蔬菜土壤全氮含量(0.85 g/kg)相比,净增 0.66 g/kg,增幅 77.6%。银川市兴庆区设施土壤全氮平均含量 1.6 g/kg,比露地土壤全氮含量(1.0 g/kg)高 37.5%。不同土壤类型设施土壤全氮含量有明显的差异。灌淤土类设施土壤全氮含量变化范围为 1.24~1.84 g/kg,平均为 1.54 g/kg,属于高含量水平;黑垆土类设施土壤全氮含量变化范围为 1.18~2.21 g/kg,平均为 1.70 g/kg,属于高含量水平;灰钙土类设施土壤全氮含量变化范围为 0.3~0.7 g/kg,平均为 0.50 g/kg,含量很低;不同土壤类型设施土壤全氮含量水平与土壤有机质含量水平呈明显正相关。

设施土壤碱解氮含量高,平均为 154 mg/kg,属于高含量水平;与露地蔬菜土壤碱解氮含量(83.4 mg/kg)相比,净增 84.6%;银川市兴庆区设施土壤碱解氮平均含量为 179.1 mg/kg,比露地土壤碱解氮含量(67.4 mg/kg)净增 95.7 mg/kg。设施土壤碱解氮含量也受土壤类型影响。灌淤土类设施土壤碱解氮含量变化范围为 207.4~300.6 mg/kg,平均为 254.0 mg/kg,达到极高含量水平;黑垆土类设施土壤碱解氮含量变化范围为 179.3~272.2 mg/kg,平均为225.8 mg/kg,达到极高含量水平;灰钙土类设施土壤碱解氮含量变化

表 8-49 宁夏不同土壤类型设施蔬菜土壤(0~20 cm)有机质及氮、磷、钾养分含量统计表

土壤类型	特征值	有机质(g/kg)	全氮(g/kg)	碱解氮(mg/kg)	硝态氮(mg/kg)	全磷(g/kg)	有效磷(mg/kg)	缓效钾(mg/kg)	速效钾(mg/kg)
灌淤土类	样本数(个)	120	120	120	120	120	120	120	120
	平均值	25.6	1.54	254.0	106.8	1.21	148.2	606.4	262.7
	标准差	12.2	0.63	98.0	40.6	0.49	65.5	357.5	131.8
	变异系数(%)	47.86	40.96	38.6	38.01	40.49	44.0	58.9	50.2
	极大值	60.44	3.36	456.4	190.06	2.02	609.3	680.1	683.3
	极小值	9.76	0.58	80.7	30.26	0.44	28.9	267.4	110.8
	95%估计区间	19.83~31.45	1.24~1.84	207.4~300.6	87.5~126.1	0.97~1.44	159.4~307.2	436.4~776.3	200.0~325.3
黑垆土类	样本数(个)	35	35	35	35	35	35	35	35
	平均值	33.9	1.7	225.8	104.3	1.72	180.4	622.1	308.0
	标准差	8.0	0.53	47.4	18.1	0.56	75.4	145.2	213.4
	变异系数(%)	23.66	30.98	21.0	17.41	32.55	42.0	23.4	69.3
	极大值	42.94	2.22	269.1	118.2	2.17	198.7	698.3	607.0
	极小值	24.9	1.18	159.9	79.3	0.98	134.8	123.6	138.8
	95%估计区间	26.14~41.85	1.18~2.21	179.3~272.2	86.5~122.1	0.62~2.83	106.5~254.3	167.9~688.9	98.9~527.1
灰钙土类	样本数(个)	24	24	24	24	24	24	24	24
	平均值	10.3	0.5	79.7	37.7	0.28	31.3	229.6	114.8
	标准差	2.73	0.18	40.5	27.6	0.02	10.2	96.0	58.8
	变异系数(%)	26.56	35.65	50.8	73.29	7.14	32.8	42.0	51.2
	极大值	13.42	0.68	124.3	65.2	0.53	43.0	267.9	182.6
	极小值	8.66	0.32	45.4	9.9	0.12	23.9	67.9	80.9
	估计区间	7.22~13.43	0.30~0.70	33.9~125.0	6.4~69.0	0.26~0.30	19.7~42.9	108.8~298.6	48.3~181.3

备注:本表引自《宁夏设施栽培土壤质量时空变化研究》课题研究,2009 年,宁夏大学。

范围为 33.9~125.5 mg/kg,平均为 79.7 mg/kg,属于中等水平。

设施土壤和露地蔬菜土壤铵态氮含量相近,平均分别为 7.9 mg/kg 和 7.8 mg/kg,均属于中等含量水平。

设施土壤硝态氮平均含量高达 126.7 mg/kg,属于高含量水平;比露地蔬菜土壤硝态氮含量(16 mg/kg)高 110.7 mg/kg,这与设施蔬菜施用较多的硝态氮肥有关。设施土壤硝态氮含量的变化随土壤类型而发生变化,且存在显著差异。灌淤土类设施土壤硝态氮含量变化范围为 87.5~126.1 mg/kg,平均为 106.83 mg/kg,属于高含量水平;黑垆土类设施土壤硝态氮含量变化范围为 86.5~122.1 mg/kg,平均为 104.32 mg/kg,属于高含量水平;灰钙土类设施土壤硝态氮含量变化范围为 6.4~69.0 mg/kg,平均为 37.7 mg/kg,属于低含量水平。

3. 土壤磷素营养

设施土壤全磷平均含量为 1.76 g/kg,属于高含量水平;比露地土壤全磷含量(0.77 g/kg)高 0.99 g/kg,相对增幅 128%。土壤全磷含量深受成土母质影响,不同土壤类型设施土壤全磷含量变异较大。灌淤土类设施土壤全磷含量变化范围为 0.97~1.44 g/kg,平均为 1.21 g/kg,属于中等含量水平;黑垆土类设施土壤全磷含量变化范围为 0.62~2.83 g/kg,平均为 1.72 g/kg,属于高含量水平;灰钙土类设施土壤全磷含量变化范围为 0.26~0.30 g/kg,平均为 0.28 g/kg,属于极低含量水平。

设施土壤有效磷平均含量高达 144.9 mg/kg,远远超过有效磷极高含量水平,比露地蔬菜土壤有效磷含量(39.8 mg/kg)高 105.1 mg/kg。银川市兴庆区设施土壤有效磷平均含量高达 172.5 mg/kg,比露地土壤有效磷含量(20.7 mg/kg)高 151.8 mg/kg。施用磷肥较多是导致设施土壤有效磷含量高的主要原因。不同土壤类型设施土壤有效磷含量也有较大的差异。灌淤土类设施土壤有效磷含量变化范围为 159.4~307.2 mg/kg,平均为 148.2 mg/kg,达到了极高含量水平;黑垆土类设施土壤有效磷含量变化范围为 106.5~254.3 mg/kg,平均为 180.4 mg/kg,达到极高含量水平;灰钙土类设施土壤有效磷含量变化范围为 19.7~42.9 mg/kg,平均为 31.3 mg/kg,属于中等含量水平。

4. 土壤钾素营养

土壤缓效钾和速效钾含量是衡量土壤钾素养分的主要指标。设施土壤缓效钾平均含量为 988.7 mg/kg,属于中等水平;比露地蔬菜土壤缓效钾含量(818.3 mg/kg)高 170.4 mg/kg。设施土壤缓效钾含量因土壤类型不同差异较大。灌淤土类设施土壤缓效钾含量变化范围为 436.4~776.3 mg/kg,平均为 606.4 mg/kg,属于低含量水平;黑垆土类设施土壤缓效钾含量变化范围为 167.9~688.9 mg/kg,平均为 622.1 mg/kg,属于低含量水平;灰钙土类设施土壤缓效钾含量变化范围为 108.8~298.6 mg/kg,平均为 229.6 mg/kg,属于极低含量水平。

设施土壤速效钾平均含量为 284.8 mg/kg,达到很高水平;比露地蔬菜土壤速效钾含量(133.2 mg/kg)高 151.6 mg/kg。银川市兴庆区设施土壤速效钾平均含量高达 336.1 mg/kg,比露地土壤速效钾含量(159.7 mg/kg)高 176.4 mg/kg。设施土壤速效钾含量高与其施用钾肥多密切相关。不同土壤类型设施土壤速效钾含量也不同。灌淤土类设施土壤速效钾含量变化范围为 200.0~325.4 mg/kg,平均为 262.7 mg/kg,属于高含量水平;黑垆土类设施土壤速效钾含量变化范围为 98.9~527.1 mg/kg, 平均为 308.0 mg/kg, 达到极高含量水平;灰钙土类设施土壤速效钾含量变化范围为 48.3~181.3 mg/kg,平均为 114.8 mg/kg,属于低含量水平。

综上所述,宁夏设施土壤有机质及氮、磷、钾养分平均含量水平多属于高水平,尤其有效磷和速效钾含量均达到很高水平;且有效磷含量变异系数高达 71.4%,反映出设施土壤有效磷含量变异强度较大。不同土壤类型因其成土母质和农业生产条件不同,设施土壤有机质及氮、磷、钾养分含量水平差异较大,与灌淤土类和黑垆土类相比,灰钙土地区的设施土壤有机质及氮、磷、钾养分含量水平低。

4. 土壤有效性微素含量

由表 8-50 可以看出,设施土壤有效铁平均含量(0.89 mg/kg)虽比露地蔬菜土壤有效铁含量(0.28 mg/kg)高 0.61 mg/kg,但仍属于极低含量水平;其变异系数高达 79.2%,说明各样点土壤有效铁含量差异较大。设施土壤代换性锰平均含量(0.3 mg/kg)虽比露地蔬菜代换性锰含量(0.25 mg/kg)高 0.05 mg/kg 但仍属于极低含量;但其各采样点土壤代换性锰含量差异较大,变异幅度为 0.1~0.58 mg/kg。设施土壤有效锌平均含量为 3.2 mg/kg,属于高水平,且明显超过了临界值。设施土壤水溶态硼平均含量高达 9.23 mg/kg,远远超过了临界值水平。设施土壤有效铜平均含量高达 3.94 mg/kg,超过了临界值水平。

从以上分析可以看出,设施土壤有效态微量元素含量水平差异较大,有效铁和代换性锰含量远远低于临界值水平,属于缺乏水平。设施土壤有效锌、有效铜及水溶性硼平均含量则超过了临界值水平,达到了丰富水平。

(二)设施土壤理化性质

设施土壤理化性质主要包括设施土壤盐分与 pH、土壤容重及水分物理性状。

表 8-50　宁夏蔬菜土壤(0~20 cm)有效性微素含量统计表

土壤	特征值	Fe	Zn	B	代换性锰	Cu
露地蔬菜	样本数(个)	36	36	36	36	36
	平均值(mg/kg)	0.28	2.98	5.79	0.25	2.9
设施蔬菜	样本数(个)	150	150	150	150	150
	平均值(mg/kg)	0.89	3.2	9.23	0.3	3.94
	标准差	0.71	0.39	3.12	0.08	3.05
	变异系数(%)	79.22	12.35	33.86	27.16	77.42
	极大值(mg/kg)	3.19	4.19	16.85	0.58	23.28
	极小值(mg/kg)	0.17	2.39	3.15	0.1	0.71
	增减(%)	221.78	7.38	59.35	20.86	36.05

备注:本表引自《宁夏设施栽培土壤质量时空变化研究》课题研究,2009 年,宁夏大学。

表8-51　宁夏种植蔬菜土壤（0~20 cm）易溶盐及其组成含量统计表

种植类型	特征值	pH	全盐(g/kg)	水溶盐质量分数(g/kg)							
				Ca^{2+}	Mg^{2+}	K^+	Na^+	CO_3^{2-}	HCO_3^-	Cl^-	SO_4^{2-}
露地蔬菜	样本数(个)	140	140	140	140	140	140	140	140	140	140
	平均值	8.33	1.07	0.13	0.06	0.02	0.11	0.04	0.23	0.28	0.32
	标准差	0.26	0.63	0.07	0.06	0.02	0.17	0.06	0.12	0.21	0.48
	变异系数(%)	3.17	58.28	51.22	100.29	81.7	158.21	146.29	51.51	74.91	150.60
	极大值	8.82	2.3	0.28	0.25	0.05	0.71	0.20	0.44	0.84	1.79
	极小值	7.86	0.37	0.05	0.01	0.00	0.01	0.00	0.05	0.13	0.01
	95%估计区间	8.2~8.47	0.76~1.39	0.10~0.17	0.03~0.09	0.01~0.03	0.02~0.20	0.01~0.07	0.17~0.39	0.17~0.39	0.07~0.57
设施蔬菜	样本数(个)	860	860	860	860	860	860	860	860	860	860
	平均值	7.98	1.83	0.28	0.09	0.09	0.14	0.02	0.2	0.45	0.42
	标准差	0.33	1.48	0.2	0.07	0.1	0.16	0.05	0.12	0.27	0.52
	变异系数(%)	4.11	80.78	69.76	72.3	109.95	113.15	215.27	58.36	59.76	123.34
	极大值	8.67	7.33	1.09	0.35	0.40	0.73	0.20	0.54	1.26	1.76
	极小值	7.32	0.41	0.1	0.01	0.00	0.00	0.00	0.03	0.10	0.00
	估计区间	7.90~8.06	1.46~2.19	0.23~0.34	0.08~0.11	0.06~0.11	0.10~0.18	0.01~0.03	0.17~0.23	0.38~0.53	0.29~0.56
	增减(%)	-4.27	70.38	110.95	59.7	369.05	30.22	-42.87	-11.87	63.69	33.01

备注：本表引自《宁夏设施栽培土壤质量时空变化研究》课题研究，2009年，宁夏大学。

1. 设施土壤 pH 与可溶盐含量

（1）设施土壤 pH

由表 8-51 可以看出，设施土壤 pH 平均为 7.98，比露地蔬菜土壤 pH 8.33 低 0.35 个单位，降低了 4.27%。

不同土壤类型设施土壤 pH 差异较大（见表 8-52），灌淤土类设施土壤 pH 最低，平均为 7.7；其次为灰钙土类设施土壤 pH 为 8.27；黑垆土类设施土壤 pH 较高，平均为 8.47。这与 3 个土壤类型成土母质和农业生产条件有关。

表 8-52　宁夏不同土壤类型设施土壤(0~20 cm)全盐与 pH 测试结果统计表

特征值	全盐(g/kg)			pH		
	灌淤土类	黑垆土类	灰钙土类	灌淤土类	黑垆土类	灰钙土类
样本数(个)	120	35	24	120	35	24
平均值	2.9	1.81	2.49	7.7	8.49	8.27
标准差	1.41	1.26	1.19	0.2	0.21	0.34
变异系数(%)	48.7	69.54	47.64	2.15	2.45	4.11
极大值	5.53	3.69	3.27	8.13	8.67	8.65
极小值	1.01	1.07	1.13	7.39	8.2	8.01
95%估计区间	2.23~3.57	0.58~3.04	1.15~3.38	7.66~8.82	8.28~8.69	7.88~8.65

备注：本表引自《宁夏设施栽培土壤质量时空变化研究》课题研究，2009 年，宁夏大学。

（2）设施土壤盐分含量

设施土壤易溶盐平均含量 1.83 g/kg，比露地蔬菜土壤易溶盐平均含量（1.07 g/kg）高 0.76 g/kg，相对增幅 70.38%；且设施土壤全盐含量变异系数高达 80.78%，极大值达 7.33 g/kg，属于重盐渍化土壤。

不同土壤类型设施土壤易溶盐含量也不同，灌淤土类设施土壤易溶盐含量最高，平均为 2.9 g/kg；其次为灰钙土类，全盐量平均为 2.49 g/kg；黑垆土类设施土壤全盐量最低，平均为 1.81 g/kg。

（3）设施土壤盐分组成

设施土壤和露地蔬菜土壤易溶盐组成较为相似，阳离子以钙离子和钠离子为主，阴离子以硫酸根和氯离子为主。不同之处是设施土壤阴离子以氯离子为主，而露地蔬菜土壤阴离子以硫酸根为主。换言之，设施土壤主要盐分为氯化钙和氯化钠；露地蔬菜土壤主要盐分为硫酸钙和硫酸钠；说明设施土壤盐分危害作用较大。

2. 设施土壤基本物理性质

设施土壤物理性质主要包括土壤容重、土壤颗粒组成和土壤团粒结构等。

（1）设施土壤容重

设施土壤容重平均为 1.28 g/cm³，比露地蔬菜土壤容重（1.36 g/cm³）低 0.08 g/cm³，相对降低 6.02%；且设施土壤容重变异系数高于露地蔬菜土壤，说明设施土壤容重差异较

表 8-53　宁夏种植蔬菜土壤(0~20 cm)物理性质测试结果统计表

种植类型	特征值	自然含水量(%)	田间持水量(%)	容重(g/cm³)	孔隙度(%)	毛管孔隙度(%)	通气孔隙度(%)	0.25 mm%湿团聚体	砂粒(1~0.05 mm)%%	粉粒(0.05~0.002 mm)%	黏粒(<0.002 mm)%
露地蔬菜	样本数(个)	140	140	140	140	140	140	140	140	140	140
	平均值	16.94	23.56	1.36	47.34	38.7	7.86	7.09	24.09	52.86	23.05
	标准差	8.46	6.86	0.12	3.61	6.12	5.56	2.53	25.38	21.88	7.05
	变异系数(%)	49.96	29.11	8.52	7.62	15.81	70.79	35.75	105.37	41.39	30.59
	极大值	35.07	39.83	1.62	51.8	48.23	21.85	10.90	77.79	76.12	34.42
	极小值	4.34	10.88	1.2	38.76	29.14	1.45	3.95	2.16	9.14	11.6
	95%估计区间	12.66~21.22	20.09~27.03	1.30~1.42	45.51~49.17	34.46~42.94	4.00~11.71	4.60~9.57	9.73~38.45	40.48~65.24	19.06~27.04
设施蔬菜	样本数(个)	860	860	860	860	860	860	860	860	860	860
	平均值	19.33	27.98	1.28	48.81	41.55	9.01	13.92	21.02	56.19	22.79
	标准差	9.38	9.59	0.16	6.08	6.42	6.09	5.13	17.63	15.07	5.47
	变异系数(%)	48.54	34.28	12.26	12.45	15.44	67.56	36.85	83.86	26.81	23.98
	极大值	52.5	62.34	1.73	65.9	50.49	24.33	23.59	67.91	72.7	34.56
	极小值	2.9	12.4	0.9	34.69	27.72	0.02	5.40	0.15	13.09	13.10
	估计区间	16.99~21.66	25.59~30.37	1.24~1.31	47.30~50.33	39.51~43.59	7.07~10.94	11.67~16.16	16.27~25.76	52.13~60.25	21.32~24.26
	增减(%)	14.09	18.76	6.02	3.11	7.35	14.62	96.33	-12.75	6.3	-1.12

备注:本表引自《宁夏设施栽培土壤质量时空变化研究》课题研究,2009年,宁夏大学。

大（见表 8-53）。

不同土壤类型设施土壤容重不同。黑垆土类设施土壤容重小，平均为 1.11 g/cm³；其次为灌淤土类，平均为 1.23 g/cm³；灰钙土类设施土壤容重最大，平均为 1.32 g/cm³；且灰钙土类设施土壤容重极大值达 1.77 g/cm³（见表 8-54）。

表 8-54　宁夏不同土壤类型设施蔬菜土壤（0~20 cm）物理性质测试结果统计表

土壤类型	特征值	自然含水量（%）	田间持水量（%）	容重（g/cm³）	孔隙度（%）
灌淤土类	样本数（个）	120	120	120	120
	平均值	23.23	36.89	1.23	53.7
	标准差	5.21	6.7	0.2	6.31
	变异系数（%）	22.45	18.17	13.6	11.7
	极大值	29.33	50.47	1.76	58.77
	极小值	13.23	29.6	1.09	33.44
	95%估计区间	20.78~25.70	33.71~40.17	1.12~1.58	50.46~56.48
黑垆土类	样本数（个）	35	35	35	35
	平均值	26.14	28.89	1.11	58.1
	标准差	3.33	8.66	0.08	2.88
	变异系数（%）	12.72	29.99	6.9	4.9
	极大值	28.89	36.31	1.46	52.07
	极小值	21.73	16.58	1.07	45.03
	95%估计区间	22.91~29.43	20.4~37.46	1.09~1.44	55.81~61.43
灰钙土类	样本数（个）	24	24	24	24
	平均值	15.17	20.8	1.32	50.2
	标准差	3.48	5.73	0.19	7.23
	变异系数（%）	22.92	27.53	14.5	14.4
	极大值	18.53	25.37	1.77	47.22
	极小值	11.59	14.38	1.4	33.32
	估计区间	11.24~19.13	14.33~27.32	1.19~1.83	30.92~47.34

备注：本表引自《宁夏设施栽培土壤质量时空变化研究》课题研究，2009 年，宁夏大学。

（2）设施土壤颗粒组成

设施土壤颗粒组成以粉粒为主，粉粒占 56.2%；其次为黏粒，占 22.79%；沙粒相对较少，占 21.02%，属于中等含量水平；与露地蔬菜土壤颗粒组成相比，设施土壤沙粒含量减少粉粒增加，表现出一定的"黏化"趋势。

（3）设施土壤团粒结构组成

设施土壤干团聚体（0.25~1 mm）变化在 73.56%~84.05% 之间，平均为 80.54%；露地蔬菜土壤干团聚体含量较低，平均为 70.28%，比设施土壤低 10.26%。

设施土壤>0.25 mm 水稳性团聚体平均含量为 13.92%,比露地蔬菜土壤(7.09%)提高了 96.33%,其含量增加了近 1 倍,属于高含量水平,说明设施土壤结构明显好于露地蔬菜土壤。

3. 设施土壤水分物理性质

土壤水分物理性质主要包括自然含水量、田间持水量、总孔隙度和毛管孔隙度等。

(1)设施土壤自然含水量

设施作物收获后 8 月份测定的土壤自然含水量变化幅度较大,在 2.9%~52.5%之间,平均为 19.33%;与相邻露地蔬菜土壤自然含水量(16.94%)相比,增幅 14.09%;属于中等含量水平。

不同土壤类型设施土壤自然含水量有所不同。黑垆土类设施土壤自然含水量最高,平均为 26.14%;其次为灌淤土类,平均为 23.23%;灰钙土类设施土壤自然含水量最低,平均为15.17%,比设施土壤的平均值低 4.16%。

(2)设施土壤田间持水量

设施作物收获后 8 月份测定的田间持水量变化在 12.4%~62.34%之间, 平均为27.98%;与相邻露地蔬菜土壤田间持水量(23.56%)相比,增幅 18.76%,属于低含量水平。

不同土壤类型设施土壤田间持水量差异较大。灌淤土类设施土壤田间持水量最大,平均为 36.89%;其次黑垆土类,平均为 28.89%;灰钙土类设施土壤田间持水量最小,平均为20.80%,比平均值低 7.18%。

(3)设施土壤孔隙度

设施土壤总孔隙度变化在 34.69%~65.90%,平均为 48.81%;与相邻露地蔬菜土壤总孔隙度(47.34%)相比,设施土壤提高了 3.11%;孔隙状况优良。不同土壤类型设施土壤总孔隙度差异较大,黑垆土类设施土壤总孔隙度最高,平均为 58.10%;其次为灌淤土类,平均为53.70%;灰钙土类设施土壤总孔隙度最小,平均为 50.20%,比黑垆土类低 7.8%。

设施土壤毛管孔隙度变化在 27.72%~50.49%,平均为 41.55%;与相邻露地蔬菜土壤毛管孔隙度(38.70%)相比,设施土壤提高了 7.35%;土壤持水能力优良。

设施土壤通气孔隙度变化在 0.02%~24.33%之间,平均为 9.01%;与相邻露地蔬菜土壤通气孔隙度(7.86%)相比,设施土壤提高了 14.62%;通气状况优良。

从以上分析可看出,设施土壤容重、团粒结构、孔隙状况及田间持水量等性质均比露地蔬菜土壤好,这与设施土壤人为耕作种植活动强度大,田间管理水平高有关。不同土壤类型设施土壤物理性质相比较,灌淤土类设施土壤物理性质最好;灰钙土类设施土壤物理性质最差。

(三)设施土壤生物学性质

设施土壤生物学性质主要包括土壤酶活性、土壤微生物区系、土壤微生物生物量及土壤根结线虫等。

1. 土壤酶活性

土壤酶活性是土壤生物学活性总的体现,它和土壤微生物一起共同参与和推动土壤中各种有机质的转化及物质的循环过程,使土壤发挥持续正常的代谢机能,并在营养物质转化中起着重要的作用。

(1)土壤脲酶活性

脲酶存在于大多数细菌、真菌和高等植物中,它是一种酰胺酶,能促进有机质分子中肽键的水解。脲酶的作用极为专一,它仅能水解尿素,水解的最终产物是氨和碳酸。人们常用土壤脲酶活性表征土壤中氮素转化状况。设施土壤脲酶活性变化在 0.17~3.19 mg/g 之间,平均为 0.89 mg/g,属于较高含量水平;与相邻露地蔬菜土壤脲酶活性(0.28 mg/g)相比,是后者的 2.22 倍,差异明显(见表 8-55);且土壤脲酶活性变异系数高达 79.22%,说明设施土壤脲酶活性差异较大。

表 8-55 宁夏蔬菜土壤(0~20 cm)生物学性质测试结果统计表

种植类型	特征值	脲酶活性（mg/g）	H_2O_2活性（ml/g）	生物学蔗糖酶活性（mg/g）	磷酸酶活性（mg/g）	细菌（10^7个/g 土）	放线菌（10^6个 g^{-1} 土）	真菌（10^6个、g^{-1} 土）	根结线虫（条、g^{-1} 土）
露地蔬菜	样本数(个)	16	16	16	16	16	16	16	16
	平均值	0.28	2.98	5.79	0.25	2.9	2.18	3.61	302.27
	标准差	0.15	0.68	4.35	0.08	2.83	1.36	4.38	182.25
	变异系数(%)	52.46	22.83	75.18	31.72	97.68	62.29	121.06	60.29
	极大值	0.57	4.03	15.7	0.33	12.09	4.86	17.19	587.76
	极小值	0.12	1.77	0.97	0.11	0.84	0.56	0.54	59.99
设施蔬菜	样本数(个)	63	63	63	63	63	63	63	63
	平均值	0.89	3.2	9.23	0.3	3.94	4.42	7.33	641.16
	标准差	0.71	0.39	3.12	0.08	3.05	2.79	5.93	571.37
	变异系数(%)	79.22	12.35	33.86	27.16	77.42	63.05	80.9	89.12
	极大值	3.19	4.19	16.85	0.58	23.28	11.33	23.84	2861.72
	极小值	0.17	2.39	3.15	0.1	0.71	0.35	0.45	165.00
	增减(%)	221.78	7.38	59.35	20.86	36.05	103.06	102.84	112.12

备注:本表引自《宁夏设施栽培土壤质量时空变化研究》课题研究,2009 年,宁夏大学。

不同土壤类型设施土壤脲酶活性也不同。由表 8-56 可以看出,灌淤土类设施土壤脲酶活性最高,平均为 1.55 mg/g,变化范围为 1.14~1.96 mg/g;其次为黑垆土类,平均为 1.40 mg/g,变化范围为 0.73~2.07 mg/g;灰钙土类设施土壤脲酶活性最低,平均为 0.32 mg/g,远远低于灌淤土类和黑垆土类设施土壤脲酶活性,且变化范围小,为 0.07~0.57 mg/g。

(2)土壤过氧化氢酶活性

过氧化氢酶主要来源于细菌、真菌以及植物根系的分泌物。过氧化氢是由生物呼吸过程和有机物的生物化学氧化反应结果产生的,这些过氧化氢的积累会对生物和土壤产

表 8-56　宁夏不同土壤类型设施土壤(0~20 cm)生物学性质测试结果统计表

土壤类型	特征值	脲酶（mg/g）	过氧化氢酶（ml/g）	细菌（10^7 个/g 土）	放线菌（10^6 个/g 土）	真菌（10^6 个/g 土）	线虫（条/g）
灌淤土类	样本数(个)	120	120	120	120	120	120
	平均值	1.55	3.56	3.5	6.57	3.26	455
	标准差	0.87	0.46	1.2	3.56	1.18	134.3
	变异系数(%)	56.15	12.72	35.24	54.15	36.17	29.52
	极大值	3.19	4.19	6.37	11.33	10.71	567.0
	极小值	0.31	2.56	0.71	1.89	0.45	326.0
	95%估计区间	1.14~1.96	3.37~3.80	1.14~3.68	3.34~6.78	1.16~3.78	156.4~465.4
黑垆土类	样本数(个)	35	35	35	35	35	35
	平均值	1.4	3.63	2.36	2.24	1.3	533.0
	标准差	0.68	0.33	1.02	1.21	1.05	126.0
	变异系数(%)	48.91	9.17	43.2	53.99	80.65	23.6
	极大值	2.31	3.95	5.58	3.88	2.64	621.0
	极小值	0.72	3.32	0.85	1.16	0.47	435.0
	95%估计区间	0.73~2.07	3.3~3.95	0.98~2.39	1.09~2.34	1.01~1.43	125.0~543.0
灰钙土类	样本数(个)	24	24	24	24	24	24
	平均值	0.32	3.2	2.61	0.94	2.33	312.0
	标准差	0.23	0.05	1.56	0.35	1.32	156.0
	变异系数(%)	70.43	1.55	59.78	37.16	56.75	50.0
	极大值	0.58	3.23	3.11	1.73	4.19	389.0
	极小值	0.17	3.14	1.92	0.35	0.79	276.0
	估计区间	0.07~0.57	3.14~3.25	1.45~2.69	0.31~1.01	1.23~2.37	156.9~367.0

备注:本表引自《宁夏设施栽培土壤质量时空变化研究》课题研究,2009 年,宁夏大学。

生毒害作用,而在生物体和土壤中存在的过氧化氢酶,它能促进过氧化氢分解为水和氧的反应,从而解除过氧化氢的毒害作用。其活性的高低表征了土壤解毒能力的强弱。设施土壤过氧化氢酶活性变化在 2.39~4.19 ml/g 之间,平均为 3.20 ml/g,解毒能力较强;与露地蔬菜土壤过氧化氢酶活性(2.98 ml/g)相比,高 7.38%。

不同土壤类型设施土壤过氧化氢酶活性也有所不同。黑垆土类和灌淤土类设施土壤过氧化氢酶活性大,平均分别为 3.61 ml/g 和 3.58 ml/g;灰钙土类设施土壤过氧化氢酶活性较低,平均为 3.20 ml/g。

（3）土壤蔗糖酶活性

蔗糖酶广泛存在于所有土壤中,它是表征土壤微生物活性的重要酶类。土壤中蔗糖酶活性与土壤中腐殖质、水溶性有机物及微生物数量及其活动等有关。随着土壤熟化程度的提高,蔗糖酶的活性也增强。设施土壤蔗糖酶活性变化在 3.15~16.85 mg/g 之间,平均为 9.23 mg/g,活性较强;与相邻露地蔬菜土壤蔗糖酶活性(5.79 mg/g)相比,高 59.4%。

（4）土壤磷酸酶活性

土壤磷酸酶是催化土壤有机磷化合物矿化为有效磷的酶,其活性高低直接影响土壤有机磷的分解转化速率,可作为土壤供磷能力的重要指标之一。设施土壤磷酸酶活性变化在0.10~0.58 mg/g 之间,平均为 0.30 mg/g,分解转化有机磷速率较强;与相邻露地蔬菜土壤磷酸酶活性相比(0.25 mg/g),高 20.86%。

2. 设施土壤微生物区系

土壤微生物主要包括细菌、真菌、放线菌和藻类。土壤微生物通过对土壤有机质的分解转化而影响土壤向作物提供养分的能力。

（1）细菌

设施土壤细菌数量的变化在 0.71~23.28×10^7 个/克干土之间, 平均为 3.94×10^7 个/克干土, 属于中等水平; 与相邻露地蔬菜土壤细菌数量（2.90×10^7 个/克干土）相比,高 36.05%。

不同土壤类型设施土壤细菌数量也有所不同。灌淤土类设施土壤细菌数量最多,平均为3.49×10^7 个/克干土;灰钙土类和黑垆土类设施土壤细菌数量较多,平均分别为2.61×10^7 个/克干土和 2.36×10^7 个/克干土。

（2）放线菌

设施土壤放线菌数量的变化在 0.35~11.33×10^6 个/克干土之间, 平均为 4.42×10^6 个/克干土,属于中等水平;与相邻露地蔬菜土壤放线菌数量(2.18×10^6 个/克干土)相比,高 103.06%。

不同土壤类型设施土壤放线菌数量差异较大。灌淤土类设施土壤放线菌数量最多,平均为 6.57×10^6 个/克干土, 属于高水平;黑垆土类设施土壤放线菌数量较少, 平均为2.24×10^6 个/克干土,属于低水平;灰钙土类设施土壤放线菌数量最少,平均为 0.94×10^6 个/克干土,属于极低水平。

（3）真菌

设施土壤真菌数量变化在 0.45~23.84×10^6 个/克干土之间, 平均为 7.33×10^6 个/克干土, 属于中等水平; 与相邻露地蔬菜土壤真菌数量（3.61×10^6 个/克干土）相比,高 102.84%。

不同土壤类型设施土壤真菌数量也不同。灌淤土类设施土壤真菌数量多, 平均为3.26×10^6 个/克干土;灰钙土类设施土壤真菌数量较少, 平均为 2.33×10^6 个/克干土;黑垆土类设施土壤真菌数量少,平均为1.30×10^6 个/克干土。

3. 根结线虫

根结线虫是一种高度专化杂食性植物病原线虫。设施土壤在长年种植单一作物条件下,根系自毒产物增多,抵抗力下降,为线虫侵染提供了条件。设施土壤根结线虫数量变化在165~2861条/克之间,平均为641条/克,属于中等含量水平;与相邻露地蔬菜土壤根结线虫数量(302条/克)相比,高出112.12%。可见,设施栽培为根结线虫提供了有利的繁殖条件。

不同土壤类型设施土壤根结线虫数量不同。黑垆土类设施土壤根结线虫数量多,平均为533条/克;灌淤土类设施土壤根结线虫数量较多,平均为455条/克;灰钙土类设施土壤根结线虫数量少,平均为312条/克。

从以上分析可以看出,与露地蔬菜土壤相比,设施土壤脲酶活性、过氧化氢酶活性、磷酸酶活性高;设施土壤细菌、真菌、放线菌数量多;设施土壤根结线虫数量也多。不同土壤类型设施土壤相比较,除根结线虫外,灌淤土类设施土壤生物学性质最好,其次为黑垆土类,灰钙土类设施土壤生物学性质差。

(四)设施土壤重金属含量

由表8-57可以看出,设施土壤铅(Pb)、汞(Hg)和砷(As)元素平均含量分别为17.6 mg/kg、0.049 mg/kg和14.2 mg/kg,分别较露地蔬菜低25.53%、16.95%和14.61%。铜(Cu)、锌(Zn)和铬(Cr)元素平均含量分别为21.9 mg/kg、67.9 mg/kg和63.6 mg/kg,略低于露地蔬菜土壤,分别较露地蔬菜土壤低6.81%、2.55%和1.63%。设施土壤镉(Cd)元素含量较高,平均为0.191 mg/kg,较露地蔬菜土壤镉(Cd)元素平均含量(0.117 mg/kg)高63.25%。

表8-57 宁夏蔬菜土壤(0~20 cm)重金属含量测试结果统计表

种植类型	特征值	Zn (mg/kg)	Cr (mg/kg)	Hg (mg/kg)	Cd (mg/kg)	As (mg/kg)	Pb (mg/kg)	Cu (mg/kg)
露地蔬菜	平均值	69.7	64.6	0.059	0.117	16.6	23.6	23.5
设施蔬菜	样本数(个)	135	135	135	135	135	135	135
	平均值	67.9	63.6	0.049	0.191	14.2	17.6	21.9
	极大值	71.1	65.4	0.068	0.226	16.8	20.6	24.2
	极小值	62.1	61.5	0.035	0.159	11.3	14.7	18.3
	变异系数(%)	6.02	2.98	29.1	14.43	16.13	13.99	12.29
	增减(%)	−2.55	−1.63	−16.95	63.25	−14.61	−25.53	−6.81
	宁夏背景值	63.6	61.3	0.025	0.092	11.60	16.70	20.90
	国家标准	300	350	1.00	0.60	20.0	350	100

备注:本表引自《宁夏设施栽培土壤质量时空变化研究》课题研究,2009年,宁夏大学;取样地点:中宁县;样本数,135个;取样时间:2006年8月。

与宁夏本地土壤7种重金属元素含量背景值相比较,设施土壤7种重金属元素平均含量均高于背景值,特别是汞(Hg)元素较背景值高出近1倍。但与国家标准(GB 15618-1995)(二级,pH>7.5)相比较,均低于国家标准规定值。

设施土壤重金属含量高于宁夏背景值,特别是汞(Hg)元素较背景值高出近1倍;镉(Cd)含量明显高于露地(63.25%);其原因还须进一步研究,但这种现象应引起高度重视。

二、设施土壤肥力变化趋势

(一)设施土壤有机质及养分含量变化趋势

1. 设施土壤有机质含量变化趋势

由表 8-58 可以看出,设施蔬菜土壤随着棚龄延长,3~6 年棚的土壤有机质含量呈上升趋势,6~9 年棚的土壤有机质含量有所降低。产生这一现象主要是由于建棚初期为给蔬菜供应大量养分使其良好生长,农民投入大量有机肥,使大量有机质积累在土壤中,导致有机质含量较高;而种植 6 年以后,设施蔬菜土壤有机质含量降低,表明有机肥投入量减少。设施蔬菜土壤由于常年种植,有的甚至常年连作同一种蔬菜,再加上大棚本身不易清扫的缺点,使棚内出现病害,造成蔬菜产量下降,大大降低了农民的积极性,故而有机肥投入量逐渐减少;另外,农民在为大棚消毒时常用高温闷棚的方法,造成有机质分解消耗。

表 8-58 银川市兴庆区不同耕种年限设施蔬菜土壤(0~20 cm)有机质含量统计表

种植设施蔬菜年限	各村土壤有机质平均含量(g/kg)				
	新渠村	塔桥村	茂盛村	五渡桥村	掌政六队
CK	13.25	14.72	11.43	13.73	12.16
3	18.29	23.36	15.93	17.75	25.51
6	34.59	25.97	27.04	11.23	33.13
9	33.66	19.56	18.82	17.20	19.34

据何文寿等研究,设施土壤有机质含量在种植 0~7 年期间,随种植年限延长土壤有机质含量呈上升趋势,种植 7 年以后呈下降趋势。且设施连作土壤有机质净累积量高于设施轮作土壤。

2. 设施土壤氮素养分含量变化趋势

设施土壤全氮含量变化趋势与有机质含量变化趋势相似。设施土壤全氮含量在 3~6 年棚呈增加趋势(见表 8-59),这与初期投入大量的肥料有关;6~9 年棚中的全氮含量与棚龄无明显关系,变化趋势不同,这可能与不同农户的施肥技术和管理技术有关。

据何文寿等研究,设施土壤轮作条件下,土壤全氮含量在 0~8 年期间,随着种植年限延长而呈上升趋势,种植 8 年以后呈下降趋势。设施土壤连作条件下,土壤全氮含量在 0~6 年前迅速增长,6 年以后迅速下降。且轮作土壤全氮累积量高于连作。

表 8-59 银川市兴庆区不同耕种年限设施蔬菜土壤(0~20 cm)全氮含量统计表

种植设施蔬菜年限	各村土壤全氮平均含量(g/kg)				
	新渠村	塔桥村	茂盛村	五渡桥村	掌政六队
CK	0.84	1.03	0.93	0.89	0.72
3	1.10	1.63	1.07	1.12	1.25
6	2.04	1.75	1.18	1.47	1.34
9	1.34	1.34	1.69	1.08	1.68

设施土壤碱解氮含量在种植 3~6 年期间有增加趋势,6~9 年棚则没有太大的相关性(见表 8-60)。据何文寿等研究,设施土壤碱解氮含量随种植年限逐渐增加,8 年以后开始下降。

表 8-60　银川市兴庆区不同耕种年限设施蔬菜土壤(0~20 cm)碱解氮含量统计表

种植设施蔬菜年限	各村土壤碱解氮平均含量(mg/kg)				
	新渠村	塔桥村	茂盛村	五渡桥村	掌政六队
CK	63.20	94.96	56.49	66.20	61.66
3	92.32	130.95	68.48	102.48	96.06
6	186.78	134.91	99.25	118.17	104.44
9	173.50	104.39	153.61	112.46	175.53

据何文寿等研究,随着种植年限延长,设施土壤硝态氮含量逐渐增加,种植到 9 年以后开始下降。从设施土壤硝态氮累计量来看,连作土壤明显高于轮作土壤,轮作土壤硝态氮含量达到最大时的年限为 10.6 年,可见连作条件下容易累积硝态氮。设施土壤铵态氮在种植年限间变化不大,差异不显著。

3. 设施土壤磷素养分含量变化

据何文寿等研究,设施土壤全磷含量在 0~6 年种植期间呈增加趋势,6 年以后呈下降趋势;且设施轮作土壤全磷含量累积量较设施连作高 5.7%。

由表 8-61 可以看出,茂盛村和掌政 6 队设施温棚土壤有效磷含量最高值是种植 9 年的温棚;而新渠村、塔桥村和五渡桥村种植 6 年的温棚土壤有效磷含量最高,而后呈下降趋势,但仍维持着较高含量水平。究其原因,设施蔬菜土壤施用的主要是磷酸二铵等高浓度的水溶性磷肥,而蔬菜对磷的吸收又很少,造成有效磷大量积累在土壤中;且每年设施蔬菜土壤都大量施用磷肥,造成磷肥在土壤表层中固定,使其含量可以相对维持在较高水平。

表 8-61　银川市兴庆区不同耕种年限设施蔬菜土壤(0~20 cm)有效磷含量统计表

种植设施蔬菜年限	各村土壤有效磷平均含量(mg/kg)				
	新渠村	塔桥村	茂盛村	五渡桥村	掌政六队
CK	66	59	75	57	103
3	113	275	82	82	50
6	325	243	75	156	111
9	221	149	89	110	174

4. 设施土壤钾素养分含量变化趋势

据何文寿等研究,设施土壤缓效钾含量随种植年限的延长在 0~12 年间呈逐渐增加的趋势。轮作条件下,0~12 年土壤缓效钾含量在 747.2~1034.2 mg/kg,平均为 911.2 mg/kg;连作条件下,0~12 年土壤缓效钾含量在 704.0~924.7 mg/kg,平均为 761.3 mg/kg。

设施土壤速效钾含量随种植年限的延长在 0~9 年逐渐增加,9 年以后开始下降,年际间变化差异不明显。轮作条件下,0~12 年土壤速效钾含量变化在147.8~339 mg/kg,平均为 313.5 mg/kg;连作条件下,0~12 年土壤速效钾含量变化在167.0~381.6 mg/kg,平均为 264.4 mg/kg。

5. 设施土壤有效性微素含量变化趋势

由表 8-62 可以看出,随着种植年限的延长,设施土壤有效铁和代换性锰含量的变化趋势相似,在 0~6 年呈增加趋势,6 年以后趋于下降;设施土壤有效锌含量在 0~9 年呈上升趋势,9 年以后呈下降趋势;设施土壤有效铜含量在 0~3 年期间呈上升趋势,3 年以后呈缓慢下降趋势;设施土壤水溶性硼含量在 0~12 年期间,随着种植年限的延长呈缓慢增加趋势。

表 8-62　宁夏设施蔬菜土壤(0~20 cm)有效性微素含量统计表

种植年限	Fe (mg/kg)	Zn (mg/kg)	B (mg/kg)	代换性锰 (mg/kg)	Cu (mg/kg)
0	4.92	1.88	0.59	6.87	1.16
3	8.94	3.61	0.75	9.8	2.01
6	10.67	4.19	1.05	10.75	1.83
9	9.69	4.73	1.28	9.95	1.55
12	10.49	3.56	1.74	9.8	1.56
平均	9.95	4.02	1.2	10.07	1.74
设施增加%	102.16	114.47	105.77	46.6	50.32
标准差	0.80	0.55	0.42	0.46	0.22
变异系数%	8.02	13.75	3.83	4.55	12.74

备注:本表引自《宁夏设施栽培土壤质量时空变化研究》课题研究,2009 年,宁夏大学。

综上所述,设施土壤有机质及养分含量随种植年限的延长呈抛物线形式变化,最大值多数集中在 6~9 年;设施轮作最大值多大于设施连作。

(二)设施土壤理化性质变化趋势

1. 设施土壤 pH 与全盐变化趋势

(1)设施土壤 pH 变化趋势

据何文寿等研究,设施土壤 pH 随种植年限的延长呈下降趋势,pH 由 8.46 下降至 7.91,下降了 0.43 个单位,年平均降幅 0.04 个单位。pH 随种植年限的变化模式为 $Y=0.0051x^2-0.103x+8.4201$($R^2=0.9974$),下降至最低时的年限为 10 年。

设施轮作土壤 pH 随种植年限呈下降趋势。pH 由 8.46 下降至 7.93,下降了 0.36 个单位,年平均下降 0.03 个单位。pH 随种植年限的变化模式为 $Y=0.0021x^2-0.0647x+8.4425$($R^2=0.901$),下降至最低时的年限为 15 年。

设施连作土壤 pH 随种植年限也呈下降趋势。pH 由 8.30 下降至 7.61,下降了 0.56 个单位,年平均下降 0.05 个单位。pH 随种植年限的变化模式为 $Y=0.0061x^2-0.138x+8.3346$($R^2=0.9715$),下降至最低时的年限为 11 年。设施连作土壤 pH 下降幅度较大。

（2）设施土壤全盐含量变化趋势

据何文寿等研究，设施土壤全盐含量在 0~12 年由 0.80 g/kg 增加到 1.35 g/kg，增幅 57%，年均增幅 4.75%。土壤全盐含量随种植年限的变化模式为 $Y=-0.0053x^2+0.1013x+0.8315$（$R^2=0.9286$），增长至最大值的年限约为 10 年。

设施轮作土壤全盐含量在 0~12 年由 0.80 g/kg 增加到 1.29 g/kg，增幅 60.9%，年均增幅 5.1%。土壤全盐含量随种植年限的变化模式为 $Y=-0.0049x^2+0.0849x+0.8811$（$R^2=0.5247$），增长至最大值的年限约为 8.7 年。

设施连作土壤全盐含量在 0~12 年由 0.80 g/kg 增加到 1.69 g/kg，增幅 85.6%，年均增幅 7.1%。土壤全盐含量随种植年限的变化模式为 $Y=-0.0119x^2+0.2092x+0.7084$（$R^2=0.8753$），增长至最大值的年限约为 8.8 年。

可见，设施土壤盐分含量随种植年限延长而递增，在 9~10 年达到最高值。根据有关试验研究，设施土壤盐害发生的指标为 <1.0 g/kg（安全浓度），1.5~2.0 g/kg（警界浓度），2.0~2.5 g/kg（轻度盐害），2.5~3.0 g/kg（中度盐害），>3.0 g/kg（重度盐害），宁夏设施土壤全盐平均含量处于安全浓度范围，但随着种植年限的延长逐渐进入警界浓度、轻度、中度盐害范围，特别是连作更易发生表层积盐。从盐害浓度下界即警界浓度来看，允许最长连作年限为 3~4 年。

2. 设施土壤基本物理性质变化趋势

（1）设施土壤容重变化趋势

据何文寿等研究，设施土壤容重随种植年限的递延呈下降趋势，在 0~12 年种植期间设施轮作土壤容重由 1.40 g/cm³ 下降至 1.33 g/cm³；设施连作土壤容重由 1.40 g/cm³ 下降至 1.27 g/cm³；可见设施连作土壤容重下降幅度大于设施轮作土壤容重。

（2）设施土壤颗粒组成变化趋势

据何文寿等研究，设施土壤颗粒组成随着种植年限的延长而发生变化。在 0~12 年种植期间，粉粒（粒径为 0.05~0.002 mm）含量趋于增加，由 50% 增加到 59.0%；黏粒（<0.002 mm）含量基本维持在 23.5%；沙粒（1~0.05 mm）含量趋于降低，由 26.5% 降至 17.5%；可见，设施土壤随种植年限的递延存在着一定程度的颗粒细化作用。

（3）设施土壤团聚体变化趋势

据何文寿等研究，随种植年限的延长干筛土壤团聚体（>0.25 团聚体）逐渐增加，其中 3~6 年增长较快，由 71% 增加到 80%；6~12 年增长缓慢，由 80% 增至 85%。

由表 8-63 可以看出，设施土壤中，0.25~0.50 mm、0.50~1.00 mm、1.00~2.00 mm、2.00~5.00 mm 各粒级水稳性团聚体含量随种植年限的延长而增加，约在 9 年时达到最大值；>5.0 mm 水稳性团聚体在 0~6 年呈增加趋势，6 年以后呈下降趋势。统计分析结果表明，水稳性团聚体含量随种植年限延长的变化趋势符合抛物线曲线，其拟合方程为 $Y=-0.0914x^2+1.8669x+6.4194$（$R^2=0.995$），当其达最大时的种植年限为 10 年，10 年以后水稳性团聚体开始下降。

表 8-63　宁夏设施土壤(0~20 cm)不同种植年限各粒级水稳性团聚体含量(%)统计表

种植年限 (年)	>0.25 mm 水稳性团聚体/>0.25 mm(%)					
	>5	2~5	1~2	0.5~1	0.25~0.5	>0.25
0	0.10±0.10	0.36±0.12	0.48±0.10	1.74±0.44	3.57±0.98	6.25±1.46
3	0.40±0.30	1.04±0.22	1.02±0.24	3.72±0.66	5.36±0.57	10.92±1.54
6	0.41±0.10	1.42±0.26	1.58±0.28	4.83±1.03	6.43±1.18	14.66±2.78
9	0.17±0.23	1.18±0.39	1.52±0.34	5.57±0.60	6.54±0.81	14.97±1.98
12	0.30±0.20	1.23±0.19	1.49±0.37	4.62±1.33	7.80±0.93	15.44±2.51

备注:本表引自《宁夏设施栽培土壤质量时空变化研究》课题研究,2009 年,宁夏大学。湿筛法测定。

3. 设施土壤水分物理性质变化趋势

(1)设施土壤自然含水量变化趋势

据何文寿等研究,设施土壤自然含水量(Y)随种植年限(X)的拟合方程为 $Y=-0.0895x^2+1.0027x+13.023$($R^2=0.8448$),设施土壤自然含水量达最大值的种植年限为 5.6 年。0~6 年呈上升趋势;而在 6~12 年呈下降趋势。

(2)设施土壤田间持水量变化趋势

据何文寿等研究,设施土壤田间持水量随种植年限的延长呈现先升高再降低的趋势。设施土壤田间持水量随种植年限的动态变化模型为 $Y=-0.1441x^2+1.9584x+18.695$($R^2=0.4834$),设施土壤田间持水量达最高时的种植年限为 7 年;7 年以后趋于下降。

(3)设施土壤孔隙度变化趋势

据何文寿等研究,设施土壤总孔隙度在种植 0~6 年期间随种植年限的延长呈增加趋势,6~9 年期间呈下降趋势,9~12 年又回升。

设施土壤毛管孔隙度随种植年限的动态变化模型为 $Y=-0.107x^2+1.8935x+39.326$($R^2=0.9832$),设施土壤毛管孔隙度达最高时的种植年限为 8 年;8 年以后趋于下降。

综上所述,设施土壤 pH 随种植年限的递延趋于降低,年平均下降 0.04 个单位,其中连作土壤 pH 下降更为明显;设施土壤盐分含量随种植年限的延长而增加, 年均增幅 4.75%,在 9~10 年达最高值,连作较轮作增长更为明显,允许最长连作年限为 3~4 年。设施土壤容重随种植年限的递延趋于下降, 其中设施连作土壤容重下降明显;设施土壤>0.25 mm 水稳性团聚体和粉粒含量随种植年限而呈抛物线变化, 达最大值的年限分别为 10 年和 13 年;设施土壤自然含水量、田间持水量、总孔隙度、毛管孔隙度随种植年限呈抛物线形式变化, 达到最大值多数集中在 6~8 年。

(三)设施土壤生物学性质变化趋势

1. 设施土壤酶活性变化趋势

(1)设施土壤脲酶活性变化趋势

据何文寿等研究,在 0~12 年内,随着种植年限的延长,土壤脲酶活性呈抛物线变化趋势。在种植 0~6 年期间,土壤脲酶活性呈上升趋势,年平均增长率 45%;种植 6 年以后呈下降趋势,种植12年比种植6年时低0.08 mg/g,平均逐年递减2%。且设施轮作土壤脲酶活性比设施连作土壤脲酶活性高32.2%。

（2）设施土壤过氧化氢酶活性变化趋势

据何文寿等研究,设施土壤过氧化氢酶活性在0~12年种植期内呈先升高后降低的变化趋势,但变化幅度较平缓。在种植0~6年期间,随种植年限的延长设施土壤过氧化氢酶活性呈上升趋势;种植6年以后呈下降趋势,种植12年比种植6年时低0.30 ml/g,年均递减2%。设施轮作土壤过氧化氢酶活性比设施连作土壤过氧化氢酶活性高10.2%。当过氧化氢酶活性达到较高水平时,说明此时土壤过氧化氢酶的解毒能力较强;设施土壤过氧化氢酶活性低时,就会造成过氧化氢等有毒物质的积累,从而对生物和土壤产生毒害作用。

（3）设施土壤蔗糖酶活性变化趋势

据何文寿等研究,设施土壤蔗糖酶活性在0~12年内随种植年限的延长呈抛物线变化趋势。在种植0~6年期间,随种植年限的递延设施土壤蔗糖酶活性呈上升趋势,年均增长率10.6%;在种植6年以后呈下降趋势,种植12年比种植6年时低1.71 mg/g,年均递减3%。设施轮作土壤蔗糖酶活性较设施连作土壤蔗糖酶活性高53.5%。

（4）土壤磷酸酶活性变化趋势

据何文寿等研究,设施土壤磷酸酶活性在0~12年内随种植年限的延长呈抛物线变化趋势。在种植0~6年期间,随种植年限的递延设施土壤磷酸酶活性呈上升趋势,年均增长率4.5%;在种植6年以后呈下降趋势,种植12年比种植6年时低0.05 mg/g,年均递减3%。设施轮作土壤磷酸酶活性较设施连作土壤磷酸酶活性高6.9%。

2. 设施土壤微生物区系变化趋势

（1）设施土壤细菌数量变化趋势

据何文寿等研究,设施土壤细菌数量在0~12年内随种植年限的延长呈抛物线变化趋势。在种植0~9年期间,随种植年限的递延设施土壤细菌数量呈增加趋势,年均增长率9%;在种植9年以后呈减少趋势,种植12年比种植9年时少0.59×10⁷个/克干土,年均递减5%。设施轮作土壤细菌数量较设施连作土壤细菌数量高75%。

（2）设施土壤真菌数量变化趋势

据何文寿等研究,设施土壤真菌数量在0~12年内随种植年限的延长呈抛物线变化趋势。在种植0~9年期间,随种植年限的递延设施土壤真菌数量呈增加趋势,年均增长率13%;在种植9年以后呈减少趋势,种植12年比种植9年时少3.16×10⁴个/克干土,年均递减7%。设施轮作土壤真菌数量较设施连作土壤真菌数量高25%。

（3）设施土壤放线菌数量变化趋势

据何文寿等研究,设施土壤放线菌数量在0~12年内随种植年限的延长呈抛物线变化趋势。在种植0~9年期间,随种植年限的递延设施土壤放线菌数量呈增加趋势,年均增长率9%;在种植9年以后呈减少趋势,种植12年比种植9年时少1.08×10⁶个/克干土,年均递减8%。设施轮作土壤放线菌数量较设施连作土壤放线菌数量高41.9%。

3. 设施土壤根结线虫数量变化趋势

据何文寿等研究,设施土壤根结线虫数量随种植年限的延长呈抛物线变化趋势。在种植0~12年期间,年平均增长率为86.7%、53.6%、24.7%和-0.7%。经统计分析,设施土壤根结线虫数量(Y)随种植年限(X)的变化趋势符合二次函数模式,其拟合方程为$Y=262.35+132.87x-5.8909x^2$,经求解方程,当种植11.3年时设施土壤根结线虫数量最多;且设施连作土壤根结线虫数量比设施轮作土壤根结线虫数量多2.02倍。

综上所述,设施土壤酶活性、微生物数量随种植年限呈抛物线形式变化,其变化趋势均可用二次函数拟合,达到最大值的年限多数集中在6~9年,其中微生物达最多时需要年限较长,细菌需要10~11年。

(四)设施土壤重金属元素变化趋势

由表8-64可知,设施土壤锌(Zn)、镉(Cr)、砷(As)、铅(Pb)、铜(Cu)元素含量随着种植年限的延长趋于降低,其中,设施土壤铅(Pb)元素降低幅度最大,达25.53%;设施土壤铬(Cd)元素含量趋于增加,相对增幅为63.25%。

表8-64 宁夏设施土壤(0~20 cm)不同种植年限重金属元素含量统计表

种植年限（年）	(0~20 cm)土壤重金属元素含量(mg/kg)						
	Zn	Cr	Hg	Cd	As	Pb	Cu
0	69.7	64.6	0.059	0.117	16.6	23.6	23.5
2	70.4	61.5	0.042	0.186	14.8	20.6	24.2
7	68.1	64.9	0.035	0.159	16.8	18.1	21.4
8	71.1	62.4	0.051	0.226	13.8	16.9	23.7
14	62.1	65.4	0.068	0.193	11.3	14.7	18.3
温室平均	67.9	63.6	0.049	0.191	14.2	17.6	21.9
设施增减(%)	-2.55	-1.63	-16.95	63.25	-14.61	-25.53	-6.81
最大值	71.1	65.4	0.068	0.226	16.8	20.6	24.2
最小值	62.1	61.5	0.035	0.159	11.3	14.7	18.3
标准差	4.09	1.89	0.01	0.03	2.29	2.46	2.69
变异系数%	6.02	2.98	29.1	14.43	16.13	13.99	12.29

备注:本表引自《宁夏设施栽培土壤质量时空变化研究》课题研究,2009年,宁夏大学。

三、设施土壤存在问题及改良利用

(一)设施土壤存在问题

1. 设施土壤养分比例失调

设施栽培条件下,复种指数高,产出量大,需要吸收和消耗的养分多,施肥量大。从以上分析可以看出,设施土壤有机质、全氮、碱解氮、有效磷、速效钾、有效锌、有效铜、有效硼等元素平均含量明显高于露地土壤;但其土壤有效钙、有效铁、有效锰等养分含量低,属于缺乏水平;设施土壤养分比例失调,部分养分富集,部分养分亏缺,元素间配比失调。中卫沙坡头区 30 个老棚(建棚时间 3 年以上)土壤有机质平均含量为 23.67 g/kg,全氮平均为 1.78 g/kg,碱解氮平均达 323.7 mg/kg,有效磷平均 173.5 mg/kg,速效钾为 492 mg/kg。土壤氮、磷、钾含量过高,严重影响蔬菜对钙、镁、铁、硼等中、微量元素的吸收,导致蔬菜因缺素而产生生理性病害。如白菜、甘蓝的心腐(干烧心病)、黄瓜、甜椒叶上的斑点病,番茄的脐腐病,番茄缺硼出现裂果病等缺素症。

2. 设施土壤肥力水平差异较大

从以上分析可以看出,不同土壤类型设施土壤肥力水平差异较大。灌淤土类设施土壤有机质及养分含量多处于高含量水平;土壤物理性状及生物学性状均处于良好状态;而灰钙土类设施土壤有机质及养分含量多处于低含量水平;土壤物理性状及生物学性状均处于较差状态。

不同种植年限土壤有机质及养分含量差异也较大。新建温室多采用夯实土墙,为了施工方便,耕作表层土都夯实到土墙中,栽培应用的土壤是耕作层以下的生土,土壤养分亏缺,熟化程度低。主要表现为土壤有机质及氮、磷、钾三要素含量低,有效微量元素含量缺乏(见表 8-65)。尤其是南部山区新建温棚土壤有机质含量仅为 5.11~5.37 g/kg,全氮为 0.26 g/kg,碱解氮为 16.5~17.2 mg/kg,有效磷为 3.5 mg/kg,速效钾为 70.8~77 mg/kg,有效锌、铜、铁、锰、硼元素含量均很低;中部干旱带同心县新建棚土壤有机质、氮、磷、钾及微量元素含量水平也很低,多为极缺乏水平;老灌区新建棚土壤有机质及养分含量虽比南部山区和中部干旱带新建棚稍高,但仍不能满足设施蔬菜正常生长发育对养分的需求。

3. 设施土壤次生盐渍化

据何文寿等研究,设施土壤随着种植年限的延长逐渐进入警界浓度、轻度、中度盐害范围,特别是连作更易发生表层积盐。从盐害浓度下界即警界浓度来看,允许最长连作年限为 3~4 年。实地调查发现,自流灌区土壤盐分含量随棚龄的增加而升高,大武口 17 个老棚土壤全盐平均含量为 1.6 g/kg,高的达到 4.92 g/kg,是大田全盐含量 2~3 倍;中卫柔远 4 年棚,土壤含盐量高达 8.47 g/kg,是大田全盐含量的 10 倍,严重影响蔬菜的生长发育。

4. 设施土壤根结线虫危害

在设施栽培条件下,由于种植品种单一,作物连作后,根系自毒产物增多,抵抗力下降,为根结线虫浸染提供了条件,客观上促进了根结线虫的发生与发育。设施土壤根结线虫密度大,虫口密度高达每克土 646.16 条,是露地蔬菜土壤根结线虫数量(302 条/克)1.12 倍。

(二)设施土壤改良利用途径

1. 大力推广水肥一体化技术

水肥一体化技术是将灌溉与施肥为一体的农业新技术。水肥一体化是借助压力系统将可溶性固体或液体肥料,按土壤养分含量和作物种类的需肥规律和特点,配兑成的肥液与灌溉水一起,通过管道系统供水供肥,均匀准确地输送至作物根部区域。通过可控管

表 8-65 宁夏设施温棚土壤(0~20 cm)有机质及养分含量统计表

地区		建棚类型	土壤层次	pH	全盐 (g/kg)	有机质 (g/kg)	全氮 (g/kg)	碱解氮 (mg/kg)	速效钾 (mg/kg)	有效磷 (mg/kg)	有效铜 (mg/kg)	有效锌 (mg/kg)	有效铁 (mg/kg)	有效锰 (mg/kg)
固原地区	固原三营	新建棚	耕层	8.92	0.27	5.67	0.26	17.2	70.8	3.5	0.52	0.067	3.39	2.02
	固原三营	新建棚	耕层	8.79	0.28	5.11	0.27	16.5	77.4	3.5	0.53	0.098	3.43	2.23
	固原三营	露地	耕层	9.02	0.25	7.41	0.038	33.3	95.3	6.5	0.57	0.24	4.82	2.98
	固原三营	露地	耕层	8.98	0.35	6.92	0.43	22.8	115	8.2	0.6	0.35	6.03	3.44
	固原头营	老棚	耕层	8.54	0.82	13	0.82	68.2	366	129.5	1.33	3.15	25.8	2.78
	固原头营	老棚	耕层	8.37	0.96	12.7	0.81	81.3	364	140	0.29	3.25	27	3.21
中部干旱带	同心县	新建棚	耕层	8.9	0.22	6.67	0.31	17.8	109	7.1	0.54	0.29	2.63	2.48
	同心县	露地	耕层	8.8	0.25	6.16	0.37	19.8	159	7.5	0.68	1.03	3.43	1.96
	同心县	老棚	耕层	8.23	0.76	9.77	0.62	77	248	109	0.72	1.73	5.11	2.37
自流灌区	贺兰县	新建棚	犁底层	8.73	0.35	8.74	0.54	21.2	167	3.9	0.95	0.24	9.24	3.2
	中卫柔远	新建棚	犁底层	8.55	0.91	12.1	0.67	43	164	12.3	1.9	0.74	25.3	5.67
	贺兰县	新建棚	耕层	8.58	0.35	16.3	0.094	62.5	224	23	1.32	0.81	15.2	4.44
	中卫柔远	新建棚	耕层	8.62	0.41	22.8	1.22	90.4	272	50	2	2.07	36	4.9
	贺兰县	6年龄种植棚	耕层	8.34	1.2	19.6	1.37	120.3	600	244	2.31	5.38	11.9	4.92
	中卫柔远	4年龄种植棚	耕层	8.22	8.47	23.7	1.93	254.3	644	278	3.14	4.81	18.0	4.26

道系统供水、供肥,使水肥相融后,通过管道和滴头形成滴灌,均匀、定时、定量,浸润作物根系发育生长区域,使主要根系土壤始终保持疏松和适宜的含水量;同时根据不同的作物需肥特点,土壤环境和养分含量状况;作物不同生长期需水,需肥规律情况进行不同生育期的需求设计,把水分、养分定时定量,按比例直接供给作物。

水肥一体化技术的优点是灌溉施肥的肥效快,养分利用率提高,可以避免肥料施在较干的表土层易引起的挥发损失及肥效慢,尤其避免了氮肥施在地表挥发损失。由于水肥一体化技术通过人为定量控制,满足作物在关键时期"吃饱喝足"的需要,杜绝了任何缺素症状,因而在生产上可达到高产优质的目的。水肥一体化技术能够大幅度提高肥料利用率和水分利用率,据有关试验研究,与常规灌溉施肥相比,水肥一体化比常规灌溉施肥节肥 50%~70%;节水 37.5%~62.8%,水分利用率提高 1.5 倍(见表 8-66)。水肥一体化技术不仅具有节肥、节水、节本、省工、省力的特点,还提高了农产品品质、增加了产量,促进了农业种植业收入,在一定程度上降低了温室湿度,抑制了病虫草害的发生。

表 8-66 水肥一体化技术效果统计表

作物	灌溉及施肥方式	平均产量(千克/亩)	灌溉水量(m³/亩)	耗水量(m³/亩)	水分利用效率(kg/m³)	水分利用效益(元/m³)
番茄	沟灌冲肥	3586.6	230	332.5	10.79	17.8
	滴灌施肥	5102.8	176	310.5	16.43	27.11
葡萄	常规施肥	855.2	125	515.2	1.66	4.98
	滴灌施肥	1102.3	70	457.4	2.41	7.23
桃子	常规施肥	1208.4	160	456	2.65	5.3
	滴灌施肥	1430.9	100	349	4.1	8.2

备注:本表引自《微灌施肥农户操作手册》表 1-3。

2. 大力推广秸秆生物反应堆技术

秸秆生物反应堆技术是利用废弃的秸秆通过生物菌剂发酵,产生二氧化碳气体,增加设施温棚内的二氧化碳气体浓度,从而增强蔬菜作物光合作用,改善土壤结构,最大限度地提高蔬菜产量及综合抗性,是有效解决设施蔬菜连作障碍、防治土壤盐渍化、提高产量、增强抗逆性、改善品质的创新栽培技术。秸秆生物反应堆有内置式和外置式两种形式,一般采用内置式。秸秆生物反应堆技术具有以下优势,一是施用生物反应堆技术的温室内二氧化碳浓度大幅度提高,比对照温棚(没有施用生物反应堆技术的温棚,后同)提高 2~6 倍。二是地温、气温明显提高,且由于作物的生长温度、二氧化碳浓度的提高,增强了作物的光合作用与营养积累,减少了病原侵染,增强了作物抗逆性。三是省肥、省水、省药;四是改善土壤结构,减轻土壤盐渍化程度。五是增产增收。以黄瓜为例,表现为坐果率提前,成熟速度快,提前早上市 5~7 天,采收时间可延长 10~15 天。应用秸秆生物反应堆技术每亩所需菌种成本 100~500 元,加入麦麸、秸秆等费用后增加到 1000 元。收获时每亩增收 5000~7000 元,最低投入产出比 1:5。秸秆生物反应堆技术目前已在宁夏各市县设施温棚示范推广,增产提质效果明显,仅银川市兴庆区应用秸秆生物发应堆技术的设施温棚已达 500 多亩。

3. 因土制宜培肥改良

(1)快速培肥改良利用

快速培肥改良利用主要针对新建温棚、灰钙土和风沙土地区的设施土壤。主要途径一是客土改良：对失去原熟化表层土壤的温棚，就近插花挖取露地熟化表层土壤覆于温棚内；对过于黏重的土壤，适当掺些沙土进行改良。二是增施有机肥：在种植前 15 天施用优质腐熟的有机肥。新建棚每亩施用腐熟有机肥 3000 kg 左右或商品有机肥 1000 kg；施肥方法均匀撒施，然后耕翻，使之与土壤充分混合。三是深耕深松：采用逐步深耕的方法加深耕层，使土壤松软层能达到 30~50 cm 最为理想。四是测土施肥：种植农户根据温棚土壤基础肥力水平和种植作物的品种，在基施有机肥的基础上，确定适宜的目标产量。氮、磷、钾化肥用量及方法按照作物生长需求施用。基肥最好与农家肥混合使用。追肥尽量采取"少量多次"方式进行。化肥的养分含量高，用量不宜过多，否则易出现烧种、烧根、烧叶等现象。中微量元素采用因缺补缺矫正施肥技术。宁夏土壤属石灰性土壤，pH>7，土壤中含钙量高，但易被固定，难于被作物吸收利用。尤其在温棚中，相对湿度大，蒸腾量低，钙在植物体内难以移动，在蒸腾量低的部位，如果实、菜心部等，更易发生生理性缺钙现象，典型的缺钙症状如白菜、甘蓝的心腐（干烧心病），黄瓜、甜椒叶上的斑点病，番茄的脐腐病等，建议在作物生长期适时施喷 2~3 次 0.3%~0.5%硝酸钙溶液。土壤有效微量元素含量极缺乏的温棚，应适时补充微量元素，基施固体微量元素肥料 1~2 kg 或叶面喷施。如种植芹菜、甘蓝、萝卜应在作物生长中期喷 2~3 次 0.1%~0.2%的硼砂溶液。五是合理安排茬口：宁南山区和中部干旱带新棚，因其土壤各种养分含量缺乏，且熟化度低，第一年最好种植些对水肥要求相对较低的蔬菜，如芹菜等叶菜类，种植一、二年后，再种植番茄、黄瓜等对土壤肥力要求较高的蔬菜品种。自流灌区新棚在施足优质腐熟有机肥的基础上，按照作物生长需求合理施肥，在精心管理栽培条件下，种植当年即可达到中产水平。新棚头一年和第二年以选择一年一茬单季蔬菜为宜，并在歇茬期及时深耕深翻疏松土壤；或选择间套种绿肥，加速土壤培肥。

(2)老棚土壤培肥改良

老棚主要指建棚时间 3 年以上的温棚。主要培肥改良途径一是适量施用有机肥，提高土壤有机质含量，改善土壤结构。每季亩条施腐熟有机肥 2000 kg 左右或商品有机肥 500 kg 左右，并要注意多施含秸秆多的堆肥，少施畜禽粪，这样可恢复地力，补充棚内二氧化碳，可减轻土壤盐化和连作障碍。二是适当深耕：在增施有机肥的基础上逐年深耕，每 1~2 年夏季或冬季深翻一次，耕后曝晒或冰垡，配合每次倒茬时耕翻，可使土壤熟化，活土层深化。三是严格控制化肥的用量，根据作物生长发育需求，合理施用氮、磷、钾肥，注意中微量元素肥料的施用。老棚土壤有效磷含量高时会降低作物对锌等微量元素的吸收，因此适时补充微量元素也很重要。补充方法一是土壤施肥，亩施硫酸锌 1~2 kg，可几年不用再施肥，二是叶面喷施，可以提高微肥的利用率。根菜类蔬菜含硼量高，是禾本科作物的 3~20 倍。蔬菜缺硼的共同点是根系不发达,生长点死亡,花发育不全,果实易出现畸形,如芹菜的茎折病、甘蓝的褐腐病、萝卜的褐心病等。应在作物生长中期喷 2~3 次 0.1%~0.2% 的硼砂溶液。三是轮作养地:采用菜粮、瓜菜及间套种绿肥轮作。豆科蔬菜可借助固氮菌作用,增加氮的含量;芥菜、豌豆等能吸收利用一般蔬菜不能利用的磷、钾养分。四是老棚土壤速效磷含量过高的情况下,应逐渐降低磷肥基施用量。一方面可以减少磷肥投入,促进土壤中微量元素的活性;另一方面降低磷对环境的污染。同时还应加强土壤各种养分的动态监测,根据监测结果提出新的施肥方案。

4. 防治土壤次生盐渍化

设施土壤在灌排配套条件下,6~8 月份休茬期用大水灌溉 2 次左右,洗盐压盐;也可以在休闲期亩施 700 kg 左右的未腐熟的扎碎秸秆;青铜峡市采用种植一茬豆科作物,并将其植株残体扎碎翻压 20~30 cm 土内,改良盐化效果显著。盐渍化特别严重的土壤,可采用基质无土栽培或休茬伏翻伏泡等快速脱盐改良。温室土壤由于不能充分灌溉,切忌施用含氯化肥,防止氯元素残留在土壤中引起土壤次生盐渍化。

5. 设施土壤消毒

随着设施栽培生产的发展,特别是连作后,土壤有害微生物和病虫害增多,多种土传病危害突出,已成为限制设施农业发展的重要因素。采用土壤消毒(灭菌)方法可消除或减轻危害。具体方法有:一是药洁法:可用福尔马林拌土或用硫磺粉熏蒸杀菌,也可用药液喷浇或拌药土沟施、穴施处理土壤。此种方法持续时间短,成本较高,其防治效果不十分理想。二是高温法:高温季节,土壤灌水后高温闷棚,有条件的也可采取给土壤通热蒸汽杀虫灭菌,可大大减轻菌核病、枯萎病、软腐病、根结线虫、红蜘蛛及多种杂草危害。三是低温冷冻法:冬季严寒,可撤膜后深翻土壤,冻死病虫及虫卵。四是日光法:夏季休闲时期,深翻土壤,撤掉棚膜,利用阳光紫外线高温消毒杀菌。此种方法防治土传病害,效果良好。五是残茬处理:为了防止残茬带菌和初染病株蔓延,应及时清除初染病株和残茬,方法是焚烧或高温堆积,消除病菌。处理后的土壤应特别注意防止有害病虫的再传入。

第四节 宁夏农作物施肥专家决策系统的建立与应用

宁夏农作物施肥专家决策系统是基于自治区测土配方施肥项目历年土壤调查测试数据和田间肥料试验示范、国内及自治区有关土壤肥料和农作物试验示范资料、自治区丰产丰收典型施肥案例,在自治区测土配方施肥专家组的精心指导下,应用数据统计分析原理和数据库技术建立的宁夏不同类型种植作物施肥数学模型,并采用可视化面计算机语言研发;系统主要由知识库、数据库、模型库、推理库、人机交互界面及解释机构等组成。宁夏农作物施肥专家决策系统自 2008 年研发以来,本着边研发边应用的原则,不断探索创新、补充完善,建立了目前涵盖宁夏粮食作物、油料作物、设施露地蔬菜、枸杞等作物施肥决策系统。宁夏农作物施肥专家决策系统的触摸查询系统、手机查询及施肥建议手册为指导农民科学合理施肥提供了即时便捷的服务,是普及推广测土配方施肥技术的有效途径。

一、宁夏农作物施肥模型的建立

施肥模型的建立是宁夏农作物施肥专家决策系统研发的核心。

(一)宁夏农作物施肥模型主要依据

宁夏农作物施肥模型主要依据作物产量肥料效应函数模型理论、贝叶斯先验决策理论、土壤—作物养分平衡律、报酬递减律、因子综合作用律等。

1. 作物产量肥料效应函数模型理论

作物产量肥料效应模型实际上是指各因子的综合效应模式。如果以 y 代表作物产量,$x_1, x_2, \cdots, x_n$ 代表各效应因子的参量,则有:

$$y = f(x_1, x_2, \cdots, x_n)$$

在农业生产中,很多因子是不可控制和易变的。因此,在研究肥料效应函数时,把不可控和易变的因子作为一个自然体效应来表征。因此肥料效应函数模型也可表示为:

$$Y = b_0 + \sum b_i x_i + \sum b_{ij} x_i x_j + \sum b_{jj} x^p x + \varepsilon$$

式中,b_0 为不可控和易变的因子的整体效应,b_i 为各效应因子的对应效应参数,x_i 为各效应因子值,p 为高次效应项的幂,ε 为随即误差。

2. 贝叶斯先验决策理论

贝叶斯先验决策理论常均值 DIM 模型为:

观测方程:$y_t = u_t + v_t$, vt   N-(0, V)

状态方程:$u_t = u_{t-1} + \omega_t$ ω_t—(0, Wt)

初始信息:$u_0 \mid D_0$ N{m_0, C_0}

这里 y_t 表示 t 时刻测量数据,u_t 表示一个位置 n 维的参数,描述过程在 t 时刻的状态。ω_t 是已知 n*1 矩阵,它描述状态与测量数据之间的关系,v_t 是 t 时刻的测量误差。

贝叶斯先验决策理论认为:任何事物都具有一定的规律,并且在特定时间区域内具有时间传递性;从而认为,先验观测方程可为后验误差提供修正参数。

3. 土壤—作物养分平衡律

众所周知,施肥具有营养作物同时也营养土壤的"双重作用",因此施肥量实际上是同时满足作物需求和使土壤肥力(养分)达到平衡的总施肥量。对土壤肥力而言,"平衡"的含义一般多是保持(土壤肥力)的意思,但也可以是适度提高或降低。土壤养分水平较低的需要提高,过高则可允许适度降低。比如,当土壤磷、钾素很丰富时,可少施甚至不施磷、钾肥。

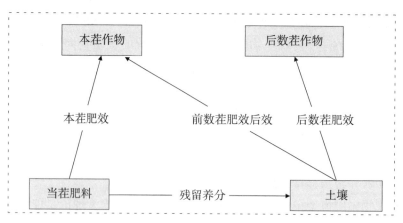

图 8-11　肥料的当季肥效与后效

4. 因子综合作用律

作物产量的高低是由影响作物生长发育诸因子综合作用的效果,故影响作物吸收养分的各种因素如耕地基础产量(土壤供肥量)、土壤有效养分校正系数、肥料利用率、土壤质地等因素均影响肥料效应。

5. 报酬递减律

从一定土地上所得的报酬,随着向该土地投入的劳动和资本量的增大而有所增加,但达到一定水平后,随着投入的单位劳动和资本量的增加,报酬的增加逐渐减少。当施肥量超过适量时,作物产量和施肥量之间的关系就不再是曲线模式,而呈抛物线模式,单位施肥量的增产会呈递减趋势。

测土配方施肥技术养分同等重要律、最小养分律、不可替代律均是宁夏农作物施肥模型建立的主要依据。

(二)宁夏农作物施肥模型

宁夏农作物施肥模型的研发突出了肥料边际效应理论的应用,综合考虑了全自治区不同生态类型区域(自流灌区、扬黄灌区与宁南山区)、不同耕地类型(水浇地、川旱地与山旱地)、土壤养分含量水平、栽培方式、土壤质地、土壤类型的差异。如构建水稻施肥数学模型时考虑了插秧、播后上水、幼苗旱长三种种植方式以及充分灌水与节水灌溉两种灌溉方式对模型参数的影响。构建磷肥施用量模型时考虑了沙质土、壤质土和黏质土等不同土壤质地因素对模型参数的影响。同时对耕地基础产量(土壤供肥量)、土壤有效养分校正系数、肥料利用率、肥料报酬递减率等直接影响土壤养分吸收的因素建立了相关函数指数模型。肥料分配主要依据种植作物各生育期对氮、磷、钾养分的需求特点,建立了各种作物不同生育期施肥量和施肥时期相对应的函数指数模型。

建立肥料施用量模型是宁夏农作物施肥模型研发的关键环节。本节就宁夏农作物氮肥、磷肥和钾肥施用量数学模型阐述如下。

1. 氮肥施用量数学模型

氮肥因其施入土壤中易挥发和损失的特性,没有明显直观后效性,因此,在一定地力条件下,某种作物某一产量水平施氮量常常保持在某一施用量水平上;且大量试验结果表明,氮肥施用量与土壤氮素丰缺指标的相关性不明显,即施氮量与土壤含氮量相关性很差;因此氮肥施用量主要取决于作物目标产量和氮肥综合效应等因素。宁夏农作物氮肥施用量数学模型为目标产量函数模型。

(1)单种作物氮肥施用量数学模型

$y=Ax a e^{bx}$

式中:y 表示氮肥施用量（N 千克/ 亩）;A 表示种植作物生产单位经济产量吸收纯氮数量(kg/100 kg);x 表示种植作物目标产量(千克/亩);ae^{bx} 表示氮素平衡系数。

(2)间种(套种)作物氮肥施用量数学模型

$y=A_1 x_1 a_1 e^{b1x1}+A_2 x_2 a_2 e^{b2x2}$

式中:y 表示氮肥施用量（N 千克/ 亩）;A_1 表示种植第一种作物生产单位经济产量吸收纯氮数量 （kg/100 kg）;A_2 表示种植第二种作物生产单位经济产量吸收纯氮数量(kg/100 kg);x_1 表示种植第一种作物目标产量(千克/亩);x_2 表示种植第二种作物目标产量(千克/亩);$a_1 e^{b1x1}$ 表示种植第一种作物氮素平衡系数;$a_2 e^{b2x2}$ 表示种植第二种作物氮素平衡系数。

2. 磷肥施用量数学模型

宁夏耕地土壤属碱性土壤,磷肥施入土壤易被土壤化学固定,有效性降低;难以移动,易累积,后效显著持久。且大量田间试验结果表明,耕地土壤有效磷含量与农作物产量呈一定程度的正相关。因此农作物磷肥施用量主要取决于作物目标产量、土壤有效磷含量及磷肥综合利用系数。根据农业生产实际情况,宁夏农作物磷肥施用量数学模型分为目标产量函数模型和复合函数模型。

(1)磷肥施用量目标函数模型

磷肥施用量目标函数模型主要针对不同区域不同作物一定目标产量水平磷肥施用量。该模型在估算磷肥施用量时参考了区域耕地土壤有效磷平均含量水平。

①单种作物磷肥施用量数学模型

$y=kBx\times ae^{bx}$

式中:y 表示磷肥施用量(P_2O_5 千克/ 亩);X 表示种植作物目标产量(千克/ 亩);B 表示生产单位经济产量吸收 P_2O_5 数量 （kg/100kg);k 表示磷素基本平衡系数;ae^{bx} 表示磷肥综合利用率、报酬递减率的调整函数。

②间种(套种)作物磷肥施用量数学模型

$y= k_1 B_1 x_1 \times a_1 e^{bx1}+k_2 B_2 x_2 \times a_2 e^{bx2}$ （两作间套种）

式中:y 表示磷肥施用量(P_2O_5 千克/ 亩);B_1 表示种植第一种作物生产单位经济产量吸收 P_2O_5 数量 （kg/100 kg）;B_2 表示种植第二种作物生产单位经济产量吸收 P_2O_5 数量 （kg/100 kg）;x_1 和 x_2 分别表示种植的两种作物目标产量(千克/亩);k_1 和 k_2 分别表示种植的两种作物磷素平衡系数。$a_1 e^{bx1}$、$a_2 e^{bx2}$ 分别表示种植的两种作物磷肥综合肥料利用率、报酬递减率的调整函数。

（2）磷肥施用量复合函数模型

磷肥施用量复合函数数学模型主要针对具有土壤有效磷测试结果的田块不同作物一定目标产量水平磷肥推荐量。该数学模型具备田块测土精准施磷的特征。

①单种作物磷肥施用量数学模型

$$y=[A+Bln(x_i)]×Cxa^b$$

式中：y 表示磷肥施用量（P_2O_5 千克/亩）；$A+Bln(x_i)$ 为基本施肥量函数；x_i 表示土壤有效磷含量（mg/kg）；C 表示种植作物生产单位经济产量吸收 P_2O_5 数量（kg/100 kg）；x 表示种植作物目标产量（千克/亩）；a^b 表示磷素平衡系数。

②间种（套种）作物磷肥施用量估算模型

$$y_i=[A+Bln(x_i)]×a(C_1x_1+C_2x_2)^b$$

式中：y 表示磷肥施用量（P_2O_5 千克/亩）；$A+Bln(xi)$ 为基本施肥量函数，C_1 表示种植第一种作物生产单位经济产量吸收 P_2O_5 数量 （kg/100 kg）；C_2 表示种植第二种作物生产单位经济产量吸收 P_2O_5 数量 （kg/100 kg）；x_1 和 x_2 表分别表示种植的两种作物目标产量（千克/亩）；$a(C_1x_1+C_2x_2)^b$ 表示磷素平衡系数。x_i 为土壤有效磷（P）含量（mg/kg）。

3. 钾肥施用量数学模型

钾肥施入土壤后以钾离子形态存在土壤中，钾离子易被土壤胶体吸附，钾盐均为水溶性盐，也可随水流失，但其活动性显著低于氮肥，超于磷肥。且大量田间试验结果表明，耕地土壤速效钾含量与农作物产量呈一定程度的正相关。农作物钾肥施用量主要取决于作物目标产量、土壤速效钾含量及钾肥综合利用系数。根据农业生产实际情况，宁夏农作物钾肥施用量数学模型分为目标产量函数模型和复合函数模型。

（1）钾肥施用量目标函数模型

钾肥施用量目标函数模型主要针对不同区域不同作物一定目标产量水平钾肥推荐量。该模型在估算钾肥施用量时参考了区域耕地土壤速效钾平均含量水平。

①单种作物钾肥施用量数学模型

$$y=kDx×ae^{bx}$$

式中：y 表示钾肥施用量（K_2O 千克/亩）；X 表示种植作物目标产量（千克/亩）；D 表示生产单位经济产量吸收 K_2O 数量（kg/100 kg）；k 表示钾素基本平衡系数；ae^{bx} 表示钾肥综合利用率、报酬递减率的调整函数。

②间种（套种）作物钾肥施用量数学模型

$$y=k_1D_1x_1×ae^{bx1}+k_2D_2x_2×ae^{bx2} \quad （两作间套种）$$

式中：y 表示钾肥施用量 （K_2O 千克/亩）；D_1 表示种植第一种作物生产单位经济产量吸收 K_2O 数量（kg/100 kg）；D_2 表示种植第二种作物生产单位经济产量吸收 K_2O_5 数量（kg/100 kg）；x_1 和 x_2 分别表示种植的两种作物目标产量（千克/亩）；k_1 和 k_2 分别表示种植的两种作物钾素平衡系数。a_1e^{bx1}、a_2e^{bx2} 分别表示种植的两种作物钾肥综合利用率、报酬递减率的调整函数。

（2）钾肥施用量复合函数模型

钾肥施用量复合函数模型主要针对具有土壤速效钾测试结果的田块不同作物一定目标产量水平钾肥推荐量。该模型具备田块测土精准施用钾肥的特征。

①单种作物钾肥施用量估算模型

$$y=[A+Bln(x_i)]\times Dxa^b$$

式中：y 表示钾肥施用量（K_2O 千克/亩）；$A+Bln(x_i)$ 为基本施肥量函数；x_i 表示土壤速效钾（K）含量（mg/kg）；D 表示种植作物生产单位经济产量吸收 K_2O 数量（kg/100 kg）；x 种植作物目标产量（千克/亩）；a^b 表示钾素平衡系数。

②间种（套种）作物钾肥施用量估算模型

$$y_i=[A+Bln(x_i)]\times a(D_1x_1+D_2x_2)^b$$

式中：y 表示钾肥施用量（K_2O 千克/亩）；$A+Bln(x_i)$ 为基本施肥量函数，D_1 表示种植第一种作物生产单位经济产量吸收 K_2O 数量（kg/100 kg）；D_2 表示种植第二种作物生产单位经济产量吸收 K_2O 数量（kg/100kg）；x_1 和 x_2 表分别表示种植的两种作物目标产量（千克/亩）；$a(D_1x_1+D_2x_2)^b$ 表示钾素平衡系数。x_i 为土壤速效钾（K）含量（mg/kg）。

（三）宁夏农作物施肥专家决策模型的特点

基于宁夏农作物氮肥、磷肥、钾肥施用量数学模型及相关函数模型，借助计算机知识库和数据库，分别构建了宁夏自流灌区、扬黄灌区和南部山区 3 个不同生态类型区主要粮食作物、杂粮、油料作物、蔬菜、西甜瓜（含压砂瓜）、酿酒葡萄、枸杞、苗木等 42 种农作物施肥模型，建立了宁夏农作物施肥专家决策模型。宁夏农作物施肥专家决策模型的施肥方案分为区域施肥建议方案和田块测土施肥方案。

宁夏农作物施肥专家决策系统的施肥方案设计的灌溉方式为畦灌或沟灌，因此在农业生产实际应用中，当灌溉方式为滴灌、管灌等节水灌溉水肥一体化条件下应用宁夏农作物施肥专家决策模型的施肥方案，应适当调减肥料施用量，调整追肥施用时期和施肥数量。

宁夏农作物施肥专家决策系统的施肥方案设计的作物品种为该区域当家作物品种，尚未考虑同一作物不同品种对养分需求的差异性。因此在农业生产实际应用中，当某种作物品种比当家品种具备喜水肥特性时，应根据种植品种喜肥特性，适当增加肥料用量。

宁夏农作物施肥专家决策系统的田块测土施肥方案是针对具体测土田块的施肥方案，具有田块土壤精准施肥的特点。

宁夏农作物施肥专家决策系统的区域施肥建议方案是针对宁夏自流灌区、扬黄灌区和南部山区 3 个区域土壤氮、磷、钾平均含量水平制定的不同作物不同产量水平的施肥建议方案，具有适应范围较广的特点。由于同一区域耕地地力差异较大，故低等耕地在应用区域施肥建议方案时，应对其施肥方案的施肥量进行适当增加；高等耕地则须进行适当调减。

二、宁夏农作物施肥专家决策系统的应用

宁夏农作物施肥专家决策系统目前已通过电脑触摸屏及手机查询等多种方式在全自治区各县推广应用。现就宁夏自流灌区、中部干旱区和南部山区3个生态类型区宁夏特色作物区域施肥建议方案阐述如下。

（一）自流灌区农作物区域施肥建议方案

宁夏自流灌区灌排条件良好，耕地地力水平较高，多为高等耕地和中等耕地。耕种施肥水平较高，氮、磷化肥普遍施用过量，钾肥施用较少。因此氮肥和磷肥的施用量需要控制在合理范围内；钾肥的施用应讲究针对性，在缺钾土壤、喜钾作物、作物产量较高的情况下需要配施钾肥；长期坚持施用有机肥的情况下可酌情不施钾肥。

1. 粮油作物施肥建议方案

（1）自流灌区水稻施肥建议方案

自流灌区水稻栽培方式有育苗插秧、播后上水、幼苗旱长三种。在水层管理上，基本执行节水灌溉（主要是轮灌），稻田常处于干干湿湿状态，而经常保持水层的情况较少（多为低洼田）。田间水层管理不同，对氮肥效果有明显影响，干干湿湿状态会增加氮肥损失，需适当增加氮肥用量。

表 8-67　自流灌区插秧水稻（常保水层）配方施肥建议方案

单位：千克/亩

目标产量	施养分总量			基 肥				追肥（尿素）			
	N	P_2O_5	K_2O	尿素（或碳酸氢铵）	磷酸二铵	重过磷酸钙（或普通过磷酸钙）	氯化钾（或硫酸钾）	总量	其中		
									返青	蘖肥	穗肥
600	13.7	5.8	1.6	16.3(44)		12.6(48)	2.7(3.2)	13.5	4.0	6.7	2.7
				11.4(31)	12.6		2.7(3.2)	13.5	4.0	6.7	2.7
700	16.5	7.1	2.6	17.4(47)		15.4(59)	4.3(5.2)	18.5	5.5	9.2	3.7
				11.4(31)	15.4		4.3(5.2)	18.5	5.5	9.2	3.7
800	19.5	8.5	3.9	18.5(50)		18.5(71)	6.5(7.8)	23.9	7.2	12.0	4.8
				11.2(30)	18.5		6.5(7.8)	23.9	7.2	12.0	4.8
提示	1. 坚持施用有机肥，在此基础上合理施用化肥； 2. 根据土壤肥力、水稻长势等情况，表中建议施肥量可少量增减； 3. 肥料必需深施：基肥深施有撒肥后旋耕或犁翻等方法；追肥时要有5cm左右水层（其后可自然落干）； 4. 若用尿素或含尿素的掺混肥作基肥，应在初灌前一星期左右施入稻田。										

表 8-68　自流灌区插秧栽培水稻（节水灌溉）配方施肥建议方案

单位：千克/亩

目标产量	施养分总量			基 肥				追肥（尿素）			
	N	P_2O_5	K_2O	尿素（或碳酸氢铵）	磷酸二铵	重过磷酸钙（或普通过磷酸钙）	氯化钾（或硫酸钾）	总量	其中		
									返青	蘖肥	穗肥
600	15.4	5.8	1.6	17.4(47)		12.6(48)	2.7(3.2)	16.1	4.8	8.0	3.2
				12.5(34)	12.6		2.7(3.2)	16.1	4.8	8.0	3.2

续表

目标产量	施养分总量			基　肥				追肥(尿素)			
	N	P₂O₅	K₂O	尿素(或碳酸氢铵)	磷酸二铵	重过磷酸钙(或普通过磷酸钙)	氯化钾(或硫酸钾)	总量	其中		
									返青	蘖肥	穗肥
700	18.6	7.1	2.6	18.5(50)		15.4(59)	4.3(5.2)	22.0	6.6	11.0	4.4
				12.5(34)	15.4		4.3(5.2)	22.0	6.6	11.0	4.4
800	21.9	8.5	3.9	19.6(53)		18.5(71)	6.5(7.8)	28.0	8.4	14.0	5.6
				12.3(33)	18.5		6.5(7.8)	28.0	8.4	14.0	5.6
提示	同表 8-67										

表 8-69　自流灌区播后上水水稻(常保水层)配方施肥建议方案

单位:千克/亩

目标产量	施养分总量			基　肥				追肥(尿素)			
	N	P₂O₅	K₂O	尿素(或碳酸氢铵)	磷酸二铵	重过磷酸钙(或普通过磷酸钙)	氯化钾(或硫酸钾)	总量	其中		
									苗肥	蘖肥	穗肥
550	13.0	5.2	0	14.1(38)		11.3(43)	0	14.1	4.2	6.4	3.5
				9.7(26)	11.3		0	14.1	4.2	6.4	3.5
600	14.4	5.8	1.6	15.2(41)		12.6(48)	2.7(3.2)	16.1	4.8	7.2	4.0
				10.3(28)	12.6		2.7(3.2)	16.1	4.8	7.2	4.0
650	15.8	6.4	2.1	16.3(44)		13.9(53)	3.5(4.2)	18.0	5.4	8.1	4.5
				10.9(29)	13.9		3.5(4.2)	18.0	5.4	8.1	4.5
提示	同表 8-67										

表 8-70　自流灌区播后上水水稻(节水灌溉)配方施肥建议方案

单位:千克/亩

目标产量	施养分总量			基　肥				追肥(尿素)			
	N	P₂O₅	K₂O	尿素(或碳酸氢铵)	磷酸二铵	重过磷酸钙(或普通过磷酸钙)	氯化钾(或硫酸钾)	总量	其中		
									苗肥	蘖肥	穗肥
550	14.6	5.2	0	15.2(41)		11.3(43)	0	16.5	5.0	7.4	4.1
				10.8(29)	11.3		0	16.5	5.0	7.4	4.1
600	16.2	5.8	1.6	16.3(44)		12.6(48)	2.7(3.2)	18.9	5.7	8.5	4.7
				11.4(31)	12.6		2.7(3.2)	18.9	5.7	8.5	4.7
650	17.8	6.4	2.1	17.4(47)		13.9(53)	3.5(4.2)	21.3	6.4	9.6	5.3
				12.0(32)	13.9		3.5(4.2)	21.3	6.4	9.6	5.3
提示	同表 8-67										

表 8-71　自流灌区幼苗旱长水稻(常保水层)配方施肥建议方案

单位:千克/亩

目标产量	施养分总量			基 肥				追肥(尿素)			
	N	P_2O_5	K_2O	尿素(或碳酸氢铵)	磷酸二铵	重过磷酸钙(或普通过磷酸钙)	氯化钾(或硫酸钾)	总量	其中		
									苗肥	蘖肥	穗肥
600	14.8	5.8	1.6	15.2(41)		12.6(48)	2.7(3.2)	17.0	4.7	8.5	3.7
				10.3(28)	12.6		2.7(3.2)	17.0	4.7	8.5	3.7
650	16.4	6.4	2.1	16.8(45)		13.9(53)	3.5(4.2)	18.8	5.3	9.4	4.1
				11.4(31)	13.9		3.5(4.2)	18.8	5.3	9.4	4.1
700	17.9	7.1	2.6	18.5(50)		15.4(59)	4.3(5.2)	20.4	5.7	10.2	4.5
				12.5(34)	15.4		4.3(5.2)	20.4	5.7	10.2	4.5
提示	同表 8-67										

表 8-72　自流灌区幼苗旱长水稻(节水灌溉)配方施肥建议方案

单位:千克/亩

目标产量	施养分总量			基 肥				追肥(尿素)			
	N	P_2O_5	K_2O	尿素(或碳酸氢铵)	磷酸二铵	重过磷酸钙(或普通过磷酸钙)	氯化钾(或硫酸钾)	总量	其中		
									苗肥	蘖肥	穗肥
600	16.7	5.8	1.6	15.2(41)		12.6(48)	2.7(3.2)	21.0	5.9	10.5	4.6
				10.3(28)	12.6		2.7(3.2)	21.0	5.9	10.5	4.6
650	18.4	6.4	2.1	16.8(45)		13.9(53)	3.5(4.2)	23.8	6.5	11.6	5.7
				11.4(31)	13.9		3.5(4.2)	23.8	6.5	11.6	5.7
700	20.1	7.1	2.6	18.5(50)		15.4(59)	4.3(5.2)	25.2	7.1	12.6	5.5
				12.5(34)	15.4		4.3(5.2)	25.2	7.1	12.6	5.5
提示	同表 8-67										

（2）自流灌区小麦施肥建议方案

表 8-73　自流灌区春小麦配方施肥建议方案

单位:千克/亩

目标产量	施养分总量			基 肥				种肥	追肥
	N	P_2O_5	K_2O	尿素(或碳酸氢铵)	磷酸二铵	重过磷酸钙(或普通过磷酸钙)	氯化钾(或硫酸钾)	磷酸二铵	尿素(下/4)
400	16.7	5.7	0	21.7		12.4(47)	0	0	14.6
				16.9(46)	12.4		0	0	14.6
				16.9(46)	4.4		0	8	14.6
				18.6(50)		4.4(17)	0	8	14.6

续表

| 目标产量 | 施养分总量 | | | 基肥 | | | | 种肥 | 追肥 |
	N	P₂O₅	K₂O	尿素(或碳酸氢铵)	磷酸二铵	重过磷酸钙(或普通过磷酸钙)	氯化钾(或硫酸钾)	磷酸二铵	尿素(下/4)
450	18.9	6.8	1.7	23.9		14.8(57)	2.8(3.4)	0	17.2
				18.3(49)	14.8		2.8(3.4)	0	17.2
				18.1(49)	6.8		2.8(3.4)	8	17.2
				20.8		6.8(24)	2.8(3.4)	8	17.2
500	21.2	7.9	2.4	26.1		17.2(66)	4.0(4.8)	0	20.0
				19.4	17.2		4.0(4.8)	0	20.0
				19.4	7.2		4.0(4.8)	10	20.0
				22.2		7.2(28)	4.0(4.8)	10	20.0

提示
1. 应坚持施用有机肥,在此基础上合理施用化肥;
2. 根据土壤肥力、小麦长势等情况,表中建议施肥量可少量增减;
3. 肥料必需深施:基肥深施有撒肥后旋耕或犁翻、或严格平地后机械播肥等方法;追肥结合灌水进行,先撒肥后灌水。
4. 下/4指4月下旬,后同。

表 8-74 自流灌区冬小麦配方施肥建议方案

单位:千克/亩

| 目标产量 | 施养分总量 | | | 基肥 | | | | 种肥 | 追肥(尿素) | | |
| | N | P₂O₅ | K₂O | 尿素(或碳酸氢铵) | 磷酸二铵 | 重过磷酸钙(或普通过磷酸钙) | 氯化钾(或硫酸钾) | 磷酸二铵 | 总量 | 其中 | |
										返青	拔节
550	23.6	7.8	3.2	22.8		17.0(65)	5.3(6.4)	0	28.5	12.8	15.7
				16.2(44)	17.0		5.3(6.4)	0	28.5	12.8	15.7
				16.2(44)	7.0		5.3(6.4)	10	28.5	12.8	15.7
				18.9		7.0(27)	5.3(6.4)	10	28.5	12.8	15.7
600	25.9	8.8	4.3	25.0		19.1(73)	7.2(8.6)	0	31.3	14.1	17.2
				17.5(47)	19.1		7.2(8.6)	0	31.3	14.1	17.2
				17.5(47)	9.1		7.2(8.6)	10	31.3	14.1	17.2
				21.1		9.1(35)	7.2(8.6)	10	31.3	14.1	17.2
650	28.2	9.9	5.5	27.2		21.5(82)	9.2(11.0)	0	34.1	15.3	18.8
				18.8	21.5		9.2(11.0)	0	34.1	15.3	18.8
				18.8	11.5		9.2(11.0)	10	34.1	15.3	18.8
				23.3		11.5(44)	9.2(11.0)	10	34.1	15.3	18.8

提示 | 同表 8-73

（3）自流灌区玉米施肥建议方案

玉米播种时一般不主张带种肥（离种子近而不安全，远而效果很差）；追肥要适时，其中拔节期及时追肥最关键，在产量较高时，一般追肥2次。

表8-75　自流灌区玉米配方施肥建议方案

单位：千克/亩

目标产量	施养分总量			基肥（或出苗后追施）				追肥（尿素）		
	N	P$_2$O$_5$	K$_2$O	尿素（或碳酸氢铵）	磷酸二铵	重过磷酸钙（或普通过磷酸钙）	氯化钾（或硫酸钾）	追1次（中/6）	或追2次	
									中上/6	上/7
800	21.3	7.6	0	19.6（53）		16.5（63）	0	26.7	17.1	9.6
				13.1（35）	16.5		0	26.7	17.1	9.6
900	25.5	8.9	2.2	21.7		19.3（74）	3.7（4.4）	–	21.6	12.1
				14.2（38）	19.3		3.7（4.4）	–	21.6	12.1
1000	30.2	10.2	3.9	23.9		22.2（85）	6.5（7.8）	–	26.7	15.0
				15.2（41）	22.2		6.5（7.8）	–	26.7	15.0
提示	1. 应坚持施用有机肥，在此基础上合理施用化肥； 2. 根据土壤肥力、玉米长势等情况，表中建议施肥可少量增减； 3. 肥料必需深施：基肥深施有撒施后旋耕或犁翻等方法；基肥改在出苗后追施的以及拔节肥的追施，采用施肥耧或专用机械耧施于玉米行侧；追施穗肥的方法是将肥料撒在玉米行侧并接着灌水。无论是耧施或撒施的肥料，都要离玉米10 cm以远； 4. 氮肥追施次数：亩产≤800 kg，追1次或2次；亩产>800 kg，分2次追施； 5. 中/6指6月中旬；中上/6指6月上、中旬；上/7指7月上旬。									

表8-76　青铜峡市制种玉米配方施肥建议方案

单位：千克/亩

目标产量	施养分总量			基肥				追肥（尿素）			
	N	P$_2$O$_5$	K$_2$O	尿素（或碳酸氢铵）	磷酸二铵	重过磷酸钙（或普通过磷酸钙）	氯化钾（或硫酸钾）	总量	拔节期	孕穗期	雄花散粉后
400	27.7	6.9	2.7	19.6（53）		15.0（57）	4.5（5.4）	40.7	20.3	15.0	5.3
				13.7（37）	15.0		4.5（5.4）	40.7	20.3	15.0	5.3
450	28.8	7.6	3.1	20.1		16.7（64）	5.2（6.2）	42.5	21.3	15.7	5.5
				13.6（37）	16.7		5.2（6.2）	42.5	21.3	15.7	5.5
500	29.7	8.3	3.7	20.7		18.3（70）	6.2（7.4）	43.9	22.0	16.2	5.7
				13.5（36）	18.3		6.2（7.4）	43.9	22.0	16.2	5.7
550	30.2	9.0	4.2	21.2		19.8（76）	7.0（8.4）	44.5	22.2	16.5	5.8
				13.5（36）	19.8		7.0（8.4）	44.5	22.2	16.5	5.8
提示	同表8-75										

表 8-77　自流灌区青贮玉米配方施肥建议方案

单位：千克/亩

目标产量	施养分总量			基肥(或出苗后追施)				追肥(尿素)	
	N	P$_2$O$_5$	K$_2$O	尿素(或碳酸氢铵)	磷酸二铵	重过磷酸钙(或普通过磷酸钙)	氯化钾(或硫酸钾)	拔节期	大喇叭口期
5000	20.0	5.8	0	19.6		12.6(48)	0	14.3	9.6
				14.6(40)	12.6		0	14.3	9.6
6000	24.5	7.1	2.3	21.7		15.4(59)	3.8(4.6)	18.9	12.6
				15.7(42)	15.4		3.8(4.6)	18.9	12.6
7000	29.1	8.5	3.9	23.9		18.5(71)	6.5(7.8)	23.6	15.7
				16.7(45)	18.5		6.5(7.8)	23.6	15.7
7500	31.5	9.2	6.3	25.0		20.0(77)	8.3(10.0)	26.1	17.4
				17.2(46)	20.0		8.3(10.0)	26.1	17.4
提示	同表8-75								

（4）自流灌区小麦套种玉米施肥建议方案

小麦套种玉米重点是控制玉米不要生长过旺，而小麦则按其单种方式促进生长发育。因此，在肥料分配上基肥比例明显下降，增加追肥量，其中玉米还要将少量肥料延迟到小麦收获后追施。

肥力较高的农田可不带种肥，玉米若带种肥，种肥绝对不能接触种子，必需相距 3 cm 以上。

表 8-78　自流灌区春小麦套种玉米配方施肥建议方案

单位：千克/亩

目标产量(小麦+玉米)	施养分总量			基肥				种肥		追肥(尿素)			
	N	P$_2$O$_5$	K$_2$O	尿素(或碳酸氢铵)	磷酸二铵	重过磷酸钙(或普通过磷酸钙)	氯化钾(或硫酸钾)	磷酸二铵 小麦	磷酸二铵 玉米	小麦 下/4	玉米 下/5	玉米 中/6	玉米 中/7
300+550	33.8	9.2	2.8	23.7		20.0(77)	4.7(5.6)	0	0	15.4	11.0	16.9	6.5
				15.9(43)	20.0		4.7(5.6)	0	0	15.4	11.0	16.9	6.5
				15.9(43)	4.0		4.7(5.6)	7	9	15.4	11.0	16.9	6.5
				17.7(47)		4.0(15)	4.7(5.6)	7	9	15.4	11.0	16.9	6.5
320+580	36.0	9.9	3.7	25.4		21.5(82)	6.2(7.4)	0	0	16.4	11.6	18.0	6.9
				17.0(46)	21.5		6.2(7.4)	0	0	16.4	11.6	18.0	6.9
				17.0(46)	5.5		6.2(7.4)	7	9	16.4	11.6	18.0	6.9
				19.2		5.5(21)	6.2(7.4)	7	9	16.4	11.6	18.0	6.9

续表

目标产量（小麦+玉米）	施养分总量			基肥				种肥		追肥(尿素)			
	N	P₂O₅	K₂O	尿素(或碳酸氢铵)	磷酸二铵	重过磷酸钙(或普通过磷酸钙)	氯化钾(或硫酸钾)	磷酸二铵		小麦	玉米		
								小麦	玉米	下/4	下/5	中/6	中/7
350+650	40.3	11.2	5.5	28.5		24.3(93)	9.2(11)	0	0	18.3	13.0	20.1	7.7
				19.0	24.3		9.2(11)	0	0	18.3	13.0	20.1	7.7
				19.0	8.3		9.2(11)	7	9	18.3	13.0	20.1	7.7
				22.2		8.3(32)	9.2(11)	7	9	18.3	13.0	20.1	7.7
提示	1. 应坚持施用有机肥，在此基础上合理施用化肥； 2. 根据土壤肥力、小麦和玉米长势等情况，表中建议施肥量可少量增减； 3. 肥料必需深施：基肥深施有撒肥后旋耕或犁翻、或严格平地后机械播肥等方法；追肥结合灌水进行，先撒肥后灌水（玉米追肥：将肥料撒于行侧 10 cm 以远）； 4. 玉米种肥必需距离种子 4~5 cm 远； 5. 下/4 指 4 月下旬；下旬/5 指 5 月下旬；中/6 指 6 月中旬；中/7 指 7 月中旬。												

表 8-79　自流灌区冬小麦套种玉米配方施肥建议方案

单位：千克/亩

目标产量（小麦+玉米）	施养分总量			基肥				种肥		追肥(尿素)				
	N	P₂O₅	K₂O	尿素(或碳酸氢铵)	磷酸二铵	重过磷酸钙(或普通过磷酸钙)	氯化钾(或硫酸钾)	磷酸二铵		小麦		玉米		
								小麦	玉米	返青	拔节	下/5	中/6	中/7
350+500	34.2	9.2	3.3	25.2		20.0(77)	5.5(6.6)	0	0	9.3	11.3	8.4	15.7	4.4
				17.4(47)	20.0		5.5(6.6)	0	0	9.3	11.3	8.4	15.7	4.4
				17.4(47)	3.0		5.5(6.6)	8	9	9.3	11.3	8.4	15.7	4.4
				18.6(50)		3.0(11)	5.5(6.6)	8	9	9.3	11.3	8.4	15.7	4.4
400+500	36.7	10.0	4.5	26.7		21.7(83)	7.5(9.0)	0	0	10.1	12.2	9.0	17.0	4.8
				18.2(49)	21.7		7.5(9.0)	0	0	10.1	12.2	9.0	17.0	4.8
				18.2(49)	4.7		7.5(9.0)	8	9	10.1	12.2	9.0	17.0	4.8
				20.1		4.7(18)	7.5(9.0)	8	9	10.1	12.2	9.0	17.0	4.8
400+600	40.8	11.2	6.0	29.1		24.3(93)	10.0(12)	0	0	11.3	13.7	10.1	19.1	5.4
				19.6	24.3		10.0(12)	0	0	11.3	13.7	10.1	19.1	5.4
				19.6	7.3		10.0(12)	8	9	11.3	13.7	10.1	19.1	5.4
				22.5		7.3(28)	10.0(12)	8	9	11.3	13.7	10.1	19.1	5.4
提示	同表 8-78													

（5）自流灌区向日葵施肥建议方案

表8-80　自流灌区油葵配方施肥建议方案

单位：千克/亩

目标产量	施养分总量			基　肥				追肥
	N	P$_2$O$_5$	K$_2$O	尿素（或碳酸氢铵）	磷酸二铵	重过磷酸钙（或普通过磷酸钙）	硫酸钾	尿素（现蕾期）
150	9.0	3.9	0	12.0(32)		8.5(32)	0	7.6
				8.6(23)	8.5		0	7.6
200	12.3	5.4	2.4	15.2(41)		11.7(45)	4.8	11.5
				10.6(29)	11.7		4.8	11.5
250	15.7	7.0	4.1	18.5(50)		15.2(58)	8.2	15.7
				12.5(34)	15.2		8.2	15.7
300	19.3	8.8	6.3	21.7		19.1(73)	12.6	20.2
				16.2(44)	19.1		12.6	20.2
提示	1. 应坚持施用有机肥，在此基础上合理施用化肥； 2. 根据土壤肥力、向日葵长势等情况，表中建议施肥量可少量增减； 3. 肥料必需深施：基肥深施有撒肥后旋耕或犁翻等方法；追肥结合培土进行，先撒肥再培土。							

2. 自流灌区蔬菜施肥建议方案

（1）自流灌区番茄施肥建议方案

表8-81　自流灌区设施栽培番茄配方施肥建议方案

有机肥：亩施优质腐熟有机肥2000~3000 kg或商品有机肥600~800 kg　单位：千克/亩

产量水平	施用养分总量			施用实物肥料				
				基肥			追肥	
							单质肥	
	N	P$_2$O$_5$	K$_2$O	尿素	磷酸二铵	硫酸钾	尿素	硫酸钾
7000	31.9	10.3	16.9	10.8	22.4	13.5	49.8	20.3
8000	35.5	12.1	19.8	11.4	26.3	15.8	54.3	23.8
9000	38.9	14.0	22.8	12.0	30.4	18.2	60.7	27.4
10000	42.1	15.9	26.0	12.6	34.6	20.8	65.4	31.2
11000	45.1	18.0	32.8	12.9	39.1	26.2	69.8	39.4
提示	①坚持有机无机结合，在施用有机肥基础上参考本建议卡中各种肥料的施用量； ②施肥量，应根据地力高低、有机肥质量与数量、尤其是番茄生长状况，应适当增减追肥次数和相应的化肥用量，沙土要适当增加氮肥用量； ③施肥期，基肥在定植前1周施入；追肥要先将追肥总量大致按追肥次数分配，于每层穗果膨大时追施，盛果期适当多施，滴灌追肥可多达10~12次； ④施肥方法：基肥采用全层施肥方法（犁翻或旋耕）或条施于定植行侧土内，追肥采用行间沟灌施肥或冲施、滴灌施、穴施等方法； 防治"脐腐病"（缺钙），可在初花期和初果期喷施1.0%氯化钙或0.5%~1.0%硝酸钙溶液2~3次，10天左右1次；若出现锈色斑（缺硼），于始花期、盛花期喷施硼肥（硼砂或硼酸）2次，浓度0.20%。							

表 8-82 自流灌区大田栽培番茄配方施肥建议方案

有机肥:亩施优质腐熟有机肥 1500~2000 kg 或商品有机肥 500~600 kg 　单位:千克/亩

产量水平	施用养分总量			施用实物肥料				
				基肥			追肥	
							单质肥	
	N	P$_2$O$_5$	K$_2$O	尿素	磷酸二铵	硫酸钾	尿素	硫酸钾
6000	20.5	10.0	9.6	17.6	21.7	9.6	18.5	9.6
8000	27.4	13.6	13.4	20.0	29.6	13.4	28.0	13.4
10000	34.4	17.4	17.7	22.2	37.8	17.7	37.8	17.7
12000	41.4	21.4	22.3	24.2	46.5	22.3	47.6	22.3
14000	48.5	25.5	27.3	26.1	55.4	27.3	57.6	27.3
提示	同表 8-81							

表 8-83 惠农区脱水番茄配方施肥建议方案

有机肥:亩施优质腐熟有机肥 1500~2000 kg 或商品有机肥 500~600 kg 　单位:千克/亩

产量水平	施用养分总量			施用实物肥料				
				基肥			追肥	
							单质肥	
	N	P$_2$O$_5$	K$_2$O	尿素	磷酸二铵	硫酸钾	尿素	硫酸钾
4000	21.0	8.2	3.8	8.2	17.8	3.8	30.4	3.8
5000	24.5	9.6	5.2	9.2	20.9	5.2	35.9	5.2
6000	27.6	10.8	6.8	10.4	23.5	6.8	40.4	6.8
7000	30.1	11.8	8.6	11.7	25.7	8.6	43.7	8.6
提示	①坚持有机无机结合,在施用有机肥基础上参考本建议卡中各种肥料的施用量;②施肥量应根据地力高低、有机肥质量与数量、尤其是番茄生长状况,追肥可适量增减;追肥于现蕾期与果实膨大期分 2 次施入。							

(2)自流灌区茄子施肥建议方案

表 8-84 自流灌区设施栽培茄子配方施肥建议方案

有机肥:亩施优质腐熟有机肥 2000~3000 kg 或商品有机肥 600~800 kg 　单位:千克/亩

产量水平	施用养分总量			施用实物肥料				
				基肥			追肥	
							单质肥	
	N	P$_2$O$_5$	K$_2$O	尿素	磷酸二铵	硫酸钾	尿素	硫酸钾
7000	24.0	10.8	15.0	3.9	23.5	12.0	39.1	18.0
8000	27.8	12.7	17.6	4.4	27.6	14.1	45.2	21.1
9000	31.8	14.7	20.3	4.9	32.0	16.2	51.7	24.4

续表

产量水平	施用养分总量			施用实物肥料				
				基肥			追肥	
							单质肥	
	N	P$_2$O$_5$	K$_2$O	尿素	磷酸二铵	硫酸钾	尿素	硫酸钾
10000	35.8	16.7	23.1	5.4	36.3	18.5	58.3	27.7
11000	40.0	18.9	26.0	5.7	41.1	20.8	65.2	31.2
提示	①坚持有机无机结合,在施用有机肥基础上参考本建议卡中各种肥料的施用量; ②施肥量,应根据地力高低、有机肥质量与数量、尤其是茄子生长状况,应适当增减追肥次数和相应的化肥用量,沙土要适当增加氮肥用量; ③施肥期:基肥在定植前1周施入;追肥要先将追肥总量大致按追肥次数分配,追肥于门茄、对茄、四母斗膨大期及以后每层果膨大期追施。盛果期适当多施。 ④施肥方法:基肥采用全层施肥方法(犁翻或旋耕)或条施于定植行侧土内,追肥采用行间沟灌施肥或冲施、滴灌施、穴施等方法。 防治"脐腐病"(缺钙),可在初花期和初果期喷施1.0%氯化钙或0.5%~1.0%硝酸钙溶液2~3次,10天左右1次;若出现锈色斑(缺硼),于始花期、盛花期喷施硼肥(硼砂或硼酸)2次,浓度0.20%。							

表 8-85　自流灌区大田栽培茄子配方施肥建议方案

有机肥:亩施优质腐熟有机肥 1500~2000 kg 或商品有机肥 500~600 kg　单位:千克/亩

产量水平	施用养分总量			施用实物肥料				
				基肥			追肥	
							单质肥	
	N	P$_2$O$_5$	K$_2$O	尿素	磷酸二铵	硫酸钾	尿素	硫酸钾
4000	14.7	8.9	9.3	4.4	19.3	11.2	20.0	7.4
5000	18.8	10.4	12.0	5.3	22.6	14.4	26.7	9.6
6000	23.1	12.7	14.7	5.5	27.6	17.6	33.9	11.8
7000	27.7	15.2	17.6	5.5	33.0	21.1	41.7	14.1
8000	32.4	17.8	20.6	5.5	38.7	24.7	49.8	16.5
提示	同表 8-84							

表 8-86　贺兰县大田栽培茄子配方施肥建议方案

有机肥:亩施优质腐熟有机肥 1500~2000 kg 或商品有机肥 500~600 kg　单位:千克/亩

产量水平	施用养分总量			施用实物肥料				
				基肥			追肥	
							单质肥	
	N	P$_2$O$_5$	K$_2$O	尿素	磷酸二铵	硫酸钾	尿素	硫酸钾
8000	30.7	10.0	9.5	32.9	21.4	11.4	25.4	7.6
9000	34.4	11.4	10.8	33.8	24.8	13.0	31.3	8.6
10000	38.0	12.9	12.2	34.7	28.0	14.6	37.0	9.8

续表

产量水平	施用养分总量			施用实物肥料				
				基肥			追肥	
							单质肥	
	N	P$_2$O$_5$	K$_2$O	尿素	磷酸二铵	硫酸钾	尿素	硫酸钾
11000	41.6	14.4	13.7	35.6	31.3	16.4	42.6	11.0
12000	45.1	16.0	15.1	36.4	34.8	18.1	48.0	12.1
提示	①坚持施用有机肥,在施用有机肥基础上参考本建议卡中各种肥料的施用量; ②施肥量,应根据地力高低、有机肥质量与数量、尤其是茄子生长状况,应适当增减追肥次数和相应的化肥用量; ③施肥期,基肥在定植前1周施入;追肥于8月上旬、9月初分两次平均施入; ④施肥方法:基肥采用全层施肥方法(犁翻或旋耕),追肥应采用行间沟灌施肥或冲施、穴施入土等方法。							

(3)自流灌区黄瓜施肥建议方案

表8-87　自流灌区设施栽培黄瓜配方施肥建议方案

有机肥:亩施优质腐熟有机肥2000~3000 kg 或商品有机肥600~800 kg　单位:千克/亩

产量水平	施用养分总量			施用实物肥料				
				基肥			追肥	
							单质肥	
	N	P$_2$O$_5$	K$_2$O	尿素	磷酸二铵	硫酸钾	尿素	硫酸钾
6000	29.6	14.6	12.2	0.6	31.7	9.8	51.3	14.6
8000	37.9	17.3	16.4	2.7	37.6	13.1	65.0	19.7
10000	45.5	19.2	20.6	5.4	41.7	16.5	77.2	24.7
12000	52.5	20.5	25.0	8.6	44.6	20.0	88.0	30.0
提示	①有机无机结合,在施用有机肥基础上参考本建议卡中各种肥料的施用量; ②施肥量,应根据地力高低、有机肥质量与数量、尤其是黄瓜生长状况,应适当增减追肥次数和相应的化肥用量,沙土要适当增加氮肥用量; ③施肥期,基肥在定植前1周施入;追肥要先将追肥总量大致按追肥次数分配,当90%植株坐瓜、瓜长15 cm时(灌头水)开始追肥,结瓜盛期灌1~2水追肥1次。追肥应用单质肥料时,其钾肥于中后期分次与尿素同施; ④施肥方法:基肥采用全层施肥方法(犁翻或旋耕)或条施于定植行侧土内,追肥采用行间沟灌施肥或冲施、滴灌施、穴施等方法。 若黄瓜皮纵裂,可喷施硼肥(硼砂或硼酸),浓度0.05%~0.20%,2~4次。							

表 8-88 自流灌区大田栽培黄瓜配方施肥建议方案

有机肥:亩施优质腐熟有机肥 1500~2000 kg 或商品有机肥 500~600 kg 单位:千克/亩

产量水平	施用养分总量			施用实物肥料				
				基肥			追肥	
							单质肥	
	N	P$_2$O$_5$	K$_2$O	尿素	磷酸二铵	硫酸钾	尿素	硫酸钾
8000	38.8	17.5	17.2	2.5	38.0	17.2	67.0	17.2
9000	43.0	19.4	19.7	3.1	42.2	19.7	73.9	19.7
10000	47.1	21.3	22.3	3.6	46.3	22.3	80.7	22.3
11000	51.1	23.2	25.0	4.2	50.4	25.0	87.2	25.0
12000	55.0	25.0	27.8	4.8	54.3	27.8	93.5	27.8
提示	同表 8-87							

表 8-89 贺兰县大田栽培黄瓜配方施肥建议方案

有机肥:亩施优质腐熟有机肥 1500~2000 kg 或商品有机肥 500~600 kg 单位:千克/亩

产量水平	施用养分总量			施用实物肥料				
				基肥			追肥	
							单质肥	
	N	P$_2$O$_5$	K$_2$O	尿素	磷酸二铵	硫酸钾	尿素	硫酸钾
8000	30.0	12.2	9.2	27.7	26.5	11.0	27.2	7.4
10000	37.7	15.7	11.7	30.1	34.1	14.0	38.5	9.4
12000	45.5	19.3	14.4	32.5	42.0	17.3	50.0	11.5
14000	53.4	23.1	17.3	34.7	50.2	20.8	61.7	13.8
提示	追肥于下/5、下/6、上/7、下/7、上/8 追施 4~5 次,盛瓜期多施,其他同表 8-87。							

(4)自流灌区辣椒施肥建议方案

表 8-90 自流灌区设施栽培辣椒配方施肥建议方案

有机肥:亩施优质腐熟有机肥 2000~3000 kg 或商品有机肥 600~800 kg 单位:千克/亩

产量水平	施用养分总量			施用实物肥料				
				基肥			追肥	
							单质肥	
	N	P$_2$O$_5$	K$_2$O	尿素	磷酸二铵	硫酸钾	尿素	硫酸钾
6000	30.0	10.0	11.7	8.9	21.7	9.4	47.8	14.0
7000	35.9	12.0	13.9	9.4	26.1	11.1	58.5	16.7
8000	42.0	14.0	16.3	9.8	30.4	13.0	69.6	19.6
9000	48.5	16.2	18.8	10.1	35.2	15.0	81.5	22.6

续表

产量水平	施用养分总量			施用实物肥料				
				基肥			追肥	
							单质肥	
	N	P_2O_5	K_2O	尿素	磷酸二铵	硫酸钾	尿素	硫酸钾
10000	55.2	18.4	21.4	10.4	40.0	17.1	93.9	25.7
提示	①坚持有机无机结合,在施用有机肥基础上参考本建议卡中各种肥料的施用量; ②施肥量,应根据地力高低、有机肥质量与数量、尤其是辣椒生长状况,应适当增减追肥次数和相应的化肥用量,沙土要适当增加氮肥用量; ③施肥期:基肥在定植前1周施入;追肥要先将追肥总量大致按追肥次数分配,分别于门椒、对椒、四母斗膨大期及以后每层果膨大期追施。盛果期适当多施。 ④施肥方法:基肥采用全层施肥方法(犁翻或旋耕)或条施于定植行侧土内,追肥采用行间沟灌施肥或冲施、滴灌施、穴施等方法。 若往年出现有"脐腐病",可在现蕾初花期开始喷施0.5%~1.0%硝酸钙溶液或1.0%氯化钙溶液3次,每星期喷1次。							

表 8-91 自流灌区大田栽培辣椒配方施肥建议方案

有机肥:亩施优质腐熟有机肥 1500~2000 kg 或商品有机肥 500~600 kg 单位:千克/亩

产量水平	施用养分总量			施用实物肥料				
				基肥			追肥	
							单质肥	
	N	P_2O_5	K_2O	尿素	磷酸二铵	硫酸钾	尿素	硫酸钾
3000	16.4	6.0	5.8	12.3	13.0	7.0	18.3	4.6
4000	22.6	8.3	8.0	12.5	18.0	9.6	29.6	6.4
5000	29.1	10.7	10.4	12.6	23.3	12.5	41.5	8.3
6000	36.1	13.3	12.9	12.6	28.9	15.5	54.6	10.3
7000	43.6	16.0	15.5	12.5	34.8	18.6	68.7	12.4
提示	追肥在门椒长至3 cm长时第1次追肥,以后酌情追施1~3次。在产量较低的情况下,有的只在盛果期追1次肥。其他同表8-90。							

(5)自流灌区菜用马铃薯施肥建议方案

表 8-92 自流灌区大田栽培菜用马铃薯配方施肥建议方案

有机肥:亩施优质腐熟有机肥 1500~2000 kg 或商品有机肥 500~600 kg 单位:千克/亩

产量水平	施用养分总量			施用实物肥料				
				基肥			追肥	
							单质肥	
	N	P_2O_5	K_2O	尿素	磷酸二铵	硫酸钾	尿素	硫酸钾
1500	11.5	4.5	4.7	9.2	9.8	9.4	12.0	0
2000	14.1	6.0	6.3	11.2	13.0	12.6	14.3	0

续表

产量水平	施用养分总量			施用实物肥料				
				基肥			追肥	
							单质肥	
	N	P₂O₅	K₂O	尿素	磷酸二铵	硫酸钾	尿素	硫酸钾
2500	16.2	7.7	8.0	13.0	16.7	16.0	15.7	0
3000	18.0	9.3	9.8	14.9	20.2	19.6	16.3	0
提示	①坚持有机无机结合,在施用有机肥基础上参考本建议卡中各种肥料的施用量; ②施肥量,应根据地力高低、有机肥质量与数量、尤其是马铃薯生长状况,应适当增减追肥次数和相应的化肥用量; ③施肥期:播前一星期施基肥,于现蕾期追肥; ④施肥方法:基肥采用全层施肥方法(犁翻或旋耕),追肥采用行侧沟施或穴施等方法。							

表 8-93 贺兰县大田栽培菜用马铃薯配方施肥建议方案

有机肥:亩施优质腐熟有机肥 1500~2000 kg 或商品有机肥 500~600 kg 单位:千克/亩

产量水平	施用养分总量			施用实物肥料				
				基肥			追肥	
							单质肥	
	N	P₂O₅	K₂O	尿素	磷酸二铵	硫酸钾	尿素	硫酸钾
2000	10.0	5.4	4.9	8.4	11.7	5.9	8.7	3.9
2500	12.6	6.9	6.3	10.7	15.0	7.6	10.9	5.0
3000	15.4	8.4	7.6	12.9	18.3	9.1	13.5	6.1
3500	18.2	9.9	9.0	15.1	21.5	10.8	16.1	7.2
提示	同表 8-92							

(6)自流灌区西芹施肥建议方案

表 8-94 自流灌区设施栽培西芹配方施肥建议方案

有机肥:亩施优质腐熟有机肥 2000~3000 kg 或商品有机肥 600~800 kg 单位:千克/亩

产量水平	施用养分总量			施用实物肥料				
				基肥			追肥	
							单质肥	
	N	P₂O₅	K₂O	尿素	磷酸二铵	硫酸钾	尿素	硫酸钾
8000	27.6	12.9	14.1	6.4	28.0	11.3	42.6	16.9
10000	35.3	16.6	18.0	5.4	36.1	14.4	57.2	21.6
12000	43.4	20.4	22.2	4.4	44.3	17.8	72.6	26.6
14000	51.9	24.4	26.5	3.2	53.0	21.2	88.9	31.8

续表

产量水平	施用养分总量			施用实物肥料				
				基肥			追肥	
							单质肥	
	N	P_2O_5	K_2O	尿素	磷酸二铵	硫酸钾	尿素	硫酸钾
16000	60.9	28.6	31.0	1.8	62.2	24.8	106.3	37.2
提示	①坚持有机无机结合,在施用有机肥基础上参考本建议卡中各种肥料的施用量; ②施肥量,应根据地力高低、有机肥质量与数量、尤其是芹菜生长状况,应适当增减追肥次数和相应的化肥用量,沙土要适当增加氮肥用量; ③施肥期:基肥在定植前1周施入;于叶片直立期、旺盛生长期追施(3~4次); ④施肥方法:基肥采用全层施肥方法(犁翻或旋耕),追肥采用行侧撒施、沟施等方法。 若芹菜出现茎开裂,可喷施0.1%~0.2%硼肥溶液(硼砂或硼酸)2~3次(5~7天喷1次);发生心腐病,可喷施2%硝酸钙溶液或0.5%氯化钙溶液喷施于心叶上,喷施2次。							

表8-95　自流灌区大田栽培西芹配方施肥建议方案

有机肥:亩施优质腐熟有机肥1500~2000 kg或商品有机肥500~600 kg　单位:千克/亩

产量水平	施用养分总量			施用实物肥料				
				基肥			追肥	
							单质肥	
	N	P_2O_5	K_2O	尿素	磷酸二铵	硫酸钾	尿素	硫酸钾
6000	22.2	9.9	10.8	6.8	21.5	13.0	33.0	8.6
8000	30.3	13.6	14.8	5.8	29.6	17.8	48.5	11.8
10000	38.8	17.4	18.9	4.8	37.8	22.7	64.8	15.1
12000	47.7	21.4	23.3	3.5	46.5	28.0	82.0	18.6
提示	同表8-94							

表8-96　贺兰县大田栽培西芹配方施肥建议方案

有机肥:亩施优质腐熟有机肥1500~2000 kg或商品有机肥500~600 kg　单位:千克/亩

产量水平	施用养分总量			施用实物肥料				
				基肥			追肥	
							单质肥	
	N	P_2O_5	K_2O	尿素	磷酸二铵	硫酸钾	尿素	硫酸钾
6000	14.2	6.2	5.9	9.9	13.5	7.1	15.7	4.7
8000	17.6	8.4	8.0	12.4	18.3	9.6	18.7	6.4
10000	20.5	10.7	10.3	14.8	23.3	12.4	20.7	8.2
12000	23.0	13.2	12.7	17.0	28.7	15.2	21.7	10.2
提示	追肥于5月上中旬,5月底至6月初分2次追肥。其他同表8-94							

（7）自流灌区西瓜和甜瓜施肥建议方案

表 8-97　自流灌区设施西瓜和甜瓜配方施肥建议方案

有机肥：亩施优质腐熟有机肥 2000~3000 kg 或商品有机肥 600~800 kg　单位：千克/亩

产量水平	施用养分总量			施用实物肥料				
				基肥			追肥	
							单质肥	
	N	P$_2$O$_5$	K$_2$O	尿素	磷酸二铵	硫酸钾	尿素	硫酸钾
2000	13.0	10.0	10.0	8.9	21.7	8.0	10.9	12.0
2500	16.3	12.1	12.7	8.2	26.3	10.2	17.0	15.2
3000	19.6	14.1	15.6	7.6	30.7	12.5	23.0	18.7
3500	23.0	16.0	18.5	7.0	34.8	14.8	29.3	22.2
提示	①必须坚持有机无机结合，在施用有机肥基础上参考本建议卡中各种肥料的施用量； ②施肥量，应根据地力高低、有机肥质量与数量、尤其是西瓜和甜瓜生长状况，应适当增减追肥次数和相应的化肥用量，沙土要适当增加氮肥用量； ③施肥期：基肥在定植前 10 天施入；追肥要先将追肥总量大致按追肥次数分配，重点于幼瓜长至鸡蛋大小时，果实膨大期追施，追施 2~3 次。 ④施肥方法：基肥采用全层施肥方法（犁翻或旋耕）或条施于定植行侧土内，追肥采用冲施、滴灌施、穴施等方法。							

表 8-98　自流灌区大田栽培西瓜配方施肥建议方案

有机肥：亩施优质腐熟有机肥 1500~2000 kg 或商品有机肥 500~600 kg　单位：千克/亩

产量水平	施用养分总量			施用实物肥料				
				基肥			追肥	
							单质肥	
	N	P$_2$O$_5$	K$_2$O	尿素	磷酸二铵	硫酸钾	尿素	硫酸钾
2500	14.0	7.9	8.5	11.2	17.2	10.2	12.5	6.8
3000	16.9	9.3	10.5	12.7	20.2	12.6	16.1	8.4
3500	19.9	10.7	12.7	14.3	23.3	15.2	19.9	10.2
4000	22.9	12.0	15.0	15.9	26.1	18.0	23.7	12.0
提示	同表 8-97							

（8）自流灌区葱蒜施肥建议方案

表 8-99　自流灌区葱蒜配方施肥建议方案

有机肥：亩施优质腐熟有机肥 1500~2000 kg 或商品有机肥 500~600 kg　单位：千克/亩

产量水平	施用养分总量			施用实物肥料			
				基肥			追肥
	N	P$_2$O$_5$	K$_2$O	尿素	磷酸二铵	硫酸钾	尿素
2000	9.1	5.8	3.8	1.6	12.6	7.6	13.3
2500	11.8	7.4	4.9	2.4	16.1	9.8	17.0

续表

产量水平	施用养分总量			施用实物肥料			
				基肥			追肥
	N	P$_2$O$_5$	K$_2$O	尿素	磷酸二铵	硫酸钾	尿素
3000	14.4	9.1	6.0	3.1	19.8	12.0	20.4
3500	17.3	10.9	7.2	3.8	23.7	14.4	24.6
提示	①基肥强调以有机肥为主,在施用有机肥基础上参考本建议卡中各种肥料的施用量; ②施肥量,应根据地力高低、有机肥质量与数量、葱蒜生长状况,适当增减追肥量; ③施肥期,基肥在定植前1周施入;追肥于葱、蒜长叶旺盛期和鳞茎膨大期各追1次; ④施肥方法:基肥要深施(旋耕);追肥采用行侧沟施等方法。						

(9)自流灌区甘蓝施肥建议方案

表 8-100　自流灌区春甘蓝配方施肥建议方案

有机肥:亩施优质腐熟有机肥 1500~2000 kg 或商品有机肥 500~600 kg　单位:千克/亩

产量水平	施用养分总量			施用实物肥料			
				基肥			追肥
	N	P$_2$O$_5$	K$_2$O	尿素	磷酸二铵	硫酸钾	尿素
3000	17.1	7.3	6.7	2.5	15.9	13.4	28.5
3500	20.3	8.7	8.0	2.4	18.9	16.0	34.3
4000	23.6	10.1	9.3	2.3	22.0	18.6	40.4
4500	27.1	11.6	10.6	2.1	25.2	21.2	47.0
5000	30.7	13.1	12.1	1.9	28.5	24.2	53.7
提示	①坚持有机无机结合,在施用有机肥基础上参考本建议卡中各种肥料的施用量; ②施肥量,应根据地力高低、有机肥质量与数量、甘蓝生长状况,适当增减追肥量; ③施肥期:基肥在定植前1周施入,追肥分2次分别于莲座期和结球始期追施;(开始卷心后追肥) ④施肥方法:基肥要深施(旋耕);追肥采用行侧沟施等方法。						

表 8-101　自流灌区秋甘蓝配方施肥建议方案

有机肥:亩施优质腐熟有机肥 1500~2000 kg 或商品有机肥 500~600 kg　单位:千克/亩

产量水平	施用养分总量			施用实物肥料			
				基肥			追肥
	N	P$_2$O$_5$	K$_2$O	尿素	磷酸二铵	硫酸钾	尿素
5000	21.0	9.0	8.3	3.2	19.6	16.6	34.8
7000	30.4	13.0	12.0	4.1	28.3	24.0	50.9
9000	40.5	17.3	15.9	4.8	37.6	31.8	68.5
11000	51.1	21.9	20.1	5.3	47.6	40.2	87.2
提示	同表 8-100						

（10）自流灌区大白菜施肥建议方案

表 8-102　自流灌区秋大白菜配方施肥建议方案

有机肥：亩施优质腐熟有机肥 1500~2000 kg 或商品有机肥 500~600 kg　单位：千克/亩

产量水平	施用养分总量			施用实物肥料			
				基肥			追肥
	N	P$_2$O$_5$	K$_2$O	尿素	磷酸二铵	硫酸钾	尿素
7000	17.2	7.5	4.8	4.5	16.3	9.2	26.5
8000	20.1	8.7	5.6	5.6	18.9	11.2	30.7
9000	23.0	10.0	6.4	6.7	21.7	12.8	34.8
10000	26.0	11.3	7.2	7.8	24.6	14.4	39.1
11000	29.2	12.7	8.1	8.8	27.6	16.2	43.9
提示	①坚持有机无机结合，在施用有机肥基础上参考本建议卡中各种肥料的施用量； ②施肥量，应根据地力高低、有机肥质量与数量、大白菜生长状况，适当增减追肥量； ③施肥期：基肥在定植前 1 周施入；追肥于莲座期、结球期各追 1 次；结球初期喷 0.2%~0.3%硝酸钙或氨基酸钙 300 倍液 2~3 次，防治"干烧心"； ④施肥方法：基肥要深施（旋耕）；追肥采用行侧沟施等方法。						

（11）自流灌区小麦套种地溜子施肥建议方案

表 8-103　贺兰县小麦套种地溜子配方施肥建议方案

单位：千克/亩

目标产量（小麦+地溜子）	施养分总量			基肥			（地溜子）追肥	
				尿素（或碳酸氢铵）	磷酸二铵	硫酸钾（或氯化钾）	尿素	
	N	P$_2$O$_5$	K$_2$O				中/7	下/8
250+2500	27.2	9.5	9.6	13.7（37）	20.7	19.2（16.0）	17.2	20.1
300+2000	24.8	8.7	7.4	12.1（33）	18.9	14.8（12.3）	15.8	18.6
350+1500	22.7	8.0	5.3	10.7（29）	17.4	10.6（8.8）	14.7	17.2
提示	①必须坚持施用足够数量的优质有机肥（如牛羊粪 2.5 m³/亩以上）； ②小麦一般不追肥。若苗情较差，灌头水时追施尿素 7~8 千克/亩； ③地溜子视长势，其追肥量和追施次数可作适当调整（增减）。							

（二）扬黄灌区农作物区域施肥建议方案

扬黄灌区（含自流灌区周边小扬水灌区及其库、井灌区）主要指中部干旱带和自流灌区的高阶地、川地、台地及塬地，灌溉条件较好，开发灌溉历史较短，耕地地力较差，多为中低产田，土壤氮、磷、钾养分含量低。在施肥上，应重视施用有机肥，合理增施氮、磷、钾肥料。

1. 扬黄灌区粮油作物施肥建议方案

(1)扬黄灌区小麦施肥建议方案

表 8-104　扬黄灌区春小麦配方施肥建议方案

单位：千克/亩

目标产量	施养分总量			基　肥				种肥	追肥
	N	P_2O_5	K_2O	尿素(或碳酸氢铵)	磷酸二铵	重过磷酸钙(或普通过磷酸钙)	氯化钾(或硫酸钾)	磷酸二铵	尿素(下/4)
350	15.0	4.9	0	19.6		10.7(41)	0	0	13.0
				15.4(42)	10.7		0	0	13.0
				15.4(42)	2.7		0	8	13.0
				16.4(44)		2.7(10)	0	8	13.0
400	17.3	5.8	1.9	21.7		12.6(48)	3.2(3.8)	0	15.9
				16.8(45)	12.6		3.2(3.8)	0	15.9
				16.8(45)	4.6		3.2(3.8)	8	15.9
				18.6(50)		4.6(18)	3.2(3.8)	8	15.9
450	19.7	6.8	2.9	23.9		14.8(57)	4.8(5.8)	0	18.9
				18.1(49)	14.8		4.8(5.8)	0	18.9
				18.1(49)	6.8		4.8(5.8)	8	18.9
				20.8		6.8(26)	4.8(5.8)	8	18.9

提示：
1. 坚持施用有机肥，在此基础上合理施用化肥；
2. 根据土壤肥力、小麦长势等情况，表中建议施肥量可少量增减；
3. 肥料必需深施：基肥深施有撒肥后旋耕或犁翻、或严格平地后机械播肥等方法；追肥结合灌水进行，先撒肥后灌水；
4. 下/4指4月下旬。

表 8-105　扬黄灌区冬小麦配方施肥建议方案

单位：千克/亩

目标产量	施养分总量			基　肥				种肥	追肥(尿素)		
	N	P_2O_5	K_2O	尿素(或碳酸氢铵)	磷酸二铵	重过磷酸钙(或普通过磷酸钙)	氯化钾(或硫酸钾)	磷酸二铵	总量	其中	
										返青	拔节
400	17.3	5.6	1.9	18.5(50)		12.2(47)	3.2(3.8)	0	19.1	8.6	10.5
				13.7(37)	12.2		3.2(3.8)	0	19.1	8.6	10.5
				13.7(37)	4.2		3.2(3.8)	8	19.1	8.6	10.5
				15.3(41)		4.2(16)	3.2(3.8)	8	19.1	8.6	10.5
450	19.7	6.6	2.9	20.7		14.3(55)	4.8(5.8)	0	22.2	10.0	12.2
				15.1(41)	14.3		4.8(5.8)	0	22.2	10.0	12.2
				15.1(41)	6.3		4.8(5.8)	8	22.2	10.0	12.2
				17.5(47)		6.3(24)	4.8(5.8)	8	22.2	10.0	12.2

续表

目标产量	施养分总量			基肥				种肥	追肥(尿素)		
	N	P₂O₅	K₂O	尿素(或碳酸氢铵)	磷酸二铵	重过磷酸钙(或普通过磷酸钙)	氯化钾(或硫酸钾)	磷酸二铵	总量	其中	
										返青	拔节
500	22.1	7.6	4.2	22.8		16.5(63)	7.0(8.4)	0	25.2	11.3	13.9
				16.4(44)	16.5		7.0(8.4)	0	25.2	11.3	13.9
				16.4(44)	8.5		7.0(8.4)	8	25.2	11.3	13.9
				19.7		8.5(33)	7.0(8.4)	8	25.2	11.3	13.9
提示	同表8-104										

(2)扬黄灌区玉米施肥建议方案

表8-106 扬黄灌区玉米配方施肥建议方案

单位:千克/亩

目标产量	施养分总量			基肥(或出苗后追施)				追肥(尿素)		
	N	P₂O₅	K₂O	尿素(或碳酸氢铵)	磷酸二铵	重过磷酸钙(或普通过磷酸钙)	氯化钾(或硫酸钾)	追1次(中/6)	或追2次	
									上中/6	上/7
700	18.7	7.2	2.0	18.5(50)		15.7(60)	3.3(4.0)	22.2	14.2	8.0
				12.3(33)	15.7		3.3(4.0)	22.2	14.2	8.0
800	22.5	8.5	3.0	21.7		18.5(71)	5.0(6.0)		17.4	9.8
				14.5(39)	18.5		5.0(6.0)		17.4	9.8
900	26.6	9.9	4.2	25.0		21.5(82)	7.0(8.4)		21.0	11.8
				16.6(45)	21.5		7.0(8.4)		21.0	11.8
1000	31.1	11.4	5.7	28.2		24.8(95)	9.5(11.4)		25.2	14.2
				18.6(50)	24.8		9.5(11.4)		25.2	14.2
1100	36.0	13.0	7.4	31.5		28.3(108)	12.3(14.8)		29.9	16.8
				20.4(55)	28.3		12.3(14.8)		29.9	16.8
提示	1. 应坚持施用有机肥,在此基础上合理施用化肥; 2. 根据土壤肥力、玉米长势等情况,表中建议施肥量可少量增减; 3. 肥料必需深施:基肥深施有撒肥后旋耕或犁翻等方法;基肥改在出苗后追施的以及拔节肥的追施,采用施肥耧或专用机械窜施于玉米行侧;追施穗肥的方法是将肥料撒在玉米行侧并接着灌水。无论是窜施或撒施的肥料,都要离玉米10 cm以远; 4. 氮肥追施次数:亩产≤750 kg,追1次或2次;亩产>750 kg,分2次追施; 5. 中/6指6月中旬,上中/6指6月上中旬,上/7指7月上旬。									

（3）扬黄灌区小麦套种玉米施肥建议方案

表 8-107 扬黄灌区春小麦套种玉米配方施肥建议方案

单位：千克/亩

目标产量（小麦+玉米）	施养分总量			基肥				种肥		追肥（尿素）				
								磷酸二铵		小麦	玉米			
	N	P$_2$O$_5$	K$_2$O	尿素（或碳酸氢铵）	磷酸二铵	重过磷酸钙（或普通过磷酸钙）	氯化钾（或硫酸钾）	小麦	玉米	下/4	下/5	中/6	中/7
300+550	35.1	9.8	4.8	25.2		21.3(82)	8.0(9.6)	0	0	15.8	11.2	17.4	6.6
				16.9(46)	21.3		8.0(9.6)	0	0	15.8	11.2	17.4	6.6
				16.9(46)	6.3		8.0(9.6)	7	8	15.8	11.2	17.4	6.6
				19.3		6.3(24)	8.0(9.6)	7	8	15.8	11.2	17.4	6.6
320+580	37.4	10.6	5.7	27.2		23.0(88)	9.5(11.4)	0	0	16.8	11.9	18.4	7.0
				18.2(46)	23.0		9.5(11.4)	0	0	16.8	11.9	18.4	7.0
				18.2(46)	8.0		9.5(11.4)	7	8	16.8	11.9	18.4	7.0
				21.3		8.0(31)	9.5(11.4)	7	8	16.8	11.9	18.4	7.0
350+600	39.8	11.4	6.8	29.1		24.8(95)	11.2(13.4)	0	0	17.8	12.6	19.5	7.5
				19.4	24.8		11.2(13.4)	0	0	17.8	12.6	19.5	7.5
				19.4	9.8		11.2(13.4)	7	8	17.8	12.6	19.5	7.5
				23.3		9.8(38)	11.2(13.4)	7	8	17.8	12.6	19.5	7.5
提示	1. 应坚持施用有机肥，在此基础上合理施用化肥； 2. 根据土壤肥力、小麦和玉米长势等情况，表中建议施肥量可少量增减； 3. 肥料必需深施：基肥深施有撒肥后旋耕或犁翻、或严格平地后机械播肥等方法；追肥结合灌水进行，先撒肥后灌水（玉米追肥：将肥料撒于行侧 10 cm 远）； 4. 玉米种肥必需距离种子 4~5 cm 远； 5. 下/4 指 4 月下旬，下/5 指 5 月下旬，中/6 指 6 月中旬，中/7 指 7 月中旬。													

表 8-108 扬黄灌区冬小麦套种玉米配方施肥建议方案

单位：千克/亩

目标产量（小麦+玉米）	施养分总量			基肥				种肥		追肥（尿素）				
								磷酸二铵		小麦		玉米		
	N	P$_2$O$_5$	K$_2$O	尿素（或碳酸氢铵）	磷酸二铵	重过磷酸钙（或普通过磷酸钙）	氯化钾（或硫酸钾）	小麦	玉米	返青	拔节	下/5	中/6	中/7
350+500	36.3	9.8	4.8	26.7		21.3(82)	8.0(9.6)	0	0	9.9	12.0	8.7	16.7	4.7
				18.4(50)	21.3		8.0(9.6)	0	0	9.9	12.0	8.7	16.7	4.7
				18.4(50)	6.3		8.0(9.6)	7	8	9.9	12.0	8.7	16.7	4.7
				20.9		6.3(24)	8.0(9.6)	7	8	9.9	12.0	8.7	16.7	4.7
350+550	38.3	10.4	5.5	27.8		22.6(87)	9.2(11.0)	0	0	10.5	12.7	9.4	17.7	5.0
				19.0	22.6		9.2(11.0)	0	0	10.5	12.7	9.4	17.7	5.0
				19.0	7.6		9.2(11.0)	7	8	10.5	12.7	9.4	17.7	5.0
				22.0		7.6(29)	9.2(11.0)	7	8	10.5	12.7	9.4	17.7	5.0

续表

目标产量（小麦+玉米）	施养分总量			基肥				种肥 磷酸二铵		追肥(尿素)				
	N	P₂O₅	K₂O	尿素(或碳酸氢铵)	磷酸二铵	重过磷酸钙(或普通过磷酸钙)	氯化钾(或硫酸钾)	小麦	玉米	小麦		玉米		
										返青	拔节	下/5	中/6	中/7
400+550	41.0	11.4	6.8	29.3		24.8(95)	11.3(13.6)	0	0	11.4	13.8	10.2	19.1	5.4
				19.6	24.8		11.3(13.6)	0	0	11.4	13.8	10.2	19.1	5.4
				19.6	9.8		11.3(13.6)	7	8	11.4	13.8	10.2	19.1	5.4
				23.5		9.8(38)	11.3(13.6)	7	8	11.4	13.8	10.2	19.1	5.4
提示	同表 8-107													

（4）扬黄灌区向日葵施肥建议方案

表 8-109　扬黄灌区油葵配方施肥建议方案

单位：千克/亩

目标产量	施养分总量			基　肥				追肥
	N	P₂O₅	K₂O	尿素(或碳酸氢铵)	磷酸二铵	重过磷酸钙(或普通过磷酸钙)	硫酸钾	尿素(现蕾期)
150	9.3	4.2	0	10.9(29)		9.1(35)	0	9.3
				7.3(20)	9.1		0	9.3
200	12.7	5.7	2.5	15.2(41)		12.4(47)	5.0	12.4
				10.4(28)	12.4		5.0	12.4
250	16.2	7.3	4.4	19.6		15.9(61)	8.8	15.7
				13.3(36)	15.9		8.8	15.7
提示	1. 应坚持施用有机肥，在此基础上合理施用化肥； 2. 根据土壤肥力、向日葵长势等情况，表中建议施肥量可少量增减； 3. 肥料必需深施：基肥深施有撒肥后旋耕或犁翻等方法；追肥结合培土进行，先撒肥再培土。							

（5）扬黄灌区马铃薯施肥建议方案

表 8-110　扬黄灌区马铃薯配方施肥建议方案

单位：千克/亩

目标产量	施养分总量			基　肥				追肥
	N	P₂O₅	K₂O	尿素(或碳酸氢铵)	磷酸二铵	重过磷酸钙(或普通过磷酸钙)	硫酸钾	尿素(现蕾期)
1000	7.7	4.6	0	10.9(29)		10.0(38)	0	5.9
				7.0(19)	10.0		0	5.9
1500	11.7	6.3	1.5	14.6(39)		13.7(52)	3.0	10.9
				9.2(25)	13.7		3.0	10.9
2000	15.8	7.7	2.9	18.3(49)		16.7(64)	5.8	16.1
				11.7(32)	16.7		5.8	16.1

续表

目标产量	施养分总量			基　肥				追肥
	N	P_2O_5	K_2O	尿素（或碳酸氢铵）	磷酸二铵	重过磷酸钙（或普通过磷酸钙）	硫酸钾	尿素（现蕾期）
2500	20.1	8.9	4.7	22.0		19.3（74）	9.4	21.7
				14.4（39）	19.3		9.4	21.7
提示	1. 应坚持施用有机肥，在此基础上合理施用化肥； 2. 根据土壤肥力、马铃薯长势等情况，表中建议施肥量可少量增减； 3. 肥料必需深施：基肥深施有撒肥后旋耕或犁翻等方法；追肥结合培土进行，先撒肥再培土。							

2. 扬黄灌区蔬菜施肥建议方案

（1）扬黄灌区番茄施肥建议方案

表 8-111　同心、红寺堡扬黄灌区设施栽培番茄配方施肥建议方案

有机肥：亩施优质腐熟有机肥 2000~3000 kg 或商品有机肥 600~800 kg　单位：千克/亩

产量水平	施用养分总量			施用实物肥料				
				基肥			追肥	
							单质肥	
	N	P_2O_5	K_2O	尿素	磷酸二铵	硫酸钾	尿素	硫酸钾
6000	37.2	11.7	14.4	0	25.4	11.5	71.1	17.3
8000	50.0	16.3	20.0	0	35.4	16.0	94.6	24.0
10000	63.0	21.2	26.0	0	46.1	20.8	118.5	31.2
12000	76.2	26.5	32.4	0	57.6	25.9	142.8	38.9
提示	①坚持有机无机结合，在施用有机肥基础上参考本建议卡中各种肥料的施用量； ②施肥量，应根据地力高低、有机肥质量与数量、尤其是番茄生长状况，应适当增减追肥次数和相应的化肥用量； ③施肥期：基肥在定植前 1 周施入；追肥要先将追肥总量大致按追肥次数分配，于每层穗果膨大时追施。盛果期适当多施。 ④施肥方法：基肥采用全层施肥方法（犁翻或旋耕）或条施于定植行侧土内，追肥采用行间沟灌施肥或冲施、滴灌施、穴施等方法。 若往年发生"脐腐病"（缺钙），可在初花期和初果期喷施 1.0%氯化钙或 0.5%~1.0%硝酸钙溶液 2~3 次，10 天左右 1 次；若出现锈色斑（缺硼），于始花期、盛花期喷施硼肥（硼砂或硼酸）2次，浓度 0.20%。							

表 8-112　盐池、海原扬黄灌区设施栽培番茄配方施肥建议方案

有机肥：亩施优质腐熟有机肥 2000~3000 kg 或商品有机肥 600~800 kg　单位：千克/亩

产量水平	施用养分总量			施用实物肥料				
				基肥			追肥	
							单质肥	
	N	P_2O_5	K_2O	尿素	磷酸二铵	硫酸钾	尿素	硫酸钾
3000	18.9	7.6	8.9	1.1	16.5	7.1	33.5	10.7
4000	25.9	10.4	12.2	－	22.6	9.8	46.5	14.6
5000	33.2	13.3	15.6	－	28.9	12.5	60.2	18.7

续表

产量水平	施用养分总量			施用实物肥料				
				基肥			追肥	
							单质肥	
	N	P₂O₅	K₂O	尿素	磷酸二铵	硫酸钾	尿素	硫酸钾
6000	40.8	16.3	19.2	–	35.4	15.4	74.6	23.0
7000	48.8	19.5	23.0	–	42.4	18.4	89.8	27.6
提示	同表8-111							

表 8-113　盐池、同心、海原扬黄灌区大田栽培番茄配方施肥建议方案

有机肥:亩施优质腐熟有机肥 1500~2000 kg 或商品有机肥 500~600 kg　单位:千克/亩

产量水平	施用养分总量			施用实物肥料				
				基肥			追肥	
							单质肥	
	N	P₂O₅	K₂O	尿素	磷酸二铵	硫酸钾	尿素	硫酸钾
2000	14.5	5.8	5.6	2.7	12.6	6.7	23.9	4.5
3000	22.3	8.9	8.6	2.2	19.3	10.3	38.7	6.9
4000	30.5	12.2	11.7	1.6	26.5	14.0	54.3	9.4
5000	39.1	15.6	15.0	–	33.9	18.0	70.9	12.0
提示	同表8-111							

（2）扬黄灌区黄瓜施肥建议方案

表 8-114　扬黄灌区设施栽培黄瓜配方施肥建议方案

有机肥:亩施优质腐熟有机肥 2000~3000 kg 或商品有机肥 600~800 kg　单位:千克/亩

产量水平	施用养分总量			施用实物肥料			
				基肥		追肥	
						单质肥	
	N	P₂O₅	K₂O	磷酸二铵	硫酸钾	尿素	硫酸钾
3000	18.2	9.9	7.3	21.5	5.8	30.9	8.8
4000	24.8	13.5	9.9	29.3	7.9	42.0	11.9
5000	31.8	17.3	12.7	37.6	10.2	53.9	15.2
6000	39.2	21.2	15.7	46.1	12.6	66.7	18.8
7000	46.8	25.4	18.7	55.2	15.0	80.0	22.4
提示	①坚持有机无机结合,在施用有机肥基础上参考本建议卡中各种肥料的施用量; ②施肥量,应根据地力高低、有机肥质量与数量、尤其是黄瓜生长状况,应适当增减追肥次数和相应的化肥用量; ③施肥期,基肥在定植前1周施入;追肥要先将追肥总量大致按追肥次数分配,当90%植株坐瓜、瓜长15 cm时(灌头水)开始追肥,结瓜盛期灌1~2水追肥1次。追肥采用单质肥料时,其钾肥于中后期分次与尿素同施; ④施肥方法:基肥采用全层施肥方法(犁翻或旋耕)或条施于定植行侧土内,追肥采用行间沟灌施肥或冲施、滴灌、穴施等方法。 若黄瓜皮纵裂,可喷施硼肥(硼砂或硼酸),浓度 0.05%~0.20%,2~4 次。						

表8-115　盐池扬黄灌区大田栽培黄瓜配方施肥建议方案

有机肥:亩施优质腐熟有机肥 1500~2000 kg 或商品有机肥 500~600 kg　　单位:千克/亩

产量水平	施用养分总量			施用实物肥料			
				基肥		追肥	
						单质肥	
	N	P$_2$O$_5$	K$_2$O	磷酸二铵	硫酸钾	尿素	硫酸钾
2000	13.4	8.5	5.2	18.5	6.2	21.5	4.2
3000	20.7	12.5	8.0	27.2	9.6	34.1	6.4
4000	28.4	16.3	10.9	35.4	13.1	47.6	8.7
5000	36.5	20.0	14.0	43.5	16.8	62.0	11.2
提示	同表8-114						

(3)扬黄灌区辣椒施肥建议方案

表8-116　扬黄灌区设施栽培辣椒配方施肥建议方案

有机肥:亩施优质腐熟有机肥 2000~3000 kg 或商品有机肥 600~800 kg　　单位:千克/亩

产量水平	施用养分总量			施用实物肥料				
				基肥			追肥	
							单质肥	
	N	P$_2$O$_5$	K$_2$O	尿素	磷酸二铵	硫酸钾	尿素	硫酸钾
3000	20.3	8.2	7.7	2.8	17.8	6.2	34.3	9.2
4000	27.6	11.3	10.5	2.3	24.6	8.4	48.0	12.6
5000	35.4	14.4	13.4	1.9	31.3	10.7	62.8	16.1
6000	43.5	17.7	16.5	1.2	38.5	13.2	78.3	19.8
7000	52.1	21.2	19.7	0.4	46.1	15.8	94.8	23.6
提示	①坚持有机无机结合,在施用有机肥基础上参考本建议卡中各种肥料的施用量; ②施肥量,应根据地力高低、有机肥质量与数量、尤其是辣椒生长状况,应适当增减追肥次数和相应的化肥用量; ③施肥期:基肥在定植前一周施入;追肥要先将追肥总量大致按追肥次数分配,分别于门椒、对椒、四母斗膨大期及以后每层果膨大期追施。盛果期适当多施。 ④施肥方法:基肥采用全层施肥方法(犁翻或旋耕)或条施于定植行侧土内,追肥采用行间沟灌施肥或冲施、滴灌施、穴施等方法。 若往年出现有"脐腐病",可在现蕾初花期开始喷施 0.5%~1.0%硝酸钙溶液或 1.0%氯化钙溶液 3 次,每星期喷 1 次。							

表 8-117 扬黄灌区大田栽培辣椒配方施肥建议方案

有机肥:亩施优质腐熟有机肥 1500~2000 kg 或商品有机肥 500~600 kg 单位:千克/亩

产量水平	施用养分总量			施用实物肥料				
				基肥			追肥	
							单质肥	
	N	P_2O_5	K_2O	尿素	磷酸二铵	硫酸钾	尿素	硫酸钾
1500	11.9	5.5	3.9	8.4	12.0	4.7	12.8	3.1
2000	16.1	7.1	5.3	9.2	15.4	6.4	19.8	4.2
2500	20.3	8.6	6.8	10.1	18.7	8.2	26.7	5.4
3000	24.7	10.0	8.3	11.1	21.7	10.0	34.1	6.6
3500	29.2	11.3	9.9	12.1	24.6	11.9	41.7	7.9
提示	追肥于结果期追施 2 次,其他同表 8-116							

(4)扬黄灌区芹菜施肥建议方案

表 8-118 红寺堡扬黄灌区设施栽培西芹配方施肥建议方案

有机肥:亩施优质腐熟有机肥 2000~3000 kg 或商品有机肥 600~800 kg 单位:千克/亩

产量水平	施用养分总量			施用实物肥料				
				基肥			追肥	
							单质肥	
	N	P_2O_5	K_2O	尿素	磷酸二铵	硫酸钾	尿素	硫酸钾
5000	23.5	12.1	11.0	3.3	26.3	11.0	37.5	11.0
6000	28.9	14.9	13.5	3.6	32.4	13.5	46.5	13.5
7000	34.6	17.8	16.2	3.9	38.7	16.2	56.2	16.2
8000	40.5	20.9	18.9	4.0	45.4	18.9	66.3	18.9
9000	46.7	24.1	21.8	4.0	52.4	21.8	77.1	21.8
提示	①坚持有机无机结合,在施用有机肥基础上参考本建议卡中各种肥料的施用量; ②施肥量,应根据地力高低、有机肥质量与数量、尤其是芹菜生长状况,应适当增减追肥次数和相应的化肥用量; ③施肥期:基肥在定植前一周施入;于叶片直立期、旺盛生长期追施(3~4 次)。 若芹菜出现茎开裂,可喷施 0.1%~0.2%硼肥溶液(硼砂或硼酸)2~3 次(5~7 天喷 1 次);发生心腐病,可喷施 2%硝酸钙溶液或 0.5%氯化钙溶液喷施于心叶上,喷施 2 次。							

表 8-119　扬黄灌区设施栽培本地芹菜配方施肥建议方案

有机肥:亩施优质腐熟有机肥 2000~3000 kg 或商品有机肥 1200 kg　单位:千克/亩

产量水平	施用养分总量			施用实物肥料				
				基肥			追肥	
							单质肥	
	N	P$_2$O$_5$	K$_2$O	尿素	磷酸二铵	硫酸钾	尿素	硫酸钾
4000	17.7	10.1	8.5	2.3	22.0	6.8	27.6	10.2
6000	26.8	15.4	13.2	3.2	33.5	10.6	42.0	15.8
8000	36.1	20.9	18.3	4.0	45.4	14.6	56.7	22.0
10000	45.5	26.6	23.7	4.5	57.8	19.0	71.7	28.4
12000	55.1	32.4	29.5	5.0	70.4	23.6	87.2	35.4
14000	64.9	38.5	35.7	5.3	83.7	28.6	103.0	42.8
提示	追肥于每次采收前 10 天追施,15~20 天 1 次。其他同表 8-118							

表 8-120　扬黄灌区大田栽培本地芹菜配方施肥建议方案

有机肥:亩施优质腐熟有机肥 1500~2000 kg 或商品有机肥 500~600 kg　单位:千克/亩

产量水平	施用养分总量			施用实物肥料				
				基肥			追肥	
							单质肥	
	N	P$_2$O$_5$	K$_2$O	尿素	磷酸二铵	硫酸钾	尿素	硫酸钾
3000	14.2	7.5	6.8	5.0	16.3	5.4	19.5	8.2
4000	19.2	10.2	9.2	5.5	22.2	7.4	27.6	11.0
5000	24.3	13.1	11.8	5.7	28.5	9.4	36.0	14.2
6000	29.4	16.1	14.6	5.9	35.0	11.7	44.3	17.5
8000	40.1	22.5	20.4	5.9	48.9	16.3	62.2	24.5
提示	同表 8-119							

(5)扬黄灌区西瓜和甜瓜施肥建议方案

表 8-121　扬黄灌区设施栽培西瓜配方施肥建议方案

有机肥:亩施优质腐熟有机肥 2000~3000 kg 或商品有机肥 600~800 kg　单位:千克/亩

产量水平	施用养分总量			施用实物肥料				
				基肥			追肥	
							单质肥	
	N	P$_2$O$_5$	K$_2$O	尿素	磷酸二铵	硫酸钾	尿素	硫酸钾
3000	11.3	7.3	5.3	6.8	15.9	4.2	11.5	6.4
4000	15.4	9.9	7.1	7.9	21.5	5.7	17.2	8.5

续表

产量水平	施用养分总量			施用实物肥料				
				基肥			追肥	
							单质肥	
	N	P$_2$O$_5$	K$_2$O	尿素	磷酸二铵	硫酸钾	尿素	硫酸钾
5000	19.6	12.6	9.1	8.8	27.4	7.3	23.0	10.9
6000	24.0	15.4	11.1	9.7	33.5	8.9	29.3	13.3
7000	28.5	18.3	13.2	10.5	39.8	10.6	35.9	15.8
提示	①必需坚持有机无机结合,在施用有机肥基础上参考本建议卡中各种肥料的施用量; ②施肥量,应根据地力高低、有机肥质量与数量、尤其是西瓜生长状况,应适当增减追肥次数和相应的化肥用量; ③施肥期,基肥在定植前10天施入;追肥于4~5片真叶—伸蔓—膨瓜期追施(1~3次); ④施肥方法,基肥采用全层施肥方法(犁翻或旋耕),追肥采用沟施、冲施、穴施等方法。							

表 8-122　红寺堡扬黄灌区设施甜瓜配方施肥建议方案

有机肥:亩施优质腐熟有机肥 2000~3000 kg 或商品有机肥 600~800 kg　单位:千克/亩

产量水平	施用养分总量			施用实物肥料				
				基肥			追肥	
							单质肥	
	N	P$_2$O$_5$	K$_2$O	尿素	磷酸二铵	硫酸钾	尿素	硫酸钾
2000	10.6	7.3	5.7	6.8	15.9	4.6	10.0	6.8
3000	16.3	11.2	8.7	7.9	24.3	7.0	18.0	10.4
4000	22.3	15.3	11.9	8.7	33.3	9.5	26.7	14.3
5000	28.6	19.6	15.2	9.4	42.6	12.2	36.1	18.2
提示	追肥于幼瓜长至鸡蛋大小时及膨大期追施2次。其他同表 8-121							

表 8-123　扬黄灌区大田栽培西瓜配方施肥建议方案

有机肥:亩施优质腐熟有机肥 1500~2000 kg 或商品有机肥 500~600 kg　单位:千克/亩

产量水平	施用养分总量			施用实物肥料				
				基肥			追肥	
							单质肥	
	N	P$_2$O$_5$	K$_2$O	尿素	磷酸二铵	硫酸钾	尿素	硫酸钾
3000	12.8	8.5	8.8	10.2	18.5	10.6	10.4	7.0
4000	17.5	11.5	11.9	14.1	25.0	14.3	14.1	9.5
5000	22.2	14.7	15.2	17.9	32.0	18.2	17.8	12.2
6000	27.2	17.9	18.6	21.7	38.9	22.3	22.2	14.9
提示	同表 8-122							

表 8-124　扬黄灌区大田栽培甜瓜配方施肥建议方案

有机肥:亩施优质腐熟有机肥 1500~2000 kg 或商品有机肥 500~600 kg　单位:千克/亩

产量水平	施用养分总量			施用实物肥料				
				基肥			追肥	
							单质肥	
	N	P_2O_5	K_2O	尿素	磷酸二铵	硫酸钾	尿素	硫酸钾
2000	12.0	8.5	7.1	11.2	18.5	8.5	7.6	5.7
3000	18.5	13.0	10.9	13.9	28.3	13.1	15.2	8.7
4000	25.3	17.8	14.9	16.4	38.7	17.9	23.5	11.9
5000	32.4	22.9	19.1	18.6	49.8	22.9	32.4	15.3
提示	追肥于膨大期追施(一般 1 次)。其他同表 8-121。							

(三)宁南山区农作物区域施肥建议方案

宁南山区主要指宁夏南部和宁夏中部除扬黄灌区以外的其他水浇地和旱地。该区域耕地主要是旱作地,水浇地较少。耕地地力等级地主要为中等耕地和低等耕地。该区域降水是制约肥料发挥作用的主要因子。在施肥上,强调施足基肥,追肥应与降水或浇水密切结合。在干旱又无补灌的情况下不宜再追施肥料。

1. 宁南山区粮油作物施肥建议方案

(1)宁南山区小麦施肥建议方案

表 8-125　宁南(及宁中)山区水浇地小麦配方施肥建议方案

单位:千克/亩

| 目标产量 | 施养分总量 | | | 基　肥 | | | 种肥 | 追肥 |
	N	P_2O_5	K_2O	尿素(或碳酸氢铵)	磷酸二铵	重过磷酸钙(或普通过磷酸钙)	磷酸二铵	尿素
250	11.2	3.9	0	15.2(41)		8.5(32)	0	9.1
				11.9(32)	8.5		0	9.1
				11.9(32)	3.5		5	9.1
				13.3(36)		3.5(13)	5	9.1
300	13.5	4.7	0	18.5(50)		10.2(39)	0	10.9
				14.5(39)	10.2		0	10.9
				14.5(39)	5.2		5	10.9
				16.5(45)		5.2(20)	5	10.9
350	15.9	5.5	0	21.7		12.0(46)	0	12.8
				17.0(46)	12.0		0	12.8
				17.0(46)	7.0		5	12.8
				19.8		7.0(27)	5	12.8

续表

目标产量	施养分总量			基肥			种肥	追肥
	N	P₂O₅	K₂O	尿素(或碳酸氢铵)	磷酸二铵	重过磷酸钙(或普通过磷酸钙)	磷酸二铵	尿素
400	18.2	6.3	0	25.0		13.7(52)	0	14.6
				19.6	13.7		0	14.6
				19.6	8.7		5	14.6
				23.0		8.7(33)	5	14.6

提示	1. 应坚持施用有机肥,在此基础上合理施用化肥; 2. 根据灌水、降水及小麦长势等状况,表中建议施肥量可少量增减; 3. 基肥必需深施(7~15 cm),方法有随犁沟溜施、撒肥后旋耕或犁翻、机械播施等,不要采用撒肥后耖耙的方法。

表 8-126 宁南(及宁中)山区川旱地小麦配方施肥建议方案

单位:千克/亩

目标产量	施养分总量			基肥			种肥	追肥
	N	P₂O₅	K₂O	尿素(或碳酸氢铵)	磷酸二铵	重过磷酸钙(或普通过磷酸钙)	磷酸二铵	尿素
200	9.7	3.4	0	13.0(35)		7.4(28)	0	8.0
				10.1(27)	7.4		0	8.0
				10.1(27)	3.4		4.0	8.0
				11.5(31)		3.4(13)	4.0	8.0
250	12.2	4.2	0	16.3(44)		9.1(35)	0	10.2
				12.7(34)	9.1		0	10.2
				12.7(34)	5.1		4.0	10.2
				14.7(40)		5.1(20)	4.0	10.2
300	14.7	5.1	0	19.6		11.1(42)	0	12.4
				15.2(41)	11.1		0	12.4
				15.2(41)	7.1		4.0	12.4
				18.0(49)		7.1(27)	4.0	12.4

提示	同表 8-125,追肥可趁降雨施用。

表 8-127　宁南(及宁中)山区山旱地小麦配方施肥建议方案

单位:千克/亩

目标产量	施养分总量			基　肥			种肥	追肥
	N	P$_2$O$_5$	K$_2$O	尿素(或碳酸氢铵)	磷酸二铵	重过磷酸钙(或普通过磷酸钙)	磷酸二铵	尿素
100	5.0	1.7	0	7.2(19)		3.7(14)	0	3.7
				5.7(15)	3.7		0	3.7
				6.0(16)	0.7		3	3.7
150	7.6	2.6	0	10.8(29)		5.7(22)	0	5.8
				8.5(23)	5.7		0	5.8
				8.5(23)	2.7		3	5.8
				9.6(26)		2.7(10)	3	5.8
200	10.2	3.5	0	14.3(39)		7.6(29)	0	7.8
				11.4(31)	7.6		0	7.8
				11.4(31)	4.6		3	7.8
				13.2(36)		4.6(18)	3	7.8
提示	1. 亩产 80 kg 以下,氮肥可全部基施(不追施); 2. 其他同表 8-126。							

(2)宁南山区马铃薯施肥建议方案

表 8-128　宁南(及宁中)山区水浇地马铃薯配方施肥建议方案

单位:千克/亩

目标产量	施养分总量			基　肥				追肥(现蕾期)
	N	P$_2$O$_5$	K$_2$O	尿素(或碳酸氢铵)	磷酸二铵	重过磷酸钙(或普通过磷酸钙)	硫酸钾	尿素(1~2 次)
1500	9.7	4.2	0	14.1(38)		9.1(35)	0	7.0
				10.6(29)	9.1		0	7.0
2000	13.3	5.7	2.0	17.4(47)		12.4(47)	4.0	11.5
				12.5(34)	12.4		4.0	11.5
2500	17.2	7.4	3.3	20.7		16.1(62)	6.6	16.7
				14.4(39)	16.1		6.6	16.7
3000	21.2	9.1	5.0	23.9		19.8(76)	10.0	22.2
				16.2(44)	19.8		10.0	22.2
3500	25.5	10.9	7.0	27.2		23.7(91)	14.0	28.3
				17.9(48)	23.7		14.0	28.3
提示	1. 应坚持施用有机肥,在此基础上合理施用化肥; 2. 根据灌水、降水及马铃薯长势等情况,表中建议施肥量可少量增减; 3. 肥料必需深施:基肥深施有随犁沟溜施、撒肥后旋耕或犁翻、机械播施等方法;追肥结合培土将肥料埋入土中。							

表 8-129　宁南(及宁中)山区川旱地马铃薯配方施肥建议方案

单位:千克/亩

目标产量	施养分总量			基　肥				追肥
	N	P₂O₅	K₂O	尿素(或碳酸氢铵)	磷酸二铵	重过磷酸钙(或普通过磷酸钙)	硫酸钾	尿素(现蕾期)
1000	6.7	3.1	0	9.3(25)		6.7(26)	0	5.2
				6.7(18)	6.7		0	5.2
1500	10.4	4.8	0	13.5(36)		10.4(40)	0	9.1
				9.4(25)	10.4		0	9.1
2000	14.3	6.6	2.1	17.4(47)		14.3(55)	4.2	13.8
				11.8(32)	14.3		4.2	13.8
2500	18.4	8.4	3.5	21.5		18.3(70)	7.0	18.5
				14.4(39)	18.3		7.0	18.5
3000	22.7	10.4	5.2	25.7		22.6(87)	10.4	23.7
				16.8(45)	22.6		10.4	23.7
提示	追肥可配合降雨施用,其他同表 8-128。							

表 8-130　泾源县川旱地马铃薯配方施肥建议方案

单位:千克/亩

目标产量	施养分总量			基　肥				追肥
	N	P₂O₅	K₂O	尿素(或碳酸氢铵)	磷酸二铵	重过磷酸钙(或普通过磷酸钙)	硫酸钾	尿素(现蕾期)
1000	6.7	3.4	0	8.7(23)		7.4(28)		5.9
				5.8(16)	7.4			5.9
1500	10.4	5.2	0	13.0(35)		11.3(43)		9.6
				8.6(23)	11.3			9.6
2000	14.3	7.2	2.1	17.4(47)		15.7(60)	4.2	13.7
				11.2(30)	15.7		4.2	13.7
2500	18.4	9.3	3.5	21.7		20.2(81)	7.0	18.3
				13.8(37)	20.2		7.0	18.3
3000	22.7	11.5	5.2	26.1		25.0(96)	10.4	22.3
				16.3(44)	25.0		10.4	22.3
提示	同表 8-129							

表 8-131　宁南山区山旱地马铃薯配方施肥建议方案

单位：千克/亩

目标产量	施养分总量			基　肥				追肥
	N	P_2O_5	K_2O	尿素（或碳酸氢铵）	磷酸二铵	重过磷酸钙（或普通过磷酸钙）	硫酸钾	尿素（现蕾期）
800	5.7	2.6	0	8.3(22)		5.7(22)	0	4.1
				6.0(16)	5.7		0	4.1
1000	7.2	3.3	0	10.0(27)		7.2(27)	0	5.7
				7.2(19)	7.2		0	5.7
1500	11.1	5.1	0	14.3(39)		11.1(42)	0	9.8
				10.0(27)	11.1		0	9.8
2000	15.2	7.0	2.2	18.7(50)		15.2(58)	4.4	14.3
				12.7(34)	15.2		4.4	14.3
提示	同表 8-129							

表 8-132　泾源县山旱地马铃薯配方施肥建议方案

单位：千克/亩

目标产量	施养分总量			基　肥				追肥
	N	P_2O_5	K_2O	尿素（或碳酸氢铵）	磷酸二铵	重过磷酸钙（或普通过磷酸钙）	硫酸钾	尿素（现蕾期）
800	5.7	3.1	0	8.3(22)		6.7(26)		4.1
				5.6(15)	6.7			4.1
1000	7.2	4.0	0	10.0(27)		8.7(33)		5.7
				6.6(18)	8.7			5.7
1500	11.1	6.2	0	14.3(39)		13.5(52)		9.8
				9.1(24)	13.5			9.8
2000	15.2	8.5	2.2	18.7(50)		18.5(71)	4.4	14.3
				11.5(31)	18.5		4.4	14.3
提示	同表 8-129							

（3）宁南山区玉米施肥建议方案

该区域玉米多采用覆膜栽培方式，由于追肥不便操作，基肥必需施足，追肥采用打孔穴深施或膜下滴灌等方法。

表 8-133　宁南(及宁中)山区水浇地玉米配方施肥建议方案

单位：千克/亩

目标产量	施养分总量			基肥(或出苗后追施)				追肥(尿素)		
	N	P₂O₅	K₂O	尿素(或碳酸氢铵)	磷酸二铵	重过磷酸钙(或普通过磷酸钙)	硫酸钾	追1次(拔节)	或追2次	
									拔节	大喇叭口
500	11.8	5.3	0	13.0(35)		11.5(44)	0	12.6	8.8	3.8
				8.5(23)	11.5		0	12.6	8.8	3.8
600	14.4	6.5	0	16.3(44)		14.1(54)	0	15.0	10.5	4.5
				10.8(29)	14.1		0	15.0	10.5	4.5
700	17.2	7.8	0	19.6		17.0(65)	0	17.8	12.5	5.3
				12.9(35)	17.0		0	17.8	12.5	5.3
800	20.1	9.0	1.9	22.8		19.6(75)	3.8	20.9	14.6	6.3
				15.2(41)	19.6		3.8	20.9	14.6	6.3

提示	1. 应坚持施用有机肥，在此基础上合理施用化肥； 2. 根据灌水、降水及玉米长势等情况，表中建议施肥量可少量增减； 3. 肥料必需深施：基肥深施有随犁沟溜施、撒肥后旋耕或犁翻、机械播施等方法；追肥采用施肥枪或滴灌施入土中。

表 8-134　宁南(及宁中)山区川旱地玉米配方施肥建议方案

单位：千克/亩

目标产量	施养分总量			基肥(或出苗后追施)			追肥(尿素)		
	N	P₂O₅	K₂O	尿素(或碳酸氢铵)	磷酸二铵	重过磷酸钙(或普通过磷酸钙)	追1次(中/6)	或追2次	
								拔节	大喇叭口
400	9.7	4.6	0	13.0(35)		10.0(38)	8.0	5.6	2.4
				9.1(25)	10.0		8.0	5.6	2.4
500	12.4	5.9	0	15.7(42)		12.8(49)	11.3	7.9	3.4
				10.6(29)	12.8		11.3	7.9	3.4
600	15.2	7.2	0	18.3(49)		15.7(60)	14.8	10.3	4.4
				12.1(33)	15.7		14.8	10.3	4.4
700	18.1	8.5	0	20.9		18.5(71)	18.5	12.9	5.6
				13.6(37)	18.5		18.5	12.9	5.6

提示	同表 8-133

表 8-135　宁南(及宁中)山区山旱地玉米配方施肥建议方案

单位:千克/亩

目标产量	施养分总量			基肥(或出苗后追施)			追肥(尿素)		
	N	P₂O₅	K₂O	尿素(或碳酸氢铵)	磷酸二铵	重过磷酸钙(或普通过磷酸钙)	追1次(中/6)	或追2次	
								拔节	大喇叭口
300	7.7	3.8	0	11.3(31)		8.3(32)	5.4	3.8	1.6
				8.1(22)	8.3		5.4	3.8	1.6
400	10.4	5.1	0	13.7(37)		11.1(42)	8.9	6.2	2.7
				9.4(25)	11.1		8.9	6.2	2.7
500	13.2	6.5	0	16.1(43)		14.1(54)	12.6	8.8	3.8
				10.6(29)	14.1		12.6	8.8	3.8
600	16.2	8.0	0	18.5(50)		17.4(67)	16.7	11.7	5.0
				11.7(32)	17.4		16.7	11.7	5.0
提示	同表8-133								

(4)宁南山区谷子施肥建议方案

表 8-136　宁南(及宁中)山区水浇地谷子配方施肥建议方案

单位:千克/亩

目标产量	施养分总量			基肥			种肥	追肥
	N	P₂O₅	K₂O	尿素(或碳酸氢铵)	磷酸二铵	重过磷酸钙(或普通过磷酸钙)	磷酸二铵	(拔节期)尿素
100	3.2	2.2	0	7.0(19)		4.8(18)	0	0
				5.1(14)	4.8		0	0
				5.1(14)	0		4.8	0
150	4.9	3.4	0	7.4(20)		7.4(28)	0	3.3
				4.5(12)	7.4		0	3.3
				4.5(12)	3.4		4.0	3.3
				5.8(16)		3.4(13)	4.0	3.3
200	6.5	4.5	0	9.1(25)		9.8(37)	0	5.0
				5.3(14)	9.8		0	5.0
				5.3(14)	5.8		4.0	5.0
				7.6(20)		5.8(22)	4.0	5.0
250	8.2	5.7	0	10.9(29)		12.4(47)	0	7.0
				6.0(16)	12.4		0	7.0
				6.2(16)	7.4		5.0	7.0
				8.9(24)		7.4(28)	5.0	7.0
提示	1. 应坚持施用有机肥,在此基础上合理施用化肥; 2. 根据地力、灌水和降水、谷子长势等情况,表中建议施肥量可少量增减; 3. 施肥方法:基肥必需深施(7~15 cm),方法有撒肥后旋耕或犁翻、机械播施等,不要采用撒肥后秒耙的方法;追肥采用撒施灌水的方法。							

表 8-137　宁南(及宁中)山区川旱地谷子配方施肥建议方案

单位:千克/亩

目标产量	施养分总量			基　肥			种肥	追肥
	N	P₂O₅	K₂O	尿素(或碳酸氢铵)	磷酸二铵	重过磷酸钙(或普通过磷酸钙)	磷酸二铵	(拔节期)尿素
100	3.6	2.3	0	7.8(21)		5.0(19)	0	0
				5.9(16)	5.0		0	0
				5.9(16)	2.0		3.0	0
				6.7(18)		2.0(4)	3.0	0
150	7.2	4.4	0	10.7(29)		9.6(37)	0	5.0
				6.9(19)	9.6		0	5.0
				6.9(19)	6.6		3.0	5.0
				9.5(26)		6.6(25)	3.0	5.0
200	10.9	6.4	0	14.6(39)		13.9(53)	0	9.1
				9.1(25)	13.9		0	9.1
				9.1(25)	10.4		3.5	9.1
				13.2(36)		10.4(40)	3.5	9.1
250	14.6	8.3	0	18.5(50)		18.0(69)	0	13.3
				11.4(31)	18.0		0	13.3
				11.4(31)	14.5		3.5	13.3
				17.1(46)		14.5(56)	3.5	13.3
提示	\2 {1. 追肥要结合降雨施用;\n2. 其他同表 8-136。}							

提示
1. 追肥要结合降雨施用;
2. 其他同表 8-136。

表 8-138　宁南(及宁中)山区山旱地谷子配方施肥建议方案

单位:千克/亩

目标产量	施养分总量			基　肥			种肥	追肥
	N	P₂O₅	K₂O	尿素(或碳酸氢铵)	磷酸二铵	重过磷酸钙(或普通过磷酸钙)	磷酸二铵	(拔节期)尿素
100	3.8	2.4	0	8.3(22)		5.2(20)	0	0
				6.2(17)	5.2		0	0
				6.2(17)	2.7		2.5	0
				7.3(20)		2.7(10)	2.5	0
150	5.7	3.5	0	8.7(23)		7.6(29)	0	3.7
				6.5(17)	7.6		0	3.7
				6.5(17)	5.1		2.5	3.7
				7.7(21)		5.1(20)	2.5	3.7

续表

目标产量	施养分总量			基　　肥			种肥	追肥
	N	P₂O₅	K₂O	尿素（或碳酸氢铵）	磷酸二铵	重过磷酸钙（或普通过磷酸钙）	磷酸二铵	（拔节期）尿素
200	9.6	5.6	0	13.0(35)		12.2(47)	0	7.8
				8.3(22)	9.3		0	7.8
				8.3(22)	6.3		3.0	7.8
				11.9(32)		6.3(24)	3.0	7.8
250	13.6	7.6	0	17.4(47)		16.5(63)	0	12.1
				10.9(30)	16.5		0	12.1
				10.9(30)	13.5		3.0	12.1
				16.2(44)		13.5(52)	3.0	12.1
提示	同表8-137							

（5）宁南山区糜子施肥建议方案

表8-139　宁南（及宁中）山区水浇地糜子配方施肥建议方案

单位：千克/亩

目标产量	施养分总量			基　　肥			种肥	追肥
	N	P₂O₅	K₂O	尿素（或碳酸氢铵）	磷酸二铵	重过磷酸钙（或普通过磷酸钙）	磷酸二铵	（拔节期）尿素
80	2.6	2.3	0	5.7(15)		5.0(19)	0	0
				3.7(10)	5.0		0	0
				3.7(10)	2.0		3.0	0
				4.5(12)		2.0(8)	3.0	0
100	3.3	2.8	0	7.2(19)		6.1(23)	0	0
				4.8(13)	6.1		0	0
				4.8(13)	3.1		3.0	0
				6.0(16)		3.1(12)	3.0	0
150	5.0	3.8	0	7.6(21)		8.3(32)	0	3.3
				4.4(12)	8.3		0	3.3
				4.4(12)	4.8		3.5	3.3
				6.2(17)		4.8(18)	3.5	3.3
200	6.4	4.6	0	8.7(23)		10.0(38)	0	5.7
				4.8(13)	10.0		0	5.7
				4.8(13)	6.0		4.0	5.7
				7.1(19)		6.0(23)	4.0	5.7
提示	1. 应坚持施用有机肥,在此基础上合理施用化肥; 2. 根据地力、灌水和降水、糜子长势等情况,表中建议施肥量可少量增减; 3. 施肥方法:基肥必需深施(7~15 cm),方法有撒肥后旋耕或犁翻、机械播施等,不要采用撒肥后秒耙的方法;追肥采用撒施灌水的方法。							

表 8-140 宁南(及宁中)山区川旱地糜子配方施肥建议方案

单位:千克/亩

目标产量	施养分总量			基 肥			种肥	追肥
	N	P₂O₅	K₂O	尿素(或碳酸氢铵)	磷酸二铵	重过磷酸钙(或普通过磷酸钙)	磷酸二铵	(拔节期)尿素
100	3.6	3.0	0	7.8(21)		6.5(25)	0	0
				5.3(14)	6.5		0	0
				5.3(14)	4.0		2.5	0
				6.8(18)		4.0(15)	2.5	0
150	5.5	4.1	0	8.7(23)		8.9(34)	0	3.3
				5.2(14)	8.9		0	3.3
				5.2(14)	5.9		3.0	3.3
				7.5(20)		5.9(23)	3.0	3.3
200	7.3	4.9	0	10.9(29)		10.7(41)	0	5.0
				6.7(18)	10.7		0	5.0
				6.7(18)	7.2		3.5	5.0
				9.5(26)		7.2(28)	3.5	5.0
230	8.5	5.4	0	12.2(33)		11.7(45)	0	6.3
				7.6(21)	11.7		0	6.3
				7.6(21)	8.2		3.5	6.3
				10.8(29)		8.2(31)	3.5	6.3
提示	追肥要结合降雨施用。其他同表8-139							

表 8-141 宁南(及宁中)山区山旱地糜子配方施肥建议方案

单位:千克/亩

目标产量	施养分总量			基 肥			种肥	追肥
	N	P₂O₅	K₂O	尿素(或碳酸氢铵)	磷酸二铵	重过磷酸钙(或普通过磷酸钙)	磷酸二铵	(拔节期)尿素
50	1.9	1.7	0	4.1(11)		3.7(14)	0	0
				2.7(7)	3.7		0	0
				2.7(7)	1.7		2.0	0
				3.3(9)		1.7(7)	2.0	0
100	3.9	3.1	0	6.1(16)		6.7(26)	0	2.4
				3.5(9)	6.7		0	2.4
				3.5(9)	4.2		2.5	2.4
				5.1(14)		4.2(16)	2.5	2.4

续表

目标产量	施养分总量			基　肥			种肥	追肥
	N	P₂O₅	K₂O	尿素（或碳酸氢铵）	磷酸二铵	重过磷酸钙（或普通过磷酸钙）	磷酸二铵	（拔节期）尿素
150	5.8	4.2	0	8.5(23)		9.1(35)	0	4.1
				4.9(13)	9.1		0	4.1
				4.9(13)	6.1		3.0	4.1
				7.3(20)		6.1(23)	3.0	4.1
200	7.8	5.1	0	10.9(29)		11.1(42)	0	6.1
				6.5(18)	11.1		0	6.1
				6.5(18)	8.1		3.0	6.1
				9.7(26)		8.1(31)	3.0	6.1
提示	同表 8-140							

（6）宁南山区莜麦施肥建议方案

表 8-142　宁南（及宁中）山区水浇地莜麦配方施肥建议方案

单位：千克/亩

目标产量	施养分总量			基　肥			种肥	追肥
	N	P₂O₅	K₂O	尿素（或碳酸氢铵）	磷酸二铵	重过磷酸钙（或普通过磷酸钙）	磷酸二铵	（拔节期）尿素
80	2.3	1.5	0	5.0(14)		3.3(19)	0	0
				3.7(10)	3.3		0	0
				3.7(10)			3.3	0
120	3.6	2.3	0	5.4(15)		5.0(19)	0	2.4
				3.5(9)	5.0		0	2.4
				3.5(9)	2.0		3.0	2.4
				4.3(12)		2.0(8)	3.0	2.4
150	4.5	2.8	0	6.5(18)		6.1(23)	0	3.3
				4.1(16)	6.1		0	3.3
				4.1(16)	2.6		3.5	3.3
				5.2(14)		2.6(10)	3.5	3.3
180	5.6	3.4	0	7.6(21)		7.4(28)	0	4.6
				4.7(18)	7.4		0	4.6
				4.7(18)	3.4		4.0	4.6
				6.0(16)		3.4(13)	4.0	4.6
提示	1. 应坚持施用有机肥,在此基础上合理施用化肥; 2. 根据地力、灌水和降水、莜麦长势等情况,表中建议施肥量可少量增减; 3. 施肥方法:基肥必需深施(7~15 cm),方法有撒肥后旋耕或犁翻、机械播施等,不要采用撒肥后耖耙的方法;追肥采用撒施灌水的方法。							

表 8-143 宁南(及宁中)山区川旱地莜麦配方施肥建议方案

单位:千克/亩

目标产量	施养分总量			基 肥			种肥	追肥
	N	P₂O₅	K₂O	尿素(或碳酸氢铵)	磷酸二铵	重过磷酸钙(或普通过磷酸钙)	磷酸二铵	(拔节期)尿素
70	2.2	1.4	0	4.8(13)		3.0(12)	0	0
				3.6(10)	3.0		0	0
				3.6(10)			3.0	0
100	3.2	2.0	0	4.6(12)		4.3(17)	0	2.4
				2.9(8)	4.3		0	2.4
				2.9(8)	1.3		3.0	2.4
				3.4(9)		1.3(5)	3.0	2.4
120	3.9	2.4	0	5.4(15)		5.2(20)	0	3.0
				3.4(9)	5.2		0	3.0
				3.4(9)	1.7		3.5	3.0
				4.1(11)		1.7(7)	3.5	3.0
170	5.7	3.4	0	7.6(21)		7.4(28)	0	4.8
				4.7(13)	7.4		0	4.8
				4.7(13)	3.9		3.5	4.8
				6.2(17)		3.9(15)	3.5	4.8
提示	追肥要结合降雨施用。其他同表 8-142。							

表 8-144 宁南(及宁中)山区山旱地莜麦配方施肥建议方案

单位:千克/亩

目标产量	施养分总量			基 肥			种肥	追肥
	N	P₂O₅	K₂O	尿素(或碳酸氢铵)	磷酸二铵	重过磷酸钙(或普通过磷酸钙)	磷酸二铵	(拔节期)尿素
50	1.6	1.0	0	3.5(9)		2.2(8)	0	0
				2.6(7)	2.2		0	0
				2.6(7)			2.2	0
80	2.7	1.7	0	5.9(16)		3.7(14)	0	0
				4.4(12)	3.7		0	0
				4.4(12)	1.2		2.5	0
				4.9(13)		1.2(5)	2.5	0
100	3.4	2.1	0	5.2(14)		4.6(17)	0	2.2
				4.1(11)	4.6		0	2.2
				4.1(11)	1.6		3.0	2.2
				4.0(11)		1.6(11)	3.0	2.2

续表

目标产量	施养分总量			基肥			种肥	追肥
	N	P_2O_5	K_2O	尿素（或碳酸氢铵）	磷酸二铵	重过磷酸钙（或普通过磷酸钙）	磷酸二铵	（拔节期）尿素
150	5.3	3.1	0	7.0(19)		6.7(26)	0	4.6
				4.3(12)	6.7		0	4.6
				4.3(12)	3.7		3.0	4.6
				5.8(16)		3.7(14)	3.0	4.6
提示	同表8-143							

(7)宁南山区荞麦施肥建议方案

表8-145　宁南（及宁中）山区川旱地荞麦配方施肥建议方案

单位：千克/亩

目标产量	施养分总量			基肥			种肥	追肥
	N	P_2O_5	K_2O	尿素（或碳酸氢铵）	磷酸二铵	重过磷酸钙（或普通过磷酸钙）	磷酸二铵	（拔节期）尿素
70	3.2	2.3	0	7.0(19)		5.0(19)	0	0
				5.0(14)	5.0		0	0
				5.0(14)	2.5		2.5	0
				6.0(16)		2.5(10)	2.5	0
100	4.7	3.3	0	6.5(18)		7.2(27)	0	3.7
				3.7(10)	7.2		0	3.7
				3.7(10)	4.2		3.0	3.7
				5.3(14)		4.2(16)	3.0	3.7
150	7.3	4.7	0	9.8(26)		10.2(39)	0	6.1
				5.8(16)	10.2		0	6.1
				5.8(16)	6.7		3.5	6.1
				8.4(23)		6.7(26)	3.5	6.1
200	10.0	6.1	0	13.0(35)		13.3(51)	0	8.7
				7.8(21)	13.3		0	8.7
				7.8(21)	9.8		3.5	8.7
				11.7(32)		9.8(38)	3.5	8.7
提示	1. 应坚持施用有机肥,在此基础上合理施用化肥; 2. 根据降水、荞麦长势等情况,表中建议施肥量可少量增减; 3. 施肥方法:基肥必需深施(7~15 cm),方法有撒肥后旋耕或犁翻、机械播施等,不要采用撒肥后耱耙的方法;追肥要结合降雨施用。							

表 8-146　宁南(及宁中)山区山旱地荞麦配方施肥建议方案

单位:千克/亩

目标产量	施养分总量			基　肥			种肥	追肥
	N	P₂O₅	K₂O	尿素(或碳酸氢铵)	磷酸二铵	重过磷酸钙(或普通过磷酸钙)	磷酸二铵	(拔节期)尿素
70	3.4	2.4	0	7.4(20)		5.2(20)	0	0
				5.4(14)	5.2		0	0
				5.4(14)	2.7		2.5	0
				6.4(17)		2.7(10)	2.5	0
100	5.0	3.4	0	7.0(19)		7.4(28)	0	3.9
				4.1(11)	7.4		0	3.9
				4.1(11)	4.9		2.5	3.9
				6.0(16)		4.9(19)	2.5	3.9
150	7.7	4.9	0	10.2(28)		10.7(41)	0	6.5
				6.0(16)	10.7		0	6.5
				6.0(16)	7.7		3.0	6.5
				9.0(24)		7.7(29)	3.0	6.5
200	10.6	6.3	0	13.5(36)		13.7(52)	0	9.6
				8.1(22)	13.7		0	9.6
				8.1(22)	10.7		3.0	9.6
				12.3(33)		10.7(41)	3.0	9.6
提示	同表 8-145							

(8)宁南山区向日葵施肥建议方案

表 8-147　宁南(及宁中)山区水浇地油葵配方施肥建议方案

单位:千克/亩

目标产量	施养分总量			基　肥				追肥
	N	P₂O₅	K₂O	尿素(或碳酸氢铵)	磷酸二铵	重过磷酸钙(或普通过磷酸钙)	硫酸钾	尿素(现蕾期)
150	9.3	4.2	0	13.0(35)		9.1(35)	0	7.2
				9.5(26)	9.1		0	7.2
200	12.7	5.8	2.5	17.4(47)		12.6(48)	5.0	10.2
				12.5(34)	12.6		5.0	10.2
250	16.3	7.5	4.4	21.7		16.3(62)	8.8	13.7
				15.4(41)	16.3		8.8	13.7
300	20.1	9.2	7.1	26.1(34)		20.0(77)	14.2	17.6
				18.3(49)	20.0		14.2	17.6
提示	1. 应坚持施用有机肥,在此基础上合理施用化肥; 2. 根据灌水、降水及向日葵长势等情况,表中建议施肥量可少量增减; 3. 肥料必需深施:基肥深施有随犁沟溜施、撒肥后旋耕或犁翻、机械播施等方法;追肥可结合培土将肥料埋入土中。							

表8-148　宁南(及宁中)山区川旱地油葵配方施肥建议方案

单位:千克/亩

目标产量	施养分总量			基　肥				追肥
	N	P_2O_5	K_2O	尿素(或碳酸氢铵)	磷酸二铵	重过磷酸钙(或普通过磷酸钙)	硫酸钾	尿素(现蕾期)
100	6.7	3.0	0	9.1(25)		6.5(25)	0	5.4
				6.6(18)	6.5		0	5.4
150	10.3	4.6	0	13.7(37)		10.0(38)	0	8.7
				9.8(26)	10.0		0	8.7
200	14.1	6.3	2.8	18.3(49)		13.7(52)	5.6	12.4
				12.9(35)	13.7		5.6	12.4
提示	追肥应结合降雨施用,其他同表8-147							

表8-149　宁南(及宁中)山区山旱地油葵配方施肥建议方案

单位:千克/亩

目标产量	施养分总量			基　肥			追肥
	N	P_2O_5	K_2O	尿素(或碳酸氢铵)	磷酸二铵	重过磷酸钙(或普通过磷酸钙)	尿素(现蕾期)
60	4.2	1.9	0	5.9(16)		4.1(16)	3.3
				4.3(12)	4.1		3.3
80	5.7	2.5	0	7.8(21)		5.4(21)	4.6
				5.7(15)	5.4		4.6
100	7.1	3.2	0	9.8(26)		7.0(27)	5.7
				7.0(19)	7.0		5.7
提示	同表8-148						

(9)宁南山区胡麻施肥建议方案

表8-150　宁南(及宁中)山区水浇地胡麻配方施肥建议方案

单位:千克/亩

目标产量	施养分总量			基　肥			追肥(尿素)		
	N	P_2O_5	K_2O	尿素(或碳酸氢铵)	磷酸二铵	重过磷酸钙(或普通过磷酸钙)	追1次(现蕾期)	或追2次	
								现蕾期	籽粒形成期
100	7.8	2.8	0	10.9(29)		6.1(23)	6.1	3.5	2.6
				8.5(23)	6.1		6.1	3.5	2.6
150	12.1	4.3	0	16.3(44)		9.3(36)	10.0	5.8	4.2
				12.7(34)	9.3		10.0	5.8	4.2

续表

目标产量	施养分总量			基 肥			追肥(尿素)		
	N	P₂O₅	K₂O	尿素(或碳酸氢铵)	磷酸二铵	重过磷酸钙(或普通过磷酸钙)	追1次(现蕾期)	或追2次	
								现蕾期	籽粒形成期
200	16.5	5.9	0	21.7		12.8(49)	14.1	8.2	5.9
				15.2(41)	12.8		14.1	8.2	5.9
提示	1. 应坚持施用有机肥,在此基础上合理施用化肥; 2. 根据灌水、降水及胡麻长势等情况,表中建议施肥量可少量增减; 3. 基肥必需深施(7~15 cm),方法有随犁沟溜施、撒肥后旋耕或犁翻、机械播施等,不要采用撒肥后耖耙的方法。追肥结合灌水施用。								

表 8-151 宁南(及宁中)山区川旱地胡麻配方施肥建议方案

单位:千克/亩

目标产量	施养分总量			基 肥			追肥(尿素)		
	N	P₂O₅	K₂O	尿素(或碳酸氢铵)	磷酸二铵	重过磷酸钙(或普通过磷酸钙)	追1次(现蕾期)	或追2次	
								现蕾期	籽粒形成期
100	8.1	3.3	0	12.0(32)		7.2(27)	5.7	3.3	2.4
				9.1(25)	7.2		5.7	3.3	2.4
140	11.7	4.7	0	16.3(44)		10.2(39)	9.1	5.3	3.8
				12.3(33)	10.2		9.1	5.3	3.8
180	15.3	6.1	0	20.7		13.3(51)	12.6	7.3	5.3
				15.4(42)	13.3		12.6	7.3	5.3
提示	追肥应结合降雨施用,其他同表 8-150。								

表 8-152 宁南(及宁中)山区山旱地胡麻配方施肥建议方案

单位:千克/亩

目标产量	施养分总量			基 肥			追肥(尿素)		
	N	P₂O₅	K₂O	尿素(或碳酸氢铵)	磷酸二铵	重过磷酸钙(或普通过磷酸钙)	追1次(现蕾期)	或追2次	
								现蕾期	籽粒形成期
60	5.1	2.0	0	7.6(21)		4.3(16)	3.5	–	–
				5.9(16)	4.3		3.5	–	–
90	7.7	3.1	0	10.9(29)		6.7(26)	5.9	–	–
				8.2(22)	6.7		5.9	–	–
120	10.4	4.2	0	14.1(38)		9.1(35)	8.5	4.9	3.6
				10.6(29)	9.1		8.5	4.9	3.6
提示	同表 8-151								

（10）宁南山区油菜施肥建议方案

表 8-153　泾源县川旱地油菜配方施肥建议方案

单位：千克/亩

目标产量	施养分总量			基　肥				追肥（尿素）	
	N	P_2O_5	K_2O	尿素（或碳酸氢铵）	磷酸二铵	重过磷酸钙（或普通过磷酸钙）	硫酸钾	返青后	抽薹前
100	7.2	3.5	0	10.9(29)		7.6(29)	0	2.2	2.6
				7.9(21)	7.6		0	2.2	2.6
200	15.1	7.4	4.7	15.2(41)		16.1(62)	9.4	7.9	9.7
				8.9(24)	16.1		9.4	7.9	9.7
250	19.3	9.4	7.2	17.4(47)		20.4(78)	14.4	11.1	13.5
				9.4(25)	20.4		14.4	11.1	13.5
300	23.8	11.6	10.0	19.6		25.2(97)	23.8	14.5	17.7
				9.7(26)	25.2		23.8	14.5	17.7
提示	1. 应坚持施用有机肥，在此基础上合理施用化肥； 2. 根据地力、降水、油菜长势等情况，表中建议施肥量可少量增减； 3. 施肥方法：基肥必需深施（7~15 cm），方法有撒肥后旋耕或犁翻、机械播施等，不要采用撒肥后秒耙的方法；追肥要趁雨追施； 4. 油菜亩产≤150kg 以下时，可将两次追肥合并在抽薹前一次追施。								

表 8-154　泾源县山旱地油菜配方施肥建议方案

单位：千克/亩

目标产量	施养分总量			基　肥				追肥（尿素）	
	N	P_2O_5	K_2O	尿素（或碳酸氢铵）	磷酸二铵	重过磷酸钙（或普通过磷酸钙）	硫酸钾	返青后	抽薹前
100	7.6	3.7	0	9.6(26)		8.0(31)	0	3.1	3.8
				6.4(17)	8.0		0	3.1	3.8
150	11.7	5.8	3.0	12.6(34)		12.6(48)	6.0	5.8	7.1
				7.7(21)	12.6		6.0	5.8	7.1
200	16.0	7.9	5.1	15.7(42)		17.2(66)	10.2	8.6	10.5
				8.9(24)	17.2		10.2	8.6	10.5
250	20.5	10.1	7.7	18.7(50)		22.0(84)	15.4	11.6	14.2
				10.1(27)	22.0		15.4	11.6	14.2
提示	同表 8-153								

（11）宁南山区豌豆施肥建议方案

表 8-155　宁南（及宁中）山区水浇地豌豆配方施肥建议方案

单位：千克/亩

目标产量	施养分总量			基　肥			追肥（苗期）
	N	P$_2$O$_5$	K$_2$O	尿素（或碳酸氢铵）	磷酸二铵	重过磷酸钙（或普通过磷酸钙）	尿素
100	1.4	2.2	0	3.0(6)		4.8(18)	0
				1.2(3)	4.8		0
150	2.2	3.3	0	4.8(13)		7.2(27)	0
				2.0(5)	7.2		0
200	3.1	4.5	0	6.7(18)		9.8(37)	0
				2.9(8)	9.8		0

提示：
1. 应坚持施用有机肥，在此基础上合理施用化肥；
2. 根据地力、灌水和降水、豌豆长势等情况，表中建议施肥量可少量增减；
3. 施肥方法：必需深施（7~15 cm），方法有撒肥后旋耕或犁翻、机械播施等，不要采用撒肥后秒耙的方法；
4. 若豌豆长势较差，及早追施苗肥尿素 3~5 千克/亩。

表 8-156　宁南（及宁中）山区川旱地豌豆配方施肥建议方案

单位：千克/亩

目标产量	施养分总量			基　肥			追肥（苗期）
	N	P$_2$O$_5$	K$_2$O	尿素（或碳酸氢铵）	磷酸二铵	重过磷酸钙（或普通过磷酸钙）	尿素
80	1.2	1.9	0	2.6(7)		4.1(16)	0
				1.0(3)	4.1		0
100	1.5	2.4	0	3.3(9)		5.2(20)	0
				1.2(3)	5.2		0
150	2.4	3.8	0	5.2(14)		8.3(32)	0
				2.0(5)	8.3		0
200	3.3	5.0	0	7.2(19)		10.9(42)	0
				2.9(8)	10.9		0

提示：同表 8-155

表 8-157　宁南(及宁中)山区山旱地豌豆配方施肥建议方案

单位:千克/亩

目标产量	施养分总量			基　肥			追肥(苗期)
	N	P₂O₅	K₂O	尿素(或碳酸氢铵)	磷酸二铵	重过磷酸钙(或普通过磷酸钙)	尿素
80	1.3	2.0	0	2.8(8)		4.3(17)	0
				1.1(3)	4.3		0
100	1.6	2.6	0	3.5(9)		5.7(22)	0
				1.2(3)	5.7		0
150	2.5	3.9	0	5.4(15)		8.5(32)	0
				2.1(6)	8.5		0
200	3.5	5.3	0	7.6(21)		11.5(44)	0
				3.1(8)	11.5		0
提示	同表 8-155						

(12)宁南山区蚕豆施肥建议方案

表 8-158　隆德县水浇地蚕豆配方施肥建议方案

单位:千克/亩

目标产量	施养分总量			基　肥				追肥
	N	P₂O₅	K₂O	尿素(或碳酸氢铵)	磷酸二铵	重过磷酸钙(或普通过磷酸钙)	硫酸钾	尿素(现蕾-开花期)
200	3.7	4.2	0	5.2(14)		9.1(35)	-	2.8
				1.7(4)	9.1		-	2.8
250	5.1	5.6	0	6.7(18)		12.2(47)	-	4.1
				2.0(5)	12.2		-	4.1
300	6.6	7.3	1.6	8.3(22)		15.9(61)	3.2	6.1
				2.1(6)	15.9		3.2	6.1
提示	1. 坚持施用有机肥。早播(5 月 1 日以前)时施农家肥 5000~6000 千克/亩,迟播施 3000 千克/亩左右; 2. 根据灌水、降水及蚕豆长势等情况,表中建议施肥量可少量增减; 3. 施肥方法:基肥在播种前深施或播种时侧施,也可在前一年秋施;追肥在现蕾期至开花期结合除草松土追施于行间。							

表 8-159 隆德县川旱地蚕豆配方施肥建议方案

单位:千克/亩

目标产量	施养分总量			基 肥			追肥
	N	P$_2$O$_5$	K$_2$O	尿素(或碳酸氢铵)	磷酸二铵	重过磷酸钙(或普通过磷酸钙)	尿素(现蕾-开花期)
100	1.7	1.9	0	3.7(10)		4.1(16)	–
				2.1(6)	4.1		–
150	2.7	3.1	0	3.7(10)		6.7(26)	2.2
				1.1(3)	6.7		2.2
200	3.9	4.5	0	5.2(14)		9.8(37)	3.3
				1.4(4)	9.8		3.3
提示	追肥量很少时,可将追施的氮肥加在基肥施用或趁下雨追施,其他同表8-158。						

表 8-160 隆德县山旱地蚕豆配方施肥建议方案

单位:千克/亩

目标产量	施养分总量			基 肥			追肥
	N	P$_2$O$_5$	K$_2$O	尿素(或碳酸氢铵)	磷酸二铵	重过磷酸钙(或普通过磷酸钙)	尿素(现蕾-开花期)
80	1.4	1.7	0	3.0(8)		3.7(14)	–
				1.6(4)	3.7		–
100	1.8	2.1	0	2.6(7)		4.6(17)	1.3
				0.9(2)	4.6	–	1.3
150	2.9	3.5	0	4.8(13)		7.6(29)	1.5
				1.8(5)	7.6	–	1.5
提示	同表8-159						

2. 宁南山区蔬菜施肥建议方案

(1)宁南山区番茄施肥建议方案

表 8-161 宁南山区设施栽培番茄配方施肥建议方案

有机肥:亩施优质腐熟有机肥 2000~3000 kg 或商品有机肥 600~800 kg 单位:千克/亩

产量水平	施用养分总量			施用实物肥料				
				基肥			追肥	
							单质肥	
	N	P$_2$O$_5$	K$_2$O	尿素	磷酸二铵	硫酸钾	尿素	硫酸钾
6000	31.1	12.4	17.7	6.8	27.0	14.2	50.2	21.2
7000	36.8	14.7	20.9	7.0	32.0	16.7	60.4	25.1

续表

产量水平	施用养分总量			施用实物肥料				
				基肥			追肥	
							单质肥	
	N	P$_2$O$_5$	K$_2$O	尿素	磷酸二铵	硫酸钾	尿素	硫酸钾
8000	42.8	17.1	24.3	7.2	37.2	19.4	71.3	29.2
9000	49.0	19.6	27.8	7.2	42.6	22.2	82.6	33.4
10000	55.3	22.1	31.4	7.3	48.0	25.1	94.1	37.7
提示	①坚持有机无机结合,在施用有机肥基础上参考本建议卡中各种肥料的施用量; ②施肥量,应根据地力高低、有机肥质量与数量、尤其是番茄生长状况,应适当增减追肥次数和相应的化肥用量; ③施肥期:基肥在定植前一周施入;追肥要先将追肥总量大致按追肥次数分配,于每层穗果膨大时追施,盛果期适当多施; ④施肥方法:基肥采用全层施肥方法(犁翻或旋耕)或条施于定植行侧土内,追肥采用行间沟灌施肥或冲施、滴灌施、穴施等方法; 若发生"脐腐病",可在初花期和初果期喷施 1.0%氯化钙溶液 2~3 次,10 天左右 1 次;若出现锈色斑,于始花期、盛花期喷施硼肥(硼砂或硼酸)2 次,浓度 0.2%。							

表 8-162 隆德县设施栽培番茄配方施肥建议方案

有机肥:亩施优质腐熟有机肥 2000~3000 kg 或商品有机肥 600~800 kg　单位:千克/亩

产量水平	施用养分总量			施用实物肥料				
				基肥			追肥	
							单质肥	
	N	P$_2$O$_5$	K$_2$O	尿素	磷酸二铵	硫酸钾	尿素	硫酸钾
6000	27.7	10.2	13.3	8.7	22.2	10.6	42.8	16.0
7000	32.9	12.1	15.8	9.3	26.3	12.6	52.0	19.0
8000	38.2	14.0	18.3	9.8	30.4	14.6	61.3	22.0
9000	43.7	16.0	20.9	10.3	34.8	16.7	71.1	25.1
10000	49.4	18.1	23.7	10.7	39.3	19.0	81.3	28.4
提示	同表 8-161							

表 8-163　宁南山区大田栽培番茄配方施肥建议方案

有机肥:亩施优质腐熟有机肥 1500~2000 kg 或商品有机肥 500~600 kg　单位:千克/亩

产量水平	施用养分总量			施用实物肥料				
				基肥			追肥	
							单质肥	
	N	P₂O₅	K₂O	尿素	磷酸二铵	硫酸钾	尿素	硫酸钾
2000	10.4	5.2	5.9	5.4	11.3	4.1	12.8	7.7
3000	15.8	8.0	9.1	5.8	17.4	6.4	21.7	11.8
4000	21.5	10.9	12.4	6.2	23.7	8.7	31.3	16.1
5000	27.3	13.9	15.9	6.4	30.2	11.1	41.1	20.7
提示	同表 8-161							

（2）宁南山区黄瓜施肥建议方案

表 8-164　宁南山区设施栽培黄瓜配方施肥建议方案

有机肥:亩施优质腐熟有机肥 2000~3000 kg 或商品有机肥 600~800 kg　单位:千克/亩

产量水平	施用养分总量			施用实物肥料				
				基肥			追肥	
							单质肥	
	N	P₂O₅	K₂O	尿素	磷酸二铵	硫酸钾	尿素	硫酸钾
6000	29.1	11.8	10.7	5.2	25.7	8.6	48.0	12.8
7000	34.8	14.1	12.8	5.4	30.7	10.2	58.0	15.4
8000	40.8	16.6	14.9	5.4	36.1	11.9	69.1	17.9
9000	47.0	19.1	17.2	5.5	41.5	13.8	80.4	20.6
10000	53.5	21.8	19.6	5.5	47.4	15.7	92.4	23.5
提示	①坚持有机无机结合,在施用有机肥基础上参考本建议卡中各种肥料的施用量; ②施肥量,应根据地力高低、有机肥质量与数量、尤其是黄瓜生长状况,应适当增减追肥次数和相应的化肥用量; ③施肥期,基肥在定植前 1 周施入;追肥于第 1 次根瓜收获后,以后每 15 天左右追 1 次,多至 7~8 次,盛果期适当多施。追施的钾肥于中后期分次与尿素同施。 ④施肥方法:基肥采用全层施肥方法(犁翻或旋耕)或条施于定植行侧土内,追肥采用行间沟灌施肥或冲施、滴灌施、穴施等方法。 若黄瓜皮纵裂,可喷施硼肥(硼砂或硼酸),浓度 0.05%~0.20%,2~4 次。							

表 8-165 宁南山区大田栽培黄瓜配方施肥建议方案

有机肥:亩施优质腐熟有机肥 1500~2000 kg 或商品有机肥 500~600 kg　　单位:千克/亩

产量水平	施用养分总量			施用实物肥料				
				基肥			追肥	
							单质肥	
	N	P$_2$O$_5$	K$_2$O	尿素	磷酸二铵	硫酸钾	尿素	硫酸钾
2000	10.9	5.4	4.1	7.4	11.7	4.5	11.7	3.7
3000	16.8	8.3	6.4	11.4	18.0	7.0	18.0	5.8
4000	23.0	11.3	8.7	15.4	24.6	9.6	25.0	7.8
5000	29.4	14.5	11.2	19.2	31.5	12.3	32.4	11.1
提示	同表 8-164							

(3)宁南山区辣椒施肥建议方案

表 8-166 宁南山区设施栽培辣椒配方施肥建议方案

有机肥:亩施优质腐熟有机肥 2000~3000 kg 或商品有机肥 600~800 kg　　单位:千克/亩

产量水平	施用养分总量			施用实物肥料				
				基肥			追肥	
							单质肥	
	N	P$_2$O$_5$	K$_2$O	尿素	磷酸二铵	硫酸钾	尿素	硫酸钾
2000	13.3	5.8	3.9	5.9	12.6	3.1	18.0	4.7
3000	18.5	8.5	6.0	5.8	18.5	4.8	27.2	7.2
4000	23.0	11.2	8.2	5.7	24.4	6.6	34.8	9.8
5000	26.8	13.7	10.4	5.7	29.8	8.3	40.9	12.5
6000	30.0	16.2	12.7	5.8	35.2	10.2	45.7	15.2
提示	①坚持有机无机结合,在施用有机肥基础上参考本建议卡中各种肥料的施用量; ②施肥量,应根据地力高低、有机肥质量与数量、尤其是辣椒生长状况,应适当增减追肥次数和相应的化肥用量; ③施肥期:基肥在定植前 1 周施入;追肥要先将追肥总量大致按追肥次数分配,分别于门椒、对椒、四母斗膨大期及以后每层果膨大期追施。盛果期适当多施; ④施肥方法:基肥采用全层施肥方法(犁翻或旋耕)或条施于定植行侧土内,追肥采用行间沟灌施肥或冲施、滴灌施、穴施等方法。 若往年出现有"脐腐病",可在现蕾初花期开始喷施 0.5%~1.0%硝酸钙溶液 3 次,每星期 1 次。							

(4)宁南山区菜用马铃薯施肥建议方案

表 8-167　宁南山区设施菜用马铃薯配方施肥建议方案

有机肥:亩施优质腐熟有机肥 1500~2000 kg 或商品有机肥 500~600 kg　单位:千克/亩

产量水平	施用养分总量			施用实物肥料				
				基肥			追肥	
							单质肥	
	N	P$_2$O$_5$	K$_2$O	尿素	磷酸二铵	硫酸钾	尿素	硫酸钾
1500	9.5	3.9	3.2	10.2	8.5	4.2	7.2	2.2
2000	13.0	5.4	4.3	13.9	11.7	5.6	9.8	3.0
2500	16.7	6.9	5.6	17.6	15.0	7.3	12.8	3.9
3000	20.6	8.5	6.9	21.2	18.5	9.0	16.3	4.8
3500	24.6	10.2	8.2	24.8	22.2	10.7	20.0	5.7
提示	①坚持有机无机结合,在施用有机肥基础上参考本建议卡中各种肥料的施用量; ②施肥量,应根据地力高低、有机肥质量与数量、尤其是马铃薯生长状况,应适当增减追肥次数和相应的化肥用量; ③施肥期:于现蕾期追肥; ④施肥方法:基肥采用全层施肥方法(犁翻或旋耕),追肥采用行间沟灌施肥或冲施、穴施等方法。							

(5)宁南山区胡萝卜施肥建议方案

表 8-168　西吉大田栽培胡萝卜配方施肥建议方案

有机肥:亩施优质腐熟有机肥 1500~2000 kg 或商品有机肥 500~600 kg　单位:千克/亩

产量水平	施用养分总量			施用实物肥料			
				基肥			追肥
	N	P$_2$O$_5$	K$_2$O	尿素	磷酸二铵	硫酸钾	尿素
3000	11.5	5.2	5.5	8.6	11.3	11.0	12.0
4000	14.7	7.1	7.5	11.4	15.4	15.0	14.6
5000	17.5	9.0	9.6	14.1	19.6	19.2	16.3
6000	20.1	11.1	11.7	16.6	24.1	23.4	17.6
提示	①坚持有机无机结合,在施用有机肥基础上参考本建议卡中各种肥料的施用量; ②施肥量,应根据地力高低、有机肥质量与数量、尤其是胡萝卜生长状况,应适当增减追肥次数和相应的化肥用量; ③施肥期:基肥播前随整地施入;追肥于 3~4 片真叶至肉质根膨大期追施 2~3 次,前少后多; ④施肥方法:基肥要深施(旋耕等);追肥采用撒施结合灌水等方法。						

(6)宁南山区西瓜施肥建议方案

表 8-169　隆德设施栽培西瓜配方施肥建议方案

有机肥:亩施优质腐熟有机肥 2000~3000 kg 或商品有机肥 600~800 kg　单位:千克/亩

产量水平	施用养分总量			施用实物肥料				
				基肥			追肥	
							单质肥	
	N	P_2O_5	K_2O	尿素	磷酸二铵	硫酸钾	尿素	硫酸钾
3000	11.3	7.3	5.3	6.8	15.9	4.2	11.5	6.4
4000	15.4	9.9	7.1	7.9	21.5	5.7	17.2	8.5
5000	19.6	12.6	9.1	8.8	27.4	7.3	23.0	10.9
6000	24.0	15.4	11.1	9.7	33.5	8.9	29.3	13.3
7000	28.5	18.3	13.2	10.5	39.8	10.6	35.9	15.8
提示	①必需坚持有机无机结合,在施用有机肥基础上参考本建议卡中各种肥料的施用量; ②施肥量,应根据地力高低、有机肥质量与数量、尤其是西瓜生长状况,应适当增减追肥次数和相应的化肥用量; ③施肥期:基肥在定植前 10 天施入;追肥 4~5 片真叶~伸蔓~膨瓜期追施(1~3 次); ④施肥方法:基肥采用全层施肥方法(犁翻或旋耕),追肥采用沟施、冲施、穴施等方法。							

(7)宁南山区西芹施肥建议方案

表 8-170　宁南山区设施栽培西芹配方施肥建议方案

有机肥:亩施优质腐熟有机肥 2000~3000 kg 或商品有机肥 600~800 kg　单位:千克/亩

产量水平	施用养分总量			施用实物肥料				
				基肥			追肥	
							单质肥	
	N	P_2O_5	K_2O	尿素	磷酸二铵	硫酸钾	尿素	硫酸钾
6000	17.4	8.9	6.2	7.6	19.3	5.0	22.6	7.4
8000	23.8	12.1	8.4	7.1	26.3	6.7	34.3	10.1
10000	30.5	15.5	10.8	6.4	33.7	8.6	46.7	13.0
12000	37.5	19.1	13.3	5.5	41.5	10.6	59.8	16.0
14000	44.9	22.9	15.9	4.4	49.8	12.7	73.7	19.1
提示	①坚持有机无机结合,在施用有机肥基础上参考本建议卡中各种肥料的施用量; ②施肥量,应根据地力高低、有机肥质量与数量、尤其是西芹生长状况,应适当增减追肥次数和相应的化肥用量; ③施肥期:基肥在定植前 1 周施入;于叶片直立期、旺盛生长期追施(3~4 次); ④施肥方法:基肥采用全层施肥方法(犁翻或旋耕),追肥采用冲施、沟施等方法; 若芹菜出现茎开裂,可喷施 0.1%~0.2%硼肥溶液(硼砂或硼酸)2~3 次(5~7 天喷 1 次);发生心腐病,可喷施 2%硝酸钙溶液或 0.5%氯化钙溶液喷施于心叶上,喷施 2 次。							

表 8-171 原州大田覆膜移栽西芹配方施肥建议方案

有机肥：亩施优质腐熟有机肥 1500~2000 kg 或商品有机肥 500~600 kg　单位：千克/亩

产量水平	施用养分总量			施用实物肥料				
				基肥			追肥	
							单质肥	
	N	P_2O_5	K_2O	尿素	磷酸二铵	硫酸钾	尿素	硫酸钾
6000	23.8	9.5	7.7	7.1	20.7	7.7	36.5	7.7
8000	32.6	12.9	10.5	7.5	28.0	10.5	52.3	10.5
10000	41.7	16.6	13.5	7.6	36.1	13.5	68.9	13.5
12000	51.3	20.4	16.6	7.6	44.3	16.6	86.5	16.6
14000	61.4	24.4	19.9	7.5	53.0	19.9	105.2	19.9
提示	同表 8-170							

表 8-172 西吉大田覆膜压砂穴播栽培西芹配方施肥建议方案

有机肥：亩施优质腐熟有机肥 1500~2000 kg 或商品有机肥 500~600 kg　单位：千克/亩

产量水平	施用养分总量			施用实物肥料					
				基肥			追肥		
	N	P_2O_5	K_2O	尿素	磷酸二铵	硫酸钾	尿素	磷酸二铵	硫酸钾
4000	12.4	9.6	3.2	3.8	12.5	2.6	15.0	8.3	3.8
5000	16.0	12.2	4.2	5.7	15.9	3.4	18.7	10.6	5.0
6000	19.9	14.9	5.2	7.6	19.4	4.2	23.0	13.0	6.2
7000	24.1	17.6	6.3	9.5	23.0	5.0	27.9	15.3	7.6
8000	28.5	20.5	7.5	11.3	26.7	6.0	33.3	17.8	9.0
提示	同表 8-170								

(四)宁夏特色经济作物区域施肥建议方案

1. 枸杞施肥建议方案

(1)五次施肥方案

表 8-173 枸杞单质化肥配方施肥建议方案

有机肥:亩秋施或春施腐熟有机肥 3000~5000 kg 　　　　　　　单位:千克/亩

茨园产量水平	各次施肥时期和数量											
	基施(26/3~5/4)			25/5~5/6			23~30/6			16~下旬/7			下/8
	尿素	重钙	硫酸钾	尿素	重钙	硫酸钾	尿素	重钙	硫酸钾	尿素	重钙	硫酸钾	尿素
250	19.0	9.4	9.4	25.8	7.0	7.1	13.7	4.7	4.7	11.4	2.3	2.4	6.1
300	24.2	11.9	11.8	33.0	8.9	8.9	17.5	6.0	5.9	14.5	3.0	3.0	7.8
350	30.1	14.7	14.6	40.9	11.0	10.9	21.7	7.3	7.3	18.1	3.7	3.6	9.6
400	36.7	17.8	17.4	49.9	13.4	13.1	26.4	8.9	8.7	22.0	4.5	4.4	11.7
450	44.0	21.3	20.6	59.8	16.0	15.4	31.7	10.7	10.3	26.4	5.3	5.1	14.1
500	52.1	25.0	24.0	70.8	18.8	18.0	37.5	12.5	12.0	31.2	6.3	6.0	16.7
提示	根据土壤肥力、枸杞长势施肥量可适量增减。											

注:表中重钙指重过磷酸钙,后同。重过磷酸钙可用普通过磷酸钙替代:1 kg 重过磷酸钙=3.83 kg 普通过磷酸钙。表中26/3 表示 3 月 26 日,其他时间表示与此相同,分母为月份,分子为日,后同。

表 8-174 枸杞单质化肥与二元化肥配方施肥枸建议方案

有机肥:亩秋施或春施腐熟有机肥 3000~5000 kg 　　　　　　　单位:千克/亩

茨园产量水平	各次施肥时期和数量											
	基施(26/3~5/4)			25/5~5/6			23~30/6			16~下旬/7			下/8
	尿素	磷酸二铵	硫酸钾	尿素	磷酸二铵	硫酸钾	尿素	磷酸二铵	硫酸钾	尿素	磷酸二铵	硫酸钾	尿素
250	15.3	9.4	9.4	23.1	7.0	7.1	11.9	4.7	4.7	10.5	2.3	2.4	6.1
300	19.5	11.9	11.8	29.5	8.9	8.9	15.2	6.0	5.9	13.3	3.0	3.0	7.8
350	24.3	14.7	14.6	36.6	11.0	10.9	18.8	7.3	7.3	16.7	3.7	3.6	9.6
400	29.7	17.8	17.4	44.7	13.4	13.1	22.9	8.9	8.7	20.2	4.5	4.4	11.7
450	35.7	21.3	20.6	53.5	16.0	15.4	27.5	10.7	10.3	24.3	5.3	5.1	14.1
500	42.3	25.0	24.0	63.4	18.8	18.0	32.6	12.5	12.0	28.7	6.3	6.0	16.7
提示	根据土壤肥力、枸杞长势施肥量可适量增减。											

（2）三次施肥方案（适用于中低产情况）

表 8-175 枸杞单质化肥料配方施肥建议方案

有机肥：亩秋施或春施腐熟有机肥 2000~3000 kg　　　　　　　单位：千克/亩

产量水平	各次施肥时期和数量								
	基施（26/3~5/4）			6月上旬（第2次）			7月下旬（第3次）		
	尿素	重过磷酸钙	硫酸钾	尿素	重过磷酸钙	硫酸钾	尿素	重过磷酸钙	硫酸钾
250	19.7	9.4	9.4	34.1	7.0	7.1	22.0	7.0	7.1
300	25.2	11.9	11.8	43.6	8.9	8.9	28.1	8.9	8.9
350	31.3	14.7	14.6	54.2	11.0	10.9	34.9	11.0	10.9
提示	根据土壤肥力、枸杞长势施肥量可适量增减。								

表 8-176 枸杞单质化肥与二元化肥配方施肥建议方案

有机肥：亩秋施或春施腐熟有机肥 2000~3000 kg　　　　　　　单位：千克/亩

产量水平	各次施肥时期和数量								
	基施（26/3~5/4）			6月上旬（第2次）			7月下旬（第3次）		
	尿素	磷酸二铵	硫酸钾	尿素	磷酸二铵	硫酸钾	尿素	磷酸二铵	硫酸钾
250	16.0	9.4	9.4	31.4	7.0	7.1	19.3	7.0	7.1
300	20.5	11.9	11.8	40.1	8.9	8.9	24.6	8.9	8.9
350	25.5	14.7	14.6	49.9	11.0	10.9	30.6	11.0	10.9
提示	根据土壤肥力、枸杞长势施肥量可适量增减。								

2. 酿酒葡萄施肥建议方案

表 8-177 玉泉营、黄羊滩农场酿酒葡萄单质肥料配方施肥建议方案

单位：千克/亩

产量水平	施养分总量			分次施用实物肥料数量								
	N	P$_2$O$_5$	K$_2$O	萌芽肥（中下/4）			花期（底/5-中/6）			膨果期（底/6-上/7）		
				尿素	重过磷酸钙（或普通过磷酸钙）	硫酸钾	尿素	重过磷酸钙（或普通过磷酸钙）	硫酸钾	尿素	重过磷酸钙（或普通过磷酸钙）	硫酸钾
400	27.6	11.7	11.6	18.0	7.6(28)	2.3	30.0	11.4(44)	7.0	12.0	6.4(25)	13.9
600	31.1	14.5	14.9	20.3	9.5(36)	3.0	33.8	14.2(54)	8.9	13.5	7.9(30)	17.9
800	35.0	16.2	17.0	22.8	10.6(41)	3.4	38.0	15.8(61)	10.2	15.2	8.8(34)	20.4
1000	39.5	17.2	18.2	25.8	11.2(43)	3.6	42.9	16.8(64)	10.9	17.2	9.3(36)	21.8
提示	坚持有机肥与无机肥结合施用：有机肥在采果后秋施或在下一年春施，亩施腐熟有机肥 3~5 m³，在葡萄沟两侧开沟逐年轮流施用；化肥采用根际条施或穴施的方法，其建议用量视土壤肥力、葡萄长势可作适量增减。表中：中下/4 表示 4 月中下旬，即分母表示月份，分子表示旬。后同。											

表 8-178　玉泉营、黄羊滩农场酿酒葡萄单质肥料与二元肥料配方施肥建议方案

单位:千克/亩

产量水平	施养分总量			分次施用实物肥料数量								
				萌芽肥(中下/4)			花期(底/5-中/6)			膨果期(底/6-上/7)		
	N	P₂O₅	K₂O	尿素	磷酸二铵	硫酸钾	尿素	磷酸二铵	硫酸钾	尿素	磷酸二铵	硫酸钾
400	27.6	11.7	11.6	15.2	7.6	2.3	25.8	11.4	7.0	9.6	6.4	13.9
600	31.1	14.5	14.9	16.7	9.5	3.0	28.4	14.2	8.9	10.5	7.9	17.9
800	35.0	16.2	17.0	18.7	10.6	3.4	31.8	15.8	10.2	11.8	8.8	20.4
1000	39.5	17.2	18.2	21.4	11.2	3.6	36.4	16.8	10.9	13.5	9.3	21.8
提示	坚持有机肥与无机肥结合施用:有机肥在采果后秋施或在下一年春施,亩施腐熟有机肥 3~5 m³,在葡萄沟两侧开沟逐年轮流施用;化肥采用根际条施或穴施的方法,其建议用量视土壤肥力、葡萄长势可作适量增减。											

表 8-179　暖泉农场酿酒葡萄单质肥料配方施肥建议方案

单位:千克/亩

产量水平	施养分总量			分次施用实物肥料数量								
				萌芽肥(中下/4)			花期(底/5-中/6)			膨果期(底/6-上/7)		
	N	P₂O₅	K₂O	尿素	重过磷酸钙(或普通过磷酸钙)	硫酸钾	尿素	重过磷酸钙(或普通过磷酸钙)	硫酸钾	尿素	重过磷酸钙(或普通过磷酸钙)	硫酸钾
400	14.4	8.9	11.9	9.4	5.8(22)	2.4	15.7	8.7(33)	7.1	6.3	4.8(18)	14.3
500	16.4	10.8	13.7	10.7	7.0(27)	2.7	17.8	10.6(41)	8.2	7.1	5.9(23)	16.4
600	18.6	12.7	15.1	12.1	8.3(32)	3.0	20.2	12.4(47)	9.1	8.1	6.9(26)	18.1
700	21.2	14.4	16.2	13.8	9.4(36)	3.2	23.0	14.1(54)	9.7	9.2	7.8(30)	19.4
800	24.0	16.0	17.0	15.7	10.4(40)	3.4	26.1	15.7(60)	10.2	10.4	8.7(33)	20.4
提示	坚持有机肥与无机肥结合施用:有机肥在采果后秋施或在下一年春施,亩施腐熟有机肥 3~5 m³,在葡萄沟两侧开沟逐年轮流施用;化肥采用根际条施或穴施的方法,其建议用量视土壤肥力、葡萄长势可作适量增减。											

表 8-180　暖泉农场酿酒葡萄单质肥料与二元肥料配方施肥建议方案

单位:千克/亩

产量水平	施养分总量			分次施用实物肥料数量								
				萌芽肥(中下/4)			花期(底/5-中/6)			膨果期(底/6-上/7)		
	N	P₂O₅	K₂O	尿素	磷酸二铵	硫酸钾	尿素	磷酸二铵	硫酸钾	尿素	磷酸二铵	硫酸钾
400	14.4	8.9	11.9	7.1	5.8	2.4	12.2	8.7	7.1	4.4	4.8	14.3
500	16.4	10.8	13.7	7.9	7.0	2.7	13.7	10.6	8.2	4.8	5.9	16.4
600	18.6	12.7	15.1	8.9	8.3	3.0	15.4	12.4	9.1	5.4	6.9	18.1
700	21.2	14.4	16.2	10.2	9.4	3.2	17.5	14.1	9.7	6.2	7.8	19.4
800	24.0	16.0	17.0	11.6	10.4	3.4	20.0	15.7	10.2	7.0	8.7	20.4
提示	坚持有机肥与无机肥结合施用:有机肥在采果后秋施或在下一年春施,亩施腐熟有机肥 3~5 m³,在葡萄沟两侧开沟逐年轮流施用;化肥采用根际条施或穴施的方法,其建议用量视土壤肥力、葡萄长势可作适量增减。											

3. 压砂瓜施肥建议方案

(1)压砂西瓜施肥建议方案

表 8-181　土壤水分条件或补灌条件较好压砂西瓜配方施肥建议方案

有机肥：亩施优质腐熟有机肥 1000 kg 或商品有机肥 300 kg　　　单位：千克/亩

产量水平	施用养分总量			施用实物肥料					
				基　肥			追　肥		
	N	P_2O_5	K_2O	尿素	磷酸二铵	硫酸钾	尿素	磷酸二铵	硫酸钾
1400	7.8	7.6	4.1	6.3	9.9	4.9	4.2	6.6	3.3
1600	9.1	9.1	4.8	7.2	11.9	5.8	4.8	7.9	3.8
1800	10.5	10.7	5.5	8.2	14.0	6.6	5.5	9.3	4.4
2000	12.0	12.5	6.3	9.3	16.3	7.6	6.2	10.9	5.0
提示	①坚持有机无机结合，在施用有机肥基础上参考本建议卡中各种肥料的施用量； ②施肥量：根据土壤墒情、补水能力及西瓜长势，可适当增减肥料用量； ③施肥期：基肥秋施或播种前一星期施入，追肥于伸蔓期追施(1 次)； ④施肥方法：基肥秋施或春施(距播种行 15cm 以远)，采用机条播施肥方法；追肥采用人工穴施入土方法较好。 追施若采用常规化肥，可将几种肥料掺混使用(现掺现用)。 在抽蔓和座瓜期可喷 0.2%磷酸二氢钾和 0.2%硼砂溶液，防止茎叶早衰，增产提质。								

表 8-182　土壤水分条件较差或无补灌条件压砂西瓜配方施肥建议方案

有机肥：亩施优质腐熟有机肥 600 kg 或商品有机肥 200 kg　　　单位：千克/亩

产量水平	施用养分总量			施用实物肥料					
				基　肥			追　肥		
	N	P_2O_5	K_2O	尿素	磷酸二铵	硫酸钾	尿素	磷酸二铵	硫酸钾
800	4.5	4.3	2.4	4.3	6.5	3.4	1.8	2.8	1.4
1000	5.8	5.6	3.0	5.5	8.5	4.2	2.4	3.7	1.8
1200	7.1	7.0	3.7	6.6	10.7	5.2	2.8	4.6	2.2
1400	8.5	8.4	4.5	7.9	12.8	6.3	3.4	5.5	2.7
提示	同表 8-181								

(2)压砂甜瓜施肥建议方案

表 8-183　土壤水分条件或补灌条件较好压砂甜瓜配方施肥建议方案

有机肥：亩施优质腐熟有机肥 1000 kg 或商品有机肥 300 kg　　　单位：千克/亩

产量水平	施用养分总量			施用实物肥料					
				基　肥			追　肥		
	N	P_2O_5	K_2O	尿素	磷酸二铵	硫酸钾	尿素	磷酸二铵	硫酸钾
800	6.0	5.5	5.2	5.0	7.2	6.2	3.3	4.8	4.2
1000	7.7	7.1	6.6	6.4	9.3	7.9	4.3	6.2	5.3
1200	9.5	8.7	8.1	8.0	11.3	9.7	5.3	7.6	6.5

续表

产量水平	施用养分总量			施用实物肥料					
				基肥			追肥		
	N	P$_2$O$_5$	K$_2$O	尿素	磷酸二铵	硫酸钾	尿素	磷酸二铵	硫酸钾
1400	11.4	10.4	9.7	9.6	13.6	11.6	6.4	9.0	7.8
1600	13.4	12.2	11.4	11.3	15.9	13.7	7.5	10.6	9.1
提示	①坚持有机无机结合,在施用有机肥基础上参考本建议卡中各种肥料的施用量; ②施肥量:根据土壤墒情、补水能力及甜瓜长势,可适当增减肥料用量; ③施肥期:基肥秋施或播种前一星期施入,追肥于伸蔓期追施(1次); ④施肥方法:基肥秋施或春施(距播种行15 cm以远),采用机条播施肥方法;追肥采用人工穴施入土方法较好。施肥深度10~15 cm。 追施若采用常规化肥,可将几种肥料掺混使用(现掺现用)。 在抽蔓和座瓜期可喷0.2%磷酸二氢钾和0.2%硼砂溶液,防止茎叶早衰,增产提质。								

表8-184 土壤水分条件较差或无补水条件压砂甜瓜配方施肥建议方案

有机肥:亩施优质腐熟有机肥600 kg或商品有机肥200 kg　　　　单位:千克/亩

产量水平	施用养分总量			施用实物肥料					
				基肥			追肥		
	N	P$_2$O$_5$	K$_2$O	尿素	磷酸二铵	硫酸钾	尿素	磷酸二铵	硫酸钾
700	5.4	5.0	4.6	5.2	7.6	6.4	2.2	3.3	2.8
800	6.3	5.7	5.3	6.2	8.7	7.4	2.7	3.7	3.2
900	7.1	6.5	6.1	6.9	9.9	8.5	3.0	4.2	3.7
1000	8.0	7.3	6.8	7.8	11.1	9.5	3.4	4.8	4.1
1100	9.0	8.2	7.6	8.8	12.5	10.6	3.8	5.3	4.6
提示	同表8-183								

4. 小茴香施肥建议方案

表8-185 海原县小茴香配方施肥建议方案

单位:千克/亩

目标产量	施养分总量			基　肥			追肥
	N	P$_2$O$_5$	K$_2$O	尿素(或碳酸氢铵)	磷酸二铵	重过磷酸钙(或普通过磷酸钙)	尿素
100	3.3	3.0	0	7.2(19)		6.5(25)	0
				4.6(13)	6.5		0
150	5.1	4.6	0	11.1(30)		10.0(38)	0
				7.2(19)	10.0		0
200	7.0	6.2	0	15.2(41)		13.5(52)	0
				9.9(27)	13.5		0
提示	①应坚持施用有机肥,在此基础上合理施用化肥; ②根据地力、灌水和降水、小茴香长势等情况,表中建议施肥量可少量增减; ③施肥方法:必需深施(7~15 cm),方法有撒肥后旋耕或犁翻、机械播施等,不要采用撒肥后耖耙的方法; ④若小茴香长势较差,及早追施苗肥尿素3~5千克/亩。						

5. 菊芋施肥建议方案

表 8-186　隆德县水浇地菊芋配方施肥建议卡方案

单位：千克/亩

目标产量	施养分总量			基　肥				追肥
	N	P₂O₅	K₂O	尿素（或碳酸氢铵）	磷酸二铵	重过磷酸钙（或普通过磷酸钙）	硫酸钾	尿素
1200	8.2	6.5	0	17.8（48）		14.1（54）		0
				12.3（33）	14.1			0
1500	10.1	7.5	0	22.0		16.3（62）		0
				15.6（42）	16.3			0
1800	12.0	8.3	1.6	26.1		18.0（69）	3.2	0
				19.0（51）	18.0		3.2	0
2000	13.2	8.7	1.9	28.7		18.9（72）	3.8	0
				21.3	18.9		3.8	0
2200	14.3	9.1	2.3	31.1		19.8（76）	4.6	0
				23.3	19.8		4.6	0
提示	一般一次基肥施足不再追肥.基施方法采用畜力开沟人工穴施或随机耕同时机播施入；增施有机肥可适当减少施肥量。							

表 8-187　隆德县川旱地菊芋配方施肥建议方案

单位：千克/亩

目标产量	施养分总量			基　肥				追肥
	N	P₂O₅	K₂O	尿素（或碳酸氢铵）	磷酸二铵	重过磷酸钙（或普通过磷酸钙）	硫酸钾	尿素
1000	7.4	6.5	0	16.1（43）		14.1（54）		0
				10.6（29）	14.1			0
1200	8.8	7.4	0	19.1（52）		16.1（62）		0
				10.6（29）	16.1			0
1500	10.9	8.6	0	23.7		18.7（72）		0
				16.4（44）	18.7			0
1800	12.8	9.5	1.7	27.8		20.7（79）	3.4	0
				19.7	20.7		3.4	0
2000	14.1	10.0	2.0	30.7		21.7（83）	4.0	0
				22.2	21.7		4.0	0
提示	一般一次基肥施足不再追肥。基施方法采用畜力开沟人工穴施或随机耕同时机播施入；增施有机肥可适当减少施肥量。							

表 8-188　隆德县山旱地菊芋配方施肥建议方案

单位：千克/亩

目标产量	施养分总量			基　肥			追肥
	N	P₂O₅	K₂O	尿素(或碳酸氢铵)	磷酸二铵	重过磷酸钙(或普通过磷酸钙)	尿素
800	6.4	5.8	0	13.9(38)		12.6(48)	0
				9.0(24)	12.6		0
1000	7.9	6.9	0	17.2(46)		15.0(58)	0
				11.3(31)	15.0		0
1200	9.4	7.9	0	20.4		17.2(66)	0
				13.7(37)	17.2		0
1500	11.6	9.1	0	25.2		19.8(76)	0
				17.5(47)	19.8		0
提示	同表 8-187						

6. 苜蓿施肥建议方案

表 8-189　壤质土种植苜蓿配方施肥建议方案

单位：千克/亩

目标产量	施用养分总量			各次施用实物肥料				
				第 1 次(开春追肥)			第 2、3 次追肥	
							单质肥	
	N	P₂O₅	K₂O	尿素	磷酸二铵	硫酸钾	尿素	硫酸钾(或氯化钾)
900	4.7	6.2	2.9	–	13.5	2.9(2.4)	5.1	2.9(2.4)
1000	5.4	7.0	3.3	–	15.2	3.3(2.8)	5.9	3.3(2.8)
1100	6.0	7.9	3.7	–	17.2	3.7(3.1)	6.5	3.7(3.1)
1200	6.7	8.8	4.1	–	19.1	4.1(3.4)	7.3	4.1(3.4)
提示	应基施一定量有机肥,根据长势适当增减第 2、3 次追肥量。							

表 8-190　沙质土种植苜蓿配方施肥建议方案

单位：千克/亩

目标产量	施用养分总量			各次施用实物肥料				
				第 1 次(开春追肥)		第 2、3 次追肥		
						单质肥		
	N	P₂O₅	K₂O	磷酸二铵	硫酸钾		尿素	硫酸钾(或氯化钾)
900	7.8	7.4	3.8	16.1	3.0(2.5)		10.2	4.6(3.8)
1000	8.9	8.4	4.3	18.3	3.4(2.8)		11.6	5.2(4.3)
1100	10.1	9.5	4.9	20.7	3.9(3.3)		13.2	5.9(4.9)
1200	11.2	10.6	5.5	23.0	4.4(3.7)		14.6	6.6(5.5)
提示	应基施一定量有机肥,根据长势适当增减第 2、3 次追肥量。							

7. 苗木施肥建议方案

（1）云杉施肥建议方案

表 8-191　云杉定植育苗配方施肥建议方案

单位:千克/亩

定植年数	施养分总量			实物肥料			
	N	P$_2$O$_5$	K$_2$O	尿素	磷酸二铵	重过磷酸钙（或普通过磷酸钙）	硫酸钾
第2年	10.0	8.1	2.0	21.7		17.6(67)	4.0
				14.9	17.6		4.0
第3年	11.4	9.4	3.1	24.8		20.4(78)	6.2
				16.8	20.4		6.2
第4年	12.6	10.6	4.0	27.4		23.0(88)	8.0
				18.4	23.0		8.0
第5年	13.7	11.5	4.8	29.8		25.0(96)	9.6
				20.0	25.0		9.6
第6年	14.8	12.3	5.4	32.2		26.7(102)	10.8
				21.7	26.7		10.8
第7年	15.7	12.8	5.8	34.1		27.8(106)	11.6
				23.3	27.8		11.6
第8年	16.5	13.1	6.0	35.9		28.5(109)	12.0
				24.7	28.5		12.0
提示	①定植当年(第一年)一般不施肥料; ②施肥时间与方法:全部肥料于4月中旬~5月中旬在树冠线位挖坑或开沟施入。						

（2）樟子松施肥建议方案

表 8-192　樟子松定植育苗配方施肥建议方案

单位:千克/亩

定植年数	施养分总量			实物肥料			
	N	P$_2$O$_5$	K$_2$O	尿素	磷酸二铵	重过磷酸钙（或普通过磷酸钙）	硫酸钾
第2年	12.4	10.4	3.5	27.0		22.6(87)	7.0
				18.1	22.6		7.0
第3年	14.0	12.3	4.0	30.4		26.7(102)	8.0
				20.0	26.7		8.0
第4年	15.5	13.2	5.0	33.7		28.7(110)	10.0
				22.5	28.7		10.0
提示	①定植当年(第一年)一般不施肥料; ②施肥时间与方法:全部肥料于4月中旬~5月中旬在树冠线位挖坑或开沟施入。						

参考文献

[1] 宁夏农业综合开发办公室. 宁夏农业综合开发基础资源知识读本. 2012.

[2] 薛正昌. 宁夏平原历代屯田与水利开发研究. 西夏研究. 2015.3.

[3] 耕地地力调查与质量评价技术规程,NY/T1634—2008.

[4] 宁夏农业勘查设计院. 宁夏土壤. 宁夏人民出版社,1990.

[5] 宁夏回族自治区第二次土地调查图集. 中国地图出版社,2012.

[6] 王吉智,马玉兰,金国柱. 中国灌淤土. 科学出版社,1996.

[7] 宁夏农业勘查设计院. 宁夏土种志(上下). 宁夏人民出版社,1992.

[8] 全国农业技术推广服务中心. 华北小麦玉米轮作区耕地地力. 中国农业出版社, 2015.

[9] 全国农业技术推广服务中心. 长江中游区耕地质量评价. 中国农业出版社,2016.

[10] 马玉兰. 宁夏测土配方施肥技术. 宁夏人民出版社,2008.

[11] 董林林,于东升,张海东,等. 宁夏引黄灌区土壤有机碳密度时空变化特征. 生态学杂志,2015,34(8):2245–2254.

[12] 董林林,杨浩,于东升,等. 不同类型土壤引黄灌溉固碳效应的对比研究. 土壤学报, 2011,9:48(5).

[13] 董林林,杨浩,于东升,等. 引黄灌区土壤有机碳密度剖面特征及固碳速率. 生态学报,2014,2:34(3).

[14] 赵营,郭鑫年,刘汝亮,等. 宁夏灌区不同类型农田土壤有机碳及活性组分含量特征. 面向未来的土壤科学.

[15] 彭世琪,崔勇,李涛. 微灌施肥农户应用手册. 中国农业出版社,2008.

[16] 彭世琪,钟永红,崔勇,等. 农田土壤墒情监测技术手册. 中国农业出版社,2008.

[17] 耕地质量划分规范,NY/T2872—2015.

[18] 全国中低产田类型划分与改良技术规范,NX/T310—1996.

[19] 黄建成,陈国栋,李鹏,等. 宁夏引黄灌区土壤盐渍化现状与改良. 水土保持研究, 2008,12:15(6).

[20] 姜凌,李佩成,胡安焱,等. 干旱区绿洲土壤盐渍化分析评价. 干旱区地理,2009,3: 32(2).

[21] 邓丽,陈玉春,李光伟,等.宁夏引黄灌区土壤盐渍化影响因素调查分析.中国农村水利水电,2007(11).

[22] 邹超煜,白岗栓.河套灌区土壤盐渍化成因及防治.人民黄河,2015,9:37(9).

[23] 刘娜娜,杨波,李世忠,等.秸秆还田对宁夏引黄灌区土壤盐分离子影响.宁夏农林科技,2016,57(12).

[24] 童文杰.河套灌区作物耐盐性评价及制度优化研究.中国农业大学博士学位论文,2014.

[25] 何文寿,高艳明,王菊兰,等.宁夏设施栽培土壤质量现状、存在问题与对策研究.农业科学研究,2011,3:32(1).

[26] 王菊兰,何文寿,何进智.宁夏引黄灌区温室土壤脲酶、过氧化氢酶与土壤肥力因素的关系.宁夏大学学报(自然科学版),2007,6:28(2).

[27] 何进勤,桂林国,何文寿.宁夏设施与露地土壤理化性状对比.西北农业学报,2012,21(10),202-206.

[28] 王菊兰,何文寿.宁夏不同地区温室土壤养分的变化特点.土壤(soils),2005,37(6)630-634.

[29] 王菊兰.宁夏日光温室土壤性质变化规律研究.农学硕士学位论文,2005.4.

[30] 宁夏设施栽培土壤质量时空变化研究.宁夏大学,2009.12.

[31] 宁夏农业技术推广总站,宁夏农作物配方施肥建议手册,2015.1.

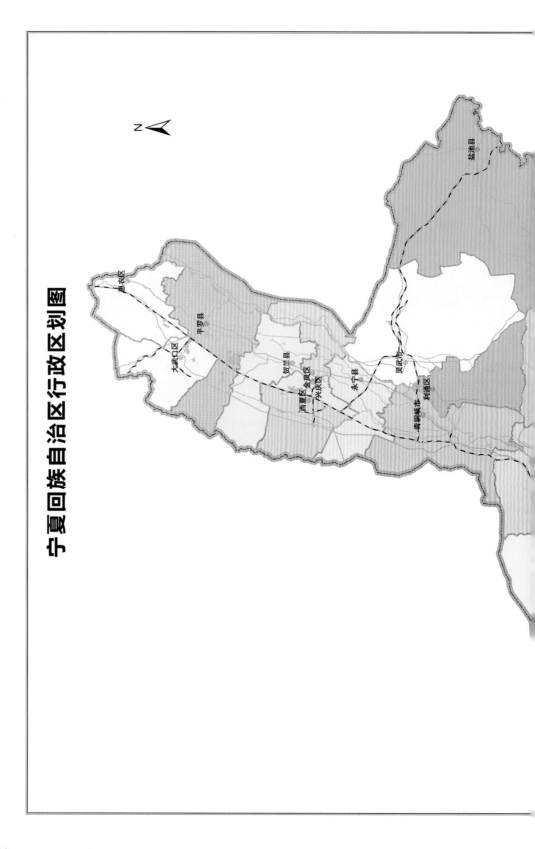

宁夏回族自治区行政区划图

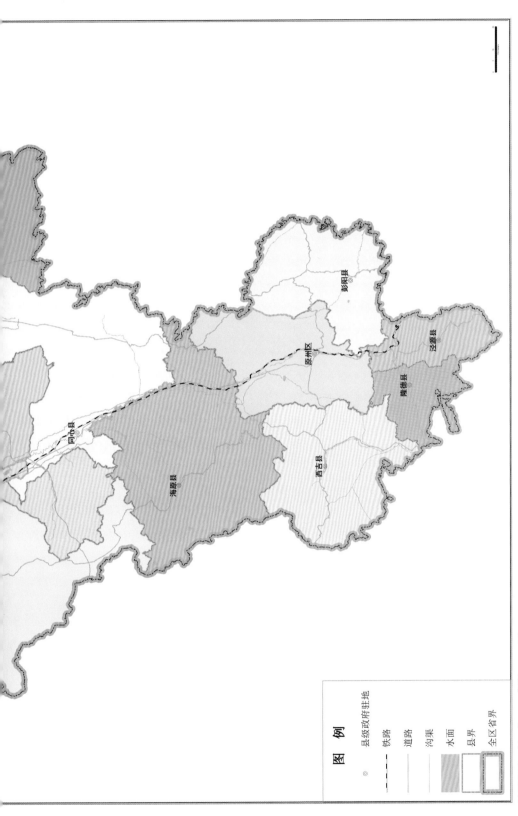

图　例

◎　县级政府驻地
-·-·-　铁路
———　道路
———　沟渠
　水面
　县界
　全区省界

审图号：宁 S［2020］第 007 号

宁夏耕地地力评价土样点位分布图

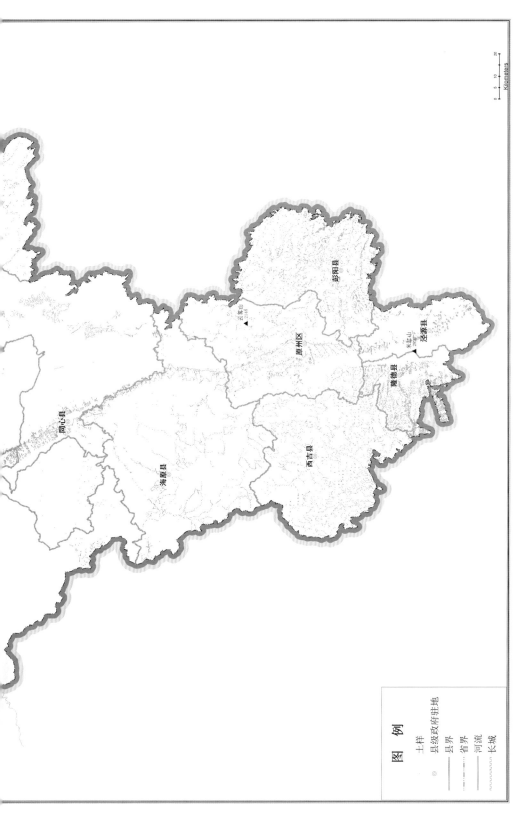

图 例

土样
◎ 县级政府驻地
—— 县界
---- 省界
—— 河流
—— 长城

审图号：宁 S［2020］第 007 号

宁夏耕地土壤类型分布图

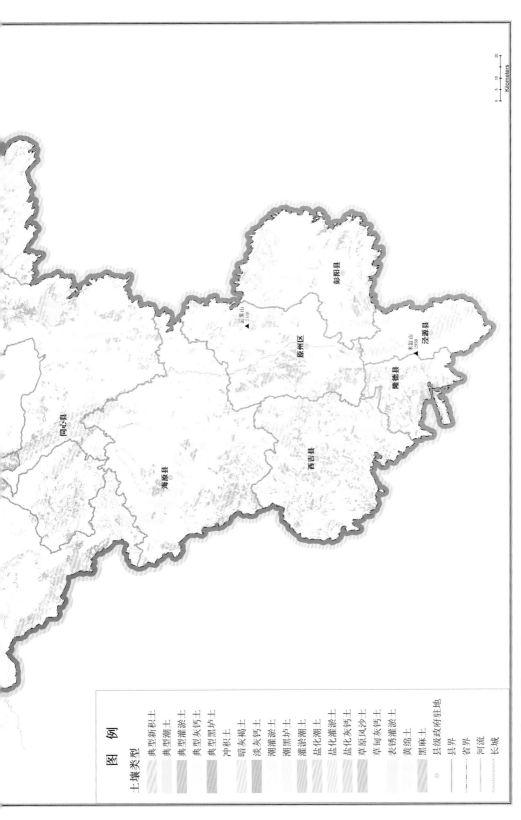

图 例

土壤类型

典型新积土
典型潮土
典型灌淤土
典型灰钙土
典型黑垆土
冲积土
暗灰褐土
淡灰钙土
潮灌淤土
潮黑垆土
灌淤潮土
盐化潮土
盐化灌淤土
盐化灰钙土
草原风沙土
草甸灰钙土
表锈灌淤土
黄绵土
黑垆土

◎ 县级政府府驻地
—— 县界
—— 省界
∼∼∼ 河流
∞∞∞ 长城

审图号：宁 S [2020] 第 007 号

宁夏耕地地力等级分布图

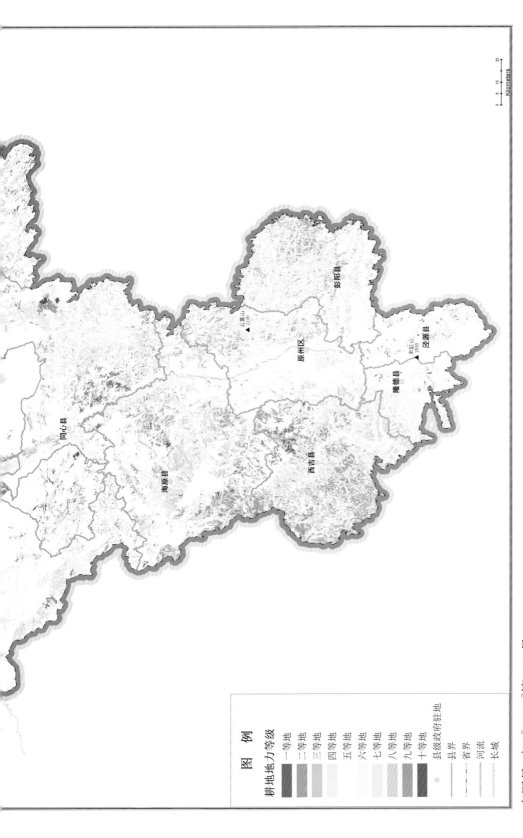

图 例

耕地地力等级

一等地
二等地
三等地
四等地
五等地
六等地
七等地
八等地
九等地
十等地

◎ 县级政府驻地

—— 县界
—·—·— 省界
—— 河流
—— 长城

彭阳县

云雾山
2148

原州区

隆德县

米缸山
2930

泾源县

同心县

海原县

西吉县

0 5 10 20
Kilometers

审图号：宁 S[2020]第 007 号

宁夏耕地盐渍化分布图

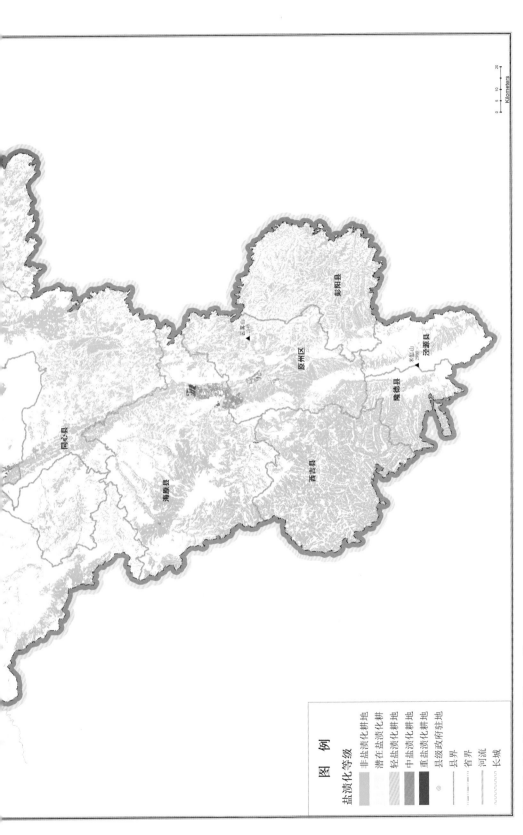

图 例

盐渍化等级

非盐渍化耕地
潜在盐渍化耕地
轻盐渍化耕地
中盐渍化耕地
重盐渍化耕地
县级政府驻地
县界
省界
河流
长城

彭阳县

云雾山
2148

原州区

米缸山
2900

泾源县

隆德县

同心县

西吉县

海原县

审图号：宁 S[2020]第 007 号

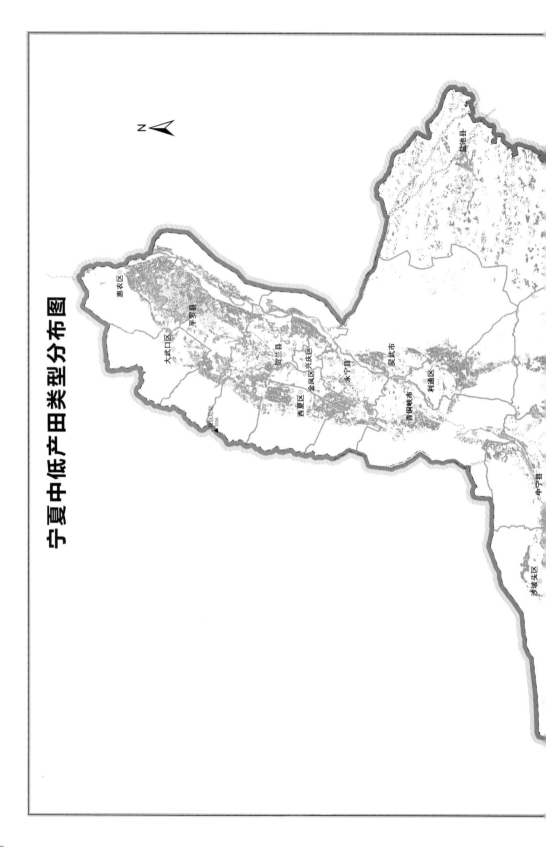

宁夏中低产田类型分布图

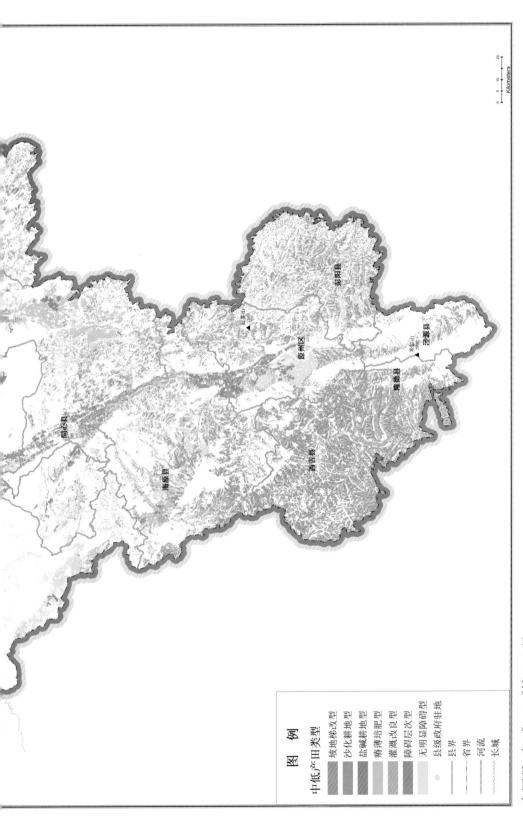

图　例

中低产田类型

坡地梯改型
沙化耕地型
盐碱耕地型
瘠薄培肥型
灌溉改良型
障碍层次型
无明显障碍型
县级政府驻地

县界
省界
河流
长城

审图号：宁 S[2020]第 007 号

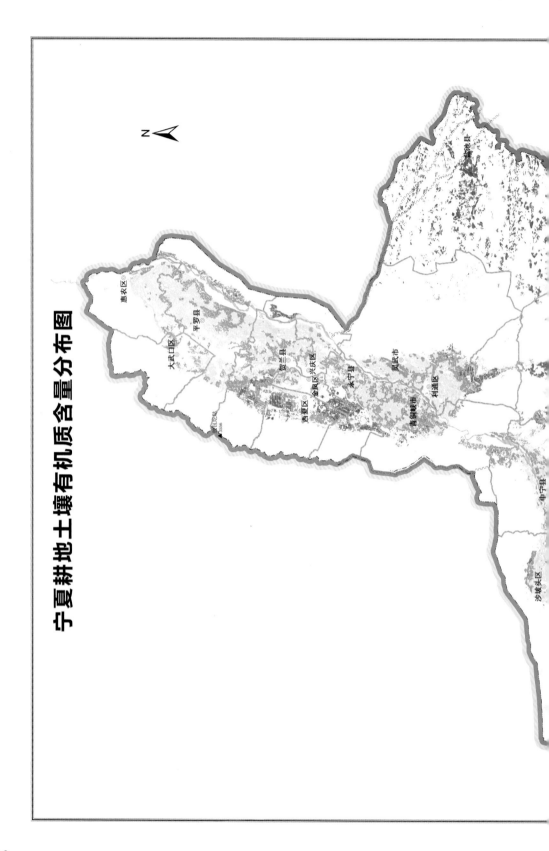

宁夏耕地土壤有机质含量分布图

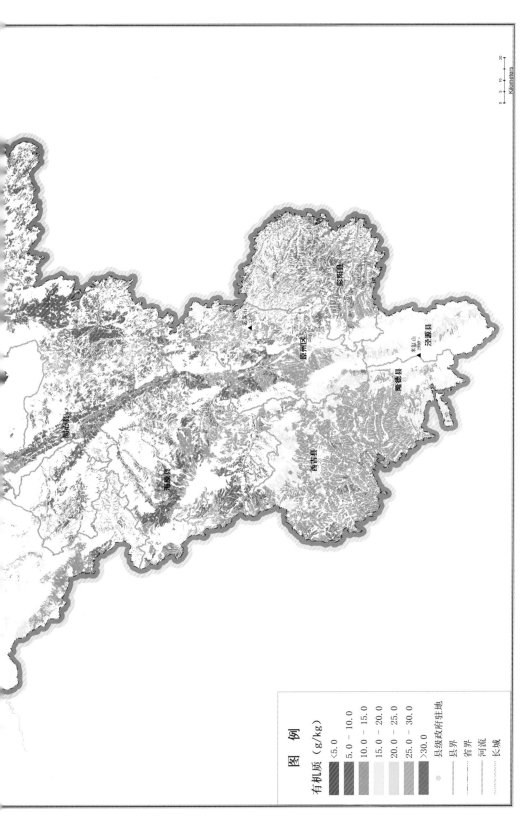

图 例

有机质（g/kg）

- <5.0
- 5.0 - 10.0
- 10.0 - 15.0
- 15.0 - 20.0
- 20.0 - 25.0
- 25.0 - 30.0
- >30.0

◎ 县级政府驻地

—— 县界

‥‥‥ 省界

～～～ 河流

ⅬⅬⅬ 长城

审图号:宁 S[2020]第 007 号

宁夏耕地土壤全氮含量分布图

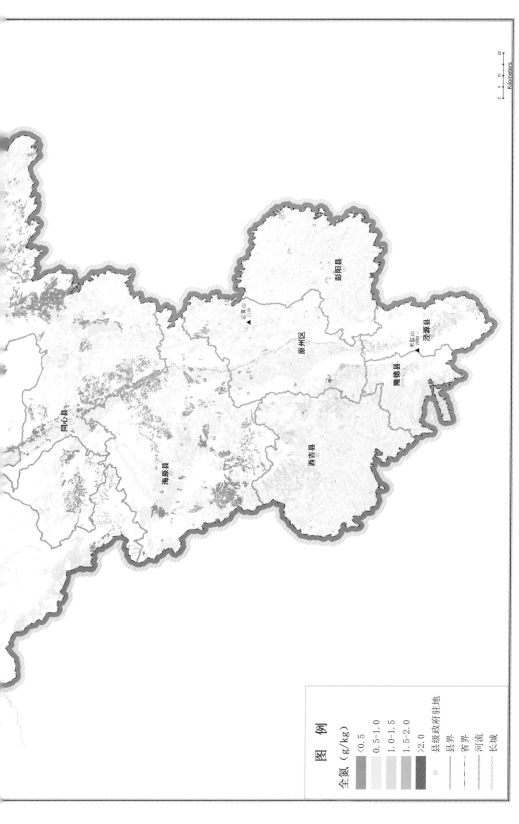

审图号：宁 S[2020]第 007 号

宁夏耕地土壤碱解氮含量分布图

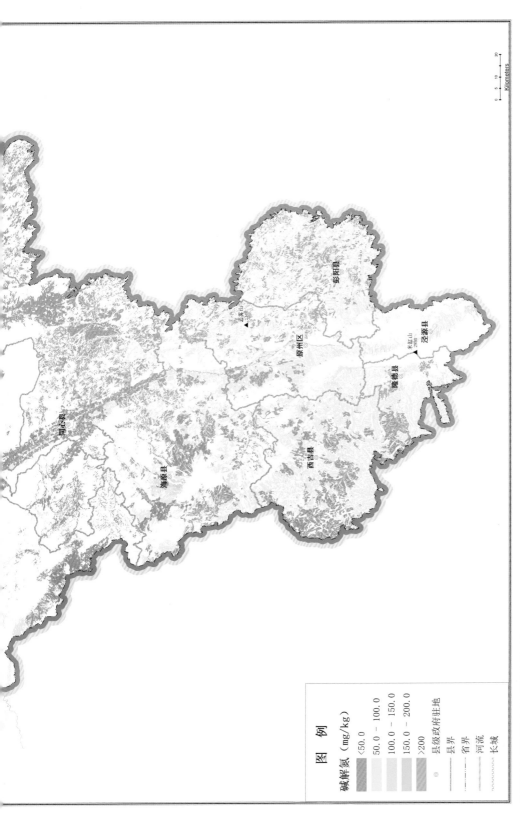

图 例

碱解氮 （mg/kg）

<50.0
50.0 — 100.0
100.0 — 150.0
150.0 — 200.0
>200

◎ 县级政府驻地

—— 县界

—— 省界

—— 河流

～～ 长城

彭阳县

云雾山

原州区

米缸山
2900

泾源县

隆德县

西吉县

海原县

同心县

0 5 10 20
Kilometers

审图号：宁 S[2020]第 007 号

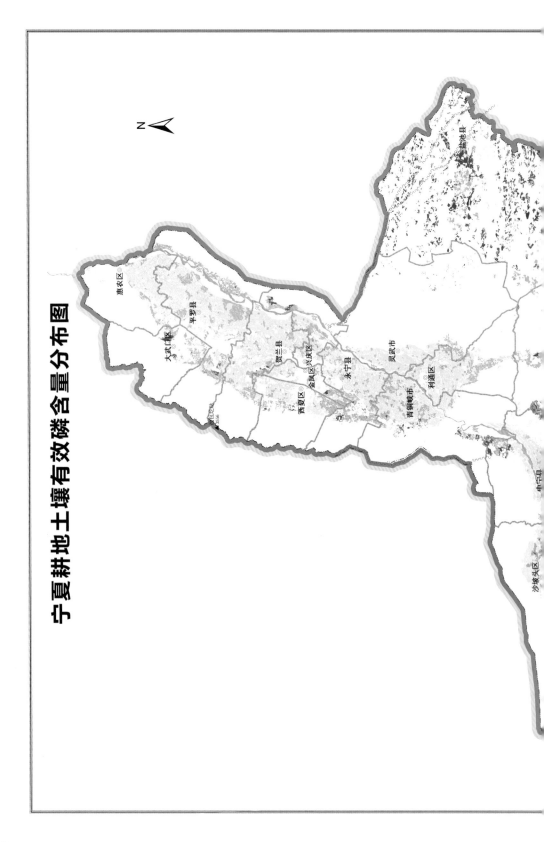

宁夏耕地土壤有效磷含量分布图

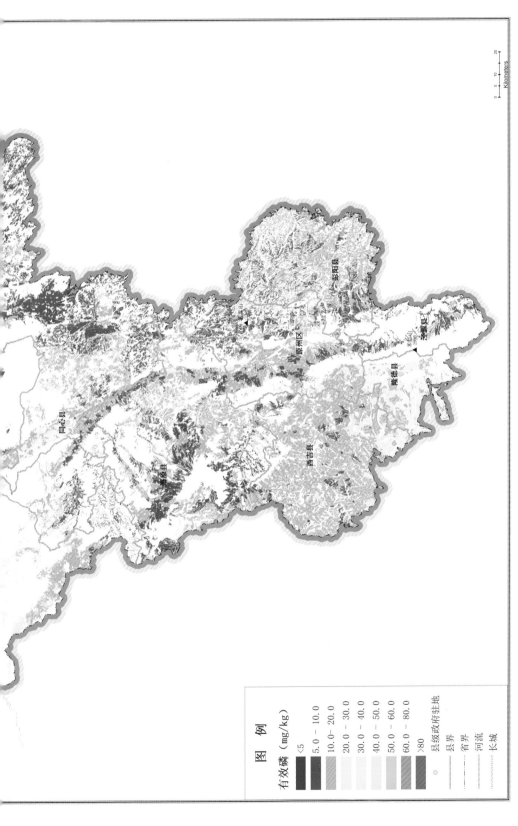

图　例

有效磷（mg/kg）

- <5
- 5.0 – 10.0
- 10.0– 20.0
- 20.0 – 30.0
- 30.0 – 40.0
- 40.0 – 50.0
- 50.0 – 60.0
- 60.0 – 80.0
- >80

◎ 县级政府驻地

—— 县界

------ 省界

—— 河流

长城

审图号：宁 S〔2020〕第 007 号

宁夏耕地土壤速效钾含量分布图

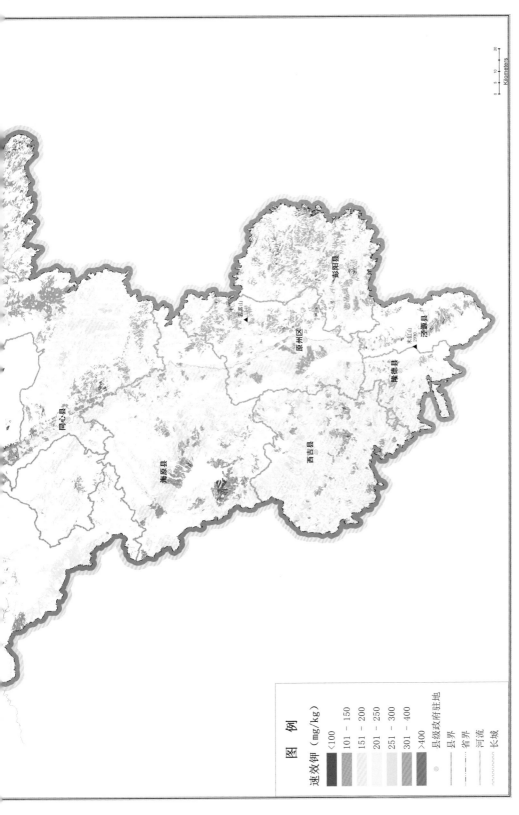

图 例

速效钾（mg/kg）

<100
101 - 150
151 - 200
201 - 250
251 - 300
301 - 400
>400

◎ 县级政府驻地
—— 县界
—— 省界
～～ 河流
~~~ 长城

审图号：宁 S［2020］第 007 号